ESTÁTICA E MECÂNICA DOS MATERIAIS

E79 Estática e mecânica dos materiais / Ferdinand P. Beer ... [et al.] ; tradução: Antônio Eustáquio de Melo Pertence; revisão técnica: Antonio Pertence Júnior. – Porto Alegre : AMGH, 2013.
xviii, 706 p. : il. color. ; 28 cm.

ISBN 978-85-8055-164-8

1. Engenharia mecânica. 2. Mecânica dos materiais. 3. Estática. I. Beer, Ferdinand P.

CDU 621:531.2

Catalogação na publicação: Ana Paula M. Magnus – CRB 10/2052

Ferdinand P. Beer
Ex-professor da Lehigh University

E. Russell Johnston Jr.
University of Connecticut

John T. DeWolf
University of Connecticut

David F. Mazurek
U.S. Coast Guard Academy

ESTÁTICA E MECÂNICA DOS MATERIAIS

Tradução
Antônio Eustáquio de Melo Pertence
Mestre e Doutor em Engenharia Metalúrgica e de Minas pela UFMG
Professor do Departamento de Engenharia Mecânica da UFMG

Revisão Técnica
Antonio Pertence Júnior
Mestre em Engenharia Mecânica pela UFMG
Professor da Faculdade de Engenharia e Arquitetura (FEA) da Universidade FUMEC/MG

AMGH Editora Ltda.
2013

Obra originalmente publicada sob o título
Statics and mechanics of materials, 1st Edition
ISBN 0073380156/9780073380155

Gerente editorial: *Arysinha Jacques Affonso*

Colaboraram nesta edição:

Editora: *Viviane R. Nepomuceno*

Assistente editorial: *Caroline L. Silva*

Capa: *MSDE/Manu Santos Design*

Foto de capa: Foto da estrutura planetária e do telhado de aço da California Academy of Sciences, Golden Gate Park, San Francisco. Cortesia de Webcor Builders.

Leitura final: *Carlos Villarruel*

Editoração: *Roberta Pereira de Paula*

AMGH Editora Ltda. uma parceria entre GRUPO A EDUCAÇÃO S.A e McGRAW-HILL EDUCATION.
Av. Jerônimo de Ornelas, 670 – Santana
90040-340 – Porto Alegre – RS
Fone: (51) 3027-7000 Fax: (51) 3027-7070

Unidade São Paulo
Av. Embaixador Macedo Soares, 10.735 – Pavilhão 5 – Cond. Espace Center
Vila Anastácio – 05095-035 – São Paulo – SP
Fone: (11) 3665-1100 Fax: (11) 3667-1333

SAC 0800 703-3444 – www.grupoa.com.br

IMPRESSO NO BRASIL
PRINTED IN BRAZIL

SOBRE OS AUTORES

Ferdinand P. Beer. Educado na França (onde nasceu) e na Suíça, é Mestre em Ciências pela Sorbonne e Doutor em Mecânica Teórica pela Université de Genève. Radicou-se nos Estados Unidos após servir ao exército francês no início da Segunda Guerra Mundial e lecionar durante quatro anos no Williams College, no programa conjunto da Williams-MIT, em Artes e Engenharia. Após trabalhar no Williams College, Beer ingressou no corpo docente da Lehigh University, onde lecionou durante 37 anos. Ocupou vários cargos, incluindo o de Professor Emérito da Universidade e chefe do Departamento de Engenharia Mecânica. Em 1995, foi agraciado com o título honorário de Doutor em Engenharia pela Lehigh University.

E. Russell Johnston Jr. Nascido na Filadélfia, é Bacharel em Engenharia Civil pela University of Delaware e Doutor em Engenharia Estrutural pelo Massachusetts Institute of Technology. Lecionou na Lehigh University e no Worcester Polytechnic Institute antes de ingressar na University of Connecticut, onde ocupou o cargo de chefe do Departamento de Engenharia Civil e lecionou por 26 anos. Em 1991, Russell recebeu o prêmio Outstanding Civil Engineer Award pela Connecticut Section da American Society of Civil Engineers.

John T. DeWolf. Professor de Engenharia Civil na University of Connecticut, juntou-se a Beer e Johnston como autor na segunda edição de *Mecânica dos Materiais*. John é formado em Engenharia Civil pela University of Hawaii e Mestre e Doutor em Engenharia Estrutural pela Cornell University. Seus interesses em pesquisa são na área de estabilidade elástica, monitoramento de pontes e análise e projeto estrutural. Ele é membro do Connecticut Board of Examiners for Professional Engineers e foi designado Teaching Fellow em 2006 na University of Connecticut.

David F. Mazurek. É Bacharel em Engenharia Oceânica, Mestre em Engenharia Civil pelo Florida Institute of Technology e Doutor em Engenharia Civil pela University of Connecticut. Trabalhou na Electric Boat Division, da General Dynamics Corporation, e ministrou aulas no Lafayette College antes de entrar para a U.S. Coast Guard Academy em 1990. Participou por 18 anos do 15º Comitê da Associação Americana de Engenharia e Manutenção Ferroviária – Estruturas de Aço. Seus interesses profissionais incluem engenharia de pontes, torres altas, falhas estruturais e projetos com resistência a impacto.

PREFÁCIO

Objetivos

O objetivo principal de um curso básico de mecânica é desenvolver, no estudante de engenharia, a habilidade para analisar um dado problema de maneira simples e lógica e aplicar alguns princípios fundamentais e bem compreendidos na sua solução. Este livro é destinado a um curso que combina estática e mecânica dos materiais – ou resistência dos materiais – oferecido aos estudantes de engenharia nos dois primeiros anos do curso de graduação.

Abordagem geral

Neste livro, o estudo da estática e mecânica dos materiais está fundamentado na compreensão de alguns conceitos básicos e no uso de modelos simplificados. Essa abordagem torna possível desenvolver todas as fórmulas necessárias de maneira racional e lógica e indicar claramente as condições sob as quais elas podem ser aplicadas com segurança na análise e no projeto de estruturas reais de engenharia e componentes de máquinas.

Aplicações práticas. Na abordagem adotada neste livro, a mecânica de *partículas* é claramente separada da mecânica de *corpos rígidos*, o que nos permite considerar aplicações práticas simples já em um estágio inicial e postergar a introdução de conceitos mais complexos. Como exemplo, a estática de partículas é tratada já no Cap. 2; após a apresentação das regras de adição e subtração de vetores, o princípio de equilíbrio de uma partícula é imediatamente aplicado a situações práticas que envolvam apenas forças concorrentes. A estática de corpos rígidos é considerada nos Caps. 3 e 4. No Cap. 3, os produtos escalar e vetorial de dois vetores são apresentados e usados para definir o momento de uma força em relação a um ponto e em relação a um eixo. A apresentação desses novos conceitos é seguida de uma discussão abrangente e rigorosa sobre sistemas equivalentes de forças e leva, no Cap. 4, a várias aplicações práticas que envolvam o equilíbrio de corpos rígidos sob a ação de sistemas gerais de forças.

Novos conceitos em termos simples. Considerando que este livro foi desenvolvido para um primeiro curso em estática, novos conceitos são apresentados em termos simples e cada passo é explicado em detalhes. Entretanto, ao abordarmos os aspectos mais amplos dos problemas considerados e destacarmos métodos de aplicabilidade geral, atingimos uma maturidade de abordagem definitiva. Por exemplo, os conceitos de restrições parciais e indeterminação estática são apresentados e aplicados do começo ao fim.

Princípios fundamentais no contexto de aplicações simples. A mecânica é essencialmente uma ciência *dedutiva*, baseada em poucos princípios fundamentais. As deduções são apresentadas em sua sequência lógica e com todo o rigor permitido nesse nível. Entretanto, como o processo de aprendizagem é amplamente *indutivo*, aplicações simples são consideradas primeiro.

Como exemplo, a estática de partículas precede a estática de corpos rígidos, e os problemas que envolvem forças internas são postergados até o Cap. 6. No Cap. 4, problemas de equilíbrio envolvendo apenas forças coplanares são considerados primeiro e resolvidos por álgebra ordinária, enquanto problemas que envolvem forças tridimensionais e que requerem o uso de álgebra vetorial completa são discutidos na segunda parte do capítulo.

Os quatro primeiros capítulos que tratam da mecânica dos materiais (Caps. 8, 9, 10 e 11) são destinados à análise de tensões e das correspondentes deformações em vários membros estruturais, considerando sucessivamente cargas axiais, torção e flexão pura. Cada análise é baseada em alguns poucos conceitos básicos, isto é, condições de equilíbrio de forças exercidas pelos membros, relações existentes entre tensão e deformação no material, e condições impostas pelos apoios e carregamentos dos membros. O estudo de cada tipo de carregamento é complementado com vários exemplos e problemas resolvidos e problemas a serem resolvidos, todos desenvolvidos para reforçar a compreensão dos estudantes sobre o assunto.

Utilização extensiva dos diagramas de corpo livre. Em todo o livro, os diagramas de corpo livre são usados para determinar forças externas ou internas. O uso de "equações-figura" também ajudará os estudantes a entender a superposição de forças e as tensões e as deformações resultantes.

Abordagem de conceitos de projeto. Uma abordagem sobre a aplicação do fator de segurança no projeto pode ser encontrada no Cap. 8, no qual são apresentados os conceitos de projeto por tensão admissível e projeto por fator de resistência e carga.

Seções opcionais com tópicos avançados ou especializados. Neste livro, há várias seções opcionais, as quais são indicadas por um asterisco, de modo que o leitor possa distingui-las facilmente daquelas que constituem o núcleo do curso básico de estática. Essas seções podem ser ignoradas sem prejuízo do entendimento do restante do livro.

O material apresentado no livro e na maioria dos problemas não requer conhecimento prévio além de álgebra, trigonometria e cálculos elementares. Todos os elementos de álgebra vetorial para o conhecimento da mecânica são cuidadosamente apresentados nos Caps. 2 e 3. Em geral, uma maior ênfase é dada ao correto entendimento dos conceitos matemáticos básicos envolvidos do que na manipulação rápida das equações matemáticas. Nesse contexto, deve-se mencionar que a determinação dos centroides de áreas compostas precede o cálculo de centroides por integração, o que permite ao leitor estabelecer o conceito de momento de inércia de uma área firmemente antes de introduzir o uso da integração.

Organização dos capítulos e aspectos didáticos

Cada capítulo começa com uma seção introdutória em que se estabelecem o propósito e as metas do capítulo, e se descrevem em termos simples o material a ser analisado e suas aplicações para a solução de problemas de engenharia.

Lições do capítulo. Cada capítulo é dividido em unidades, cada qual constituída de uma ou várias seções teóricas, um ou vários problemas resolvidos e vários problemas propostos. Cada unidade corresponde a um tópico bem definido e geralmente pode ser abordada em uma aula.

Exemplos e problemas resolvidos. As seções teóricas incluem muitos exemplos destinados a ilustrar o material apresentado e facilitar seu entendimento. Os problemas resolvidos mostram algumas das aplicações da teoria na solução de problemas de engenharia. Preparados de maneira muito semelhante aos problemas propostos, os problemas resolvidos se destinam à dupla finalidade de ampliar o texto e demonstrar o tipo de trabalho organizado e ordenado que os estudantes devem cultivar em suas próprias soluções.

Listas de problemas propostos. A maioria dos problemas são de natureza prática e devem interessar aos estudantes de engenharia. No entanto, eles se destinam principalmente a ilustrar o material apresentado no texto e ajudar os estudantes a entender os princípios básicos utilizados em mecânica dos materiais. Os problemas foram agrupados de acordo com as partes da matéria que eles ilustram e organizados em ordem crescente de dificuldade. Problemas que requerem atenção especial foram indicados com asteriscos. As respostas dos problemas estão no final do livro (ou no *site* www.grupoa.com.br) exceto aqueles com número em itálico.

Revisão e resumo do capítulo. Cada capítulo termina com uma revisão e um resumo do material apresentado. Foram incluídas notas nas margens para ajudar os estudantes a organizar seu trabalho de revisão, e há referências cruzadas para ajudá-los a encontrar as partes que requerem atenção especial.

Problemas de revisão. No final de cada capítulo, há vários problemas de revisão. Esses problemas fornecem aos estudantes outra oportunidade para aplicar os conceitos mais importantes desenvolvidos no capítulo.

Recursos *online*

Alguns recursos para o professor estão disponíveis no *site* www.grupoa.com.br. O professor poderá cadastrar-se no *site* para ter acesso a esse material.

Agradecimentos

Os autores agradecem às empresas que forneceram as fotografias para esta edição. Queremos também reconhecer os esforços e a paciência de nossa fotógrafa Sabina Dowell.

Agradecemos também a Dennis Ormand da FineLine Illustrations e Aptara, pelas ilustrações artísticas que muito contribuíram para a eficácia do livro.

Nossos agradecimentos especiais ao Professor Dean Updike, do Departamento de Engenharia Mecânica e Mecânica da Lehigh University, por sua paciência e cooperação ao verificar as soluções e as respostas de todos os problemas desta edição.

Somos gratos também pela ajuda, pelos comentários e pelas sugestões oferecidos por muitos usuários das edições anteriores dos livros das séries de Engenharia Mecânica de Beer & Johnston.

E. Russell Johnston Jr.
John T. DeWolf
David F. Mazurek

LISTA DE SÍMBOLOS

a	Constante; raio; distância
A, **B**, **C**, ...	Força; Reações em apoios e conexões
$A, B, C, \ldots$	Pontos
A	Área
b	Largura; distância
c	Constante; distância; raio
C	Centroide
$C_1, C_2, \ldots$	Constante de integração
C_P	Coeficiente de estabilidade da coluna
d	Distância; diâmetro; altura
e	Distância; excentricidade
E	Módulo de elasticidade
F	Força; força de atrito
$F.S.$	Fator de segurança
g	Aceleração da gravidade
G	Módulo de rigidez; módulo de elasticidade transversal
h	Altura; distância
H, J, K	Pontos
i, **j**, **k**	Vetores unitários ao longo dos eixos coordenados
$I, I_x, \ldots$	Momentos de inércia
$\bar{I}$	Momento de inércia em relação ao centroide
J	Momento de inércia polar
k	Constante de mola
K	Coeficiente de concentração de tensão; constante de mola da torção
l	Comprimento
L	Comprimento; vão
L_e	Comprimento efetivo
m	Massa
M	Conjugado; momento
$M, M_x, \ldots$	Momento fletor
n	Número; relação de módulos de elasticidade; direção normal
N	Componente normal da reação
O	Origem das coordenadas
p	Pressão
P	Força; vetor
P_D	Carga permanente (LRFD)
P_L	Carga externa (LRFD)
P_U	Carga-limite (LRFD)
q	Força de cisalhamento por unidade de comprimento; fluxo de cisalhamento
Q	Força; vetor
Q	Momento estático
$\bar{r}$	Raio de giração do centroide
r	Vetor posição
r_x, r_y, r_O	Raio de giração
r	Raio; distância; coordenada polar
R	Força resultante; vetor resultante; reação
R	Raio da Terra
s	Comprimento

$\mathbf{S}$	Força; vetor
S	Módulo da seção elástica
t	Espessura
$\mathbf{T}$	Força; torque
T	Tração; temperatura
u, v	Coordenadas retangulares
$\mathbf{V}$	Produto vetorial; força cortante
V	Volume; cisalhamento
w	Largura, distância; carga por unidade de comprimento
$\mathbf{W}, W$	Peso; carga
x, y, z	Coordenadas retangulares; distâncias; deslocamentos; deflexão
$\bar{x}, \bar{y}, \bar{z}$	Coordenadas do centroide
α, β, γ	Ângulos
α	Coeficiente de expansão térmica; coeficiente de influência
γ	Deformação de cisalhamento; peso específico
γ_D	Coeficiente de carga; carga permanente (LRFD)
γ_L	Coeficiente de carga; carga externa (LRFD)
δ	Deformação; deslocamento; alongamento
ε	Deformação normal
θ	Ângulo; inclinação
$\boldsymbol{\lambda}$	Vetor unitário ao longo de uma linha
μ	Coeficiente de atrito
ν	Coeficiente de Poisson
ρ	Raio de curvatura; distância; densidade
σ	Tensão normal
τ	Tensão de cisalhamento
ϕ	Ângulo; ângulo de torção; coeficiente de resistência

SUMÁRIO

6 Análise de estruturas 229

7 Forças distribuídas: momento de inércia de superfícies 279

8 Conceito de tensão 303

9 Tensão e deformação – carregamento axial 345

10 Torção 409

11 Flexão pura 445

12 Análise e projetos de vigas em flexão 503

13 Tensões de cisalhamento em vigas e barras de paredes finas 539

14 Transformações de tensão 573

15 Deflexão de vigas 607

16 Colunas 643

Apêndices 677

ESTÁTICA E MECÂNICA DOS MATERIAIS

No final do século XVII, *Sir* Isaac Newton estabeleceu os princípios fundamentais da mecânica, que constituem a base de grande parte da engenharia atual.

CAPÍTULO 1

Introdução

1 Introdução

1.1 O que é a mecânica?

A mecânica pode ser definida como a ciência que descreve e prevê as condições de repouso ou movimento dos corpos sob a ação de forças. Divide-se em três partes: mecânica dos *corpos rígidos*, mecânica dos *corpos deformáveis* e mecânica dos *fluidos*.

A mecânica dos corpos rígidos é subdividida em *estática* e *dinâmica*: a primeira trata dos corpos em repouso; a última, dos corpos em movimento. Nesta parte do estudo da mecânica, os corpos são considerados perfeitamente rígidos. Entretanto, as estruturas e máquinas reais nunca são absolutamente rígidas e se deformam sob a ação das cargas a que estão sujeitas; essas deformações geralmente são pequenas e não afetam de modo sensível as condições de equilíbrio ou movimento da estrutura em consideração. São importantes, no entanto, na medida em que a resistência da estrutura a falhas seja levada em consideração e são estudadas na mecânica dos materiais, a parte da mecânica que trata dos corpos deformáveis. A terceira divisão da mecânica, a mecânica dos fluidos, é subdividida no estudo de *fluidos incompressíveis* e de *fluidos compressíveis*. Uma importante subdivisão do estudo dos fluidos incompressíveis é a *hidráulica*, que trata dos problemas que envolvam a água.

A mecânica é uma ciência física, pois trata do estudo de fenômenos físicos. Entretanto, alguns associam a mecânica à matemática, enquanto muitos a consideram um assunto de engenharia. Em parte, esses pontos de vista são ambos justificáveis. A mecânica constitui a base de muitas ciências da engenharia, sendo um pré-requisito indispensável para o estudo destas. Contudo, não apresenta o *empirismo* encontrado em algumas ciências da engenharia, ou seja, não se baseia apenas na experiência e na observação; pelo seu rigor e pela ênfase que coloca no raciocínio dedutivo, a mecânica se assemelha à matemática. Mas, apesar disso, não é uma ciência *abstrata* tampouco *pura*; a mecânica é uma ciência *aplicada*. O propósito da mecânica é explicar e prever fenômenos físicos e, desse modo, estabelecer os fundamentos para aplicações de engenharia.

1.2 Conceitos e princípios fundamentais – mecânica de corpos rígidos

Embora o estudo da mecânica remonte aos tempos de Aristóteles (384-322 a.C.) e Arquimedes (287-212 a.C.), foi preciso esperar até que Newton (1642-1727) encontrasse uma formulação satisfatória de seus princípios fundamentais. Esses princípios foram posteriormente expressos em forma modificada por d'Alembert, Lagrange e Hamilton. No entanto, sua validade permaneceu inconteste até Einstein formular sua *teoria da relatividade* (1905). Apesar de suas limitações serem hoje reconhecidas, a *mecânica newtoniana* ainda continua sendo a base das ciências das engenharias atuais.

Os conceitos básicos usados em mecânica são os de *espaço*, *tempo*, *massa* e *força*. Esses conceitos não podem ser verdadeiramente definidos, mas devem ser aceitos com base em nossa intuição e experiência e usados como um arcabouço de referência para o nosso estudo de mecânica.

O conceito de *espaço* está associado à noção de posição de um ponto *P*. A posição de *P* pode ser definida por três comprimentos medidos a partir de um determinado ponto de referência, ou *origem*, segundo três direções dadas. Esses comprimentos são conhecidos como as *coordenadas* de *P*.

Para definir um evento, não é suficiente indicar a sua posição no espaço. O *tempo* do evento também deve ser fornecido.

O conceito de *massa* é usado para caracterizar e comparar corpos com base em certos experimentos mecânicos fundamentais. Dois corpos de mesma massa, por exemplo, serão atraídos pela Terra de modo idêntico e irão oferecer a mesma resistência a uma variação de movimento de translação.

Uma *força* representa a ação de um corpo sobre outro. A força pode ser exercida por contato direto ou a distância, como no caso das forças gravitacionais e magnéticas. Uma força é caracterizada por seu *ponto de aplicação*, sua *intensidade* e sua *direção*; uma força é representada por um *vetor* (Seção 2.3).

Na mecânica newtoniana, espaço, tempo e massa são conceitos absolutos, independentes entre si. (Isso não é verdadeiro na *mecânica relativística*, na qual o tempo de um evento depende da sua posição e a massa de um corpo varia com sua velocidade.) Por sua vez, o conceito de força não é independente desses três elementos. De fato, um dos princípios fundamentais da mecânica newtoniana listados adiante estabelece que a força resultante que atua sobre um corpo está relacionada à massa do corpo e ao modo como sua velocidade varia com o tempo.

Estudaremos as condições de repouso ou movimento de partículas e de corpos rígidos com base nos quatro conceitos básicos apresentados. *Partícula* é uma quantidade de matéria muito pequena que, por hipótese, ocupa um único ponto no espaço. Um *corpo rígido* é uma combinação de um grande número de partículas que ocupam posições fixas umas em relação às outras. O estudo da mecânica de partículas é obviamente um pré-requisito para o estudo dos corpos rígidos. Além disso, os resultados obtidos para uma partícula podem ser usados diretamente em inúmeros problemas que tratam das condições de repouso ou movimento de corpos reais.

O estudo da mecânica elementar se baseia em seis princípios fundamentais que se apoiam em evidências experimentais.

A lei do paralelogramo para a adição de forças. Essa lei estabelece que duas forças que atuam sobre uma partícula podem ser substituídas por uma única força, denominada *resultante*, obtida quando se traça a diagonal do paralelogramo cujos lados são iguais às forças dadas (Seção 2.2).

O princípio da transmissibilidade. Esse princípio estabelece que as condições de equilíbrio ou de movimento de um corpo rígido permanecerão inalteradas se uma força que atue em um dado ponto do corpo rígido for substituída por uma força de igual magnitude e de igual direção, porém atuando em um ponto diferente, desde que as duas forças tenham a mesma linha de ação (Seção 3.3).

As três leis fundamentais de Newton. Formuladas por *Sir* Isaac Newton na parte final do século XVII, essas leis podem ser enunciadas da seguinte maneira:

PRIMEIRA LEI. Se a força resultante que atua em uma partícula for nula, a partícula permanecerá em repouso (se originalmente em repouso) ou se moverá a uma velocidade constante em linha reta (se originalmente em movimento) (Seção 2.10).

SEGUNDA LEI. Se a força resultante que atua sobre uma partícula não for nula, a partícula terá uma aceleração de magnitude proporcional à magnitude da resultante e na mesma direção dessa força resultante.

Essa lei pode ser estabelecida como:

$$\mathbf{F} = m\mathbf{a} \tag{1.1}$$

onde **F**, m e **a** representam, respectivamente, a força resultante que atua sobre a partícula, a massa da partícula e a aceleração da partícula, expressas em um sistema de unidades consistente.

TERCEIRA LEI. As forças de ação e reação entre corpos em contato têm a mesma intensidade, a mesma linha de ação e sentidos opostos (Seção 6.1).

Lei de Newton da gravitação. Essa lei estabelece que duas partículas de massa M e m são mutuamente atraídas com forças iguais e opostas **F** e –**F** (Fig. 1.1) de magnitude F dada pela expressão:

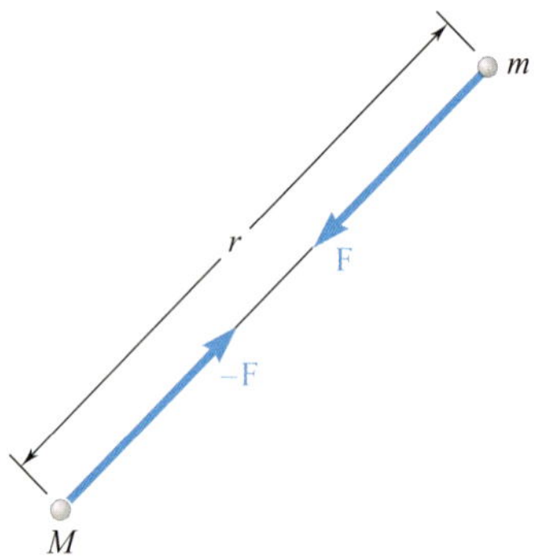

Figura 1.1

$$F = G\frac{Mm}{r^2} \tag{1.2}$$

onde r = distância entre as duas partículas e
G = constante universal denominada *constante gravitacional.*

A lei de Newton da gravitação introduz a ideia de uma ação exercida a distância e amplia a faixa de aplicação da terceira lei de Newton: a ação **F** e a reação –**F** na Fig. 1.1 são iguais e opostas, e têm a mesma linha de ação.

Um caso particular de grande importância é aquele da atração da Terra sobre uma partícula localizada sobre a sua superfície. A força **F** exercida pela Terra sobre a partícula é então definida como o *peso* **W** (do inglês *weight*) da partícula. Considerando M igual à massa da Terra, m igual à massa da partícula e r igual ao raio R da Terra, e introduzindo a constante

$$g = \frac{GM}{R^2} \tag{1.3}$$

a magnitude do peso W de uma partícula de massa m pode ser expressa como:*

$$W = mg \tag{1.4}$$

Foto 1.1 Quando em órbita da Terra, diz-se que as pessoas e os objetos ficam *sem peso*, muito embora a força gravitacional atuante seja aproximadamente 90% daquela experimentada sobre a superfície da Terra. Essa aparente contradição será resolvida no Cap. 12, quando aplicarmos a segunda lei de Newton ao movimento de partículas.

O valor de R na Eq. (1.3) depende da altitude do ponto considerado e também de sua latitude, pois a Terra não é perfeitamente esférica. Portanto, o valor de g varia com a posição do ponto considerado. Desde que o ponto realmente permaneça sobre a superfície da Terra, é suficientemente preciso, na maior parte dos cálculos de engenharia, admitir que g seja igual a 9,81 m/s^2.

Os princípios que acabamos de apresentar serão retomados ao longo de nosso estudo de mecânica quando houver necessidade. O estudo da estática de partículas efetuado no Cap. 2 será baseado somente na lei do paralelogramo para a adição de forças e na primeira lei de Newton. O princípio de transmissibilidade será introduzido no Cap. 3, quando iniciarmos o estudo da estática de corpos rígidos, e a terceira lei de Newton será

* Uma definição mais precisa do peso **W** deveria levar em conta a rotação da Terra.

apresentada no Cap. 6, quando formos analisar as forças exercidas entre si pelos vários elementos que formam uma estrutura.

Conforme observamos anteriormente, os seis princípios fundamentais já listados são baseados em evidência experimental. Com exceção da primeira lei de Newton e do princípio de transmissibilidade, trata-se de princípios independentes que não podem ser deduzidos matematicamente um a partir dos demais ou a partir de qualquer outro princípio físico elementar. A maior parte da intricada estrutura da mecânica newtoniana se fundamenta nesses princípios. Por mais de dois séculos um número espantoso de problemas que tratavam das condições de repouso e movimento de corpos rígidos, de corpos deformáveis e de fluidos foi resolvido pela aplicação desses princípios fundamentais. Muitas das soluções obtidas puderam ser verificadas experimentalmente, fornecendo assim uma verificação adicional dos princípios a partir dos quais elas foram obtidas. Apenas no final do século XIX e início do XX é que a mecânica de Newton foi colocada em xeque, no estudo do movimento dos átomos e no estudo do movimento de certos planetas, situações em que ela teve de ser suplementada pela teoria da relatividade. Mas, em uma escala humana ou de engenharia, na qual as velocidades são pequenas quando comparadas com a velocidade da luz, a mecânica de Newton ainda não foi refutada.

1.3 Conceitos e princípios fundamentais – mecânica de corpos deformáveis

Os conceitos necessários para a mecânica dos corpos deformáveis, também designada como *mecânica dos materiais*, são indispensáveis para analisar e projetar várias máquinas e estruturas de suporte de carga. Esses conceitos envolvem a determinação de *tensões* e *deformações*.

Nos Caps. 8 a 16, a análise de tensões e as correspondentes deformações serão desenvolvidas para membros estruturais sujeitos a carregamento axial, torção e flexão pura. Isso requer o uso de conceitos básicos que envolvam condições de equilíbrio de forças aplicadas no membro, relações existentes entre tensão e deformação no material, e condição imposta por suportes e carregamento do membro. Os capítulos subsequentes desenvolvem esse conteúdo e fornecem uma base para a concepção tanto das estruturas que são estaticamente determinantes quanto das indeterminadas, ou seja, as estruturas em que as forças internas não podem ser determinadas apenas pela estática.

1.4 Sistemas de unidades

Associadas aos quatro conceitos fundamentais apresentados na seção anterior estão as chamadas *unidades cinéticas*, isto é, as unidades de *comprimento*, *tempo*, *massa* e *força*. Essas unidades não poderão ser escolhidas sem critério se quisermos satisfazer as condições da Eq. (1.1). Três dessas unidades podem ser definidas arbitrariamente e são denominadas *unidades básicas*. A quarta unidade, porém, deve ser escolhida de acordo com a Eq. (1.1) e é chamada *unidade derivada*. Diz-se então que as unidades cinéticas assim selecionadas formam um *sistema de unidades consistente*.

Sistema Internacional de Unidades (Unidades do SI*). Nesse sistema, as unidades básicas são comprimento, massa e tempo, e são denominadas, respectivamente, *metro* (m), *quilograma* (kg) e *segundo* (s). Todas as três unidades são definidas arbitrariamente. O segundo, que originalmente havia sido escolhido para representar 1/86.400 do dia solar médio, é agora definido como a duração de 9.192.631.770 períodos da radiação correspondente à transição entre dois níveis do estado fundamental do átomo de césio-133. O metro, originalmente definido como um décimo de milionésimo da distância do equador a cada polo, é agora definido como 1.650.763,73 comprimentos de onda da luz laranja-vermelha, que correspondem a uma certa transição em um átomo de criptônio-86. O quilograma, que é aproximadamente igual à massa de 0,001 m^3 de água, é definido pela massa de um cilindro de platina-irídio mantido no Bureau Internacional de Pesos e Medidas, em Sèvres, próximo a Paris, na França. A unidade de força é uma unidade derivada, denominada *newton* (N) e definida como a força que imprime uma aceleração de 1 m/s^2 a uma massa de 1 kg (Fig. 1.2). A partir da Eq. (1.1), escrevemos:

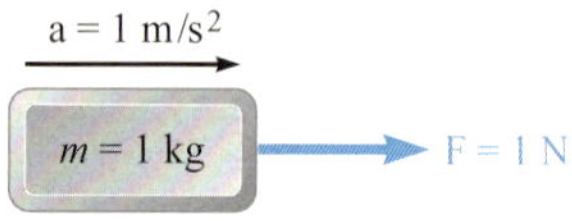

Figura 1.2

$$1\ \mathrm{N} = (1\ \mathrm{kg})(1\ \mathrm{m/s^2}) = 1\ \mathrm{kg\cdot m/s^2} \tag{1.5}$$

Diz-se que as unidades do SI formam um sistema *absoluto* de unidades, o que significa que as três unidades básicas escolhidas são independentes do local em que as medições são feitas. O metro, o quilograma e o segundo podem ser usados em qualquer lugar da Terra e também em outro planeta, sempre com o mesmo significado.

O *peso* de um corpo, ou a *força da gravidade* exercida sobre esse corpo, deve ser expresso em newtons, como qualquer outra força. Com base na Eq. (1.4), o peso de um corpo de 1 kg de massa (Fig. 1.3) é

$$\begin{aligned} W &= mg \\ &= (1\ \mathrm{kg})(9{,}81\ \mathrm{m/s^2}) \\ &= 9{,}81\ \mathrm{N} \end{aligned}$$

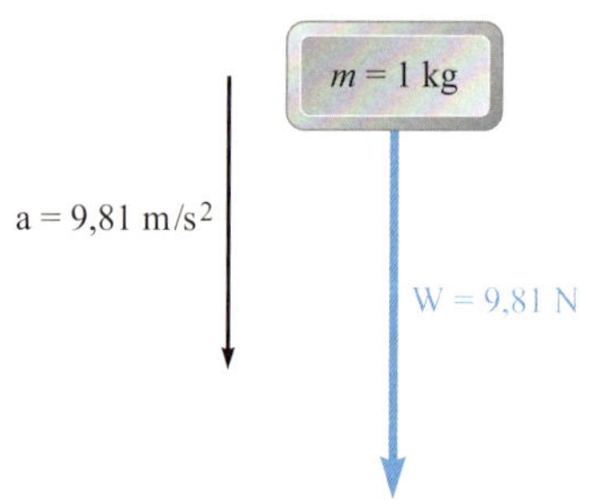

Figura 1.3

Múltiplos e submúltiplos das unidades fundamentais do SI podem ser obtidos pelo uso dos prefixos definidos na Tabela 1.1. Os múltiplos e submúltiplos das unidades de comprimento, massa e força usados mais frequentemente em engenharia são, respectivamente, *quilômetro* (km), *milímetro* (mm), *megagrama*** (Mg), e *grama* (g) e *quilonewton* (kN). De acordo com a Tabela 1.1, temos:

$$1\ \mathrm{km} = 1.000\ \mathrm{m} \qquad 1\ \mathrm{mm} = 0{,}001\ \mathrm{m}$$
$$1\ \mathrm{Mg} = 1.000\ \mathrm{kg} \qquad 1\ \mathrm{g} = 0{,}001\ \mathrm{kg}$$
$$1\ \mathrm{kN} = 1.000\ \mathrm{N}$$

As conversões dessas unidades em metros, quilogramas e newtons, respectivamente, podem ser efetuadas pelo simples movimento da vírgula decimal três casas para a direita ou para a esquerda. Por exemplo, para converter 3,82 km em metros, move-se a vírgula decimal três casas para a direita:

$$3{,}82\ \mathrm{km} = 3.820\ \mathrm{m}$$

* Sistema S.I. do francês *Système International d'Unités*.

** Também conhecido como *tonelada métrica*.

Tabela 1.1 Prefixos SI

Fator de multiplicação	Prefixo	Símbolo
$1.000.000.000.000 = 10^{12}$	tera	T
$1.000.000.000 = 10^{9}$	giga	G
$1.000.000 = 10^{6}$	mega	M
$1.000 = 10^{3}$	quilo	k
$100 = 10^{2}$	hecto*	h
$10 = 10^{1}$	deca*	da
$0{,}1 = 10^{-1}$	deci*	d
$0{,}01 = 10^{-2}$	centi*	c
$0{,}001 = 10^{-3}$	mili	m
$0{,}000\ 001 = 10^{-6}$	micro	μ
$0{,}000\ 000\ 001 = 10^{-9}$	nano	n
$0{,}000\ 000\ 000\ 001 = 10^{-12}$	pico	p
$0{,}000\ 000\ 000\ 000\ 001 = 10^{-15}$	femto	f
$0{,}000\ 000\ 000\ 000\ 000\ 001 = 10^{-18}$	atto	a

* O uso desses prefixos deve ser evitado, exceto para a medição de áreas e volumes e para o uso não técnico do centímetro, como no caso das medições do corpo e de roupas.

Analogamente, 47,2 mm são convertidos em metros movendo-se a vírgula decimal três casas para a esquerda:

$$47{,}2 \text{ mm} = 0{,}0472 \text{ m}$$

Usando notação científica, pode-se escrever também:

$$3{,}82 \text{ km} = 3{,}82 \times 10^{3} \text{ m}$$
$$47{,}2 \text{ mm} = 47{,}2 \times 10^{-3} \text{ m}$$

Os múltiplos da unidade de tempo são o *minuto* (min) e a *hora* (h). Uma vez que 1 min = 60 s e 1 h = 60 min = 3.600 s, esses múltiplos não podem ser convertidos tão prontamente quanto os outros.

Quando se usa o múltiplo ou submúltiplo apropriado de uma dada unidade, é possível evitar a escrita de números muito grandes ou muito pequenos. Por exemplo, geralmente se escreve 427,2 km, em vez de 427.200 m, e 2,16 mm em vez de 0,00216 m.

Unidades de área e volume. A unidade de área é o *metro quadrado* (m^2), que representa a área de um quadrado de 1 m de lado. A unidade de volume é o *metro cúbico* (m^3), igual ao volume de um cubo de 1 m de lado. Para evitar valores numéricos excessivamente pequenos ou grandes no cálculo de áreas e volumes, utilizam-se sistemas de subunidades, obtidos respectivamente pela elevação ao quadrado e ao cubo do milímetro e também de dois submúltiplos intermediários do metro, a saber, o *decímetro* (dm) e o *centímetro* (cm). Uma vez que, por definição,

$$1 \text{ dm} = 0{,}1 \text{ m} = 10^{-1} \text{ m}$$
$$1 \text{ cm} = 0{,}01 \text{ m} = 10^{-2} \text{ m}$$
$$1 \text{ mm} = 0{,}001 \text{ m} = 10^{-3} \text{ m}$$

os submúltiplos da unidade de área são:

$$1 \text{ dm}^2 = (1 \text{ dm})^2 = (10^{-1} \text{ m})^2 = 10^{-2} \text{ m}^2$$
$$1 \text{ cm}^2 = (1 \text{ cm})^2 = (10^{-2} \text{ m})^2 = 10^{-4} \text{ m}^2$$
$$1 \text{ mm}^2 = (1 \text{ mm})^2 = (10^{-3} \text{ m})^2 = 10^{-6} \text{ m}^2$$

Tabela 1.2 Principais unidades do SI usadas na mecânica

Grandeza	Unidade	Símbolo	Fórmula
Aceleração	Metro por segundo ao quadrado	...	m/s^2
Ângulo	Radiano	rad	*
Aceleração angular	Radiano por segundo ao quadrado	...	rad/s^2
Velocidade angular	Radiano por segundo	...	rad/s
Área	Metro quadrado	...	m^2
Massa específica	Quilograma por metro cúbico	...	kg/m^3
Energia	Joule	J	N · m
Força	Newton	N	$kg \cdot m/s^2$
Frequência	Hertz	Hz	s^{-1}
Impulso	Newton-segundo	...	kg · m/s
Comprimento	Metro	m	**
Massa	Quilograma	kg	**
Momento de uma força	Newton-metro	...	N · m
Potência	Watt	W	J/s
Pressão	Pascal	Pa	N/m^2
Tensão	Pascal	Pa	N/m^2
Tempo	Segundo	s	**
Velocidade	Metro por segundo	...	m/s
Volume			
Sólidos	Metro cúbico	...	m^3
Líquidos	Litro	L	10^{-3} m^3
Trabalho	Joule	J	N · m

* Unidade suplementar (1 revolução = 2π rad = 360º).

** Unidade básica.

e os submúltiplos da unidade de volume são:

$$1 \text{ dm}^3 = (1 \text{ dm})^3 = (10^{-1} \text{ m})^3 = 10^{-3} \text{ m}^3$$
$$1 \text{ cm}^3 = (1 \text{ cm})^3 = (10^{-2} \text{ m})^3 = 10^{-6} \text{ m}^3$$
$$1 \text{ mm}^3 = (1 \text{ mm})^3 = (10^{-3} \text{ m})^3 = 10^{-9} \text{ m}^3$$

Quando se mede o volume de um líquido, o decímetro cúbico (dm^3) é, em geral, indicado como *litro* (L).

Outras unidades derivadas do SI, usadas para medir o momento de uma força, o trabalho de uma força, etc., estão na Tabela 1.2. Embora essas unidades sejam apresentadas em capítulos subsequentes, devemos observar desde já uma regra importante: quando uma unidade derivada for obtida pela divisão de uma unidade básica por outra unidade básica, poderá ser usado um prefixo no numerador da unidade derivada, mas não no denominador. Por exemplo, a constante k de uma mola que se estende 20 mm sob uma carga de 100 N será expressa como:

$$k = \frac{100 \text{ N}}{20 \text{ mm}} = \frac{100 \text{ N}}{0{,}020 \text{ m}} = 5.000 \text{ N/m} \qquad \text{ou} \qquad k = 5 \text{ kN/m}$$

porém jamais como k = 5N/mm.

Unidades usuais nos Estados Unidos. A maioria dos engenheiros americanos costuma usar um sistema em que as unidades básicas são comprimento, força e tempo. Essas unidades são, respectivamente, *pé* (ft, do inglês *foot*), *libra* (lb) e *segundo* (s). O segundo é a mesma unidade correspondente ao SI. O pé é definido como 0,3048 m. A libra é definida como o *peso* de um padrão de platina, denominado *libra padrão*, que é mantido no Instituto Nacional de Padrões e Tecnologia dos Estados Unidos, no limite de Washington, cuja massa equivale a 0,45359243 kg. Uma vez que o peso de um corpo depende da atração gravitacional da Terra, que varia com o local, especifica-se que a libra padrão deve ser colocada ao nível do mar e a uma latitude de 45° para definir apropriadamente uma força de 1 lb. Obviamente, as unidades usuais nos Estados Unidos não formam um sistema absoluto de unidades. Em virtude da sua dependência da atração gravitacional da Terra, elas formam um sistema de unidades *gravitacional*.

Ainda que a libra padrão também sirva como unidade de massa em transações comerciais nos Estados Unidos, não pode ser usada desse modo em cálculos de engenharia, pois tal unidade não é consistente com as unidades básicas definidas no parágrafo anterior. De fato, quando submetida a uma força de 1 lb, isto é, quando sujeita à força da gravidade, a libra padrão recebe a aceleração da gravidade, $g = 32,2\ \text{ft/s}^2$ (Fig. 1.4), e não a aceleração unitária requerida pela Eq. (1.1). A unidade de massa consistente com o pé, a libra e o segundo é a massa que recebe uma aceleração de 1 ft/s² quando submetida a uma força de 1 lb (Fig. 1.5). Essa unidade, às vezes chamada de *slug*, pode ser deduzida da equação $F = ma$, após substituição de 1 lb e 1 ft/s² para F e a, respectivamente. Escrevemos

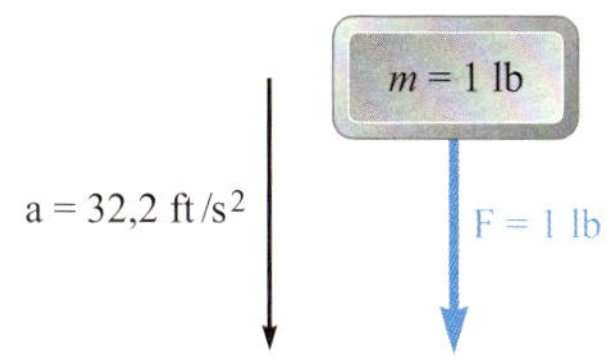

Figura 1.4

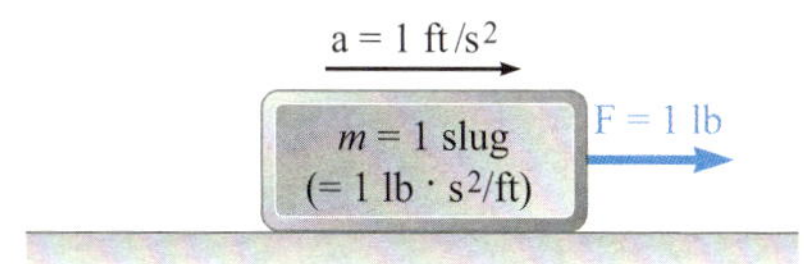

Figura 1.5

$$F = ma \qquad 1\ \text{lb} = (1\ \text{slug})(1\ \text{ft/s}^2)$$

para obter

$$1\ \text{slug} = \frac{1\ \text{lb}}{1\ \text{ft/s}^2} = 1\ \text{lb} \cdot \text{s}^2/\text{ft} \tag{1.6}$$

Comparando as Figs. 1.4 e 1.5, concluímos que o slug é uma massa 32,2 vezes maior que a massa da libra padrão.

O fato de, no sistema de unidades usuais nos Estados Unidos, os corpos serem caracterizados pelo seu peso em libras em vez de sua massa em slugs será conveniente no estudo de estática, no qual se lida constantemente com pesos e outras forças e apenas raramente com massas. No entanto, no estudo de dinâmica, que envolve forças, massas e acelerações, a massa m de um corpo será expressa em slugs quando seu peso W for dado em libras. Relembrando a Eq. (1.4), escrevemos

$$m = \frac{W}{g} \tag{1.7}$$

onde g é a aceleração da gravidade ($g = 32,2\ \text{ft/s}^2$).

Outras unidades usuais nos Estados Unidos, frequentemente encontradas em problemas de engenharia, são a *milha* (mi), igual a 5.280 ft; a *polegada* (in, do inglês *inch*), igual a $\frac{1}{12}$ ft; e a *quilolibra* (kip, do inglês *kilo-pound*), igual à força de 1.000 lb. A unidade *ton* é frequentemente usada para representar a massa de 2.000 lb, mas, assim como a libra, deve ser convertida em slugs nos cálculos de engenharia.

A conversão em pés, libras e segundos de grandezas expressas em outras unidades usuais nos Estados Unidos geralmente é mais complicada e requer maior atenção que as operações correspondentes nas unidades do SI. Por exemplo, se a intensidade de uma velocidade é dada como $v = 30$ mi/h, a conversão para ft/s é como se segue. Primeiro, escrevemos:

$$v = 30\ \frac{\text{mi}}{\text{h}}$$

Uma vez que desejamos nos livrar da unidade milhas e introduzir a unidade pés, devemos multiplicar o segundo membro da equação por uma expressão que contenha milhas no denominador e pés no numerador. Mas, como não queremos alterar o valor do segundo membro, a expressão usada deve ter um valor igual à unidade. O quociente (5.280 ft)/(1 mi) é a expressão desejada. Operando de modo semelhante para transformar a unidade hora em segundos, escrevemos:

$$v = \left(30 \frac{\text{mi}}{\text{h}}\right)\left(\frac{5.280 \text{ ft}}{1 \text{ mi}}\right)\left(\frac{1 \text{ h}}{3.600 \text{ s}}\right)$$

Efetuando os cálculos numéricos e cancelando as unidades que aparecem tanto no numerador como no denominador, obtemos:

$$v = 44 \frac{\text{ft}}{\text{s}} = 44 \text{ ft/s}$$

1.5 Conversão de um sistema de unidades para outro

Em diversas ocasiões, um engenheiro deseja converter um resultado numérico obtido em unidades usuais nos Estados Unidos em unidades do SI e vice-versa. Como a unidade de tempo é a mesma em ambos os sistemas, apenas duas unidades cinéticas básicas precisam ser convertidas. Logo, como todas as outras unidades cinéticas podem ser derivadas das unidades básicas, é preciso lembrar apenas dois fatores de conversão.

Unidades de comprimento. Por definição, a unidade de comprimento usual nos Estados Unidos é:

$$1 \text{ ft} = 0{,}3048 \text{ m} \tag{1.8}$$

Segue-se que

$$1 \text{ mi} = 5.280 \text{ ft} = 5.280(0{,}3048 \text{ m}) = 1.609 \text{ m}$$

ou

$$1 \text{ mi} = 1.609 \text{ m} \tag{1.9}$$

Além disso,

$$1 \text{ in} = \tfrac{1}{12} \text{ ft} = \tfrac{1}{12}(0{,}3048 \text{ m}) = 0{,}0254 \text{ m}$$

ou

$$1 \text{ in} = 25{,}4 \text{ mm} \tag{1.10}$$

Unidades de força. Lembrando que a unidade de força usual nos Estados Unidos (a libra) é definida como o peso da libra padrão (de massa 0,4536 kg) no nível do mar e a uma latitude de 45° (onde g = 9.807 m/s), e aplicando a Eq. (1.4), escrevemos:

$$W = mg$$
$$1 \text{ lb} = (0{,}4536 \text{ kg})(9{,}807 \text{ m/s}^2) = 4{,}448 \text{ kg} \cdot \text{m/s}^2$$

ou considerando a Eq. (1.5):

$$1 \text{ lb} = 4{,}448 \text{ N} \tag{1.11}$$

Unidades de massa. A unidade de massa usual nos Estados Unidos (o slug) é uma unidade derivada. Logo, aplicando as Eqs. (1.6), (1.8) e (1.11), escrevemos:

$$1 \text{ slug} = 1 \text{ lb} \cdot \text{s}^2/\text{f} = \frac{1 \text{ lb}}{1 \text{ ft/s}^2} = \frac{4{,}448 \text{ N}}{0{,}3048 \text{ m/s}^2} = 14{,}59 \text{ N} \cdot \text{s}^2/\text{m}$$

ou considerando a Eq. (1.5):

$$1 \text{ slug} = 1 \text{ lb} \cdot \text{s}^2/\text{ft} = 14{,}59 \text{ kg} \qquad (1.12)$$

Embora não se possa usá-la como uma unidade consistente de massa, lembremos que a massa da libra padrão é, por definição,

$$1 \text{ libra massa} = 0{,}4536 \text{ kg} \qquad (1.13)$$

Essa constante pode ser usada para determinar a *massa* em unidades do SI (quilogramas) de um corpo que foi caracterizado pelo seu *peso* em unidades usuais nos Estados Unidos (libras).

Para converter uma unidade derivada usual nos Estados Unidos em unidades do SI, simplesmente multiplica-se ou divide-se tal unidade pelos fatores de conversão apropriados. Por exemplo, para converter o momento de uma força, considerando $M = 47$ lb · in, em unidades do SI, usamos as Eqs. (1.10) e (1.11) e escrevemos

$$\begin{aligned} M &= 47 \text{ lb} \cdot \text{in} = 47(4{,}448 \text{ N})(25{,}4 \text{ mm}) \\ &= 5.310 \text{ N} \cdot \text{mm} = 5{,}31 \text{ N} \cdot \text{m} \end{aligned}$$

Os fatores de conversão dados nesta seção também podem ser usados para converter um resultado numérico obtido em unidades do SI em unidades usuais nos Estados Unidos. Por exemplo, se o momento de uma força é $M = 40$ N · m, seguindo o procedimento adotado no último parágrafo da Seção 1.4 escrevemos:

$$M = 40 \text{ N} \cdot \text{m} = (40 \text{ N} \cdot \text{m}) \left(\frac{1 \text{ lb}}{4{,}448 \text{ N}}\right) \left(\frac{1 \text{ ft}}{0{,}3048 \text{ m}}\right)$$

Efetuando os cálculos numéricos e cancelando as unidades que aparecem tanto no numerador como no denominador, obtemos:

$$M = 29{,}5 \text{ lb} \cdot \text{ft}$$

As unidades usuais nos Estados Unidos utilizadas com maior frequência em mecânica estão listadas na Tabela 1.3 com suas equivalentes no SI.

1.6 Método de resolução de problemas

Você deve resolver um problema de mecânica como se fosse lidar com uma situação real de engenharia. Com base em sua própria experiência e intuição, você considerará mais fácil entender e formular o problema. Todavia, uma vez que o problema tenha sido claramente enunciado, não haverá lugar em sua solução para suas preferências particulares. A solução deve se basear nos princípios fundamentais da estática e nos conceitos que você aprenderá neste livro. Cada passo dado deve ser justificado nessa base. Devem-se seguir regras estritas que conduzam à solução de maneira quase automática, não deixando espaço para sua intuição ou "sentimento". Após obter uma resposta, ela deverá ser conferida; nessa etapa, novamente você deverá apelar para o bom senso e a experiência pessoal. Se não estiver inteiramente satisfeito com o resultado obtido, você pode conferir sua formulação do problema, a validade dos métodos que empregou para solucioná-lo e a precisão de seus cálculos.

Tabela 1.3 As unidades usuais nos Estados Unidos e as equivalentes no SI

Grandeza	Unidade usual nos Estados Unidos	Equivalente no SI
Aceleração	ft/s^2	$0{,}3048\ m/s^2$
	in/s^2	$0{,}0254\ m/s^2$
Área	ft^2	$0{,}0929\ m^2$
	in^2	$645{,}2\ mm^2$
Energia	ft · lb	1,356 J
Força	kip	4,448 kN
	lb	4,448 N
	oz	0,2780 N
Impulso	lb · s	4,448 N · s
Comprimento	ft	0,3048 m
	in	25,40 mm
	mi	1,609 km
Massa	oz massa	28,35 g
	lb massa	0,4536 kg
	slug	14,59 kg
	ton	907,2 kg
Momento de uma força	lb · ft	1,356 N · m
	lb · in	0,1130 N · m
Momento de inércia		
De uma área	in^4	$0{,}4162 \times 10^6\ mm^4$
De uma massa	$lb \cdot ft - s^2$	$1{,}356\ kg \cdot m^2$
Quantidade de movimento	lb · s	4,448 kg · m/s
Potência	ft · lb/s	1,356 W
	hp	745,7 W
Pressão ou tensão	lb/ft^2	47,88 Pa
	lb/in^2 (psi)	6,895 kPa
Velocidade	ft/s	0,3048 m/s
	in/s	0,0254 m/s
	mi/h (mph)	0,4470 m/s
	mi/h (mph)	1,609 km/h
Volume	ft^3	$0{,}02832\ m^3$
	in^3	$16{,}39\ cm^3$
Líquidos	gal	3,785 L
	qt	0,9464 L
Trabalho	ft · lb	1,356 J

O *enunciado* de um problema deve ser claro e preciso, contendo os dados e indicando a informação que se requer. Deve-se incluir um desenho claro que mostre todas as grandezas envolvidas e diagramas separados para todos os corpos envolvidos, com a indicação clara das forças que atuam em cada corpo. Esses diagramas são conhecidos como *diagramas de corpo livre* e estão descritos em detalhe nas Seções 2.11 e 4.2.

Os *princípios fundamentais* da mecânica listados na Seção 1.2 *serão usados para escrever equações* que expressem as condições de repouso ou de movimento dos corpos considerados. Cada equação deve ser claramente relacionada a um dos diagramas de corpo livre. Em seguida, você prosseguirá com a resolução do problema, observando estritamente as regras comuns de álgebra e registrando com clareza os vários passos realizados.

Uma vez obtida, a resposta deve ser *cuidadosamente conferida*. Erros de *raciocínio* podem ser detectados frequentemente pela verificação das unidades. Por exemplo, para determinar o momento de uma força de 50 N em relação a um ponto a 0,60 m de sua linha de ação, escreveríamos (Seção 3.12)

$$M = Fd = (50\ \text{N})(0{,}60\ \text{m}) = 30\ \text{N} \cdot \text{m}$$

A unidade N · m obtida multiplicando-se newtons por metros é a unidade correta para o momento de uma força; se fosse obtida outra unidade, saberíamos que algum erro foi cometido.

Erros de *cálculo* geralmente são detectados quando substituímos os valores numéricos obtidos em uma equação que ainda não foi usada e verificamos se a equação é satisfeita. É importante enfatizar a importância dos cálculos corretos em engenharia.

1.7 Precisão numérica

A precisão da solução de um problema depende de dois itens: a precisão (1) dos dados e (2) dos cálculos efetuados.

A solução não pode ser mais precisa que o menos preciso desses dois itens. Por exemplo, se o carregamento de uma ponte é de 300.000 N com uma possível margem de erro de 400 N, o erro relativo que mede o grau de precisão dos dados é:

$$\frac{400\ \text{N}}{300.000\ \text{N}} = 0{,}0013 = 0{,}13\%$$

Quando se calcula a reação em um dos apoios da ponte, não há sentido em registrá-la como 57.288 N. A precisão da solução não pode ser maior que 0,13%, não importa quão precisos sejam os cálculos, e o possível erro na resposta pode ser tão grande quanto (0,13/100)(57.288 N) = 75 N. A resposta deve ser registrada apropriadamente como 57.288 ± 75 N.

Em problemas de engenharia, os dados raramente são conhecidos com precisão maior que 0,2%. Logo, raramente se justifica escrever as respostas para tais problemas com uma precisão maior que 0,2%. Uma regra prática é usar 4 algarismos significativos para registrar números que começam com "1" e 3 algarismos significativos em todos os outros casos. Salvo menção em contrário, os dados de um problema serão admitidos com um mesmo grau de precisão. Por exemplo, uma força de 40 N deve ser lida como 40,0 N e uma força de 15 N deve ser lida como 15,00 N.

As calculadoras eletrônicas de bolso são amplamente utilizadas por engenheiros e estudantes de engenharia, pois sua velocidade e precisão facilitam os cálculos numéricos na resolução de muitos problemas. No entanto, os estudantes não devem registrar algarismos significativos além do justificável meramente porque são fáceis de obter. Como já observamos, uma precisão maior que 0,2% raramente é necessária ou significativa na solução de problemas práticos de engenharia.

Muitos problemas de engenharia podem ser resolvidos com base no equilíbrio de "partículas". No caso desta escavadeira, que está sendo carregada para cima do navio, a relação entre as tensões nos vários cabos envolvidos pode ser obtida considerando o equilíbrio do gancho no qual os cabos estão presos.

CAPÍTULO 2

Estática de partículas

2 Estática de partículas

2.1 Introdução

Neste capítulo, você estudará o efeito de forças que atuam sobre partículas. Primeiramente você vai aprender como substituir duas ou mais forças que atuam sobre uma dada partícula por uma única força que tenha o mesmo efeito que as forças originais. Essa única força equivalente é a *resultante* das forças originais que atuam sobre a partícula. Depois, as relações que existem entre as várias forças que atuam sobre a partícula em estado de *equilíbrio* serão deduzidas e usadas para determinar algumas das forças que atuam sobre a partícula.

O uso da palavra "partícula" não implica que nosso estudo será limitado a pequenos corpos, mas que o tamanho e o formato dos corpos considerados não afetarão significativamente a resolução dos problemas tratados neste capítulo e que todas as forças que atuem sobre um dado corpo serão consideradas em um mesmo ponto de aplicação. Como essa hipótese é utilizada em muitas aplicações práticas, neste capítulo você ficará habilitado a resolver diversos problemas de engenharia.

A primeira parte do capítulo é dedicada ao estudo de forças contidas em um único plano, e a segunda parte, à análise de forças em espaço tridimensional.

FORÇAS NO PLANO

2.2 Força sobre uma partícula. Resultante de duas forças

Uma força representa a ação de um corpo sobre outro e geralmente é caracterizada por seu *ponto de aplicação*, sua *intensidade*, sua *direção* e seu *sentido*. Forças que atuam sobre uma dada partícula, entretanto, têm o mesmo ponto de aplicação. Cada força considerada neste capítulo será, então, completamente definida por sua intensidade, sua direção e seu sentido.

A intensidade de uma força é caracterizada por um certo número de unidades. Como indicamos no Cap. 1, as unidades do SI usadas por engenheiros para medir a intensidade de uma força são o newton (N) e seu múltiplo, o quilonewton (kN), igual a 1.000 N. A direção de uma força é definida pela *linha de ação* e pelo *sentido* da força. A linha de ação é a linha reta infinita ao longo da qual a força atual e caracteriza-se pelo ângulo que ela forma com algum eixo fixo (Fig. 2.1).

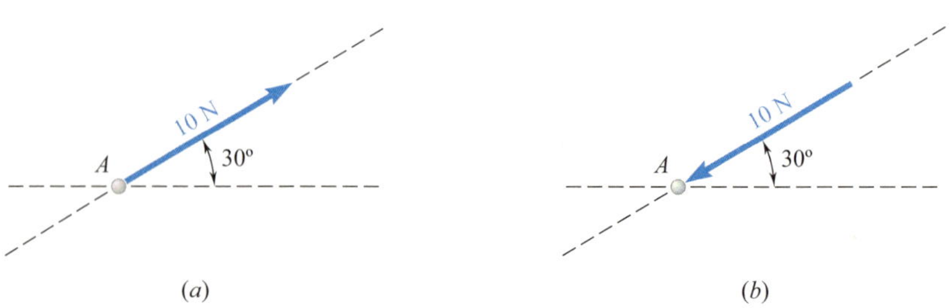

Figura 2.1

A força propriamente dita é representada por um segmento dessa linha; por meio do uso de uma escala apropriada, pode-se escolher o comprimento desse segmento para representar a intensidade da força. Finalmente, o sentido da força deve ser indicado por uma ponta de seta. É importante, na definição de uma força, a indicação de seu sentido. Duas forças que tenham a mesma intensidade e a mesma linha de ação, mas sentidos diferentes, tais como as forças mostradas na Fig. 2.1*a* e *b*, terão efeitos diretamente opostos sobre uma partícula.

Constata-se experimentalmente que duas forças **P** e **Q** que atuem sobre uma partícula *A* (Fig. 2.2*a*) podem ser substituídas por uma única força **R** que tem o mesmo efeito sobre essa partícula (Fig. 2.2*c*). Essa força é chamada de *resultante* das forças **P** e **Q** e pode ser obtida, como mostra a Fig. 2.2*b*, pela construção de um paralelogramo, usando-se **P** e **Q** como dois lados adjacentes desse paralelogramo. *A diagonal que passa por A representa a resultante.* Esse método de encontrar a resultante é denominado *lei do paralelogramo* para a adição de duas forças. Essa lei é baseada em evidência experimental, por isso não pode ser provada ou deduzida matematicamente.

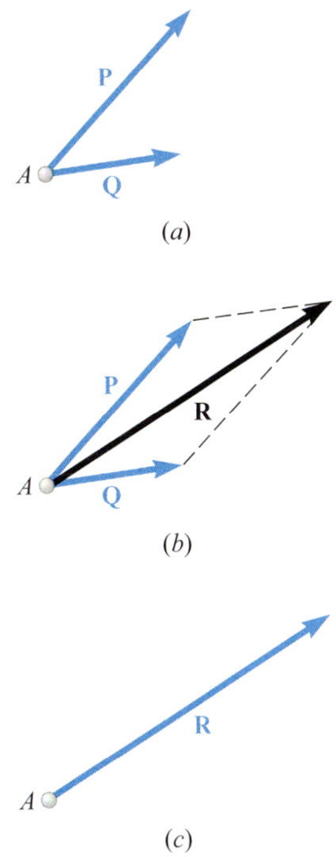

Figura 2.2

2.3 Vetores

Observa-se, pelo descrito anteriormente, que forças não obedecem às regras de adição definidas na álgebra ou aritmética comuns. Por exemplo, duas forças que atuem a um ângulo reto entre si, uma de 4 N e a outra de 3 N, somadas resultam em uma força de 5 N, e *não* em uma força de 7 N. Forças não são as únicas quantidades que seguem a lei do paralelogramo para adição. Como você verá mais adiante, *deslocamentos*, *velocidades*, *acelerações* e *quantidades de movimento* são outros exemplos de quantidades físicas que têm intensidade, direção e sentido e que são somadas de acordo com a lei do paralelogramo. Todas essas quantidades podem ser representadas matematicamente por *vetores*, enquanto aquelas quantidades físicas que têm intensidade, mas não direção, como *volume*, *massa* ou *energia*, são representadas por números simples ou *escalares*.

Vetores são definidos como *expressões matemáticas que têm intensidade, direção e sentido, que se somam de acordo com a lei do paralelogramo*. Vetores são representados por setas nas ilustrações e serão distinguidos dos escalares neste texto pelo uso de negrito (**P**). Na escrita à mão, um vetor pode ser expresso pelo desenho de uma pequena seta sobre a letra usada para representá-lo ($\vec{P}$) ou sublinhando essa letra ($\underline{P}$). A intensidade do vetor define o comprimento da seta usada para representá-lo. Neste texto, o itálico será usado para denotar a intensidade de um vetor. Assim, a intensidade de um vetor **P** será representada por *P*.

Um vetor usado para representar uma força que atua sobre uma dada partícula tem um ponto de aplicação bem definido, a saber, a partícula propriamente dita. Diz-se que tal vetor é *fixo*, ou *seguro*, e não pode ser deslocado sem que se modifique as condições do problema. Outras quantidades físicas, entretanto, como momentos e binários (ver Cap. 3), são representadas por vetores que podem se mover livremente no espaço, os

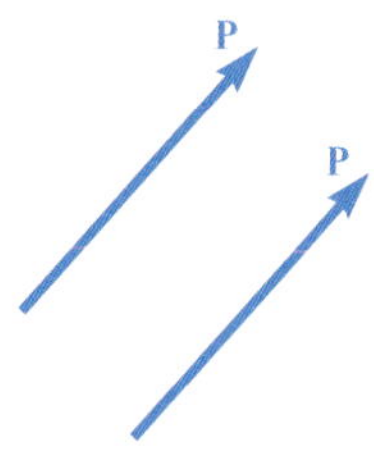

Figura 2.4

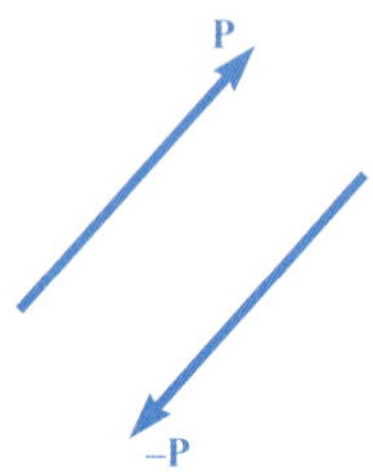

Figura 2.5

quais são denominados vetores *livres*. Outras quantidades como forças atuantes sobre um corpo rígido (ver Cap. 3) são representadas por vetores que podem ser deslocados, ou deslizados, ao longo de suas linhas de ação, os quais são denominados vetores *deslizantes*.*

Dois vetores que têm a mesma intensidade, a mesma direção e o mesmo sentido são considerados *iguais*, independentemente de terem ou não o mesmo ponto de aplicação (Fig. 2.4); vetores iguais podem ser representados pela mesma letra.

O *vetor oposto* de um dado vetor **P** é definido como um vetor que tem a mesma intensidade e a mesma direção de **P** e sentido oposto (Fig. 2.5); o oposto de um vetor **P** é denotado por –**P**. Os vetores **P** e –**P** são geralmente denominados como vetores *iguais e opostos*. Obviamente, temos:

$$\mathbf{P} + (-\mathbf{P}) = 0$$

2.4 Adição de vetores

Vimos na seção anterior que, por definição, vetores se somam de acordo com a lei do paralelogramo. Portanto, a soma de dois vetores **P** e **Q** é obtida

* Algumas expressões têm intensidade, direção e sentido, mas não se somam de acordo com a lei do paralelogramo. Embora possam ser representadas por setas, essas expressões *não podem* ser consideradas vetores.

Um grupo dessas expressões é o de rotações finitas de um corpo rígido. Coloque um livro fechado sobre uma mesa à sua frente, de modo que fique em posição de leitura, com a capa para cima e a lombada para a esquerda. Agora gire o livro 180° em torno de um eixo paralelo à lombada (Fig. 2.3*a*); essa rotação pode ser representada por uma seta de comprimento igual a 180 unidades e orientada como mostra a figura. Pegue o livro nessa nova posição, gire-o agora 180° em torno de um eixo perpendicular à lombada (Fig. 2.3*b*); essa segunda rotação pode ser representada por uma seta de 180 unidades de comprimento e orientada tal como mostra a figura. Mas o livro poderia ter sido colocado nessa posição final por meio de uma rotação única de 180° em torno de um eixo vertical (Fig. 2.3*c*). Concluímos que a soma das duas rotações de 180° representadas pelas setas direcionadas respectivamente ao longo dos eixos z e x é uma rotação de 180° representada por uma seta direcionada ao longo do eixo y (Fig. 2.3*d*). Obviamente, as rotações finitas de um corpo rígido *não* obedecem à lei do paralelogramo para adição e, por isso, *não podem* ser representadas por vetores.

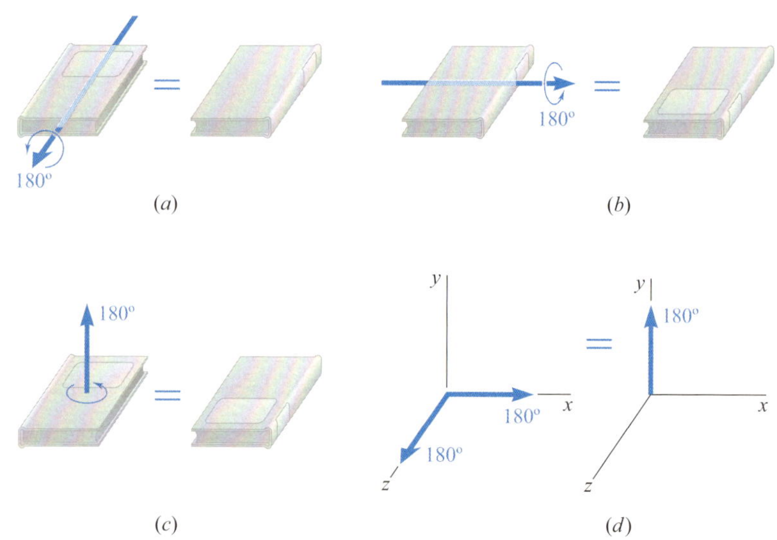

Figura 2.3 Rotações finitas de um corpo rígido.

a partir da aplicação dos dois vetores no mesmo ponto A e da construção do paralelogramo, usando **P** e **Q** como dois lados do paralelogramo (Fig. 2.6). A diagonal que passa através de A representa a soma dos vetores **P** e **Q**, e essa soma é representada por **P** + **Q**. O fato de o sinal + ser usado para representar tanto as adições de vetores como as de escalares não deverá causar confusão se as quantidades vetoriais e escalares forem sempre cuidadosamente distinguidas. Portanto, devemos notar que a intensidade do vetor **P** + **Q** *não é*, em geral, igual à soma $P + Q$ das intensidades dos vetores **P** e **Q**.

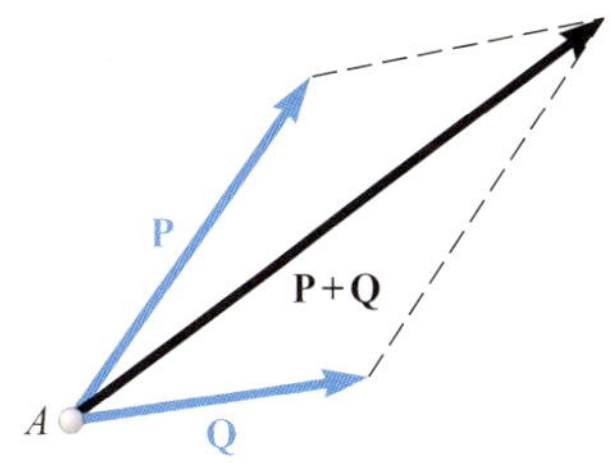

Figura 2.6

Como o paralelogramo construído com os vetores **P** e **Q** não depende da ordem em que **P** e **Q** são selecionados, concluímos que a adição de dois vetores é *comutativa* e escrevemos:

$$\mathbf{P} + \mathbf{Q} = \mathbf{Q} + \mathbf{P} \tag{2.1}$$

Da lei do paralelogramo, podemos deduzir um outro método para determinar a soma de dois vetores. Esse método, conhecido como *regra do triângulo*, é apresentado a seguir. Considere a Fig. 2.6, na qual a soma dos vetores **P** e **Q** foi determinada pela lei do paralelogramo. Como o lado do paralelogramo oposto a **Q** é igual a **Q** em intensidade e direção, podemos desenhar apenas metade do paralelogramo (Fig. 2.7*a*). A soma dos dois vetores pode, portanto, ser determinada *dispondo* **P** *e* **Q** *no padrão ponta-a-cauda** *e, em seguida, unindo a cauda de* **P** *à ponta de* **Q**. Na Fig. 2.7*b*, é considerada a outra metade do paralelogramo, e obtém-se o mesmo resultado. Isso confirma o fato de que a adição de vetores é comutativa.

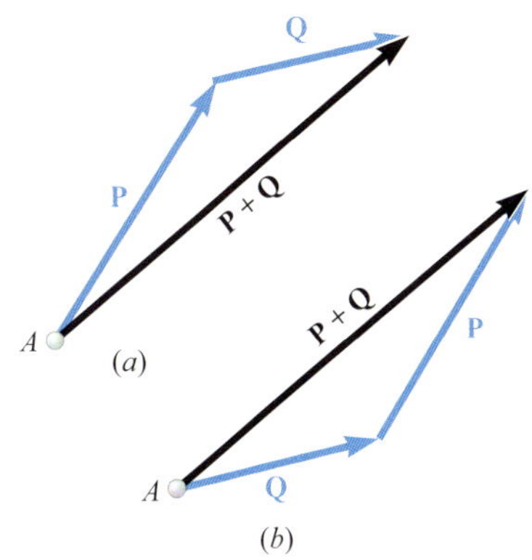

Figura 2.7

A *subtração* de um vetor é definida como a adição do vetor oposto correspondente. Portanto, o vetor **P** – **Q** que representa a diferença entre os vetores **P** e **Q** é obtido adicionando-se a **P** o vetor oposto –**Q** (Fig. 2.8). Escrevemos:

$$\mathbf{P} - \mathbf{Q} = \mathbf{P} + (-\mathbf{Q}) \tag{2.2}$$

Aqui novamente devemos observar que, embora seja usado o mesmo sinal para denotar a subtração vetorial e a escalar, serão evitadas confusões se tomarmos cuidados para distinguir quantidades escalares de vetoriais.

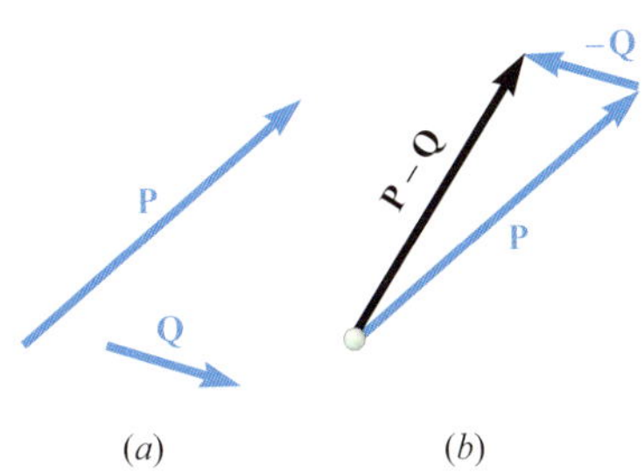

Figura 2.8

Vamos agora considerar a *soma de três ou mais vetores*. A soma de três vetores **P**, **Q** e **S** será, *por definição*, obtida primeiro somando-se os vetores **P** e **Q** e depois adicionando-se o vetor **S** ao vetor **P** + **Q**. Então escrevemos:

$$\mathbf{P} + \mathbf{Q} + \mathbf{S} = (\mathbf{P} + \mathbf{Q}) + \mathbf{S} \tag{2.3}$$

De modo semelhante, a soma de quatro vetores será obtida adicionando-se o quarto vetor à soma dos três primeiros. A soma de qualquer número de vetores pode ser obtida quando se aplica repetidamente a lei do paralelogramo a pares sucessivos de vetores até que todos os vetores dados tenham sido substituídos por um único vetor.

Se os vetores dados são *coplanares*, ou seja, se eles estão contidos no mesmo plano, será fácil obter a sua soma graficamente. Nesse caso, a aplicação sucessiva da regra do triângulo é preferível à aplicação da lei do paralelogramo. Na Fig. 2.9, a soma de três vetores **P**, **Q** e **S** foi obtida dessa

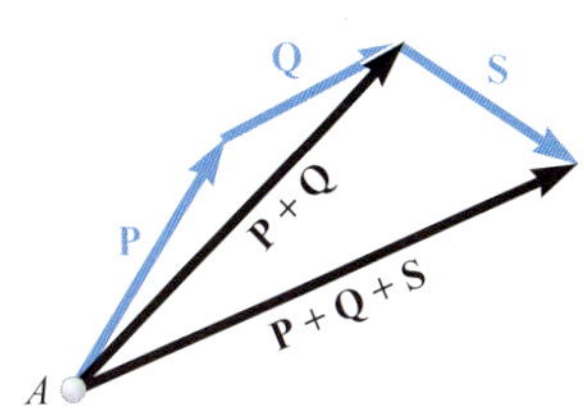

Figura 2.9

* N. de T.: O padrão ponta-a-cauda significa posicionar dois vetores de modo a unir a ponta (final) do primeiro vetor à cauda (origem) do segundo vetor.

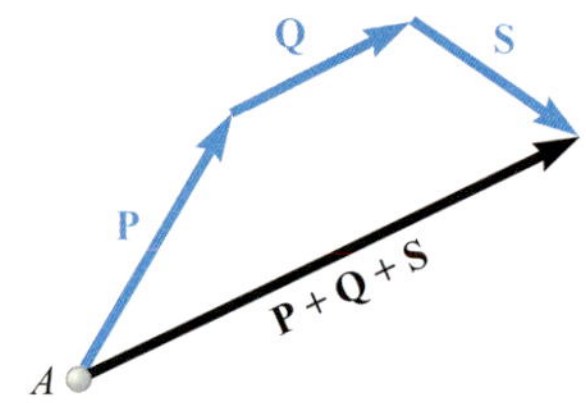

Figura 2.10

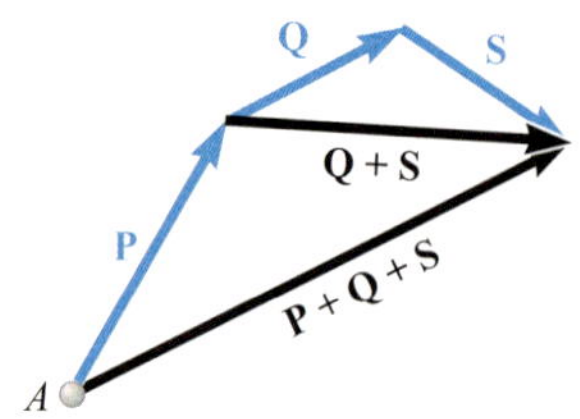

Figura 2.11

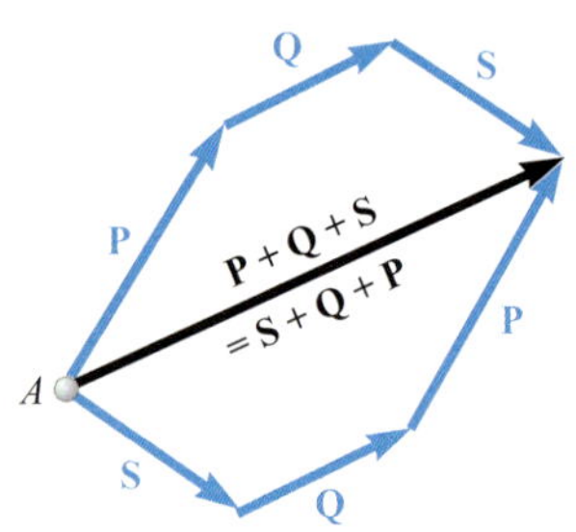

Figura 2.12

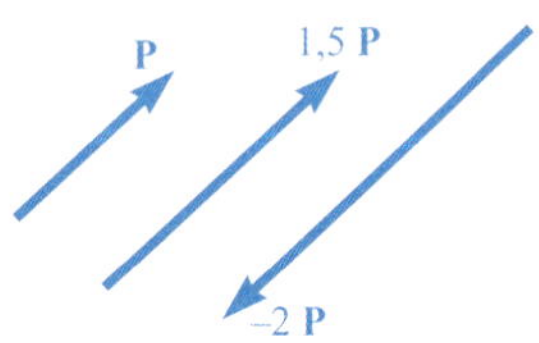

Figura 2.13

maneira. A regra do triângulo foi primeiro aplicada para se obter a soma **P** + **Q** dos vetores **P** e **Q** e aplicada novamente para se obter a soma dos vetores **P** + **Q** e **S**. A determinação do vetor **P** + **Q**, entretanto, poderia ter sido omitida e a soma dos três vetores poderia ter sido obtida diretamente, como mostra a Fig. 2.10, *dispondo-se os vetores dados no padrão ponta-a-cauda e unindo-se a cauda do primeiro vetor à ponta do último.* Esse procedimento é conhecido como *regra do polígono* para adição de vetores.

Observamos que o resultado obtido teria sido o mesmo se, como mostra a Fig. 2.11, os vetores **Q** e **S** tivessem sido substituídos pela soma **Q** + **S**. Portanto, podemos escrever:

$$\mathbf{P} + \mathbf{Q} + \mathbf{S} = (\mathbf{P} + \mathbf{Q}) + \mathbf{S} = \mathbf{P} + (\mathbf{Q} + \mathbf{S}) \tag{2.4}$$

o que expressa o fato de que a adição de vetores é *associativa.* Lembrando que a adição de vetores, no caso de dois vetores, é comutativa, escrevemos:

$$\begin{aligned} \mathbf{P} + \mathbf{Q} + \mathbf{S} &= (\mathbf{P} + \mathbf{Q}) + \mathbf{S} = \mathbf{S} + (\mathbf{P} + \mathbf{Q}) \\ &= \mathbf{S} + (\mathbf{Q} + \mathbf{P}) = \mathbf{S} + \mathbf{Q} + \mathbf{P} \end{aligned} \tag{2.5}$$

Essa expressão, assim como outras que poderiam ser obtidas da mesma maneira, mostra que a ordem em que vários vetores são adicionados é irrelevante (Fig. 2.12).

Produto de um escalar por um vetor. Como é conveniente representar a soma **P** + **P** por 2**P**, a soma **P** + **P** + **P** por 3**P** e, em geral, a soma de n vetores iguais **P** pelo produto n**P**, definiremos o produto n**P** de um inteiro positivo n por um vetor **P** como um vetor que tem a mesma direção e o mesmo sentido que **P** e a intensidade nP. Estendendo essa definição para incluir todos os escalares e lembrando a definição de vetor oposto dada na Seção 2.3, definimos o produto k**P** de um escalar k por um vetor **P** como um vetor que tem a mesma direção e o mesmo sentido que **P** (se k for positivo), ou a mesma direção e sentido oposto ao de **P** (se k for negativo), e uma intensidade igual ao produto de P e do valor absoluto de k (Fig. 2.13).

2.5 Resultante de várias forças concorrentes

Considere uma partícula A sobre a qual atuam várias forças coplanares, isto é, várias forças contidas em um mesmo plano (Fig. 2.14*a*). Como as forças consideradas aqui passam todas por A, também são denominadas *concorrentes.* Os vetores que representam as forças que atuam sobre A podem ser adicionados pela regra do polígono (Fig. 2.14*b*). Como o uso da regra do polígono é equivalente à aplicação repetida da lei do paralelogramo, o vetor **R** assim obtido representa a resultante das forças concorrentes dadas, ou seja, a força única que tem sobre a partícula A o mesmo efeito que as forças originais dadas. Como indicamos anteriormente, a ordem em que os vetores **P**, **Q** e **S**, representando as forças dadas, são adicionados é irrelevante.

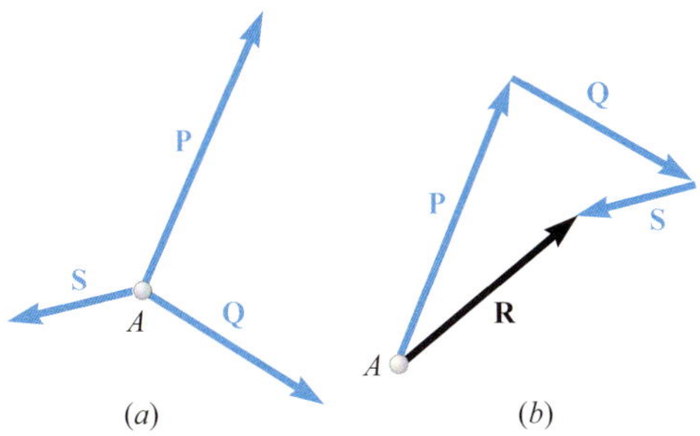

Figura 2.14

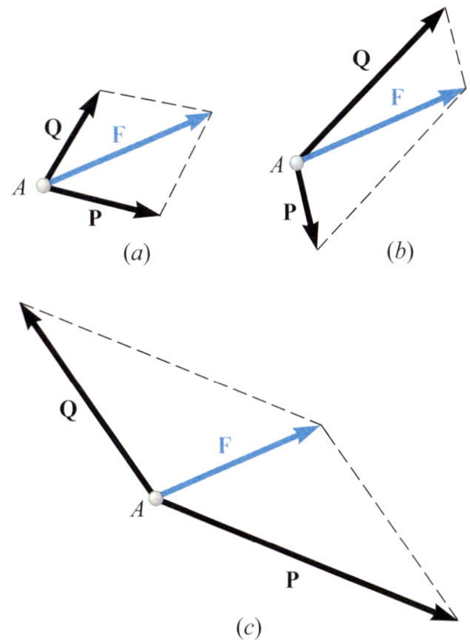

Figura 2.15

2.6 Decomposição dos componentes de uma força

Vimos que duas ou mais forças que atuam sobre uma partícula podem ser substituídas por uma força única com o mesmo efeito sobre a partícula. Reciprocamente, uma força única **F** que atua sobre uma partícula pode ser substituída por duas ou mais forças que, juntas, têm o mesmo efeito sobre a partícula. Essas forças são chamadas de *componentes* da força original **F**, e o processo de substituição de **F** por essas componentes é denominado *decomposição dos componentes da força* **F**.

Obviamente, para cada força **F** existe um número infinito de possíveis conjuntos de componentes. Conjuntos de dois *componentes* **P** *e* **Q** são os mais importantes no que concerne a aplicações práticas. Mas, mesmo assim, o número de maneiras pelas quais uma dada força **F** pode ser decomposta em dois componentes é ilimitado (Fig. 2.15). Dois casos são de particular interesse:

1. *Um dos dois componentes*, **P**, *é conhecido*. O segundo componente, **Q**, é obtido aplicando-se a regra do triângulo e unindo-se a ponta de **P** à ponta de **F** (Fig. 2.16); a intensidade, a direção e o sentido de **Q** são determinados graficamente ou por trigonometria. Uma vez que **Q** for determinado, ambos os componentes **P** e **Q** devem ser aplicados em *A*.
2. *A linha de ação de cada componente é conhecida.* A intensidade e o sentido dos componentes são obtidos aplicando-se a lei do paralelogramo e traçando-se retas, a partir da ponta de **F**, paralelas às linhas de ação dadas (Fig. 2.17). Esse processo conduz a dois componentes bem definidos, **P** e **Q**, que podem ser determinados graficamente ou calculados trigonometricamente por meio da aplicação da lei dos senos.

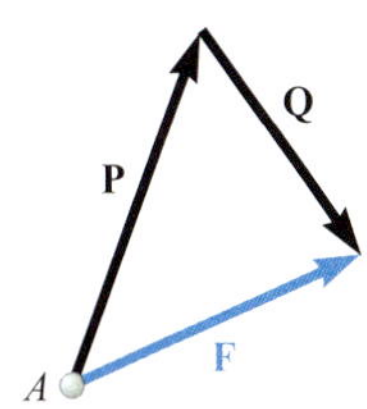

Figura 2.16

Muitos outros casos podem ser encontrados; por exemplo, a direção de um componente pode ser conhecida, enquanto se deseja que a intensidade do outro componente seja tão pequena quanto possível (ver Problema Resolvido 2.2). Em todos os casos, o triângulo ou paralelogramo adequado que satisfaz as condições dadas é desenhado.

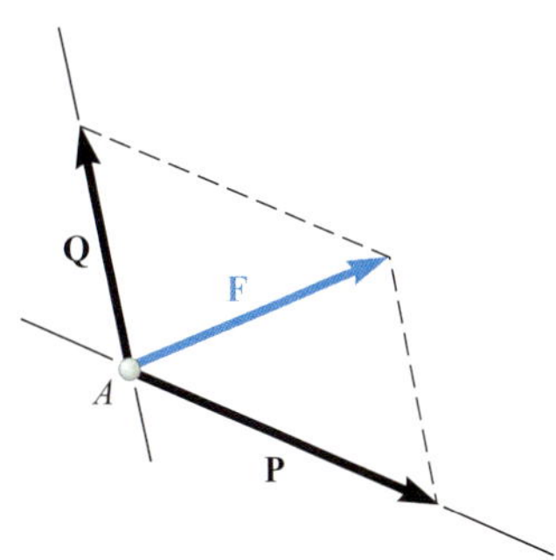

Figura 2.17

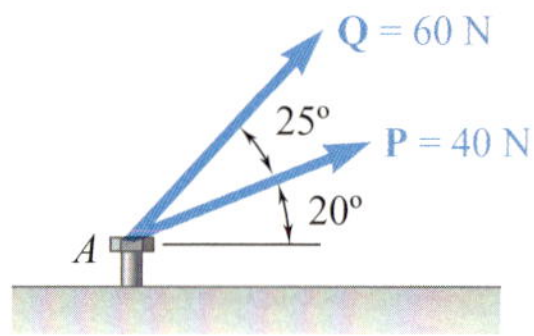

PROBLEMA RESOLVIDO 2.1

As duas forças **P** e **Q** atuam sobre um parafuso *A*. Determine sua resultante.

SOLUÇÃO

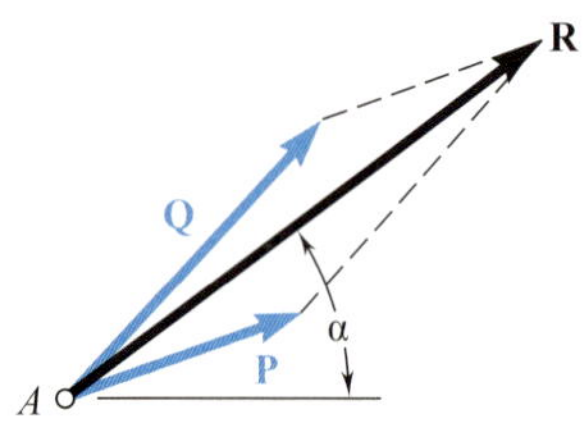

Solução gráfica. Um paralelogramo com lados iguais a **P** e **Q** é desenhado em escala. A intensidade e o ângulo que define a direção da resultante são medidos e os valores encontrados são

$$R = 98\text{ N} \qquad \alpha = 35° \qquad \mathbf{R} = 98\text{ N} \measuredangle 35° \blacktriangleleft$$

Pode-se usar também a regra do triângulo. As forças **P** e **Q** são desenhadas no padrão ponta-a-cauda. Novamente a intensidade e o ângulo que define a direção da resultante são medidos.

$$R = 98\text{ N} \qquad \alpha = 35° \qquad \mathbf{R} = 98\text{ N} \measuredangle 35° \blacktriangleleft$$

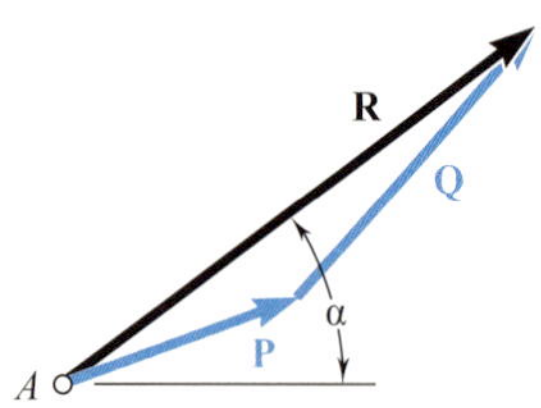

Solução trigonométrica. A regra do triângulo é usada novamente; dois lados e o ângulo incluso são conhecidos. Aplicamos a lei dos cossenos.

$$R^2 = P^2 + Q^2 - 2PQ\cos B$$
$$R^2 = (40\text{ N})^2 + (60\text{ N})^2 - 2(40\text{ N})(60\text{ N})\cos 155°$$
$$R = 97{,}73\text{ N}$$

Agora, aplicando a lei dos senos, escrevemos

$$\frac{\operatorname{sen} A}{Q} = \frac{\operatorname{sen} B}{R} \qquad \frac{\operatorname{sen} A}{60\text{ N}} = \frac{\operatorname{sen} 155°}{97{,}73\text{ N}} \qquad (1)$$

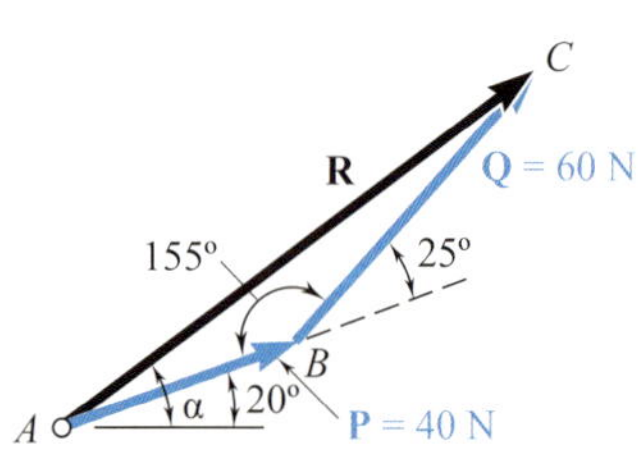

Resolvendo a Eq. (1) para sen *A*, obtemos

$$\operatorname{sen} A = \frac{(60\text{ N})\operatorname{sen} 155°}{97{,}73\text{ N}}$$

Usando uma calculadora, primeiro calculamos o quociente, em seguida seu arco seno, e obtemos

$$A = 15{,}04° \qquad \alpha = 20° + A = 35{,}04°$$

Usamos 3 algarismos significativos para escrever a resposta (ver Seção 1.6):

$$\mathbf{R} = 97{,}7\text{ N} \measuredangle 35{,}0° \blacktriangleleft$$

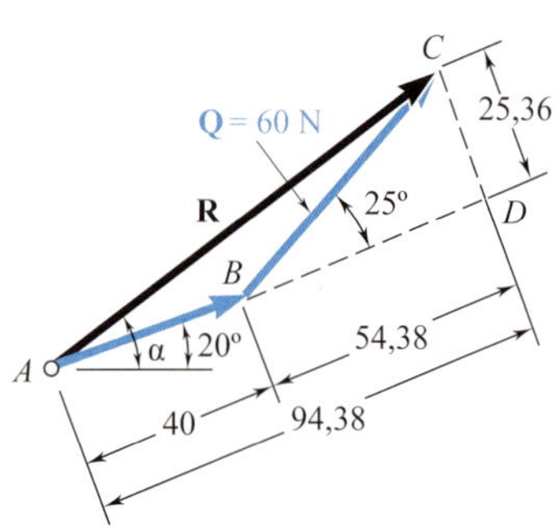

Solução trigonométrica alternativa. Construímos o triângulo retângulo *BCD* e calculamos

$$CD = (60\text{ N})\operatorname{sen} 25° = 25{,}36\text{ N}$$
$$BD = (60\text{ N})\cos 25° = 54{,}38\text{ N}$$

Em seguida, usando o triângulo *ACD*, obtemos

$$\operatorname{tg} A = \frac{25{,}36\text{ N}}{94{,}38\text{ N}} \qquad A = 15{,}04°$$

$$R = \frac{25{,}36}{\operatorname{sen} A} \qquad R = 97{,}73\text{ N}$$

Novamente,

$$\alpha = 20° + A = 35{,}04° \qquad \mathbf{R} = 97{,}7\text{ N} \measuredangle 35{,}0° \blacktriangleleft$$

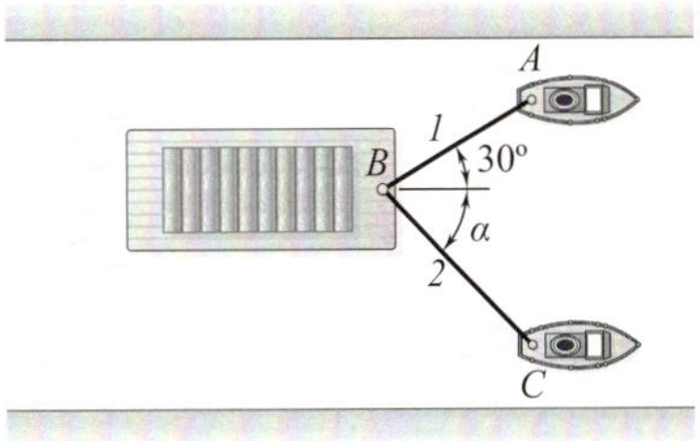

PROBLEMA RESOLVIDO 2.2

Uma barcaça é puxada por dois rebocadores. Se a resultante das forças exercidas pelos rebocadores é uma força de 22.250 N dirigida ao longo do eixo da barcaça, determine (*a*) a força de tração em cada um dos cabos, sabendo que $\alpha = 45°$ e (*b*) o valor de α para o qual a tração no cabo 2 é mínima.

SOLUÇÃO

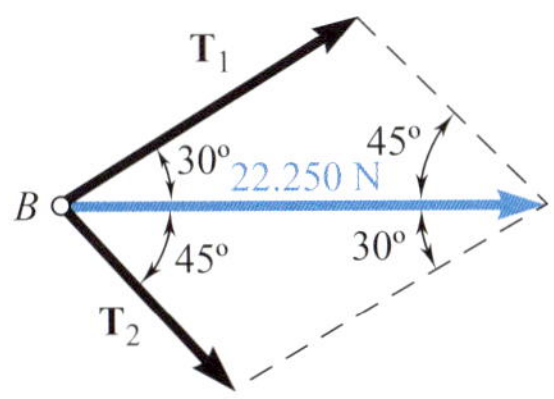

a. Tração para $\alpha = 45°$. *Solução gráfica.* Aplica-se a lei do paralelogramo; a diagonal (resultante) é conhecida, igual a 22.250 N, e está dirigida para a direita. Os lados são desenhados paralelos aos cabos. Se o desenho é feito em escala, medimos

$T_1 = 16.200$ N $\quad T_2 = 11.500$ N ◀

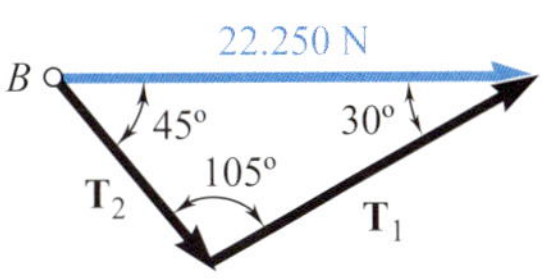

Solução trigonométrica. Pode-se aplicar a regra do triângulo. Notamos que o triângulo mostrado representa metade do paralelogramo mostrado anteriormente. Aplicando a lei dos senos, escrevemos

$$\frac{T_1}{\text{sen } 45°} = \frac{T_2}{\text{sen } 30°} = \frac{22.250 \text{ N}}{\text{sen } 105°}$$

Com uma calculadora, calculamos e armazenamos o valor do último quociente. Multiplicando esse valor sucessivamente por sen 45° e sen 30°, obtemos

$T_1 = 16.288$ N $\quad T_2 = 11.517$ N ◀

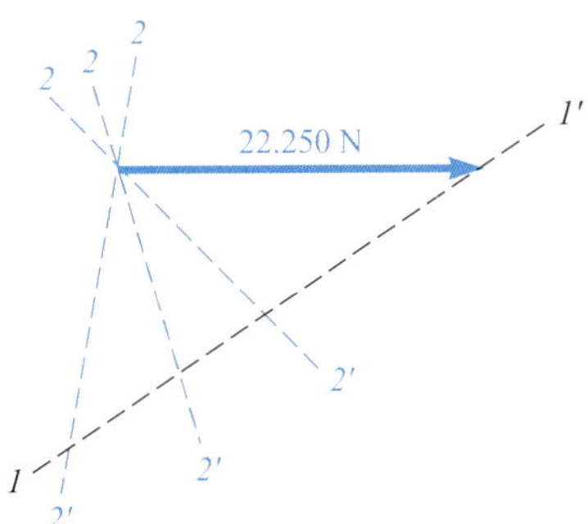

b. Valor de α para T_2 mínimo. Para determinar o valor de α para o qual a tração no cabo 2 é mínima, aplica-se novamente a regra do triângulo. No croqui mostrado, a linha *1-1'* é a direção conhecida de $\mathbf{T}_1$. Várias direções possíveis de $\mathbf{T}_2$ são mostradas pelas linhas *2-2'*. Observamos que o valor mínimo de T_2 ocorre quando $\mathbf{T}_1$ e $\mathbf{T}_2$ são perpendiculares. O valor mínimo de T_2 é

$$T_2 = (22.250 \text{ N}) \text{ sen } 30° = 11.125 \text{ N}$$

Os valores correspondentes de T_1 e α são

$$T_1 = (22.250 \text{ N}) \cos 30° = 19.269 \text{ N}$$
$$\alpha = 90° - 30°$$

$\alpha = 60°$ ◀

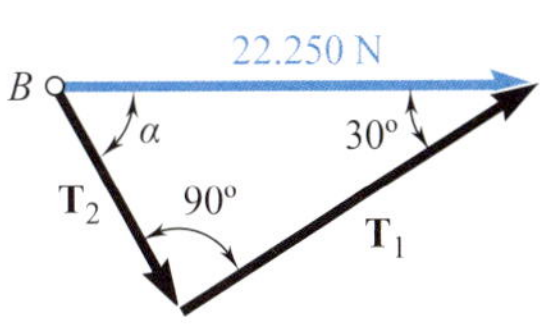

PROBLEMAS*

2.1 e **2.2** Determine graficamente a intensidade, a direção e o sentido da resultante de duas forças mostradas nas figuras usando (*a*) a lei do paralelogramo e (*b*) a regra do triângulo.

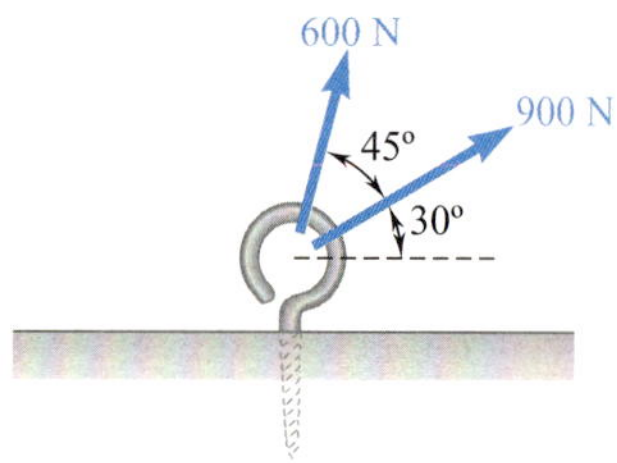

Figura P2.1

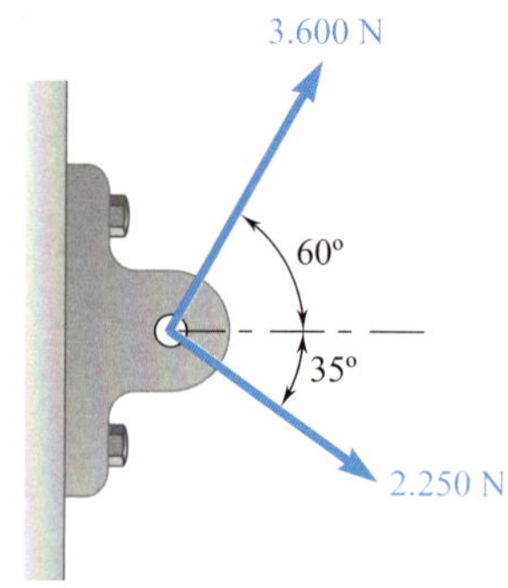

Figura P2.2

2.3 Dois elementos estruturais *B* e *C* são parafusados a um suporte *A*. Sabendo que a tração no elemento *B* é 6 kN e que a tração no elemento *C* é 10 kN, determine graficamente a intensidade, a direção e o sentido da força resultante atuante no suporte.

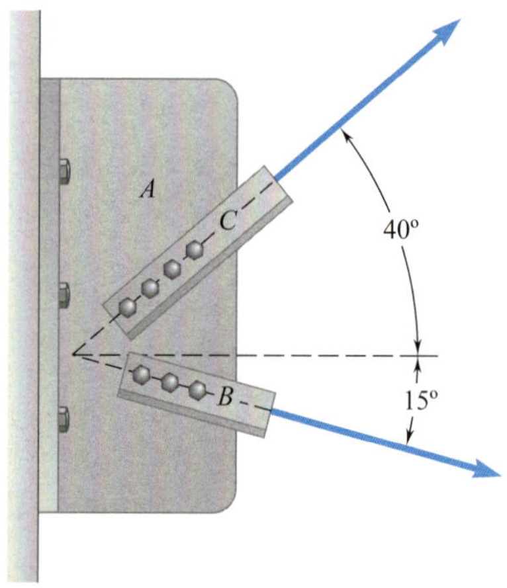

Figura P2.3 e P2.4

2.4 Dois elementos estruturais *B* e *C* são parafusados a um suporte *A*. Sabendo que a tração no elemento *B* é 11,25 kN e que a tração no elemento *C* é 9 kN, determine graficamente a intensidade, a direção e o sentido da força resultante atuante no suporte.

2.5 A força **F** de intensidade 450 N deve ser decomposta em componentes ao longo das linhas *a-a* e *b-b*. Usando trigonometria, determine o ângulo α sabendo que o componente **F** ao longo de *a-a* é 315 N.

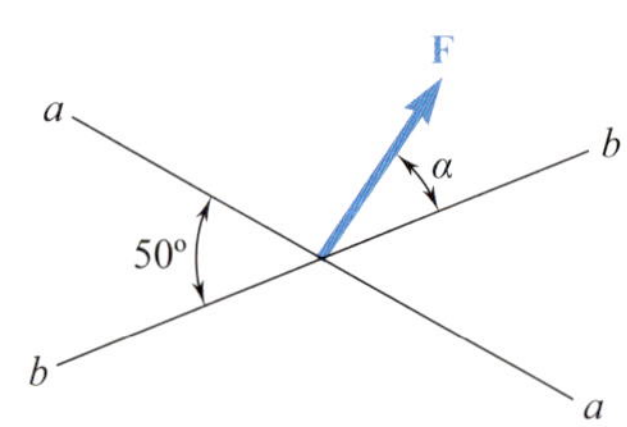

Figura P2.5 e *P2.6*

2.6 A força **F** intensidade de 800 N deve ser decomposta em componentes ao longo das linhas *a-a* e *b-b*. Usando trigonometria, determine o ângulo α sabendo que o componente **F** ao longo de *b-b* é 120 N.

2.7 Um bonde que se movimenta ao longo da viga horizontal é acionado por duas forças indicadas na figura. (*a*) Sabendo que $\alpha = 25°$, determine por meio da trigonometria a intensidade da força **P** se a força resultante sobre o bonde é vertical. (*b*) Qual é a correspondente intensidade da resultante?

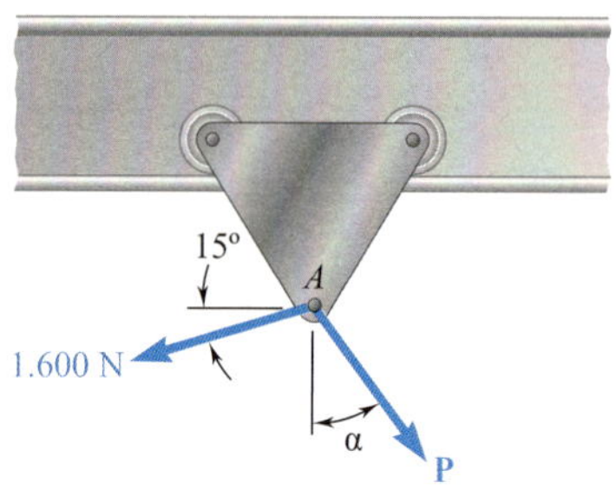

Figura P2.7 e *P2.11*

* As respostas para todos os problemas escritos em fonte normal (tal como **2.1**) são dadas no final do livro ou no site www.grupoa.com.br. Respostas a problemas cujo número é escrito em itálico (tal como ***2.8***) não são dadas.

2.8 Um automóvel desligado é puxado por duas cordas como mostra a figura. A tração em AB é 2.250 N, e o ângulo α, 25°. Sabendo que a resultante das duas forças aplicadas em A é dirigida ao longo do eixo do automóvel, determine por trigonometria (a) a tração na corda AC e (b) a intensidade da resultante das duas forças aplicadas em A.

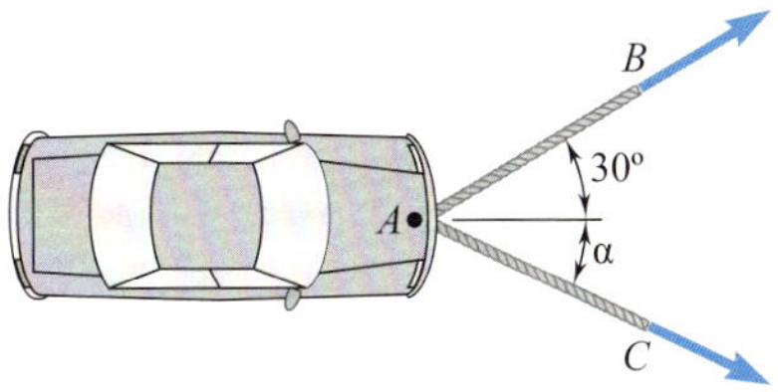

Figura P2.8 e P2.10

2.9 Determine por trigonometria a intensidade da força **P** de modo que a resultante das duas forças aplicadas em A seja vertical. Qual é a correspondente intensidade da resultante?

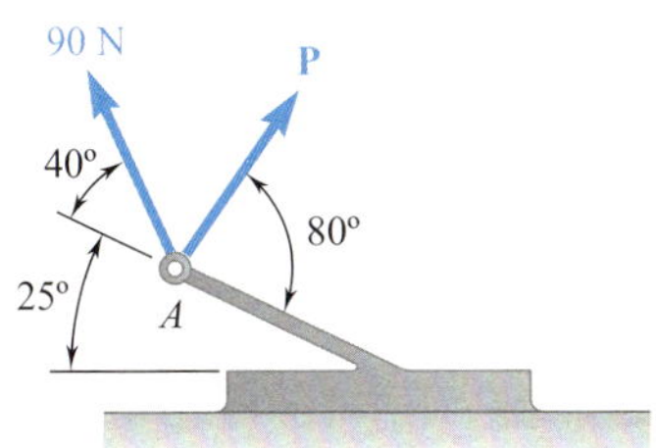

Figura P2.9 e P2.12

2.10 Um automóvel desligado é puxado por duas cordas como mostra a figura. Sabendo que a tração em AB é 3.375 N, determine por trigonometria a tração na corda AC e o valor de α de modo que a força resultante aplicada em A seja uma força de 5.400 N dirigida ao longo do eixo do automóvel.

2.11 Um bonde que se movimenta ao longo da viga horizontal é acionado por duas forças indicadas na figura. Determine por trigonometria a intensidade, a direção e o sentido da força **P** se a força resultante sobre o bonde for vertical e de valor igual a 2.500 N.

2.12 Sabendo que $P = 135$ N, determine por trigonometria a resultante das duas forças aplicadas no ponto A.

2.13 Resolva o Problema 2.1 por trigonometria.

2.14 Resolva o Problema 2.4 por trigonometria.

2.15 Se a resultante das duas forças exercidas no bonde do Problema 2.7 for vertical, determine (a) o valor de α para qual a intensidade de **P** é mínima e (b) a correspondente intensidade de P.

2.7 Componentes retangulares de uma força. Vetores unitários*

Em muitos problemas, será desejável decompor uma força em dois componentes que são perpendiculares entre si. Na Fig. 2.18, a força **F** foi decomposta em um componente $\mathbf{F}_x$ ao longo do eixo x e um componente $\mathbf{F}_y$ ao longo do eixo y. O paralelogramo desenhado para obter os dois componentes é um *retângulo*, e $\mathbf{F}_x$ e $\mathbf{F}_y$ são chamados de *componentes retangulares*.

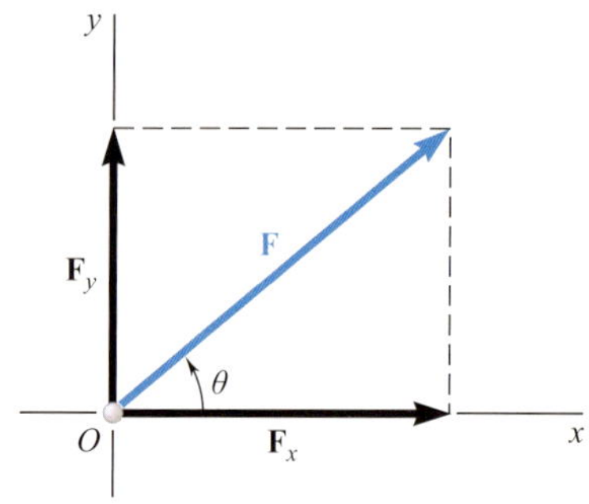

Figura 2.18

Os eixos x e y são geralmente escolhidos na horizontal e na vertical, respectivamente, como na Fig. 2.18; podem, entretanto, ser escolhidos em duas direções perpendiculares quaisquer, como mostra a Fig. 2.19. Na determinação dos componentes retangulares de uma força, o estudante deve pensar nas linhas de construção representadas nas Figs. 2.18 e 2.19 como *paralelas* aos eixos x e y, em vez de *perpendiculares* a esses eixos. Essa prática vai ajudar a evitar erros na determinação de componentes *oblíquos*, como na Seção 2.6.

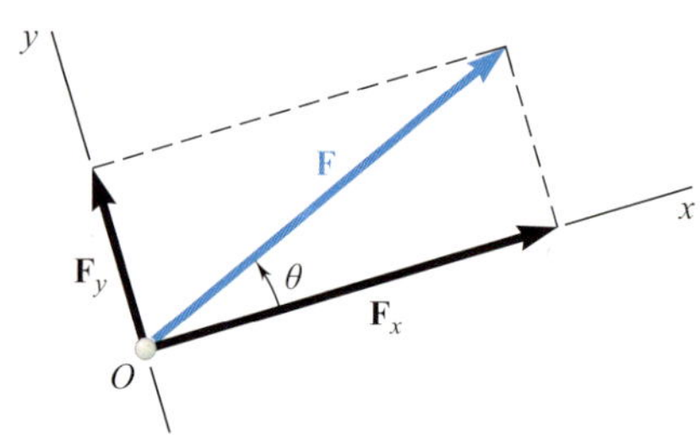

Figura 2.19

Figura 2.20

Dois vetores de intensidade unitária, dirigidos respectivamente ao longo dos eixos positivos x e y, serão introduzidos neste ponto. Esses vetores são denominados *vetores unitários* e representados por **i** e **j**, respectivamente (Fig. 2.20). Lembrando a definição do produto de um escalar por um vetor dada na Seção 2.4, notamos que os componentes retangulares $\mathbf{F}_x$

* As propriedades estabelecidas nas Seções 2.7 e 2.8 podem ser facilmente estendidas a componentes retangulares de qualquer quantidade vetorial.

e $\mathbf{F}_y$ da força $\mathbf{F}$ podem ser obtidos multiplicando respectivamente os vetores unitários **i** e **j** pelos escalares apropriados (Fig. 2.21). Escrevemos:

$$\mathbf{F}_x = F_x\mathbf{i} \qquad \mathbf{F}_y = F_y\mathbf{j} \tag{2.6}$$

e

$$\mathbf{F} = F_x\mathbf{i} + F_y\mathbf{j} \tag{2.7}$$

Embora os escalares F_x e F_y possam ser positivos ou negativos, dependendo do sentido de $\mathbf{F}_x$ e $\mathbf{F}_y$, seus valores absolutos são respectivamente iguais às intensidades das forças componentes $\mathbf{F}_x$ e $\mathbf{F}_y$. Os escalares F_x e F_y são denominados *componentes escalares* da força **F**, enquanto as verdadeiras forças componentes $\mathbf{F}_x$ e $\mathbf{F}_y$ devem receber a denominação de *componentes vetoriais* de **F**. Entretanto, quando não houver possibilidade de confusão, pode-se referir tanto a componentes vetoriais quanto a componentes escalares de **F** simplesmente como *componentes* de **F**. Notamos que o componente escalar F_x será positivo quando o componente vetorial $\mathbf{F}_x$ tiver o mesmo sentido que o vetor unitário **i** (ou seja, o mesmo sentido que o eixo x positivo) e negativo quando $\mathbf{F}_x$ tiver sentido oposto. Pode-se chegar a uma conclusão semelhante com relação ao sinal do componente escalar F_y.

Representando por F a intensidade da força **F** e por θ o ângulo entre **F** e o eixo x, medido no sentido anti-horário a partir do eixo x positivo (Fig. 2.21), podemos expressar os componentes escalares de **F** da seguinte maneira:

$$F_x = F\cos\theta \qquad F_y = F\,\text{sen}\,\theta \tag{2.8}$$

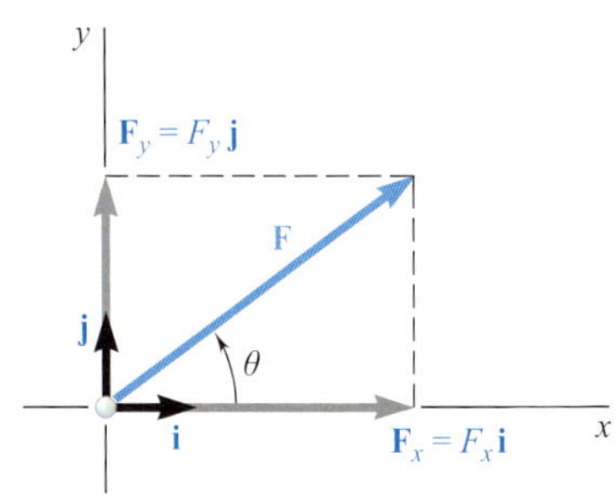

Figura 2.21

Notamos que as relações obtidas valem para qualquer valor do ângulo θ, de 0° a 360°, e que elas definem tanto o sinal quanto o valor absoluto dos componentes escalares F_x e F_y.

Exemplo 2.1. Uma força de 800 N é exercida no parafuso A, como mostra a Fig. 2.22*a*. Determine os componentes vertical e horizontal dessa força.

Para obter o sinal correto para os componentes escalares F_x e F_y, o valor θ nas Eqs. (2.8) deve ser substituído por 180° – 35° = 145°. Entretanto, pode ser mais prático determinar por inspeção os sinais de F_x e F_y (Fig. 2.22*b*) e usar as funções trigonométricas do ângulo α = 35°. Portanto, escrevemos:

$$F_x = -F\cos\alpha = -(800\text{ N})\cos 35° = -655\text{ N}$$
$$F_y = +F\,\text{sen}\,\alpha = +(800\text{ N})\,\text{sen}\,35° = +459\text{ N}$$

Os componentes vetoriais de **F** são

$$\mathbf{F}_x = -(655\text{ N})\mathbf{i} \qquad \mathbf{F}_y = +(459\text{ N})\mathbf{j}$$

e podemos escrever **F** na forma

$$\mathbf{F} = -(655\text{ N})\mathbf{i} + (459\text{ N})\mathbf{j}$$ ■

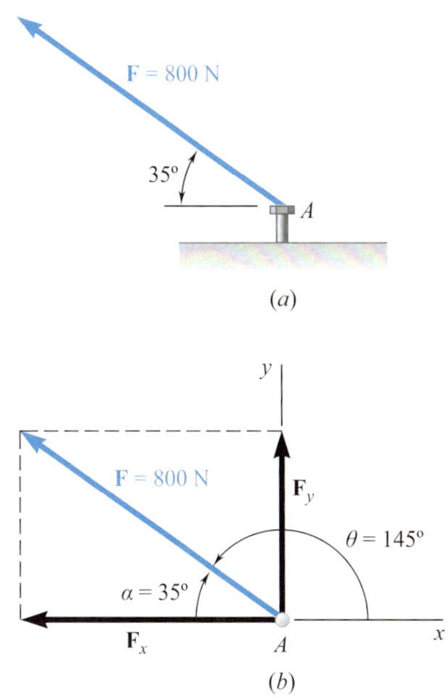

Figura 2.22

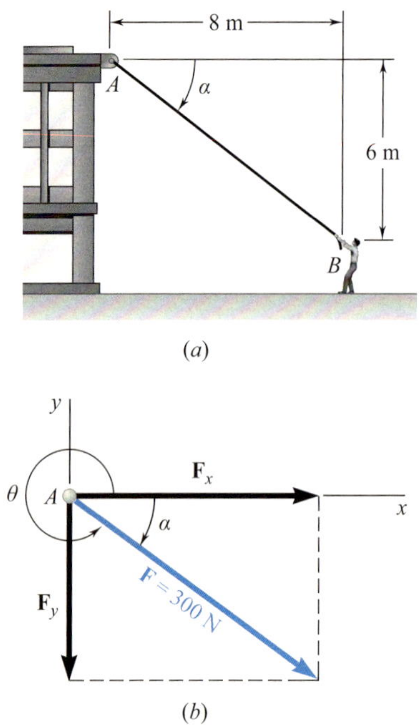

Figura 2.23

Exemplo 2.2. Um homem puxa com a força de 300 N uma corda amarrada a um edifício, como mostra a Fig. 2.23*a*. Quais são os componentes horizontal e vertical da força exercida pela corda no ponto *A*?

Vê-se da Fig. 2.23*b* que:

$$F_x = +(300 \text{ N}) \cos \alpha \qquad F_y = -(300 \text{ N}) \text{ sen } \alpha$$

Observando que AB = 10 m, obtemos da Fig. 2.23*a*:

$$\cos \alpha = \frac{8 \text{ m}}{AB} = \frac{8 \text{ m}}{10 \text{ m}} = \frac{4}{5} \qquad \text{sen } \alpha = \frac{6 \text{ m}}{AB} = \frac{6 \text{ m}}{10 \text{ m}} = \frac{3}{5}$$

Portanto, obtemos

$$F_x = +(300 \text{ N})\tfrac{4}{5} = +240 \text{ N} \qquad F_y = -(300 \text{ N})\tfrac{3}{5} = -180 \text{ N}$$

e escrevemos

$$\mathbf{F} = (240 \text{ N})\mathbf{i} - (180 \text{ N})\mathbf{j}$$

Quando a força **F** é definida pelos seus componentes retangulares F_x e F_y (ver Fig. 2.21), o ângulo θ que define sua direção pode ser obtido assim:

$$\text{tg } \theta = \frac{F_y}{F_x} \tag{2.9}$$

A intensidade F da força pode ser obtida aplicando o teorema de Pitágoras e escrevendo

$$F = \sqrt{F_x^2 + F_y^2} \tag{2.10}$$

ou resolvendo, em termos de F, uma das Eqs. (2.8). ■

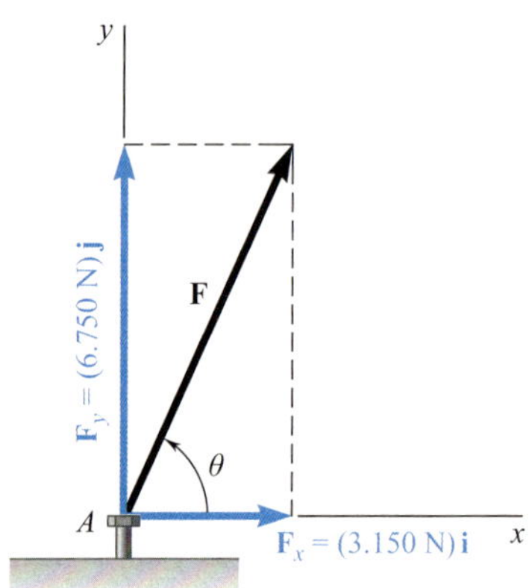

Figura 2.24

Exemplo 2.3. Uma força **F** = (3.150 N)**i** + (6.750 N)**j** é aplicada a um parafuso *A*. Determine a intensidade da força e o ângulo θ que ela forma com a horizontal.

Primeiro desenhamos um diagrama mostrando os dois componentes retangulares da força e o ângulo θ (Fig. 2.24). A partir da Eq. (2.9), escrevemos

$$\text{tg } \theta = \frac{F_y}{F_x} = \frac{6.750 \text{ N}}{3.150 \text{ N}}$$

Usando uma calculadora,* digitamos 6.750 N e dividimos por 3.150 N; calculando o arco tangente do quociente, obtemos θ = 65,0°. Resolvendo a segunda das Eqs. (2.8) para F, temos

$$F = \frac{F_y}{\text{sen } \theta} = \frac{6.750 \text{ N}}{\text{sen } 65°} = 7.448 \text{ N}$$

O último cálculo será facilitado se o valor de F_y for armazenado na memória quando originalmente digitado; ele pode, então, ser chamado de volta para ser dividido por sen θ. ■

* Supõe-se que a calculadora usada tenha teclas para o cálculo de funções trigonométricas e trigonométricas inversas. Algumas calculadoras também têm teclas para conversão direta de coordenadas retangulares em coordenadas polares e vice-versa que eliminam a necessidade de calcular funções trigonométricas nos Exemplos 2.1, 2.2 e 2.3 e em problemas do mesmo tipo.

2.8 Adição de forças pela soma dos componentes *x* e *y*

Vimos na Seção 2.2 que forças devem ser adicionadas de acordo com a lei do paralelogramo. A partir dessa lei, dois outros métodos, mais facilmente aplicáveis a soluções *gráficas* de problemas, foram apresentados nas Seções 2.4 e 2.5: a regra do triângulo para adição de duas forças e a regra do polígono para adição de três ou mais forças. Vimos também que o triângulo de forças usado para definir a resultante de duas forças poderia ser usado para se obter uma solução *trigonométrica*.

Quando três ou mais forças são adicionadas, nenhuma solução trigonométrica prática pode ser obtida do polígono de forças que define a resultante das forças. Nesse caso, uma solução *analítica* do problema pode ser obtida pela decomposição de cada força em dois componentes retangulares. Considere, por exemplo, três forças **P**, **Q** e **S** atuando sobre uma partícula A (Fig. 2.25*a*). A resultante **R** delas é definida pela relação

$$\mathbf{R} = \mathbf{P} + \mathbf{Q} + \mathbf{S} \tag{2.11}$$

Decompondo cada força em seus componentes retangulares, escrevemos:

$$\begin{aligned} R_x\mathbf{i} + R_y\mathbf{j} &= P_x\mathbf{i} + P_y\mathbf{j} + Q_x\mathbf{i} + Q_y\mathbf{j} + S_x\mathbf{i} + S_y\mathbf{j} \\ &= (P_x + Q_x + S_x)\mathbf{i} + (P_y + Q_y + S_y)\mathbf{j} \end{aligned}$$

de onde temos que

$$R_x = P_x + Q_x + S_x \qquad R_y = P_y + Q_y + S_y \tag{2.12}$$

ou, em notação reduzida

$$R_x = \Sigma F_x \qquad R_y = \Sigma F_y \tag{2.13}$$

Concluímos que os *componentes escalares* R_x *e* R_y *da resultante* **R** *de várias forças que atuem sobre uma partícula são obtidos quando se adicionam algebricamente os correspondentes componentes escalares das forças dadas.**

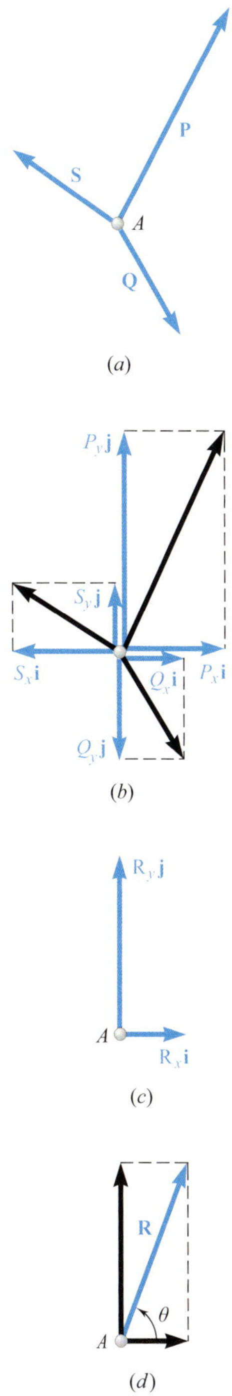

Figura 2.25

Na prática, a determinação da resultante **R** é feita em três etapas, como ilustra a Fig. 2.25. Primeiro, as forças dadas mostradas na Fig. 2.25*a* são decompostas em seus componentes *x* e *y* (Fig. 2.25*b*). Adicionando esses componentes, obtemos os componentes *x* e *y* de **R** (Fig. 2.25*c*). Por fim, a resultante $\mathbf{R} = R_x\mathbf{i} + R_y\mathbf{j}$ é determinada aplicando-se a lei do paralelogramo (Fig. 2.25*d*). O procedimento aqui descrito será feito de maneira mais eficiente se os cálculos forem dispostos em uma tabela. Esse é o único método analítico prático para a adição de três ou mais forças, além de ser muito adotado no caso da adição de duas forças, em substituição à solução trigonométrica.

* Obviamente, esse resultado também se aplica à adição de outras quantidades vetoriais, como velocidades, acelerações ou quantidades de movimento.

PROBLEMA RESOLVIDO 2.3

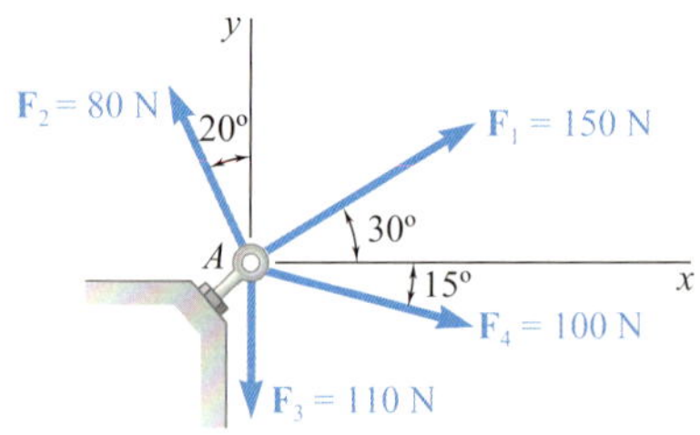

Quatro forças atuam no parafuso A, como mostrado na figura. Determine a resultante das forças no parafuso

SOLUÇÃO

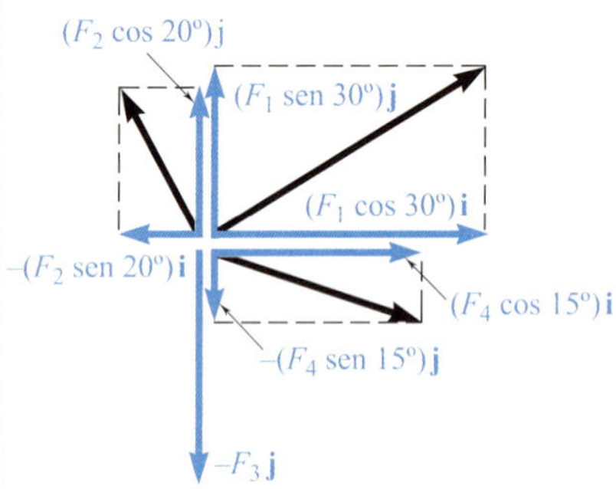

Os componentes x e y de cada força são determinados por trigonometria, como mostra a figura, e inseridos na tabela apresentada a seguir. De acordo com a convenção adotada na Seção 2.7, o número escalar que representa o componente da força é positivo se o componente da força tiver o mesmo sentido que o eixo coordenado correspondente. Logo, os componentes x atuando para a direita e os componentes y atuando para cima são representados por números positivos.

Força	Intensidade, N	Componente x, N	Componente y, N
$\mathbf{F}_1$	150	+129,9	+75,0
$\mathbf{F}_2$	80	–27,4	+75,2
$\mathbf{F}_3$	110	0	–110,0
$\mathbf{F}_4$	100	+96,6	–25,9
		R_x = +199,1	R_y = +14,3

Então, a resultante **R** das quatro forças é:

$$\mathbf{R} = R_x\mathbf{i} + R_y\mathbf{j} \qquad \mathbf{R} = (199{,}1 \text{ N})\mathbf{i} + (14{,}3 \text{ N})\mathbf{j} \quad ◀$$

A intensidade, a direção e o sentido da resultante podem agora ser determinados. A partir do triângulo mostrado, temos

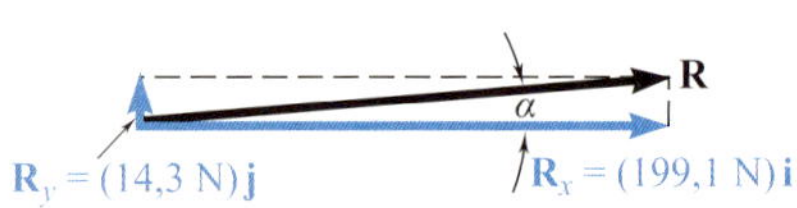

$$\text{tg } \alpha = \frac{R_y}{R_x} = \frac{14{,}3 \text{ N}}{199{,}1 \text{ N}} \qquad \alpha = 4{,}1°$$

$$R = \frac{14{,}3 \text{ N}}{\text{sen}\,\alpha} = 199{,}6 \text{ N} \qquad \mathbf{R} = 199{,}6 \text{ N} \measuredangle 4{,}1° \quad ◀$$

Com uma calculadora, o último cálculo poderá ser facilitado se o valor de R_y for armazenado na memória quando originalmente digitado; ele pode então, depois, ser recuperado para ser dividido por sen α. (Ver também a nota de rodapé na página 30.)

PROBLEMAS

2.16 até 2.19 Determine as componentes x e y de cada uma das forças mostradas nas figuras.

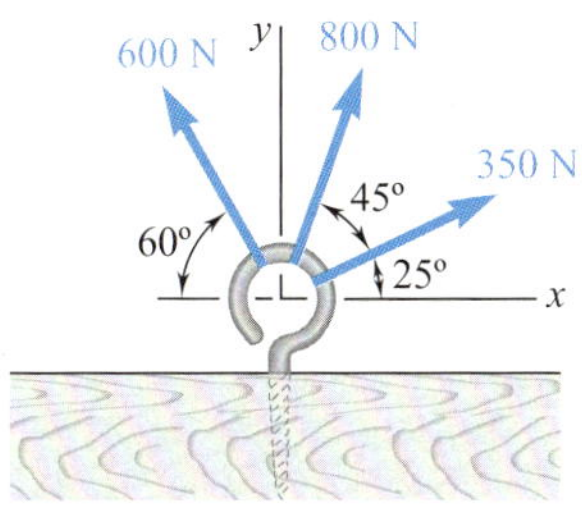

Figura P2.16

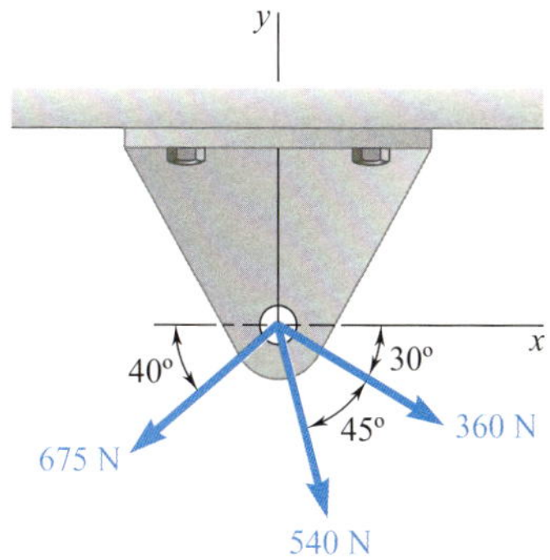

Figura P2.17

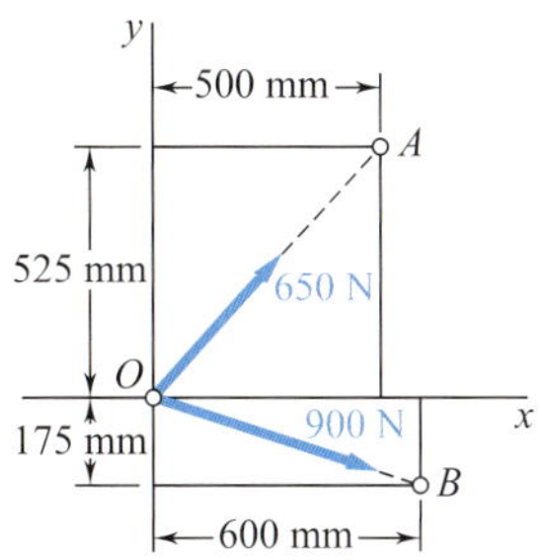

Figura P2.18

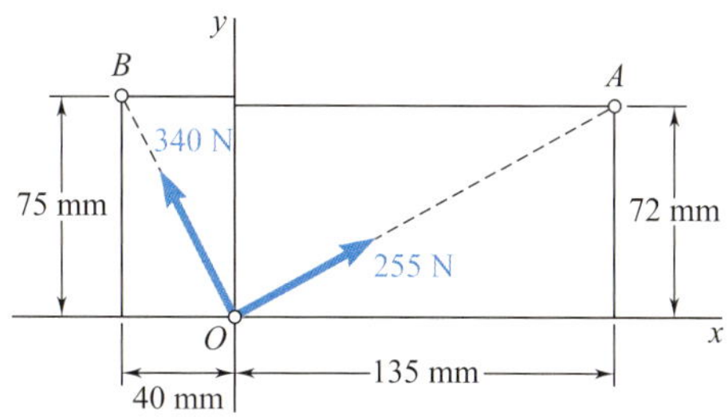

Figura P2.19

2.20 A tração no cabo de suporte AB é 290 N. Determine as componentes vertical e horizontal da força que atuam no pino em A.

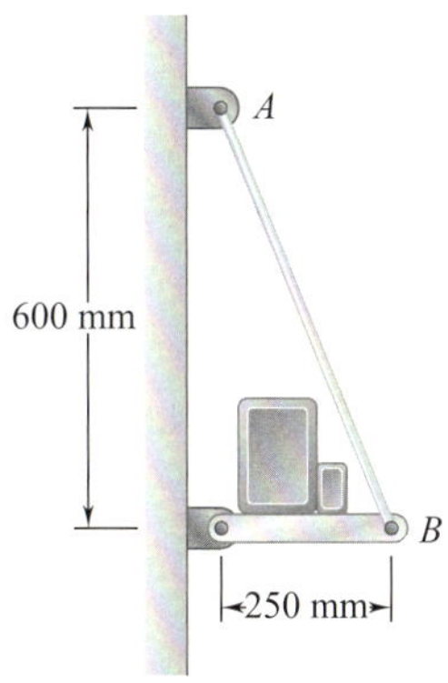

Figura P2.20

2.21 O cilindro hidráulico GE exerce no membro DF uma força **P** direcionada ao longo da linha GE. Sabendo que **P** deve ter uma componente perpendicular de 600 N em DF, determine a intensidade de **P** e sua componente paralela a DF.

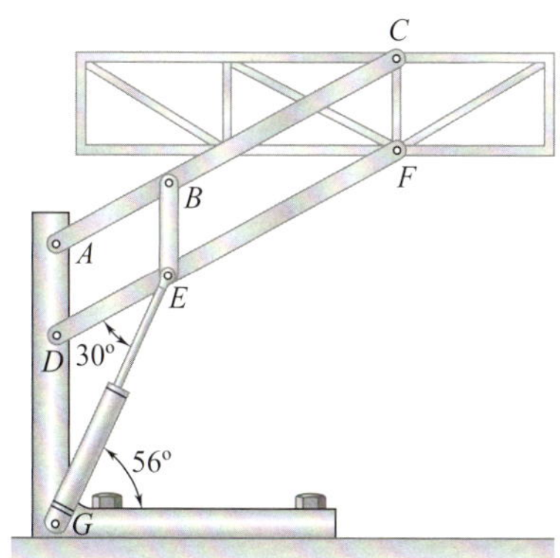

Figura P2.21

2.22 O cabo AC exerce sobre a viga AB a força **P** dirigida ao longo da linha AC. Sabendo que **P** tem uma componente vertical de 1.560 N, determine (*a*) a intensidade da força **P** e (*b*) sua componente horizontal.

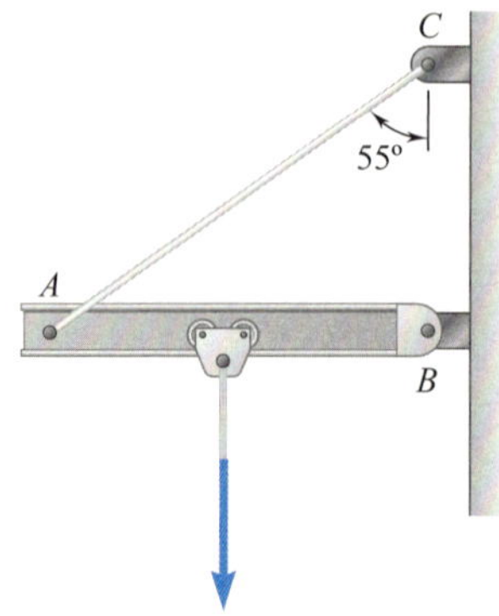

Figura P2.22

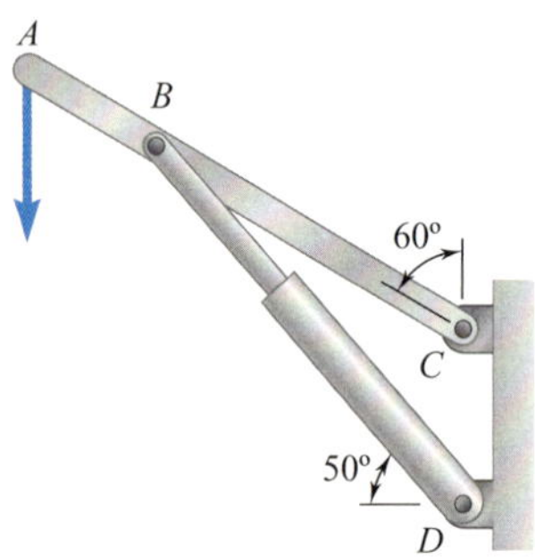

Figura P2.23

2.23 Um cilindro hidráulico BD exerce sobre o membro ABC uma força **P** dirigida ao longo da linha BD. Sabendo que **P** tem um componente perpendicular a ABC de 750 N, determine (*a*) a intensidade da força **P** e (*b*) sua componente paralela a ABC.

2.24 Usando as componentes x e y, resolva o Problema 2.1.

2.25 Usando as componentes x e y, resolva o Problema 2.2.

2.26 Determine a resultante das três forças no Problema 2.17.

2.27 Determine a resultante das três forças no Problema 2.19.

2.28 Dois cabos com trações conhecidas são fixados no topo na torre AB. Um terceiro cabo AC é usado como um cabo de sustentação. Determine a tração em AC, sabendo que a resultante das forças exercidas em A pelos três cabos deve ser vertical.

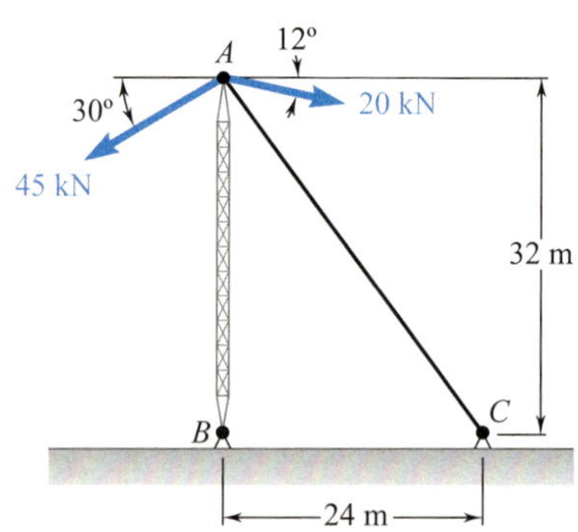

Figura P2.28

2.29 Um bonde de içamento é sujeito a três forças mostradas na figura. Sabendo que $\alpha = 40°$, determine (*a*) a intensidade da força **P** para que a resultante das três forças seja vertical e (*b*) a correspondente intensidade da resultante.

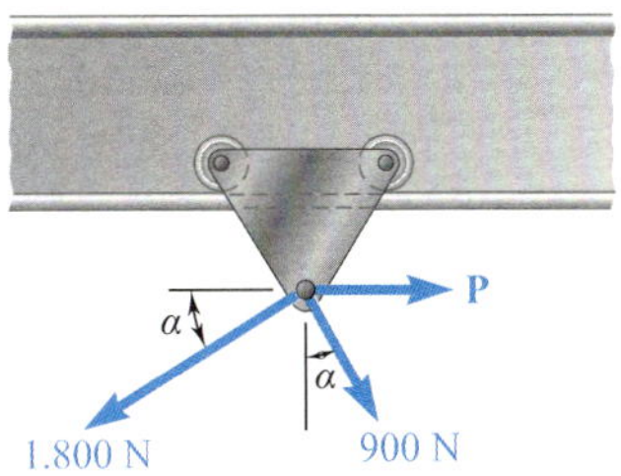

Figura P2.29 e *P2.30*

2.30 Um bonde de içamento é sujeito a três forças mostradas na figura. Sabendo que $P = 1.125$ N, determine (*a*) o valor do ângulo α para que a resultante das três forças seja vertical e (*b*) a correspondente intensidade da resultante.

2.31 Um colar que pode deslizar na barra vertical é sujeito a três forças mostradas na figura. A direção da força **F** pode ser variada. Se possível, determine a direção da força **F** tal que a resultante das três forças seja horizontal, sabendo que a intensidade de **F** é (*a*) 2,4 kN e (*b*) 1,4 kN.

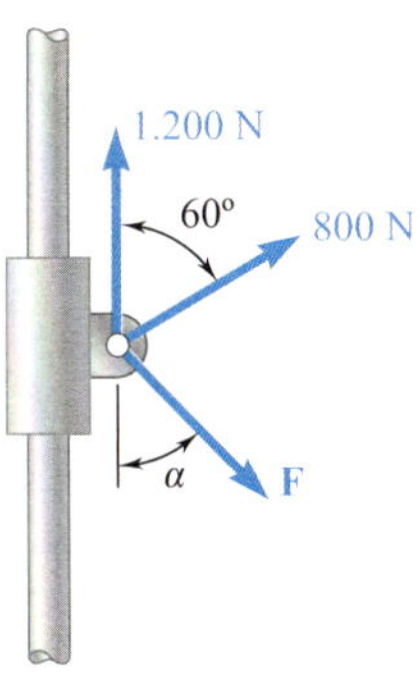

Figura P2.31

2.9 Equilíbrio de uma partícula

Nas seções anteriores, discutimos os métodos para determinar a resultante de várias forças que atuam sobre uma partícula. Embora isso não tenha ocorrido em nenhum dos problemas considerados até aqui, é perfeitamente possível que a resultante seja zero. Nesse caso, o efeito resultante das forças dadas é nulo, e diz-se que a partícula está em equilíbrio. Temos então a seguinte definição: *quando a resultante de todas as forças que atuam sobre uma partícula é igual a zero, a partícula está em equilíbrio.*

Uma partícula sobre a qual se aplicam duas forças estará em equilíbrio se as duas forças tiverem a mesma intensidade e a mesma linha de ação, mas sentidos opostos. A resultante dessas duas forças é, então, igual a zero. Tal caso é ilustrado na Fig. 2.26.

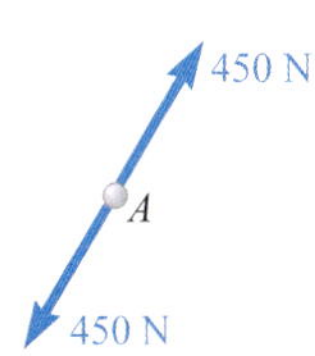

Figura 2.26

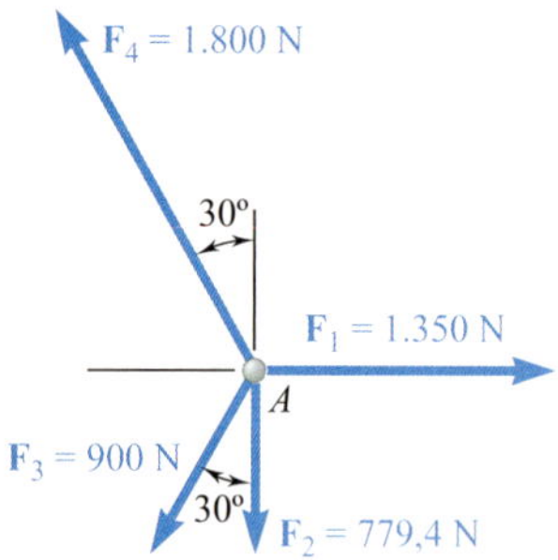

Figura 2.27

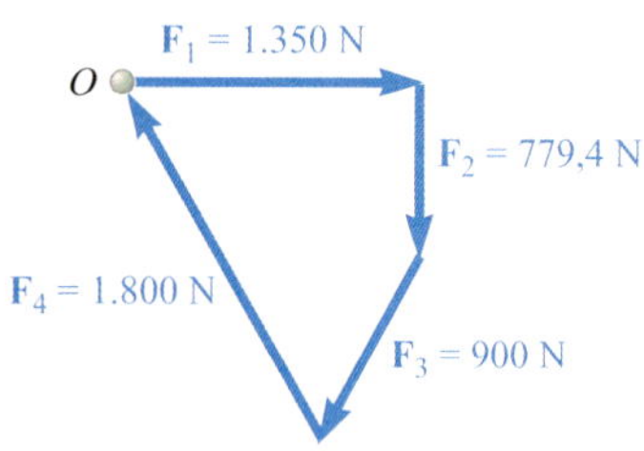

Figura 2.28

Outro caso de equilíbrio de uma partícula é representado na Fig. 2.27, que mostra quatro forças atuando em *A*. Na Fig. 2.28, a resultante das forças dadas é determinada pela regra do polígono. Começando no ponto *O* com $\mathbf{F}_1$ e dispondo as forças no padrão ponta-a-cauda, encontramos que a ponta de $\mathbf{F}_4$ coincide com o ponto inicial *O*. Logo, a resultante **R** do sistema de forças dado é zero, e a partícula está em equilíbrio.

O polígono fechado desenhado na Fig. 2.28 fornece uma expressão *gráfica* para o equilíbrio de *A*. Para expressarmos *algebricamente* as condições de equilíbrio de uma partícula, escrevemos:

$$\mathbf{R} = \Sigma\mathbf{F} = 0 \tag{2.14}$$

Decompondo cada força **F** em componentes retangulares, temos:

$$\Sigma(F_x\mathbf{i} + F_y\mathbf{j}) = 0 \qquad \text{ou} \qquad (\Sigma F_x)\mathbf{i} + (\Sigma F_y)\mathbf{j} = 0$$

Concluímos que as condições necessárias e suficientes para o equilíbrio de uma partícula são:

$$\Sigma F_x = 0 \qquad \Sigma F_y = 0 \tag{2.15}$$

Ao retornarmos à partícula mostrada na Fig. 2.27, verificamos que as condições de equilíbrio são satisfeitas e escrevemos

$$\begin{aligned}\Sigma F_x &= 1.350 \text{ N} - (900 \text{ N}) \text{ sen } 30° - (1.800 \text{ N}) \text{ sen } 30° \\ &= 1.350 \text{ N} - 450 \text{ N} - 900 \text{ N} = 0 \\ \Sigma F_y &= -779{,}4 \text{ N} - (900 \text{ N}) \cos 30° + (1.800 \text{ N}) \cos 30° \\ &= -779{,}4 \text{ N} - 779{,}4 \text{ N} + 1.558{,}8 \text{ N} = 0\end{aligned}$$

2.10 Primeira Lei de Newton do movimento

Na parte final do século XVII, *Sir* Isaac Newton formulou três leis fundamentais nas quais se baseia a ciência da mecânica. A primeira dessas leis pode ser enunciada nos seguintes termos:

Se a força resultante que atua sobre uma partícula for nula, a partícula permanecerá em repouso (se originalmente em repouso) ou se moverá a uma velocidade constante em linha reta (se originalmente em movimento).

Dessa lei e da definição de equilíbrio dada na Seção 2.9, conclui-se que uma partícula em equilíbrio ou está em repouso ou se desloca em linha reta a uma velocidade constante. Na próxima seção, serão considerados vários problemas que envolvem o equilíbrio de uma partícula.

2.11 Problemas que envolvem o equilíbrio de uma partícula. Diagramas de corpo livre

Na prática, um problema de engenharia mecânica é derivado de uma situação física real. Um esboço mostrando as condições físicas do problema é conhecido como *diagrama espacial*.

Os métodos de análise discutidos nas seções precedentes aplicam-se a sistemas de forças que atuam sobre uma partícula. Muitos problemas que envolvem estruturas reais, entretanto, podem ser reduzidos a problemas que envolvem o equilíbrio de uma partícula. Para isso, deve-se escolher uma partícula significativa e traçar um diagrama separado que mostre essa partícula e todas as forças que atuam sobre ela. Tal diagrama é denominado *diagrama de corpo livre*.

Como exemplo, considere o caixote de 75 kg mostrado no diagrama espacial da Fig. 2.29*a*. Esse caixote se encontrava entre dois edifícios e agora está sendo carregado em um caminhão, que irá removê-lo. O caixote é sustentado por um cabo vertical, que está fixado em A a duas cordas que passam por roldanas presas aos edifícios em B e C. Nesse caso, a proposta é determinar a tração em cada uma das cordas AB e AC.

Para resolver esse problema, deve-se traçar um diagrama de corpo livre mostrando a partícula em equilíbrio. Como estamos interessados nas forças de tração nas cordas, o diagrama de corpo livre deve incluir ao menos uma dessas forças de tração ou, se possível, ambas as forças de tração. Observa-se que o ponto A é um bom corpo livre para esse problema. O diagrama de corpo livre do ponto A está representado na Fig. 2.29*b*. A figura mostra o ponto A e as forças exercidas sobre A pelo cabo vertical e pelas duas cordas. A força exercida pelo cabo é dirigida para baixo, e sua intensidade é igual ao peso W do caixote. Recordando a Eq. (1.4), escrevemos

$$W = mg = (75\text{ kg})(9{,}81\text{ m/s}^2) = 736\text{ N}$$

e indicamos esse valor no diagrama de corpo livre. As forças exercidas pelas duas cordas não são conhecidas. Como elas são respectivamente iguais em intensidade às forças de tração na corda AB e na corda AC, vamos designá-las por $\mathbf{T}_{AB}$ e $\mathbf{T}_{AC}$ e desenhá-las afastando-se de A nas direções mostradas no diagrama espacial. Nenhum outro detalhe é incluído no diagrama de corpo livre.

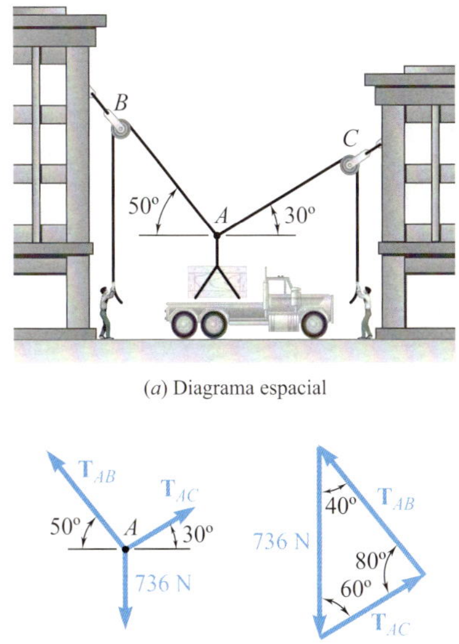

(*a*) Diagrama espacial

(*b*) Diagrama de corpo livre (*c*) Triângulo de forças

Figura 2.29

Como o ponto A está em equilíbrio, as três forças que atuam sobre ele devem formar um triângulo fechado quando desenhadas no padrão ponta-a-cauda. Esse *triângulo de forças* foi desenhado na Fig. 2.29*c*. Os valores $\mathbf{T}_{AB}$ e $\mathbf{T}_{AC}$ das forças de tração nas cordas poderão ser encontrados graficamente se o triângulo for desenhado em escala ou encontrados por trigonometria. Se for escolhido o último método de solução, usaremos a lei dos senos e escreveremos:

$$\frac{T_{AB}}{\text{sen } 60^\circ} = \frac{T_{AC}}{\text{sen } 40^\circ} = \frac{736\text{ N}}{\text{sen } 80^\circ}$$

$$T_{AB} = 647\text{ N} \qquad T_{AC} = 480\text{ N}$$

Quando uma partícula está em *equilíbrio sob três forças*, o problema pode ser resolvido desenhando-se um triângulo de forças. Quando a partícula está em *equilíbrio sob mais de três forças*, o problema pode ser resolvido graficamente desenhando-se um polígono de forças. Se desejarmos uma solução analítica, deveremos resolver as *equações de equilíbrio* dadas na Seção 2.9:

$$\Sigma F_x = 0 \qquad \Sigma F_y = 0 \qquad (2.15)$$

Essas equações podem ser resolvidas para não mais do que *duas incógnitas*; de modo idêntico, o triângulo de forças usado nesse caso de equilíbrio sob três forças pode ser resolvido para duas incógnitas.

Os tipos mais comuns de problemas são aqueles nos quais as duas incógnitas representam (1) os dois componentes (ou a intensidade e a direção) de uma única força e (2) as intensidades de duas forças, cada qual de direção conhecida. Problemas envolvendo a determinação do valor máximo ou mínimo da intensidade de uma força são também encontrados (ver Problemas 2.40 a 2.45).

Foto 2.1 Como ilustra o exemplo anterior, é possível determinar as forças de tração nos cabos que sustentam o eixo mostrado tratando o gancho como uma partícula e, então, aplicando as equações de equilíbrio às forças que atuam sobre o gancho.

PROBLEMA RESOLVIDO 2.4

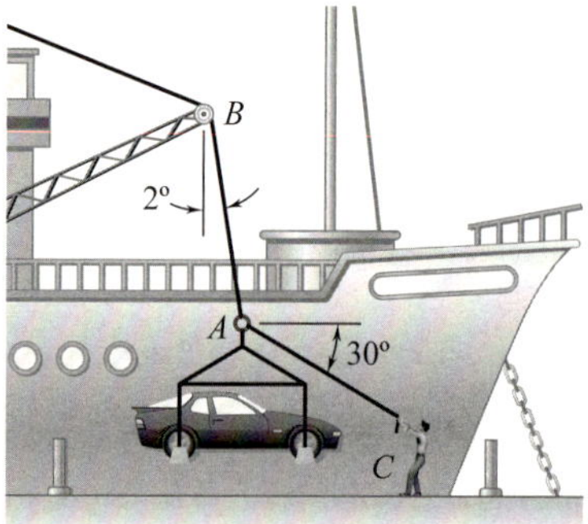

Em uma operação de descarregamento de um navio, um automóvel de 15.750 N é sustentado por um cabo. Uma corda é amarrada ao cabo em A e puxada para centrar o automóvel para a posição desejada. O ângulo entre o cabo e a vertical é de 2°, enquanto o ângulo entre a corda e a horizontal é de 30°. Qual é a tração na corda?

SOLUÇÃO

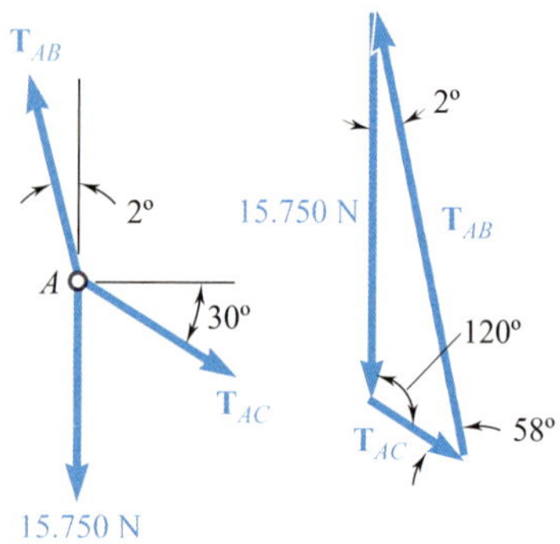

Diagrama de corpo livre. O ponto A é escolhido como um corpo livre, e desenha-se o diagrama de corpo livre completo. Nesse caso, T_{AB} é a tração no cabo AB, e T_{AC}, a tração na corda.

Condição de equilíbrio. Como apenas três forças atuam no corpo livre, desenhamos um triângulo de forças para expressar que ele está em equilíbrio. Usando a lei dos senos, escrevemos

$$\frac{T_{AB}}{\text{sen } 120°} = \frac{T_{AC}}{\text{sen } 2°} = \frac{15.750 \text{ N}}{\text{sen } 58°}$$

Com uma calculadora, primeiro calculamos e armazenamos na memória o valor do último quociente. Multiplicando esse valor sucessivamente por sen 120° e sen 2°, obtemos

$$T_{AB} = 16.084 \text{ N} \qquad T_{AC} = 648 \text{ N} \blacktriangleleft$$

PROBLEMA RESOLVIDO 2.5

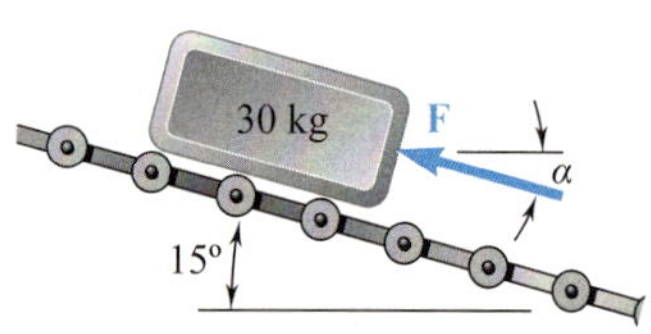

Determine a intensidade e a direção da menor força **F** que irá manter em equilíbrio a embalagem mostrada. Observe que a força exercida pelos roletes na embalagem é perpendicular ao plano inclinado.

SOLUÇÃO

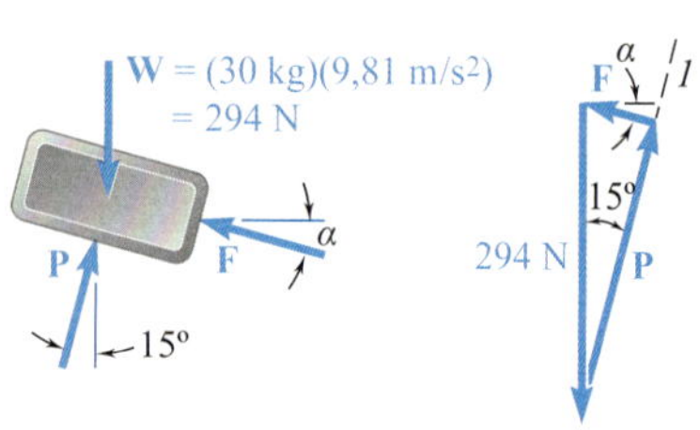

Diagrama de corpo livre. Escolhemos o pacote como um corpo livre, supondo que ele pode ser tratado como uma partícula. Desenhamos o diagrama de corpo livre correspondente.

Condição de equilíbrio. Como apenas três forças atuam no corpo livre, desenhamos um triângulo de forças para expressar que ele está em equilíbrio. A linha *1-1'* representa a direção conhecida de **P**. Para obtermos o valor mínimo da força **F**, escolhemos a direção de **F** perpendicular à de **P**. Da geometria do triângulo obtido, encontramos

$$F = (294 \text{ N}) \text{ sen } 15° = 76{,}1 \text{ N} \qquad \alpha = 15°$$

$$F = 76{,}1 \text{ N} \measuredangle 15° \blacktriangleleft$$

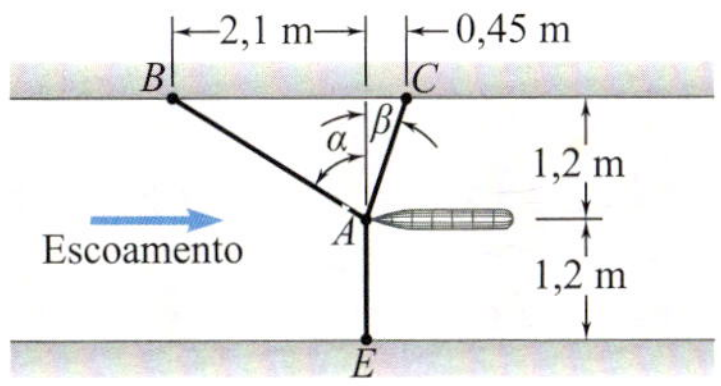

PROBLEMA RESOLVIDO 2.6

Como parte do projeto de um novo barco a vela, deseja-se determinar a força de arrasto que pode ser esperada a uma dada velocidade. Para tal, é colocado um modelo do casco proposto em um canal de teste e são usados três cabos para manter sua proa na linha de centro do canal. Leituras de dinamômetro indicam que, para uma dada velocidade, a tração é de 180 N no cabo AB e de 270 N no cabo AE. Determine a força de arrasto exercida no casco e a tração no cabo AC.

SOLUÇÃO

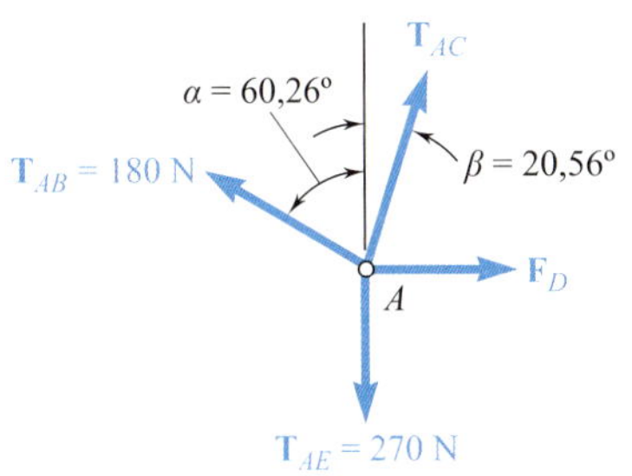

Determinação dos ângulos. Primeiro, determinam-se os ângulos α e β que definem as direções dos cabos AB e AC. Escrevemos:

$$\text{tg}\ \alpha = \frac{2{,}1\ \text{m}}{1{,}2\ \text{m}} = 1{,}75 \qquad \text{tg}\ \beta = \frac{0{,}45\ \text{m}}{1{,}2\ \text{m}} = 0{,}375$$

$$\alpha = 60{,}26° \qquad \beta = 20{,}56°$$

Diagrama de corpo livre. Ao escolhermos o casco como um corpo livre, desenhamos o diagrama de corpo livre mostrado. Este inclui as forças exercidas pelos três cabos sobre o casco, assim como a força de arrasto $\mathbf{F}_D$ exercida pelo escoamento.

Condição de equilíbrio. Expressamos que o casco está em equilíbrio escrevendo que a resultante de todas as forças é zero:

$$\mathbf{R} = \mathbf{T}_{AB} + \mathbf{T}_{AC} + \mathbf{T}_{AE} + \mathbf{F}_D = 0 \qquad (1)$$

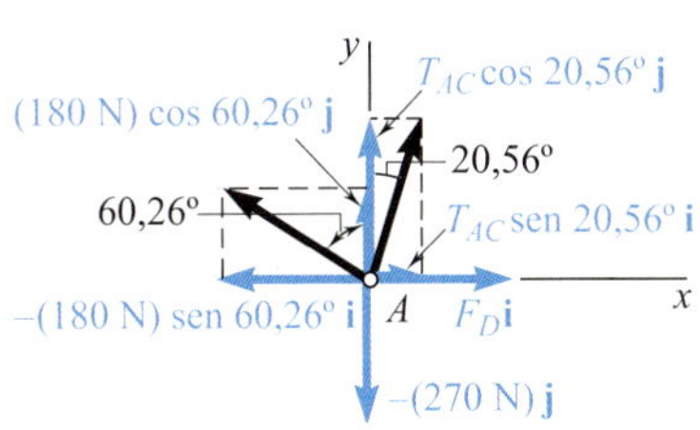

Como mais de três forças estão envolvidas, decompomos as forças em componentes x e y:

$$\mathbf{T}_{AB} = -(180\ \text{N})\ \text{sen}\ 60{,}26°\mathbf{i} + (180\ \text{N})\cos 60{,}26°\mathbf{j}$$
$$= -(156{,}29\ \text{N})\mathbf{i} + (89{,}29\ \text{N})\mathbf{j}$$
$$\mathbf{T}_{AC} = T_{AC}\ \text{sen}\ 20{,}56°\mathbf{i} + T_{AC}\cos 20{,}56°\mathbf{j}$$
$$= 0{,}3512T_{AC}\mathbf{i} + 0{,}9363T_{AC}\mathbf{j}$$
$$\mathbf{T}_{AE} = -(270\ \text{N})\mathbf{j}$$
$$\mathbf{F}_D = F_D\mathbf{i}$$

Substituindo as expressões obtidas na Eq. (1) e fatorando os vetores unitários **i** e **j**, temos:

$$(-156{,}29\ \text{N} + 0{,}3512T_{AC} + F_D)\mathbf{i} + (89{,}29\ \text{N} + 0{,}9363T_{AC} - 270\ \text{N})\mathbf{j} = 0$$

Essa equação será satisfeita se, e somente se, os coeficientes de **i** e **j** forem iguais a zero. Obtemos então as duas equações de equilíbrio mostradas a seguir, que expressam, respectivamente, que a soma dos componentes x e a soma dos componentes y das forças dadas devem ser iguais a zero.

$$\Sigma F_x = 0: \qquad -156{,}29\ \text{N} + 0{,}3512T_{AC} + F_D = 0 \qquad (2)$$

$$\Sigma F_y = 0: \qquad 89{,}29\ \text{N} + 0{,}9363T_{AC} - 270\ \text{N} = 0 \qquad (3)$$

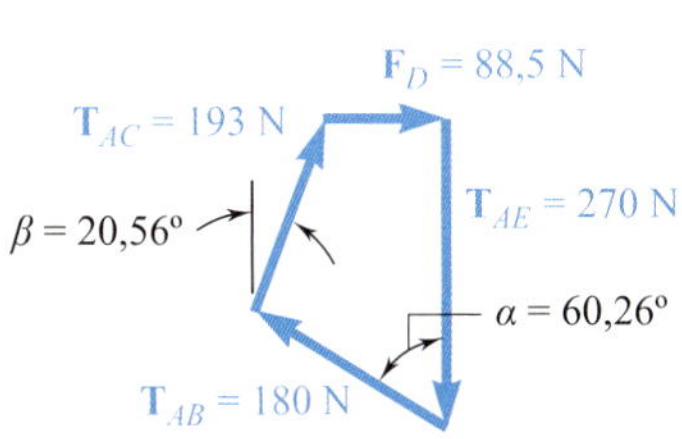

A partir da Eq. (3), encontramos: $T_{AC} = +193\ \text{N}$ ◀

e, substituindo esse valor na Eq. (2), $F_D = +88{,}5\ \text{N}$ ◀

Ao traçarmos o diagrama de corpo livre, pressupomos um sentido para cada força desconhecida. Um sinal positivo na resposta indica que o sentido pressuposto está correto. O polígono de forças completo pode ser desenhado para verificar os resultados.

PROBLEMAS

2.32 até 2.35 Dois cabos estão ligados em C e são carregados como mostra a figura. Determine a tração em AC e BC.

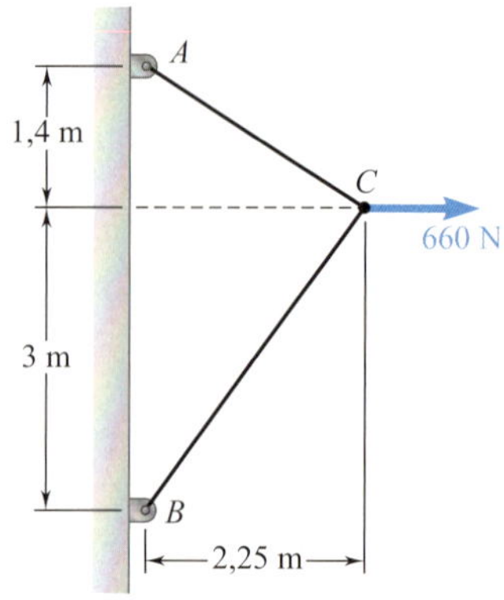

Figura P2.32

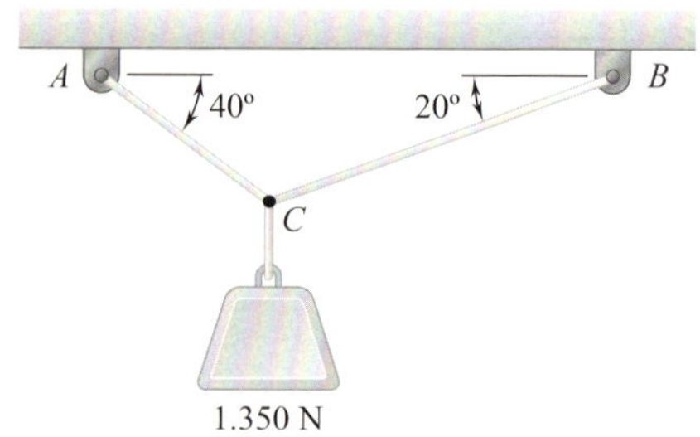

Figura P2.33

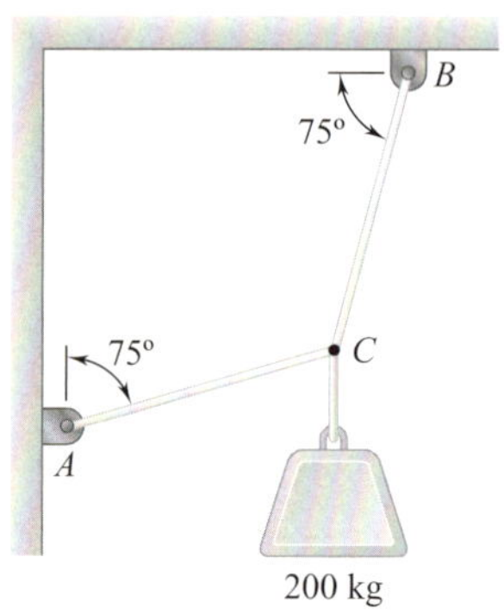

Figura P2.34

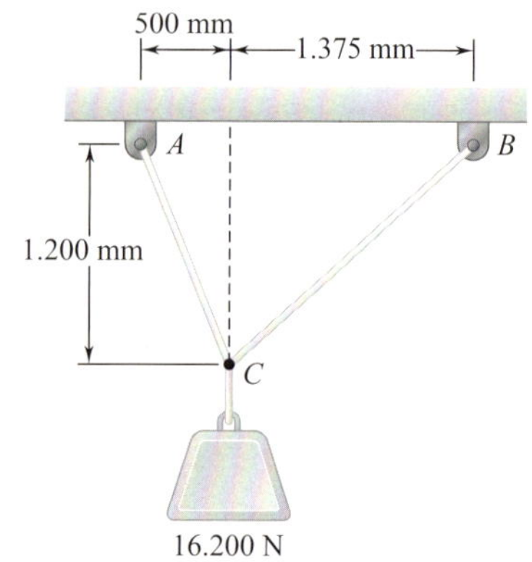

Figura P2.35

2.36 Dois cabos estão ligados em C e são carregados como mostra a figura. Sabendo que $P = 500$ N e $\alpha = 60°$, determine a tração em AC e BC.

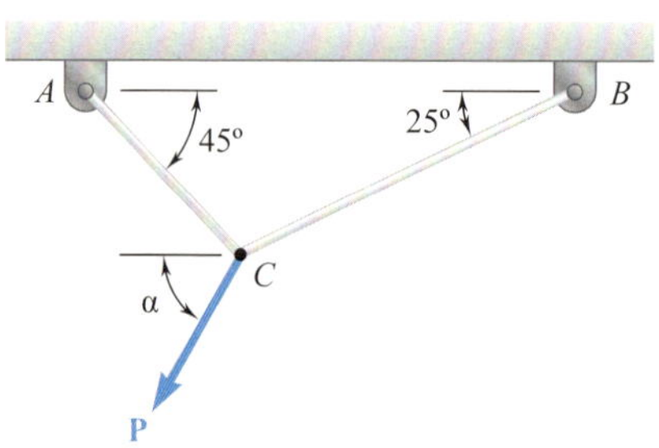

Figura P2.36

2.37 Duas forças de intensidade $T_A = 36$ kN e $T_B = 68$ kN são aplicadas na conexão soldada como mostra a figura. Sabendo que a conexão está em equilíbrio, determine a intensidade das forças T_C e T_D.

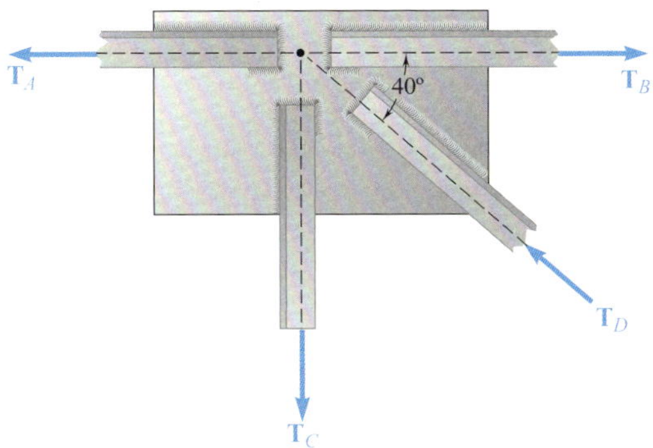

Figura P2.37 e P2.38

2.38 Duas forças de intensidade $T_A = 27$ kN e $T_C = 40$ kN são aplicadas na conexão soldada como mostra a figura. Sabendo que a conexão está em equilíbrio, determine a intensidade das forças T_B e T_D.

2.39 Duas forças de intensidade $T_A = 5.000$ N e $T_B = 2.500$ N são aplicadas na conexão como mostra a figura. Sabendo que a conexão está em equilíbrio, determine a intensidade das forças T_C e T_D.

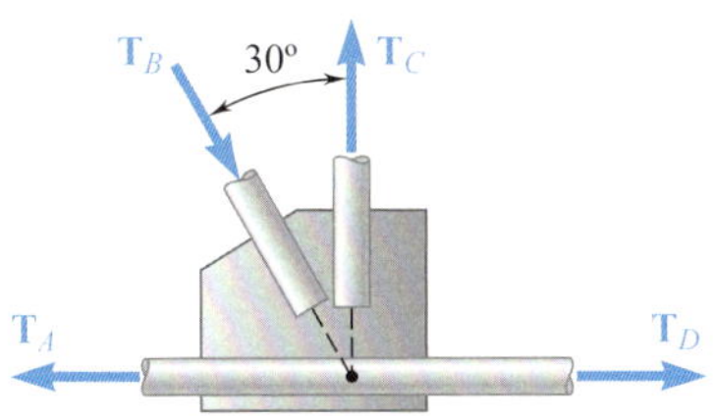

Figura P2.39

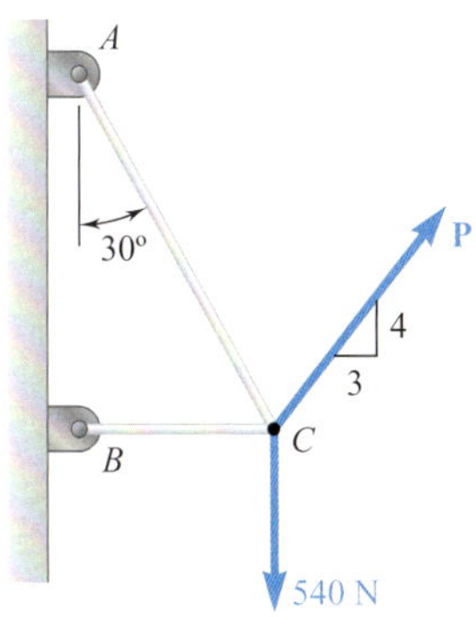

Figura P2.40

2.40 Determine a faixa de valores de **P** para que ambos os cabos permaneçam esticados.

2.41 Para os cabos do Problema 2.36, sabe-se que a tração máxima admissível é 600 N no cabo AC e 750 N no cabo BC. Determine (a) a máxima força **P** que pode ser aplicada em C e (b) o correspondente valor de α.

2.42 Duas cordas estão ligadas em C. Se a máxima tração admissível em cada corda é 2,5 kN, que máxima força **F** pode ser aplicada? Em qual direção deve atuar essa máxima força?

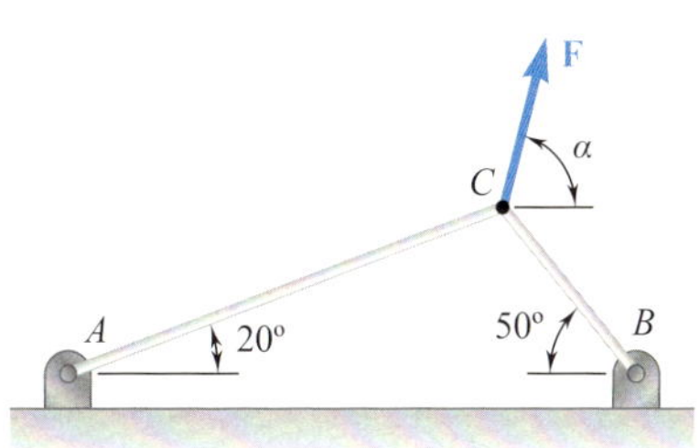

Figura P2.42

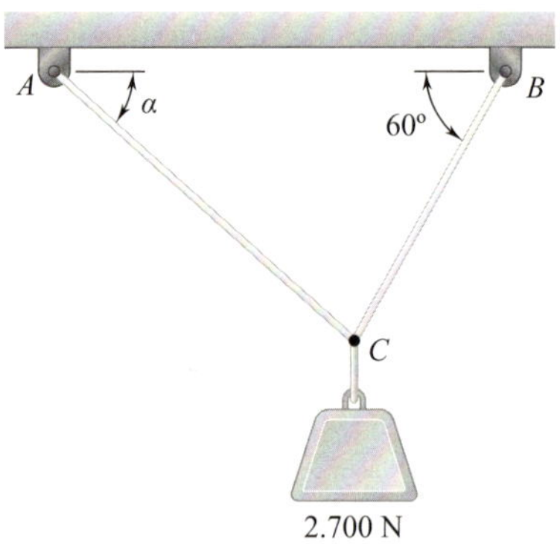

Figura P2.43 e P2.44

2.43 Um bloco de 2.700 N é suportado por dois cabos *AC* e *BC*. (*a*) Para qual valor de α a tração no cabo *AC* é máxima? (*b*) Quais são os correspondentes valores da tração nos cabos *AC* e *BC*?

2.44 Um bloco de 2.700 N é suportado por dois cabos *AC* e *BC*. Determine (*a*) o valor de α para que as maiores trações dos cabos sejam as menores possíveis e (*b*) os correspondentes valores da tração nos cabos *AC* e *BC*.

2.45 Dois cabos estão ligados em *C* como mostra a figura. Encontre o valor de α para que a tração seja a menor possível (*a*) no cabo *BC* e (*b*) em ambos os cabos simultaneamente. Em cada caso, determine a tração em ambos os cabos.

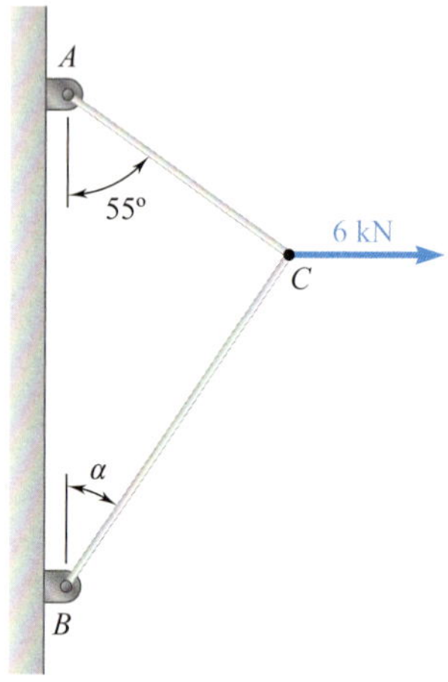

Figura P2.45

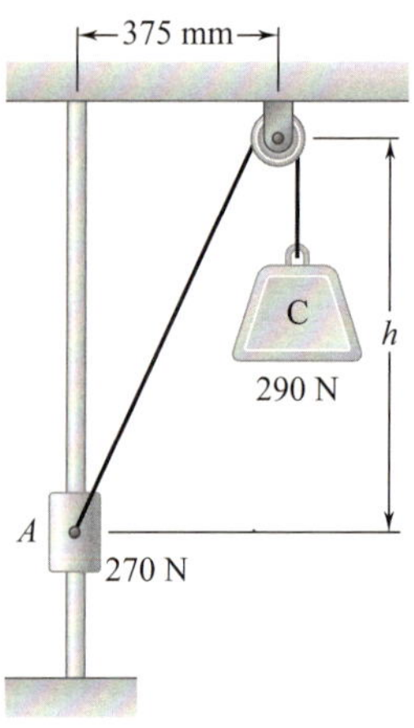

Figura P2.46

2.46 Um colar *A* de 270 N pode deslizar sem atrito em uma barra vertical e ligado a um contrapeso *C* de 290 N como mostra a figura. Determine o valor de *h* para que o sistema esteja em equilíbrio.

2.47 A força **P** é aplicada em uma pequena polia que rola em um cabo *ACB*. Sabendo que a tração em ambos as partes do cabo é 750 N, determine a intensidade e direção de **P**.

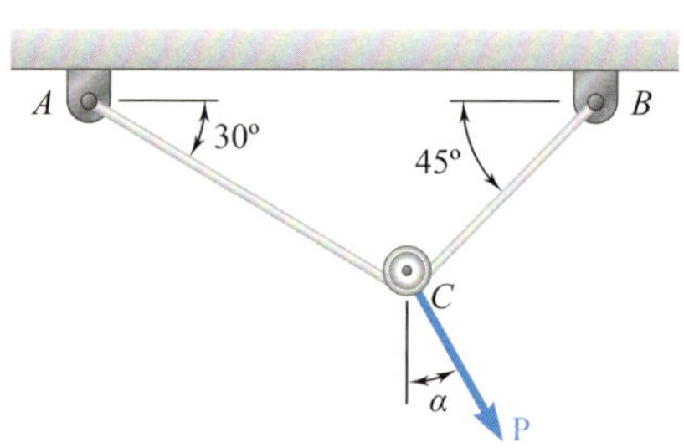

Figura P2.47

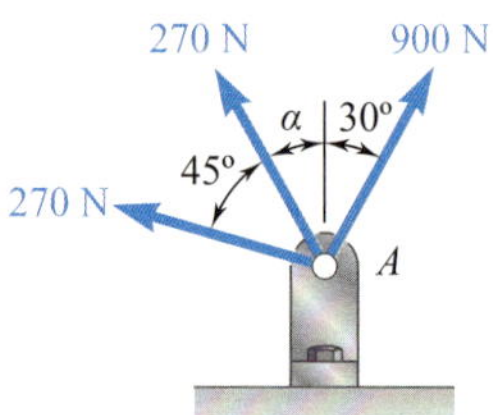

Figura P2.48

2.48 A direção das forças de 270 N pode variar, mas o ângulo entre as forças é sempre 45°. Determine o valor de α para que a resultante das forças que atuam em *A* seja direcionada verticalmente para cima.

2.49 O tubo de aço de comprimento de 3,6 m e massa de 300 kg é suspenso por um cabo do guindaste *CD*. Determine a tração no cabo da linga *ACB*, sabendo que o comprimento da linga é (*a*) 4,5 m e (*b*) 6 m.

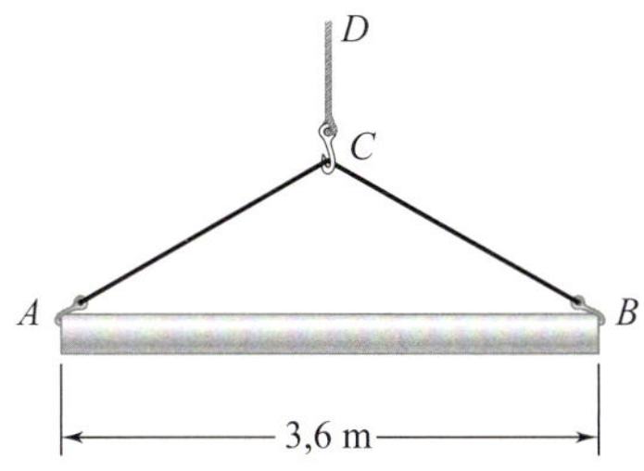

Figura P2.49

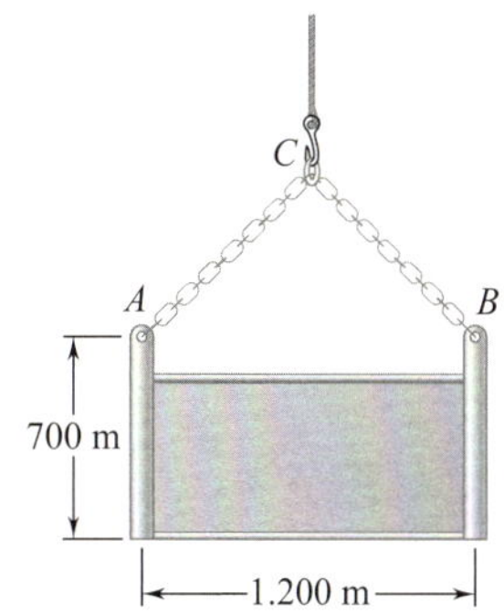

Figura P2.50

2.50 Uma caixa móvel e seu conteúdo pesam 3.150 N. Determine a menor linga de corrente *ACB* que pode ser usada para suspender a caixa carregada desde que a tração na corrente não exceda 5.625 N.

2.51 Um caixote de 250 N é sustentado por vários sistemas de corda e roldana como mostra a figura. Determine para cada caso a tração na corda. (A tração na corda é a mesma em cada lado da polia simples, o que pode ser provado pelos métodos apresentados no Capítulo 4.)

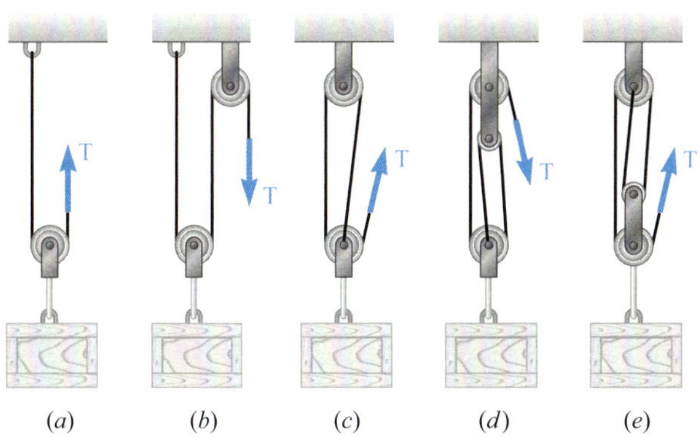

Figura P2.51

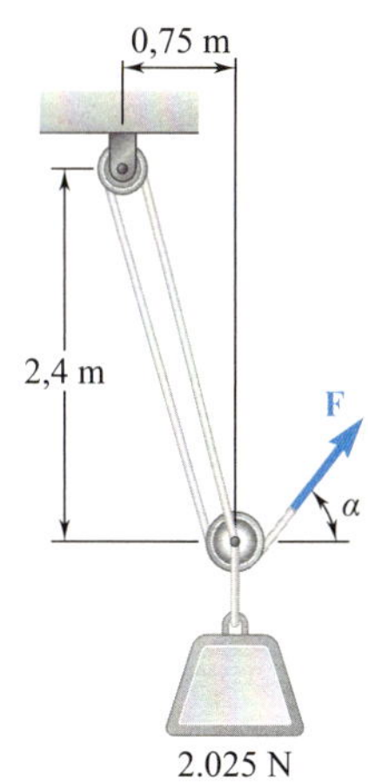

Figura P2.53

2.52 Resolva os casos *b* e *d* do Problema 2.51 considerando que a extremidade livre da corda é fixada no caixote.

2.53 Um caixote de 2.025 N é sustentado pelo sistema de corda e roldana mostrado na figura. Determine a intensidade e direção da força **F** que deve ser exercida na extremidade livre da corda.

2.54 Para $W = 800$ N, $P = 200$ N e $d = 600$ mm, determine o valor de h para manter o equilíbrio.

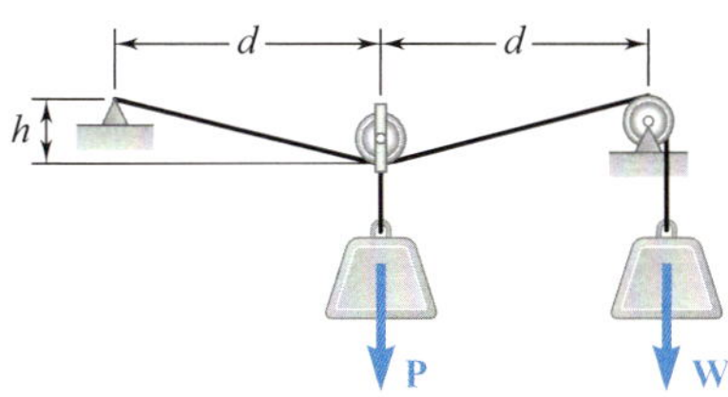

Figura P2.54

2.55 O colar A pode deslizar sem atrito sobre a haste horizontal lisa. Determine a intensidade da força **P** requerida para manter equilíbrio quando (a) $c = 225$ mm e (b) $c = 400$ mm.

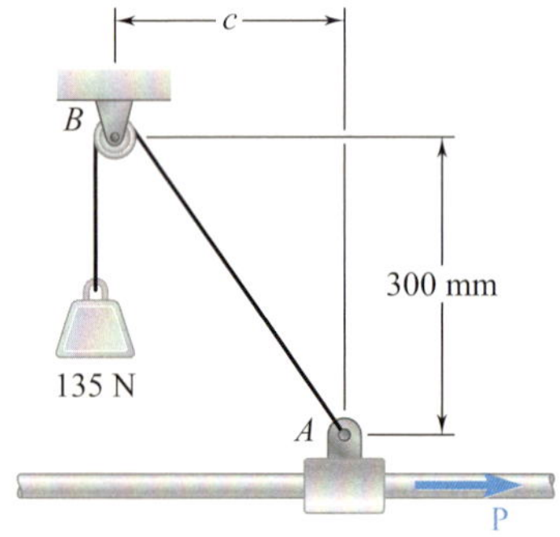

Figura P2.55

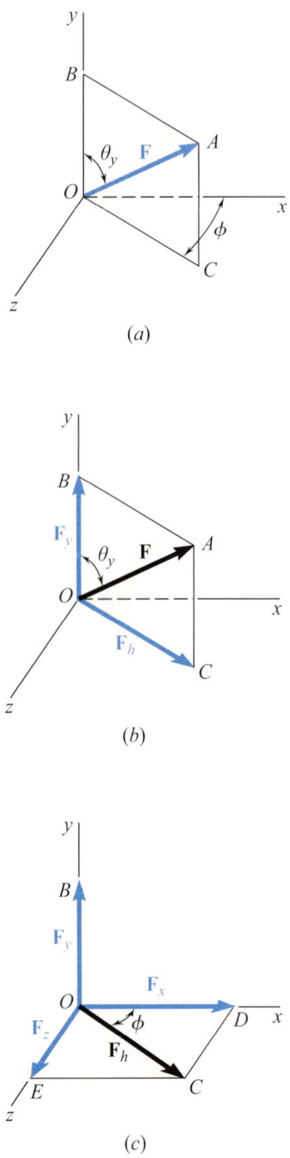

Figura 2.30

FORÇAS NO ESPAÇO

2.12 Componentes retangulares de uma força no espaço

Os problemas considerados na primeira parte deste capítulo envolveram somente duas dimensões, os quais podem ser formulados e solucionados em um único plano. Nesta e nas demais seções deste capítulo, abordaremos problemas que envolvem as três dimensões do espaço.

Considere a força **F** atuando na origem O do sistema de coordenadas retangulares x, y e z. Para definir a direção de **F**, traçamos o plano vertical $OBAC$ contendo **F** (Fig. 2.30a). Esse plano passa pelo eixo vertical y e sua orientação é definida pelo ângulo ϕ que ele forma com o plano xy. A direção de **F** no plano é definida pelo ângulo θ que **F** forma com o eixo y. A força **F** pode ser decomposta em um componente vertical $\mathbf{F}_y$ e um componente horizontal $\mathbf{F}_h$; essa operação, mostrada na Fig. 2.30b, é feita no plano $OBAC$ de acordo com as regras desenvolvidas na primeira parte do capítulo. Os componentes escalares correspondentes são

$$F_y = F\cos\theta_y \qquad F_h = F\,\mathrm{sen}\,\theta_y \tag{2.16}$$

Mas $\mathbf{F}_h$ pode ser decomposta em dois componentes retangulares $\mathbf{F}_x$ e $\mathbf{F}_z$ ao longo dos eixos x e z, respectivamente. Essa operação, mostrada na Fig. 2.30c, é feita no plano xz. Obtemos as seguintes expressões para os componentes escalares correspondentes

$$\begin{aligned} F_x &= F_h\cos\phi = F\,\mathrm{sen}\,\theta_y\cos\phi \\ F_z &= F_h\,\mathrm{sen}\,\phi = F\,\mathrm{sen}\,\theta_y\,\mathrm{sen}\,\phi \end{aligned} \tag{2.17}$$

A força **F** dada foi então decomposta em três componentes retangulares vetoriais $\mathbf{F}_x$, $\mathbf{F}_y$ e $\mathbf{F}_z$, que estão dirigidos ao longo dos três eixos coordenados.

Ao aplicarmos o teorema de Pitágoras aos triângulos OAB e OCD da Fig. 2.30, escrevemos:

$$\begin{aligned} F^2 &= (OA)^2 = (OB)^2 + (BA)^2 = F_y^2 + F_h^2 \\ F_h^2 &= (OC)^2 = (OD)^2 + (DC)^2 = F_x^2 + F_z^2 \end{aligned}$$

Eliminando F_h^2 dessas duas equações e resolvendo para F, obtemos a seguinte relação entre a intensidade de **F** e seus componentes retangulares escalares:

$$F = \sqrt{F_x^2 + F_y^2 + F_z^2} \tag{2.18}$$

A relação existente entre a força **F** e seus três componentes $\mathbf{F}_x$, $\mathbf{F}_y$ e $\mathbf{F}_z$ é mais facilmente visualizada se uma "caixa" tendo $\mathbf{F}_x$, $\mathbf{F}_y$ e $\mathbf{F}_z$ como arestas for desenhada tal como mostra a Fig. 2.31. A força **F** é então representada pela diagonal *OA* dessa caixa. A Fig. 2.31*b* mostra o triângulo retângulo *OAB* usado para deduzir a primeira das expressões (2.16): $F_y = F \cos \theta_y$. Nas Figs. 2.31*a* e *c*, foram também desenhados outros dois triângulos retângulos: *OAD* e *OAE*. Vê-se que esses triângulos ocupam na caixa posições comparáveis com a do triângulo *OAB*. Representando por θ_x e θ_z, respectivamente, os ângulos que **F** forma com os eixos x e z, podemos deduzir duas expressões similares a $F_y = F \cos \theta_y$. Escrevemos então:

$$F_x = F \cos \theta_x \qquad F_y = F \cos \theta_y \qquad F_z = F \cos \theta_z \tag{2.19}$$

Os três ângulos θ_x, θ_y e θ_z definem a direção da força **F** e são, em geral, mais usados para essa finalidade do que os ângulos θ_y e ϕ apresentados no início desta seção. Os cossenos de θ_x, θ_y e θ_z são conhecidos como *cossenos diretores* da força **F**.

Ao introduzirmos os vetores unitários **i**, **j** e **k**, dirigidos respectivamente ao longo dos eixos x, y e z (Fig. 2.32), podemos expressar **F** na forma:

$$F = F_x\mathbf{i} + F_y\mathbf{j} + F_z\mathbf{k} \tag{2.20}$$

na qual os componentes escalares F_x, F_y e F_z são definidos pelas relações (2.19).

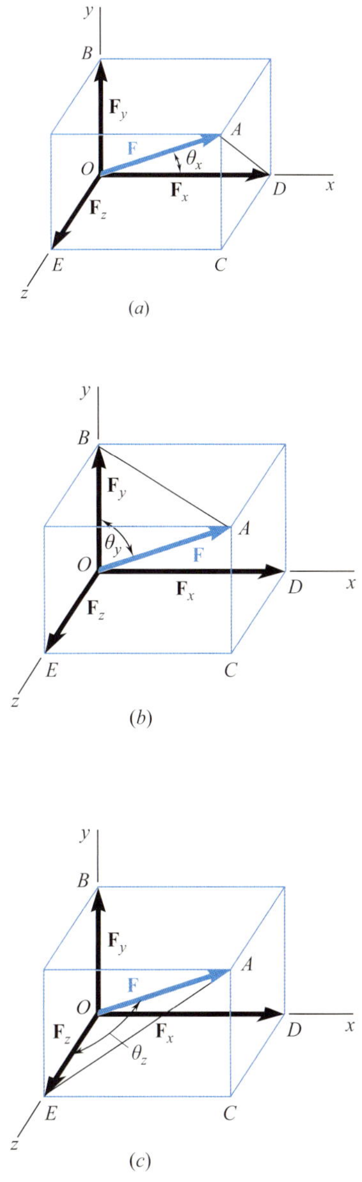

Figura 2.31

Exemplo 2.4. Uma força de 500 N forma ângulos de 60°, 45° e 120°, respectivamente, com os eixos x, y e z. Encontre os componentes F_x, F_y e F_z da força.

Substituindo $F = 500$ N, $\theta_x = 60°$, $\theta_y = 45°$, $\theta_z = 120°$ nas Eqs. (2.19), escrevemos

$$F_x = (500 \text{ N}) \cos 60° = +250 \text{ N}$$
$$F_y = (500 \text{ N}) \cos 45° = +354 \text{ N}$$
$$F_z = (500 \text{ N}) \cos 120° = -250 \text{ N}$$

Introduzindo na Eq. (2.20) os valores obtidos para os componentes escalares de **F**, temos

$$\mathbf{F} = (250 \text{ N})\mathbf{i} + (354 \text{ N})\mathbf{j} - (250 \text{ N})\mathbf{k}$$

Assim como no caso de problemas bidimensionais, um sinal positivo indica que o componente tem o mesmo sentido que o eixo correspondente, e um sinal negativo indica que ele tem o sentido oposto. ■

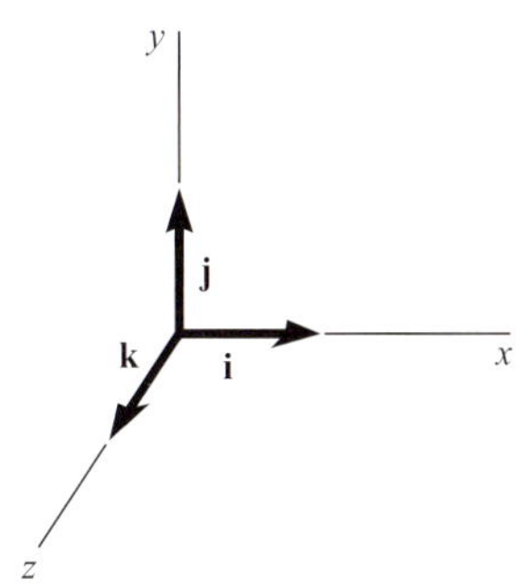

Figura 2.32

O ângulo que a força **F** forma com um eixo deve ser medido a partir do lado positivo do eixo e será sempre entre 0 e 180°. Um ângulo θ_x menor que 90° (agudo) indica que **F** (cuja origem supõe-se que seja em *O*) está no mesmo lado do plano *yz* como o eixo *x* positivo; cos θ_x e F_x serão então positivos. Um ângulo θ_x maior que 90° (obtuso) indica que **F** está no outro lado do plano *yz*; cos θ_x e F_x serão então negativos. No Exemplo 2.4, os

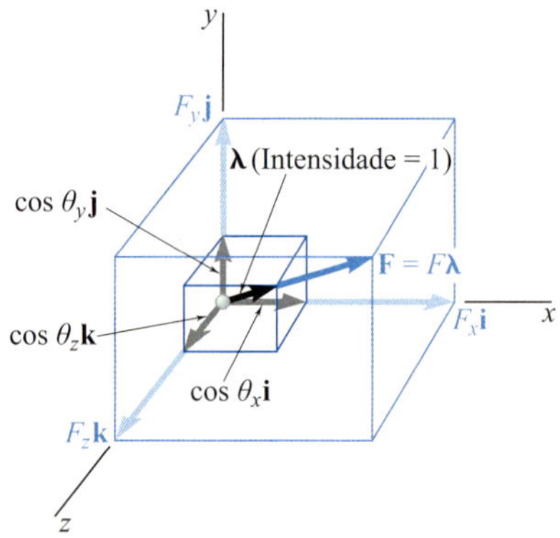

Figura 2.33

ângulos θ_x e θ_y são agudos, enquanto θ_z é obtuso; consequentemente, F_x e F_y são positivos, enquanto F_z é negativo.

Substituindo em (2.20) as expressões obtidas de F_x, F_y e F_z em (2.19), escrevemos:

$$\mathbf{F} = F(\cos\theta_x\mathbf{i} + \cos\theta_y\mathbf{j} + \cos\theta_z\mathbf{k}) \tag{2.21}$$

o que mostra que a força **F** pode ser expressa como o produto do escalar F pelo vetor

$$\boldsymbol{\lambda} = \cos\theta_x\mathbf{i} + \cos\theta_y\mathbf{j} + \cos\theta_z\mathbf{k} \tag{2.22}$$

Obviamente, o vetor **λ** é um vetor cuja intensidade é igual a 1 e cuja direção e sentido são os mesmos que os de **F** (Fig. 2.33). O vetor **λ** é denominado *vetor unitário* ao longo da linha de ação de **F**. Segue-se de (2.22) que os componentes do vetor unitário **λ** são respectivamente iguais aos cossenos que orientam a linha de ação de **F**:

$$\lambda_x = \cos\theta_x \qquad \lambda_y = \cos\theta_y \qquad \lambda_z = \cos\theta_z \tag{2.23}$$

Deve-se observar que os valores dos três ângulos θ_x, θ_y e θ_z não são independentes. Lembrando que a soma dos quadrados dos componentes de um vetor é igual ao quadrado da sua intensidade, escrevemos

$$\lambda_x^2 + \lambda_y^2 + \lambda_z^2 = 1$$

ou, substituindo os valores de λ_x, λ_y e λ_z a partir de (2.23),

$$\cos\theta_x^2 + \cos\theta_y^2 + \cos\theta_z^2 = 1 \tag{2.24}$$

No Exemplo 2.4, por exemplo, quando os valores $\theta_x = 60°$ e $\theta_y = 45°$ foram selecionados, o valor de θ_z *deve* ser igual a 60° ou 120° para poder satisfazer a identidade (2.24).

Quando os componentes F_x, F_y e F_z de uma força **F** são dados, a intensidade F da força é obtida de (2.18).* Podem-se então resolver as relações (2.19) para os cossenos diretores

$$\cos\theta_x = \frac{F_x}{F} \quad \cos\theta_y = \frac{F_y}{F} \quad \cos\theta_z = \frac{F_z}{F} \tag{2.25}$$

e determinar os ângulos θ_x, θ_y e θ_z que caracterizam a direção de **F**.

Exemplo 2.5. A força **F** tem os componentes $F_x = 90$ N, $F_y = -135$ N, $F_z = 270$ N. Determine sua intensidade F e os ângulos θ_x, θ_y e θ_z que essa força forma com os eixos coordenados.

Da Eq. (2.18) obtemos:*

$$\begin{aligned} F &= \sqrt{F_x^2 + F_y^2 + F_z^2} \\ &= \sqrt{(90\text{ N})^2 + (-135\text{ N})^2 + (270\text{ N})^2} \\ &= \sqrt{99.225}\text{ N} = 315\text{ N} \end{aligned}$$

* Com uma calculadora programada para converter coordenadas retangulares em coordenadas polares, será mais fácil calcular F pelo seguinte procedimento; primeiro determine F_h, a partir de seus dois componentes retangulares F_x e F_z (Fig. 2.30*c*), e depois determine F a partir de seus dois componentes retangulares F_h e F_y (Fig. 2.30*b*). A ordem em que os três componentes F_x, F_y e F_z são considerados é irrelevante.

Substituindo os valores dos componentes e a intensidade de **F** nas Eqs. (2.25), escrevemos

$$\cos\theta_x = \frac{F_x}{F} = \frac{90 \text{ N}}{315 \text{ N}} \qquad \cos\theta_y = \frac{F_y}{F} = \frac{-135 \text{ N}}{315 \text{ N}} \qquad \cos\theta_z = \frac{F_z}{F} = \frac{270 \text{ N}}{315 \text{ N}}$$

Calculando sucessivamente cada quociente e seu arco cosseno, obtemos

$$\theta_x = 73{,}4^\circ \qquad \theta_y = 115{,}4^\circ \qquad \theta_z = 31{,}0^\circ$$

Esses cálculos podem ser feitos facilmente com uma calculadora. ■

2.13 Força definida por sua intensidade e por dois pontos em sua linha de ação

Em muitas aplicações, a direção de uma força **F** é definida pela coordenada de dois pontos, $M(x_1, y_1, z_1)$ e $N(x_2, y_2, z_2)$, localizados em sua linha de ação (Fig. 2.34). Considere o vetor $\overrightarrow{MN}$ ligando M e N e de mesmo sentido que **F**. Representando seus componentes escalares por d_x, d_y e d_z, respectivamente, escrevemos:

$$\overrightarrow{MN} = d_x\mathbf{i} + d_y\mathbf{j} + d_z\mathbf{k} \tag{2.26}$$

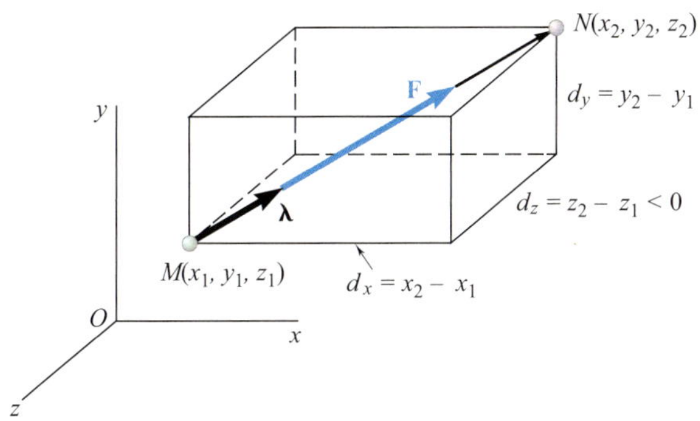

Figura 2.34

O vetor unitário **λ** ao longo da linha de ação de **F** (isto é, ao longo da linha MN) pode ser obtido dividindo-se o vetor $\overrightarrow{MN}$ por sua intensidade MN. Substituindo por $\overrightarrow{MN}$ de (2.26) e observando que MN é igual à distância d de M a N, escrevemos:

$$\boldsymbol{\lambda} = \frac{\overrightarrow{MN}}{MN} = \frac{1}{d}(d_x\mathbf{i} + d_y\mathbf{j} + d_z\mathbf{k}) \tag{2.27}$$

Lembrando que **F** é igual ao produto de F e λ, temos

$$\mathbf{F} = F\boldsymbol{\lambda} = \frac{F}{d}(d_x\mathbf{i} + d_y\mathbf{j} + d_z\mathbf{k}) \tag{2.28}$$

do qual se segue que os componentes escalares de **F** são, respectivamente,

$$F_x = \frac{Fd_x}{d} \qquad F_y = \frac{Fd_y}{d} \qquad F_z = \frac{Fd_z}{d} \tag{2.29}$$

As relações (2.29) simplificam consideravelmente a determinação dos componentes de uma força **F** de uma dada intensidade F quando a linha de ação de **F** é definida por dois pontos M e N. Subtraindo as coordenadas de M das coordenadas de N, primeiro determinamos as componentes do vetor MN e a distância d de M a N:

$$d_x = x_2 - x_1 \qquad d_y = y_2 - y_1 \qquad d_z = z_2 - z_1$$
$$d = \sqrt{d_x^2 + d_y^2 + d_z^2}$$

Substituindo F e d_x, d_y, d_z e d nas relações (2.29), obtemos os componentes F_x, F_y e F_z da força.

Os ângulos θ_x, θ_y e θ_z que **F** forma com os eixos coordenados podem então ser obtidos das Eqs. (2.25). Comparando as Eqs. (2.22) e (2.27), podemos também escrever:

$$\cos\theta_x = \frac{d_x}{d} \qquad \cos\theta_y = \frac{d_y}{d} \qquad \cos\theta_z = \frac{d_z}{d} \tag{2.30}$$

e determinar os ângulos θ_x, θ_y e θ_z diretamente dos componentes e da intensidade do vetor $\overrightarrow{MN}$.

2.14 Adição de forças concorrentes no espaço

A resultante **R** de duas ou mais forças no espaço será determinada por meio da soma de seus componentes retangulares. Métodos gráficos ou trigonométricos geralmente não são práticos no caso de forças no espaço.

O método apresentado a seguir é similar àquele usado na Seção 2.8 para forças coplanares. Fazendo

$$\mathbf{R} = \Sigma\mathbf{F}$$

decompomos cada força em seus componentes retangulares e escrevemos:

$$\begin{aligned} R_x\mathbf{i} + R_y\mathbf{j} + R_z\mathbf{k} &= \Sigma(F_x\mathbf{i} + F_y\mathbf{j} + F_z\mathbf{k}) \\ &= (\Sigma F_x)\mathbf{i} + (\Sigma F_y)\mathbf{j} + (\Sigma F_z)\mathbf{k} \end{aligned}$$

de onde se conclui que

$$R_x = \Sigma F_x \qquad R_y = \Sigma F_y \qquad R_z = \Sigma F_z \tag{2.31}$$

A intensidade da resultante e os ângulos θ_x, θ_y e θ_z que a resultante forma com os eixos coordenados são obtidos por meio do método discutido na Seção 2.12. Escrevemos:

$$R = \sqrt{R_x^2 + R_y^2 + R_z^2} \tag{2.32}$$

$$\cos\theta_x = \frac{R_x}{R} \qquad \cos\theta_y = \frac{R_y}{R} \qquad \cos\theta_z = \frac{R_z}{R} \tag{2.33}$$

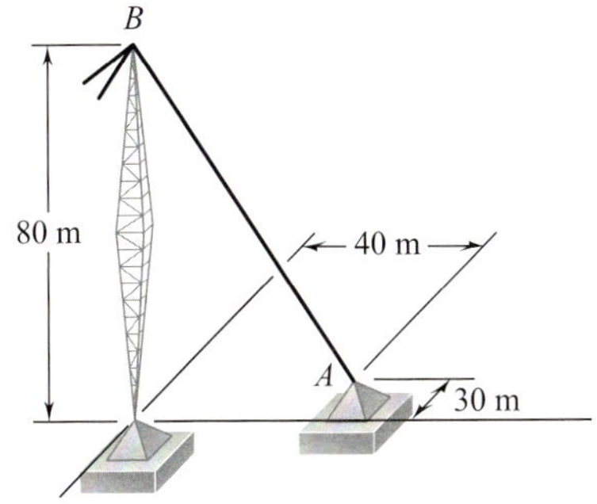

PROBLEMA RESOLVIDO 2.7

Um cabo de sustentação de uma torre está ancorado por meio de um parafuso em A. A tração no cabo é 2.500 N. Determine (*a*) os componentes F_x, F_y e F_z da força que atua sobre o parafuso e (*b*) os ângulos θ_x, θ_y e θ_z que definem a direção da força.

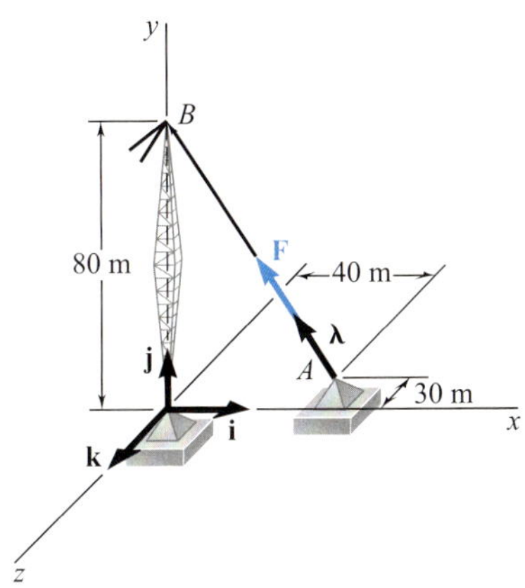

SOLUÇÃO

a. Componentes da força. A linha de ação da força que atua no parafuso passa por A e B, e a força é dirigida de A para B. Os componentes do vetor $\overrightarrow{AB}$, que tem a mesma direção da força, são

$$d_x = -40 \text{ m} \qquad d_y = +80 \text{ m} \qquad d_z = +30 \text{ m}$$

A distância total de A até B é

$$AB = d = \sqrt{d_x^2 + d_y^2 + d_z^2} = 94{,}3 \text{ m}$$

Representando por **i**, **j** e **k** os vetores unitários ao longo dos eixos coordenados, temos

$$\overrightarrow{AB} = -(40 \text{ m})\mathbf{i} + (80 \text{ m})\mathbf{j} + (30 \text{ m})\mathbf{k}$$

Introduzindo o vetor unitário $\boldsymbol{\lambda} = \overrightarrow{AB}/AB$, escrevemos

$$\mathbf{F} = F\boldsymbol{\lambda} = F\frac{\overrightarrow{AB}}{AB} = \frac{2.500 \text{ N}}{94{,}3 \text{ m}}\overrightarrow{AB}$$

Substituindo a expressão encontrada para $\overrightarrow{AB}$, obtemos

$$\mathbf{F} = \frac{2.500 \text{ N}}{94{,}3 \text{ m}}[-(40 \text{ m})\mathbf{i} + (80 \text{ m})\mathbf{j} + (30 \text{ m})\mathbf{k}]$$

$$\mathbf{F} = -(1.060 \text{ N})\mathbf{i} + (2.120 \text{ N})\mathbf{j} + (795 \text{ N})\mathbf{k}$$

Os componentes de **F**, então, são

$$F_x = -1.060 \text{ N} \qquad F_y = +2.120 \text{ N} \qquad F_z = +795 \text{ N} \quad ◀$$

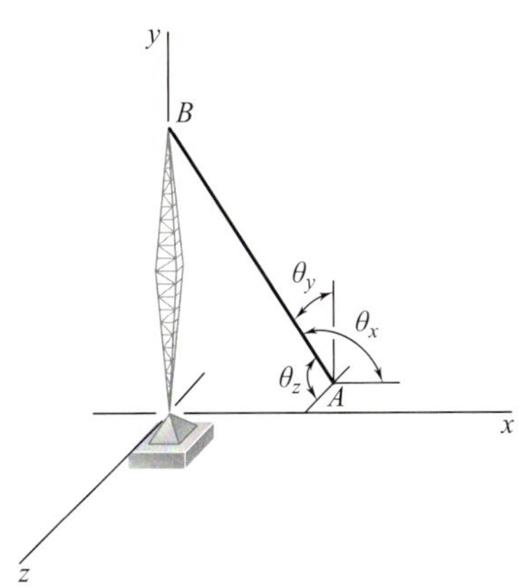

b. Direção da força. Usando as Eqs. (2.25), escrevemos

$$\cos\theta_x = \frac{F_x}{F} = \frac{-1.060 \text{ N}}{2.500 \text{ N}} \qquad \cos\theta_y = \frac{F_y}{F} = \frac{+2.120 \text{ N}}{2.500 \text{ N}}$$

$$\cos\theta_z = \frac{F_z}{F} = \frac{+795 \text{ N}}{2.500 \text{ N}}$$

Calculando sucessivamente cada quociente e seu arco cosseno, obtemos

$$\theta_x = 115{,}1° \qquad \theta_y = 32{,}0° \qquad \theta_z = 71{,}5° \quad ◀$$

(*Nota*: Esse resultado poderia ter sido obtido por meio do uso dos componentes e da intensidade do vetor $\overrightarrow{AB}$ em vez dos da força **F**.)

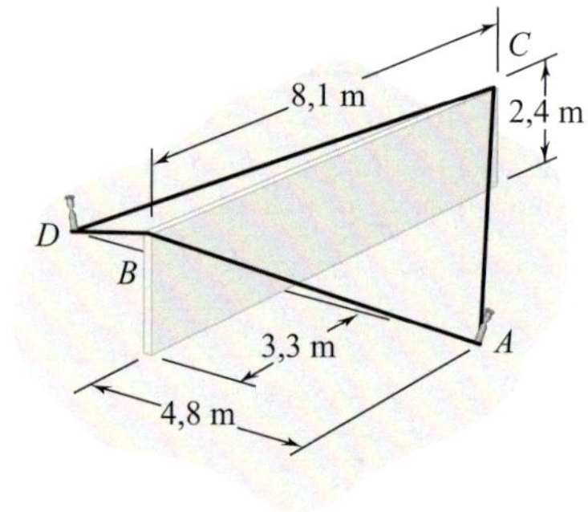

PROBLEMA RESOLVIDO 2.8

Uma seção de um muro de concreto pré-moldado é temporariamente sustentada pelos cabos mostrados. Sabendo que a tração é 3.780 N no cabo AB e 5.400 N no cabo AC, determine a intensidade e a direção da resultante das forças exercidas pelos cabos AB e AC na estaca A.

SOLUÇÃO

Componentes das forças. A força exercida por cada cabo na estaca A será decomposta em componentes x, y e z. Primeiro determinamos os componentes e a intensidade dos vetores $\overrightarrow{AB}$ e $\overrightarrow{AC}$, medindo-os a partir de A em direção à seção do muro. Representando por **i**, **j** e **k** os vetores unitários ao longo dos eixos coordenados, temos

$$\overrightarrow{AB} = -(4{,}8 \text{ m})\mathbf{i} + (2{,}4 \text{ m})\mathbf{j} + (3{,}3 \text{ m})\mathbf{k} \qquad AB = 6{,}3 \text{ m}$$
$$\overrightarrow{AC} = -(4{,}8 \text{ m})\mathbf{i} + (2{,}4 \text{ m})\mathbf{j} - (4{,}8 \text{ m})\mathbf{k} \qquad AC = 7{,}2 \text{ m}$$

Representando por $\boldsymbol{\lambda}_{AB}$ o vetor unitário ao longo de AB, temos

$$\mathbf{T}_{AB} = \mathbf{T}_{AB}\boldsymbol{\lambda}_{AB} = \mathbf{T}_{AB}\frac{\overrightarrow{AB}}{AB} = \frac{3.780 \text{ N}}{6{,}3 \text{ m}}\overrightarrow{AB}$$

Substituindo a expressão encontrada para $\overrightarrow{AB}$, obtemos

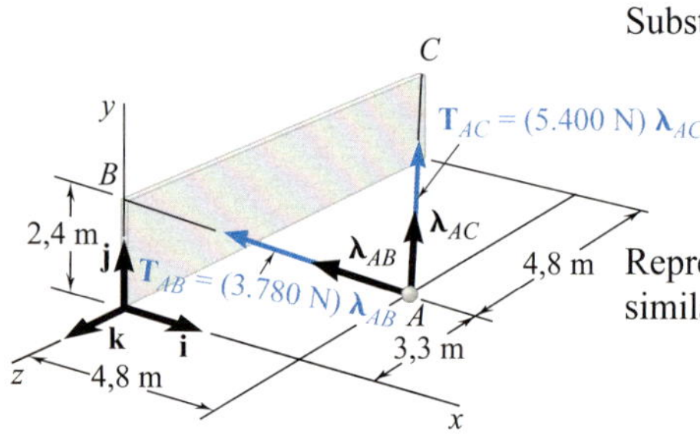

$$\mathbf{T}_{AB} = \frac{3.780 \text{ N}}{6{,}3 \text{ m}}[-(4{,}8 \text{ m})\mathbf{i} + (2{,}4 \text{ m})\mathbf{j} + (3{,}3 \text{ m})\mathbf{k}]$$
$$\mathbf{T}_{AB} = -(2.880 \text{ N})\mathbf{i} + (1.440 \text{ N})\mathbf{j} + (1.980 \text{ N})\mathbf{k}$$

Representando por $\boldsymbol{\lambda}_{AC}$ o vetor unitário ao longo de AC, obtemos de modo similar

$$\mathbf{T}_{AC} = T_{AC}\boldsymbol{\lambda}_{AC} = T_{AC}\frac{\overrightarrow{AC}}{AC} = \frac{5.400 \text{ N}}{7{,}2 \text{ m}}\overrightarrow{AC}$$
$$\mathbf{T}_{AC} = -(3.600 \text{ N})\mathbf{i} + (1.800 \text{ N})\mathbf{j} - (3.600 \text{ N})\mathbf{k}$$

Resultante das forças. A resultante **R** das forças exercidas pelos dois cabos é

$$\mathbf{R} = \mathbf{T}_{AB} + \mathbf{T}_{AC} = -(6.480 \text{ N})\mathbf{i} + (3.240 \text{ N})\mathbf{j} - (1.620 \text{ N})\mathbf{k}$$

A intensidade e a direção da resultante são agora determinadas:

$$R = \sqrt{R_x^2 + R_y^2 + R_z^2} = \sqrt{(-6.480)^2 + (3.240)^2 + (-1.620)^2}$$

$$R = 7.425 \text{ N} \quad ◀$$

Das Eqs. (2.33) obtemos

$$\cos\theta_x = \frac{R_x}{R} = \frac{-6.480 \text{ N}}{7.425 \text{ N}} \qquad \cos\theta_y = \frac{R_y}{R} = \frac{+3.240 \text{ N}}{7.425 \text{ N}}$$
$$\cos\theta_z = \frac{R_z}{R} = \frac{-1.620 \text{ N}}{7.425 \text{ N}}$$

Calculando sucessivamente cada quociente e seu arco cosseno, obtemos

$$\theta_x = 150{,}8^\circ \qquad \theta_y = 64{,}1^\circ \qquad \theta_z = 102{,}6^\circ \quad ◀$$

PROBLEMAS

2.56 Determine (*a*) as componentes *x*, *y* e *z* da força de 250 N e (*b*) os ângulos θ_x, θ_y e θ_z que a força forma com os eixos coordenados.

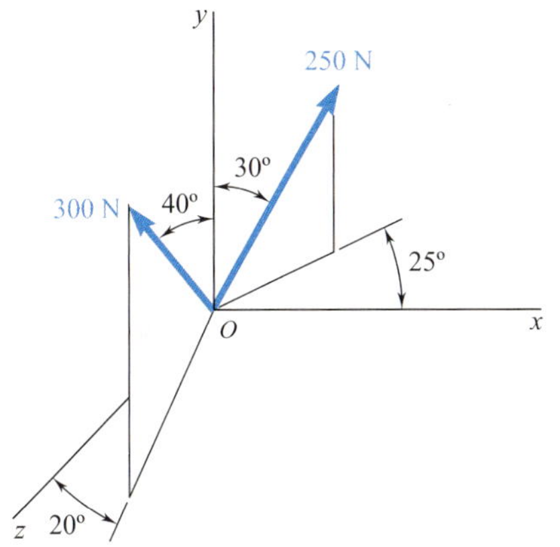

Figura P2.56 e P2.57

2.57 Determine (*a*) as componentes *x*, *y* e *z* da força de 300 N e (*b*) os ângulos θ_x, θ_y e θ_z que a força forma com os eixos coordenados.

2.58 O ângulo entre o cabo de sustentação *AB* e o mastro é 20°. Sabendo que a tração em *AB* é 1.350 N, determine (*a*) as componentes *x*, *y* e *z* da força exercida no barco em *B*, (*b*) os ângulos θ_x, θ_y e θ_z definindo a direção da força exercida em *B*.

2.59 O ângulo entre o cabo de sustentação *AC* e o mastro é 20°. Sabendo que a tração em *AC* é 1.350 N, determine (*a*) as componentes *x*, *y* e *z* da força exercida no barco em *C* e (*b*) os ângulos θ_x, θ_y e θ_z definindo a direção da força exercida em *C*.

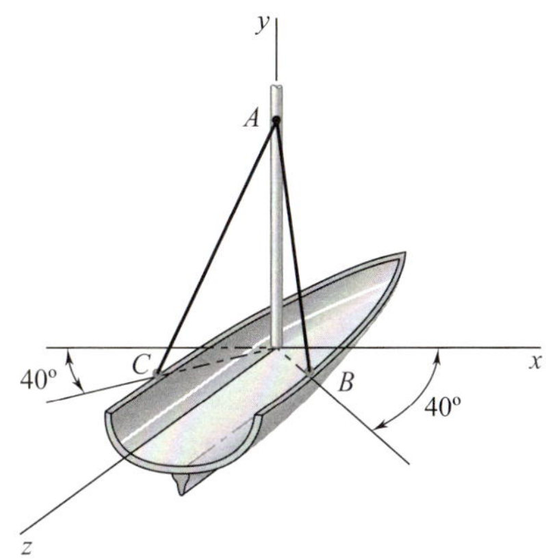

Figura P2.58 e P2.59

2.60 Um canhão é apontado para o ponto *A* localizado a 20° oeste da direção norte. Sabendo que o cano da arma forma um ângulo de 35° com a horizontal e que a força máxima de recuo é 800 N, determine (*a*) as componentes *x*, *y* e *z* da força e (*b*) os ângulos θ_x, θ_y e θ_z definindo a direção da força de recuo. (Considere que os eixos *x*, *y* e *z* são direcionados respectivamente para o leste, norte e sul.)

2.61 Resolva o Problema 2.60, considerando que o ponto *A* é localizado a 25° norte da direção oeste e que o cano da arma forma um ângulo de 30° com a horizontal.

2.62 Determine a intensidade, a direção e o sentido da força **F** = – (1.080 N)**i** – (1.440 N)**j** + (2.700 N)**k**.

2.63 Determine a intensidade, a direção e o sentido da força **F** = (3.105 N)**i** + (1.440 N)**j** – (2.610 N)**k**.

2.64 Uma força atua na origem e na direção definida pelos ângulos $\theta_y = 120°$ e $\theta_z = 75°$. Sabendo que a componente *x* da força é + 40 N, determine a intensidade da força e o valor de θ_x.

2.65 Uma força de 1.125 N atua na origem e na direção definida pelos ângulos $\theta_x = 65°$ e $\theta_y = 40°$. Sabendo que a componente *z* da força é positivo, determine o valor de θ_x e a componente da força.

2.66 Uma força atua na origem e na direção definida pelos ângulos $\theta_x = 70°$ e $\theta_z = 130°$. Sabendo que a componente *z* da força é + 1.800 N, determine (*a*) os outros componentes e a intensidade da força e (*b*) o valor de θ_y.

2.67 Uma força atua na origem e na direção definida pelos ângulos $\theta_y = 65°$ e $\theta_z = 40°$. Sabendo que a componente x da força é –750 N, determine (*a*) os outros componentes e a intensidade da força, e (*b*) o valor de θ_x.

2.68 Sabendo que a tração no cabo *AB* é 900 N, determine as componentes da força exercida na placa em *A*.

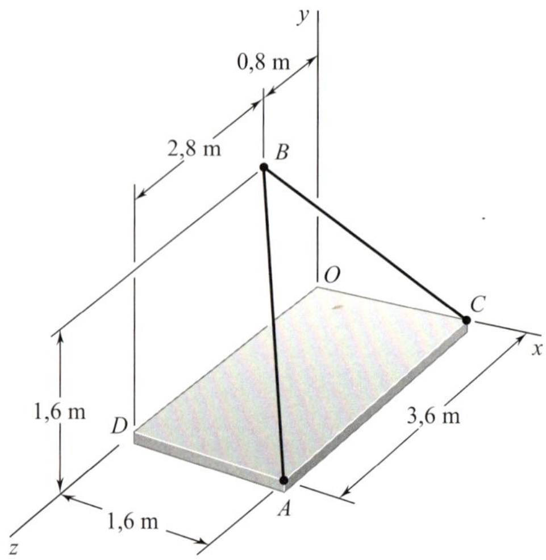

Figura P2.68 e P2.69

2.69 Sabendo que a tração no cabo *BC* é 450 N, determine as componentes da força exercida na placa em *C*.

2.70 Sabendo que a tração no cabo *AB* é 1.280 N, determine as componentes da força exercida na placa em *B*.

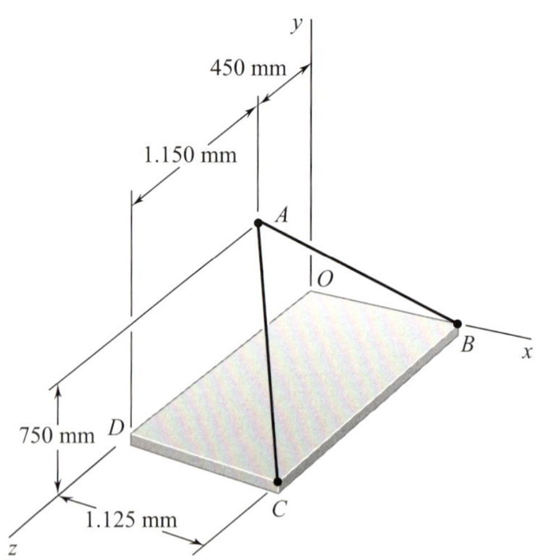

Figura P2.70, P2.71 e P2.73

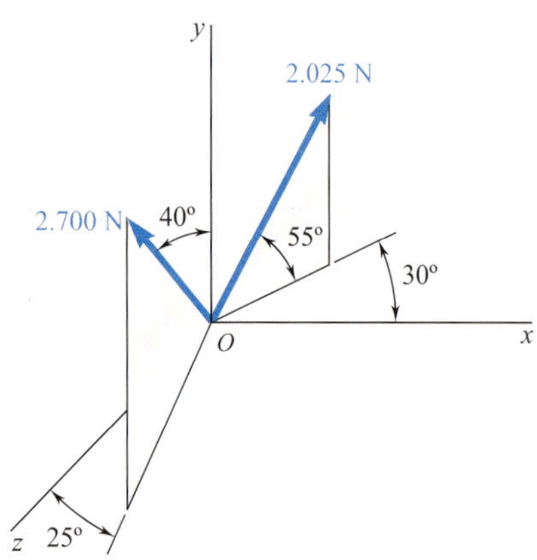

Figura P2.72

2.71 Sabendo que a tração no cabo *AC* é 1.920 N, determine as componentes da força exercida na placa em *C*.

2.72 Determine a resultante das duas forças mostradas na figura.

2.73 Sabendo que a tração no cabo *AB* é 1.280 N e 1.920 N no cabo *AC*, determine a intensidade, direção e sentido da resultante das forças exercidas em *A* pelos dois cabos.

2.74 O ângulo entre cada mola AB e AC e o poste DA é 30°. Sabendo que a tração é 225 N na mola AB e 180 N na mola AC, determine a intensidade e direção da resultante da força exercida pelas molas no poste em A.

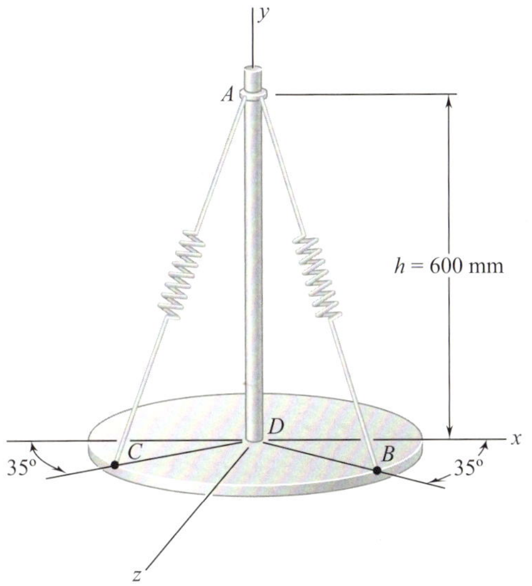

Figura P2.74

2.75 Determine os dois possíveis valores de θ_y para a força **F**, (*a*) se a força forma ângulos iguais com os eixos positivos x, y e z e (*b*) se a força forma ângulos iguais com os eixos positivos y e z e um ângulo de 45° com o eixo positivo de x.

2.76 Sabendo que a tração em AB é 39 kN, determine os valores requeridos para as trações em AC e AD tal que a resultante das três forças aplicadas em A seja vertical.

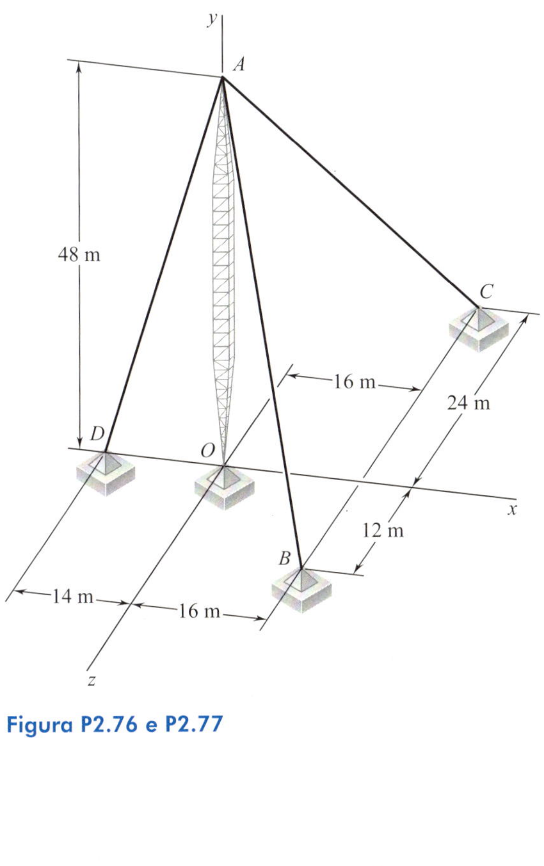

Figura P2.76 e P2.77

2.77 Sabendo que a tração em AC é 28 kN, determine os valores requeridos para as trações em AB e AC tal que a resultante das três forças aplicadas em A seja vertical.

2.78 A longarina OA contém uma carga **P** e é suportada por dois cabos como mostra a figura. Sabendo que a tração no cabo AB é 732 N e que a resultante da carga **P** e das duas forças exercidas em A pelos dois cabos deve ser direcionada ao longo de OA, determine a tração no cabo AC.

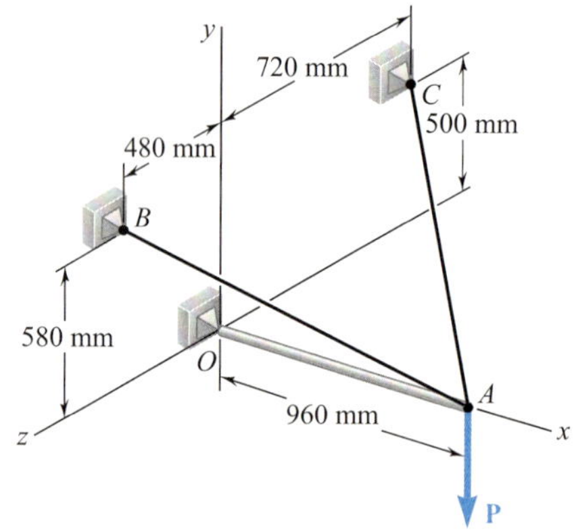

Figura P2.78

2.79 Para a longarina e o carregamento do Problema 2.78, determine a intensidade da carga **P**.

Foto 2.2 Embora a tração nos *quatro* cabos de sustentação do carro não possa ser obtida usando as *três* equações de (2.34), a relação entre as trações pode ser obtida considerando o equilíbrio do gancho.

2.15 Equilíbrio de uma partícula no espaço

De acordo com a definição dada na Seção 2.9, uma partícula A estará em equilíbrio se a resultante de todas as forças que atuam em A for zero. Os componentes R_x, R_y e R_z da resultante são dados pelas relações (2.31); expressando que os componentes da resultante são zero, escrevemos:

$$\Sigma F_x = 0 \qquad \Sigma F_y = 0 \qquad \Sigma F_z = 0 \tag{2.34}$$

As Eqs. (2.34) representam as condições necessárias e suficientes para o equilíbrio de uma partícula no espaço. Podem ser usadas na resolução de problemas relacionados ao equilíbrio de uma partícula que envolvam não mais do que três incógnitas.

Para resolver tais problemas, deve-se primeiro desenhar um diagrama de corpo livre representando a partícula em equilíbrio e *todas* as forças que atuam nela. Podem-se então escrever as Eqs. de equilíbrio (2.34) e resolvê-las para as três incógnitas. Nos tipos mais comuns de problemas, essas incógnitas representam (1) os três componentes de uma única força ou (2) a intensidade de três forças, todas de direção conhecida.

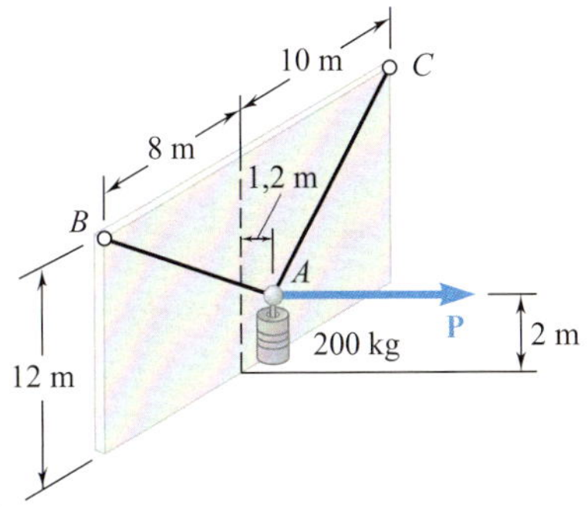

PROBLEMA RESOLVIDO 2.9

Um cilindro de 200 kg está pendurado por dois cabos AB e AC, presos ao topo de uma parede vertical. Uma força horizontal **P** perpendicular à parede segura o cilindro na posição mostrada. Determine a intensidade de **P** e a tração em cada cabo.

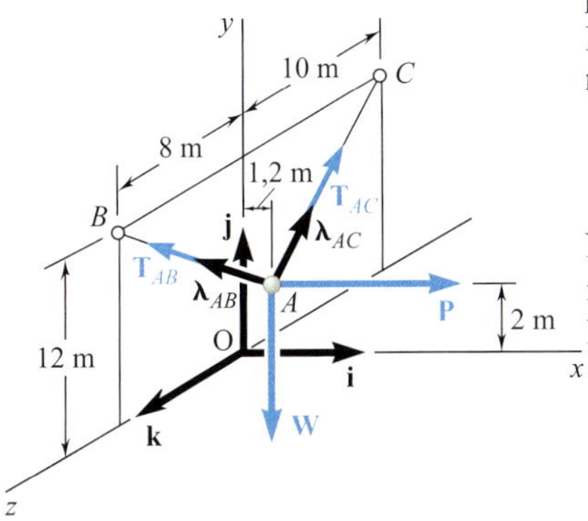

SOLUÇÃO

Diagrama de corpo livre. Escolhemos o ponto A como um corpo livre; esse ponto está sujeito a quatro forças, três das quais têm intensidades desconhecidas. Introduzindo os vetores unitários **i**, **j** e **k**, decompomos cada força em componentes retangulares.

$$\mathbf{P} = P\mathbf{i}$$
$$\mathbf{W} = -mg\mathbf{j} = -(200 \text{ kg})(9{,}81 \text{ m/s}^2)\mathbf{j} = -(1.962 \text{ N})\mathbf{j} \qquad (1)$$

No caso de $\mathbf{T}_{AB}$ e $\mathbf{T}_{AC}$, é necessário primeiro determinar os componentes e as intensidades dos vetores $\overrightarrow{AB}$ e $\overrightarrow{AC}$. Representando por $\boldsymbol{\lambda}_{AB}$ o vetor unitário ao longo de AB, escrevemos

$$\overrightarrow{AB} = -(1{,}2 \text{ m})\mathbf{i} + (10 \text{ m})\mathbf{j} + (8 \text{ m})\mathbf{k} \qquad AB = 12{,}862 \text{ m}$$
$$\boldsymbol{\lambda}_{AB} = \frac{\overrightarrow{AB}}{12{,}862 \text{ m}} = -0{,}09330\mathbf{i} + 0{,}7775\mathbf{j} + 0{,}6220\mathbf{k}$$
$$T_{AB} = T_{AB}\boldsymbol{\lambda}_{AB} = -0{,}09330T_{AB}\mathbf{i} + 0{,}7775T_{AB}\mathbf{j} + 0{,}6220T_{AB}\mathbf{k} \qquad (2)$$

Representando por $\boldsymbol{\lambda}_{AC}$ o vetor unitário ao longo de AC, escrevemos de modo similar

$$\overrightarrow{AC} = -(1{,}2 \text{ m})\mathbf{i} + (10 \text{ m})\mathbf{j} - (10 \text{ m})\mathbf{k} \qquad AC = 14{,}193 \text{ m}$$
$$\boldsymbol{\lambda}_{AC} = \frac{\overrightarrow{AC}}{14{,}193 \text{ m}} = -0{,}08455\mathbf{i} + 0{,}7046\mathbf{j} - 0{,}7046\mathbf{k}$$
$$\mathbf{T}_{AC} = T_{AC}\boldsymbol{\lambda}_{AC} = -0{,}08455T_{AC}\mathbf{i} + 0{,}7046T_{AC}\mathbf{j} - 0{,}7046T_{AC}\mathbf{k} \qquad (3)$$

Condição de equilíbrio. Como A está em equilíbrio, devemos ter

$$\Sigma\mathbf{F} = 0: \qquad \mathbf{T}_{AB} + \mathbf{T}_{AC} + \mathbf{P} + \mathbf{W} = 0 \qquad (4)$$

ou, substituindo as expressões (1), (2) e (3) na expressão (4) e fatorando em **i**, **j** e **k**,

$$(-0{,}09330T_{AB} - 0{,}08455T_{AC} + P)\mathbf{i} + (0{,}7775T_{AB} + 0{,}7046T_{AC} - 1.962 \text{ N})\mathbf{j} + (0{,}6220T_{AB} - 0{,}7046T_{AC})\mathbf{k} = 0$$

Igualando os coeficientes de **i**, **j**, **k** a zero, escrevemos três equações escalares que expressam que as somas dos componentes x, y e z das forças são respectivamente iguais a zero.

$$\Sigma F_x = 0: \qquad -0{,}09330T_{AB} - 0{,}08455T_{AC} + P = 0$$
$$\Sigma F_y = 0: \qquad +0{,}7775T_{AB} + 0{,}7046T_{AC} - 1.962 \text{ N} = 0$$
$$\Sigma F_z = 0: \qquad +0{,}6220T_{AB} - 0{,}7046T_{AC} = 0$$

Resolvendo essas equações, obtemos

$P = 235$ N $\qquad T_{AB} = 1.402$ N $\qquad T_{AC} = 1.238$ N ◀

PROBLEMAS

2.80 Um recipiente é suportado por três cabos que são fixados a um teto como mostra a figura. Determine o peso W do recipiente sabendo que a tração no cabo AB é 6 kN.

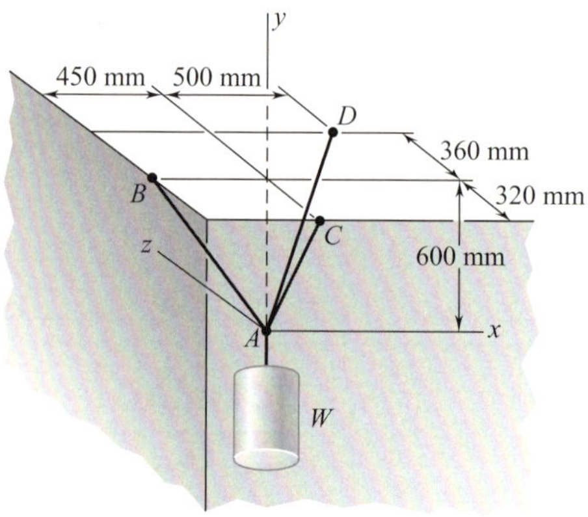

Figura P2.80, P2.81 e P2.82

2.81 Um recipiente é suportado por três cabos que são fixados a um teto como mostra a figura. Determine o peso W do recipiente sabendo que a tração no cabo AD é 4,3 kN.

2.82 Um recipiente de peso $W = 9{,}32$ kN é suportado por três cabos que são fixados a um teto como mostra a figura. Determine a tração em cada cabo.

2.83 A carga W é suportada por três cabos como mostra a figura. Determine o valor de W sabendo que a tração no cabo BD é 4.388 N.

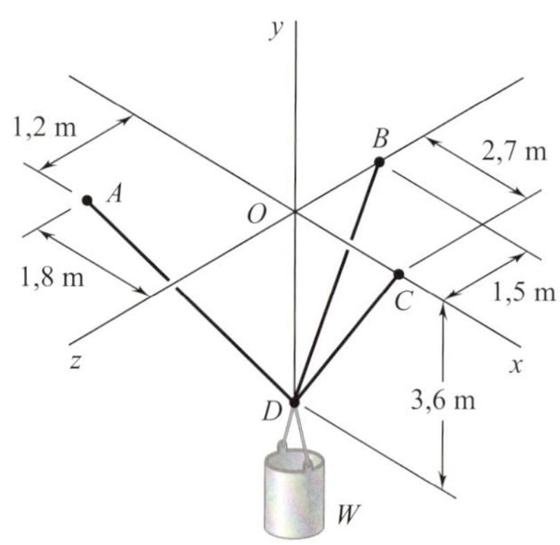

Figura P2.83, P2.84 e P2.85

2.84 A carga W é suportada por três cabos como mostra a figura. Determine o valor de W sabendo que a tração no cabo CD é 1.350 N.

2.85 A carga W de intensidade 2.498 N é suportada por três cabos como mostra a figura. Determine a tração em cada cabo.

2.86 Três arames são ligados ao ponto D, que é localizado 450 mm abaixo do suporte tubular em forma de T ABC. Determine a tração em cada arame quando um recipiente de 810 N é suspenso pelo ponto D como mostra a figura.

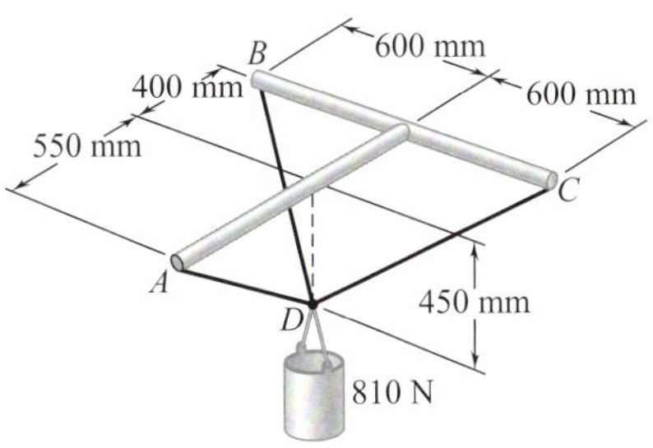

Figura P2.86

2.87 A placa triangular de peso 81 N é suportada por três arames como mostra a figura. Determine a tração de cada arame.

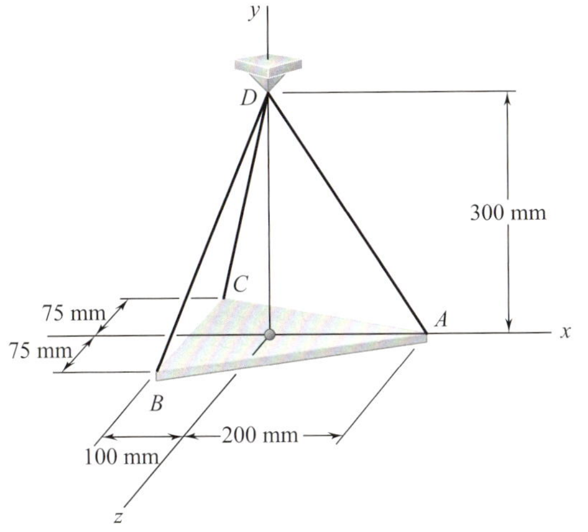

Figura P2.87

2.88 Três cabos são ligados em A, onde as forças **P** e **Q** são aplicadas como mostra a figura. Determine a tração em cada um dos cabos quando $P = 0$ e $Q = 36{,}4$ kN.

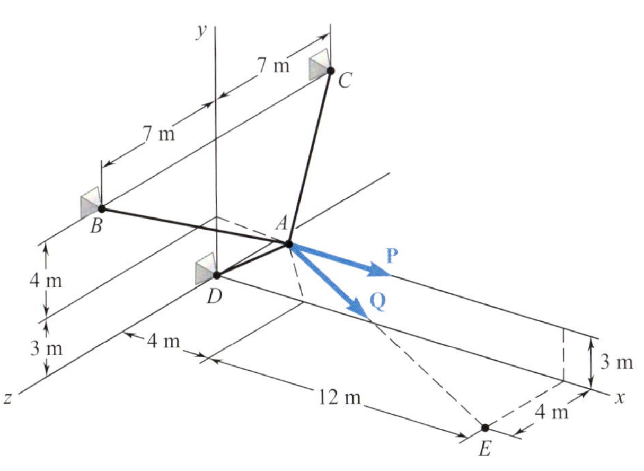

Figura P2.88 e P2.89

2.89 Três cabos são ligados em A, onde as forças **P** e **Q** são aplicadas como mostra a figura. Sabendo que $Q = 36{,}4$ KN e que a tração no cabo AD é nula, determine (a) a intensidade e o sentido de **P** e (b) a tração nos cabos AB e AC.

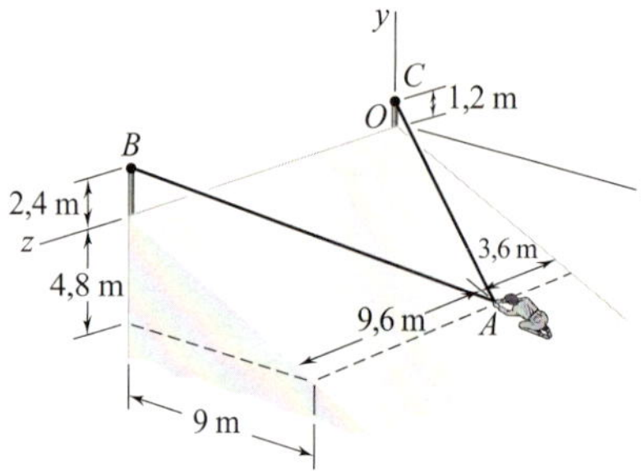

Figura P2.90

2.90 Na tentativa de mover-se através de uma superfície gelada escorregadia, um homem de 788 N usa duas cordas *AB* e *AC*. Sabendo que a força exercida no homem pela superfície gelada é perpendicular a essa superfície, determine a tração em cada cabo.

2.91 Resolva o Problema 2.90, considerando que um amigo está socorrendo o homem em *A* puxando-o com uma força $\mathbf{P} = -(203\text{ N})\mathbf{k}$.

2.92 Um recipiente de peso $W = 360$ N é suportado pelos cabos *AB* e *AC*, que são amarrados ao anel *A*. Sabendo que $\mathbf{Q} = 0$, determine (*a*) a intensidade da força **P** que deve ser aplicada no anel para manter o recipiente na posição mostrada na figura e (*b*) o correspondente valor da tração nos cabos *AB* e *AC*.

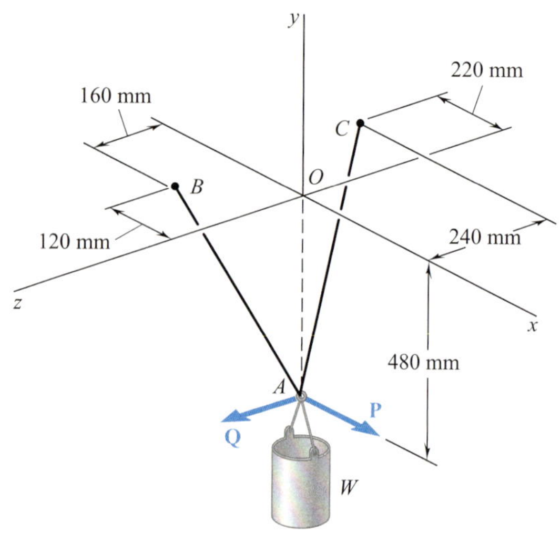

Figura P2.92 e P2.94

2.93 Resolva o Problema 2.92 sabendo que $\mathbf{Q} = (60\text{ N})\mathbf{k}$.

2.94 Um recipiente é suportado por um único cabo que passa através do anel *A* sem atrito e é ligado aos pontos fixos *B* e *C*. Duas forças $\mathbf{P} = P\mathbf{i}$ e $\mathbf{Q} = Q\mathbf{k}$ são aplicadas ao anel para manter o recipiente na posição mostrada na figura. Sabendo que o peso do recipiente é $W = 660$ N, determine as intensidades de **P** e **Q**. (*Dica*: A tração deve a mesma nas partes *AB* e *AC* do cabo.)

2.95 Determine a peso *W* do recipiente do Problema 2.94 sabendo que $P = 478$ N.

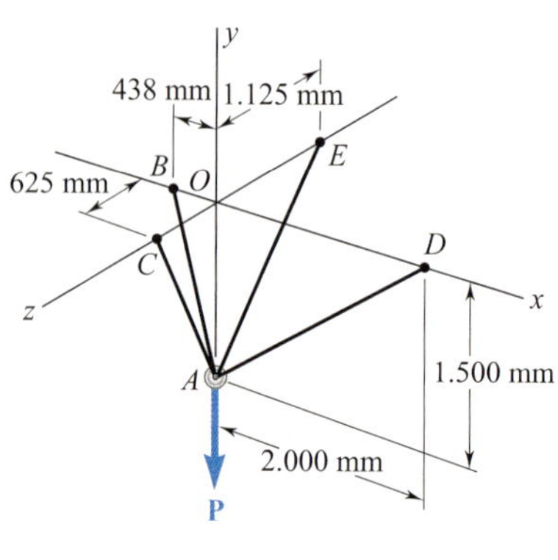

Figura P2.96

2.96 O cabo *BAC* passa através de um anel *A* e é fixado aos suportes fixos em *B* e *C*, enquanto os cabos *AD* e *AE* são ambos amarrados no anel e fixados, respectivamente, aos suportes em *D* e *E*. Sabendo que a carga **P** de 900 N é aplicada ao anel *A*, determine a tração em cada um dos três cabos.

2.97 Sabendo que a tração no cabo *AE* do Problema 2.96 é 338 N, determine (*a*) a intensidade da carga **P** e (*b*) a tração nos cabos *BAC* e *AD*.

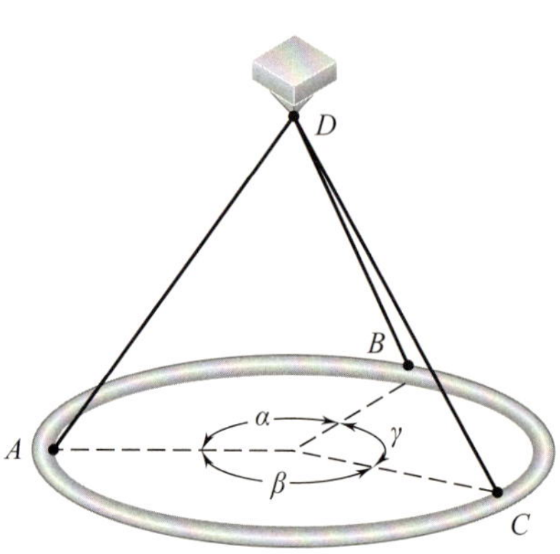

Figura P2.98

2.98 O anel circular uniforme mostrado na figura tem uma massa de 20 kg e um diâmetro de 300 mm. Ele é suportado por três arames cada um de comprimento 250 mm. Se $\alpha = 120°$, $\beta = 150°$ e $\gamma = 90°$, determine a tração em cada arame.

2.99 O colar *A* pesa 25 N e pode deslizar livremente em uma barra lisa vertical. Ele está conectado ao colar *B* pelo arame *AB*. Sabendo que o comprimento do arame *AB* é 450 mm, determine a tração no arame quando (*a*) $c = 50$ mm e (*b*) $c = 200$ mm.

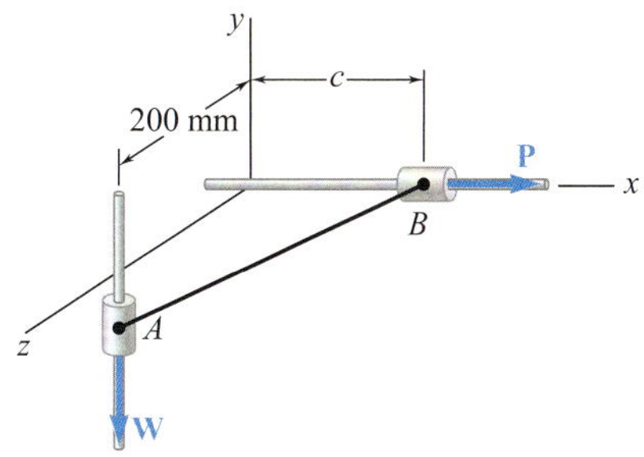

Figura P2.99

2.100 Resolva o Problema 2.99 quando (*a*) $c = 350$ mm e (*b*) $c = 400$ mm.

2.101 Dois arames são fixados ao topo do poste *CD*. Sabe-se que a força exercida pelo poste é vertical e que a força de 2250 N aplicado no ponto *C* é horizontal. Se a força de 2.250 N é paralela ao eixo *z* ($\alpha = 90°$), determine a tração em cada arame.

2.102 Três cabos são conectados em *D*, onde uma força de 30 kN para cima é aplicada. Determine a tração em cada cabo.

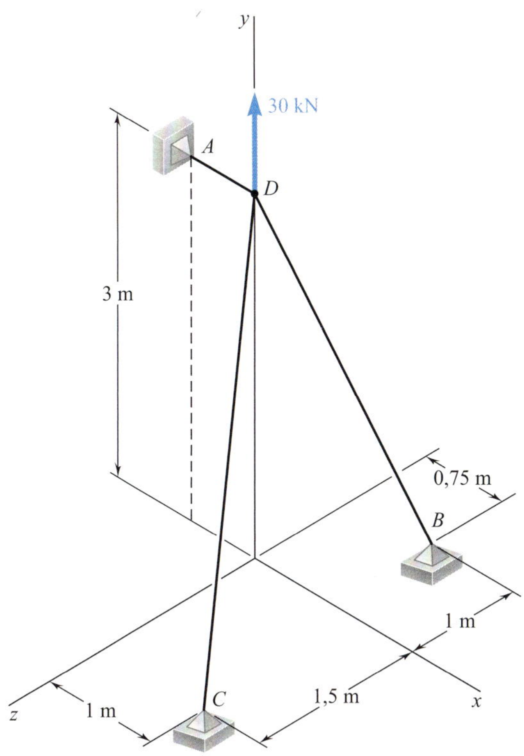

Figura P2.102

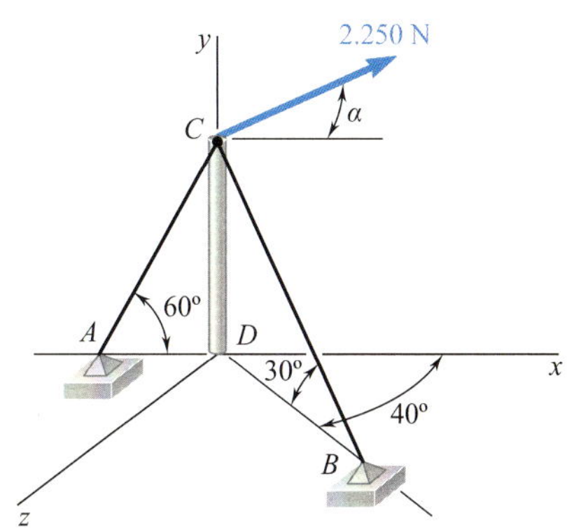

Figura P2.101

2.103 Uma placa circular de 6 kg e de raio 200 mm é suportada como mostra a figura por três arames de comprimento *L*. Sabendo que $\alpha = 30°$, determine o menor valor admissível do comprimento *L* se a tração não pode exceder 35 N em qualquer dos arames.

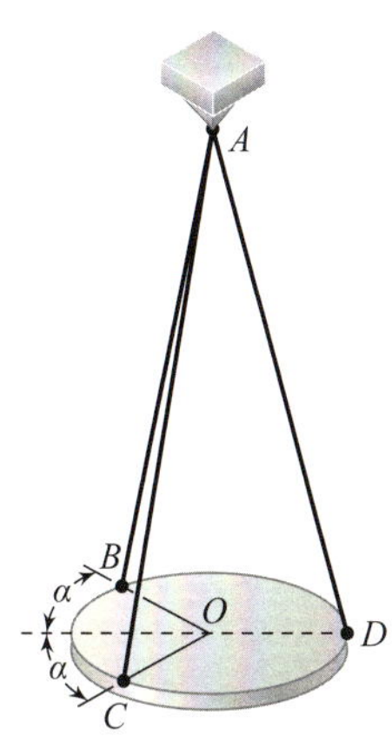

Figura P2.103

REVISÃO E RESUMO

Neste capítulo, estudamos o efeito de forças sobre partículas, isto é, sobre corpos de forma e tamanho tais que todas as forças que atuam sobre eles podem ser consideradas como aplicadas no mesmo ponto.

Resultante de duas forças

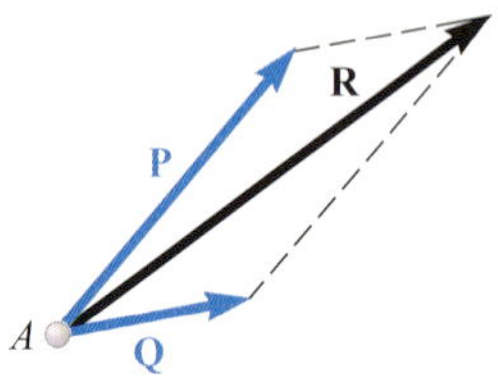

Figura 2.35

Forças são *grandezas vetoriais* caracterizadas por um *ponto de aplicação*, uma *intensidade*, uma *direção* e um *sentido*, e adicionadas de acordo com a *lei do paralelogramo* (Fig. 2.35). A intensidade, a direção e o sentido da resultante **R** de duas forças **P** e **Q** podem ser determinadas ou graficamente ou por trigonometria, usando sucessivamente a lei dos cossenos e a lei dos senos [Problema Resolvido 2.1].

Componentes de uma força

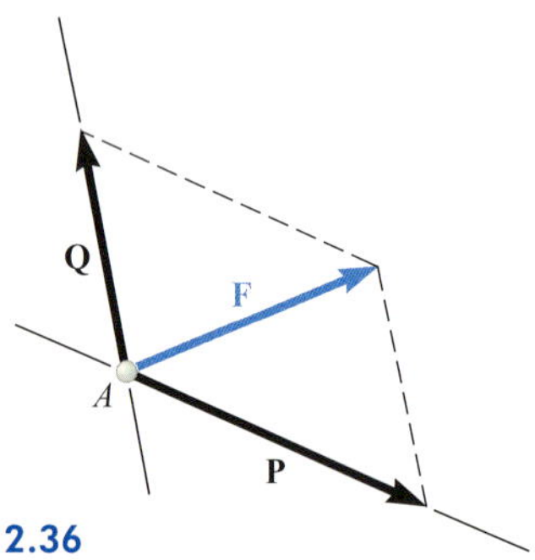

Figura 2.36

Qualquer força dada, que atue sobre uma partícula, pode ser decomposta em dois ou mais *componentes*, ou seja, pode ser substituída por duas ou mais forças que têm o mesmo efeito sobre a partícula. Pode-se decompor a força **F** em dois componentes **P** e **Q**, desenhando-se um paralelogramo com **F** na diagonal; os componentes **P** e **Q** são então representados pelos dois lados adjacentes do paralelogramo (Fig. 2.36) e podem ser determinados ou graficamente ou por trigonometria [Seção 2.6].

Componente retangular Vetor unitário

Diz-se que a força **F** será decomposta em dois *componentes retangulares* se seus componentes $\mathbf{F}_x$ e $\mathbf{F}_y$ forem perpendiculares entre si e dirigidos ao longo dos eixos coordenados (Fig. 2.37). Introduzindo os *vetores unitários* **i** e **j** ao longo dos eixos x e y, respectivamente, escrevemos [Seção 2.7]

$$\mathbf{F}_x = F_x\mathbf{i} \qquad \mathbf{F}_y = F_y\mathbf{j} \tag{2.6}$$

e

$$\mathbf{F} = F_x\mathbf{i} + F_y\mathbf{j} \tag{2.7}$$

onde F_x e F_y são os *componentes escalares* de **F**. Esses componentes, que podem ser positivos ou negativos, são definidos pelas relações

$$F_x = F\cos\theta \qquad F_y = F\,\text{sen}\,\theta \tag{2.8}$$

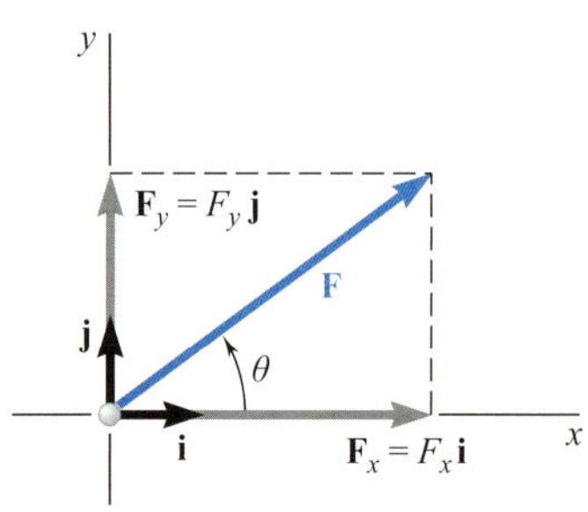

Figura 2.37

Quando os componentes retangulares F_x e F_y de uma força **F** são dados, pode-se obter o ângulo θ que define a direção da força

$$\text{tg}\,\theta = \frac{F_y}{F_x} \tag{2.9}$$

Pode-se então obter a intensidade F da força resolvendo-se uma das Eqs. (2.8) para F ou aplicando-se o teorema de Pitágoras

$$F = \sqrt{F_x^2 + F_y^2} \tag{2.10}$$

Resultante de várias forças coplanares

Quando *três ou mais forças coplanares* atuam sobre uma partícula, os componentes retangulares de sua resultante **R** podem ser obtidos adicionando algebricamente os componentes correspondentes das forças dadas [Seção 2.8]. Temos

$$R_x = \Sigma F_x \qquad R_y = \Sigma F_y \tag{2.13}$$

Podemos então determinar a intensidade e a direção de **R** a partir de relações similares às das Eqs. (2.9) e (2.10) [Problema Resolvido 2.3].

Forças no espaço

Uma força **F** no *espaço tridimensional* pode ser decomposta em componentes retangulares $\mathbf{F}_x$, $\mathbf{F}_y$ e $\mathbf{F}_z$ [Seção 2.12]. Representando por θ_x, θ_y

e θ_z, respectivamente, os ângulos formados por **F** com os eixos x, y e z (Fig. 2.38), temos

$$F_x = F\cos\theta_x \qquad F_y = F\cos\theta_y \qquad F_z = F\cos\theta_z \tag{2.19}$$

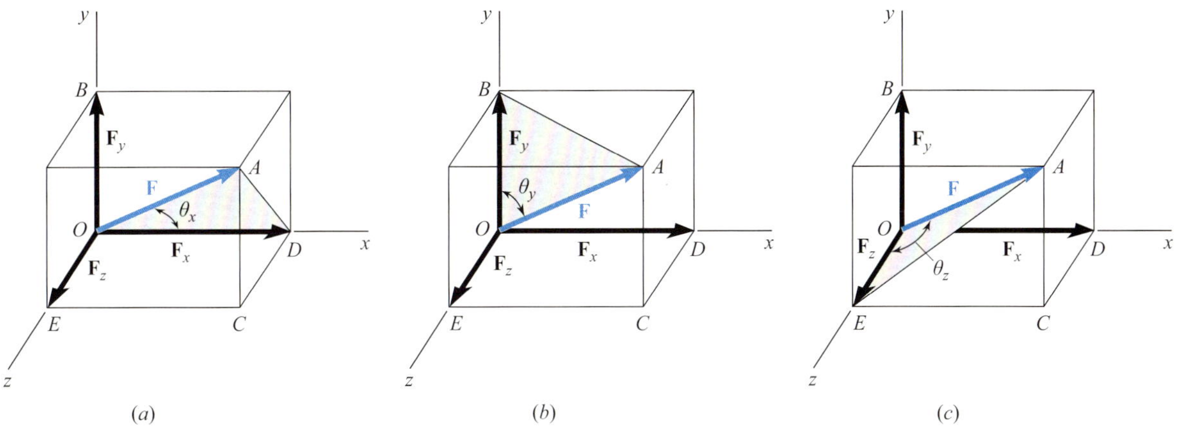

Figura 2.38

Cossenos diretores

Os cossenos de θ_x, θ_y e θ_z são conhecidos como *cossenos diretores* da força **F**. Introduzindo os vetores unitários **i**, **j** e **k** ao longo dos eixos coordenados, escrevemos

$$\mathbf{F} = F_x\mathbf{i} + F_y\mathbf{j} + F_z\mathbf{k} \tag{2.20}$$

e

$$\mathbf{F} = F(\cos\theta_x\mathbf{i} + \cos\theta_y\mathbf{j} + \cos\theta_z\mathbf{k}) \tag{2.21}$$

o que mostra (Fig. 2.39) que **F** é o produto da sua intensidade F pelo vetor unitário

$$\boldsymbol{\lambda} = \cos\theta_x\mathbf{i} + \cos\theta_y\mathbf{j} + \cos\theta_z\mathbf{k}$$

Como a intensidade de $\boldsymbol{\lambda}$ é igual à unidade, devemos ter

$$\cos^2\theta_x + \cos^2\theta_y + \cos^2\theta_z = 1 \tag{2.24}$$

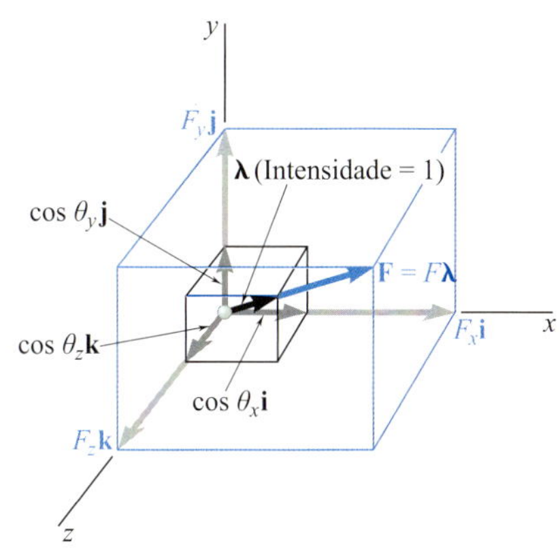

Figura 2.39

Quando os componentes retangulares F_x, F_y e F_z de uma força **F** são dados, encontramos a intensidade F da força escrevendo

$$F = \sqrt{F_x^2 + F_y^2 + F_z^2} \tag{2.18}$$

e obtemos os cossenos diretores de **F** a partir da Eq. (2.19). Temos

$$\cos\theta_x = \frac{F_x}{F} \qquad \cos\theta_y = \frac{F_y}{F} \qquad \cos\theta_z = \frac{F_z}{F} \tag{2.25}$$

Quando uma força **F** é definida no espaço tridimensional pela sua intensidade F e por dois pontos M e N sobre sua linha de ação [Seção 2.13], seus componentes retangulares podem ser obtidos da seguinte maneira: primeiro, expressamos o vetor $\overrightarrow{MN}$ que liga os pontos M e N em termos de seus componentes d_x, d_y e d_z (Fig. 2.40). Então escrevemos

$$\overrightarrow{MN} = d_x\mathbf{i} + d_y\mathbf{j} + d_z\mathbf{k} \tag{2.26}$$

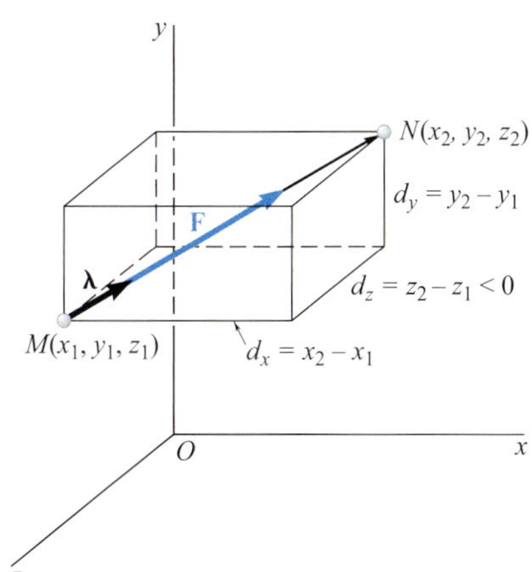

Figura 2.40

Em seguida, determinamos o vetor unitário $\boldsymbol{\lambda}$ ao longo da linha de ação de $\mathbf{F}$, dividindo $\overrightarrow{MN}$ por sua intensidade $MN = d$:

$$\boldsymbol{\lambda} = \frac{\overrightarrow{MN}}{MN} = \frac{1}{d}(d_x\mathbf{i} + d_y\mathbf{j} + d_z\mathbf{k}) \qquad (2.27)$$

Lembrando que $\mathbf{F}$ é igual ao produto de F por $\boldsymbol{\lambda}$, temos

$$\mathbf{F} = F\boldsymbol{\lambda} = \frac{F}{d}(d_x\mathbf{i} + d_y\mathbf{j} + d_z\mathbf{k}) \qquad (2.28)$$

de onde se segue [Problemas Resolvidos 2.7 e 2.8] que os componentes escalares de $\mathbf{F}$ são, respectivamente,

$$F_x = \frac{Fd_x}{d} \qquad F_y = \frac{Fd_y}{d} \qquad F_z = \frac{Fd_z}{d} \qquad (2.29)$$

Resultante de forças no espaço

Quando *duas ou mais forças* atuam sobre uma partícula no *espaço tridimensional*, podem-se obter os componentes retangulares de sua resultante $\mathbf{R}$ pela adição algébrica dos componentes correspondentes das forças dadas [Seção 2.14]. Temos

$$R_x = \Sigma F_x \qquad R_y = \Sigma F_y \qquad R_z = \Sigma F_z \qquad (2.31)$$

A intensidade, a direção e o sentido de $\mathbf{R}$ podem então ser determinados a partir de relações similares às das Eqs. (2.18) e (2.25) [Problema Resolvido 2.8].

Equilíbrio de uma partícula

Diz-se que a partícula está em *equilíbrio* quando a resultante de todas as forças que atuam sobre ela é nula [Seção 2.9]. A partícula então permanecerá em repouso (se originalmente em repouso) ou se moverá a uma velocidade constante em linha reta (se originalmente em movimento) [Seção 2.10].

Diagrama de corpo livre

Para resolver um problema que envolva uma partícula em equilíbrio, primeiro devemos traçar um *diagrama de corpo livre* da partícula, mostrando todas as forças que atuam sobre ela [Seção 2.11]. Se *apenas três forças coplanares* atuam sobre a partícula, pode-se desenhar um *triângulo de força* para expressar que a partícula está em equilíbrio. Por métodos gráficos ou trigonometria, pode-se resolver esse triângulo para no máximo duas incógnitas [Problema Resolvido 2.4]. Se *mais que três forças coplanares* estão envolvidas, devem-se usar as equações de equilíbrio.

$$\Sigma F_x = 0 \qquad \Sigma F_y = 0 \qquad (2.15)$$

Essas equações podem ser resolvidas para no máximo duas incógnitas [Problema Resolvido 2.6].

Equilíbrio no espaço

Quando uma partícula está em *equilíbrio no espaço tridimensional* [Seção 2.15], devem-se usar as três equações de equilíbrio.

$$\Sigma F_x = 0 \qquad \Sigma F_y = 0 \qquad \Sigma F_z = 0 \qquad (2.34)$$

Essas equações podem ser resolvidas para no máximo três incógnitas [Problema Resolvido 2.9].

PROBLEMAS DE REVISÃO

2.104 Um laço de cabo de comprimento 1,5 m é colocado em torno de um caixote. Sabendo que a massa do caixote é 300 kg, determine a tração no cabo para cada arranjo mostrado na figura.

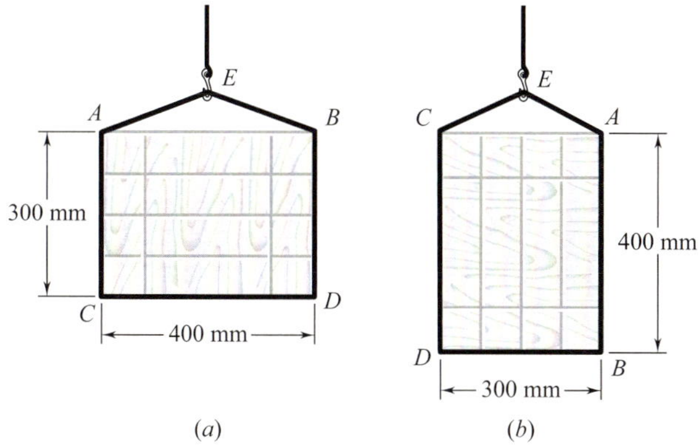

Figura P2.104

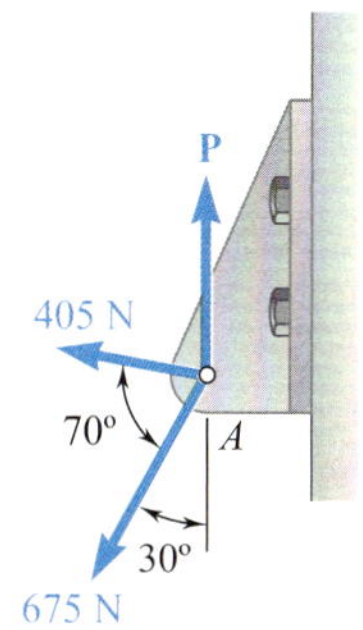

Figura P2.105 e P2.106

2.105 Sabendo que a intensidade da força **P** é 338 N, determine a resultante das três forças aplicadas em *A*.

2.106 Determine a variação dos valores de *P* para que a resultante das três forças aplicadas em *A* não exceda 788 N.

2.107 As direções das forças de 300 kN podem variar, mas o ângulo entre as força é sempre 40°. Determine o valor de α para que a direção da resultante das forças atuando em *A* seja paralela ao plano *b*-*b*.

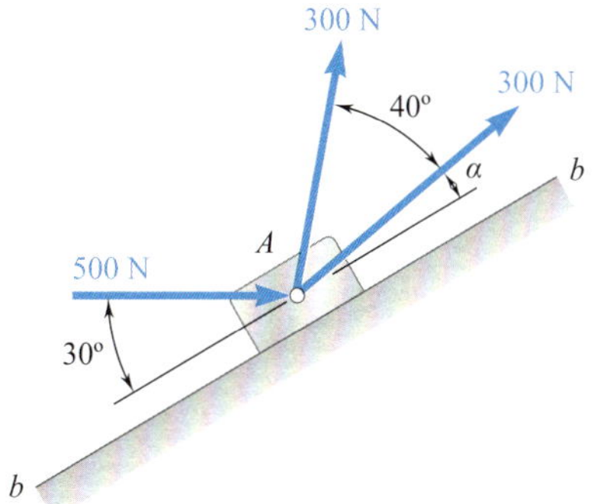

Figura *P2.107*

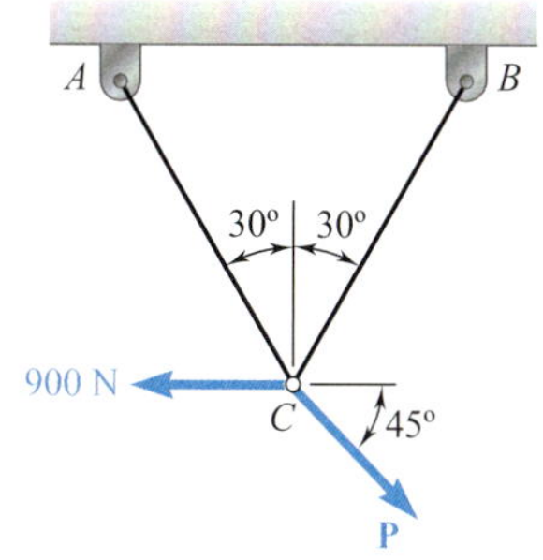

Figura P2.108 e *P2.109*

2.108 Sabendo que $P = 1.350$ N, determine a tração nos cabos *AC* e *BC*.

2.109 Determine a variação dos valores de **P** para que ambos os cabos permaneçam esticados.

2.110 Um recipiente é suportado por três cabos como mostra a figura. Determine o peso W do recipiente sabendo que a tração no cabo AB é 500 N.

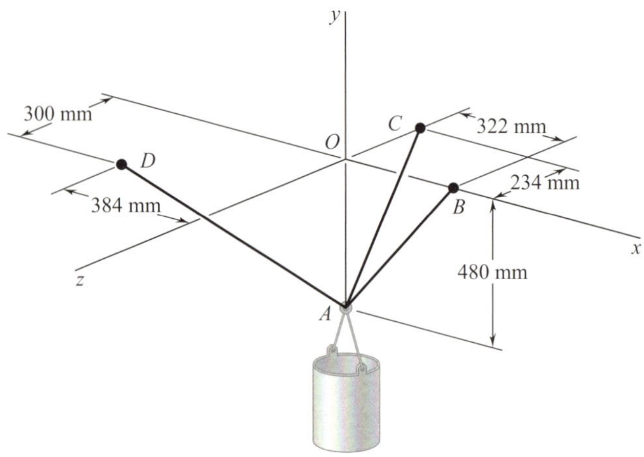

Figura P2.110

2.111 No Problema 2.110, determine os ângulos θ_x, θ_y e θ_z para a força exercida em D pelo cabo AD.

2.112 Uma força de 1200 N atua na origem e direção definida pelos ângulos $\theta_x = 65°$ e $\theta_y = 40°$. Sabe-se também que a componente z da força é positivo. Determine o valor de θ_z e os componentes da força.

2.113 Dois cabos BG e BH são ligados à estrutura ACD como mostrado na figura. Sabendo que a tração é 540 N no cabo BG e 750 N no cabo BH, determine a intensidade, direção e sentido da resultante das forças exercidas pelos cabos na estrutura em B.

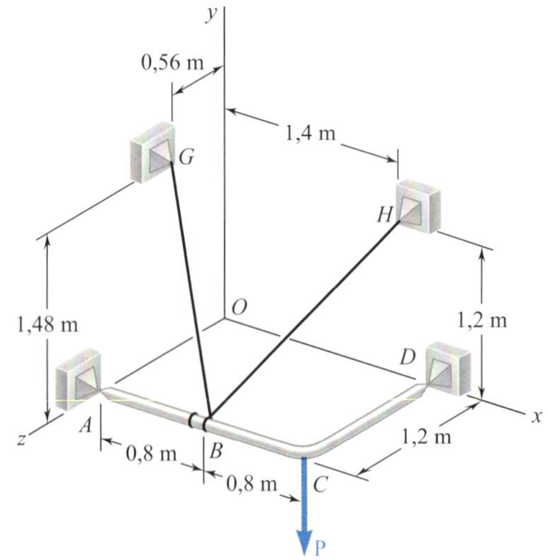

Figura P2.113

2.114 Um caixote é suportado por três cabos como mostra a figura. Determine o peso W do caixote sabendo que a tração no cabo AD é 4.158 N.

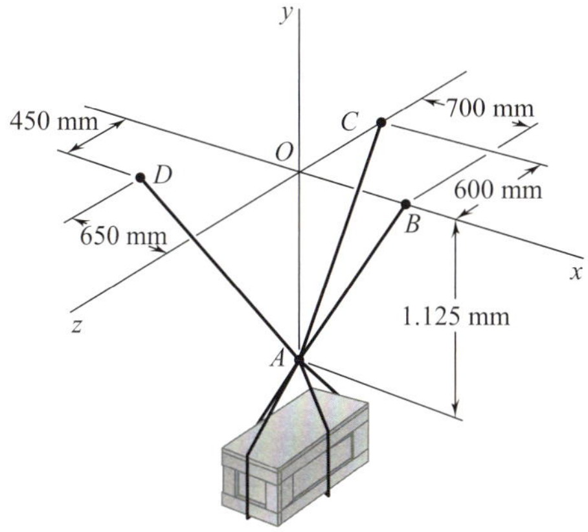

Figura P2.114

2.115 Uma placa triangular de aço é suportada por três arames como mostra a figura. Sabendo que $a = 150$ mm e que a tração no arame AD é 77 N, determine o peso da placa.

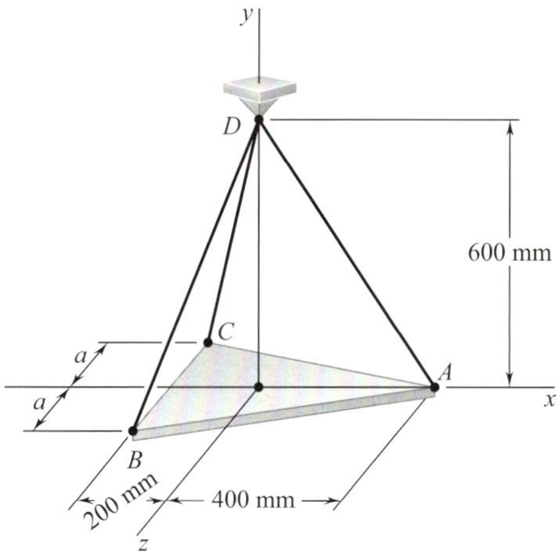

Figura P2.115

O encouraçado USS New Jersey é manobrado por quatro rebocadores no porto naval de Bremerton. Neste capítulo, será mostrado que as forças exercidas pelos quatro rebocadores sobre o navio poderiam ser substituídas por uma única força equivalente exercida por um potente rebocador.

CAPÍTULO 3

Corpos rígidos: sistemas equivalentes de forças

3 Corpos rígidos: sistemas equivalentes de forças

3.1 Introdução

No capítulo anterior, admitiu-se que cada corpo considerado poderia ser tratado como uma única partícula. Esse ponto de vista, porém, nem sempre é possível, e um corpo, em geral, deve ser tratado como uma combinação de um grande número de partículas. O tamanho do corpo deverá ser levado em conta, bem como o fato de que as forças atuarão sobre partículas diferentes e, portanto, terão diferentes pontos de aplicação.

Na maior parte dos casos, os corpos considerados em mecânica elementar são *rígidos*, ou seja, corpos que não se deformam. Entretanto, as estruturas e máquinas reais nunca são absolutamente rígidas e se deformam sob a ação das cargas a que estão sujeitas. Entretanto, essas deformações são pequenas e não afetam de modo apreciável as condições de equilíbrio ou movimento da estrutura. São importantes, no entanto, na medida em que a resistência da estrutura a falhas é levada em consideração, e são estudadas em mecânica dos materiais.

Neste capítulo, você estudará o efeito de forças exercidas sobre um corpo rígido e aprenderá a substituir um dado sistema de forças por um sistema equivalente mais simples. Essa análise terá por base o pressuposto fundamental de que o efeito de uma dada força sobre um corpo rígido permanecerá inalterado se essa força for deslocada ao longo da sua linha de ação (*princípio da transmissibilidade*). Por conseguinte, forças que atuam sobre um corpo rígido podem ser representadas por *vetores deslizantes*, como indicamos anteriormente na Seção 2.3.

Dois conceitos importantes associados ao efeito de uma força sobre um corpo rígido são o *momento de uma força em relação a um ponto* (Seção 3.6) e o *momento de uma força em relação a um eixo* (Seção 3.11). Uma vez que a determinação dessas grandezas envolve o cálculo de produtos vetoriais e produtos escalares de dois vetores, os fundamentos de álgebra vetorial serão apresentados neste capítulo e aplicados na solução de problemas que envolvam forças que atuam sobre corpos rígidos.

Outro conceito importante apresentado neste capítulo é o *binário*, ou seja, a combinação de duas forças de mesma intensidade, linhas de ação paralelas e sentido oposto (Seção 3.12). Como você verá, qualquer sistema de forças que atuam sobre um corpo rígido pode ser substituído por um sistema equivalente que consista em uma força que atua em um dado ponto e um binário. Esse sistema básico é denominado *sistema força-binário*. No caso de forças paralelas, coplanares ou concorrentes, o sistema força-binário equivalente pode ainda ser reduzido a uma única força, denominada *resultante* do sistema, ou a um único binário, denominado *binário resultante* do sistema.

3.2 Forças externas e internas

As forças que atuam sobre corpos rígidos podem ser separadas em dois grupos: (1) *forças externas* e (2) *forças internas*.

1. As *forças externas* representam a ação de outros corpos sobre o corpo rígido em consideração e são inteiramente responsáveis pelo comportamento externo do corpo rígido. Essas forças vão causar o movimento do corpo ou garantir que ele permaneça em repouso. Neste capítulo e nos Caps. 4 e 5, deveremos nos preocupar apenas com forças externas.
2. As *forças internas* mantêm juntas as partículas que formam o corpo rígido. Se este corpo é composto estruturalmente de várias partes, as

forças que mantêm juntas as partes componentes também são definidas como forças internas. As forças internas serão consideradas nos Caps. 6 e 7.

Figura 3.1

Como um exemplo de forças externas, consideremos as forças atuantes sobre um caminhão enguiçado que três pessoas puxam para frente por meio de uma corda amarrada no para-choque dianteiro (Fig. 3.1). As forças externas que atuam sobre o caminhão estão mostradas em um *diagrama de corpo livre* (Fig. 3.2). Consideremos primeiro o *peso* do caminhão. Embora ele englobe o efeito da atração da Terra sobre cada uma das partículas que compõem o caminhão, o peso pode ser representado por uma única força **W**. O *ponto de aplicação* dessa força, isto é, o ponto onde a força atua, é definido como o *centro de gravidade* do caminhão. No Cap. 5, veremos como os centros de gravidade podem ser determinados. O peso **W** tende a mover o caminhão verticalmente para baixo. De fato, ele realmente faria o caminhão mover-se para baixo, isto é, cair, não fosse a presença do solo, o qual se opõe ao movimento descendente do caminhão através das reações $\mathbf{R}_1$ e $\mathbf{R}_2$. Essas forças são exercidas *pelo* solo *sobre* o caminhão e, portanto, devem ser incluídas entre as forças externas que agem sobre o caminhão.

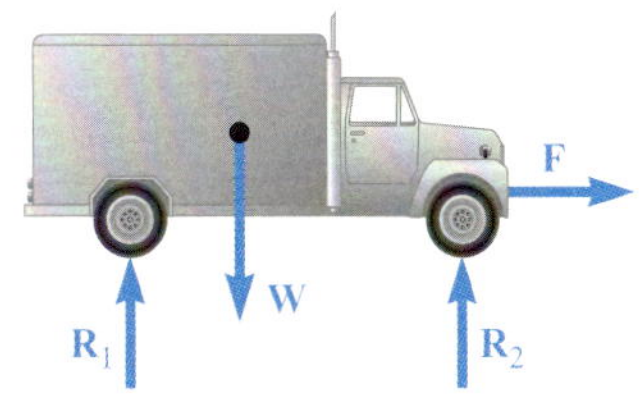

Figura 3.2

As pessoas que puxam a corda exercem uma força **F**, e o ponto de aplicação de **F** está sobre o para-choque dianteiro. A força **F** tende a mover o caminhão para frente, em linha reta, o que de fato ocorrerá, já que não há forças externas que se oponham a esse movimento. (Para simplificar, foi desprezada aqui a resistência de rolamento.) Esse movimento do caminhão para frente, durante o qual cada linha reta mantém sua orientação original (o fundo do caminhão permanece horizontal, e as paredes, verticais) é conhecido como *translação*. Outras forças podem causar no caminhão um tipo diferente de movimento. Por exemplo, uma força exercida por um macaco colocado sob o eixo dianteiro faria o caminhão girar em torno do eixo traseiro. Esse movimento denomina-se *rotação*. Logo, pode-se concluir que cada uma das *forças externas* que atuam sobre um *corpo rígido* pode, caso não seja contrabalançada, imprimir ao corpo rígido um movimento de translação ou de rotação, ou ambos.

3.3 Princípio da transmissibilidade e forças equivalentes

O *princípio da transmissibilidade* estabelece que as condições de equilíbrio ou movimento de um corpo rígido permanecerão inalteradas se uma força **F** que atue em um dado ponto do corpo rígido for substituída por uma força **F**′ de intensidade, direção e sentido iguais, mas atuando em um ponto diferente, *desde que essas duas forças tenham igual linha de ação* (Fig. 3.3). As duas forças **F** e **F**′ têm o mesmo efeito sobre o corpo rígido, e diz-se que são *equivalentes*. O princípio da transmissibilidade, que estabelece que a ação de uma força pode ser *transmitida* ao longo da sua linha de ação, está baseado em evidência experimental; *não pode* ser deduzido das propriedades estabelecidas até aqui e, portanto, deve ser aceito como uma lei experimental. Todavia, como veremos na Seção 16.5 esse princípio pode ser deduzido do estudo da dinâmica dos corpos rígidos, mas é necessária a introdução da segunda e da terceira leis de Newton, bem como de uma gama de outros conceitos. Logo, nosso estudo da estática dos corpos rígidos será baseado nos três princípios apresentados até agora, ou seja, a lei do paralelogramo de adição, a primeira lei de Newton e o princípio da transmissibilidade.

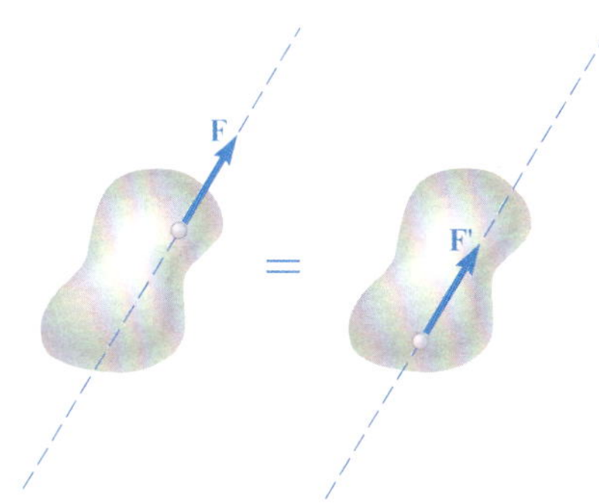

Figura 3.3

No Cap. 2, foi indicado que as forças que atuam sobre uma partícula podem ser representadas por vetores, os quais têm um ponto de aplicação bem definido – a própria partícula –, e desse modo, são fixos. No caso de forças que atuam sobre um corpo rígido, porém, o ponto de aplicação da força não importa, desde que a linha de ação permaneça inalterada. Logo, forças que atuam sobre um corpo rígido devem ser representadas por um tipo diferente de vetor, denominado *vetor deslizante*, pois as forças são livres para deslizar ao longo de suas linhas de ação. Todas as propriedades deduzidas nas próximas seções para as forças que atuam sobre um corpo rígido serão válidas, de modo geral, para qualquer sistema de vetores deslizantes. Todavia, a fim de mantermos nossa apresentação mais intuitiva, iremos obtê-las em termos de forças físicas, em vez de vetores deslizantes matemáticos.

Retornando ao exemplo do caminhão, observemos primeiro que a linha de ação da força **F** é uma linha horizontal que passa através de ambos os para-choques dianteiro e traseiro (Fig. 3.4). Ao aplicarmos o princípio da transmissibilidade, podemos então substituir **F** por uma *força equivalente* **F**′ que atua sobre o para-choque traseiro. Em outras palavras, as condições de movimento não serão afetadas e todas as outras forças externas que atuam sobre o caminhão (**W**, $\mathbf{R}_1$, $\mathbf{R}_2$) permanecerão inalteradas se as pessoas empurrarem pelo para-choque traseiro, em vez de puxarem pelo para-choque dianteiro.

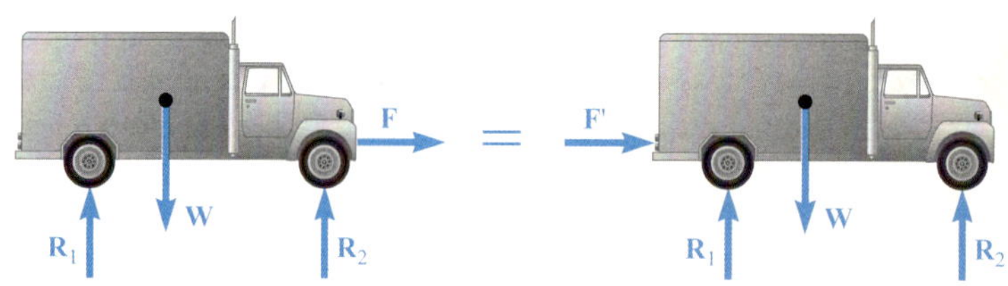

Figura 3.4

Contudo, o princípio da transmissibilidade e o conceito de forças equivalentes têm limitações. Considere, por exemplo, uma barra curta *AB* sujeita a forças axiais iguais e opostas $\mathbf{P}_1$ e $\mathbf{P}_2$, como mostra a Fig. 3.5*a*. De acordo com o princípio da transmissibilidade, a força $\mathbf{P}_2$ pode ser substituída por uma força $\mathbf{P}'_2$ com a mesma intensidade, o mesmo sentido e a mesma linha de ação, mas atuando em *A* em vez de *B* (Fig. 3.5*b*). As forças $\mathbf{P}_1$ e $\mathbf{P}'_2$ que atuam sobre a mesma partícula podem ser adicionadas de acordo com as regras do Cap. 2, e, como essas forças são iguais e opostas, a soma delas é igual a zero. Logo, em termos do comportamento externo da barra, o sistema original de forças mostrado na Fig. 3.5*a* é equivalente a nenhuma força aplicada (Fig. 3.5*c*).

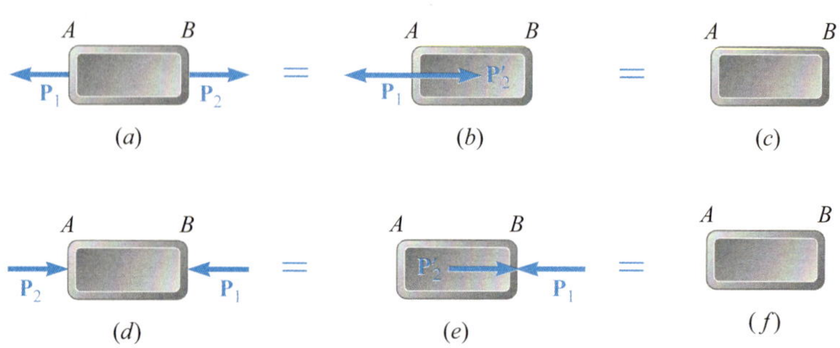

Figura 3.5

Considere agora as duas forças iguais e opostas $\mathbf{P}_1$ e $\mathbf{P}_2$ atuando sobre a barra *AB*, como mostra a Fig. 3.5*d*. A força $\mathbf{P}_2$ pode ser substituída por uma força $\mathbf{P}'_2$ com mesma intensidade, mesmo sentido e mesma linha de ação, mas atuando em *B* em vez de *A* (Fig. 3.5*e*). As forças $\mathbf{P}_1$ e $\mathbf{P}'_2$ podem então ser adicionadas, e a soma delas é novamente zero (Fig. 3.5*f*). Logo, do ponto de vista da mecânica dos corpos rígidos, os sistemas mostrados nas Figs. 3.5*a* e *d* são equivalentes. Mas as *forças internas* e as *deformações* produzidas pelos dois sistemas são nitidamente diferentes. A barra da Fig. 3.5*a* está sob *tração* e, por não ser absolutamente rígida, irá aumentar ligeiramente de comprimento; e a barra da Fig. 3.5*d* está sob *compressão* e, por não ser absolutamente rígida, irá diminuir ligeiramente de comprimento. Portanto, o princípio da transmissibilidade, embora possa ser usado livremente para determinar as condições de movimento ou de equilíbrio de corpos rígidos e para o cálculo das forças externas que atuam sobre esses corpos, deve ser evitado ou, pelo menos, utilizado com cuidado na determinação de forças internas e deformações.

3.4 Produto vetorial de dois vetores

A fim de obtermos uma compreensão melhor do efeito de uma força sobre um corpo rígido, vamos apresentar agora o conceito de *momento de uma força em relação a um ponto.* Esse conceito será mais bem compreendido e aplicado mais efetivamente se antes acrescentarmos às ferramentas matemáticas de que dispomos o *produto vetorial* de dois vetores.

O produto vetorial de dois vetores **P** e **Q** é definido como o vetor **V** que satisfaz as seguintes condições:

1. A linha de ação de **V** é perpendicular ao plano que contém **P** e **Q** (Fig. 3.6*a*).
2. A intensidade de **V** é o produto das intensidades de **P** e **Q** e do seno do ângulo θ formado por **P** e **Q** (cujo valor será sempre menor ou igual a 180°); temos então:

$$V = PQ \operatorname{sen} \theta \tag{3.1}$$

3. A direção e o sentido de **V** são obtidos pela *regra da mão direita.* Feche a mão direita e posicione-a de modo que seus dedos se curvem no mesmo sentido da rotação em θ que leva o vetor **P** a alinhar-se com o vetor **Q**; seu polegar irá então indicar a direção e o sentido do vetor **V** (Fig. 3.6*b*). Observe que, se não tiverem um ponto comum de aplicação, **P** e **Q** deverão primeiro ser redesenhados com as origens no mesmo ponto. Os três vetores **P**, **Q** e **V** – tomados nessa ordem – formam uma *tríade orientada diretamente.**

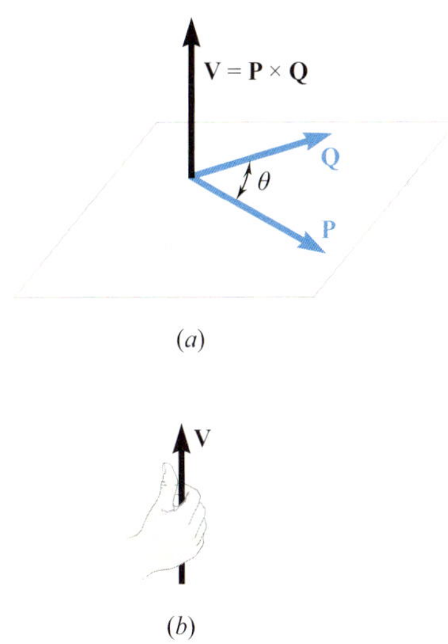

Figura 3.6

Conforme mencionamos anteriormente, o vetor **V** que satisfaz essas três condições (que o definem univocamente) é citado como o produto vetorial de **P** e **Q**. Esse vetor é representado pela seguinte expressão matemática:

$$\mathbf{V} = \mathbf{P} \times \mathbf{Q} \tag{3.2}$$

* Devemos observar que os eixos *x*, *y* e *z* usados no Cap. 2 formam um sistema de eixos ortogonais orientado diretamente e que os vetores unitários **i**, **j** e **k** definidos na Seção 2.12 formam uma tríade ortogonal orientada diretamente.

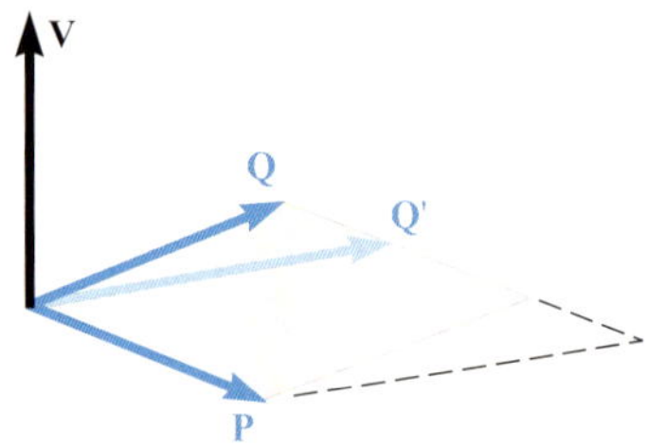

Figura 3.7

Com base na Eq. (3.1), quando dois vetores **P** e **Q** têm a mesma direção e sentidos iguais ou opostos, seu produto vetorial é nulo. No caso geral em que o ângulo θ formado pelos dois vetores não é 0º nem 180º, é possível fornecer uma interpretação geométrica simples da Eq. (3.1): a intensidade V do produto vetorial de **P** e **Q** é igual à área do paralelogramo que tem **P** e **Q** como lados (Fig. 3.7). Logo, o produto vetorial **P** × **Q** ficará inalterado se substituirmos **Q** por um vetor **Q**′ que é coplanar com **P** e **Q** e desde que a linha que une as pontas de **Q** e **Q**′ seja paralela a **P**. Escrevemos:

$$\mathbf{V} = \mathbf{P} \times \mathbf{Q} = \mathbf{P} \times \mathbf{Q}' \tag{3.3}$$

Da terceira condição usada para definir o produto vetorial **V** de **P** e **Q**, ou seja, a condição que estabelece que **P**, **Q** e **V** devem formar uma tríade orientada diretamente, conclui-se que os produtos vetoriais *não são comutativos*, ou seja, **Q** × **P** não é igual a **P** × **Q**. De fato, podemos constatar facilmente que **Q** × **P** é representado pelo vetor –**V**, que é igual e oposto a **V**. Escrevemos então

$$\mathbf{Q} \times \mathbf{P} = -(\mathbf{P} \times \mathbf{Q}) \tag{3.4}$$

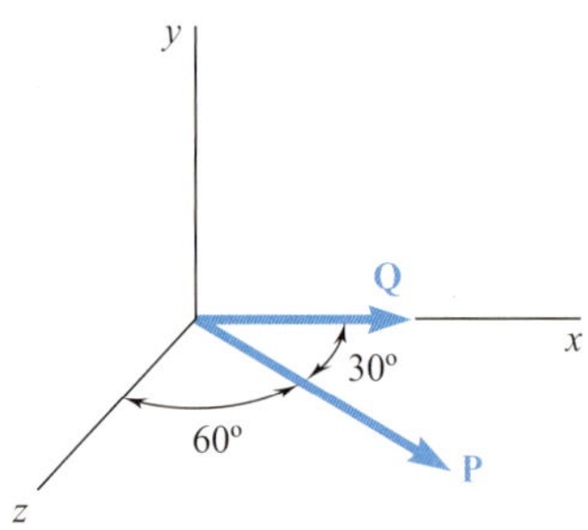

Figura 3.8

Exemplo 3.1. Vamos calcular o produto vetorial **V** = **P** × **Q**, onde o vetor **P** tem intensidade 6 e está no plano zx a um ângulo de 30º com o eixo x, e onde o vetor **Q** é de intensidade 4 e está sobre o eixo x (Fig. 3.8).

Segue-se diretamente da definição de produto vetorial que o vetor **V** deve estar ao longo do eixo y, ter a intensidade

$$V = PQ \operatorname{sen} \theta = (6)(4) \operatorname{sen} 30^\circ = 12$$

e estar direcionado para cima. ■

Vimos que propriedade comutativa não se aplica aos produtos vetoriais. Podemos nos perguntar se a propriedade *distributiva* vale, ou seja, se a relação

$$\mathbf{P} \times (\mathbf{Q}_1 + \mathbf{Q}_2) = \mathbf{P} \times \mathbf{Q}_1 + \mathbf{P} \times \mathbf{Q}_2 \tag{3.5}$$

é válida. A resposta é *sim*. Muitos leitores provavelmente estarão propensos a aceitar sem demonstração formal uma resposta que eles intuitivamente sentem que é correta. Entretanto, como toda a estrutura tanto da álgebra vetorial como da estática depende da relação (3.5), devemos despender um tempo em deduzi-la.

Sem perdermos o caráter genérico, podemos admitir que **P** esteja dirigido ao longo do eixo y (Fig. 3.9*a*). Se **Q** representa a soma de $\mathbf{Q}_1$ e $\mathbf{Q}_2$, traçamos então perpendiculares a partir das pontas de **Q**, $\mathbf{Q}_1$ e $\mathbf{Q}_2$ até o plano zx e definimos assim os vetores **Q**′, $\mathbf{Q}'_1$ e $\mathbf{Q}'_2$, os quais serão referidos, respectivamente, como as *projeções* de **Q**, $\mathbf{Q}_1$ e $\mathbf{Q}_2$ sobre o plano zx. Retomando a propriedade expressa pela Eq. (3.3), notamos que o primeiro membro da Eq. (3.5) pode ser substituído por **P** × **Q**′ e que, analogamente, os produtos vetoriais **P** × $\mathbf{Q}_1$ e **P** × $\mathbf{Q}_2$ podem ser substituídos, respectivamente, por $\mathbf{P} \times \mathbf{Q}'_1$ e $\mathbf{P} \times \mathbf{Q}'_2$. Logo, a relação a ser demonstrada pode ser escrita assim:

$$\mathbf{P} \times \mathbf{Q}' = \mathbf{P} \times \mathbf{Q}'_1 + \mathbf{P} \times \mathbf{Q}'_2 \qquad (3.5')$$

Observamos agora que $\mathbf{P} \times \mathbf{Q}'$ pode ser obtido a partir de $\mathbf{Q}'$, multiplicando-se esse vetor pelo escalar P e girando-o 90º no sentido anti-horário no plano zx (Fig. 3.9*b*). Os outros dois produtos vetoriais na Eq. (3.5′) podem ser obtidos da mesma forma a partir de $\mathbf{Q}'_1$ e $\mathbf{Q}'_2$, respectivamente. Agora, como a projeção de um paralelogramo sobre um plano arbitrário é um paralelogramo, a projeção $\mathbf{Q}'$ da soma $\mathbf{Q}$ de $\mathbf{Q}_1$ e $\mathbf{Q}_2$ deve ser a soma das projeções $\mathbf{Q}'_1$ e $\mathbf{Q}'_2$ de $\mathbf{Q}_1$ e $\mathbf{Q}_2$ sobre o mesmo plano (Fig. 3.9*a*). Essa relação entre os vetores $\mathbf{Q}'$, $\mathbf{Q}'_1$ e $\mathbf{Q}'_2$ ainda irá valer depois que os três vetores tenham sido multiplicados pelo escalar P e girados 90º (Fig. 3.9*b*). Logo, a relação (3.5′) está demonstrada, e podemos agora estar seguros de que a propriedade distributiva vale para os produtos vetoriais.

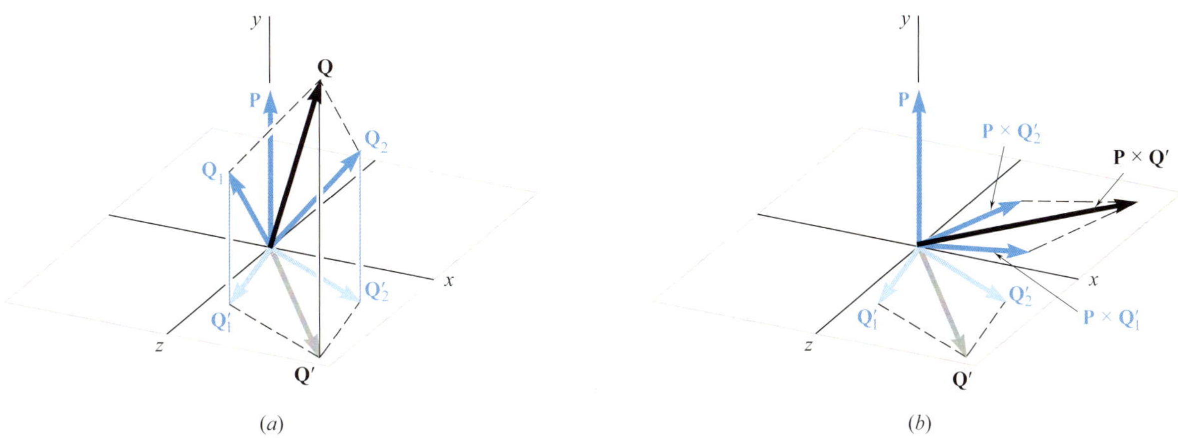

Figura 3.9

Uma terceira propriedade, a *associativa*, não se aplica aos produtos vetoriais. Em geral, temos:

$$(\mathbf{P} \times \mathbf{Q}) \times \mathbf{S} \neq \mathbf{P} \times (\mathbf{Q} \times \mathbf{S}) \qquad (3.6)$$

3.5 Produtos vetoriais expressos em termos de componentes retangulares

Vamos determinar agora o produto vetorial de dois vetores unitários quaisquer entre **i**, **j** e **k**, que foram definidos no Cap. 2. Considere primeiro o produto $\mathbf{i} \times \mathbf{j}$ (Fig. 3.10*a*). Como ambos os vetores têm intensidade igual a 1 e formam um ângulo reto entre si, seu produto vetorial também será um vetor unitário, o qual deve ser **k**, pois os vetores **i**, **j** e **k** são mutuamente perpendiculares e formam uma tríade orientada diretamente. Com base na regra da mão direita, mencionada na Seção 3.4, o produto $\mathbf{j} \times \mathbf{i}$ será igual a $-\mathbf{k}$ (Fig. 3.10*b*). Finalmente, deve-se observar que o produto vetorial de um vetor unitário por si próprio, como $\mathbf{i} \times \mathbf{i}$, é igual a zero, pois ambos os vetores têm a mesma direção. Os produtos vetoriais dos vários pares possíveis de vetores unitários são:

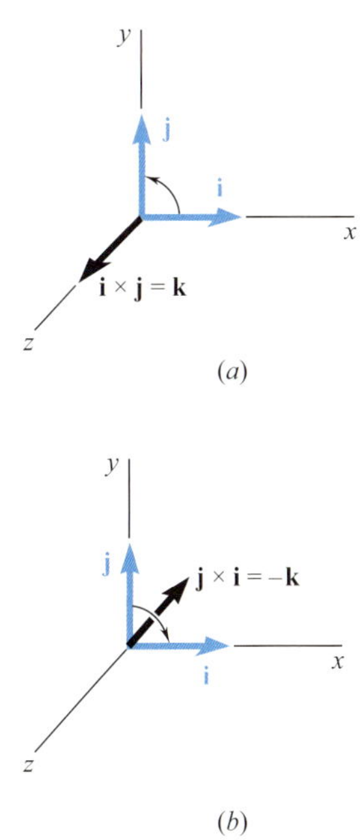

Figura 3.10

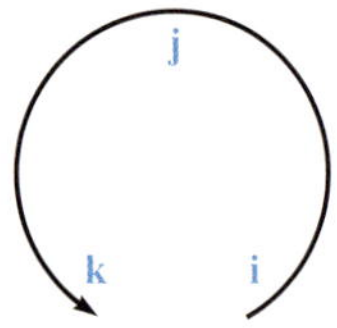

Figura 3.11

$$\begin{array}{lll} \mathbf{i} \times \mathbf{i} = \mathbf{0} & \mathbf{j} \times \mathbf{i} = -\mathbf{k} & \mathbf{k} \times \mathbf{i} = \mathbf{j} \\ \mathbf{i} \times \mathbf{j} = \mathbf{k} & \mathbf{j} \times \mathbf{j} = \mathbf{0} & \mathbf{k} \times \mathbf{j} = -\mathbf{i} \\ \mathbf{i} \times \mathbf{k} = -\mathbf{j} & \mathbf{j} \times \mathbf{k} = \mathbf{i} & \mathbf{k} \times \mathbf{k} = \mathbf{0} \end{array} \tag{3.7}$$

Arranjando as três letras que representam os vetores unitários em um círculo, em ordem anti-horária (Fig. 3.11), podemos simplificar a determinação do sinal do produto vetorial de dois vetores unitários. O produto vetorial de dois vetores unitários será positivo se eles seguirem um ao outro em ordem anti-horária e será negativo se seguirem um ao outro em ordem horária.

Podemos agora expressar o produto vetorial **V** de dois vetores dados **P** e **Q** em termos dos componentes retangulares desses vetores. Decompondo **P** e **Q**, escrevemos primeiro:

$$\mathbf{V} = \mathbf{P} \times \mathbf{Q} = (P_x\mathbf{i} + P_y\mathbf{j} + P_z\mathbf{k}) \times (Q_x\mathbf{i} + Q_y\mathbf{j} + Q_z\mathbf{k})$$

Ao utilizarmos a propriedade distributiva, expressamos **V** como uma soma de produtos vetoriais, tais como $P_x\mathbf{i} \times Q_y\mathbf{j}$. Como cada uma das expressões obtidas é igual ao produto vetorial de dois vetores unitários, como $\mathbf{i} \times \mathbf{j}$, multiplicado pelo produto de dois escalares, como P_xQ_y, e retomando as identidades Eq. (3.7), obtemos, após fatoração em relação a **i**, **j** e **k**:

$$\mathbf{V} = (P_yQ_z - P_zQ_y)\mathbf{i} + (P_zQ_x - P_xQ_z)\mathbf{j} + (P_xQ_y - P_yQ_x)\mathbf{k} \tag{3.8}$$

Os componentes retangulares do produto vetorial **V** são determinados então como

$$\begin{aligned} V_x &= P_yQ_z - P_zQ_y \\ V_y &= P_zQ_x - P_xQ_z \\ V_z &= P_xQ_y - P_yQ_x \end{aligned} \tag{3.9}$$

Na Eq. (3.8), observamos que o segundo elemento representa a expansão de um determinante. O produto vetorial **V** pode então ser representado da seguinte forma, mais fácil de memorizar:*

$$\mathbf{V} = \begin{vmatrix} \mathbf{i} & \mathbf{j} & \mathbf{k} \\ P_x & P_y & P_z \\ Q_x & Q_y & Q_z \end{vmatrix} \tag{3.10}$$

* Qualquer determinante que consista em três linhas e três colunas pode ser calculado repetindo a primeira e a segunda colunas e formando produtos ao longo de cada linha diagonal. A soma dos produtos obtidos ao longo das linhas azuis é então subtraída da soma dos produtos obtidos ao longo das linhas em preto.

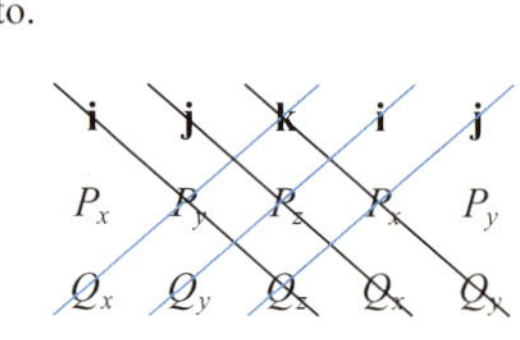

3.6 Momento de uma força em relação a um ponto

Consideremos agora uma força **F** que atua sobre um corpo rígido (Fig. 3.12*a*). Como sabemos, a força **F** é representada por um vetor que define sua intensidade, sua direção e seu sentido. Entretanto, o efeito da força sobre o corpo rígido depende também do seu ponto de aplicação *A*. A posição de *A* pode ser convenientemente definida pelo vetor **r** que liga o ponto de referência fixo *O* com *A*; esse vetor é conhecido como *vetor posição* de *A*.* O vetor posição **r** e a força **F** definem o plano mostrado na Fig. 3.12*a*.

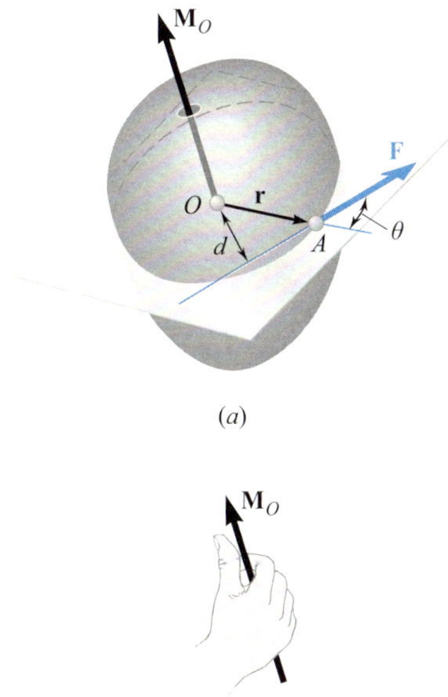

Figura 3.12

Definiremos o *momento de* **F** *em relação a O* como o produto vetorial de **r** e **F**:

$$\mathbf{M}_O = \mathbf{r} \times \mathbf{F} \tag{3.11}$$

De acordo com a definição de produto vetorial dada na Seção 3.4, o momento $\mathbf{M}_O$ deve ser perpendicular ao plano que contém *O* e a força **F**. O sentido de $\mathbf{M}_O$ é definido pelo sentido da rotação que faz o vetor **r** ficar alinhado com o vetor **F**; essa rotação será vista como *anti-horária* por um observador localizado na ponta de $\mathbf{M}_O$. Outro modo de definir o sentido de $\mathbf{M}_O$ é fornecido por uma variação da regra da mão direita: feche a mão direita e a posicione de modo que seus dedos fiquem curvados no sentido da rotação que **F** imprimiria ao corpo rígido em relação a um eixo fixo dirigido ao longo da linha de ação de $\mathbf{M}_O$; seu polegar irá indicar o sentido do momento $\mathbf{M}_O$ (Fig. 3.12*b*).

Finalmente, ao representarmos como θ o ângulo formado entre as linhas de ação do vetor posição **r** e a força **F**, concluímos que a intensidade do momento de **F** em relação a *O* é

$$M_O = rF \operatorname{sen} \theta = Fd \tag{3.12}$$

onde *d* representa a distância perpendicular de *O* até a linha de ação de **F**. Como a tendência de uma força **F** de fazer um corpo rígido girar em torno de um eixo fixo perpendicular à força depende da distância de **F** desse eixo e da intensidade de **F**, notamos que *a intensidade de* $\mathbf{M}_O$ *mede a tendência de uma força* **F** *de fazer o corpo rígido girar em torno de um eixo fixo dirigido ao longo de* $\mathbf{M}_O$.

No Sistema Internacional de Unidades, no qual a força é expressa em newtons (N) e a distância em metros (m), o momento de uma força é expresso em newton-metros (N · m). No sistema usual de unidades dos Estados Unidos, onde a força é expressa em libras, e a distância em pés ou polegadas, o momento de uma força é expresso em lb · ft ou lb · in.

Podemos observar que, embora o momento $\mathbf{M}_O$ de uma força em relação a um ponto dependa da intensidade, da linha de ação e do sentido da força, ele *não* depende da posição real do ponto de aplicação da força ao longo da sua linha de ação. De modo inverso, o momento $\mathbf{M}_O$ de uma força **F** não caracteriza a posição do ponto de aplicação de **F**.

* Podemos facilmente verificar que os vetores posição obedecem à lei da adição de vetores e, portanto, são vetores verdadeiros. Considere, por exemplo, os vetores posição **r** e **r**′ de *A* com relação a dois pontos de referência *O* e *O*′ e o vetor posição **s** de *O* com relação a *O*′ (Fig. 3.40*a*, Seção 3.16). Verificamos que o vetor posição $\mathbf{r}' = \overrightarrow{O'A}$ pode ser obtido dos vetores posição $\mathbf{s} = \overrightarrow{O'O}$ e $\mathbf{r} = \overrightarrow{OA}$, por meio da aplicação da regra do triângulo para adição de vetores.

Todavia, como veremos agora, o momento $\mathbf{M}_O$ de uma força **F** de intensidade, direção e sentido conhecidos *define completamente a linha de ação de* **F**. De fato, a linha de ação de **F** deve estar em um plano que contém O e ser perpendicular ao momento $\mathbf{M}_O$; sua distância d de O deve ser igual ao quociente M_O/F das intensidades de $\mathbf{M}_O$ e **F**; e o sentido de $\mathbf{M}_O$ determina se a linha de ação de **F** deve ser traçada de um lado ou de outro do ponto O.

Como visto na Seção 3.3, o princípio da transmissibilidade estabelece que duas forças **F** e **F′** serão equivalentes (isto é, terão o mesmo efeito sobre um corpo rígido) se tiverem a mesma intensidade, o mesmo sentido e a mesma linha de ação. Esse princípio pode agora ser reescrito da seguinte maneira: *duas forças* **F** *e* **F′** *serão equivalentes se, e somente se, forem iguais* (isto é, se tiverem a mesma intensidade, a mesma direção e o mesmo sentido) *e tiverem momentos iguais em relação a um dado ponto O.* Logo, as condições necessárias e suficientes para que duas forças **F** e **F′** sejam equivalentes são

$$\mathbf{F} = \mathbf{F}' \qquad \text{e} \qquad \mathbf{M}_O = \mathbf{M}'_O \tag{3.13}$$

Devemos observar, com base nesse enunciado, que, se as relações das Eqs. (3.13) valem para um dado ponto O, valerão para qualquer outro ponto.

Problemas com apenas duas dimensões. Muitas aplicações lidam com estruturas bidimensionais, ou seja, estruturas que têm comprimento e largura, mas profundidade desprezível, e estão sujeitas a forças contidas no plano da estrutura. As estruturas bidimensionais e as forças que atuam sobre elas podem ser diretamente representadas em uma folha de papel ou em um quadro-negro. Sua análise, portanto, é consideravelmente mais simples que a das estruturas e forças tridimensionais.

Considere, por exemplo, uma placa rígida sujeita a uma força **F** (Fig. 3.13). O momento de **F** em relação a um ponto O escolhido no plano da figura é representado por um vetor $\mathbf{M}_O$ de intensidade Fd, perpendicular ao plano. No caso da Fig. 3.13*a*, o vetor $\mathbf{M}_O$ aponta *para fora* do papel, enquanto, no caso da Fig. 3.13*b*, aponta *para dentro* do papel. Na figura, observamos, no primeiro caso, que **F** tende a girar a placa no sentido anti-horário e, no segundo caso, no sentido horário. Logo, é natural referir-se ao sentido do momento de **F** em relação a O na Fig. 3.13*a* como anti-horário ↺, e na Fig. 3.13*b* como horário ↻.

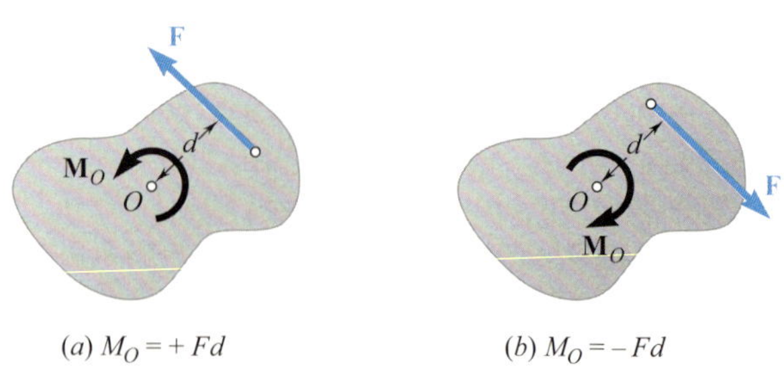

Figura 3.13

Como o momento de uma força **F** que atua no plano da figura deve ser perpendicular a esse plano, precisamos especificar apenas a *intensidade* e o *sentido* do momento de **F** em relação a O. Isso pode ser feito quando atribuímos à intensidade M_O do momento um sinal positivo ou negativo, conforme o vetor $\mathbf{M}_O$ apontar para fora ou para dentro do papel.

3.7 Teorema de Varignon

A propriedade distributiva dos produtos vetoriais pode ser usada para determinar o momento da resultante de várias *forças concorrentes*. Se várias forças $\mathbf{F}_1$, $\mathbf{F}_2$, ... são aplicadas ao mesmo ponto A (Fig. 3.14) e se representarmos por $\mathbf{r}$ o vetor posição de A, obtém-se da Eq. (3.5) da Seção 3.4 a seguinte expressão:

$$\mathbf{r} \times (\mathbf{F}_1 + \mathbf{F}_2 + \cdots) = \mathbf{r} \times \mathbf{F}_1 + \mathbf{r} \times \mathbf{F}_2 + \cdots \tag{3.14}$$

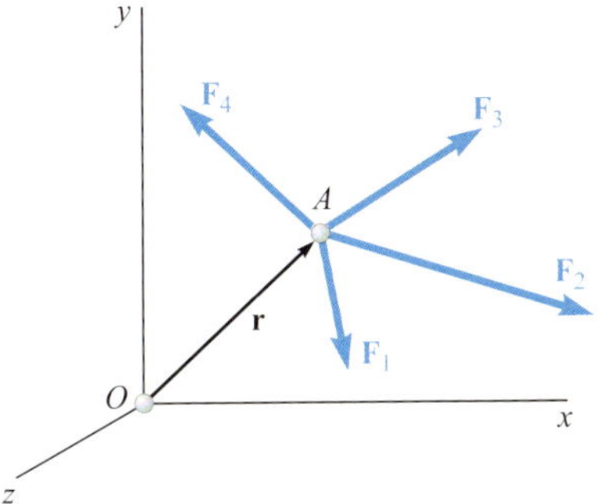

Figura 3.14

Ou seja, *o momento em relação a um dado ponto O da resultante de diversas forças concorrentes é igual à soma dos momentos das várias forças em relação ao mesmo ponto O.* Essa propriedade, que foi originalmente estabelecida pelo matemático francês Pierre Varignon (1654-1722) bem antes da introdução da álgebra vetorial, é conhecida como *teorema de Varignon.*

A relação (3.14) torna possível a substituição da determinação direta do momento de uma força $\mathbf{F}$ pela determinação dos momentos de duas ou mais forças componentes. Como você verá na próxima seção, $\mathbf{F}$ geralmente será decomposta em componentes paralelos aos eixos de coordenadas. Todavia, pode ser mais rápido, em algumas circunstâncias, decompor $\mathbf{F}$ em componentes que não sejam paralelos aos eixos de coordenadas (ver Problema Resolvido 3.3).

3.8 Componentes retangulares do momento de uma força

Em geral, a determinação do momento de uma força no espaço será consideravelmente simplificada se a força e o vetor posição do seu ponto de aplicação forem decompostos em componentes retangulares x, y e z. Considere, por exemplo, o momento $\mathbf{M}_O$ em relação a O de uma força $\mathbf{F}$ cujos componentes são F_x, F_y e F_z e que é aplicada a um ponto A de coordenadas x, y e z (Fig. 3.15). Como os componentes do vetor posição $\mathbf{r}$ são respectivamente iguais às coordenadas x, y e z do ponto A, escrevemos:

$$\mathbf{r} = x\mathbf{i} + y\mathbf{j} + z\mathbf{k} \tag{3.15}$$

$$\mathbf{F} = F_x\mathbf{i} + F_y\mathbf{j} + F_z\mathbf{k} \tag{3.16}$$

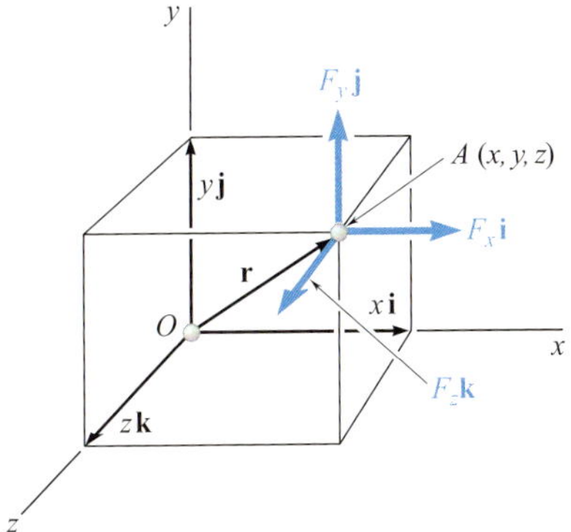

Figura 3.15

Substituindo as expressões para $\mathbf{r}$ e $\mathbf{F}$ das Eqs. (3.15) e (3.16) em

$$\mathbf{M}_O = \mathbf{r} \times \mathbf{F} \tag{3.11}$$

e retomando os resultados obtidos na Seção 3.5, escrevemos o momento $\mathbf{M}_O$ de $\mathbf{F}$ em relação a O da seguinte forma:

$$\mathbf{M}_O = M_x\mathbf{i} + M_y\mathbf{j} + M_z\mathbf{k} \tag{3.17}$$

onde os componentes M_x, M_y e M_z são definidos pelas relações

$$\begin{aligned} M_x &= yF_z - zF_y \\ M_y &= zF_x - xF_z \\ M_z &= xF_y - yF_x \end{aligned} \tag{3.18}$$

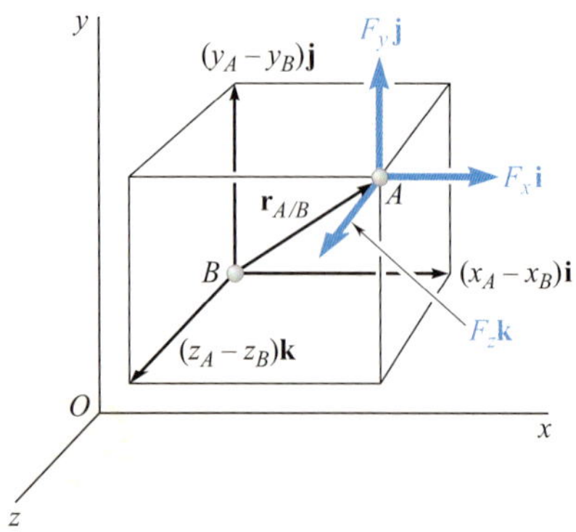

Figura 3.16

Como você verá na Seção 3.11, os componentes escalares M_x, M_y e M_z do momento $\mathbf{M}_O$ medem a tendência da força **F** de imprimir a um corpo rígido um movimento de rotação em torno dos eixos x, y e z, respectivamente. Substituindo a Eq. (3.18) na Eq. (3.17), podemos também escrever $\mathbf{M}_O$ na forma de um determinante:

$$\mathbf{M}_O = \begin{vmatrix} \mathbf{i} & \mathbf{j} & \mathbf{k} \\ x & y & z \\ F_x & F_y & F_z \end{vmatrix} \tag{3.19}$$

Para calcularmos o momento $\mathbf{M}_B$ em relação a um ponto B arbitrário de uma força **F** aplicada em A (Fig. 3.16), devemos substituir o vetor posição **r** na Eq. (3.11) por um vetor traçado de B até A. Esse vetor é o *vetor posição de A com relação a B* e será representado por $\mathbf{r}_{A/B}$. Como $\mathbf{r}_{A/B}$ pode ser obtido subtraindo-se $\mathbf{r}_B$ de $\mathbf{r}_A$, escrevemos

$$\mathbf{M}_B = \mathbf{r}_{A/B} \times \mathbf{F} = (\mathbf{r}_A - \mathbf{r}_B) \times \mathbf{F} \tag{3.20}$$

ou, usando a forma de determinante,

$$\mathbf{M}_B = \begin{vmatrix} \mathbf{i} & \mathbf{j} & \mathbf{k} \\ x_{A/B} & y_{A/B} & z_{A/B} \\ F_x & F_y & F_z \end{vmatrix} \tag{3.21}$$

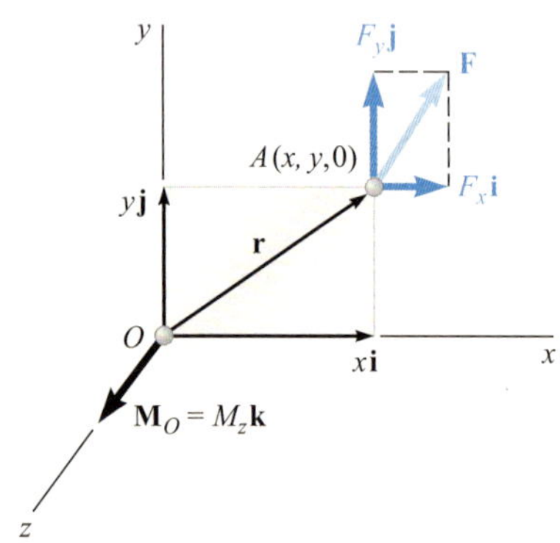

Figura 3.17

onde $x_{A/B}$, $y_{A/B}$ e $z_{A/B}$ representam os componentes do vetor $\mathbf{r}_{A/B}$:

$$x_{A/B} = x_A - x_B \qquad y_{A/B} = y_A - y_B \qquad z_{A/B} = z_A - z_B$$

No caso de *problemas que envolvam apenas duas dimensões*, pode-se admitir que a força **F** esteja no plano xy (Fig. 3.17). Tornando $z = 0$ e $F_z = 0$ na Eq. (3.19), obtemos

$$\mathbf{M}_O = (xF_y - yF_x)\mathbf{k}$$

Verificamos que o momento de **F** em relação a O é perpendicular ao plano da figura e completamente definido pelo escalar

$$M_O = M_z = xF_y - yF_x \tag{3.22}$$

Conforme observamos anteriormente, um valor positivo de M_O indica que o vetor $\mathbf{M}_O$ aponta para fora do papel (a força **F** tende a girar o corpo no sentido anti-horário em torno de O), e um valor negativo indica que o vetor $\mathbf{M}_O$ aponta para dentro do papel (a força **F** tende a girar o corpo no sentido horário em torno de O).

Para calcularmos o momento em relação a B (x_B, y_B) de uma força situada no plano xy e aplicada em A (x_A, y_A) (Fig. 3.18), estabelecemos que $z_{A/B} = 0$ e $F_z = 0$ nas relações (3.21), e observamos que o vetor $\mathbf{M}_B$ é perpendicular ao plano xy e definido em intensidade e sentido pelo escalar

$$M_B = (x_A - x_B)F_y - (y_A - y_B)F_x \tag{3.23}$$

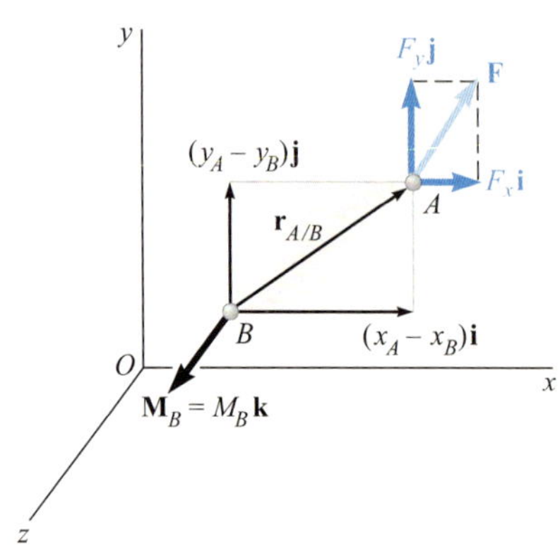

Figura 3.18

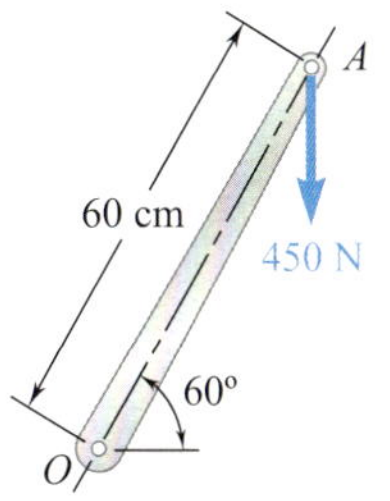

PROBLEMA RESOLVIDO 3.1

Uma força vertical de 450 N é aplicada na extremidade de uma alavanca que está ligada a um eixo em O. Determine (*a*) o momento da força de 450 N em relação a O, (*b*) a força horizontal aplicada em A que gera o mesmo momento em relação a O, (*c*) a força mínima aplicada em A que gera o mesmo momento em relação a O, (*d*) a que distância do eixo deve atuar uma força vertical de 1.080 N para gerar o mesmo momento em relação a O, e (*e*) se alguma das forças obtidas nas partes *b*, *c* e *d* é equivalente à força original.

SOLUÇÃO

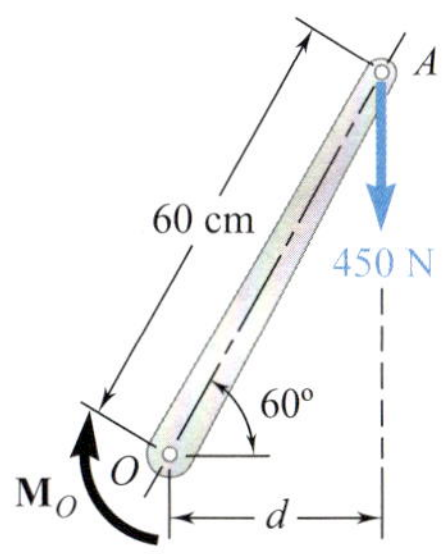

a. Momento em relação a O. A distância perpendicular de O até a linha de ação da força de 450 N é

$$d = (60 \text{ cm}) \cos 60° = 30 \text{ cm}$$

A intensidade do momento da força de 450 N em relação a O é

$$M_O = Fd = (450 \text{ N})(0{,}3 \text{ m}) = 135 \text{ N} \cdot \text{m}$$

Como a força tende a girar a alavanca no sentido horário em torno de O, o momento será representado pelo vetor $\mathbf{M}_O$ perpendicular ao plano da figura que aponta *para dentro* do papel. Expressamos esse fato assim

$$\mathbf{M}_O = 135 \text{ N} \cdot \text{m} \circlearrowright \quad ◀$$

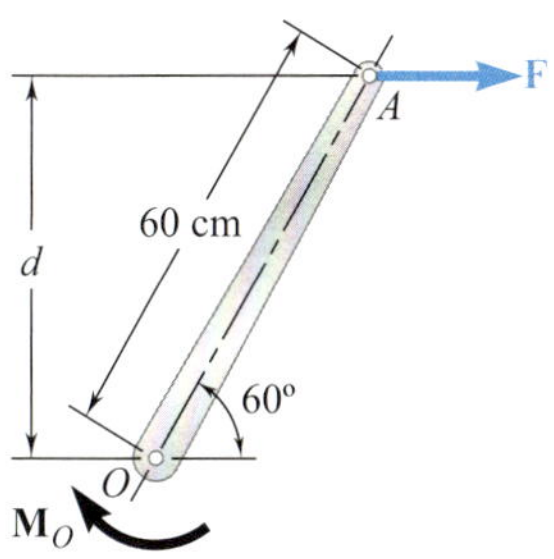

b. Força horizontal. Nesse caso, temos

$$d = (60 \text{ cm}) \text{ sen } 60° = 52 \text{ cm}$$

Como o momento em relação a O deve ser de 135 N · m, escrevemos

$$M_O = Fd$$
$$135 \text{ N} \cdot \text{m} = F(0{,}52 \text{ m})$$
$$F = 259{,}6 \text{ N} \qquad \mathbf{F} = 259{,}6 \text{ N} \rightarrow \quad ◀$$

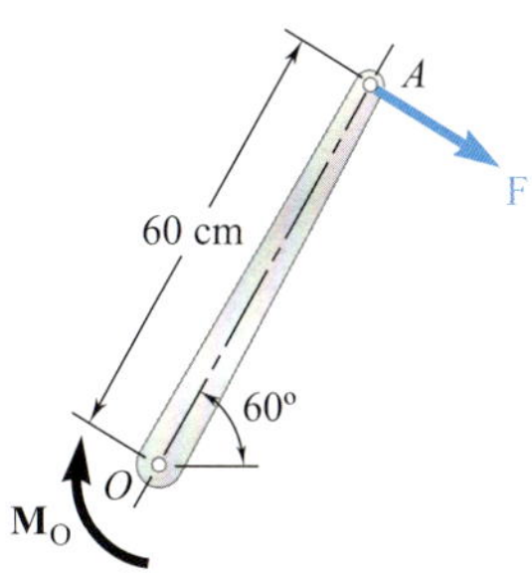

c. Força mínima. Como $M_O = Fd$, o valor mínimo da força F ocorrerá quando d for máximo. Escolhemos a força perpendicular a OA e vemos que d = 60 cm, logo,

$$M_O = Fd$$
$$135 \text{ N} \cdot \text{m} = F(0{,}6 \text{ m})$$
$$F = 225 \text{ N} \qquad \mathbf{F} = 225 \text{ N} \measuredangle 30° \quad ◀$$

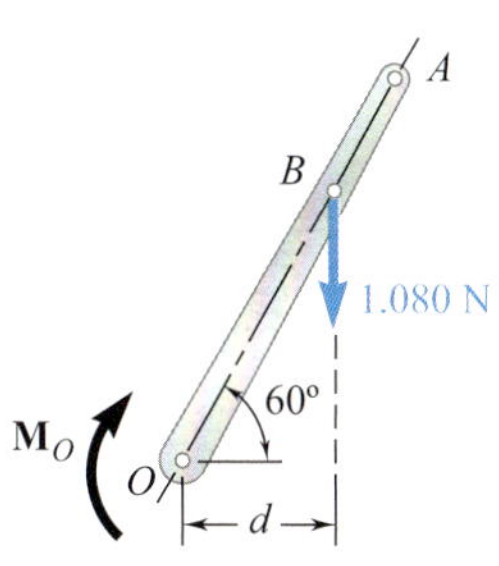

d. Força vertical de 1.080 N. Nesse caso, $M_O = Fd$ fornece

$$135 \text{ N} \cdot \text{m} = (1.080 \text{ N})d \qquad d = 0{,}125 \text{ m}$$

mas

$$OB \cos 60° = d \qquad OB = 25 \text{ cm} \quad ◀$$

e. Nenhuma das forças consideradas nas partes *b*, *c* e *d* é equivalente à força original de 450 N. Embora tenham o mesmo momento em relação a O, tais forças têm diferentes componentes x e y. Em outras palavras, embora cada força tenda a girar o eixo da mesma maneira, cada uma faz a alavanca empurrar o eixo de um modo diferente.

PROBLEMA RESOLVIDO 3.2

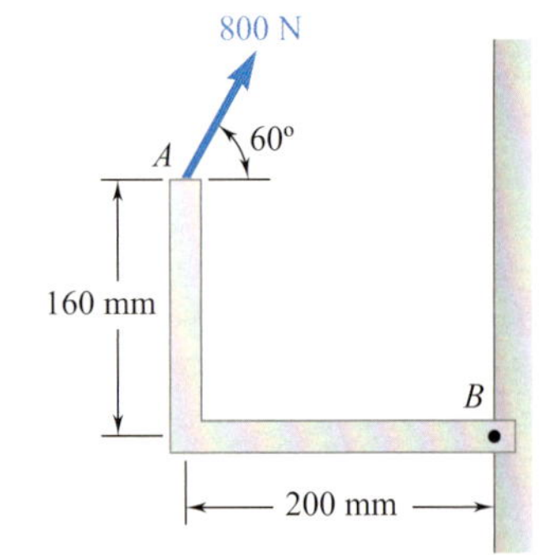

Uma força de 800 N atua sobre um suporte, como mostra a ilustração. Determine o momento da força em relação a *B*.

SOLUÇÃO

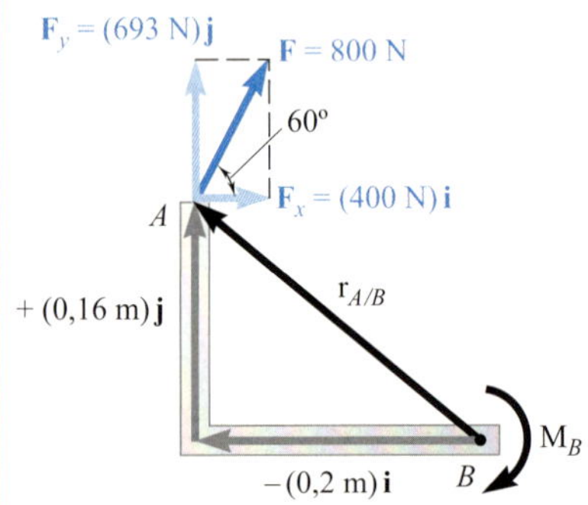

O momento $\mathbf{M}_B$ da força **F** em relação a *B* é obtido quando escrevemos o produto vetorial

$$\mathbf{M}_B = \mathbf{r}_{A/B} \times \mathbf{F}$$

onde $\mathbf{r}_{A/B}$ é o vetor traçado de *B* até *A*. Ao decompormos $\mathbf{r}_{A/B}$ e **F** em componentes retangulares, temos

$$\begin{aligned}\mathbf{r}_{A/B} &= -(0{,}2 \text{ m})\mathbf{i} + (0{,}16 \text{ m})\mathbf{j}\\ \mathbf{F} &= (800 \text{ N}) \cos 60°\mathbf{i} + (800 \text{ N}) \text{ sen } 60°\mathbf{j}\\ &= (400 \text{ N})\mathbf{i} + (693 \text{ N})\mathbf{j}\end{aligned}$$

Retomando as relações das Eqs. (3.7) para os produtos vetoriais de vetores unitários (Seção 3.5), obtemos

$$\begin{aligned}\mathbf{M}_B = \mathbf{r}_{A/B} \times \mathbf{F} &= [-(0{,}2 \text{ m})\mathbf{i} + (0{,}16 \text{ m})\mathbf{j}] \times [(400 \text{ N})\mathbf{i} + (693 \text{ N})\mathbf{j}]\\ &= -(138{,}6 \text{ N} \cdot \text{m})\mathbf{k} - (64{,}0 \text{ N} \cdot \text{m})\mathbf{k}\\ &= -(202{,}6 \text{ N} \cdot \text{m})\mathbf{k} \qquad \mathbf{M}_B = 203 \text{ N} \cdot \text{m} \circlearrowright \quad ◀\end{aligned}$$

O momento $\mathbf{M}_B$ é um vetor perpendicular ao plano da figura que aponta *para dentro* do papel.

PROBLEMA RESOLVIDO 3.3

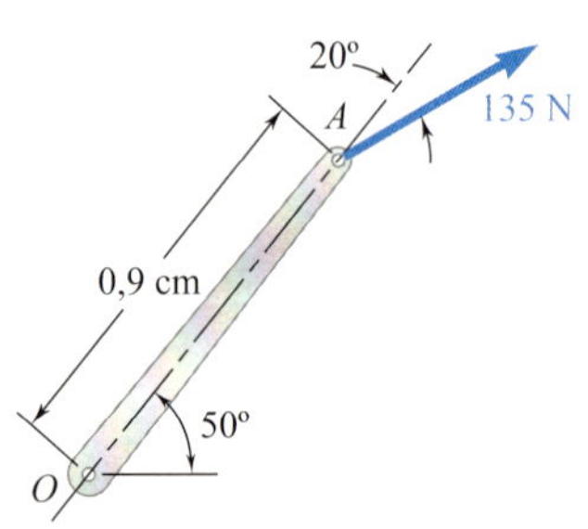

Uma força de 135 N atua na extremidade de uma alavanca de 0,9 m, como mostra a ilustração. Determine o momento da força em relação a *O*.

SOLUÇÃO

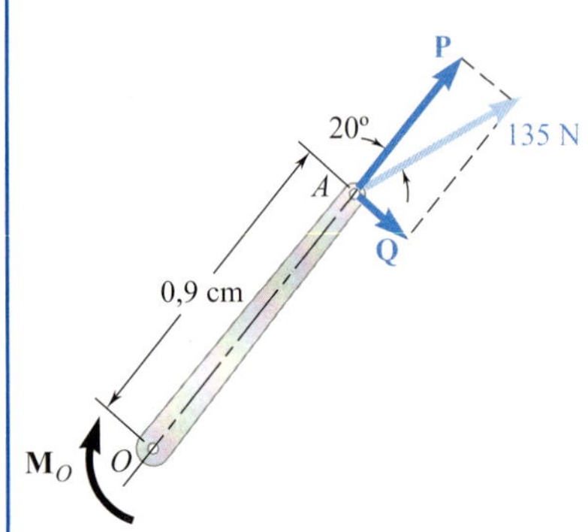

A força é substituída por dois componentes: **P** na direção de *OA* e **Q** perpendicular a *OA*. Como *O* está sobre a linha de ação de **P**, o momento de **P** em relação a *O* é nulo e o momento da força de 135 N reduz-se ao momento de **Q**, que é horário e, portanto, representado por um escalar negativo.

$$Q = (135 \text{ N}) \text{ sen } 20° = 46{,}17 \text{ N}$$
$$M_O = -Q(0{,}9 \text{ m}) = -(46{,}17 \text{ N})(0{,}9 \text{ m}) = -41{,}55 \text{ N} \cdot \text{m}$$

Como o valor obtido para o escalar M_O é negativo, o momento $\mathbf{M}_O$ aponta *para dentro* do papel. Escrevemos:

$$\mathbf{M}_O = 41{,}55 \text{ N} \cdot \text{m} \circlearrowright \quad ◀$$

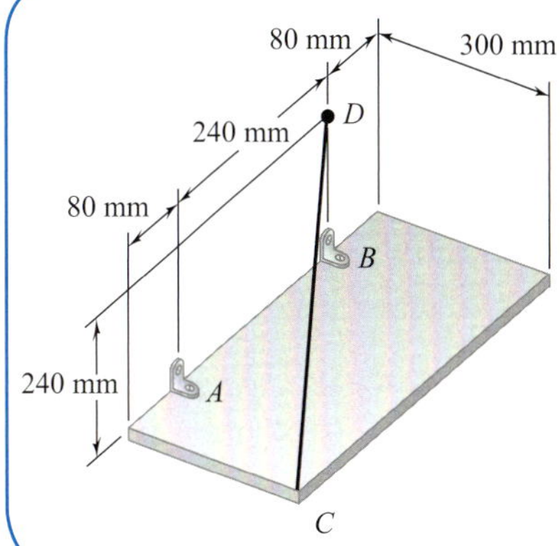

PROBLEMA RESOLVIDO 3.4

Uma placa retangular é sustentada por suportes em A e B e por um fio CD. Sabendo que a tração no fio é de 200 N, determine o momento em relação a A da força exercida pelo fio no ponto C.

SOLUÇÃO

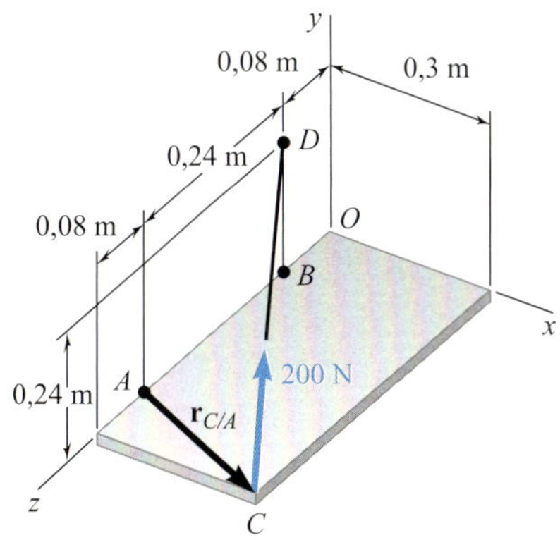

O momento $\mathbf{M}_A$ da força $\mathbf{F}$ exercida pelo fio no ponto C em relação a A é obtido quando escrevemos o produto vetorial

$$\mathbf{M}_A = \mathbf{r}_{C/A} \times \mathbf{F} \qquad (1)$$

onde $\mathbf{r}_{C/A}$ é o vetor traçado de A até C

$$\mathbf{r}_{C/A} = \overrightarrow{AC} = (0{,}3\text{ m})\mathbf{i} + (0{,}08\text{ m})\mathbf{k} \qquad (2)$$

e $\mathbf{F}$ é a força de 200 N dirigida ao longo de CD. Quando introduzimos o vetor unitário $\boldsymbol{\lambda} = \overrightarrow{CD}/CD$, escrevemos

$$\mathbf{F} = F\boldsymbol{\lambda} = (200\text{ N})\frac{\overrightarrow{CD}}{CD} \qquad (3)$$

Decompondo o vetor $\overrightarrow{CD}$ em componentes retangulares, temos

$$\overrightarrow{CD} = -(0{,}3\text{ m})\mathbf{i} + (0{,}24\text{ m})\mathbf{j} - (0{,}32\text{ m})\mathbf{k} \qquad CD = 0{,}50\text{ m}$$

Substituindo pela Eq. (3), obtemos

$$\begin{aligned}\mathbf{F} &= \frac{200\text{ N}}{0{,}50\text{ m}}[-(0{,}3\text{ m})\mathbf{i} + (0{,}24\text{ m})\mathbf{j} - (0{,}32\text{ m})\mathbf{k}] \\ &= -(120\text{ N})\mathbf{i} + (96\text{ N})\mathbf{j} - (128\text{ N})\mathbf{k}\end{aligned} \qquad (4)$$

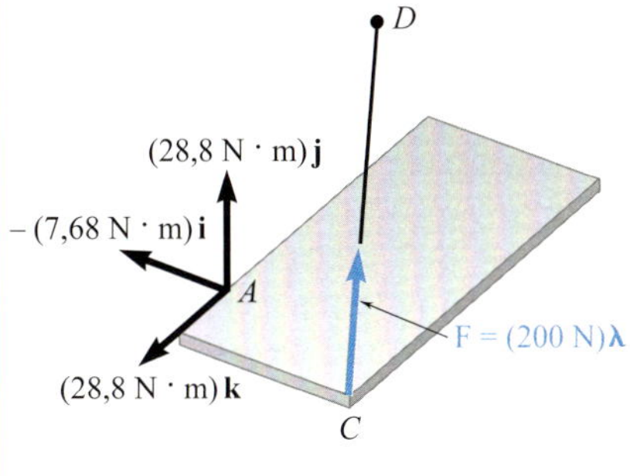

Substituindo $\mathbf{r}_{C/A}$ e $\mathbf{F}$ das Eqs. (2) e (4) pela Eq. (1) e retomando as relações da Eq. (3.7) da Seção 3.5, obtemos

$$\begin{aligned}\mathbf{M}_A = \mathbf{r}_{C/A} \times \mathbf{F} &= (0{,}3\mathbf{i} + 0{,}08\mathbf{k}) \times (-120\mathbf{i} + 96\mathbf{j} - 128\mathbf{k}) \\ &= (0{,}3)(96)\mathbf{k} + (0{,}3)(-128)(-\mathbf{j}) + (0{,}08)(-120)\mathbf{j} + (0{,}08)(96)(-\mathbf{i})\end{aligned}$$

$$\mathbf{M}_A = -(7{,}68\text{ N}\cdot\text{m})\mathbf{i} + (28{,}8\text{ N}\cdot\text{m})\mathbf{j} + (28{,}8\text{ N}\cdot\text{m})\mathbf{k} \quad ◀$$

Solução alternativa. Conforme indicamos na Seção 3.8, o momento $\mathbf{M}_A$ pode ser expresso em forma de um determinante:

$$\mathbf{M}_A = \begin{vmatrix} \mathbf{i} & \mathbf{j} & \mathbf{k} \\ x_C - x_A & y_C - y_A & z_C - z_A \\ F_x & F_y & F_z \end{vmatrix} = \begin{vmatrix} \mathbf{i} & \mathbf{j} & \mathbf{k} \\ 0{,}3 & 0 & 0{,}08 \\ -120 & 96 & -128 \end{vmatrix}$$

$$\mathbf{M}_A = -(7{,}68\text{ N}\cdot\text{m})\mathbf{i} + (28{,}8\text{ N}\cdot\text{m})\mathbf{j} + (28{,}8\text{ N}\cdot\text{m})\mathbf{k} \quad ◀$$

PROBLEMAS

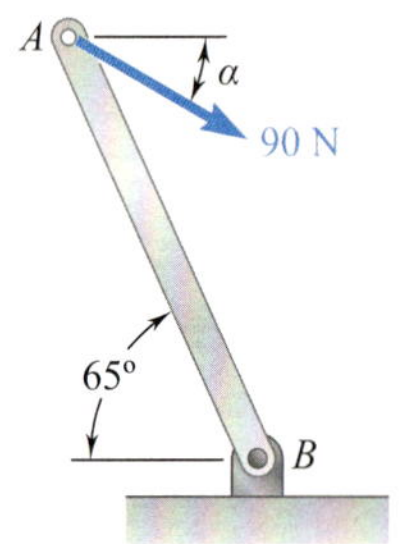

Figura P3.1 e P3.2

3.1 Uma força de 90 N é aplicada na barra de controle AB como mostra a figura. Sabendo que o comprimento da barra é 225 mm e que $\alpha = 25°$, determine o momento da força sobre o ponto B decompondo a força nas componentes horizontal e vertical.

3.2 Uma força de 90 N é aplicada na barra de controle AB como mostra a figura. Sabendo que o comprimento da barra é 225 mm e que o momento da força sobre B é 13,5 N · m no sentido horário, determine o valor de α.

3.3 Para o pedal de freio mostrado na figura, determine a intensidade e direção da menor força **P** que produz um momento 104 N · m no sentido horário sobre B.

3.4 A força **P** é aplicada ao pedal de freio em A. Sabendo que $P = 450$ N e $\alpha = 30°$, determine o momento de **P** sobre B.

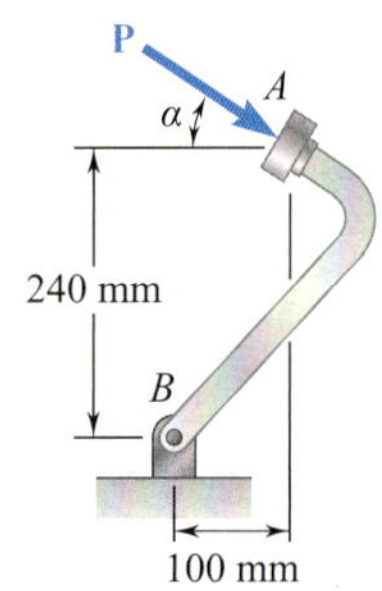

Figura P3.3 e P3.4

3.5 Uma força de 450 N é aplicada em A como mostra a figura. Determine (a) o momento de força de 450 N sobre D e (b) a menor força aplicada em B que cria o mesmo momento sobre D.

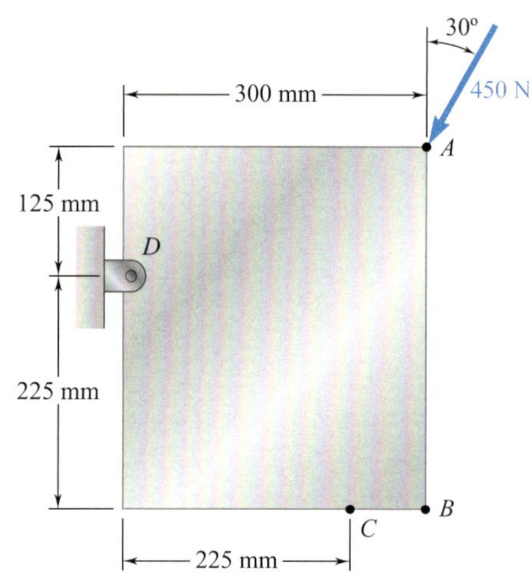

Figura P3.5 e P3.6

3.6 Uma força de 450 N é aplicada em A como mostra a figura. Determine (a) o momento de força de 450 N sobre D, (b) a intensidade e o sentido da força horizontal aplicada em C que cria o mesmo momento sobre D e (c) a menor força aplicada em C que cria o mesmo momento sobre D.

3.7 Calcule o momento da força de 450 N sobre A, (a) usando a definição do momento de uma força, (b) decompondo a força em componentes horizontal e vertical e (c) decompondo a força em componentes ao longo de AB e na direção perpendicular a AB.

3.8 Determine o momento da força de 450 N sobre C.

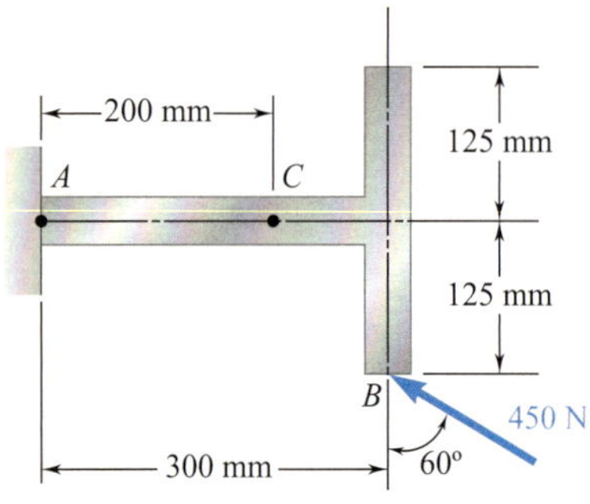

Figura P3.7 e P3.8

3.9 e 3.10 Sabe-se que a biela AB exerce na manivela BC uma força de 2,5 kN dirigida para baixo à esquerda, ao longo da linha central AB. Determine o momento dessa força sobre C.

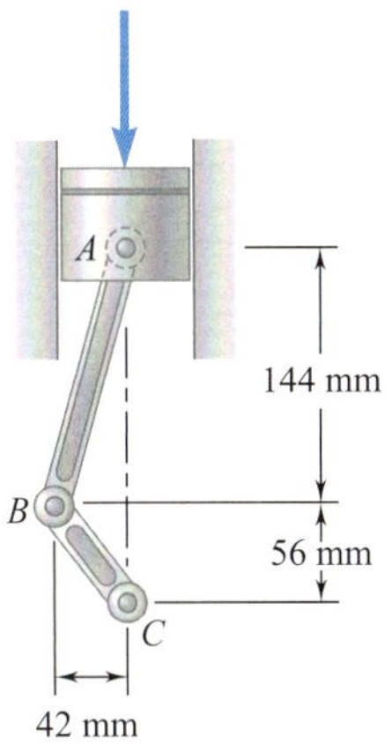

Figura P3.9

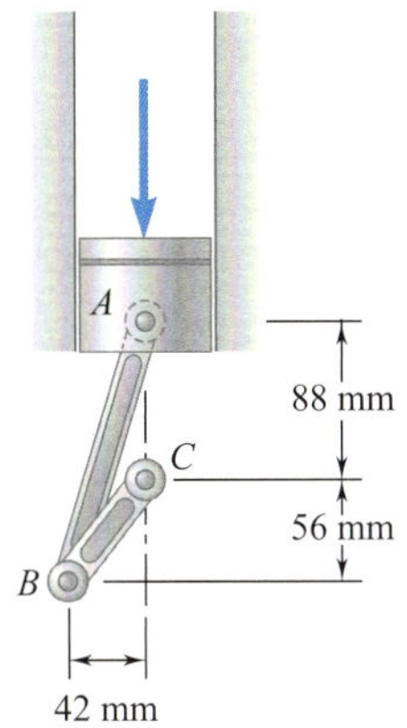

Figura P3.10

3.11 A barra AB é mantida no lugar pela corda AC. Sabendo que a tração na corda é 1.350 N e que c = 450 mm, determine o momento sobre B da força exercida pela corda no ponto A, decompondo essa força em componentes horizontal e vertical aplicada (*a*) no ponto A e (*b*) no ponto C.

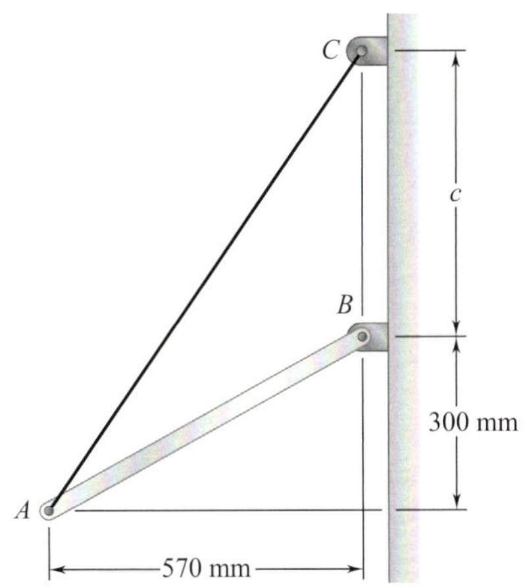

Figura P3.11 e P3.12

3.12 A barra AB é mantida no lugar pela corda AC. Sabendo que c = 1.050 mm e que o momento sobre B da força exercida pela corda no ponto A é 945 N · m, determine a tração na corda.

3.13 Determine o momento sobre a origem O da força $\mathbf{F} = 4\mathbf{i} - 3\mathbf{j} + 2\mathbf{k}$ que atua no ponto A. Considere que a posição A é (*a*) $\mathbf{r} = \mathbf{i} + 5\mathbf{j} + 6\mathbf{k}$, (*b*) $\mathbf{r} = 6\mathbf{i} + \mathbf{j} + 3\mathbf{k}$ e (*c*) $\mathbf{r} = 5\mathbf{i} - 4\mathbf{j} + 3\mathbf{k}$.

3.14 Determine o momento sobre a origem O da força $\mathbf{F} = -\mathbf{i} + 3\mathbf{j} + 5\mathbf{k}$ que atua no ponto A. Considere que a posição A é (*a*) $\mathbf{r} = 2\mathbf{i} - 4\mathbf{j} + \mathbf{k}$, (*b*) $\mathbf{r} = 4\mathbf{i} + 6\mathbf{j} + 10\mathbf{k}$ e (*c*) $\mathbf{r} = -3\mathbf{i} + 9\mathbf{j} + 15\mathbf{k}$.

3.15 A linha de ação da força **P** de intensidade 1.890 N passa através de dois pontos *A* e *B* como mostra a figura. Calcule o momento de **P** sobre *O* usando o vetor posição (*a*) do ponto *A* e (*b*) do ponto *B*.

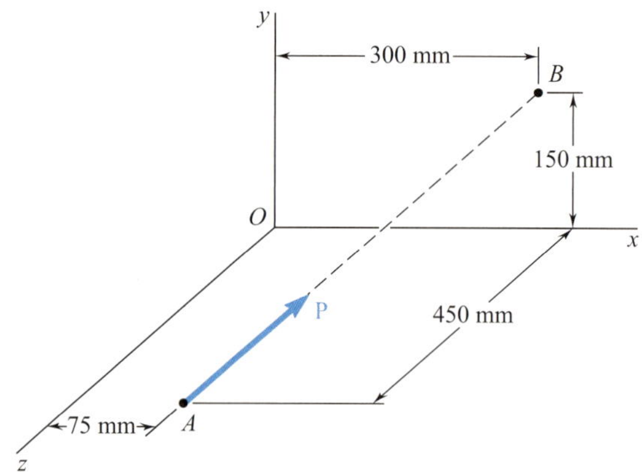

Figura P3.15

3.16 A força **P** de intensidade 200 N atua ao longo da diagonal *BC* da placa dobrada como mostra a figura. Determine o momento de **P** sobre o ponto *E*.

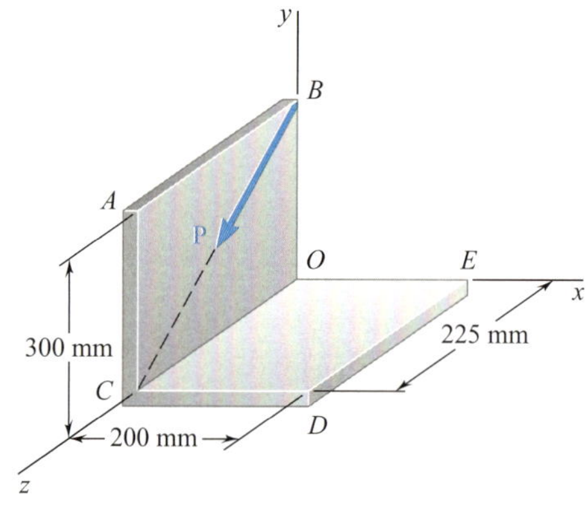

Figura P3.16

3.17 Sabendo que a tração no cabo *AB* é 8.100 N, determine o momento da força exercida na placa em *A* sobre (*a*) a origem das coordenadas *O* e (*b*) o canto *D*.

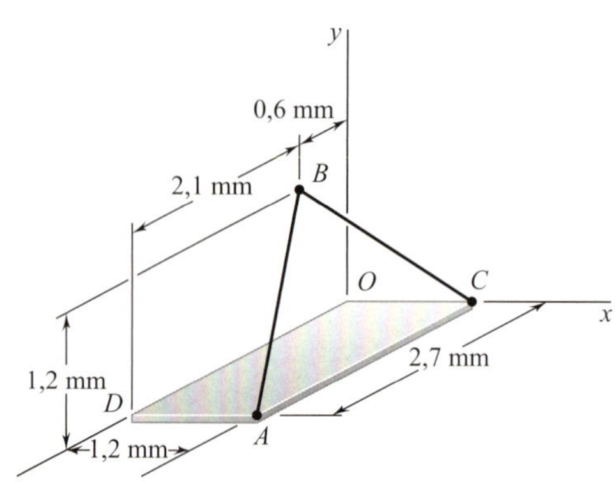

Figura P3.17 e P3.18

3.18 Sabendo que a tração no cabo *BC* é 4.050 N, determine o momento da força exercida na placa em *C* sobre (*a*) a origem das coordenadas *O* e (*b*) o canto *D*.

3.19 Uma força de 200 N é aplicada ao suporte *ABC* como mostra a figura. Determine o momento da força sobre *A*.

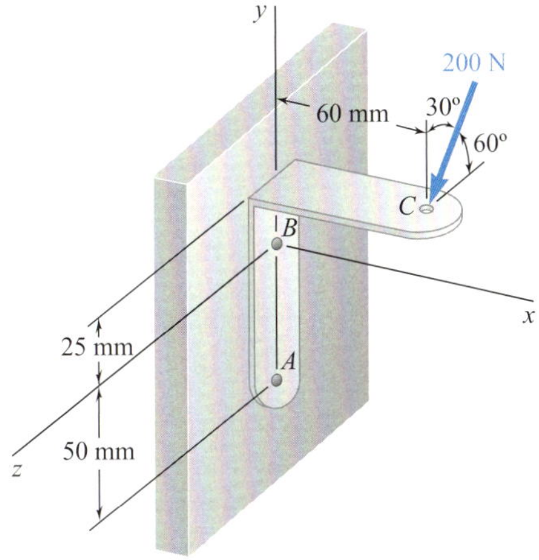

Figura P3.19

3.20 Um pequeno barco é suportado por dois guindastes, um dos quais é mostrado na figura. A tensão na linha *ABAD* é 365 N. Determine o momento da resultante $\mathbf{R}_A$ sobre *C* exercida pelo guindaste em *A*.

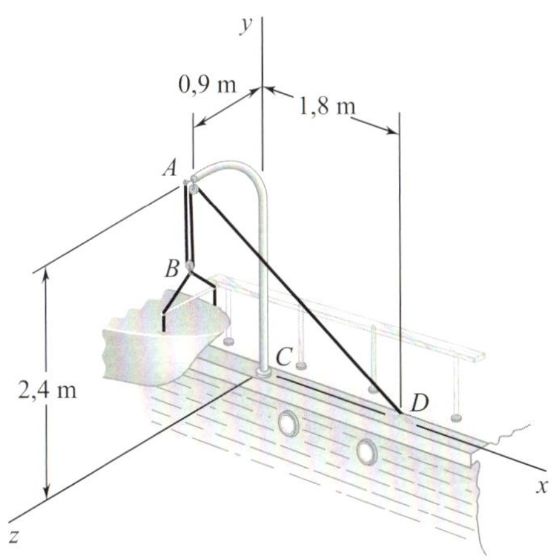

Figura P3.20

3.21 No Problema 3.15, determine a distância perpendicular da linha de ação de **P** até a origem *O*.

3.22 No Problema 3.16, determine a distância perpendicular da linha de ação de **P** até o ponto *E*.

3.23 No Problema 3.20, determine a distância perpendicular do ponto *C* até a porção *AD* da linha *ABAD*.

3.24 No Problema Resolvido 3.4, determine a distância perpendicular do ponto *A* até o fio *CD*.

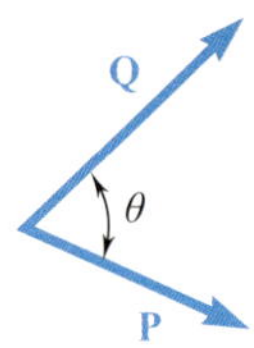

Figura 3.19

3.9 Produto escalar de dois vetores

O *produto escalar* de dois vetores **P** e **Q** é definido como o produto das intensidades de **P** e **Q** e do cosseno do ângulo θ formado por **P** e **Q** (Fig. 3.19). O produto escalar de **P** e **Q** é representado por $\mathbf{P} \cdot \mathbf{Q}$. Escrevemos então:

$$\mathbf{P} \cdot \mathbf{Q} = PQ \cos \theta \tag{3.24}$$

Observe que a expressão definida na Eq. (3.24) não é um vetor, mas um *escalar*, o que explica o nome *produto escalar*.*

Como já mencionado, o produto escalar de dois vetores é *comutativo*, ou seja,

$$\mathbf{P} \cdot \mathbf{Q} = \mathbf{Q} \cdot \mathbf{P} \tag{3.25}$$

Para provar que o produto escalar é também *distributivo*, devemos demonstrar a relação

$$\mathbf{P} \cdot (\mathbf{Q}_1 + \mathbf{Q}_2) = \mathbf{P} \cdot \mathbf{Q}_1 + \mathbf{P} \cdot \mathbf{Q}_2 \tag{3.26}$$

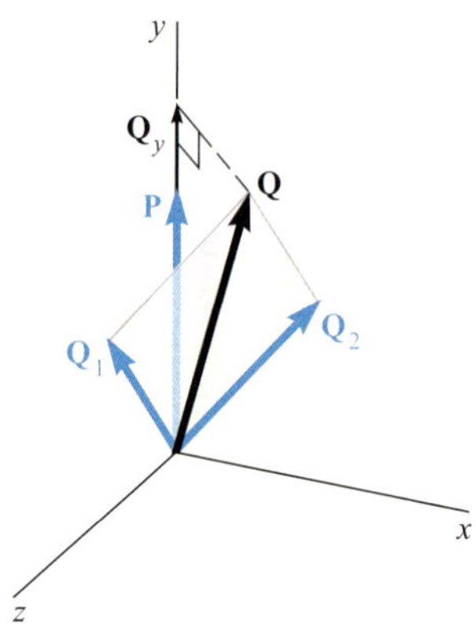

Figura 3.20

Podemos admitir, sem comprometermos o caráter genérico, que **P** está dirigido ao longo do eixo y (Fig. 3.20). Representando por **Q** a soma de $\mathbf{Q}_1$ e $\mathbf{Q}_2$ e por θ_y o ângulo formado entre **Q** e o eixo y, expressamos o primeiro membro da Eq. (3.26) da seguinte maneira:

$$\mathbf{P} \cdot (\mathbf{Q}_1 + \mathbf{Q}_2) = \mathbf{P} \cdot \mathbf{Q} = PQ \cos \theta_y = PQ_y \tag{3.27}$$

onde Q_y é o componente y de **Q**. De modo semelhante, podemos expressar o segundo membro de (3.26) como

$$\mathbf{P} \cdot \mathbf{Q}_1 + \mathbf{P} \cdot \mathbf{Q}_2 = P(Q_1)_y + P(Q_2)_y \tag{3.28}$$

Como **Q** é a soma de $\mathbf{Q}_1$ e $\mathbf{Q}_2$, sua componente y deve ser igual à soma dos componentes y de $\mathbf{Q}_1$ e $\mathbf{Q}_2$. Logo, as expressões obtidas em (3.27) e (3.28) são iguais e a relação (3.26) está demonstrada.

Quanto à terceira propriedade – a associativa –, observamos que ela não pode se aplicar aos produtos escalares. De fato, $(\mathbf{P} \cdot \mathbf{Q}) \cdot \mathbf{S}$ não tem sentido, pois $\mathbf{P} \cdot \mathbf{Q}$ não é um vetor, mas um escalar.

O produto escalar de dois vetores **P** e **Q** pode ser expresso em termos de seus componentes retangulares. Ao expressarmos **P** e **Q** em componentes, escrevemos primeiro:

$$\mathbf{P} \cdot \mathbf{Q} = (P_x\mathbf{i} + P_y\mathbf{j} + P_z\mathbf{k}) \cdot (Q_x\mathbf{i} + Q_y\mathbf{j} + Q_z\mathbf{k})$$

Quando utilizamos a propriedade distributiva, expressamos $\mathbf{P} \cdot \mathbf{Q}$ como uma soma de produtos escalares, como $P_x\mathbf{i} \cdot Q_x\mathbf{i}$ e $P_x\mathbf{i} \cdot Q_y\mathbf{j}$. Entretanto, com

* N. de T.: Os autores indicam que o produto escalar $\mathbf{P} \cdot \mathbf{Q}$ pode ser denominado em inglês como *scalar product* ou *dot product*.

base na definição do produto escalar os produtos escalares dos vetores unitários são iguais a zero ou um.

$$\begin{array}{lll} \mathbf{i}\cdot\mathbf{i} = 1 & \mathbf{j}\cdot\mathbf{j} = 1 & \mathbf{k}\cdot\mathbf{k} = 1 \\ \mathbf{i}\cdot\mathbf{j} = 0 & \mathbf{j}\cdot\mathbf{k} = 0 & \mathbf{k}\cdot\mathbf{i} = 0 \end{array} \tag{3.29}$$

Logo, a expressão obtida para $\mathbf{P}\cdot\mathbf{Q}$ reduz-se a

$$\mathbf{P}\cdot\mathbf{Q} = P_xQ_x + P_yQ_y + P_zQ_z \tag{3.30}$$

Quando **P** e **Q** são iguais, observamos que

$$\mathbf{P}\cdot\mathbf{P} = P_x^2 + P_y^2 + P_z^2 = P^2 \tag{3.31}$$

Aplicações

1. *Ângulo formado por dois vetores dados.* Sejam dois vetores dados em termos de seus componentes:

$$\begin{aligned} \mathbf{P} &= P_x\mathbf{i} + P_y\mathbf{j} + P_z\mathbf{k} \\ \mathbf{Q} &= Q_x\mathbf{i} + Q_y\mathbf{j} + Q_z\mathbf{k} \end{aligned}$$

Para determinar o ângulo formado pelos dois vetores, igualamos as expressões obtidas em (3.24) e (3.30) para seu produto escalar e escrevemos

$$PQ\cos\theta = \mathrm{P}_xQ_x + P_yQ_y + P_zQ_z$$

Resolvendo para $\cos\theta$, temos:

$$\cos\theta = \frac{P_xQ_x + P_yQ_y + P_zQ_z}{PQ} \tag{3.32}$$

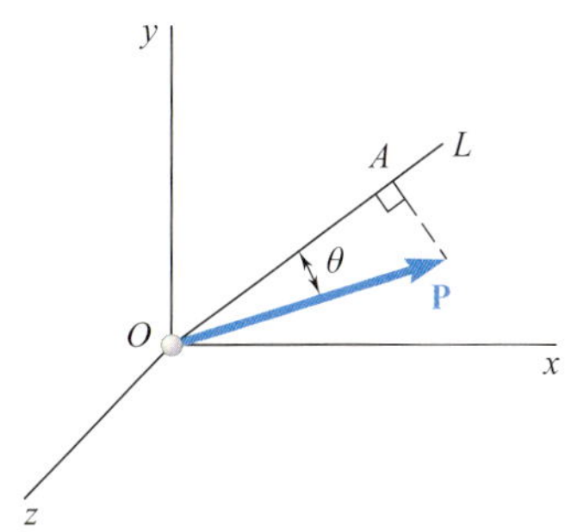

Figura 3.21

2. *Projeção de um vetor sobre um dado eixo.* Considere um vetor **P** que forme um ângulo θ com um eixo ou linha orientada, OL (Fig. 3.21). A *projeção de* **P** *sobre o eixo OL* é definida como o escalar

$$P_{OL} = P\cos\theta \tag{3.33}$$

Observamos que a projeção P_{OL} é igual em valor absoluto ao comprimento do segmento OA. A projeção será positiva se OA tiver o mesmo sentido do eixo OL, ou seja, se o ângulo θ for agudo, e negativa, em caso contrário. Se **P** e OL estiverem em ângulo reto, a projeção de **P** sobre OL será nula.

Considere agora um vetor **Q** dirigido ao longo de OL e no mesmo sentido deste (Fig. 3.22). O produto escalar de **P** e **Q** pode ser expresso assim:

$$\mathbf{P}\cdot\mathbf{Q} = PQ\cos\theta = P_{OL}Q \tag{3.34}$$

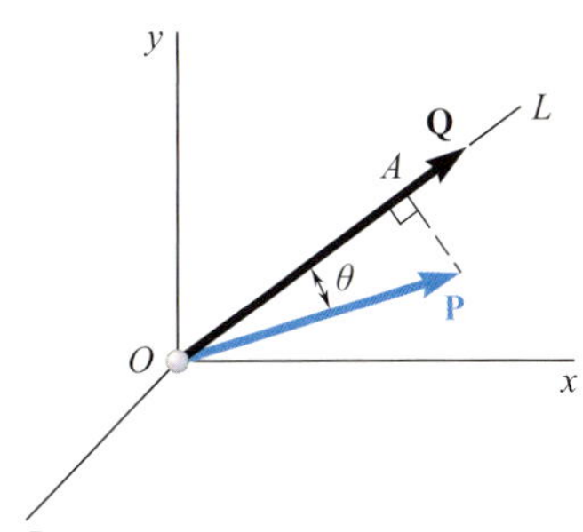

Figura 3.22

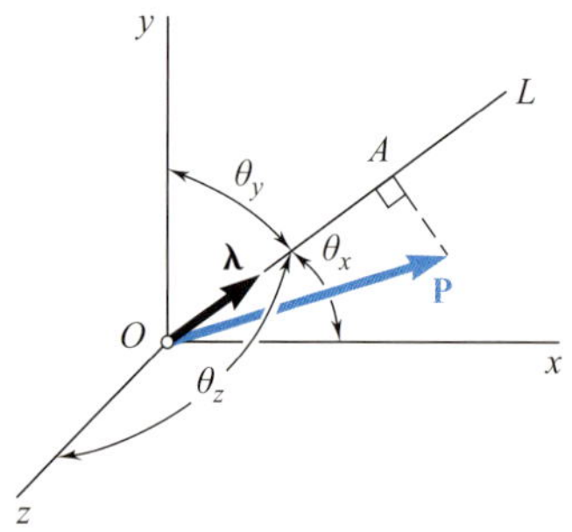

Figura 3.23

Com base nisso, obtemos o seguinte:

$$P_{OL} = \frac{\mathbf{P} \cdot \mathbf{Q}}{Q} = \frac{P_xQ_x + P_yQ_y + P_zQ_z}{Q} \tag{3.35}$$

Quando o vetor escolhido ao longo de OL e o vetor unitário $\boldsymbol{\lambda}$ (Fig. 3.23), escrevemos

$$P_{OL} = \mathbf{P} \cdot \boldsymbol{\lambda} \tag{3.36}$$

Decompondo $\mathbf{P}$ e $\boldsymbol{\lambda}$ em componentes retangulares e lembrando da Seção 2.12 que os componentes de $\boldsymbol{\lambda}$ ao longo dos eixos de coordenadas são respectivamente iguais aos cossenos diretores de OL, expressamos a projeção de $\mathbf{P}$ sobre OL assim:

$$P_{OL} = P_x \cos\theta_x + P_y \cos\theta_y + P_z \cos\theta_z \tag{3.37}$$

onde θ_x, θ_y e θ_z representam os ângulos que o eixo OL forma com os eixos de coordenadas.

3.10 Produto triplo misto de três vetores

Definimos o *produto triplo misto* de três vetores **S**, **P** e **Q** como a expressão escalar

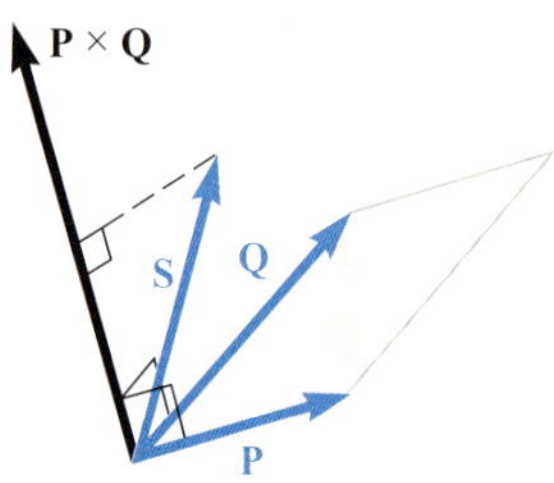

Figura 3.24

$$\mathbf{S} \cdot (\mathbf{P} \times \mathbf{Q}) \tag{3.38}$$

obtida a partir do produto escalar de **S** pelo produto vetorial de **P** e **Q**.

Uma interpretação geométrica simples pode ser dada para o produto triplo misto de **S**, **P** e **Q** (Fig. 3.24). Primeiro, lembremos como visto na Seção 3.4, que o vetor $\mathbf{P} \times \mathbf{Q}$ é perpendicular ao plano que contém **P** e **Q** e que sua intensidade é igual à área do paralelogramo que tem **P** e **Q** por lados. Por outro lado, a Eq. (3.34) indica que o produto escalar de **S** e $\mathbf{P} \times \mathbf{Q}$ pode ser obtido multiplicando-se a intensidade de $\mathbf{P} \times \mathbf{Q}$ (ou seja, a área do paralelogramo definido por **P** e **Q**) pela projeção de **S** sobre o vetor $\mathbf{P} \times \mathbf{Q}$ (isto é, pela projeção de **S** sobre a normal ao plano que contém o paralelogramo). Logo, o produto triplo misto é igual, em valor absoluto, ao volume do paralelepípedo, tendo os vetores **S**, **P** e **Q** por lados (Fig. 3.25). Observamos que o sinal do produto triplo misto será positivo se **S**, **P** e **Q** formarem uma tríade orientada diretamente e negativo se formarem uma tríade orientada inversamente (isto é, $\mathbf{S} \cdot (\mathbf{P} \times \mathbf{Q})$ será negativo se a rotação que faz **P** ficar alinhado com **Q** for vista no sentido horário a partir da ponta de **S**). O produto triplo misto será zero se **S**, **P** e **Q** forem coplanares.

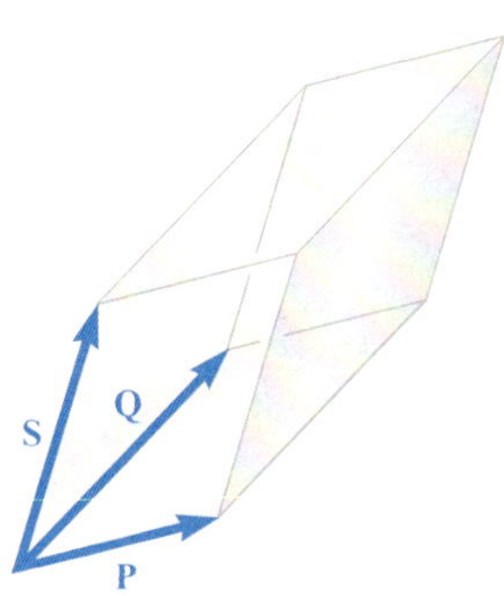

Figura 3.25

Como o paralelepípedo definido no parágrafo anterior é independente da ordem em que os três vetores são tomados, os seis produtos triplos mistos que podem ser formados com **S**, **P** e **Q** terão todos o mesmo valor absoluto, embora não o mesmo sinal. Verifica-se facilmente que

$$\begin{aligned}\mathbf{S}\cdot(\mathbf{P}\times\mathbf{Q}) &= \mathbf{P}\cdot(\mathbf{Q}\times\mathbf{S}) = \mathbf{Q}\cdot(\mathbf{S}\times\mathbf{P})\\ &= -\mathbf{S}\cdot(\mathbf{Q}\times\mathbf{P}) = -\mathbf{P}\cdot(\mathbf{S}\times\mathbf{Q}) = -\mathbf{Q}\cdot(\mathbf{P}\times\mathbf{S})\end{aligned} \tag{3.39}$$

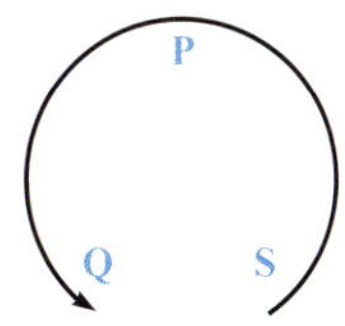

Figura 3.26

Quando se arranjam as três letras que representam os três vetores em um círculo, em ordem anti-horária (Fig. 3.26), observamos que o sinal do produto triplo misto permanecerá inalterado se os vetores forem permutados de modo que eles ainda sejam lidos em ordem anti-horária. Tal permutação é denominada *permutação cíclica*. Da Eq. (3.39) e da propriedade comutativa dos produtos escalares resulta também que o produto triplo misto de **S**, **P** e **Q** pode ser bem definido igualmente como $\mathbf{S}\cdot(\mathbf{P}\times\mathbf{Q})$ ou $(\mathbf{S}\times\mathbf{P})\cdot\mathbf{Q}$.

O produto triplo misto dos vetores **S**, **P** e **Q** pode ser expresso em termos dos componentes retangulares desses vetores. Representando $\mathbf{P}\times\mathbf{Q}$ por **V** e usando a Eq. (3.30) para expressar o produto escalar de **S** e **V**, escrevemos

$$\mathbf{S}\cdot(\mathbf{P}\times\mathbf{Q}) = \mathbf{S}\cdot\mathbf{V} = S_xV_x + S_yV_y + S_zV_z$$

Quando substituímos os componentes de **V** obtidos pelas relações (3.9), obtemos

$$\begin{aligned}\mathbf{S}\cdot(\mathbf{P}\times\mathbf{Q}) = S_x(P_yQ_z - P_zQ_y) &+ S_y(P_zQ_x - P_xQ_z)\\ &+ S_z(P_xQ_y - P_yQ_x)\end{aligned} \tag{3.40}$$

Essa expressão pode ser escrita de modo mais compacto se observarmos que ela representa a expansão de um determinante:

$$\mathbf{S}\cdot(\mathbf{P}\times\mathbf{Q}) = \begin{vmatrix} S_x & S_y & S_z \\ P_x & P_y & P_z \\ Q_x & Q_y & Q_z \end{vmatrix} \tag{3.41}$$

Aplicando as regras que regem as permutações de linhas em um determinante, poderíamos verificar facilmente as relações (3.39), antes deduzidas a partir de considerações geométricas.

3.11 Momento de uma força em relação a um dado eixo

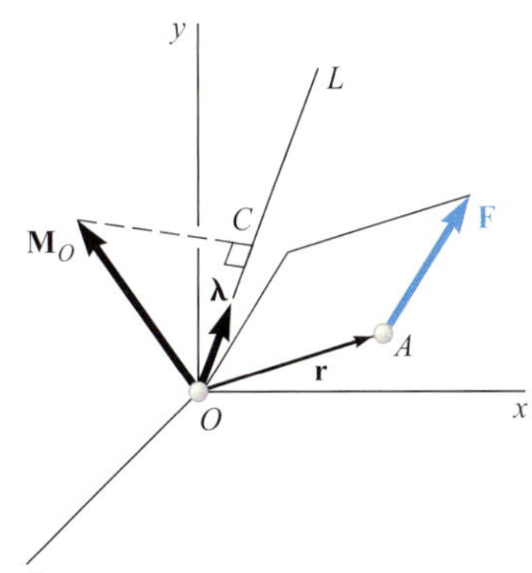

Figura 3.27

Agora que aumentamos mais nosso conhecimento sobre álgebra vetorial, podemos apresentar o conceito de *momento de uma força em relação a um eixo*. Considere novamente uma força **F** que atua sobre um corpo rígido e o momento $\mathbf{M}_O$ dessa força em relação a O (Fig. 3.27). Seja OL um eixo através de O, *definimos o momento* M_{OL} *de* **F** *em relação a* OL *como a* *projeção OC do momento* $\mathbf{M}_O$ *sobre o eixo OL*. Representando por $\boldsymbol{\lambda}$ o vetor unitário ao longo de OL e retomando as Seções 3.9 e 3.6, respectivamente, nas quais as Eqs. (3.36) e (3.11) são obtidas para as projeções de um vetor sobre um dado eixo e para o momento $\mathbf{M}_O$ de uma força $\mathbf{F}$, escrevemos

$$M_{OL} = \boldsymbol{\lambda} \cdot \mathbf{M}_O = \boldsymbol{\lambda} \cdot (\mathbf{r} \times \mathbf{F}) \qquad (3.42)$$

que mostra que o momento M_{OL} de $\mathbf{F}$ em relação ao eixo OL é o escalar obtido quando se forma o produto triplo misto de $\boldsymbol{\lambda}$, $\mathbf{r}$ e $\mathbf{F}$. Ao expressarmos M_{OL} na forma de um determinante, escrevemos

$$M_{OL} = \begin{vmatrix} \lambda_x & \lambda_y & \lambda_z \\ x & y & z \\ F_x & F_y & F_z \end{vmatrix} \qquad (3.43)$$

onde $\lambda_x, \lambda_y, \lambda_z$ = cossenos diretores do eixo OL,
x, y, z = coordenadas do ponto de aplicação de $\mathbf{F}$ e
F_x, F_y, F_z = componentes da força $\mathbf{F}$.

O significado físico do momento M_{OL} de uma força $\mathbf{F}$ em relação a um eixo fixo OL será mais evidente se decompusermos $\mathbf{F}$ em dois componentes retangulares $\mathbf{F}_1$ e $\mathbf{F}_2$, com $\mathbf{F}_1$ paralelo a OL e $\mathbf{F}_2$ situado em um plano P perpendicular a OL (Fig. 3.28). Decompondo $\mathbf{r}$ de modo semelhante em dois componentes $\mathbf{r}_1$ e $\mathbf{r}_2$ e substituindo $\mathbf{F}$ e $\mathbf{r}$ na Eq. (3.42), escrevemos:

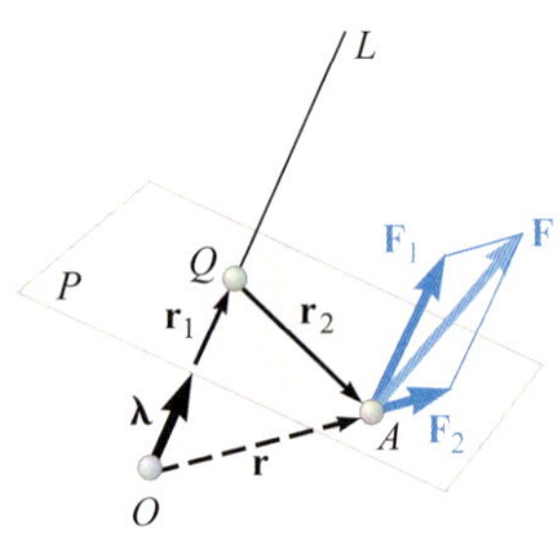

Figura 3.28

$$\begin{aligned} M_{OL} &= \boldsymbol{\lambda} \cdot [(\mathbf{r}_1 + \mathbf{r}_2) \times (\mathbf{F}_1 + \mathbf{F}_2)] \\ &= \boldsymbol{\lambda} \cdot (\mathbf{r}_1 \times \mathbf{F}_1) + \boldsymbol{\lambda} \cdot (\mathbf{r}_1 \times \mathbf{F}_2) + \boldsymbol{\lambda} \cdot (\mathbf{r}_2 \times \mathbf{F}_1) + \boldsymbol{\lambda} \cdot (\mathbf{r}_2 \times \mathbf{F}_2) \end{aligned}$$

Como todos os produtos triplos mistos, exceto o último, são nulos, pois envolvem vetores que são coplanares quando traçados a partir de uma origem comum (Seção 3.10), temos:

$$M_{OL} = \boldsymbol{\lambda} \cdot (\mathbf{r}_2 \times \mathbf{F}_2) \qquad (3.44)$$

O produto vetorial $\mathbf{r}_2 \times \mathbf{F}_2$ é perpendicular ao plano P e representa o momento do componente $\mathbf{F}_2$ de $\mathbf{F}$ em relação ao ponto Q, em que OL intercepta P. Logo, o escalar M_{OL}, que será positivo se $\mathbf{r}_2 \times \mathbf{F}_2$ e OL tiverem o mesmo sentido e sentido negativo em caso contrário, mede a tendência de $\mathbf{F}_2$ a fazer o corpo rígido girar em torno do eixo fixo OL. Como o outro componente $\mathbf{F}_1$ de $\mathbf{F}$ não tende a fazer o corpo girar em tomo de OL, concluímos que *o momento* M_{OL} *de* **F** *em relação a OL mede a tendência da força* **F** *a imprimir ao corpo rígido um movimento de rotação em torno do eixo fixo OL.*

Com base nisso, o momento de $\mathbf{F}$ em relação a um eixo de coordenadas é igual ao componente de $\mathbf{M}_O$ ao longo desse eixo. Ao colocarmos sucessivamente cada um dos vetores unitários **i**, **j** e **k** no lugar de $\boldsymbol{\lambda}$ em (3.42), verificamos que as expressões obtidas para os *momentos de* **F** *em relação aos* *eixos de coordenadas* são respectivamente iguais às expressões obtidas na Seção 3.8 para os componentes do momento $\mathbf{M}_O$ de $\mathbf{F}$ em relação a O:

$$\begin{aligned} M_x &= yF_z - zF_y \\ M_y &= zF_x - xF_z \\ M_z &= xF_y - yF_x \end{aligned} \tag{3.18}$$

Observamos que, assim como os componentes F_x, F_y e F_z de uma força $\mathbf{F}$ que atua sobre um corpo rígido medem, respectivamente, a tendência de $\mathbf{F}$ para mover o corpo rígido nas direções x, y e z, os momentos M_X, M_Y e M_Z de $\mathbf{F}$ em relação aos eixos de coordenadas medem a tendência de $\mathbf{F}$ para imprimir ao corpo rígido um movimento de rotação em torno dos eixos x, y e z, respectivamente.

De modo mais geral, o momento de uma força $\mathbf{F}$ aplicada no ponto A em relação a um eixo que não passa pela origem é obtido quando se escolhe um ponto arbitrário B sobre o eixo (Fig. 3.29) e quando se determina a projeção sobre o eixo BL do momento $\mathbf{M}_B$ de $\mathbf{F}$ em relação a B. Então escrevemos:

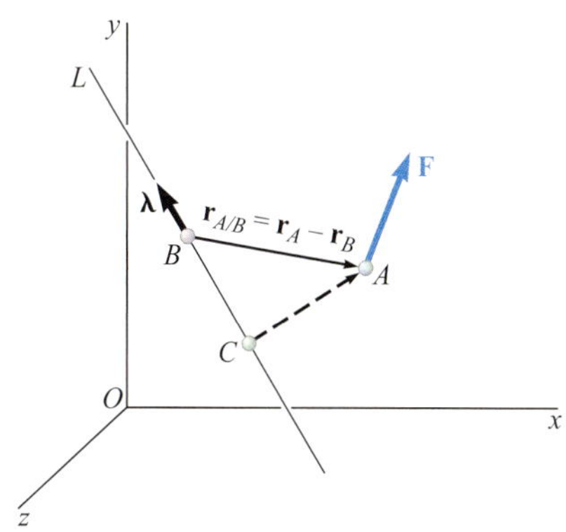

Figura 3.29

$$M_{BL} = \boldsymbol{\lambda} \cdot \mathbf{M}_B = \boldsymbol{\lambda} \cdot (\mathbf{r}_{A/B} \times \mathbf{F}) \tag{3.45}$$

onde $\mathbf{r}_{A/B} = \mathbf{r}_A - \mathbf{r}_B$ representa o vetor traçado de B até A. Expressando M_{BL} na forma de um determinante, temos

$$M_{BL} = \begin{vmatrix} \lambda_x & \lambda_y & \lambda_z \\ x_{A/B} & y_{A/B} & z_{A/B} \\ F_x & F_y & F_z \end{vmatrix} \tag{3.46}$$

onde $\lambda_x, \lambda_y, \lambda_z$ = cossenos diretores do eixo BL,
$x_{A/B} = x_A - x_B \quad y_{A/B} = y_A - y_B \quad z_{A/B} = z_A - z_B$ e
F_x, F_y, F_z = componentes da força $\mathbf{F}$.

Deve-se notar que o resultado obtido é independente da escolha do ponto B sobre o eixo dado. De fato, representando por M_{CL} o resultado obtido com um ponto C diferente, temos:

$$\begin{aligned} M_{CL} &= \boldsymbol{\lambda} \cdot [(\mathbf{r}_A - \mathbf{r}_C) \times \mathbf{F}] \\ &= \boldsymbol{\lambda} \cdot [(\mathbf{r}_A - \mathbf{r}_B) \times \mathbf{F}] + \boldsymbol{\lambda} \cdot [(\mathbf{r}_B - \mathbf{r}_C) \times \mathbf{F}] \end{aligned}$$

Entretanto, como os vetores $\boldsymbol{\lambda}$ e $\mathbf{r}_B - \mathbf{r}_C$ estão sobre a mesma linha, o volume do paralelepípedo tem como lados os vetores $\boldsymbol{\lambda}$, $\mathbf{r}_B - \mathbf{r}_C$ e $\mathbf{F}$ nulo, bem como o produto triplo misto desses três vetores (Seção 3.10). A expressão obtida para M_{CL} reduz-se, portanto, ao seu primeiro termo, que é a expressão usada anteriormente para definir M_{BL}. Além disso, com base na Seção 3.6, quando se calcula o momento de $\mathbf{F}$ em relação ao eixo dado, A pode ser qualquer ponto sobre a linha de ação de $\mathbf{F}$.

PROBLEMA RESOLVIDO 3.5

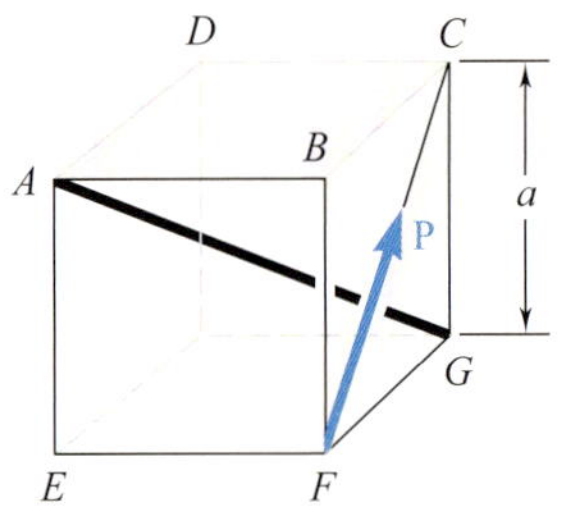

Um cubo de lado a sofre a ação de uma força **P**, como mostra a ilustração. Determine o momento de **P** (a) em relação a A, (b) em relação à aresta AB e (c) em relação à diagonal AG do cubo. (d) Com o resultado da parte c, determine a distância perpendicular entre AG e FC.

SOLUÇÃO

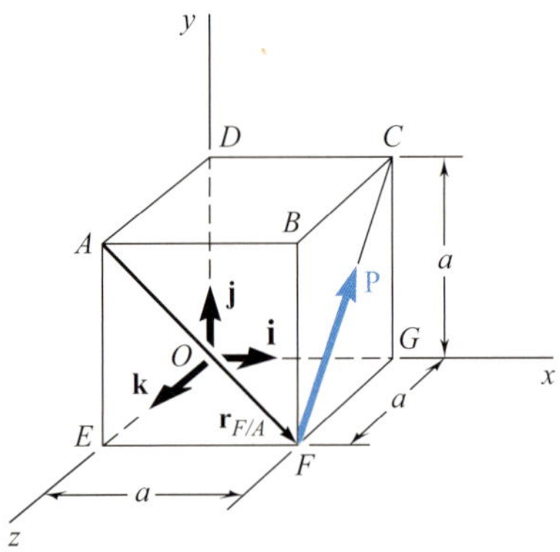

a. Momento em relação a A. Ao escolhermos os eixos x, y e z como mostra a ilustração, decompomos em componentes retangulares a força **P** e o vetor $\mathbf{r}_{F/A} = \overrightarrow{AF}$ traçado de A até o ponto de aplicação F de **P**.

$$\mathbf{r}_{F/A} = a\mathbf{i} - a\mathbf{j} = a(\mathbf{i} - \mathbf{j})$$
$$\mathbf{P} = (P/\sqrt{2})\mathbf{j} - (P/\sqrt{2})\mathbf{k} = (P/\sqrt{2})(\mathbf{j} - \mathbf{k})$$

O momento de **P** em relação a A é

$$\mathbf{M}_A = \mathbf{r}_{F/A} \times \mathbf{P} = a(\mathbf{i} - \mathbf{j}) \times (P/\sqrt{2})(\mathbf{j} - \mathbf{k})$$
$$\mathbf{M}_A = (aP/\sqrt{2})(\mathbf{i} + \mathbf{j} + \mathbf{k}) \quad \blacktriangleleft$$

b. Momento em relação a AB. Projetando $\mathbf{M}_A$ sobre AB, escrevemos

$$M_{AB} = \mathbf{i} \cdot \mathbf{M}_A = \mathbf{i} \cdot (aP/\sqrt{2})(\mathbf{i} + \mathbf{j} + \mathbf{k})$$
$$M_{AB} = aP/\sqrt{2} \quad \blacktriangleleft$$

Verificamos que, como AB é paralelo ao eixo x, M_{AB} também é o componente x do momento $\mathbf{M}_A$.

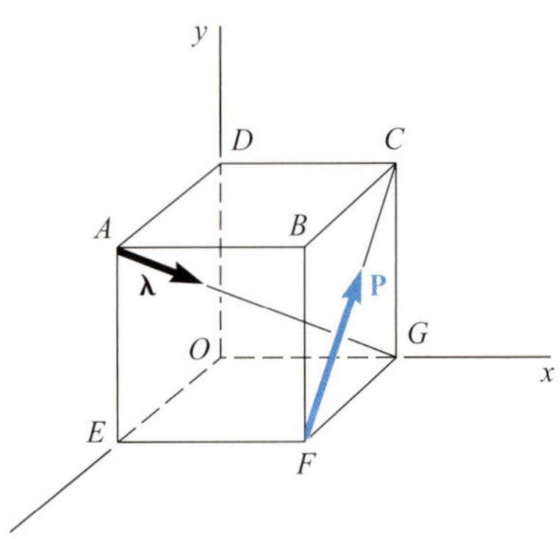

c. Momento em relação à diagonal AG. O momento de **P** em relação a AG é obtido projetando-se $\mathbf{M}_A$ sobre AG. Ao representarmos por $\boldsymbol{\lambda}$ o vetor unitário ao longo de AG, temos

$$\boldsymbol{\lambda} = \frac{\overrightarrow{AG}}{AG} = \frac{a\mathbf{i} - a\mathbf{j} - a\mathbf{k}}{a\sqrt{3}} = (1/\sqrt{3})(\mathbf{i} - \mathbf{j} - \mathbf{k})$$
$$M_{AG} = \boldsymbol{\lambda} \cdot \mathbf{M}_A = (1/\sqrt{3})(\mathbf{i} - \mathbf{j} - \mathbf{k}) \cdot (aP/\sqrt{2})(\mathbf{i} + \mathbf{j} + \mathbf{k})$$
$$M_{AG} = (aP/\sqrt{6})(1 - 1 - 1) \qquad M_{AG} = -aP/\sqrt{6} \quad \blacktriangleleft$$

Método alternativo. O momento de **P** em relação a AG pode também ser expresso em forma de um determinante:

$$M_{AG} = \begin{vmatrix} \lambda_x & \lambda_y & \lambda_z \\ x_{F/A} & y_{F/A} & z_{F/A} \\ F_x & F_y & F_z \end{vmatrix} = \begin{vmatrix} 1/\sqrt{3} & -1/\sqrt{3} & -1/\sqrt{3} \\ a & -a & 0 \\ 0 & P/\sqrt{2} & -P/\sqrt{2} \end{vmatrix} = -aP/\sqrt{6}$$

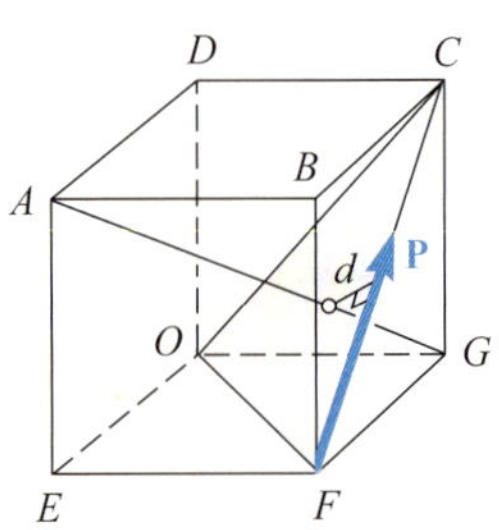

d. Distância perpendicular entre AG e FC. Primeiro, observamos que **P** é perpendicular à diagonal AG. Pode-se conferir isso efetuando o produto escalar $\mathbf{P} \cdot \boldsymbol{\lambda}$ e verificando que este é nulo:

$$\mathbf{P} \cdot \boldsymbol{\lambda} = (P/\sqrt{2})(\mathbf{j} - \mathbf{k}) \cdot (1/\sqrt{3})(\mathbf{i} - \mathbf{j} - \mathbf{k}) = (P\sqrt{6})(0 - 1 + 1) = 0$$

O momento M_{AG} pode então ser expresso como $-Pd$, onde d é a distância perpendicular de AG até FC. (Utiliza-se o sinal negativo porque a rotação concedida ao cubo por **P** é vista no sentido horário por um observador em G.) Retomando o valor encontrado para M_{AG} na parte c,

$$M_{AG} = -Pd = -aP/\sqrt{6} \qquad d = a/\sqrt{6} \quad \blacktriangleleft$$

PROBLEMAS

3.25 Dados os vetores $\mathbf{P} = 2\mathbf{i} + \mathbf{j} + 2\mathbf{k}$, $\mathbf{Q} = 3\mathbf{i} + 4\mathbf{j} - 5\mathbf{k}$ e $\mathbf{S} = -4\mathbf{i} + \mathbf{j} - 2\mathbf{k}$, calcule os produtos escalares $\mathbf{P} \cdot \mathbf{Q}$, $\mathbf{P} \cdot \mathbf{S}$ e $\mathbf{Q} \cdot \mathbf{S}$.

3.26 Desenvolva o produto escalar $\mathbf{P}_1 \cdot \mathbf{P}_2$, e use os resultados obtidos para demonstrar a identidade $\cos(\theta_1 - \theta_2) = \cos\theta_1 \cos\theta_2 + \operatorname{sen}\theta_1 \operatorname{sen}\theta_2$.

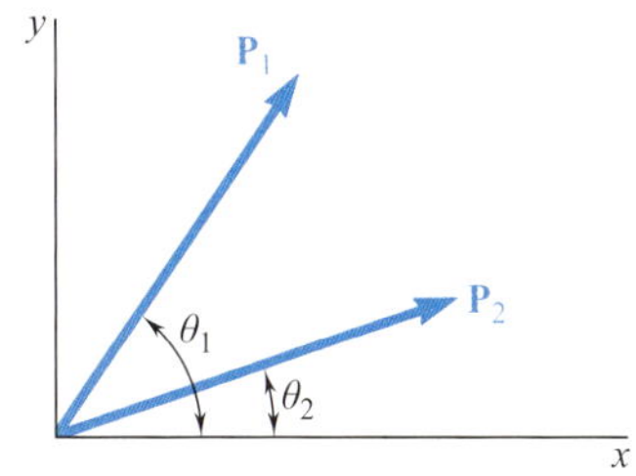

Figura P3.26

3.27 Sabendo que a tração no cabo *BC* é de 1.400 N, determine (*a*) o ângulo entre o cabo *BC* e a barra *AB* e (*b*) a projeção em *AB* da força exercida pelo cabo *BC* no ponto *B*.

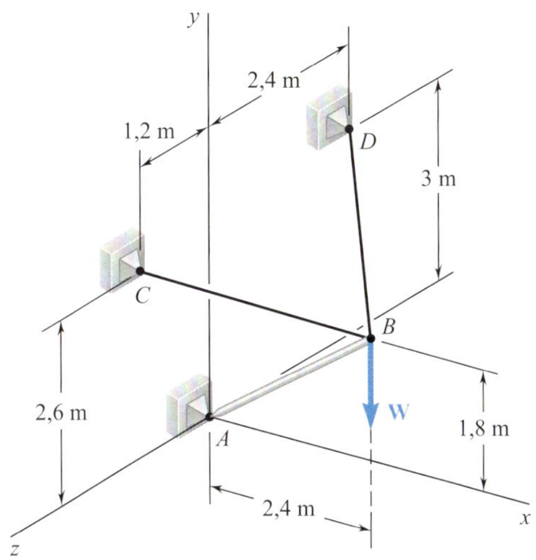

Figura P3.27 e P3.28

3.28 Sabendo que a tração no cabo *BD* é de 900 N, determine (*a*) o ângulo entre o cabo *BD* e a barra *AB* e (*b*) a projeção em *AB* da força exercida pelo cabo *BD* no ponto *B*.

3.29 Três cabos são usados para suportar um recipiente como mostra a figura. Determine o ângulo formado entre os cabos *AB* e *AD*.

3.30 Três cabos são usados para suportar um recipiente como mostra a figura. Determine o ângulo formado entre os cabos *AC* e *AD*.

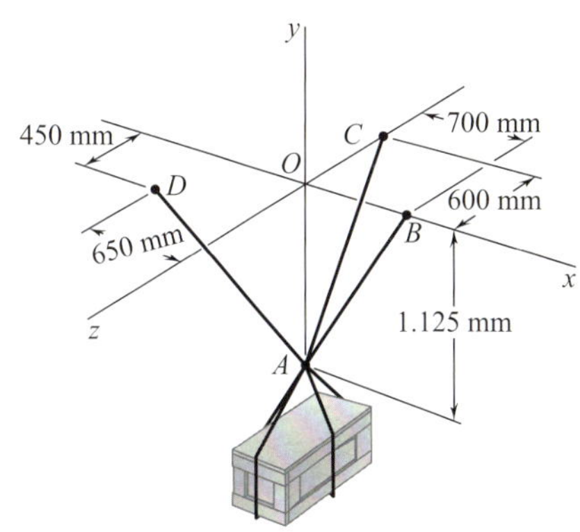

Figura P3.29 e P3.30

3.31 O tubo *AB* de 500 mm pode deslizar ao longo da barra horizontal. As extremidades *A* e *B* do tubo são conectadas em cordas elásticas que são fixadas no ponto *C*. Para a posição correspondente a $x = 275$ mm, determine o ângulo formado pelas duas cordas (*a*) usando a Eq. (3.32) e (*b*) aplicando a lei dos cossenos para o triângulo *ABC*.

3.32 Resolva o Problema 3.31 para a posição correspondente a $x = 100$ mm.

3.33 Dados os vetores $\mathbf{P} = 3\mathbf{i} + 2\mathbf{j} + \mathbf{k}$, $\mathbf{Q} = 2\mathbf{i} + \mathbf{j}$ e $\mathbf{S} = \mathbf{i}$, calcule os produtos escalares $\mathbf{P} \cdot (\mathbf{Q} \times \mathbf{S})$, $(\mathbf{P} \times \mathbf{Q}) \cdot \mathbf{S}$ e $(\mathbf{S} \times \mathbf{Q}) \cdot \mathbf{P}$.

3.34 Dados os vetores $\mathbf{P} = 2\mathbf{i} + 3\mathbf{j} + 4\mathbf{k}$, $\mathbf{Q} = -\mathbf{i} + 2\mathbf{j} - 2\mathbf{k}$ e $\mathbf{S} = -3\mathbf{i} - \mathbf{j} + S_z\mathbf{k}$, determine o valor de S_z para o qual os três vetores sejam coplanares.

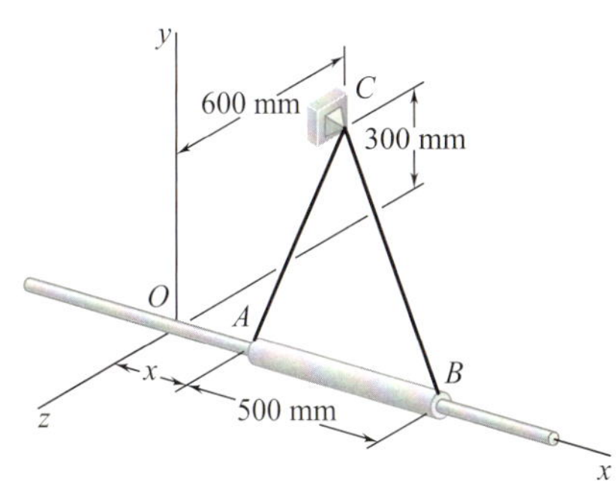

Figura P3.31

3.35 A lança do guindaste é orientada para que a viga DA seja paralela ao eixo x. No instante mostrado na figura, a tração no cabo AB é 13 kN. Determine o momento sobre cada um dos eixos coordenados exercido pela força em A pelo cabo AB.

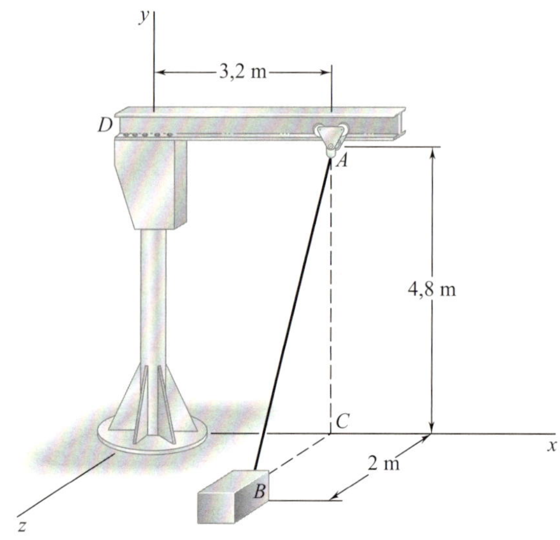

Figura P3.35 e P3.36

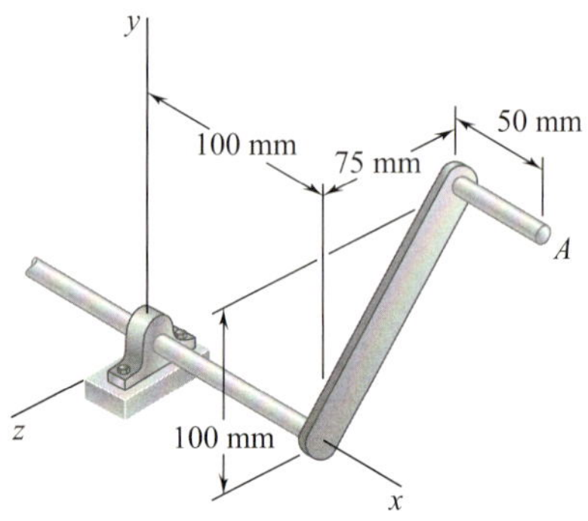

Figura P3.37 e P3.38

3.36 A lança do guindaste é orientada para que a viga DA seja paralela ao eixo x. Determine a máxima tração permitida no cabo AB com base nos seguintes valores absolutos dos momentos sobre os eixos coordenados exercidos pela força em A: $|M_x| \leq 10$ kN · m, $|M_y| \leq 6$ kN · m e $|M_z| \leq 16$ kN · m.

3.37 O objetivo principal da manivela mostrada na figura é produzir um momento sobre o eixo x. Demonstre como uma única força que atua em A e gera um momento M_x diferente de zero sobre o eixo x pode também gerar um momento diferente de zero sobre pelo menos um dos outros eixos coordenados.

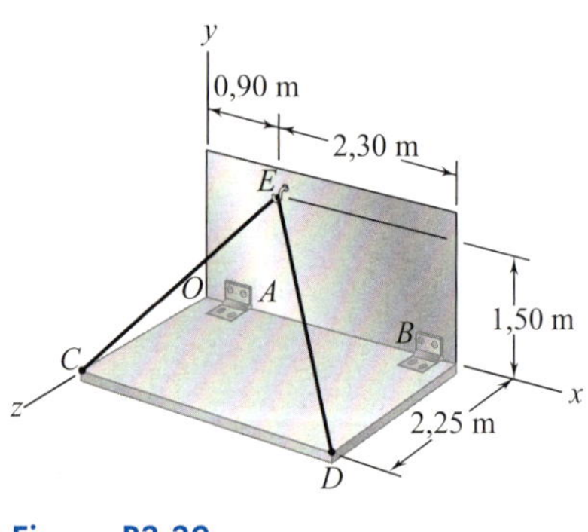

Figura P3.39

3.38 Uma única força **F** de intensidade e direção desconhecidas atua no ponto A da manivela mostrada na figura. Determine o momento M_x de **F** sobre o eixo x, sabendo que $M_y = +20.250$ N · mm e $M_z = -36.000$ N · mm.

3.39 A plataforma retangular é articula em A e B e suportada por um cabo que passa por um ganho em E sem atrito. Sabendo que a tração no cabo é 1.349 N, determine o momento sobre cada um dos eixos coordenados pela força exercida pelo cabo em C.

3.40 Para a plataforma do Problema 3.39, determine o momento sobre cada um dos eixos coordenados pela força exercida pelo cabo em D.

3.41 Um pequeno barco é suportado por dois guindastes, um dos quais é mostrado na figura. Sabendo que o momento sobre o eixo z da força resultante $\mathbf{R}_A$ exercida pelo guindaste em A não deve exceder 377 N · m em valor absoluto, determine a maior tração admissível na linha $ABAD$ quando $x = 1,8$ m.

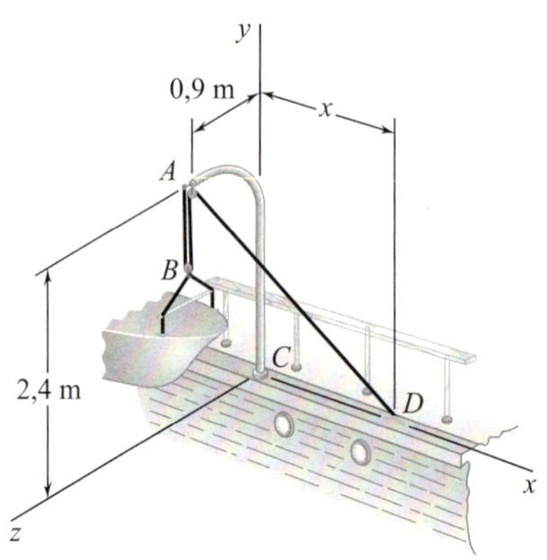

Figura P3.41

3.42 Para o guindaste do Problema 3.41, determine a maior distância x admissível quando a tração na linha $ABAD$ é 270 N.

3.43 A força **P** de intensidade 112 N atua em uma barra dobrada como mostra a figura. Determine o momento de **P** sobre (*a*) a linha que une os pontos C e F e (*b*) a linha que une os pontos O e C.

3.44 A força **P** de intensidade 112 N atua em uma barra dobrada como mostra a figura. Determine o momento de **P** sobre (*a*) a linha que une os pontos A e C e (*b*) a linha que une os pontos A e D.

3.45 Duas barras são soldadas juntas formando uma alavanca em forma de T que sofre a ação para cima de uma força de 650 N, como mostra a figura. Determine o momento da força sobre a barra AB.

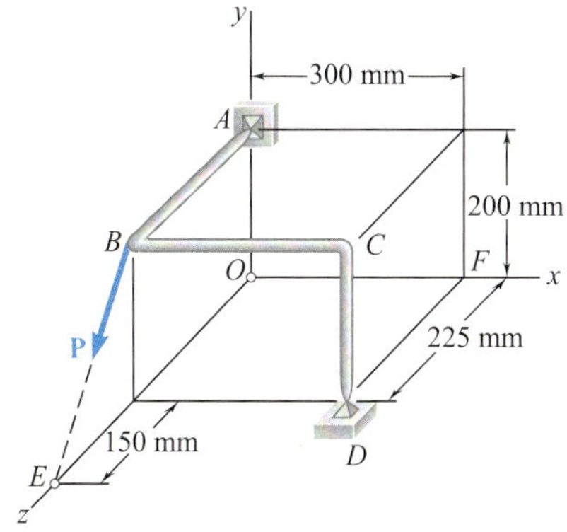

Figura P3.43 e P3.44

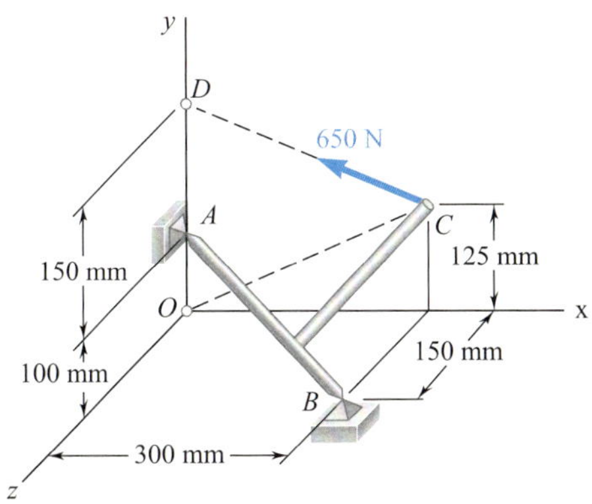

Figura P3.45

3.46 A placa retangular $ABCD$ é mantida por dobradiças ao longo de sua borda AD pelo arame BE. Sabendo que a tração no arame é 546 N, determine o momento sobre AD da força exercida pelo arame no ponto B.

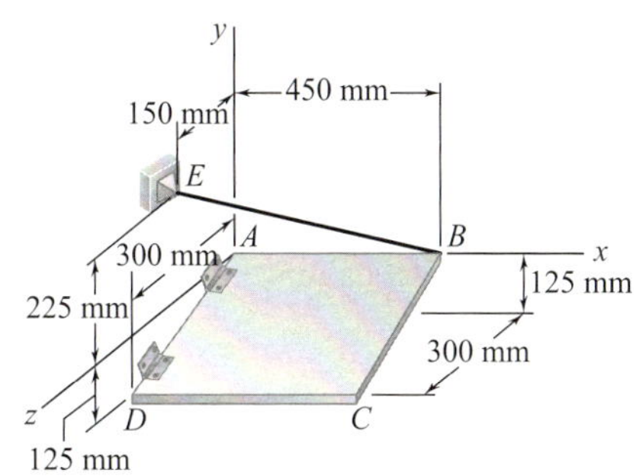

Figura P3.46

3.47 A barra vertical CD de 575 mm é soldada no ponto médio C da barra AB de 1.250 mm. Determine o momento sobre AB da força **P** de 1.058 N.

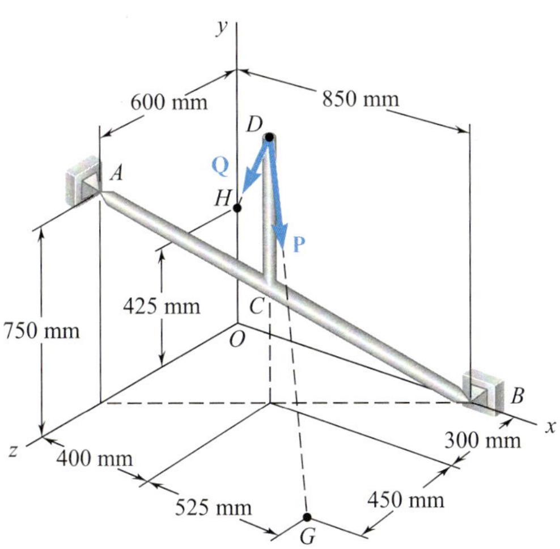

Figura P3.47 e P3.48

3.48 A barra vertical CD de 575 mm é soldada no ponto médio C da barra AB de 1.250 mm. Determine o momento sobre AB da força **Q** de 783 N.

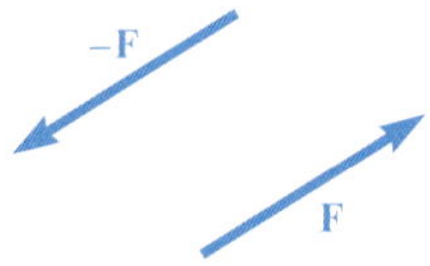

Figura 3.30

3.12 Momento de um binário

Duas forças **F** e –**F** *de intensidade igual, linhas de ação paralelas e sentidos opostos formam um binário* (Fig. 3.30). É claro que a soma dos componentes das duas forças em qualquer direção é zero. Entretanto a soma dos momentos das duas forças em relação a um dado ponto, não é zero. As duas forças não irão transpor o corpo sobre o qual atuam, mas tenderão a fazê-lo girar.

Quando representamos por $\mathbf{r}_A$ e $\mathbf{r}_B$, respectivamente, os vetores posição dos pontos de aplicação de **F** e –**F** (Fig. 3.31), a soma dos momentos das duas forças em relação a *O* é:

$$\mathbf{r}_A \times \mathbf{F} + \mathbf{r}_B \times (-\mathbf{F}) = (\mathbf{r}_A - \mathbf{r}_B) \times \mathbf{F}$$

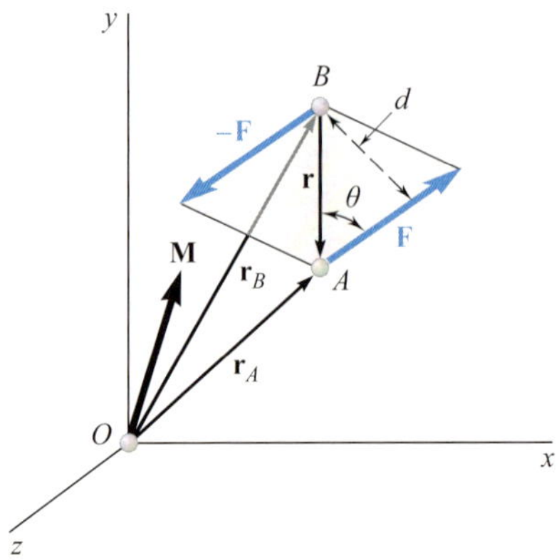

Figura 3.31

No caso de $\mathbf{r}_A - \mathbf{r}_B = \mathbf{r}$, onde **r** é o vetor que une os pontos de aplicação das duas forças, concluímos que a soma dos momentos de **F** e –**F** em relação a *O* é representada pelo vetor:

$$\mathbf{M} = \mathbf{r} \times \mathbf{F} \tag{3.47}$$

O vetor **M**, denominado *momento do binário*, é perpendicular ao plano que contém as duas forças, e sua intensidade é

$$M = rF \operatorname{sen} \theta = Fd \tag{3.48}$$

onde *d* é a distância perpendicular entre as linhas de ação de **F** e –**F**. O sentido de **M** é definido pela regra da mão direita.

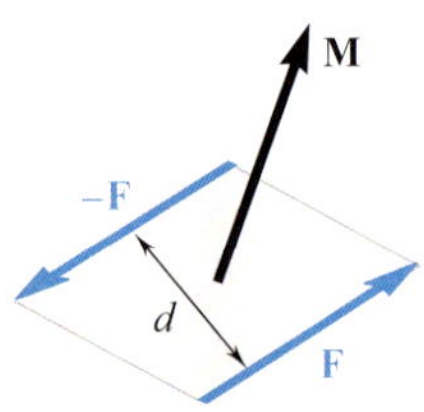

Figura 3.32

Como o vetor **r** em (3.47) é independente da escolha da origem *O* dos eixos de coordenadas, observamos que o mesmo resultado teria sido obtido se os momentos de **F** e –**F** tivessem sido calculados em relação a um ponto diferente *O'*. Logo, o momento **M** de um binário é um *vetor livre* (Seção 2.3) que pode ser aplicado a qualquer ponto (Fig. 3.32).

Da definição do momento de um binário, conclui-se também que dois binários, um formado das forças $\mathbf{F}_1$ e $-\mathbf{F}_1$ e outro das forças $\mathbf{F}_2$ e $-\mathbf{F}_2$ (Fig. 3.33), terão momentos iguais se

$$F_1 d_1 = F_2 d_2 \tag{3.49}$$

e se os dois binários estiverem em planos paralelos (ou no mesmo plano) e tiverem igual sentido.

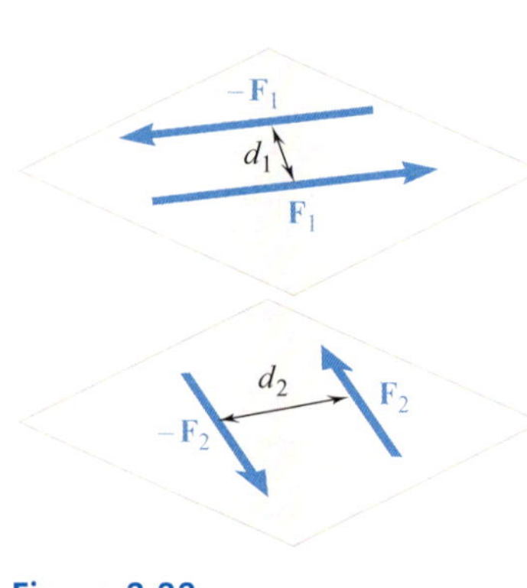

Figura 3.33

3.13 Binários equivalentes

A Fig. 3.34 mostra três binários que atuam sucessivamente sobre a mesma caixa retangular. Como foi visto na seção anterior, o único movimento que um binário pode imprimir a um corpo rígido é uma rotação. Como cada um dos três binários mostrados tem o mesmo momento **M** (igual direção, igual sentido e igual intensidade $M = 1.350$ N · cm), podemos esperar que os três binários tenham efeito igual sobre a caixa.

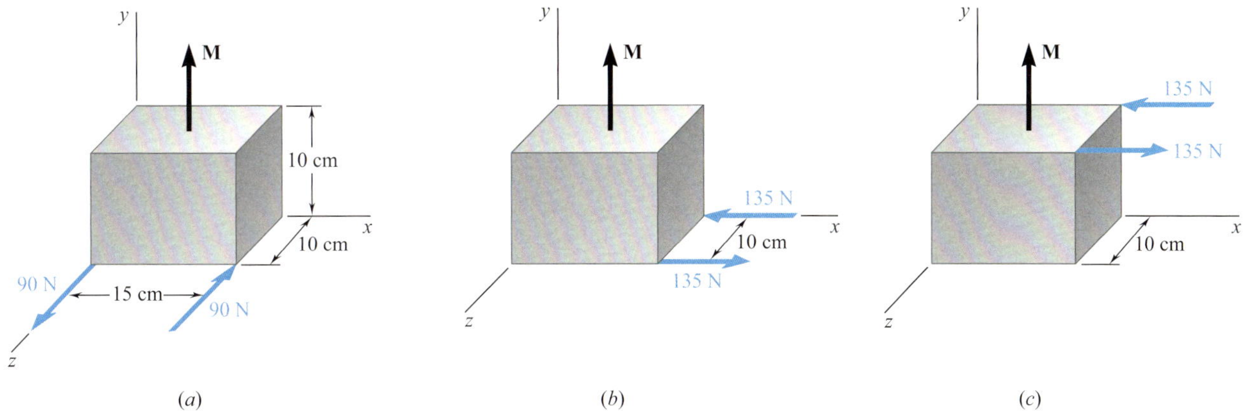

Figura 3.34

Por mais razoável que essa conclusão pareça, não devemos aceitá-la sem reflexão. Embora seja de grande auxílio no estudo de mecânica, a intuição não deve ser aceita como um substituto do raciocínio lógico. Antes de estabelecermos que dois sistemas (ou grupos) de forças têm o mesmo efeito sobre um corpo rígido, devemos demonstrar esse fato com base na evidência experimental apresentada até aqui. Essa evidência consiste na lei do paralelogramo para a adição de duas forças (Seção 2.2) e do princípio da transmissibilidade (Seção 3.3). Portanto, estabeleceremos que *dois sistemas de forças são equivalentes* (ou seja, têm o mesmo efeito sobre um corpo rígido) *se pudermos transformar um deles no outro por meio de uma ou várias das seguintes operações*: (1) substituição de duas forças que atuam sobre a mesma partícula pela sua resultante, (2) decomposição de uma força em dois componentes, (3) cancelamento de duas forças iguais e opostas que atuam sobre a mesma partícula, (4) aplicação sobre a mesma partícula de duas forças iguais e opostas, e (5) deslocamento de uma força ao longo da sua linha de ação. Cada uma dessas operações é facilmente justificada com base na lei do paralelogramo ou no princípio da transmissibilidade.

Vamos agora demonstrar que *dois binários que têm o mesmo momento* **M** *são equivalentes*. Primeiro, considere dois binários contidos no mesmo plano e suponha que esse plano coincida com o plano da figura (Fig. 3.35). O primeiro binário consiste nas forças $\mathbf{F}_1$ e $-\mathbf{F}_1$ de intensidade F_1, localizadas a uma distância d_1 uma da outra (Fig. 3.35*a*), e o segundo binário consiste nas forças $\mathbf{F}_2$ e $-\mathbf{F}_2$ de intensidade F_2, localizadas a uma distância d_2 uma da outra (Fig. 3.35*d*). Como os dois binários têm o mesmo momento **M**, que é perpendicular ao plano da figura, eles devem ter o mesmo sentido (considerado aqui como o anti-horário), e a relação

$$F_1 d_1 = F_2 d_2 \tag{3.49}$$

deve ser satisfeita. Para comprovarmos que eles são equivalentes, devemos mostrar que o primeiro binário pode ser transformado no segundo por meio das operações listadas anteriormente.

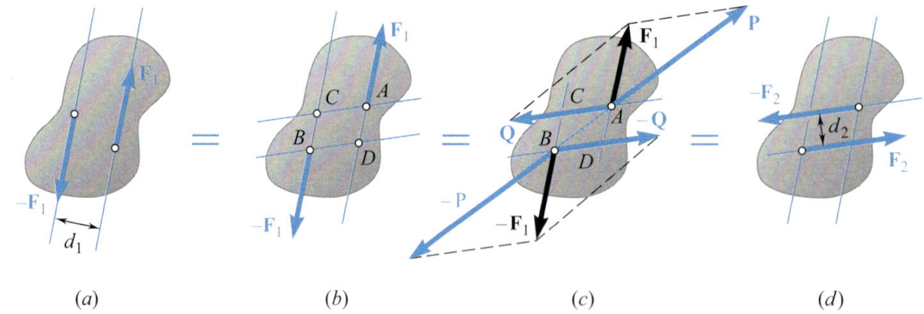

Figura 3.35

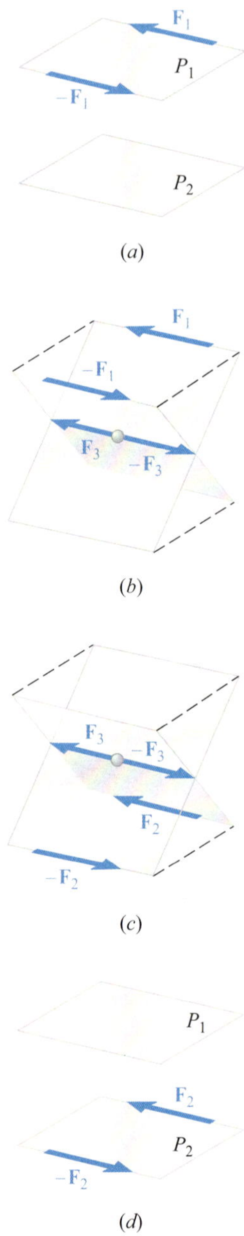

Figura 3.36

Quando representamos por A, B, C, D os pontos de interseção das linhas de ação dos dois binários, primeiro deslizamos as forças $\mathbf{F}_1$ e $-\mathbf{F}_1$ até que fiquem aplicadas, respectivamente, nos pontos A e B, como mostra a Fig. 3.35*b*. Em seguida, a força $\mathbf{F}_1$ é decomposta em um componente $\mathbf{P}$ ao longo da linha AB e um componente $\mathbf{Q}$ ao longo de AC (Fig. 3.35*c*); de modo semelhante, a força $-\mathbf{F}_1$ é decomposta em $-\mathbf{P}$ ao longo de AB e $-\mathbf{Q}$ ao longo de BD. As forças $\mathbf{P}$ e $-\mathbf{P}$ têm a mesma intensidade, a mesma linha de ação e sentidos opostos; elas podem ser deslocadas ao longo da sua linha de ação comum até ficarem aplicadas no mesmo ponto e, então, podem ser canceladas. Logo, o binário formado por $\mathbf{F}_1$ e $-\mathbf{F}_1$ reduz-se ao binário que consiste em $\mathbf{Q}$ e $-\mathbf{Q}$.

Demonstraremos agora que as forças $\mathbf{Q}$ e $-\mathbf{Q}$ são respectivamente iguais às forças $-\mathbf{F}_2$ e $\mathbf{F}_2$. O momento do binário formado por $\mathbf{Q}$ e $-\mathbf{Q}$ pode ser obtido calculando-se o momento de $\mathbf{Q}$ em relação AB; de modo semelhante, o momento do binário formado por $\mathbf{F}_1$ e $-\mathbf{F}_1$ é o momento de $\mathbf{F}_1$ em relação a B. Mas, pelo teorema de Varignon, o momento de $\mathbf{F}_1$ é igual à soma dos momentos de seus componentes $\mathbf{P}$ e $\mathbf{Q}$. Como o momento de $\mathbf{P}$ em relação a B é nulo, o momento do binário formado por $\mathbf{Q}$ e $-\mathbf{Q}$ deve ser igual ao momento do binário formado por $\mathbf{F}_1$ e $-\mathbf{F}_1$. Retomando (3.49), escrevemos:

$$Qd_2 = F_1d_1 = F_2d_2 \qquad \text{e} \qquad Q = F_2$$

Logo, as forças $\mathbf{Q}$ e $-\mathbf{Q}$ são respectivamente iguais às forças $-\mathbf{F}_2$ e $\mathbf{F}_2$, e o binário da Fig. 3.35*a* é equivalente ao binário da Fig. 3.35*d*.

Considere agora dois binários contidos em planos paralelos P_1 e P_2. Demonstraremos que eles serão equivalentes se tiverem o mesmo momento. Em virtude da discussão anterior, podemos admitir que os binários consistem em forças de mesma intensidade F que atuam ao longo de linhas paralelas (Figs. 3.36*a* e *d*). A nossa intenção é mostrar que o binário contido no plano P_1 pode ser transformado no binário contido no plano P_2 por meio das operações padrão listadas anteriormente.

Consideremos os dois planos definidos respectivamente pelas linhas de ação de $\mathbf{F}_1$ e $-\mathbf{F}_2$ e pelas linhas de ação de $-\mathbf{F}_1$ e $\mathbf{F}_2$ (Fig. 3.36*b*). Em um ponto em sua linha de interseção, aplicamos duas forças $\mathbf{F}_3$ e $-\mathbf{F}_3$, respectivamente iguais a $\mathbf{F}_1$ e $-\mathbf{F}_1$. O binário formado por $\mathbf{F}_1$ e $-\mathbf{F}_3$ pode ser substituído por um binário que consiste em $\mathbf{F}_3$ e $-\mathbf{F}_2$ (Fig. 3.36*c*), pois ambos os binários têm o mesmo momento e estão contidos no mesmo plano. De modo semelhante, o binário formado por $-\mathbf{F}_1$ e $\mathbf{F}_3$ pode ser substituído por um binário que consiste em $-\mathbf{F}_3$ e $\mathbf{F}_2$. Cancelando as duas forças iguais e opostas $\mathbf{F}_3$ e $-\mathbf{F}_3$, obtemos o binário desejado no plano P_2 (Fig. 3.36*d*). Logo, concluímos que dois binários que têm o mesmo momento **M** serão equivalentes se estiverem contidos no mesmo plano ou em planos paralelos.

A propriedade que acabamos de estabelecer é muito importante para a correta compreensão da mecânica dos corpos rígidos. Ela indica que, quando um binário atua sobre um corpo rígido, não importa onde as duas forças que formam esse binário atuam ou qual a intensidade e a direção que elas têm; o que de fato importa é o *momento* do binário (intensidade, direção e sentido). Binários com o mesmo momento terão o mesmo efeito sobre o corpo rígido.

3.14 Adição de binários

Considere dois planos que se interceptam P_1 e P_2 e dois binários que atuam respectivamente em P_1 e P_2. Sem perda do caráter genérico, podemos admitir que o binário em P_1 consiste em duas forças $\mathbf{F}_1$ e $-\mathbf{F}_1$ perpendiculares à linha de interseção dos dois planos, atuando respectivamente em A e B (Fig. 3.37*a*). Analogamente, admitimos que o binário em P_2 consiste em duas forças $\mathbf{F}_2$ e $-\mathbf{F}_2$ perpendiculares a AB e que atuam respectivamente em A e B. É claro que a resultante $\mathbf{R}$ de $\mathbf{F}_1$ e $\mathbf{F}_2$ e a resultante $-\mathbf{R}$ de $-\mathbf{F}_1$ e $-\mathbf{F}_2$ formam um binário. Representando por $\mathbf{r}$ o vetor que liga B a A e lembrando-se da definição do momento de um binário (Seção 3.12), expressamos o momento $\mathbf{M}$ do binário resultante da seguinte maneira:

$$\mathbf{M} = \mathbf{r} \times \mathbf{R} = \mathbf{r} \times (\mathbf{F}_1 + \mathbf{F}_2)$$

e, pelo teorema de Varignon,

$$\mathbf{M} = \mathbf{r} \times \mathbf{F}_1 + \mathbf{r} \times \mathbf{F}_2$$

Mas o primeiro termo da expressão obtida representa o momento $\mathbf{M}_1$ do binário em P_1, e o segundo termo, o momento $\mathbf{M}_2$ do binário em P_2. Temos então

$$\mathbf{M} = \mathbf{M}_1 + \mathbf{M}_2 \tag{3.50}$$

e concluímos que a soma de dois binários de momentos $\mathbf{M}_1$ e $\mathbf{M}_2$ é um binário de momento $\mathbf{M}$ igual à soma vetorial de $\mathbf{M}_1$ e $\mathbf{M}_2$ (Fig. 3.37*b*).

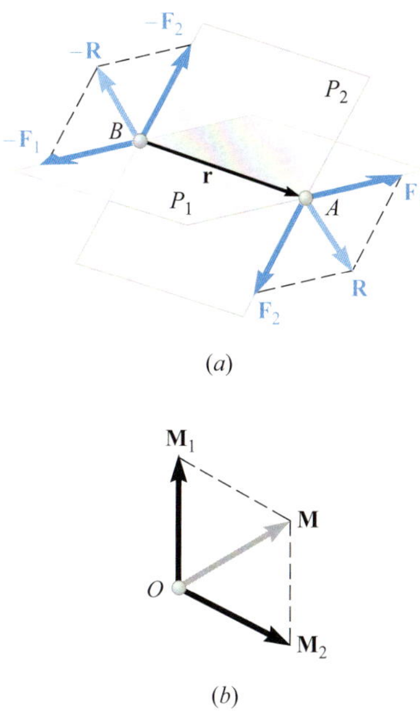

Figura 3.37

3.15 Binários podem ser representados por vetores

Como vimos na Seção 3.13, binários com o mesmo momento, que atuam no mesmo plano ou em planos paralelos são equivalentes. Logo, não há necessidade de desenharmos as forças reais que formam um dado binário a fim de definir seu efeito sobre um corpo rígido (Fig. 3.38*a*). Basta desenhar uma seta igual em intensidade, direção e sentido ao momento **M** do binário (Fig. 3.38*b*). Entretanto, como vimos na Seção 3.14, a soma de dois binários é ela própria um binário, e o momento **M** do binário resultante pode ser obtido pela soma vetorial dos momentos $\mathbf{M}_1$ e $\mathbf{M}_2$ dos binários dados. Logo, binários obedecem à lei de adição de vetores, e a seta usada na Fig. 3.38*b* para representar o binário definido na Fig. 3.38*a* pode verdadeiramente ser considerada um vetor.

O vetor que representa um binário é denominado *vetor binário*. Observe que, na Fig. 3.38, para evitar confusão com vetores que representam forças e distinguir *vetor binário* de *momento do binário*, foi acrescentado o símbolo ⤴ à seta do vetor binário. O *momento* do binário foi representado apenas por uma seta cheia (sem o símbolo ⤴) em figuras anteriores. Um vetor binário, assim como o momento de um binário, é um vetor livre. Seu ponto da aplicação, portanto, pode ser escolhido na origem do sistema de coordenadas, caso se deseje (Fig. 3.38*c*). Além disso, o vetor binário **M** pode ser decomposto nos vetores componentes $\mathbf{M}_x$, $\mathbf{M}_y$ e $\mathbf{M}_z$, que são dirigidos ao longo dos eixos coordenados (Fig. 3.38*d*). Esses vetores componentes representam binários que atuam, respectivamente, nos planos yz, zx e xy.

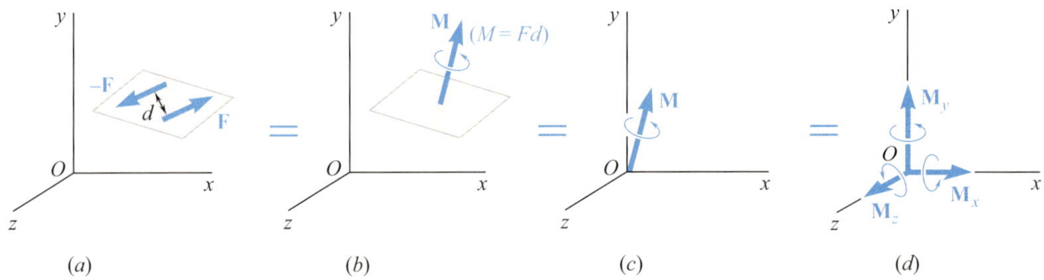

Figura 3.38

3.16 Substituição de uma dada força por uma força em O e um binário

Considere uma força **F** que atue sobre um corpo rígido em um ponto A definido pelo vetor posição **r** (Fig. 3.39*a*). Suponha que, por alguma razão, queiramos ter a força atuando no ponto O. Podemos mover **F** ao longo da sua linha de ação (princípio de transmissibilidade), mas não podemos movê-la para um ponto O que não esteja sobre a linha de ação original sem modificar a ação de **F** sobre o corpo rígido.

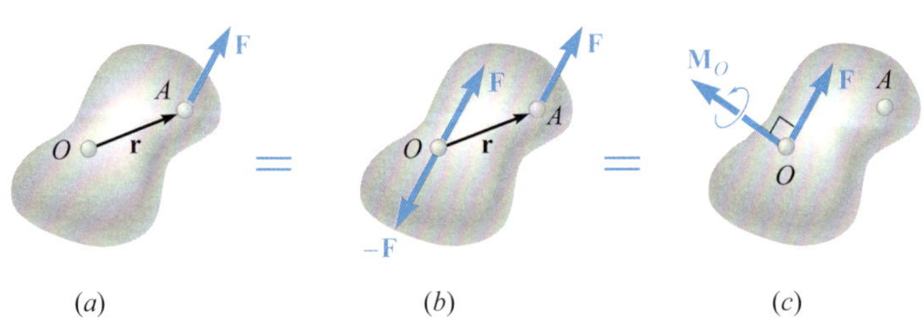

Figura 3.39

Podemos, entretanto, aplicar duas forças no ponto O, uma igual a **F** e a outra igual a –**F**, sem modificar a ação da força original sobre o corpo rígido (Fig. 3.39*b*). Como resultado dessa transformação, uma força **F** está agora aplicada em O; as outras duas forças formam um binário de momento $\mathbf{M}_O = \mathbf{r} \times \mathbf{F}$. Logo, *qualquer força* **F** *que atue sobre um corpo rígido pode ser movida para um ponto arbitrário O, desde que se adicione um binário cujo momento é igual ao momento de* **F** *em relação a O.* O binário tende a imprimir ao corpo rígido o mesmo movimento rotacional em tomo de O que a força **F** produzia antes de ser transferida para O. O binário é representado por um vetor binário $\mathbf{M}_O$ perpendicular ao plano que contém **r** e **F**. Por ser um vetor livre, $\mathbf{M}_O$ pode ser aplicado em qualquer lugar; por conveniência, no entanto, o vetor binário é geralmente ligado a O, juntamente com **F**, e a combinação obtida é conhecida como *sistema força-binário* (3.39*c*).

Se a força **F** tivesse sido movida de A para um ponto diferente O' (Fig. 3.40*a* e *c*), o momento $\mathbf{M}_{O'} = \mathbf{r}' \times \mathbf{F}$ de **F** em relação a O' deveria ter sido calculado, e um novo sistema força-binário, composto de **F** e do vetor binário $\mathbf{M}_{O'}$, teria sido aplicado a O'. A relação existente entre os momentos de **F** quanto a O e O' é obtida da seguinte forma:

$$\mathbf{M}_{O'} = \mathbf{r}' \times \mathbf{F} = (\mathbf{r} + \mathbf{s}) \times \mathbf{F} = \mathbf{r} \times \mathbf{F} + \mathbf{s} \times \mathbf{F}$$

$$\mathbf{M}_{O'} = \mathbf{M}_O + \mathbf{s} \times \mathbf{F} \qquad (3.51)$$

onde **s** é o vetor que liga O' a O. Logo, o momento $\mathbf{M}_{O'}$ de **F** referente a O' é obtido quando se adiciona ao momento $\mathbf{M}_O$ de **F** em relação a O o produto vetorial $\mathbf{s} \times \mathbf{F}$, que representa o momento em relação a O' da força **F** aplicada em O.

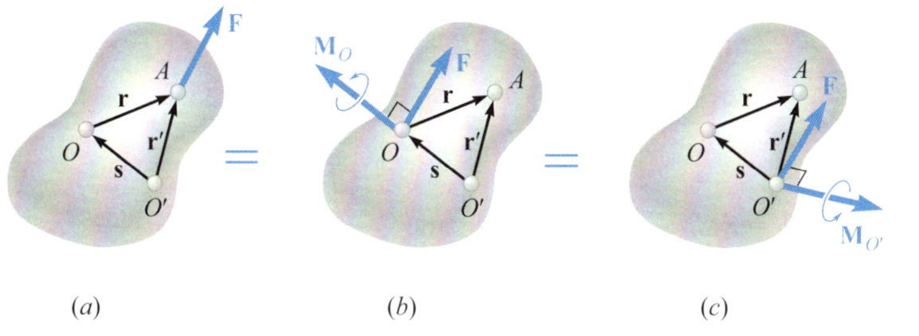

Figura 3.40

Esse resultado também poderia ser estabelecido, a fim de transferir para O' o sistema força-binário ligado a O (Fig. 3.40*b* e *c*), movendo livremente o vetor binário $\mathbf{M}_O$ para O'. Todavia, para mover a força **F** de O para O', é necessário adicionar a **F** um vetor binário cujo momento é igual ao momento em relação a O' da força **F** aplicada em O. Logo, o vetor binário $\mathbf{M}_{O'}$ deve ser a soma de $\mathbf{M}_O$ e do vetor $\mathbf{s} \times \mathbf{F}$.

Como observamos anteriormente, o sistema força-binário obtido pela transferência de uma força **F** de um ponto A para um ponto O é composto de **F** e de um vetor binário $\mathbf{M}_O$ perpendicular a **F**. De modo inverso, qualquer sistema força-binário composto de uma força **F** e um vetor binário $\mathbf{M}_O$ que sejam *mutuamente perpendiculares* pode ser substituído por uma única força equivalente, o que é feito movendo-se a força **F** no plano perpendicular a $\mathbf{M}_O$ até que seu momento em relação a O fique igual ao momento do binário a ser eliminado.

PROBLEMA RESOLVIDO 3.6

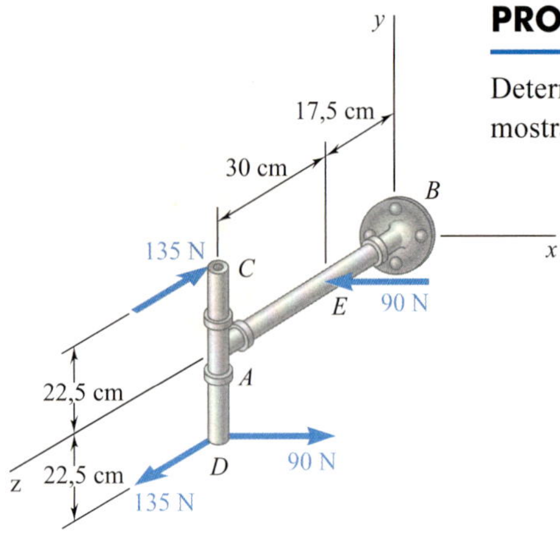

Determine os componentes do binário único equivalente aos dois binários mostrados.

SOLUÇÃO

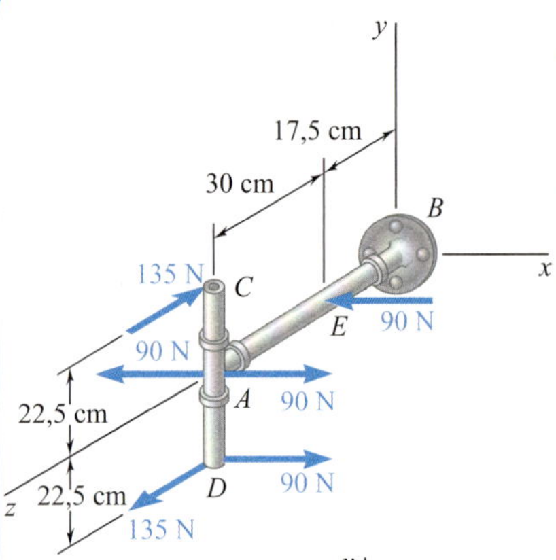

Nossos cálculos ficarão simplificados se ligarmos ao ponto A duas forças de 90 N iguais e opostas. Isso nos permite substituir o binário original com forças de 90 N por dois novos binários com forças de 90 N, um deles no plano zx e o outro em um plano paralelo ao plano xy. Os três binários mostrados no esquema adjacente podem ser representados por três vetores binários $\mathbf{M}_x$, $\mathbf{M}_y$ e $\mathbf{M}_z$, direcionados ao longo dos eixos de coordenadas. Os momentos correspondentes são

$$\begin{aligned} M_x &= -(135 \text{ N})(0{,}45 \text{ m}) = -60{,}75 \text{ N} \cdot \text{m} \\ M_y &= +(90 \text{ N})(0{,}30 \text{ m}) = +27 \text{ N} \cdot \text{m} \\ M_z &= +(90 \text{ N})(0{,}225 \text{ m}) = +20{,}25 \text{ N} \cdot \text{m} \end{aligned}$$

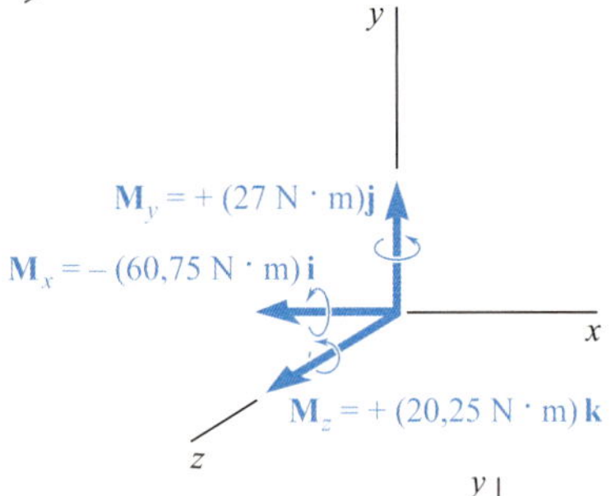

Esses três momentos representam os componentes do binário único $\mathbf{M}$ equivalente aos dois binários dados. Escrevemos

$$\mathbf{M} = -(60{,}75 \text{ N} \cdot \text{m})\mathbf{i} + (27 \text{ N} \cdot \text{m})\mathbf{j} + (20{,}25 \text{ N} \cdot \text{m})\mathbf{k} \quad ◀$$

Solução alternativa. Os componentes do binário único $\mathbf{M}$ equivalente podem também ser obtidos pela soma dos momentos das quatro forças dadas em relação a um ponto arbitrário. Escolhendo o ponto D, escrevemos

$$\mathbf{M} = \mathbf{M}_D = (0{,}45 \text{ m})\mathbf{j} \times (-135 \text{ N})\mathbf{k} + [(0{,}225 \text{ m})\mathbf{j} - (0{,}30)\mathbf{k}] \times (-90 \text{ N})\mathbf{i}$$

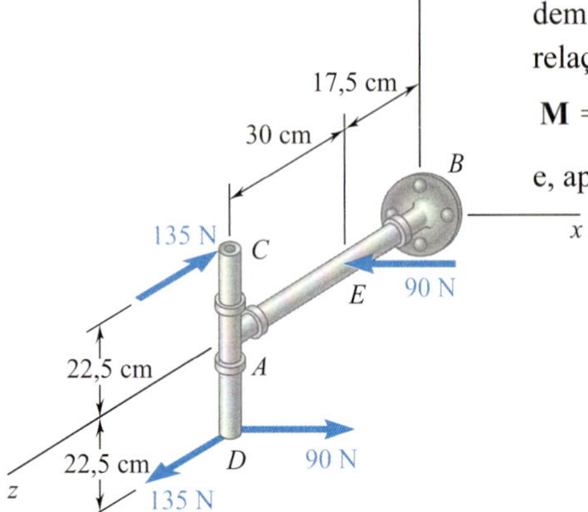

e, após calcular os vários produtos vetoriais,

$$\mathbf{M} = -(60{,}75 \text{ N} \cdot \text{m})\mathbf{i} + (27 \text{ N} \cdot \text{m})\mathbf{j} + (20{,}25 \text{ N} \cdot \text{m})\mathbf{k} \quad ◀$$

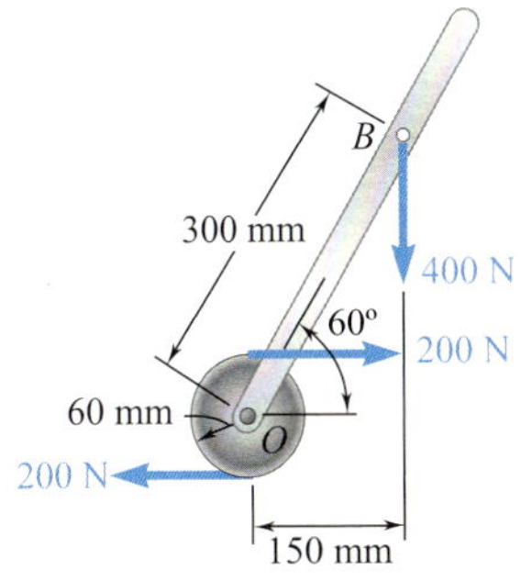

PROBLEMA RESOLVIDO 3.7

Substitua o binário e a força mostrados na figura por uma força única equivalente aplicada à alavanca. Determine a distância do eixo ao ponto de aplicação dessa força equivalente.

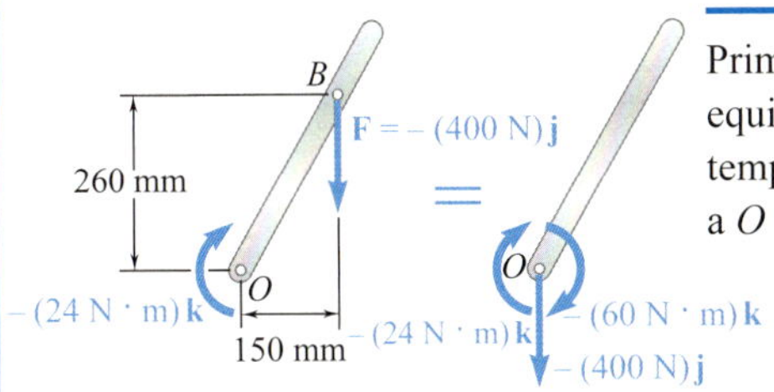

SOLUÇÃO

Primeiro, a força dada e o binário são substituídos por um sistema força-binário equivalente no ponto O. Movemos a força $\mathbf{F} = -(400\ \text{N})\mathbf{j}$ para O e, ao mesmo tempo, adicionamos um binário de momento $\mathbf{M}_O$ igual ao momento em relação a O da força em sua posição original.

$$\mathbf{M}_O = \overrightarrow{OB} \times \mathbf{F} = [(0{,}150\,\text{m})\mathbf{i} + (0{,}260\,\text{m})\mathbf{j}] \times (-400\,\text{N})\mathbf{j}$$
$$= -(60\ \text{N} \cdot \text{m})\mathbf{k}$$

Esse binário é adicionado ao binário de momento $-(24\ \text{N} \cdot \text{m})\mathbf{k}$ formado pelas duas forças de 200 N para obter um binário de momento $-(84\ \text{N} \cdot \text{m})\mathbf{k}$. Esse último binário pode ser eliminado aplicando $\mathbf{F}$ a um ponto C, escolhido de modo que

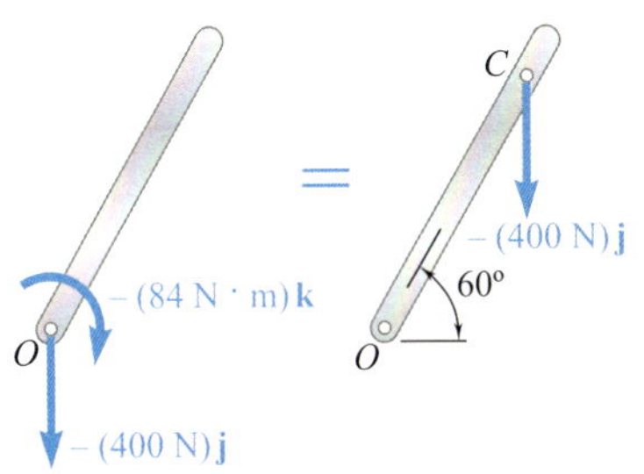

$$-(84\,\text{N} \cdot \text{m})\mathbf{k} = \overrightarrow{OC} \times \text{F}$$
$$= [(OC)\cos 60^\circ\,\mathbf{i} + (OC)\,\text{sen}\,60^\circ\,\mathbf{j}] \times (-400\,\text{N})\mathbf{j}$$
$$= -(OC)\cos 60^\circ(400\ \text{N})\mathbf{k}$$

Concluímos que

$$(OC)\cos 60^\circ = 0{,}210\ \text{m} = 210\ \text{mm} \qquad OC = 420\ \text{mm} \quad ◀$$

Solução alternativa. Como o efeito de um binário não depende da sua localização, o binário de momento $-(24\ \text{N} \cdot \text{m})\mathbf{k}$ pode ser movido para B, e obtemos então um sistema força-binário em B. O binário pode agora ser eliminado aplicando $\mathbf{F}$ a um ponto C escolhido de modo que

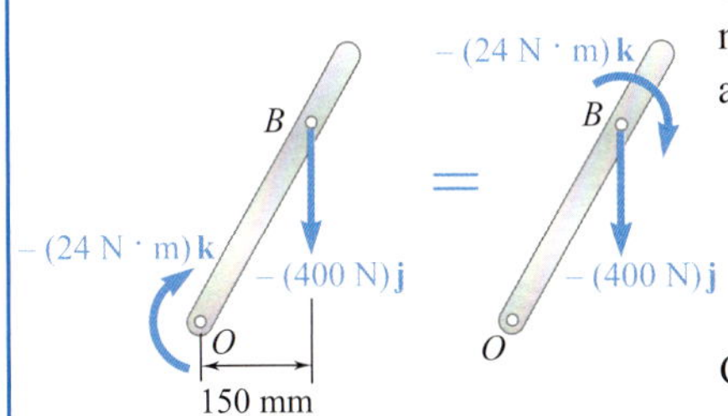

$$-(24\,\text{N} \cdot \text{m})\mathbf{k} = \overrightarrow{BC} \times \mathbf{F}$$
$$= -(BC)\cos 60^\circ(400\,\text{N})\mathbf{k}$$

Concluímos que

$$(BC)\cos 60^\circ = 0{,}060\ \text{m} = 60\ \text{mm} \qquad BC = 120\ \text{mm}$$
$$OC = OB + BC = 300\ \text{mm} + 120\ \text{mm} \qquad OC = 420\ \text{mm} \quad ◀$$

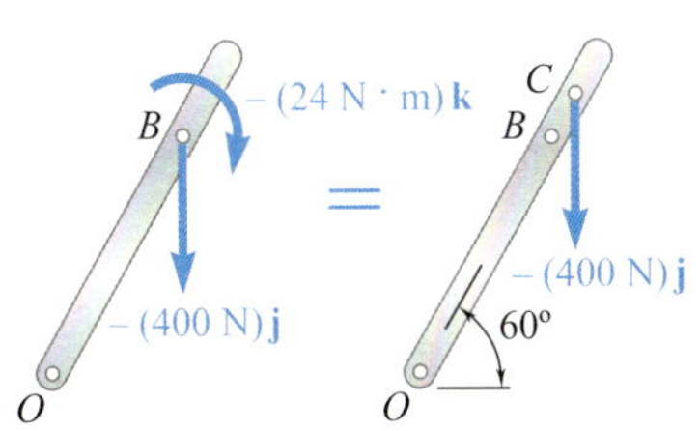

PROBLEMAS

3.49 Um binário formado por duas forças de 975 N é aplicado por uma montagem de polias como mostra a figura. Determine o binário equivalente que é formado por (*a*) forças verticais atuando em *A* e *C*, (*b*) as menores forças possíveis atuando em *B* e *D* e (*c*) a menores forças possíveis que pode ser aplicadas à montagem.

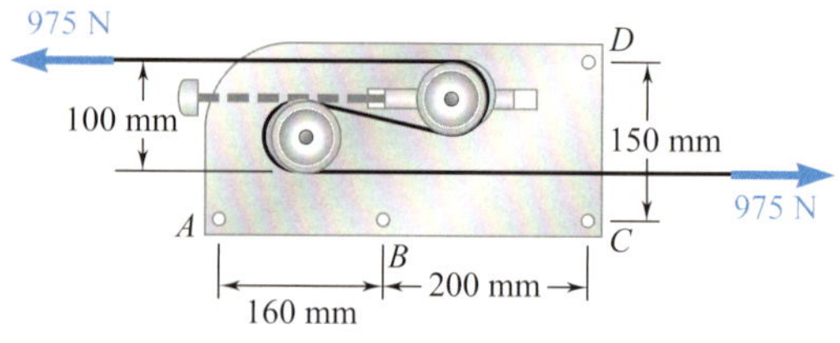

Figura P3.49

3.50 Quatro cavilhas de 25 mm de diâmetro são fixadas no quadro como mostra a figura. Dois fios são passados em torno das cavilhas e puxadas com forças de intensidade $P = 90$ N e $Q = 158$ N. Determine o binário resultante atuante no quadro.

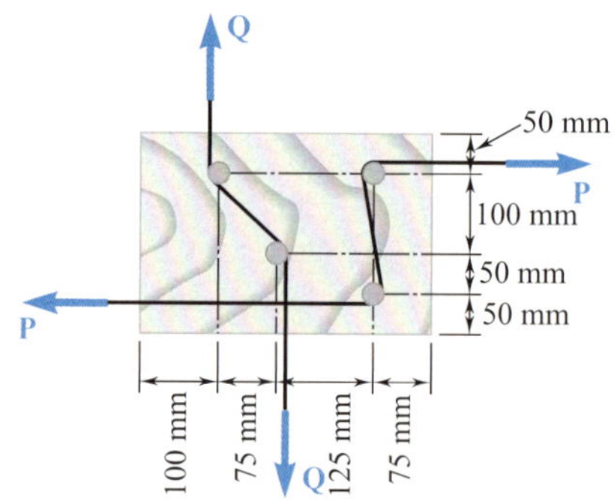

Figura P3.50

3.51 Duas forças de 80 N são aplicadas nos cantos *B* e *D* de uma placa retangular como mostra a figura. (*a*) Determine o valor do binário formado pelas duas forças calculando cada componente horizontal e vertical da força e adicionando os valores dos binários resultantes. (*b*) Use o resultado obtido para determinar a distância perpendicular entre as linhas *BE* e *DF*.

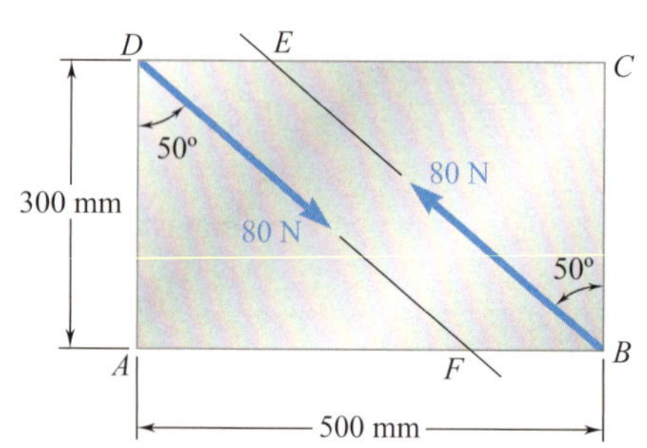

Figura P3.51

3.52 Um pedaço de madeira compensada no qual foram feitos vários furos sucessivamente foi presa na bancada com dois pregos. Sabendo que a furadeira exerce um binário de 12 N · m no pedaço de madeira compensada, determine a intensidade das forças resultantes aplicadas nos pregos se eles estão localizados (*a*) em *A* e *B*, (*b*) em *B* e *C* e (*c*) em *A* e *C*.

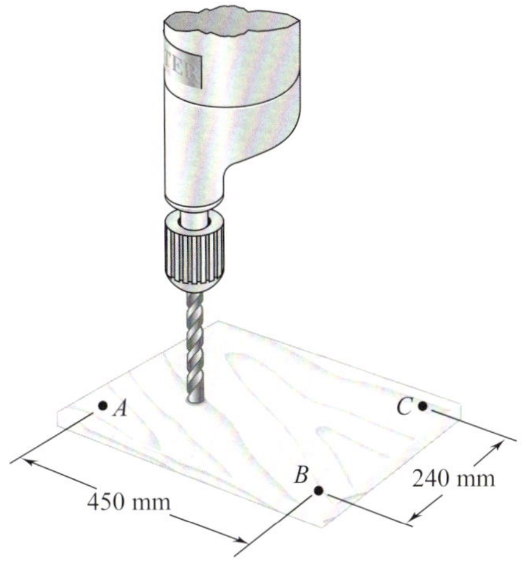

Figura P3.52

3.53 Quatro cavilhas de 38 mm de diâmetro são fixadas no quadro como mostra a figura. Dois fios são passados em torno das cavilhas e puxadas com forças indicadas. (*a*) Determine o binário resultante que atua no quadro. (*b*) Se apenas um fio é usado, em torno de quais pregos deveria ser passado e em qual direção deveria ser puxado para criar o mesmo binário com o mínimo de tração no fio? (*c*) Qual é o valor mínimo dessa tração?

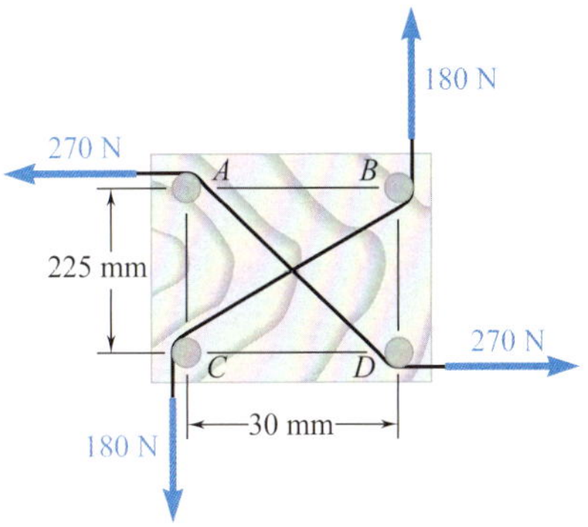

Figura P3.53 e P3.54

3.54 Quatro cavilhas de mesmo diâmetro são fixadas no quadro como mostra a figura. Dois fios são passados em torno das cavilhas e puxadas com forças indicadas. Determine o diâmetro das cavilhas sabendo que o binário resultante que atua no quadro é 127.406 N · mm no sentido anti-horário.

3.55 Os eixos das rodas e o eixo de acionamento de um automóvel de tração traseira sofrem a ação de três binários como mostra a figura. Substitua esses três binários por um único binário equivalente.

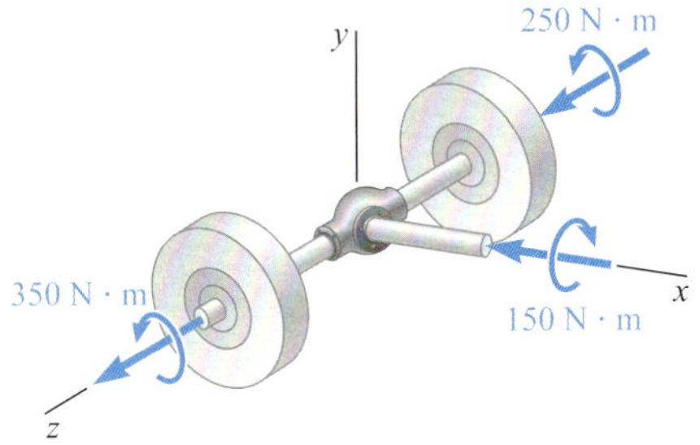

Figura P3.55

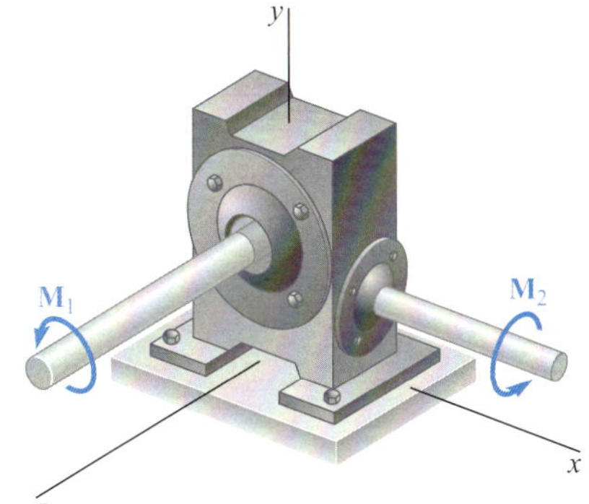

Figura P3.56

3.56 Dois eixos de um redutor de velocidades estão sujeitos aos binários de intensidade $M_1 = 16{,}2$ N · m e $M_2 = 6{,}8$ N · m. Substitua os dois binários por um único binário equivalente, e especifique a intensidade e direção do eixo.

3.57 Substitua os dois binários mostrados a seguir por um único binário equivalente e especifique a intensidade e a direção do eixo.

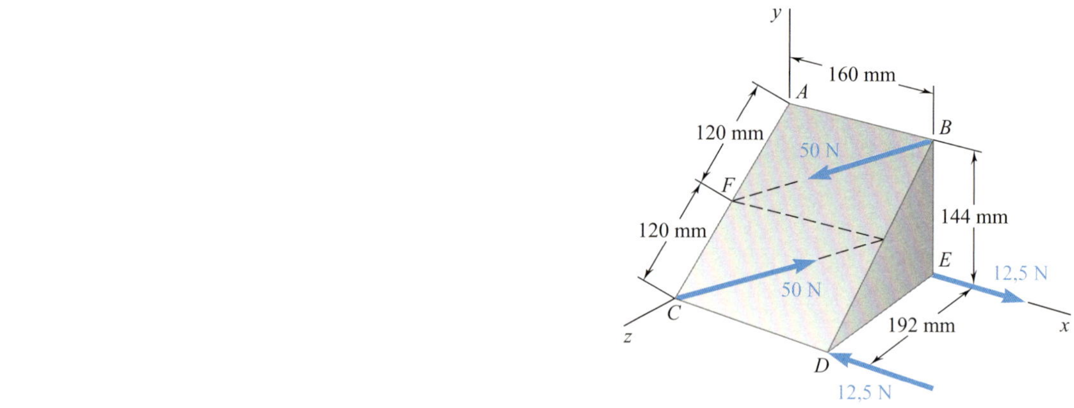

Figura P3.57

3.58 Resolva o Problema 3.57 considerando que as duas forças verticais de 10 N são adicionadas, uma atuando para cima em C e a outra para baixo em B.

3.59 Os eixos A e B são ligados à caixa de engrenagem do conjunto de rodas de um trator, e o eixo C se liga ao motor. Os eixos A e B estão no plano vertical yz, enquanto o eixo C está posicionado ao longo do eixo x. Substitua os binários aplicados aos eixos pelo binário equivalente e especifique a intensidade e direção do eixo.

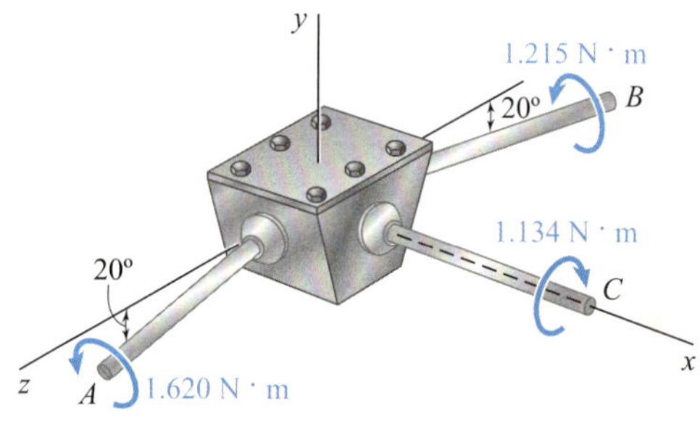

Figura P3.59

3.60 $\mathbf{M}_1$ e $\mathbf{M}_2$ representam binários que estão contidos nos planos ABC e ACD, respectivamente. Considerando que $M_1 = M_2 = M$, determine um binário equivalente único para os dois binários dados.

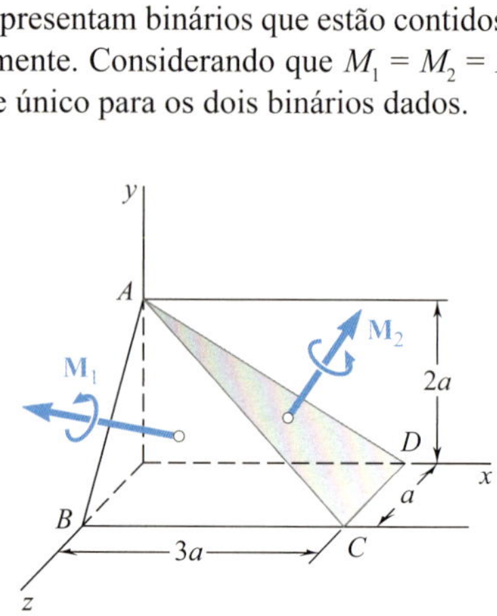

Figura P3.60

3.61 Uma força **P** de 270 N é aplicada em um suporte em A como mostra a figura, o qual é mantido pelos parafusos B e C. (a) Substitua **P** por um sistema força-binário em B. (b) Encontre duas forças horizontais em B e C que são equivalentes ao binário obtido na parte a.

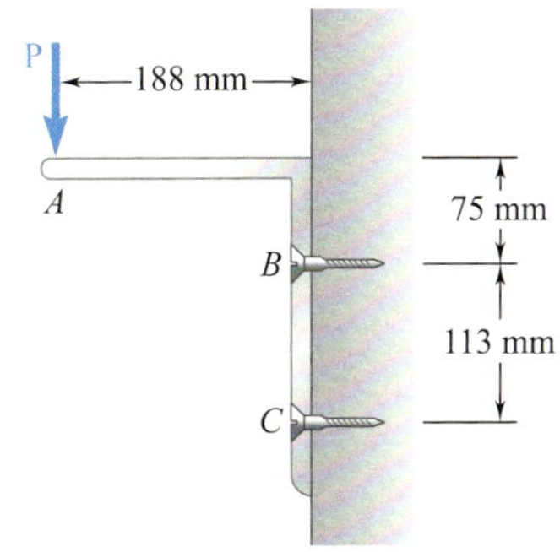

Figura P3.61

3.62 A força e o binário mostrados na figura são substituídos por uma única força equivalente. Determine o valor requerido de α de forma que a linha de ação da única força equivalente passe através do ponto B.

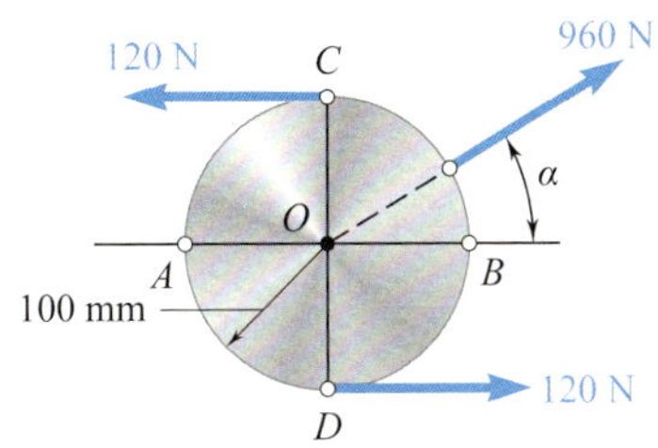

Figura P3.62 e P3.63

3.63 Sabendo que $\alpha = 60°$, substitua a força e o binário mostrados na figura por uma única força aplicada no ponto localizado (a) na linha AB e (b) na linha CD. Em cada caso, determine a distância do centro O ao ponto de aplicação da força.

3.64 A força de 1.170 N é aplicada na seção da viga I de aço laminado em A, como mostra a figura. Substitua essa força por um sistema de força-binário equivalente no centro C da seção.

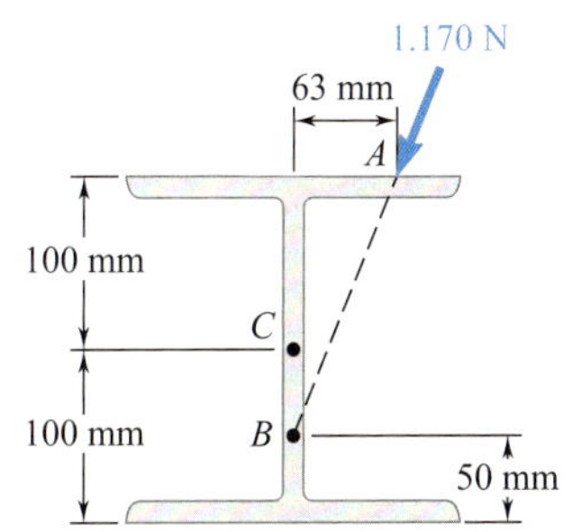

Figura P3.64

3.65 A força **P** tem a intensidade de 300 N e é aplicada em A na direção perpendicular à alavanca ($\alpha = 0$). Considerando $\beta = 30°$, substitua a força **P** por (a) um sistema força-binário equivalente em B e (b) um sistema equivalente formado por duas forças paralelas aplicadas em B e C.

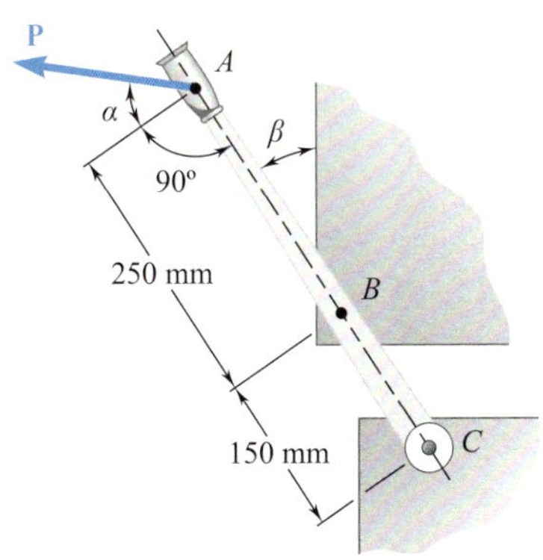

Figura P3.65

3.66 Uma força e um binário atuam em uma placa quadrada de lado $a = 625$ mm como mostra a figura. Sabendo que $P = 270$ N, $Q = 180$ N e $\alpha = 50°$, substitua a força e o binário dados por uma única força aplicada no ponto localizado (a) na linha AB e (b) na linha AC. Em cada caso, determine a distância de A ao ponto de aplicação da força.

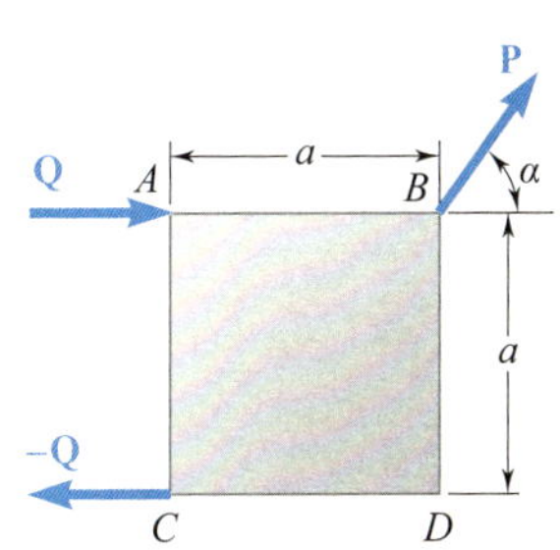

Figura P3.66

3.67 Substitua a força **P** de 250 kN por um sistema força-binário equivalente em *G*.

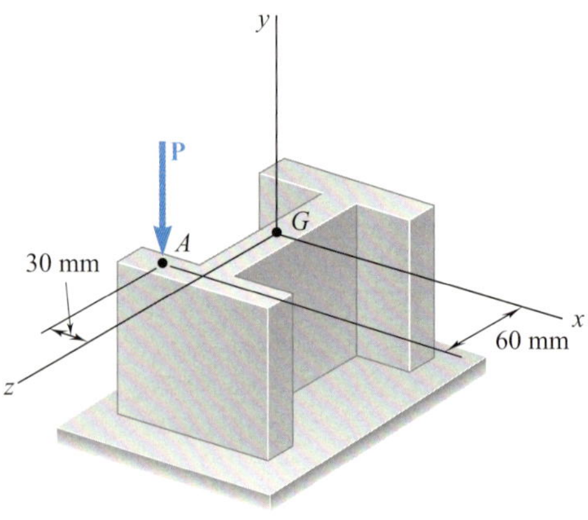

Figura P3.67

3.68 Uma força de 18 kN é aplicada na face externa da aba do perfil U de aço. Determine as componentes da força e o binário em *G* que são equivalentes à carga de 18 kN.

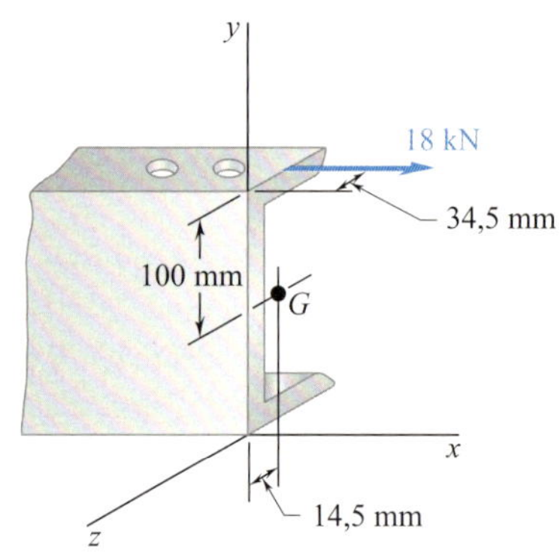

Figura P3.68

3.69 A barra *AB* de 3,6 m foi fixada na extremidade *A*, e a tração no cabo *BC* é 2.565 N. Substitua a força que o cabo exerce em *B* por um sistema força-binário equivalente em *A*.

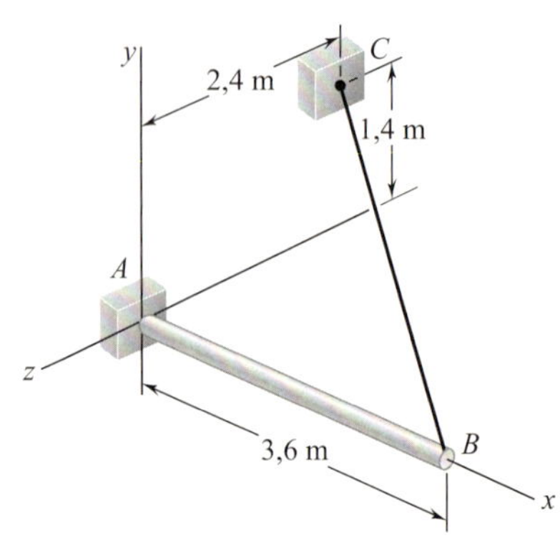

Figura P3.69

3.70 Substitua a força de 150 N por um sistema força-binário equivalente em A.

3.71 A lança do guindaste é orientada de modo que a viga AD é paralela ao eixo x e usada para mover um caixote pesado. Sabendo que a tração no cabo AB é 11,7 kN, substitua a força exercida pelo cabo em A por um sistema força-binário no centro O da base do guindaste.

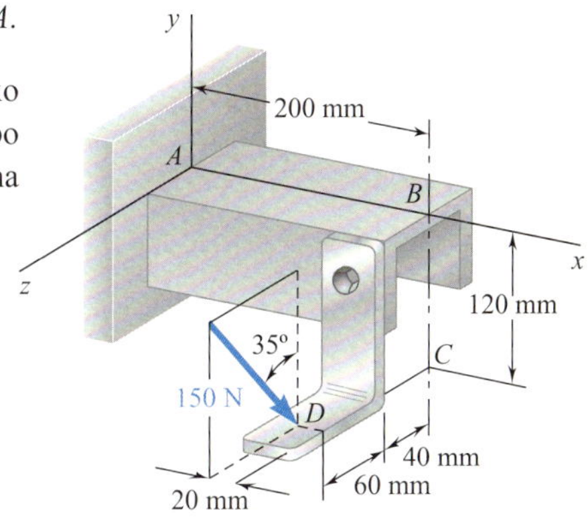

Figura P3.70

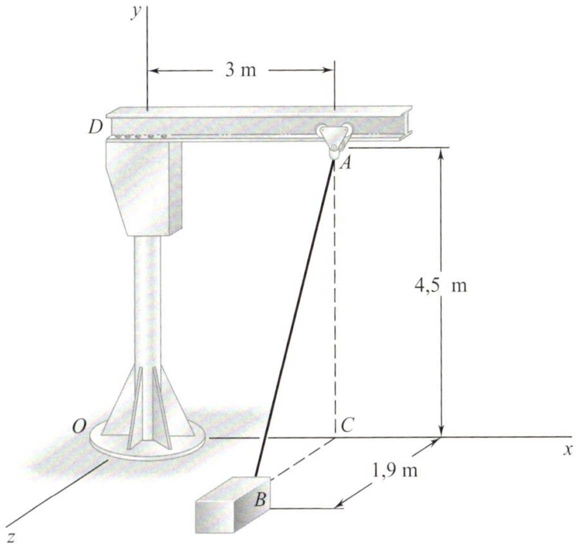

Figura P3.71

3.72 Uma força de 200 N é aplicada no suporte ABC como mostra a figura. Determine as componentes da força e do binário em A que são equivalentes a essa força.

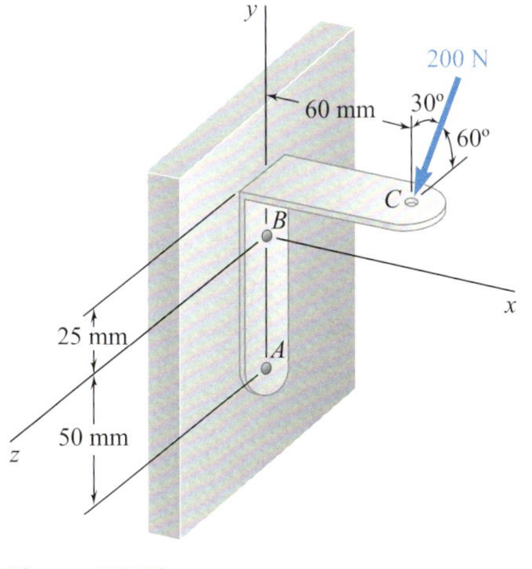

Figura P3.72

3.17 Redução de um sistema de forças a uma força e um binário

Considere um sistema de forças $\mathbf{F}_1$, $\mathbf{F}_2$, $\mathbf{F}_3$, ..., atuando sobre um corpo rígido nos pontos A_1, A_2, A_3 ..., *definidos pelos vetores posição* $\mathbf{r}_1$, $\mathbf{r}_2$, $\mathbf{r}_3$, *etc.* (Fig. 3.41*a*). Como foi visto na seção anterior, $\mathbf{F}_1$ pode ser movida de A_1 para um dado ponto O se um binário de momento $\mathbf{M}_1$ igual ao momento $\mathbf{r}_1 \times \mathbf{F}_1$ de $\mathbf{F}_1$ em relação a O for adicionado ao sistema original de forças. Repetindo esse procedimento com $\mathbf{F}_2$, $\mathbf{F}_3$ ..., obtemos o sistema mostrado na Fig. 3.41*b*, que consiste nas forças originais, atuando agora no ponto O, e nos vetores binários adicionados. Como as forças são agora concorrentes, elas podem ser somadas vetorialmente e substituídas pela sua resultante $\mathbf{R}$. De modo análogo, os vetores binários $\mathbf{M}_1$, $\mathbf{M}_2$, $\mathbf{M}_3$, ..., podem ser somados vetorialmente e substituídos por um vetor binário único $\mathbf{M}_O^R$. Qualquer sistema de forças, por mais complexo que seja, pode então ser reduzido a um *sistema força-binário equivalente que atue em um dado ponto O* (Fig. 3.41*c*). Devemos observar que cada um dos vetores binários $\mathbf{M}_1$, $\mathbf{M}_2$, $\mathbf{M}_3$, ..., na Fig. 3.41*b*, é perpendicular à sua força correspondente, mas a força resultante $\mathbf{R}$ e o vetor binário $\mathbf{M}_O^R$ na Fig. 3.41*c* não serão, em geral, perpendiculares entre si.

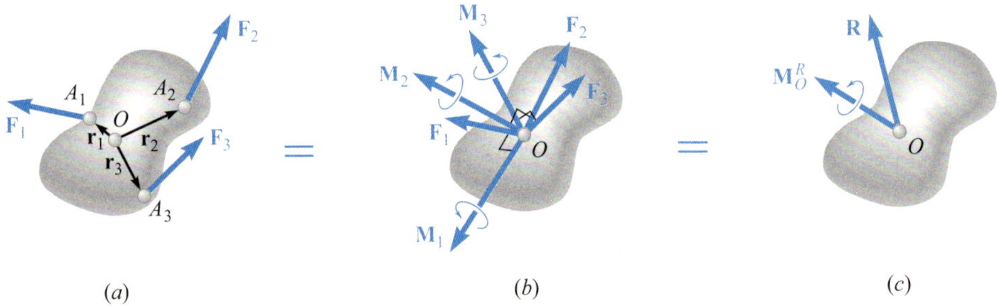

Figura 3.41

O sistema força-binário equivalente é definido pelas equações

$$\mathbf{R} = \Sigma\mathbf{F} \qquad \mathbf{M}_O^R = \Sigma\mathbf{M}_O = \Sigma(\mathbf{r} \times \mathbf{F}) \tag{3.52}$$

que expressam que a força $\mathbf{R}$ é obtida pela soma de todas as forças do sistema, enquanto o momento do vetor binário resultante $\mathbf{M}_O^R$, denominado *momento resultante* do sistema, é obtido pela soma dos momentos em relação a O de todas as forças do sistema.

Uma vez que um dado sistema de forças tenha sido reduzido a uma força e a um binário em um ponto O, ele pode ser facilmente reduzido a uma força e a um binário em outro ponto O'. A força resultante $\mathbf{R}$ permanecerá inalterada, mas o novo momento resultante $\mathbf{M}_{O'}^R$ será igual à soma de $\mathbf{M}_O^R$ e do momento em relação a O' da força $\mathbf{R}$ ligada a O (Fig. 3.42). Temos

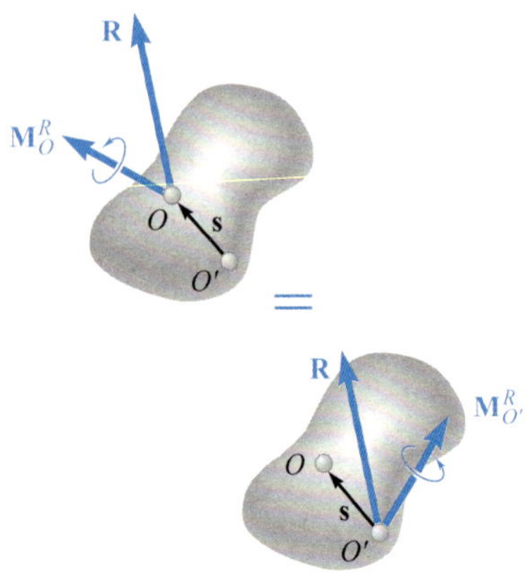

Figura 3.42

$$\mathbf{M}_{O'}^R = \mathbf{M}_O^R + \mathbf{s} \times \mathbf{R} \tag{3.53}$$

Na prática, a redução de um dado sistema de forças a uma força única $\mathbf{R}$ em O e um vetor binário $\mathbf{M}_O^R$ será efetuada em termos de componentes. Decompondo cada vetor posição $\mathbf{r}$ e cada força $\mathbf{F}$ do sistema em componentes retangulares, escrevemos:

$$\mathbf{r} = x\mathbf{i} + y\mathbf{j} + z\mathbf{k} \tag{3.54}$$

$$\mathbf{F} = F_x\mathbf{i} + F_y\mathbf{j} + F_z\mathbf{k} \tag{3.55}$$

Substituindo essas expressões por **r** e **F** em (3.52) e fatorando os vetores unitários **i**, **j** e **k**, obtemos **R** e $\mathbf{M}_O^R$ na forma

$$\mathbf{R} = R_x\mathbf{i} + R_y\mathbf{j} + R_z\mathbf{k} \qquad \mathbf{M}_O^R = M_x^R\mathbf{i} + M_y^R\mathbf{j} + M_z^R\mathbf{k} \tag{3.56}$$

Os componentes R_x, R_y e R_z representam, respectivamente, as somas dos componentes x, y e z das forças dadas e medem a tendência de o sistema imprimir ao corpo rígido um movimento de translação nas direções x, y e z. De maneira análoga, os componentes M_x^R, M_y^R e M_z^R representam, respectivamente, as somas dos momentos das forças dadas em relação aos eixos x, y e z e medem a tendência de o sistema imprimir ao corpo rígido um movimento de rotação em torno dos eixos x, y e z.

Se a intensidade e a direção da força **R** são desejadas, elas poderão ser obtidas a partir dos componentes R_x, R_y e R_z por meio das relações (2.18) e (2.19) da Seção 2.12; cálculos semelhantes irão fornecer a intensidade e a direção do vetor binário $\mathbf{M}_O^R$.

3.18 Sistemas equivalentes de forças

Vimos na seção anterior que qualquer sistema de forças que atuem sobre um corpo rígido pode ser reduzido a um sistema força-binário em um dado ponto O. Esse sistema força-binário equivalente caracteriza completamente o efeito de um dado sistema de forças sobre o corpo rígido. *Logo, dois sistemas de forças serão equivalentes se puderem ser reduzidos ao mesmo sistema força-binário em um dado ponto O.* Lembrando que o sistema força-binário em O é definido pelas relações (3.52), estabelecemos que *dois sistemas de forças,* $\mathbf{F}_1$, $\mathbf{F}_2$, $\mathbf{F}_3$, ..., e $\mathbf{F}'_1$, $\mathbf{F}'_2$, $\mathbf{F}'_3$, ..., *que atuam sobre o mesmo corpo rígido, serão equivalentes se, e somente se, as somas das forças e as somas dos momentos em relação a um dado ponto O das forças dos dois sistemas forem, respectivamente, iguais.* Expressas matematicamente, as condições necessárias e suficientes para que os dois sistemas de forças sejam equivalentes são

$$\Sigma\mathbf{F} = \Sigma\mathbf{F}' \qquad \text{e} \qquad \Sigma\mathbf{M}_O = \Sigma\mathbf{M}'_O \tag{3.57}$$

Observe que, para provar que dois sistemas de forças são equivalentes, a segunda das relações (3.57) deve ser estabelecida com *apenas um ponto O.* Contudo, ela valerá para *qualquer ponto* se os dois sistemas forem equivalentes.

Decompondo as forças e os momentos em (3.57) em seus componentes retangulares, podemos expressar da seguinte maneira as condições necessárias e suficientes para a equivalência de dois sistemas de forças que atuam sobre um corpo rígido:

$$\begin{aligned} \Sigma F_x &= \Sigma F'_x \qquad & \Sigma F_y &= \Sigma F'_y \qquad & \Sigma F_z &= \Sigma F'_z \\ \Sigma M_x &= \Sigma M'_x \qquad & \Sigma M_y &= \Sigma M'_y \qquad & \Sigma M_z &= \Sigma M'_z \end{aligned} \tag{3.58}$$

Essas equações têm um significado físico simples: expressam que dois sistemas de forças serão equivalentes se tenderem a imprimir ao corpo rígido (1) a mesma translação nas direções x, y e z, respectivamente, e (2) a mesma rotação em torno dos eixos, x, y e z, respectivamente.

3.19 Sistemas equipolentes de vetores

Em geral, quando dois sistemas de vetores satisfazem as Eqs. (3.57) ou (3.58), ou seja, quando suas resultantes e seus momentos resultantes em relação a um ponto arbitrário O são respectivamente iguais, diz-se que os dois sistemas são *equipolentes.* O resultado estabelecido na seção anterior pode então ser escrito do seguinte modo: *se dois sistemas de forças que atuam sobre um corpo rígido forem equipolentes, eles serão também equivalentes.*

É importante observar que esse enunciado não se aplica a *qualquer* sistema de vetores. Considere, por exemplo, o sistema de forças que atua sobre um conjunto de partículas independentes que *não* formam um corpo rígido. Um sistema de forças diferente que atua sobre as mesmas partículas pode ser equipolente ao primeiro, ou seja, ele pode ter a mesma resultante e o mesmo momento resultante. Todavia, como forças diferentes irão agora atuar sobre as várias partículas, seus efeitos sobre essas partículas serão diferentes; os dois sistemas, embora equipolentes, *não* são *equivalentes.*

3.20 Casos particulares de redução de um sistema de forças

Vimos na Seção 3.17 que qualquer sistema de forças que atuam sobre um corpo rígido pode ser reduzido a um sistema força-binário equivalente em O, consistindo em uma força $\mathbf{R}$ igual à soma das forças do sistema e um vetor binário $\mathbf{M}_O^R$ de momento igual ao momento resultante do sistema.

Quando $\mathbf{R} = 0$, o sistema força-binário reduz-se ao vetor binário $\mathbf{M}_O^R$. O sistema de forças dado pode então ser reduzido a um binário único, denominado *binário resultante* do sistema.

Vamos investigar as condições em que um dado sistema de forças pode ser reduzido a uma força única. Como consta na Seção 3.16, o sistema força-binário em O poderá ser substituído por uma força única $\mathbf{R}$ que atua ao longo de uma nova linha de ação se $\mathbf{R}$ e $\mathbf{M}_O^R$ forem mutuamente perpendiculares. Logo, os sistemas de forças que podem ser reduzidos a uma força única, ou *resultante,* são aqueles para os quais a força $\mathbf{R}$ e o vetor binário $\mathbf{M}_O^R$ são mutuamente perpendiculares. Essa condição *não é geralmente satisfeita* por sistemas de forças no espaço, mas *será satisfeita* por sistemas compostos de forças (1) concorrentes, (2) coplanares ou (3) paralelas.

1. *Forças concorrentes* são aplicadas ao mesmo ponto e, portanto, podem ser somadas diretamente para obter sua resultante $\mathbf{R}$. Logo, elas sempre se reduzem a uma força única. Forças concorrentes foram tratadas em detalhe no Cap. 2.
2. *Forças coplanares* atuam no mesmo plano (ver Fig. 3.43*a*). A soma $\mathbf{R}$ das forças do sistema também ficará no plano da figura, ao passo que o momento de cada força em relação a O e, portanto, o momento resultante $\mathbf{M}_O^R$ serão perpendiculares a esse plano. Logo, o sistema força-binário em O é composto de uma força $\mathbf{R}$ e um vetor binário $\mathbf{M}_O^R$

mutuamente perpendiculares (Fig. 3.43*b*).* Pode-se reduzi-los a uma força única **R** movendo **R** no plano da figura até que seu momento em relação a O seja igual a $\mathbf{M}_O^R$. A distância de O até a linha de ação de **R** é $d = M_O^R/R$ (Fig. 3.43*c*).

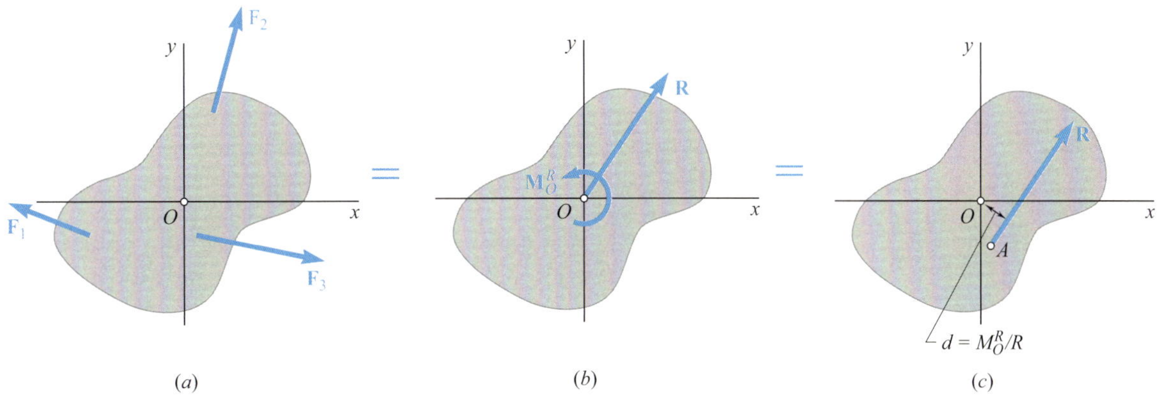

Figura 3.43

Conforme observamos na Seção 3.17, a redução de um sistema de forças será significativamente simplificado se as forças forem decompostas em componentes retangulares. O sistema força-binário em O é caracterizado então pelos componentes (Fig. 3.44*a*)

$$R_x = \Sigma F_x \qquad R_y = \Sigma F_y \qquad M_z^R = M_O^R = \Sigma M_O \tag{3.59}$$

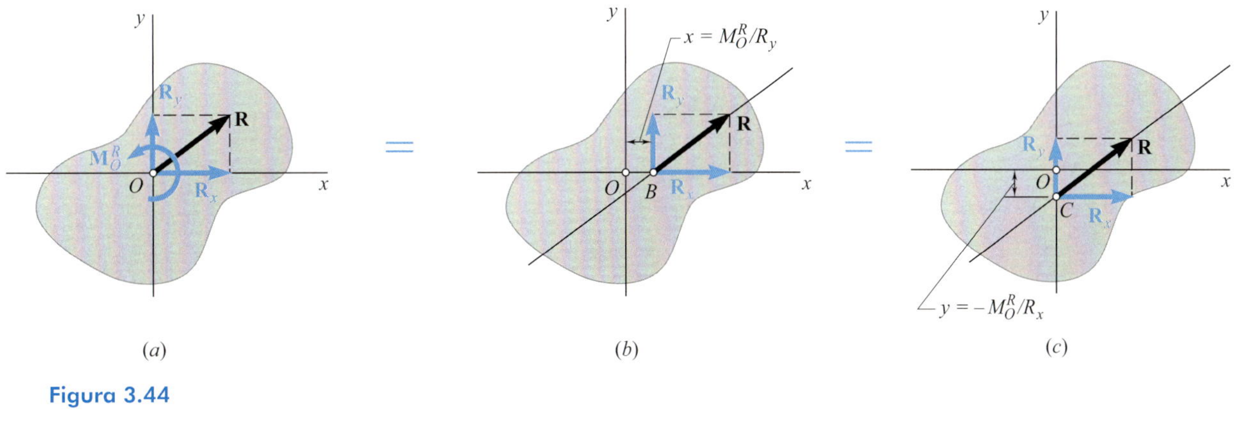

Figura 3.44

* Por ser perpendicular ao plano da figura, o vetor binário $\mathbf{M}_O^R$ foi representado pelo símbolo ↺. Um binário anti-horário ↺ representa um vetor apontando para fora do papel, e um binário horário ↻, um vetor apontando para dentro do papel.

Para que o sistema seja reduzido a uma força única **R**, o momento de **R** em relação a O deverá ser igual a $\mathbf{M}_O^R$. Representando por x e y as coordenadas do ponto de aplicação da resultante e retomando a Eq. (3.22) da Seção 3.8, escrevemos

$$xR_y - yR_x = M_O^R$$

que representa a equação da linha de ação de **R**. Podemos também determinar diretamente as interseções x e y da linha de ação da resultante observando que $\mathbf{M}_O^R$ deve ser igual ao momento em relação a O do componente y de **R** quando **R** é ligado a B (Fig. 3.44*b*) e ao momento de seu componente x quando **R** é ligado a C (Fig. 3.44*c*).

3. *Forças paralelas* têm linhas de ação paralelas e podem ter ou não o mesmo sentido. Admitindo aqui que as forças são paralelas ao eixo y (Fig. 3.45*a*), notamos que sua soma **R** também será paralela ao eixo y. Entretanto, como o momento de uma dada força deve ser perpendicular a essa força, o momento em relação a O de cada força do sistema e, portanto, o momento resultante $\mathbf{M}_O^R$ ficarão no plano zx. Logo, o sistema força-binário em O é composto de uma força **R** e um vetor binário $\mathbf{M}_O^R$ mutuamente perpendiculares (Fig. 3.45*b*). Eles podem ser reduzidos a uma força única **R** (Fig. 3.45*c*) ou, se $\mathbf{R} = 0$, a um binário único de momento $\mathbf{M}_O^R$.

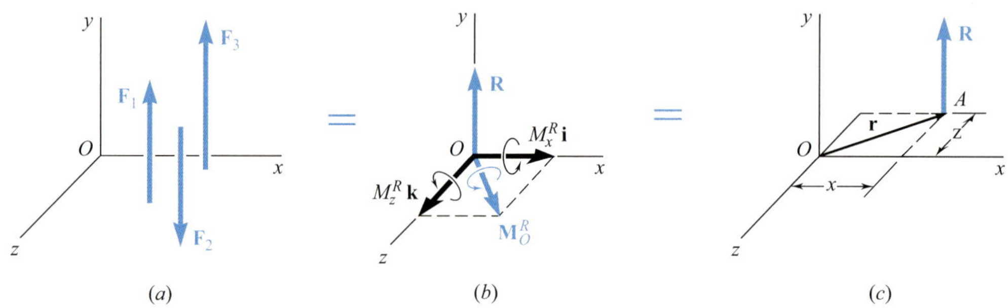

Figura 3.45

Na prática, o sistema força-binário em O será caracterizado pelos componentes

$$R_y = \Sigma F_y \qquad M_x^R = \Sigma M_x \qquad M_z^R = \Sigma M_z \tag{3.60}$$

A redução do sistema a uma força única pode ser efetuada movendo **R** para um novo ponto de aplicação $A(x, 0, z)$ escolhido, de modo que o momento de **R** em relação a O fique igual a $\mathbf{M}_O^R$. Escrevemos:

$$\mathbf{r} \times \mathbf{R} = \mathbf{M}_O^R$$
$$(x\mathbf{i} + z\mathbf{k}) \times R_y\mathbf{j} = M_x^R\mathbf{i} + M_z^R\mathbf{k}$$

Calculando os produtos vetoriais e igualando os coeficientes dos vetores unitários correspondentes em ambos os membros da equação, obtemos duas equações escalares que definem as coordenadas de A:

$$-zR_y = M_x^R \qquad xR_y = M_z^R$$

Essas equações expressam que os momentos de **R** em relação aos eixos x e z devem ser iguais a M_x^R e M_z^R, respectivamente.

PROBLEMA RESOLVIDO 3.8

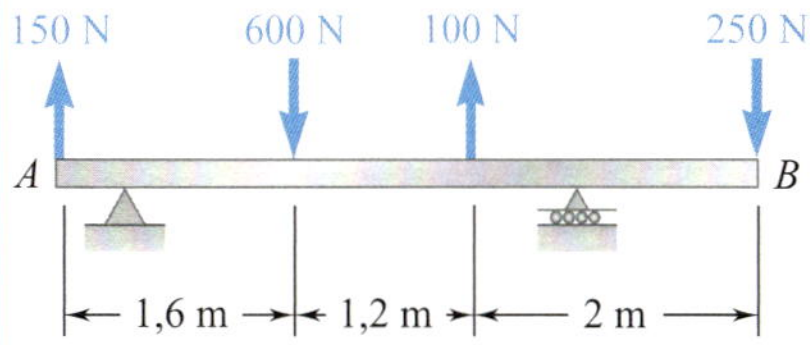

Uma viga de 4,80 m de comprimento está sujeita às três forças mostradas. Reduza o sistema de forças dado a (*a*) um sistema força-binário equivalente em *A*, (*b*) um sistema força-binário equivalente em *B* e (*c*) uma força única ou resultante.

Observação. Como as reações de apoio não estão incluídas no sistema de forças dado, esse sistema não manterá a viga em equilíbrio.

SOLUÇÃO

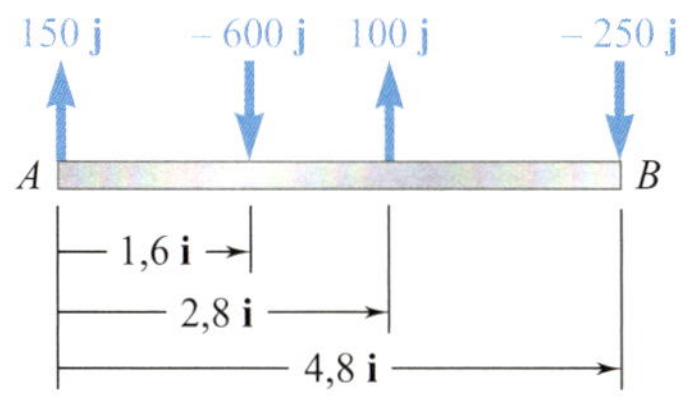

a. Sistema força-binário em *A*. O sistema força-binário em *A* equivalente ao sistema de forças dado é composto da força **R** e do binário $\mathbf{M}_A^R$, definidos da seguinte maneira:

$$
\begin{aligned}
\mathbf{R} &= \Sigma \mathbf{F} \\
&= (150\ \text{N})\mathbf{j} - (600\ \text{N})\mathbf{j} + (100\ \text{N})\mathbf{j} - (250\ \text{N})\mathbf{j} = -(600\ \text{N})\mathbf{j} \\
\mathbf{M}_A^R &= \Sigma(\mathbf{r} \times \mathbf{F}) \\
&= (1{,}6\mathbf{i}) \times (-600\mathbf{j}) + (2{,}8\mathbf{i}) \times (100\mathbf{j}) + (4{,}8\mathbf{i}) \times (-250\mathbf{j}) \\
&= -(1.880\ \text{N} \cdot \text{m})\mathbf{k}
\end{aligned}
$$

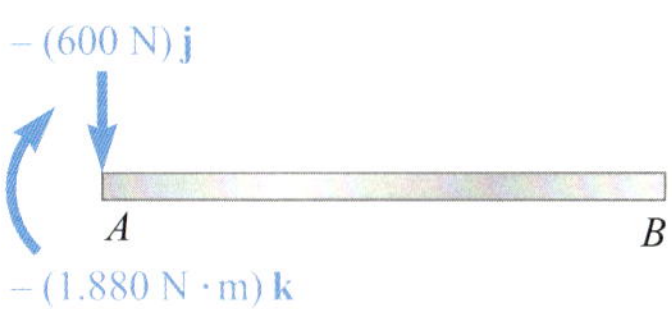

Logo, o sistema força-binário equivalente em *A* é:

$\mathbf{R} = 600\ \text{N}\downarrow \qquad \mathbf{M}_A^R = 1.880\ \text{N} \cdot \text{m} \circlearrowright$ ◀

b. Sistema força-binário em *B*. Propomos encontrar um sistema força-binário em *B* equivalente ao sistema força-binário em *A* determinado na parte *a*. A força **R** fica inalterada, mas deve-se determinar um novo binário $\mathbf{M}_B^R$, cujo momento é igual ao momento em relação a *B* do sistema força-binário determinado na parte *a*. Assim, temos

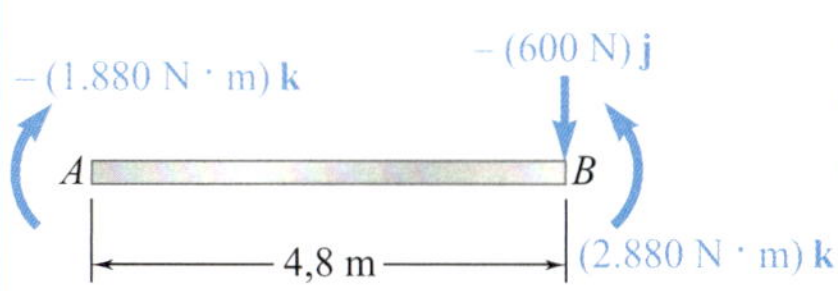

$$
\begin{aligned}
\mathbf{M}_B^R &= \mathbf{M}_A^R + \overrightarrow{BA} \times \mathbf{R} \\
&= -(1.880\ \text{N} \cdot \text{m})\mathbf{k} + (-4{,}8\ \text{m})\mathbf{i} \times (-600\ \text{N})\mathbf{j} \\
&= -(1.880\ \text{N} \cdot \text{m})\mathbf{k} + (2.880\ \text{N} \cdot \text{m})\mathbf{k} = +(1.000\ \text{N} \cdot \text{m})\mathbf{k}
\end{aligned}
$$

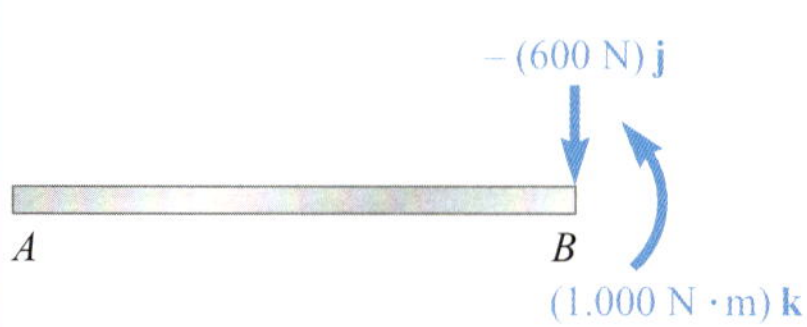

Logo, o sistema força-binário equivalente em *B* é:

$\mathbf{R} = 600\ \text{N}\downarrow \qquad \mathbf{M}_B^R = 1.000\ \text{N} \cdot \text{m} \circlearrowleft$ ◀

c. Força única ou resultante. A resultante do sistema de forças dado é igual a **R**, e seu ponto de aplicação deve ser tal que o momento de **R** em relação a *A* seja igual a $\mathbf{M}_A^R$. Escrevemos

$$
\begin{aligned}
\mathbf{r} \times \mathbf{R} &= \mathbf{M}_A^R \\
x\mathbf{i} \times (-600\ \text{N})\mathbf{j} &= -(1.880\ \text{N} \cdot \text{m})\mathbf{k} \\
-x(600\ \text{N})\mathbf{k} &= -(1.880\ \text{N} \cdot \text{m})\mathbf{k}
\end{aligned}
$$

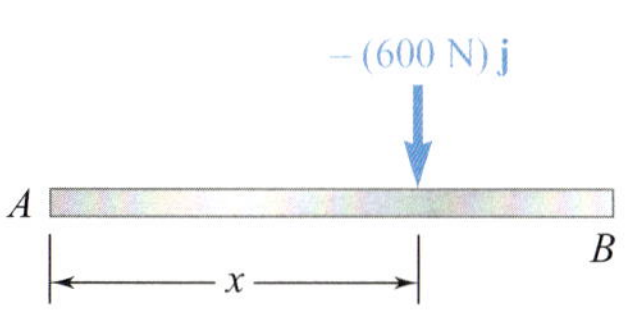

e concluímos que $x = 3{,}13$ m. Logo, a força única equivalente ao sistema dado é definida assim:

$\mathbf{R} = 600\ \text{N}\downarrow \qquad x = 3{,}13\ \text{m}$ ◀

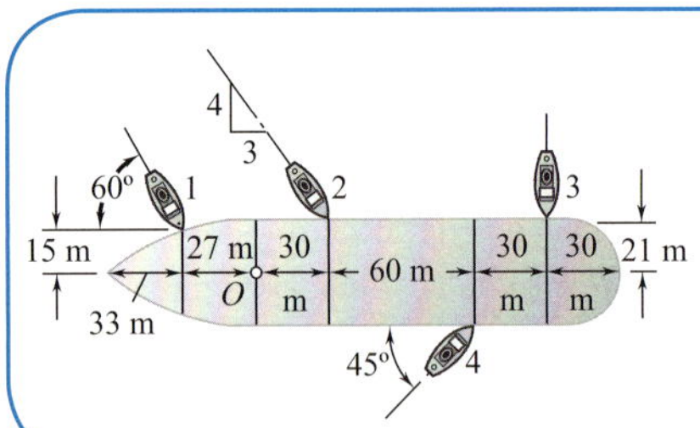

PROBLEMA RESOLVIDO 3.9

Quatro rebocadores são usados para trazer um transatlântico ao cais. Cada rebocador exerce uma força de 22.500 N na direção mostrada. Determine (*a*) o sistema força-binário equivalente no mastro de proa *O* e (*b*) o ponto sobre o casco, no qual um rebocador único, mais potente, deve empurrar para produzir o mesmo efeito dos quatro rebocadores originais.

SOLUÇÃO

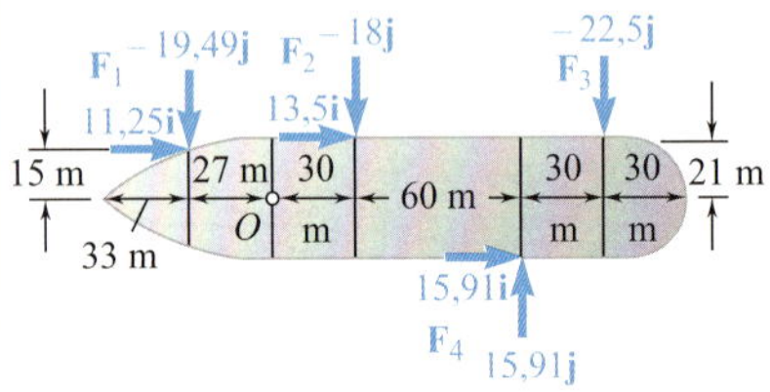

a. Sistema força-binário em O. Cada uma das forças dadas é decomposta nos componentes *x* e *y*, no diagrama mostrado (as unidades usadas estão em kN). O sistema força-binário em *O* equivalente ao sistema de forças dado é composto de uma força **R** e um binário $\mathbf{M}_O^R$ definidos da seguinte maneira:

$$
\begin{aligned}
\mathbf{R} &= \Sigma\mathbf{F} \\
&= (11{,}25\mathbf{i} - 19{,}49\mathbf{j}) + (13{,}5\mathbf{i} - 18\mathbf{j}) + (-22{,}5\mathbf{j}) + (15{,}91\mathbf{i} + 15{,}91\mathbf{j}) \\
&= 40{,}66\mathbf{i} - 44{,}08\mathbf{j}
\end{aligned}
$$

$$
\begin{aligned}
\mathbf{M}_O^R &= \Sigma(\mathbf{r} \times \mathbf{F}) \\
&= (-27\mathbf{i} + 15\mathbf{j}) \times (11{,}25\mathbf{i} - 19{,}49\mathbf{j}) \\
&\quad + (30\mathbf{i} + 21\mathbf{j}) \times (13{,}5\mathbf{i} - 18\mathbf{j}) \\
&\quad + (120\mathbf{i} + 21\mathbf{j}) \times (-22{,}5\mathbf{j}) \\
&\quad + (90\mathbf{i} - 21\mathbf{j}) \times (15{,}91\mathbf{i} + 15{,}91\mathbf{j}) \\
&= (526{,}23 - 168{,}75 - 540 - 283{,}5 - 2.700 + 1.431{,}9 + 334{,}11)\mathbf{k} \\
&= -1.400\mathbf{k}
\end{aligned}
$$

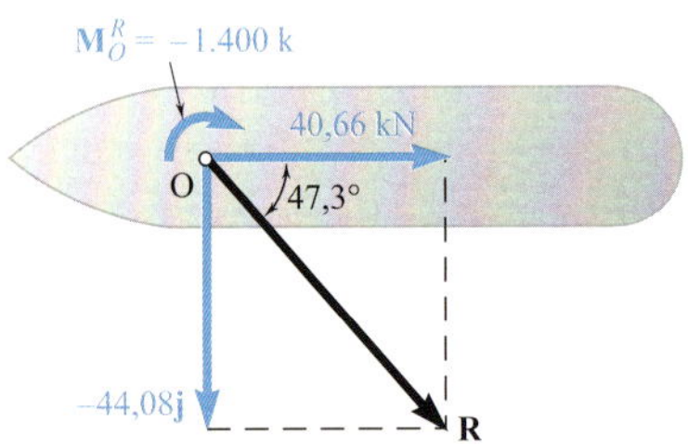

Logo, o sistema força-binário equivalente em *O* é

$$
\mathbf{R} = (40{,}66\text{ kN})\mathbf{i} - (44{,}08\text{ kN})\mathbf{j} \qquad \mathbf{M}_O^R = -(1.400\text{ kN}\cdot\text{m})\mathbf{k}
$$

ou

$$
\mathbf{R} = 59{,}97\text{ kN} \;\measuredangle 47{,}3^\circ \qquad \mathbf{M}_O^R = 1.400\text{ N}\cdot\text{m} \curvearrowright
$$

◀

Observação. Como todas as forças estão contidas no plano da figura, poderíamos esperar que a soma de seus momentos fossem perpendiculares a esse plano. Observe que o momento de cada componente de força poderia ter sido obtido diretamente do diagrama efetuando primeiro o produto da sua intensidade e da distância perpendicular até *O* e, em seguida, atribuindo a esse produto um sinal positivo ou negativo, a depender do sentido do momento.

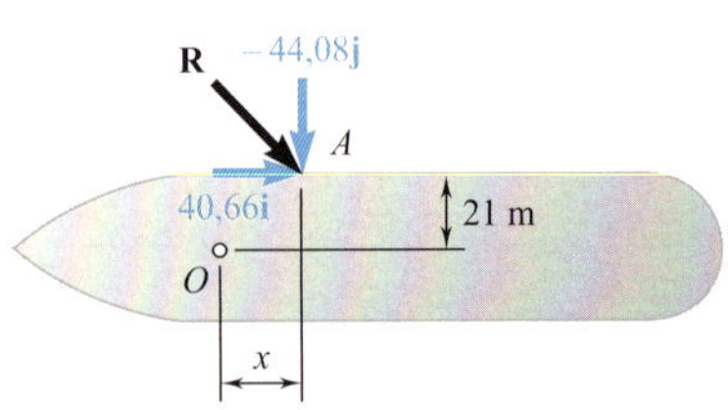

b. Rebocador único. A força exercida por um rebocador único deve ser igual a **R**, e seu ponto de aplicação *A* deve ser tal que o momento de **R** em relação a *O* seja igual a $\mathbf{M}_O^R$. Observando que a posição do ponto *A* é

$$
\mathbf{r} = x\mathbf{i} + 21\mathbf{j}
$$

escrevemos

$$
\begin{aligned}
\mathbf{r} \times \mathbf{R} &= \mathbf{M}_O^R \\
(x\mathbf{i} + 21\mathbf{j}) \times (40{,}66\mathbf{i} - 44{,}08\mathbf{j}) &= -1.400\mathbf{k} \\
-x(44{,}08)\mathbf{k} - 853{,}86\mathbf{k} &= -1.400\mathbf{k} \qquad x = 12{,}39\text{ m}
\end{aligned}
$$

◀

PROBLEMA RESOLVIDO 3.10

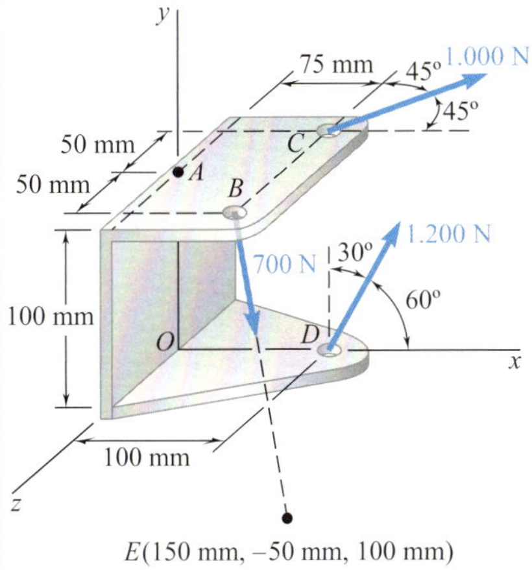

Três cabos estão presos ao suporte, como mostra a ilustração. Substitua as forças exercidas pelos cabos por um sistema força-binário equivalente em A.

SOLUÇÃO

Primeiro determinamos os vetores posição relativos traçados do ponto A até os pontos de aplicação das várias forças e decompomos as forças em componentes retangulares. Observando que $\mathbf{F}_B = (700 \text{ N})\boldsymbol{\lambda}_{BE}$, onde

$$\boldsymbol{\lambda}_{BE} = \frac{\overrightarrow{BE}}{BE} = \frac{75\mathbf{i} - 150\mathbf{j} + 50\mathbf{k}}{175}$$

temos, usando metros e newtons,

$$\begin{aligned} \mathbf{r}_{B/A} &= \overrightarrow{AB} = 0{,}075\mathbf{i} + 0{,}050\mathbf{k} & \mathbf{F}_B &= 300\mathbf{i} - 600\mathbf{j} + 200\mathbf{k} \\ \mathbf{r}_{C/A} &= \overrightarrow{AC} = 0{,}075\mathbf{i} - 0{,}050\mathbf{k} & \mathbf{F}_C &= 707\mathbf{i} - 707\mathbf{k} \\ \mathbf{r}_{D/A} &= \overrightarrow{AD} = 0{,}100\mathbf{i} - 0{,}100\mathbf{j} & \mathbf{F}_D &= 600\mathbf{i} + 1.039\mathbf{j} \end{aligned}$$

O sistema força-binário em A equivalente ao sistema de forças dado é composto de uma força $\mathbf{R} = \Sigma\mathbf{F}$ e um binário $\mathbf{M}_A^R = \Sigma(\mathbf{r} \times \mathbf{F})$. A força $\mathbf{R}$ é prontamente obtida quando se somam respectivamente os componentes x, y e z das forças:

$$\mathbf{R} = \Sigma\mathbf{F} = (1.607 \text{ N})\mathbf{i} + (439 \text{ N})\mathbf{j} - (507 \text{ N})\mathbf{k} \quad ◀$$

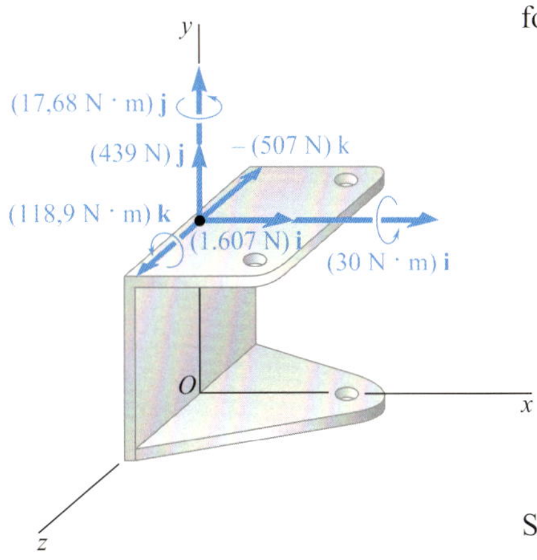

O cálculo de $\mathbf{M}_A^R$ será facilitado se expressarmos o momento das forças em forma de determinantes (Seção 3.8):

$$\mathbf{r}_{B/A} \times \mathbf{F}_B = \begin{vmatrix} \mathbf{i} & \mathbf{j} & \mathbf{k} \\ 0{,}075 & 0 & 0{,}050 \\ 300 & -600 & 200 \end{vmatrix} = 30\mathbf{i} \qquad -45\mathbf{k}$$

$$\mathbf{r}_{C/A} \times \mathbf{F}_C = \begin{vmatrix} \mathbf{i} & \mathbf{j} & \mathbf{k} \\ 0{,}075 & 0 & -0{,}050 \\ 707 & 0 & -707 \end{vmatrix} = 17{,}68\mathbf{j}$$

$$\mathbf{r}_{D/A} \times \mathbf{F}_D = \begin{vmatrix} \mathbf{i} & \mathbf{j} & \mathbf{k} \\ 0{,}100 & -0{,}100 & 0 \\ 600 & 1.039 & 0 \end{vmatrix} = 163{,}9\mathbf{k}$$

Somando as expressões obtidas, temos

$$\mathbf{M}_A^R = \Sigma(\mathbf{r} \times \mathbf{F}) = (30 \text{ N} \cdot \text{m})\mathbf{i} + (17{,}68 \text{ N} \cdot \text{m})\mathbf{j} + (118{,}9 \text{ N} \cdot \text{m})\mathbf{k} \quad ◀$$

Os componentes retangulares da força $\mathbf{R}$ e do binário $\mathbf{M}_A^R$ estão mostrados no esquema adjacente.

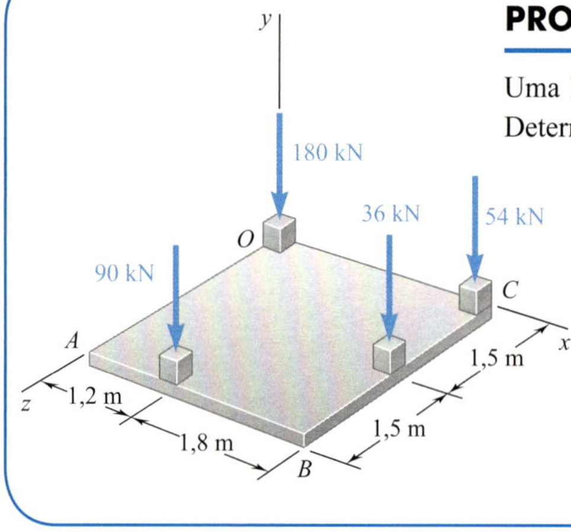

PROBLEMA RESOLVIDO 3.11

Uma laje de fundação quadrada apoia os quatro pilares mostrados na figura. Determine a intensidade e o ponto de aplicação da resultante das quatro cargas.

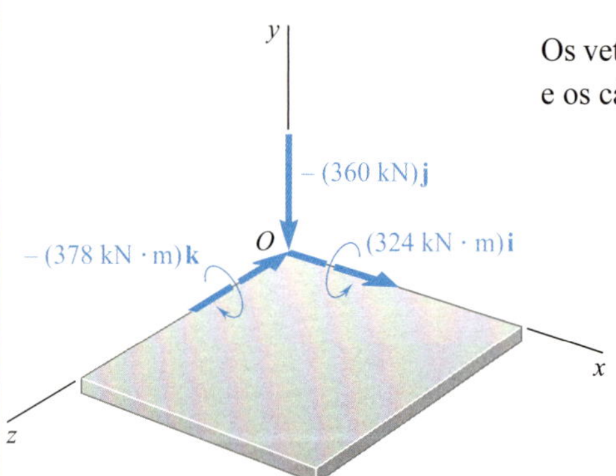

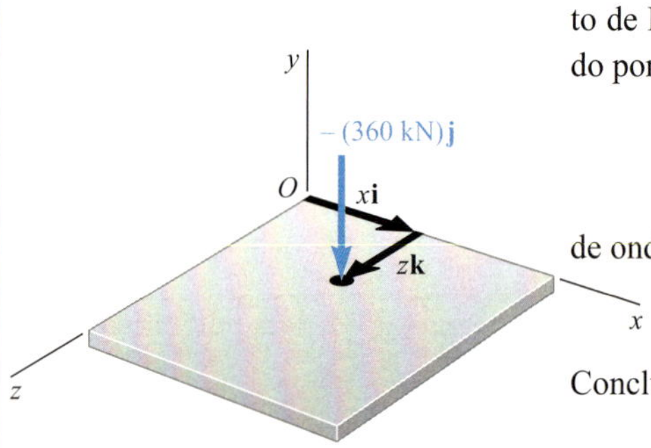

SOLUÇÃO

Primeiro, reduzimos o sistema de forças dado a um sistema força-binário na origem O do sistema de coordenadas. Esse sistema força-binário é composto de uma força **R** e um binário $\mathbf{M}_O^R$ definidos da seguinte maneira:

$$\mathbf{R} = \Sigma\mathbf{F} \qquad \mathbf{M}_O^R = \Sigma(\mathbf{r} \times \mathbf{F})$$

Os vetores posição dos pontos de aplicação das várias forças são determinados, e os cálculos, agrupados em forma de tabela.

r, m	**F, kN**	**r × F, kN · m**
0	$-180\mathbf{j}$	0
$3\mathbf{i}$	$-54\mathbf{j}$	$-162\mathbf{k}$
$3\mathbf{i} + 1{,}5\mathbf{k}$	$-36\mathbf{j}$	$54\mathbf{i} - 108\mathbf{k}$
$1{,}2\mathbf{i} + 3\mathbf{k}$	$-90\mathbf{j}$	$270\mathbf{i} - 108\mathbf{k}$
	$\mathbf{R} = -360\mathbf{j}$	$\mathbf{M}_O^R = 324\mathbf{i} - 378\mathbf{k}$

Como a força **R** e o vetor binário $\mathbf{M}_O^R$ são mutuamente perpendiculares, o sistema força-binário obtido pode ainda ser reduzido a uma força única **R**. O novo ponto de aplicação de **R** será escolhido no plano da laje de modo que o momento de **R** em relação a O seja igual a $\mathbf{M}_O^R$. Representando por r o vetor posição do ponto de aplicação desejado e por x e z as suas coordenadas, escrevemos

$$\mathbf{r} \times \mathbf{R} = \mathbf{M}_O^R$$
$$(x\mathbf{i} + z\mathbf{k}) \times (-360)\mathbf{j} = 324\mathbf{i} - 378\mathbf{k}$$
$$-360x\mathbf{k} + 360z\mathbf{i} = 324\mathbf{i} - 378\mathbf{k}$$

de onde temos

$$-360x = -378 \qquad 360z = 324$$
$$x = 1{,}05 \text{ m} \qquad z = 0{,}9 \text{ m}$$

Concluímos que a resultante do sistema de forças dado é

$$\mathbf{R} = 360 \text{ kN} \downarrow \qquad x = 1{,}05 \text{ m}, \; z = 0{,}9 \text{ m} \quad ◀$$

PROBLEMAS

3.73 Uma viga de 3,6 m de comprimento está sujeita a uma variedade de carregamentos representados na figura. Encontre dois carregamentos que são equivalentes.

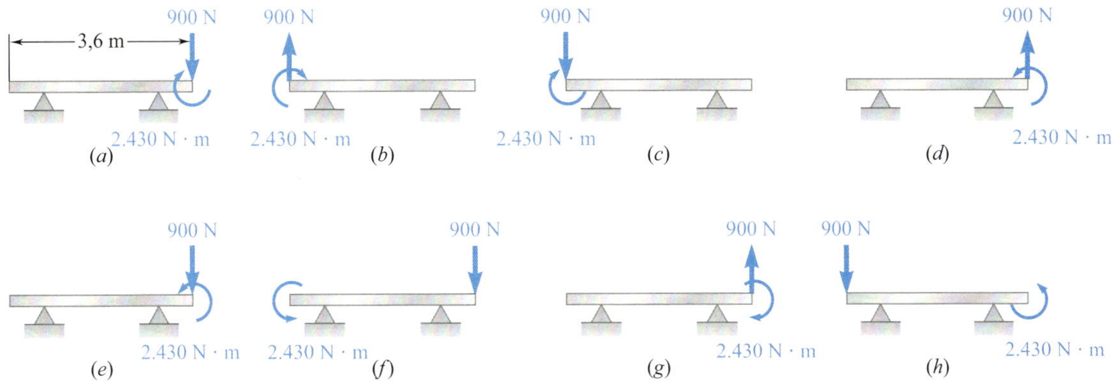

Figura P3.73

3.74 A viga de 3,6 m de comprimento é mostrada na figura. Determine o carregamento do Problema 3.73 que é equivalente a esse carregamento.

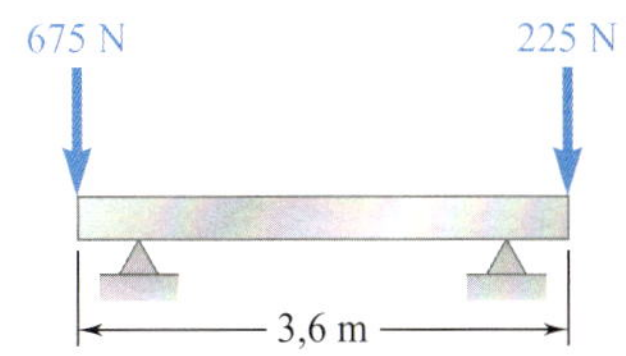

Figura P3.74

3.75 Quando se dirigiu o caminhão mostrado em uma escala na figura, foi determinado que as cargas sobre os eixos dianteiro e traseiro são, respectivamente, 18 kN e 12 kN quando o caminhão está vazio. Determine (*a*) a localização do centro de gravidade do caminhão e (*b*) o peso e a localização do centro de gravidade do carregamento mais pesado, o qual poderá ser levado pelo caminhão se a carga em cada eixo não exceder 40 kN.

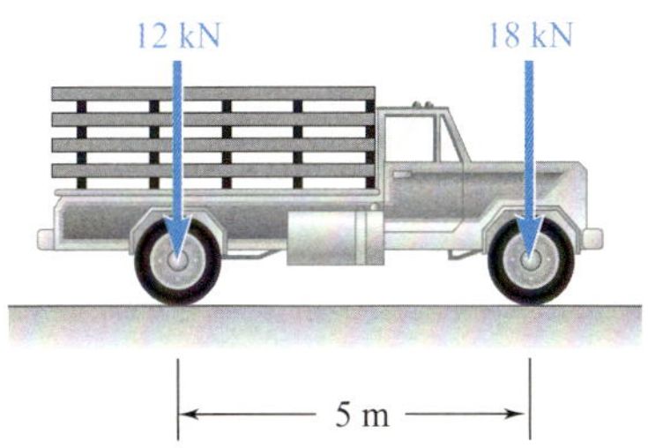

Figura P3.75

3.76 Quatro pacotes são transportados a uma velocidade constante de *A* para *B* pelo transportador. No instante mostrado na figura, determine o carregamento resultante e a localização de sua linha de ação.

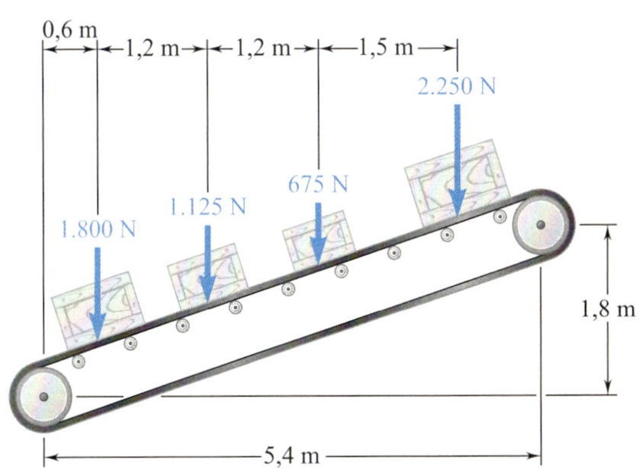

Figura P3.76

3.77 Determine a distância do ponto *A* até a linha de ação da resultante das três forças mostradas na figura quando (*a*) *a* = 1 m, (*b*) *a* = 1,5 m e (*c*) *a* = 2,5 m.

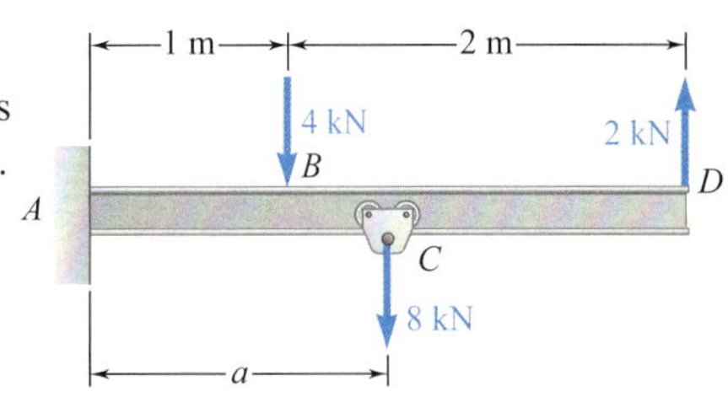

Figura P3.77

3.78 Duas forças paralelas **P** e **Q** são aplicadas nas extremidades da barra AB de comprimento L. Encontre a distância x de A até a linha de ação da sua resultante. Verifique a fórmula obtida, considerando $L = 200$ mm e (*a*) $P = 50$ N para baixo e $Q = 150$ N para baixo e (*b*) $P = 50$ N para baixo e $Q = 150$ N para cima.

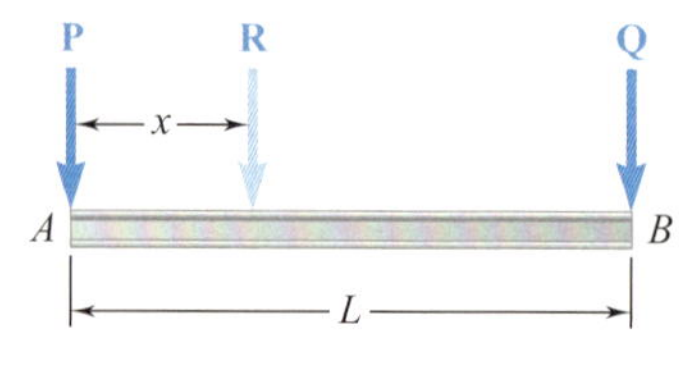

Figura P3.78

3.79 Três forças atuam em um poste de sinal de trânsito como mostra a figura. Determine (*a*) o sistema força-binário equivalente em A e (*b*) a resultante do sistema e o ponto de interseção dessa linha de ação com o poste.

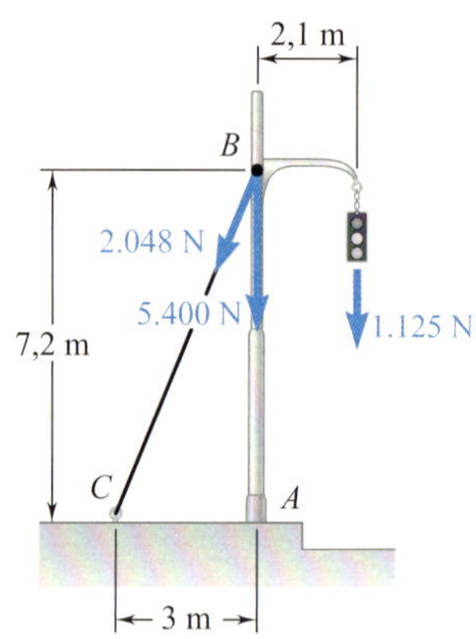

Figura P3.79

3.80 Quatro forças atuam em uma placa de 700 × 375 mm como mostra a figura. (*a*) Encontre a resultante dessas forças. (*b*) Localize os dois pontos onde a linha de ação da resultante intercepta o lado da placa.

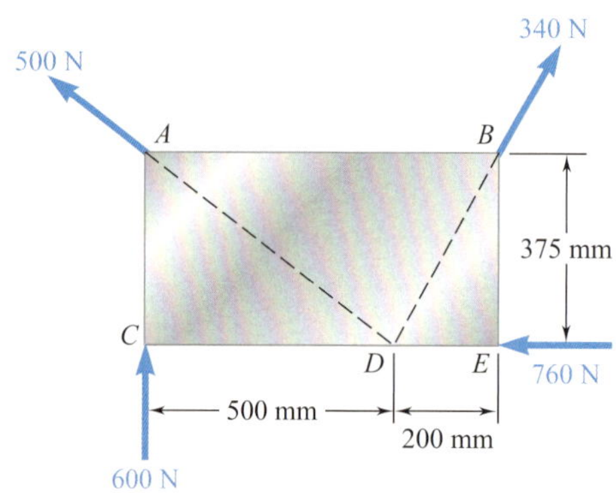

Figura P3.80

3.81 As três forças e um binário de intensidade $M = 9.000$ N · mm mostrado na figura são aplicados a um suporte angular. (*a*) Encontre a resultante desse sistema de forças. (*b*) Localize os pontos onde a linha de ação da resultante intercepta as linhas AB e BC.

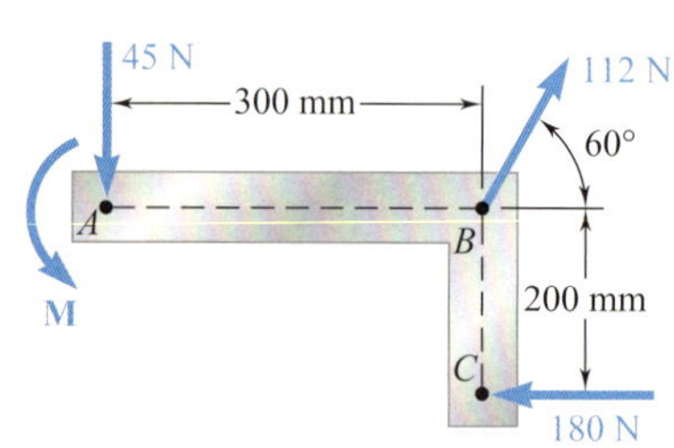

Figura P3.81

3.82 Um suporte está sujeito a um sistema de forças e binários mostrados na figura. Encontre a resultante do sistema e o ponto de interseção de sua linha de ação com as AB, BC e CD.

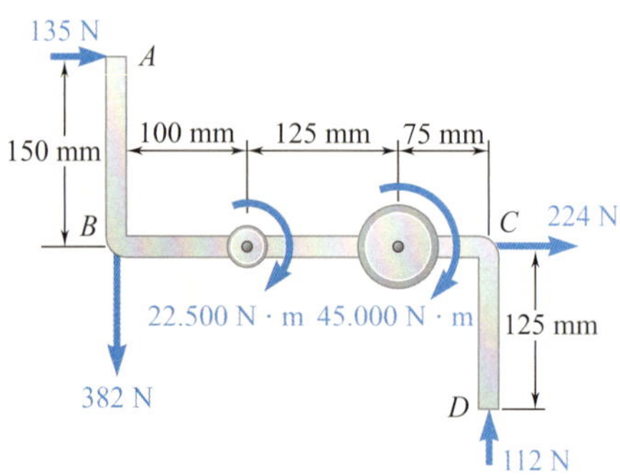

Figura P3.82

3.83 O telhado de uma estrutura de edifício está sujeita a um carregamento de vento como mostra a figura. Determine (*a*) o sistema força-binário equivalente em *D* e (*b*) a resultante do carregamento e sua linha de ação.

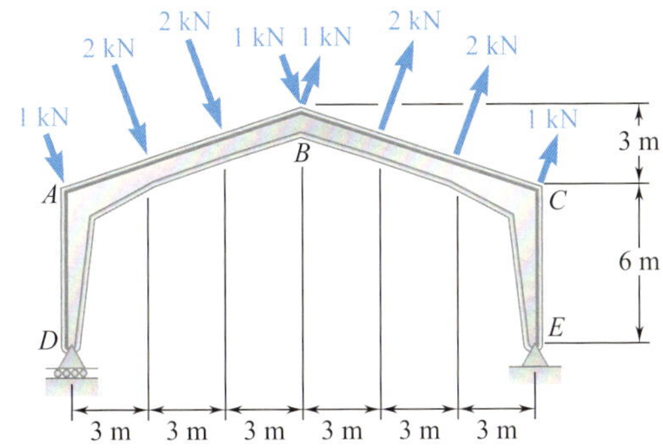

Figura P3.83

3.84 Dois cabos exercem forças de 90 kN cada um em uma treliça de peso $W = 200$ kN. Encontre a resultante da força que atua na treliça e o ponto de interseção de sua linha de ação com a linha *AB*.

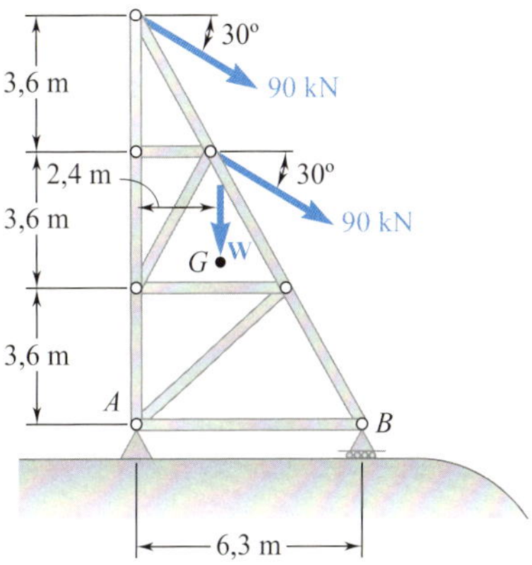

Figura P3.84

3.85 Duas forças são aplicadas a um poste como mostrado na figura. Determine a força e o binário equivalente em *O* das duas forças.

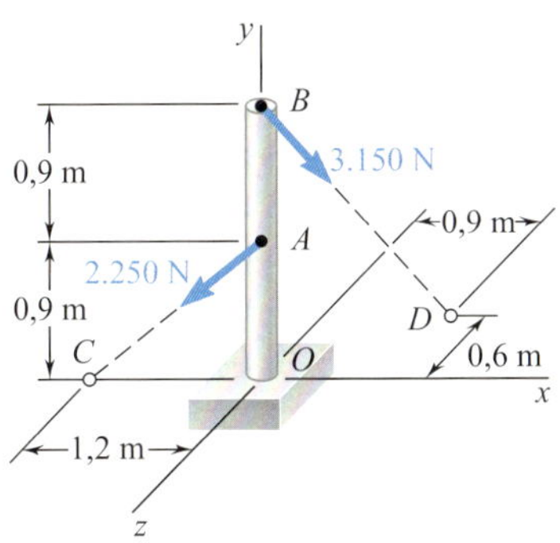

Figura P3.85

3.86 A fim de moverem um caixote de 70,6 kg, dois homens empurram-no enquanto dois outros homens o puxam com cordas. A força exercida pelo homem *A* é 600 N e a força exercida pelo homem *B* é 200 N; ambas as forças são horizontais. O homem *C* puxa com a força igual a 320 N, e o homem *D*, com a força igual a 480 N. Ambos os cabos formam um ângulo de 30° com a vertical. Determine a resultante de todas as forças que atuam no caixote.

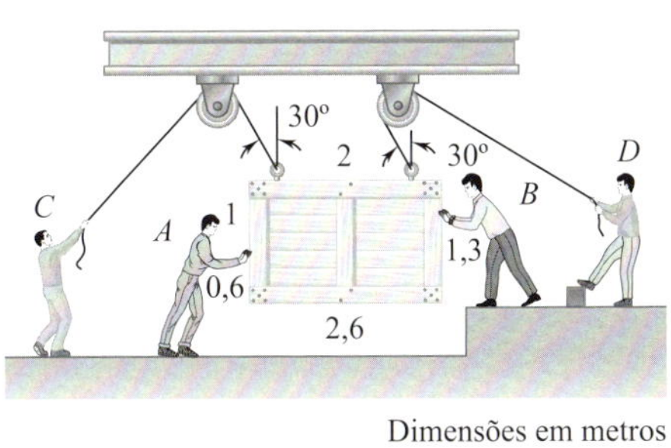

Figura P3.86

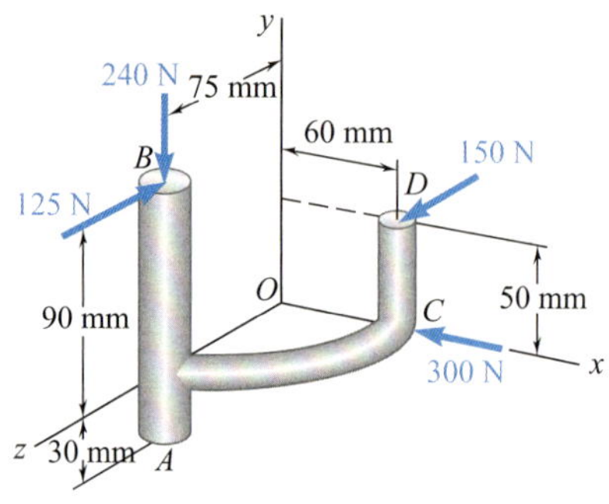

Figura P3.87

3.87 O componente da máquina está sujeito às forças mostradas na figura, dos quais cada uma é paralela a um dos eixos coordenados. Substitua essas forças por um sistema força-binário equivalente em A.

3.88 Na execução de um furo em uma parede, um homem aplica no suporte em B uma força vertical de 135 N, enquanto empurra a base em C com uma força de 45 N. O suporte está no plano horizontal xz. (*a*) Determine as outras componentes da força total que deveriam ser exercidos em C se a base não se inclina sobre os eixos y e z (ou seja, se o sistema de forças aplicadas no suporte tem um momento nulo sobre ambos os eixos y e z). (*b*) Transforme a força de 135 N e a força total em C em uma força e um binário equivalentes em A.

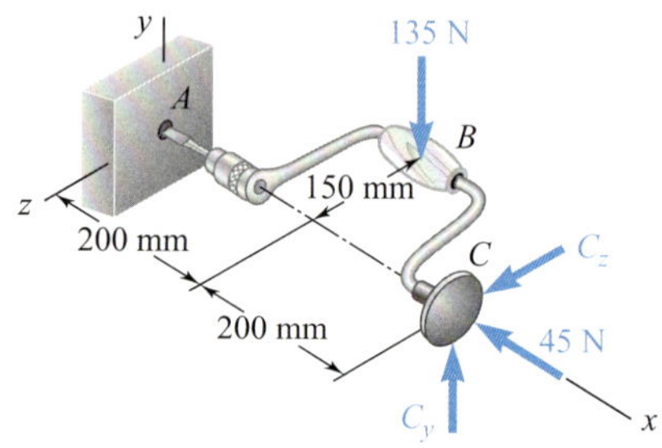

Figura P3.88

3.89 Para desatarraxar a torneira A, o encanador usa duas chaves de cano como mostra a figura. Ao exercer uma força de 180 N em cada chave a uma distância de 250 mm do eixo do cano em direções perpendiculares ao cano e à chave, o encanador impede o cano de rodar e assim evita o afrouxamento ou mais aperto da junção entre o cano e o cotovelo C. Determine (*a*) o ângulo θ que a chave em A deve formar com a vertical se o cotovelo C não roda sobre a vertical e (*b*) o sistema força-binário equivalente em C para as duas forças de 180 N quando essa condição é satisfeita.

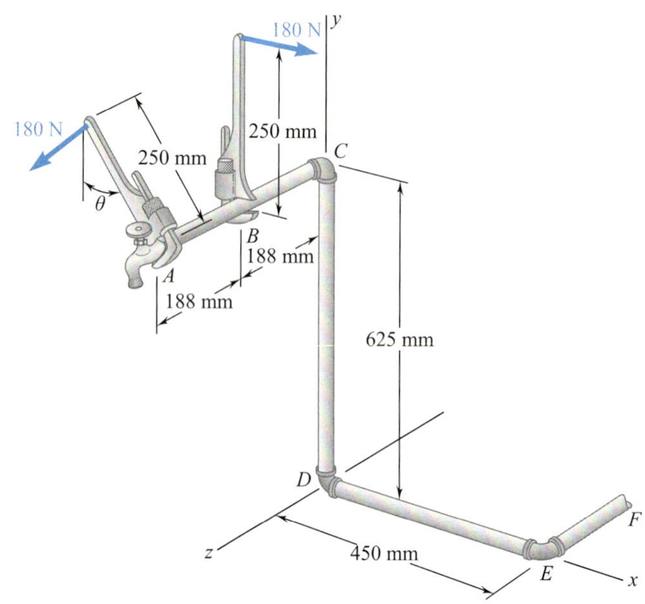

Figura P3.89

3.90 Considerando $\theta = 60°$ no Problema 3.89, substitua as duas forças de 180 N por um sistema força-binário equivalente em D e determine se a ação do encanador tende a apertar ou afrouxar a junção entre (*a*) cano CD e o cotovelo D, (*b*) no cano DE. Considere que todas as roscas são à direita.

3.91 Uma base de concreto retangular suporta quatro colunas com cargas como mostra a figura. Determine a intensidade e o ponto de aplicação da resultante das quatro cargas.

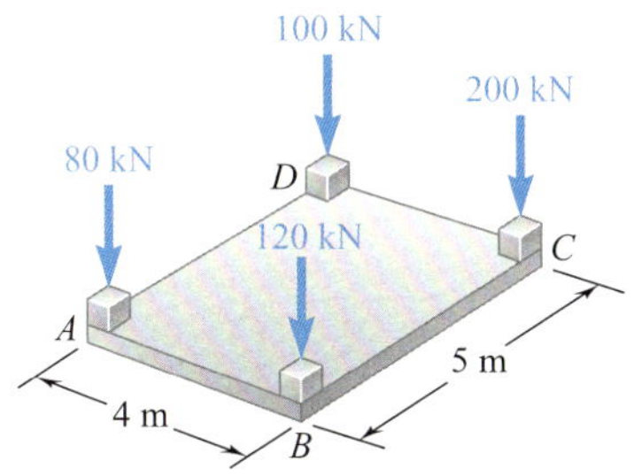

Figura P3.91

3.92 Uma base de concreto na forma de um hexágono regular de lado 3 m suporta quatro colunas com cargas, como mostra a figura. Determine a intensidade e o ponto de aplicação da resultante das quatro cargas.

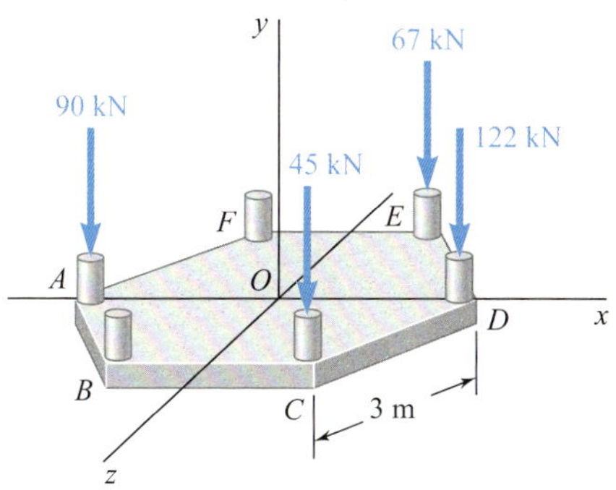

Figura P3.92 e P3.93

3.93 Determine a intensidade da carga adicional que deve ser aplicada em B e F se a resultante de todas as seis cargas passa através do centro da base.

3.94 No Problema 3.91, determine a intensidade e o ponto de aplicação da menor carga adicional que deve ser aplicada na base se a resultante de cinco cargas passa através do centro da base.

3.95 Quatro forças horizontais atuam em uma placa vertical em forma de quarto de círculo de raio 250 mm. Determine a intensidade e o ponto de aplicação da resultante das quatro forças se $P = 40$ N.

3.96 Determine a intensidade da força **P** para que a resultante das quatro forças atue no aro da placa.

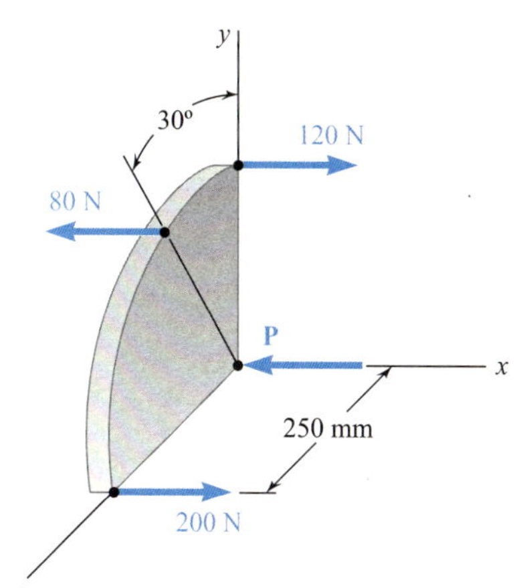

Figura P3.95 e P3.96

REVISÃO E RESUMO

Princípio da transmissibilidade

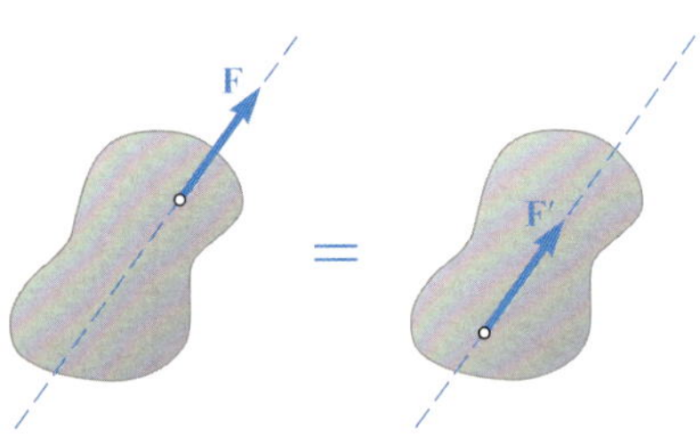

Figura 3.46

Neste capítulo, estudamos o efeito das forças exercidas sobre um corpo rígido. Primeiro, aprendemos a distinguir entre forças *externas* e forças *internas* [Seção 3.2] e vimos que, de acordo com o *princípio da transmissibilidade*, o efeito de uma força externa sobre um corpo rígido permanece inalterado se essa força é movida ao longo da sua linha de ação [Seção 3.3]. Em outras palavras, duas forças **F** e **F′** que atuem sobre um corpo rígido em dois pontos diferentes terão o mesmo efeito sobre esse corpo se tiverem a mesma intensidade, o mesmo sentido e a mesma linha de ação (Fig. 3.48). Duas forças desse tipo são consideradas *equivalentes.*

Produto vetorial de dois vetores

Antes de prosseguirmos com a discussão sobre *sistemas de forças equivalentes*, apresentamos o conceito de *produto vetorial de dois vetores* [Seção 3.4]. O produto vetorial

$$\mathbf{V} = \mathbf{P} \times \mathbf{Q}$$

dos vetores **P** e **Q** foi definido como um vetor perpendicular ao plano que contém **P** e **Q** (Fig. 3.47), de intensidade

$$V = PQ \operatorname{sen} \theta \tag{3.1}$$

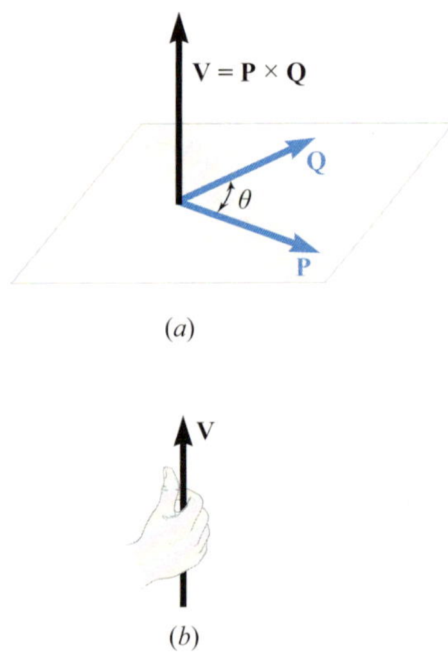

Figura 3.47

e direcionado de modo que uma pessoa localizada na ponta de **V** observará como anti-horária a rotação ao longo de θ que faz o vetor **P** ficar alinhado com o vetor **Q**. Os três vetores **P**, **Q** e **V** – nesta ordem – formam uma *tríade orientada diretamente.* Os produtos vetoriais **Q** × **P** e **P** × **Q** são representados por vetores opostos. Temos então

$$\mathbf{Q} \times \mathbf{P} = -(\mathbf{P} \times \mathbf{Q}) \tag{3.4}$$

Com base na definição de produto vetorial de dois vetores, os produtos vetoriais dos vetores unitários **i**, **j** e **k** são

$$\mathbf{i} \times \mathbf{i} = 0 \qquad \mathbf{i} \times \mathbf{j} = \mathbf{k} \qquad \mathbf{j} \times \mathbf{i} = -\mathbf{k}$$

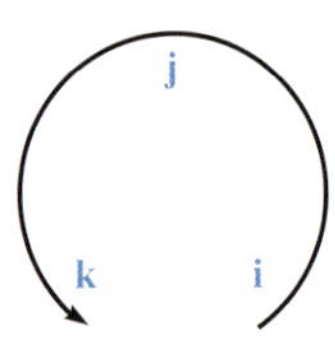

Figura 3.48

e assim por diante. O sinal do produto vetorial de dois vetores unitários pode ser obtido arranjando-se as três letras que representam os vetores unitários em um círculo, em ordem anti-horária (Fig. 3.48): o produto vetorial de dois vetores unitários será positivo se seguirem um ao outro em ordem anti-horária e negativo se seguirem um ao outro em ordem horária.

Componentes retangulares do produto vetorial

Os *componentes retangulares do produto vetorial* **V** de dois vetores **P** e **Q** são expressos [Seção 3.5] como

$$\begin{aligned} V_x &= P_y Q_z - P_z Q_y \\ V_y &= P_z Q_x - P_x Q_z \\ V_z &= P_x Q_y - P_y Q_x \end{aligned} \tag{3.9}$$

Usando um determinante, escrevemos também

$$\mathbf{V} = \begin{vmatrix} \mathbf{i} & \mathbf{j} & \mathbf{k} \\ P_x & P_y & P_z \\ Q_x & Q_y & Q_z \end{vmatrix} \tag{3.10}$$

Momento de uma força em relação a um ponto

O *momento de uma força* **F** *em relação a um ponto O* foi definido [Seção 3.6] como o produto vetorial

$$\mathbf{M}_O = \mathbf{r} \times \mathbf{F} \qquad (3.11)$$

onde **r** é o *vetor posição* traçado de O até o ponto de aplicação A da força **F** (Fig. 3.49). Representando por θ o ângulo entre as linhas de ação de **r** e **F**, encontramos que a intensidade do momento de **F** em relação a O pode ser expressa como

$$M_O = rF \operatorname{sen} \theta = Fd \qquad (3.12)$$

onde d representa a distância perpendicular do ponto O até a linha de ação de **F**.

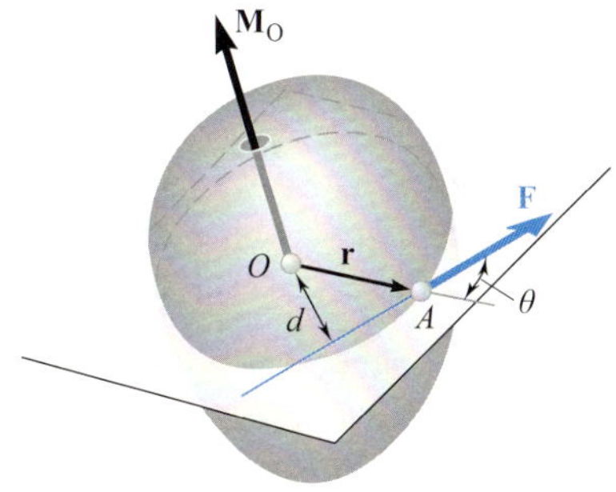

Figura 3.49

Componentes retangulares do momento

Os *componentes retangulares do momento* $\mathbf{M}_O$ *de uma força* **F** foram expressos [Seção 3.8] como

$$\begin{aligned} M_x &= yF_z - zF_y \\ M_y &= zF_x - xF_z \\ M_z &= xF_y - yF_x \end{aligned} \qquad (3.18)$$

onde x, y e z são os componentes do vetor posição **r** (Fig. 3.50). Usando uma forma de determinante, escrevemos também:

$$\mathbf{M}_O = \begin{vmatrix} \mathbf{i} & \mathbf{j} & \mathbf{k} \\ x & y & z \\ F_x & F_y & F_z \end{vmatrix} \qquad (3.19)$$

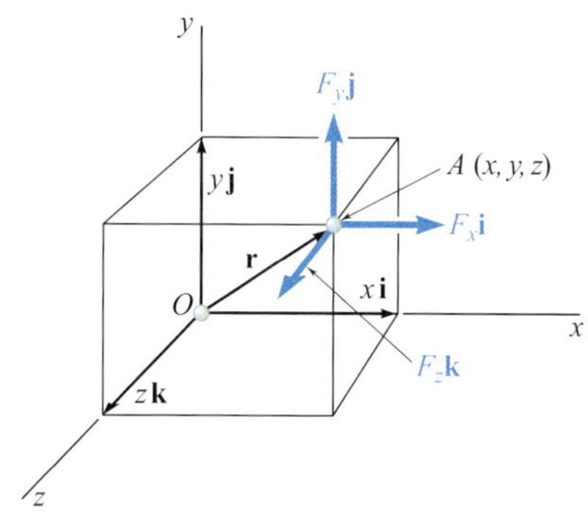

Figura 3.50

No caso mais geral do momento em relação a um ponto arbitrário B de uma força **F** aplicada em A, obtivemos

$$\mathbf{M}_B = \begin{vmatrix} \mathbf{i} & \mathbf{j} & \mathbf{k} \\ x_{A/B} & y_{A/B} & z_{A/B} \\ F_x & F_y & F_z \end{vmatrix} \qquad (3.21)$$

onde $x_{A/B}$, $y_{A/B}$ e $z_{A/B}$ representam os componentes do vetor $\mathbf{r}_{A/B}$

$$x_{A/B} = x_A - x_B \qquad y_{A/B} = y_A - y_B \qquad z_{A/B} = z_A - z_B$$

No caso de *problemas que envolvem apenas duas dimensões*, pode-se admitir que a força **F** fique no plano xy. Seu momento $\mathbf{M}_B$ em relação a um ponto B no mesmo plano é perpendicular a esse plano (Fig. 3.51) e completamente definido pelo escalar

$$M_B = (x_A - x_B)F_y - (y_A - y_B)F_x \qquad (3.23)$$

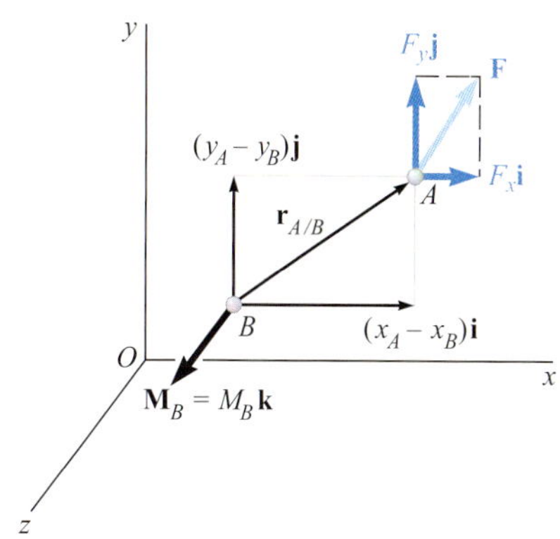

Figura 3.51

Vários métodos para o cálculo do momento de uma força em relação a um ponto foram ilustrados nos Problemas Resolvidos 3.1 até 3.4.

Produto escalar de dois vetores

O *produto escalar* de dois vetores **P** e **Q** [Seção 3.9] foi representado por $\mathbf{P} \cdot \mathbf{Q}$ e definido como a grandeza escalar

$$\mathbf{P} \cdot \mathbf{Q} = PQ \cos \theta \qquad (3.24)$$

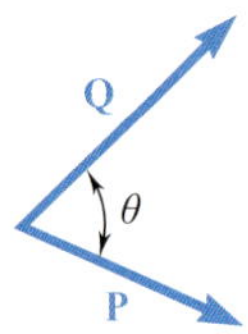

Figura 3.52

onde θ é o ângulo entre **P** e **Q** (Fig. 3.52). Expressando o produto escalar de **P** e **Q** em termos dos componentes retangulares dos dois vetores, determinamos que

$$\mathbf{P} \cdot \mathbf{Q} = P_x Q_x + P_y Q_y + P_z Q_z \tag{3.30}$$

Projeção de um vetor sobre um eixo

A *projeção de um vetor* **P** *sobre um eixo OL* (Fig. 3.53) pode ser obtida efetuando o produto escalar de **P** e do vetor unitário $\boldsymbol{\lambda}$ ao longo de OL. Temos

$$P_{OL} = \mathbf{P} \cdot \boldsymbol{\lambda} \tag{3.36}$$

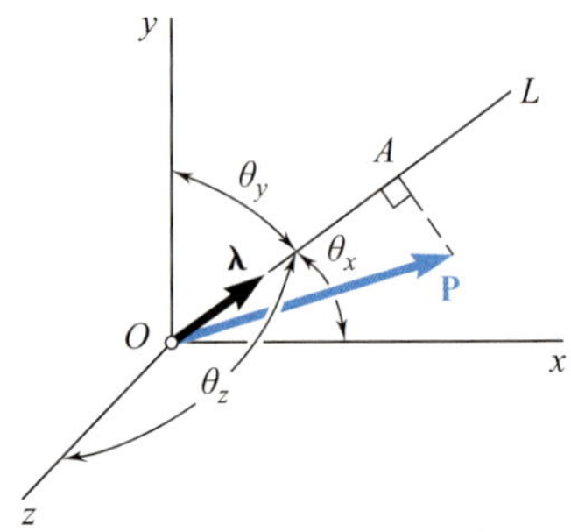

Figura 3.53

ou, usando componentes retangulares

$$P_{OL} = P_x \cos\theta_x + P_y \cos\theta_y + P_z \cos\theta_z \tag{3.37}$$

onde θ_x, θ_y e θ_z representam os ângulos que o eixo OL forma com os eixos de coordenadas.

Produto triplo misto de três vetores

O *produto triplo misto* de três vetores **S**, **P** e **Q** foi definido como a expressão escalar

$$\mathbf{S} \cdot (\mathbf{P} \times \mathbf{Q}) \tag{3.38}$$

obtida efetuando o produto escalar de **S** pelo produto vetorial de **P** e **Q** [Seção 3.10]. Foi mostrado que

$$\mathbf{S} \cdot (\mathbf{P} \times \mathbf{Q}) = \begin{vmatrix} S_x & S_y & S_z \\ P_x & P_y & P_z \\ Q_x & Q_y & Q_z \end{vmatrix} \tag{3.41}$$

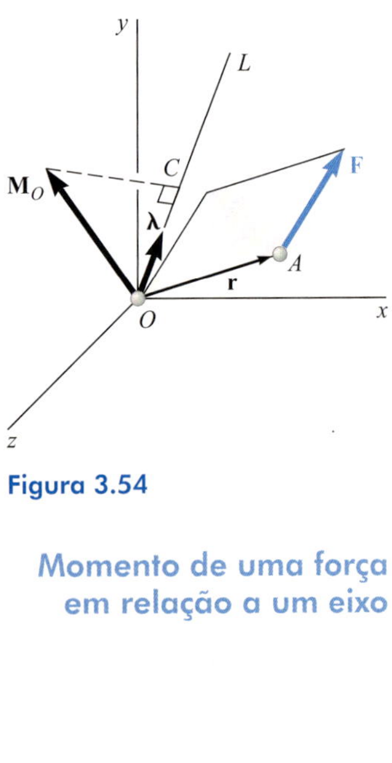

Figura 3.54

onde os elementos do determinante são os componentes retangulares dos três vetores.

Momento de uma força em relação a um eixo

O *momento de uma força* **F** *em relação a um eixo OL* [Seção 3.11] foi definido como a projeção OC sobre OL do momento $\mathbf{M}_O$ da força **F** (Fig. 3.54), ou seja, como o produto triplo misto do vetor unitário $\boldsymbol{\lambda}$, do vetor posição **r** e da força **F**:

$$M_{OL} = \boldsymbol{\lambda} \cdot \mathbf{M}_O = \boldsymbol{\lambda} \cdot (\mathbf{r} \times \mathbf{F}) \tag{3.42}$$

Usando a forma determinante para o produto triplo misto, temos:

$$M_{OL} = \begin{vmatrix} \lambda_x & \lambda_y & \lambda_z \\ x & y & z \\ F_x & F_y & F_z \end{vmatrix} \tag{3.43}$$

onde $\lambda_x, \lambda_y, \lambda_z$ = cossenos diretores do eixo OL,
x, y, z = coordenadas do ponto de aplicação de **r** e
F_x, F_y, F_z = componentes da força **F**.

Um exemplo de determinação do momento de uma força em relação a um eixo inclinado foi apresentado no Problema Resolvido 3.5.

Binários

Diz-se que *duas forças* **F** *e* –**F** *de igual intensidade, linhas de ação paralelas e sentidos opostos formam um binário* [Seção 3.12]. Foi mostrado que o momento de um binário é independente do ponto em relação ao qual é calculado. Esse momento é um vetor **M** perpendicular ao plano do binário cuja intensidade é igual ao produto da intensidade comum F das forças e da distância perpendicular d entre suas linhas de ação (Fig. 3.55).

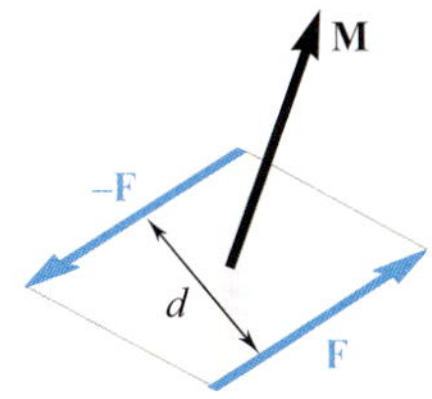

Figura 3.55

Dois binários que têm o mesmo momento **M** são *equivalentes*, ou seja, têm o mesmo efeito sobre um dado corpo rígido [Seção 3.13]. A soma de dois binários é, ela própria, um binário [Seção 3.14], e o momento **M** do binário resultante pode ser obtido pela soma vetorial dos momentos $\mathbf{M}_1$ e $\mathbf{M}_2$ dos binários originais [Problema Resolvido 3.6]. Um binário pode ser representado por um vetor denominado *vetor binário*, igual em intensidade, direção e sentido ao momento **M** do binário [Seção 3.15]. Um vetor binário é um *vetor livre* que pode ser ligado à origem O, se assim se desejar, e representado por componentes (Fig. 3.56).

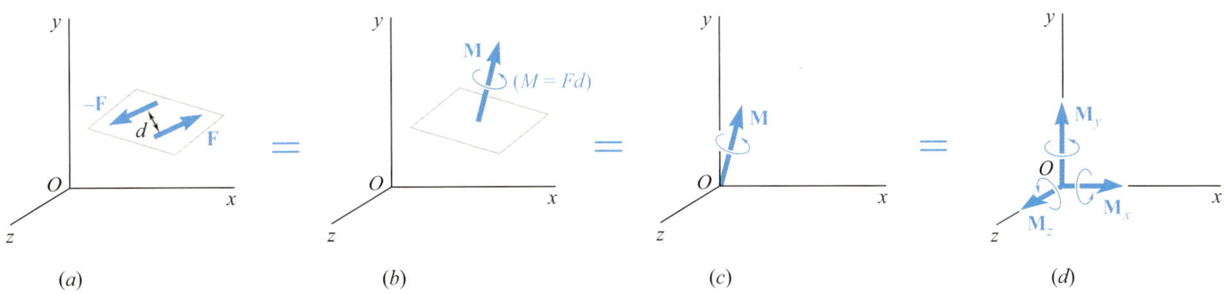

Figura 3.56

Sistema força-binário

Qualquer força **F** que atue em um ponto A de um corpo rígido pode ser substituída por um *sistema força-binário* em um ponto arbitrário O, composto da força **F** aplicada em O e de um binário de momento $\mathbf{M}_O$ igual ao momento em relação a O da força **F** em sua posição original [Seção 3.16]. Deve-se observar que a força **F** e o vetor binário $\mathbf{M}_O$ são sempre perpendiculares entre si (Fig. 3.57).

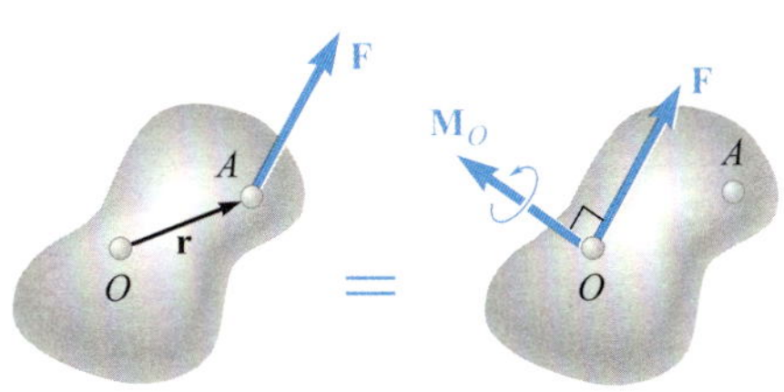

Figura 3.57

Redução de um sistema de forças a um sistema força-binário

Resulta [Seção 3.17] que *qualquer sistema de forças pode ser reduzido a um sistema força-binário em um dado ponto O*. Substituindo primeiro cada uma das forças do sistema por um sistema força-binário equivalente em O (Fig. 3.58) e, em seguida, somando todas as forças e todos os binários determinados; dessa maneira se obtém uma força resultante **R** e um vetor binário resultante $\mathbf{M}_O^R$ [Problemas Resolvidos 3.8 até 3.11]. Observe que, em geral, a resultante **R** e o vetor binário $\mathbf{M}_O^R$ não serão perpendiculares entre si.

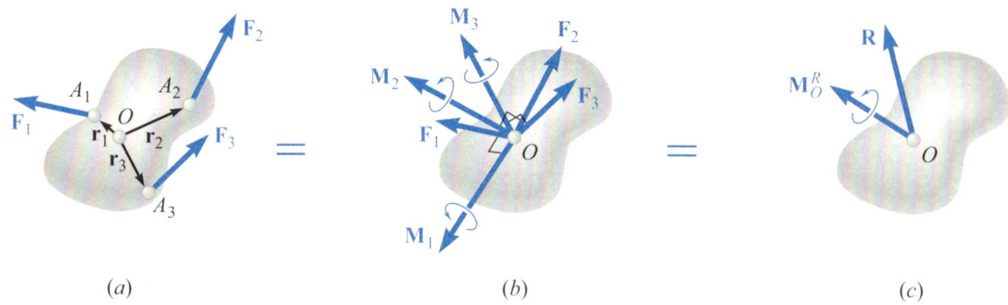

Figura 3.58

Sistemas equivalentes de forças

Concluímos do exposto anteriormente [Seção 3.18] que, em se tratando de um corpo rígido, *dois sistemas de forças*, $\mathbf{F}_1$, $\mathbf{F}_2$, $\mathbf{F}_3$, ..., e $\mathbf{F}'_1$, $\mathbf{F}'_2$, $\mathbf{F}'_3$, ..., *são equivalentes se, e somente se,*

$$\Sigma \mathbf{F} = \Sigma \mathbf{F}' \qquad \text{e} \qquad \Sigma \mathbf{M}_O = \Sigma \mathbf{M}'_O \tag{3.57}$$

Redução adicional de um sistema de forças

Se a força resultante **F** e o vetor binário resultante $\mathbf{M}_O^R$ são perpendiculares entre si, o sistema força-binário em *O* pode ainda ser reduzido a uma força única resultante [Seção 3.20]. Esse será o caso dos sistemas compostos de (*a*) forças concorrentes (Cap. 2), (*b*) forças coplanares [Problemas Resolvidos 3.8 e 3.9] ou (*c*) forças paralelas [Problema Resolvido 3.11]. Se a resultante **R** e o vetor binário $\mathbf{M}_O^R$ *não* são perpendiculares entre si, o sistema *não pode* ser reduzido a uma força única.

PROBLEMAS DE REVISÃO

3.97 Uma força **P** de intensidade 2.340 N atua no ponto E na estrutura mostrada na figura. Determine o momento de **P** (*a*) sobre o ponto D e (*b*) sobre a linha que liga os pontos O e D.

3.98 Uma força **P** atua no ponto E na estrutura mostrada na figura. Sabendo que o valor absoluto do momento em **P** sobre a linha que liga os pontos F e B é 405 N · m, determine a intensidade da força de **P**.

3.99 Um guindaste é orientado de tal forma que a extremidade da lança de 25 m AO está contida no plano yz. No instante mostrado na figura, a tração no cabo AB é 4 kN. Determine o momento sobre cada um dos eixos coordenados da força exercida em A pelo cabo AB.

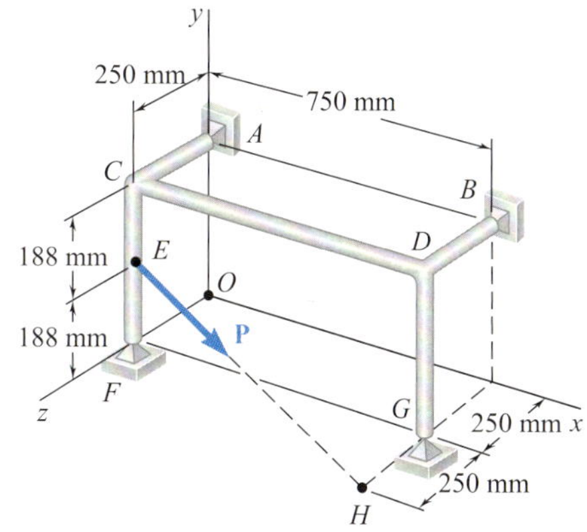

Figura P3.97 e P3.98

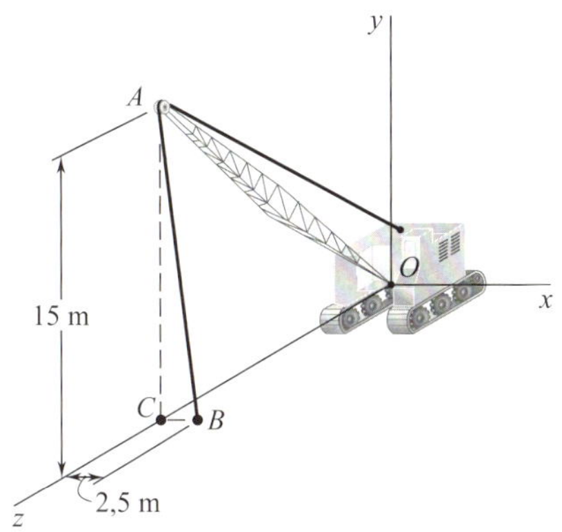

Figura P3.99 e P3.100

3.100 A lança AO do guindaste de 25 m está contida no plano yz. Determine a máxima tração permitida no cabo AB, em que os valores absolutos dos momentos sobre os eixos coordenados da força exercida em A pelo cabo AB são os seguintes: $|M_x| \leq 60$ kN · m, $|M_y| \leq 12$ kN · m e $|M_z| \leq 8$ kN · m.

3.101 Uma única força **P** atua em C na direção perpendicular à alavanca BC, na biela mostrada na figura. Determine o momento M_x de **P** sobre o eixo x quando $\theta = 65°$, sabendo que $M_y = -15$ N · m e $M_z = -36$ N · m.

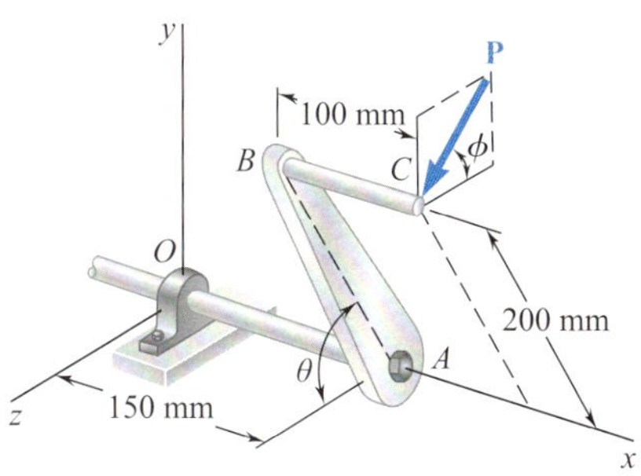

Figura P3.101

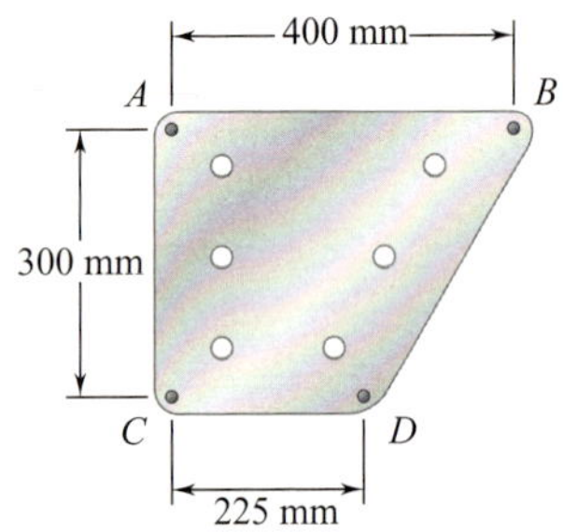

Figura P3.102

3.102 Uma furadeira de fusos múltiplos é usada para furar simultaneamente seis furos em uma chapa de aço mostrada na figura. Cada furo exerce um binário horário de intensidade 4.500 N · mm na placa. Determine um binário equivalente formado pelas menores forças possíveis que atuam (*a*) em *A* e *C*, (*b*) *A* e *D*, e (*c*) na placa.

3.103 Uma força de 500 N é aplicada em uma placa dobrada como mostra a figura. Determine (*a*) um sistema força-binário equivalente em *B* e (*b*) um sistema equivalente formado por uma força vertical em *A* e uma força em *B*.

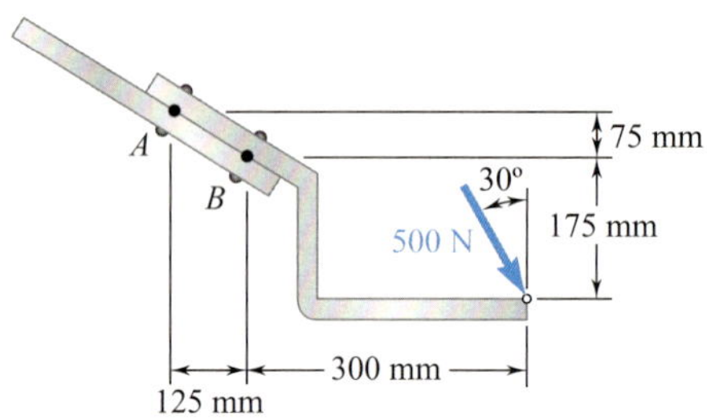

Figura P3.103

3.104 A força de 100 kN é aplicada excentricamente na coluna mostrada na figura. Determine as componentes da força e do binário em *G* que são equivalentes à carga de 100 kN.

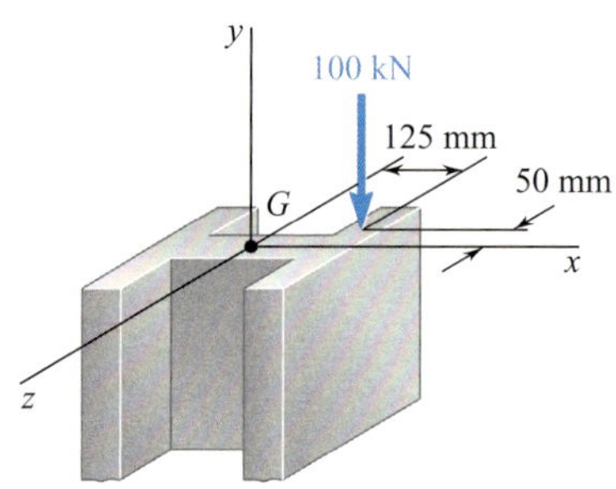

Figura P3.104

3.105 O redutor de velocidades mostrado na figura pesa 338 N e seu centro de gravidade está localizado no eixo *y*. Mostre como o peso do redutor e os dois binários que atuam nele, de intensidade $M_1 = 27$ N · m e $M_2 = 5{,}4$ N · m, respectivamente, podem ser substituídos por uma única força equivalente e determine (*a*) intensidade e direção dessa força e (*b*) o ponto onde sua linha de ação intercepta o chão.

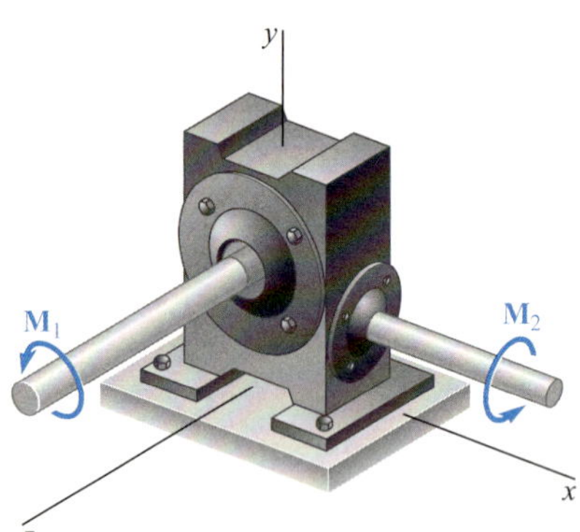

Figura P3.105

3.106 Para a treliça e o carregamento mostrados, determine a resultante das cargas e a distância do ponto *A* até sua linha de ação.

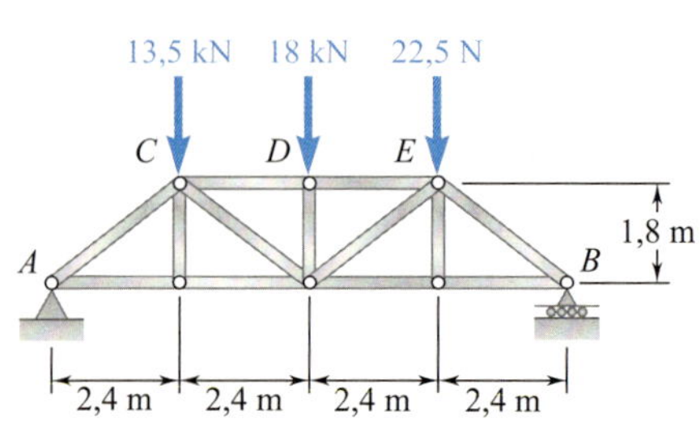

Figura P3.106

3.107 Uma força **P** de intensidade P é aplicada na borda da placa semicircular de raio a como mostrado na figura. (a) Substitua **P** por um sistema força-binário equivalente no ponto D obtendo graficamente a perpendicular de B ao eixo x. (b) Determine valor de θ para que o momento do sistema força-binário em D seja mínimo.

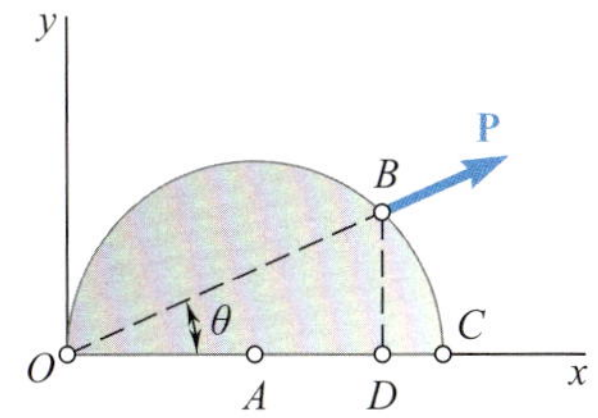

Figura P3.107

3.108 Uma base de concreto de 5 m de raio suporta quatro colunas igualmente espaçadas, cada uma delas localizada a 4 m do centro da base. Determine a intensidade e o ponto de aplicação da menor carga adicional que deve ser aplicada na base se a resultante das cinco forças passa através do centro dela.

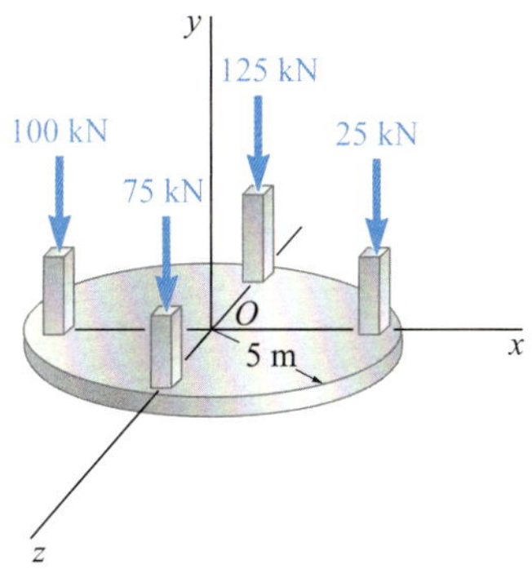

Figura P3.108

Esta torre de telecomunicações, construída no centro do Complexo Olímpico de Barcelona para as transmissões dos jogos de 1992, foi projetada para permanecer em equilíbrio sob a força vertical da gravidade e as forças laterais exercidas pelo vento.

CAPÍTULO 4

Equilíbrio de corpos rígidos

4 Equilíbrio de corpos rígidos

4.1 Introdução

Vimos, no capítulo anterior, que as forças externas que atuam sobre um corpo rígido podem ser reduzidas a um sistema força-binário em algum ponto arbitrário *O*. Quando a força e o binário são ambos iguais a zero, as forças externas formam um sistema equivalente a zero, e diz-se que o corpo rígido está em *equilíbrio.*

As condições necessárias e suficientes para o equilíbrio de um corpo rígido, portanto, podem ser obtidas pelo estabelecimento de **R** e $\mathbf{M}_O^R$ iguais a zero nas relações (3.52) da Seção 3.17:

$$\Sigma \mathbf{F} = 0 \qquad \Sigma \mathbf{M}_O = \Sigma(\mathbf{r} \times \mathbf{F}) = 0 \tag{4.1}$$

Quando decompomos cada força e cada momento em seus componentes retangulares, podemos expressar as condições necessárias e suficientes para o equilíbrio de um corpo rígido com seis equações escalares:

$$\Sigma F_x = 0 \qquad \Sigma F_y = 0 \qquad \Sigma F_z = 0 \tag{4.2}$$

$$\Sigma M_x = 0 \qquad \Sigma M_y = 0 \qquad \Sigma M_z = 0 \tag{4.3}$$

Pode-se utilizar as equações obtidas para determinar forças desconhecidas aplicadas ao corpo rígido ou reações desconhecidas exercidas sobre ele por seus apoios. As Eqs. (4.2) expressam o fato de que os componentes das forças externas nas direções *x*, *y* e *z* estão equilibrados, e as Eqs. (4.3) expressam o fato de que os momentos das forças externas em torno dos eixos *x*, *y* e *z* estão equilibrados. Portanto, para um corpo rígido em equilíbrio, o sistema de forças externas não causa nenhum movimento translacional ou rotacional no corpo considerado.

Para escrever as equações de equilíbrio para um corpo rígido, é essencial primeiro identificar todas as forças que atuam sobre esse corpo e então desenhar o correspondente *diagrama de corpo livre.* Neste capítulo, consideramos primeiro o equilíbrio de *estruturas bidimensionais* sujeitas a forças contidas em seus planos e aprendemos como desenhar seus diagramas de corpo livre. Além das forças *aplicadas* à estrutura, estudaremos as *reações* exercidas sobre a estrutura por seus apoios. Uma reação específica será associada a cada tipo de apoio. Aprenderemos a determinar se a estrutura está adequadamente apoiada, de modo que possamos saber antecipadamente se as equações de equilíbrio podem ser resolvidas para forças e reações desconhecidas.

Mais adiante neste capítulo, trataremos do equilíbrio de estruturas tridimensionais, e o mesmo tipo de análise será feito para essas estruturas e seus apoios. Abordaremos também aspectos referentes ao equilíbrio de corpos rígidos apoiados em superfícies em que o atrito atua para conter o movimento de uma superfície em relação à outra.

4.2 Diagrama de corpo livre

Foto 4.1 Um diagrama de corpo livre do trator mostrado incluiria todas as forças externas que atuam sobre ele: o peso do trator, o peso da carga na caçamba e as forças exercidas pelo solo sobre os pneus.

Para resolvermos um problema relativo ao equilíbrio de um corpo rígido, devemos considerar *todas* as forças que atuam sobre o corpo e excluir qualquer força que não esteja diretamente aplicada a ele. Omitir ou acrescentar uma força extra pode destruir as condições de equilíbrio. Portanto, o primeiro passo na solução do problema é traçar um *diagrama de corpo livre* do corpo rígido em análise. Diagramas de corpo livre já foram usados em muitas ocasiões no Cap. 2. Entretanto, tendo em vista a sua importância para a solução de problemas de equilíbrio, resumimos aqui os vários passos que devem ser seguidos quando se traça um diagrama de corpo livre.

1. Deve-se tomar uma decisão clara em relação à escolha do corpo livre a ser usado. Esse corpo é então destacado do solo e separado de todos os outros corpos. Feito isso, esboça-se o contorno do corpo assim isolado.
2. Todas as forças externas devem ser indicadas no diagrama de corpo livre. Essas forças representam as ações exercidas *sobre* o corpo livre *pelo* solo e *pelos* corpos que foram destacados e devem ser aplicadas nos vários pontos em que o corpo livre estava apoiado sobre o solo ou conectado aos outros corpos. O *peso* do corpo livre deve ser também incluído entre as forças externas, pois representa a atração exercida pela Terra sobre as várias partículas que formam o corpo livre. Como veremos no Cap. 5, o peso deve ser aplicado no centro de gravidade do corpo. Quando o corpo livre for constituído de várias partes, as forças que as várias partes exercem umas sobre as outras *não* devem ser incluídas entre as forças externas. Essas forças são forças internas no que concerne ao corpo livre.
3. As intensidades, as direções e os sentidos das *forças externas conhecidas* devem ser claramente representados no diagrama de corpo livre. Na indicação das direções dessas forças, devemos lembrar que as forças mostradas no diagrama de corpo livre devem ser aquelas que são exercidas *sobre*, e não *pelo*, o corpo livre. Forças externas conhecidas geralmente incluem o *peso* do corpo livre e *as forças aplicadas* com uma dada finalidade.
4. *As forças externas desconhecidas* geralmente consistem em *reações*, por meio das quais o solo e os outros corpos se opõem a um possível movimento do corpo livre. As reações obrigam o corpo livre a permanecer na mesma posição e, por isso, são, às vezes denominadas *forças vinculares*. As reações são exercidas nos pontos em que o corpo livre é *apoiado por* outros corpos ou está *conectado* a eles e devem ser claramente indicadas. As reações são discutidas em detalhe nas Seções 4.3 e 4.8.
5. O diagrama de corpo livre deve também incluir as dimensões, pois estas podem ser necessárias no cálculo dos momentos das forças. Qualquer outro detalhe, entretanto, deve ser omitido.

Foto 4.2 No Cap. 6, discutiremos como determinar as forças internas em estruturas feitas de várias peças conectadas, como as forças nos elementos que suportam a caçamba do trator da Foto 4.1.

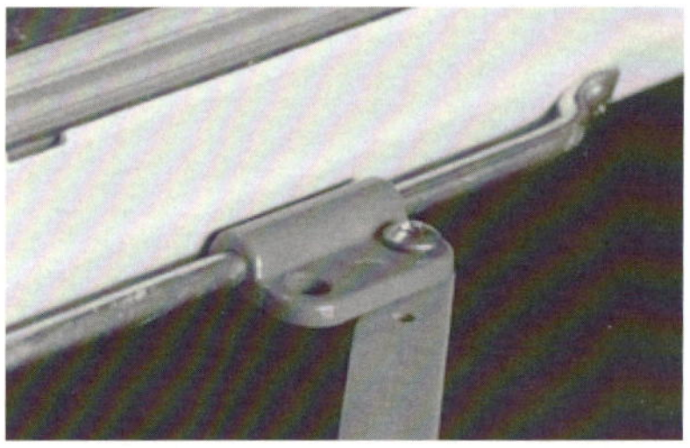

Foto 4.3 À medida que a haste de conexão do mecanismo de abertura da janela de toldo é estendida, a força que ela exerce sobre o deslizador resulta em uma força normal que está sendo aplicada na haste, o que causa a abertura da janela.

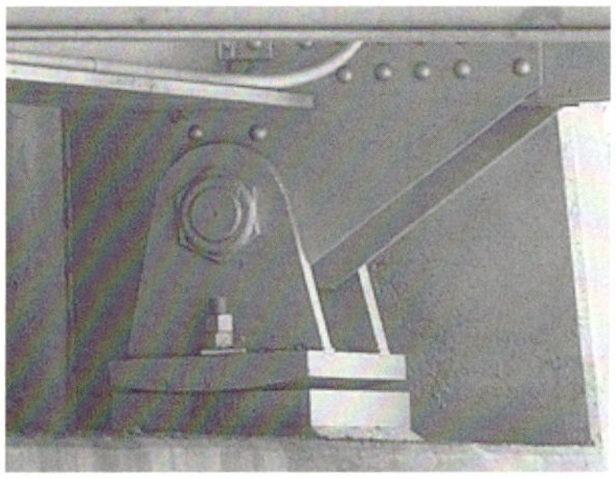

Foto 4.4 O mancal basculante mostrado, montado na estrutura, é usado para sustentar o pavimento de uma ponte.

Foto 4.5 A foto mostra o mancal de expansão basculante de uma ponte de vigas planas. A superfície convexa do suporte basculante permite que o apoio da viga se mova horizontalmente.

EQUILÍBRIO EM DUAS DIMENSÕES

4.3 Reações em apoios e conexões para uma estrutura bidimensional

Na primeira parte deste capítulo, considera-se o equilíbrio de uma estrutura bidimensional, ou seja, pressupõe-se que a estrutura que está sendo analisada e as forças a ela aplicadas estão contidas no mesmo plano. Obviamente, as reações necessárias para manter a estrutura na mesma posição estarão também contidas nesse plano.

As reações exercidas sobre uma estrutura bidimensional podem ser divididas em três grupos, que correspondem a três tipos de *apoio* ou *conexão*:

1. *Reações equivalentes a uma força com linha de ação conhecida.* Apoios e conexões que causam reações desse tipo incluem *roletes*, *suportes, basculantes*, *superfícies sem atrito*, *hastes de conexão e cabos curtos*, *colar em hastes sem atrito* e *pinos sem atrito em fendas.* Cada um desses apoios e conexões pode impedir o movimento em uma direção apenas. Esses apoios e essas conexões são mostrados na Fig. 4.1, junto com as reações que produzem. Cada uma dessas reações envolve *uma incógnita*, a saber, a intensidade da reação, que deve ser representada por uma letra apropriada. A linha de ação da reação é conhecida e deve ser indicada claramente no diagrama de corpo livre. O sentido da reação deve ser como mostra a Fig. 4.1 para os casos de uma superfície sem atrito (em direção ao corpo livre) ou um cabo (afastando-se do corpo livre). A reação pode ser dirigida em um ou outro sentido no caso de roletes de pista dupla, hastes de conexão, colares em hastes e pinos em fendas. Roletes de pista simples e suportes basculantes são geralmente considerados reversíveis e, portanto, as reações correspondentes podem também ser dirigidas em um ou outro sentido.
2. *Reações equivalentes a uma força de direção, sentido e intensidade desconhecidos.* Apoios e conexões que causam reações desse tipo incluem pinos *sem atrito ajustados em furos*, *articulações* e *superfícies rugosas.* Esses apoios e essas conexões podem impedir a translação do corpo livre em todas as direções, mas não podem impedir o corpo de girar em torno da conexão. As reações desse grupo envolvem *duas incógnitas* e são geralmente representadas por seus componentes x e y. No caso de uma superfície rugosa, o componente normal à superfície deve ser dirigido para fora da superfície.
3. *Reações equivalentes a uma força e a um binário.* Essas reações são causadas por *engastes* que impedem qualquer movimento do corpo livre, de modo a imobilizá-lo totalmente. Os engastes, na verdade, produzem forças ao longo de toda a superfície de contato. Essas forças, entretanto, formam um sistema que pode ser reduzido a uma força e um binário. Reações desse grupo envolvem *três incógnitas*, geralmente compostas dos dois componentes da força e do momento do binário.

Apoio ou conexão	Reação	Número de incógnitas
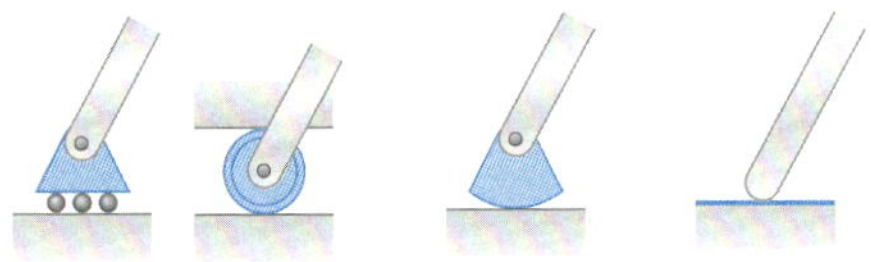 Roletes; Suporte basculante; Superfície sem atrito	 Força com linha de ação conhecida	1
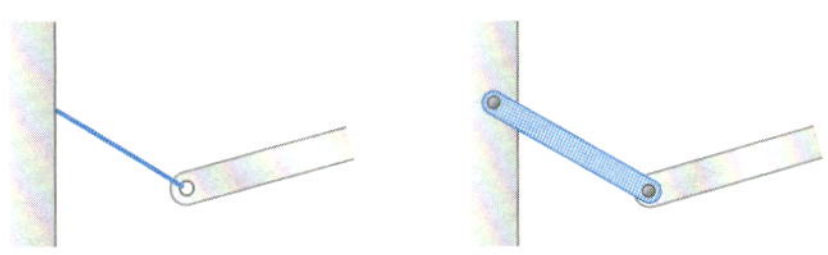 Cabo curto; Haste curta	 Força com linha de ação conhecida	1
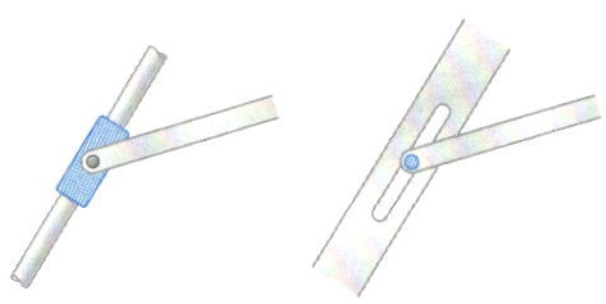 Colar em haste sem atrito; Pino deslizante sem atrito	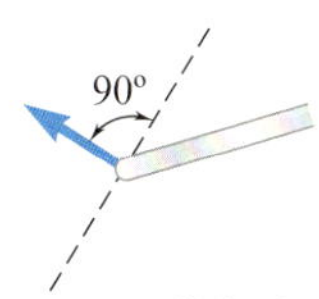 Força com linha de ação conhecida	1
 Pino sem atrito ou articulação; Superfície rugosa	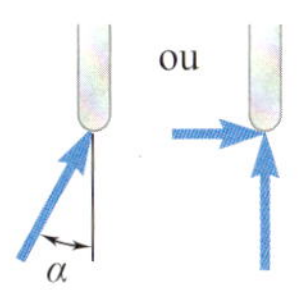 Força de direção desconhecida	2
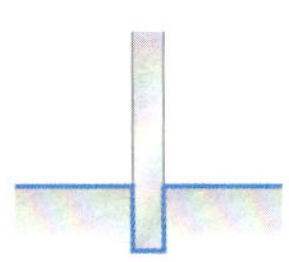 Engaste	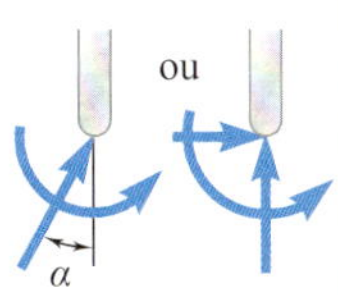 Força e binário	3

Figura 4.1 Reações em apoio e conexões.

Quando o sentido de uma força ou binário desconhecido não é facilmente previsível, não se deve fazer nenhuma tentativa de determiná-lo. Em vez disso, deve-se arbitrar o sentido da força ou do binário. O sinal da solução obtida indicará se a hipótese está correta ou não.

4.4 Equilíbrio de um corpo rígido em duas dimensões

As condições estabelecidas na Seção 4.1 para o equilíbrio de um corpo rígido tornam-se consideravelmente mais simples para o caso de uma estrutura bidimensional. Ao escolhermos os eixos x e y no plano da estrutura, temos

$$F_z = 0 \qquad M_x = M_y = 0 \qquad M_z = M_O$$

para cada uma das forças aplicadas à estrutura. Portanto, as seis equações de equilíbrio deduzidas na Seção 4.1 se reduzem a

$$\Sigma F_x = 0 \qquad \Sigma F_y = 0 \qquad \Sigma M_O = 0 \tag{4.4}$$

e a três identidades triviais, 0 = 0. Como $\Sigma M_O = 0$ deve ser satisfeita independentemente da escolha da origem O, podemos escrever as equações de equilíbrio para uma estrutura bidimensional na forma mais geral:

$$\Sigma F_x = 0 \qquad \Sigma F_y = 0 \qquad \Sigma M_A = 0 \tag{4.5}$$

onde A é um ponto qualquer no plano da estrutura. As três equações obtidas podem ser resolvidas para no máximo *três incógnitas*.

Vimos, na seção anterior, que as forças desconhecidas incluem as reações e que o número de incógnitas correspondentes a uma dada reação depende do tipo de apoio ou conexão que produz essa reação. Referindo-nos à Seção 4.3, observamos que as equações de equilíbrio (4.5) podem ser aplicadas para determinar as reações produzidas por dois roletes e um cabo, um engaste, ou um rolete e um pino ajustado em furo, etc.

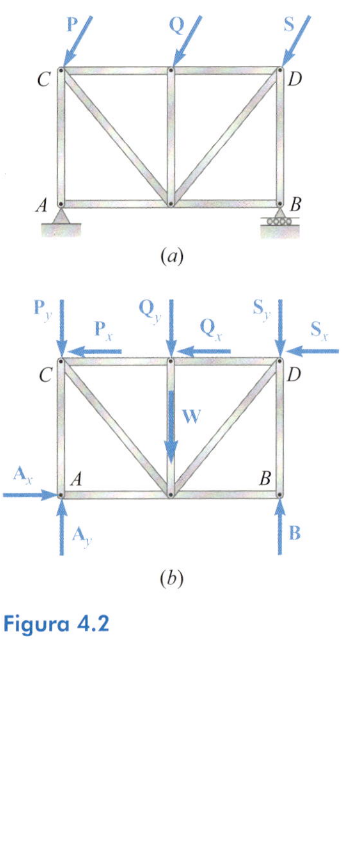

Figura 4.2

Considere a Fig. 4.2*a*, na qual a treliça mostrada está sujeita às forças dadas **P**, **Q** e **S**. A treliça é mantida no lugar por um pino em A e um rolete em B. O pino impede o ponto A de se mover exercendo na treliça uma força que pode ser decomposta nos componentes $\mathbf{A}_x$ e $\mathbf{A}_y$, e o rolete impede a rotação da treliça em torno de A exercendo a força vertical **B**. O diagrama de corpo livre da treliça é mostrado na Fig. 4.2*b* e inclui as reações $\mathbf{A}_x$, $\mathbf{A}_y$ e **B**, assim como as forças aplicadas **P**, **Q**, **S** e o peso **W** da treliça. Considerando que a soma dos momentos em relação a A de todas as forças mostradas na Fig. 4.2*b* é igual a zero, escrevemos a equação $\Sigma M_A = 0$, que pode ser usada para determinar a intensidade B, uma vez que essa equação não contém A_x ou A_y. A seguir, considerando que a soma dos componentes em x e a soma dos componentes em y das forças são iguais a zero, escrevemos as equações $\Sigma F_x = 0$ e $\Sigma F_y = 0$, das quais podemos obter os componentes A_x e A_y, respectivamente.

Poderíamos obter uma equação adicional considerando que a soma dos momentos das forças externas em relação a um ponto diferente de A é zero. Poderíamos escrever, por exemplo, $\Sigma M_B = 0$. Tal afirmação, entretanto, não contém nenhuma informação nova, pois já foi estabelecido que o sistema de forças mostrado na Fig. 4.2*b* é equivalente a zero. A equação adicional *não é independente* e não pode ser usada para determinar uma quarta incógnita. No entanto, essa equação será útil para conferir a solução obtida das três equações de equilíbrio originais.

Embora não seja possível *ampliar* as três equações de equilíbrio com equações adicionais, qualquer uma delas pode ser *substituída* por outra equação. Portanto, um sistema alternativo de equações de equilíbrio é

$$\Sigma F_x = 0 \qquad \Sigma M_A = 0 \qquad \Sigma M_B = 0 \tag{4.6}$$

no qual o segundo ponto em relação ao qual os momentos são calculados (nesse caso, o ponto B) não pode estar sobre a linha paralela ao eixo y que passa pelo ponto A (Fig. 4.2*b*). Essas equações são condições suficientes para o equilíbrio da treliça. As duas primeiras equações indicam que as forças externas devem se reduzir a uma única força vertical em A. Como a terceira equação requer que o momento dessa força seja zero em relação ao ponto B, que não está sobre sua linha de ação, a força deve ser nula, e o corpo rígido está em equilíbrio.

Um terceiro conjunto possível de equações de equilíbrio é

$$\Sigma M_A = 0 \qquad \Sigma M_B = 0 \qquad \Sigma M_C = 0 \tag{4.7}$$

em que os pontos A, B e C não estão sobre uma linha reta (Fig. 4.2*b*). A primeira equação requer que as forças externas se reduzam a uma única força em A; a segunda equação requer que essa força passe por B; e a terceira equação requer que ela passe por C. Como os pontos A, B e C não estão sobre uma linha reta, a força deve ser zero, e o corpo rígido está em equilíbrio.

A equação $\Sigma M_A = 0$, que expressa que a soma dos momentos das forças sobre o pino A é zero, tem um significado físico mais bem definido do que o das duas outras equações (4.7). Essas duas equações expressam uma ideia similar de equilíbrio, mas com respeito a pontos em relação aos quais o corpo rígido não está articulado. Elas são, entretanto, tão úteis quanto a primeira equação, e nossa escolha de equações de equilíbrio não deve ser injustificadamente influenciada pelo significado físico dessas equações. Na prática, será desejável escolher equações de equilíbrio que contenham somente uma incógnita, já que isso elimina a necessidade de obter as soluções de equações simultâneas. É possível obter equações que contenham somente uma incógnita somando os momentos em relação ao ponto de interseção das unhas de ação de duas forças desconhecidas ou, se essas forças forem paralelas, somando os componentes em uma direção perpendicular à sua direção comum. Por exemplo, na Fig. 4.3, em que a treliça mostrada é sustentada por roletes em A e B e por uma haste curta de conexão em D, podem-se eliminar as reações em A e B somando os componentes na direção x. As reações em A e D serão eliminadas somando os momentos em relação a C, e as reações em B e D o serão somando os momentos em relação a D. As equações obtidas são

$$\Sigma M_A = 0 \qquad \Sigma M_B = 0 \qquad \Sigma M_C = 0$$

Cada uma dessas equações contém somente uma incógnita.

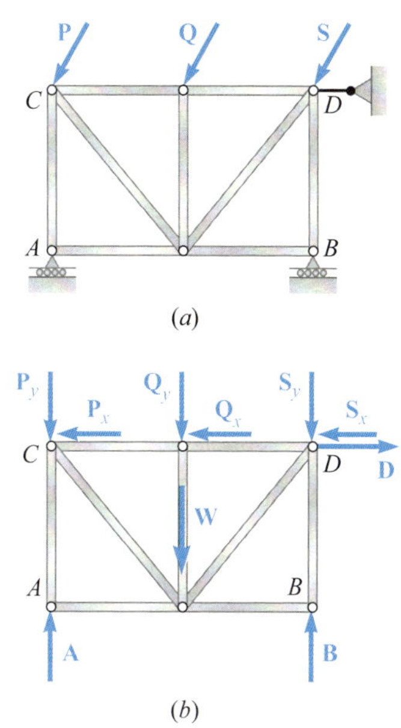

Figura 4.3

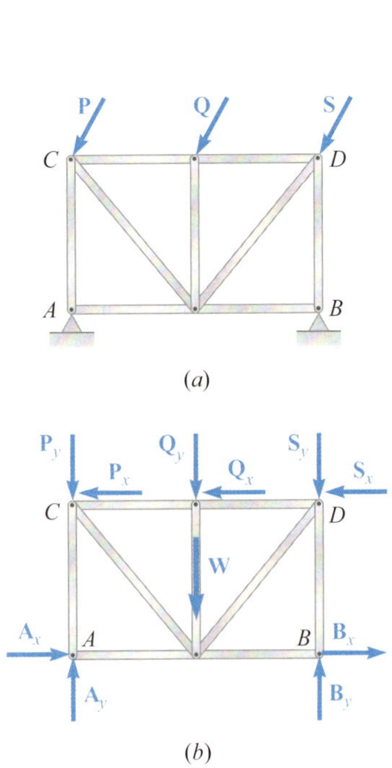

Figura 4.4 Reações estaticamente indeterminadas.

4.5 Reações estaticamente indeterminadas. Vinculações parciais

Nos dois exemplos examinados na seção anterior (Figs. 4.2 e 4.3), os tipos de apoio usados foram tais que o corpo rígido não poderia se mover sob as cargas dadas ou sob quaisquer outras condições de carregamento. Nesses casos, diz-se que o corpo rígido está *completamente vinculado*. Recordamos também que as reações correspondentes a esses apoios envolviam *três incógnitas* e podiam ser determinadas por meio da resolução das três equações de equilíbrio. Quando tal situação ocorre, diz-se que as reações são *estaticamente determinadas*.

Considere a Fig. 4.4*a*, na qual a treliça mostrada é sustentada por pinos em A e B. Esses suportes fornecem mais vínculos que o necessário para impedir a treliça de se mover sob as cargas aplicadas ou sob quaisquer outras condições de carregamento. Observamos também, a partir do diagrama de corpo livre da Fig. 4.4*b*, que as reações correspondentes envolvem *quatro incógnitas*. Uma vez que, conforme apresentamos na Seção 4.4, só estão disponíveis três equações de equilíbrio independentes, há *mais incógnitas do que equações*, portanto nem todas as incógnitas podem ser determinadas. Enquanto as equações $\Sigma M_A = 0$ e $\Sigma M_B = 0$ fornecem os componentes B_y e A_y, respectivamente, a equação $\Sigma F_X = 0$ fornece somente a soma $A_x + B_x$ dos componentes horizontais das reações em A e B. Os componentes A_x e B_x são considerados *estaticamente indeterminados*. Pode-se determinar esses componentes considerando as deformações produzidas na treliça pelo carregamento dado, mas esse método está além do escopo da estática e pertence ao estudo de mecânica dos materiais.

Os apoios usados para sustentar a treliça mostrada na Fig. 4.5*a* consistem em roletes em A e B. Obviamente, os vínculos fornecidos por esses apoios não são suficientes para impedir o movimento da treliça. Embora qualquer movimento vertical esteja impedido, a treliça pode mover-se livremente na horizontal. Diz-se que a treliça está *parcialmente vinculada*.* Voltando nossa atenção para a Fig. 4.5*b*, observamos que as reações em A e B envolvem somente *duas incógnitas*. Como três equações de equilíbrio devem ainda ser satisfeitas, há *menos incógnitas, do que equações*, e, em geral, uma das equações de equilíbrio poderá não ser satisfeita. Embora as equações $\Sigma M_A = 0$ e $\Sigma M_B = 0$ possam ser satisfeitas por meio de uma escolha apropriada das reações em A e B, a equação $\Sigma F_X = 0$ não será satisfeita a menos que se conclua que a soma dos componentes horizontais das forças aplicadas é nula. Observamos, portanto, que o equilíbrio da treliça da Fig. 4.5 não pode ser mantido em condições gerais de carregamento.

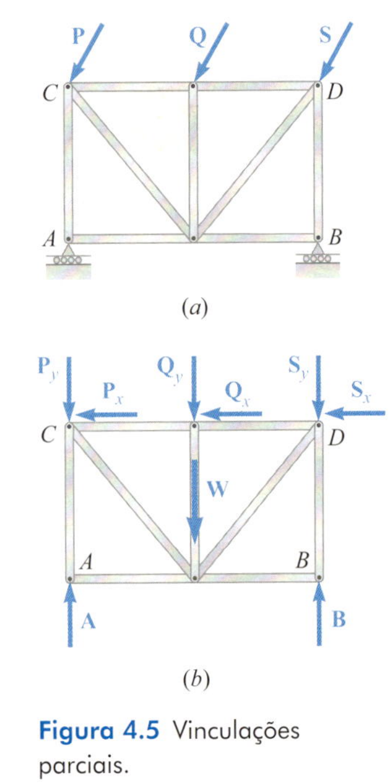

Figura 4.5 Vinculações parciais.

Conclui-se da discussão anterior que, para um corpo rígido estar completamente vinculado e para as reações em seus apoios serem estaticamente determinadas, *deve haver tantas incógnitas quanto equações de equilíbrio*. Quando essa condição *não* é satisfeita, podemos estar certos de que ou o corpo rígido não está completamente vinculado ou as reações em seus apoios não são estaticamente determinadas; é também possível que o corpo rígido não esteja completamente vinculado *e* que as reações sejam estaticamente indeterminadas.

Devemos notar, entretanto, que embora *necessária*, a condição anterior *não* é *suficiente*. Em outras palavras, o fato de o número de incógnitas ser

* Corpos parcialmente vinculados são frequentemente citados como *instáveis*. Entretanto, para evitar confusão entre esse tipo de instabilidade, devida às restrições insuficientes, e o tipo de instabilidade considerada no Cap. 16, que é relativo ao comportamento de um corpo rígido quando seu equilíbrio é perturbado, vamos restringir o uso dos termos *estável* e *instável* a esse último caso.

igual ao número de equações não é garantia de que o corpo esteja completamente vinculado ou que as reações em seus apoios sejam estaticamente determinadas. Considere a Fig. 4.6*a*, na qual a treliça mostrada é sustentada por roletes em *A*, *B* e *E*. Embora existam três reações incógnitas, **A**, **B** e **E** (Fig. 4.6*b*), a equação $\Sigma F_x = 0$ não será satisfeita a menos que se conclua que a soma dos componentes horizontais das forças aplicadas é igual a zero. Apesar de haver um número suficiente de vínculos, estes não estão apropriadamente arranjados, e a treliça pode mover-se livremente em sentido horizontal. Dizemos que a treliça está *impropriamente vinculada*. Como restam somente duas equações de equilíbrio para determinar três incógnitas, as reações serão estaticamente indeterminadas. Portanto, vínculos impróprios também produzem indeterminação estática.

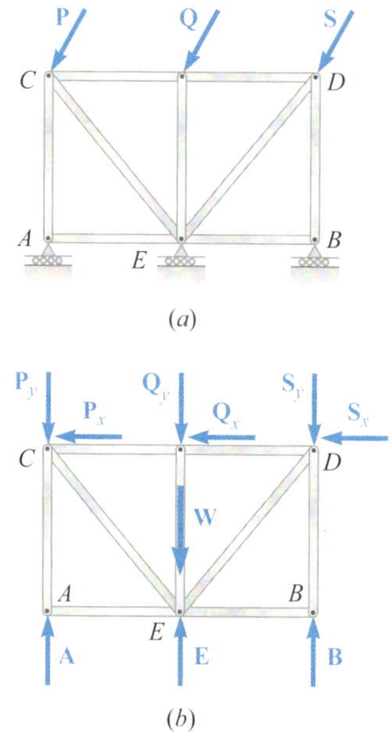

Figura 4.6 Vinculações impróprias.

Outro exemplo de vinculações impróprias – e de indeterminação estática – é dado pela treliça mostrada na Fig. 4.7. Essa treliça é sustentada por um pino em *A* e por roletes em *B* e *C*, envolvendo ao todo quatro incógnitas. Como só estão disponíveis três equações de equilíbrio independentes, as reações nos apoios são estaticamente indeterminadas. No entanto, verifica-se que a equação $\Sigma M_A = 0$ não pode ser satisfeita em condições gerais de carregamento, pois as linhas de ação das reações **B** e **C** passam por *A*. Concluímos que a treliça pode girar em torno de *A* e que ela está impropriamente vinculada.*

Os exemplos das Figs. 4.6 e 4.7 levam-nos a concluir que *um corpo rígido está impropriamente vinculado sempre que os suportes*, mesmo que forneçam um número suficiente de reações, *estiverem dispostos de tal modo que as reações sejam concorrentes em um mesmo ponto ou paralelas.***

Em suma, para termos certeza de que um corpo bidimensional está completamente vinculado e que as reações em seus apoios são estaticamente determinadas, devemos verificar se as reações envolvem três – e somente três – incógnitas e se os apoios estão dispostos de tal modo que não requeiram que as reações sejam concorrentes ou paralelas.

Suportes que envolvam reações estaticamente indeterminadas devem ser usados com cuidado no *projeto* de estruturas e só com conhecimento completo dos problemas que eles podem causar. Entretanto, a *análise* de estruturas que apresentem reações estaticamente indeterminadas muitas vezes pode ser realizada, em parte, por meio dos métodos da estática. No caso da treliça da Fig. 4.4, por exemplo, os componentes verticais das reações em *A* e *B* foram obtidos das equações de equilíbrio.

Por razões óbvias, os suportes que produzem vinculações parciais ou impróprias devem ser evitados no projeto de estruturas estacionárias. Entretanto, uma estrutura parcial ou impropriamente vinculada não irá necessariamente entrar em colapso; em certas condições de carregamento, o equilíbrio poderá ser mantido. Por exemplo, as treliças das Figs. 4.5 e 4.6 estarão em equilíbrio se as forças aplicadas, **P**, **Q** e **S**, forem verticais. Além disso, estruturas projetadas para se moverem *devem* ser apenas parcialmente vinculadas. Um vagão de trem, por exemplo, seria pouco útil se fosse completamente vinculado por meio da aplicação permanente de seus freios.

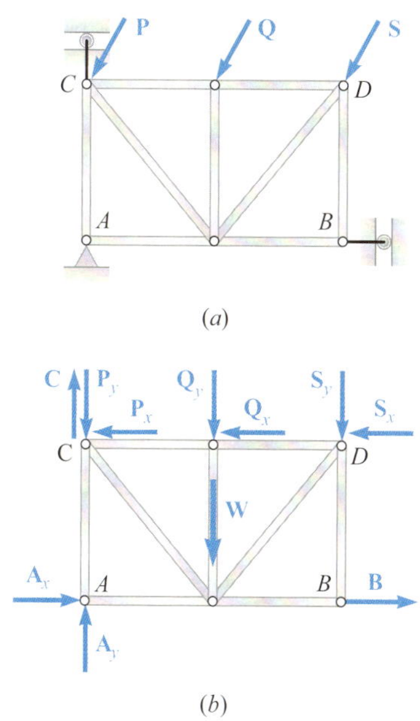

Figura 4.7 Vinculações impróprias.

* A rotação da treliça em torno de *A* requer alguma "folga" nos apoios em *B* e *C*. Na prática, essa folga sempre existirá. Além disso, observa-se que, se a folga se mantiver pequena, os deslocamentos dos roletes *B* e *C* – e, portanto, as distâncias do ponto *A* às linhas de ação das reações **B** e **C** – também serão pequenos. A equação $\Sigma M_A = 0$ requer, então, que as reações **B** e **C** sejam muito grandes, situação que pode resultar no colapso dos suportes em *B* e *C*.

** Pelo fato de decorrer de uma *geometria* ou um arranjo inadequado dos apoios, essa situação é frequentemente citada como uma *instabilidade geométrica*.

PROBLEMA RESOLVIDO 4.1

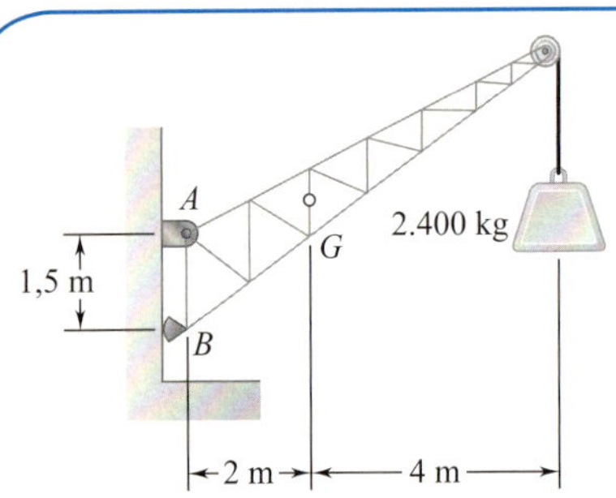

Um guindaste fixo tem uma massa de 1.000 kg e é usado para suspender um caixote de 2.400 kg. O guindaste é mantido na posição indicada na figura por um pino em A e um suporte basculante em B. O centro de gravidade do guindaste está localizado em G. Determine os componentes das reações em A e B.

SOLUÇÃO

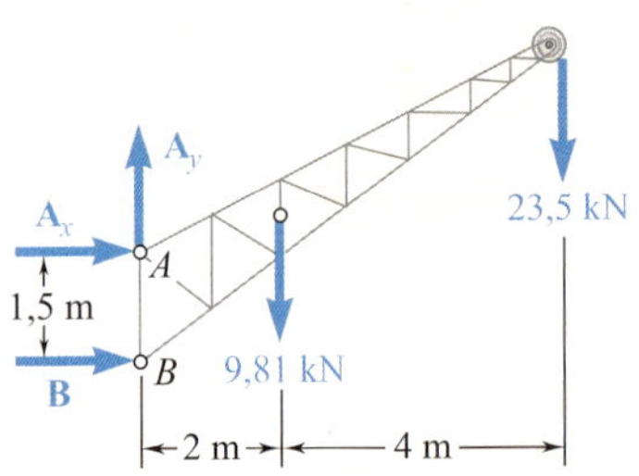

Diagrama de corpo livre. Traça-se um diagrama de corpo livre do guindaste. Multiplicando as massas do guindaste e do caixote por $g = 9{,}81\ \text{m/s}^2$, obtemos os pesos correspondentes, ou seja, 9.810 N ou 9,81 kN, e 23.500 N ou 23,5 kN. A reação no pino A é uma força de direção desconhecida, e esta é representada por seus componentes $\mathbf{A}_x$ e $\mathbf{A}_y$. A reação no suporte basculante B é perpendicular à superfície desse suporte basculante, portanto ela é horizontal. Admitimos que $\mathbf{A}_x$, $\mathbf{A}_y$ e $\mathbf{B}$ atuam nas direções e nos sentidos mostrados.

Cálculo de *B*. Expressamos que a soma dos momentos de todas as forças externas em relação ao ponto A é zero. A equação obtida não conterá A_x nem A_y, pois os momentos de $\mathbf{A}_x$ e $\mathbf{A}_y$ em relação a A são nulos. Multiplicando a intensidade de cada força por sua distância perpendicular a partir de A, escrevemos

$$+\circlearrowleft \Sigma M_A = 0: \qquad +B(1{,}5\ \text{m}) - (9{,}81\ \text{kN})(2\ \text{m}) - (23{,}5\ \text{kN})(6\ \text{m}) = 0$$
$$B = +107{,}1\ \text{kN} \qquad \mathbf{B} = 107{,}1\ \text{kN} \rightarrow \quad ◀$$

Como o resultado é positivo, a reação tem o sentido arbitrado na figura.

Cálculo de $\mathbf{A}_x$. Determina-se a intensidade de $\mathbf{A}_x$ indicando que a soma dos componentes horizontais de todas as forças externas é nula.

$$\overset{+}{\rightarrow}\Sigma F_x = 0: \qquad A_x + \text{B} = 0$$
$$A_x + 107{,}1\ \text{kN} = 0$$
$$A_x = -107{,}1\ \text{kN} \qquad \mathbf{A}_x = 107{,}1\ \text{kN} \leftarrow \quad ◀$$

Como o resultado é negativo, o sentido de $\mathbf{A}_x$ é o oposto do sentido arbitrado originalmente.

Cálculo de $\mathbf{A}_y$. A soma dos componentes verticais também deve ser nula.

$$+\uparrow\Sigma F_y = 0: \qquad A_y - 9{,}81\ \text{kN} - 23{,}5\ \text{kN} = 0$$
$$A_y = +33{,}3\ \text{kN} \qquad \mathbf{A}_y = 33{,}3\ \text{kN} \uparrow \quad ◀$$

Adicionando vetorialmente os componentes $\mathbf{A}_x$ e $\mathbf{A}_y$, verificamos que a reação em A é 112,2 kN ⦪ 17,3°.

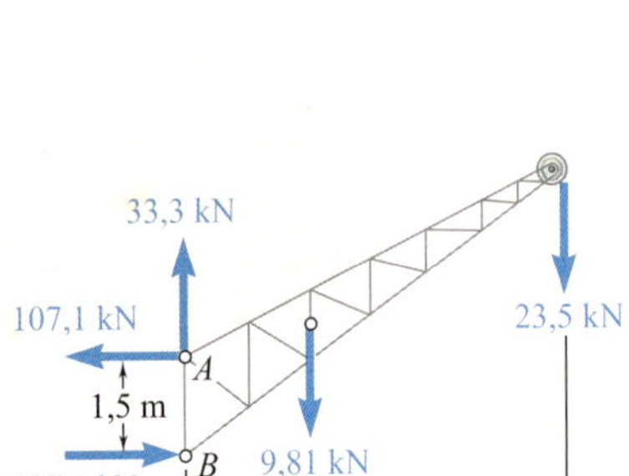

Verificação. Os valores obtidos para as reações podem ser verificados recordando que a soma dos momentos de todas as forças externas em relação a qualquer ponto deve ser nula. Por exemplo, considerando o ponto B, tem-se

$$+\circlearrowleft \Sigma M_B = -(9{,}81\ \text{kN})(2\ \text{m}) - (23{,}5\ \text{kN})(6\ \text{m}) + (107{,}1\ \text{kN})(1{,}5\ \text{m}) = 0$$

PROBLEMA RESOLVIDO 4.2

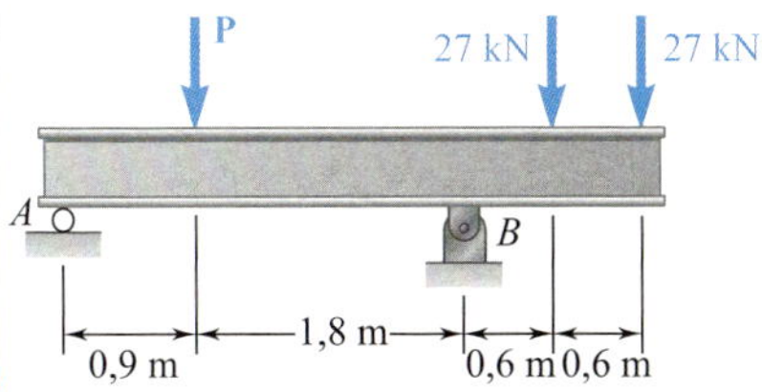

Três cargas são aplicadas a uma viga como mostra a figura. A viga é sustentada por um rolete em A e por um pino em B. Desprezando o peso da viga, determine as reações em A e B quando $P = 67{,}5$ kN.

SOLUÇÃO

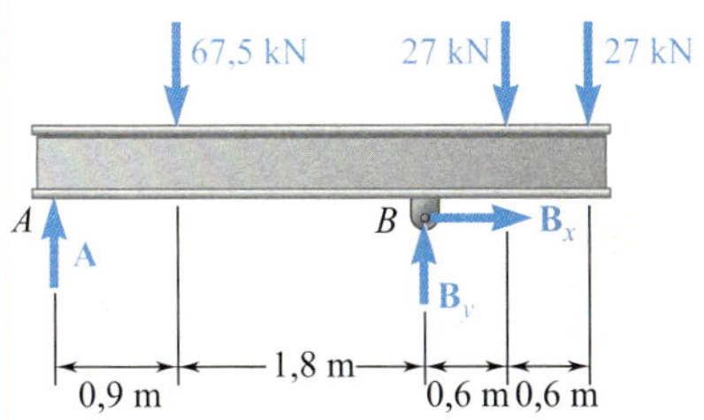

Diagrama de corpo livre. Traça-se um diagrama de corpo livre da viga. A reação em A é vertical e é representada por **A**. A reação em B é representada pelos componentes $\mathbf{B}_x$ e $\mathbf{B}_y$. Admite-se que cada componente atue com o sentido indicado na figura.

Equações de equilíbrio. Escrevemos as três equações de equilíbrio seguintes e as resolvemos para as reações indicadas:

$$\overset{+}{\rightarrow}\Sigma F_x = 0: \qquad B_x = 0 \qquad \mathbf{B}_x = 0 \blacktriangleleft$$

$$+\circlearrowleft \Sigma M_A = 0:$$
$$-(67{,}5 \text{ kN})(0{,}9 \text{ m}) + B_y(2{,}7 \text{ m}) - (27 \text{ kN})(3{,}3 \text{ m}) - (27 \text{ kN})(3{,}9 \text{ m}) = 0$$
$$B_y = +94{,}5 \text{ kN} \qquad \mathbf{B}_y = 94{,}5 \text{ kN}\uparrow \blacktriangleleft$$

$$+\circlearrowleft \Sigma M_B = 0:$$
$$-A(2{,}7 \text{ m}) + (67{,}5 \text{ kN})(1{,}8 \text{ m}) - (27 \text{ kN})(0{,}6 \text{ m}) - (27 \text{ kN})(1{,}2 \text{ m}) = 0$$
$$A = +27 \text{ kN} \qquad \mathbf{A} = 27 \text{ kN}\uparrow \blacktriangleleft$$

Verificação. Os resultados são verificados pela soma dos componentes verticais de todas as forças externas:

$$+\uparrow\Sigma F_y = +27 \text{ kN} - 67{,}5 \text{ kN} + 94{,}5 \text{ kN} - 27 \text{ kN} - 27 \text{ kN} = 0$$

Comentário. Nesse problema, as reações tanto em A quanto em B são verticais, mas por razões diferentes. Em A, a viga é sustentada por um rolete, portanto a reação não pode ter um componente horizontal. Em B, o componente horizontal da reação é zero porque deve satisfazer a equação de equilíbrio $\Sigma F_x = 0$ e porque nenhuma das outras forças que atuam na viga tem um componente horizontal.

Poderíamos ter percebido à primeira vista que a reação em B era vertical e dispensado o componente horizontal $\mathbf{B}_x$. Contudo, essa não é uma boa prática. Se a seguíssemos, correríamos o risco de esquecer o componente $\mathbf{B}_x$ quando as condições de carregamento exigissem tal componente (ou seja, quando fosse incluída uma carga horizontal). Além disso, o componente $\mathbf{B}_x$ foi calculado igual a zero pela solução de uma equação de equilíbrio, $\Sigma F_x = 0$. Se estabelecêssemos $\mathbf{B}_x$ igual a zero de imediato, poderíamos não perceber que realmente fizemos uso dessa equação e, portanto, perderíamos o controle do número de equações disponíveis para resolver o problema.

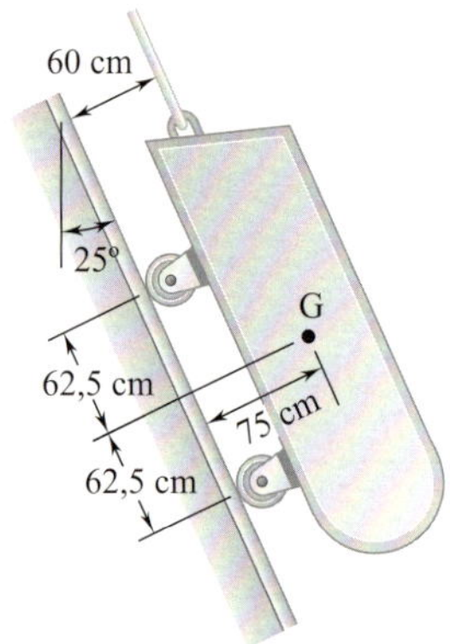

PROBLEMA RESOLVIDO 4.3

Um vagão de carga está em repouso sobre um trilho que forma um ângulo de 25° com a vertical. O peso bruto do vagão e de sua carga é 24.750 N e está aplicado em um ponto a 75 cm do trilho, no meio entre os dois eixos. O vagão é segurado por um cabo amarrado a 60 cm do trilho. Determine a tração no cabo e a reação em cada par de rodas.

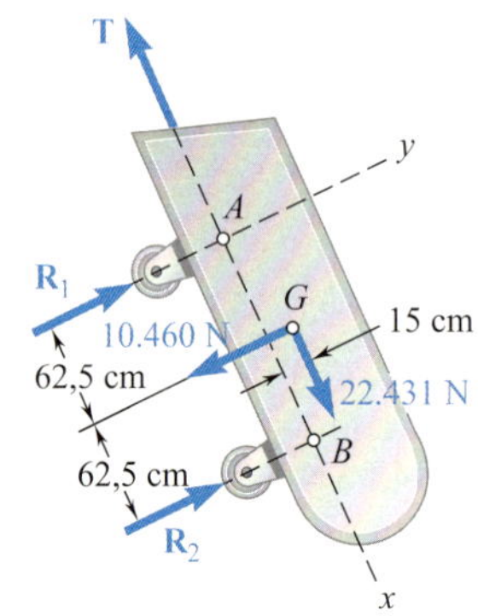

SOLUÇÃO

Diagrama de corpo livre. Um diagrama de corpo livre do vagão está traçado na figura. A reação em cada roda é perpendicular ao trilho, e a força de tração **T** é paralela ao trilho. Por conveniência, escolhemos o eixo x paralelo ao trilho e o eixo y perpendicular ao trilho. O peso de 24.750 N é então decomposto em componentes x e y.

$$W_x = +(24.750\text{ N})\cos 25° = +22.431\text{ N}$$
$$W_y = -(24.750\text{ N})\text{ sen } 25° = -10.460\text{ N}$$

Equações de equilíbrio. Calculamos os momentos em relação a A para eliminar **T** e $\mathbf{R}_1$ dos cálculos.

$$+\circlearrowright\Sigma M_A = 0:\ -(10.460\text{ N})(62{,}5\text{ cm}) - (22.431\text{ N})(15\text{ cm}) + R_2(125\text{ cm}) = 0$$
$$R_2 = +7.922\text{ N} \qquad \mathbf{R}_2 = 7.922\text{ N}\nearrow \blacktriangleleft$$

Agora, calculando os momentos em relação a B para eliminar **T** e $\mathbf{R}_2$ dos cálculos, escrevemos

$$+\circlearrowright\Sigma M_B = 0:\ (10.460\text{ N})(62{,}5\text{ cm}) - (22.431\text{ N})(15\text{ cm}) - R_1(125\text{ cm}) = 0$$
$$R_1 = +2.538\text{ N} \qquad \mathbf{R}_1 = +2.538\text{ N}\nearrow \blacktriangleleft$$

Encontra-se o valor de T escrevendo

$$\searrow+\Sigma F_x = 0:\quad +22.431\text{ N} - T = 0$$
$$T = +22.431\text{ N} \qquad \mathbf{T} = 22.431\text{ N}\nwarrow \blacktriangleleft$$

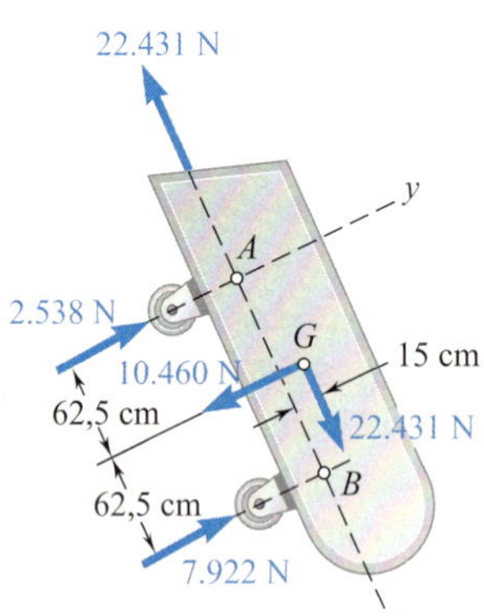

Os valores calculados das reações estão mostrados no esboço ao lado.

Verificação. Os cálculos são verificados escrevendo

$$\nearrow+\Sigma F_y = +2.538\text{ N} + 7.922\text{ N} - 10.460\text{ N} = 0$$

Poderíamos também ter verificado a solução calculando os momentos em relação a qualquer outro ponto diferente de A ou B.

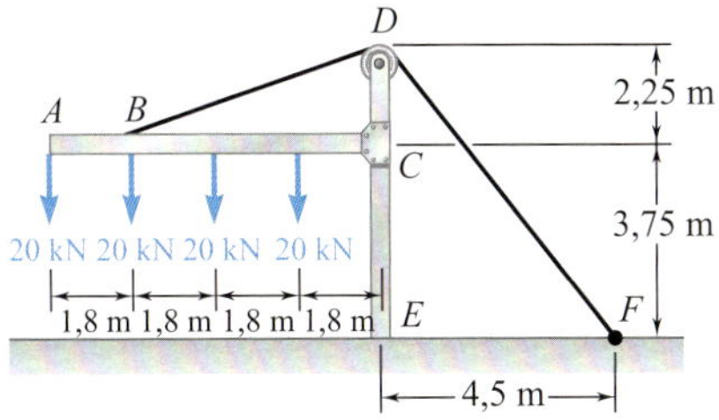

PROBLEMA RESOLVIDO 4.4

A estrutura representada na figura sustenta parte do teto de um pequeno edifício. Sabendo que a tração no cabo é 150 kN, determine a reação na extremidade fixa E.

SOLUÇÃO

Diagrama de corpo livre. Traça-se um diagrama de corpo livre da estrutura e do cabo BDF. A reação na extremidade fixa E é representada pelos componentes de força $\mathbf{E}_x$ e $\mathbf{E}_y$ e pelo binário $\mathbf{M}_E$. As outras forças que atuam no corpo livre são as quatro cargas de 20 kN e a força de 150 kN exercida na extremidade F do cabo.

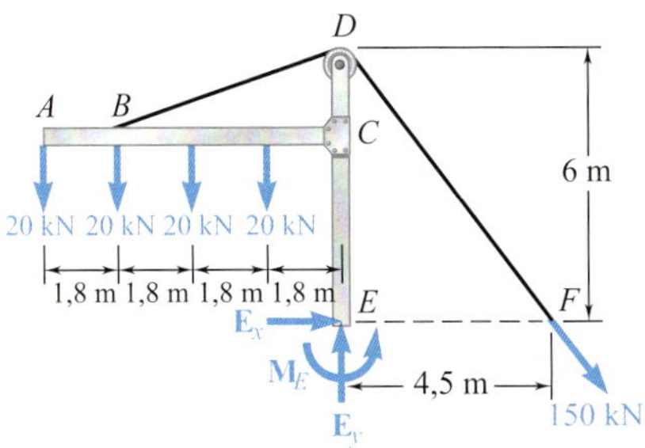

Equações de equilíbrio. Como $DF = \sqrt{(4{,}5 \text{ m})^2 + (6 \text{ m})^2} = 7{,}5$ m, escrevemos

$$\overset{+}{\rightarrow}\Sigma F_x = 0: \qquad E_x + \frac{4{,}5}{7{,}5}(150 \text{ kN}) = 0$$

$$E_x = -90{,}0 \text{ kN} \qquad \mathbf{E}_x = 90{,}0 \text{ kN} \leftarrow \blacktriangleleft$$

$$+\uparrow\Sigma F_y = 0: \qquad E_y - 4(20 \text{ kN}) - \frac{6}{7{,}5}(150 \text{ kN}) = 0$$

$$E_y = +200 \text{ kN} \qquad \mathbf{E}_y = 200 \text{ kN}\uparrow \blacktriangleleft$$

$$+\circlearrowleft\Sigma M_E = 0: \quad (20 \text{ kN})(7{,}2 \text{ m}) + (20 \text{ kN})(5{,}4 \text{ m}) + (20 \text{ kN})(3{,}6 \text{ m})$$

$$+ (20 \text{ kN})(1{,}8 \text{ m}) - \frac{6}{7{,}5}(150 \text{ kN})(4{,}5 \text{ m}) + M_E = 0$$

$$M_E = +180{,}0 \text{ kN}\cdot\text{m} \qquad \mathbf{M}_E = 180{,}0 \text{ kN}\cdot\text{m}\circlearrowleft \blacktriangleleft$$

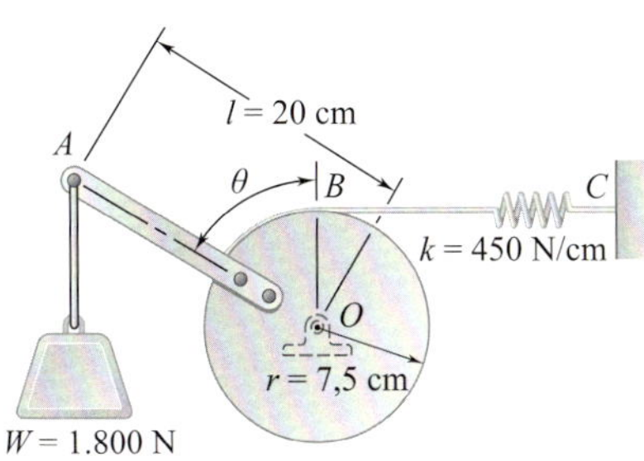

PROBLEMA RESOLVIDO 4.5

Um peso de 1.800 N está ligado em A à alavanca mostrada. A constante da mola BC é $k = 450$ N/cm, e a mola está indeformada quando $\theta = 0$. Determine a posição de equilíbrio.

SOLUÇÃO

Diagrama de corpo livre. Traça-se o diagrama de corpo livre da alavanca e do cilindro. Representando por s a deflexão da mola a partir de sua posição indeformada, e observando que $s = r\theta$, temos $F = ks = kr\theta$.

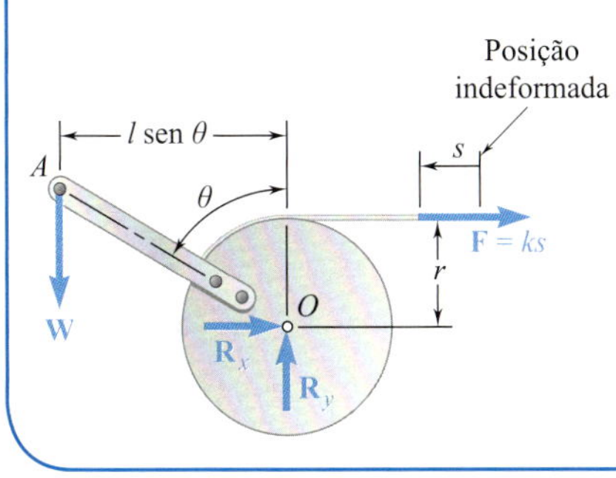

Equação de equilíbrio. Somando os momentos de $\mathbf{W}$ e $\mathbf{F}$ em relação a O, escrevemos

$$+\circlearrowleft\Sigma M_O = 0: \qquad Wl \operatorname{sen}\theta - r(kr\theta) = 0 \qquad \operatorname{sen}\theta = \frac{kr^2}{Wl}\theta$$

Substituindo os valores dados, obtemos

$$\operatorname{sen}\theta = \frac{(450 \text{ N/cm})(7{,}5 \text{ cm})^2}{(1.800 \text{ N})(20 \text{ cm})}\theta \qquad \operatorname{sen}\theta = 0{,}703\,\theta$$

Resolvendo numericamente, encontramos $\theta = 0 \qquad \theta = 80{,}3°$ ◀

PROBLEMAS

4.1 Dois eixos externos de um redutor transmitem torques como mostra a figura. Determine as componentes verticais das forças que devem ser exercidas pelos parafusos em A e B para manter o redutor em equilíbrio.

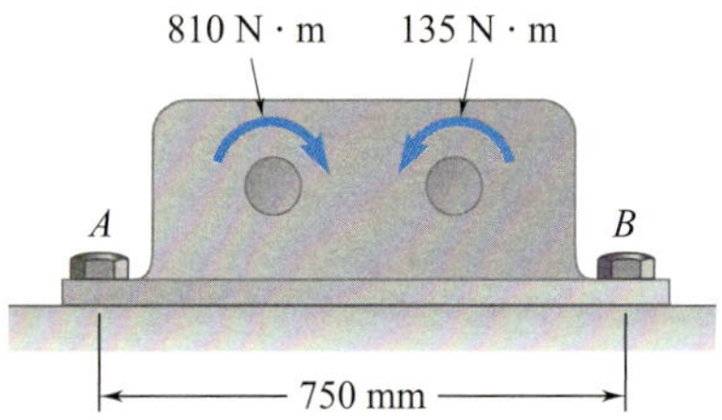

Figura P4.1

4.2 Uma empilhadeira de 2.800 kg é usada para levantar um caixote de 1.500 kg. Determine a reação em cada um das duas (*a*) rodas dianteiras A e (*b*) traseiras B.

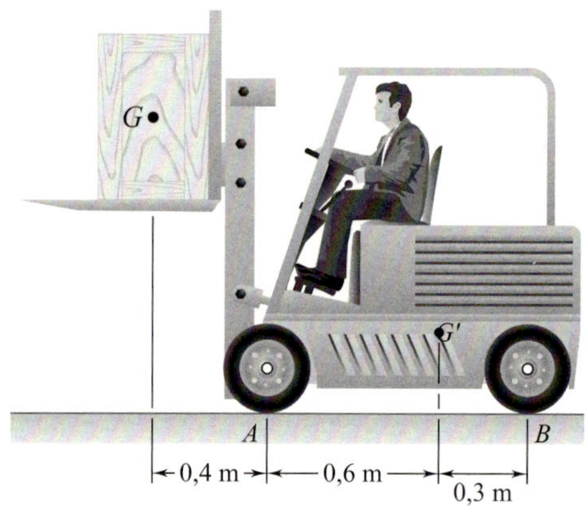

Figura P4.2

4.3 Uma jardineira usa um carrinho de mão de 54 N para transportar um saco de fertilizante de 225 N. Que força ela deve exercer em cada mão?

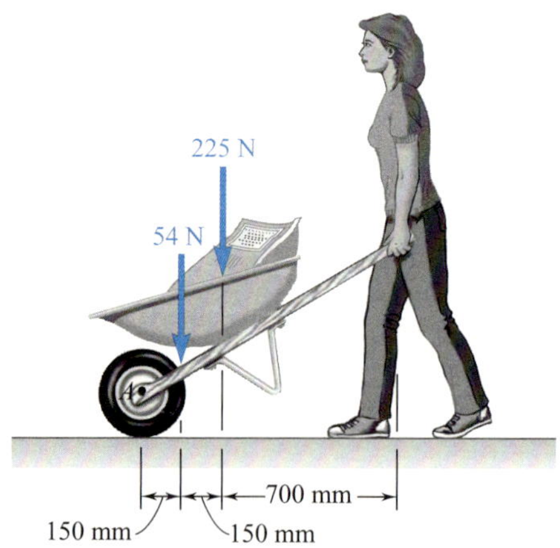

Figura P4.3

4.4 Uma carga de madeira serrada de peso $W = 25$ kN está sendo levantada por um guindaste móvel como mostra a figura. Sabendo que a tração é 25 kN em toda a porção do cabo AEF e que o peso da lança ABC é 3 kN, determine (*a*) a tração na barra CD e (*b*) a reação no pino B.

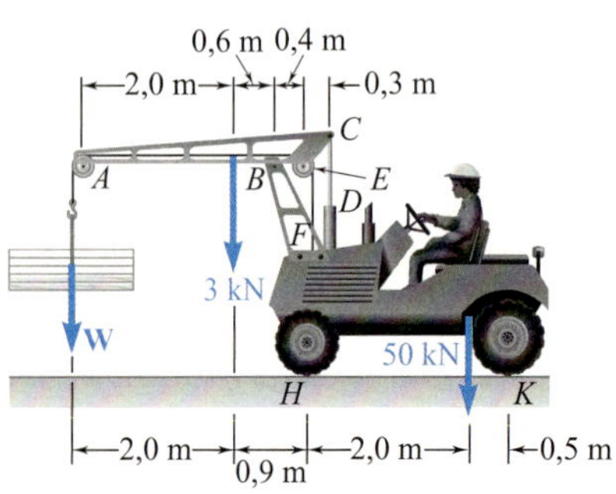

Figura P4.4

4.5 Três cargas são aplicadas em uma viga leve suportada pelos cabos em B e D como mostra a figura. Desprezando o peso da viga, determine o intervalo de valores de Q para que nenhum dos cabos se torne folgado quando $P = 0$.

4.6 Três cargas são aplicadas em uma viga leve suportada pelos cabos em B e D como mostra a figura. Sabendo que a máxima tração admissível em cada cabo é 12 kN e desprezando o peso da viga, determine o intervalo de valores de Q para que nenhum dos cabos se torne folgado quando $P = 5$ kN.

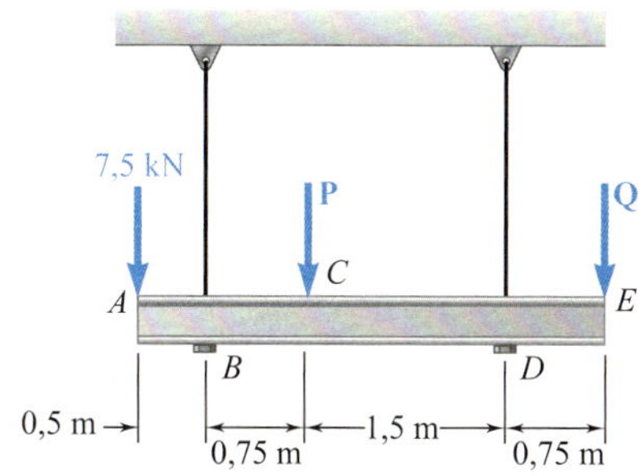

Figura P4.5 e P4.6

4.7 Uma viga AB de 3 m repousa sobre em suporte em C e D, mas não está presa. Desprezando o peso da viga, determine o intervalo de valores de P para os quais a viga permanecerá em equilíbrio.

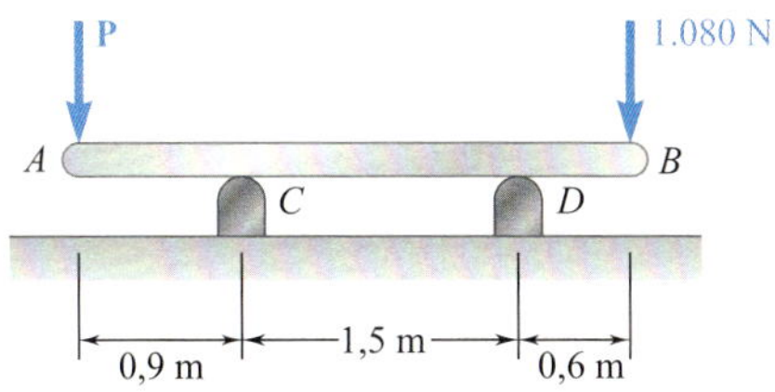

Figura P4.7

4.8 Para a viga do Problema Resolvido 4.2, determine o intervalo de valores de P para que a viga esteja segura sabendo que o máximo valor admissível para cada uma das reações é 112 kN e que a reação em A deve ser direcionada para cima.

4.9 A lança AB de 12 m pesa 9 kN; a distância do eixo A até o centro de gravidade G da lança é 6 m. Para a posição mostrada na figura, determine a tração T no cabo e a reação em A.

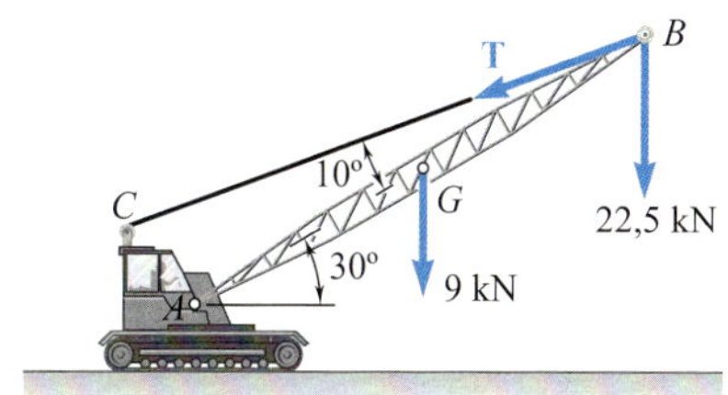

Figura P4.9

4.10 Uma escada AB, de comprimento L e peso W, pode ser elevada por um cabo BC. Determine a tração T necessária para levantar a extremidade B apenas acima do chão (*a*) em termos de W e θ, e (*b*) se $h = 2{,}4$ m, $L = 3$ m e $W = 158$ N.

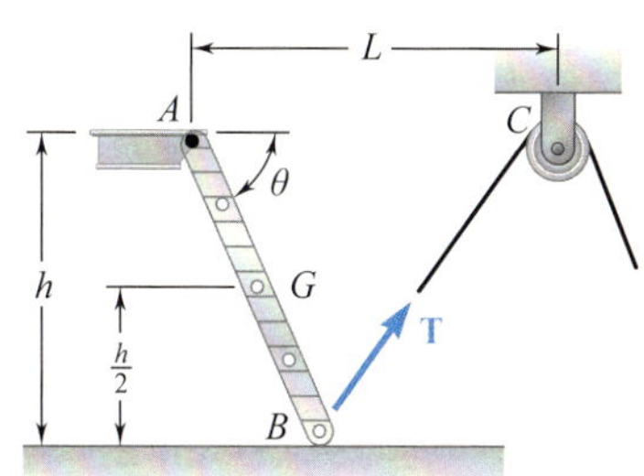

Figura P4.10

4.11 Desprezando o raio da polia, determine a tração no cabo ABD e a reação no suporte C.

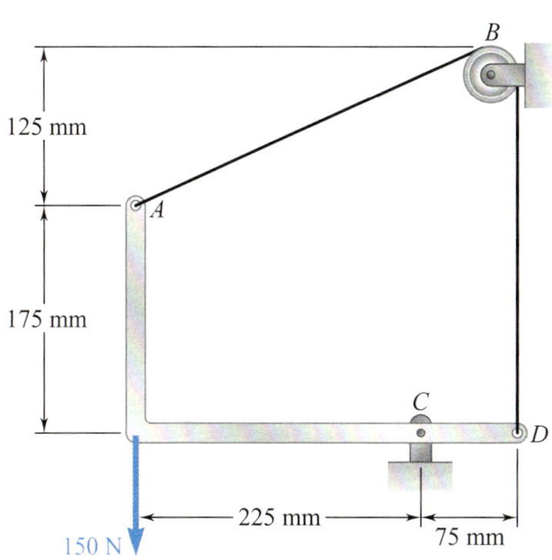

Figura P4.11

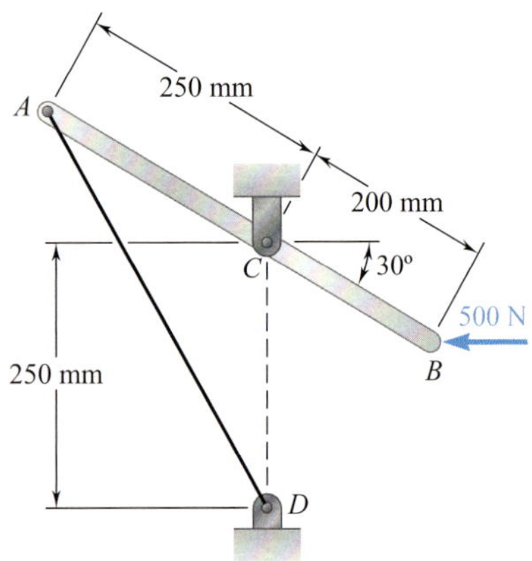

Figura P4.12

4.12 A alavanca AB é articulada em C e presa ao cabo de controle em A. Se a alavanca é submetida em B a uma força horizontal de 500 N, determine (*a*) a tração no cabo e (*b*) a reação em C.

4.13 Determine a reação em A e B quando $\alpha = 60°$.

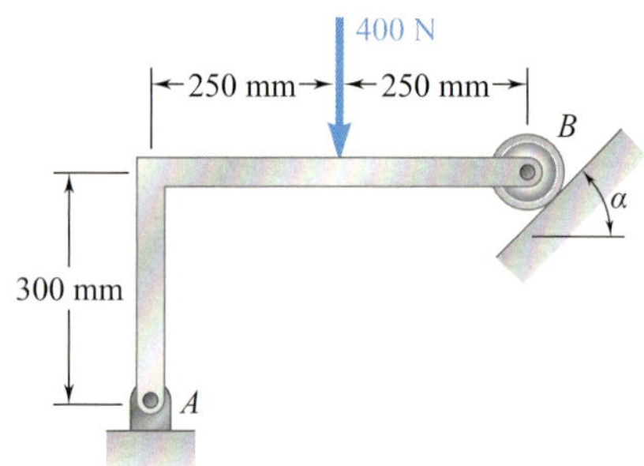

Figura P4.13

4.14 A tração requerida no cabo AB é 1.350 N. Determine (*a*) a força vertical **P** que deve ser aplicada no pedal e (*b*) a correspondente reação em C.

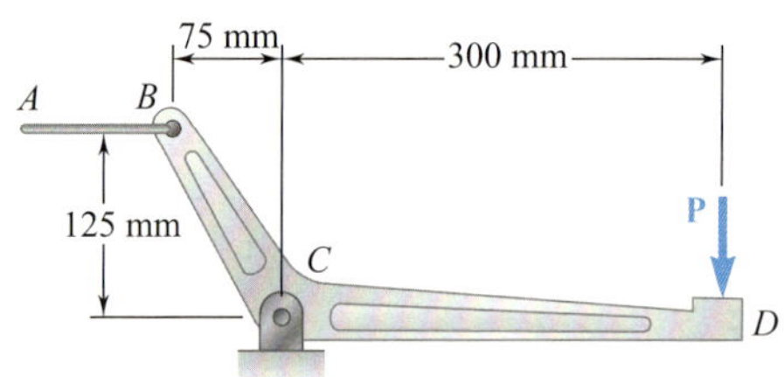

Figura P4.14 e P4.15

4.15 Determine a máxima tração que pode ser desenvolvida no cabo AB se a intensidade máxima admissível da reação em C é 2.925 N.

4.16 Uma treliça pode ser suportada de três maneiras como mostra a figura. Em cada caso, determine as reações nos suportes.

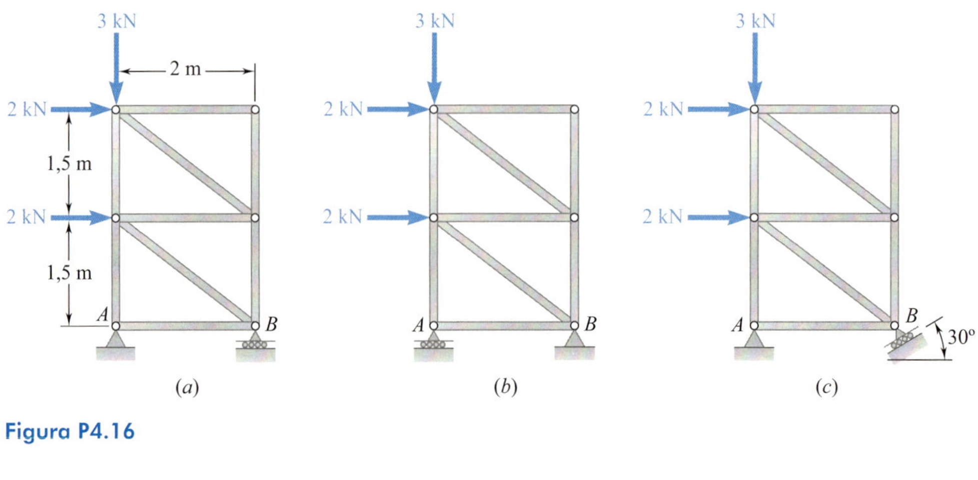

Figura P4.16

4.17 Uma barra leve *AD* é suspensa por um cabo *BE* e suporta um bloco de 20 kg em *C*. As extremidades *A* e *D* da barra estão em contato com a parede vertical sem atrito. Determine a tração no cabo *BE* e as reações *A* e *D*.

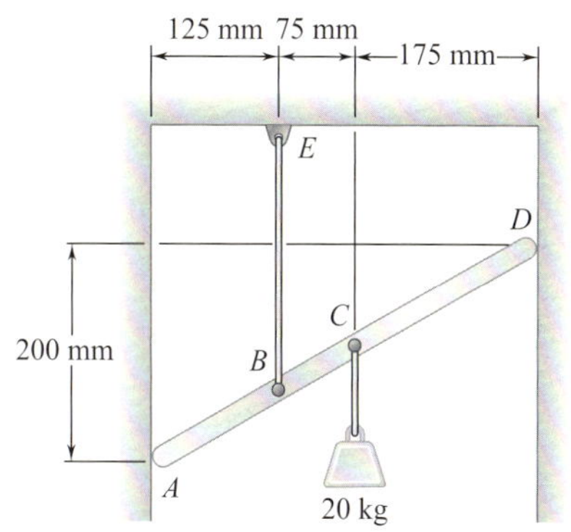

Figura P4.17

4.18 Uma barra leve suportada pelos rolos em *B*, *C* e *D* é submetida a uma força de 800 N aplicada em *A*. Se $\beta = 0$, determine (*a*) as reações em *B*, *C* e *D*, e (*b*) os rolos que podem ser removidos com segurança para esse carregamento.

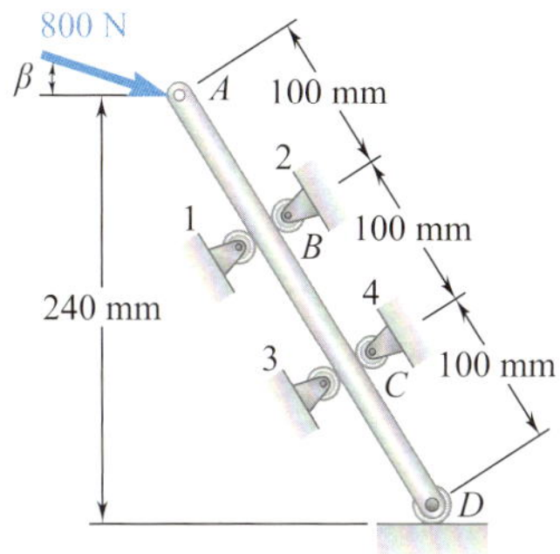

Figura P4.18

4.19 Um portão de garagem suspenso de 720 N é composto de um painel retangular uniforme *AC* de 2.100 mm de comprimento suportado pelo cabo *AE* preso ao ponto médio da borda superior do portão e por dois conjuntos de rolos sem atrito *A* e *B*. Cada conjunto é composto por dois rolos localizados um em cada lado do portão. Os rolos em *A* estão livres para mover na calha horizontal, enquanto os rolos em *B* são guiados pela calha vertical. Se o portão é mantido na posição tal que *BD* = 1.050 mm, determine (*a*) a tração no cabo *AE* e (*b*) a reação em cada um dos quatro rolos.

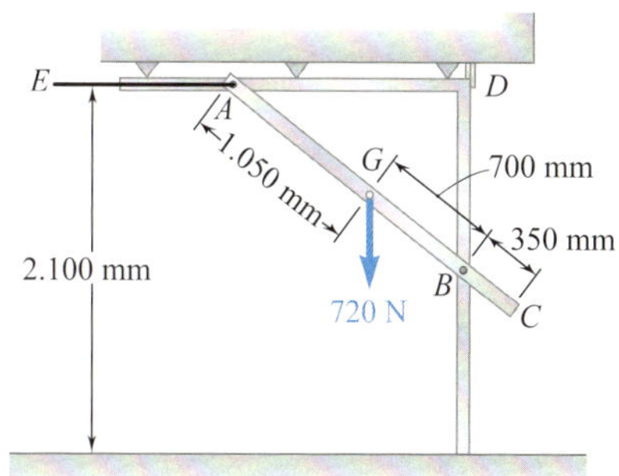

Figura P4.19

4.20 No Problema 4.19, determine a distância *BD* para que a tração no cabo *AE* seja igual a 2.700 N.

4.21 Um poste telefônico de 150 kg é usado para suportar as extremidades de dois fios como mostra a figura. A tração no fio da esquerda é 400 N, e, no ponto de apoio, o fio forma um ângulo de 10° com a horizontal. (*a*) Se a tração T_2 é zero, determine a reação na base *A*. (*b*) Determine a maior e a menor tração admissível T_2 se a intensidade do binário em *A* não pode exceder a 900 N · m.

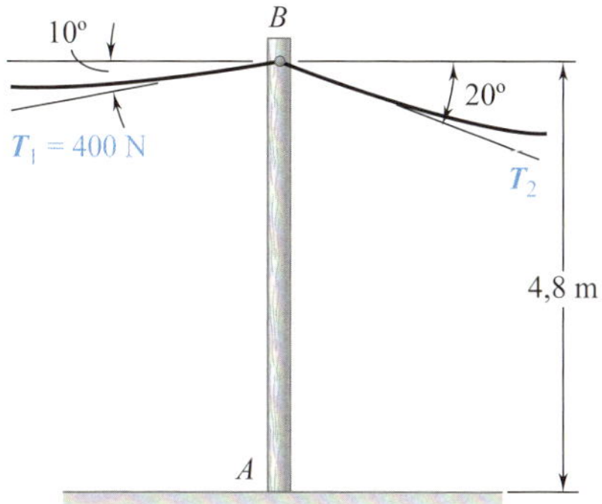

Figura P4.21

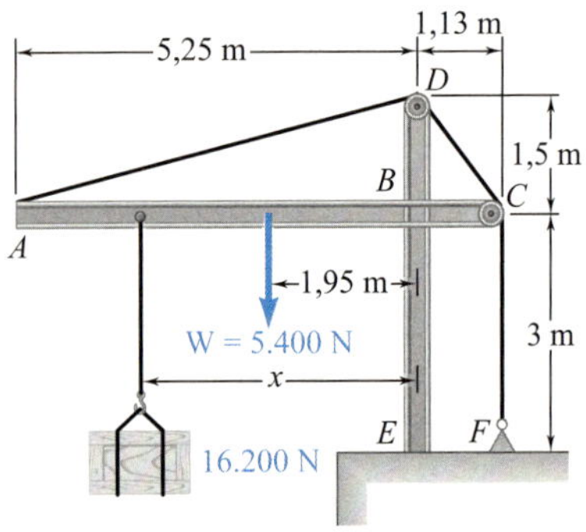

Figura P4.22

4.22 O equipamento mostrado consiste em um membro horizontal ABC de 5.400 N e um membro vertical DBE soldados juntos em B. O equipamento está sendo usado para levantar um caixote de 16.200 N a uma distância de x = 3,6 m do membro vertical DBE. Se a tração no cabo é 18 kN, determine a reação em E, considerando que o cabo é (*a*) ancorado em F como mostra a figura e (*b*) preso ao membro vertical em um ponto localizado a 0,3 m acima de E.

4.23 Para o equipamento e para o caixote do Problema 4.22, e considerando que o cabo é ancorado em F como mostra a figura, determine (*a*) a tração requerida no cabo $ADCF$ para que o máximo valor do binário em E com x variando entre 0,45 e 5,25 m seja o menor possível, e (*b*) o valor máximo correspondente do binário.

4.24 Um sinal de tráfego pode ser suportado no poste de três maneiras como mostra a figura; na parte *c*, a tração no cabo BC é de 1.950 N. Determine as reações em cada tipo de suporte.

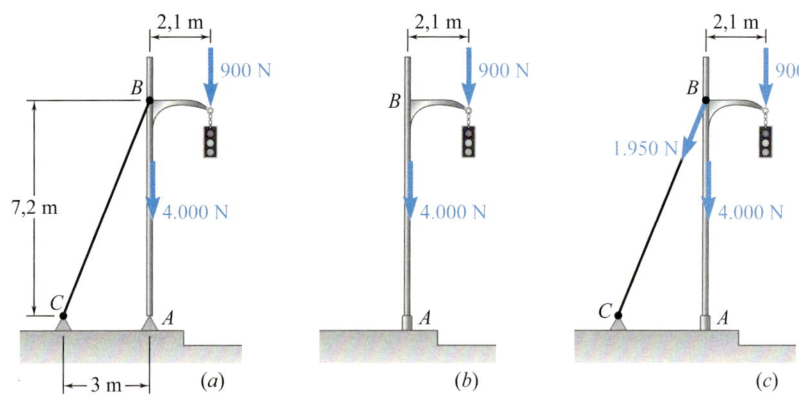

Figura P4.24

4.25 Uma treliça pode ser suportada de oito maneiras diferentes como mostra a figura. Todas as conexões são compostas de pinos, rolos e hastes curtas sem atrito. Em cada caso, determine (*a*) se a treliça é completa, parcial ou impropriamente vinculada, (*b*) se as reações são estaticamente determinadas ou indeterminadas, e (*c*) se a treliça se mantém em equilíbrio na posição mostrada. Ainda, se possível, calcule as reações, considerando que a intensidade da força P é 54 kN.

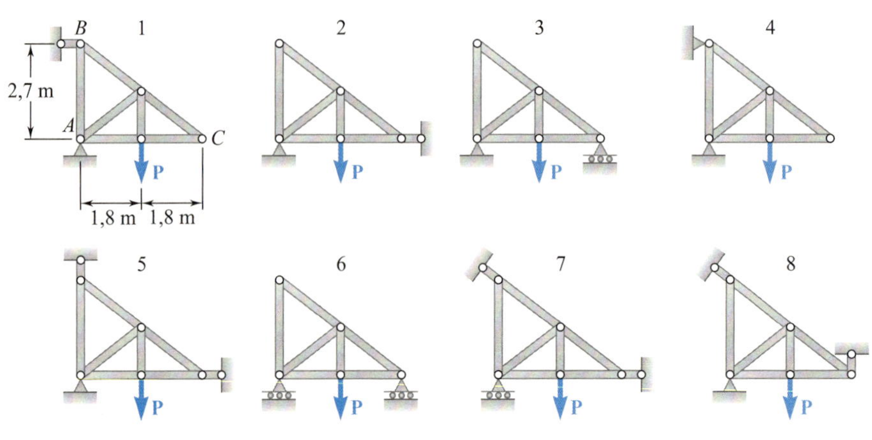

Figura P4.25

4.26 Nove placas idênticas, 500 × 750 mm, cada uma com massa $m = 40$ kg, são mantidas no plano vertical como mostra a figura. Todas as conexões consistem em pinos, rolos, e hastes curtas sem atrito. Para cada caso, responda as questões listadas no Problema 4.25, e se possível, calcule as reações.

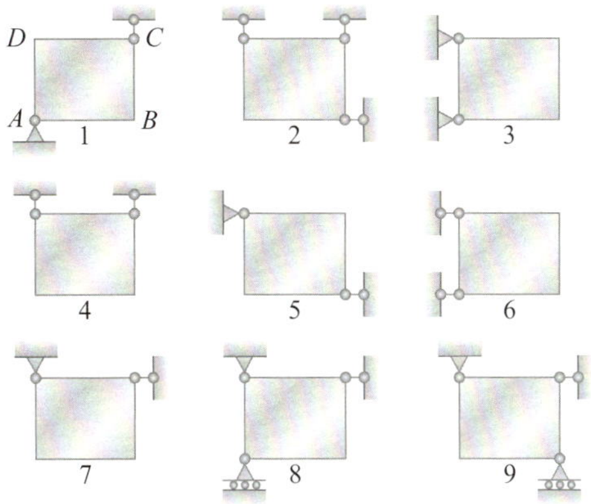

Figura P4.26

4.6 Equilíbrio de um corpo sujeito à ação de duas forças

Nesta seção, trataremos de um caso particular de equilíbrio em que um corpo rígido está *sujeito à ação de duas forças*. Veremos que, *se um corpo sujeito à ação de duas forças está em equilíbrio, as duas forças devem ter igual intensidade, igual linha de ação e sentidos opostos.*

Considere uma placa do tipo cantoneira sujeita à ação de duas forças $\mathbf{F}_1$ e $\mathbf{F}_2$ aplicadas em A e B, respectivamente (Fig. 4.8*a*). Se essa placa estiver em equilíbrio, a soma dos momentos de $\mathbf{F}_1$ e $\mathbf{F}_2$ em relação a qualquer ponto deverá ser zero. Primeiro, somamos os momentos em relação a A. Como o momento de $\mathbf{F}_1$ é obviamente zero, o momento de $\mathbf{F}_2$ deve também ser zero e a linha de ação de $\mathbf{F}_2$ deve passar por A (Fig. 4.8*b*). Somando os momentos em relação a B, provamos de modo semelhante que a linha de ação de $\mathbf{F}_1$ deve passar por B (Fig. 4.8*c*). Portanto, ambas as forças têm a mesma linha de ação (linha AB). De qualquer uma das equações $\Sigma F_x = 0$ e $\Sigma F_y = 0$, vê-se que elas devem também ter igual intensidade, mas sentidos opostos.

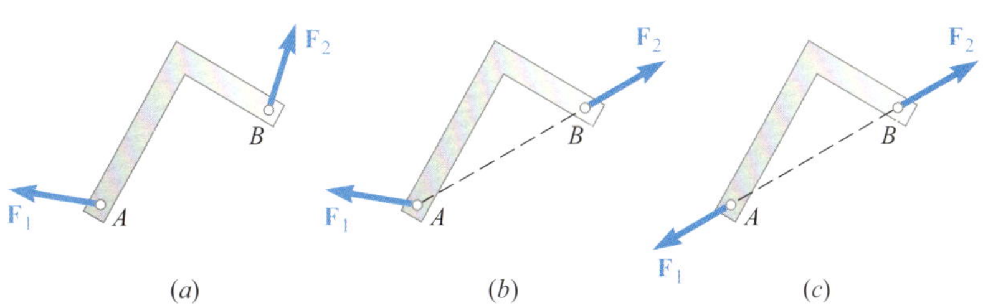

Figura 4.8

Se várias forças forem aplicadas em dois pontos A e B, as forças aplicadas em A poderão ser substituídas por sua resultante $\mathbf{F}_1$, e as forças aplicadas em B, por sua resultante $\mathbf{F}_2$. Portanto, um corpo sujeito à ação de duas forças pode ser definido, de modo geral, como *um corpo rígido sujeito à ação de forças que atuam apenas em dois pontos.* As resultantes $\mathbf{F}_1$ e $\mathbf{F}_2$, portanto, devem ter igual linha de ação, igual intensidade e sentidos opostos (Fig. 4.8).

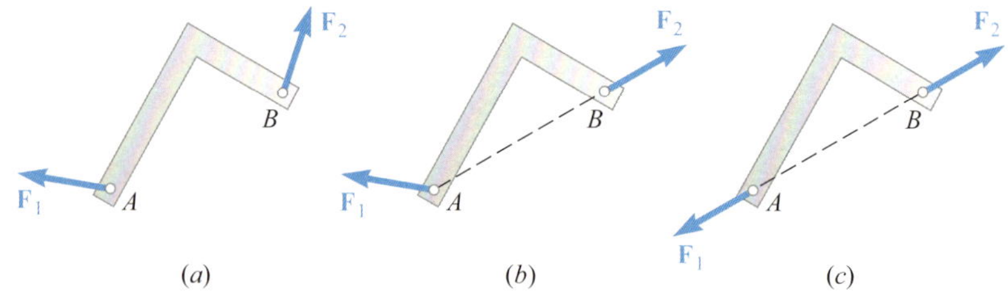

Figura 4.8 (repetida)

No estudo de estruturas e máquinas, você verá como a identificação de corpos sujeitos à ação de duas forças simplifica a solução de certos problemas.

4.7 Equilíbrio de um corpo sujeito à ação de três forças

Outro caso de equilíbrio de grande interesse é o de *um corpo rígido sujeito à ação de três forças* ou, de modo geral, *um corpo rígido sujeito à ação de forças aplicadas somente em três pontos.* Considere um corpo rígido sujeito à ação de um sistema de forças que pode ser reduzido a três forças $\mathbf{F}_1$, $\mathbf{F}_2$ e $\mathbf{F}_3$ aplicadas nos pontos A, B e C, respectivamente (Fig. 4.9*a*). Será mostrado que, se o corpo estiver em equilíbrio, *as linhas de ação das três forças devem ser concorrentes ou paralelas.*

Como o corpo rígido está em equilíbrio, a soma dos momentos de $\mathbf{F}_1$, $\mathbf{F}_2$ e $\mathbf{F}_3$ em relação a qualquer ponto deve ser zero. Supondo que as linhas de ação de $\mathbf{F}_1$ e $\mathbf{F}_2$ se interceptam e representando seu ponto de interseção por D, somamos os momentos em relação a D (Fig. 4.9*b*). Como os momentos de $\mathbf{F}_1$ e $\mathbf{F}_2$ em relação a D são iguais a zero, o momento de $\mathbf{F}_3$ em relação a D deve também ser zero, e a linha de ação de $\mathbf{F}_3$ deve passar por D (Fig. 4.9*c*). Portanto, as três linhas de ação são concorrentes. A única exceção ocorre quando as linhas não se interceptam, isto é, quando as linhas de ação são paralelas.

Ainda que problemas relativos a corpos rígidos sujeitos à ação de três forças possam ser resolvidos pelos métodos gerais das Seções 4.3 a 4.5, a propriedade que acabamos de demonstrar pode ser utilizada para resolvê-los, gráfica ou matematicamente, a partir de relações trigonométricas ou geométricas simples.

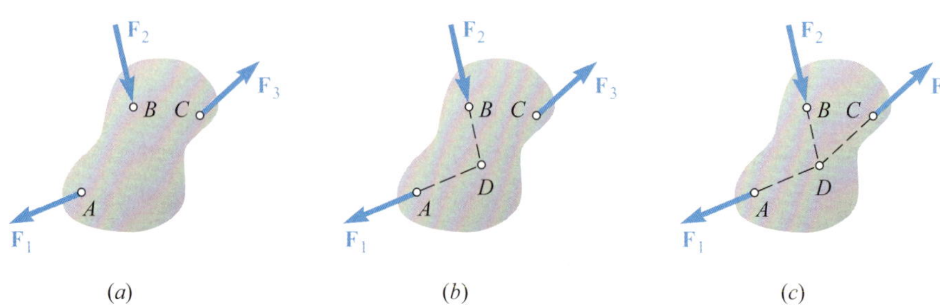

Figura 4.9

PROBLEMA RESOLVIDO 4.6

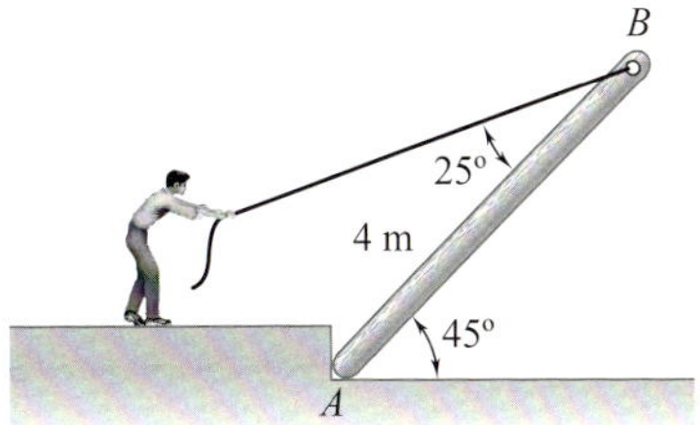

Um homem levanta uma viga de 10 kg e 4 m de comprimento puxando-a com uma corda. Encontre a tração T na corda e a reação em A.

SOLUÇÃO

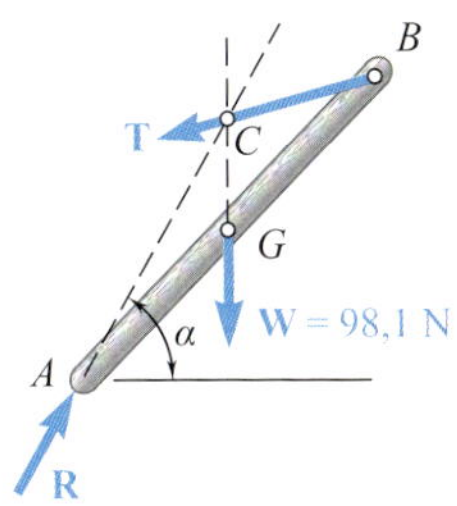

Diagrama de corpo livre. A viga é um corpo rígido sujeito à ação de três forças, pois sobre ela atuam três forças: seu peso **W**, a força **T** exercida pela corda e a reação **R** do solo em A. Observamos que

$$W = mg = (10 \text{ kg})(9{,}81 \text{ m/s}^2) = 98{,}1 \text{ N}$$

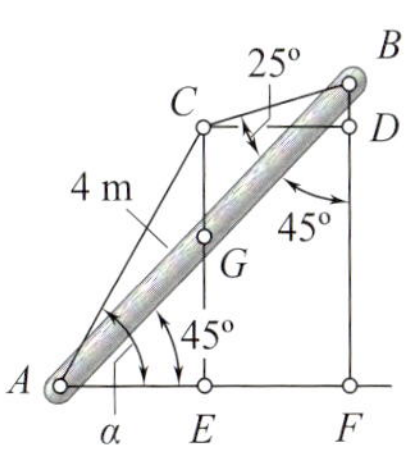

Corpo sujeito à ação de três forças. Como a viga é um corpo sujeito à ação de três forças, as forças que atuam sobre ela devem ser concorrentes. A reação **R**, portanto, vai passar pelo ponto de interseção C das linhas de ação do peso **W** e da força de tração **T**. Esse fato será usado para determinar o ângulo α que **R** forma com a horizontal.

Traçando a vertical BF a partir de B e a horizontal CD a partir de C, observamos que

$$\begin{aligned}
AF &= BF = (AB) \cos 45° = (4 \text{ m}) \cos 45° = 2{,}828 \text{ m} \\
CD &= EF = AE = \tfrac{1}{2}(AF) = 1{,}414 \text{ m} \\
BD &= (CD) \cot (45° + 25°) = (1{,}414 \text{ m}) \text{ tg } 20° = 0{,}515 \text{ m} \\
CE &= DF = BF - BD = 2{,}828 \text{ m} - 0{,}515 \text{ m} = 2{,}313 \text{ m}
\end{aligned}$$

Escrevemos

$$\text{tg } \alpha = \frac{CE}{AE} = \frac{2{,}313 \text{ m}}{1{,}414 \text{ m}} = 1{,}636$$

$\alpha = 58{,}6°$ ◀

Agora sabemos a direção de todas as forças que atuam sobre a viga.

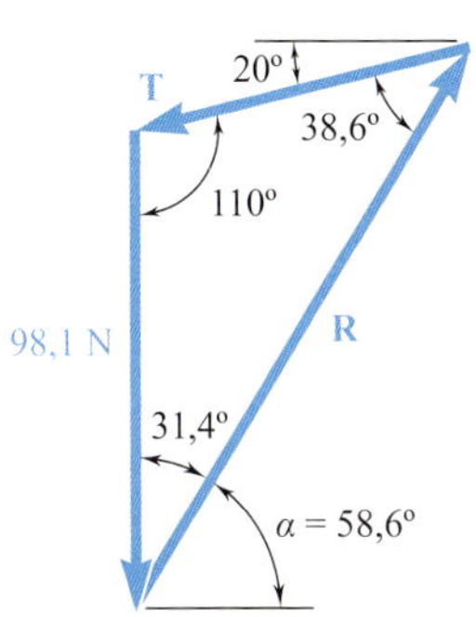

Triângulo de forças. Um triângulo de forças é desenhado tal como mostra a figura, e seus ângulos interiores são calculados a partir das direções conhecidas das forças. Aplicando a lei dos senos, escrevemos

$$\frac{T}{\text{sen } 31{,}4°} = \frac{R}{\text{sen } 110°} = \frac{98{,}1 \text{ N}}{\text{sen } 38{,}6°}$$

$T = 81{,}9$ N ◀

R = 147,8 N $\angle$ 58,6° ◀

PROBLEMAS

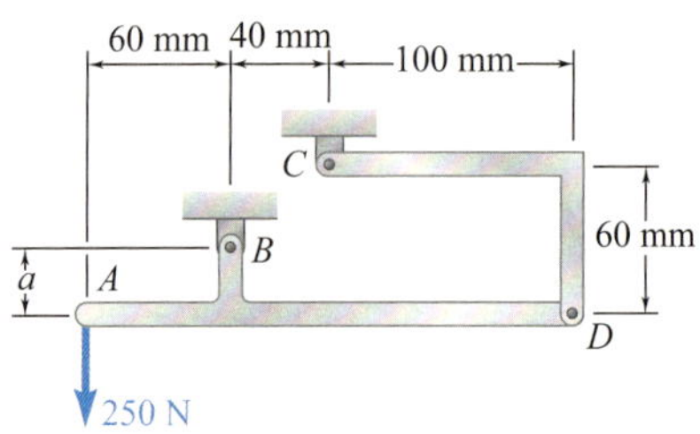

Figura P4.27

4.27 Determine as reações em B e C quando $a = 30$ mm.

4.28 A chave mostrada é usada para girar o eixo. Um pino é fixado no furo em A enquanto outro ponto, sem atrito, apoia sobre o eixo em B. Se a força **P** de 300 N é exercida na chave em D, encontre as reações em A e B.

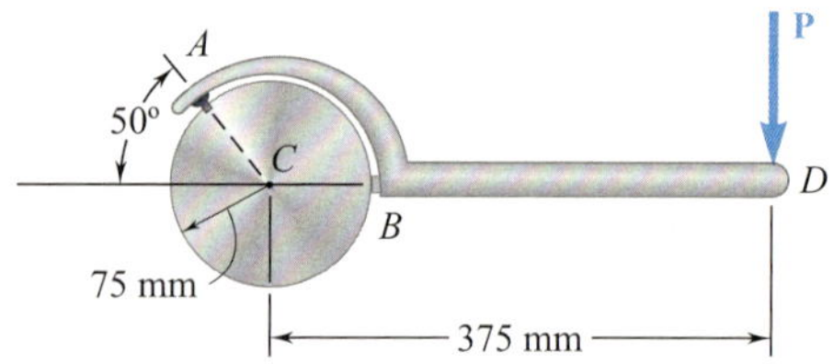

Figura P4.28

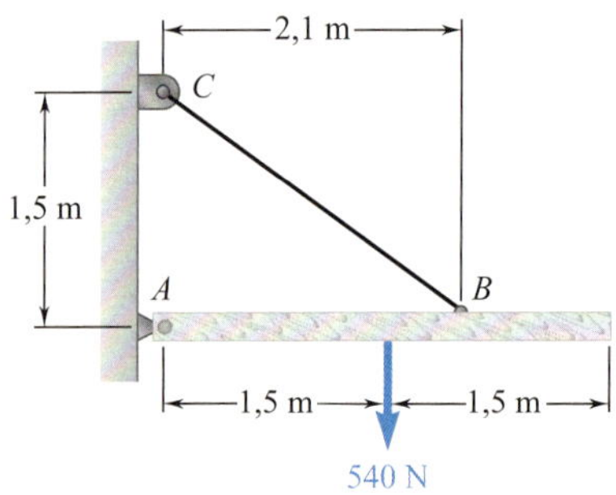

Figura P4.29

4.29 Uma viga de madeira de 3 m pesando 540 N é suportada por um pino e suporte em A e pelo cabo BC. Encontre a reação em A e a tração no cabo.

4.30 Um suporte em forma de T suporta uma carga de 300 N como mostra a figura. Determine as reações em A e C quando (a) $\alpha = 90°$ e (b) $\alpha = 45°$.

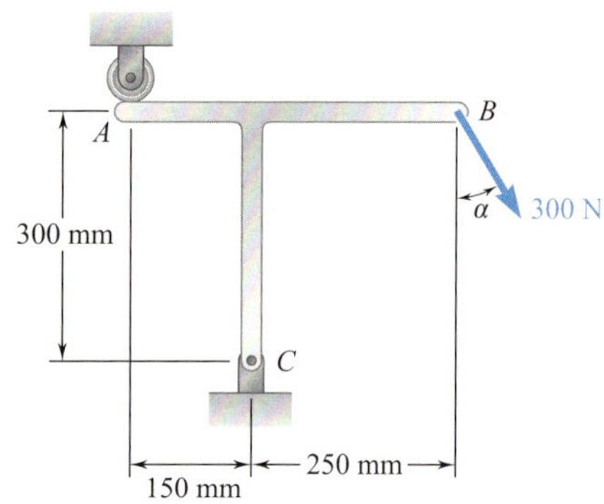

Figura P4.30

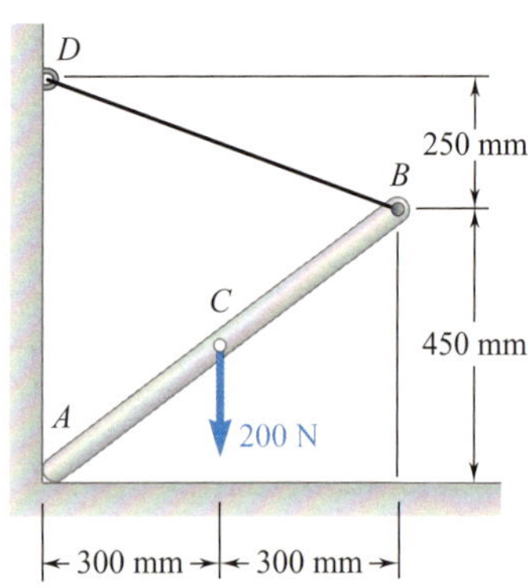

Figura P4.31

4.31 Uma extremidade da barra AB repousa no canto A, e a outra é presa à corda BD. Se a barra suporta uma carga de 200 N em seu ponto médio C, encontre a reação em A e a tração na corda.

4.32 Usando o método da Seção 4.7, resolva o Problema 4.12.

4.33 Usando o método da Seção 4.7, resolva o Problema 4.13.

4.34 Usando o método da Seção 4.7, resolva o Problema 4.14.

4.35 Usando o método da Seção 4.7, resolva o Problema 4.15.

4.36 Determine as reações em A e E quando $\alpha = 0$.

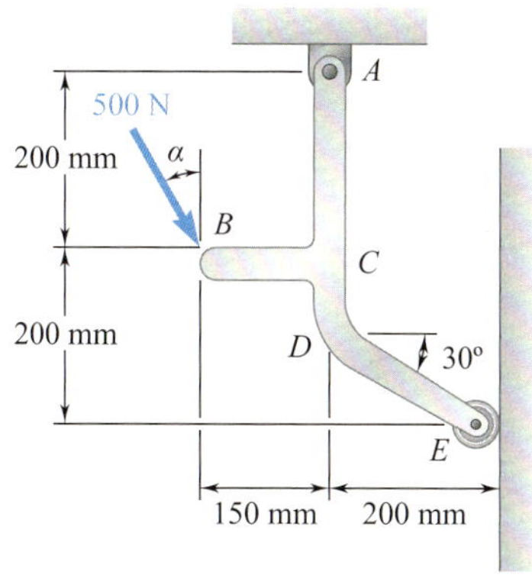

Figura P4.36 e P4.37

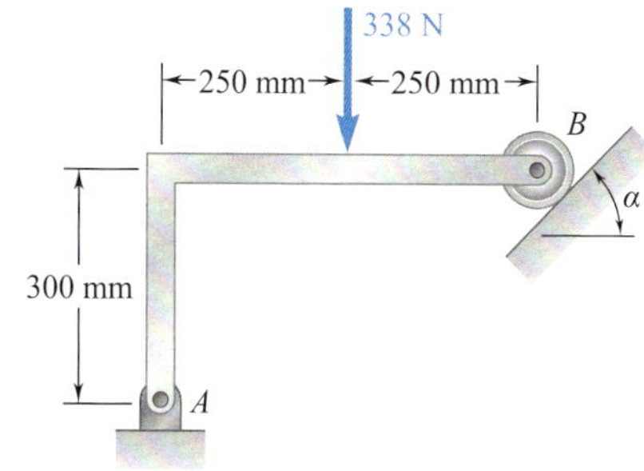

Figura P4.38 e P4.39

4.37 Determine (a) o valor de α para que a reação em A seja vertical e (b) as reações correspondentes em A e E.

4.38 Determine as reações em A e B quando $\alpha = 90°$.

4.39 Determine as reações em A e B quando $\alpha = 30°$.

4.40 Uma barra delgada BC de comprimento L e pesando W é mantida por dois cabos como mostra a figura. Sabendo que o cabo AB é horizontal e que a barra forma um ângulo de 40° com a horizontal, determine (a) o ângulo θ que o cabo CD forma com a horizontal e (b) a tração em cada cabo.

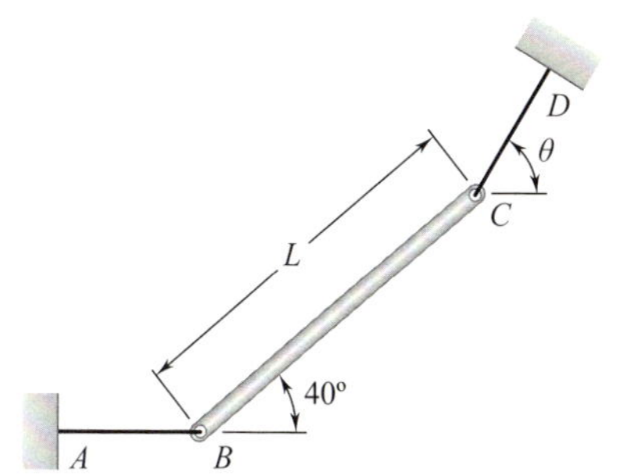

Figura P4.40

4.41 Uma barra delgada AB de comprimento L e pesando W é presa a um colar em A e repousa em uma pequena roda em C. Desprezando o efeito do atrito e o peso do colar, determine o ângulo θ correspondente ao equilíbrio.

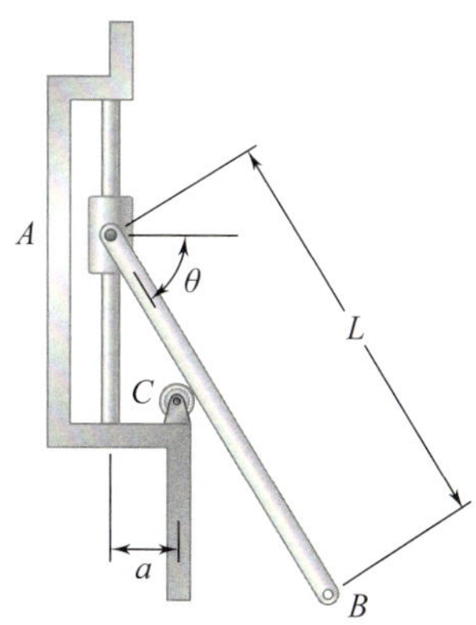

Figura P4.41

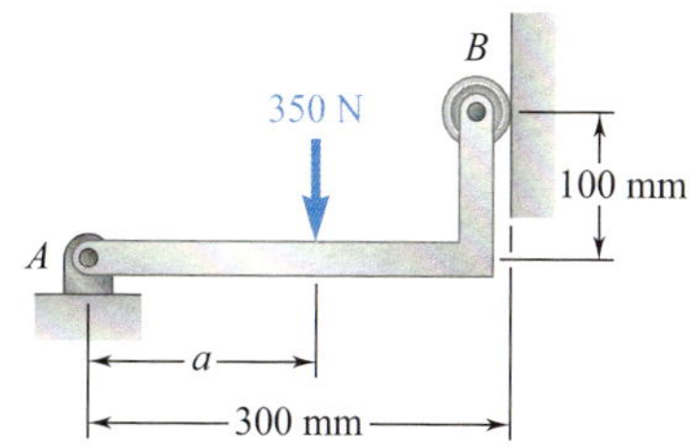

Figura P4.42 e P4.43

4.42 Determine as reações em A e B quando $a = 188$ mm.

4.43 Determine o valor de a para que a intensidade da reação **B** seja igual a 900 N.

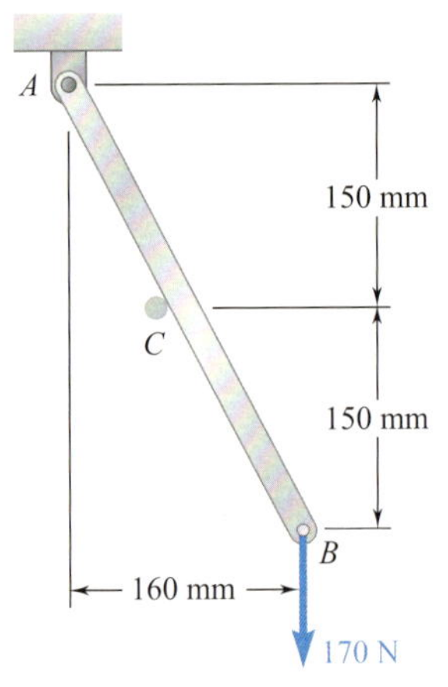

Figura P4.44

4.44 A barra AB é suportada por um pino e suporte em A e repousa sobre uma cavilha em atrito em C. Determine as reações em A e C quando uma forma vertical de 170 N é aplicada em B.

4.45 Resolva o Problema 4.44 considerando que a força de 170 N aplicada em B é horizontal e direcionada para a esquerda.

4.46 Uma viga de placa uniforme pesando 27.000 N é mantida na posição horizontal por dois cabos de guindaste. Determine o ângulo α e a tração em cada cabo.

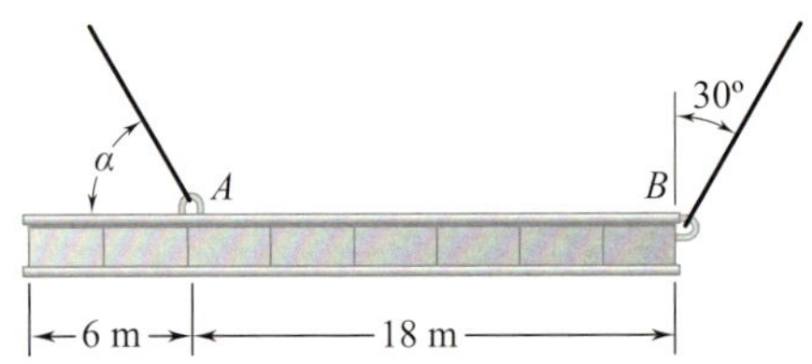

Figura P4.46

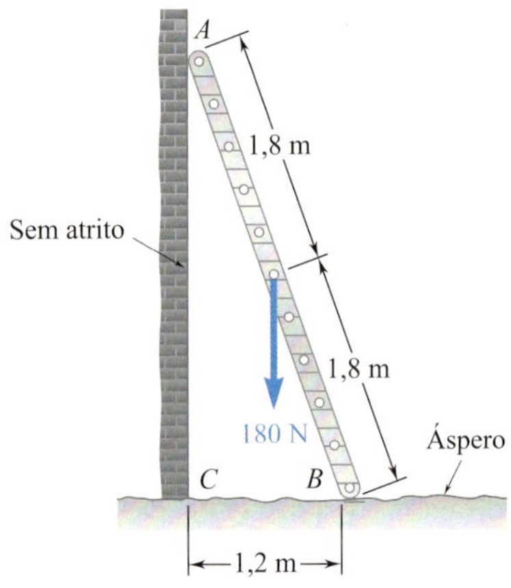

Figura P4.47

4.47 Uma escada de 3,6 m, que pesa 180 N encosta-se na parede sem atrito. Na extremidade inferior, a escala repousa no chão áspero, 1,2 m afastado da parede. Determine a reação em ambas as extremidades.

4.48 Um sinal de 225 N é suportado por um pino e suporte em A e por um cabo BC. Determine a reação em A e a tração no cabo.

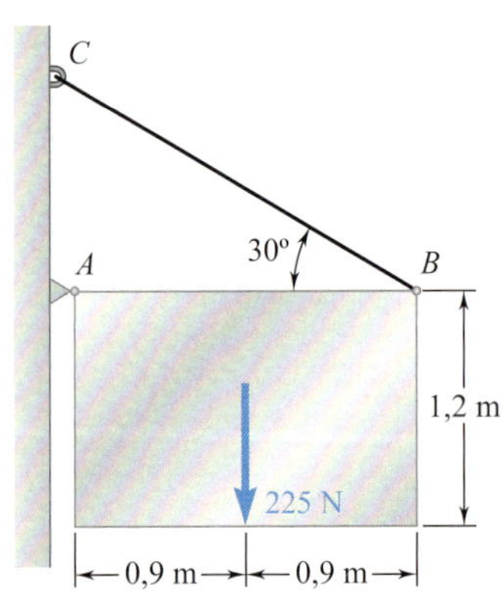

Figura P4.48

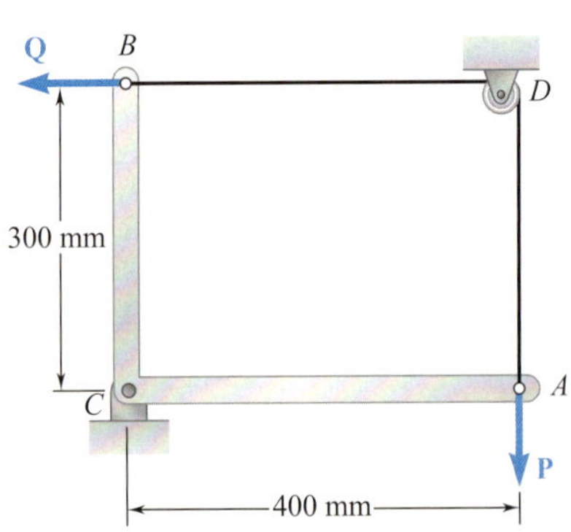

Figura P4.49

4.49 O membro em forma de L ACB é suportado por um pino e suporte em C e pela corda inextensível presa em A e B passando sobre a polia sem atrito em D. A tração pode ser considerada a mesma nas porções AD e BD da corda. Se a intensidade das forças aplicadas em A e B são, respectivamente, $P = 112$ N e $Q = 0$, determine (a) a tração na corda e (b) a reação em C.

4.50 Para o membro em forma de L do Problema 4.49, (a) expresse a tração T na corda em termos das intensidades de P e Q das forças aplicadas em A e B, e (b) considerando $Q = 180$ N, encontre o menor valor admissível de P para que o equilíbrio seja mantido.

EQUILÍBRIO EM TRÊS DIMENSÕES

4.8 Equilíbrio de um corpo rígido em três dimensões

Vimos, na Seção 4.1, que são necessárias seis equações escalares para expressar as condições para o equilíbrio de um corpo rígido no caso geral tridimensional.

$$\Sigma F_x = 0 \qquad \Sigma F_y = 0 \qquad \Sigma F_z = 0 \tag{4.2}$$
$$\Sigma M_x = 0 \qquad \Sigma M_y = 0 \qquad \Sigma M_z = 0 \tag{4.3}$$

Essas equações podem ser resolvidas para no máximo *seis incógnitas*, que, geralmente, representam reações em apoios ou conexões.

Na maior parte dos problemas, as equações escalares (4.2) e (4.3) serão obtidas de modo mais conveniente se expressarmos, inicialmente, as condições para o equilíbrio do corpo rígido na forma vetorial. Escrevemos

$$\Sigma \mathbf{F} = 0 \qquad \Sigma \mathbf{M}_O = \Sigma(\mathbf{r} \times \mathbf{F}) = 0 \tag{4.1}$$

e expressamos as forças **F** e os vetores posição **r** em termos de componentes escalares e vetores unitários. Em seguida, calculamos todos os produtos vetoriais, seja por cálculo direto, seja por meio de determinantes (ver Seção 3.8). Observamos que até três componentes da reação desconhecidos podem ser eliminados desses cálculos por uma escolha criteriosa do ponto *O*. Igualando a zero os coeficientes dos vetores unitários em cada uma das duas relações (4.1), obtemos as equações escalares desejadas.*

4.9 Reações em apoios e conexões para uma estrutura tridimensional

As reações em uma estrutura tridimensional variam da força única de direção conhecida, exercida por uma superfície sem atrito, ao sistema força-binário, exercido por um engaste. Consequentemente, em problemas que envolvam o equilíbrio de uma estrutura tridimensional, pode haver de uma a seis incógnitas associadas às reações em cada apoio ou conexão. Vários tipos de apoio e conexão são mostrados na Fig. 4.10 com suas reações correspondentes. Uma maneira simples de determinar o tipo de reação correspondente a um dado apoio ou conexão e o número de incógnitas envolvidas é achar quais dos seis movimentos fundamentais (translação nas direções x, y e z, e rotação em torno dos eixos x, y e z) são permitidos e quais movimentos são impedidos.

Apoios de esferas, superfícies sem atrito e cabos, por exemplo, impedem translação em uma direção apenas e, portanto, exercem uma força única cuja linha de ação é conhecida; cada um desses apoios envolve uma

* Em alguns problemas, poderemos achar conveniente eliminar as reações em dois pontos A e B da solução escrevendo a equação de equilíbrio $\Sigma M_{AB} = 0$, que envolve a determinação dos momentos das forças em relação ao eixo AB que une os pontos A e B (ver Problema Resolvido 4.10).

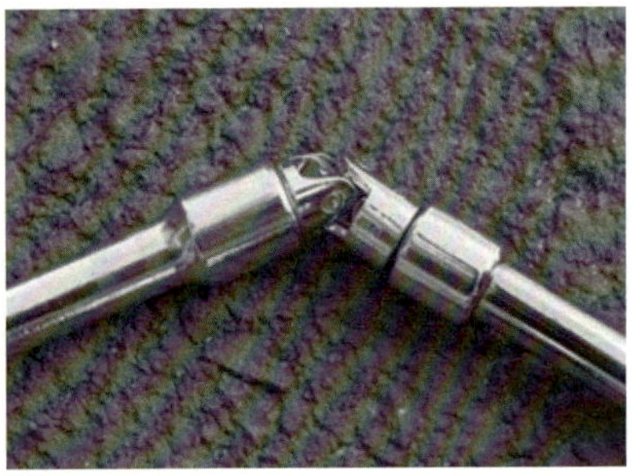

Foto 4.6 Juntas universais, geralmente encontradas nos eixos de direção de carros e caminhões de tração traseira, possibilitam que o movimento de rotação seja transferido entre dois eixos não colineares.

Foto 4.7 O mancal de rolamento mostrado suporta o eixo de um ventilador usado em uma aplicação industrial.

incógnita, a saber, a intensidade da reação. Roletes sobre superfícies rugosas e rodas sobre trilhos impedem a translação em duas direções; as reações correspondentes consistem em dois componentes de força desconhecidos. Superfícies rugosas em contato direto e apoios do tipo rótula impedem a translação em três direções; esses apoios envolvem três componentes de força desconhecidos.

Alguns apoios e conexões podem impedir tanto a rotação quanto a translação, e as reações correspondentes incluem tanto binários quanto forças. Por exemplo, a reação em um engaste, que impede qualquer movimento (tanto rotação quanto translação), consiste em três forças desconhecidas e três binários desconhecidos. Uma junta universal projetada para possibilitar a rotação em torno de dois eixos, exercerá uma reação constituída de três componentes de força desconhecidos e um binário desconhecido.

Outros apoios e conexões são projetados principalmente para impedir a translação, no entanto seu projeto pode também impedir algumas rotações. As reações correspondentes consistem essencialmente em componentes de força, mas *podem* também incluir binários. Um grupo de apoios desse tipo inclui articulações e mancais projetados para sustentar somente cargas radiais (por exemplo, mancais de deslizamentos, mancais de rolamento). As reações correspondentes consistem em dois componentes de força, mas também podem incluir dois binários. Outro grupo inclui apoios do tipo pino e suporte, articulações e mancais, projetados para sustentar tanto um empuxo axial quanto uma carga radial (por exemplo, mancais de esferas). As reações correspondentes consistem em três componentes de força, mas também podem incluir dois binários. Entretanto, esses apoios não exercerão quaisquer binários apreciáveis em condições normais de uso. Portanto, *somente* componentes de força devem ser incluídos em suas análises, *exceto* se verificar que são necessários binários para manter o equilíbrio do corpo rígido ou se o apoio tiver sido projetado especificamente para exercer um binário (ver Problemas 4.71 e 4.72).

Se as reações envolvem mais de seis incógnitas, há mais incógnitas do que equações, e algumas das reações são *estaticamente indeterminadas.* Se as reações envolvem menos de seis incógnitas, há mais equações do que incógnitas, e algumas das equações de equilíbrio não podem ser satisfeitas em condições gerais de carregamento; o corpo rígido só está *parcialmente vinculado.* Entretanto, nas condições de carregamento particulares que correspondem a um dado problema, as equações extras frequentemente se reduzem a identidades triviais, como $0 = 0$, e podem ser desconsideradas; embora só esteja parcialmente vinculado, o corpo rígido permanece em equilíbrio (ver Problemas Resolvidos 4.7 e 4.8). Mesmo com seis ou mais incógnitas, é possível que algumas equações de equilíbrio não sejam satisfeitas. Isso pode ocorrer quando as reações associadas aos apoios ou são paralelas ou interceptam a mesma linha; o corpo rígido está então *impropriamente vinculado.*

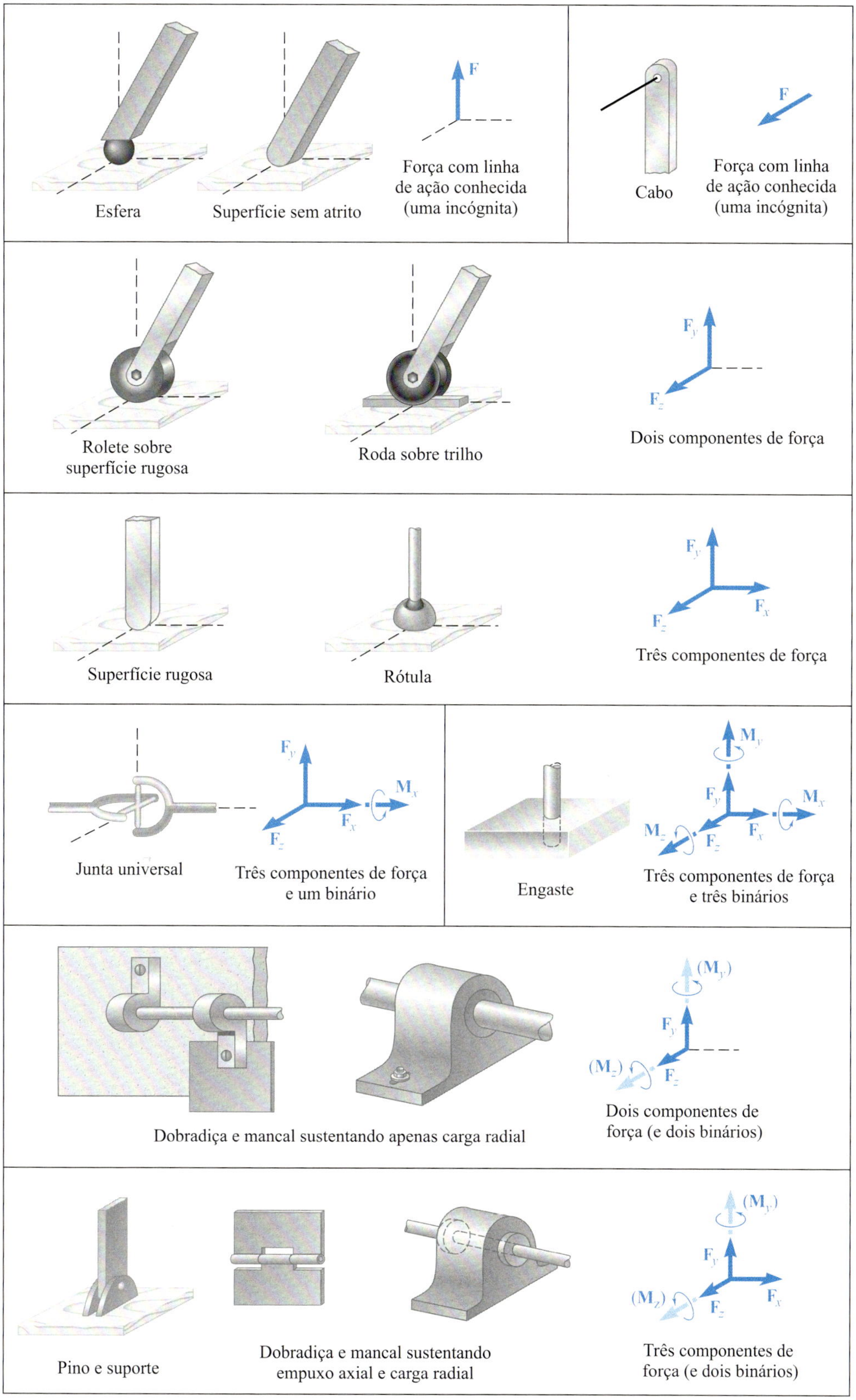

Figura 4.10 Reações em apoios e conexões.

PROBLEMA RESOLVIDO 4.7

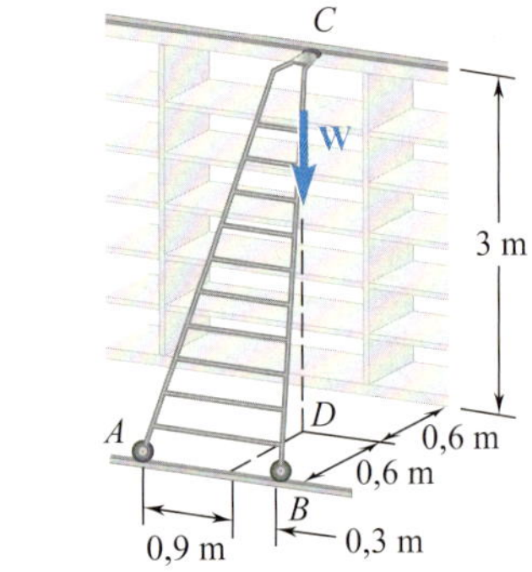

Uma escada de 20 kg usada para alcançar prateleiras altas em um depósito está apoiada por duas rodas flangeadas* A e B montadas sobre um trilho e por uma roda C sem flange apoiada sobre um trilho fixado à parede. Um homem de 80 kg está em pé sobre a escada e inclina-se para a direita. A linha de ação do peso combinado **W** do homem e da escada intercepta o piso no ponto D. Determine as reações em A, B e C.

SOLUÇÃO

Diagrama de corpo livre. Traça-se um diagrama de corpo livre da escada. As forças envolvidas são o peso combinado do homem e da escada,

$$\mathbf{W} = -mg\,\mathbf{j} = -(80\text{ kg} + 20\text{ kg})(9{,}81\text{ m/s}^2)\mathbf{j} = -(981\text{ N})\mathbf{j}$$

e cinco componentes de reações desconhecidos, dois em cada roda com flange e um na roda sem flange. A escada está então apenas parcialmente vinculada e livre para rolar ao longo dos trilhos. No entanto, a escada está em equilíbrio sob o carregamento dado, pois a equação $\Sigma F_x = 0$ está satisfeita.

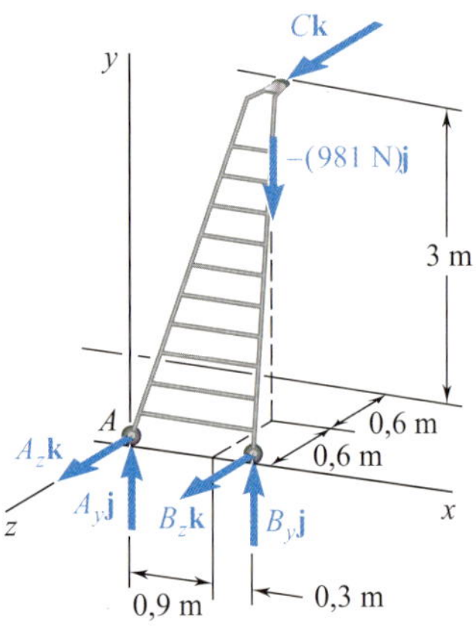

Equações de equilíbrio. Expressamos que as forças que atuam na escada formam um sistema equivalente a zero:

$$\Sigma\mathbf{F} = 0: \quad A_y\mathbf{j} + A_z\mathbf{k} + B_y\mathbf{j} + B_z\mathbf{k} - (981\text{ N})\mathbf{j} + C\mathbf{k} = 0$$

$$(A_y + B_y - 981\text{ N})\mathbf{j} + (A_z + B_z + C)\mathbf{k} = 0 \qquad (1)$$

$$\Sigma\mathbf{M}_A = \Sigma(\mathbf{r}\times\mathbf{F}) = 0: \quad 1{,}2\mathbf{i}\times(B_y\mathbf{j} + B_z\mathbf{k}) + (0{,}9\mathbf{i} - 0{,}6\mathbf{k})\times(-981\mathbf{j}) + (0{,}6\mathbf{i} + 3\mathbf{j} - 1{,}2\mathbf{k})\times C\mathbf{k} = 0$$

Calculando o produto vetorial, temos**

$$1{,}2B_y\mathbf{k} - 1{,}2B_z\mathbf{j} - 882{,}9\mathbf{k} - 588{,}6\mathbf{i} - 0{,}6C\mathbf{j} + 3C\mathbf{i} = 0$$

$$(3C - 588{,}6)\mathbf{i} - (1{,}2B_z + 0{,}6C)\mathbf{j} + (1{,}2B_y - 882{,}9)\mathbf{k} = 0 \qquad (2)$$

Estabelecendo os coeficientes de **i**, **j** e **k** iguais a zero na Eq. (2), obtemos as três equações escalares a seguir, que expressam que a soma dos momentos em relação a cada eixo coordenado deve ser zero:

$$3C - 588{,}6 = 0 \qquad C = +196{,}2\text{ N}$$

$$1{,}2B_z + 0{,}6C = 0 \qquad B_z = -98{,}1\text{ N}$$

$$1{,}2B_y - 882{,}9 = 0 \qquad B_y = +736\text{ N}$$

As reações em B e C são, portanto,

$$\mathbf{B} = +(736\text{ N})\mathbf{j} - (98{,}1\text{ N})\mathbf{k} \qquad \mathbf{C} = +(196{,}2\text{ N})\mathbf{k} \quad ◀$$

Tornando os coeficientes de **j** e **k** iguais a zero na Eq. (1), obtemos duas equações escalares expressando que as somas dos componentes nas direções y e z são iguais a zero. Substituindo B_y, B_z e C pelos valores obtidos anteriormente, escrevemos

$$A_y + B_y - 981 = 0 \qquad A_y + 736 - 981 = 0 \qquad A_y = +245\text{ N}$$

$$A_z + B_z + C = 0 \qquad A_z - 98{,}1 + 196{,}2 = 0 \qquad A_z = -98{,}1\text{ N}$$

Concluímos que a reação em A é $\qquad \mathbf{A} = +(245\text{ N})\mathbf{j} - (98{,}1\text{ N})\mathbf{k}$ ◀

* N. de T.: *flange*: aro ou colar exterior que se projeta para fora de uma roda, para mantê-la em posição, por exemplo, em relação a um trilho.

** Os momentos neste Problema Resolvido e nos Problemas Resolvidos 4.8 e 4.9 podem também ser expressos em forma de determinantes (ver Problema Resolvido 3.10).

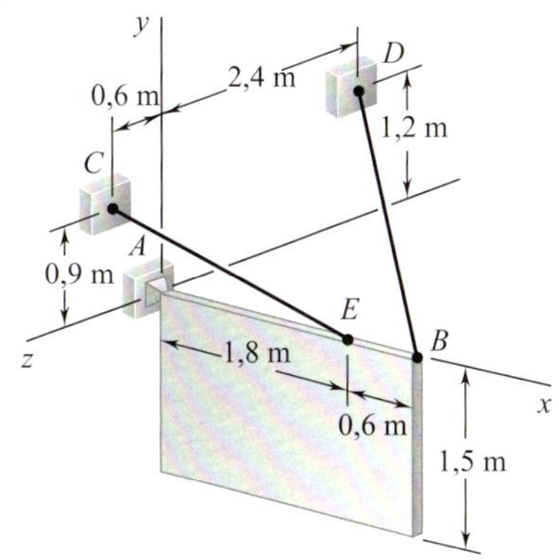

PROBLEMA RESOLVIDO 4.8

Uma placa de 1,5 × 2,4 m de massa específica uniforme pesa 1.215 N e é sustentada por uma rótula em A e por dois cabos. Determine a tração em cada cabo e a reação em A.

SOLUÇÃO

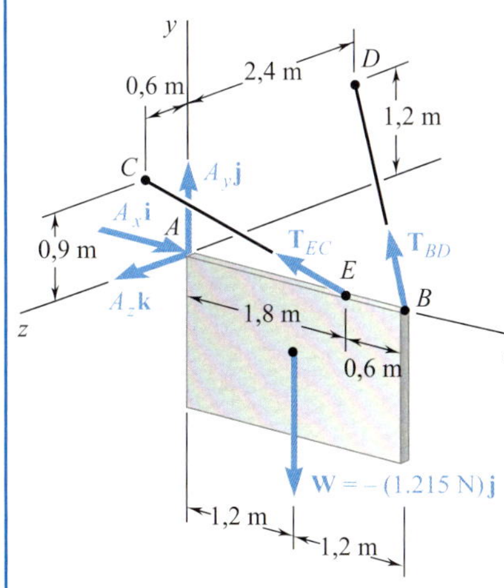

Diagrama de corpo livre. Traça-se um diagrama de corpo livre da placa. As forças que atuam no corpo livre são o peso $\mathbf{W} = -(1.215\ \text{N})\mathbf{j}$ e as reações em A, B e E. A reação em A é uma força de direção desconhecida e é representada por três componentes desconhecidos. Como as direções das forças exercidas pelos cabos são conhecidas, essas forças envolvem apenas uma incógnita cada, a saber: as intensidades T_{BD} e T_{EC}. Como há apenas cinco incógnitas, a placa está parcialmente vinculada. A placa pode girar livremente em torno do eixo x; no entanto ela está em equilíbrio sob o carregamento dado, pois a equação $\Sigma M_x = 0$ está satisfeita.

Os componentes das forças $\mathbf{T}_{BD}$ e $\mathbf{T}_{EC}$ podem ser expressos em termos das intensidades desconhecidas T_{BD} e T_{EC} escrevendo-se

$$\overrightarrow{BD} = -(2{,}4\ \text{m})\mathbf{i} + (1{,}2\ \text{m})\mathbf{j} - (2{,}4\ \text{m})\mathbf{k} \qquad BD = 3{,}6\ \text{m}$$

$$\overrightarrow{EC} = -(1{,}8\ \text{m})\mathbf{i} + (0{,}9\ \text{m})\mathbf{j} + (0{,}6\ \text{m})\mathbf{k} \qquad EC = 2{,}1\ \text{m}$$

$$\mathbf{T}_{BD} = T_{BD}\left(\frac{\overrightarrow{BD}}{BD}\right) = T_{BD}(-\tfrac{2}{3}\mathbf{i} + \tfrac{1}{3}\mathbf{j} - \tfrac{2}{3}\mathbf{k})$$

$$\mathbf{T}_{EC} = T_{EC}\left(\frac{\overrightarrow{EC}}{EC}\right) = T_{EC}(-\tfrac{6}{7}\mathbf{i} + \tfrac{3}{7}\mathbf{j} - \tfrac{2}{7}\mathbf{k})$$

Equações de equilíbrio. Expressamos que as forças que atuam sobre a placa formam um sistema equivalente a zero:

$$\Sigma\mathbf{F} = 0: \quad A_x\mathbf{i} + A_y\mathbf{j} + A_z\mathbf{k} + \mathbf{T}_{BD} + \mathbf{T}_{EC} - (1.215\ \text{N})\mathbf{j} = 0$$

$$(A_x - \tfrac{2}{3}T_{BD} - \tfrac{6}{7}T_{EC})\mathbf{i} + (A_y + \tfrac{1}{3}T_{BD} + \tfrac{3}{7}T_{EC} - 1.215\ \text{N})\mathbf{j} + (A_z - \tfrac{2}{3}T_{BD} + \tfrac{2}{7}T_{EC})\mathbf{k} = 0 \qquad (1)$$

$$\Sigma\mathbf{M}_A = \Sigma(\mathbf{r} \times \mathbf{F}) = 0:$$

$$(2{,}4\ \text{m})\mathbf{i} \times T_{BD}(-\tfrac{2}{3}\mathbf{i} + \tfrac{1}{3}\mathbf{j} - \tfrac{2}{3}\mathbf{k}) + (1{,}8\ \text{m})\mathbf{i} \times T_{EC}(-\tfrac{6}{7}\mathbf{i} + \tfrac{3}{7}\mathbf{j} + \tfrac{2}{7}\mathbf{k}) + (1{,}2\ \text{m})\mathbf{i} \times (-1.215\ \text{N})\mathbf{j} = 0$$

$$(0{,}8\,T_{BD} + 0{,}771\,T_{EC} - 1.458\ \text{N})\mathbf{k} + (1{,}6\,T_{BD} - 0{,}514\,T_{EC})\mathbf{j} = 0 \qquad (2)$$

Tornando os coeficientes de $\mathbf{j}$ e $\mathbf{k}$ iguais a zero na Eq. (2), obtemos duas equações escalares que podem ser resolvidas para T_{BD} e T_{EC}:

$$T_{BD} = 455{,}9\ \text{N} \qquad T_{EC} = 1.417{,}5\ \text{N} \quad \blacktriangleleft$$

Estabelecendo os coeficientes de $\mathbf{i}$, $\mathbf{j}$ e $\mathbf{k}$ iguais a zero na Eq. (1), obtemos mais três equações, que nos possibilitam calcular os componentes de $\mathbf{A}$. Temos

$$\mathbf{A} = +(1.521\ \text{N})\mathbf{i} + (455{,}4\ \text{N})\mathbf{j} - (101{,}25\ \text{N})\mathbf{k} \quad \blacktriangleleft$$

PROBLEMA RESOLVIDO 4.9

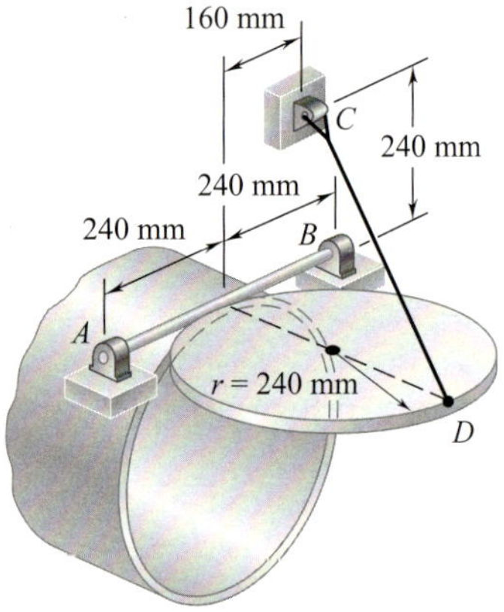

Uma tampa de tubulação de raio r = 240 mm e 30 kg de massa é mantida na posição horizontal pelo cabo *CD*. Considerando que o mancal em *B* não exerce qualquer empuxo axial, determine a tração no cabo e as reações em *A* e *B*.

SOLUÇÃO

Diagrama de corpo livre. Um diagrama de corpo livre é desenhado com os eixos coordenados mostrados na figura. As forças que atuam no corpo livre são o peso da tampa,

$$\mathbf{W} = -mg\mathbf{j} = -(30 \text{ kg})(9{,}81 \text{ m/s}^2)\mathbf{j} = -(294 \text{ N})\mathbf{j}$$

e as reações que envolvem seis incógnitas, a saber, a intensidade da força **T** exercida pelo cabo, três componentes de força na articulação *A* e dois na articulação *B*. Os componentes de **T** são expressos em termos da intensidade desconhecida T decompondo o vetor $\overrightarrow{DC}$ em componentes retangulares e escrevendo

$$\overrightarrow{DC} = -(480 \text{ mm})\mathbf{i} + (240 \text{ mm})\mathbf{j} - (160 \text{ mm})\mathbf{k} \qquad DC = 560 \text{ mm}$$

$$\mathbf{T} = T\frac{\overrightarrow{DC}}{DC} = -\tfrac{6}{7}T\mathbf{i} + \tfrac{3}{7}T\mathbf{j} - \tfrac{2}{7}T\mathbf{k}$$

Equações de equilíbrio. Expressamos que as forças que atuam na tampa de tubulação formam um sistema equivalente a zero:

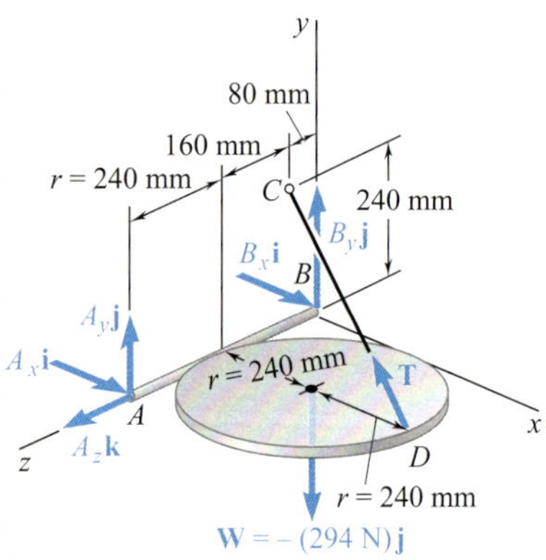

$$\Sigma\mathbf{F} = 0: \qquad A_x\mathbf{i} + A_y\mathbf{j} + A_z\mathbf{k} + B_x\mathbf{i} + B_y\mathbf{j} + \mathbf{T} - (294 \text{ N})\mathbf{j} = 0$$

$$(A_x + B_x - \tfrac{6}{7}T)\mathbf{i} + (A_y + B_y + \tfrac{3}{7}T - 294 \text{ N})\mathbf{j} + (A_z - \tfrac{2}{7}T)\mathbf{k} = 0 \qquad (1)$$

$$\Sigma\mathbf{M}_B = \Sigma(\mathbf{r} \times \mathbf{F}) = 0:$$

$$2r\mathbf{k} \times (A_x\mathbf{i} + A_y\mathbf{j} + A_z\mathbf{k}) + (2r\mathbf{i} + r\mathbf{k}) \times (-\tfrac{6}{7}T\mathbf{i} + \tfrac{3}{7}T\mathbf{j} - \tfrac{2}{7}T\mathbf{k}) + (r\mathbf{i} + r\mathbf{k}) \times (-294 \text{ N})\mathbf{j} = 0$$

$$(-2A_y - \tfrac{3}{7}T + 294 \text{ N})r\mathbf{i} + (2A_x - \tfrac{2}{7}T)r\mathbf{j} + (\tfrac{6}{7}T - 294 \text{ N})r\mathbf{k} = 0 \qquad (2)$$

Tornando os coeficientes dos vetores unitários iguais a zero na Eq. (2), obtemos três equações escalares, que resultam em

$$A_x = +49{,}0 \text{ N} \qquad A_y = +73{,}5 \text{ N} \qquad T = 343 \text{ N} \quad ◀$$

Estabelecendo os coeficientes dos vetores unitários iguais a zero na Eq. (1), obtemos mais três equações escalares. Depois de substituirmos os valores de T, A_x e A_y nessas equações, obtemos

$$A_z = +98{,}0 \text{ N} \qquad B_x = +245 \text{ N} \qquad B_y = +73{,}5 \text{ N}$$

As reações em *A* e *B* são, portanto,

$$\mathbf{A} = +(49{,}0 \text{ N})\mathbf{i} + (73{,}5 \text{ N})\mathbf{j} + (98{,}0 \text{ N})\mathbf{k} \quad ◀$$

$$\mathbf{B} = +(245 \text{ N})\mathbf{i} + (73{,}5 \text{ N})\mathbf{j} \quad ◀$$

PROBLEMA RESOLVIDO 4.10

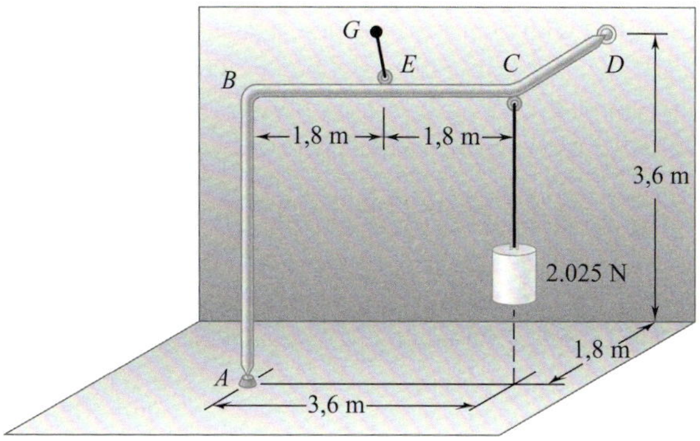

Uma carga de 2.025 N está suspensa no canto C de uma tubulação rígida $ABCD$ que foi dobrada tal como mostra a figura. A tubulação é sustentada pelas rótulas A e D, que estão presas, respectivamente, no solo e em uma parede vertical, e por um cabo que liga o ponto médio E da porção BC da tubulação e o ponto G na parede. Determine (*a*) onde G deverá estar localizado se a tração no cabo tiver de ser mínima e (*b*) o valor mínimo correspondente dessa tração.

SOLUÇÃO

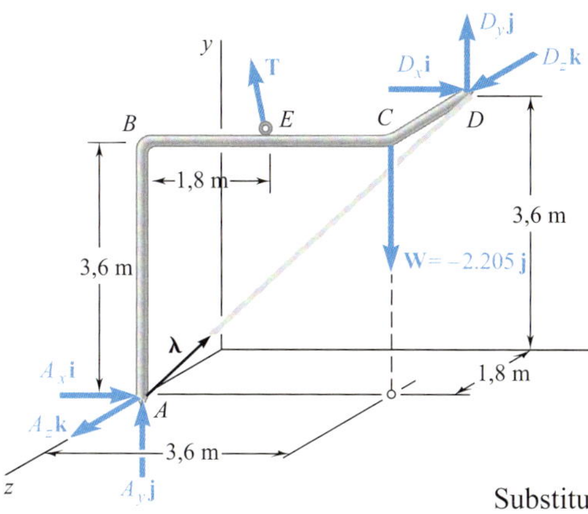

Diagrama de corpo livre. O diagrama de corpo livre da tubulação inclui a carga $\mathbf{W} = (-2.025\text{ N})\mathbf{j}$, as reações em A e D e a força $\mathbf{T}$ exercida pelo cabo. Para eliminarmos as reações em A e D dos cálculos, escrevemos que a soma dos momentos das forças em relação a AD é zero. Representando por $\boldsymbol{\lambda}$ o vetor unitário ao longo de AD, escrevemos

$$\Sigma M_{AD} = 0: \qquad \boldsymbol{\lambda} \cdot (\overrightarrow{AE} \times \mathbf{T}) + \boldsymbol{\lambda} \cdot (\overrightarrow{AC} \times \mathbf{W}) = 0 \qquad (1)$$

O segundo termo da Eq. (1) pode ser calculado como se segue:

$$\overrightarrow{AC} \times \mathbf{W} = (3{,}6\mathbf{i} + 3{,}6\mathbf{j}) \times (-2.025\mathbf{j}) = -7.290\mathbf{k}$$

$$\boldsymbol{\lambda} = \frac{\overrightarrow{AD}}{AD} = \frac{3{,}6\mathbf{i} + 3{,}6\mathbf{j} - 6\mathbf{k}}{5{,}4} = \tfrac{2}{3}\mathbf{i} + \tfrac{2}{3}\mathbf{j} - \tfrac{1}{3}\mathbf{k}$$

$$\boldsymbol{\lambda} \cdot (\overrightarrow{AC} \times \mathbf{W}) = (\tfrac{2}{3}\mathbf{i} + \tfrac{2}{3}\mathbf{j} - \tfrac{1}{3}\mathbf{k}) \cdot (-7.290\mathbf{k}) = +2.430$$

Substituindo o valor obtido na Eq. (1), escrevemos

$$\boldsymbol{\lambda} \cdot (\overrightarrow{AE} \times \mathbf{T}) = -2.430\text{ N} \cdot \text{m} \qquad (2)$$

Valor mínimo da tração. Recordando a propriedade comutativa para produtos triplos mistos, reescrevemos a Eq. (2) na forma

$$\mathbf{T} \cdot (\boldsymbol{\lambda} \times \overrightarrow{AE}) = -2.430\text{ N} \cdot \text{m} \qquad (3)$$

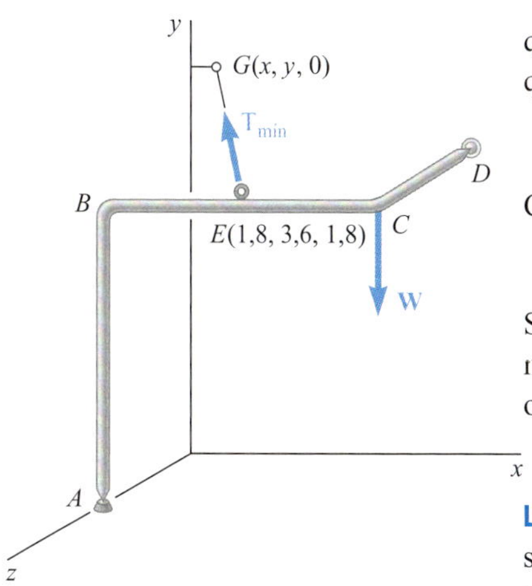

que mostra que a projeção de $\mathbf{T}$ sobre o vetor $\boldsymbol{\lambda} \times \overrightarrow{AE}$ é uma constante. Segue-se que $\mathbf{T}$ será mínimo quando for paralelo ao vetor

$$\boldsymbol{\lambda} \times \overrightarrow{AE} = (\tfrac{2}{3}\mathbf{i} + \tfrac{2}{3}\mathbf{j} - \tfrac{1}{3}\mathbf{k}) \times (1{,}8\mathbf{i} + 3{,}6\mathbf{j}) = 1{,}2\mathbf{i} - 0{,}6\mathbf{j} + 1{,}2\mathbf{k}$$

Como o correspondente vetor unitário é $\tfrac{2}{3}\mathbf{i} - \tfrac{1}{3}\mathbf{j} + \tfrac{2}{3}\mathbf{k}$, escrevemos

$$\mathbf{T}_{\text{mín}} = T(\tfrac{2}{3}\mathbf{i} - \tfrac{1}{3}\mathbf{j} + \tfrac{2}{3}\mathbf{k}) \qquad (4)$$

Substituindo $\mathbf{T}$ e $\boldsymbol{\lambda} \times \overrightarrow{AE}$ na Eq. (3) e calculando os produtos escalares, obtemos $1{,}8T = -2.430$ e, portanto, $T = -1.350$. Transportando esse valor para (4), obtemos

$$\mathbf{T}_{\text{mín}} = -900\mathbf{i} + 450\mathbf{j} - 900\mathbf{k} \qquad T_{\text{mín}} = 1.350\text{ N} \blacktriangleleft$$

Localização de G. Como o vetor $\overrightarrow{EG}$ e a força $\mathbf{T}_{\text{mín}}$ têm a mesma direção, seus componentes devem ser proporcionais. Representando as coordenadas de G por x, y e 0, escrevemos

$$\frac{x - 1{,}8}{-900} = \frac{y - 3{,}6}{+450} = \frac{0 - 1{,}8}{-900} \qquad x = 0 \quad y = 4{,}5\text{ m} \blacktriangleleft$$

PROBLEMAS

4.51 Duas esteiras de transmissão passam por uma polia dupla que é presa em um eixo suportado por mancais em A e D. O raio da polia menor é 125 mm e o raio da outra polia é 250 mm. Sabendo que, quando o sistema está em repouso, a tração é de 90 N em ambas as porções da esteira B e 150 N em ambas as porções da esteira C, determine a reação em A e D. Considere que o mancal em D não exerce nenhum encosto axial.

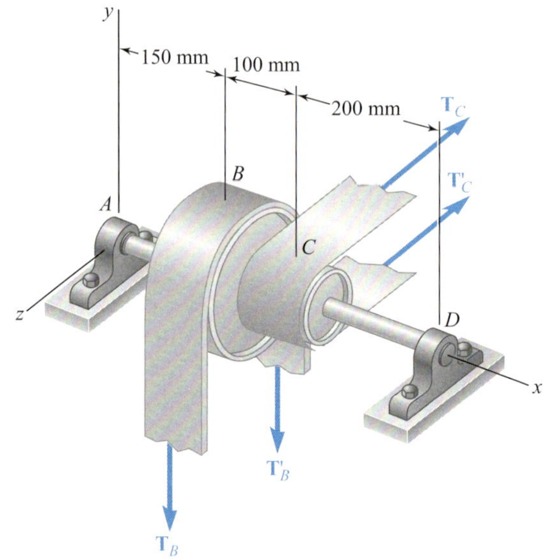

Figura P4.51

4.52 Resolva o Problema 4.51, considerando que a polia gira a uma taxa constante e que $T_B = 104$ N, $T'_B = 84$ N e $T_C = 175$ N.

4.53 Uma chapa de madeira de 1,2 × 2,4 m pesando 180 N foi temporariamente encostada contra uma coluna CD. Ela repousa em A e B em pequenos blocos de madeira e contra presos salientes. Desprezando o atrito em todas as superfícies de contato, determine as reações em A, B e C.

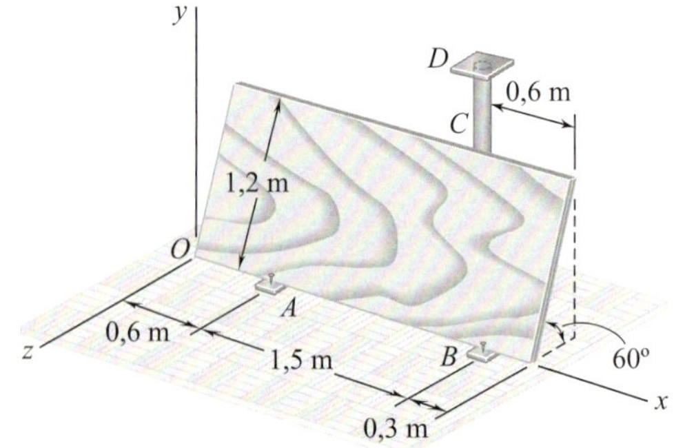

Figura P4.53

4.54 Um pequeno sarilho é usado para levantar uma carga de 540 N. Encontre (*a*) a intensidade da força vertical **P** que deverá ser aplicada em *C* para manter o equilíbrio na posição mostrada na figura e (*b*) a reação em *A* e *B*, considerando que o mancal em *B* não exerce nenhum encosto axial.

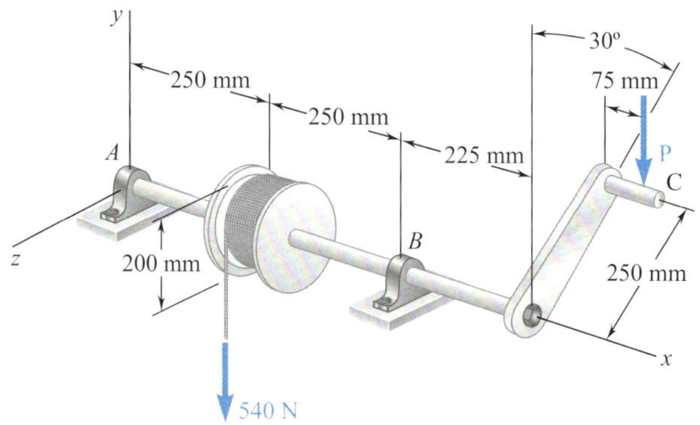

Figura P4.54

4.55 Uma alavanca de 200 mm e uma polia de diâmetro 240 mm estão soldadas ao eixo *BE* que é suportado pelos mancais em *C* e *D*. Se a carga vertical de 720 N é aplicada em *A* quando a alavanca está na horizontal, determine (*a*) a tração na corda e (*b*) a reação em *C* e *D*. Considere que o mancal em *D* não exerce nenhum encosto axial.

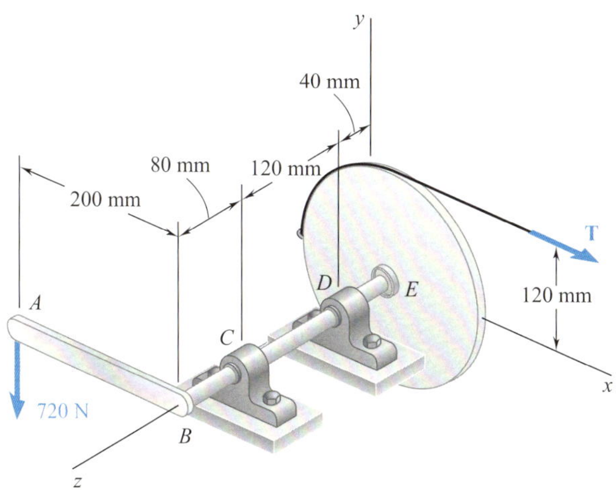

Figura P4.55

4.56 Resolva o Problema 4.55 considerando que o eixo foi girado no sentido horário em seus mancais de 30° e que a carga de 720 N permanece vertical.

4.57 Uma placa retangular mostrada na figura pesa 360 N e é suportada por três fios. Determine a tração em cada fio.

4.58 A carga *W* é colocada na placa de 360 N do Problema 4.57. Determine a intensidade de *W* e o ponto onde deverá ser colocado se a tração é de 270 N em cada um dos três fios.

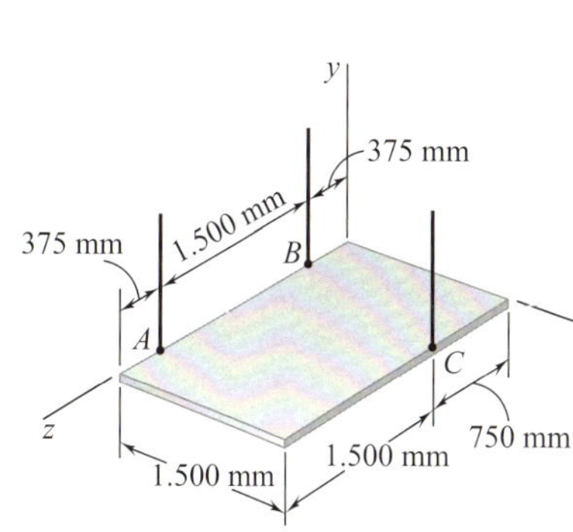

Figura P4.57

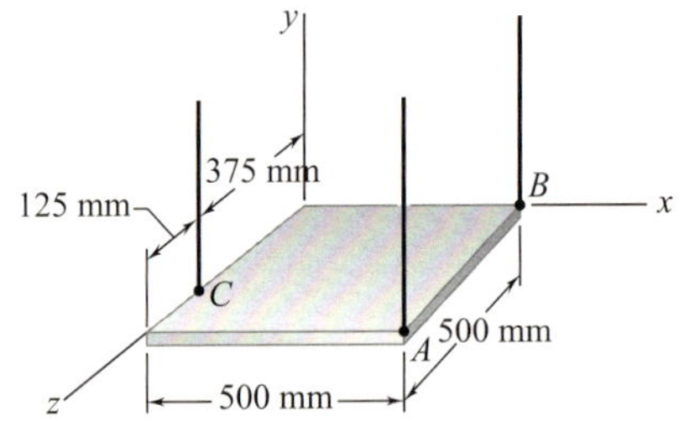

Figura P4.59

4.59 A placa quadrada de 20 kg é suportada por três fios mostrados na figura. Determine a tração em cada fio.

4.60 Determine a massa e a localização do menor bloco que deverá ser colocado na placa de 20 kg do Problema 4.59 se a tração nos três fios for igual.

4.61 Uma força de 3.825 N atua em uma barra *AB* de 3,6 m mostrada na figura. Determine (*a*) a tração em cada cabo e (*b*) a reação da rótula em *A*.

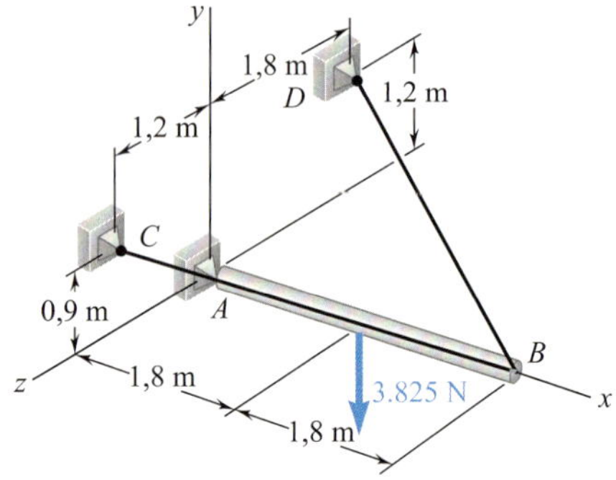

Figura P4.61

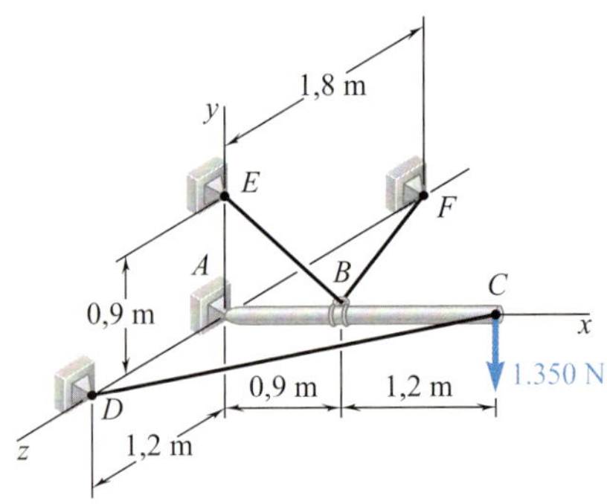

Figura P4.63

4.62 Resolva o Problema 4.61 considerando que carga de 3.825 N é aplicada no ponto *B*.

4.63 Uma barra é mantida por uma rótula em *A* e pelos dois cabos *EBF* e *DF*; o cabo *EBF* passa em torno da polia em *B* sem atrito. Determine a tração em cada cabo.

4.64 Um caixote de 300 kg é suspenso por um cabo que passa pela polia *B* e é preso no suporte *H*. A lança *AB* de 100 kg é suportada pela rótula em *A* e por dois cabos *DE* e *DF*. O centro de gravidade da lança está localizado em *G*. Determine (*a*) a tração nos cabos *DE* e *DF* e (*b*) a reação em *A*.

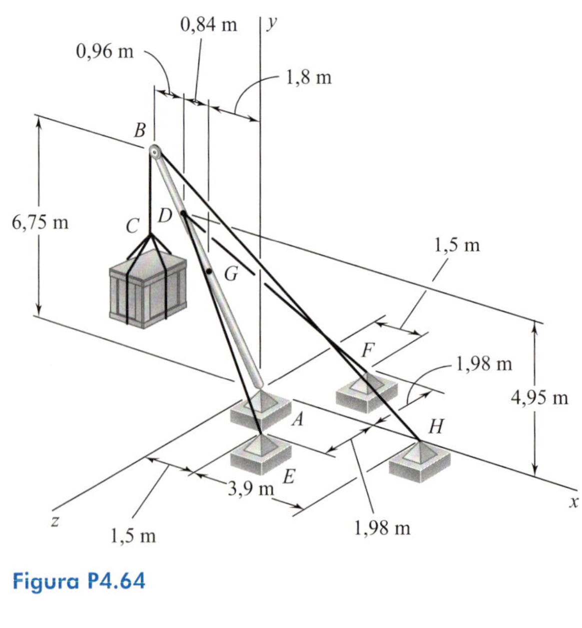

Figura P4.64

4.65 A plataforma horizontal *ABCD* pesa 270 N e suporta uma carga de 1.080 N em seu centro. A plataforma é normalmente mantida na posição pelas dobradiças em *A* e *B* e pelas escoras *CE* e *DE*. Se a escora *DE* é removida, determine as reações nas dobradiças e a força exercida pela escora *CE* remanescente. A dobradiça em *A* não exerce nenhum encosto axial.

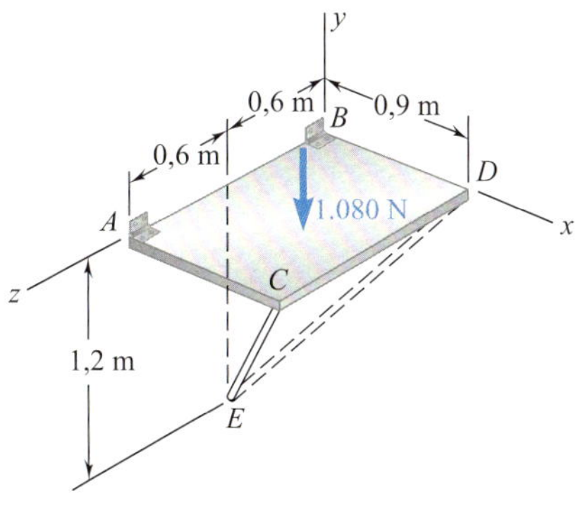

Figura P4.65

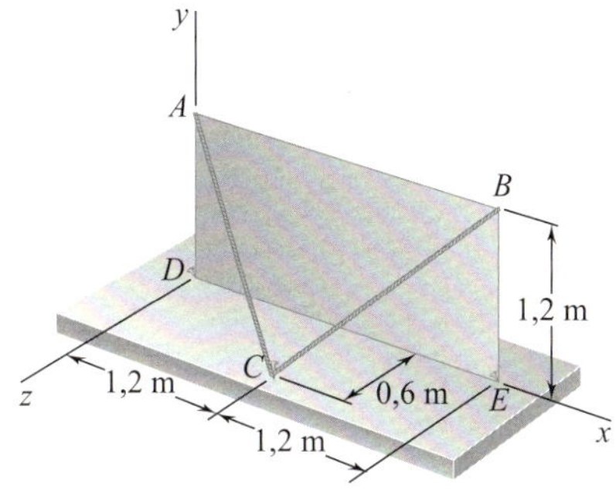

Figura P4.66

4.66 Uma chapa de 1,2 × 2,4 m de madeira compensada é temporariamente mantida por pregos em *D* e *E* e por duas escoras pregados em *A*, *B* e *C*. O vento está soprando na face oculta da chapa de madeira compensada e pode-se considerar que esse efeito é representado por uma força *P***k** aplicada no centro da chapa. Sabendo que cada escora torna-se insegura com relação à flambagem quando submetidas a uma força axial 1,8 kN, determine (*a*) o máximo valor admissível da intensidade de *P* da força do vento e (*b*) o correspondente valor da componente de *z* da reação em *E*. Considere que os pregos são soltos e não exercem nenhum binário.

4.67 Uma placa de 0,9 × 1,2 m pesa 675 N e é suportada por dobradiças em *A* e *B*. Ela é mantida na posição mostrada na figura pela corrente *CD* de 0,6 m. Considerando que a dobradiça em *A* não exerce nenhum encosto axial, determine a tração na corrente e as reações em *A* e *B*.

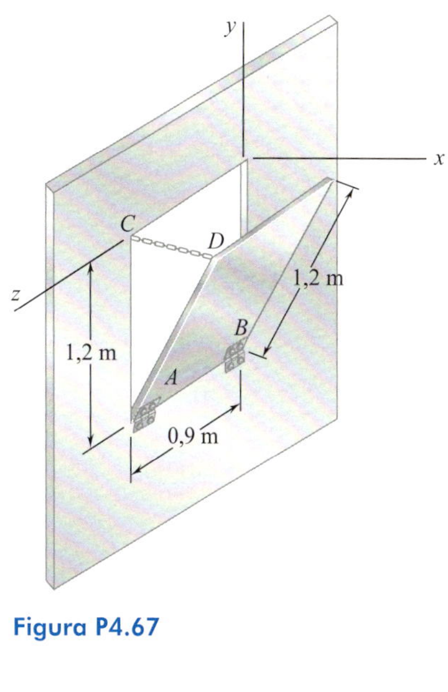

Figura P4.67

4.68 A tampa do alçapão de um telhado pesa 338 N, é articulada nos cantos *A* e *B* e mantida na posição desejada pela barra *CD* pivotada em *C*; um pino na extremidade *D* da barra se encaixa em um dos vários furos feitos na borda da tampa. Para $\alpha = 50°$, determine (*a*) a intensidade da força exercida pela barra *CD* e (*b*) as reações das dobradiças. Considere que a dobradiça em *B* não exerce nenhum encosto axial.

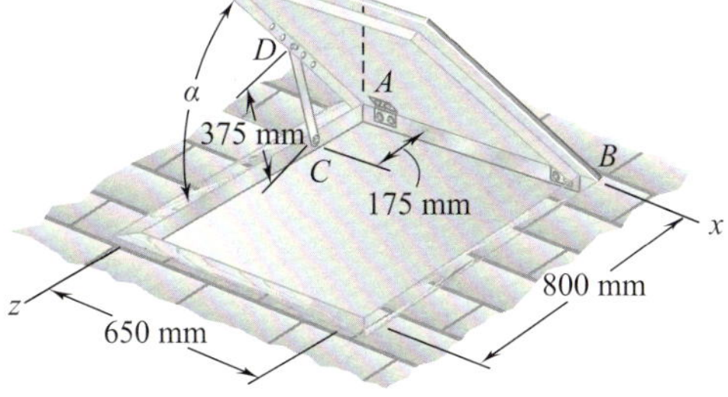

Figura P4.68

4.69 Uma janela dupla de 10 kg medindo 900 × 1.500 mm é mantida por dobradiças em A e B. Na posição mostrada na figura, ela é mantida para o lado de fora da casa por uma vara CD de 600 mm. Considerando que a dobradiça em A não exerce nenhum encosto axial, determine a intensidade da força exercida pela vara e as componentes das reações em A e B.

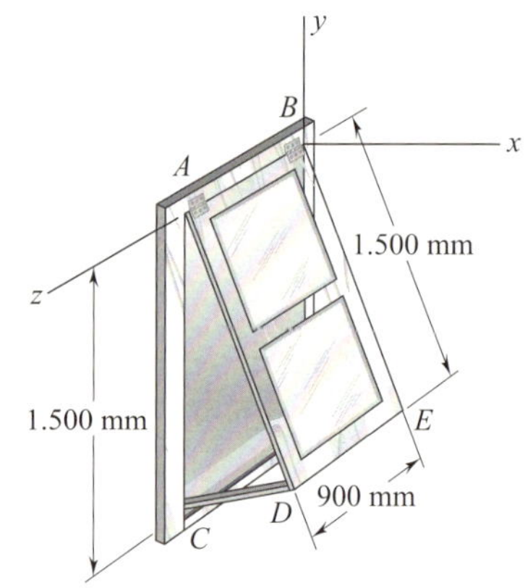

Figura P4.69

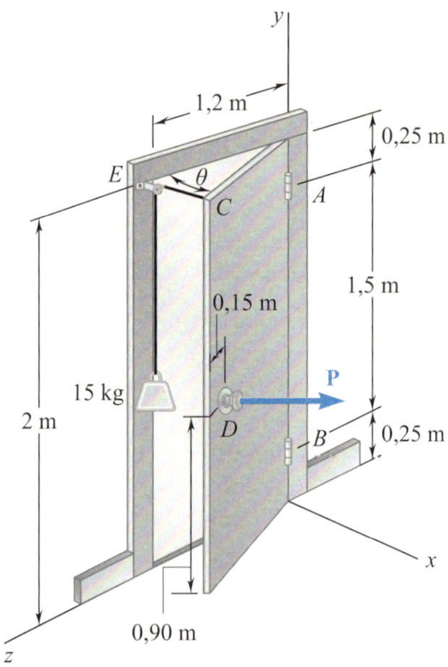

Figura P4.70

4.70 Uma porta de 20 kg tem o fechamento automático por suspensão de um contrapeso de 15 kg através de um cabo fixado em C. A porta é mantida aberta pela força **P** aplicada na maçaneta D, na direção perpendicular da porta. Determine a intensidade de **P** e as componentes das reações A e B quando $\theta = 90°$. Considere que a dobradiça em A não exerce nenhum encosto axial.

4.71 Resolva o Problema 4.65 considerando que a dobradiça em A foi removida e que a dobradiça B pode exercer binários sobre os eixos paralelos aos eixos x e y, respectivamente.

4.72 Resolva o Problema 4.69 considerando que a dobradiça em A foi removida.

4.73 O membro rígido em forma de L ABC é sustentado por uma rótula em A e por três cabos. Determine a tração em cada cabo e a reação em A causada por uma carga de 2.250 N aplicada em G.

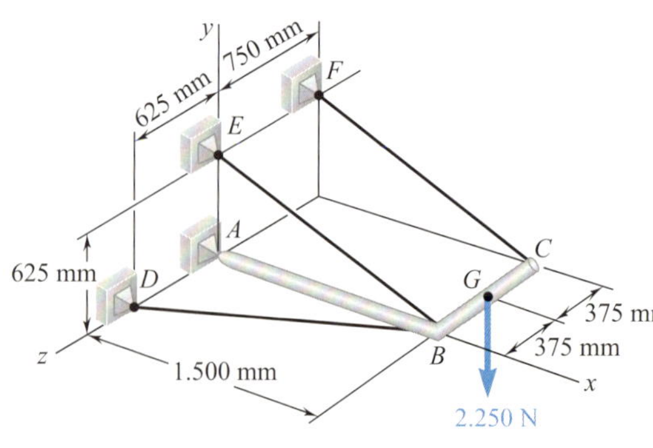

Figura P4.73

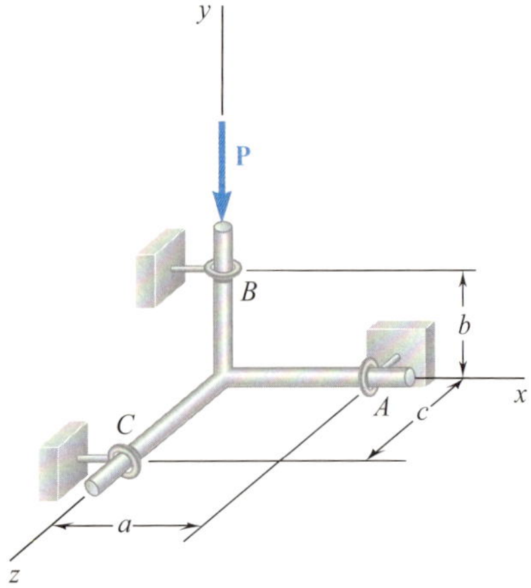

Figura P4.74

4.74 Três barras estão soldadas juntas para formar uma "cantoneira" que é sustentada por três parafusos de olhal. Determine as reações em A, B e C quando P = 1,2 kN, a = 300 mm, b = 200 mm e c = 250 mm.

ATRITO

4.10 Forças de atrito

Nas seções anteriores, considerou-se que superfícies que estão em contato são *sem atrito* (lisas) ou *rugosas* (ásperas). Se forem sem atrito, a força exercida por uma superfície sobre a outra será normal às superfícies e as duas superfícies poderão mover-se livremente uma em relação à outra. Se forem rugosas, admite-se que forças tangenciais poderão se desenvolver a ponto de evitar o movimento de uma superfície em relação à outra.

Esse ponto de vista é simplificado. Na verdade, não existe uma superfície perfeitamente sem atrito. Quando duas superfícies estão em contato, forças tangenciais, chamadas *forças de atrito*, sempre irão aparecer ao tentarmos mover uma superfície em relação à outra. Todavia, essas forças de atrito são de intensidade limitada e não impedirão o movimento caso sejam aplicadas forças suficientemente grandes. Desse modo, a distinção entre superfícies sem atrito e rugosas é mera questão de gradação. Isso será visto mais claramente nas próximas seções, que abordarão aspectos relacionados ao atrito e às suas aplicações em situações corriqueiras de engenharia.

Existem dois tipos de atrito: o *atrito seco*, por vezes denominado *atrito de Coulomb*, e o *atrito fluido*. O atrito fluido aparece entre camadas de fluido que se movem a diferentes velocidades. O atrito fluido é de grande importância em problemas que envolvam o escoamento de fluidos através de tubos e orifícios ou que tratem de corpos imersos em fluidos em movimento. Esse tipo de atrito também é básico na análise do movimento de *mecanismos lubrificados*. Tais problemas são considerados em textos sobre mecânica dos fluidos. O presente estudo é limitado ao atrito seco, ou seja, a problemas que envolvam corpos rígidos em contato com superfícies *sem lubrificação*.

4.11 Leis de atrito seco. Coeficientes de atrito

As leis de atrito seco são exemplificadas pelo seguinte experimento: um bloco de peso **W** é colocado sobre uma superfície plana horizontal (Fig. 4.11*a*). As forças que atuam sobre o bloco são seu peso **W** e a reação da superfície. Como o peso não tem componente horizontal, a reação da superfície

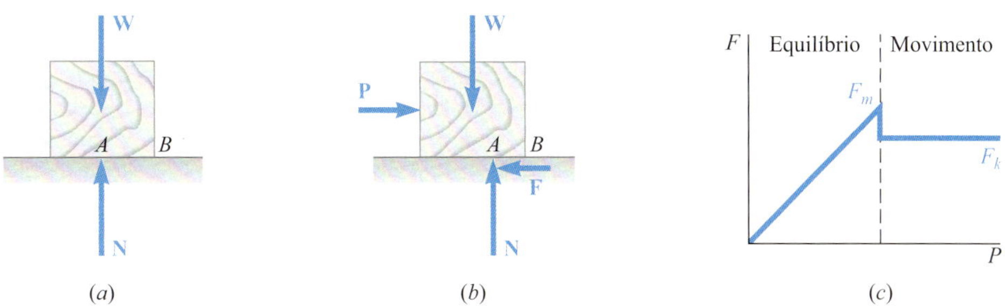

Figura 4.11

também não apresenta componente horizontal; logo, a reação é *normal* à superfície e representada por **N** na Fig. 4.11*a*. Suponha agora que uma força horizontal **P** seja aplicada sobre o bloco (Fig. 4.11*b*). Se **P** for de pouca intensidade, o bloco não se moverá, portanto alguma outra força horizontal deverá existir para contrabalançar **P**. Essa outra força é a *força de atrito estático* **F**, que, na verdade, é resultante de muitas forças que atuam sobre toda a superfície de contato entre o bloco e o plano. A natureza dessas forças não é conhecida exatamente, mas, em geral, admite-se que elas são devidas a irregularidades das superfícies que estão em contato e, em certa medida, à atração molecular.

Se a força **P** aumentar, a força de atrito **F** também aumentará, permanecendo oposta a **P** até que sua intensidade atinja um certo *valor máximo* F_m (Fig. 4.11*c*). Se **P** aumentar ainda mais, a força de atrito não mais poderá contrabalançá-la e o bloco começará a deslizar.* Tão logo o bloco esteja em movimento, a intensidade de **F** cai de F_m para um valor menor F_k. Isso ocorre porque há menos interpenetração entre as irregularidades das superfícies que estão em contato quando estas se movem uma em relação à outra. Daí em diante, o bloco manterá um deslizamento a uma velocidade crescente, enquanto a força de atrito, representada por $\mathbf{F}_k$ e denominada *força de atrito cinético*, permanecerá aproximadamente constante.

Evidências experimentais mostram que o valor máximo F_m da força de atrito estático é proporcional ao componente normal N da reação da superfície. Temos

$$F_m = \mu_s N \tag{4.8}$$

sendo μ_s uma constante denominada *coeficiente de atrito estático*. De modo semelhante, a intensidade F_k da força de atrito cinético pode ser colocada na forma

$$F_k = \mu_k N \tag{4.9}$$

sendo μ_k uma constante denominada *coeficiente de atrito cinético*. Os coeficientes de atrito μ_s e μ_k não dependem da área das superfícies que estão em contato. Ambos os coeficientes, porém, dependem fortemente da *natureza* das superfícies que estão em contato. Como eles dependem também da condição exata das superfícies, seus valores raramente são conhecidos

* Deve-se observar que, à medida que a intensidade F da força de atrito aumenta de zero até F_m, o ponto de aplicação A da resultante **N** das forças normais de contato desloca-se para a direita, de modo que os binários formados, respectivamente, por **P** e **F** e por **W** e **N** permaneçam contrabalançados. Caso **N** atinja B antes que F atinja seu valor máximo F_m, o bloco irá virar em torno de B antes que possa começar a deslizar (ver Problemas 4.85 até 4.88).

com uma precisão maior que 5%. Valores aproximados dos coeficientes de atrito estático para diversas superfícies secas estão na Tabela 4.1. Os valores correspondentes do coeficiente de atrito cinético seriam algo em torno de 25% menores. Como os coeficientes de atrito são grandezas adimensionais, os valores dados na Tabela 4.1 podem ser usados com qualquer sistema de unidades.

Tabela 4.1 Valores aproximados do coeficiente de atrito estático para superfícies secas

Metal sobre metal	0,15 a 0,60
Metal sobre madeira	0,20 a 0,60
Metal sobre pedra	0,30 a 0,70
Metal sobre couro	0,30 a 0,60
Madeira sobre madeira	0,25 a 0,50
Madeira sobre couro	0,25 a 0,50
Pedra sobre pedra	0,40 a 0,70
Terra sobre terra	0,20 a 1,00
Borracha sobre concreto	0,60 a 0,90

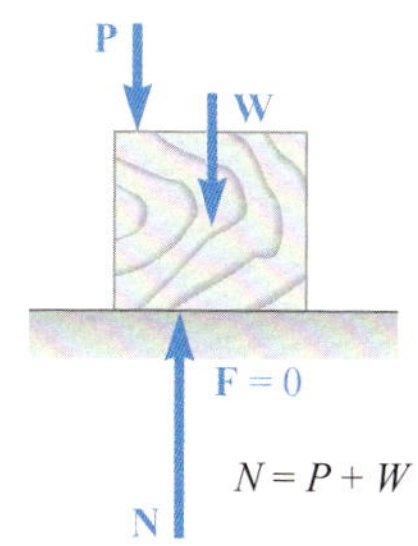

(a) Sem atrito ($P_x = 0$)

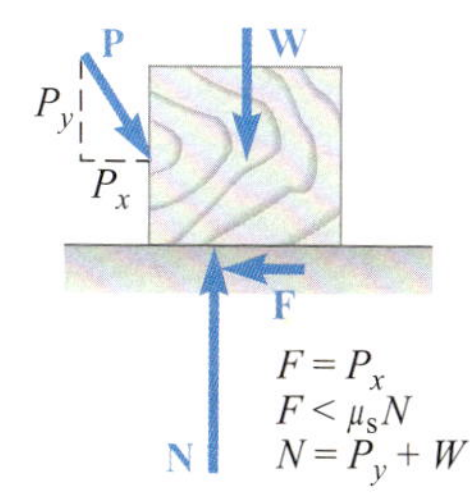

(b) Sem movimento ($P_x < F_m$)

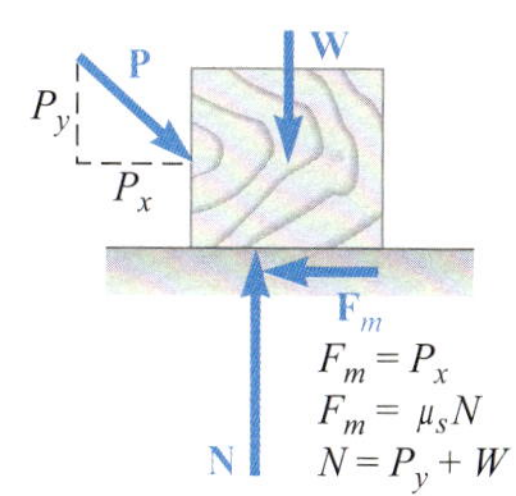

(c) Movimento iminente ⟶ ($P_x = F_m$)

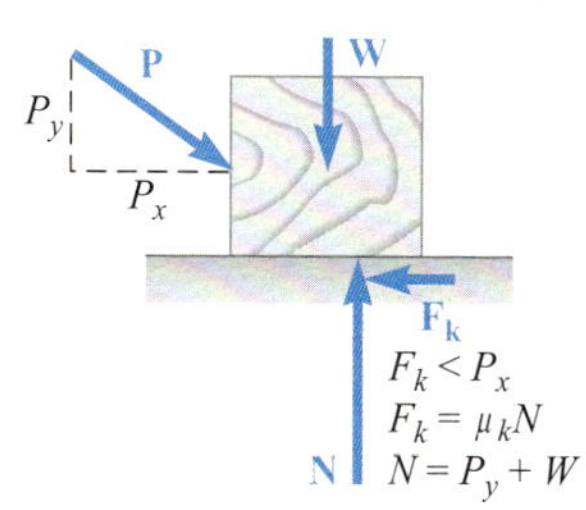

(d) Movimento ⟶ ($P_x > F_m$)

Figura 4.12

Com base na descrição fornecida anteriormente, quatro situações aparentemente podem ocorrer quando um corpo rígido está em contato com uma superfície horizontal:

1. As forças aplicadas sobre o corpo não tendem a movê-lo ao longo da superfície de contato; não há força de atrito (Fig. 4.12*a*).
2. As forças aplicadas tendem a mover o corpo ao longo da superfície de contato, mas não são grandes o suficiente para colocá-lo em movimento. Pode-se determinar a força de atrito **F** que se desenvolve resolvendo as equações de equilíbrio para o corpo. Como não há evidência de que **F** tenha atingido seu valor máximo, a equação $F_m = \mu_s N$ *não pode ser usada* para determinar a força de atrito (Fig. 4.12*b*).
3. As forças aplicadas são tais que o corpo está prestes a deslizar. Dizemos que *o movimento é iminente*. A força de atrito **F** atingiu seu valor máximo F_m e, junto com a força normal **N**, contrabalança as forças aplicadas. Tanto as equações de equilíbrio quanto a equação $F_m = \mu_s N$ *podem ser usadas*. Observemos também que a força de atrito tem sentido contrário ao do movimento iminente (Fig. 4.12*c*).
4. O corpo está deslizando sob ação das forças aplicadas e as equações de equilíbrio não mais se aplicam. Entretanto, **F** é agora igual a $\mathbf{F}_k$ e a equação $F_k = \mu_k N$ pode ser usada. O sentido de $\mathbf{F}_k$ é contrário ao do movimento (Fig. 4.12*d*).

4.12 Ângulos de atrito

Convém às vezes substituir a força normal **N** e a força de atrito **F** pela sua resultante **R**. Consideremos novamente um bloco de peso **W** em repouso sobre uma superfície plana horizontal. Se nenhuma força horizontal é aplicada sobre o bloco, a resultante **R** reduz-se à força normal **N** (Fig. 4.13*a*). Porém, se a força aplicada **P** tiver um componente horizontal $\mathbf{P}_x$ que tenda a mover o bloco, a força **R** terá um componente horizontal **F** e, portanto, formará um ângulo ϕ com a normal à superfície (Fig. 4.13*b*). Se $\mathbf{P}_x$ aumentar até o movimento tornar-se iminente, o ângulo entre **R** e a normal crescerá e atingirá um valor máximo (Fig. 4.13*c*). Esse valor é denominado *ângulo de atrito estático* e é representado por ϕ_s. Da geometria da Fig. 4.13*c*, observamos que

$$\text{tg } \phi_s = \frac{F_m}{N} = \frac{\mu_s N}{N}$$

$$\text{tg } \phi_s = \mu_s \tag{4.10}$$

Se o movimento de fato ocorrer, a intensidade da força de atrito cairá para F_k; de modo similar, o ângulo ϕ entre **R** e **N** cairá para um valor menor ϕ_k, denominado *ângulo de atrito cinético* (Fig. 4.13*d*). Da geometria da Fig. 4.13*d*, escrevem

$$\text{tg } \phi_k = \frac{F_k}{N} = \frac{\mu_k N}{N}$$

$$\text{tg } \phi_k = \mu_k \tag{4.11}$$

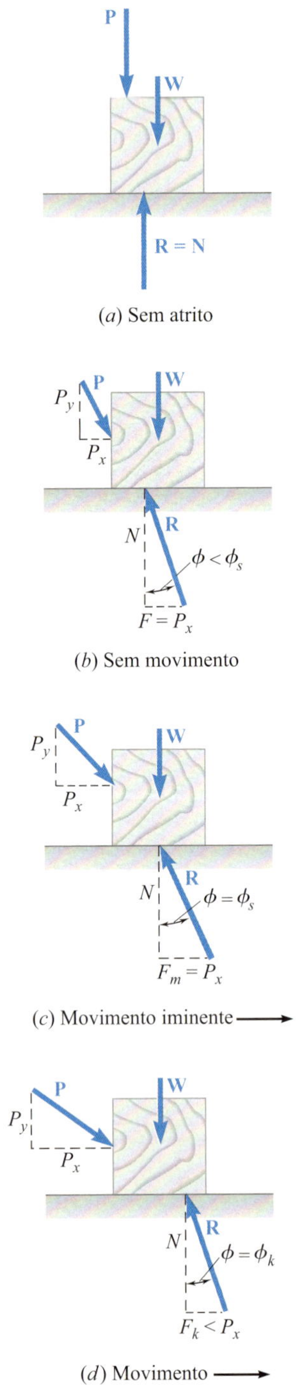

Figura 4.13

Outro exemplo mostrará como o uso do ângulo de atrito pode ser vantajoso na análise de certos tipos de problema. Considere um bloco em repouso sobre uma prancha sujeito apenas ao seu peso **W** e à reação **R** da prancha. A prancha pode assumir qualquer inclinação desejada. Se a prancha está na horizontal, a força **R** exercida pela prancha sobre o bloco é perpendicular à prancha e contrabalança o peso **W** (Fig. 4.14*a*). Se a prancha assumir um pequeno ângulo de inclinação θ, a força **R** se desviará da perpendicular à prancha do ângulo θ e continuará a contrabalançar **W** (Fig. 4.14*b*); a força terá então um componente normal **N** de intensidade $N = W \cos \theta$ e um componente tangencial **F** de intensidade $F = W \text{ sen } \theta$.

Se continuarmos a aumentar o ângulo de inclinação, o movimento logo se tornará iminente. Nesse momento, o ângulo entre **R** e a normal terá atingido seu valor máximo ϕ_s (Fig. 4.14*c*). O valor do ângulo de inclinação correspondente ao movimento iminente é denominado *ângulo de repouso*. Fica claro que o ângulo de repouso equivale ao ângulo de atrito estático ϕ_s. Se o ângulo de inclinação aumentar ainda mais, o movimento terá início e o ângulo entre **R** e a normal cairá para o valor menor ϕ_k (Fig. 4.14*d*). A reação **R** não mais será vertical e as forças que atuam sobre o bloco estarão desequilibradas.

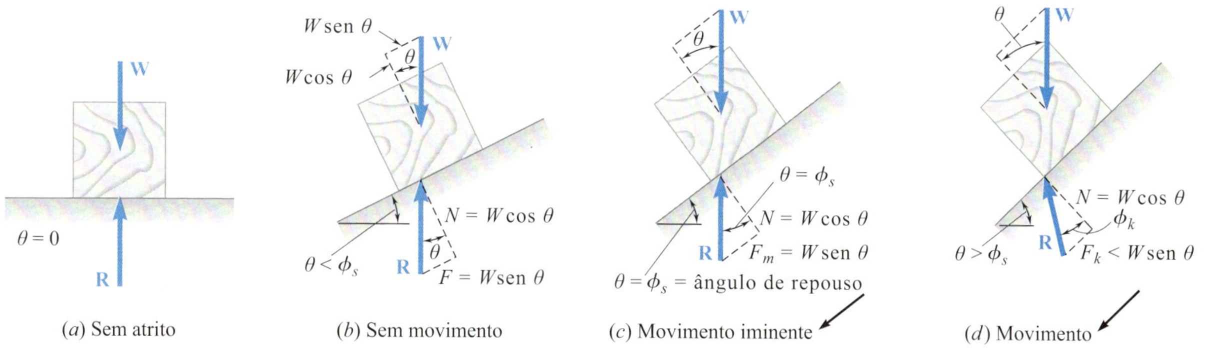

(*a*) Sem atrito (*b*) Sem movimento (*c*) Movimento iminente (*d*) Movimento

Figura 4.14

4.13 Problemas que envolvem atrito seco

Encontram-se problemas que envolvem atrito seco em muitas aplicações de engenharia. Alguns tratam de situações simples, tais como as do bloco deslizante sobre um plano, descrito nas seções anteriores. Outros envolvem situações mais complicadas como as do Problema Resolvido 4.13; muitos tratam da estabilidade de corpos rígidos em movimento acelerado e serão estudados em dinâmica. Além disso, diversas máquinas e mecanismos comuns podem ser analisados pela aplicação das leis do atrito seco.

Foto 4.8 O coeficiente de atrito estático entre um dos pacotes e a esteira transportadora inclinada deve ser grande o suficiente para possibilitar que o pacote seja transportado sem deslizar.

Os *métodos* a serem adotados na resolução de problemas que envolvam atrito seco são os mesmos já adotados nos capítulos anteriores. Se o problema envolve apenas um movimento de translação, sem possíveis rotações, o corpo em consideração geralmente pode ser tratado como uma partícula, e podem-se aplicar os métodos do Cap. 2. Se o problema envolve uma possível rotação, o corpo deve ser considerado rígido.

Se o corpo considerado sofrer ação de mais do que três forças (incluindo as reações das superfícies de contato), a reação de cada superfície será representada pelos seus componentes **N** e **F**, e o problema será resolvido a partir das equações de equilíbrio. Se apenas três forças atuam sobre o corpo em consideração, pode ser mais conveniente representar cada reação por uma força única **R** e resolver o problema desenhando um triângulo de forças.

A maioria dos problemas que envolvem atrito seco recai em um dos seguintes *três grupos*: no *primeiro grupo* de problemas, todas as forças aplicadas são dadas e os coeficientes de atrito são conhecidos; devemos então determinar se o corpo considerado permanecerá em repouso ou deslizará. A força de atrito **F** *necessária para manter o equilíbrio é* desconhecida (sua intensidade *não* é igual a $\mu_s N$) e deve-se determiná-la com a força normal **N** traçando um diagrama de corpo livre e *resolvendo as equações de equilíbrio* (Fig. 4.15*a*). O valor encontrado para a intensidade F da força de atrito é então comparado com o valor máximo $F_m = \mu_s N$. Se F for menor ou igual a F_m, o corpo permanecerá em repouso. Se o valor encontrado para F for maior que F_m, o equilíbrio não poderá ser mantido e ocorrerá movimento; a intensidade real da força de atrito será então $F_k = \mu_k N$.

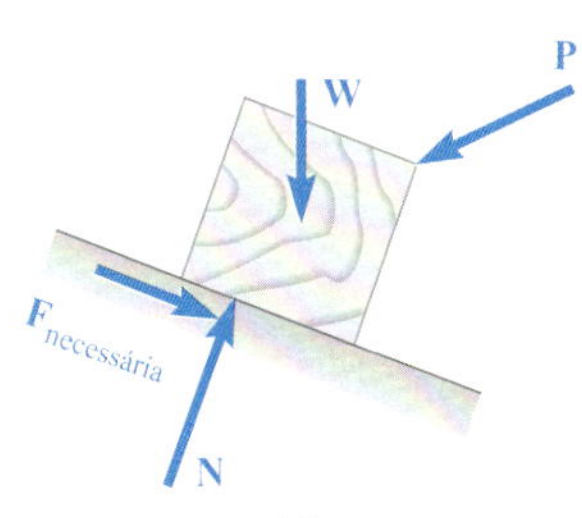

(*a*)

Figura 4.15a

Nos problemas do *segundo grupo*, são dadas todas as forças aplicadas e sabe-se que o movimento é iminente; devemos então determinar o valor do coeficiente de atrito estático. Novamente, determinamos a força de atrito e

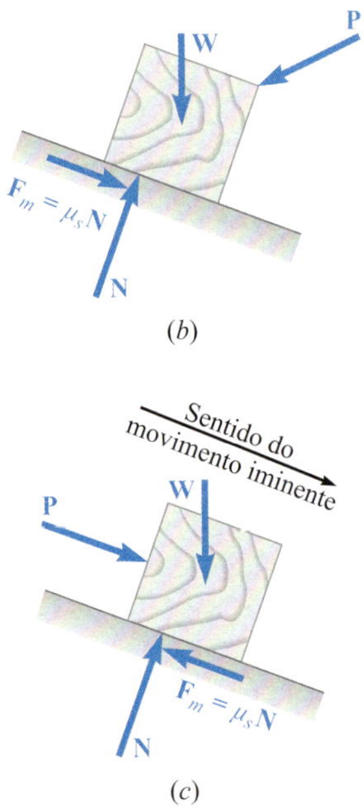

Figura 4.15b-c

a força normal traçando um diagrama de corpo livre e resolvendo as equações de equilíbrio (Fig. 4.15*b*). Como agora sabemos que o valor encontrado para *F* é igual ao valor máximo F_m, pode-se determinar o coeficiente de atrito com resolução da equação $F_m = \mu_s N$.

Nos problemas do *terceiro grupo*, é dado o coeficiente de atrito estático e sabe-se que o movimento é iminente em uma dada direção; devemos então determinar a intensidade ou a direção de uma das forças aplicadas. A força de atrito deve ser mostrada no diagrama de corpo livre com um *sentido contrário ao do movimento iminente* e com uma intensidade $F_m = \mu_s N$ (Fig. 4.15*c*). Podem-se então escrever as equações de equilíbrio e determinar a força desejada.

Conforme se observou anteriormente, quando apenas três forças estiverem envolvidas pode ser mais conveniente representar a reação da superfície por uma força única **R** e resolver o problema traçando um triângulo de forças. Tal resolução é empregada no Problema Resolvido 4.12.

Quando dois corpos *A* e *B* estão em contato (Fig. 4.16*a*), as forças de atrito exercidas, respectivamente, por *A* sobre *B* e por *B* sobre *A* são iguais e opostas (terceira lei de Newton). Quando se traça o diagrama de corpo livre de um dos corpos, é importante incluir a força de atrito apropriada com seu sentido correto. Deve-se então observar a seguinte regra: *o sentido da força de atrito que atua sobre A é contrário ao do movimento (ou movimento iminente) de A observado de B* (Fig. 4.16*b*).* O sentido da força de atrito que atua sobre *B* é determinado de modo similar (Fig. 4.16*c*). Note que o movimento de *A* observado de *B* é um *movimento relativo*. Por exemplo, se o corpo *A* está parado e o corpo *B* se move, o corpo *A* terá um movimento relativo a *B*, isto é, com relação a *B*. Além disso, se ambos os corpos *A* e *B* movem-se para baixo, mas *B* é mais rápido que *A*, o movimento do corpo *A* observado do corpo *B* é para cima.

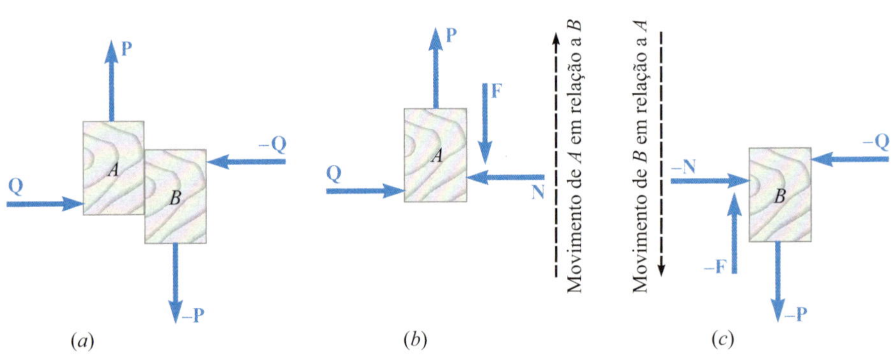

Figura 4.16

* Portanto, *é o mesmo sentido do movimento de B observado de A*.

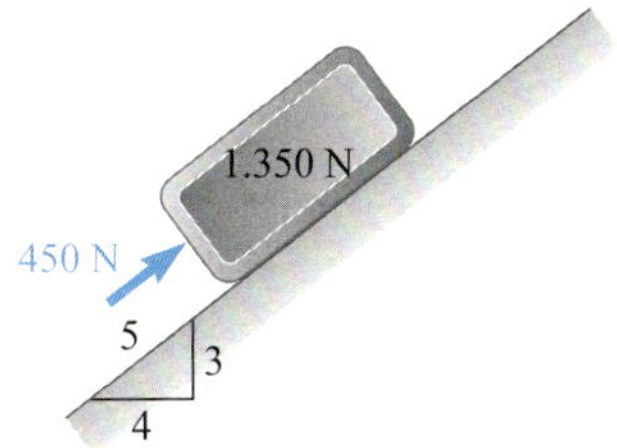

PROBLEMA RESOLVIDO 4.11

Uma força de 450 N atua do modo mostrado na figura sobre um bloco de 1.350 N posicionado sobre um plano inclinado. Os coeficientes de atrito entre o bloco e o plano são $\mu_s = 0{,}25$ e $\mu_k = 0{,}20$. Determine se o bloco está em equilíbrio e encontre a força de atrito.

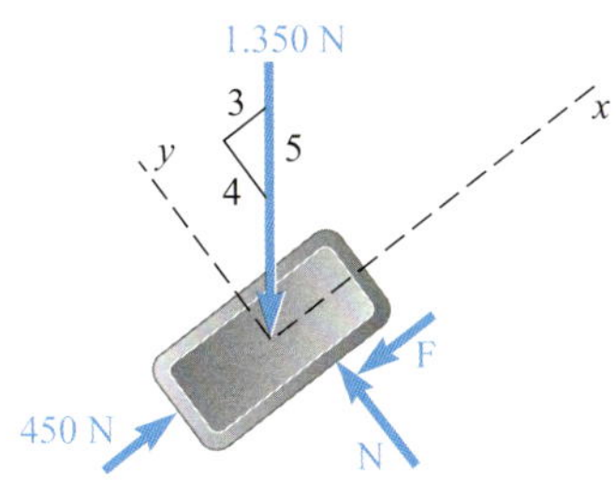

SOLUÇÃO

Força necessária para o equilíbrio. Determinemos primeiramente o valor da força de atrito *necessária para manter o equilíbrio*. Admitindo que **F** seja direcionada para baixo e para a esquerda, traçamos o diagrama de corpo livre do bloco e escrevemos

$$+\nearrow \Sigma F_x = 0: \qquad 450\text{ N} - \tfrac{3}{5}(1.350\text{ N}) - F = 0$$
$$F = -360\text{ N} \qquad \mathbf{F} = 360\text{ N}\nearrow$$

$$+\nwarrow \Sigma F_y = 0: \qquad N - \tfrac{4}{5}(1.350\text{ N}) = 0$$
$$N = +1.080\text{ N} \qquad \mathbf{N} = 1.080\text{ N}\nwarrow$$

A força **F** necessária para manter o equilíbrio é de 360 N, direcionada para cima e para a direita; logo, a tendência do bloco é deslocar-se plano abaixo.

Força de atrito máxima. A intensidade da força de atrito máxima que pode se desenvolver é

$$F_m = \mu_s N \qquad F_m = 0{,}25(1.080\text{ N}) = 270\text{ N}$$

Como o valor da força necessária para manter o equilíbrio (360 N) é maior que o valor máximo que pode ser obtido (270 N), o equilíbrio não será mantido e o *bloco deslizará plano abaixo*.

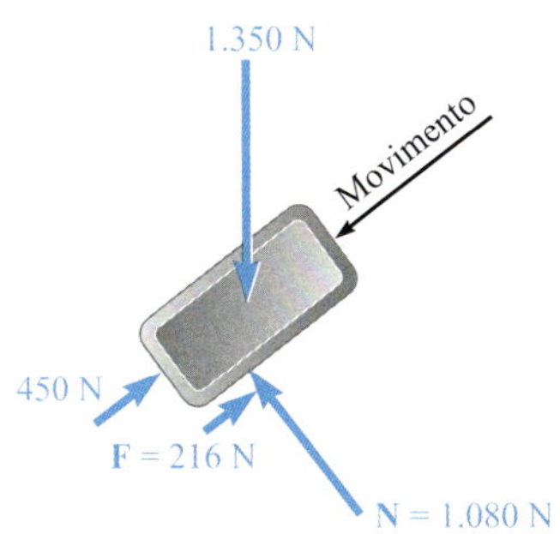

Valor real da força de atrito. A intensidade da força de atrito real é obtida como se segue:

$$F_{\text{real}} = F_k = \mu_k N$$
$$= 0{,}20(1.080\text{ N}) = 216\text{ N}$$

O sentido dessa força é contrário ao sentido do movimento; logo, a força é direcionada para cima e para a direita:

$$\mathbf{F}_{\text{real}} = 216\text{ N}\nearrow \quad \blacktriangleleft$$

Deve-se observar que as forças que atuam sobre o bloco não estão equilibradas; a resultante é

$$\tfrac{3}{5}(1.350\text{ N}) - 450\text{ N} - 216\text{ N} = 144\text{ N}\swarrow$$

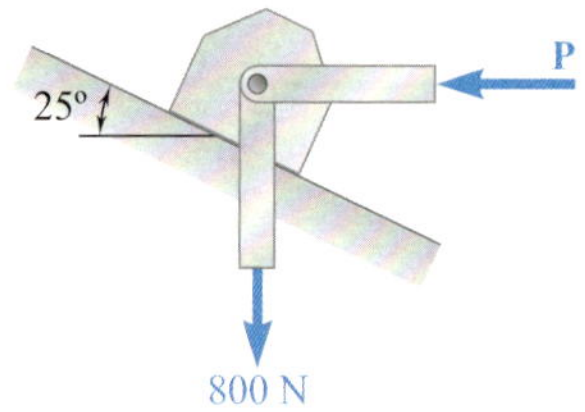

PROBLEMA RESOLVIDO 4.12

Um bloco de apoio sofre a ação de duas forças, tal como mostra a figura. Sabendo que os coeficientes de atrito entre o bloco e o plano inclinado são $\mu_s = 0{,}35$ e $\mu_k = 0{,}25$, determine (*a*) a força **P** para que o movimento do bloco para cima seja iminente, (*b*) a força de atrito quando o bloco estiver se movendo para cima e (*c*) a menor força **P** necessária para evitar que o bloco deslize para baixo.

SOLUÇÃO

Diagrama de corpo livre. Para cada parte do problema, traçamos um diagrama de corpo livre do bloco e um triângulo de forças formado pela força vertical de 800 N, a força horizontal **P** e a força **R** exercida pelo plano inclinado sobre o bloco. A direção de **R** deve ser determinada em cada caso, separadamente. Observemos que, sendo **P** perpendicular à força de 800 N, o triângulo de forças é retângulo, possibilitando uma fácil resolução para **P**. Na maioria dos problemas, porém, o triângulo de forças é escaleno, devendo-se aplicar a lei dos senos para obter a solução.

a. Força *P* para movimento iminente do bloco plano acima

$P = (800\ \text{N})\ \text{tg}\ 44{,}29°$ **P** = 780 N ← ◀

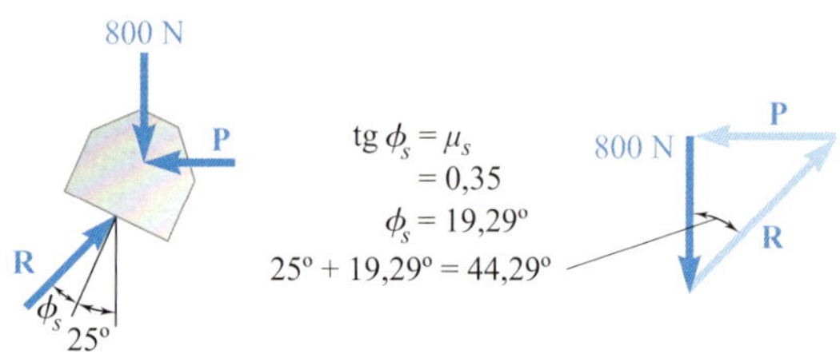

b. Força de atrito *F* quando o bloco move-se plano acima

$P = (800\ \text{N})/\cos 39{,}04° = 1.029{,}9\ \text{N}$

$F = R\ \text{sen}\ \phi_k = (1.029{,}9\ \text{N})\ \text{sen}\ 14{,}04°$

F = 250 N ↘ ◀

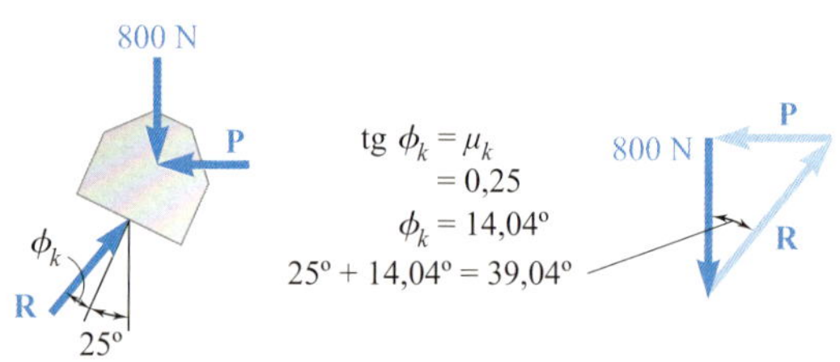

c. Força *P* para movimento iminente do bloco plano abaixo

$P = (800\ \text{N})\ \text{tg}\ 5{,}71°$ **F** = 80,0 N ← ◀

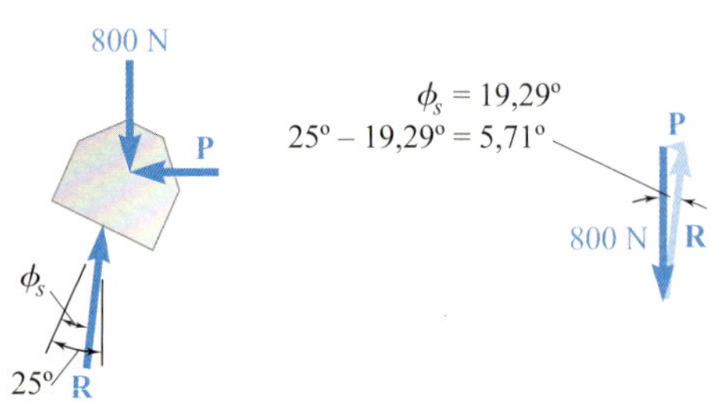

PROBLEMA RESOLVIDO 4.13

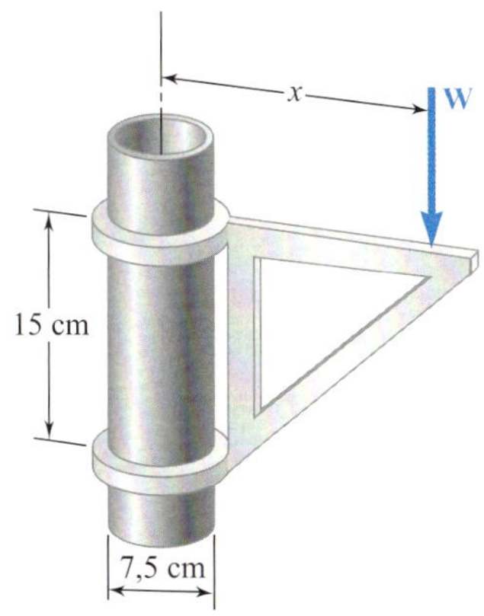

O suporte móvel mostrado na figura pode ser posicionado a qualquer altura sobre o tubo de 7,5 cm de diâmetro. Sabendo que o coeficiente de atrito estático entre o tubo e o suporte é 0,25, determine a distância mínima x para a qual a carga **W** pode ser sustentada. Desconsidere o peso do suporte.

SOLUÇÃO

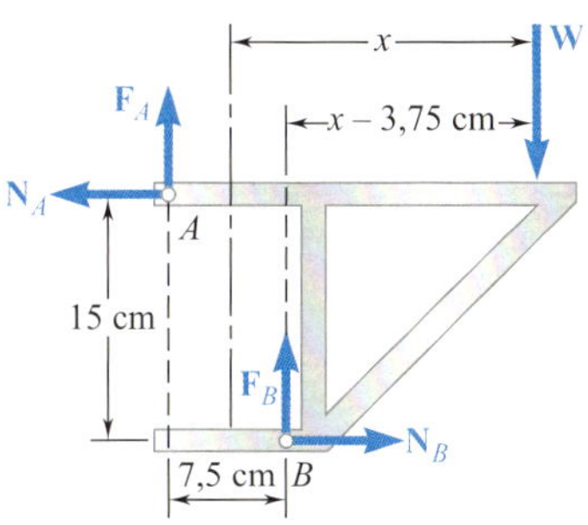

Diagrama de corpo livre. Traçamos um diagrama de corpo livre do suporte. Quando **W** for aplicada à distância mínima x do eixo do tubo, o suporte estará prestes a deslizar e as forças de atrito em A e B terão atingido seus valores máximos:

$$F_A = \mu_s N_A = 0{,}25\ N_A$$
$$F_B = \mu_s N_B = 0{,}25\ N_B$$

Equações de equilíbrio

$$\xrightarrow{+}\Sigma F_x = 0: \quad N_B - N_A = 0$$
$$N_B = N_A$$

$$+\uparrow\Sigma F_y = 0: \quad F_A + F_B - W = 0$$
$$0{,}25N_A + 0{,}25N_B = W$$

E, uma vez que se concluiu que N_B é igual a N_A,

$$0{,}50N_A = W$$
$$N_A = 2W$$

$$+\circlearrowleft\Sigma M_B = 0: \quad N_A(15\text{ cm}) - F_A(7{,}5\text{ cm}) - W(x - 3{,}75\text{ cm}) = 0$$
$$15N_A - 7{,}5(0{,}25\,N_A) - Wx + 3{,}75W = 0$$
$$15(2W) - 1{,}875(2W) - Wx + 3{,}75W = 0$$

Dividindo por W e resolvendo para x,

$$x = 30\text{ cm}$$ ◀

PROBLEMAS

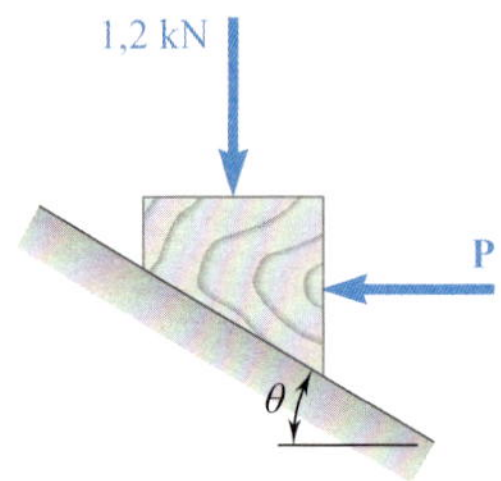

Figura P4.75

4.75 Os coeficientes de atrito entre o bloco e a rampa são $\mu_s = 0,35$ e $\mu_k = 0,25$. Determine se o bloco está em equilíbrio e encontre a intensidade, a direção e o sentido da força de atrito quando $\theta = 25°$ e $P = 750$ N.

4.76 Resolva o Problema 4.75 quando $\theta = 30°$ e $P = 150$ N.

4.77 Os coeficientes de atrito entre o bloco de 225 N e a rampa são $\mu_s = 0,40$ e $\mu_k = 0,30$. Determine se o bloco está em equilíbrio e encontre a intensidade, a direção e o sentido da força de atrito quando $P = 540$ N.

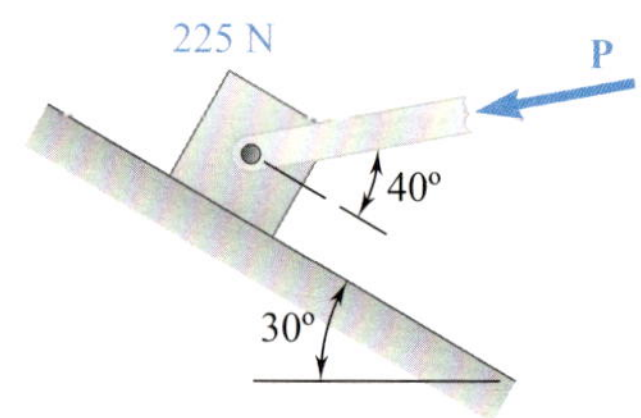

Figura P4.77

4.78 Resolva o Problema 4.77, considerando $P = 360$ N.

4.79 Em um bloco de apoio, atuam as duas forças mostradas na figura. Determine a intensidade de **P** necessária para movimentar o bloco para cima no plano.

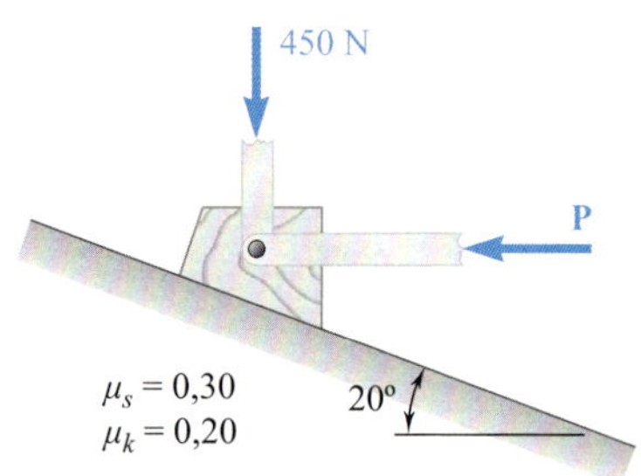

Figura P4.79 e P4.80

4.80 Determine a menor intensidade da força **P** que evitará o deslizamento do bloco de apoio para baixo no plano.

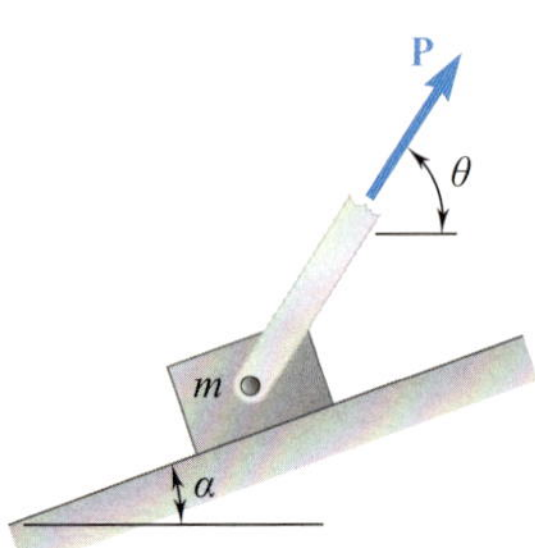

Figura P4.81 e P4.82

4.81 Indicando por ϕ_s o ângulo de atrito estático entre o bloco e o plano, determine a intensidade, a direção e o sentido da menor força **P** que causará o movimento do bloco para cima no plano.

4.82 Um bloco de massa $m = 20$ kg repousa em uma superfície rugosa como mostra a figura. Sabendo que $\alpha = 25°$ e $\mu_s = 0,20$, determine a intensidade, a direção e o sentido da menor força **P** requerida (*a*) para movimentar o bloco para cima no plano e (*b*) para evitar que o bloco se movimente para baixo no plano.

4.83 Os coeficientes de atrito entre o bloco e o trilho são $\mu_s = 0{,}30$ e $\mu_k = 0{,}25$. Sabendo que $\theta = 65°$, determine o menor valor da força P requerida (*a*) para iniciar o movimento do bloco para cima no trilho e (*b*) para manter o bloco em movimento para baixo.

4.84 Os coeficientes de atrito entre o bloco e o trilho são $\mu_s = 0{,}30$ e $\mu_k = 0{,}25$. Encontre a intensidade, a direção e o sentido da menor força **P** requerida (*a*) para iniciar o movimento do bloco para cima no trilho e (*b*) para manter o bloco em movimento para baixo.

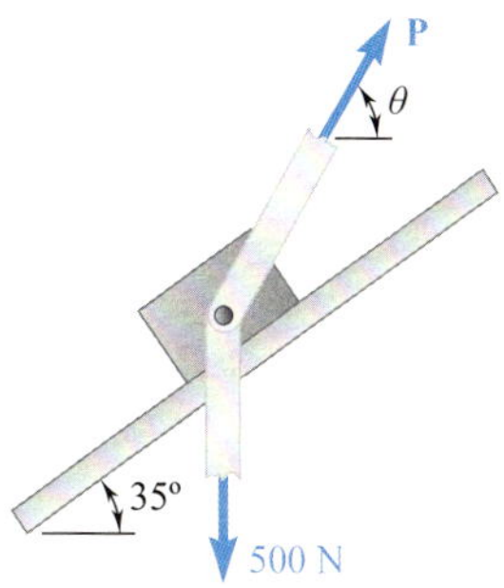

Figura P4.83 e *P4.84*

4.85 Um armário de 60 kg é montado em rodízios que podem ser bloqueados para evitar suas rotações. O coeficiente de atrito estático entre o chão e cada rodízio é 0,35. Se $h = 600$ mm, determine a intensidade da força **P** necessária para mover o armário para a direita (*a*) se todos os rodízios estão travados, (*b*) se os rodízios em *B* estão travados e os rodízios em *A* estão livres para girar e (*c*) se os rodízios em *A* estão travados e os rodízios em *B* estão livres para girar.

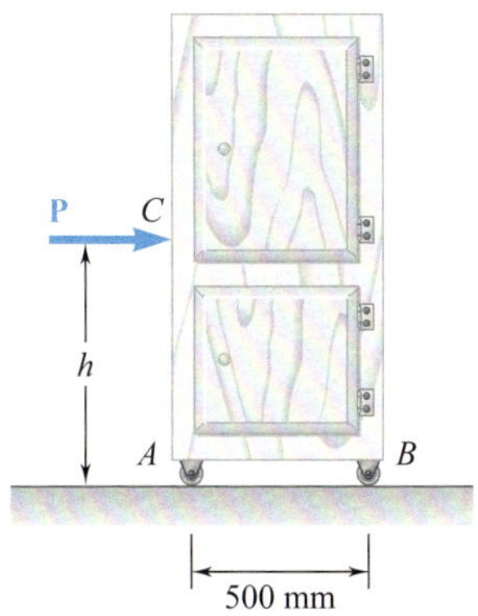

Figura P4.85 e *P4.86*

4.86 Um armário de 60 kg é montado em rodízios que podem ser bloqueados para evitar suas rotações. O coeficiente de atrito estático entre o chão e cada rodízio é 0,35. Considerando que ambos os rodízios em *A* e *B* estão travados, determine (*a*) a força **P** necessária para mover o armário para a direita e (*b*) o maior valor admissível de *h* se o armário não tomba.

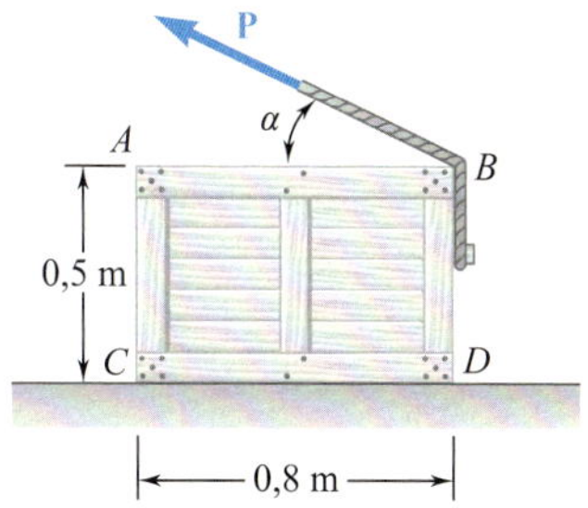

Figura P4.87 e P4.88

4.87 Uma caixa de embalagem de massa 40 kg deve ser movida para a esquerda ao longo do chão sem tombar. Sabendo que o coeficiente de atrito estático entre a caixa e o chão é 0,35, determine (*a*) a maior valor de α admissível e (*b*) a correspondente intensidade da força **P**.

4.88 Uma caixa de embalagem de massa 40 kg deve ser puxada por uma corda como mostra a figura. O coeficiente de atrito estático entre a caixa e o chão é 0,35. Se $\alpha = 40°$, determine (*a*) a intensidade da força **P** necessária para mover a caixa e (*b*) se a caixa irá deslizar ou tombar.

4.89 Uma porta de corrediça de 810 N é montada em um trilho horizontal como mostra a figura. Os coeficientes de atrito estático entre o trilho e a porta em *A* e *B* são 0,20 e 0,30, respectivamente. Determine a força horizontal que deve ser aplicada no puxador *C* no sentido de mover a porta para a esquerda.

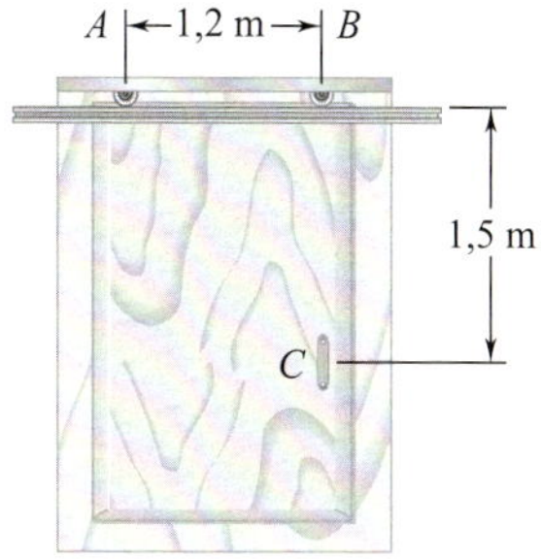

Figura *P4.89*

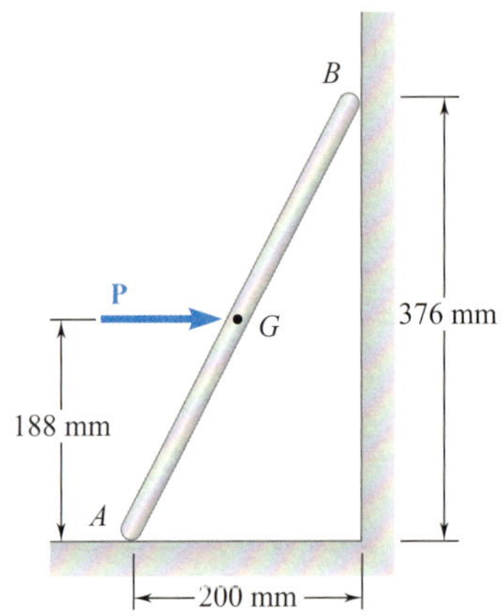

Figura P4.91

4.90 Resolva o Problema 4.89 considerando que a porta é movida para a direita.

4.91 Uma barra uniforme *AB* de 45 N é mantida na posição mostrada na figura pela força **P**. Sabendo que o coeficiente de atrito é 0,20 em *A* e *B*, determine o menor valor de *P* para que o equilíbrio seja mantido.

4.92 No Problema 4.91, determine a maior valor de **P** para que o equilíbrio seja mantido.

4.93 A extremidade *A* de uma barra uniforme e delgada de comprimento *L* e peso *W* repousa na superfície horizontal, enquanto sua extremidade *B* é suportada por uma corda *BC*. Sabendo que os coeficientes de atrito são $\mu_s = 0{,}30$ e $\mu_k = 0{,}25$, determine (*a*) o máximo valor de θ para que o equilíbrio seja mantido e (*b*) o correspondente valor da tração na corda.

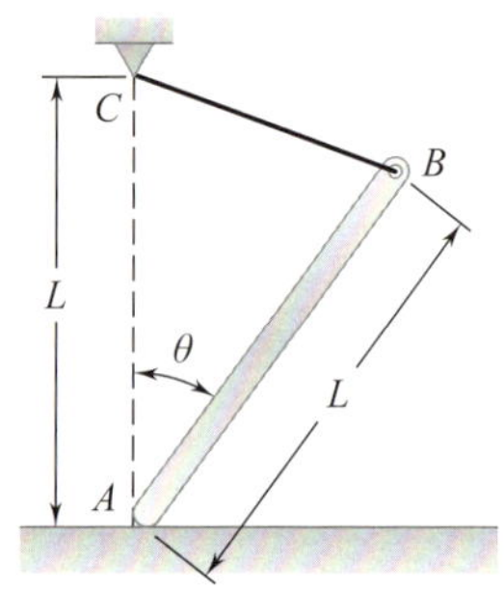

Figura P4.93

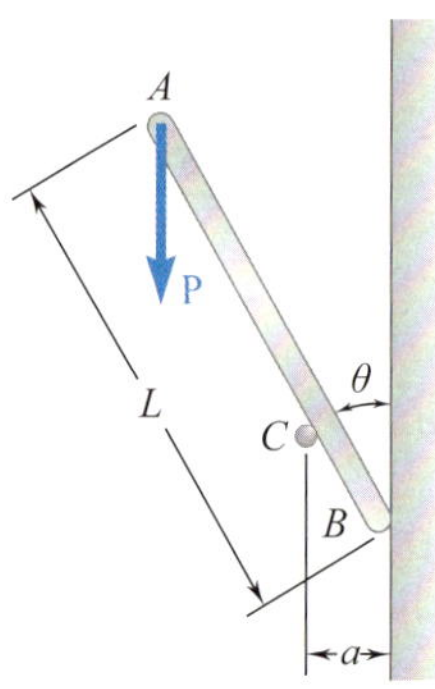

Figura P4.95

4.94 Determine se a barra do Problema 4.93 está em equilíbrio quando $\theta = 30°$ e encontre a intensidade, a direção e o sentido da força de atrito exercida na barra em *A*.

4.95 Uma barra delgada de comprimento *L* é alojada entre a cavilha *C* e a parede e suporta a carga **P** na extremidade *A*. Sabendo que $L = 12{,}5a$, $\theta = 30°$, e que os coeficientes de atrito são $\mu_s = 0{,}20$ e $\mu_k = 0{,}15$ em *C* e zero em *B*, determine se a barra está em equilíbrio.

4.96 Resolva o Problema 4.95 considerando que $L = 6a$ e $\theta = 30°$, e que os coeficientes de atrito são $\mu_s = 0{,}20$ e $\mu_k = 0{,}15$ em *B* e zero em *C*.

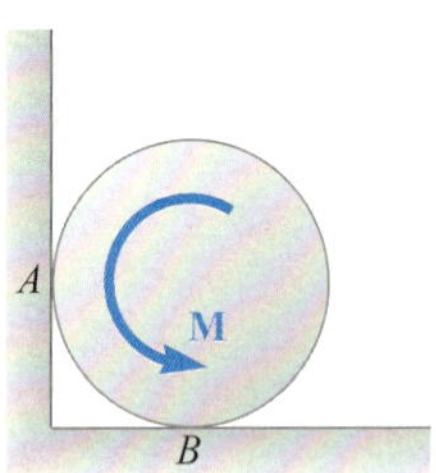

Figura P4.97 e P4.98

4.97 Encontre a intensidade do maior binário **M** que pode ser aplicado ao cilindro se ele não gira. O cilindro tem um peso *W* e um raio *r*, e o coeficiente de atrito estático μ_s é o mesmo em *A* e *B*.

4.98 O cilindro tem um peso *W* e um raio *r*. Expresse em termos de *W* e *r* a intensidade do maior binário **M** que pode ser aplicado no cilindro se ele não gira, considerando que o coeficiente de atrito estático é (*a*) zero em *A* e 0,25 em *B*, e (*b*) 0,28 em *A* e 0,35 em *B*.

REVISÃO E RESUMO

Equações de equilíbrio

Este capítulo foi dedicado ao estudo do *equilíbrio de corpos rígidos*, isto é, da situação em que forças externas que atuam sobre um corpo rígido *formam um sistema equivalente a zero* [Seção 4.1]. Temos então

$$\Sigma \mathbf{F} = 0 \qquad \Sigma \mathbf{M}_O = \Sigma(\mathbf{r} \times \mathbf{F}) = 0 \tag{4.1}$$

Decompondo cada força e cada momento em seus componentes retangulares, podemos expressar as condições necessárias e suficientes para o equilíbrio de um corpo rígido com as seis equações escalares seguintes:

$$\Sigma F_x = 0 \qquad \Sigma F_y = 0 \qquad \Sigma F_z = 0 \tag{4.2}$$

$$\Sigma M_x = 0 \qquad \Sigma M_y = 0 \qquad \Sigma M_z = 0 \tag{4.3}$$

Essas equações podem ser usadas para determinar forças desconhecidas aplicadas ao corpo rígido ou reações desconhecidas exercidas pelos seus apoios.

Diagrama de corpo livre

Quando estiver resolvendo um problema que envolva o equilíbrio de um corpo rígido, é essencial considerar *todas* as forças que atuam sobre o corpo. Assim, o primeiro passo na solução do problema deve ser traçar um *diagrama de corpo livre* mostrando o corpo que está em consideração e todas as incógnitas, assim como as forças conhecidas que atuam sobre ele [Seção 4.2].

Equilíbrio de uma estrutura bidimensional

Na primeira parte do capítulo, consideramos o *equilíbrio de uma estrutura bidimensional*, isto é, assumimos que a estrutura considerada e as forças aplicadas nela estavam contidas no mesmo plano. Vimos que cada uma das reações exercidas sobre a estrutura pelos seus apoios pode envolver uma, duas ou três incógnitas, dependendo do tipo de apoio [Seção 4.3].

No caso de uma estrutura bidimensional, as Eqs. (4.1) ou as Eqs. (4.2) e (4.3) se reduzem a *três equações de equilíbrio*, a saber

$$\Sigma F_x = 0 \qquad \Sigma F_y = 0 \qquad \Sigma M_A = 0 \tag{4.5}$$

onde A *é* um ponto arbitrário no plano da estrutura [Seção 4.4]. Essas equações podem ser usadas para obter a solução para as três incógnitas. Embora as três equações de equilíbrio (4.5) não possam ser *aumentadas* com outras equações, qualquer uma delas pode ser *substituída* por outra equação. Portanto, podemos escrever outros conjuntos de equações de equilíbrio, tais como

$$\Sigma F_x = 0 \qquad \Sigma M_A = 0 \qquad \Sigma M_B = 0 \tag{4.6}$$

na qual o ponto B é escolhido de modo que a linha AB não seja paralela ao eixo y, ou

$$\Sigma M_A = 0 \qquad \Sigma M_B = 0 \qquad \Sigma M_C = 0 \tag{4.7}$$

em que os pontos A, B e C não estão em uma linha reta.

Já que qualquer conjunto de equações de equilíbrio pode ser resolvido para somente três incógnitas, as reações nos apoios de uma estrutura rígida bidimensional não poderão ser completamente determinadas se envolverem *mais do que três incógnitas*; diz-se que elas são *estaticamente indeterminadas* [Seção 4.5]. Entretanto, se as reações envolvem *menos do que três incógnitas*, o equilíbrio não poderá ser mantido para condições gerais de carregamento; diz-se que a estrutura é *parcialmente vinculada.* O fato de as reações envolverem exatamente três incógnitas não é garantia de que o equilíbrio das equações possa ser resolvido para todas as três incógnitas. Se os suportes são arranjados de tal maneira que as reações são *concorrentes ou paralelas*, as reações são estaticamente indeterminadas, e diz-se que a estrutura está *impropriamente vinculada.*

Indeterminação estática

Vinculações parciais

Vinculações impróprias

Corpo sujeito à ação de duas forças

Corpo sujeito à ação de três forças

Foi dada especial atenção a dois casos específicos de equilíbrio de um corpo rígido. Na Seção 4.6, um *corpo sujeito à ação de duas forças* foi definido como um corpo rígido sujeito à ação de forças em apenas dois pontos, e mostrou-se que as resultantes $\mathbf{F}_1$ e $\mathbf{F}_2$ dessas forças devem ter *igual intensidade, igual linha de ação e sentidos opostos* (Fig. 4.17), uma propriedade que simplificará a solução de certos problemas em capítulos futuros. Na Seção 4.7, um *corpo sujeito à ação de três forças* foi definido como um corpo rígido sujeito à ação de forças em apenas três pontos, e mostrou-se que as resultantes $\mathbf{F}_1$, $\mathbf{F}_2$ e $\mathbf{F}_3$ dessas forças podem ser *tanto concorrentes* (Fig. 4.18) *como paralelas.* Essa propriedade nos concede uma técnica alternativa para a solução de problemas que envolvam um corpo sujeito à ação de três forças [Problema Resolvido 4.6].

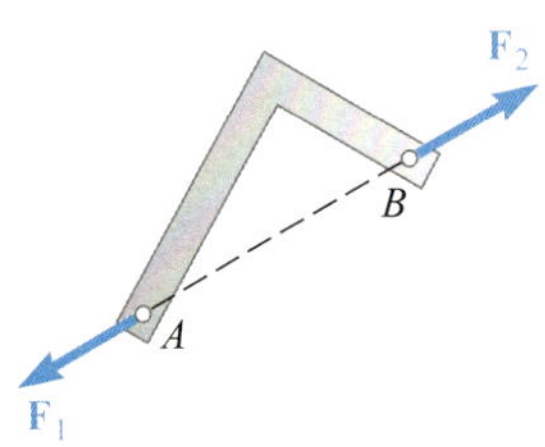

Figura 4.17

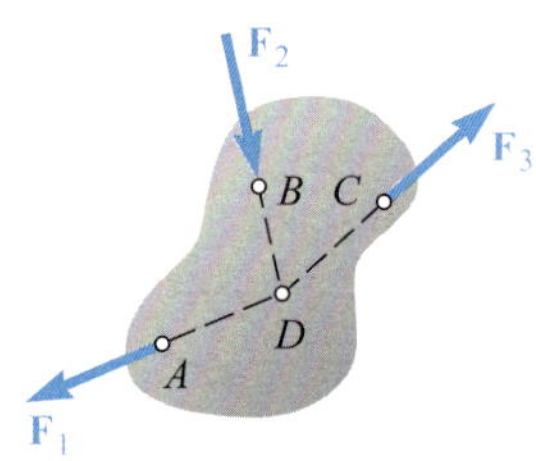

Figura 4.18

Equilíbrio de um corpo tridimensional

Na segunda parte do capítulo, consideramos o *equilíbrio de um corpo tridimensional* e vimos que cada uma das reações exercidas sobre o corpo por seus apoios pode envolver de uma a seis incógnitas, dependendo do tipo de apoio [Seção 4.8].

No caso geral do equilíbrio de um corpo tridimensional, todas as seis equações escalares de equilíbrio (4.2) e (4.3) listadas no início desta revisão devem ser usadas e resolvidas para *seis incógnitas* [Seção 4.9]. Na maioria dos problemas, entretanto, essas equações serão mais convenientemente obtidas se primeiro escrevermos

$$\Sigma\mathbf{F} = 0 \qquad \Sigma\mathbf{M}_O = \Sigma(\mathbf{r} \times \mathbf{F}) = 0 \tag{4.1}$$

e expressarmos as forças **F** e os vetores posição **r** em termos dos componentes escalares e dos vetores unitários. Os produtos vetoriais podem então ser calculados diretamente ou por meio de determinantes, e as equações escalares desejadas podem ser obtidas igualando a zero os coeficientes dos vetores unitários [Problemas Resolvidos 4.7 a 4.9].

Observamos que no máximo três componentes de reação desconhecidos podem ser eliminados dos cálculos de $\Sigma \mathbf{M}_O$ na segunda das relações (4.1) por meio de uma escolha criteriosa do ponto O. Além disso, é possível eliminar as reações em dois pontos A e B da solução de alguns problemas escrevendo a equação $\Sigma M_{AB} = 0$, que envolve o cálculo dos momentos das forças em relação ao eixo AB, que une os pontos A e B [Problema Resolvido 4.10].

Se as reações envolvem mais do que seis incógnitas, algumas das reações são *estaticamente indeterminadas*; se envolvem menos do que seis incógnitas, o corpo rígido é apenas *parcialmente vinculado.* Mesmo com seis ou mais incógnitas, o corpo rígido estará *impropriamente vinculado* se as reações associadas aos apoios dados forem paralelas ou interceptarem a mesma linha.

Atrito estático e cinético

Este capítulo foi dedicado ao estudo do *atrito seco*, ou seja, a problemas que envolvam corpos rígidos em contato ao longo de *superfícies sem lubrificação.*

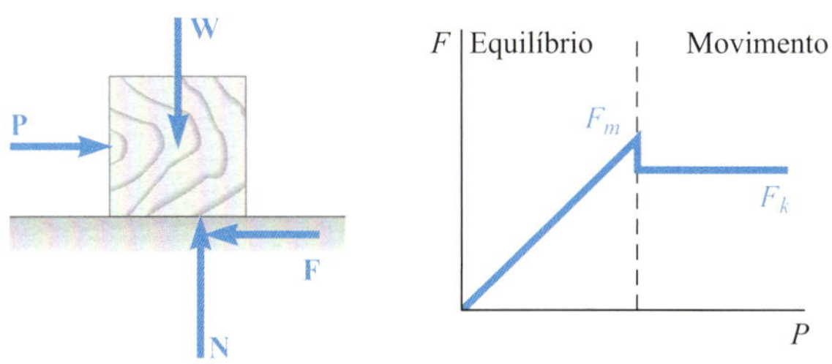

Figura 4.19

Quando aplicamos uma força horizontal **P** a um bloco em repouso sobre uma superfície horizontal [Seção 4.11], observamos que, de início, o bloco não se move, o que mostra que *uma força de atrito* **F** deve ter se desenvolvido para contrabalançar **P** (Fig. 4.19). À medida que a intensidade de **P** aumenta, a intensidade de **F** também aumenta até atingir um valor máximo F_m. Se **P** aumentar ainda mais, o bloco começará a deslizar e a intensidade de **F** cairá de F_m a um valor menor F_k. Evidências experimentais mostram que F_m e F_k são proporcionais ao componente normal N da reação da superfície. Temos

$$F_m = \mu_s N \qquad F_k = \mu_k N \tag{4.8, 4.9}$$

em que μ_s e μ_k são denominados, respectivamente, *coeficiente de atrito estático* e *coeficiente de atrito cinético.* Esses coeficientes dependem da natureza e da condição das superfícies que estão em contato. Valores aproximados dos coeficientes de atrito estático foram dados na Tabela 4.1.

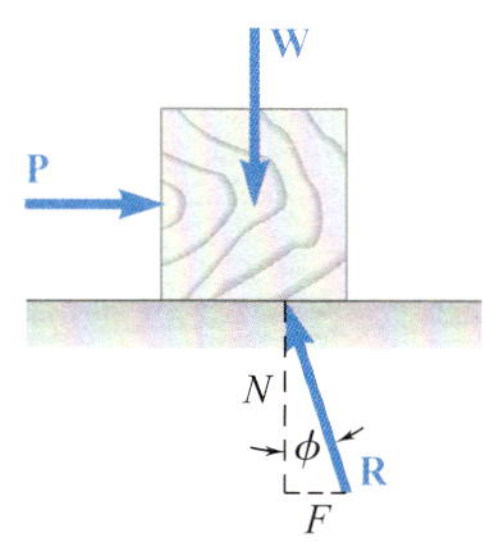

Figura 4.20

Ângulos de atrito

É conveniente às vezes substituir a força normal **N** e a força de atrito **F** pela sua resultante **R** (Fig. 4.20). À medida que a força de atrito aumenta e atinge seu valor máximo $F_m = \mu_s N$, o ângulo ϕ que **R** faz com a normal à superfície aumenta e atinge um valor máximo ϕ_s, denominado *ângulo de atrito estático.* Se o movimento ocorrer de fato, a intensidade de **F** cai para F_k; de modo análogo, o ângulo ϕ cai para um valor menor ϕ_k, denominado *ângulo de atrito cinético.* Conforme mostramos na Seção 4.12, temos

$$\text{tg } \phi_s = \mu_s \qquad \text{tg } \phi_k = \mu_k \tag{4.10, 4.11}$$

Problemas que envolvem atrito

Quando resolvemos problemas de equilíbrio que envolvem atrito, devemos ter em mente que a intensidade F da força de atrito será igual a $F_m = \mu_s N$ *somente se o corpo estiver prestes a deslizar* [Seção 4.13]. *Se o movimento não for iminente*, F e N deverão ser consideradas *incógnitas independentes* a serem determinadas das equações de equilíbrio (Fig. 4.21*a*). Devemos também verificar se o valor de F necessário para manter equilíbrio não é maior que F_m; se for, o corpo irá mover-se e a intensidade da força de atrito será $F_k = \mu_k N$ [Problema Resolvido 4.11]. No entanto, *caso se saiba que o movimento é iminente*, F atingiu seu valor máximo $F_m = \mu_s N$ (Fig. 4.21*b*) e essa expressão pode ser substituída por F nas equações de equilíbrio [Problema Resolvido 4.13]. Quando apenas três forças estão envolvidas em um diagrama de corpo livre, incluindo a reação **R** da superfície em contato com o corpo, geralmente é mais conveniente resolver o problema traçando um triângulo de forças [Problema Resolvido 4.12].

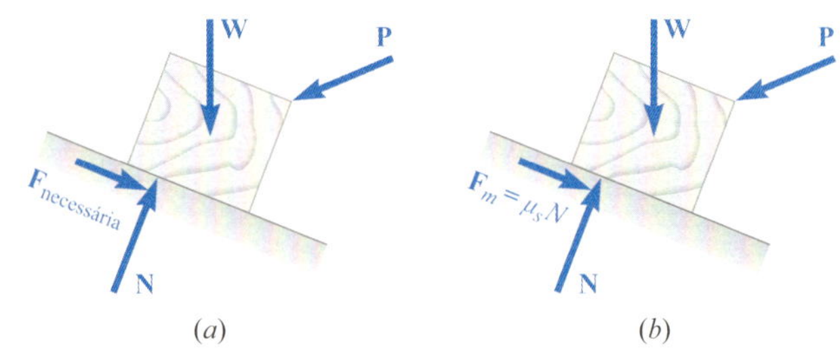

Figura 4.21

Quando um problema envolve a análise das forças exercidas *por dois corpos A e B* um sobre o outro, é importante indicar as forças de atrito com seu sentido correto. Por exemplo, o sentido correto da força de atrito exercida por B sobre A é oposto ao sentido do *movimento relativo* (ou movimento relativo iminente) de A em relação a B [Fig. 4.22].

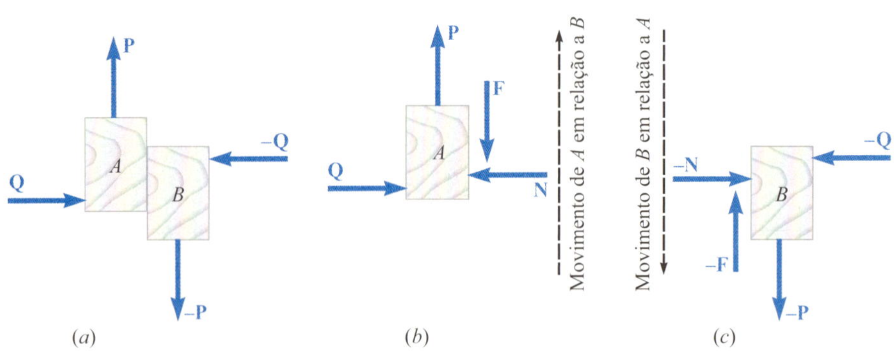

Figura 4.22

PROBLEMAS DE REVISÃO

4.99 O máximo valor admissível de cada uma das reações é 150 kN, e a reação em A deve ser direcionada para cima. Desprezando o peso da viga, determine os valores de P para que a viga esteja segura.

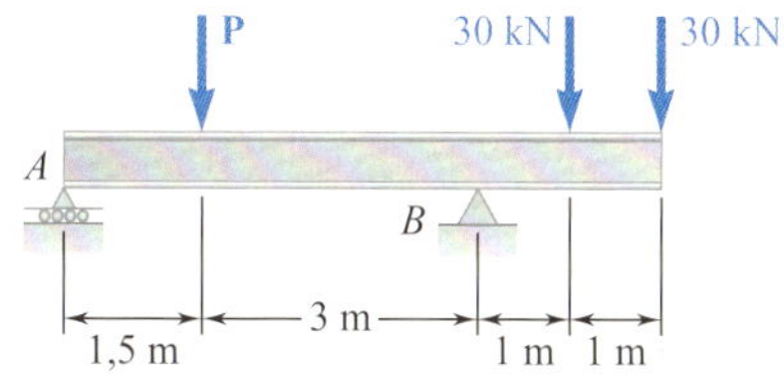

Figura P4.99

4.100 Determine as reações em A e B para o carregamento mostrado na figura.

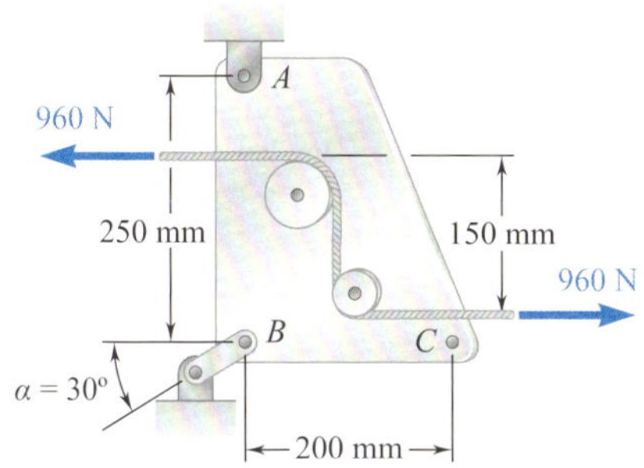

Figura *P4.100*

4.101 A barra leve AD é presa aos colares B e C que podem mover-se livremente nas barras verticais. Sabendo que a superfície em A é lisa, determine as reações em A, B e C (*a*) se $\alpha = 60°$ e (*b*) se $\alpha = 90°$.

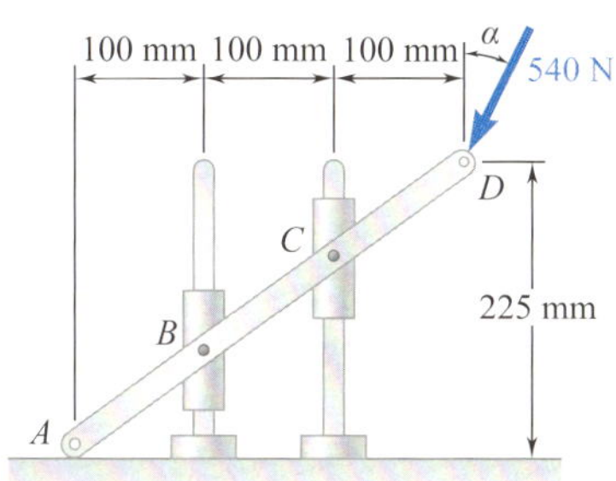

Figura P4.101

4.102 Um suporte móvel é mantido em repouso por um cabo preso em C e por rolos sem atrito em A e B. Para o carregamento mostrado na figura, determine (*a*) a tração no cabo e (*b*) as reações em A e B.

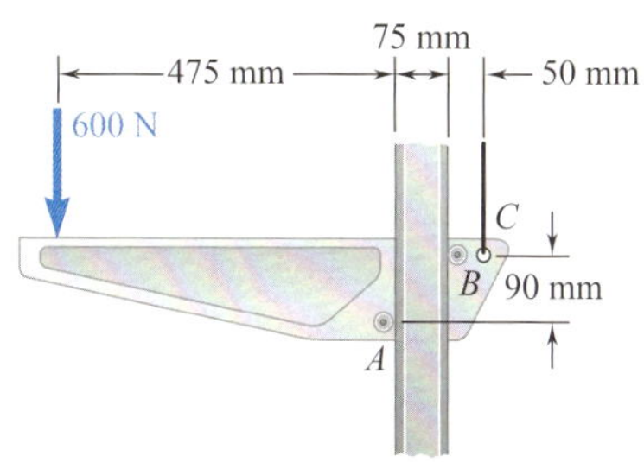

Figura P4.102

4.103 Uma viga AB de 1.350 N contém uma carga de 2.250 N em B. A viga é mantida por um suporte fixo em A e pelo cabo CD, que é preso a um contrapeso W. (*a*) Se W = 5.850 N, determine a reação em A. (*b*) Determine o intervalo de valores de W para que a intensidade do binário em A não exceda 2.025 N · m.

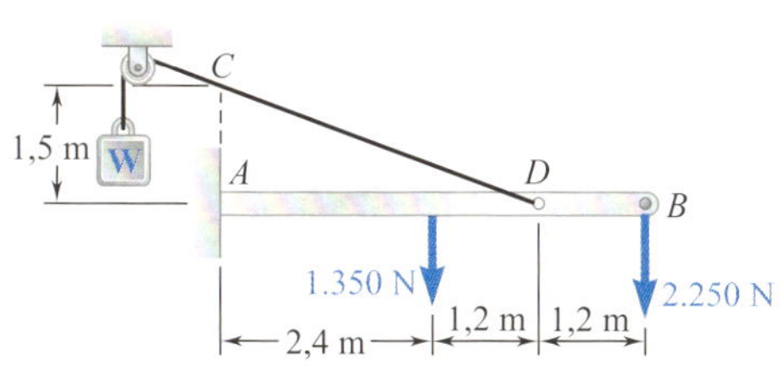

Figura *P4.103*

4.104 Um rolo de 100 kg, com diâmetro de 500 mm, é usado em um gramado. Determine a força **F** necessária para fazer o rolo girar sobre um obstáculo de 50 mm (*a*) se o rolo é empurrado como mostra a figura e (*b*) se o rolo é puxado como mostra a figura.

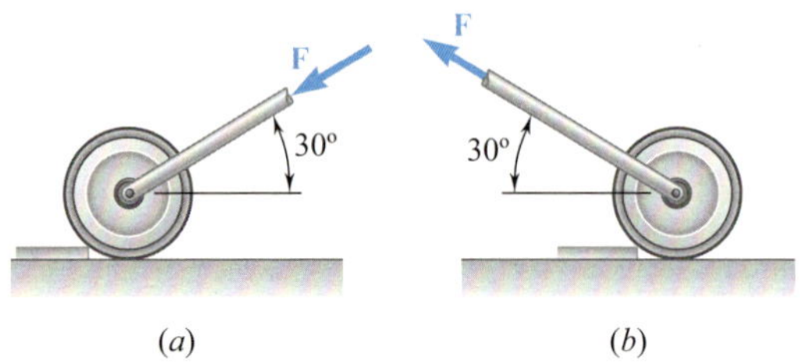

Figura P4.104

4.105 Um eixo de transmissão suspenso AE é movido a uma velocidade constante por um motor elétrico ligado por uma esteira lisa na polia B. A polia C deve ser usada para mover uma máquina ferramenta localizada diretamente abaixo de C, enquanto a polia D move um eixo paralelo localizado na mesma altura que AE. Sabendo que $T_B + T'_B = 162$ N, $T_C = 180$ N, $T'_C = 72$ N, $T_D = 0$ e $T'_D = 0$, determine (*a*) a tração em cada porção da esteira de transmissão da polia B e (*b*) as reações nos mancais A e E causadas pela tração nas esteiras.

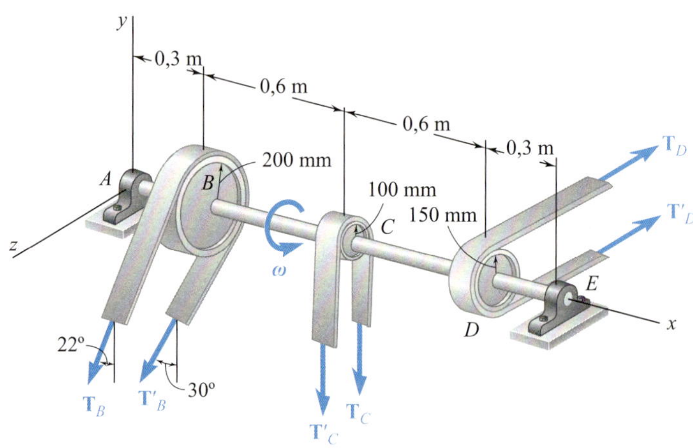

Figura P4.105

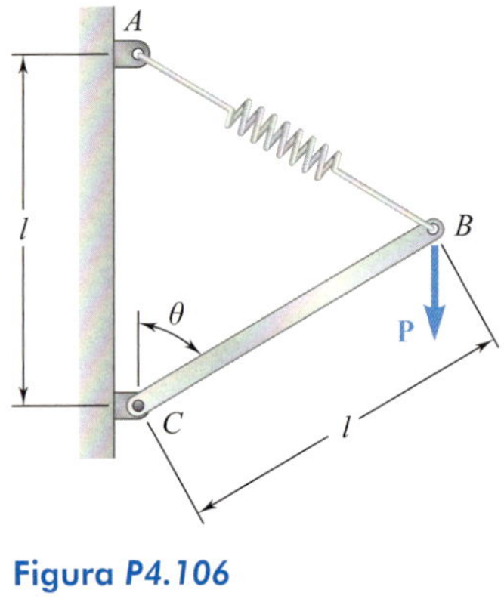

Figura P4.106

4.106 Uma carga vertical **P** é aplicada na extremidade B da barra BC. A constante de mola é k e a mola não está deformada quando $\theta = 60°$. (*a*) Desprezando o peso da barra, expresse o ângulo θ correspondente à posição de equilíbrio em termos de P, k e l. (*b*) Determine os valores de θ correspondentes ao equilíbrio se $P = \frac{1}{4}kl$.

4.107 A força **P** é aplicada em uma barra dobrada *AD*, que pode ser suportada por quatro maneiras diferentes como mostra a figura. Em cada caso, determine a reações nos suportes.

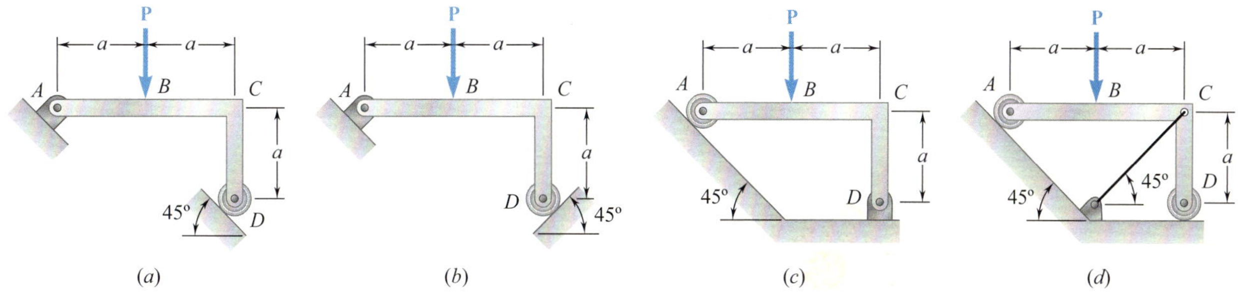

Figura P4.107

4.108 Uma marquise de 2.250 N, 2,4 × 3 m é mantida na posição horizontal por duas dobradiças horizontais em *A* e *B* e por um cabo *CD* preso no ponto *D* localizado 1,5 m diretamente acima de *B*. Determine a tração no cabo e as componentes das reações nas dobradiças.

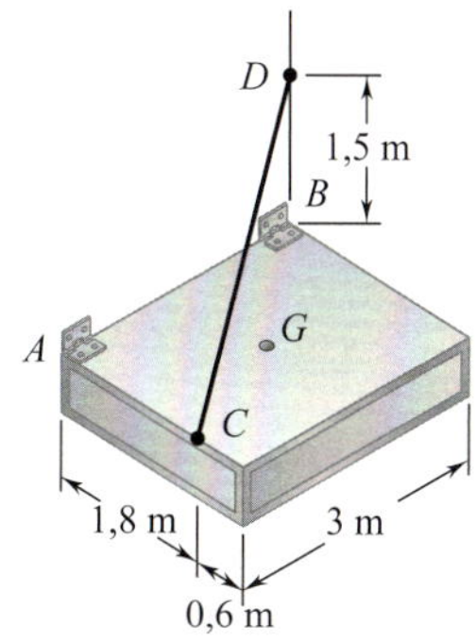

Figura P4.108

4.109 Um bloco de 10 kg é preso a uma barra de conexão *AB* e repousa em uma esteira transportadora que se move para a esquerda. Sabendo que os coeficientes de atrito entre o bloco e a esteira são $\mu_s = 0{,}30$ e $\mu_k = 0{,}25$ e desprezando o peso da barra de conexão, determine (*a*) a força na barra de conexão *AB* e (*b*) a força horizontal **P** que deverá ser aplicada para que a esteira mantenha seu movimento.

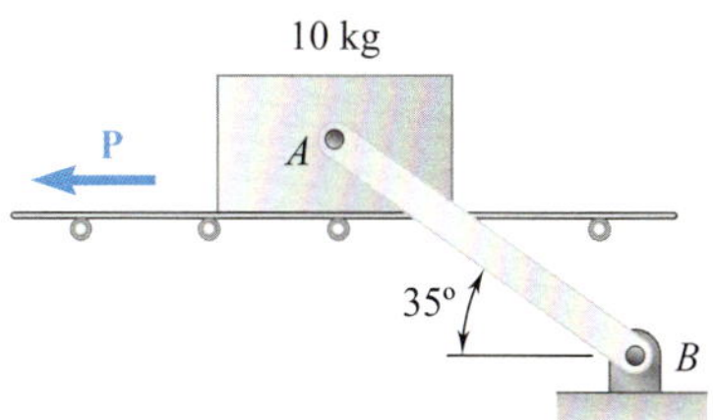

Figura P4.109

4.110 Uma prancha uniforme de 3 m de peso 203 N repousa em duas vigas como mostra a figura. O coeficiente de atrito estático entre as vigas e a prancha é 0,40. (*a*) Determine a intensidade da força horizontal **P** necessária para mover a prancha. (*b*) Resolva a parte *a* considerando que um único prego na viga *A* evita o movimento da prancha ao longo da viga *A*.

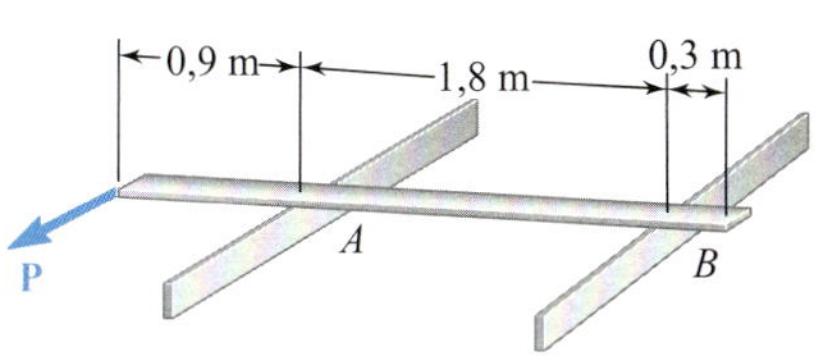

Figura P4.110

Esta imagem mostra uma seção pré-moldada da pista de um novo trevo da Rodovia Interestadual 93 sendo posicionada por um guindaste pórtico. Neste capítulo, apresentaremos o conceito de centroide de uma superfície. Nos capítulos posteriores, a relação entre a localização do centroide e o comportamento da pista sob ação de carregamento serão estabelecidos.

CAPÍTULO 5

Forças distribuídas: centroides e centros de gravidade

5 Forças distribuídas: centroides e centros de gravidade

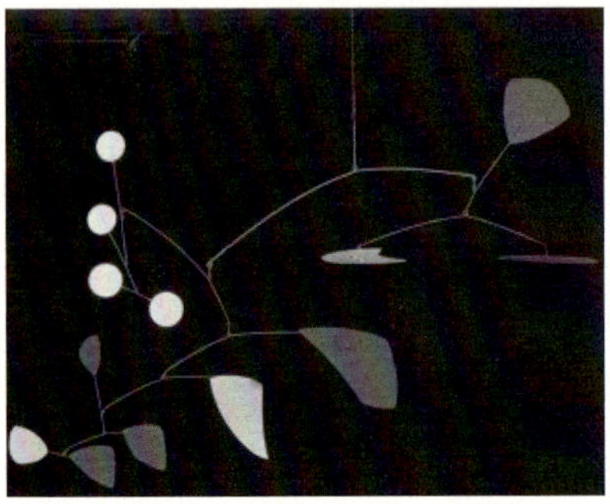

Foto 5.1 O balanceamento preciso dos componentes de um móbile requer certa compreensão sobre centros de gravidade e centroides, os principais tópicos deste capítulo.

5.1 Introdução

Até aqui, temos considerado que a atração exercida pela Terra sobre um corpo rígido pode ser representada por uma força única **W**. Essa força, denominada força de gravidade ou peso do corpo, deve ser aplicada no *centro de gravidade* do corpo (Seção 3.2). Na verdade, a Terra exerce uma força sobre cada uma das partículas que constituem o corpo. Logo, a ação da Terra sobre um corpo rígido deve ser representada por várias pequenas forças distribuídas sobre todo o corpo. Todavia, você aprenderá neste capítulo que todas essas pequenas forças podem ser substituídas por uma força única equivalente **W**. Também aprenderá a determinar o centro de gravidade, ou seja, o ponto de aplicação da resultante **W**, para corpos de formas diversas.

Na primeira parte deste capítulo, serão considerados os corpos bidimensionais, como placas planas e fios contidos em um dado plano. Serão apresentados dois conceitos estreitamente associados à determinação do centro de gravidade de uma placa ou fio: o *centroide* de uma área ou linha e o *momento de primeira ordem* de uma área ou linha em relação a um dado eixo.

Você também aprenderá que o cálculo da área de uma superfície de revolução ou do volume de um sólido de revolução está diretamente relacionado com a determinação do centroide da curva ou da superfície usada para gerar tal superfície ou sólido de revolução (Teoremas de Pappus-Guldinus). E, conforme mostra a Seção 5.8, a determinação do centroide de uma área simplifica a análise de vigas sujeitas a cargas distribuídas e o cálculo das forças exercidas sobre superfícies retangulares submersas, como comportas hidráulicas e partes de barragens.

Na parte final do capítulo, você aprenderá a determinar o centro de gravidade de um corpo tridimensional, assim como o centroide de um sólido e os momentos de primeira ordem desse sólido em relação aos planos coordenados.

ÁREAS E LINHAS

5.2 Centro de gravidade de um corpo bidimensional

Vamos considerar inicialmente uma placa plana horizontal (Fig. 5.1). Podemos dividir a placa em n pequenos elementos. As coordenadas do

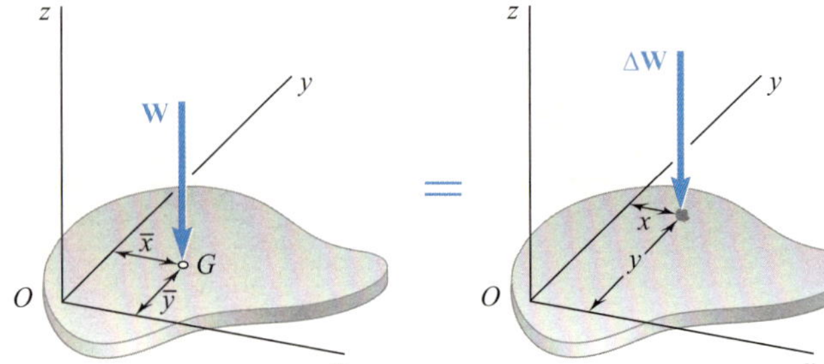

$$\Sigma M_y: \; \bar{x}W = \Sigma x \,\Delta W$$

$$\Sigma M_x: \; \bar{y}W = \Sigma y \,\Delta W$$

Figura 5.1 Centro da gravidade de uma placa.

primeiro elemento são representadas por x_1 e y_1, as do segundo elemento por x_2 e y_2, etc. As forças exercidas pela terra sobre os elementos de placa serão representadas por $\Delta\mathbf{W}_1$, $\Delta\mathbf{W}_2$, ..., $\Delta\mathbf{W}_n$, respectivamente. Essas forças ou pesos estão dirigidas para o centro da Terra, porém para fins práticos, podem ser tomadas como paralelas. Logo, sua resultante é uma força única com a mesma direção e sentido. A intensidade W dessa força é obtida pela adição das intensidades dos pesos elementares:

$$\Sigma F_z: \qquad W = \Delta W_1 + \Delta W_2 + \ldots + \Delta W_n$$

Para obter as coordenadas $\bar{x}$ e $\bar{y}$ do ponto G no qual a resultante **W** deve ser aplicada, escrevemos que os momentos de **W** em relação aos eixos x e y são iguais às somas dos momentos correspondentes dos pesos elementares:

$$\begin{aligned} \Sigma M_y: &\quad \bar{x}W = x_1\,\Delta W_1 + x_2\,\Delta W_2 + \ldots + x_n\,\Delta W_n \\ \Sigma M_x: &\quad \bar{y}W = y_1\,\Delta W_1 + y_2\,\Delta W_2 + \ldots + y_n\,\Delta W_n \end{aligned} \tag{5.1}$$

Agora, se aumentarmos o número de elementos em que se divide a placa e diminuirmos simultaneamente o tamanho de cada elemento, obteremos no limite as seguintes expressões:

$$W = \int dW \qquad \bar{x}W = \int x\,dW \qquad \bar{y}W = \int y\,dW \tag{5.2}$$

Essas equações definem o peso **W** e as coordenadas $\bar{x}$ e $\bar{y}$ do centro de gravidade G de uma placa plana. As mesmas equações podem ser deduzidas para um fio contido no plano xy (Fig. 5.2). Observamos que, o centro de gravidade G de um fio não está localizado sobre este.

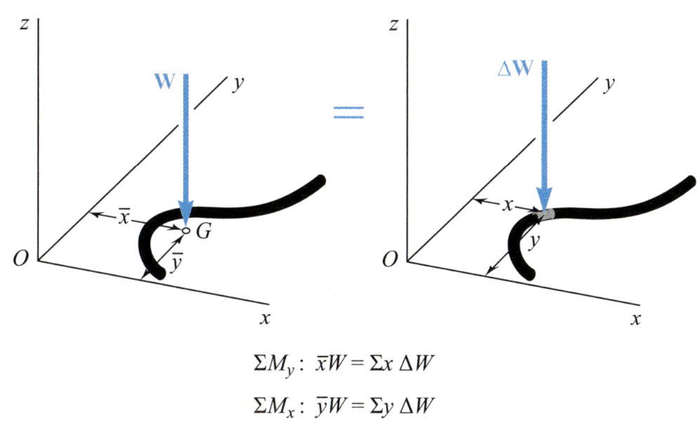

Figura 5.2 Centro de gravidade de um fio.

5.3 Centroides de áreas e linhas

No caso de uma placa plana homogênea de espessura uniforme, a intensidade ΔW do peso de um elemento da placa pode ser expressa como

$$\Delta W = \gamma t \ \Delta A$$

onde: γ = peso específico (peso por unidade de volume) do material,
t = espessura da placa e
ΔA = área do elemento.

Analogamente, podemos expressar a intensidade W do peso de toda a placa como

$$W = \gamma t A$$

onde A é a área total da placa.

Se forem usadas as unidades usuais nos Estado Unidos, para o peso específico γ poderá ser expresso em lb/ft^3, a espessura t em ft e as áreas ΔA e A em ft^2. Observamos que ΔW e W serão expressos em *pounds*. Se forem usadas as unidades do SI, γ deve ser expresso em N/m^3, t em metros e as áreas ΔA e A em metros quadrados; desse modo, os pesos ΔW e W ficarão expressos em newtons.*

Substituindo ΔW e W nas equações de momentos (5.1) e dividindo todos os termos por γt, obtemos

$$\Sigma M_y: \quad \bar{x}A = x_1 \Delta A_1 + x_2 \Delta A_2 + \ldots + x_n \Delta A_n$$
$$\Sigma M_x: \quad \bar{y}A = y_1 \Delta A_1 + y_2 \Delta A_2 + \ldots + y_n \Delta A_n$$

Se aumentarmos o número de elementos em que se divide a superfície de área A e diminuirmos simultaneamente o tamanho de cada elemento, obteremos no limite

$$\bar{x}A = \int x \, dA \qquad \bar{y}A = \int y \, dA \tag{5.3}$$

Essas equações definem as coordenadas $\bar{x}$ e $\bar{y}$ do centro de gravidade de uma placa homogênea. O ponto de coordenadas $\bar{x}$ e $\bar{y}$ também é conhecido como o *centroide C da superfície A* da placa (Fig. 5.3). Se a placa não é homogênea, essas equações não podem ser usadas para determinar o centro de gravidade da placa, todavia elas ainda definem o centroide da superfície.

No caso de um fio homogêneo de seção transversal uniforme, a intensidade ΔW do peso de um elemento do fio pode ser expressa por

$$\Delta W = \gamma a \ \Delta L$$

onde γ = peso específico do material,
a = área da seção transversal do fio e
ΔL = comprimento do elemento.

* Deve-se observar que, no SI, geralmente se caracteriza um material pela sua massa específica ρ (massa por unidade de volume) e não peso específico γ. O peso específico do material pode então ser obtido da relação

$$\gamma = \rho g$$

na qual g = 9,81 m/s^2. Uma vez que ρ é expresso em kg/m^3, observamos que γ será expresso em (kg/m^3)(m/s^2), ou seja, em N/m^3.

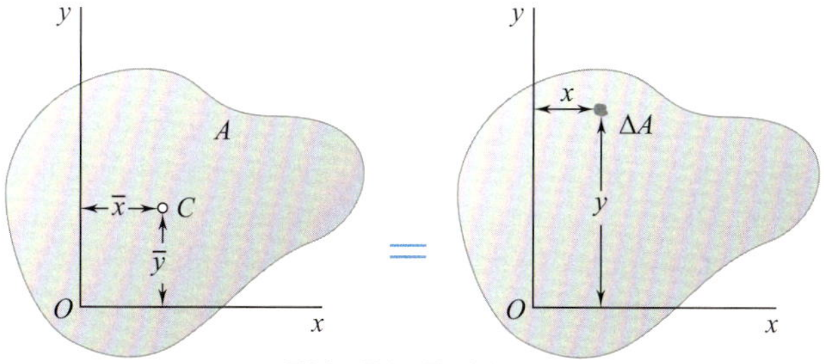

$$\Sigma M_y: \bar{x}A = \Sigma x\,\Delta A$$

$$\Sigma M_x: \bar{y}A = \Sigma y\,\Delta A$$

Figura 5.3 Centroide de uma área.

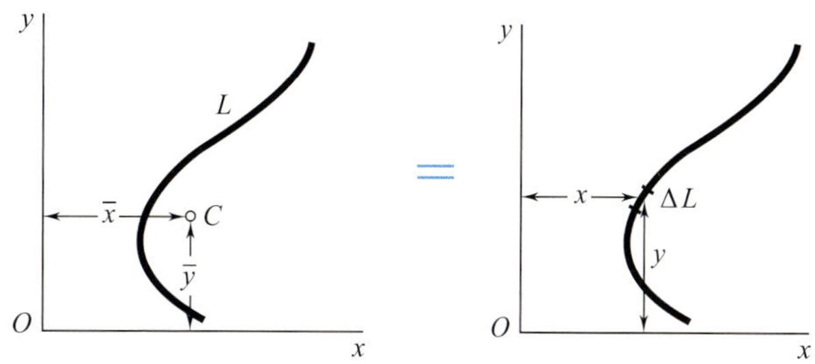

$$\Sigma M_y: \bar{x}L = \Sigma x\,\Delta L$$

$$\Sigma M_x: \bar{y}L = \Sigma y\,\Delta L$$

Figura 5.4 Centroide de uma linha.

O centro de gravidade do fio coincide então com o *centroide C da linha L* que define o formato do fio (Fig. 5.4). As coordenadas $\bar{x}$ e $\bar{y}$ do centroide da linha L são obtidas das equações

$$\bar{x}L = \int x\,dL \qquad \bar{y}L = \int y\,dL \tag{5.4}$$

5.4 Momentos de primeira ordem em áreas e linhas

A integral $\int x\,dA$ nas Eqs. (5.3) da seção precedente é conhecida como o *momento de primeira ordem da área A em relação ao eixo y* e representada por Q_y. Analogamente, a integral $\int y\,dA$ define o *momento de primeira ordem da área A em relação ao eixo x*, e é representada por Q_x. Escrevemos

$$Q_y = \int x\,dA \qquad Q_x = \int y\,dA \tag{5.5}$$

Comparando as Eqs. (5.3) com as Eqs. (5.5), notamos que os momentos de primeira ordem da área A podem ser expressos pelos produtos da área e pelas coordenadas de seu centroide:

$$Q_y = \bar{x}A \qquad Q_x = \bar{y}A \tag{5.6}$$

Resulta das Eqs. (5.6) que as coordenadas do centroide de uma área podem ser obtidas dividindo os momentos de primeira ordem pelo próprio valor da área. Os momentos de primeira ordem da área também são úteis em mecânica dos materiais na determinação de tensões de cisalhamento em vigas sob ação de carregamentos transversais. Finalmente, observamos nas Eqs. (5.6) que, se o centroide de uma área estiver localizado sobre um eixo de coordenadas, o momento de primeira ordem da área em relação a esse eixo será nulo. Inversamente, se o momento de primeira ordem de uma área em relação a um eixo de coordenadas for nulo, o centroide da área estará localizado sobre esse eixo.

Relações semelhantes às Eqs. (5.5) e (5.6) podem ser usadas para definir os momentos de primeira ordem de uma linha em relação aos eixos de

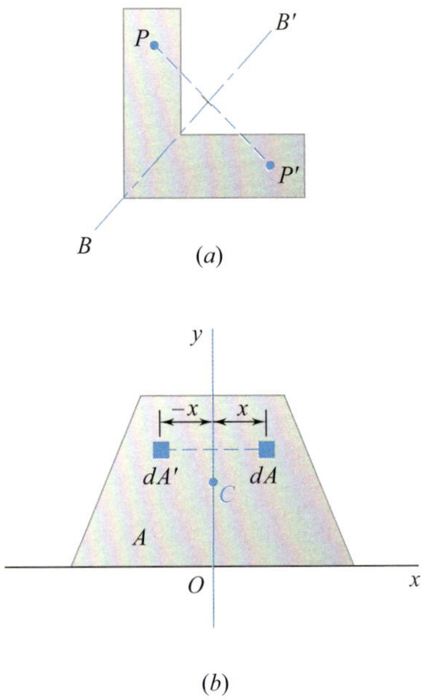

Figura 5.5

coordenadas e para expressar esses momentos como produtos do comprimento L da linha e das coordenadas $\bar{x}$ e $\bar{y}$ de seu centroide.

Diz-se que uma área A é *simétrica em relação a um eixo BB′* se, para cada ponto P da área, existir um ponto P' da mesma área, de modo que a linha PP' seja perpendicular a BB' e fique dividida em duas partes iguais por esse eixo (Fig. 5.5*a*). Diz-se que uma linha L é simétrica em relação a um eixo BB' se satisfizer condições semelhantes. Quando uma área A ou uma linha L têm um eixo de simetria BB', seu momento de primeira ordem em relação a BB' é zero e seu centroide localiza-se sobre esse eixo. Por exemplo, no caso da área A da Fig. 5.5*b*, que é simétrica em relação ao eixo y, observamos que, para cada elemento de superfície dA de abscissa x, existe um elemento dA' de igual área e com abscissa $-x$. Como resultado, a integral na primeira das Eqs. (5.5) é zero e, portanto, $Q_y = 0$. Da primeira das relações (5.3) resulta também que $\bar{x} = 0$. Logo, se uma área A ou uma linha L tiverem um eixo de simetria, seu centroide C se localizará sobre esse eixo.

Observemos ainda que, se uma área ou linha tiverem dois eixos de simetria, seu centroide C deverá se localizar na interseção dos dois eixos (Fig. 5.6). Essa propriedade permite-nos determinar imediatamente o centroide de áreas como círculos, elipses, quadrados, retângulos, triângulos equiláteros ou outras figuras simétricas, bem como o centroide de linhas com a forma da circunferência de um círculo, do perímetro de um quadrado, etc.

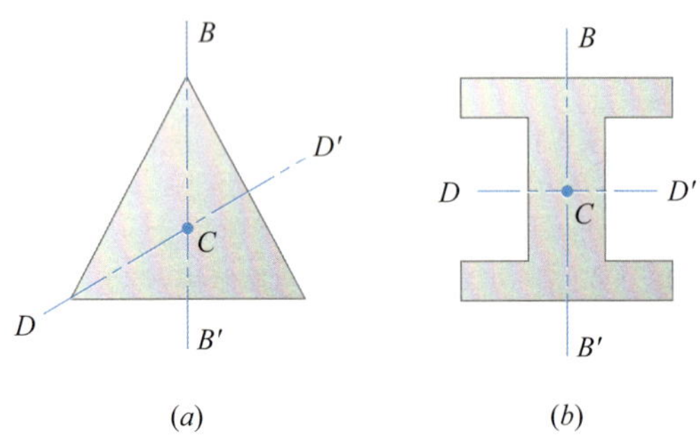

Figura 5.6

Diz-se que uma área é *simétrica em relação a um centro O* se, para cada elemento de superfície dA de coordenadas x e y, existir um elemento dA' de igual área com coordenadas $-x$ e $-y$ (Fig. 5.7). Como resultado, as integrais nas Eqs. (5.5) são nulas e $Q_x = Q_y = 0$. Das Eqs. (5.3) resulta também que $\bar{x} = \bar{y} = 0$, ou seja, o centroide da superfície coincide com seu centro de simetria O. Analogamente, se uma linha tem um centro de simetria O, o centroide da curva coincide com o centro O.

Deve-se observar que uma figura com um centro de simetria não necessariamente apresenta um eixo de simetria (Fig. 5.7), ao passo que uma figura com dois eixos de simetria não necessariamente apresenta um centro de simetria (Fig. 5.6*a*). Porém, se uma figura apresenta dois eixos de simetria formando ângulo reto entre si, o ponto de interseção desses eixos é um centro de simetria (Fig. 5.6*b*).

A determinação de centroides de áreas e linhas assimétricas ou com um único eixo de simetria será discutida nas Seções 5.6 e 5.7. As Figs. 5.8*a* e *b*, mostram centroides de áreas e linhas de formas usuais.

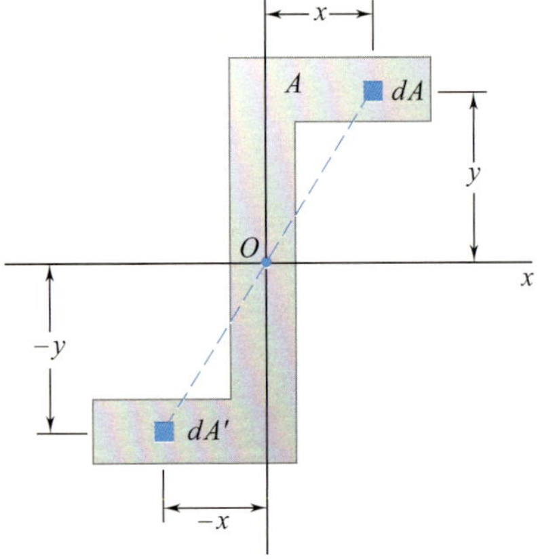

Figura 5.7

Formato		$\bar{x}$	$\bar{y}$	Área
Área triangular	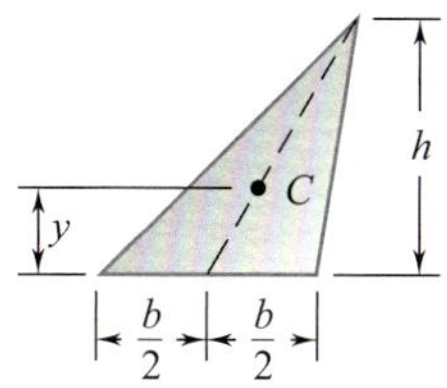		$\frac{h}{3}$	$\frac{bh}{2}$
Área de um quarto de círculo	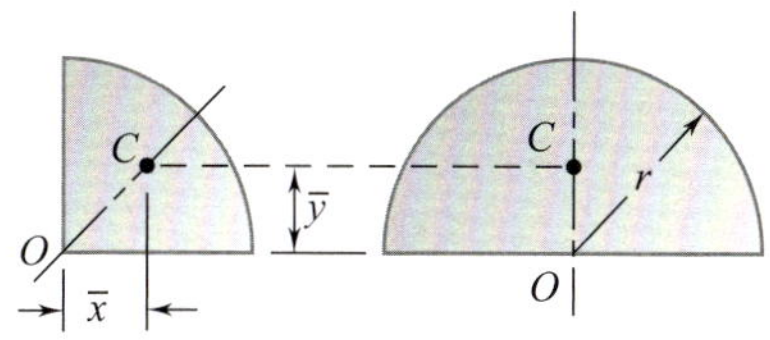	$\frac{4r}{3\pi}$	$\frac{4r}{3\pi}$	$\frac{\pi r^2}{4}$
Área semicircular		0	$\frac{4r}{3\pi}$	$\frac{\pi r^2}{2}$
Área de um quarto de elipse	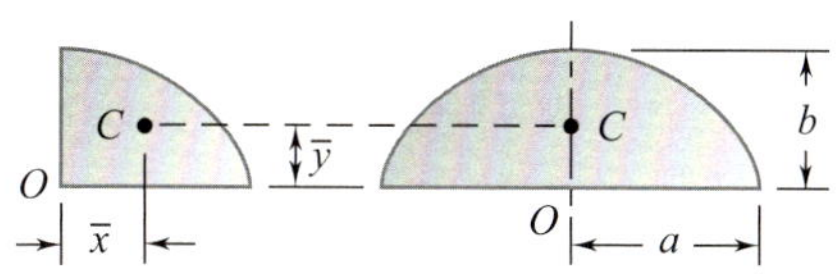	$\frac{4a}{3\pi}$	$\frac{4b}{3\pi}$	$\frac{\pi ab}{4}$
Área semielíptica		0	$\frac{4b}{3\pi}$	$\frac{\pi ab}{2}$
Área semiparabólica	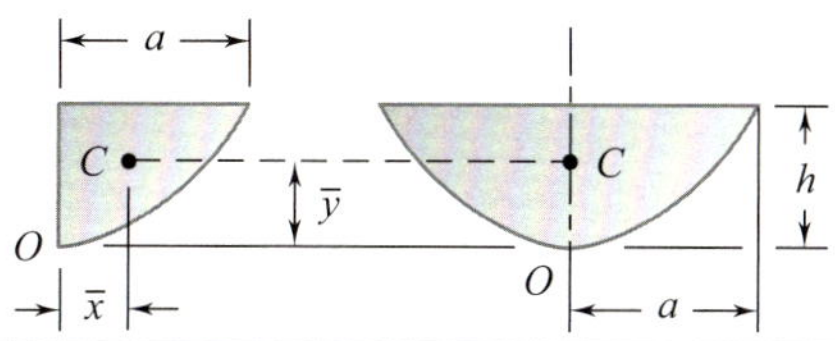	$\frac{3a}{8}$	$\frac{3h}{5}$	$\frac{2ah}{3}$
Área parabólica		0	$\frac{3h}{5}$	$\frac{4ah}{3}$
Área sob um arco parabólico	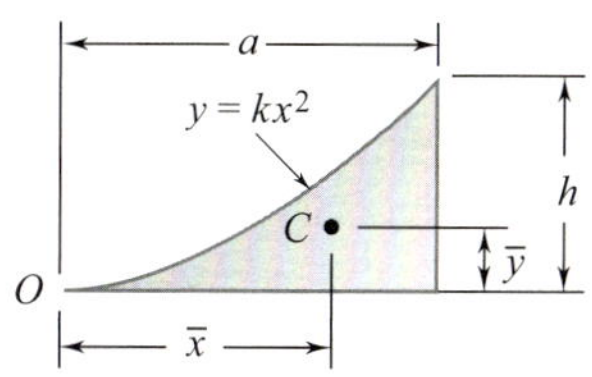	$\frac{3a}{4}$	$\frac{3h}{10}$	$\frac{ah}{3}$
Área sob um arco exponencial qualquer	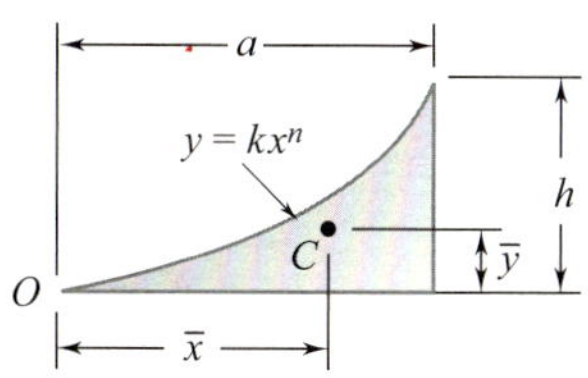	$\frac{n+1}{n+2}a$	$\frac{n+1}{4n+2}h$	$\frac{ah}{n+1}$
Setor circular	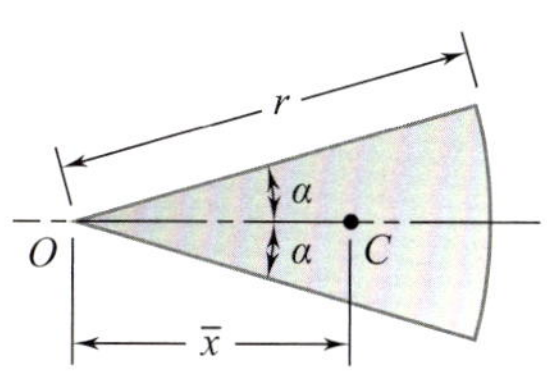	$\frac{2r \operatorname{sen} \alpha}{3\alpha}$	0	αr^2

Figura 5.8a Centroides de áreas de formatos usuais.

Formato		$\bar{x}$	$\bar{y}$	Comprimento
Arco de um quarto de círculo	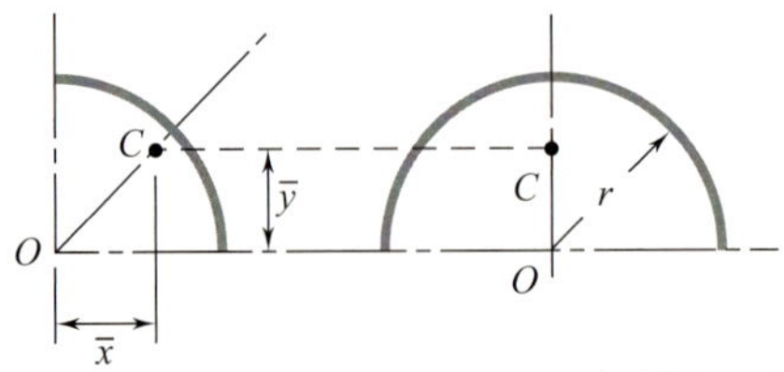	$\frac{2r}{\pi}$	$\frac{2r}{\pi}$	$\frac{\pi r}{2}$
Arco semicircular		0	$\frac{2r}{\pi}$	πr
Arco de círculo	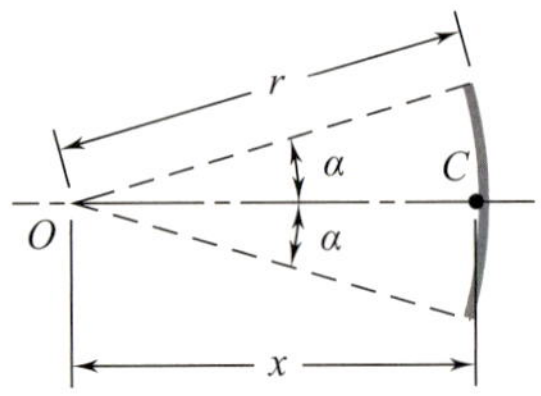	$\frac{r \operatorname{sen} \alpha}{\alpha}$	0	$2\alpha r$

Figura 5.8b Centroides de linhas de formatos usuais.

5.5 Placas e fios compostos

Em muitas situações, uma placa plana pode ser dividida em retângulos, triângulos ou outras formas usuais mostradas na Fig. 5.8*a*. Pode-se determinar a abscissa $\bar{X}$ do seu centro de gravidade G a partir das abscissas $\bar{x}_1$, $\bar{x}_2$, ..., $\bar{x}_n$ dos centros de gravidade das diversas partes, escrevendo que o momento do peso de toda placa em relação ao eixo y é igual à soma dos momentos dos pesos das diversas partes em relação ao mesmo eixo (Fig. 5.9). A ordenada $\bar{Y}$ do centro de gravidade da placa é determinada de modo semelhante, igualando momentos em relação ao eixo x. Escrevemos

$$\Sigma M_y: \quad \bar{X}(W_1 + W_2 + \cdots + W_n) = \bar{x}_1 W_1 + \bar{x}_2 W_2 + \cdots + \bar{x}_n W_n$$
$$\Sigma M_x: \quad \bar{Y}(W_1 + W_2 + \cdots + W_n) = \bar{y}_1 W_1 + \bar{y}_2 W_2 + \cdots + \bar{y}_n W_n$$

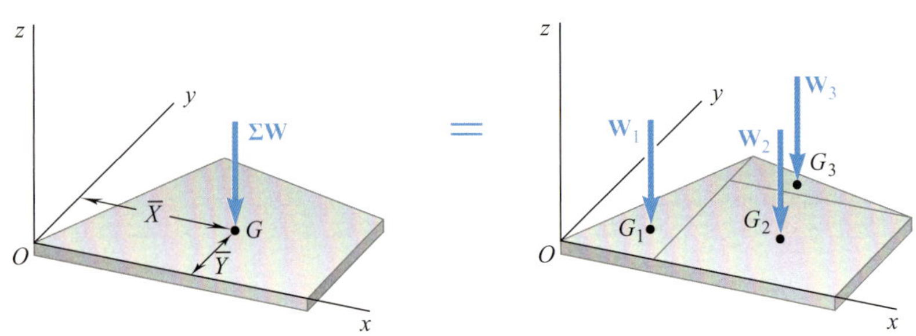

$\Sigma M_y: \ \bar{X}\Sigma W = \Sigma \bar{x} W$

$\Sigma M_x: \ \bar{Y}\Sigma W = \Sigma \bar{y} W$

Figura 5.9 Centro de gravidade de uma placa composta.

ou, de maneira compacta,

$$\overline{X}\Sigma W = \Sigma \overline{x} W \qquad \overline{Y}\Sigma W = \Sigma \overline{y} W \tag{5.7}$$

Essas equações podem ser resolvidas para as coordenadas $\overline{X}$ e $\overline{Y}$ do centro de gravidade da placa.

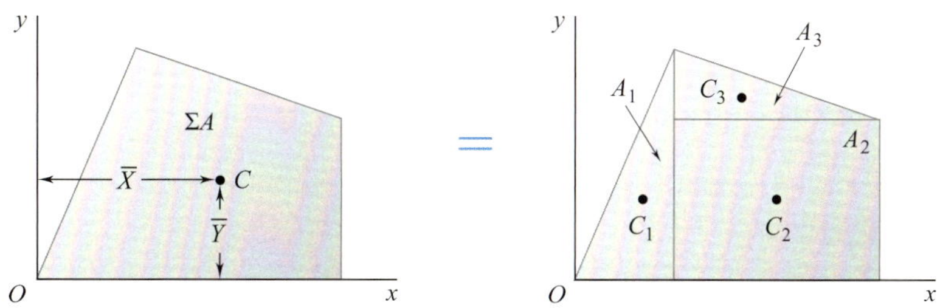

$$Q_y = \overline{X}\Sigma A = \Sigma \overline{x} A$$
$$Q_x = \overline{Y}\Sigma A = \Sigma \overline{y} A$$

Figura 5.10 Centroide de uma área composta.

Se a placa é homogênea e de espessura uniforme, o centro de gravidade coincide com o centroide C da sua superfície. A abscissa $\overline{X}$ do centroide da superfície pode ser determinada observando que o momento de primeira ordem Q_y da superfície composta com relação ao eixo y pode ser expresso tanto como o produto de $\overline{X}$ pela área total quanto como a soma dos momentos de primeira ordem das áreas elementares em relação ao eixo y (Fig. 5.10). A ordenada $\overline{Y}$ do centroide é determinada de modo semelhante, considerando o momento de primeira ordem Q_x da área composta. Temos

$$Q_y = \overline{X}(A_1 + A_2 + \cdots + A_n) = \overline{x}_1 A_1 + \overline{x}_2 A_2 + \cdots + \overline{x}_n A_n$$
$$Q_x = \overline{Y}(A_1 + A_2 + \cdots + A_n) = \overline{y}_1 A_1 + \overline{y}_2 A_2 + \cdots + \overline{y}_n A_n$$

ou, de maneira compacta,

$$Q_y = \overline{X}\Sigma A = \Sigma \overline{x} A \qquad Q_x = \overline{Y}\Sigma A = \Sigma \overline{y} A \tag{5.8}$$

Essas equações fornecem os momentos de primeira ordem da superfície composta ou podem ser usadas para obter as coordenadas $\overline{X}$ e $\overline{Y}$ do seu centroide.

É preciso ter cuidado para se atribuir o sinal correto ao momento de cada área. Os momentos de primeira ordem de áreas, assim como os momentos de forças, podem ser positivos ou negativos. Por exemplo, uma superfície cujo centroide localiza-se à esquerda do eixo y terá um momento de primeira ordem negativo em relação a esse eixo. Além disso, deve-se atribuir um sinal negativo à área de uma superfície vazia (furo) (Fig. 5.11).

De modo análogo, em muitos casos é possível determinar o centro de gravidade de um fio composto ou o centroide de uma linha composta dividindo o fio ou a linha em elementos mais simples (ver Problema Resolvido 5.2).

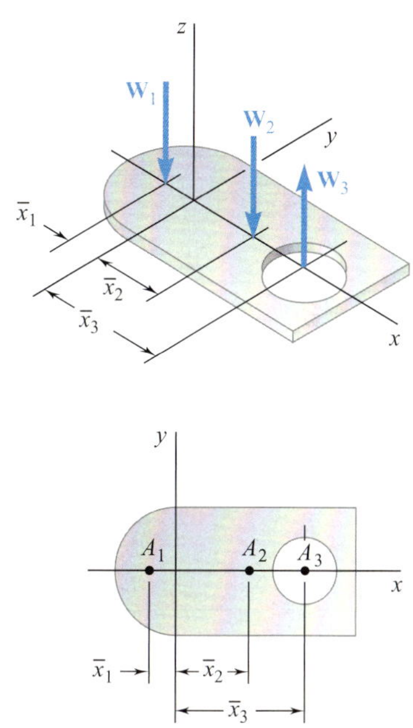

	$\overline{x}$	A	$\overline{x}A$
A_1 Semicírculo	−	+	−
A_2 Retângulo cheio	+	+	+
A_3 Furo circular	+	−	−

Figura 5.11

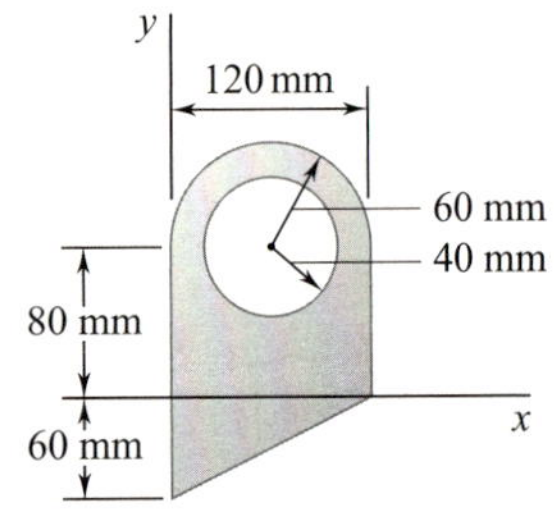

PROBLEMA RESOLVIDO 5.1

Para a superfície plana mostrada, determine (*a*) os momentos de primeira ordem em relação aos eixos *x* e *y* e (*b*) a localização do centroide.

SOLUÇÃO

Componentes de superfície. A superfície é formada pela adição de um retângulo, um triângulo e um semicírculo e pela subtração de um círculo. Utilizando os eixos de coordenadas mostrados, a área e as coordenadas do centroide de cada componente da superfície são determinadas e tabuladas na tabela apresentada a seguir. A área do círculo é indicada como negativa, pois deve ser subtraída das demais áreas. Notemos que a coordenada $\bar{y}$ do centroide do triângulo é negativa para os eixos mostrados. Os momentos de primeira ordem das superfícies componentes em relação aos eixos de coordenadas estão calculados e tabulados na tabela.

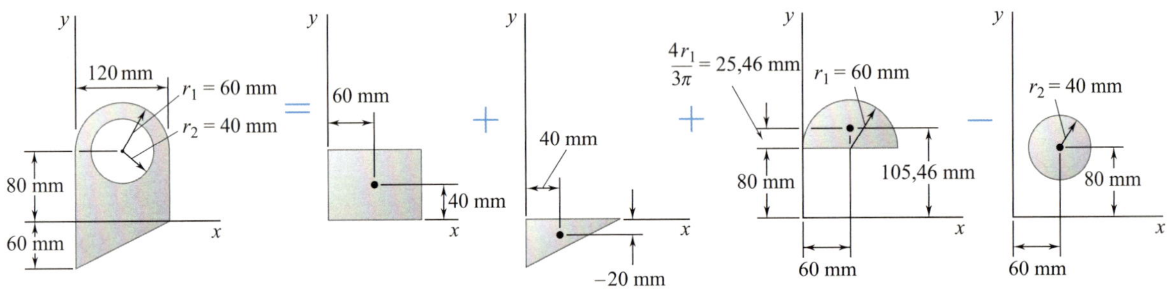

Componente	A, mm²	$\bar{x}$, mm	$\bar{y}$, mm	$\bar{x}A$, mm³	$\bar{y}A$, mm³
Retângulo	$(120)(80) = 9{,}6 \times 10^3$	60	40	$+576 \times 10^3$	$+384 \times 10^3$
Triângulo	$\frac{1}{2}(120)(60) = 3{,}6 \times 10^3$	40	−20	$+144 \times 10^3$	-72×10^3
Semicírculo	$\frac{1}{2}\pi(60)^2 = 5{,}655 \times 10^3$	60	105,46	$+339{,}3 \times 10^3$	$+596{,}4 \times 10^3$
Círculo	$-\pi(40)^2 = -5{,}027 \times 10^3$	60	80	$-301{,}6 \times 10^3$	$-402{,}2 \times 10^3$
	$\Sigma A = 13{,}828 \times 10^3$			$\Sigma\bar{x}A = +757{,}7 \times 10^3$	$\Sigma\bar{y}A = +506{,}2 \times 10^3$

a. Momentos de primeira ordem da superfície. Usando as Eqs. (5.8), escrevemos

$$Q_x = \Sigma\bar{y}A = 506{,}2 \times 10^3 \text{ mm}^3 \qquad Q_x = 506 \times 10^3 \text{ mm}^3 \blacktriangleleft$$

$$Q_y = \Sigma\bar{x}A = 757{,}7 \times 10^3 \text{ mm}^3 \qquad Q_y = 758 \times 10^3 \text{ mm}^3 \blacktriangleleft$$

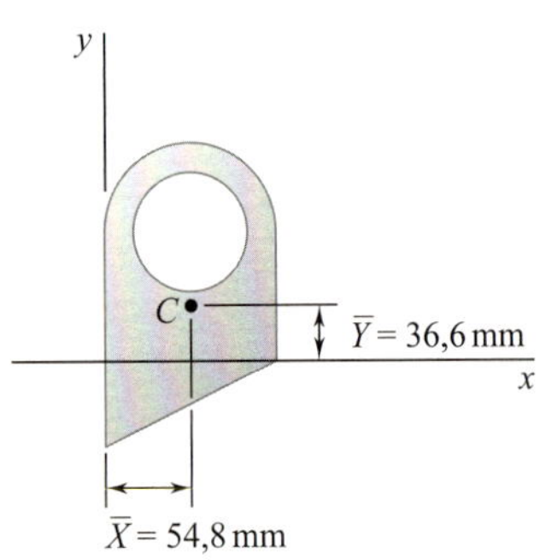

b. Localização do centroide. Substituindo os valores dados na tabela nas equações de definição do centroide de uma superfície composta, obtemos

$$\bar{X}\Sigma A = \Sigma\bar{x}A: \qquad \bar{X}(13{,}828 \times 10^3 \text{ mm}^2) = 757{,}7 \times 10^3 \text{ mm}^3$$

$$\bar{X} = 54{,}8 \text{ mm} \blacktriangleleft$$

$$\bar{Y}\Sigma A = \Sigma\bar{y}A: \qquad \bar{Y}(13{,}828 \times 10^3 \text{ mm}^2) = 506{,}2 \times 10^3 \text{ mm}^3$$

$$\bar{Y} = 36{,}6 \text{ mm} \blacktriangleleft$$

PROBLEMA RESOLVIDO 5.2

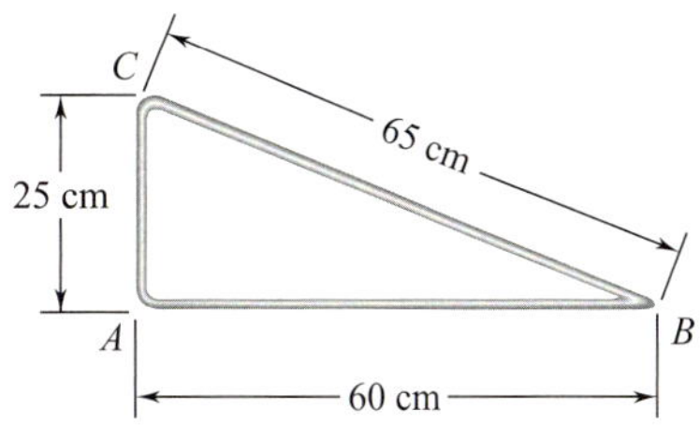

A figura mostrada é feita de um pedaço de arame fino e homogêneo. Determine a localização do centro de gravidade.

SOLUÇÃO

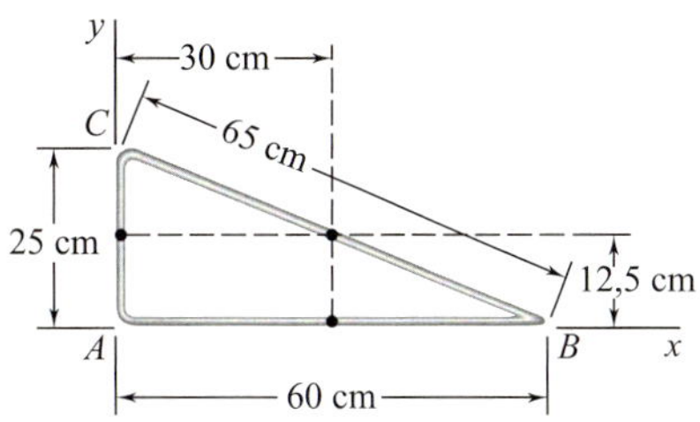

Como a figura é formada por um arame homogêneo, seu centro de gravidade coincide com o centroide da curva correspondente. Logo, esse centroide será determinado. Escolhendo os eixos de coordenadas mostrados, com origem em A, determinamos as coordenadas do centroide de cada segmento de reta e calculamos os momentos de primeira ordem em relação aos eixos de coordenadas.

Segmento	L, cm	$\bar{x}$, cm	$\bar{y}$, cm	$\bar{x}L$, cm²	$\bar{y}L$, cm²
AB	60	30	0	1.800	0
BC	65	30	12,5	1.950	812,5
CA	25	0	12,5	0	312,5
	$\Sigma L = 150$			$\Sigma\bar{x}L = 3.750$	$\Sigma\bar{y}L = 1.125$

Substituindo os valores obtidos da tabela nas equações de definição do centroide de uma curva composta, obtemos

$\bar{X}\Sigma L = \Sigma\bar{x}L$: $\quad \bar{X}(150 \text{ cm}) = 3{,}750 \text{ cm}^2 \qquad \bar{X} = 25 \text{ cm}$ ◀

$\bar{Y}\Sigma L = \Sigma\bar{y}L$: $\quad \bar{Y}(150 \text{ cm}) = 1{,}125 \text{ cm}^2 \qquad \bar{Y} = 7{,}5 \text{ cm}$ ◀

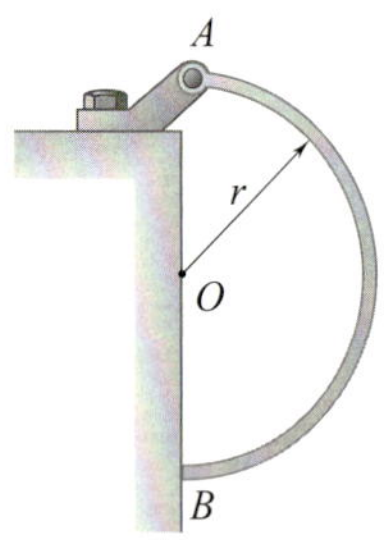

PROBLEMA RESOLVIDO 5.3

Uma barra semicircular uniforme de peso W e raio r é ligada a um pino em A e repousa sobre uma superfície sem atrito em B. Determine as reações em A e B.

SOLUÇÃO

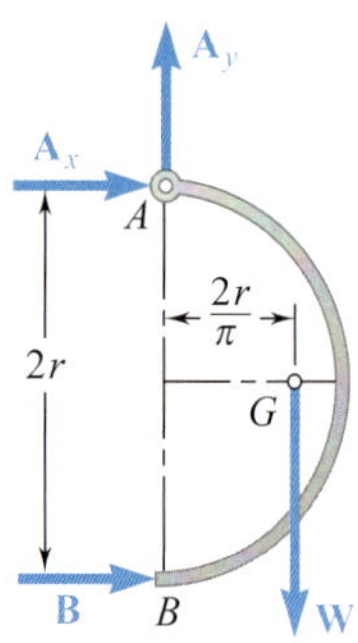

Diagrama de corpo livre. Um diagrama de corpo livre da barra é mostrado na figura. As forças que atuam sobre a barra são o peso próprio $\mathbf{W}$, aplicado no centro de gravidade G (cuja posição é obtida da Fig. 5.8b), uma reação em A, representada pelos seus componentes $\mathbf{A}_x$ e $\mathbf{A}_y$, e uma reação horizontal em B.

Equações de equilíbrio

$$+\circlearrowleft \Sigma M_A = 0: \quad B(2r) - W\left(\frac{2r}{\pi}\right) = 0$$

$$B = +\frac{W}{\pi} \qquad\qquad \mathbf{B} = \frac{W}{\pi} \rightarrow \blacktriangleleft$$

$$\xrightarrow{+} \Sigma F_x = 0: \quad A_x + B = 0$$

$$A_x = -B = -\frac{W}{\pi} \qquad \mathbf{A}_x = \frac{W}{\pi} \leftarrow$$

$$+\uparrow \Sigma F_y = 0: \quad A_y - W = 0 \qquad \mathbf{A}_y = W \uparrow$$

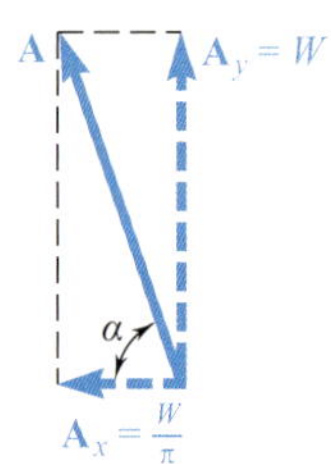

Calculando a resultante dos dois componentes da reação em A:

$$A = \left[W^2 + \left(\frac{W}{\pi}\right)^2\right]^{1/2} \qquad A = W\left(1 + \frac{1}{\pi^2}\right)^{1/2} \blacktriangleleft$$

$$\text{tg}\,\alpha = \frac{W}{W/\pi} = \pi \qquad \alpha = \text{tg}^{-1}\pi \blacktriangleleft$$

As respostas também podem ser escritas da seguinte maneira:

$$\mathbf{A} = 1{,}049W \measuredangle 72{,}3^\circ \qquad \mathbf{B} = 0{,}318W \rightarrow \blacktriangleleft$$

PROBLEMAS

5.1 a 5.8 Determine o centroide das áreas planas mostradas.

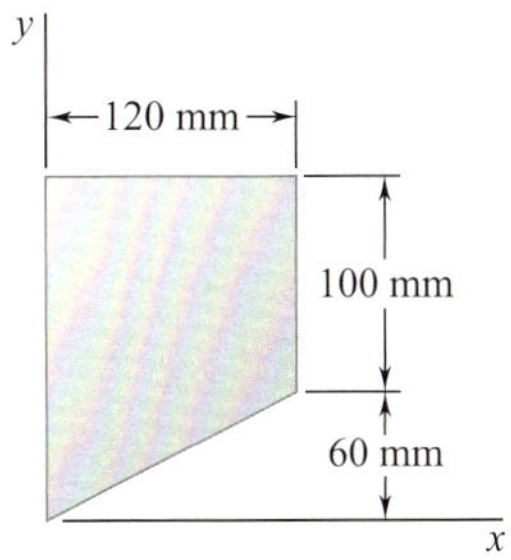

Figura P5.1

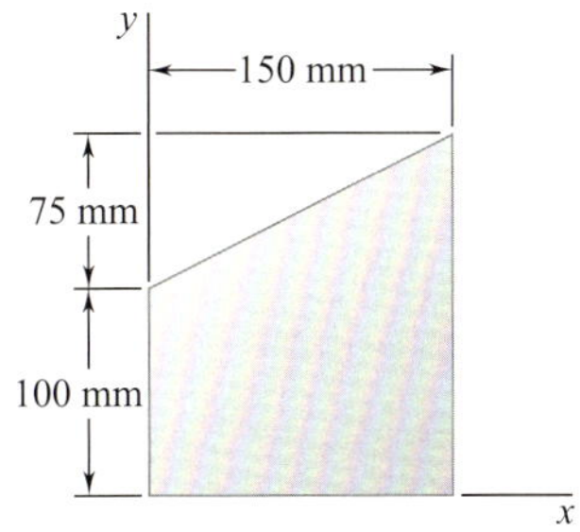

Figura P5.2

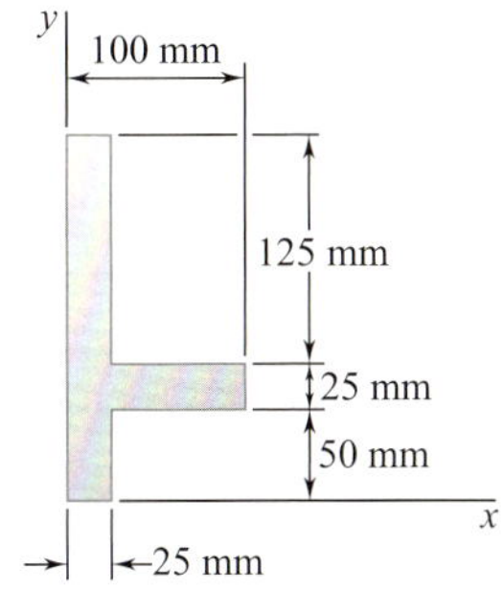

Figura P5.3

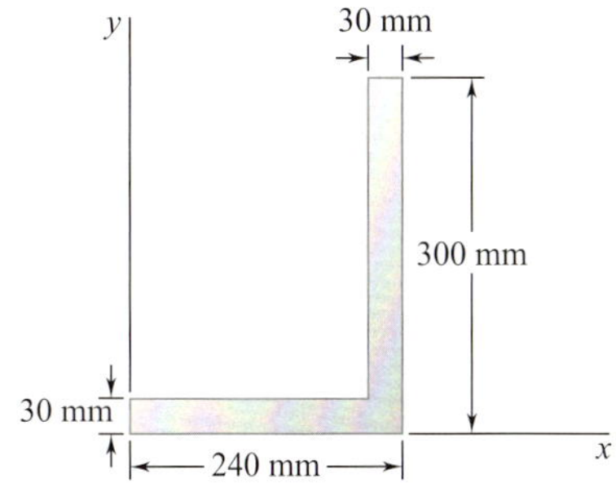

Figura P5.4

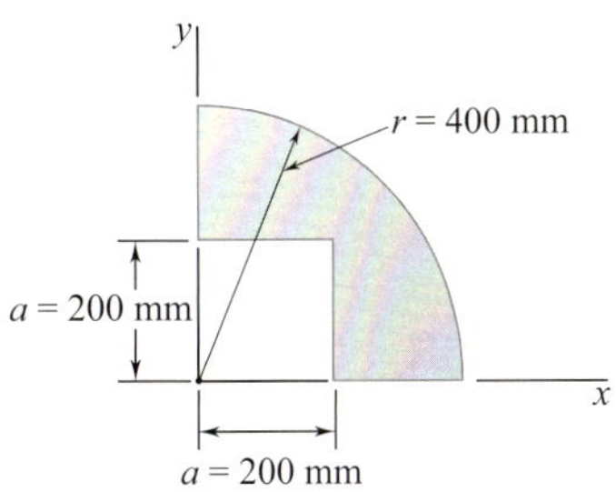

Figura P5.5

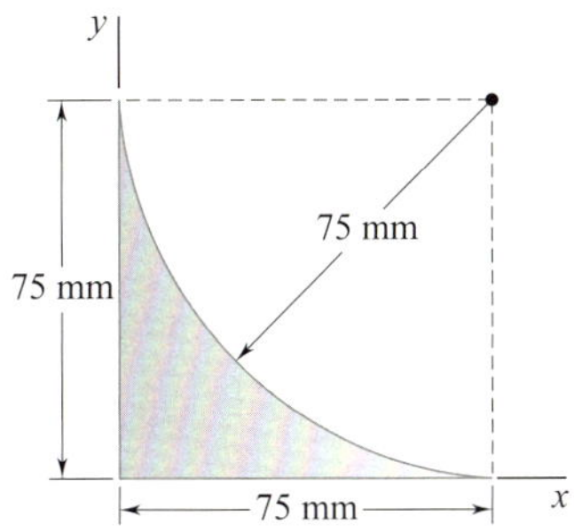

Figura P5.6

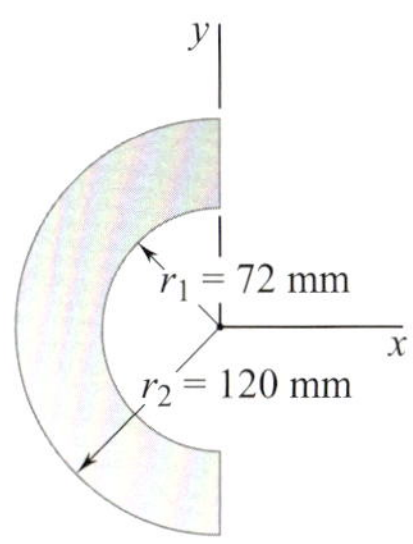

Figura P5.7

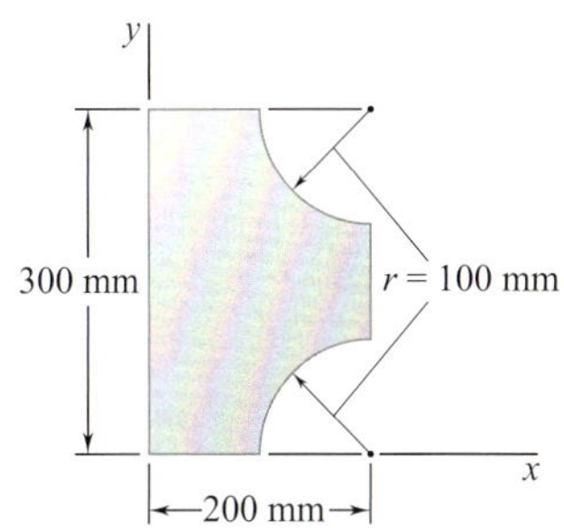

Figura P5.8

5.9 a 5.12 Determine o centroide das áreas planas mostradas.

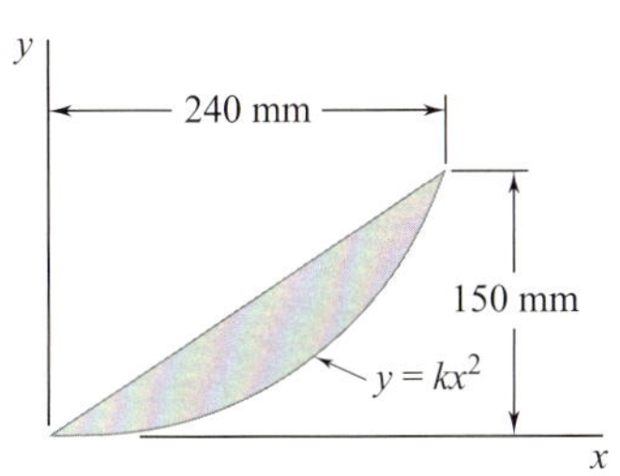

Figura P5.9

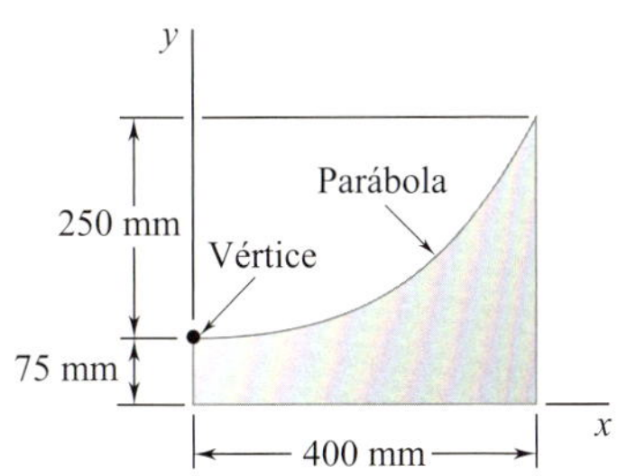

Figura P5.10

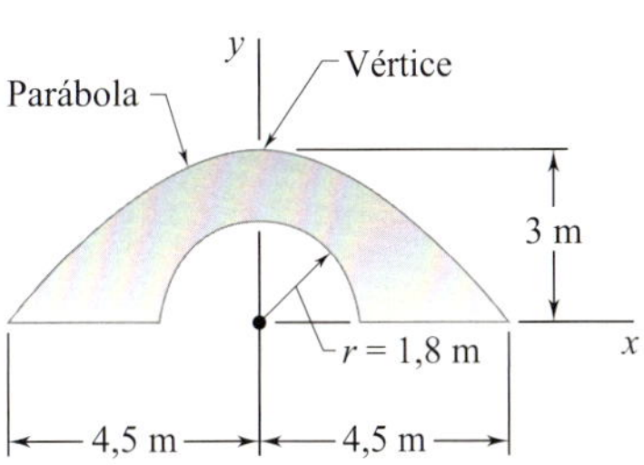

Figura P5.11

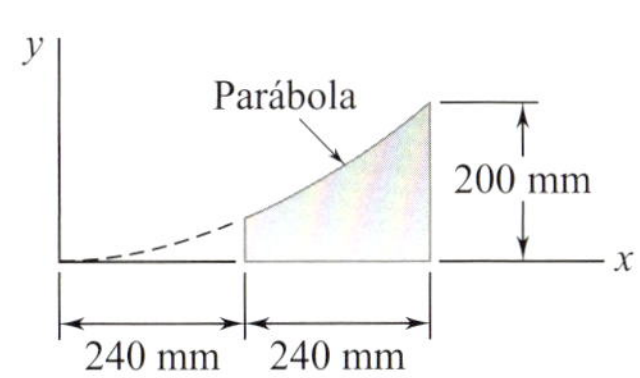

Figura P5.12

5.13 e 5.14 O eixo x horizontal passa pelo centroide C da área mostrada na figura e divide a superfície em dois componentes A_1 e A_2. Determine o momento de primeira ordem de cada componente de superfície em relação ao eixo x e explique os resultados obtidos.

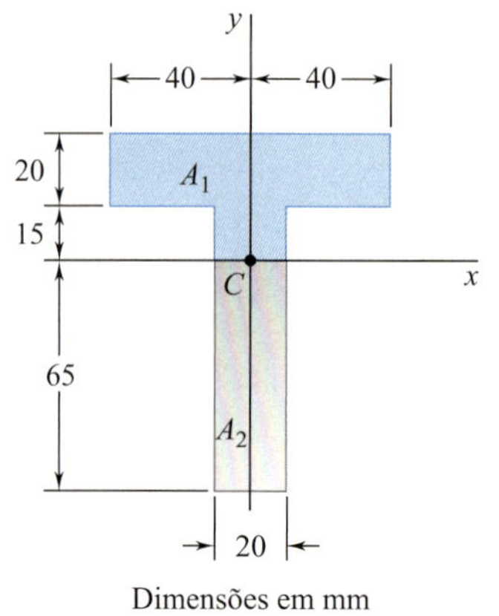

Figura P5.13

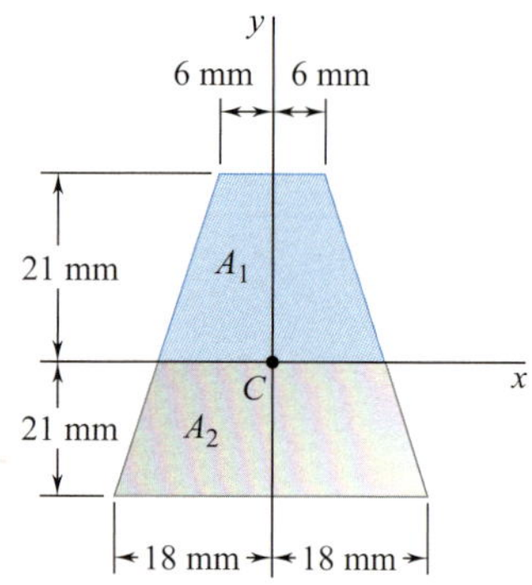

Figura P5.14

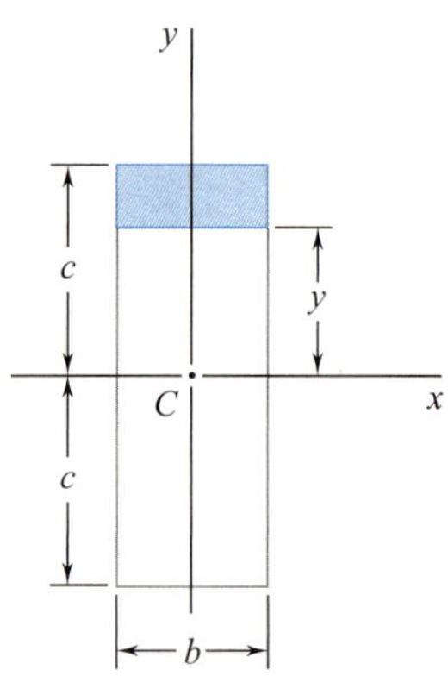

Figura P5.15

5.15 O momento de primeira ordem da superfície sombreada em relação ao eixo x é representado por Q_x. (*a*) Expresse Q_x em termos de b e c e a distância y da base da área sombreada até o eixo x. (*b*) Para qual valor de y o valor de Q_x é máximo e qual é esse valor máximo?

5.16 Uma viga foi construída por sete tábuas pregadas juntas como mostra a figura. Os pregos são igualmente espaçados ao longo da viga, que sustenta uma carga vertical. Será mostrado no Cap. 13 que as forças cisalhantes exercidas sobre os pregos em A e B são proporcionais aos momentos de primeira ordem em relação ao eixo centroide x das partes sombreadas (em cinza escuro) mostradas nas partes a e b da figura, respectivamente. Sabendo que a força exercida sobre o prego em A é de 120 N, determine a força exercida sobre o prego em B.

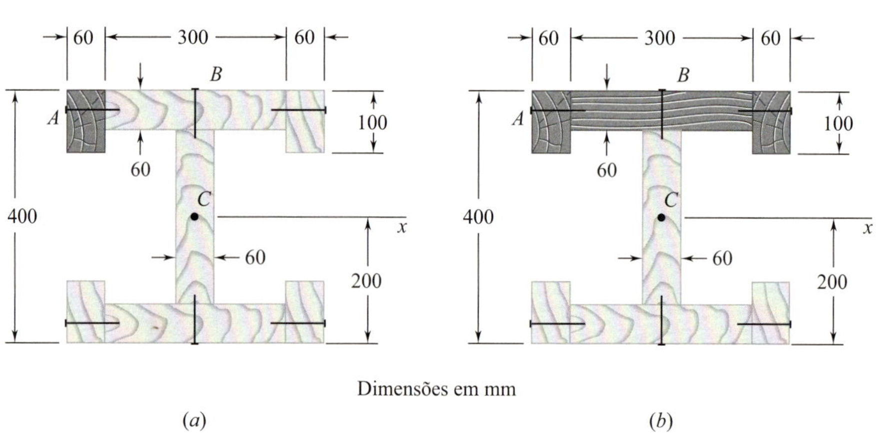

Figura P5.16

5.17 a 5.20 Um arame homogêneo e fino é dobrado de modo a formar o perímetro da figura indicada. Determine o centro de gravidade da figura de arame assim formada.

5.17 Fig. P5.1.

5.18 Fig. P5.2.

5.19 Fig. P5.4.

5.20 Fig. P5.8.

5.21 O arame homogêneo *ABCD* é dobrado como mostra a figura e é apoiado na articulação em *C*. Determine o comprimento *L* para que a porção *BCD* permaneça na posição horizontal.

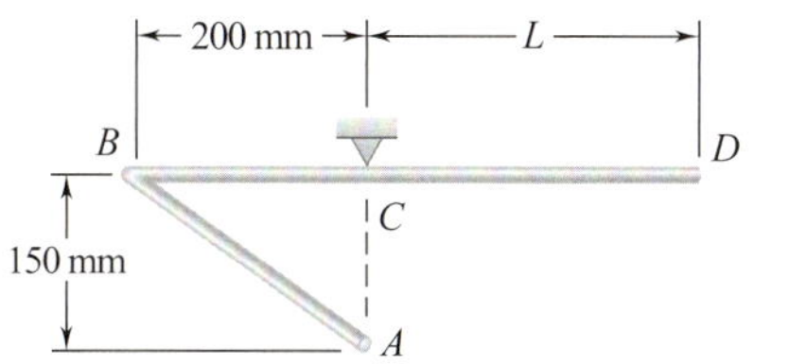

Figura P5.21 e *P5.22*

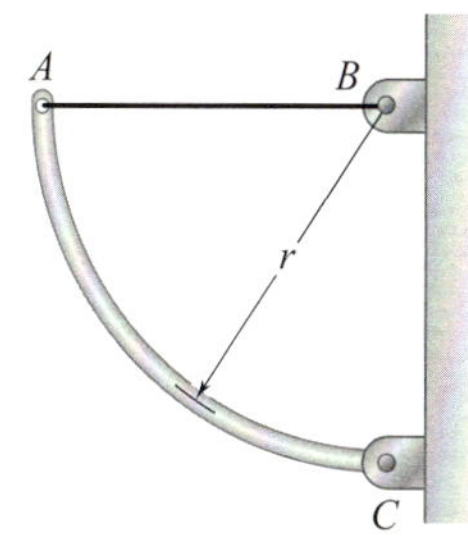

Figura P5.23

5.22 O arame homogêneo *ABCD* é dobrado como mostra a figura e é apoiado na articulação em *C*. Determine o comprimento *L* para que a porção *AB* permaneça na posição horizontal.

5.23 Uma barra circular uniforme de peso 36 N e raio de 250 mm é fixada pelo pino *C* e pelo cabo *AB*. Determine (*a*) a tração no cabo e (*b*) a reação em *C*.

5.24 Sabendo que o objeto mostrado na figura é formado por um arame fino e homogêneo, determine o ângulo α para que o centro de gravidade do objeto seja localizado na origem *O*.

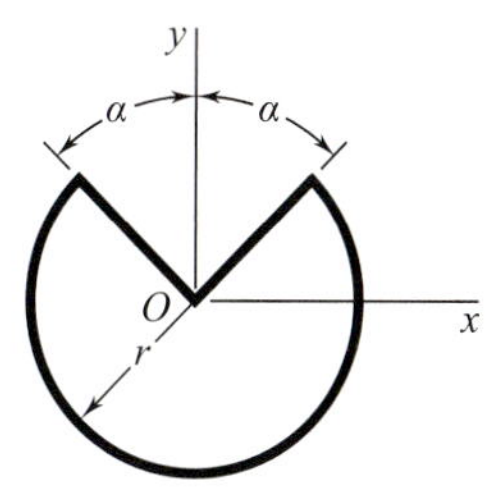

Figura *P5.24*

5.6 Determinação de centroides por integração

Geralmente, o centroide de uma área limitada por curvas analíticas (isto é, curvas definidas por equações algébricas) é determinado pelo cálculo das integrais nas Eqs. (5.3) da Seção 5.3.

$$\bar{x}A = \int x\,dA \qquad \bar{y}A = \int y\,dA \tag{5.3}$$

Se o elemento de área dA é um pequeno retângulo de lados dx e dy, o cálculo de cada uma dessas integrais requer uma *integração dupla* em relação a x e y. Também será necessária uma integração dupla quando se usam coordenadas polares nas quais dA é um pequeno elemento de lados dr e $r\,d\theta$.

Entretanto, em muitos casos, é possível determinar as coordenadas do centroide de uma superfície efetuando uma integração simples. Para tanto, escolhe-se dA como um retângulo estreito (uma tira) ou um setor estreito (elemento em forma de fatia de bolo) (Fig. 5.12). O centroide do retângulo estreito está localizado em seu centro e o centroide do setor estreito está localizado a uma distância $\frac{2}{3}r$ do vértice (como se fosse um triângulo). Essas coordenadas do centroide da área são obtidas escrevendo que o momento de primeira ordem de toda área em relação a cada um dos eixos de coordenadas é igual à soma (ou integral) dos correspondentes momentos dos elementos de superfície. Representando por $\bar{x}_{el}$ e $\bar{y}_{el}$ as coordenadas do centroide do elemento dA, escrevemos

$$Q_y = \bar{x}A = \int \bar{x}_{el}\, dA$$
$$Q_x = \bar{y}A = \int \bar{y}_{el}\, dA \tag{5.9}$$

Se a área A não for ainda conhecida, também poderá ser calculada com esses elementos.

As coordenadas $\bar{x}_{el}$ e $\bar{y}_{el}$ do centroide do elemento de área dA devem ser expressas em termos das coordenadas de um ponto localizado na curva que limita a área considerada. Além disso, a área dA do elemento deve ser expressa em termos das coordenadas desse ponto e dos diferenciais apropriados, o que foi feito na Fig. 5.12 para três tipos usuais de elementos. O elemento de setor da parte c deve ser usado quando a equação da curva que limita a área é dada em coordenadas polares. As expressões apropriadas devem ser substituídas nas Eqs. (5.9) e a equação da curva limite deve ser usada para expressar uma das coordenadas em termos da outra. Assim, a integração dupla fica reduzida a uma integração simples. Uma vez determinada a área e calculadas as integrais nas Eqs. (5.9), essas equações podem ser resolvidas para as coordenadas $\bar{x}$ e $\bar{y}$ do centroide da área.

Quando uma curva é definida por uma equação algébrica, seu centroide pode ser determinado pelo cálculo das integrais nas Eqs. (5.4) da Seção 5.3:

$$\bar{x}L = \int x\, dL \qquad \bar{y}L = \int y\, dL \tag{5.4}$$

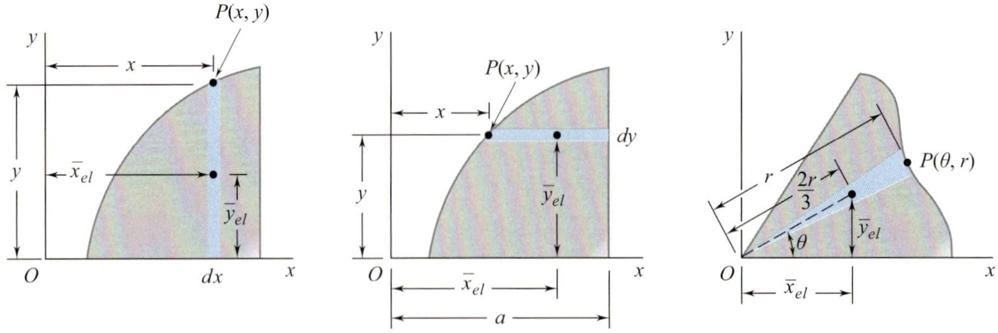

$\bar{x}_{el} = x$ | $\bar{x}_{el} = \dfrac{a + x}{2}$ | $\bar{x}_{el} = \dfrac{2r}{3}\cos\theta$

$\bar{y}_{el} = y/2$ | $\bar{y}_{el} = y$ | $\bar{y}_{el} = \dfrac{2r}{3}\,\text{sen}\,\theta$

$dA = y\,dx$ | $dA = (a - x)\,dy$ | $dA = \dfrac{1}{2} r^2\, d\theta$

(*a*) (*b*) (*c*)

Figura 5.12 Centroides de áreas de elementos diferenciais.

O diferencial de comprimento dL deve ser substituído por uma das expressões a seguir, dependendo de qual coordenada, x, y ou θ, tenha sido escolhida como variável independente na equação, usada para definir essa linha (podem-se deduzir essas expressões aplicando o teorema de Pitágoras):

$$dL = \sqrt{1 + \left(\frac{dy}{dx}\right)^2}\, dx \qquad dL = \sqrt{1 + \left(\frac{dx}{dy}\right)^2}\, dy$$

$$dL = \sqrt{r^2 + \left(\frac{dr}{d\theta}\right)^2}\, d\theta$$

Após usar a equação da curva para expressar uma das coordenadas em termos da outra, pode-se efetuar a integração e resolver as Eqs. (5.4) para as coordenadas $\bar{x}$ e $\bar{y}$ do centroide da linha.

5.7 Teoremas de Pappus-Guldinus

Esses teoremas que foram formulados inicialmente pelo geômetra grego Pappus no século III d.C. e restabelecidos posteriormente pelo matemático suíço Guldinus, ou Guldin, (1577-1643) referem-se a superfícies e corpos de revolução.

Uma *superfície de revolução* é uma superfície que pode ser gerada pela rotação de uma curva no plano (curva geratriz) em torno de um eixo fixo.

Foto 5.2 Esses tanques de armazenagem são todos corpos em forma de sólidos de revolução. Logo, é possível determinar as áreas de suas superfícies e seus volumes aplicando os teoremas de Pappus-Guldinus.

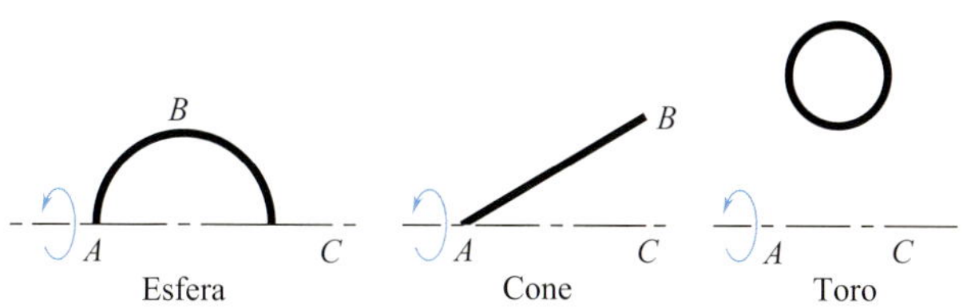

Figura 5.13

Por exemplo (Fig. 5.13), a superfície de uma esfera pode ser obtida pela rotação de um arco semicircular ABC em torno do diâmetro AC, a superfície de um cone pode ser produzida pela rotação de uma linha reta AB em torno do eixo AC, e a superfície de um toro ou anel pode ser gerada pela rotação de uma circunferência de um círculo em torno de um eixo que não o intercepte. Um *sólido de revolução* é um sólido que pode ser gerado pela rotação de uma superfície plana em torno de um eixo fixo. Conforme mostra a Fig. 5.14, uma esfera, um cone e um toro podem ser gerados pela rotação da forma apropriada em torno do eixo indicado.

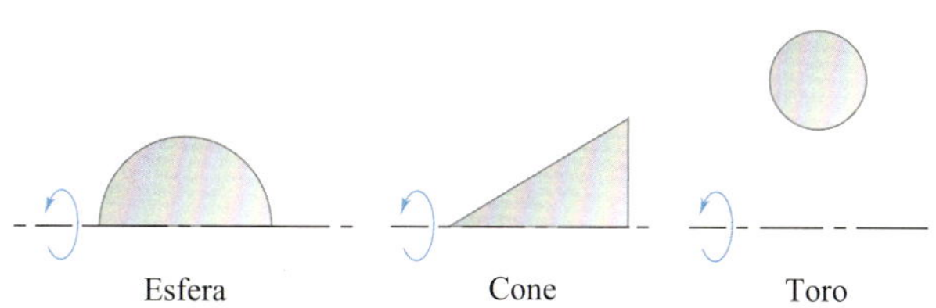

Figura 5.14

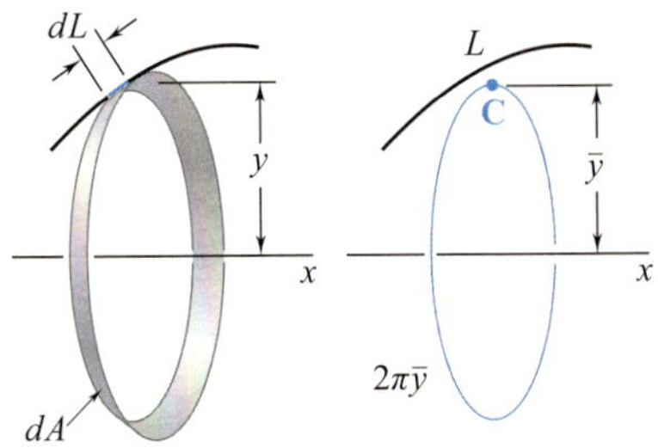

Figura 5.15

TEOREMA I. *A área de uma superfície de revolução é igual ao produto do comprimento da curva geratriz pela distância percorrida pelo centroide da curva durante a geração da superfície.*

Demonstração. Considere um elemento dL da curva L (Fig. 5.15) girado em torno do eixo x. A área dA gerada pelo elemento dL é igual a $2\pi y\,dL$. Logo, a área total gerada por L é $A = \int 2\pi y\,dL$. Voltando à Seção 5.3, onde determinamos que a integral $\int y\,dL$ é igual a $\bar{y}L$, temos então

$$A = 2\pi\bar{y}L \tag{5.10}$$

onde $2\pi\bar{y}$ é a distância percorrida pelo centroide de L (Fig. 5.15). Deve-se observar que a curva geratriz não deve cruzar o eixo em torno do qual está sendo girada. Nesse caso, as duas seções de curva em cada lado do eixo gerariam áreas de sinais opostos e o teorema não se aplicaria.

TEOREMA II. *O volume de um sólido de revolução é igual ao produto da área da superfície geratriz pela distância percorrida pelo centroide da superfície durante a geração do sólido.*

Demonstração. Considere um elemento dA da superfície A que gira em torno do eixo x (Fig. 5.16). O volume dV gerado pelo elemento dA é igual a $2\pi y\,dA$. Logo, o volume total gerado por A é $V = \int 2\pi y\,dA$ e, uma vez que a integral $\int y\,dA$ é igual a $\bar{y}A$ (Seção 5.3), temos

$$V = 2\pi\bar{y}A \tag{5.11}$$

onde $2\pi\bar{y}$ é a distância percorrida pelo centroide de A. Novamente, é importante observar que o teorema não se aplica caso o eixo de rotação intercepte a superfície geratriz.

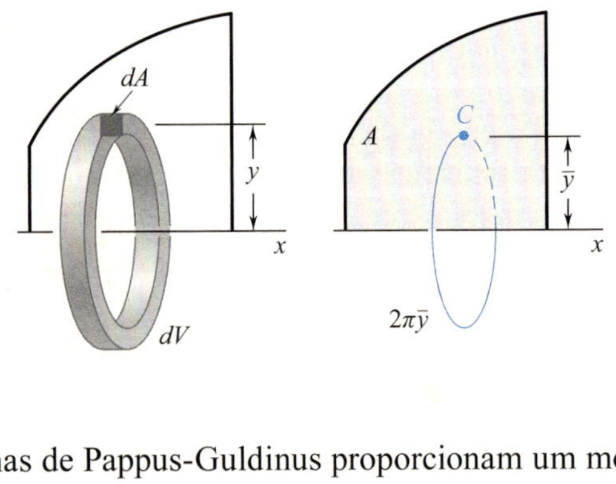

Figura 5.16

Os teoremas de Pappus-Guldinus proporcionam um modo simples de calcular as áreas de superfícies de revolução e os volumes de sólidos de revolução. Reciprocamente, podem ser usados para determinar o centroide de uma curva plana quando a área da superfície gerada pela curva for conhecida ou para determinar o centroide de uma área plana quando o volume do sólido gerado for conhecido (ver Problema Resolvido 5.8).

PROBLEMA RESOLVIDO 5.4

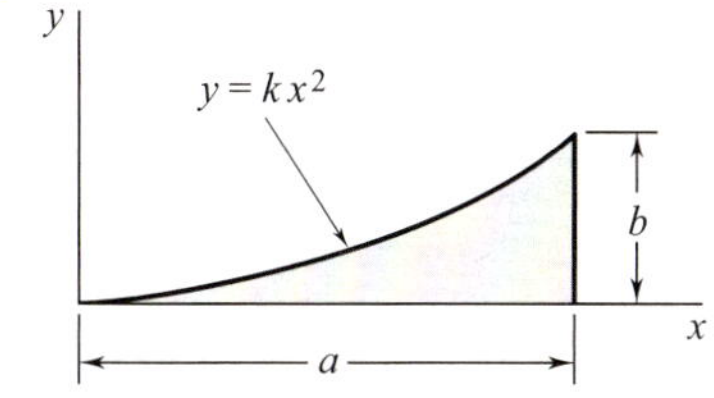

Determine por integração direta a localização do centroide da superfície sob um arco parabólico.

SOLUÇÃO

Determinação da constante *k*. O valor de k é terminado por substituição de $x = a$ e $y = b$ na equação dada. Temos $b = ka^2$ ou $k = b/a^2$. Logo, a equação da curva é

$$y = \frac{b}{a^2}x^2 \qquad \text{ou} \qquad x = \frac{a}{b^{1/2}}y^{1/2}$$

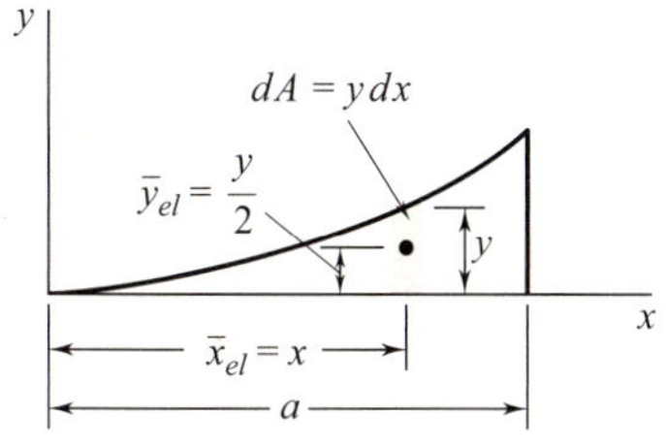

Elemento diferencial vertical. Escolhemos o elemento diferencial mostrado na figura e encontramos a área total da figura.

$$A = \int dA = \int y\,dx = \int_0^a \frac{b}{a^2}x^2\,dx = \left[\frac{b}{a^2}\frac{x^3}{3}\right]_0^a = \frac{ab}{3}$$

O momento de primeira ordem do elemento diferencial em relação ao eixo y é $\bar{x}_{el}\,dA$; assim, o momento de primeira ordem de toda a superfície em relação ao eixo y é

$$Q_y = \int \bar{x}_{el}\,dA = \int xy\,dx = \int_0^a x\left(\frac{b}{a^2}x^2\right)dx = \left[\frac{b}{a^2}\frac{x^4}{4}\right]_0^a = \frac{a^2b}{4}$$

Uma vez que $Q_y = \bar{x}A$, temos

$$\bar{x}A = \int \bar{x}_{el}\,dA \qquad \bar{x}\frac{ab}{3} = \frac{a^2b}{4} \qquad \bar{x} = \tfrac{3}{4}a \quad \blacktriangleleft$$

De modo análogo, o momento de primeira ordem do elemento diferencial em relação ao eixo x é $\bar{y}_{el}\,dA$, e o momento de primeira ordem de toda a superfície é

$$Q_x = \int \bar{y}_{el}\,dA = \int \frac{y}{2}y\,dx = \int_0^a \frac{1}{2}\left(\frac{b}{a^2}x^2\right)^2 dx = \left[\frac{b^2}{2a^4}\frac{x^5}{5}\right]_0^a = \frac{ab^2}{10}$$

Uma vez que $Q_x = \bar{y}A$, temos

$$\bar{y}A = \int \bar{y}_{el}\,dA \qquad \bar{y}\frac{ab}{3} = \frac{ab^2}{10} \qquad \bar{y} = \tfrac{3}{10}b \quad \blacktriangleleft$$

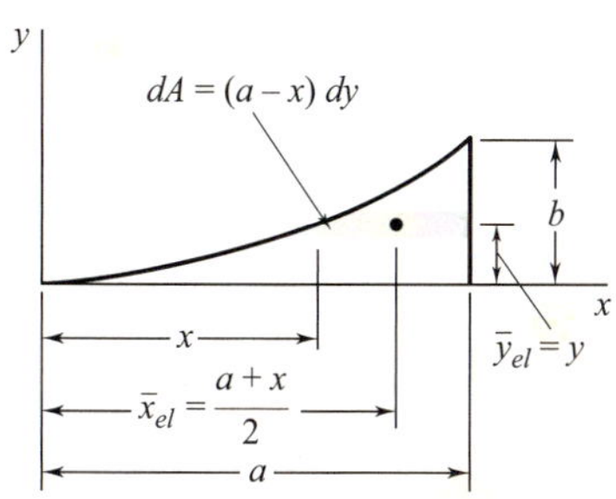

Elemento diferencial horizontal. Podem-se obter os mesmos resultados considerando um elemento horizontal. Os momentos de primeira ordem da superfície são

$$Q_y = \int \bar{x}_{el}\,dA = \int \frac{a + x}{2}(a - x)\,dy = \int_0^b \frac{a^2 - x^2}{2}dy$$

$$= \frac{1}{2}\int_0^b \left(a^2 - \frac{a^2}{b}y\right)dy = \frac{a^2b}{4}$$

$$Q_x = \int \bar{y}_{el}\,dA = \int y(a - x)\,dy = \int y\left(a - \frac{a}{b^{1/2}}y^{1/2}\right)dy$$

$$= \int_0^b \left(ay - \frac{a}{b^{1/2}}y^{3/2}\right)dy = \frac{ab^2}{10}$$

Para determinar $\bar{x}$ e $\bar{y}$, substitua novamente as expressões obtidas nas equações de definição do centroide da superfície.

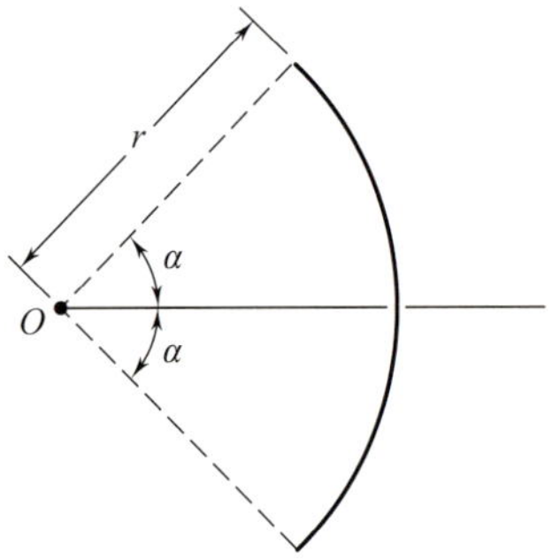

PROBLEMA RESOLVIDO 5.5

Determine a localização do centroide do arco circular mostrado.

SOLUÇÃO

Como o arco é simétrico em relação ao eixo x, $\bar{y} = 0$. Escolhe-se um elemento diferencial do modo mostrado e determina-se o comprimento do arco por integração.

$$L = \int dL = \int_{-\alpha}^{\alpha} r\,d\theta = r\int_{-\alpha}^{\alpha} d\theta = 2r\alpha$$

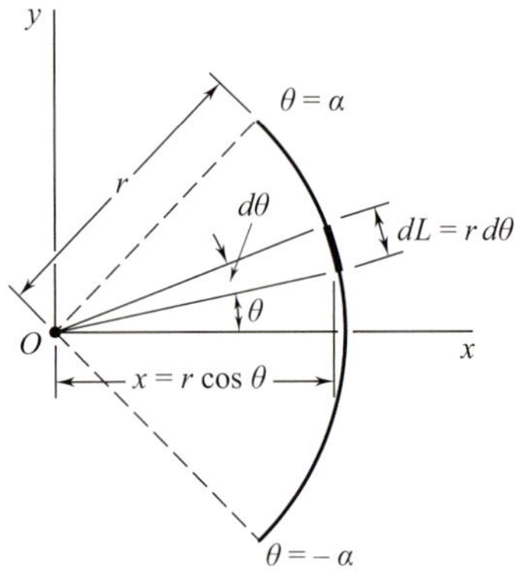

O momento de primeira ordem em relação ao eixo y é

$$Q_y = \int x\,dL = \int_{-\alpha}^{\alpha} (r\cos\theta)(r\,d\theta) = r^2\int_{-\alpha}^{\alpha}\cos\theta\,d\theta$$
$$= r^2[\text{sen}\,\theta]_{-\alpha}^{\alpha} = 2r^2\,\text{sen}\,\alpha$$

Uma vez que $Q_y = \bar{x}L$, escrevemos

$$\bar{x}(2r\alpha) = 2r^2\,\text{sen}\,\alpha \qquad \bar{x} = \frac{r\,\text{sen}\,\alpha}{\alpha}$$ ◀

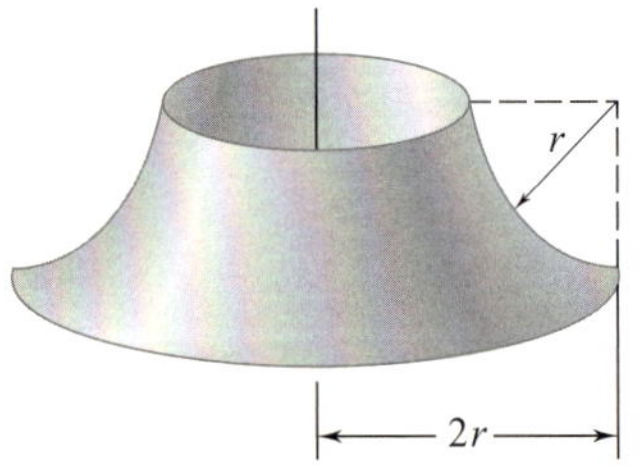

PROBLEMA RESOLVIDO 5.6

Determine a área da superfície de revolução mostrada, gerada pela rotação do arco de um quarto de círculo em torno de um eixo vertical.

SOLUÇÃO

De acordo com o Teorema I de Pappus-Guldinus, a área gerada é igual ao produto do comprimento do arco pela distância percorrida pelo seu centroide. Voltando à Fig. 5.8*b*, temos

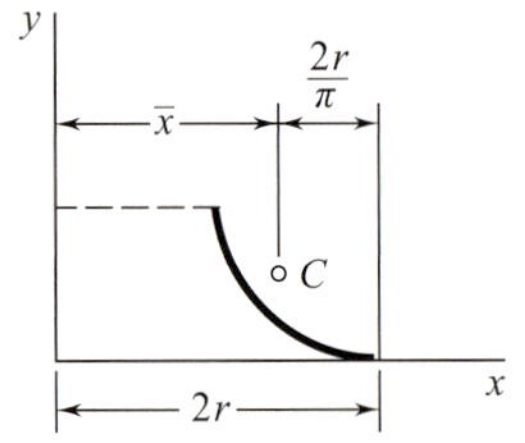

$$\bar{x} = 2r - \frac{2r}{\pi} = 2r\left(1 - \frac{1}{\pi}\right)$$
$$A = 2\pi\bar{x}L = 2\pi\left[2r\left(1 - \frac{1}{\pi}\right)\right]\left(\frac{\pi r}{2}\right)$$

$$A = 2\pi r^2(\pi - 1)$$ ◀

PROBLEMA RESOLVIDO 5.7

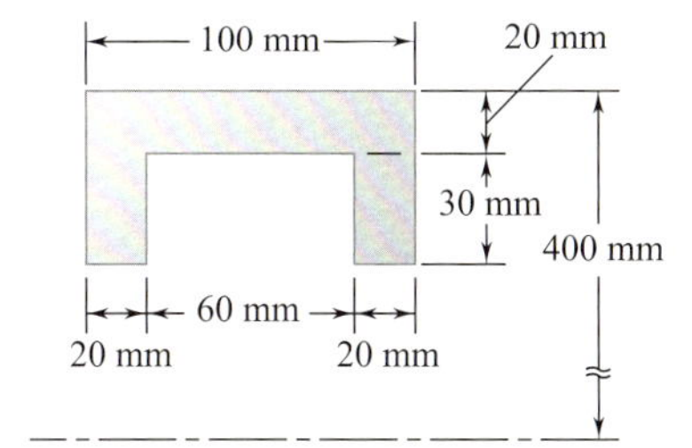

O diâmetro externo de uma polia é de 0,8 m e a seção transversal do seu contorno externo está mostrada na figura. Sabendo que a polia é feita de aço e que a massa específica do aço é $\rho = 7{,}85 \times 10^3$ kg/m³, determine a massa e o peso do contorno externo.

SOLUÇÃO

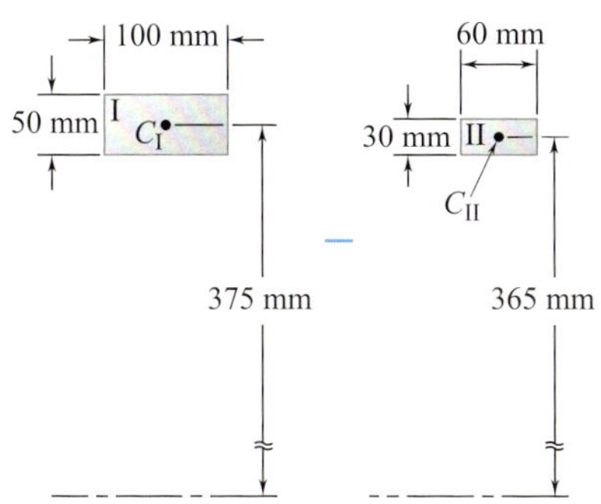

Pode-se determinar o volume do contorno externo pela aplicação do Teorema II de Pappus-Guldinus, que estabelece que o volume é igual ao produto da área da seção transversal pela distância percorrida pelo seu centroide em uma revolução completa. Entretanto, pode-se determinar o volume de modo mais fácil se observarmos que a seção transversal pode ser formada pelo retângulo I, cuja área é positiva, e pelo retângulo II, cuja área é negativa.

	Área, mm²	$\bar{y}$, mm	Distância percorrida por C, mm	Volume, mm³
I	+5.000	375	$2\pi(375) = 2.356$	$(5.000)(2.356) = 11{,}78 \times 10^6$
II	−1.800	365	$2\pi(365) = 2.293$	$(-1.800)(2.293) = -4{,}13 \times 10^6$
				Volume do contorno externo $= 7{,}65 \times 10^6$

Como 1 mm = 10^{-3} m, temos 1 mm³ = $(10^{-3}\text{ m})^3 = 10^{-9}$ m³, e obtemos $V = 7{,}65 \times 10^6 \text{ mm}^3 = (7{,}65 \times 10^6) \times (10^{-9}\text{ m}^3) = 7{,}65 \times 10^{-3}\text{ m}^3$.

$$m = \rho V = (7{,}85 \times 10^3 \text{ kg/m}^3)(7{,}65 \times 10^{-3}\text{ m}^3) \qquad m = 60{,}0 \text{ kg} \blacktriangleleft$$
$$W = mg = (60{,}0 \text{ kg})(9{,}81 \text{ m/s}^2) = 589 \text{ kg} \cdot \text{m/s}^2 \qquad W = 589 \text{ N} \blacktriangleleft$$

PROBLEMA RESOLVIDO 5.8

Aplicando os teoremas de Pappus-Guldinus, determine (*a*) o centroide de uma superfície semicircular e (*b*) o centroide de um arco semicircular. Lembre-se de que o volume e a área da superfície de uma esfera são $\frac{4}{3}\pi r^3$ e $4\pi r^2$, respectivamente.

SOLUÇÃO

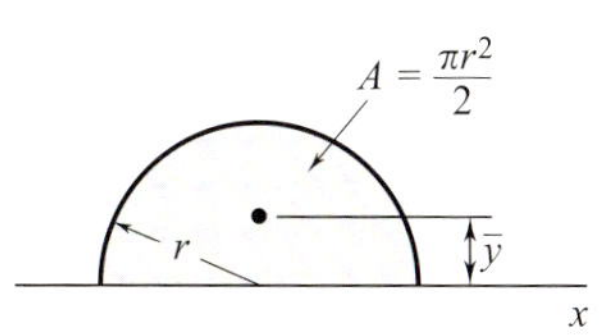

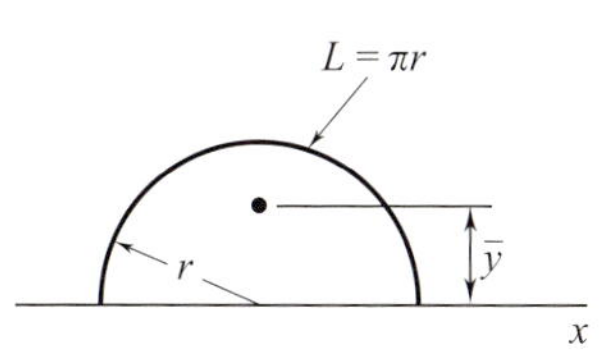

O volume de uma esfera é igual ao produto da área de um semicírculo pela distância percorrida pelo centroide do semicírculo em uma revolução em torno do eixo x.

$$V = 2\pi\bar{y}A \qquad \tfrac{4}{3}\pi r^3 = 2\pi\bar{y}(\tfrac{1}{2}\pi r^2) \qquad \bar{y} = \frac{4r}{3\pi} \blacktriangleleft$$

De modo análogo, a área de uma esfera é igual ao produto do comprimento do semicírculo geratriz pela distância percorrida pelo seu centroide em uma revolução.

$$A = 2\pi\bar{y}L \qquad 4\pi r^2 = 2\pi\bar{y}(\pi r) \qquad \bar{y} = \frac{2r}{\pi} \blacktriangleleft$$

PROBLEMAS

5.25 a **5.28** Determine por integração direta o centroide da área mostrada.

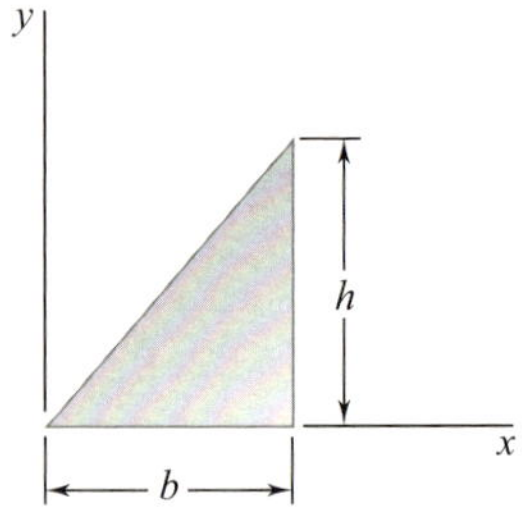

Figura P5.25

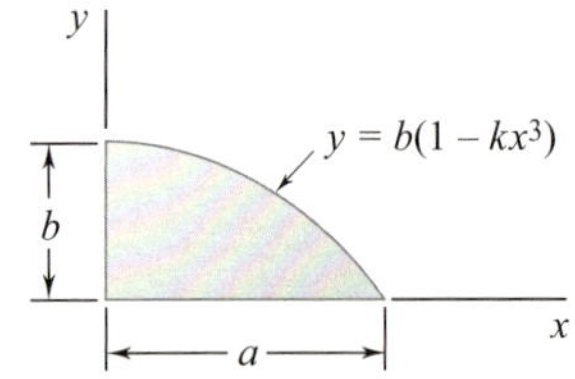

Figura P5.26

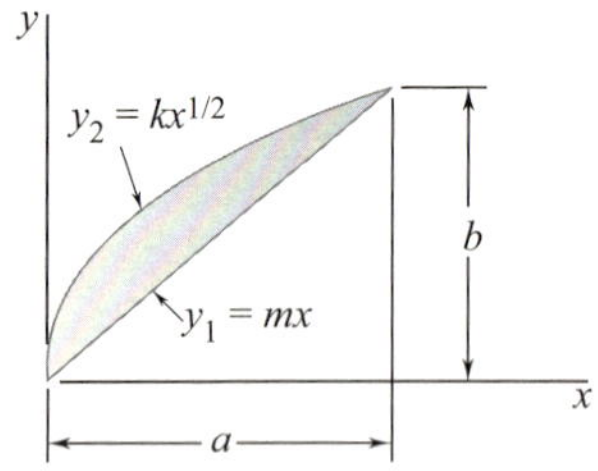

Figura P5.27

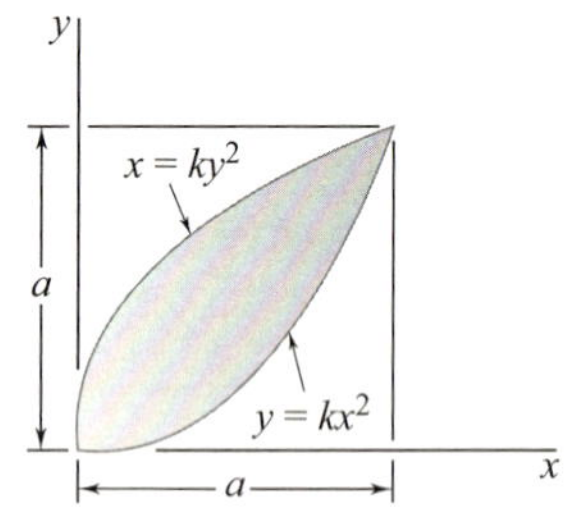

Figura P5.28

5.29 a **5.32** Derive por integração direta a expressão para $\bar{x}$ e $\bar{y}$ dada na Fig. 5.8*a* para

5.29 Uma superfície sob um arco parabólico ($y = kx^n$).

5.30 Uma superfície de um quarto de elipse.

5.31 Uma superfície semicircular.

5.32 Uma superfície semiparabólica.

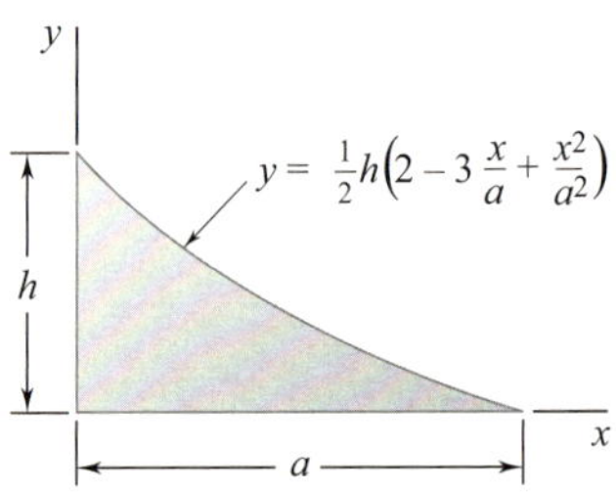

Figura P5.33 e P5.34

5.33 Determine por integração direta a coordenada *x* do centroide da área mostrada na figura.

5.34 Determine por integração direta a coordenada *y* do centroide da área mostrada na figura.

5.35 Determine o centroide da área mostrada quando $a = 100$ mm.

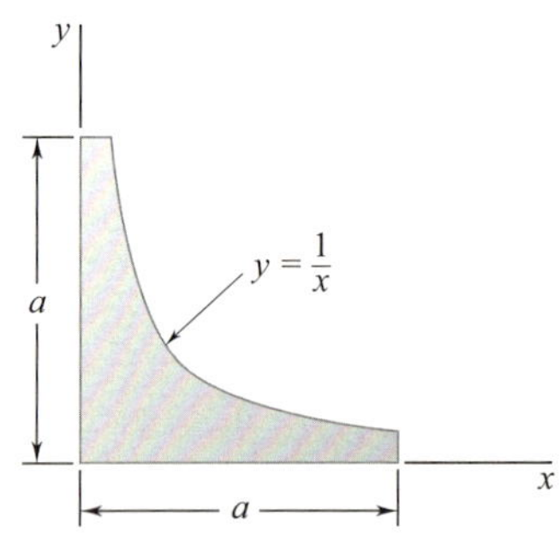

Figura P5.35 e P5.36

5.36 Determine o centroide da área mostrada em termos de *a*.

5.37 Determine o volume do sólido obtido pela rotação do trapézio do Problema 5.2 em torno (*a*) do eixo *x* e (*b*) do eixo *y*.

5.38 Determine o volume do sólido obtido pela rotação da área do Problema 5.4 em torno (*a*) do eixo *x*, (*b*) do eixo *y*.

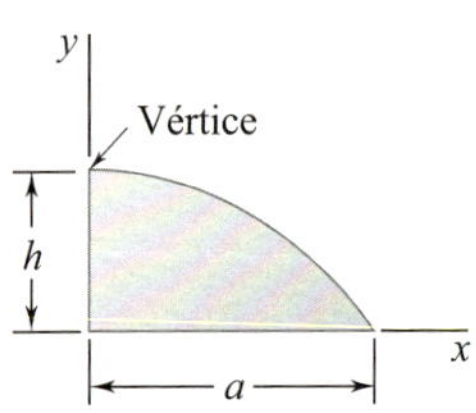

Figura P5.39

5.39 Determine o volume do sólido gerado pela rotação da área semiparabólica mostrada na figura em torno (*a*) do eixo *x* e (*b*) do eixo *y*.

5.40 Determine a área da superfície e o volume do semitoro mostrado na figura.

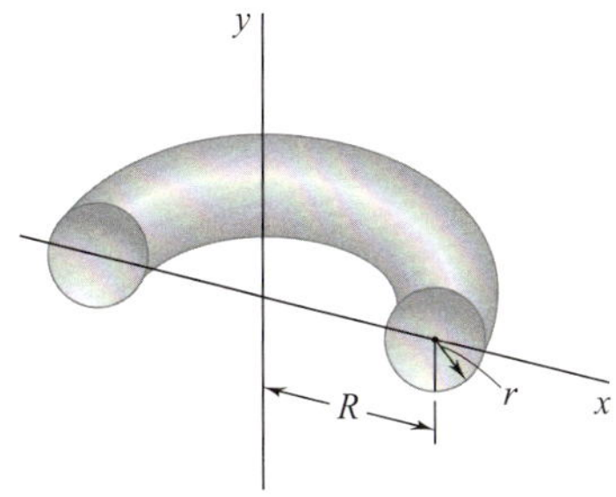

Figura *P5.40*

5.41 Um vaso de pressão esférico tem um diâmetro interno de 0,8 m. Determine (*a*) o volume do propano liquefeito necessário para encher o vaso na profundidade de 0,6 m e (*b*) a massa correspondente do propano liquefeito. (Densidade de propano liquefeito = 580 kg/m³.)

5.42 Para o vaso de pressão do Problema 5.41, determine a área da superfície em contato com o propano liquefeito.

5.43 Um disco esférico é formado por meio de um plano horizontal que passa pela casca esférica de raio R. Sabendo que $R = 250$ mm e $\phi = 60°$, determine a área da superfície interna do disco.

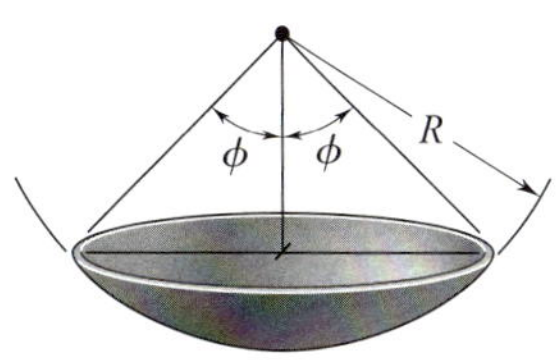

Figura P5.43

5.44 Determine o volume e o peso da água necessária para preencher completamente o disco esférico do Problema 5.43. (Peso específico da água = 10.400 N/m³.)

5.45 Determine o volume e o peso da maçaneta sólida de latão mostrada na figura. (Peso específico do latão 83.060 N/m³.)

5.46 Determine a superfície total da área da maçaneta sólida de latão mostrada na figura.

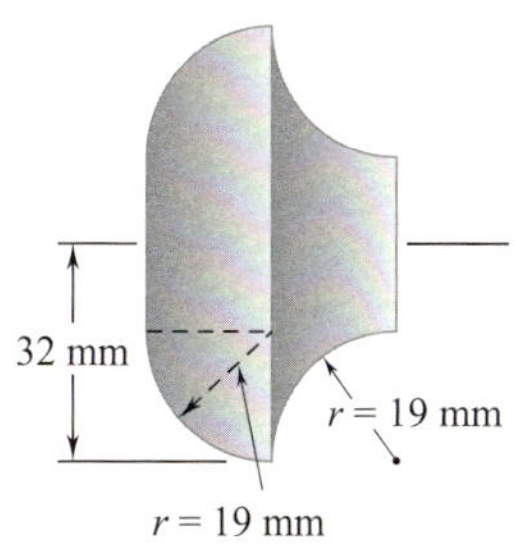

Figura P5.45 e *P5.46*

5.47 Determine o volume e a superfície total da área do sólido mostrado na figura.

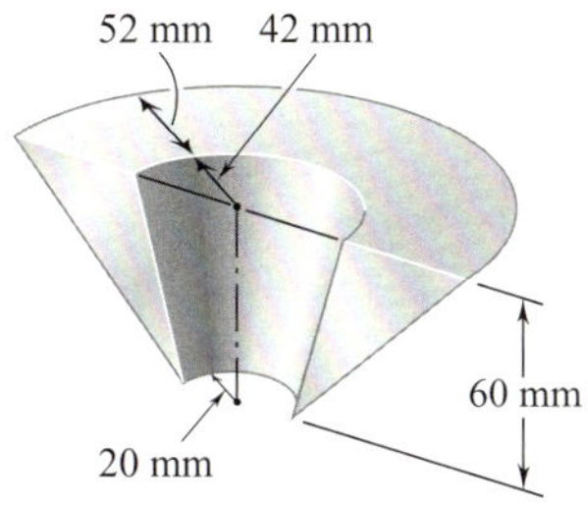

Figura *P5.47*

5.48 Determine o volume do colar de aço obtido pela rotação da área sombreada mostrada na figura em torno ao eixo AA'.

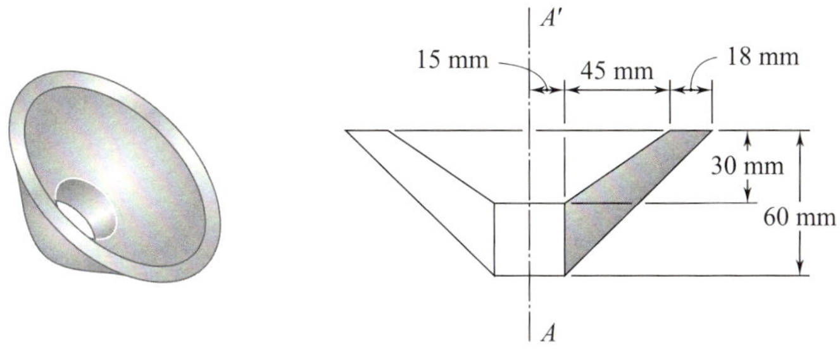

Figura P5.48

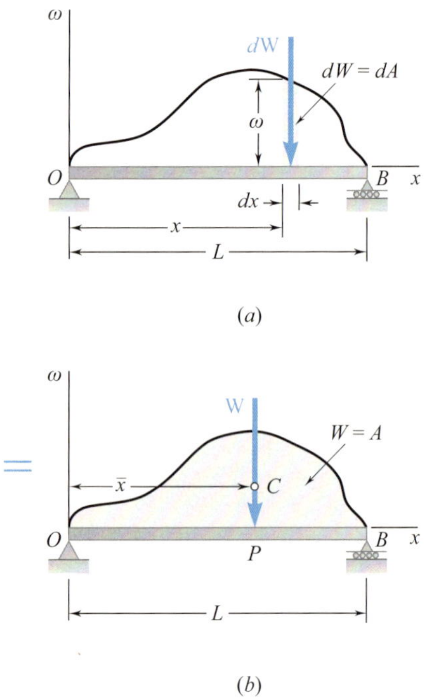

Figura 5.17

*5.8 Cargas distribuídas sobre vigas

O conceito de centroide de uma área pode ser usado na resolução de outros problemas além daqueles que envolvem pesos de placas planas. Por exemplo, considere uma viga que sustenta uma *carga distribuída*, que pode advir do peso de materiais sustentados direta ou indiretamente pela viga ou ser causada pelo vento ou por pressões hidrostáticas. A carga distribuída pode ser caracterizada por uma curva representando a carga w sustentada por unidade de comprimento (Fig. 5.17); essa carga é expressa em N/m. A intensidade da força exercida sobre um elemento de viga de comprimento dx é $dW = w\,dx$, e a carga total sustentada pela viga é

$$W = \int_0^L w\,dx$$

Observamos que o produto $w\,dx$ é igual em intensidade ao elemento de área dA mostrado na Fig. 5.17*a*. Logo, a carga W equivale em intensidade à área total A sob a curva de carga:

$$W = \int dA = A$$

Vamos determinar agora onde uma *carga concentrada única* **W**, de intensidade W igual à da carga total distribuída, deve ser aplicada sobre a viga para produzir as mesmas reações de apoio (Fig. 5.17*b*). Todavia, essa carga concentrada **W**, que representa a resultante do carregamento distribuído dado, é equivalente ao carregamento apenas quando se considera o diagrama de corpo livre de toda a viga. O ponto de aplicação P de uma carga concentrada equivalente **W** é obtido escrevendo que o momento de **W** em relação ao ponto O é igual à soma dos momentos das cargas elementares $d\mathbf{W}$ em relação ao ponto O:

$$(OP)W = \int x\,dW$$

ou, uma vez que $dW = w\,dx = dA$ e $W = A$,

$$(OP)A = \int_0^L x\,dA \tag{5.12}$$

Por representar o momento de primeira ordem em relação ao eixo w da área sob a curva de carga, a integral pode ser substituída pelo produto $\bar{x}A$. Logo, temos que $OP = \bar{x}$, onde $\bar{x}$ é a distância do eixo w em relação ao centroide C da área A (*não* se trata do centroide da viga).

Uma carga distribuída sobre uma viga pode ser substituída por uma carga concentrada; a intensidade dessa carga única é igual à área sob a curva de carga e sua linha de ação passa pelo centroide dessa área. Deve-se notar, porém, que a carga concentrada só é equivalente ao carregamento dado quando se consideram forças externas. Essa carga pode ser usada para determinar reações, mas não deve ser usada no cálculo de forças internas e deformações.

Foto 5.3 Os telhados das construções mostradas devem ter capacidade de suportar não apenas o peso total da neve, mas também as cargas distribuídas assimétricas resultantes da camada depositada de neve.

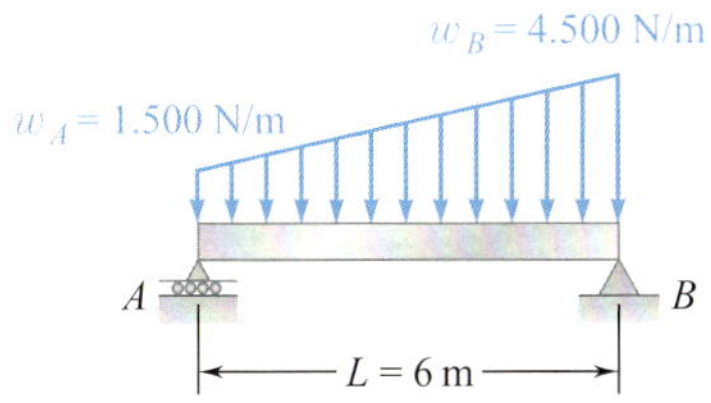

PROBLEMA RESOLVIDO 5.9

Uma viga sustenta a carga distribuída mostrada na figura. (*a*) Determine a carga concentrada equivalente e (*b*) as reações de apoio.

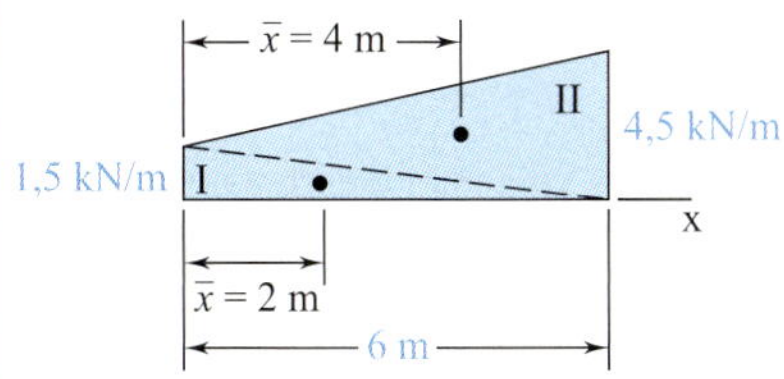

SOLUÇÃO

a. Carga concentrada equivalente. A intensidade da resultante da carga é igual à área da superfície sob a curva de carga, e a linha de ação da resultante passa pelo centroide dessa superfície. Dividimos a superfície sob a curva de carga em dois triângulos e construímos a tabela mostrada a seguir. Para simplificar os cálculos e a tabulação, as cargas fornecidas por unidade de comprimento foram convertidas para kN/m.

Componente	A, kN	$\bar{x}$, m	$\bar{x}A$, kN · m
Triângulo I	4,5	2	9
Triângulo II	13,5	4	54
	$\Sigma A = 18{,}0$		$\Sigma\bar{x}A = 63$

Logo, $\bar{X}\Sigma A = \Sigma\bar{x}A$: $\quad \bar{X}(18\text{ kN}) = 63\text{ kN}\cdot\text{m} \qquad \bar{X} = 3{,}5\text{ m}$

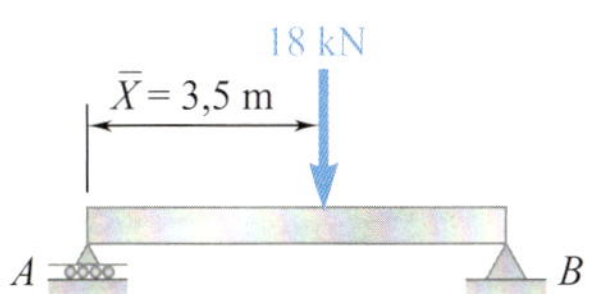

A carga concentrada equivalente é

$$\mathbf{W} = 18\text{ kN}\downarrow \quad ◀$$

e sua linha de ação está localizada a uma distância

$$\bar{X} = 3{,}5\text{ m à direita de } A \quad ◀$$

b. Reações. A reação em A é vertical, sendo representada por **A**; a reação em B é representada pelos seus componentes $\mathbf{B}_x$ e $\mathbf{B}_y$. A carga fornecida pode ser considerada a soma das duas cargas triangulares mostradas. A resultante de cada carga triangular é igual à área do triângulo e atua em seu centroide. Escrevemos as seguintes equações de equilíbrio para o corpo livre mostrado:

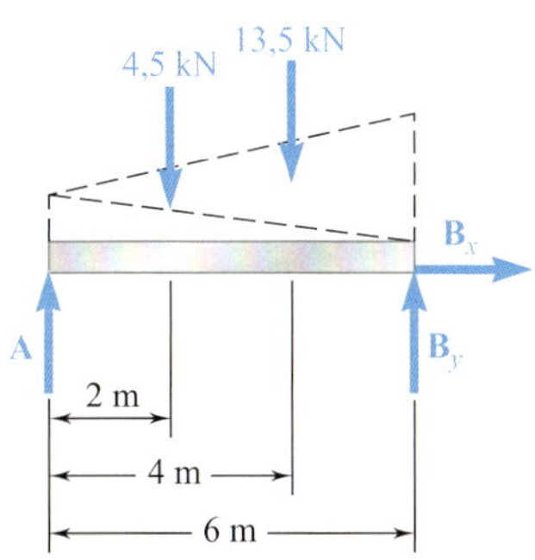

$\xrightarrow{+}\Sigma F_x = 0$: $\qquad \mathbf{B}_x = 0 \quad ◀$

$+\circlearrowleft\Sigma M_A = 0$: $\qquad -(4{,}5\text{ kN})(2\text{ m}) - (13{,}5\text{ kN})(4\text{ m}) + B_y(6\text{ m}) = 0$

$$\mathbf{B}_y = 10{,}5\text{ kN}\uparrow \quad ◀$$

$+\circlearrowleft\Sigma M_B = 0$: $\qquad +(4{,}5\text{ kN})(4\text{ m}) + (13{,}5\text{ kN})(2\text{ m}) - A(6\text{ m}) = 0$

$$\mathbf{A} = 7{,}5\text{ kN}\uparrow \quad ◀$$

Solução alternativa. Pode-se substituir a carga distribuída fornecida pela sua resultante, encontrada na parte *a*. As reações podem ser determinadas escrevendo as equações de equilíbrio $\Sigma F_x = 0$, $\Sigma M_A = 0$ e $\Sigma M_B = 0$. Novamente obtemos

$$\mathbf{B}_x = 0 \qquad \mathbf{B}_y = 10{,}5\text{ kN}\uparrow \qquad \mathbf{A} = 7{,}5\text{ kN}\uparrow \quad ◀$$

PROBLEMAS

5.49 e 5.50 Determine a intensidade e a localização da resultante da carga distribuída mostrada na figura. Calcule também as reações em A e B.

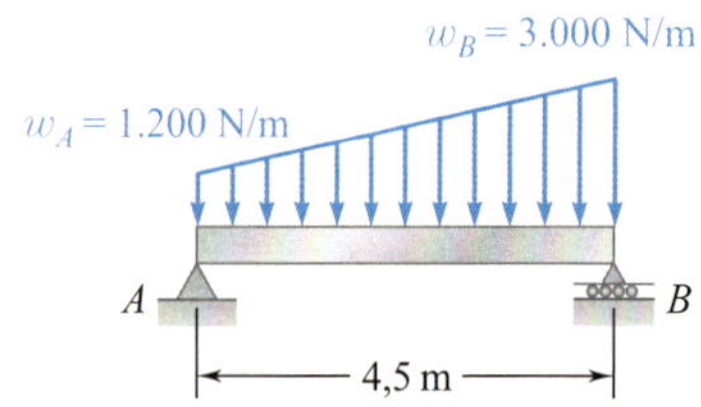

Figura P5.49

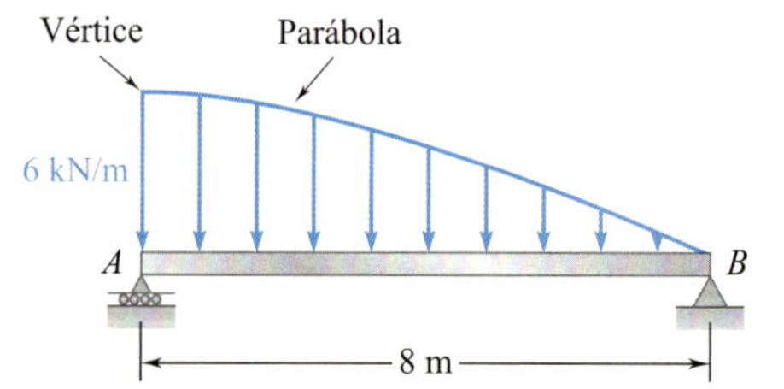

Figura P5.50

5.51 a 5.56 Determine as reações de apoio da viga para o carregamento dado.

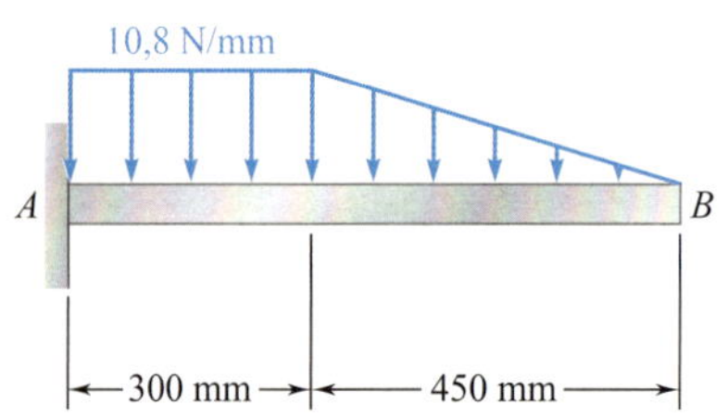

Figura P5.51

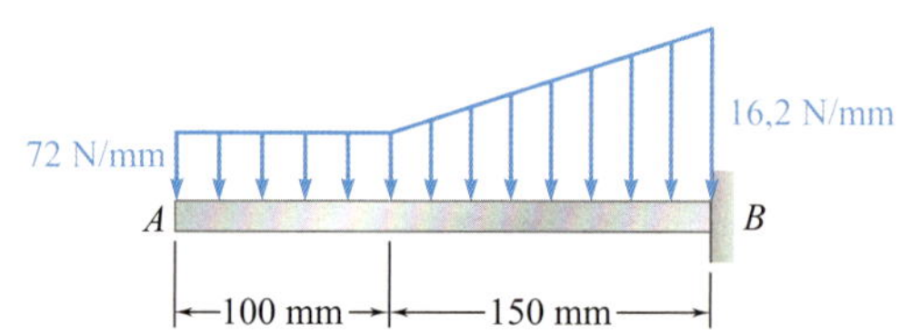

Figura P5.52

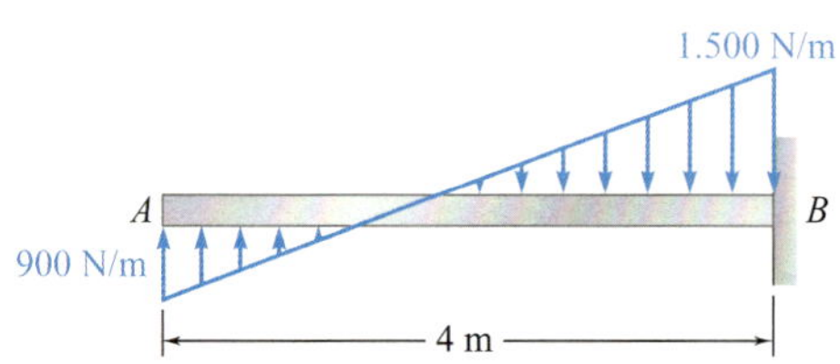

Figura P5.53

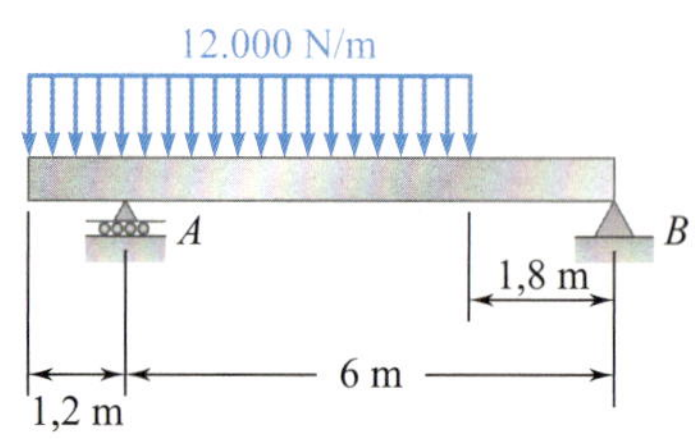

Figura P5.54

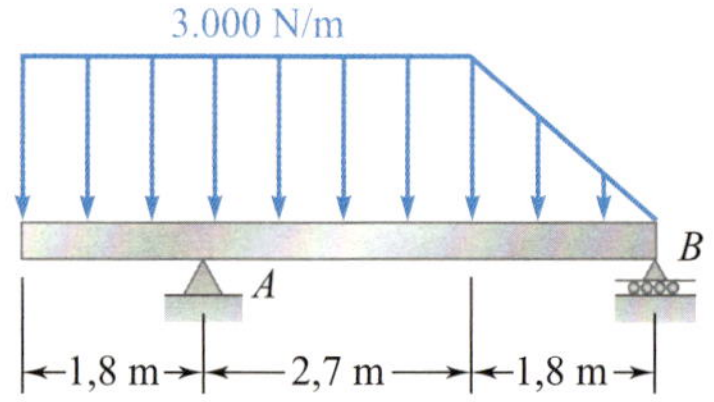

Figura P5.55

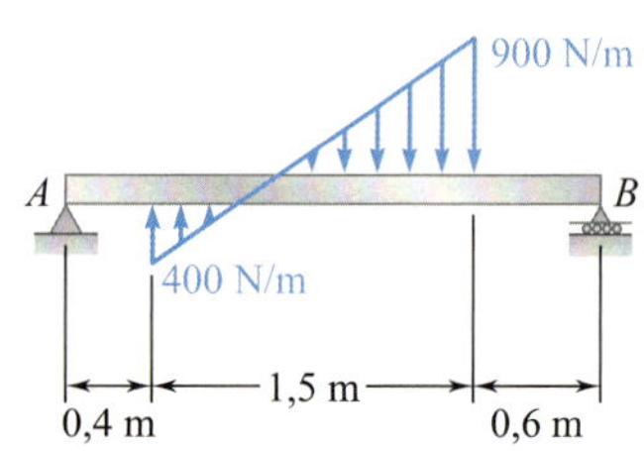

Figura P5.56

SÓLIDOS

*5.9 Centro de gravidade de um corpo tridimensional. Centroide de um sólido

O *centro de gravidade* G de um corpo tridimensional é obtido dividindo o corpo em pequenos elementos e, em seguida, expressando que o peso $\mathbf{W}$ do corpo, que atua em G é equivalente ao sistema de forças distribuídas $\Delta\mathbf{W}$ que representa os pesos dos pequenos elementos. Escolhendo o eixo y na vertical, com sentido positivo para cima (Fig. 5.18), e representando por $\bar{\mathbf{r}}$ o vetor posição de G, escrevemos que $\mathbf{W}$ é igual à soma dos pesos elementares $\Delta\mathbf{W}$ e que seu momento em relação a O é igual à soma dos momentos em relação a O dos pesos elementares:

$$\begin{aligned} \Sigma\mathbf{F}: &\qquad -W\mathbf{j} = \Sigma(-\Delta W\mathbf{j}) \\ \Sigma\mathbf{M}_O: &\qquad \bar{\mathbf{r}} \times (-W\mathbf{j}) = \Sigma[\mathbf{r} \times (-\Delta W\mathbf{j})] \end{aligned} \tag{5.13}$$

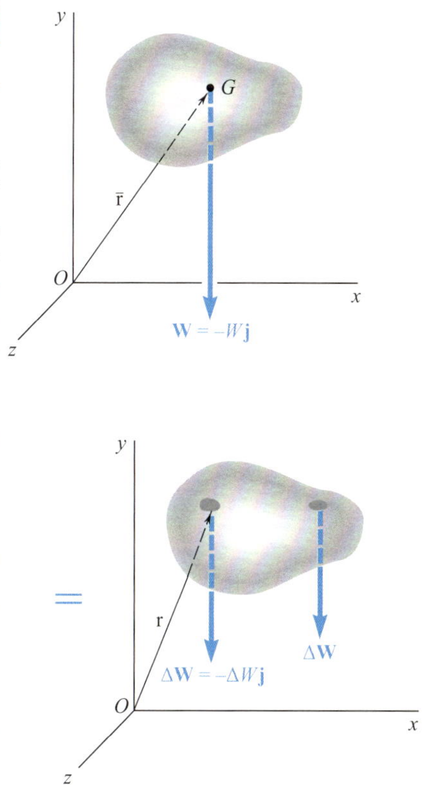

Figura 5.18

Reescrevendo a última equação da seguinte maneira

$$\bar{\mathbf{r}}W \times (-\mathbf{j}) = (\Sigma\mathbf{r}\,\Delta W) \times (-\mathbf{j}) \tag{5.14}$$

observamos que o peso $\mathbf{W}$ do corpo será equivalente ao sistema dos pesos elementares $\Delta\mathbf{W}$ se forem satisfeitas as seguintes condições:

$$W = \Sigma\,\Delta W \qquad \bar{\mathbf{r}}W = \Sigma\mathbf{r}\,\Delta W$$

Aumentando o número de elementos e diminuindo, simultaneamente, o tamanho de cada elemento, obtemos no limite

$$W = \int dW \qquad \bar{\mathbf{r}}W = \int \mathbf{r}\,dW \tag{5.15}$$

Observamos que as relações obtidas são independentes da orientação do corpo. Por exemplo, se o corpo e os eixos coordenados forem girados de modo que o eixo z aponte para cima, o vetor unitário $-\mathbf{j}$ será substituído por $-\mathbf{k}$ nas Eqs. (5.13) e (5.14), mas as relações (5.15) permanecerão inalteradas. Decompondo os vetores $\bar{\mathbf{r}}$ e $\mathbf{r}$ em seus componentes retangulares, observamos que a segunda das relações (5.15) é equivalente às três equações escalares

$$\bar{x}W = \int x\,dW \qquad \bar{y}W = \int y\,dW \qquad \bar{z}W = \int z\,dW \tag{5.16}$$

Se o corpo é feito de um material homogêneo de peso específico γ, a intensidade dW do peso de um elemento infinitesimal pode ser expressa em função do volume dV do elemento, e a intensidade W do peso total pode ser expressa em termos do volume total V. Escrevemos

$$dW = \gamma dV \qquad W = \gamma V$$

Substituindo dW e W na segunda das relações (5.15), escrevemos

$$\bar{\mathbf{r}}V = \int \mathbf{r}\,dV \tag{5.17}$$

ou, em forma escalar,

$$\bar{x}V = \int x\,dV \qquad \bar{y}V = \int y\,dV \qquad \bar{z}V = \int z\,dV \tag{5.18}$$

Foto 5.4 Para prever as características de voo do Boeing 747 modificado quando este é usado para transportar um *Space Shuttle Orbiter* (ônibus espacial), foi preciso determinar o centro de gravidade de cada nave.

O ponto cujas coordenadas são $\bar{x}$, $\bar{y}$ e $\bar{z}$ é também conhecido como *centroide C do volume V* do corpo. Se o corpo não for homogêneo, as Eqs. (5.18) não poderão ser usadas para determinar o centro da gravidade do corpo, entretanto as Eqs. (5.18) ainda definem o centroide do sólido.

A integral $\int x\,dV$ é conhecida como *momento de primeira ordem do sólido em relação ao plano yz*. Analogamente, as integrais $\int y\,dV$ e $\int z\,dV$ definem os momentos de primeira ordem do sólido em relação aos planos *zx* e *xy*, respectivamente. Pode-se ver, a partir das Eqs. (5.18), que, se o centroide do sólido está localizado em um plano coordenado, o momento de primeira ordem com respeito a esse plano é nulo.

Diz-se que o sólido é simétrico com relação a um plano dado se, para cada ponto P do sólido, existe um ponto P' do mesmo sólido, de modo o segmento PP' é perpendicular ao dado plano e dividido em duas partes iguais por esse plano. O plano é chamado de *plano de simetria* para o dado sólido. Quando um sólido V tem um plano de simetria, o momento de primeira ordem de V com relação a esse plano é zero, e o centroide do sólido está localizado no plano de simetria. Quando o sólido apresenta dois planos de simetria, o centroide do sólido está localizado na linha de interseção dos dois planos. Finalmente, quando o sólido apresenta três planos de simetria que se interceptam em um ponto definido (isto é, não ao longo de uma reta comum), o ponto de interseção dos três planos coincide com o centroide do sólido. Essa propriedade nos possibilita determinar imediatamente a localização dos centroides de esferas, elipsoides, cubos, paralelepípedos retangulares, etc.

Os centroides de sólidos não simétricos ou de sólidos que apresentem apenas um ou dois planos de simetria devem ser determinados por integração.* Os centroides de vários sólidos usuais estão mostrados na Fig. 5.19. Deve-se observar que, em geral, o centroide de um sólido de revolução *não coincide* com o centroide de sua seção transversal. Portanto, o centroide de um hemisfério é diferente do de uma área semicircular, e o centroide de um cone é diferente do de um triângulo.

*5.10 Corpos compostos

Se um corpo pode ser dividido em várias das formas usuais mostradas na Fig. 5.19, pode-se determinar seu centro de gravidade G expressando que o momento em relação a O de seu peso total é igual à soma dos momentos em relação a O dos pesos das várias partes componentes. Procedendo como na Seção 5.9, obtemos as seguintes equações, definindo as coordenadas $\bar{X}$, $\bar{Y}$ e $\bar{Z}$ do centro de gravidade G.

$$\bar{X}\Sigma W = \Sigma \bar{x} W \qquad \bar{Y}\Sigma W = \Sigma \bar{y} W \qquad \bar{Z}\Sigma W = \Sigma \bar{z} W \tag{5.19}$$

Se o corpo é feito de um material homogêneo, seu centro de gravidade coincide com o centroide de seu volume, e obtemos

$$\bar{X}\Sigma V = \Sigma \bar{x} V \qquad \bar{Y}\Sigma V = \Sigma \bar{y} V \qquad \bar{Z}\Sigma V = \Sigma \bar{z} V \tag{5.20}$$

* Para determinação dos centroides de sólidos por integração, ver Ferdinand P. Beer, E. Russell Johnston Jr., David F. Mazurek e Elliot R. Eisenberg, *Vector Mechanics for Engineers*, 9th ed. McGraw-Hill, New York, 2010, sec. 5.12.

Formato		$\bar{x}$	Volume
Hemisfério	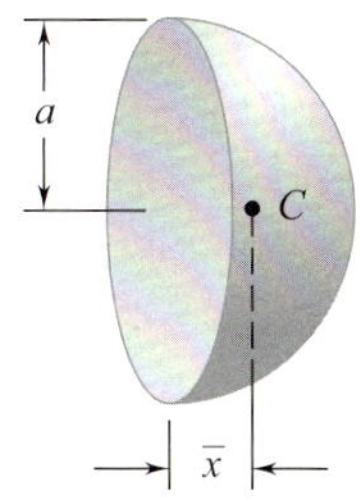	$\frac{3a}{8}$	$\frac{2}{3}\pi a^3$
Semielipsoide de revolução	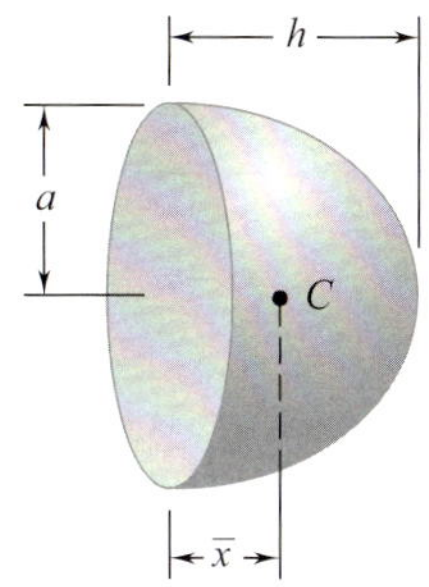	$\frac{3h}{8}$	$\frac{2}{3}\pi a^2 h$
Paraboloide de revolução	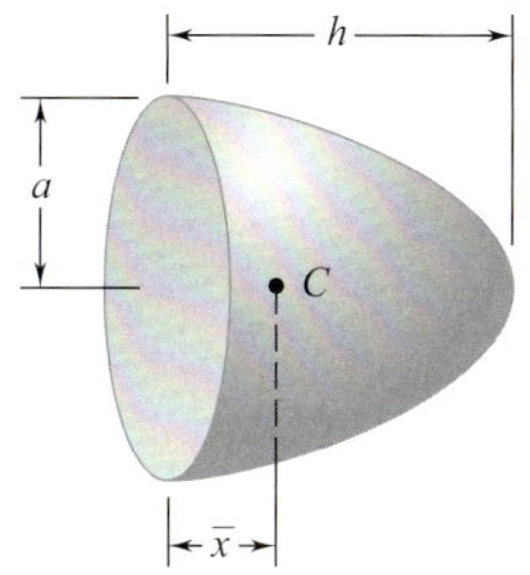	$\frac{h}{3}$	$\frac{1}{2}\pi a^2 h$
Cone	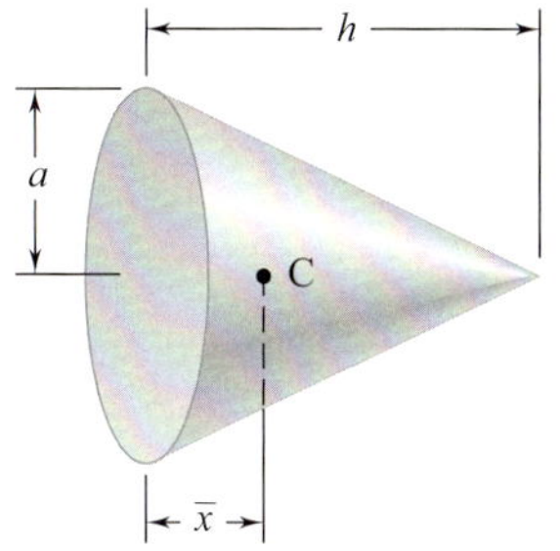	$\frac{h}{4}$	$\frac{1}{3}\pi a^2 h$
Pirâmide	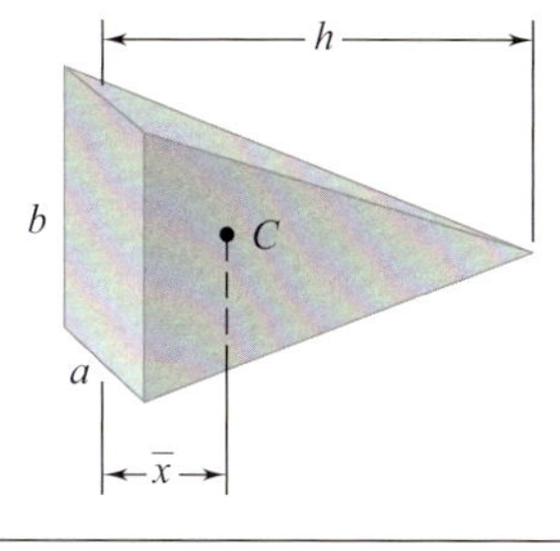	$\frac{h}{4}$	$\frac{1}{3}abh$

Figura 5.19 Centroide de sólidos com formatos usuais.

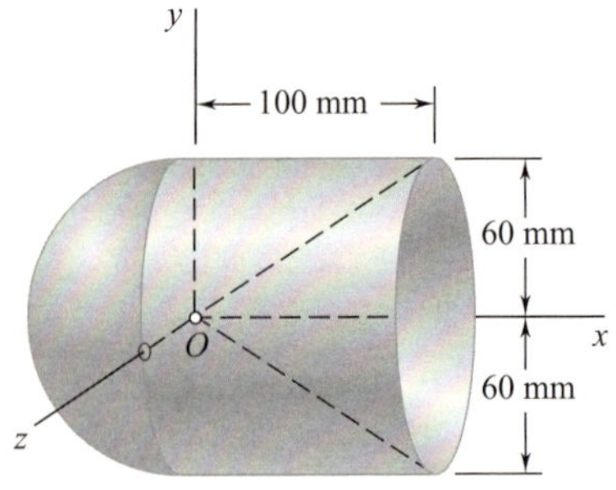

PROBLEMA RESOLVIDO 5.10

Determine a localização do centro de gravidade do sólido de revolução homogêneo mostrado na figura, que foi obtido pela adição de um hemisfério e um cilindro e subtração de um cone.

SOLUÇÃO

Por causa da simetria, o centro de gravidade situa-se sobre o eixo x. Como mostra a figura, pode-se obter o corpo adicionando um hemisfério a um cilindro e depois subtraindo um cone. O volume e a abscissa do centroide de cada um desses componentes são obtidos a partir da Fig. 5.19 e registrados na tabela apresentada a seguir. O volume total do corpo e o momento de primeira ordem de seu volume com relação ao plano yz são então determinados.

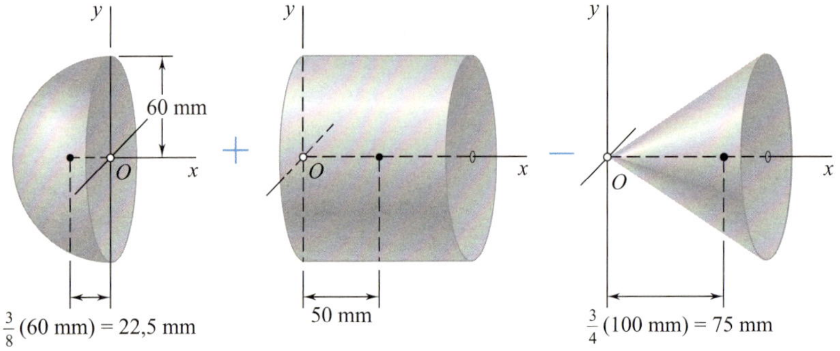

Componente	Volume, mm³	$\bar{x}$, mm	$\bar{x}V$, mm⁴
Hemisfério	$\frac{1}{2}\frac{4\pi}{3}(60)^3 = 0{,}4524 \times 10^6$	−22,5	$-10{,}18 \times 10^6$
Cilindro	$\pi(60)^2(100) = 1{,}1310 \times 10^6$	+50	$+56{,}55 \times 10^6$
Cone	$-\frac{\pi}{3}(60)^2(100) = -0{,}3770 \times 10^6$	+75	$-28{,}28 \times 10^6$
	$\Sigma V = 1{,}206 \times 10^6$		$\Sigma \bar{x}V = 18{,}09 \times 10^6$

Então,

$$\bar{X}\Sigma V = \Sigma \bar{x} V: \qquad \bar{X}(1{,}206 \times 10^6 \text{ mm}^3) = 18{,}09 \times 10^6 \text{ mm}^4$$

$$\bar{X} = 15 \text{ mm}$$ ◀

PROBLEMA RESOLVIDO 5.11

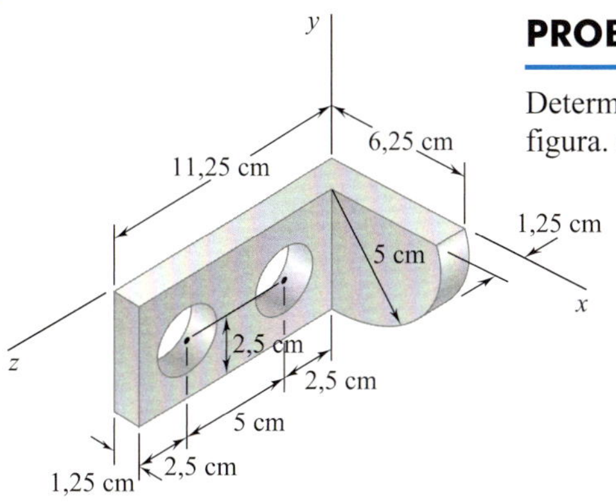

Determine o centro de gravidade do elemento de máquina de aço mostrado na figura. O diâmetro de cada furo é de 2,5 cm.

SOLUÇÃO

O elemento de máquina pode ser obtido adicionando-se um paralelepípedo retangular (I) a um quarto de cilindro (II) e, em seguida, subtraindo dois cilindros (III e IV) de 2,5 cm de diâmetro. O volume e as coordenadas do centro de gravidade de cada componente são determinados e anotados na tabela a seguir. Usando os dados da tabela, determinamos então o volume total e os momentos de cada volume com relação a cada um dos planos coordenados.

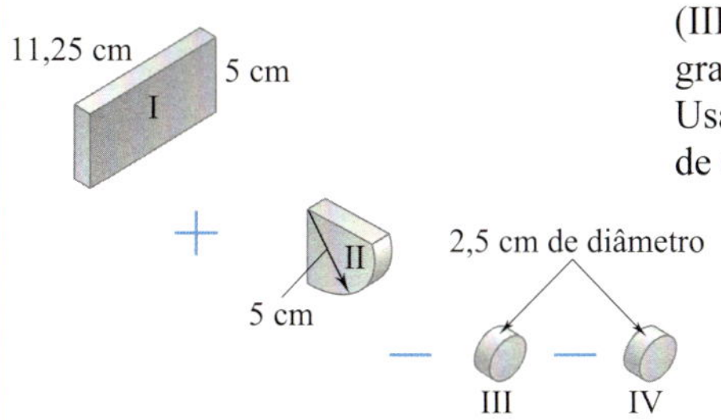

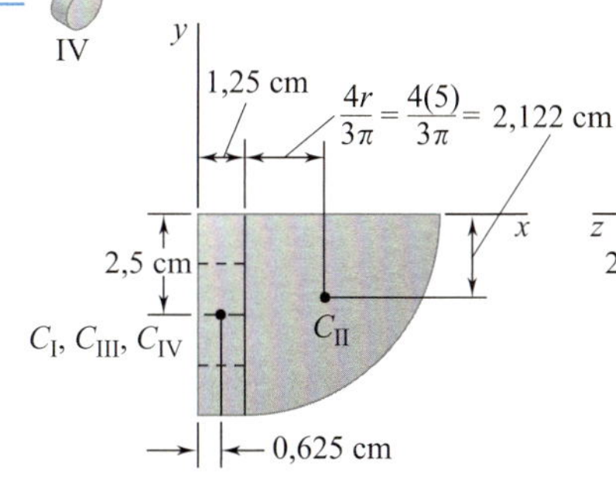

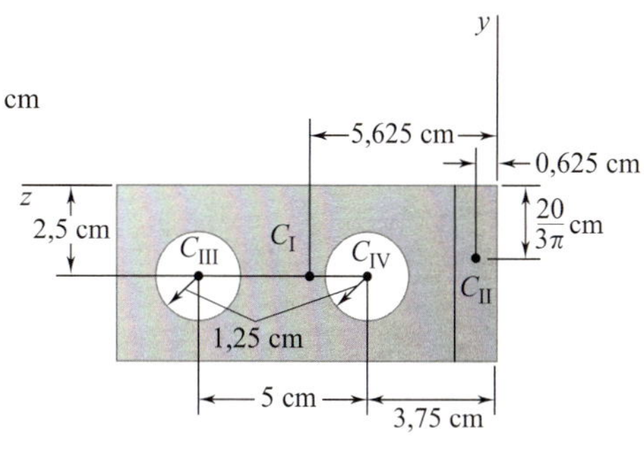

	V, cm³	$\bar{x}$, cm	$\bar{y}$, cm	$\bar{z}$, cm	$\bar{x}V$, cm⁴	$\bar{y}V$, cm⁴	$\bar{z}V$, cm⁴
I	$(11,25)(5)(1,25) = 70,31$	0,625	−2,5	5,625	43,94	−175,78	395,49
II	$\frac{1}{4}\pi(5)^2(1,25) = 24,54$	3,372	−2,122	0,625	82,75	−52,07	15,34
III	$-\pi(1,25)^2(1,25) = -6,14$	0,625	−2,5	8,75	−3,84	15,35	−53,73
IV	$-\pi(1,25)^2(1,25) = -6,14$	0,625	−2,5	3,75	−3,84	15,35	−23,03
	$\Sigma V = 82,57$				$\Sigma\bar{x}V = 119,01$	$\Sigma\bar{y}V = -197,15$	$\Sigma\bar{z}V = 334,07$

Então:

$\bar{X}\Sigma V = \Sigma\bar{x}V$: $\quad \bar{X}(82,57 \text{ cm}^3) = 119,01 \text{ cm}^4 \quad$ $\bar{X} = 1,44$ cm ◀

$\bar{Y}\Sigma V = \Sigma\bar{y}V$: $\quad \bar{Y}(82,57 \text{ cm}^3) = -197,15 \text{ cm}^4 \quad$ $\bar{Y} = -2,39$ cm ◀

$\bar{Z}\Sigma V = \Sigma\bar{z}V$: $\quad \bar{Z}(82,57 \text{ cm}^3) = 334,07 \text{ cm}^4 \quad$ $\bar{Z} = 4,05$ cm ◀

PROBLEMAS

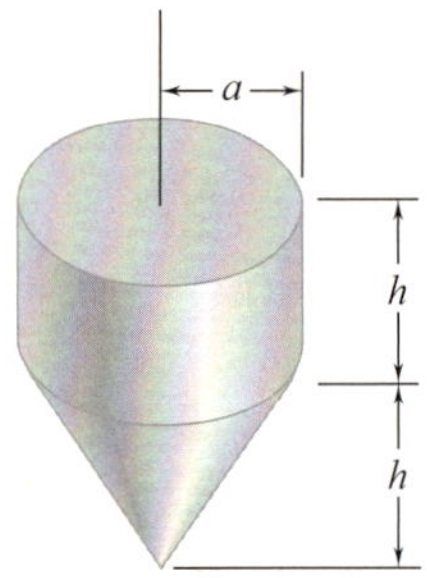

Figura P5.57

5.57 Um cone e um cilindro de mesmo raio a e altura h são ligados como mostra a figura. Determine a localização do centroide do corpo composto.

5.58 Determine a coordenada y do centroide do corpo mostrado na figura quando (a) $b = \frac{1}{3}h$ e (b) $b = \frac{1}{2}h$.

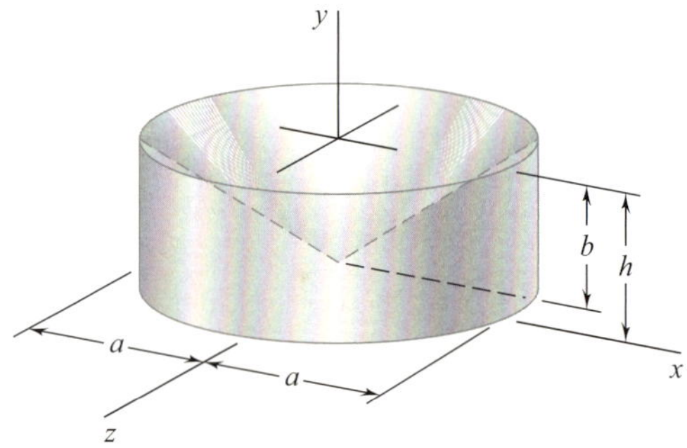

Figura P5.58

5.59 Uma semiesfera e um cilindro são colocados juntos com o mostra a figura. Determine a razão h/r para que o centroide do corpo composto seja localizado no plano entre a semiesfera e o cilindro.

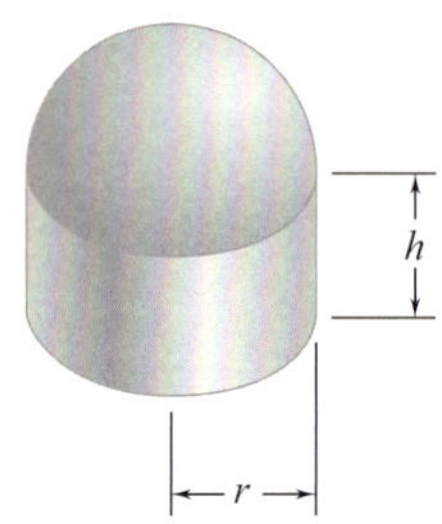

Figura P5.59

5.60 Determine a localização do centro de gravidade do refletor parabólico, que é formado por bloco retangular usinado tal que a superfície curva é um paraboloide de revolução de raio a e altura h.

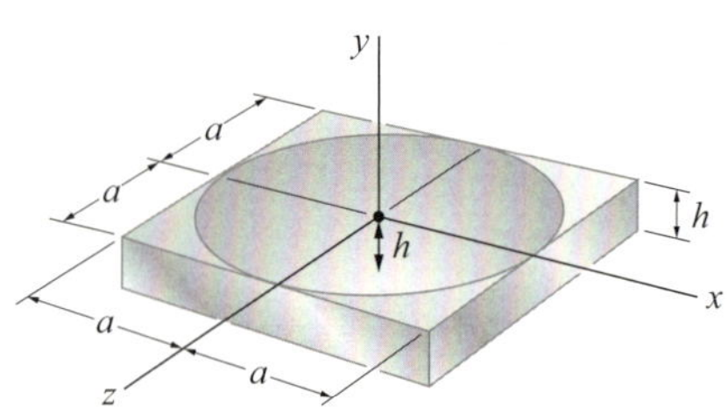

Figura P5.60

5.61 Para o elemento mecânico mostrado, determine a coordenada x do centro de gravidade.

5.62 Para o elemento mecânico mostrado, determine a coordenada y do centro de gravidade.

5.63 Para o elemento mecânico mostrado, determine a coordenada x do centro de gravidade.

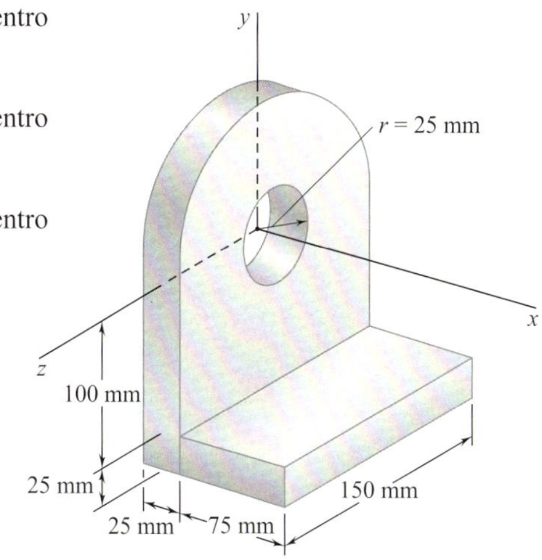

Figura P5.61 e *P5.62*

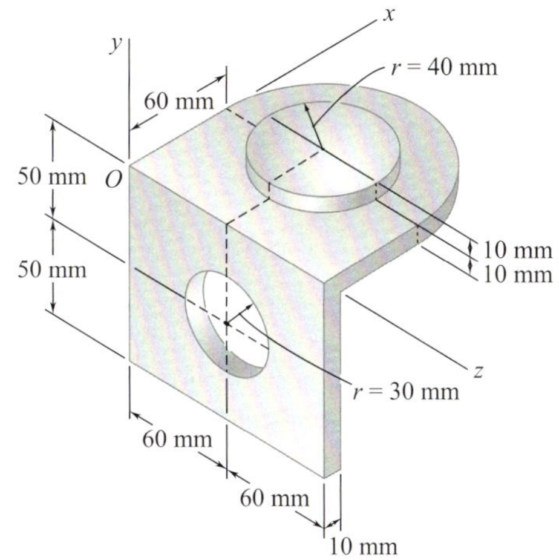

Figura P5.63 e *P5.64*

5.64 Para o elemento mecânico mostrado, determine a coordenada y do centro de gravidade.

5.65 Um cesto de lixo projetado para preencher o canto do cômodo tem 400 mm de altura e a base em forma de um quarto de círculo de raio 250 mm. Determine o centro de gravidade do cesto de lixo, sabendo que ele é feito de uma chapa de metal de espessura uniforme.

5.66 a *5.68* Determine o centro de gravidade da chapa metálica conformada mostrada na figura.

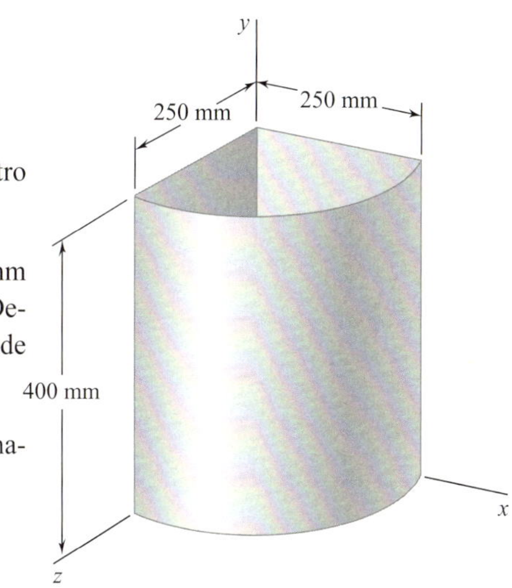

Figura P5.65

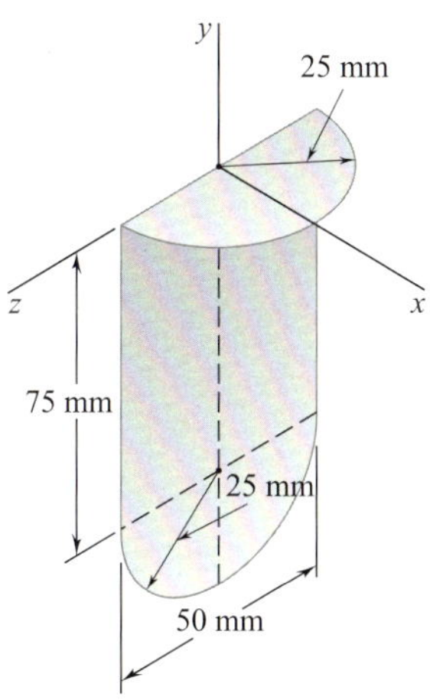

Figura P5.66

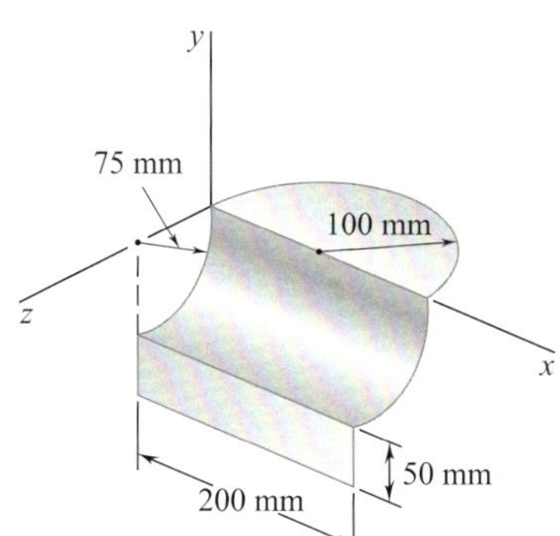

Figura *P5.67*

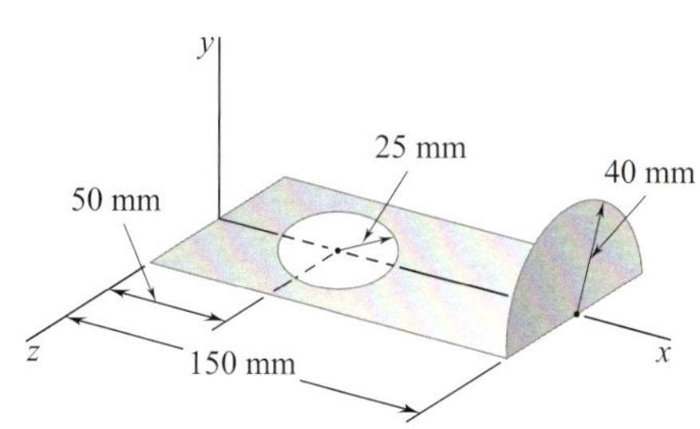

Figura *P5.68*

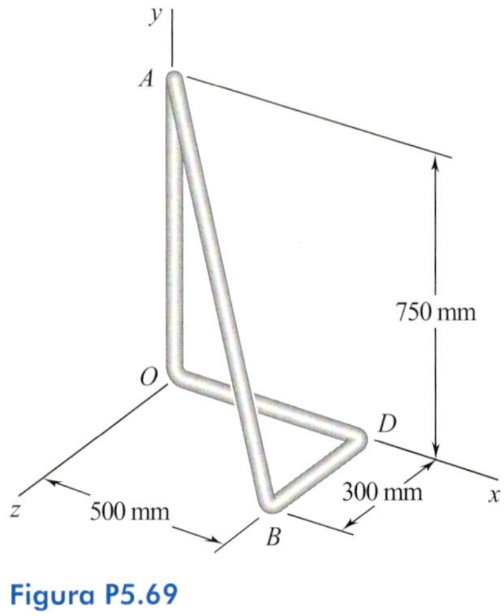

Figura P5.69

5.69 e 5.70 Determine o centro de gravidade da figura mostrada, sabendo que ela é feita de barras finas de latão de diâmetro uniforme.

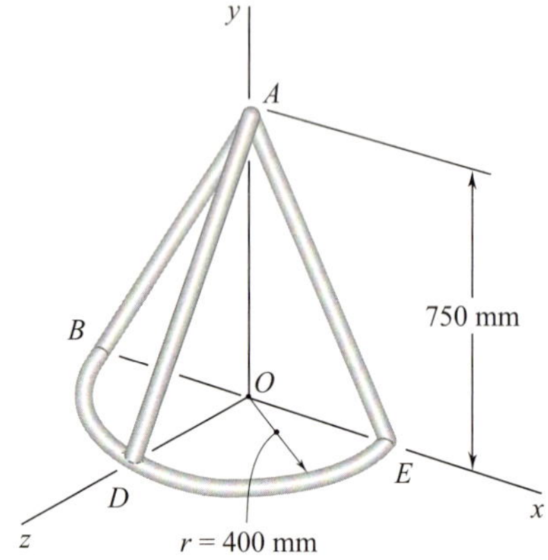

Figura P5.70

5.71 Três placas de latão são brasadas em um tubo de aço para formar uma base para mastro de bandeira mostrado na figura. Sabendo que o tubo tem uma espessura de parede de 6,3 mm e que a espessura de cada placa é de 5 mm, determine a localização do centro de gravidade da base. (Peso específico do latão = 83.090 N/m³, aço = 77.106 N/m³.)

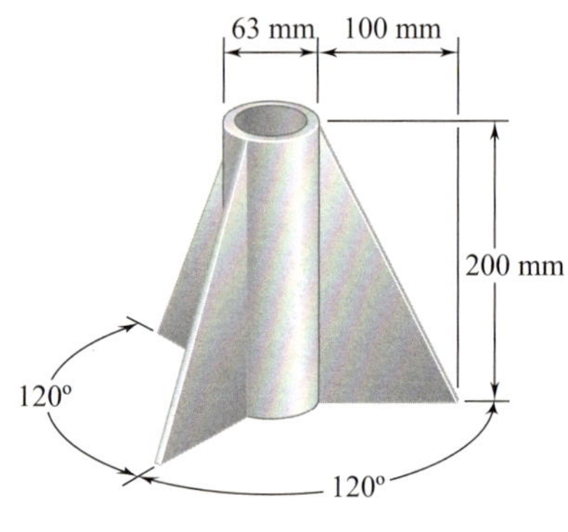

Figura P5.71

5.72 Um colar de latão de comprimento 50 mm é montado em uma barra de alumínio de comprimento de 80 mm. Determine o centro de gravidade do corpo composto. (Densidade do latão = 8.470 kg/m³, alumínio = 2.800 kg/m³.)

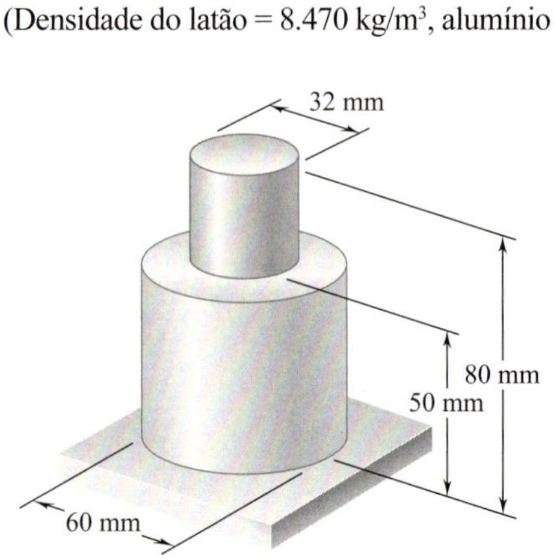

Figura P5.72

REVISÃO E RESUMO

Este capítulo foi dedicado principalmente à determinação do *centro de gravidade* de um corpo rígido, ou seja, à determinação do ponto G no qual uma única força $\mathbf{W}$, chamada de *peso* do corpo, pode ser aplicada para representar o efeito da atração da Terra sobre o corpo.

Centro de gravidade de um corpo bidimensional

Na primeira parte do capítulo, consideramos *corpos bidimensionais*, tais como placas planas e arames contidos no plano xy. Somando os componentes de força na direção vertical z e os momentos em relação aos eixos horizontais x e y [Seção 5.2], deduzimos as relações

$$W = \int dW \qquad \bar{x}W = \int x\,dW \qquad \bar{y}W = \int y\,dW \tag{5.2}$$

que definem o peso do corpo e as coordenadas $\bar{x}$ e $\bar{y}$ do seu centro de gravidade.

Centroide de uma área ou linha

No caso de uma *placa plana homogênea de espessura uniforme* [Seção 5.3], o centro de gravidade G da placa coincide com o *centroide* C *da área* A da placa, cujas coordenadas são definidas pelas relações

$$\bar{x}A = \int x\,dA \qquad \bar{y}A = \int y\,dA \tag{5.3}$$

Analogamente, a determinação do centro de gravidade de um *arame homogêneo de seção transversal uniforme* contido em um plano se reduz à determinação do *centroide* C *da linha* L representando o arame. Temos

$$\bar{x}L = \int x\,dL \qquad \bar{y}L = \int y\,dL \tag{5.4}$$

Momentos de primeira ordem

As integrais nas Eqs. (5.3) são chamadas de *momentos de primeira ordem* da área A em relação aos eixos y e x, e são representadas por Q_y e Q_x, respectivamente [Seção 5.4]. Temos

$$Q_y = \bar{x}A \qquad Q_x = \bar{y}A \tag{5.6}$$

Os momentos de primeira ordem de uma linha podem ser definidos de maneira análoga.

Propriedades de simetria

A determinação do centroide C de uma área ou linha é simplificada quando a área ou linha apresenta certas *propriedades de simetria*. Se a área ou linha for simétrica em relação a um eixo, seu centroide C estará nesse eixo; se for simétrica em relação a dois eixos, C estará localizado na interseção dos dois eixos; se for simétrica em relação ao centro O, C coincidirá com O.

Centro de gravidade de um corpo composto

A Fig. 5.8 mostra *as áreas e os centroides de várias formas usuais*. Quando é possível dividir uma placa plana em várias dessas formas, podem-se determinar as coordenadas $\overline{X}$ e $\overline{Y}$ do seu centro de gravidade G a partir das coordenadas $\bar{x}_1, \bar{x}_2, \ldots$ e $\bar{y}_1, \bar{y}_2, \ldots$ dos centros de gravidade G_1, $G_2 \ldots$ das várias partes [Seção 5.5]. Igualando os momentos em relação aos eixos y e x, respectivamente (Fig. 5.20), temos

$$\overline{X}\Sigma W = \Sigma \bar{x} W \qquad \overline{Y}\Sigma W = \Sigma \bar{y} W \tag{5.7}$$

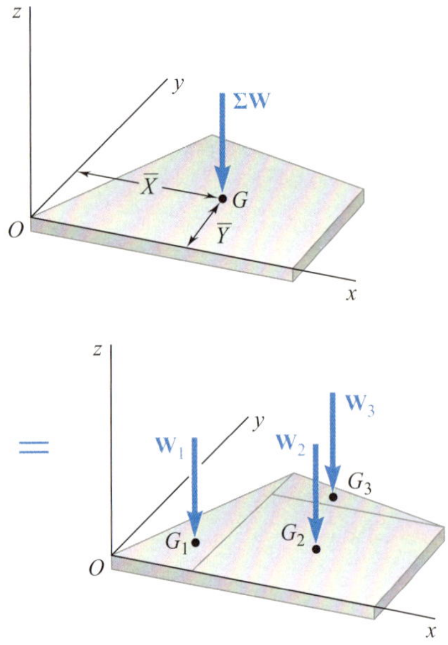

Figura 5.20

Se a placa for homogênea e de espessura uniforme, seu centro de gravidade coincidirá com o centroide C da área da placa, e as Eqs. (5.7) se reduzirão

$$Q_y = \overline{X}\Sigma A = \Sigma \bar{x} A \qquad Q_x = \overline{Y}\Sigma A = \Sigma \bar{y} A \tag{5.8}$$

Essas equações fornecem os momentos de primeira ordem da área composta ou podem ser resolvidas para as coordenadas $\overline{X}$ e $\overline{Y}$ do seu centroide [Problema Resolvido 5.1]. A determinação do centro de gravidade de um arame composto é efetuada de maneira semelhante [Problema Resolvido 5.2].

Determinação do centroide por integração

Quando uma superfície está limitada por curvas analíticas, podem-se determinar as coordenadas do seu centroide por *integração* [Seção 5.6]. Isso pode ser feito por meio da avaliação das integrais duplas nas Eqs. (5.3) ou de uma *integral simples* que use um dos elementos de área delgados, retangulares ou em forma de torta mostrados na Fig. 5.12. Representando por $\bar{x}_{el}$ e $\bar{y}_{el}$ as coordenadas do centroide do elemento dA, temos

$$Q_y = \bar{x}A = \int \bar{x}_{el}\, dA \qquad Q_x = \bar{y}A = \int \bar{y}_{el}\, dA \tag{5.9}$$

É vantajoso usar o mesmo elemento de área para calcular os dois momentos de primeira ordem Q_y e Q_x; o mesmo elemento pode também ser usado para determinar a área A [Problema Resolvido 5.4].

Teorema de Pappus-Guldinus

Os *teoremas de Pappus-Guldinus* relacionam a determinação da área de uma superfície de revolução ou o volume de um sólido de revolução à determinação do centroide da curva ou superfície geratriz [Seção 5.7]. A área A da superfície gerada pela rotação de uma curva de comprimento L em torno de um eixo fixo (Fig. 5.21*a*) é

$$A = 2\pi \bar{y} L \tag{5.10}$$

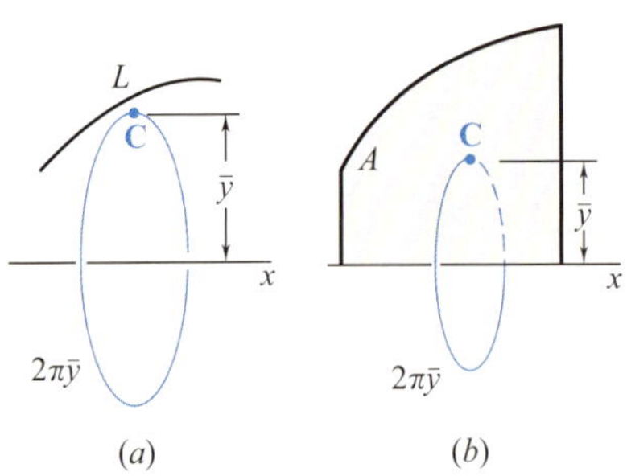

Figura 5.21

onde $\bar{y}$ representa a distância do centroide C da curva até o eixo fixo. De modo semelhante, o volume V do sólido gerado pela rotação de uma área A em torno de um eixo fixo (Fig. 5.21*b*) é

$$V = 2\pi \bar{y} A \tag{5.11}$$

onde $\bar{y}$ representa a distância do centroide C da área até o eixo fixo.

Pode-se também usar o conceito de centroide de uma superfície para resolver outros problemas além daqueles que envolvem o peso de placas planas. Por exemplo, para determinar as reações nos apoios de uma viga [Seção 5.8], podemos substituir uma *carga distribuída* w por uma carga concentrada **W** igual em intensidade à área A sob a curva de carregamento e passando pelo centroide C dessa área (Fig. 5.22).

Cargas distribuídas

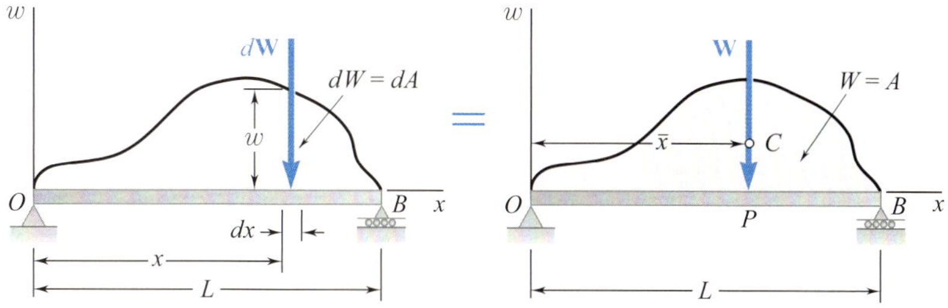

Figura 5.22

Centro de gravidade de um corpo tridimensional

A última parte do capítulo foi dedicada à determinação do *centro de gravidade G de um corpo tridimensional*. As coordenadas $\bar{x}$, $\bar{y}$ e $\bar{z}$ de G foram definidas pelas relações

$$\bar{x}W = \int x\,dW \qquad \bar{y}W = \int y\,dW \qquad \bar{z}W = \int z\,dW \tag{5.16}$$

Centroide de um sólido

No caso de um *corpo homogêneo*, o centro de gravidade G coincide com o *centroide C do volume V* do corpo, e as coordenadas de C são definidas pelas relações

$$\bar{x}V = \int x\,dV \qquad \bar{y}V = \int y\,dV \qquad \bar{z}V = \int z\,dV \tag{5.18}$$

Se o sólido apresentar um *plano de simetria*, seu centroide C estará nesse plano; se apresentar dois planos de simetria, C será localizado na linha de interseção dos dois planos; se apresentar três planos de simetria que se interceptam em um único ponto, C coincidirá com esse ponto [Seção 5.9].

Centro de gravidade de um corpo composto

A Fig. 5.19 mostra os *volumes e centroides de várias formas tridimensionais usuais*. Quando é possível dividir um corpo em várias dessas formas, podem-se determinar as coordenadas $\overline{X}$, $\overline{Y}$ e $\overline{Z}$ do seu centro de gravidade G a partir das coordenadas correspondentes dos centros de gravidade de suas várias partes [Seção 5.10]. Temos

$$\overline{X}\Sigma W = \Sigma\bar{x}W \qquad \overline{Y}\Sigma W = \Sigma\bar{y}W \qquad \overline{Z}\Sigma W = \Sigma\bar{z}W \tag{5.19}$$

Se o corpo é feito de um material homogêneo, seu centro de gravidade coincide com o centroide C do seu volume, e escrevemos [Problemas Resolvidos 5.10 e 5.11]

$$\overline{X}\Sigma V = \Sigma\bar{x}V \qquad \overline{Y}\Sigma V = \Sigma\bar{y}V \qquad \overline{Z}\Sigma V = \Sigma\bar{z}V \tag{5.20}$$

PROBLEMAS DE REVISÃO

5.73 e 5.74 Determine o centroide da área plana mostrada.

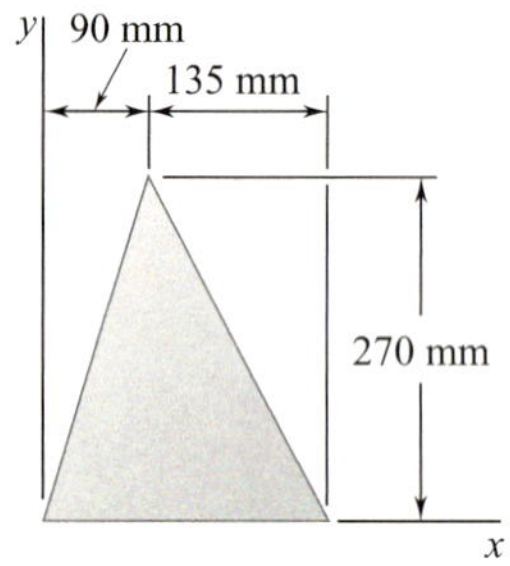

Figura P5.73

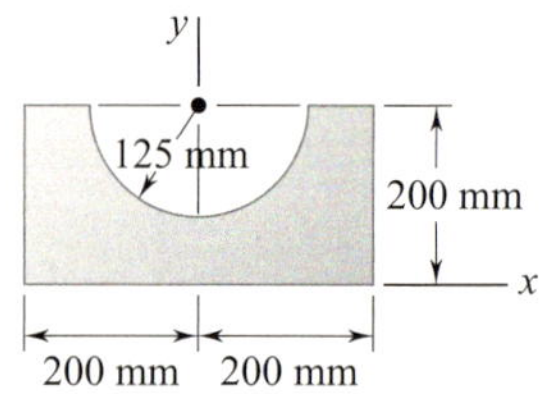

Figura P5.74

5.75 Um arame fino homogêneo é dobrado na forma do perímetro da área plana da Figura 5.73. Determine o centro de gravidade da figura assim formada pelo arame.

5.76 Sabendo que a figura mostrada é formada por um arame fino homogêneo, determine o comprimento l e a porção CE do arame para que o centro de gravidade da figura seja localizado no ponto C quando (a) $\theta = 15°$ e (b) $\theta = 60°$.

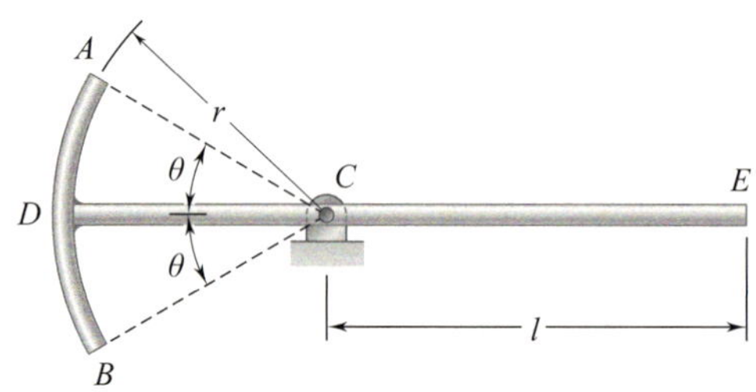

Figura P5.76

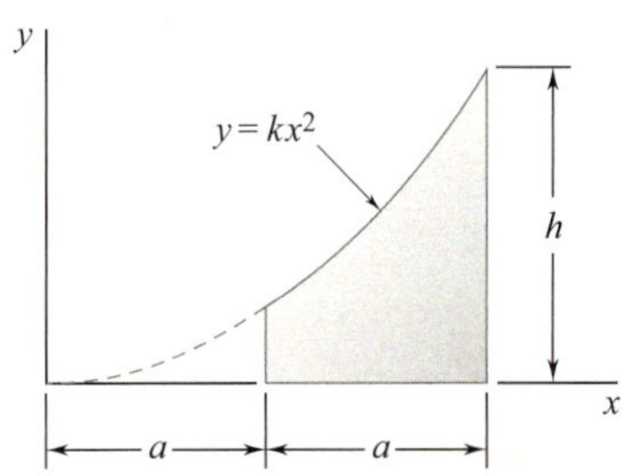

Figura P5.77

5.77 Determine por integração direta o centroide da área mostrada.

5.78 Determine por integração direta a coordenada x do centroide da área mostrada.

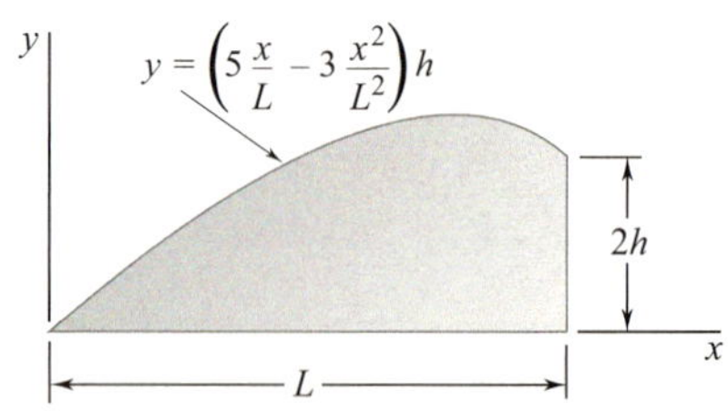

Figura P5.78

5.79 Determine o volume do sólido mostrado na figura.

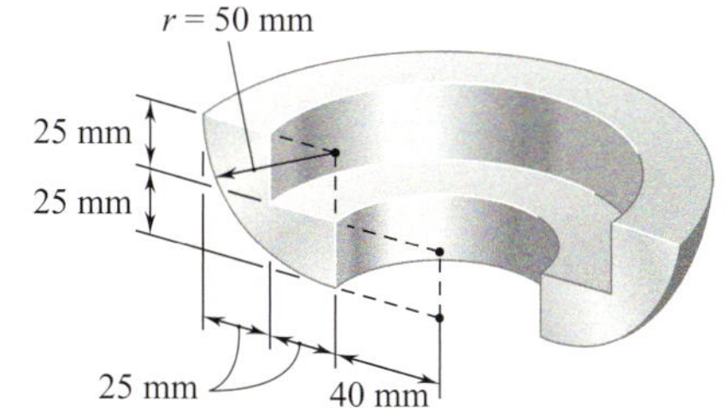

Figura P5.79 e P5.80

5.80 Determine a área total da superfície do sólido na figura.

5.81 Determine as reações de apoio da viga para o dado carregamento quando w_0 = 6.750 N/m.

5.82 Determine (*a*) a carga distribuída w_0 na extremidade *C* da viga *ABC* para que a reação em *C* seja nula e (*b*) o correspondente valor da reação em *B*.

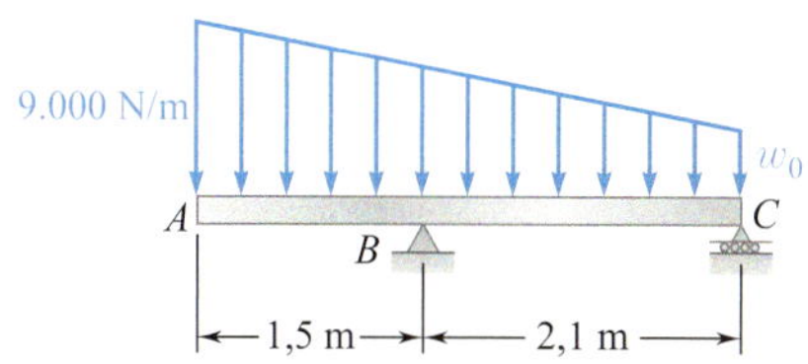

Figura P5.81 e P5.82

5.83 Determine o centro de gravidade do elemento mecânico mostrado na figura.

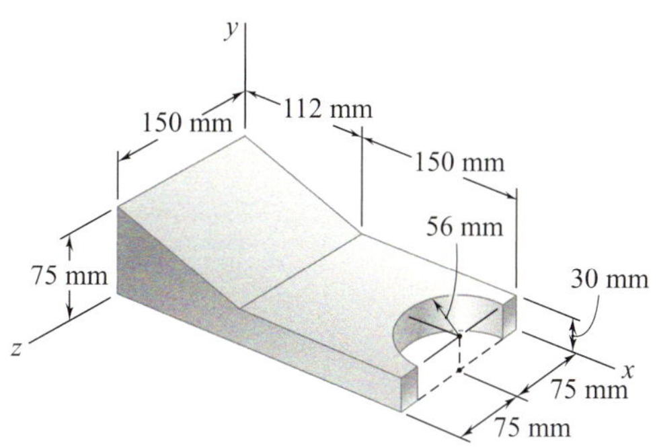

Figura P5.83

5.84 Uma pirâmide regular de altura 300 mm, com uma base quadrada de lado de 250 mm, é feita de madeira. Suas quatro faces triangulares são cobertas com chapas de aço de 1 mm de espessura. Determine o centro de gravidade do corpo composto. (Densidade: aço = 7.850 kg/m³, madeira = 500 kg/m³.)

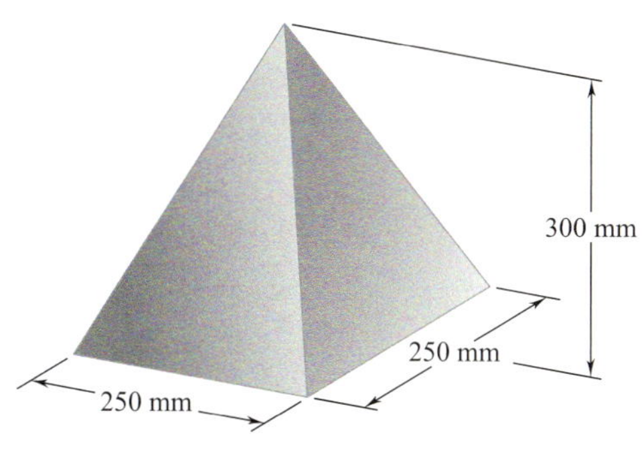

Figura P5.84

Treliças como estas da ponte com viga em arco do tipo Pratt, no Estado de Nova York, fornecem uma solução prática e econômica para muitos problemas de engenharia.

CAPÍTULO 6

Análise de estruturas

6 Análise de estruturas

6.1 Introdução

Os problemas estudados nos capítulos anteriores diziam respeito ao equilíbrio de um único corpo rígido, e todas as forças consideradas eram externas ao corpo rígido. Consideraremos agora problemas que tratam do equilíbrio de estruturas compostas de várias partes interligadas. Esses problemas tratam não apenas da determinação das forças externas que agem sobre uma estrutura, mas também das forças que mantêm unidas as várias partes da estrutura. Do ponto de vista da estrutura como um todo, essas forças são *forças internas.*

Considere, por exemplo, o guindaste ilustrado na Fig. 6.1*a* que suporta uma carga *W.* O guindaste é composto de três vigas, *AD*, *CF* e *BE*, ligadas por pinos em atrito. Ele é articulado por um pino em *A* e preso por um cabo *DG.* O diagrama de corpo livre do guindaste foi desenhado na Fig. 6.1*b*. As forças externas estão indicadas no diagrama e incluem o peso **W**, as duas componentes $\mathbf{A}_x$ e $\mathbf{A}_y$ da reação em *A* e a força **T** exercida pelo cabo *D.* As forças internas que mantêm unidas as várias partes do guindaste não aparecem no diagrama. Se, contudo, o guindaste fosse desmembrado e se fosse traçado um diagrama de corpo livre para cada uma de suas partes componentes, as forças que mantêm as três vigas unidas deveriam também ser representadas, uma vez que se trata de forças externas sob o ponto de vista de cada parte componente (Fig. 6.1*c*).

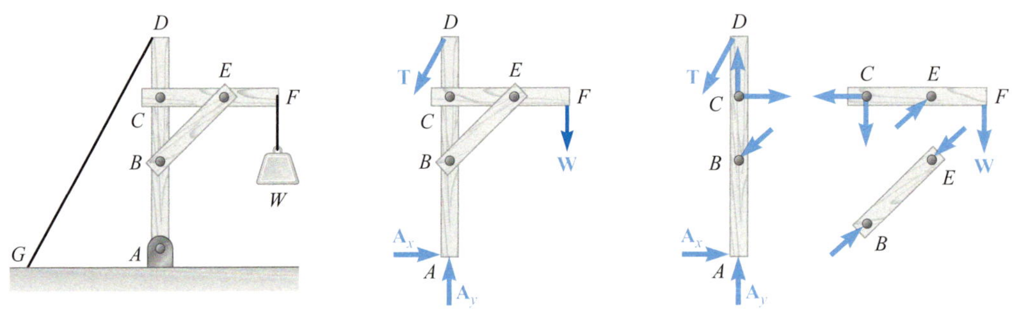

(*a*) (*b*) (*c*)

Figura 6.1

Deve-se notar que a força exercida pela barra *BE* sobre o ponto *B* da barra *AD* foi representada como igual e oposta à força exercida no mesmo ponto da barra *BE* pela barra *AD*; da mesma forma, a força exercida por *BE* sobre o ponto *E* de *CF* é igual e oposta à força exercida por *CF* sobre *BE*, e as componentes da força exercida por *CF* sobre o ponto *C* de *AD* são iguais e opostos às componentes da força exercida por *AD* sobre *CF.* Isso está de acordo com a terceira lei de Newton, que estabelece que *forças de ação e reação entre corpos em contato têm a mesma intensidade, a mesma linha de ação e sentidos opostos.* Como mencionado no Cap. 1, essa lei é um dos seis princípios fundamentais da mecânica clássica e está baseada em demonstração experimental. Sua aplicação é essencial para a solução de problemas que envolvem corpos interligados.

Neste capítulo, serão consideradas três amplas categorias de estruturas utilizadas em trabalhos de engenharia:

1. *Treliças*: projetadas para suportar cargas, são, usualmente, estruturas estacionárias totalmente vinculadas. As treliças são formadas unicamente por elementos retilíneos conectados em juntas localizadas nas extremidades de cada elemento. Os elementos de uma treliça estão, portanto, *sujeitos a duas forças*, ou seja, elementos em que, sobre cada um, atuam duas forças de mesmo módulo e direção, mas de sentidos opostos.
2. *Estruturas*: também projetadas para suportar cargas, são, em geral, estacionárias, isto é, totalmente vinculadas. As estruturas, entretanto, têm, à semelhança do guindaste da Fig. 6.1, pelo menos um elemento *sujeito a múltiplas forças*, ou seja, um elemento sobre o qual estão aplicadas três ou mais forças que, em geral, não estão direcionadas ao longo do elemento.
3. *Máquinas*: além de projetadas para transmitir e modificar forças, contém, em geral, partes móveis. Como as estruturas, as máquinas sempre contêm ao menos um elemento sujeito a múltiplas forças.

Foto 6.1 Uma conexão por pinos de um vão de aproximação da Ponte São Francisco – Oakland Bay.

TRELIÇAS

6.2 Definição de treliça

A treliça é um dos principais tipos de estruturas da engenharia que oferece, ao mesmo tempo, uma solução prática e econômica a muitas situações de engenharia, especialmente no projeto de pontes e edifícios. A Fig. 6.2*a* mostra uma treliça típica, composta de elementos retos unidos nos nós. Elementos de treliça estão unidos apenas em suas extremidades, portanto nenhum elemento é contínuo através de um nó. Na Fig. 6.2*a*, por exemplo, não existe um elemento *AB*, mas dois elementos distintos *AD* e *DB*. A maioria das estruturas reais é feita de várias treliças unidas para formar uma estrutura espacial. Cada treliça é projetada para sustentar cargas que atuam em seu plano e, portanto, pode ser tratada como uma estrutura bidimensional.

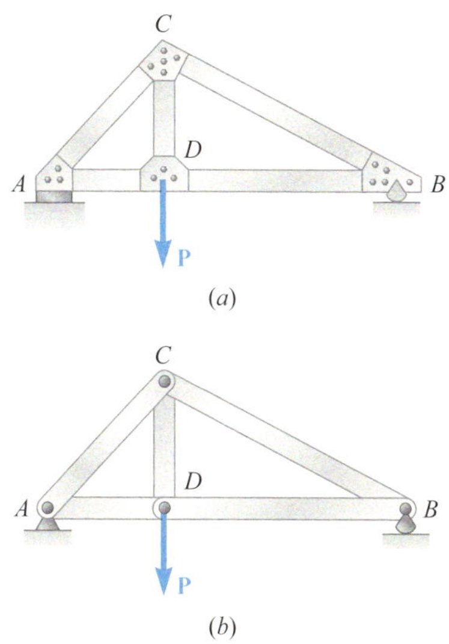

Figura 6.2

Em geral, os elementos de uma treliça são esbeltos e podem suportar pequena carga lateral; todas as cargas, portanto, devem ser aplicadas às várias juntas e não aos elementos propriamente ditos. Quando uma carga concentrada é aplicada entre dois nós ou quando uma carga distribuída é suportada pela treliça, como no caso de uma treliça de ponte, é preciso prever um sistema de pavimentação, que, por meio de longarinas e vigas transversais, transmite a carga aos nós (Fig. 6.3).

Também se supõe que os pesos dos elementos da treliça são aplicados aos nós, e metade do peso de cada barra é aplicada a cada um dos dois nós a que o elemento se une. Embora os elementos sejam, na realidade, unidos por meio de conexões aparafusadas ou soldadas, costuma-se considerar que os elementos são unidos por pinos, portanto as forças que atuam em cada extremidade de um elemento reduzem-se a uma única força sem nenhum momento. Assim, as forças consideradas, aplicadas a um elemento

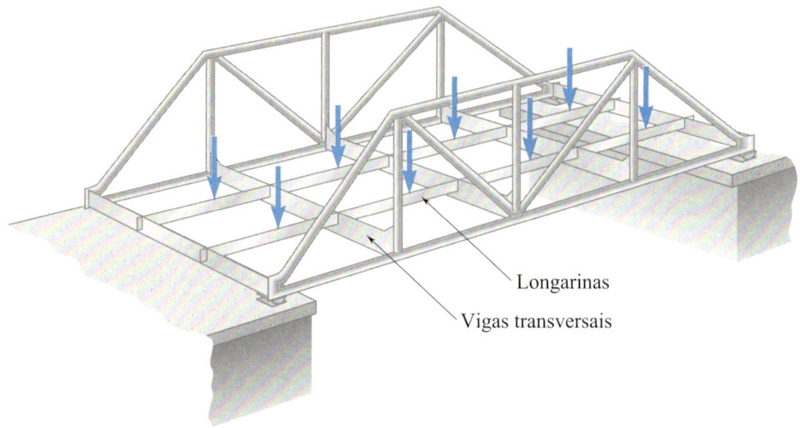

Figura 6.3

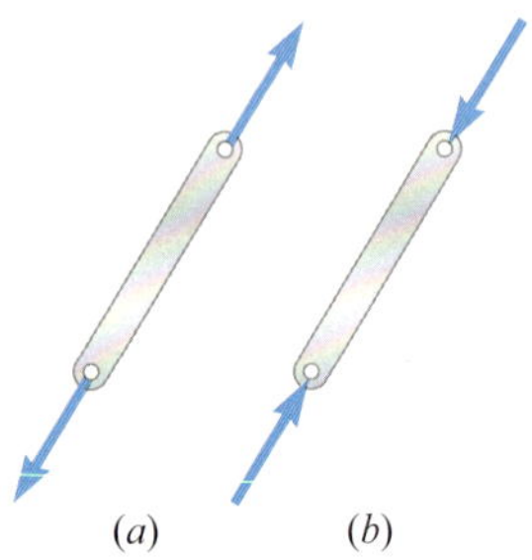

Figura 6.4

de treliça, reduzem-se a uma única força em cada extremidade do elemento. Cada elemento pode, então, ser tratado como um elemento sob a ação de duas forças, e a treliça toda pode ser considerada um grupo de pinos e elementos com duas forças (Fig. 6.2*b*). A ação das forças sobre um elemento individual pode ocorrer do modo indicado em cada um dos dois esboços da Fig. 6.4. Na Fig. 6.4*a*, as forças tendem a estirar o elemento, o qual está sob tração. Na Fig. 6.4*b*, as forças tendem a comprimir o elemento, que está sob compressão. Várias treliças típicas são ilustradas na Fig. 6.5.

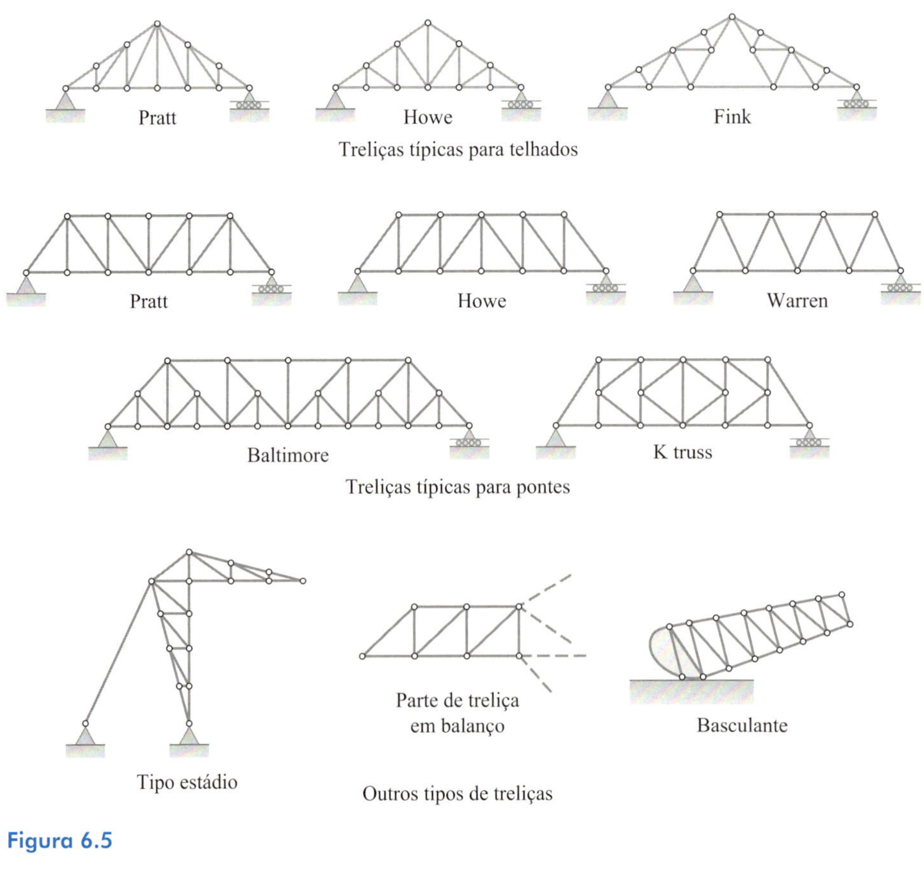

Figura 6.5

6.3 Treliça simples

Considere a treliça da Fig. 6.6*a*, constituída de quatro elementos ligados por pinos em *A*, *B*, *C* e *D*. Se uma carga for aplicada em *B*, a treliça sofrerá grande deformação e perderá completamente sua forma original. Por sua vez, a treliça da Fig. 6.6*b*, constituída de três elementos ligados por pinos em *A*, *B* e *C*, irá deformar-se apenas levemente sob uma carga aplicada em *B*. A única deformação possível para essa treliça é aquela que envolve pequenas alterações no comprimento de seus elementos. A treliça da Fig. 6.6*b* é chamada de *treliça rígida*, em que a palavra "rígida" indica que a treliça *não entrará em colapso.*

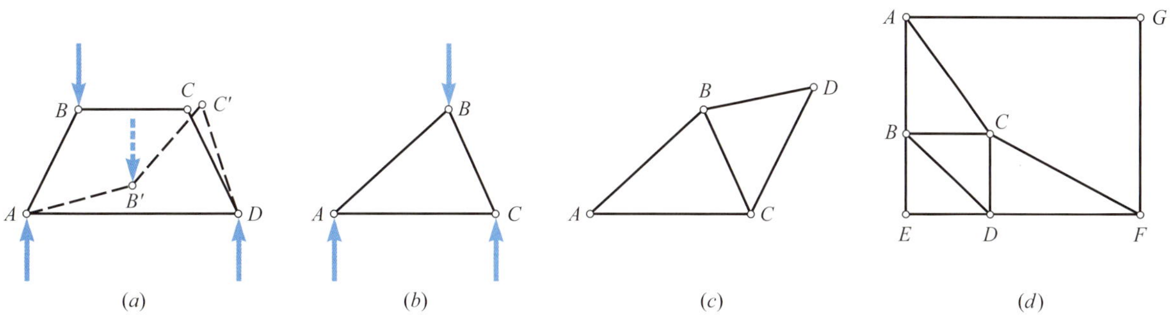

Figura 6.6

Como é mostrado na Fig. 6.6*c*, uma treliça rígida maior pode ser obtida pela adição de dois elementos *BD* e *CD* à treliça triangular básica da Fig. 6.6*b*. Esse procedimento pode ser repetido quantas vezes se desejar, e a treliça resultante será rígida se, a cada vez que adicionarmos dois novos elementos, estes forem ligados a diferentes nós existentes e interligados em um novo nó.* Uma treliça construída dessa maneira é denominada *treliça simples.*

Deve-se notar que uma treliça simples não é necessariamente composta apenas de triângulos. A treliça da Fig. 6.6*d*, por exemplo, é uma treliça simples construída a partir do triângulo *ABC*, com a adição sucessiva dos nós *D*, *E*, *F* e *G*. Entretanto, treliças rígidas nem sempre são treliças simples, mesmo quando parecem feitas de triângulos. As treliças tipo Fink e Baltimore, ilustradas na Fig. 6.5, por exemplo, não são treliças simples, uma vez que não podem ser construídas a partir de um único triângulo da maneira descrita anteriormente. Todas as outras treliças ilustradas na Fig. 6.5 são treliças simples, como pode ser facilmente verificado. (Para a treliça tipo K, começa-se por um dos triângulos centrais.)

Retornando à Fig. 6.6, nota-se que a treliça triangular básica da Fig. 6.6*b* tem três elementos e três nós. A treliça da Fig. 6.6*c* tem dois elementos adicionais e um nó adicional, isto é, cinco elementos e quatro nós. Como sempre que dois novos elementos são acrescentados, o número de nós aumenta de um, deduz-se que, em uma treliça simples, o número total de elementos é $m = 2n - 3$, onde n é o número total de nós.

Foto 6.2 Duas treliças em K foram usadas como os componentes principais da ponte móvel mostrada, que se movia sobre uma grande pilha de minério de ferro. A caçamba abaixo das treliças pegava o minério e o despejava novamente até que o minério estivesse completamente misturado. O minério era então enviado para a siderurgia para ser processado e transformado em aço.

* Os três nós não devem estar em linha reta.

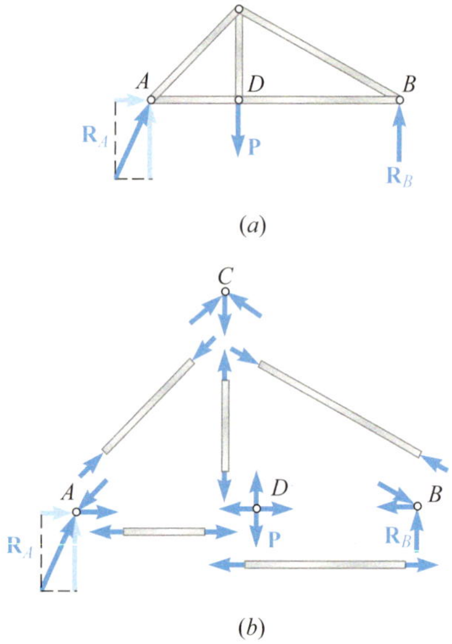

Figura 6.7

Foto 6.3 Como treliças de telhado requerem apoio somente em suas extremidades, é possível construir edifícios com grandes vãos livres nas áreas de piso.

6.4 Análise de treliças pelo método dos nós

Foi visto na Seção 6.2 que uma treliça pode ser considerada um grupo de pinos e elementos com duas forças. A treliça da Fig. 6.2, cujo diagrama de corpo livre é ilustrado na Fig. 6.7*a*, pode então ser desmembrada, e um diagrama de corpo livre pode ser traçado para cada pino e cada elemento (Fig. 6.7*b*). Cada elemento está submetido a duas forças, uma em cada extremidade, as quais têm a mesma intensidade, a mesma linha de ação e sentidos opostos (Seção 4.6). Além disso, a terceira lei de Newton indica que as forças de ação e reação entre um elemento e um pino são iguais e opostas. Portanto, as forças exercidas por um elemento sobre os dois pinos que interliga devem ser dirigidas ao longo desse elemento e ser iguais e opostas. A intensidade comum das forças exercidas por um elemento sobre os dois pinos que interliga é comumente referida como a *força no elemento* considerada, muito embora essa quantidade seja na realidade um escalar. Uma vez que as linhas de ação de todas as forças internas de uma treliça são conhecidas, a análise de uma treliça se reduz ao cálculo das forças em seus vários elementos e à determinação da situação em cada elemento, isto é, se este está sujeito à tração ou compressão.

Uma vez que a treliça está em equilíbrio, cada pino deve estar também em equilíbrio. O fato de um pino estar em equilíbrio pode ser expresso por seu diagrama de corpo livre e por duas equações de equilíbrio (Seção 2.9). Se a treliça contém n pinos, existirão, portanto, $2n$ equações disponíveis, que podem ser resolvidas para $2n$ incógnitas. No caso de uma treliça simples, $m = 2n - 3$, isto é, $2n = m + 3$, e o número de incógnitas que pode ser determinado a partir dos diagramas de corpo livre dos pinos é $m + 3$. Isso significa que as forças em todos os elementos, bem como as duas componentes das reações $\mathbf{R}_A$ e $\mathbf{R}_B$, podem ser determinadas com base nos diagramas de corpo livre dos pinos.

O fato de a treliça inteira ser um corpo rígido em equilíbrio pode ser usado para escrever três equações adicionais que envolvam as forças indicadas no diagrama de corpo livre da Fig. 6.7*a*. Uma vez que não contêm nenhuma informação extra, essas equações não são independentes das equações associadas com os diagramas de corpo livre dos pinos. Além disso, podem ser usadas para determinar imediatamente as componentes das reações nos apoios. A disposição de pinos e elementos em uma treliça simples é tal que será, então, sempre possível encontrar um nó que envolva apenas duas forças incógnitas. Essas forças podem ser determinadas pelos métodos da Seção 2.11, e seus valores transferidos para os nós adjacentes e tratados como quantidades conhecidas nesses nós. Esse procedimento pode ser repetido até que todas as forças incógnitas tenham sido determinadas.

Como exemplo, a treliça da Fig. 6.7 será analisada, considerando sucessivamente o equilíbrio de cada pino, começando por um nó no qual somente duas forças sejam desconhecidas. Nessa treliça, todos os pinos estão submetidos a pelo menos três forças desconhecidas. Portanto, as reações nos suportes devem primeiramente ser determinadas considerando que a treliça toda é um corpo livre e usando as equações de equilíbrio de um corpo rígido. Dessa maneira, verificamos que $\mathbf{R}_A$ é vertical e determinamos a intensidade de $\mathbf{R}_A$ e $\mathbf{R}_B$.

O número de forças desconhecidas no nó A é então reduzido a dois, e essas forças podem ser determinadas considerando o equilíbrio do pino A. A reação $\mathbf{R}_A$ e as forças $\mathbf{F}_{AC}$ e $\mathbf{F}_{AD}$ exercidas sobre o pino A pelos elementos AC e AD, respectivamente, devem formar um triângulo. Primeiro traçamos $\mathbf{R}_A$ (Fig. 6.8); como $\mathbf{F}_{AC}$ e $\mathbf{F}_{AD}$ são dirigidas ao longo de AC e AD,

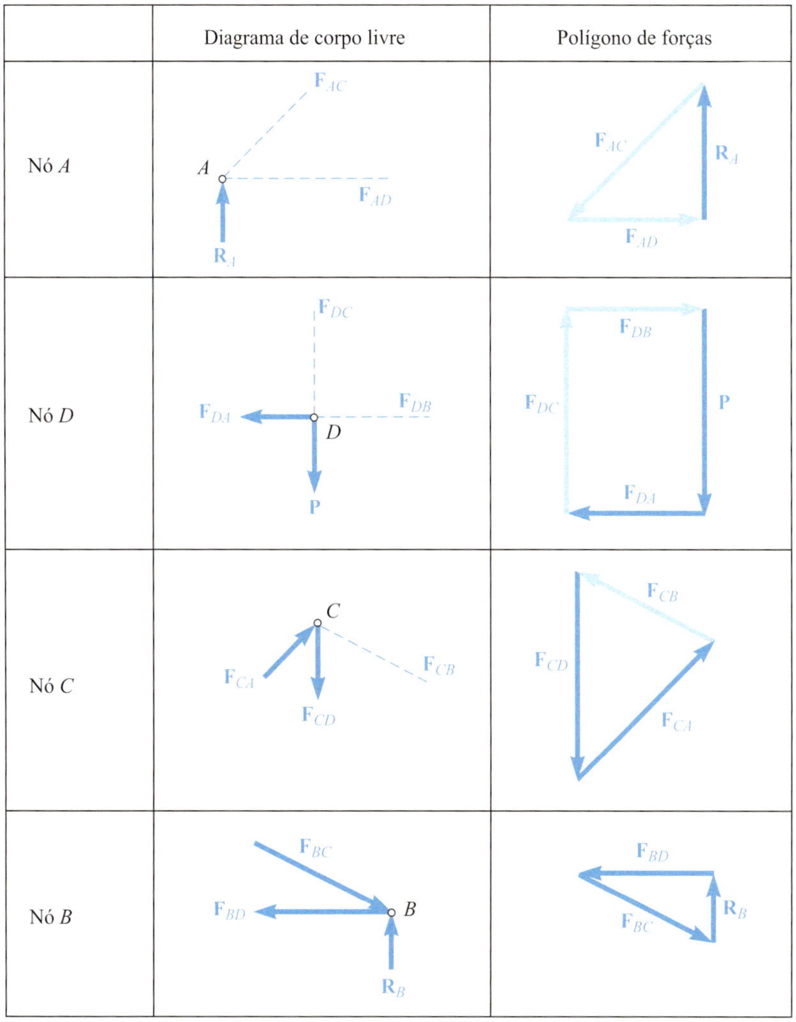

Figura 6.8

respectivamente, completamos o triângulo e determinamos a intensidade, a direção e o sentido de $\mathbf{F}_{AC}$ e $\mathbf{F}_{AD}$. As intensidades F_{AC} e F_{AD} representam as forças nos elementos AC e AD. Como $\mathbf{F}_{AC}$ está direcionada para baixo e para a esquerda, isto é, *em direção ao* nó A, o elemento AC empurra o pino A e está em compressão. Como $\mathbf{F}_{AD}$ está direcionada de modo a *se afastar do* nó A, o elemento AD puxa o pino A e está sob tração.

Podemos agora analisar o nó D, onde somente duas forças, $\mathbf{F}_{DC}$ e $\mathbf{F}_{DB}$, ainda são desconhecidas. As outras forças são a carga $\mathbf{P}$, que é dada, e a força $\mathbf{F}_{DA}$, exercida no pino pelo elemento AD. Como se indicou anteriormente, essa força é igual e oposta à força $\mathbf{F}_{DA}$ exercida pelo mesmo elemento no pino A. Podemos traçar o polígono de forças correspondentes ao nó D, como ilustrado na Fig. 6.8, e determinar as forças $\mathbf{F}_{DC}$ e $\mathbf{F}_{DB}$ por meio desse polígono. Entretanto, quando mais de três forças estão envolvidas, em geral é mais conveniente escrever as equações de equilíbrio $\Sigma F_x = 0$ e $\Sigma F_y = 0$, e resolvê-las para as duas forças desconhecidas. Como essas forças já encontradas estão direcionadas de modo a se afastar do nó D, os elementos DC e DB puxam o pino e estão sob tração.

A seguir, o nó C é considerado cujo diagrama de corpo livre está na Fig. 6.8. Observe que $\mathbf{F}_{CD}$ e $\mathbf{F}_{CA}$ são conhecidas pela análise de nós precedentes e que somente $\mathbf{F}_{CB}$ é desconhecida. Como o equilíbrio de cada pino possibilita informação suficiente para determinar duas incógnitas, uma verificação de nossa análise é obtida nesse nó. O triângulo de forças é traçado, e a intensidade, a direção e o sentido de $\mathbf{F}_{CB}$ são determinados. Como $\mathbf{F}_{CB}$ está direcionada para o nó C, o elemento *CB* empurra o pino *C* e está sob compressão. Nesse caso, deve-se verificar se a força $\mathbf{F}_{CB}$ e o elemento *CB* são paralelos.

No nó *B*, todas as forças são conhecidas. Como o pino correspondente está em equilíbrio, o triângulo de forças deve fechar, e uma verificação adicional da análise é obtida.

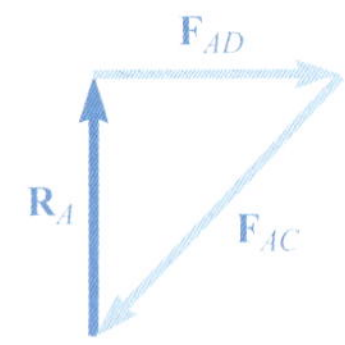

Figura 6.9

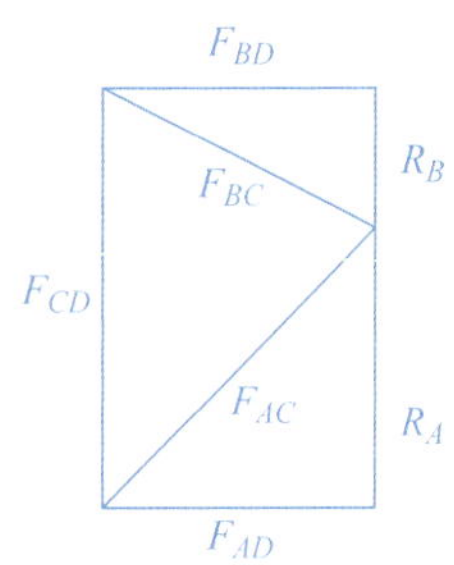

Figura 6.10

Deve-se observar que os polígonos de forças mostrados na Fig. 6.8 não são únicos. Cada um deles pode ser substituído por uma configuração alternativa. Por exemplo, o triângulo de forças correspondente ao nó *A* pode ser traçado como mostra a Fig. 6.9. O triângulo ilustrado na Fig. 6.8 foi obtido traçando as três forças $\mathbf{R}_A$, $\mathbf{F}_{AC}$ e $\mathbf{F}_{AD}$, no padrão ponta-a-cauda, na ordem em que suas linhas de ação eram encontradas movendo-se no sentido horário em torno do nó *A*. Os outros polígonos de força, na Fig. 6.8, depois de traçados do mesmo modo, podem ser ajustados em um diagrama único, como mostra a Fig. 6.10. Tal diagrama, conhecido como *diagrama de Maxwell*, facilita bastante a *análise gráfica* dos problemas de treliças.

6.5 Nós sujeitos a condições especiais de carregamento

Consideremos o nó ilustrado na Fig. 6.11*a*, o qual interliga quatro elementos situados em duas linhas retas que se interceptam. O diagrama de corpo livre da Fig. 6.11*b* mostra que o pino *A* está submetido a dois pares de forças diretamente opostas. O correspondente polígono de forças, portanto, deve ser um paralelogramo (Fig. 6.11*c*), e *as forças nos elementos opostos devem ser iguais.*

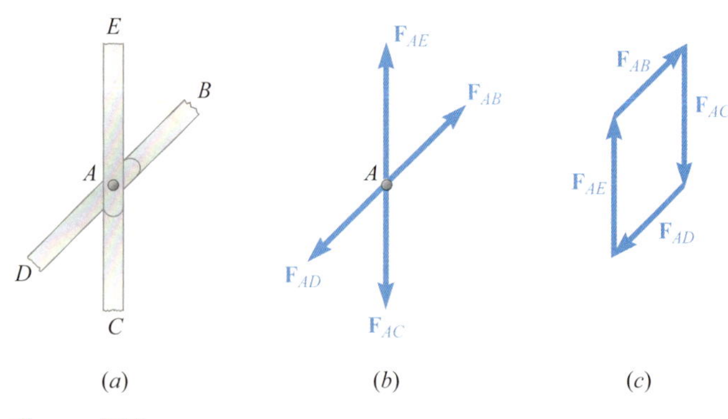

Figura 6.11

Consideremos agora o nó da Fig. 6.12*a*, que interliga três elementos e suporta uma carga **P**. Dois dos elementos se situam sobre a mesma linha reta, e a carga **P** atua ao longo do terceiro elemento. O diagrama de corpo livre do pino *A* e o correspondente polígono de forças serão novamente como os indicados na Fig. 6.11*b* e *c*, com a substituição de $\mathbf{F}_{AE}$ pela carga **P**. Assim, *as forças em dois elementos opostos devem ser iguais, e a força no outro elemento deve ser igual a P.* Um caso particular de especial interesse é ilustrado na Fig. 6.12*b*. Uma vez que, nesse caso, nenhuma carga externa é aplicada ao nó, tem-se $P = 0$, e a força no elemento AC é zero. O elemento AC é chamado de *elemento sem força aplicada.*

Considere agora um só nó ligando apenas dois elementos. Como visto na Seção 2.9, uma partícula submetida a duas forças estará em equilíbrio se ambas tiverem a mesma intensidade, a mesma linha de ação e sentidos opostos. No caso do nó da Fig. 6.13*a*, que liga dois elementos AB e AD que estão na mesma linha, *as forças nos dois elementos devem ser iguais* para que o pino A esteja em equilíbrio. No caso do nó da Fig. 6.13*b*, o pino A não pode estar em equilíbrio, a não ser que as forças em ambos os elementos sejam zero. Elementos ligados como indicado na Fig. 6.13*b*, portanto, devem ser *elementos sem força aplicada.*

Marcar os nós que se encontram sob condições especiais de carregamento mencionadas anteriormente facilitará a análise de uma treliça. Considere, por exemplo, uma treliça do tipo Howe carregada, como mostra a Fig. 6.14. Todos os elementos representados por linhas tracejadas serão reconhecidas como elementos sem força aplicada. O nó C interliga três elementos, dos quais dois se situam ao longo de uma mesma linha, e não está sujeito a nenhuma carga externa; o elemento BC é então um elemento sem força aplicada. Ao aplicarmos o mesmo raciocínio ao nó K, verificamos que o elemento JK é também um elemento sem força aplicada. Mas o nó J está agora na mesma situação que os nós C e K, e o elemento IJ deve ser um elemento sem força aplicada. Nos nós C, J e K, as forças nos elementos AC e CE, HJ e JL, IK e KL também são iguais. Além disso, ao voltarmos nossa atenção para o nó I, onde uma carga de 20 kN e o elemento HI são colineares, notamos que a força no elemento HI é 20 kN (tração) e que as forças nos elementos GI e IK são iguais. Dessa forma, as forças nos elementos GI, IK e KL são iguais.

Observe que as condições discutidas anteriormente não se aplicam aos nós B e D da Fig. 6.14 e seria errado assumir que a força no elementos DE é 25 kN ou que as forças nos elementos AB e BD são iguais. Nesses elementos e em todos os outros, as forças restantes devem ser encontradas por meio da análise dos nós A, B, D, E, F, G, H e L da maneira usual. Portanto, até que tenha ficado inteiramente familiarizado com as condições nas quais as regras estabelecidas nesta seção podem ser aplicadas, você deve traçar os diagramas de corpo livre de todos os pinos e escrever as correspondentes equações de equilíbrio (ou desenhar os correspondentes polígonos de força), independentemente de os nós considerados estarem sujeitos a uma das condições especiais de carregamento descritas anteriormente.

Uma última observação concernente aos elementos sem força aplicada: eles não são inúteis. Por exemplo, os elementos sem força aplicada da Fig. 6.14 não suportam cargas sob as condições de carregamento consideradas, mas poderão suportá-las se as condições de carregamento forem alteradas. Além disso, mesmo no caso considerado, esses elementos são necessários para suportar o peso da treliça e mantê-la na forma desejada.

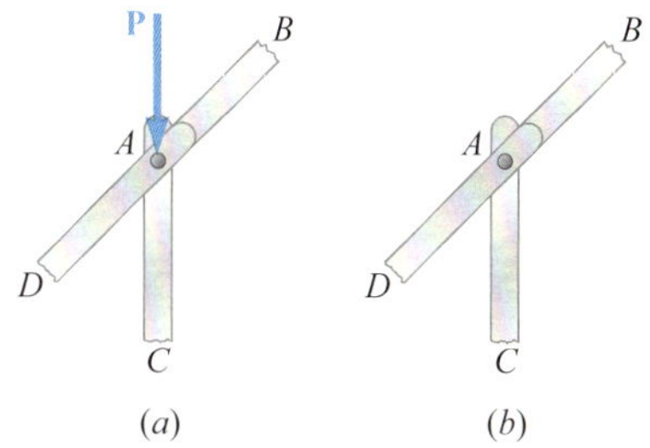

Figura 6.12

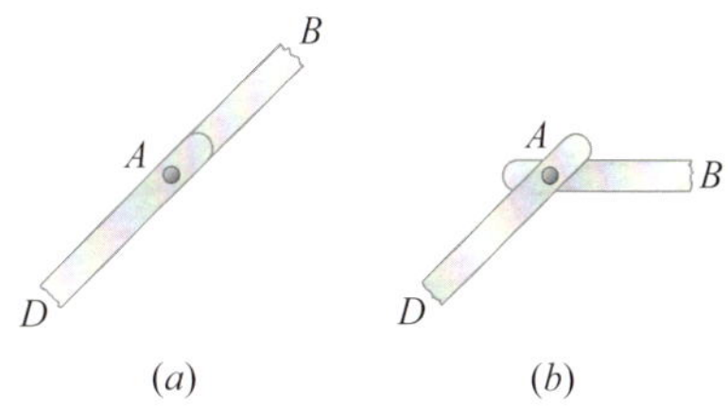

Figura 6.13

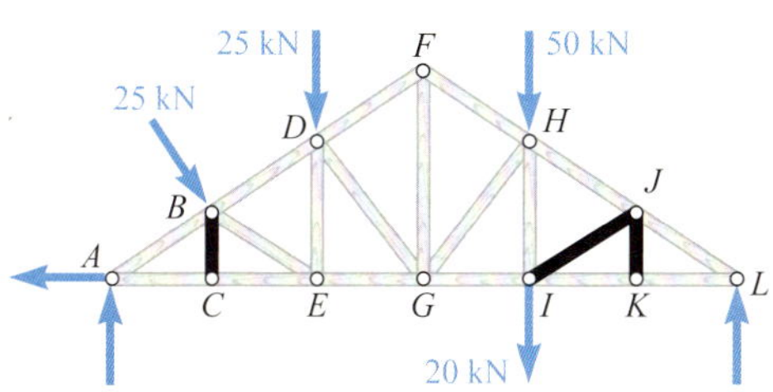

Figura 6.14

PROBLEMA RESOLVIDO 6.1

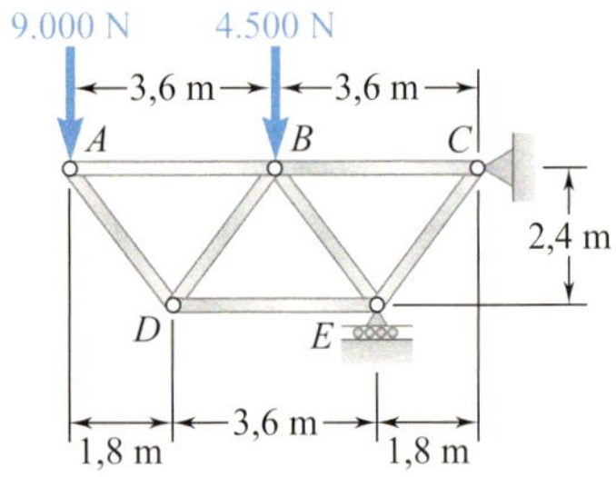

Usando o método dos nós, determine a força em cada elemento da treliça mostrada na figura.

SOLUÇÃO

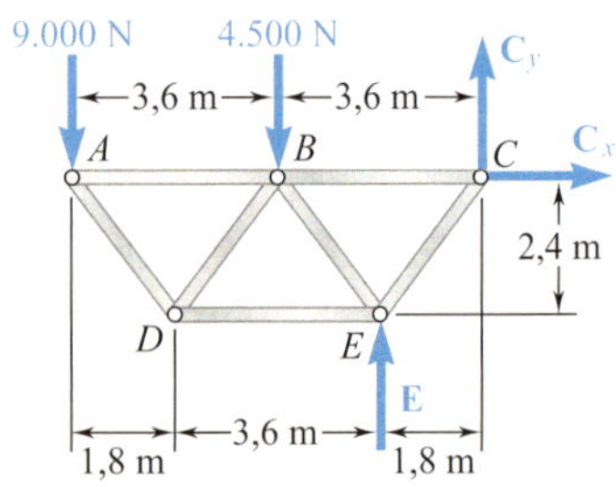

Corpo livre: treliça inteira. Traça-se um diagrama de corpo livre da treliça inteira; as forças externas que atuam nesse corpo livre consistem nas cargas aplicadas e nas reações em C e E. Escrevemos as seguintes equações de equilíbrio.

$+\circlearrowleft \Sigma M_C = 0$: $\quad (9.000 \text{ N})(7{,}2 \text{ m}) + (4.500 \text{ N})(3{,}6 \text{ m}) - E(1{,}8 \text{ m}) = 0$

$E = +45.000 \text{ N} \qquad \mathbf{E} = 45.000 \text{ N}\uparrow$

$\xrightarrow{+} \Sigma F_x = 0$: $\qquad \mathbf{C}_x = 0$

$+\uparrow \Sigma F_y = 0$: $\quad -9.000 \text{ N} - 4.500 \text{ N} + 45.000 \text{ N} + C_y = 0$

$C_y = -31.500 \text{ N} \qquad \mathbf{C}_y = 31.500 \text{ N}\downarrow$

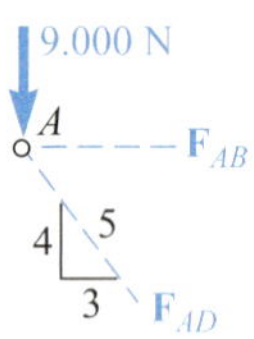

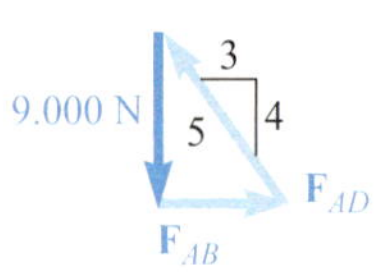

Corpo livre: nó *A*. Esse nó está sujeito a apenas duas forças desconhecidas, a saber, as forças exercidas pelos elementos AB e AD. Um triângulo de forças é usado para determinar $\mathbf{F}_{AB}$ e $\mathbf{F}_{AD}$. Observamos que o elemento AB atua puxando o nó e, portanto, está sob tração, e que o elemento AD atua empurrando o nó e, portanto, está sob compressão. As intensidades das duas forças são obtidas a partir da proporção

$$\frac{9.000 \text{ N}}{4} = \frac{F_{AB}}{3} = \frac{F_{AD}}{5}$$

$F_{AB} = 6.750 \text{ N } T$ ◀

$F_{AD} = 11.250 \text{ N } C$ ◀

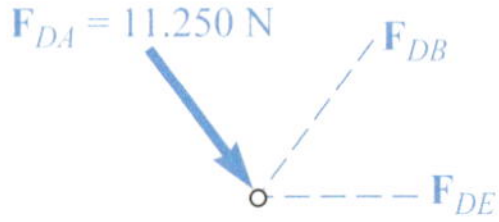

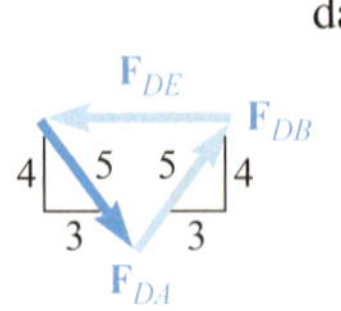

Corpo livre: nó *D*. Como a força exercida pelo elemento AD foi determinada, agora somente duas forças desconhecidas estão envolvidas nesse nó. Novamente, utiliza-se um triângulo de forças para determinar as forças desconhecidas nos elementos DB e DE.

$F_{DB} = F_{DA} \qquad F_{DB} = 11.250 \text{ N } T$ ◀

$F_{DE} = 2(\tfrac{3}{5})F_{DA} \qquad F_{DE} = 13.500 \text{ N } C$ ◀

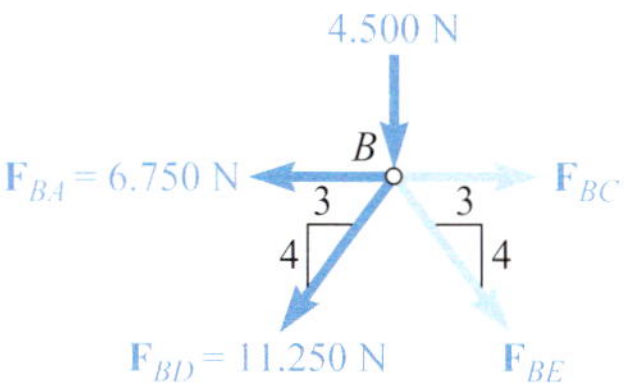

Corpo livre: nó *B*. Uma vez que mais de três forças atuam nesse nó, determinamos as duas forças desconhecidas $\mathbf{F}_{BC}$ e $\mathbf{F}_{BE}$ resolvendo as equações de equilíbrio $\Sigma F_x = 0$ e $\Sigma F_y = 0$. Supomos arbitrariamente que ambas as forças desconhecidas atuam para fora desse nó, ou seja, que os elementos estão sob tração. O valor positivo obtido para F_{BC} indica que nossa suposição estava correta, pois o elemento *BC* está sob tração. O valor negativo de F_{BE} indica que nossa suposição estava errada, pois o elemento *BE* está sob compressão.

$$+\uparrow \Sigma F_y = 0: \quad -4.500 - \tfrac{4}{5}(11.250) - \tfrac{4}{5}F_{BE} = 0$$
$$F_{BE} = -16.875 \text{ N} \qquad F_{BE} = 16.875 \text{ N } C \blacktriangleleft$$

$$\xrightarrow{+} \Sigma F_x = 0: \quad F_{BC} - 6.750 - \tfrac{3}{5}(11.250) - \tfrac{3}{5}(16.875) = 0$$
$$F_{BC} = +23.625 \text{ N} \qquad F_{BC} = 23.625 \text{ N } T \blacktriangleleft$$

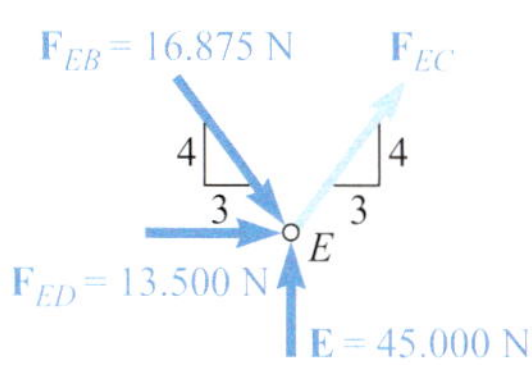

Corpo livre: nó *E*. Supõe-se que a força desconhecida $\mathbf{F}_{EC}$ atua para fora do nó. Somando os componentes em *x*, escrevemos

$$\xrightarrow{+} \Sigma F_x = 0: \quad \tfrac{3}{5}F_{EC} + 13.500 + \tfrac{3}{5}(16.875) = 0$$
$$F_{EC} = -39.375 \text{ N} \qquad F_{EC} = 39.375 \text{ N } C \blacktriangleleft$$

Somando os componentes em *y*, obtemos uma verificação para nossos cálculos:

$$+\uparrow \Sigma F_y = 45.000 - \tfrac{4}{5}(16.875) - \tfrac{4}{5}(39.375)$$
$$= 45.000 - 13.500 - 31.500 = 0 \qquad \text{(verificado)}$$

Corpo livre: nó *C*. Ao usarmos os valores calculados de $\mathbf{F}_{CB}$ e $\mathbf{F}_{CE}$, podemos determinar as reações $\mathbf{C}_x$ e $\mathbf{C}_y$ considerando o equilíbrio desse nó. Como as reações já foram determinadas a partir do equilíbrio da treliça inteira, vamos obter duas verificações para os nossos cálculos. Podemos também simplesmente usar os valores calculados de todas as forças que atuam no nó (forças em elementos e reações) e verificar que o nó está em equilíbrio:

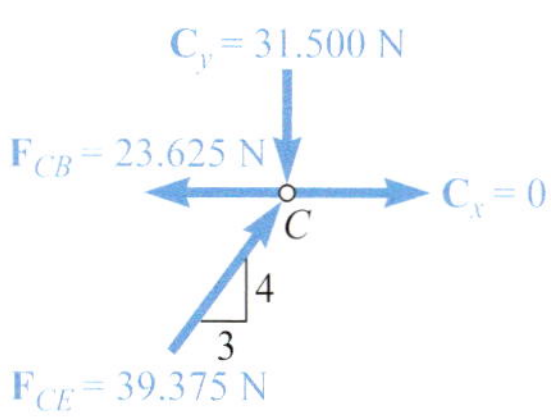

$$\xrightarrow{+} \Sigma F_x = -23.650 + \tfrac{3}{5}(39.375) = -23.625 + 23.625 = 0 \qquad \text{(verificado)}$$
$$+\uparrow \Sigma F_y = -31.500 + \tfrac{4}{5}(39.375) = -31.500 + 31.500 = 0 \qquad \text{(verificado)}$$

PROBLEMAS

6.1 a 6.18 Usando o método dos nós, determine a força em cada elemento da treliça mostrada na figura. Determine se cada elemento está sob tração ou compressão.

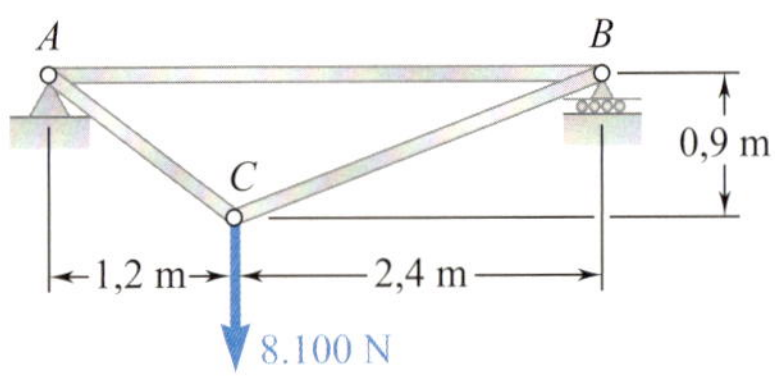

Figura P6.1

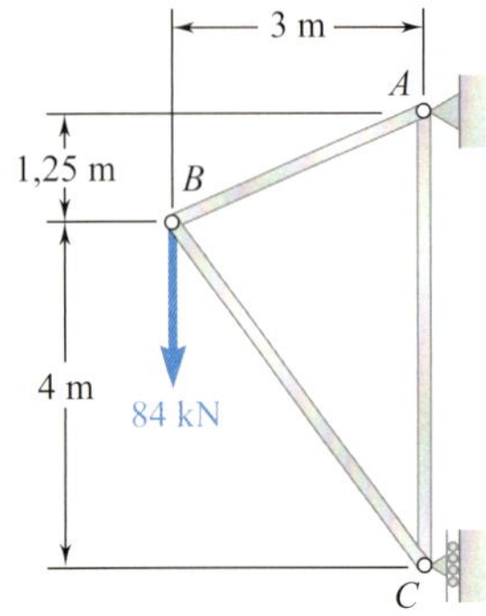

Figura P6.2

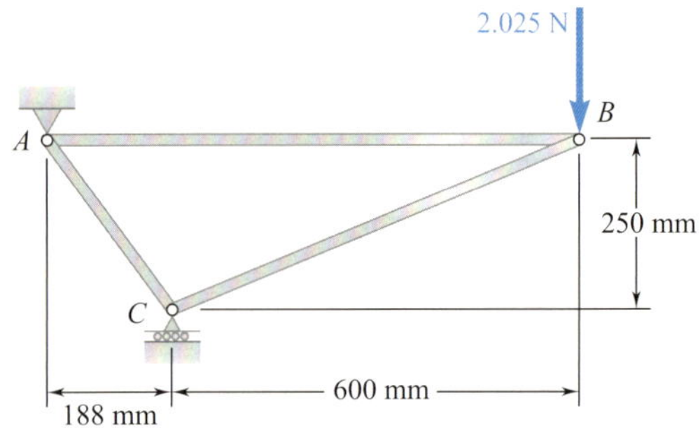

Figura P6.3

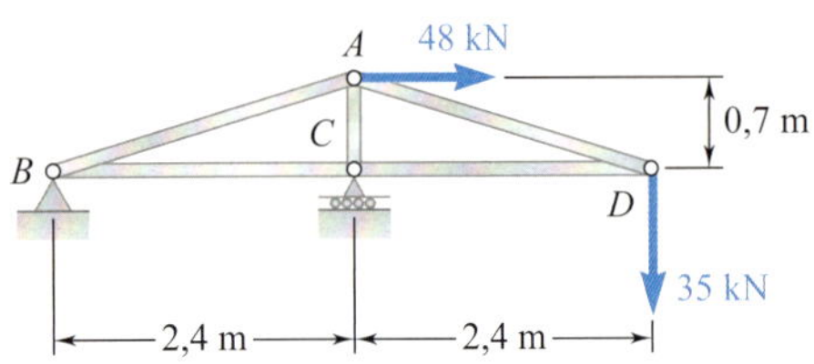

Figura P6.4

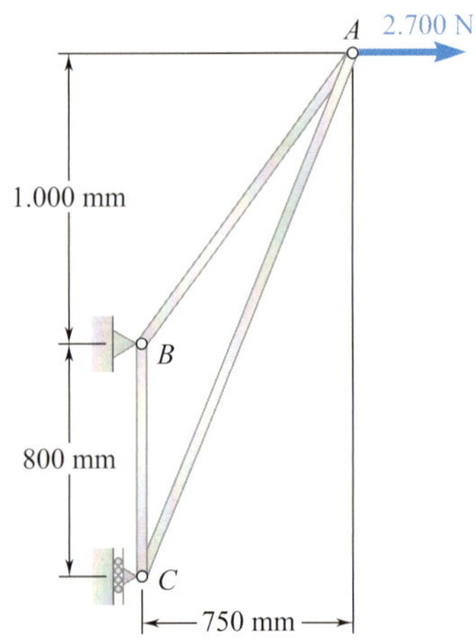

Figura P6.5

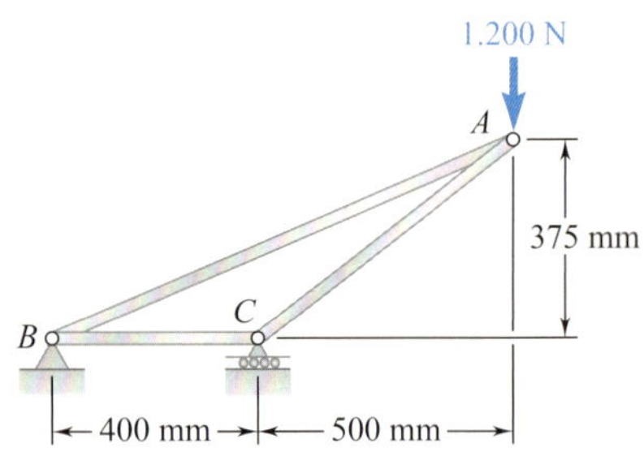

Figura P6.6

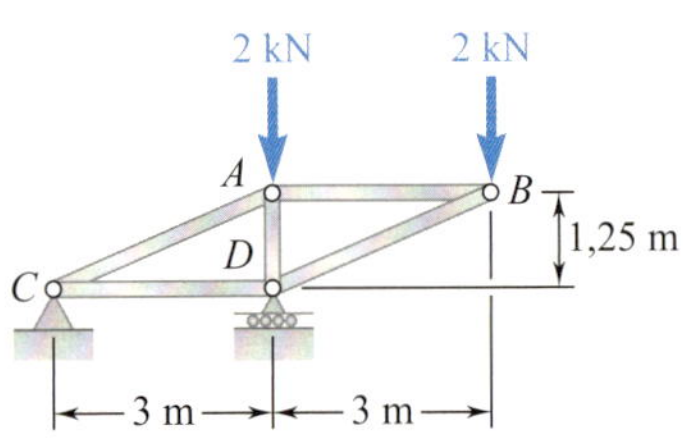

Figura P6.7

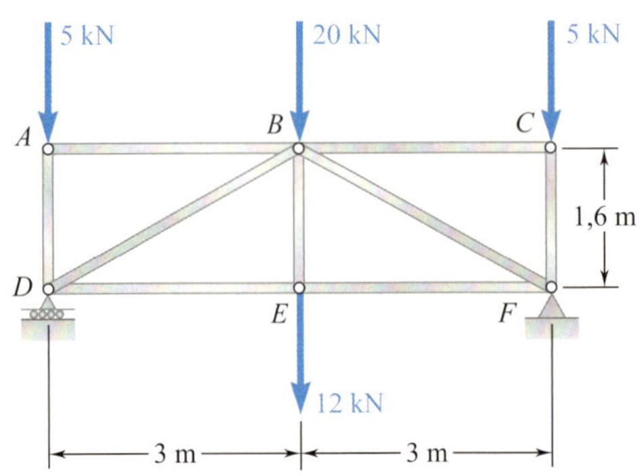

Figura P6.8

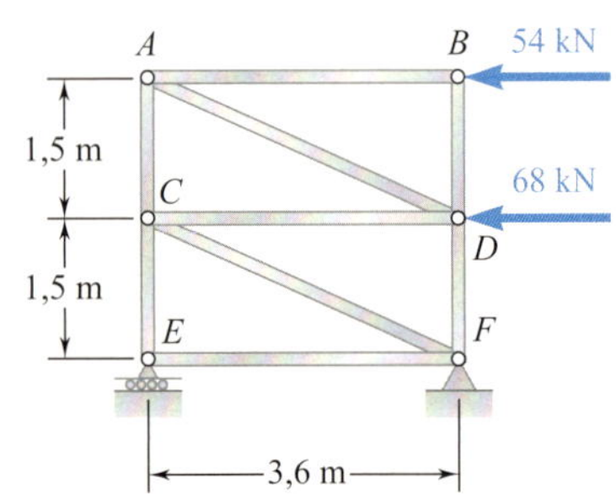

Figura P6.9

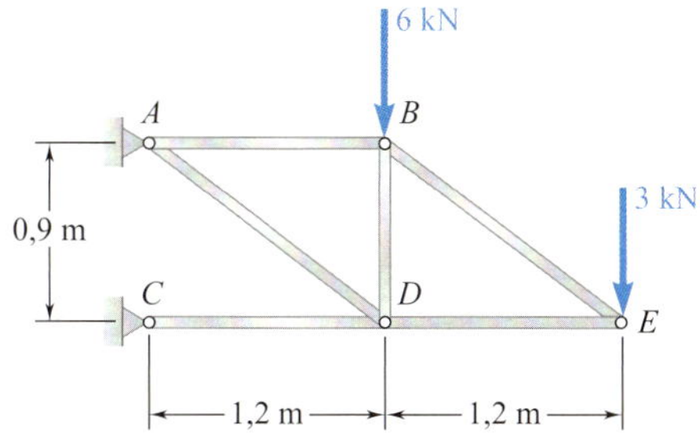

Figura P6.10

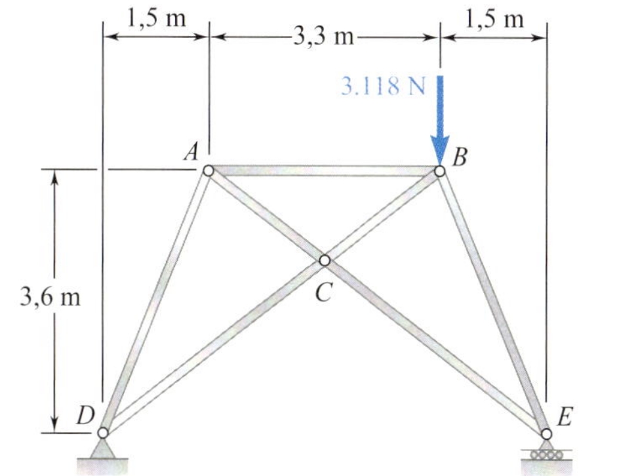

Figura P6.11

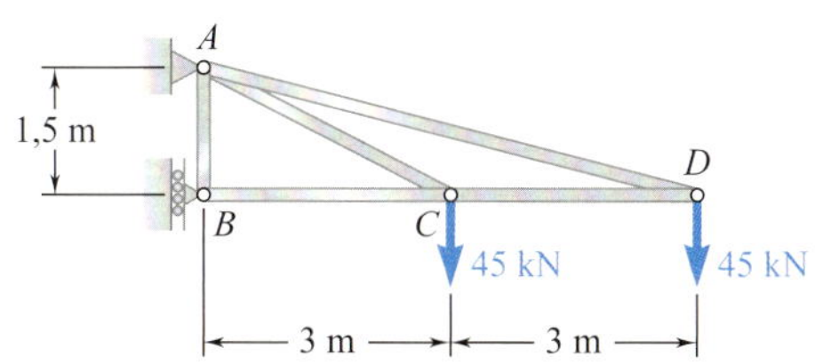

Figura P6.12

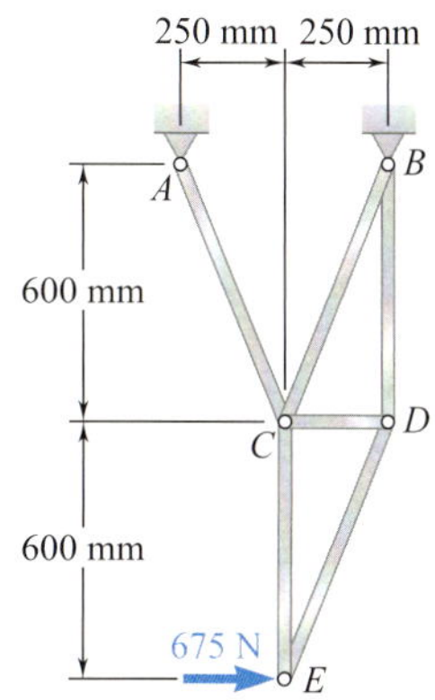

Figura P6.13

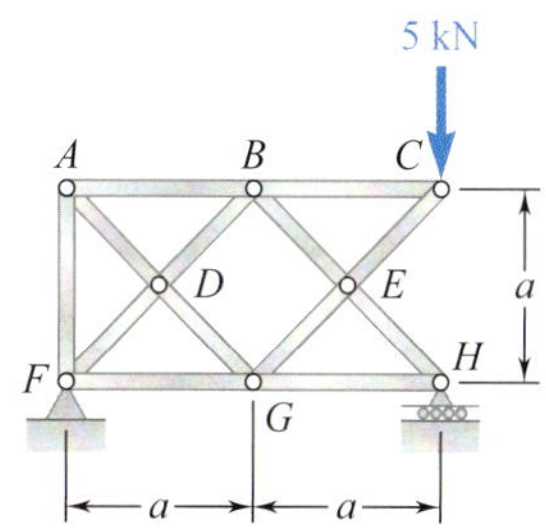

Figura P6.14

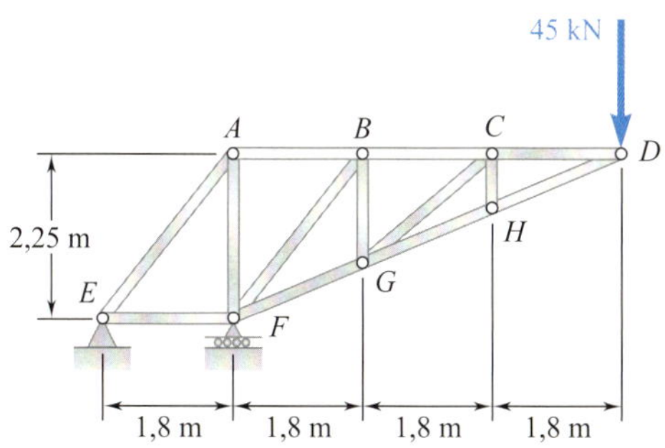

Figura P6.15

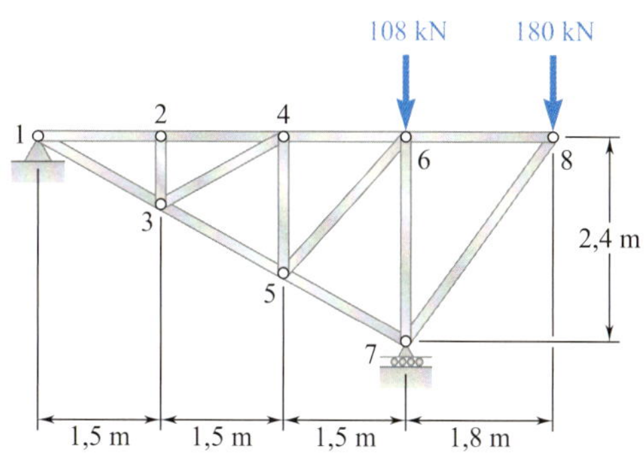

Figura P6.16

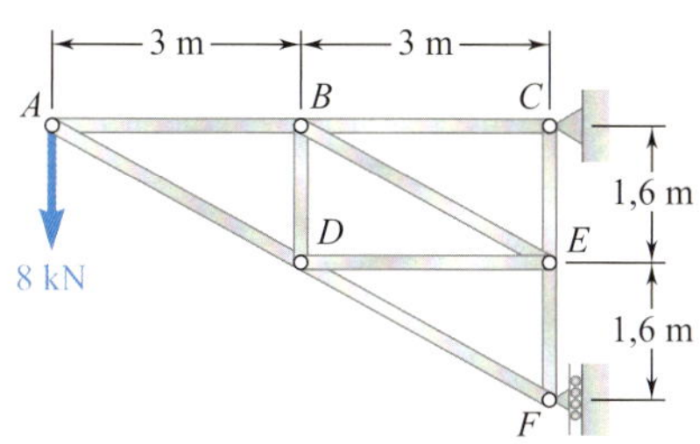

Figura P6.17

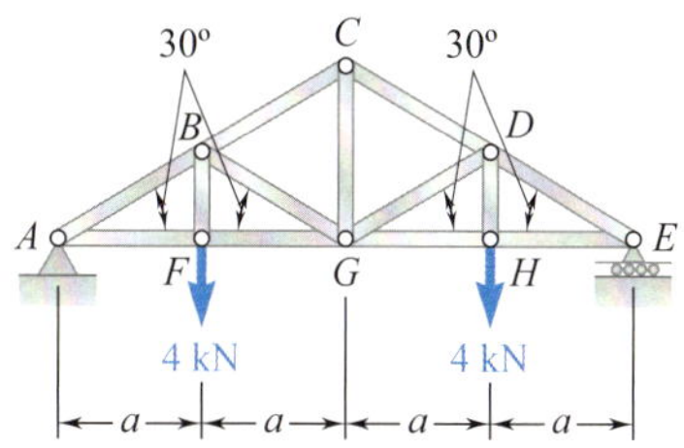

Figura P6.18

6.19 Determine se as treliças dadas nos Problemas 6.17, 6.21 e 6.23 são simples.

6.20 Determine se as treliças dadas nos Problemas 6.12, 6.14, 6.22 e 6.24 são simples.

6.21 a 6.24 Determine o elemento sem força na treliça mostrada na figura para o carregamento indicado.

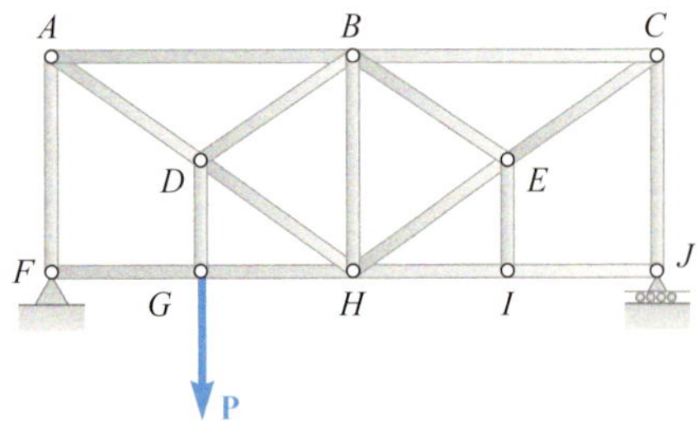

Figura P6.21

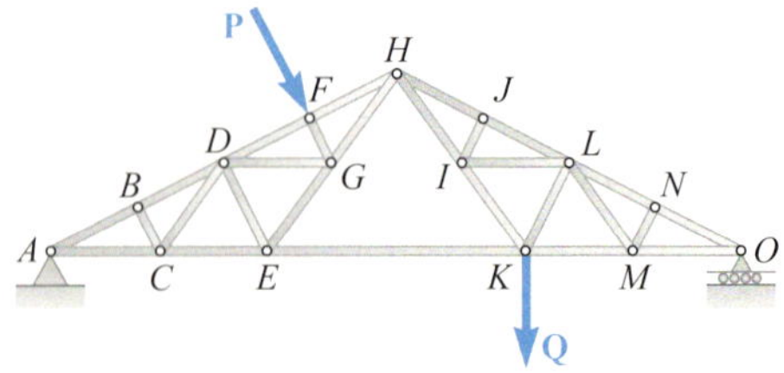

Figura P6.22

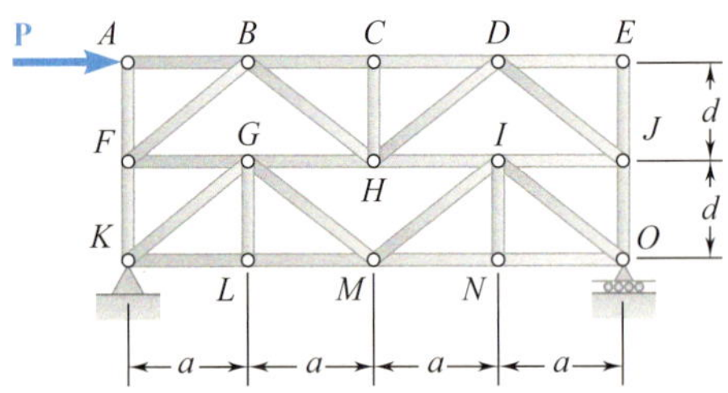

Figura P6.23

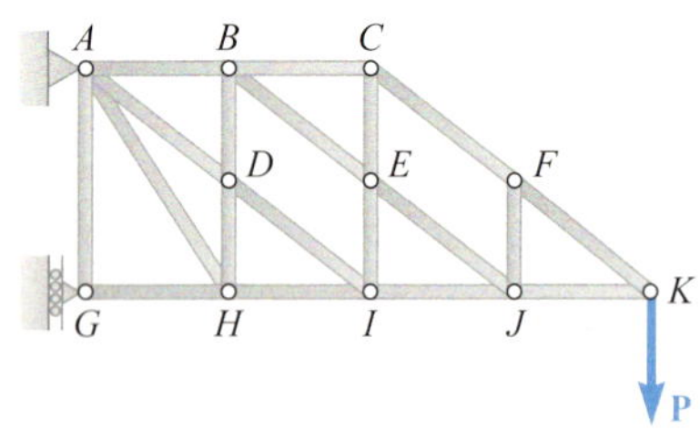

Figura P6.24

6.6 Análise de treliças pelo método das seções

O método dos nós é mais eficaz quando as forças em todos os elementos de uma treliça devem ser determinadas. Se, todavia, o que se deseja é a força em apenas um elemento ou as forças em uns poucos elementos, outro método, o das seções, é mais eficiente.

Suponha, por exemplo, que queiramos determinar a força no elemento *BD* da treliça mostrada na Fig. 6.15*a*. Para fazermos isso, devemos determinar a força com a qual o elemento *BD* atua sobre os nós *B* ou *D*. Se fôssemos usar o método dos nós, iríamos escolher os nós *B* ou o *D* como um corpo livre. Entretanto, podemos também escolher como corpo livre uma parte maior da treliça, composta de vários nós e elementos, contanto que a força desejada seja uma das forças externas que atuam nessa parte. Se, além disso, a parte da treliça for escolhida de modo que haja um total de apenas três forças desconhecidas atuando sobre ela, pode-se obter a força desejada resolvendo as equações de equilíbrio para essa parte da treliça. Na prática, a parte da treliça a ser utilizada é obtida *passando uma seção* através de três elementos da treliça, um dos quais é o elemento desejado, ou seja, traçando uma linha que divide a treliça em duas partes completamente separadas, mas que não corta mais do que três elementos. Cada uma das duas partes da treliça obtidas depois que os elementos cortados tenham sido removidos pode ser usada como corpo livre.*

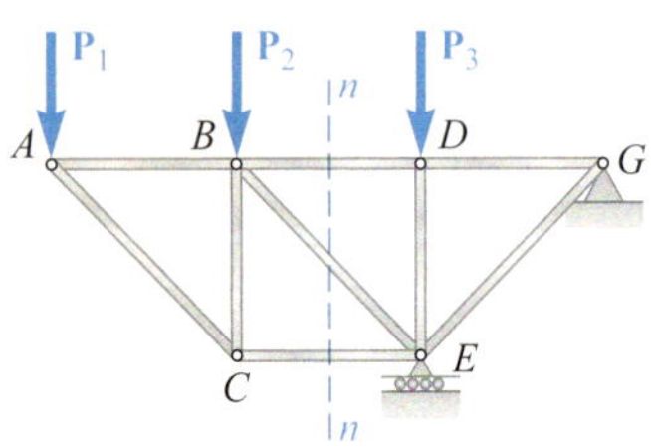

(*a*)

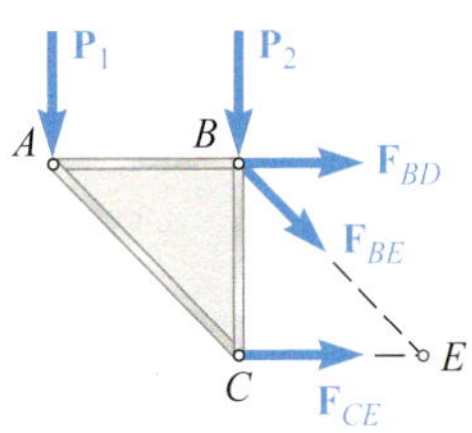

(*b*)

Figura 6.15

* Na análise de certas treliças, são passadas seções que interceptam mais de três elementos, as forças em um ou talvez dois dos elementos cortados poderão ser obtidos se puderem ser encontradas as equações de equilíbrio, cada uma das quais envolvendo apenas uma incógnita (ver Problemas 6.41 a 6.43).

Na Fig. 6.15*a*, a seção *nn* foi feita passando através dos elementos *BD*, *BE* e *CE*, e a parte *ABC* da treliça foi escolhida como um corpo livre (Fig. 6.15*b*). As forças que atuam no corpo livre são as cargas $\mathbf{P}_1$ e $\mathbf{P}_2$ nos pontos *A* e *B*, respectivamente, e as três forças desconhecidas $\mathbf{F}_{BD}$, $\mathbf{F}_{BE}$ e $\mathbf{F}_{CE}$. Como não se sabe se os elementos removidos estão sob tração ou compressão, as três forças foram traçadas arbitrariamente direcionadas para fora do corpo livre como se os elementos estivessem sob tração.

O fato de o corpo rígido *ABC* estar em equilíbrio pode ser expresso por três equações que podem ser resolvidas para as três forças desconhecidas. Se somente a força $\mathbf{F}_{BD}$ for desejada, precisaremos escrever apenas uma equação, contanto que esta não contenha as outras incógnitas. Portanto, a equação $\Sigma M_E = 0$ fornece o valor da intensidade F_{BD} da força $\mathbf{F}_{BD}$ (Fig. 6.15). Um sinal positivo na resposta indica que nossa suposição original quanto ao sinal de $\mathbf{F}_{BD}$ estava correta e que o elemento *BD* está sob tração; um sinal negativo vai indicar que nossa suposição estava incorreta e que *BD* está sob compressão.

Entretanto, se apenas a força $\mathbf{F}_{CE}$ for desejada, deve-se escrever uma equação que não envolva $\mathbf{F}_{BD}$ ou $\mathbf{F}_{BE}$. Nesse caso, a equação apropriada é $\Sigma M_B = 0$. Novamente, um sinal positivo na intensidade F_{CE} da força desejada indica uma suposição correta, ou seja, tração, e um sinal negativo indica uma suposição incorreta, ou seja, compressão.

Se apenas a força $\mathbf{F}_{BE}$ for desejada, a equação apropriada é $\Sigma F_y = 0$. Novamente, o sinal da resposta determina se o elemento está sob tração ou compressão.

Quando a força em somente um elemento for determinada, nenhuma verificação independente para os cálculos estará disponível. Entretanto, quando todas as forças desconhecidas que atuam sobre o corpo livre forem determinadas, podem-se verificar os cálculos escrevendo uma equação adicional. Por exemplo, se $\mathbf{F}_{BD}$, $\mathbf{F}_{BE}$ e $\mathbf{F}_{CE}$ são determinadas como se indicou anteriormente, podem-se verificar os cálculos conferindo que $\Sigma F_x = 0$.

*6.7 Treliças feitas de várias treliças simples

Considere duas treliças simples *ABC* e *DEF*. Se estão ligadas por três barras *BD*, *BE* e *CE*, como mostra a Fig. 6.16*a*, juntas elas irão formar uma treliça rígida *ABDF*. As treliças *ABC* e *DEF* podem também ser combinadas em uma única treliça rígida, unindo os nós *B* e *D* em um único nó *B* e unindo os nós *C* e *E* por uma barra *CE* (Fig. 6.16*b*). A treliça assim obtida é conhecida como *treliça Fink*. Deve-se observar que as treliças da Fig. 6.16*a* e *b* *não* são treliças simples; elas não podem ser construídas a partir de uma treliça triangular pela adição sucessiva de pares de elementos tal como descrevemos na Seção 6.3. São treliças rígidas, no entanto, como podemos verificar comparando os sistemas de conexões usados para manter unidas as treliças simples *ABC* e *DEF* (três barras na Fig. 6.16*a*, um pino e uma barra na Fig. 6.16*b*) com os sistemas de apoios discutidos nas Seções 4.4 e 4.5. Treliças formadas de várias treliças simples rigidamente interligadas são conhecidas como *treliças compostas*.

Em uma treliça composta, o número de elementos *m* e o número de nós *n* são ainda relacionados pela fórmula $m = 2n - 3$. Pode-se verificar isso observando que, se uma treliça composta é sustentada por um pino sem atrito e um rolete (envolvendo três reações desconhecidas), o número total de incógnitas é $m + 3$, e esse número deve ser igual ao número $2n$ de equações que foram obtidas expressando que *n* pinos estão em equilíbrio;

segue-se que $m = 2n - 3$. Treliças compostas sustentadas por um pino e um rolete, ou por um sistema equivalente de apoios, são *estaticamente determinadas*, *rígidas* e *completamente vinculadas*. Isso significa que todas as reações incógnitas e as forças em todos os elementos podem ser determinadas pelos métodos da estática e que a treliça não irá nem colapsar nem se mover. Nem todas as forças nos elementos, entretanto, podem ser determinadas pelo método dos nós, exceto pela solução de um grande número de equações simultâneas. No caso da treliça composta da Fig. 6.16*a*, por exemplo, é mais eficiente fazer uma seção passando pelos elementos *BD*, *BE* e *CE* para determinar as forças nesses elementos.

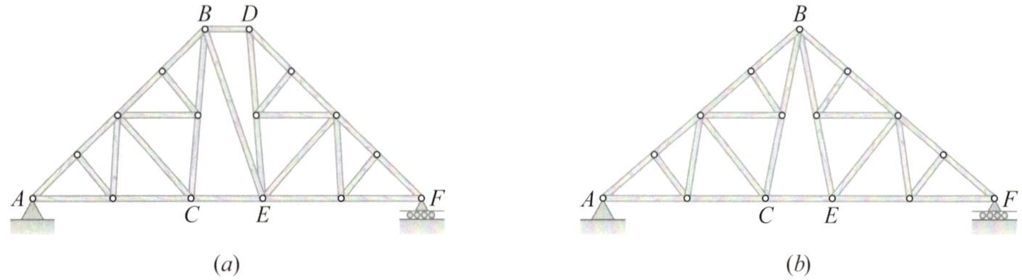

Figura 6.16

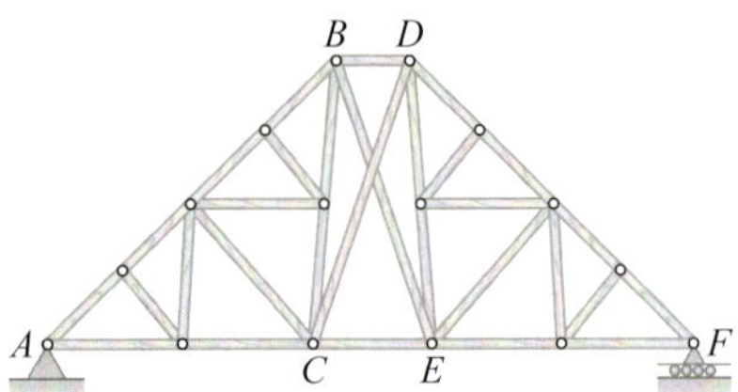

Figura 6.17

Suponha agora que as treliças simples *ABC* e *DEF* estejam ligadas por *quatro* barras *BD*, *BE*, *CD* e *CE* (Fig. 6.17). O número de elementos m é agora maior que $2n - 3$; a treliça obtida é *indeformável*, e um dos quatro elementos *BD*, *BE*, *CD* ou *CE* é chamado de *redundante*. Se a treliça está sustentada por um pino em A e um rolete em F, o número total de incógnitas é $m + 3$. Como $m > 2n - 3$, o número $m + 3$ de incógnitas é agora maior que o número $2n$ de equações independentes disponíveis, e a treliça é *estaticamente indeterminada*.

Finalmente, vamos supor que as duas treliças simples *ABC* e *DEF* sejam unidas por um pino como mostra a Fig. 6.18*a*. O número de elementos m é menor que $2n - 3$. Se a treliça está apoiada por um pino em A e um rolete em F, o número total de incógnitas é $m + 3$. Como $m < 2n - 3$, o número $m + 3$ de incógnitas é agora menor que o número $2n$ de equações de equilíbrio que devem ser satisfeitas. Nesse caso, a treliça *não é rígida* e vai colapsar sob seu próprio peso. Contudo, se dois pinos forem usados para apoiá-la, a treliça se tornará *rígida* e não irá colapsar (Fig. 6.18*b*). Observamos que o número de incógnitas é agora $m + 4$ e igual ao número $2n$ de equações. De modo geral, se as reações nos apoios envolvem r incógnitas, a condição para uma treliça composta ser estaticamente determinada, rígida e completamente vinculada é $m + r = 2\,n$. Embora necessária, essa condição não é suficiente para o equilíbrio de uma estrutura que deixe de ser rígida quando separada de seus apoios (ver Seção 6.10).

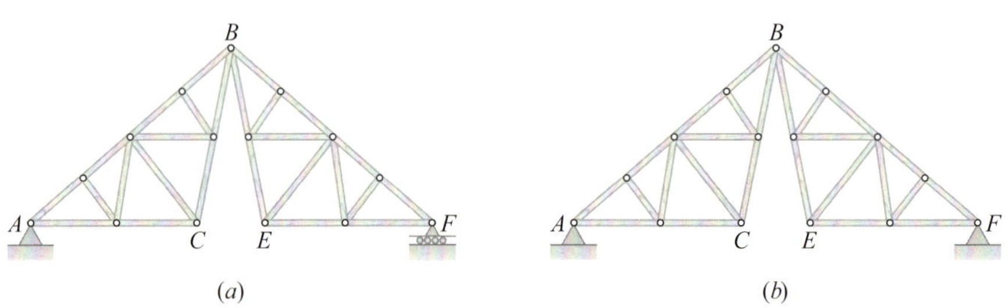

Figura 6.18

PROBLEMA RESOLVIDO 6.2

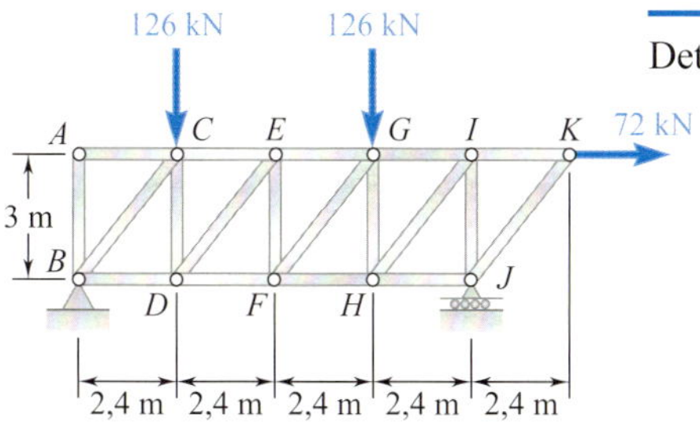

Determine a força nos elementos *EF* e *GI* da treliça mostrada na figura.

SOLUÇÃO

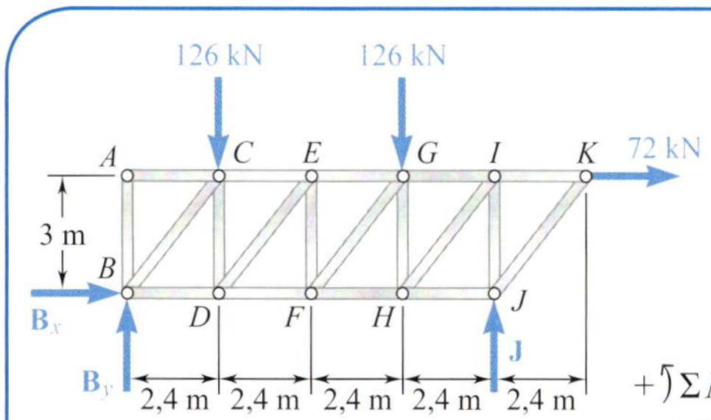

Corpo livre: treliça inteira. Traça-se o diagrama de corpo livre da treliça inteira. As forças externas que atuam nesse corpo livre consistem nas cargas aplicadas e nas reações em *B* e *J*. Escrevemos as seguintes equações de equilíbrio.

$+\circlearrowleft \Sigma M_B = 0$:

$-(126 \text{ kN})(2{,}4 \text{ m}) - (126 \text{ kN})(7{,}2 \text{ m}) - (72 \text{ kN})(3 \text{ m}) + J(9{,}6 \text{ m}) = 0$

$J = +148{,}5 \text{ kN} \qquad \mathbf{J} = 148{,}5 \text{ kN} \uparrow$

$\xrightarrow{+} \Sigma F_x = 0: \qquad B_x + 72 \text{ kN} = 0$

$B_x = -72 \text{ kN} \qquad \mathbf{B}_x = 72 \text{ kN} \leftarrow$

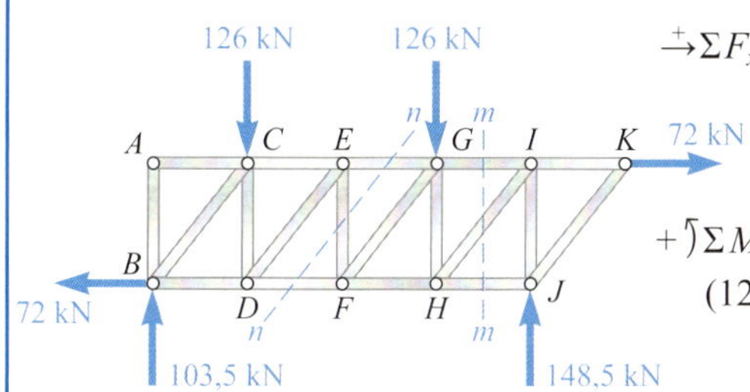

$+\circlearrowleft \Sigma M_J = 0$:

$(126 \text{ kN})(7{,}2 \text{ m}) + (126 \text{ kN})(2{,}4 \text{ m}) - (72 \text{ kN})(3 \text{ m}) - B_y(9{,}6 \text{ m}) = 0$

$B_y = +103{,}5 \text{ kN} \qquad \mathbf{B}_y = 103{,}5 \text{ kN} \uparrow$

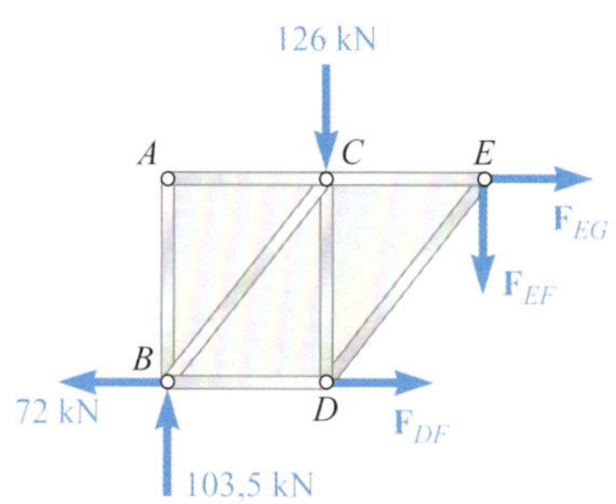

Força no elemento *EF*. A seção *nn* é definida quando passa pela treliça de modo que corta o elemento *EF* e apenas outros dois elementos. Depois que os elementos cortados tiverem sido removidos, a parte da treliça à esquerda é escolhida como um corpo livre. Três incógnitas estão envolvidas. Para eliminarmos as duas forças horizontais, escrevemos

$$+\uparrow \Sigma F_y = 0: \qquad +103{,}5 \text{ kN} - 126 \text{ kN} - F_{EF} = 0$$
$$F_{EF} = -22{,}5 \text{ kN}$$

Escolheu-se o sentido de $\mathbf{F}_{EF}$ na suposição de que o elemento *EF* estava sob tração; o sinal negativo obtido indica que o elemento está sob compressão.

$F_{EF} = 22{,}5 \text{ kN } C$ ◀

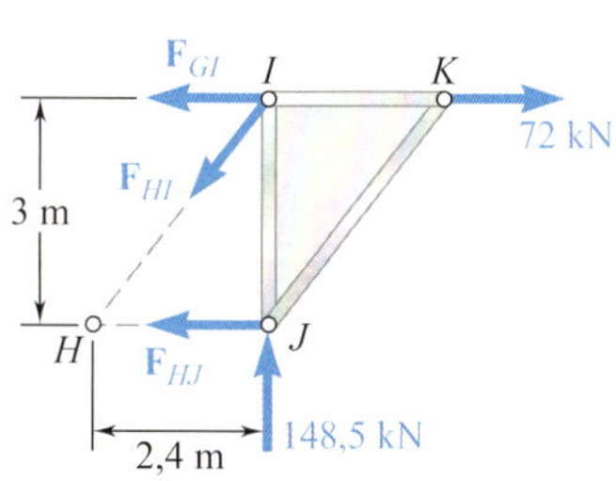

Força no elemento *GI*. A seção *mm* é definida quando passa pela treliça de modo que corta o elemento *GI* e somente outros dois elementos. Depois que os elementos cortados tiverem sido removidos, a parte da treliça à direita é escolhida como um corpo livre. Novamente, três incógnitas estão envolvidas. Para eliminarmos as duas forças que passam pelo ponto *H*, escrevemos

$+\circlearrowleft \Sigma M_H = 0: \qquad (148{,}5 \text{ kN})(2{,}4 \text{ m}) - (72 \text{ kN})(3 \text{ m}) + F_{GI}(3 \text{ m}) = 0$

$F_{GI} = -46{,}8 \text{ kN} \qquad F_{GI} = 46{,}8 \text{ kN } C$ ◀

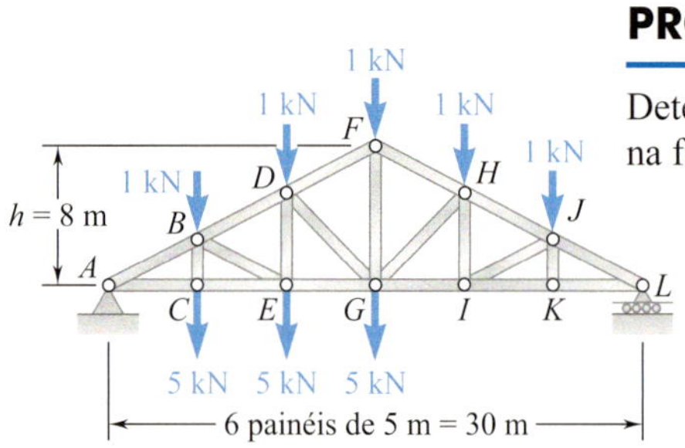

PROBLEMA RESOLVIDO 6.3

Determine a força nos elementos *FH*, *GH* e *GI* da treliça de telhado mostrada na figura.

SOLUÇÃO

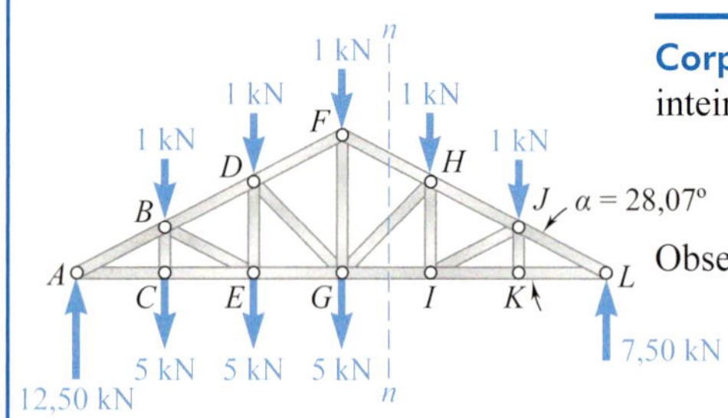

Corpo livre: treliça inteira. A partir do diagrama de corpo livre da treliça inteira, encontramos as reações em A e L:

$$\mathbf{A} = 12{,}50\ \text{kN}\uparrow \qquad \mathbf{L} = 7{,}50\ \text{kN}\uparrow$$

Observamos que

$$\operatorname{tg}\alpha = \frac{FG}{GL} = \frac{8\ \text{m}}{15\ \text{m}} = 0{,}5333 \qquad \alpha = 28{,}07^\circ$$

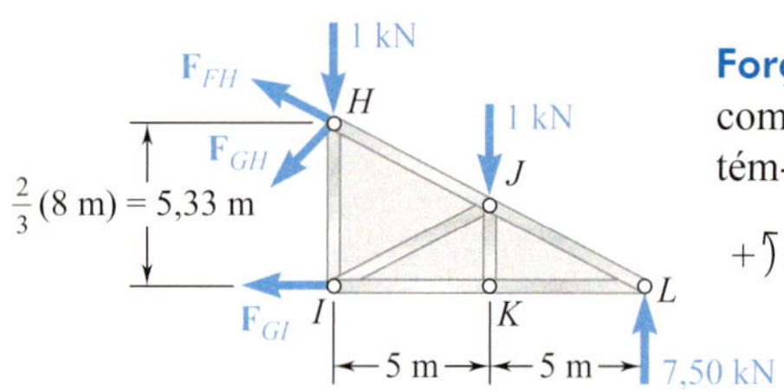

Força no elemento *GI*. A seção *nn* é definida quando passa pela treliça como mostra a figura. Usando a parte *HLI* da treliça como um corpo livre, obtém-se o valor de F_{GI} escrevendo

$$+\circlearrowleft \Sigma M_H = 0: \quad (7{,}50\ \text{kN})(10\ \text{m}) - (1\ \text{kN})(5\ \text{m}) - F_{GI}(5{,}33\ \text{m}) = 0$$

$$F_{GI} = +13{,}13\ \text{kN} \qquad F_{GI} = 13{,}13\ \text{kN}\ T \quad \blacktriangleleft$$

Força no elemento *FH*. O valor de F_{FH} é obtido a partir da equação $\Sigma M_G = 0$. Movemos $\mathbf{F}_{FH}$ ao longo de sua linha de ação até que esta atue no ponto F, no qual ela é decomposta em seus componentes x e y. O momento de $\mathbf{F}_{FH}$ em relação ao ponto G é agora igual a $(F_{FH} \cos \alpha)(8\ \text{m})$.

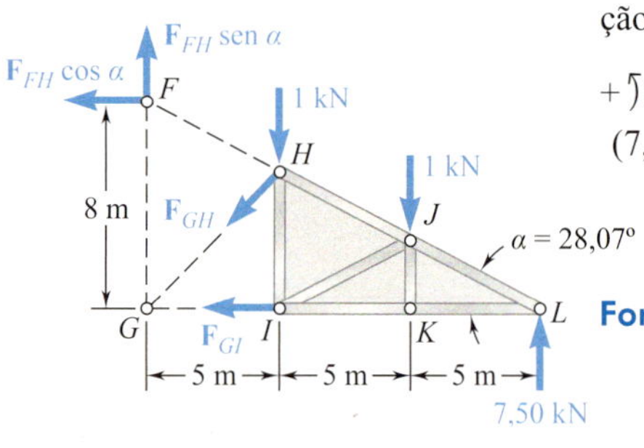

$$+\circlearrowleft \Sigma M_G = 0:$$

$$(7{,}50\ \text{kN})(15\ \text{m}) - (1\ \text{kN})(10\ \text{m}) - (1\ \text{kN})(5\ \text{m}) + (F_{FH} \cos \alpha)(8\ \text{m}) = 0$$

$$F_{FH} = -13{,}81\ \text{kN} \qquad F_{FH} = 13{,}81\ \text{kN}\ C \quad \blacktriangleleft$$

Força no elemento *GH*. Primeiro observamos que

$$\operatorname{tg}\beta = \frac{GI}{HI} = \frac{5\ \text{m}}{\frac{2}{3}(8\ \text{m})} = 0{,}9375 \qquad \beta = 43{,}15^\circ$$

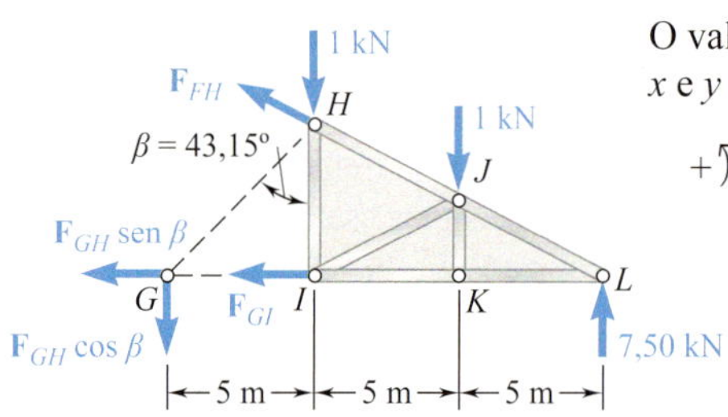

O valor de F_{GH} é então determinado decompondo a força $\mathbf{F}_{GH}$ em componentes x e y no ponto G e resolvendo a equação $\Sigma M_L = 0$.

$$+\circlearrowleft \Sigma M_L = 0: \quad (1\ \text{kN})(10\ \text{m}) + (1\ \text{kN})(5\ \text{m}) + (F_{GH} \cos \beta)(15\ \text{m}) = 0$$

$$F_{GH} = -1{,}371\ \text{kN} \qquad F_{GH} = 1{,}371\ \text{kN}\ C \quad \blacktriangleleft$$

PROBLEMAS

6.25 Determine a força nos elementos *BD* e *CD* na treliça mostrada na figura.

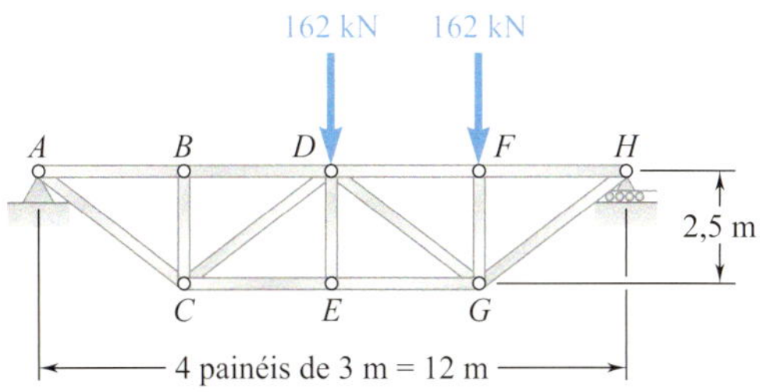

Figura P6.25 e P6.26

6.26 Determine a força nos elementos *DF* e *DG* na treliça mostrada na figura.

6.27 Determine a força nos elementos *FG* e *FH* na treliça mostrada na figura quando $P = 35$ kN.

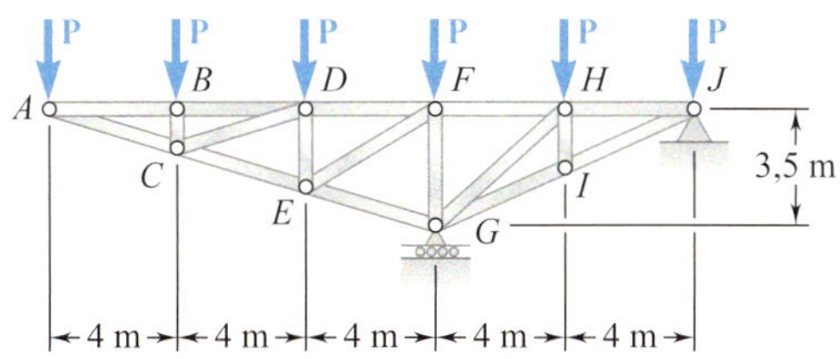

Figura P6.27 e P6.28

6.28 Determine a força nos elementos *EF* e *EG* na treliça mostrada na figura quando $P = 35$ kN.

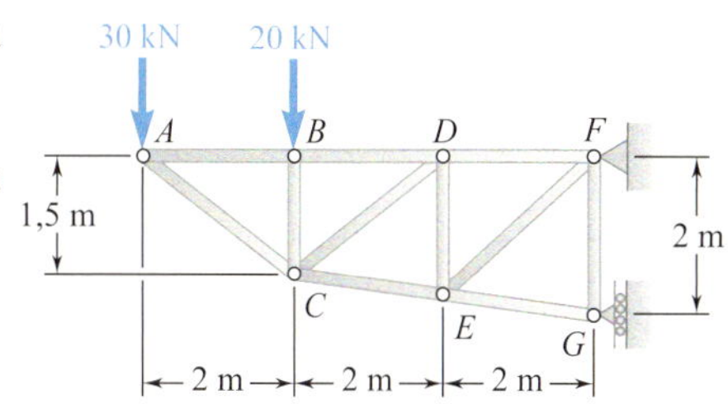

Figura P6.31 e P6.32

6.29 Determine a força nos elementos *DE* e *DF* na treliça mostrada na figura quando $P = 90$ kN.

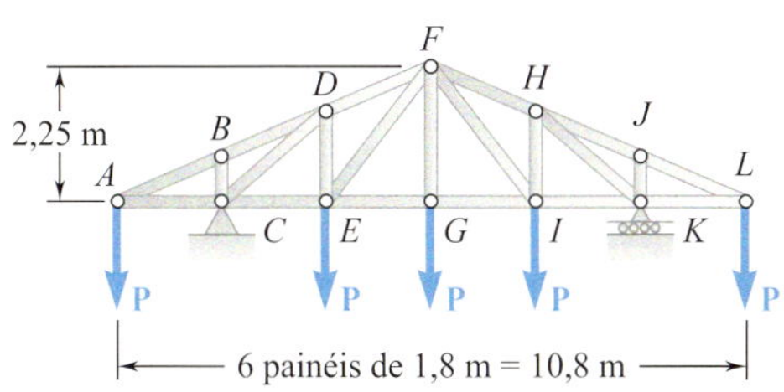

Figura P6.29 e P6.30

6.30 Determine a força nos elementos *EG* e *EF* na treliça mostrada na figura quando $P = 90$ kN.

6.31 Determine a força nos elementos *DF* e *DE* na treliça mostrada na figura.

6.32 Determine a força nos elementos *CD* e *CE* na treliça mostrada na figura.

6.33 Determine a força nos elementos *BD* e *DE* na treliça mostrada na figura.

6.34 Determine a força nos elementos *FH* e *DH* na treliça mostrada na figura.

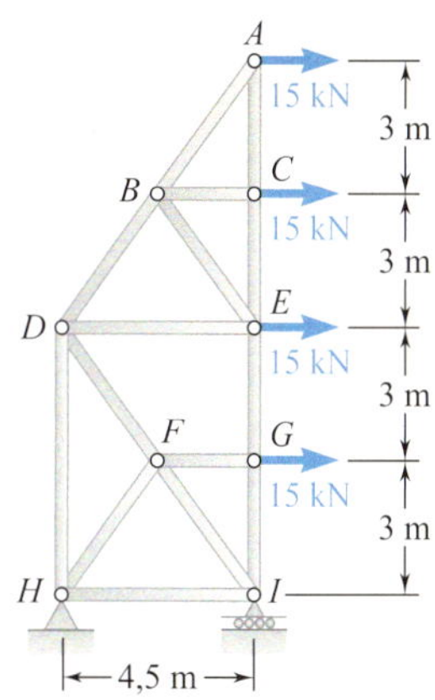

Figura P6.33 e P6.34

6.35 Determine a força nos elementos *FH*, *GH* e *GI* na treliça de telhado de estádio mostrada na figura.

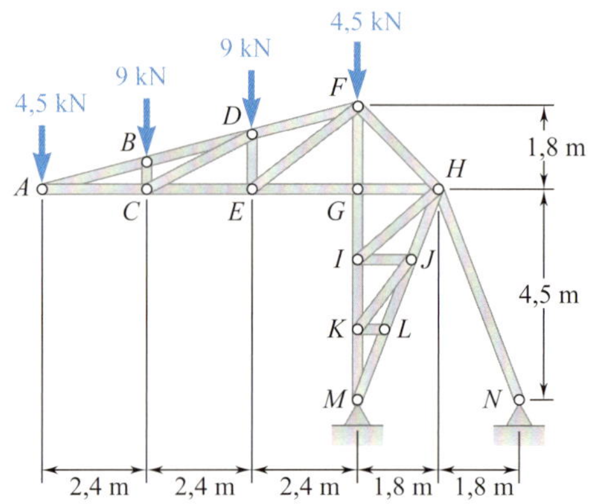

Figura P6.35 e P6.36

6.36 Determine a força nos elementos *DF*, *DE* e *CE* na treliça de telhado de estádio mostrada na figura.

6.37 Determine a força nos elementos *CE*, *DE* e *DF* na treliça mostrada na figura.

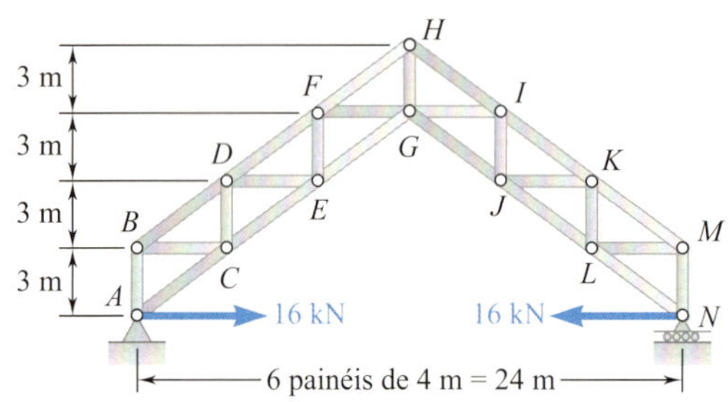

Figura P6.37 e P6.38

6.38 Determine a força nos elementos *GI*, *GJ* e *HI* na treliça mostrada na figura.

6.39 Determine a força nos elementos *AD*, *CD* e *CE* na treliça mostrada na figura.

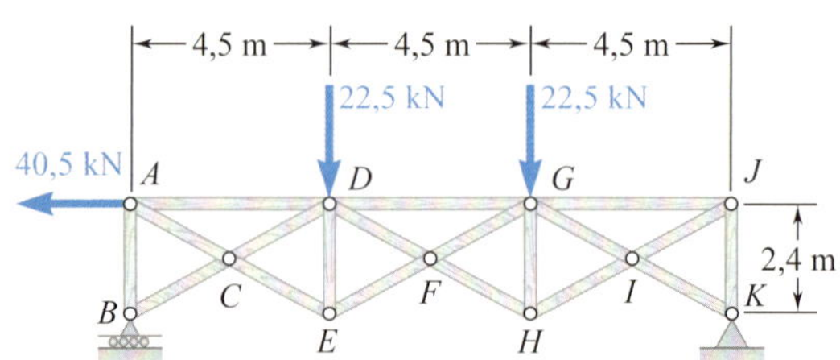

Figura P6.39 e P6.40

6.40 Determine a força nos elementos *DG*, *FG* e *FH* na treliça mostrada na figura.

6.41 Determine a força no elemento *GJ* na treliça mostrada na figura. (*Dica*: Use a seção *a-a*.)

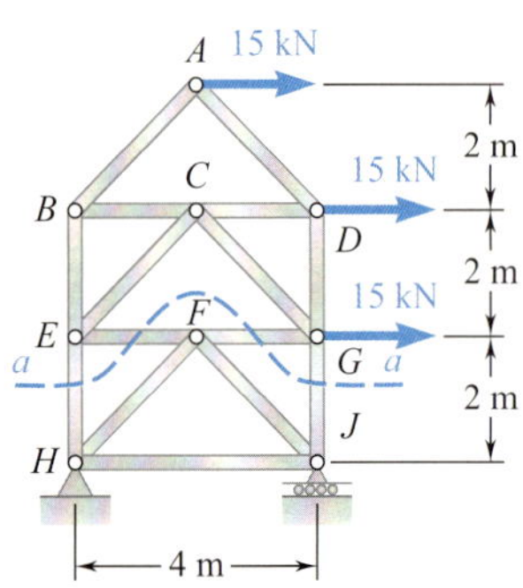

Figura P6.41

6.42 Determine a força nos elementos AB e KL na treliça mostrada na figura. (*Dica*: Use a seção *a-a*.)

6.43 Determine a força nos elementos DG e FH na treliça mostrada na figura. (*Dica*: Use a seção *a-a*.)

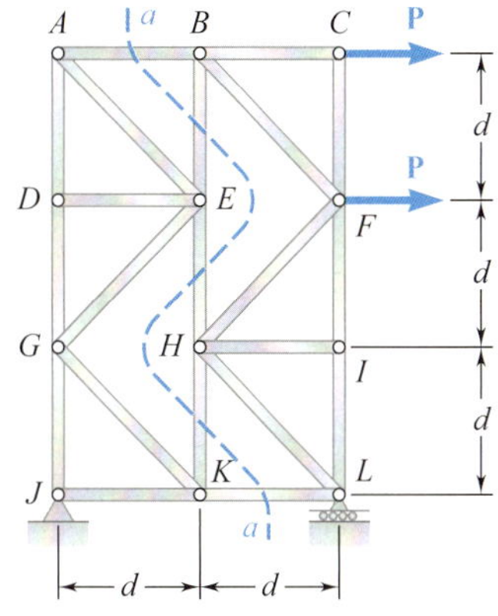

Figura P6.42

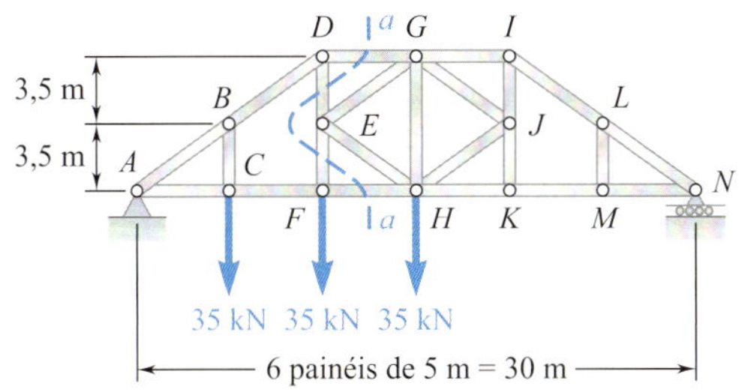

Figura P6.43

6.44 Os elementos diagonais nos painéis centrais da treliça mostrada na figura são muito delgados e podem atuar apenas em tração. Tais elementos são chamados *tirantes*. Determine a força no membro DE e nos tirantes que estão atuando sob o carregamento.

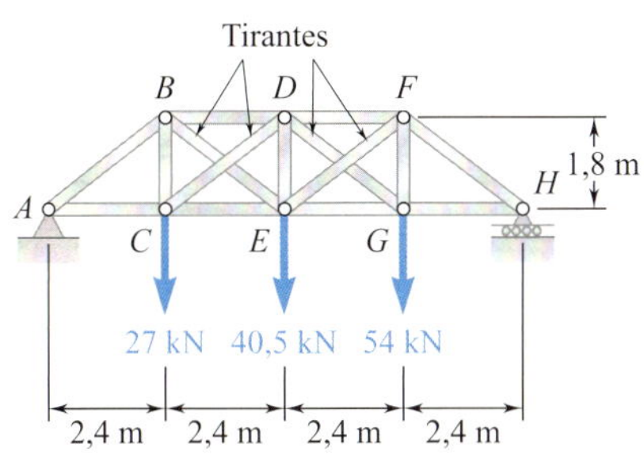

Figura P6.44

6.45 Resolva o Problema 6.44 considerando que a carga de 27 kN foi removida.

6.46 Resolva o Problema 6.44 considerando que a carga de 40,5 kN foi removida.

6.47 e 6.48 Classifique cada uma das estruturas indicadas como completamente, parcialmente ou impropriamente vinculada; se completamente vinculada, classifique-a também como determinada ou indeterminada. Todos os elementos podem atuar sob tração e compressão.

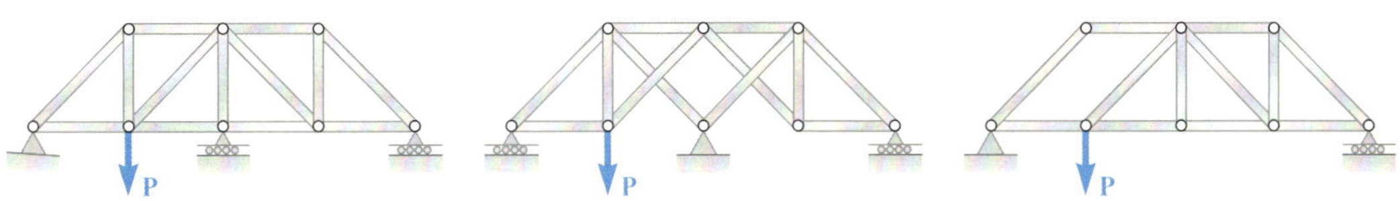

(*a*) (*b*) (*c*)

Figura P6.47

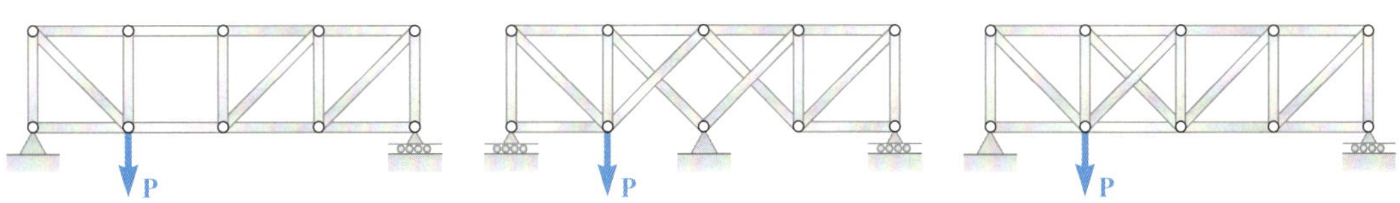

(*a*) (*b*) (*c*)

Figura P6.48

ESTRUTURAS E MÁQUINAS

6.8 Estruturas que contêm elementos sujeitos a múltiplas forças

No estudo sobre treliças, tratamos de estruturas compostas inteiramente por pinos e elementos retos sujeitos a duas forças. Nesse caso, as forças que atuam nesses elementos estão direcionadas ao longo dos elementos propriamente ditos. Agora consideramos estruturas nas quais pelo menos um dos elementos está *sujeito a múltiplas forças*, ou seja, um elemento sobre o qual atuam três ou mais forças. Essas forças geralmente não serão direcionadas ao longo dos elementos sobre os quais elas atuam. Como a direção dessas forças é desconhecida, elas devem, portanto, ser representadas por dois componentes desconhecidos.

Estruturas e máquinas são estruturas que contêm elementos sujeitos a múltiplas forças. As *estruturas* são projetadas para sustentar cargas e geralmente são estacionárias, completamente vinculadas. As *máquinas* são projetadas para transmitir e modificar forças, podem ou não ser estacionárias e sempre conterão partes móveis.

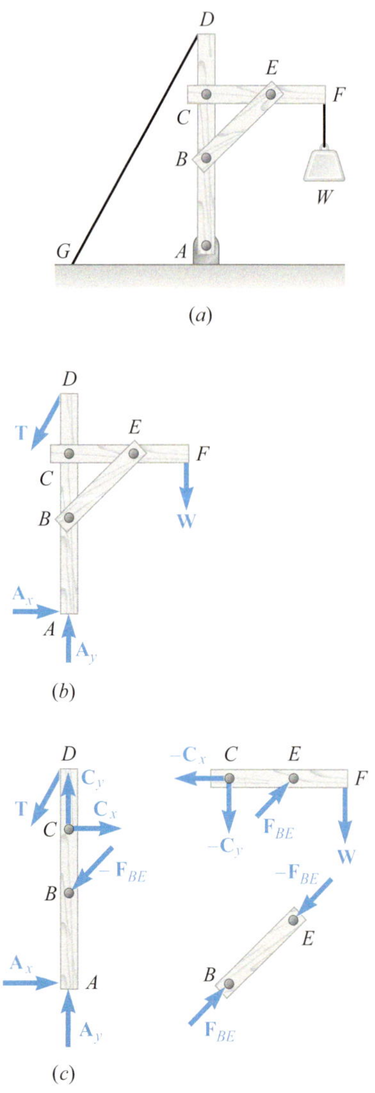

Figura 6.19

6.9 Análise de uma estrutura

Como um primeiro exemplo de análise de uma estrutura, o guindaste descrito na Seção 6.1, que carrega uma dada carga W (Fig. 6.19*a*), será novamente considerado. O diagrama de corpo livre de toda a estrutura é mostrado na Fig. 6.19*b*, o qual pode ser usado para determinar as forças externas que atuam nessa estrutura. Somando os momentos em relação a A, primeiro determinamos a força **T** exercida pelo cabo, e, somando os componentes em x e y, determinamos então os componentes $\mathbf{A}_x$ e $\mathbf{A}_y$ da reação no pino A.

Para determinarmos as forças internas que mantêm as várias partes da estrutura juntas, devemos desmembrar a estrutura e traçar um diagrama de corpo livre para cada uma de suas partes componentes (Fig. 6.19*c*). Primeiro, devem-se considerar os elementos sujeitos a duas forças. Nessa estrutura, o elemento BE é o único elemento sujeito a duas forças. As forças que atuam em cada extremidade desse elemento têm que ter igual intensidade, igual linha de ação e sentidos opostos (Seção 4.6). Elas são, portanto, direcionadas ao longo de BE e serão representadas, respectivamente, por $\mathbf{F}_{BE}$ e $-\mathbf{F}_{BE}$. O sentido dessas forças serão arbitrariamente considerados como mostra a Fig. 6.19*c*, e depois o sinal obtido para a intensidade comum F_{BE} das duas forças confirmará ou negará essa suposição.

Em seguida, consideramos os elementos sujeitos a múltiplas forças, ou seja, os elementos sobre os quais atuam três ou mais forças. De acordo com a terceira lei de Newton, a força exercida em B pelo elemento BE no elemento AD tem que ser igual e oposta à força $\mathbf{F}_{BE}$ exercida por AD em BE. De modo semelhante, a força exercida em E pelo elemento BE no elemento CF tem que ser igual e oposta à força $-\mathbf{F}_{BE}$ exercida por CF em BE. Logo, as duas forças que o elemento BE exerce em AD e CF são, respectivamente, iguais a $-\mathbf{F}_{BE}$ e $\mathbf{F}_{BE}$; elas têm igual intensidade F_{BE} e sentidos opostos e devem estar direcionadas tal como mostra a Fig. 6.19*c*.

Em C dois elementos sujeitos a múltiplas forças estão ligados. Como nem a direção nem a intensidade das forças que atuam em C são conhecidas, essas forças serão representadas pelos seus componentes x e y. Os componentes $\mathbf{C}_x$ e $\mathbf{C}_y$ da força que atuam no elemento AD serão arbitrariamente direcionados para a direita e para cima. Como, de acordo com a terceira lei de Newton, as forças exercidas pelo elemento CF em AD e pelo elemento AD em CF são iguais e opostas, os componentes da força que atuam no elemento CF *devem* estar direcionados para a esquerda e para baixo; eles serão representados, respectivamente, por $-\mathbf{C}_x$ e $-\mathbf{C}_y$. Se por convenção a força $\mathbf{C}_x$ é direcionada para a direita e a força $-\mathbf{C}_x$ para a esquerda, um sinal positivo atribuído a sua intensidade comum C_x indicará que a suposição que se fez estava correta, e um sinal negativo indicará que ela estava errada. Os diagramas de corpo livre dos elementos sujeitos a múltiplas forças são completados quando se mostram as forças externas que atuam em A, D e F.*

Agora é possível determinar as forças internas considerando o diagrama de corpo livre de qualquer dos dois elementos sujeitos a múltiplas forças. Ao escolhermos o diagrama de corpo livre de CF, por exemplo, escrevemos as equações $\Sigma M_c = 0$, $\Sigma M_E = 0$ e $\Sigma F_x = 0$, que fornecem os valores das intensidades F_{BE}, C_y e C_x, respectivamente, os quais podem ser confirmados verificando se o elemento AD está também em equilíbrio.

Deve-se observar que foi considerado que os pinos na Fig. 6.19 são parte integrante de um dos dois elementos que eles unem, e, por isso, não foi necessário mostrar seus diagramas de corpo livre. Essa suposição pode sempre ser usada para simplificar a análise de estruturas e máquinas. Quando um pino está ligado a três ou mais elementos, ou quando um pino está ligado a um apoio e a dois ou mais elementos, ou quando uma carga é aplicada a um pino, deve-se tomar uma decisão clara na escolha do elemento ao qual o pino supostamente pertence. (Se elementos sujeitos a múltiplas forças estiverem envolvidos, o pino deverá estar preso a um desses elementos.) As várias forças exercidas no pino devem então ser identificadas claramente. Isso é ilustrado no Problema Resolvido 6.6.

6.10 Estruturas que deixam de ser rígidas quando separadas de seus apoios

Construiu-se o guindaste analisado na Seção 6.9 de modo que pudesse manter a mesma forma sem a ajuda de seus apoios, e, por isso, foi considerado um corpo rígido. Muitas estruturas, entretanto, colapsarão se forem separadas de seus apoios, e, por isso, elas não podem ser consideradas corpos rígidos. Considere, por exemplo, a estrutura mostrada na Fig. 6.20*a*,

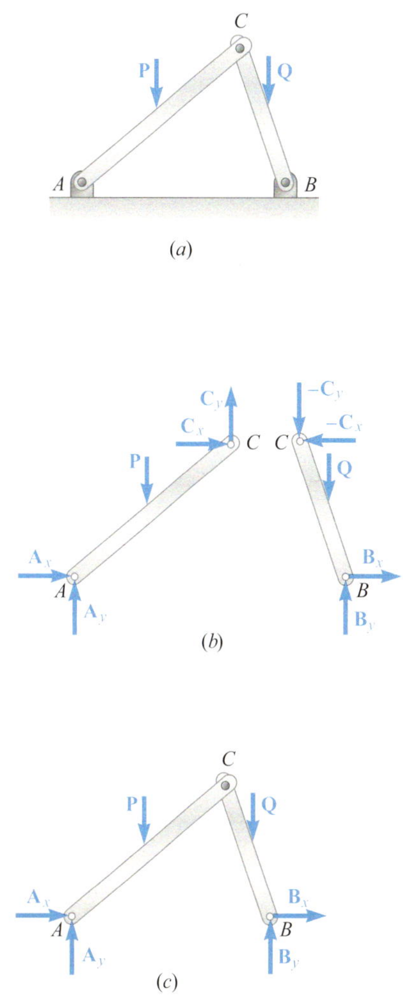

Figura 6.20

* Não é estritamente necessário utilizar um sinal negativo para distinguir a força exercida por um elemento sobre outro de força igual e oposta exercida pelo segundo elemento no primeiro, já que as duas forças pertencem a diagramas de corpo livre diferentes e, portanto, não podem ser facilmente confundidas. Nos Problemas Resolvidos, utiliza-se o mesmo símbolo para representar forças iguais e opostas que são aplicadas a corpos livres diferentes. Deve-se observar que, nessas condições, o sinal obtido para um dado componente de força não irá relacionar diretamente o sentido desse componente com o sentido do eixo coordenado correspondente. Em vez disso, um sinal positivo indicará que *o sentido que se pressupôs para esse componente no diagrama de corpo livre* está certo, e um sinal negativo indicará que ele está errado.

composta por dois elementos AC e *CB* sujeitos a cargas **P** e **Q**, respectivamente, em seus pontos médios; os elementos são apoiados por pinos em *A* e *B* e unidos por um pino em *C*. Se for separada de seus apoios, essa estrutura não manterá sua forma, o que nos permite afirmar que ela é feita de *duas partes rígidas distintas AC* e *CB*.

As equações $\Sigma F_x = 0$, $\Sigma F_y = 0$ e $\Sigma M = 0$ (em relação a qualquer ponto dado) expressam as condições para o *equilíbrio de um corpo rígido* (Cap. 4), portanto devemos utilizá-las em conexão com os diagramas de corpo livre de corpos rígidos, especificamente os diagramas de corpo livre dos elementos *AC* e *CB* (Fig. 6.20*b*). Como esses elementos estão sujeitos a múltiplas forças e pinos são usados nos apoios e na conexão, cada uma das reações em *A* e *B* e das forças em *C* será representada por dois componentes. De acordo com a terceira lei de Newton, os componentes da força exercida por *CB* em *AC* e por *AC* em *CB* deverão ser representados por vetores de igual intensidade e sentidos opostos. Então, se o primeiro par de componentes for composto de $\mathbf{C}_x$ e $\mathbf{C}_y$, o segundo par será representado por $-\mathbf{C}_x$ e $-\mathbf{C}_y$. Observamos que quatro componentes de força desconhecidos atuam no corpo livre *AC*, enquanto somente três equações independentes podem ser usadas para expressar que o corpo está em equilíbrio; de modo semelhante, quatro incógnitas, mas somente três equações, estão associadas a *CB*. Entretanto, somente seis incógnitas diferentes estão envolvidas na análise dos dois elementos, e no total seis equações estão disponíveis para expressar que os elementos estão em equilíbrio. Escrevendo $\Sigma M_A = 0$ para o corpo livre *AC* e $\Sigma M_B = 0$ para *CB*, obtemos duas equações simultâneas que podem ser resolvidas para a intensidade comum C_x dos componentes $\mathbf{C}_x$ e $-\mathbf{C}_x$ e para a intensidade comum C_y dos componentes $\mathbf{C}_y$ e $-\mathbf{C}_y$. Então escrevemos $\Sigma F_x = 0$ e $\Sigma F_y = 0$ para cada um dos dois corpos livres e obtemos, sucessivamente, as intensidades A_x, A_y, B_x e B_y.

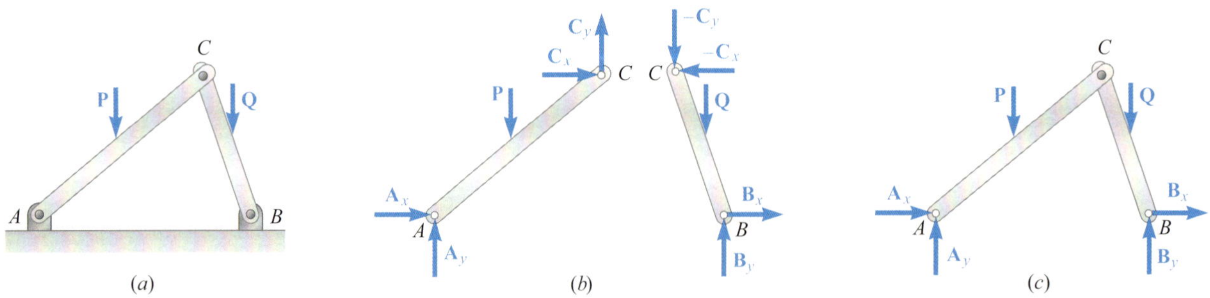

Figura 6.20 (repetida)

Pode-se agora observar que, como as equações de equilíbrio $\Sigma F_x = 0$, $\Sigma F_y = 0$ e $\Sigma M = 0$ (em relação a qualquer ponto dado) são satisfeitas pelas forças que atuam no corpo livre *AC*, e uma vez que também são satisfeitas pelas forças que atuam no corpo livre *CB*, elas devem ser satisfeitas quando as forças que atuam nos dois corpos livres são consideradas simultaneamente. Como as forças internas em *C* se cancelam mutuamente, constatamos que as equações de equilíbrio devem ser satisfeitas pelas forças externas mostradas no diagrama de corpo livre da estrutura *ACB* propriamente dita (Fig. 6.20*c*), apesar de essa estrutura não ser um corpo rígido. Essas equações podem ser usadas para determinar alguns dos componentes das reações em A e B. Entretanto, constataremos também que *as reações não podem ser completamente determinadas a partir do diagrama de corpo livre da estrutura inteira*. Em consequência, é necessário desmembrar a estrutura e considerar os diagramas de corpo livre de suas partes componentes (Fig. 6.20*b*), mesmo quando estamos interessados em determinar somente as reações externas. Isso ocorre porque as equações de equilíbrio obtidas para o corpo livre ACB *são condições necessárias* para o equilíbrio de uma estrutura não rígida, *mas não são condições suficientes*.

O método de solução esboçado no segundo parágrafo desta seção envolvia equações simultâneas. Agora é apresentado um método mais eficiente que usa o corpo livre ACB e os corpos livres AC e CB. Escrevendo $\Sigma M_A = 0$ e $\Sigma M_B = 0$ para o corpo livre ACB, obtemos B_y e A_y. Escrevendo $\Sigma M_C = 0$, $\Sigma F_x = 0$ e $\Sigma F_y = 0$ para o corpo livre AC, obtemos, sucessivamente, A_x, C_x e C_y. Finalmente, escrevendo $\Sigma F_x = 0$ para ACB, obtemos B_x.

Observamos anteriormente que a análise da estrutura da Fig. 6.20 envolve seis componentes de força desconhecidos e seis equações de equilíbrio independentes. (As equações de equilíbrio para a estrutura inteira foram obtidas a partir das seis equações originais e, por isso, não são independentes.) Além disso, verificamos que todas as incógnitas podiam realmente ser determinadas e que todas as equações podiam ser satisfeitas. A estrutura considerada *é estaticamente determinada e rígida*.* Geralmente, para determinarmos se uma estrutura é estaticamente determinada e rígida, devemos traçar um diagrama de corpo livre para cada uma de suas partes componentes e contar as reações e forças internas envolvidas. Devemos também determinar o número de equações de equilíbrio independentes (excluindo as equações que expressam o equilíbrio da estrutura inteira ou de grupos de partes componentes já analisados). Se há mais incógnitas que equações, a estrutura é *estaticamente indeterminada*. Se há menos incógnitas que equações, a estrutura *não é rígida*. Se há tantas incógnitas quanto equações *e se todas as incógnitas podem ser determinadas e todas equações podem ser satisfeitas* em condições gerais de carregamento, a estrutura é *estaticamente determinada e rígida*. Se, entretanto, por causa de um *arranjo impróprio* de elementos e apoios, as incógnitas não puderem ser todas determinadas e as equações não puderem ser todas satisfeitas, a estrutura será *estaticamente indeterminada e não é rígida*.

* A palavra "rígida" é usada aqui para indicar que a estrutura manterá sua forma enquanto ela permanecer ligada aos seus apoios.

PROBLEMA RESOLVIDO 6.4

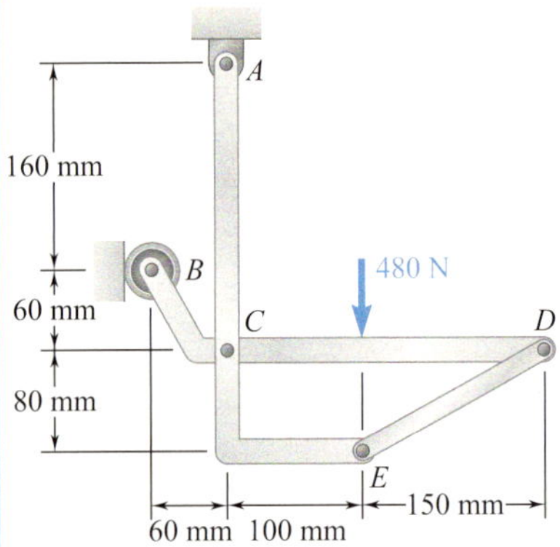

Na estrutura mostrada na figura, os elementos *ACE* e *BCD* estão ligados por um pino em *C* e pela haste *DE*. Para o carregamento mostrado, determine a força na haste *DE* e os componentes da força exercida em *C* no elemento *BCD*.

SOLUÇÃO

Corpo livre: estrutura inteira. Como as reações externas envolvem apenas três incógnitas, calculamos as reações considerando o diagrama de corpo livre da estrutura inteira.

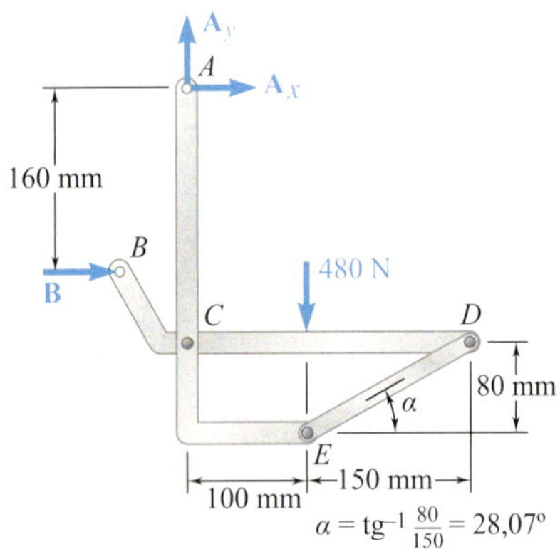

$+\uparrow \Sigma F_y = 0$: $\quad A_y - 480\text{ N} = 0 \quad A_y = +480\text{ N} \quad \mathbf{A}_y = 480\text{ N}\uparrow$

$+\circlearrowleft \Sigma M_A = 0$: $\quad -(480\text{ N})(100\text{ mm}) + B(160\text{ mm}) = 0$

$B = +300\text{ N} \quad \mathbf{B} = 300\text{ N}\rightarrow$

$\overset{+}{\rightarrow} \Sigma F_x = 0$: $\quad B + A_x = 0$

$300\text{ N} + A_x = 0 \quad A_x = -300\text{ N} \quad \mathbf{A}_x = 300\text{ N}\leftarrow$

Elementos. Agora desmembramos a estrutura. Como somente dois elementos estão ligados em *C*, os componentes das forças desconhecidas que atuam em *ACE* e *BCD* são, respectivamente, iguais e opostos, e considera-se que estão direcionados tal como mostra a figura. Partimos do pressuposto de que a haste *DE* está sob tração e exerce forças iguais e opostas em *D* e *E*, direcionadas como mostra a figura.

Corpo livre: elemento BCD. Usando o corpo livre *BCD*, escrevemos

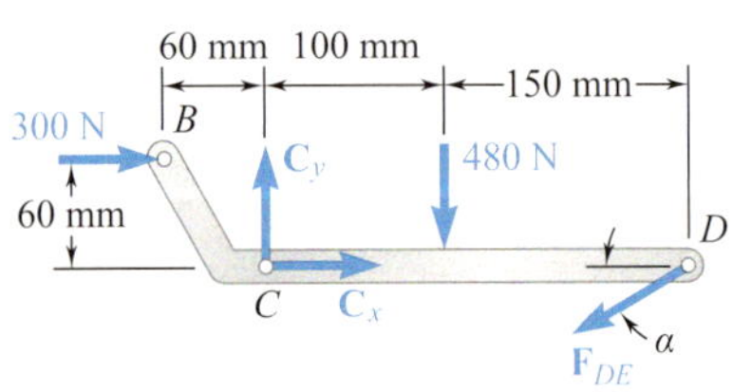

$+\circlearrowright \Sigma M_C = 0$:

$$(F_{DE}\text{ sen}\,\alpha)(250\text{ mm}) + (300\text{ N})(80\text{ mm}) + (480\text{ N})(100\text{ mm}) = 0$$

$$F_{DE} = -561\text{ N} \qquad F_{DE} = 561\text{ N } C \quad ◀$$

$\overset{+}{\rightarrow} \Sigma F_x = 0$: $\quad C_x - F_{DE}\cos\alpha + 300\text{ N} = 0$

$C_x - (-561\text{ N})\cos 28{,}07° + 300\text{ N} = 0 \quad C_x = -795\text{ N}$

$+\uparrow \Sigma F_y = 0$: $\quad C_y - F_{DE}\text{ sen}\,\alpha - 480\text{ N} = 0$

$C_y - (-561\text{ N})\text{ sen } 28{,}07° - 480\text{ N} = 0 \quad C_y = +216\text{ N}$

Dos sinais obtidos para C_x e C_y, concluímos que os componentes de força $\mathbf{C}_x$ e $\mathbf{C}_y$ exercidos no elemento *BCD* estão direcionados, respectivamente, para a esquerda e para cima. Temos

$$\mathbf{C}_x = 795\text{ N}\leftarrow,\ \mathbf{C}_y = 216\text{ N}\uparrow \quad ◀$$

Corpo livre: elemento ACE (verificação). Os cálculos são verificados considerando o corpo livre *ACE*. Por exemplo,

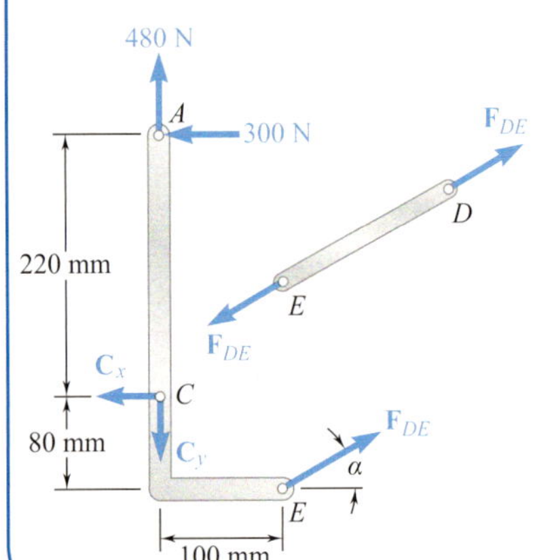

$$+\circlearrowleft \Sigma M_A = (F_{DE}\cos\alpha)(300\text{ mm}) + (F_{DE}\text{ sen}\,\alpha)(100\text{ mm}) - C_x(220\text{ mm})$$
$$= (-561\cos\alpha)(300) + (-561\text{ sen}\,\alpha)(100) - (-795)(220) = 0$$

PROBLEMA RESOLVIDO 6.5

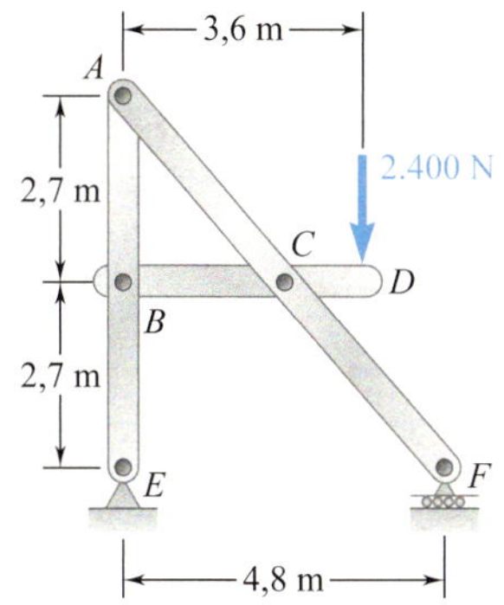

Determine os componentes das forças que atuam em cada elemento da estrutura mostrada na figura.

SOLUÇÃO

Corpo livre: estrutura inteira. Como as reações externas envolvem apenas três incógnitas, calculamos as reações considerando o diagrama de corpo livre da estrutura inteira.

$+\circlearrowleft \Sigma M_E = 0: \quad -(2.400\text{ N})(3{,}6\text{ m}) + F(4{,}8\text{ m}) = 0$

$F = +1.800\text{ N} \qquad \mathbf{F} = 1.800\text{ N}\uparrow$ ◀

$+\uparrow \Sigma F_y = 0: \quad -2.400\text{ N} + 1.800\text{ N} + E_y = 0$

$E_y = +600\text{ N} \qquad \mathbf{E}_y = 600\text{ N}\uparrow$ ◀

$\xrightarrow{+} \Sigma F_x = 0: \qquad \mathbf{E}_x = 0$ ◀

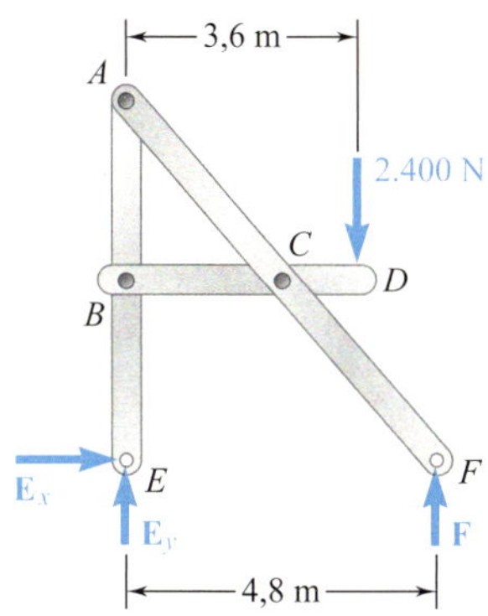

Elementos. A estrutura é agora desmembrada. Como apenas dois elementos estão ligados em cada nó, componentes iguais e opostos são mostrados atuando sobre cada elemento, em cada nó.

Corpo livre: elemento *BCD*

$+\circlearrowleft \Sigma M_B = 0: \quad -(2.400\text{ N})(3{,}6\text{ m}) + C_y(2{,}4\text{ m}) = 0 \qquad C_y = +3.600\text{ N}$ ◀

$+\circlearrowleft \Sigma M_C = 0: \quad -(2.400\text{ N})(1{,}2\text{ m}) + B_y(2{,}4\text{ m}) = 0 \qquad B_y = +1.200\text{ N}$ ◀

$\xrightarrow{+} \Sigma F_x = 0: \quad -B_x + C_x = 0$

Observamos que não é possível obter nem B_x e nem C_x considerando apenas o elemento *BCD*. Os valores positivos obtidos para B_y e C_y indicam que os componentes de força $\mathbf{B}_y$ e $\mathbf{C}_y$ estão direcionados como se supôs.

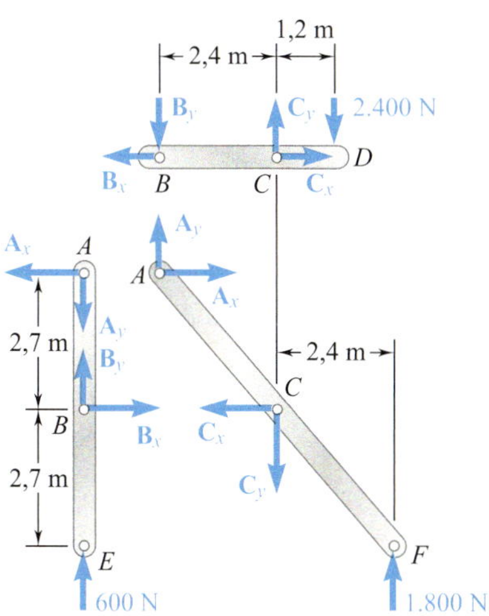

Corpo livre: elemento *ABE*

$+\circlearrowleft \Sigma M_A = 0: \quad B_x(2{,}7\text{ m}) = 0 \qquad B_x = 0$ ◀

$\xrightarrow{+} \Sigma F_x = 0: \quad +B_x - A_x = 0 \qquad A_x = 0$ ◀

$+\uparrow \Sigma F_y = 0: \quad -A_y + B_y + 600\text{ N} = 0$

$-A_y + 1.200\text{ N} + 600\text{ N} = 0 \qquad A_y = +1.800\text{ N}$ ◀

Corpo livre: elemento *BCD*. Retornando agora ao elemento *BCD*, escrevemos

$\xrightarrow{+} \Sigma F_x = 0: \quad -B_x + C_x = 0 \quad 0 + C_x = 0 \qquad C_x = 0$ ◀

Corpo livre: elemento *ACF* (verificado). Todos os componentes desconhecidos já foram encontrados; para conferir os resultados, verificamos que o elemento *ACF* está em equilíbrio.

$$+\circlearrowleft \Sigma M_C = (1.800\text{ N})(2{,}4\text{ m}) - A_y(2{,}4\text{ m}) - A_x(2{,}7\text{ m})$$
$$= (1.800\text{ N})(2{,}4\text{ m}) - (1.800\text{ N})(2{,}4\text{ m}) - 0 = 0 \qquad \text{(verificado)}$$

PROBLEMA RESOLVIDO 6.6

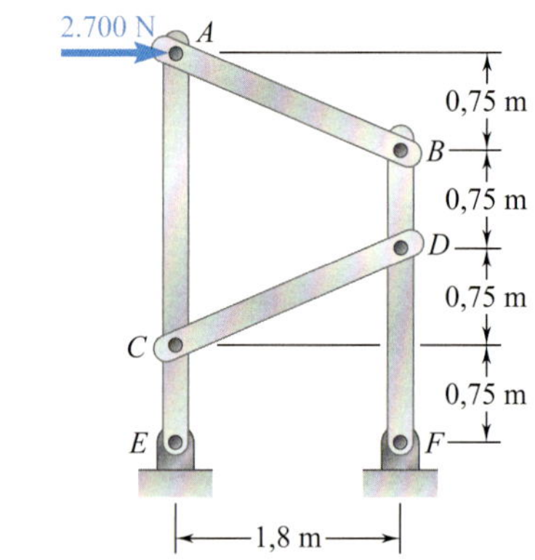

Uma força horizontal de 2.700 N é aplicada no pino A da estrutura mostrada na figura. Determine as forças que atuam nos dois elementos verticais dessa estrutura.

SOLUÇÃO

Corpo livre: estrutura inteira. A estrutura inteira é escolhida como um corpo livre. Apesar de as reações envolverem quatro incógnitas, podemos determinar $\mathbf{E}_y$ e $\mathbf{F}_y$ desta forma:

$$+\circlearrowleft \Sigma M_E = 0: \quad -(2.700\text{ N})(3\text{ m}) + F_y(1{,}8\text{ m}) = 0$$
$$F_y = +4.500\text{ N} \qquad \mathbf{F}_y = 4.500\text{ N}\uparrow \blacktriangleleft$$

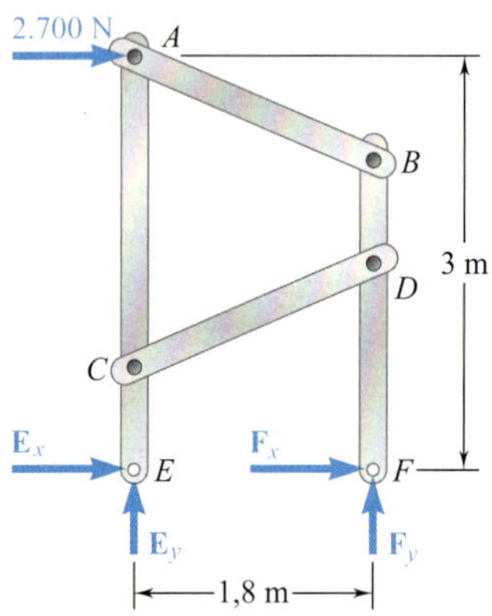

$$+\uparrow \Sigma F_y = 0: \quad E_y + F_y = 0$$
$$E_y = -4.500\text{ N} \qquad \mathbf{E}_y = 4.500\text{ N}\downarrow \blacktriangleleft$$

Elementos. As equações de equilíbrio da estrutura inteira não são suficientes para determinar $\mathbf{E}_x$ e $\mathbf{F}_x$. Devemos agora considerar os diagramas de corpo livre dos vários elementos para prosseguirmos com a solução. Ao desmembrarmos a estrutura, vamos supor que o pino A esteja preso ao elemento sujeito a múltiplas forças ACE e que, portanto, a força de 2.700 N está aplicada sobre esse elemento. Observamos também que AB e CD são elementos sujeitos a duas forças.

Corpo livre: elemento ACE

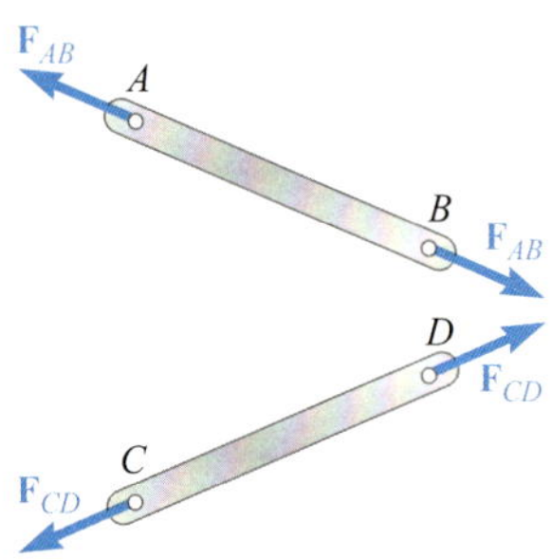

$$+\uparrow \Sigma F_y = 0: \quad -\tfrac{5}{13}F_{AB} + \tfrac{5}{13}F_{CD} - 4.500\text{ N} = 0$$
$$+\circlearrowleft \Sigma M_E = 0: \quad -(2.700\text{ N})(3\text{ m}) - (\tfrac{12}{13}F_{AB})(3\text{ m}) - (\tfrac{12}{13}F_{CD})(0{,}75\text{ m}) = 0$$

Resolvendo essas equações simultaneamente, encontramos

$$F_{AB} = -4.680\text{ N} \qquad F_{CD} = +7.020\text{ N} \blacktriangleleft$$

Os sinais obtidos indicam que o sentido que se supôs para F_{CD} estava correto e que o sentido para F_{AB} estava incorreto. Somando agora os componentes em x,

$$\xrightarrow{+}\Sigma F_x = 0: \quad 2.700\text{ N} + \tfrac{12}{13}(-4.680\text{ N}) + \tfrac{12}{13}(+7.020) + E_x = 0$$
$$E_x = -4.860\text{ N} \qquad \mathbf{E}_x = 4.860\text{ N}\leftarrow \blacktriangleleft$$

Corpo livre: estrutura inteira. Como $\mathbf{E}_x$ foi determinado, podemos retornar ao diagrama de corpo livre da estrutura inteira e escrever

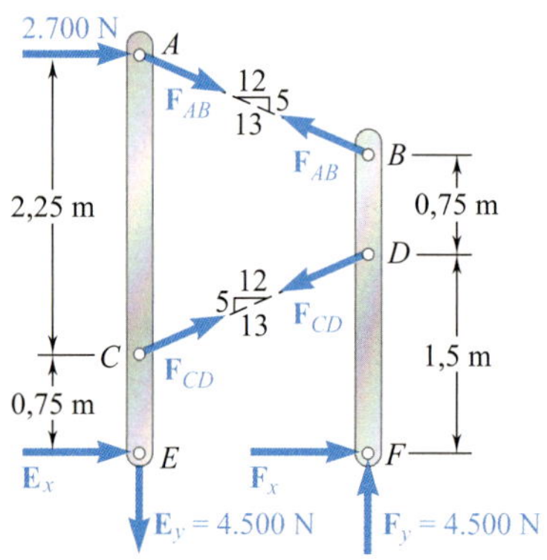

$$\xrightarrow{+}\Sigma F_x = 0: \quad 2.700\text{ N} - 4.860\text{ N} + F_x = 0$$
$$F_x = +2.160\text{ N} \qquad \mathbf{F}_x = 2.160\text{ N}\rightarrow \blacktriangleleft$$

Corpo livre: elemento BDF (verificado). Podemos agora conferir nossos cálculos verificando que a equação $\Sigma M_B = 0$ é satisfeita pelas forças que atuam sobre o elemento BDF.

$$+\circlearrowleft \Sigma M_B = -\left(\tfrac{12}{13}F_{CD}\right)(0{,}75\text{ m}) + (F_x)(2{,}25\text{ m})$$
$$= -\tfrac{12}{13}(7.020\text{ N})(0{,}75\text{ m}) + (2.160\text{ N})(2{,}25\text{ m})$$
$$= -4.860\text{ N}\cdot\text{m} + 4.860\text{ N}\cdot\text{m} = 0 \qquad \text{(verificado)}$$

PROBLEMAS

6.49 a 6.51 Determine a força que atua no elemento *BD* e a componente da reação em *C*.

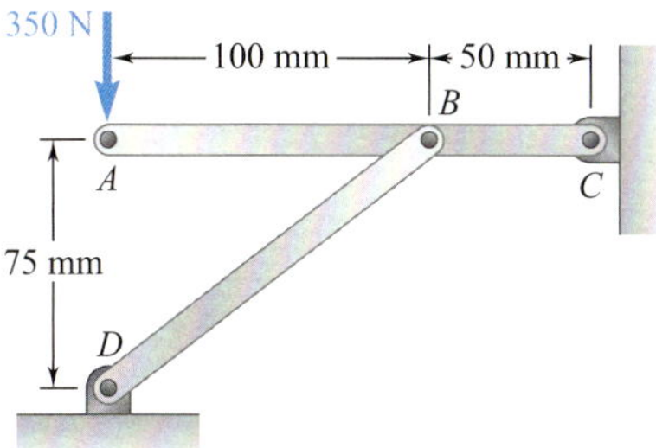

Figura P6.49

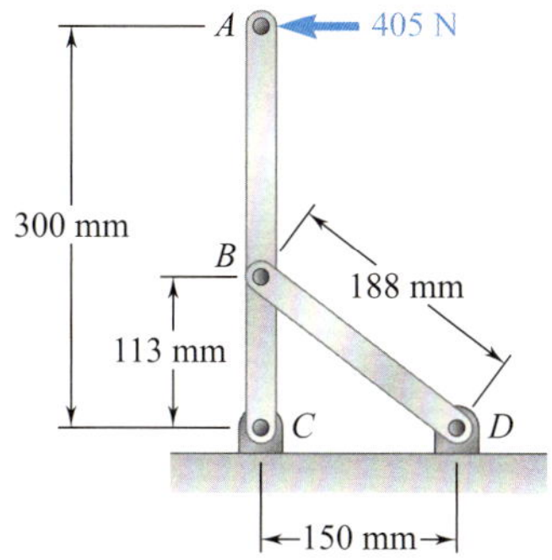

Figura P6.50

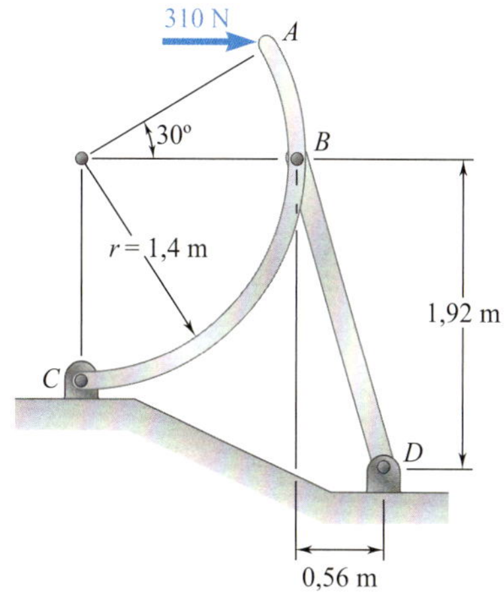

Figura P6.51

6.52 Determine as componentes de todas as forças atuantes no elemento *ABCD* do conjunto mostrado na figura.

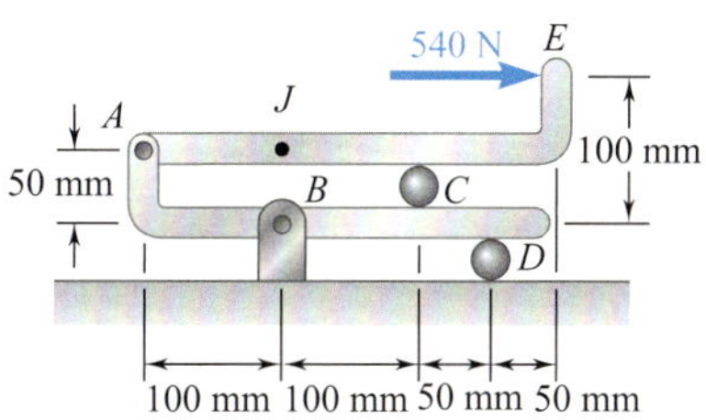

Figura P6.52

6.53 Determine as componentes de todas as forças atuantes no elemento *ABCD* do conjunto quando $\theta = 0$.

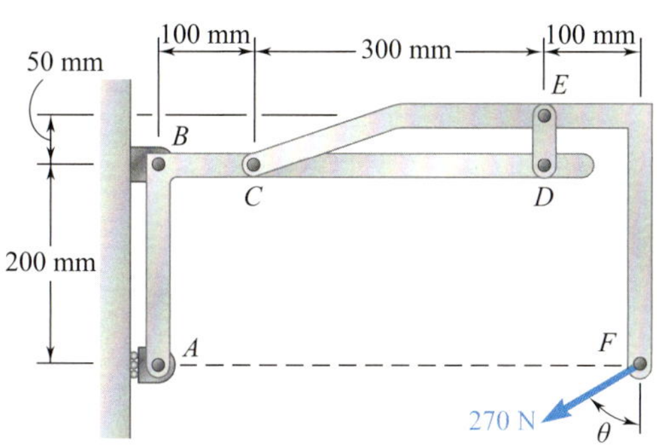

Figura P6.53 e P6.54

6.54 Determine as componentes de todas as forças atuantes no elemento *ABCD* do conjunto quando $\theta = 90°$.

6.55 Uma barra de reboque aeronáutico é posicionada por meio de um cilindro hidráulico *CD* que é conectado a duas unidades de braços e rodas idênticas *DEF*. Toda a barra de reboque tem uma massa de 200 kg, e seu centro de gravidade está localizado em *G*. Para a posição mostrada na figura, determinar (*a*) a força exercida pelo cilindro no suporte *C* e (*b*) a força exercida em cada braço no pino em *E*.

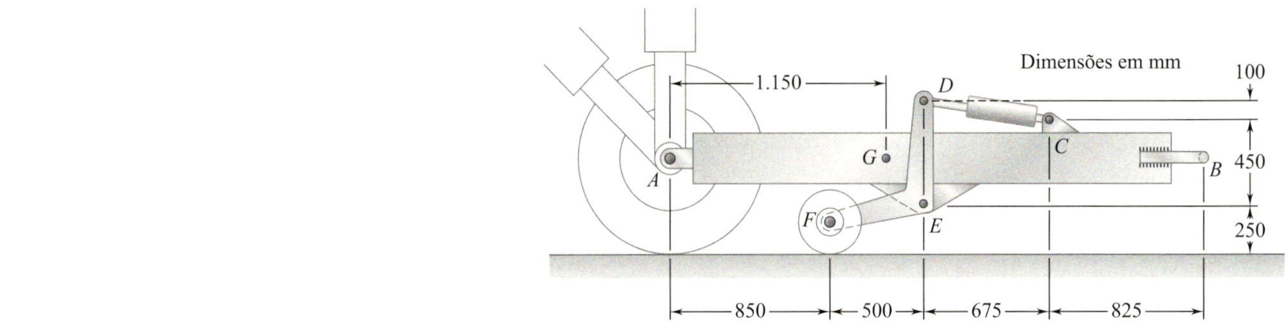

Figura P6.55

6.56 Resolva o Problema 6.55 considerando que um mecânico de 70 kg está em pé sobre a barra de reboque no ponto *B*.

6.57 Sabendo que $P = 405$ N e $Q = 270$ N, determine as componentes de todas as forças atuantes no elemento *BCDE* no conjunto mostrado na figura.

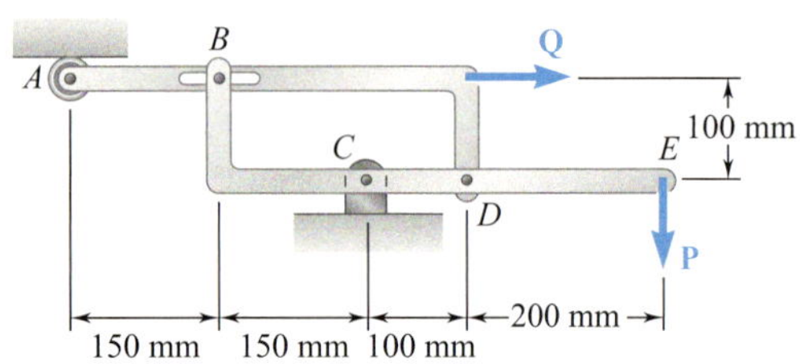

Figura P6.57

6.58 O guindaste naval mostrado na figura é usado em operações de perfuração marítima. Determine (*a*) a força na ligação *CD*, (*b*) a força no suporte *AC* e (*c*) a força exercida na lança *AB*.

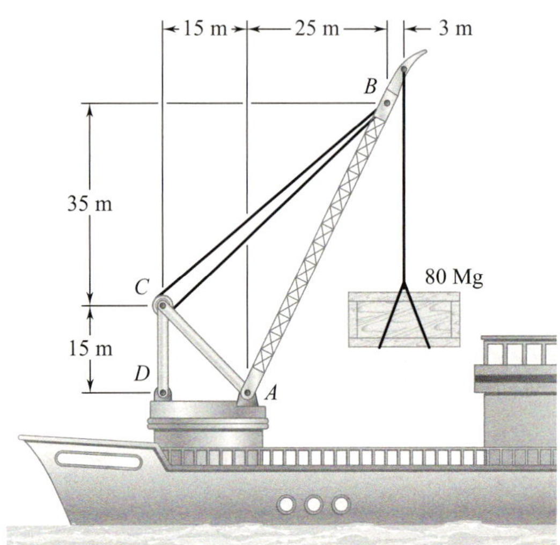

Figura P6.58

6.59 Determine as componentes das reações em D e E se a estrutura é carregada por um binário no sentido horário de intensidade 150 N · m aplicado (*a*) nos pontos A e (*b*) B.

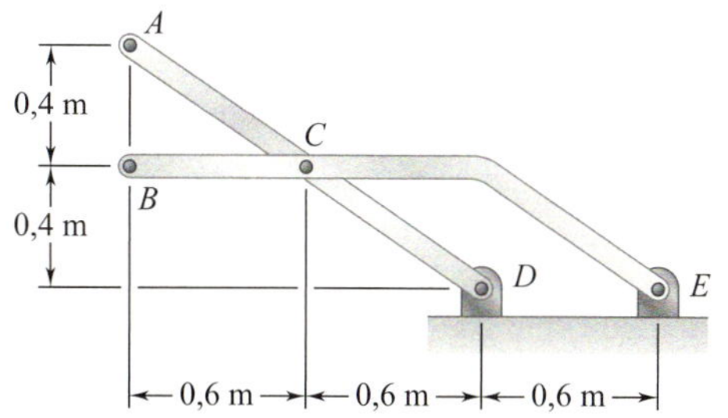

Figura P6.59

6.60 Determine as componentes das forças exercidas em B no elemento BE (*a*) se a carga de 900 N é aplicada como mostra a figura e (*b*) se ela é movida ao longo de sua linha de atuação e aplicada no ponto F.

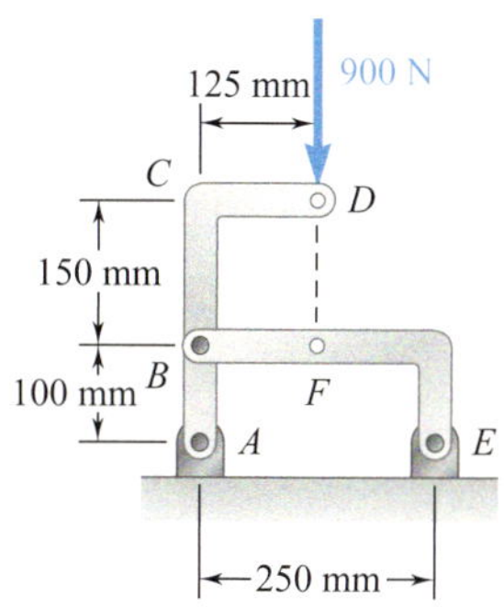

Figura P6.60

6.61 Determine todas as forças exercidas no elemento AI se a estrutura é carregada por um binário de sentido horário de intensidade 243 N · m aplicada (*a*) nos pontos D e (*b*) E.

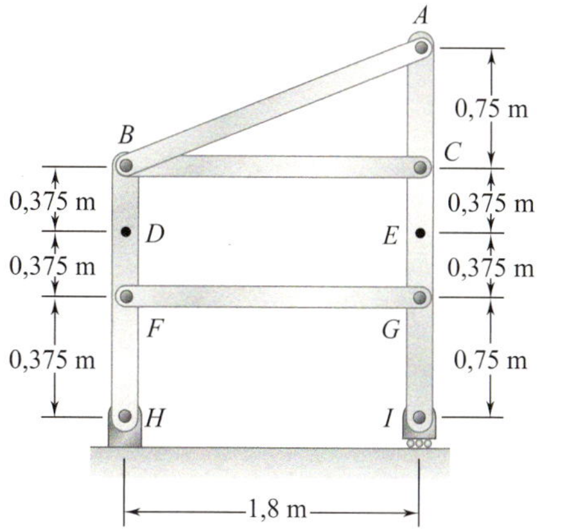

Figura P6.61 e P6.62

6.62 Determine todas as forças exercidas no elemento AI se a estrutura é carregada por uma força de 216 N horizontalmente direcionada para a direita e aplicada (*a*) nos pontos D e (*b*) E.

6.63 O cilindro hidráulico CF, que controla parcialmente a posição da barra DE, foi travado na posição mostrada na figura. Sabendo que $\theta = 60°$, determine (a) a força **P** para que a tração na barra AB seja 410 N e (b) a força correspondente no elemento BCD, no ponto C.

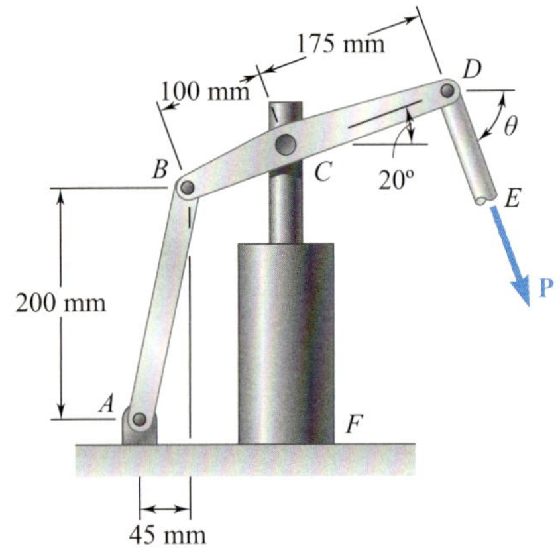

Figura P6.63 e P6.64

6.64 O cilindro hidráulico CF, que controla parcialmente a posição da barra DE, foi travado na posição mostrada na figura. Sabendo que $P = 400$ N e $\theta = 75°$, determine (a) a força na barra AB e (b) a força correspondente no elemento BCD, no ponto C.

6.65 Um tubo pesa 600 N/m e é suportado a cada 9 m por uma pequena estrutura mostrada na figura. Sabendo que $\theta = 30°$, determine as componentes para as reações e as componentes da força exercida em B, no elemento AB.

6.66 Um tubo de diâmetro de 0,6 m é suportado a cada 4,8 m por uma pequena estrutura mostrada na figura. Sabendo que o peso combinado do tubo e de seus conteúdos é 4.500 N/m e desprezando o efeito do atrito, determine as componentes (a) das reações em E e (b) da força exercida em C, no elemento CDE.

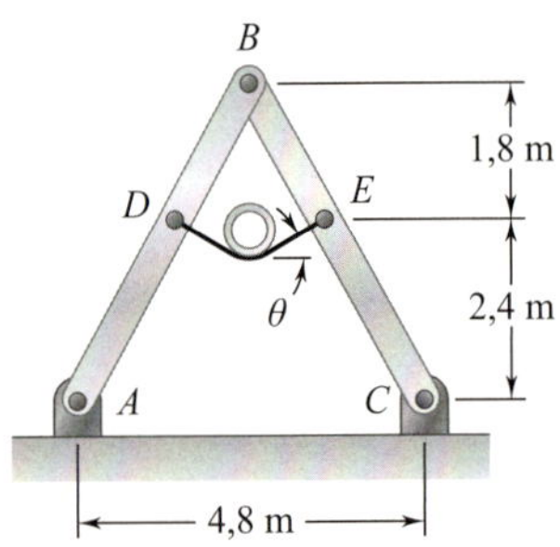

Figura P6.65

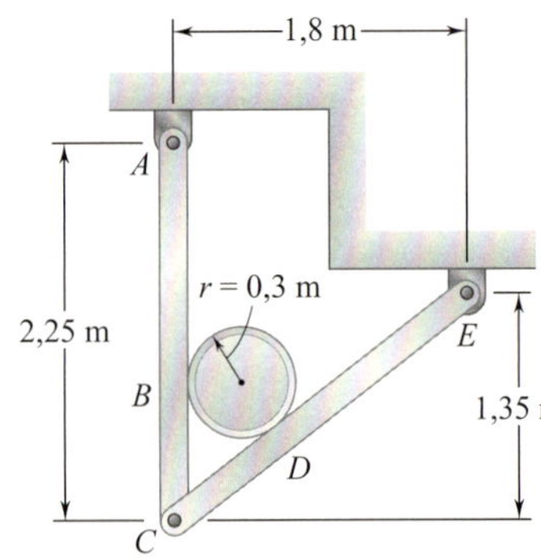

Figura P6.66

6.67 Sabendo que cada polia tem um raio de 250 mm, determine as componentes das reações em *D* e *E*.

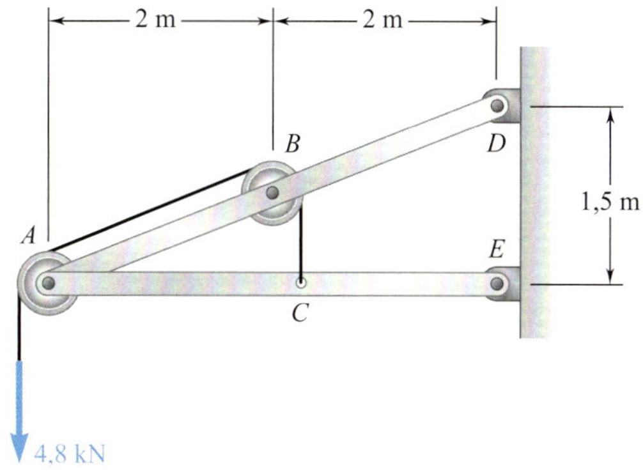

Figura P6.67

6.68 Sabendo que cada polia tem um raio de 75 mm, determine as componentes das reações em *A* e *B*.

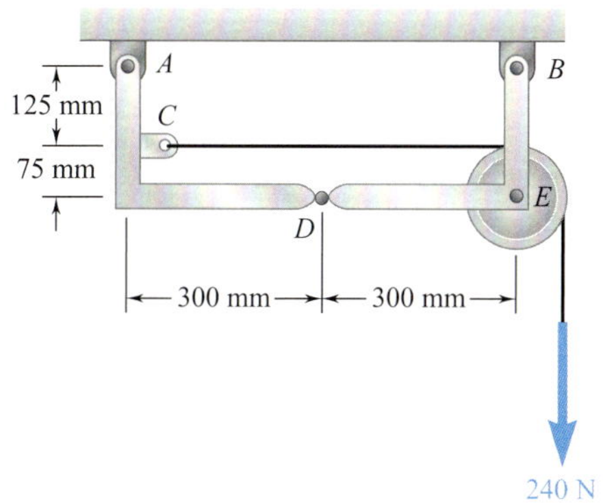

Figura P6.68

6.69 A cabine e a unidade motora da pá carregadeira articulada mostrada na figura estão ligadas por um pino vertical localizado 1,5 m atrás das rodas da cabine. A distância de *C* para *D* é de 0,75 m. O centro de gravidade da unidade motora de 225 kN está localizado em G_m, enquanto os centros de gravidade da cabine de 81 kN e da carga de 72 kN estão localizados em G_c e G_l, respectivamente. Sabendo que a máquina está em repouso com os freios soltos, determine (*a*) as reações em cada uma das quatro rodas e (*b*) as forças exercidas pela unidade motora em *C* e *D*.

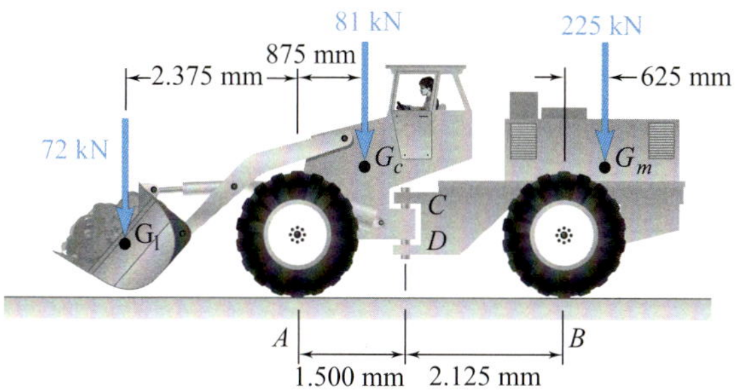

Figura P6.69

6.70 Resolva o Problema 6.69 considerando que a carga de 72 kN foi removida.

6.71 As unidades tratora e raspadora mostradas na figura são ligadas por um pino vertical localizado a 0,6 m atrás das rodas do trator. A distância de C para D é de 0,75 m. O centro de gravidade da unidade tratora de 10 Mg está localizado em G_t. A unidade raspadora e a carga têm uma massa total de 50 Mg e o centro de gravidade combinado está em G_s. Sabendo que a máquina está em repouso com os freios soltos, determine (*a*) as reações em cada uma das quatro rodas e (*b*) as forças exercidas pela unidade motora em C e D.

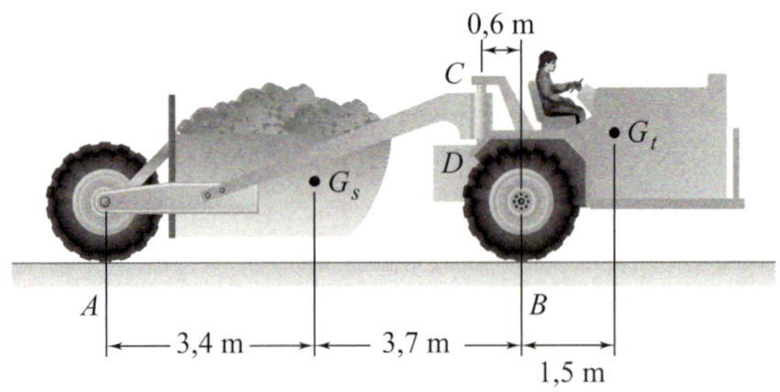

Figura P6.71

6.72 O *trailer* de 1.000 kg é ligado a um automóvel de 1.250 kg por meio de um engate de bola fixado em D. Determine (*a*) as reações em cada uma das seis rodas onde estão apoiados o automóvel e o *trailer* e (*b*) o carregamento adicional em cada roda do automóvel devido ao *trailer*.

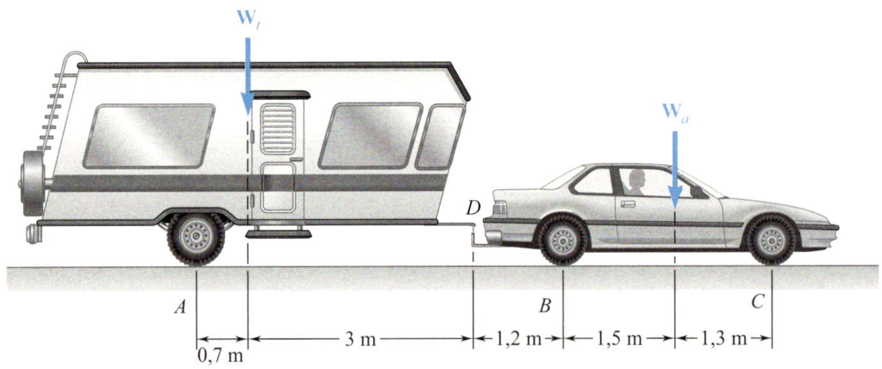

Figura P6.72

6.11 Máquinas

Máquinas são estruturas projetadas para transmitir e modificar forças. Independentemente de serem simples ferramentas ou incluírem mecanismos mais complicados, a principal função das máquinas é transformar *forças de entrada* em *forças de saída*. Considere, por exemplo, um alicate de corte usado para cortar um arame (Fig. 6.21*a*). Se aplicarmos duas forças iguais e opostas **P** e –**P** em seus cabos, eles exercerão duas forças iguais e opostas **Q** e –**Q** no arame (Fig. 6.21*b*).

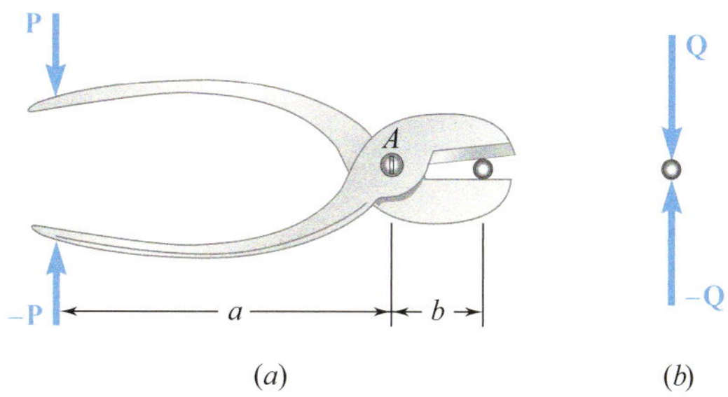

Figura 6.21

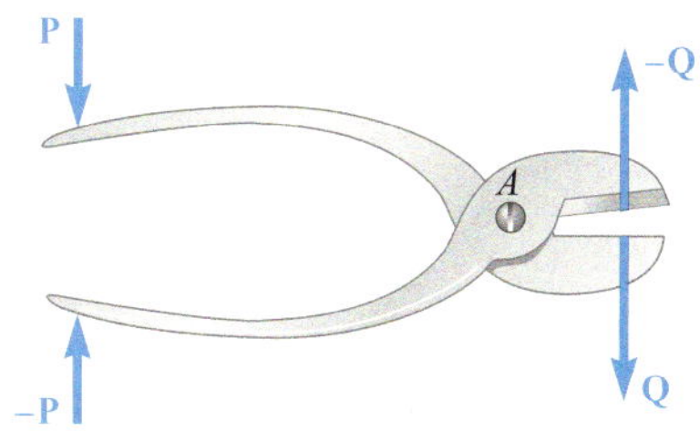

Figura 6.22

Para determinarmos a intensidade Q das forças de saída quando a intensidade P das forças de entrada é conhecida (ou, inversamente, para determinar P quando Q é conhecida), traçamos um diagrama de corpo livre do alicate *sozinho*, mostrando as forças de entrada **P** e –**P** e as *reações* –**Q** e **Q** que o arame exerce no alicate (Fig. 6.22). Entretanto, como o alicate forma uma estrutura não rígida, devemos usar uma de suas partes componentes como um corpo livre com a finalidade de determinar as forças desconhecidas. Considerando a Fig. 6.23*a*, por exemplo, e tomando momentos em relação a A, obtemos a relação $Pa = Qb$, que define a intensidade Q em termos de P ou P em termos de Q. O mesmo diagrama de corpo livre pode ser usado para determinar os componentes da força interna em A; encontramos $A_x = 0$ e $A_y = P + Q$.

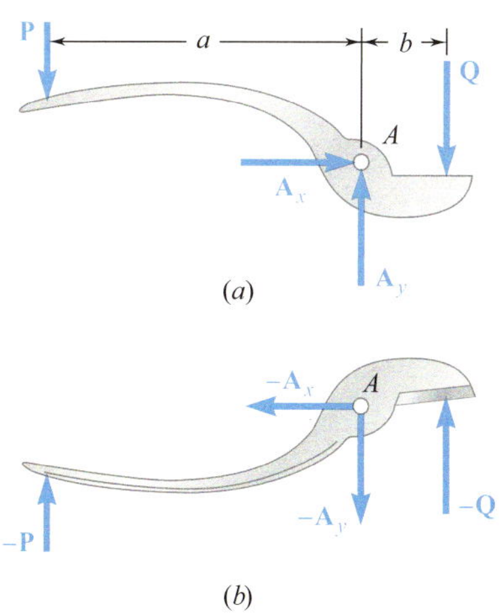

Figura 6.23

No caso de máquinas mais complicadas, geralmente será necessário usar vários diagramas de corpo livre e, possivelmente, resolver equações simultâneas que envolvam várias forças internas. Os corpos livres devem ser escolhidos para que incluam as forças de entrada e as reações às forças de saída, e o número total de componentes de força desconhecidos envolvidos não deve exceder o número de equações independentes disponíveis. É aconselhável, antes de tentar resolver um problema, determinar se a estrutura considerada é determinada. Não há motivo, entretanto, para discutir a rigidez da máquina, já que uma máquina inclui partes que se movem e, portanto, *deve* ser não rígida.

Foto 6.4 Esta lâmpada pode ser colocada em várias posições diferentes. Considerando vários corpos livres, a força nas molas e as forças internas nos nós podem ser determinadas.

PROBLEMA RESOLVIDO 6.7

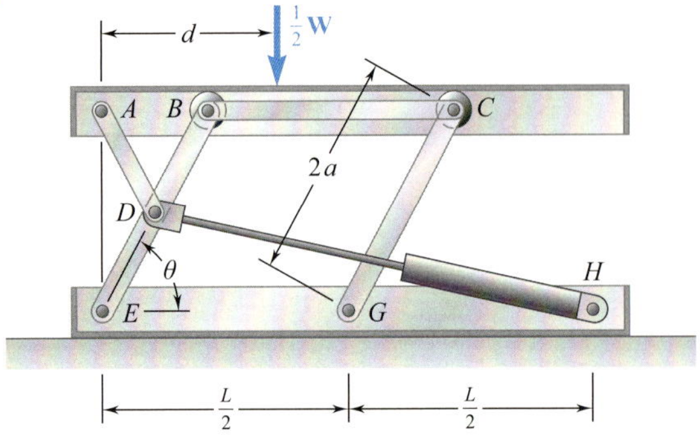

Uma mesa elevatória hidráulica é usada para levantar um caixote de 1.000 kg. A mesa é composta de uma plataforma e dois acoplamentos idênticos, sobre os quais os cilindros hidráulicos exercem forças iguais. (Somente um acoplamento e um cilindro são mostrados na figura.) Os elementos *EDB* e *CG* têm, cada um, comprimento $2a$, e o elemento *AD* está preso por pino ao ponto médio de *EDB*. Se o caixote for colocado na mesa, de modo que metade de seu peso seja apoiada pelo sistema mostrado na figura, qual será a força exercida por cada cilindro no momento de levantar o caixote para $\theta = 60°$, $a = 0{,}70$ m e $L = 3{,}20$ m? Mostre que o resultado obtido é independente da distância *d*.

SOLUÇÃO

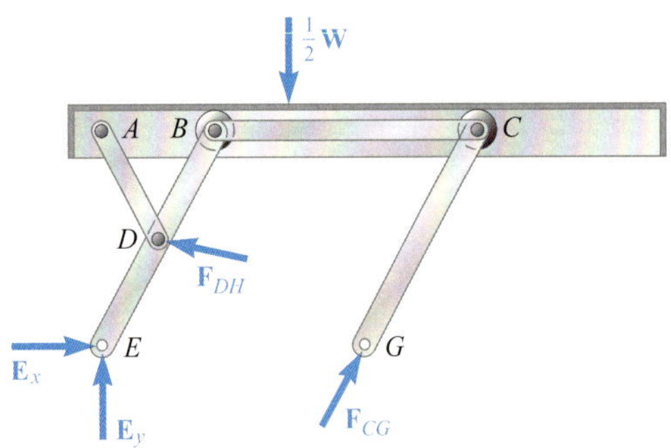

A máquina considerada é composta de plataforma e acoplamento. Seu diagrama de corpo livre inclui a força $\mathbf{F}_{DH}$ exercida pelo cilindro, o peso $\frac{1}{2}\mathbf{W}$ e reações em *E* e *G*, que supomos estarem direcionadas tal como mostra a figura. Como mais de três incógnitas estão envolvidas, esse diagrama não será usado. O mecanismo é decomposto e um diagrama de corpo livre é traçado para cada uma de suas partes componentes. Observamos que *AD*, *BC* e *CG* são elementos sujeitos a duas forças. Já consideramos que o elemento *CG* está sob compressão. Consideramos agora que *AD* e *BC* estão sob tração; as forças exercidas neles são então direcionadas tal como mostra a figura. Vetores iguais e opostos serão usados para representar as forças exercidas pelos elementos sujeitos a duas forças na plataforma, no elemento *BDE* e no rolete *C*.

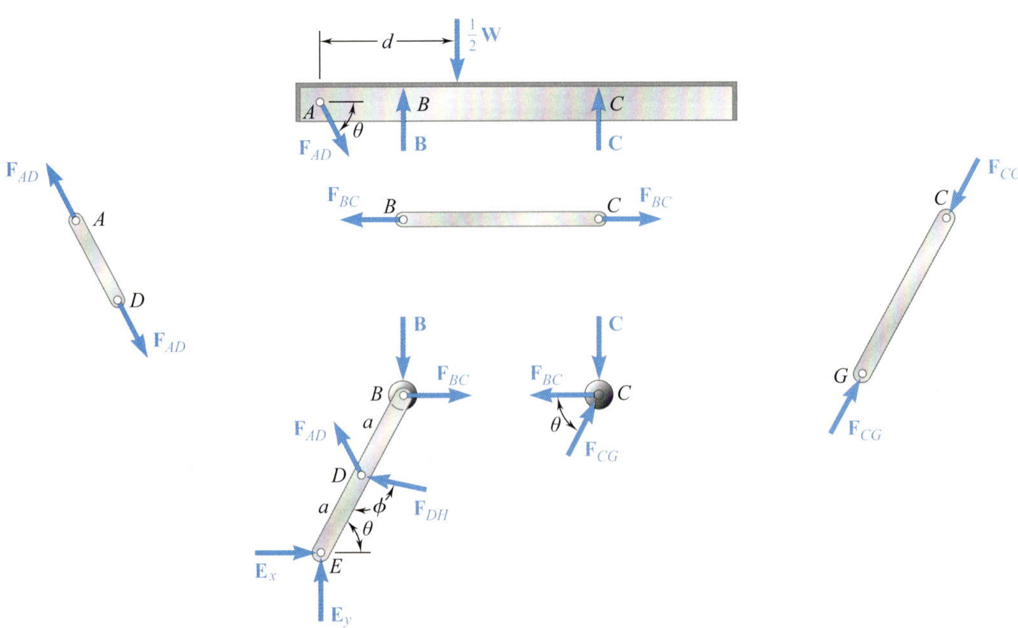

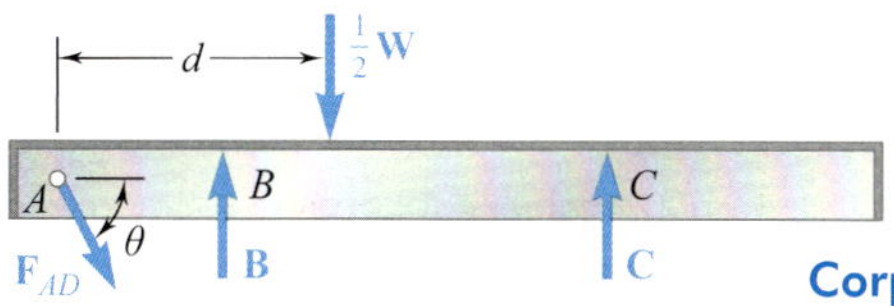

Corpo livre: plataforma *ABC*.

$$\xrightarrow{+}\Sigma F_x = 0: \qquad F_{AD}\cos\theta = 0 \qquad F_{AD} = 0$$
$$+\uparrow \Sigma F_y = 0: \qquad B + C - \tfrac{1}{2}W = 0 \qquad B + C = \tfrac{1}{2}W \qquad (1)$$

Corpo livre: rolete *C*. Traçamos um triângulo de forças e obtemos $F_{BC} = C \operatorname{cotg}\theta$.

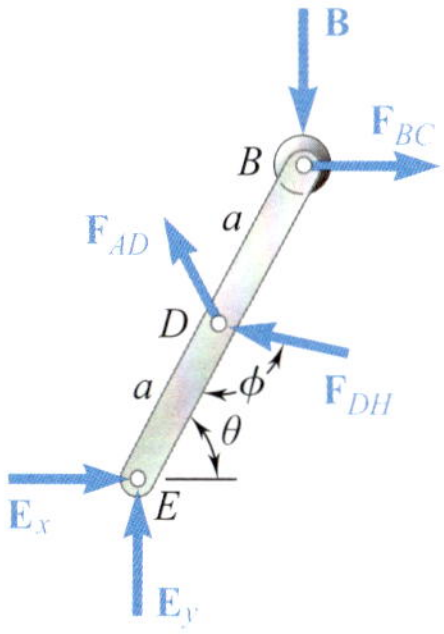

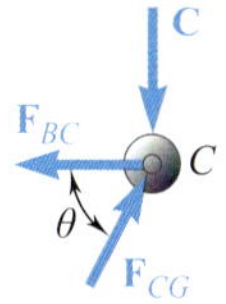

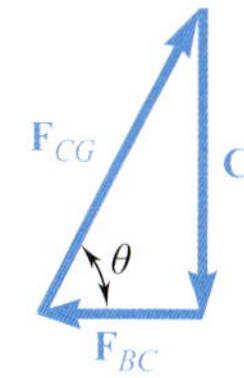

Corpo livre: elemento *BDE*. Recordando que $F_{AD} = 0$,

$$+\circlearrowleft \Sigma M_E = 0: \qquad F_{DH}\cos(\phi - 90^\circ)a - B(2a\cos\theta) - F_{BC}(2a \operatorname{sen}\theta) = 0$$
$$F_{DH}a \operatorname{sen}\phi - B(2a\cos\theta) - (C\operatorname{cotg}\theta)(2a\operatorname{sen}\theta) = 0$$
$$F_{DH}\operatorname{sen}\phi - 2(B + C)\cos\theta = 0$$

Utilizando a Eq. (1), temos

$$F_{DH} = W\frac{\cos\theta}{\operatorname{sen}\phi} \qquad (2)$$

e observamos que o resultado obtido é independente de *d*. ◀

Aplicando primeiro a lei dos senos ao triângulo *EDH*, escrevemos

$$\frac{\operatorname{sen}\phi}{EH} = \frac{\operatorname{sen}\theta}{DH} \qquad \operatorname{sen}\phi = \frac{EH}{DH}\operatorname{sen}\theta \qquad (3)$$

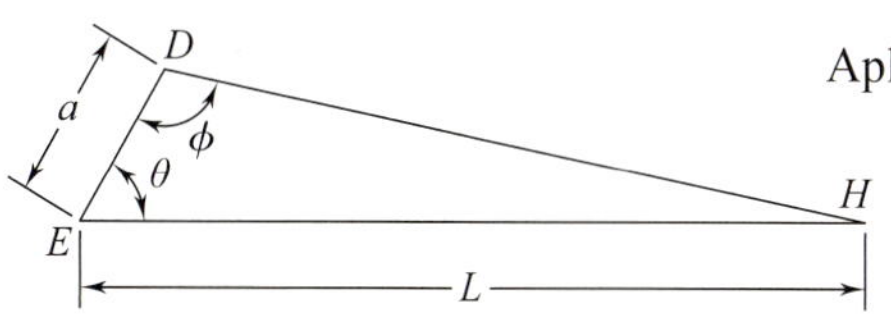

Aplicando agora a lei dos cossenos, temos

$$(DH)^2 = a^2 + L^2 - 2aL\cos\theta$$
$$= (0{,}70)^2 + (3{,}20)^2 - 2(0{,}70)(3{,}20)\cos 60^\circ$$
$$(DH)^2 = 8{,}49 \qquad DH = 2{,}91 \text{ m}$$

Observamos também que

$$W = mg = (1.000 \text{ kg})(9{,}81 \text{ m/s}^2) = 9.810 \text{ N} = 9{,}81 \text{ kN}$$

Substituindo $\operatorname{sen}\phi$ de (3) em (2) e usando os dados numéricos, escrevemos

$$F_{DH} = W\frac{DH}{EH}\operatorname{cotg}\theta = (9{,}81 \text{ kN})\frac{2{,}91 \text{ m}}{3{,}20 \text{ m}}\operatorname{cotg} 60^\circ$$

$$F_{DH} = 5{,}15 \text{ kN}$$ ◀

PROBLEMAS

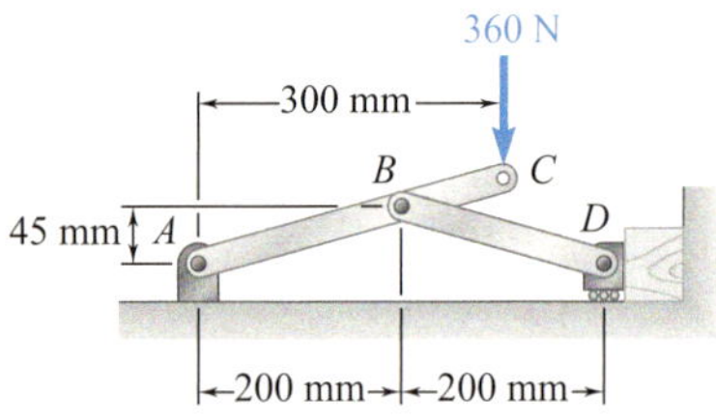

Figura P6.73

6.73 A força de 360 N é aplicada à alavanca da prensa em C. Determine (*a*) a força horizontal exercida no bloco em D e (*b*) a força exercida no elemento ABC em B.

6.74 A barra de comando CE passa através do mancal horizontal no corpo do sistema de fixação mostrado. Determine (*a*) a força **Q** necessária para manter o sistema em equilíbrio e (*b*) a força correspondente na barra BD.

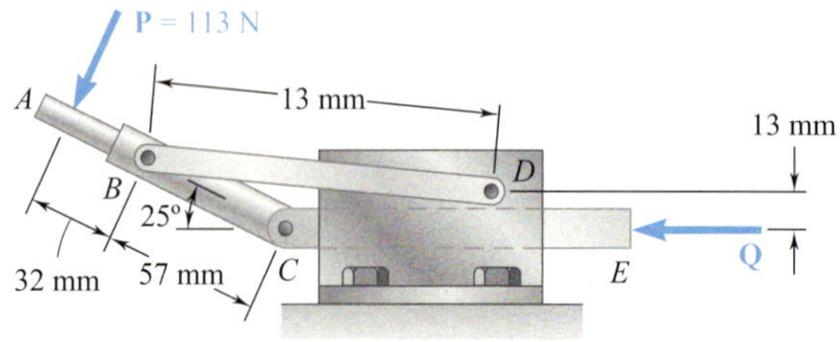

Figura P6.74

6.75 A tesoura mostrada na figura é usada para cortar e aparar placas laminadas de circuitos eletrônicos. Para a posição mostrada, determine (*a*) o componente vertical da força exercida na lâmina de cisalhamento em D e (*b*) a reação em C.

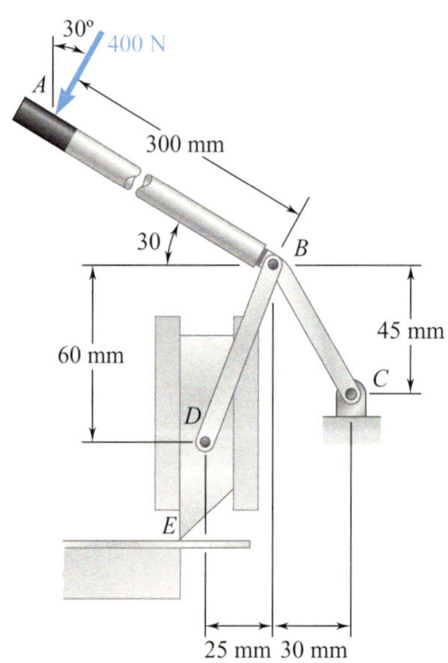

Figura P6.75

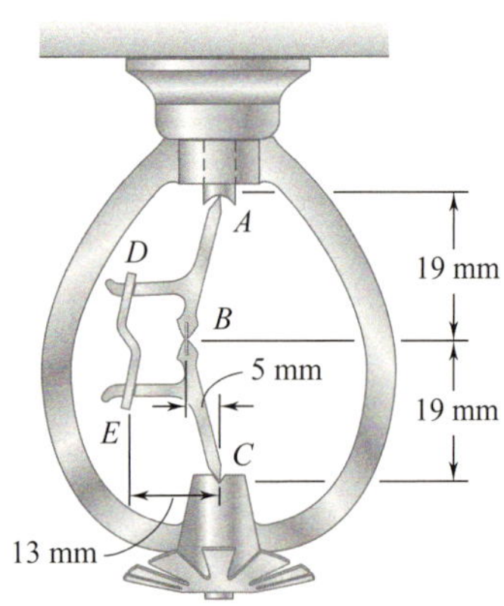

Figura P6.76

6.76 A pressão da água no sistema de prevenção a incêndio exerce uma força para baixo de 135 N no bujão vertical em A. Determine a tração no fusível na haste DE e a força exercida no elemento BCE em B.

6.77 Um trilho de ferrovia de 9 m de comprimento e 40 kg/m de massa é elevado pelas tenazes mostradas na figura. Determine as forças exercidas em *D* e *F* na tenaz *BDF*.

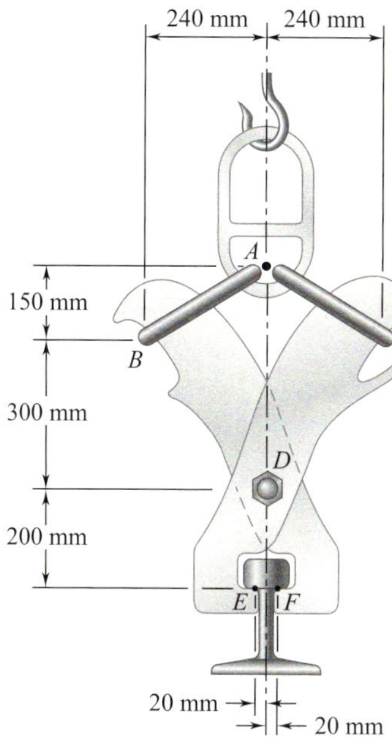

Figura P6.77

6.78 Um lingote pesando 36.000 N é levantado por um par de tenazes como mostra a figura. Determine as forças exercidas em *C* e *E* na tenaz *BCE*.

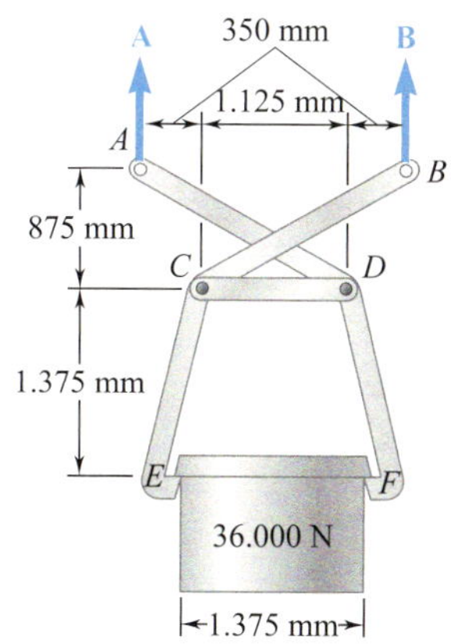

Figura P6.78

6.79 Se o fixador mostrado na figura é adicionado à tenaz do Problema 6.78 e uma força vertical única é aplicada em *G*, determine as forças exercidas em *C* e *E* na tenaz *BCE*.

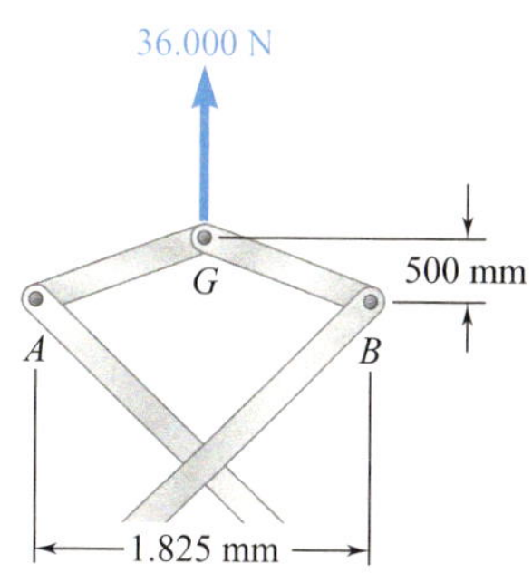

Figura P6.79

6.80 O conjunto de sacar engrenagem consiste em uma cruzeta *CF*, dois braços de aperto *ABC* e *FGH*, duas barra de ligação *BD* e *EG*, e uma barra roscada central *JK*. Sabendo que a barra central *JK* deve exercer uma força de 4.800 N no eixo vertical *KL* no sentido de iniciar a remoção da engrenagem, determine todas as forças que atuam no braço de aperto *ABC*. Considere que as extremidades arredondadas da cruzeta são lisas e exercem forças horizontais nos braços de aperto.

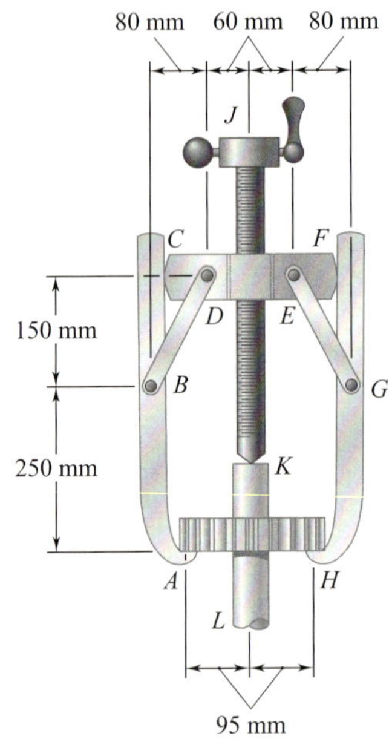

Figura P6.80

6.81 Uma força **P** de intensidade 2,4 kN é aplicada no pistão do sistema de motor mostrado na figura. Para cada uma das duas posições mostradas, determine o binário **M** necessário para manter o sistema em equilíbrio.

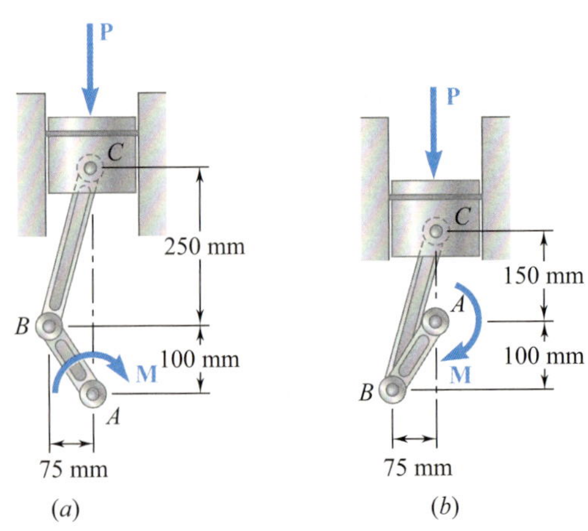

Figura P6.81 e P6.82

6.82 Um binário **M** de intensidade 315 N · m é aplicado na manivela do sistema de motor mostrado na figura. Para cada uma das duas posições mostradas, determine a força **P** necessária para manter o sistema em equilíbrio.

6.83 e ***6.84*** Duas hastes estão ligadas por um colar sem atrito *B*. Sabendo que a intensidade do binário $\mathbf{M}_A$ é 56.250 N · m, determine (*a*) o binário $\mathbf{M}_c$ necessário para o equilíbrio e (*b*) os correspondentes componentes da reação em *C*.

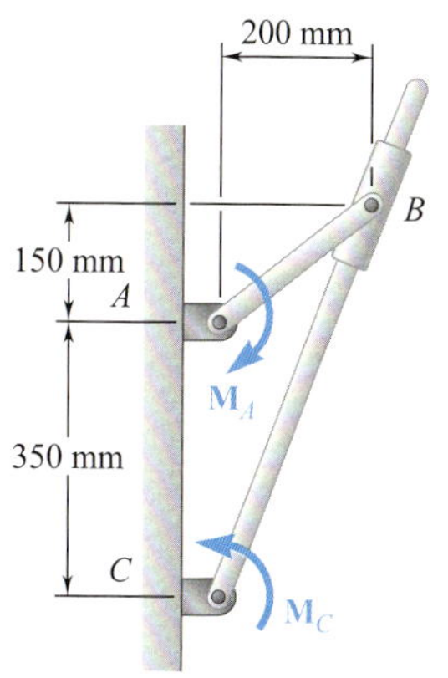

Figura P6.83

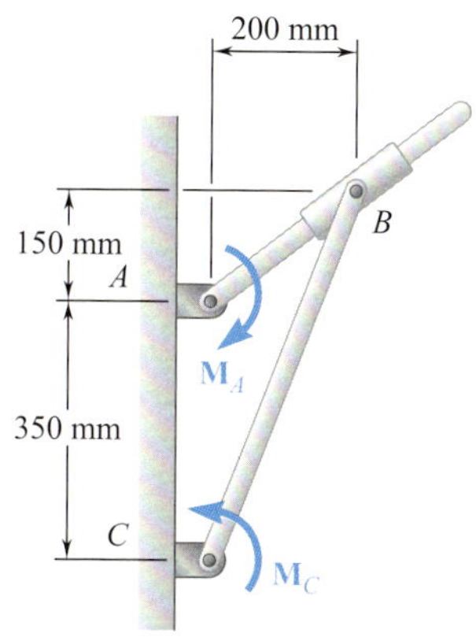

Figura P6.84

6.85 Duas forças de 300 N são aplicadas pelos cabos do alicate como mostra a figura. Determine (*a*) a intensidade das forças exercidas na haste e (*b*) a força exercida pelo pino em *A* na parte *AB* do alicate.

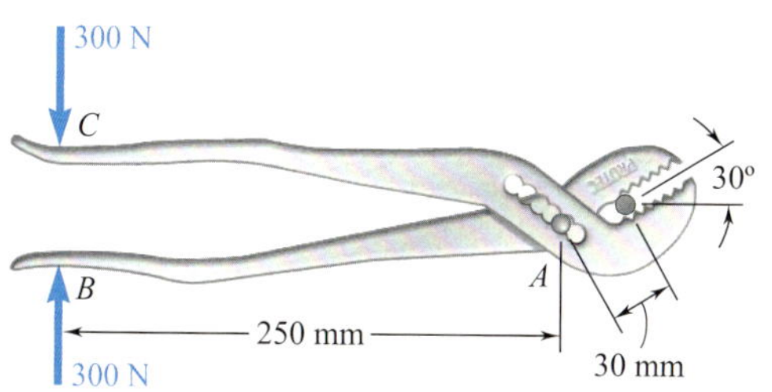

Figura P6.85

6.86 Ao usar o cortador de parafusos mostrado na figura, um operário aplica duas forças de 450 N aos cabos da ferramenta. Determine a intensidade das forças exercidas pelo cortador no parafuso.

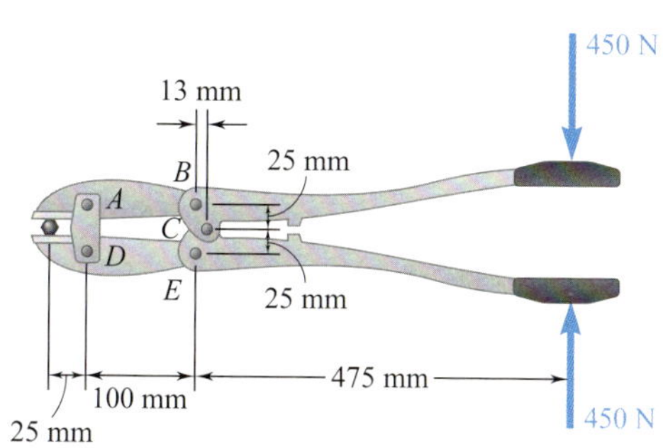

Figura P6.86

6.87 A lâmina superior e o cabo inferior da alavanca composta da tesoura são ligados por pino ao elemento principal ABE em A e B, respectivamente, e para a barra curta CD em C e D, respectivamente. Determine as forças exercidas em um galho quando duas forças de 120 N são aplicadas nos cabos.

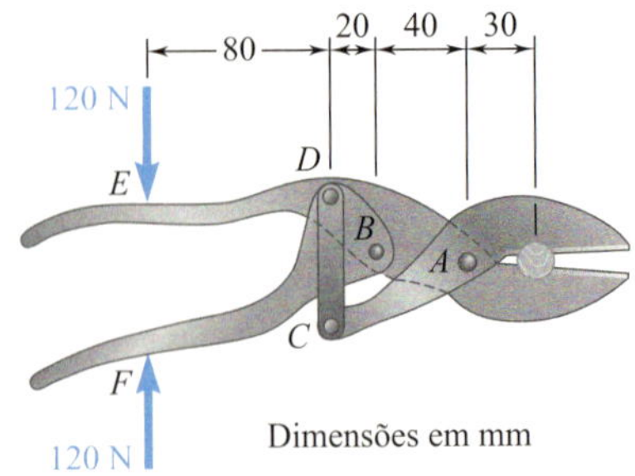

Figura P6.87

6.88 Um cilindro hidráulico operado manualmente foi projetado para ser usado onde o espaço é severamente limitado. Determine a intensidade da força exercida no pistão em D quando duas forças de 405 N são aplicadas como mostra a figura.

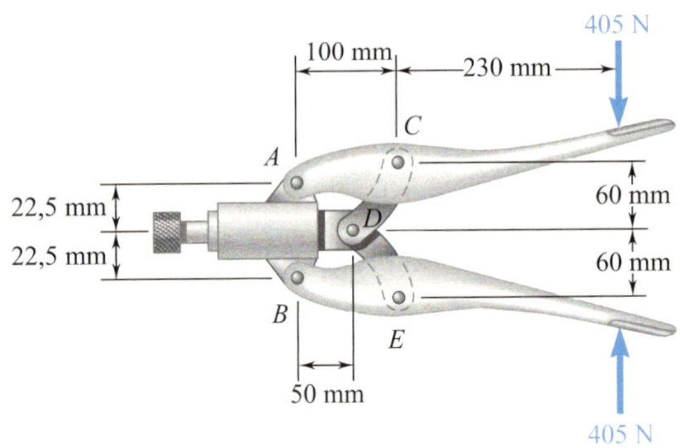

Figura P6.88

6.89 Uma prateleira é mantida horizontalmente por um suporte autotravante, o qual é composto de duas partes EDC e CDB articuladas em C e apoiadas uma contra a outra em D. Se a prateleira tem 250 mm de largura e pesa 108 N, determine a força P necessária para liberar o suporte. (*Dica*: Para liberar o suporte, as forças de contato em D devem ser nulas.)

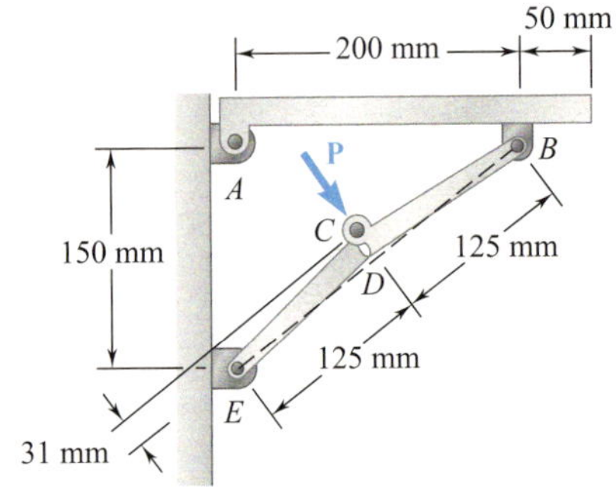

Figura P6.89

6.90 Uma vez que o suporte deve permanecer na posição mesmo que a intensidade da força **P** seja muito pequena, uma única mola de segurança é presa em *D* e *E*. A mola *DE* tem uma constante de mola de 9 N/mm e um comprimento indeformado de 175 mm. Sabendo que *l* = 250 mm e que a intensidade de **P** é 3.600 N, determine a força **Q** necessária para liberar o suporte.

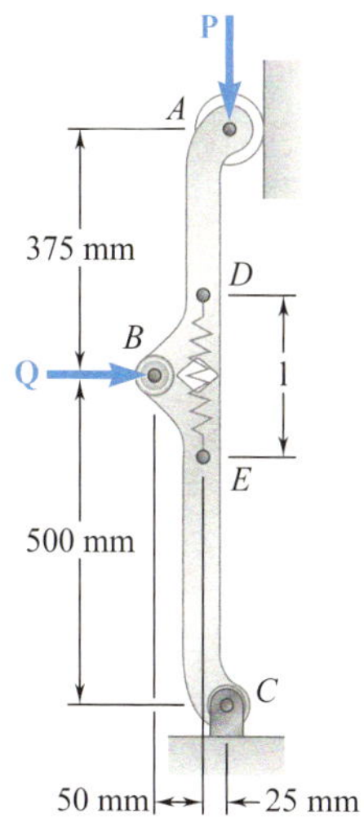

Figura P6.90

6.91 e 6.92 Determine a força **P** que deve ser aplicada ao fixador *CDE* para manter o suporte *ABC* na posição mostrada na figura.

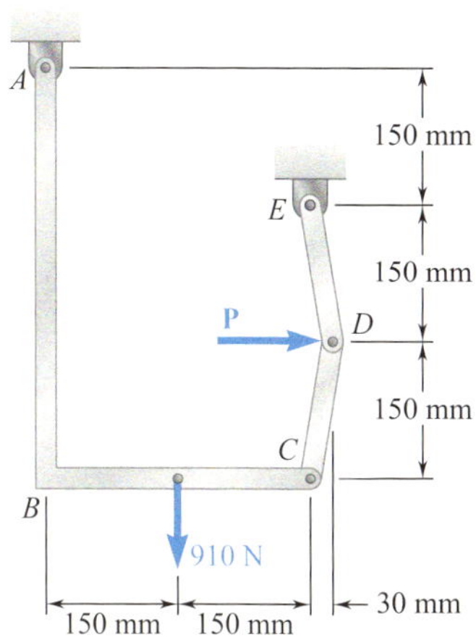

Figura P6.91

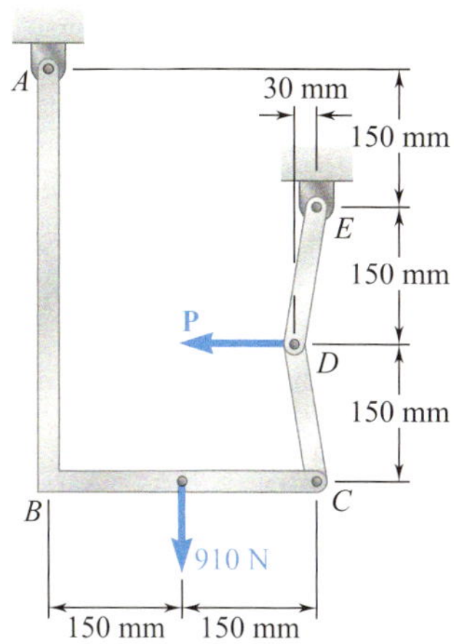

Figura P6.92

6.93 No equipamento para perfuração mostrado, o centro de gravidade da torre de 3.000 kg está localizado no ponto *G*. Para a posição mostrada na figura, determine a força exercida pelo cilindro hidráulico *AB*.

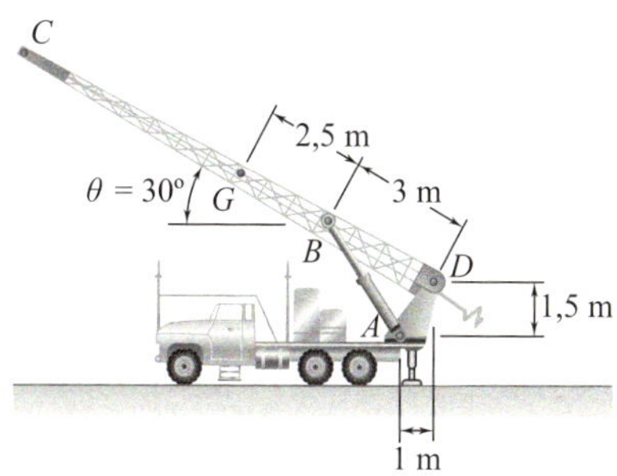

Figura P6.93

6.94 O movimento da caçamba da retroescavadeira é controlado pelos cilindros hidráulicos mostrados na figura. Determine a força exercida por cada cilindro que suporta uma carga de 13.500 N.

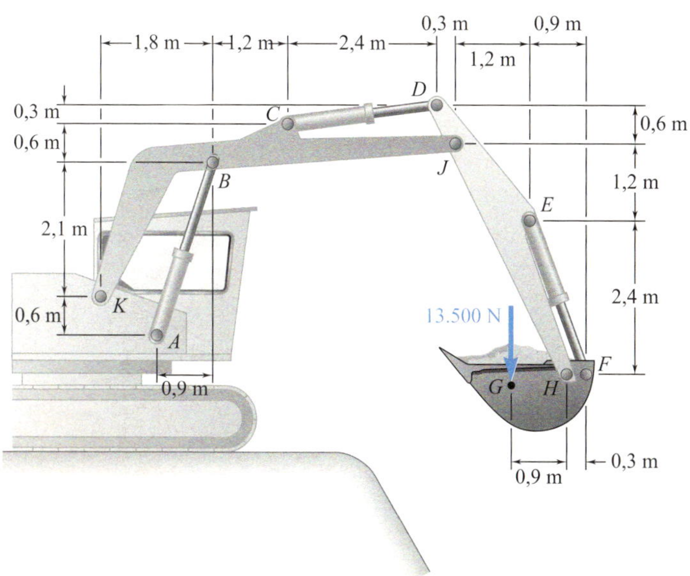

Figura P6.94

6.95 O movimento da caçamba da retroescavadeira é controlado pelos cilindros hidráulicos *AB*, *DE* e *FI*. Determine a força exercida por cada cilindro que suporta uma carga de 7,5 kN.

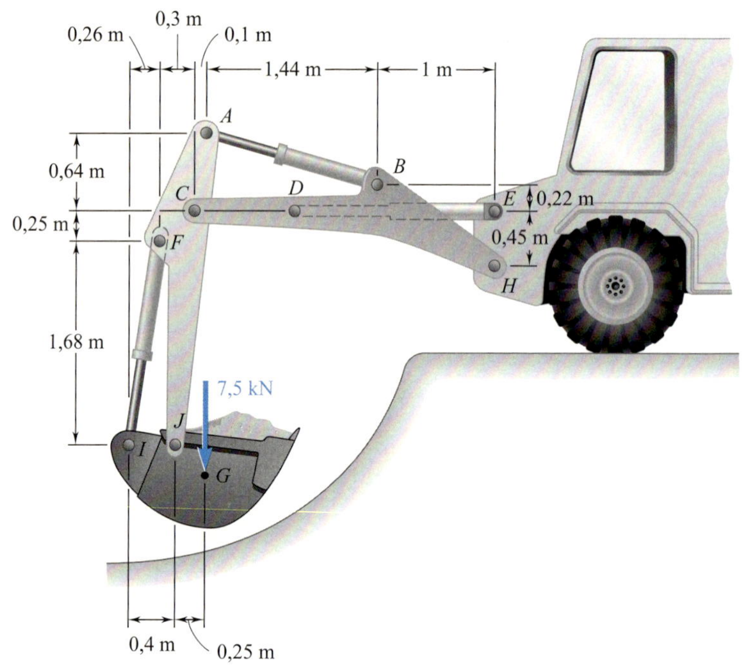

Figura P6.95

6.96 A plataforma de elevação é controlada por dois mecanismos idênticos, mas apenas um é mostrado na figura. Uma carga de 5.400 N é aplicada no mecanismo mostrado. Sabendo que o pino em *C* pode transmitir apenas uma força horizontal, determine (*a*) a força na barra de conexão *BE* e (*b*) as componentes da força exercida pelo cilindro hidráulico em *H*.

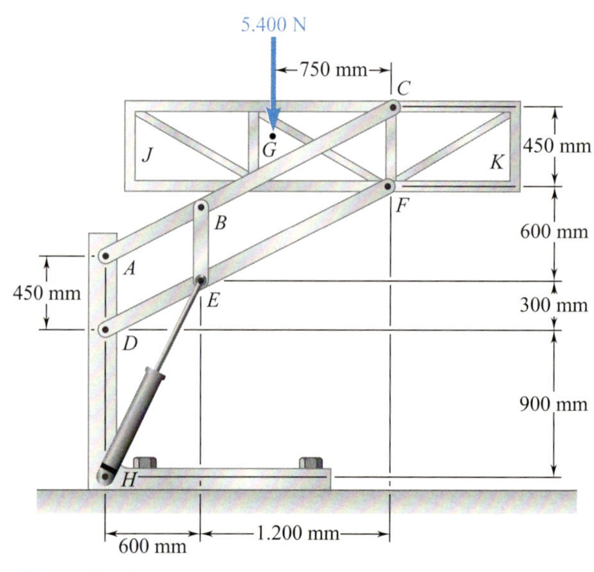

Figura P6.96

REVISÃO E RESUMO

Neste capítulo, você aprendeu a determinar as *forças internas* que mantêm unidas as várias partes de uma estrutura.

Análise de treliça

A primeira metade do capítulo foi dedicada à análise de *treliças*, isto é, à análise de estruturas compostas de *elementos retos unidos somente em suas extremidades*. Como os elementos são esbeltos e incapazes de suportar cargas laterais, todas as cargas devem ser aplicadas nos nós, o que nos permite afirmar que uma treliça é composta de *pinos e elementos sujeitos a duas forças* [Seção 6.2].

Treliça simples

Para que uma treliça seja *rígida*, ela deverá ser projetada de modo a não ser muito deformada ou não colapsar devido a uma pequena carga. Uma treliça em forma de triângulo composta de três elementos unidos em três nós é com certeza uma treliça rígida (Fig. 6.24*a*), assim como também o será a treliça obtida quando se adicionam dois novos elementos a essa primeira treliça, os quais são ligados a um novo nó (Fig. 6.24*b*). As treliças obtidas por meio da repetição desse processo são chamadas de *treliças simples*. Podemos verificar que, em uma treliça simples, o número total de elementos é $m = 2n - 3$, sendo n o número total de nós [Seção 6.3].

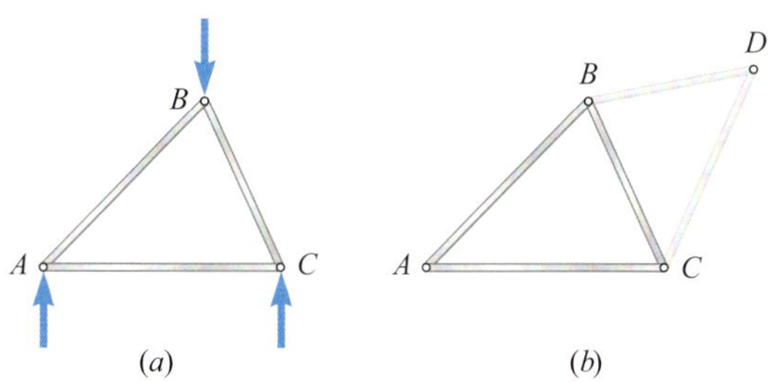

Figura 6.24

Método dos nós

As forças nos vários elementos de uma treliça simples podem ser determinadas pelo *método dos nós* [Seção 6.4]. Primeiro, as reações nos apoios podem ser obtidas considerando a treliça inteira como um corpo livre. Depois, traça-se o diagrama de corpo livre de cada pino, mostrando as forças exercidas sobre o pino pelos elementos ou apoios que ele liga. Como os elementos são retos e estão sujeitos a duas forças, a força exercida por um elemento sobre o pino é direcionada ao longo do membro, e somente a intensidade da força é desconhecida. Sempre é possível, no caso de uma treliça simples, traçar os diagramas de corpo livre dos pinos em uma tal ordem que somente duas forças desconhecidas sejam incluídas em cada diagrama. Essas forças podem ser obtidas das duas equações de equilíbrio correspondentes ou – se somente três forças estão envolvidas – do triângulo de força correspondente. Se a força exercida por um elemento sobre um pino é direcionada para este, o elemento está sob *compressão*; se está direcionada de modo a se afastar do pino, o elemento está sob *tração* [Problema Resolvido 6.1]. A análise de uma treliça é às vezes agilizada se primeiro reconhecermos *nós em condições especiais de carregamento* [Seção 6.5].

Método das seções

O *método das seções* é, em geral, preferido ao método dos nós quando se deseja a força em um único elemento – ou em muitos poucos elementos – da treliça [Seção 6.6]. Para determinarmos a força no elemento *BD* da treliça da Fig. 6.25*a*, por exemplo, *passamos uma seção* pelos elementos *BD*, *BE* e *CE*, removemos esses elementos e usamos a parte *ABC* da treliça como um corpo livre (Fig. 6.25*b*). Escrevendo $\Sigma M_E = 0$, determinamos a intensidade da força $\mathbf{F}_{BD}$, que representa a força no elemento *BD*. Um sinal positivo indica que o elemento está sob *tração* e um sinal negativo indica que ele está sob *compressão* [Problemas Resolvidos 6.2 e 6.3].

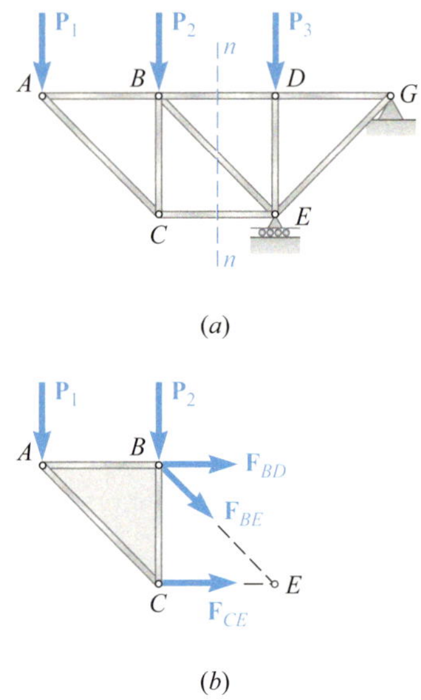

Figura 6.25

Treliças compostas

O método das seções é particularmente útil na análise de *treliças compostas*, ou seja, treliças que não podem ser construídas a partir da treliça básica triangular da Fig. 6.24*a*, mas que podem ser obtidas ligando rigidamente várias treliças simples [Seção 6.7]. Se as treliças componentes foram adequadamente unidas (por exemplo, um pino e uma haste de conexão, ou três hastes não concorrentes e não paralelas) e se a estrutura resultante está adequadamente apoiada (por exemplo, um pino e um rolete), a treliça composta é *estaticamente determinada, rígida e completamente vinculada.* Dessa forma a seguinte condição necessária, mas não suficiente, é satisfeita: $m + r = 2n$, onde m é o número de elementos; r, o número de incógnitas que representam as reações nos apoios; e n, o número de nós.

Estruturas e máquinas

A segunda parte do capítulo foi dedicada à análise de *estruturas e máquinas*, estruturas que contêm *elementos sujeitos a múltiplas forças*, ou seja, elementos sobre os quais atuam três ou mais forças. As estruturas são projetadas para sustentar cargas e geralmente são estacionárias, completamente vinculadas. Máquinas são projetadas para transmitir ou modificar forças e sempre contêm partes móveis [Seção 6.8].

Análise de uma estrutura

Para *analisarmos uma estrutura*, primeiro consideramos a *estrutura inteira como um corpo livre* e escrevemos três equações de equilíbrio [Seção 6.9]. Se a estrutura permanece rígida quando separada de seus apoios, as reações envolvem somente três incógnitas e podem ser determinadas a partir dessas equações [Problemas Resolvidos 6.4 e 6.5]. No entanto, se a estrutura deixar de ser rígida quando separada de seus apoios, as reações envolverão mais de três incógnitas e não poderão ser completamente determinadas pelas equações de equilíbrio da estrutura [Seção 6.10; Problema Resolvido 6.6].

Elementos sujeitos a múltiplas forças

Decompomos, então, *a estrutura* e identificamos os vários elementos, seja como elementos sujeitos a duas forças, seja como elementos sujeitos a múltiplas forças; supõe-se que os pinos formem uma parte integral de um dos elementos que eles unem. Traçamos o diagrama de corpo livre de cada um dos elementos sujeitos a múltiplas forças, observando que, quando dois elementos sujeitos a múltiplas forças são unidos ao mesmo elemento sujeito a duas forças, esse elemento atua neles com *forças iguais e opostas de intensidade desconhecida mas direção conhecida.* Quando dois elementos sujeitos a múltiplas forças são unidos por um pino, eles exercem um sobre o outro *forças iguais e opostas de direção desconhecida*, que devem ser representadas por *dois componentes desconhecidos.* As equações de equilíbrio obtidas dos diagramas de corpo livre dos elementos sujeitos a múltiplas forças podem então ser resolvidas para as várias forças internas [Problemas Resolvidos 6.4 e 6.5]. As equações de equilíbrio podem também ser usadas para completar a determinação das reações nos apoios [Problema Resolvido 6.6]. Na verdade, se a estrutura é *estaticamente determinada e rígida*, os diagramas de corpo livre dos elementos sujeitos a múltiplas forças podem nos dar tantas equações quantas forças desconhecidas existirem (incluindo as reações) [Seção 6.10]. Entretanto, como sugerimos anteriormente, é aconselhável primeiro considerar o diagrama de corpo livre da estrutura inteira para reduzir o número de equações que devem ser resolvidas simultaneamente.

Análise de uma máquina

Para *analisarmos uma máquina*, devemos decompô-la e, seguindo o mesmo procedimento adotado para uma estrutura, traçar o diagrama de corpo livre de cada elemento sujeito a múltiplas forças. As equações de equilíbrio correspondentes fornecem as *forças de saída* exercidas pela máquina em termos das *forças de entrada* nela aplicadas, assim como as *forças internas* nas várias conexões [Seção 6.11; Problema Resolvido 6.7].

PROBLEMAS DE REVISÃO

6.97 Usando o método dos nós, determine a força em cada elemento da treliça mostrada na figura.

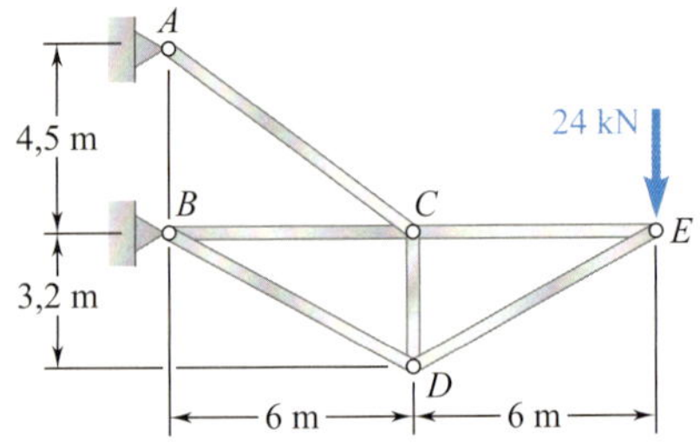

Figura P6.97

6.98 Determine a força em cada membro da treliça mostrada na figura.

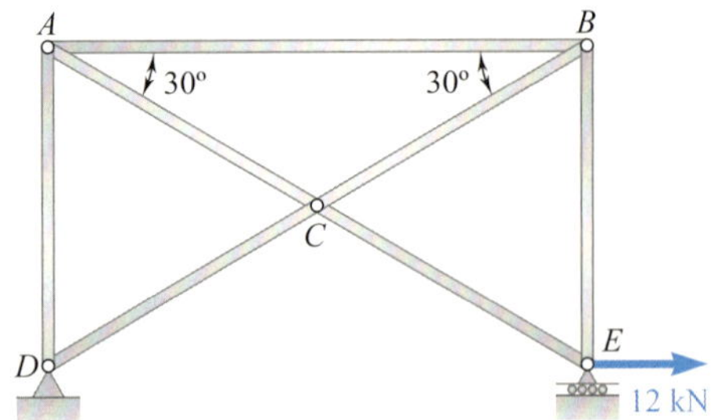

Figura P6.98

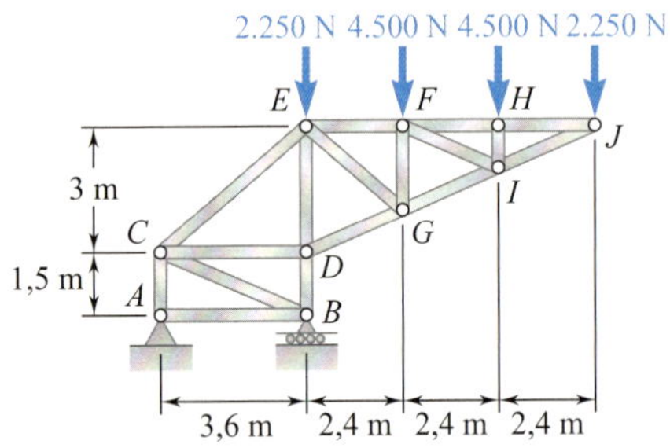

Figura P6.99 e P6.100

6.99 Determine a força nos membros *EF*, *FG* e *GI* da treliça mostrada na figura.

6.100 Determine a força nos membros *CE*, *CD* e *CB* da treliça mostrada na figura.

6.101 O reboque de piso baixo é projetado para que a extremidade traseira do reboque possa baixar até o nível do chão no sentido de facilitar o carregamento de equipamento ou veículos avariados. Um veículo de 1.400 kg foi rebocado para a posição mostrada na figura por um guincho; o reboque é então retornado para a posição de viagem onde $\alpha = 0$ e *AB* e *BE* são horizontais. Considerando apenas o peso do automóvel desativado, determine a força que deve ser exercida pelo cilindro hidráulico para manter a posição com $\alpha = 0$.

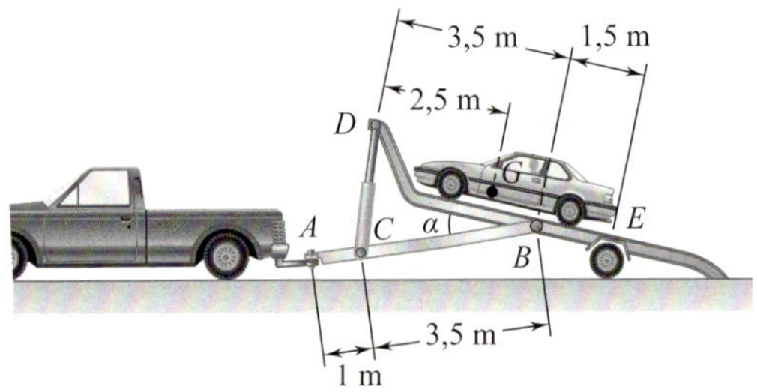

Figura P6.101

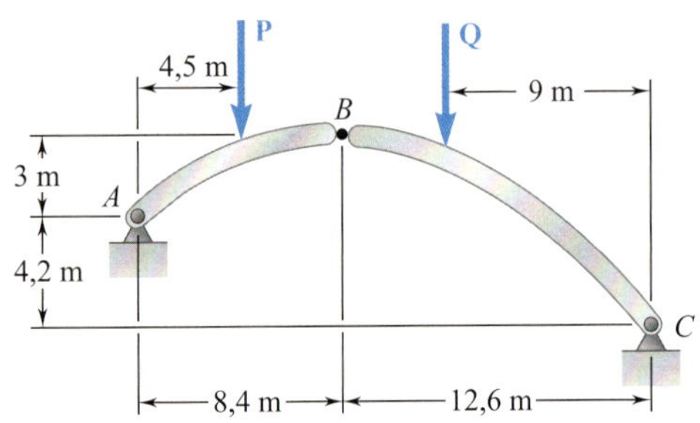

Figura P6.102

6.102 O eixo do arco de três articulações *ABC* é uma parábola com vértice em *B*. Sabendo que $P = 491{,}4$ kN e $Q = 327{,}6$ kN, determine (*a*) as componentes da reação em *C* e (*b*) as componentes da força exercida em *B* no segmento *AB*.

6.103 Um tubo com diâmetro de 48 mm é apertado por uma chave Stillson mostrada na figura. A parte *AB* e *DE* da chave estão rigidamente fixadas uma a outra, e a parte *CF* é ligada por um pino em *D*. Considerando que não ocorre deslizamento entre o tubo e a chave, determine os componentes das forças exercidas no tubo em *A* e *C*.

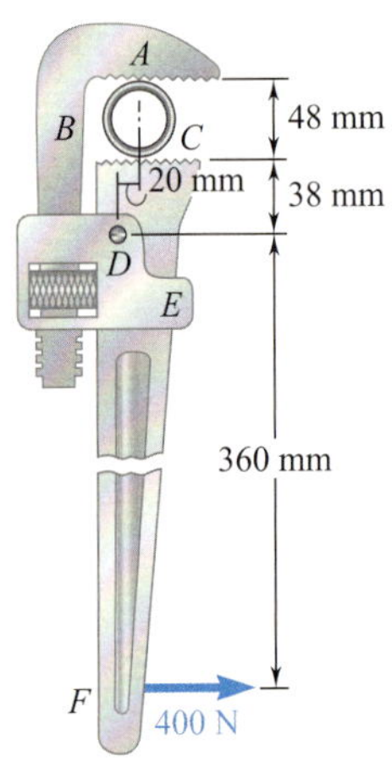

Figura P6.103

6.104 A alavanca composta da tesoura de podar mostrada pode ser ajustada colocando o pino A em várias posições dentadas na lâmina ACE. Sabendo que são necessárias forças verticais de 1.314 N para completar a poda de um galho, determine a intensidade das forças P que devem ser aplicadas nos cabos quando a tesoura é ajustada como mostra a figura.

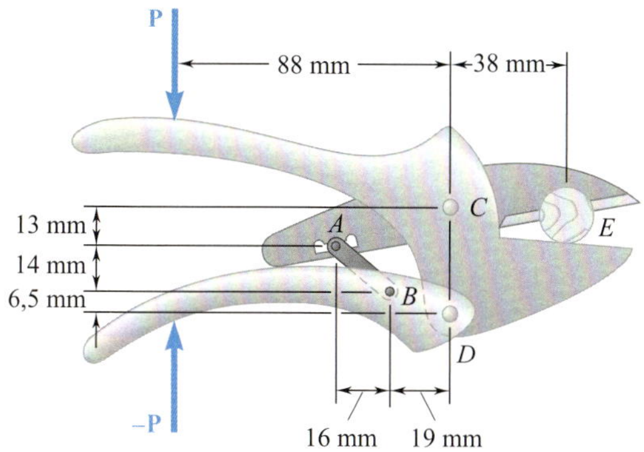

Figura P6.104

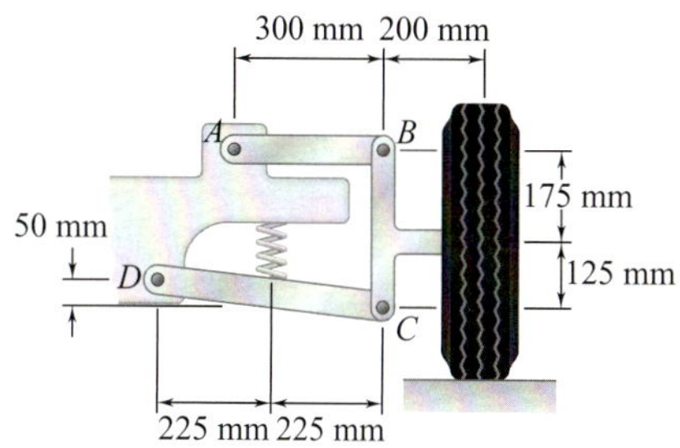

Figura P6.106

6.105 Determine o binário **M** que deve ser aplicado na manivela CD para manter o mecanismo em equilíbrio. O bloco é fixado por pino em D à manivela CD e está livre para deslizar no rasgo aberto no membro AB.

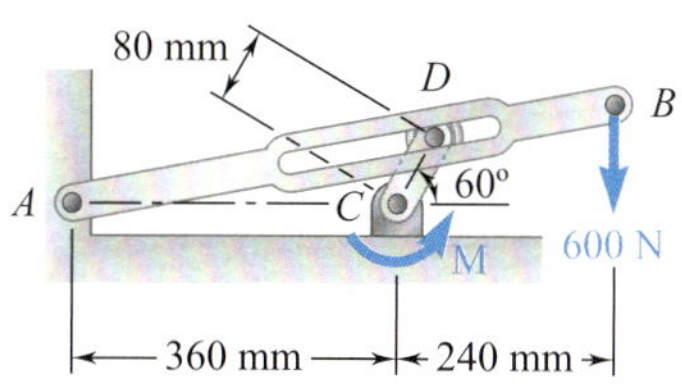

Figura P6.105

6.106 Um conjunto da roda dianteira de um automóvel suporta 3.375 N. Determine a força exercida pela mola e as componentes das forças exercidas na estrutura nos pontos A e D.

6.107 Para o sistema de engrenagem cônica mostrada na figura, determine o valor requerido de α se a razão entre M_B e M_A é igual a três.

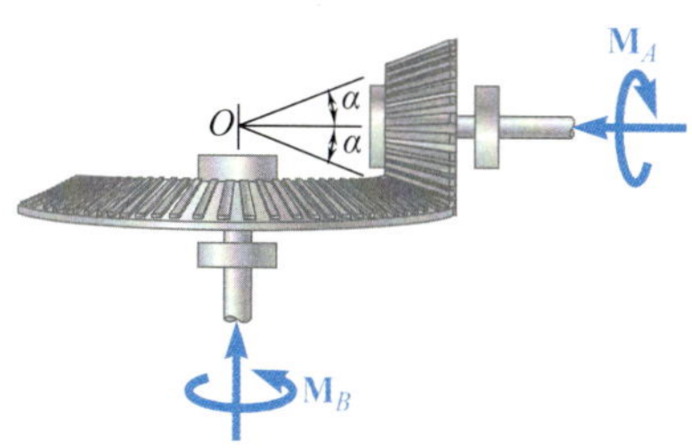

Figura P6.107

6.108 Um bloco de 400 kg pode ser suportado por uma pequena estrutura em cada uma das quatro maneiras mostradas na figura. O diâmetro da polia é de 250 mm. Para cada caso, determine (a) as componentes da força e o binário que representa a reação em A e (b) a força exercida em D no membro vertical.

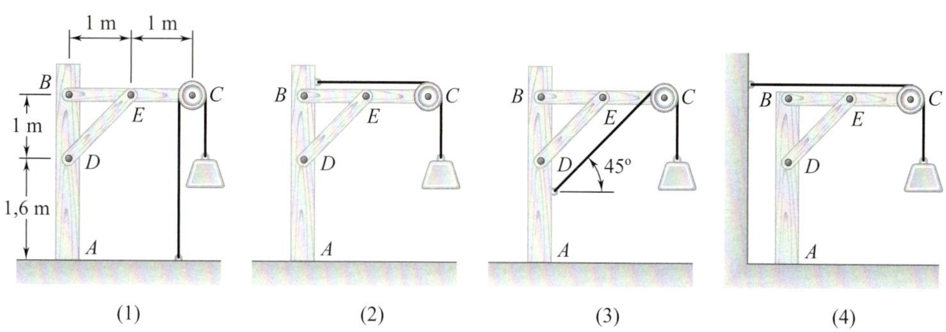

Figura P6.108

A resistência de elementos estruturais utilizados na construção de edifícios depende, em grande proporção, das propriedades de suas seções transversais, o que inclui os momentos de segunda ordem ou momentos de inércia de suas seções.

CAPÍTULO 7

Forças distribuídas: momento de inércia de superfícies

7 Forças distribuídas: momento de inércia de superfícies

7.1 Introdução

No Cap. 5, analisamos diversos sistemas de forças distribuídas ao longo de uma superfície ou de um sólido. Os três tipos principais de forças considerados foram (1) pesos de placas homogêneas de espessura uniforme (Seções 5.3 a 5.6), (2) cargas distribuídas sobre vigas (Seção 5.8) e forças hidrostáticas (Seção 5.7) e (3) pesos de corpos tridimensionais homogêneos (Seções 5.9 e 5.10). No caso de placas homogêneas, a intensidade ΔW do peso de um elemento de placa era proporcional à área ΔA da superfície do elemento. Para cargas distribuídas sobre vigas, a intensidade ΔW de cada peso elementar era representada por um elemento de área $\Delta A = \Delta W$ sob a curva de carga; no caso de forças hidrostáticas sobre superfícies submersas retangulares, seguiu-se um procedimento semelhante. No caso de corpos bidimensionais homogêneos, a intensidade ΔW do peso de um elemento do corpo era proporcional ao volume ΔV do elemento. Portanto, em todos os casos considerados no Cap. 5, as forças distribuídas eram proporcionais às áreas ou aos volumes elementares associados a elas. Logo, a resultante dessas forças poderia ser obtida pela soma das áreas ou dos volumes correspondentes, e o momento da resultante em relação a um dado eixo poderia ser determinado pelo cálculo dos momentos de primeira ordem das superfícies ou dos sólidos em relação a esse eixo.

Neste capítulo, consideramos forças distribuídas $\Delta\mathbf{F}$ cujas intensidades dependem não só dos elementos de área ΔA sobre as quais essas forças atuam, mas também da distância entre ΔA e algum eixo dado. Mais precisamente, admite-se que a intensidade da força por unidade de área $\Delta F/\Delta A$ varia linearmente com a distância até esse eixo. Conforme indicaremos na próxima seção, encontram-se forças desse tipo no estudo da flexão de vigas e em problemas que envolvam superfícies submersas não retangulares. Considerando que as forças elementares envolvidas são distribuídas sobre uma superfície de área A e variam linearmente com a distância y ao eixo x, será mostrado que, enquanto a intensidade de sua resultante **R** depende do momento de primeira ordem $Q_x = \int y\,dA$ da superfície A, a localização do ponto em que **R** está aplicada depende do *momento de segunda ordem* ou *momento de inércia* $I_x = \int y^2\,dA$ da mesma superfície em relação ao eixo x. Você aprenderá a calcular os momentos de inércia de diferentes superfícies em relação a eixos x e y dados. Neste capítulo, é apresentado o *momento de inércia polar* $J_O = \int r^2\,dA$ de uma superfície, onde r é a distância de um elemento de área dA até o ponto O. Para facilitar os cálculos, será estabelecida uma relação entre o momento de inércia I_x de uma superfície A em relação a um dado eixo x e o momento de inércia $I_{x'}$ da mesma superfície em relação ao eixo x' paralelo centroide (teorema dos eixos paralelos).

7.2 Momento de segunda ordem ou momento de inércia de uma superfície

Neste capítulo, consideramos forças distribuídas $\Delta\mathbf{F}$ cujas intensidades ΔF são proporcionais aos elementos de área ΔA sobre as quais essas forças atuam e, ao mesmo tempo, variam linearmente com a distância entre ΔA e um dado eixo.

Consideremos, por exemplo, uma viga de seção transversal uniforme sujeita a dois binários iguais e opostos aplicados em cada extremidade da viga. Dizemos que tal viga está *sob flexão pura*, e mostra-se, em mecânica dos materiais, que as forças internas em qualquer seção da viga são forças distribuídas cujas intensidades $\Delta F = ky\,\Delta A$ variam linearmente com a

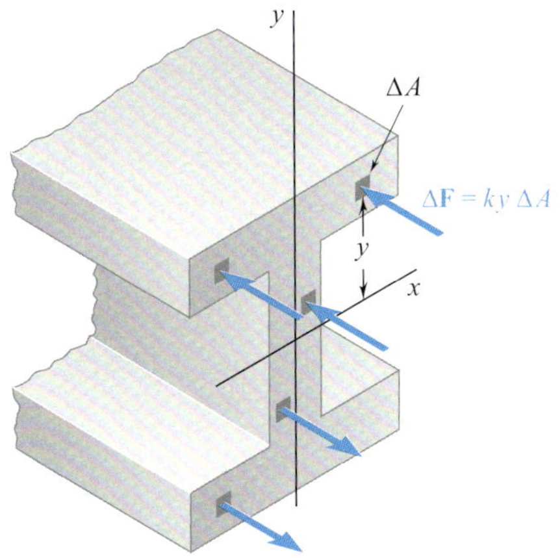

Figura 7.1

distância y entre o elemento de área ΔA e um eixo que passa pelo centroide da seção. Esse eixo, representado pelo eixo x na Fig. 7.1, é conhecido como *eixo neutro* da seção. As forças sobre um dos lados da seção dividida pelo eixo neutro são forças de compressão, ao passo que, sobre o outro lado, são forças de tração; sobre o próprio eixo neutro, as forças são nulas.

A intensidade da resultante **R** das forças elementares $\Delta\mathbf{F}$ que atuam sobre toda a seção é

$$R = \int ky\, dA = k \int y\, dA$$

Reconhecemos a última integral como o *momento de primeira ordem* Q_x da seção em relação ao eixo x; essa integral vale $\bar{y}A$ e, portanto, é igual a zero, pois o centroide da seção localiza-se sobre o eixo x. Logo, sistema de forças $\Delta\mathbf{F}$ reduz-se a um binário. A intensidade M desse binário (momento fletor) deve ser igual à soma dos momentos $\Delta M_x = y\,\Delta F = ky^2\,\Delta A$ das forças elementares. Integrando sobre toda a seção, obtemos

$$M = \int ky^2\, dA = k \int y^2\, dA$$

A última integral é conhecida como o *momento de segunda ordem*, ou *momento de inércia*,* da seção da viga em relação ao eixo x, sendo representado por I_x. Esse momento é obtido quando se multiplica cada elemento de área dA pelo *quadrado de sua distância* do eixo x e quando ele é integrado sobre a seção da viga. Como cada produto $y^2\, dA$ é positivo, não importando o sinal de y, ou zero (se y for zero), a integral I_x será sempre positiva.

7.3 Determinação do momento de inércia de uma superfície por integração

Definimos na seção anterior o momento de segunda ordem, ou momento de inércia, de uma superfície A em relação ao eixo x. Definindo de modo

* A expressão *momento de segunda ordem* é mais apropriada que *momento de inércia*, pois a última deve ser usada apenas para designar integrais de massa. Entretanto, na prática de engenharia, a expressão momento de inércia é usada no contexto tanto de superfícies como de massas.

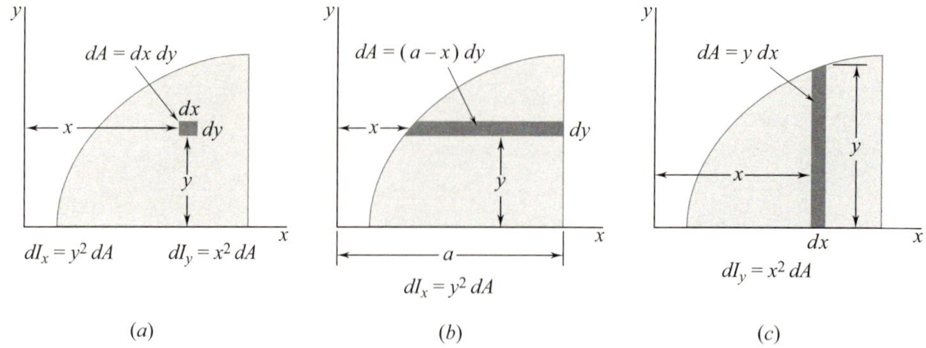

Figura 7.2

semelhante o momento de inércia I_y da superfície A em relação ao eixo y, escrevemos (Fig. 7.2a)

$$I_x = \int y^2\,dA \qquad I_y = \int x^2\,dA \tag{7.1}$$

Essas integrais, denominadas *momentos de inércia em relação aos eixos coordenados* da superfície A, podem ser mais facilmente calculadas se escolhermos dA como uma faixa estreita paralela a um dos eixos coordenados. Para calcular I_x, escolhe-se a faixa paralela ao eixo x, de modo que todos os pontos da faixa estejam à mesma distância y do eixo x (Fig. 7.2b); o momento de inércia dI_x da faixa é então obtido multiplicando a área dA da faixa por y^2. Para calcular I_y, escolhe-se a faixa paralela ao eixo y de modo que todos os pontos da faixa estejam à mesma distância x do eixo y (Fig. 7.2c); o momento de inércia dI_y da faixa é x^2dA.

Momento de inércia de uma superfície retangular. Como exemplo, vamos determinar o momento de inércia de um retângulo em relação à sua base (Fig. 7.3). Dividindo o retângulo em faixas paralelas ao eixo x, obtemos

$$dA = b\,dy \qquad dI_x = y^2 b\,dy$$

$$I_x = \int_0^h by^2\,dy = \tfrac{1}{3}bh^3 \tag{7.2}$$

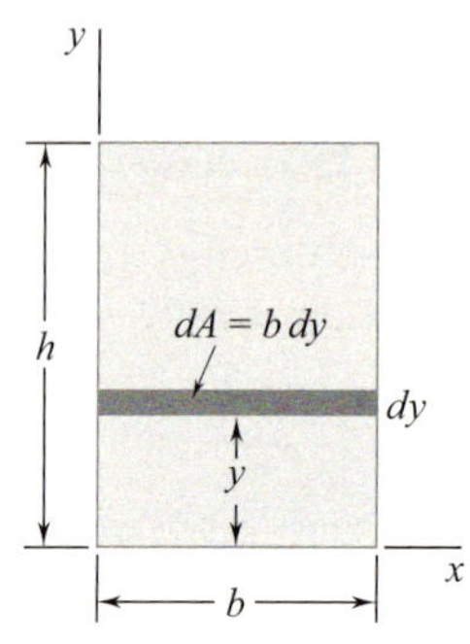

Figura 7.3

Calculando de I_x e I_y pelo uso da mesma faixa elementar. A fórmula que acabamos de deduzir pode ser usada para determinar o momento de inércia dI_x em relação ao eixo x de uma faixa retangular paralela ao eixo y, tal como a faixa mostrada na Fig. 7.2*c*. Estabelecendo $b = dx$ e $h = y$ na Eq. (7.2), escrevemos

$$dI_x = \tfrac{1}{3}y^3\, dx$$

Por outro lado, temos

$$dI_y = x^2\, dA = x^2 y\, dx$$

O mesmo elemento pode ser usado para o cálculo dos momentos de inércia I_x e I_y de uma dada superfície (Fig. 7.4).

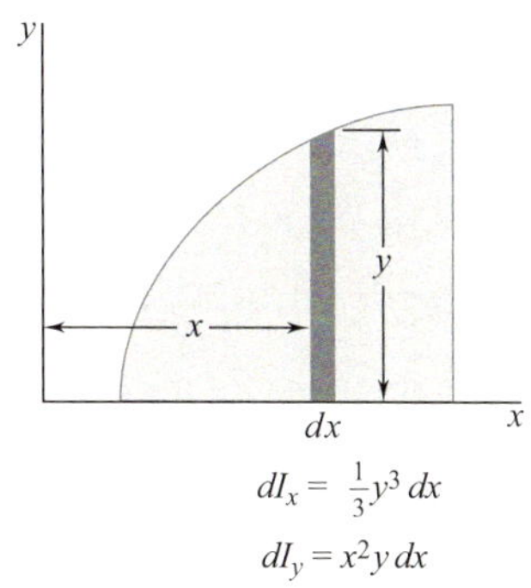

Figura 7.4

7.4 Momento de inércia polar

Uma integral de grande importância em problemas concernentes à torção de eixos cilíndricos e em problemas que tratam da rotação de placas é

$$J_O = \int r^2\, dA \tag{7.3}$$

onde r é a distância entre O e o elemento de área dA (Fig. 7.5). Essa integral é o *momento de inércia polar* da superfície A em relação *ao "polo" O.*

O momento de inércia polar de uma dada superfície poderá ser calculado a partir dos momentos de inércia retangulares I_x e I_y da superfície se essas grandezas já forem conhecidas. De fato, notando que $r^2 = x^2 + y^2$, escrevemos

$$J_O = \int r^2\, dA = \int (x^2 + y^2)\, dA = \int y^2\, dA + \int x^2\, dA$$

ou seja,

$$J_O = I_x + I_y \tag{7.4}$$

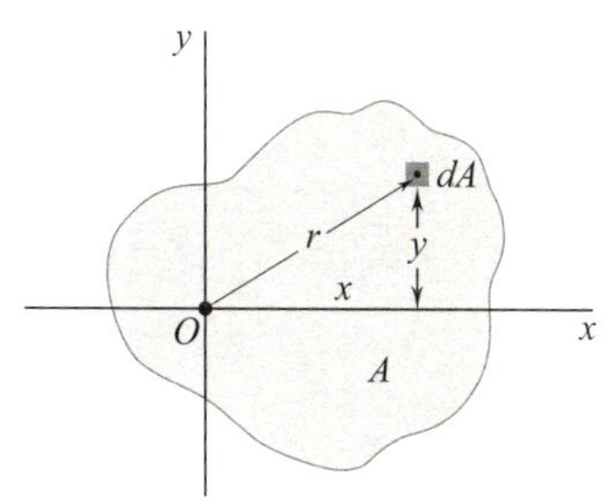

Figura 7.5

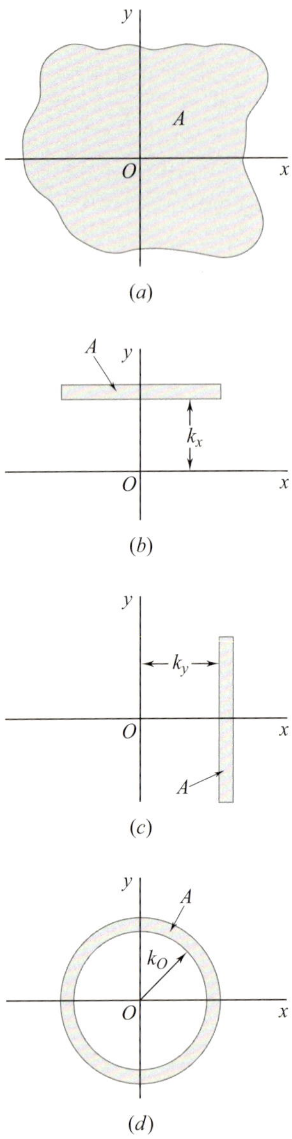

Figura 7.6

7.5 Raio de giração de uma superfície

Considere uma superfície A com momento de inércia I_x em relação ao eixo x (Fig. 7.6*a*). Imaginemos que concentramos essa superfície em uma faixa estreita paralela ao eixo x (Fig. 7.6*b*). Se a superfície de área A concentrada desse modo tiver o mesmo momento de inércia em relação ao eixo x, a faixa deverá ser colocada a uma distância k_x do eixo x, onde k_x é definido pela relação

$$I_x = k_x^2 A$$

Resolvendo para k_x, escrevemos

$$k_x = \sqrt{\frac{I_x}{A}} \tag{7.5}$$

A distância k_x é denominada *raio de giração* da superfície em relação ao eixo x. De modo semelhante, podemos definir os raios de giração k_y e k_o (Fig. 7.6*c* e *d*). Então escrevemos

$$I_y = k_y^2 A \qquad k_y = \sqrt{\frac{I_y}{A}} \tag{7.6}$$

$$J_O = k_O^2 A \qquad k_O = \sqrt{\frac{J_O}{A}} \tag{7.7}$$

Se reescrevermos a Eq. (7.4) em termos dos raios de giração, concluímos que

$$k_O^2 = k_x^2 + k_y^2 \tag{7.8}$$

Exemplo 7.1. Para o retângulo mostrado na Fig. 7.7, vamos calcular o raio de giração k_x em relação à sua base. Usando as Eqs. (7.5) e (7.2), escrevemos

$$k_x^2 = \frac{I_x}{A} = \frac{\frac{1}{3}bh^3}{bh} = \frac{h^2}{3} \qquad k_x = \frac{h}{\sqrt{3}}$$

A Figura 7.7 mostra o raio de giração k_x do retângulo. Não se deve confundi-lo com a ordenada $\bar{y} = h/2$ do centroide da superfície. Enquanto k_x depende do *momento de segunda ordem* (ou momento de inércia) da superfície, a ordenada $\bar{y}$ está relacionada com o *momento de primeira ordem* da superfície. ■

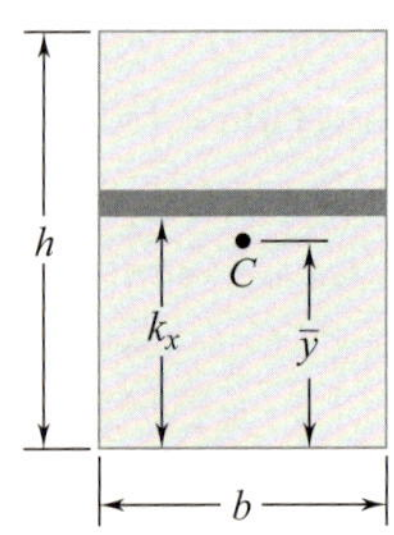

Figura 7.7

PROBLEMA RESOLVIDO 7.1

Determine o momento de inércia de um triângulo em relação à sua base.

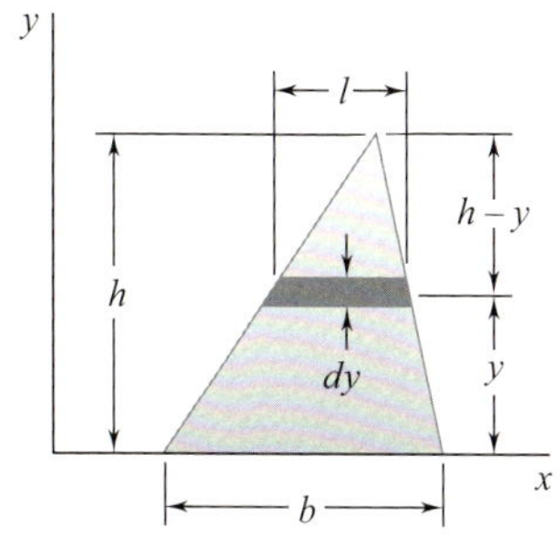

SOLUÇÃO

Um triângulo de base b e altura h está desenhado, e o eixo x é escolhido de modo a coincidir com a base. Uma faixa diferencial paralela ao eixo x é escolhida com área dA. Como todas as porções da faixa estão à mesma distância do eixo x, escrevemos

$$dI_x = y^2\,dA \qquad dA = l\,dy$$

Usando triângulos semelhantes, temos

$$\frac{l}{b} = \frac{h-y}{h} \qquad l = b\frac{h-y}{h} \qquad dA = b\frac{h-y}{h}dy$$

Integrando dI_x de $y = 0$ até $y = h$, obtemos

$$I_x = \int y^2\,dA = \int_0^h y^2 b\frac{h-y}{h}dy = \frac{b}{h}\int_0^h (hy^2 - y^3)\,dy$$

$$= \frac{b}{h}\left[h\frac{y^3}{3} - \frac{y^4}{4}\right]_0^h \qquad I_x = \frac{bh^3}{12} \blacktriangleleft$$

PROBLEMA RESOLVIDO 7.2

(*a*) Determine o momento de inércia polar centroidal de uma superfície circular por integração direta. (*b*) Usando o resultado da parte *a*, determine o momento de inércia de uma superfície circular em relação a um diâmetro.

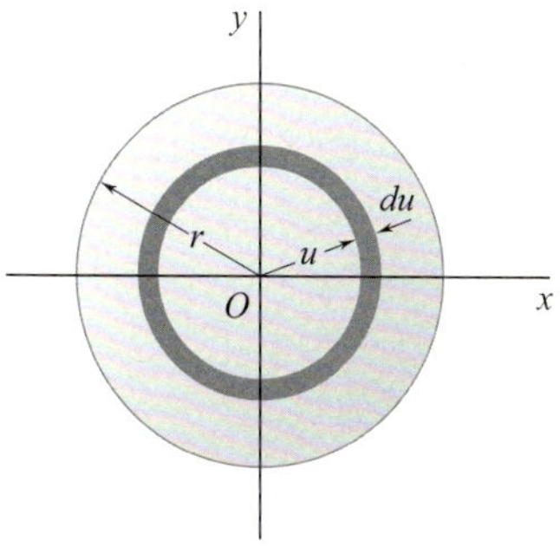

SOLUÇÃO

a. Momento de inércia polar. Um elemento diferencial anelar de superfície é escolhido com área dA. Como todas as porções da superfície diferencial estão à mesma distância da origem, escrevemos

$$dJ_O = u^2\,dA \qquad dA = 2\pi u\,du$$

$$J_O = \int dJ_O = \int_0^r u^2(2\pi u\,du) = 2\pi\int_0^r u^3\,du$$

$$J_O = \frac{\pi}{2}r^4 \blacktriangleleft$$

b. Momento de inércia em relação a um diâmetro. Devido à simetria da superfície circular, temos $I_x = I_y$. Logo, escrevemos

$$J_O = I_x + I_y = 2I_x \qquad \frac{\pi}{2}r^4 = 2I_x \qquad I_{\text{diâmetro}} = I_x = \frac{\pi}{4}r^4 \blacktriangleleft$$

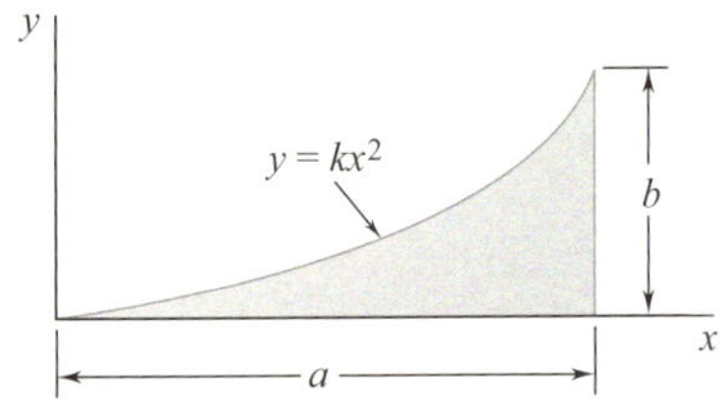

PROBLEMA RESOLVIDO 7.3

(*a*) Determine o momento de inércia da superfície sombreada em relação a cada um dos eixos coordenados. (As propriedades dessa superfície foram consideradas no Problema Resolvido 5.4.) (*b*) Usando os resultados da parte *a*, determine o raio de giração da superfície sombreada em relação a cada um dos eixos coordenados.

SOLUÇÃO

Voltando ao Problema Resolvido 5.4, obtemos as seguintes expressões para a equação da curva e para a área total:

$$y = \frac{b}{a^2}x^2 \qquad A = \tfrac{1}{3}ab$$

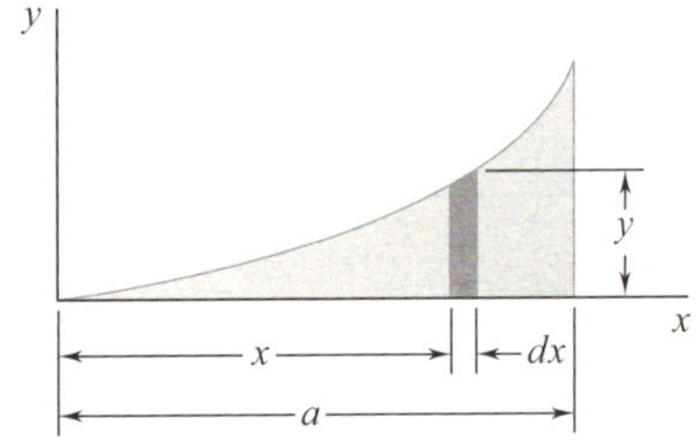

Momento de inércia I_x. Um elemento diferencial vertical de área é escolhido como dA. Como todas as porções desse elemento *não* estão à mesma distância do eixo x, devemos tratar o elemento como um retângulo fino. O momento de inércia do elemento em relação ao eixo x é então

$$dI_x = \tfrac{1}{3}y^3\,dx = \frac{1}{3}\left(\frac{b}{a^2}x^2\right)^3 dx = \frac{1}{3}\frac{b^3}{a^6}x^6\,dx$$

$$I_x = \int dI_x = \int_0^a \frac{1}{3}\frac{b^3}{a^6}x^6\,dx = \left[\frac{1}{3}\frac{b^3}{a^6}\frac{x^7}{7}\right]_0^a$$

$$I_x = \frac{ab^3}{21} \quad ◀$$

Momento de inércia I_y. Utiliza-se o mesmo elemento diferencial vertical de área. Como todas as porções do elemento estão à mesma distância do eixo y, escrevemos

$$dI_y = x^2\,dA = x^2(y\,dx) = x^2\left(\frac{b}{a^2}x^2\right)dx = \frac{b}{a^2}x^4\,dx$$

$$I_y = \int dI_y = \int_0^a \frac{b}{a^2}x^4\,dx = \left[\frac{b}{a^2}\frac{x^5}{5}\right]_0^a$$

$$I_y = \frac{a^3b}{5} \quad ◀$$

Raios de giração k_x e k_y. Por definição, temos

$$k_x^2 = \frac{I_x}{A} = \frac{ab^3/21}{ab/3} = \frac{b^2}{7} \qquad k_x = \sqrt{\tfrac{1}{7}}\,b \quad ◀$$

e

$$k_y^2 = \frac{I_y}{A} = \frac{a^3b/5}{ab/3} = \tfrac{3}{5}a^2 \qquad k_y = \sqrt{\tfrac{3}{5}}\,a \quad ◀$$

PROBLEMAS

7.1 a 7.4 Determine por integração direta o momento de inércia da superfície sombreada em relação ao eixo y.

7.5 a 7.8 Determine por integração direta o momento de inércia da superfície sombreada em relação ao eixo x.

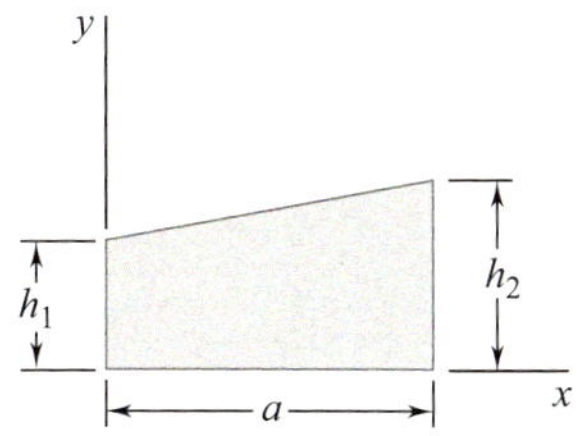

Figura P7.1 e P7.5

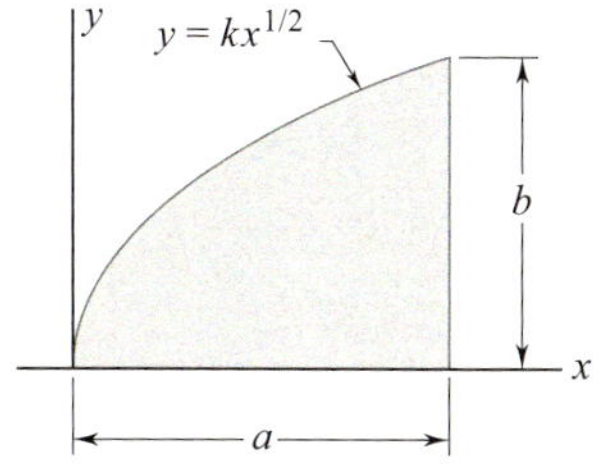

Figura P7.2 e P7.6

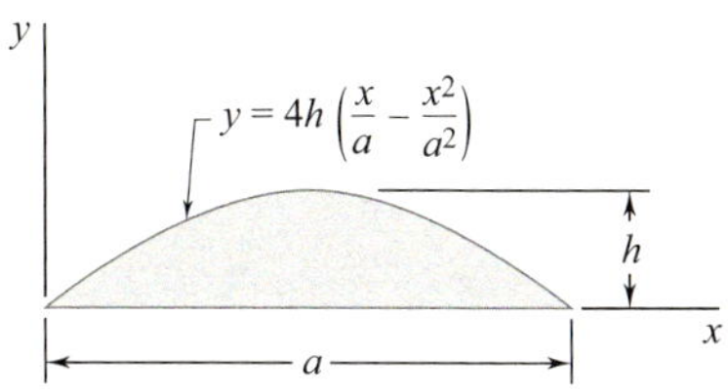

Figura P7.3 e P7.7

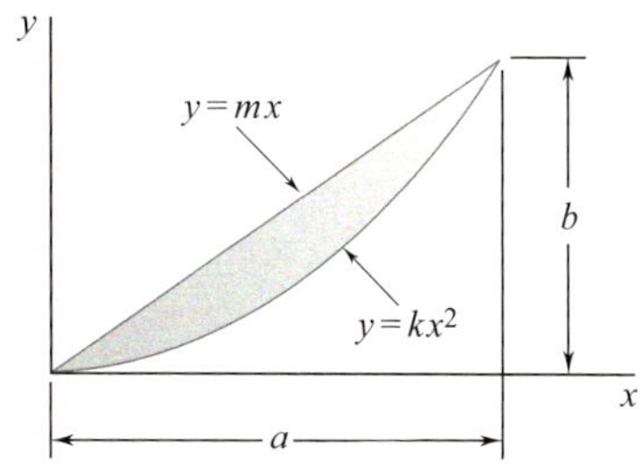

Figura P7.4 e P7.8

7.9 a 7.12 Determine o momento de inércia e o raio de giração da superfície sombreada em relação ao eixo x.

7.13 a 7.16 Determine o momento de inércia e o raio de giração da superfície sombreada em relação ao eixo y.

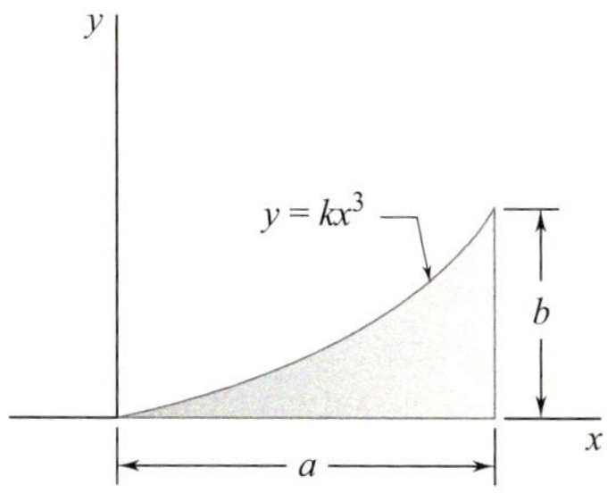

Figura P7.9 e P7.13

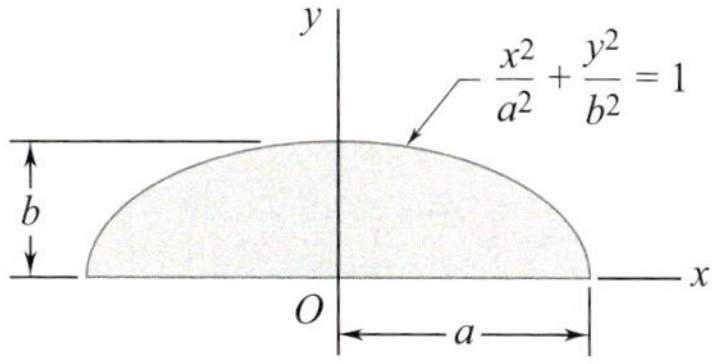

Figura P7.10 e P7.14

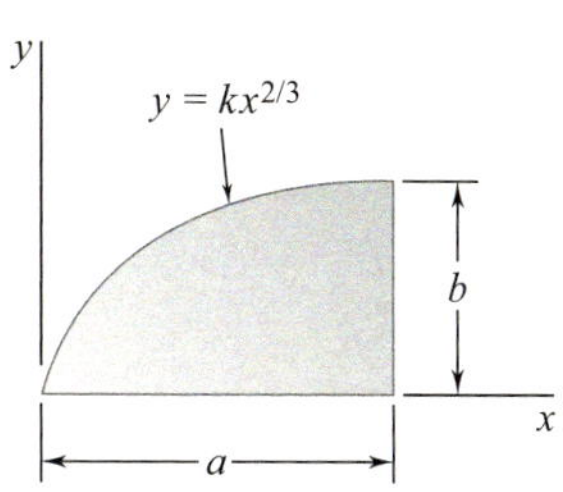

Figura P7.11 e P7.15

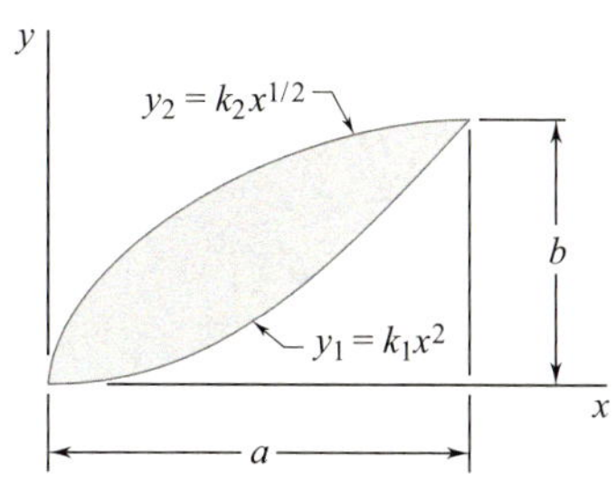

Figura P7.12 e P7.16

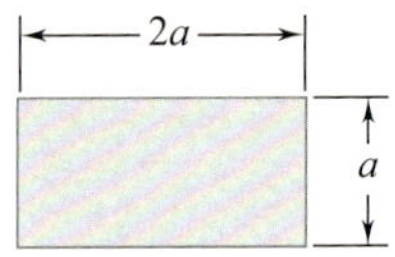

Figura P7.17 e P7.18

7.17 Determine o momento de inércia polar e o raio de giração polar do retângulo mostrado na figura em relação ao seu ponto médio (*a*) do lado maior e (*b*) do lado menor.

7.18 Determine o momento de inércia polar e o raio de giração polar do retângulo mostrado na figura em relação a um dos seus cantos.

7.19 Determine o momento de inércia polar e o raio de giração polar do trapézio mostrado na figura em relação ao ponto *P*.

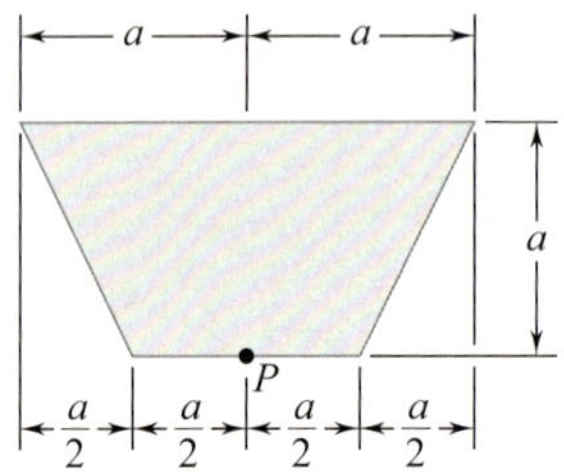

Figura P7.19

7.20 Determine o momento de inércia polar e o raio de giração polar da superfície semielíptica do Problema 7.10 com relação a *O*.

7.21 (*a*) Determine por integração direta o momento de inércia polar da superfície mostrada na figura em relação ao ponto *O*. (*b*) Usando o resultado da parte *a*, determine os momentos de inércia da área dada em relação ao eixo *x*.

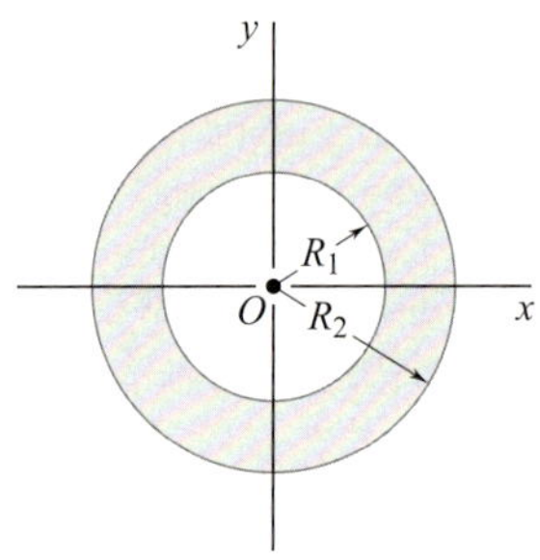

Figura P7.21 e P7.22

7.22 (*a*) Mostre que o raio de giração polar r_O da superfície mostrada na figura é aproximadamente igual ao raio médio $R_m = (R_1 + R_2)/2$ para pequenos valores da espessura $t = R_2 - R_1$. (*b*) Determine o erro percentual cometido quando se usa R_m no lugar de r_O para os seguintes valores de t/R_m: 1, $\frac{1}{2}$ e $\frac{1}{10}$.

7.23 Determine o momento de inércia da superfície sombreada em relação ao eixo *x*.

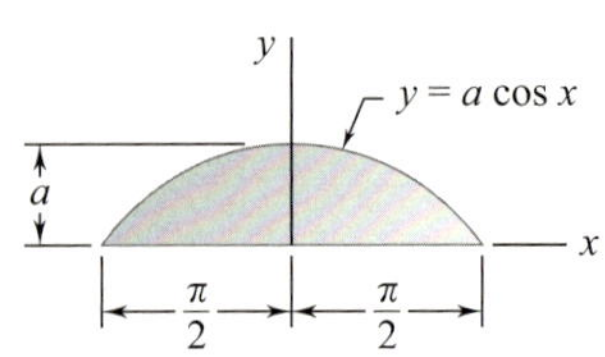

Figura P7.23 e P7.24

7.24 Determine o momento de inércia da superfície sombreada em relação ao eixo *y*.

7.6 Teorema dos eixos paralelos

Considere o momento de inércia $I_{AA'}$ de uma superfície A em relação a um eixo AA' (Fig. 7.8). Representando por y a distância entre um elemento de superfície de área dA e AA', escrevemos

$$I_{AA'} = \int y^2\, dA$$

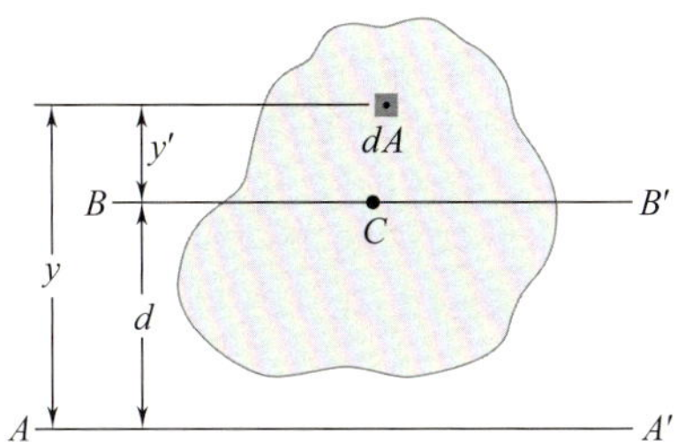

Figura 7.8

Vamos traçar agora um eixo BB' paralelo a AA' passando pelo centroide C; esse eixo é denominado *eixo centroidal*. Representando por y' a distância entre o elemento dA e BB', escrevemos $y = y' + d$, onde d é a distância entre os eixos AA' e BB'. Eliminando y nessa integral, escrevemos

$$\begin{aligned} I_{AA'} &= \int y^2\, dA = \int (y' + d)^2\, dA \\ &= \int y'^2\, dA + 2d \int y'\, dA + d^2 \int dA \end{aligned}$$

A primeira integral representa o momento de inércia $\bar{I}_{BB'}$ da superfície em relação ao eixo centroidal BB'. A segunda integral representa o momento de primeira ordem da superfície em relação a BB'; como o centroide C da superfície está localizado sobre esse eixo, a segunda integral deve ser nula. Finalmente, observamos que a última integral é igual à área total A da superfície. Logo, temos

$$I_{AA'} = \bar{I}_{BB'} + Ad^2 \tag{7.9}$$

Essa fórmula expressa que o momento de inércia $I_{AA'}$ de uma superfície em relação a um dado eixo AA' é igual ao momento de inércia $\bar{I}_{BB'}$ da superfície em relação ao eixo centroidal BB' paralelo a AA' *mais* o produto da área A da superfície e do quadrado da distância d entre os dois eixos. Esse teorema é conhecido como *teorema dos eixos paralelos*. Substituindo $I_{AA'}$ por k^2A e $\bar{I}_{BB'}$ por $\bar{k}^2A$, o teorema também pode ser expresso como

$$k^2 = \bar{k}^2 + d^2 \tag{7.10}$$

Um teorema semelhante pode ser enunciado para relacionar o momento de inércia polar J_O de uma superfície em relação ao ponto O ao momento de inércia $\bar{J}_C$ da mesma superfície em relação ao seu centroide C. Representando por d a distância entre O e C, escrevemos

$$J_O = \bar{J}_C + Ad^2 \qquad \text{ou} \qquad k_O^2 = \bar{k}_C^2 + d^2 \tag{7.11}$$

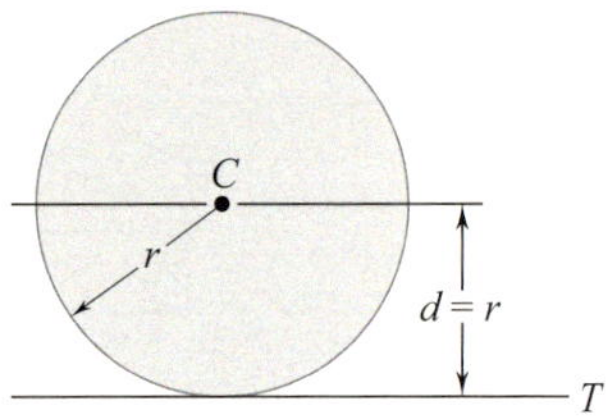

Figura 7.9

Exemplo 7.2. Como aplicação do teorema dos eixos paralelos, vamos determinar o momento de inércia I_T de uma superfície circular em relação a uma linha tangente ao círculo (Fig. 7.9). No Problema Resolvido 7.2, concluímos que o momento de inércia de uma superfície circular em relação a um eixo centroidal é $\bar{I} = \frac{1}{4}\pi r^4$. Logo, podemos escrever que

$$I_T = \bar{I} + Ad^2 = \tfrac{1}{4}\pi r^4 + (\pi r^2)r^2 = \tfrac{5}{4}\pi r^4$$ ■

Exemplo 7.3. O teorema dos eixos paralelos também pode ser aplicado na determinação do momento de inércia centroidal de uma superfície quando se conhece o momento de inércia da superfície em relação a um eixo paralelo. Por exemplo, considere uma superfície triangular (Fig. 7.10). No Problema Resolvido 7.1, concluímos que o momento de inércia de um triângulo em relação à sua base AA' é igual a $\frac{1}{12}bh^3$. Usando o teorema dos eixos paralelos, escrevemos

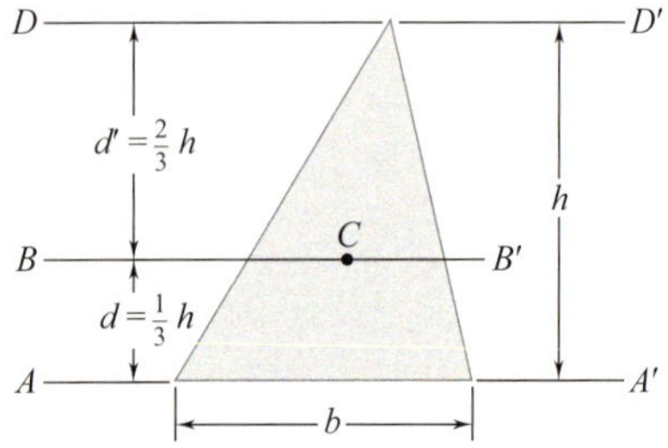

Figura 7.10

$$I_{AA'} = \bar{I}_{BB'} + Ad^2$$
$$\bar{I}_{BB'} = I_{AA'} - Ad^2 = \tfrac{1}{12}bh^3 - \tfrac{1}{2}bh(\tfrac{1}{3}h)^2 = \tfrac{1}{36}bh^3$$

Deve-se observar que o produto Ad^2 foi *subtraído* do momento de inércia dado a fim de obter o momento de inércia centroidal do triângulo. Observe que esse produto é *adicionado* ao se transferir *de* um eixo centroidal para um eixo paralelo, mas deve ser *subtraído* ao se transferir *para* um eixo centroidal. Em outras palavras, o momento de inércia de uma superfície é sempre menor em relação a um eixo centroidal do que em relação a qualquer outro eixo paralelo.

Retornando à Fig. 7.10, observamos que o momento de inércia de um triângulo em relação à linha DD' (passando pelo vértice) pode ser obtido escrevendo

$$I_{DD'} = \bar{I}_{BB'} + Ad'^2 = \tfrac{1}{36}bh^3 + \tfrac{1}{2}bh(\tfrac{2}{3}h)^2 = \tfrac{1}{4}bh^3$$

Observe que $I_{DD'}$ não poderia ter sido obtido diretamente de $I_{AA'}$. O teorema dos eixos paralelos só poderá ser aplicado se um dos eixos paralelos passar pelo centroide da superfície. ■

7.7 Momentos de inércia de superfícies compostas

Considere uma superfície A constituída por diversas superfícies componentes A_1, A_2, A_3,... Como a integral que representa o momento de inércia de A pode ser subdividida nas integrais calculadas sobre A_1, A_2, A_3, ..., o momento de inércia de A em relação a um dado eixo é obtido pela adição dos momentos de inércia das superfícies A_1, A_2, A_3,... em relação ao mesmo eixo. O momento de inércia de uma superfície que consiste em vários dos formatos mostrados na Fig. 7.11 pode então ser obtido pelo uso das fórmulas dadas nessa figura. Todavia, antes de os momentos de inércia das superfícies componentes serem adicionados, talvez seja necessário que aplicar o teorema dos eixos paralelos para transferir cada momento de inércia para o eixo desejado, o que é mostrado nos Problemas Resolvidos 7.4 e 7.5.

Foto 7.1 O Apêndice B fornece dados para uma pequena amostra de perfis laminados prontamente disponíveis. A foto mostra dois exemplos de perfis de aba larga (perfis I) geralmente utilizados na construção de edifício.

As propriedades das seções transversais de diversos formatos estruturais estão dadas na Fig. 7.13. Conforme observamos na Seção 7.2, o momento de inércia de uma seção de viga em relação ao seu eixo neutro é fortemente relacionado ao cálculo do momento fletor nessa seção da viga.

Logo, a determinação de momentos de inércia é um pré-requisito para a análise e o projeto de elementos estruturais.

Deve-se observar que o raio de giração de uma superfície composta *não* é igual à soma dos raios de giração das superfícies componentes. Para determinarmos o raio de giração de uma superfície composta, precisamos primeiro calcular o momento de inércia da superfície.

Retângulo	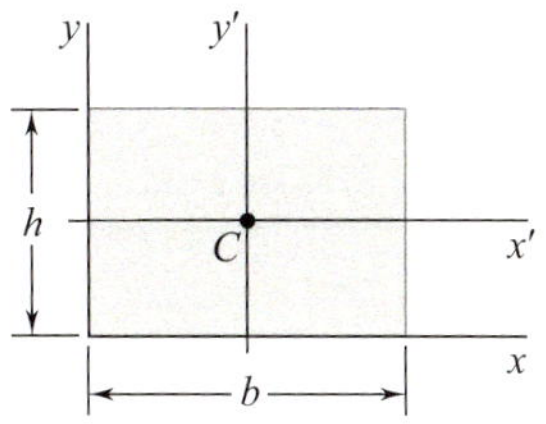	$\bar{I}_{x'} = \frac{1}{12}bh^3$ $\bar{I}_{y'} = \frac{1}{12}b^3h$ $I_x = \frac{1}{3}bh^3$ $I_y = \frac{1}{3}b^3h$ $J_C = \frac{1}{12}bh(b^2 + h^2)$
Triângulo	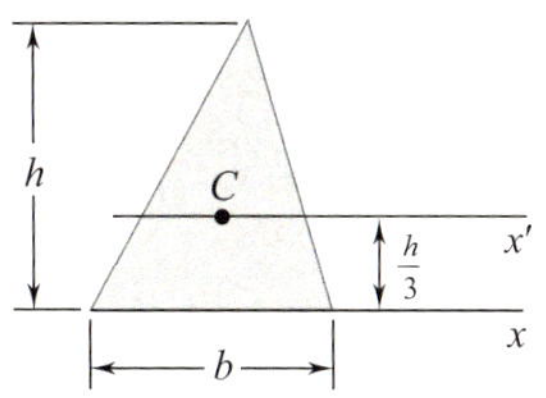	$\bar{I}_{x'} = \frac{1}{36}bh^3$ $I_x = \frac{1}{12}bh^3$
Círculo	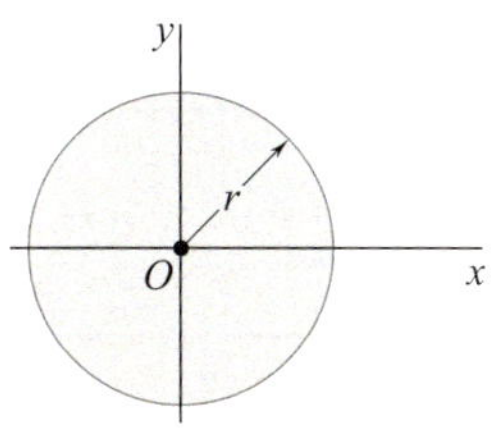	$I_x = I_y = \frac{1}{4}\pi r^4$ $J_O = \frac{1}{2}\pi r^4$
Semicírculo	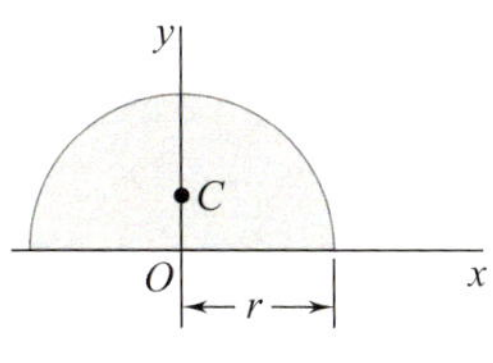	$I_x = I_y = \frac{1}{8}\pi r^4$ $J_O = \frac{1}{4}\pi r^4$
Quarto de círculo	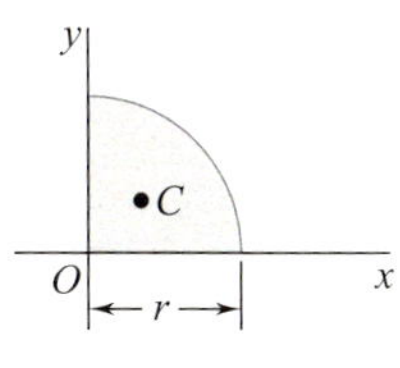	$I_x = I_y = \frac{1}{16}\pi r^4$ $J_O = \frac{1}{8}\pi r^4$
Elipse	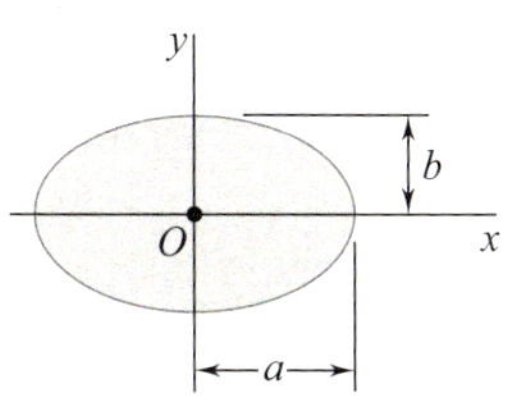	$\bar{I}_x = \frac{1}{4}\pi ab^3$ $\bar{I}_y = \frac{1}{4}\pi a^3b$ $J_O = \frac{1}{4}\pi ab(a^2 + b^2)$

Figura 7.11 Momentos de inércia de formatos geométricos simples.

PROBLEMA RESOLVIDO 7.4

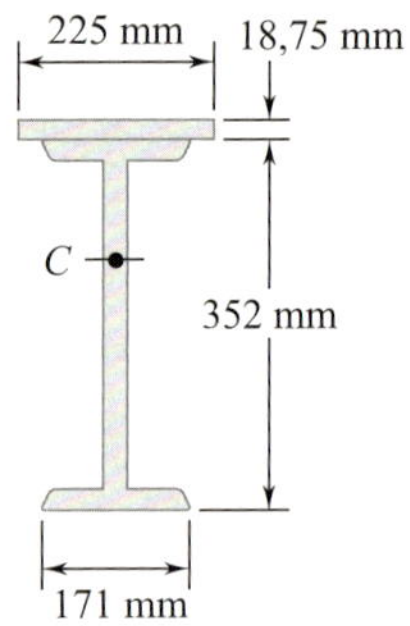

A resistência de uma viga em perfil I 360 × 44 é aumentada quando se anexa uma placa de 225 × 18,75 mm à sua aba superior, do modo mostrado na figura. Determine o momento de inércia e o raio de giração da seção composta em relação ao eixo paralelo à placa passando pelo centroide *C* da seção.

SOLUÇÃO

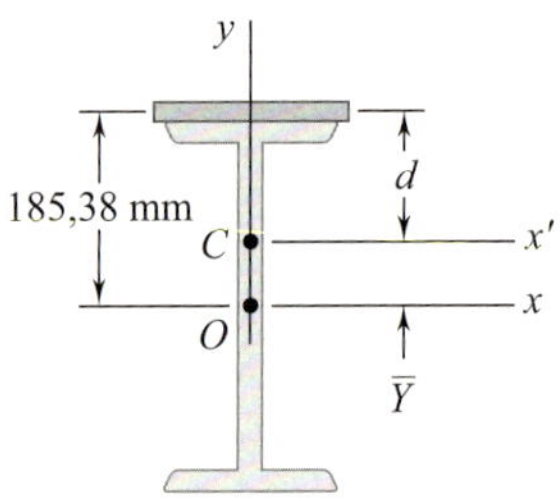

A origem *O* das coordenadas é localizada no centroide do perfil I, e a distância $\overline{Y}$ do centroide da seção composta é calculada pelos métodos do Cap. 5. A área do perfil I é encontrada no Apêndice B. A área e a coordenada *y* do centroide da placa são

$$A = (225\text{ mm})(18{,}75\text{ mm}) = 4.218{,}75\text{ mm}^2$$

$$\overline{y} = \tfrac{1}{2}(352\text{ mm}) + \tfrac{1}{2}(18{,}75\text{ mm}) = 185{,}375\text{ mm}$$

Seção	Área, mm²	$\overline{y}$, mm	$\overline{y}A$, mm³
Placa	4.218,75	185,38	782.072
Perfil I	5.730	0	0
	$\Sigma A = 9.948{,}75$		$\Sigma\overline{y}A = 782.072$

$$\overline{Y}\Sigma A = \Sigma\overline{y}A \qquad \overline{Y}(9.948{,}75) = 782.072 \qquad \overline{Y} = 78{,}61\text{ mm}$$

Momento de inércia. O teorema dos eixos paralelos é aplicado na determinação dos momentos de inércia do perfil I e da placa em relação ao eixo *x*'. Esse eixo é centroidal para a seção composta, mas não para cada um dos elementos considerados separadamente. O valor de $\overline{I}_x$ para o perfil I é obtido no Apêndice B.

Para o perfil I,

$$I_{x'} = \overline{I}_x + A\overline{Y}^2 = 122 \times 10^6 + (5.730)(78{,}61)^2 = 157{,}41 \times 10^6\text{ mm}^4$$

Para a placa,

$$I_{x'} = \overline{I}_x + Ad^2 = (\tfrac{1}{12})(225)(18{,}75)^3 + (4.218{,}75)(185{,}38 - 78{,}61)^2$$

$$= 48{,}11 \times 10^6\text{ mm}^4$$

Para a seção composta,

$$I_{x'} = 157{,}41 \times 10^6 + 48{,}11 \times 10^6 = 205{,}52 \times 10^6\text{ mm}^4$$

$$I_{x'} = 205{,}52 \times 10^6\text{ mm}^4 \quad ◀$$

Raio de giração. Temos

$$k_{x'}^2 = \frac{I_{x'}}{A} = \frac{205{,}52 \times 10^6\text{ mm}^4}{9.948{,}75\text{ mm}^2} \qquad k_{x'} = 143{,}73\text{ mm} \quad ◀$$

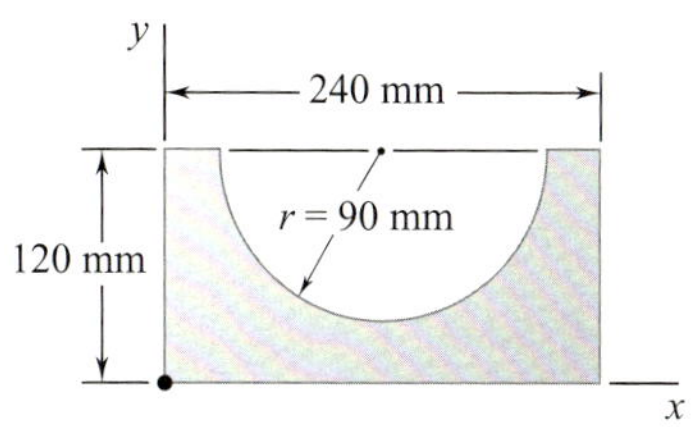

PROBLEMA RESOLVIDO 7.5

Determine o momento de inércia da superfície sombreada em relação ao eixo x.

SOLUÇÃO

A superfície dada pode ser obtida pela subtração de um semicírculo de um retângulo. Os momentos de inércia do retângulo e do semicírculo serão calculados separadamente.

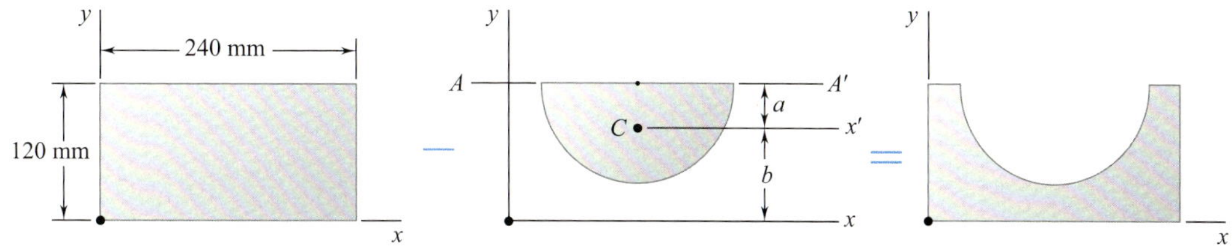

Momento de inércia do retângulo. Voltando à Fig. 7.11, obtemos

$$I_x = \tfrac{1}{3}bh^3 = \tfrac{1}{3}(240 \text{ mm})(120 \text{ mm})^3 = 138{,}2 \times 10^6 \text{ mm}^4$$

Momento de inércia do semicírculo. Voltando à Fig. 5.8, determinamos a localização do centroide C do semicírculo em relação ao diâmetro AA'.

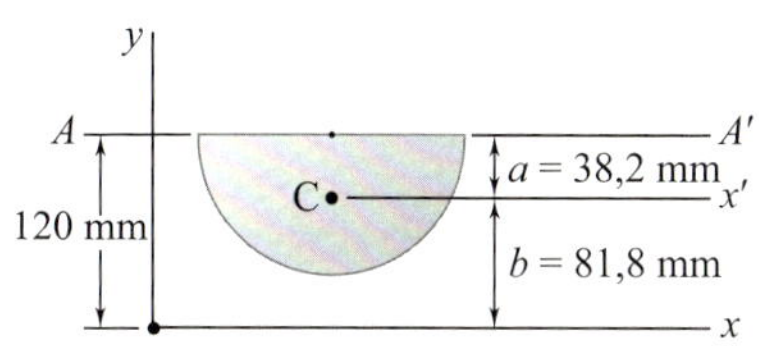

$$a = \frac{4r}{3\pi} = \frac{(4)(90 \text{ mm})}{3\pi} = 38{,}2 \text{ mm}$$

A distância b do centroide C ao eixo x é

$$b = 120 \text{ mm} - a = 120 \text{ mm} - 38{,}2 \text{ mm} = 81{,}8 \text{ mm}$$

Voltando agora à Fig. 7.11, calculamos o momento de inércia do semicírculo em relação ao diâmetro AA'; e a área do semicírculo.

$$I_{AA'} = \tfrac{1}{8}\pi r^4 = \tfrac{1}{8}\pi(90 \text{ mm})^4 = 25{,}76 \times 10^6 \text{ mm}^4$$
$$A = \tfrac{1}{2}\pi r^2 = \tfrac{1}{2}\pi(90 \text{ mm})^2 = 12{,}72 \times 10^3 \text{ mm}^2$$

Usando o teorema dos eixos paralelos, obtemos o valor de $\bar{I}_{x'}$:

$$I_{AA'} = \bar{I}_{x'} + Aa^2$$
$$25{,}76 \times 10^6 \text{ mm}^4 = \bar{I}_{x'} + (12{,}72 \times 10^3 \text{ mm}^2)(38{,}2 \text{ mm})^2$$
$$\bar{I}_{x'} = 7{,}20 \times 10^6 \text{ mm}^4$$

Aplicando novamente o teorema dos eixos paralelos, obtemos o valor de I_x:

$$I_x = \bar{I}_{x'} + Ab^2 = 7{,}20 \times 10^6 \text{ mm}^4 + (12{,}72 \times 10^3 \text{ mm}^2)(81{,}8 \text{ mm})^2$$
$$= 92{,}3 \times 10^6 \text{ mm}^4$$

Momento de inércia da superfície dada. Subtraindo o momento de inércia do semicírculo do momento de inércia do retângulo, obtemos

$$I_x = 138{,}2 \times 10^6 \text{ mm}^4 - 92{,}3 \times 10^6 \text{ mm}^4$$

$$I_x = 45{,}9 \times 10^6 \text{ mm}^4 \quad ◀$$

PROBLEMAS

7.25 a 7.28 Determine o momento de inércia e o raio de giração da superfície sombreada em relação ao eixo x.

7.29 e 7.32 Determine o momento de inércia e o raio de giração da superfície sombreada em relação ao eixo y.

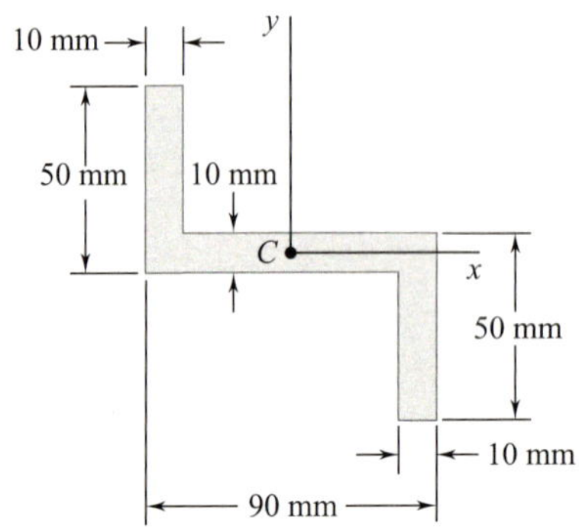

Figura P7.25 e P7.29

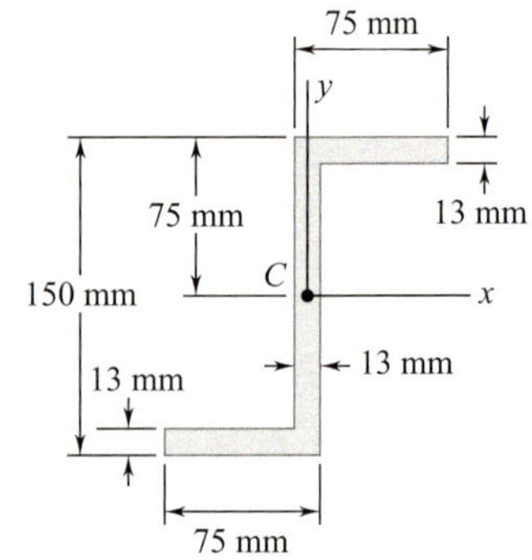

Figura P7.26 e P7.30

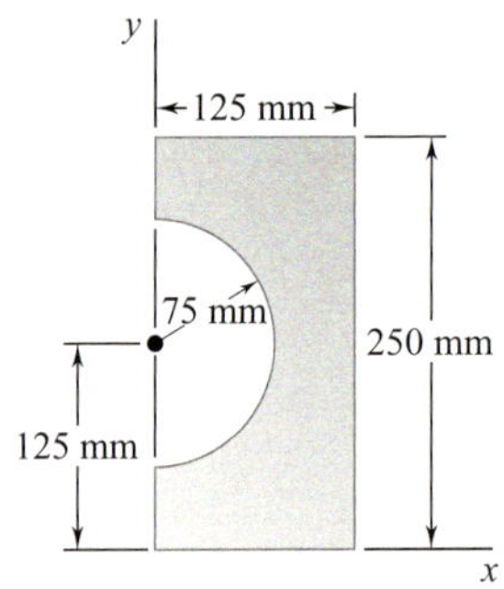

Figura P7.27 e P7.31

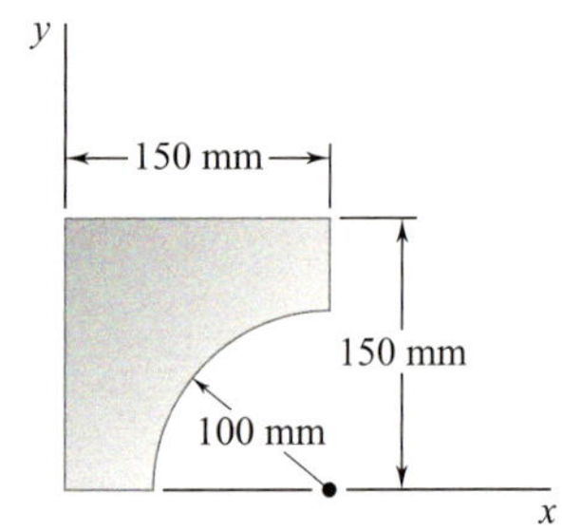

Figura P7.28 e P7.32

7.33 Determine para a superfície sombreada a área e o momento de inércia em relação ao eixo centroidal paralelo a AA', sabendo que seus momentos de inércia em relação a AA' e BB' são, respectivamente, $2{,}2 \times 10^6$ mm^4 e 4×10^6 mm^4, e que $d_1 = 25$ mm e $d_2 = 10$ mm.

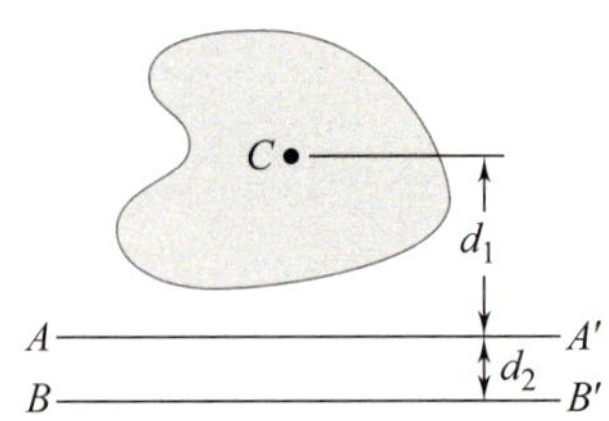

Figura P7.33 e P7.34

7.34 Sabendo que a área da superfície sombreada é igual a 6.000 mm^2 e que seu momento de inércia em relação a AA' é 18×10^6 mm^4, determine seu momento de inércia em relação a BB' para $d_1 = 50$ mm e $d_2 = 10$ mm.

7.35 e 7.36 Determine os momentos de inércia $\bar{I}_x$ e $\bar{I}_y$ da superfície mostrada na figura em relação aos eixos centroidais que são respectivamente paralelo e perpendicular ao lado AB.

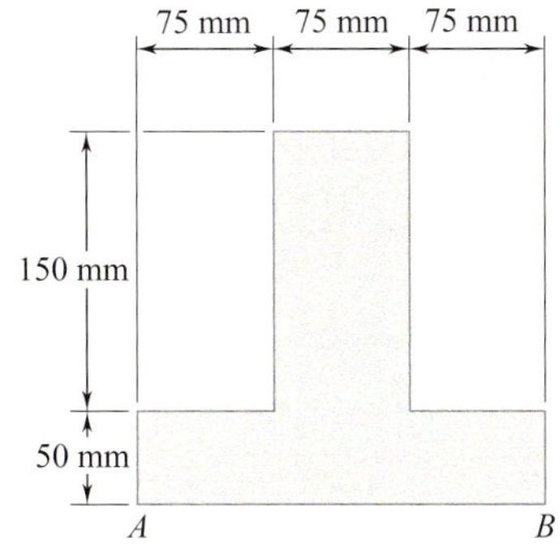

Figura P7.35

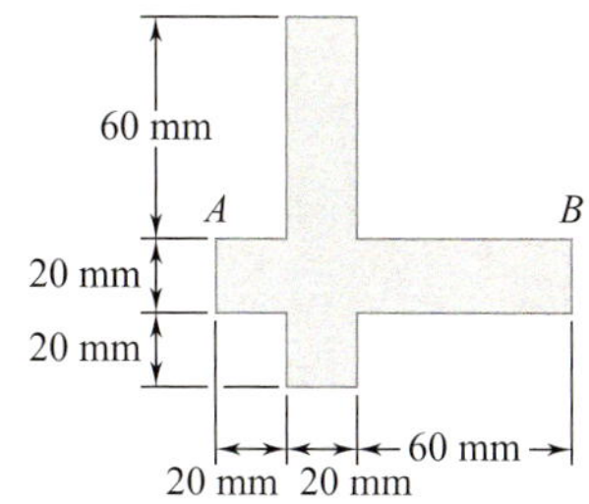

Figura P7.36

7.37 Determine os momentos de inércia $\bar{I}_x$ e $\bar{I}_y$ da superfície mostrada na figura em relação aos eixos centroidais que são respectivamente paralelo e perpendicular ao lado AB.

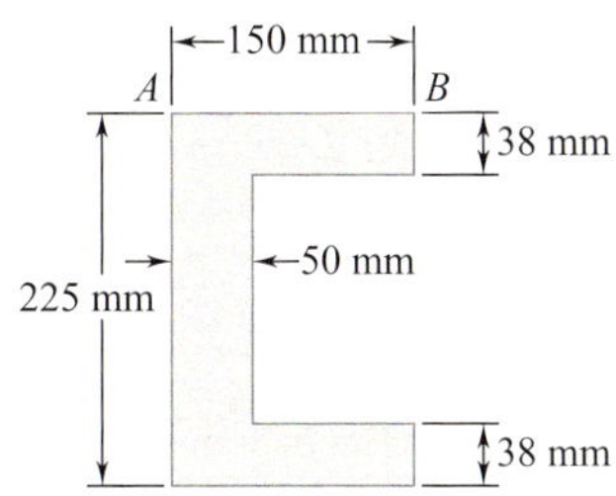

Figura P7.37 e P7.38

7.38 Determine o momento de inércia polar centroidal da superfície mostrada na figura.

7.39 e 7.40 Determine o momento de inércia polar da superfície mostrada na figura em relação (*a*) ao ponto O e (*b*) ao centroide da superfície.

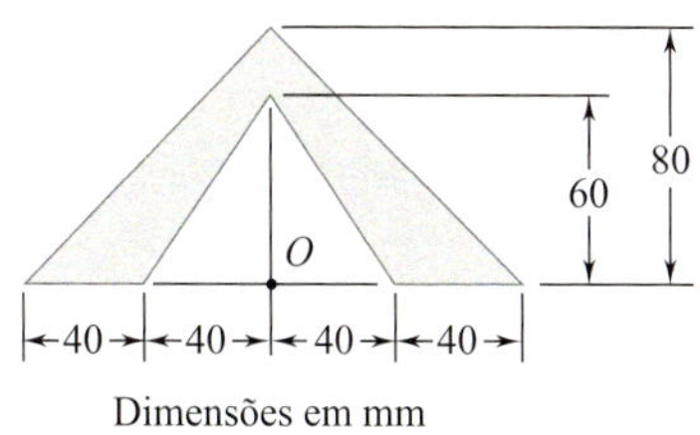

Figura P7.39

7.41 Dois perfis laminados W200 × 46,1 podem ser soldados em A e B de duas maneiras mostradas na figura. Para cada arranjo, determine o momento de inércia da seção com relação ao eixo centroidal horizontal.

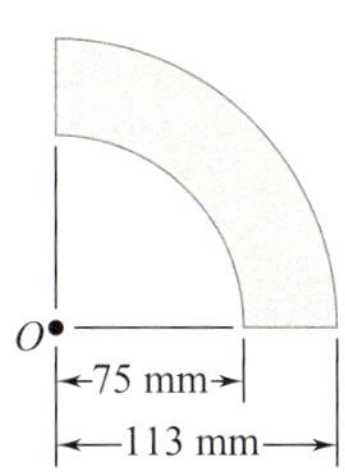

Figura P7.40

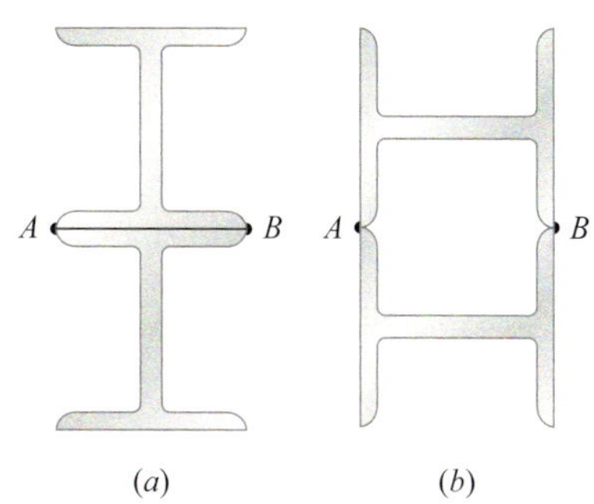

Figura P7.41

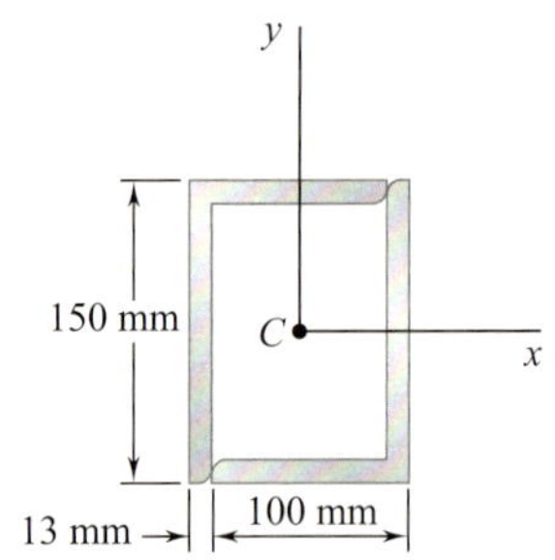

Figura P7.42

7.42 Duas cantoneiras L152 × 102 × 12,7 mm são soldadas na forma da seção mostrada na figura. Determine os momentos de inércia e de raio de giração da seção com relação aos eixos centroidais indicados.

7.43 Dois perfis U e duas placas são usadas para formar uma coluna de seção mostrada na figura. Para $b = 200$ mm, determine os momentos de inércia e raio de giração da seção combinada com relação aos eixos centroidais.

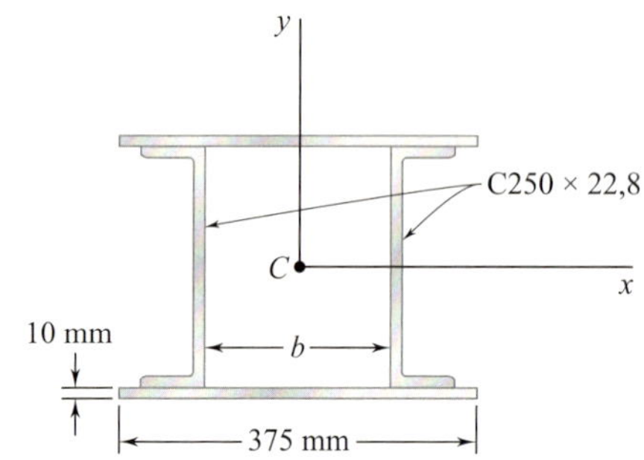

Figura P7.43

7.44 No Problema 7.43, determine a distância b para que os momentos centroidais de inércia $\bar{I}_x$ e $\bar{I}_y$ da seção da coluna sejam iguais.

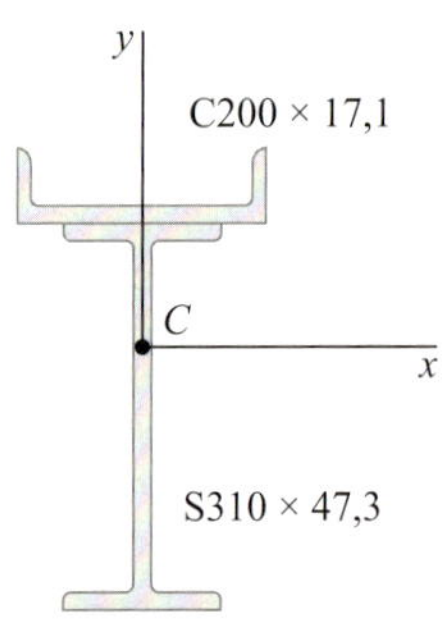

Figura P7.45

7.45 A resistência de um perfil I mostrado na figura é aumentada pela soldagem de perfil na aba superior. Determine os momentos de inércia da seção composta em relação aos respectivos eixos centroidais x e y.

7.46 A viga U e a placa são soldadas juntas como mostra a figura para formar a seção que é simétrica em relação em relação ao eixo y. Determine o momento de inércia da seção em relação aos respectivos eixos centroidais x e y.

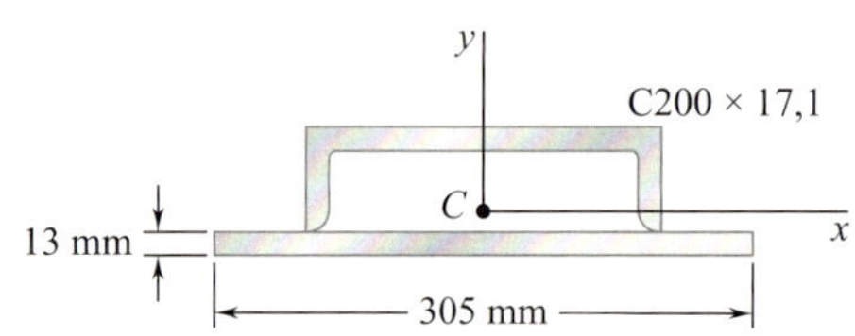

Figura P7.46

7.47 Duas cantoneiras L102 × 102 × 12,7 mm são soldadas a uma placa de aço de 12 mm de espessura. Para $b = 250$ mm, determine os momentos de inércia centroidais da seção combinada com relação aos eixos centroidais que são respectivamente paralelo e perpendicular à placa.

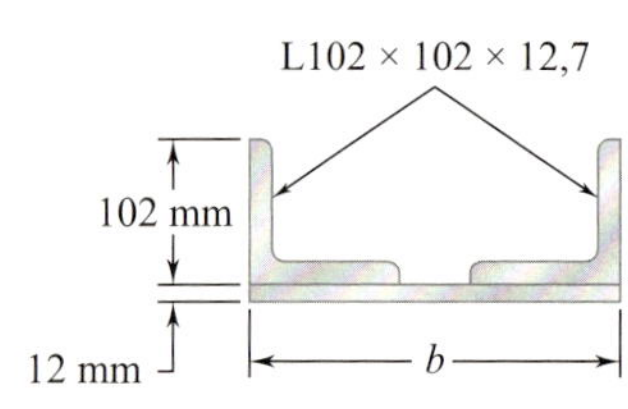

Figura P7.47

7.48 Resolva o Problema 7.47, considerando que $b = 300$ mm.

REVISÃO E RESUMO

Neste capítulo, discutimos a determinação da resultante **R** de forças $\Delta\mathbf{F}$ distribuídas sobre uma superfície plana A quando as intensidades dessas forças são proporcionais tanto às áreas ΔA dos elementos sobre os quais elas atuam quanto às distâncias y entre esses elementos e um dado eixo x. Temos, então, $\Delta F = ky\,\Delta A$. Verificamos que a intensidade da resultante **R** é proporcional ao momento de primeira ordem $Q_x = \int y\,dA$ da superfície A, ao passo que o momento de **R** em relação ao eixo x é proporcional ao *momento de segunda ordem*, (ou *momento de inércia*) $I_x = \int y^2\,dA$ de A em relação ao mesmo eixo [Seção 7.2].

Momentos de inércia retangulares

Os *momentos de inércia retangulares* I_x *e* I_y *de uma superfície plana* [Seção 7.3] foram obtidos pela avaliação das integrais

$$I_x = \int y^2\,dA \qquad I_y = \int x^2\,dA \tag{7.1}$$

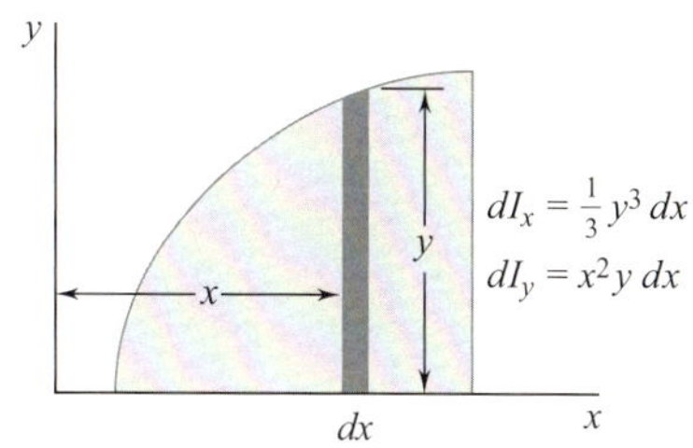

Figura 7.12

Esses cálculos podem ser reduzidos a integrações simples, escolhendo-se dA como um elemento estreito paralelo a um dos eixos de coordenadas. Lembremos também que é possível calcular I_x e I_y com o mesmo elemento (Fig. 7.12) usando a fórmula para o momento de inércia de uma superfície retangular [Problema Resolvido 7.3].

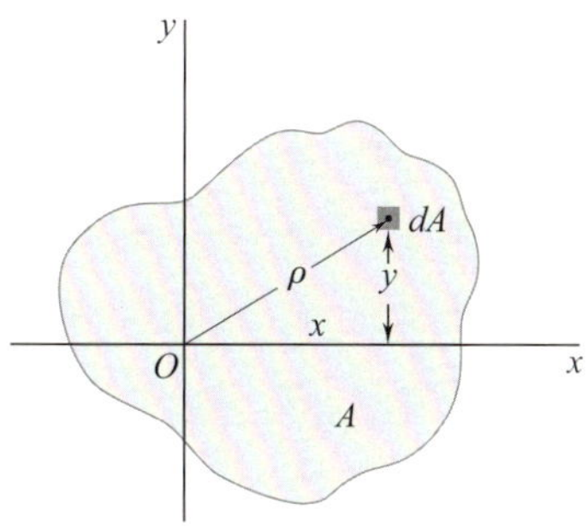

Figura 7.13

Momentos de inércia polar

O *momento de inércia polar de uma superfície* A *em relação a um polo* O [Seção 7.4] foi definido como

$$J_O = \int r^2\,dA \tag{7.3}$$

onde r é a distância de O em relação ao elemento de área dA (Fig. 7.13). Observando que $r^2 = x^2 + y^2$, estabelecemos a relação

$$J_O = I_x + I_y \tag{7.4}$$

Raio de giração

O raio de giração de uma superfície A em relação ao eixo x [Seção 7.5] foi definido como a distância k_x, onde $I_x = k_x^2 A$. Com definições semelhantes para os raios de giração de A em relação ao eixo y e em relação ao polo O, temos

$$k_x = \sqrt{\frac{I_x}{A}} \qquad k_y = \sqrt{\frac{I_y}{A}} \qquad k_O = \sqrt{\frac{J_O}{A}} \tag{7.5-7.7}$$

Teorema dos eixos paralelos

O teorema dos eixos paralelos foi apresentado na Seção 7.6. Esse teorema estabelece que o momento de inércia $I_{AA'}$ de uma superfície em relação a um dado eixo AA' (Fig. 7.14) é igual ao momento de inércia $\bar{I}_{BB'}$ da superfície em relação ao eixo centroidal BB' paralelo a AA' *mais* o produto da área A pelo quadrado da distância d entre os dois eixos

$$I_{AA'} = \bar{I}_{BB'} + Ad^2 \tag{7.9}$$

Essa fórmula também pode ser usada para determinar o momento de inércia $\bar{I}_{BB'}$ de uma superfície em relação a um eixo centroidal BB' quando se conhece seu momento de inércia $I_{AA'}$ em relação a um eixo paralelo AA'. Nesse caso, porém, o produto Ad^2 deve ser *subtraído* do momento de inércia I conhecido

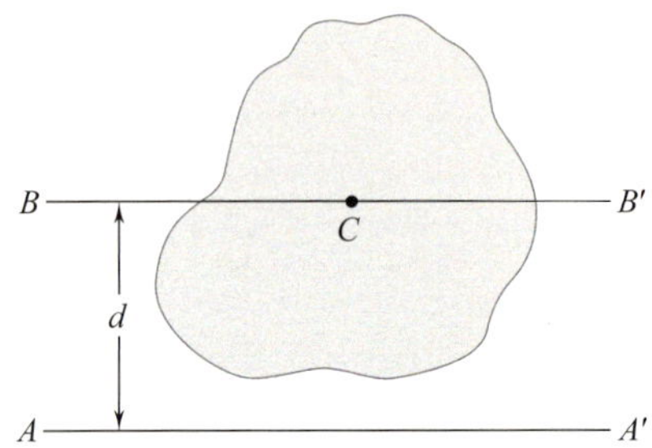

Figura 7.14

Uma relação similar existe entre o momento de inércia polar J_O de uma superfície em relação a um ponto O e o momento de inércia polar $\bar{J}_C$ da mesma superfície em relação ao seu centroide C. Representando por d a distância entre O e C, temos

$$J_O = \bar{J}_C + Ad^2 \tag{7.11}$$

Superfícies compostas

O teorema dos eixos paralelos pode ser usado de maneira bastante eficaz para calcular o *momento de inércia de uma superfície composta* em relação a um dado eixo [Seção 7.7]. Considerando cada superfície componente em separado, calculamos primeiro o momento de inércia de cada superfície em relação ao seu eixo centroidal, usando os dados fornecidos na Fig. 7.11 e no Apêndice B, sempre que possível. Em seguida, aplicamos o teorema dos eixos paralelos para determinar o momento de inércia de cada superfície componente em relação ao eixo desejado e acrescentamos os vários valores obtidos [Problemas Resolvidos 7.4 e 7.5].

PROBLEMAS DE REVISÃO

7.49 Determine por integração direta o momento de inércia da superfície sombreada em relação ao eixo y.

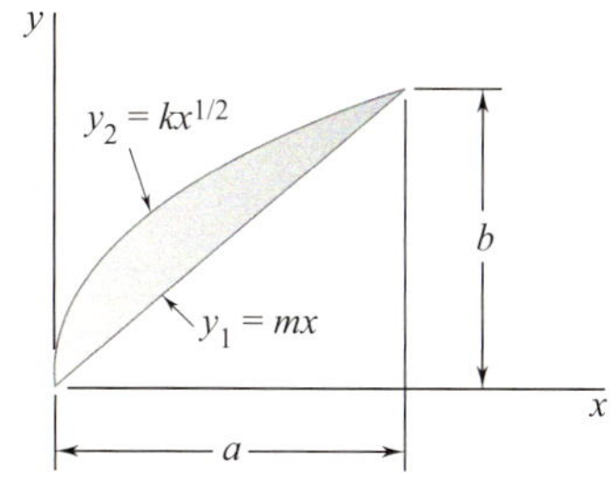

Figura P7.49 e P7.50

7.50 Determine por integração direta o momento de inércia da superfície sombreada em relação ao eixo x.

7.51 Determine o momento de inércia e o raio de giração da superfície sombreada em relação ao eixo x.

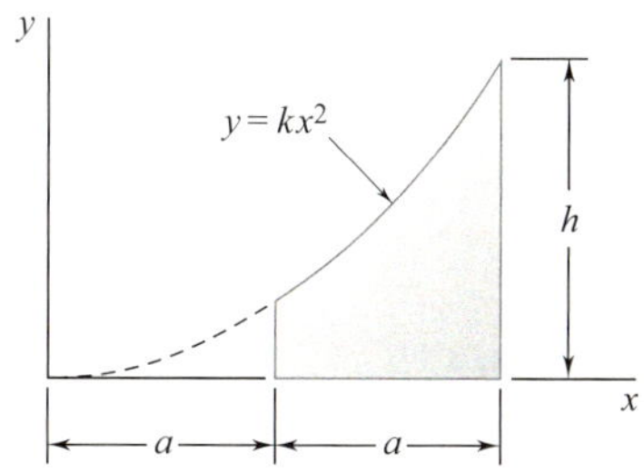

Figura P7.51 e P7.52

7.52 Determine o momento de inércia e o raio de giração da superfície sombreada em relação ao eixo y.

7.53 Determine o momento de inércia polar e raio de giração polar de um triangulo equilátero de lado a com relação a um dos seus vértices.

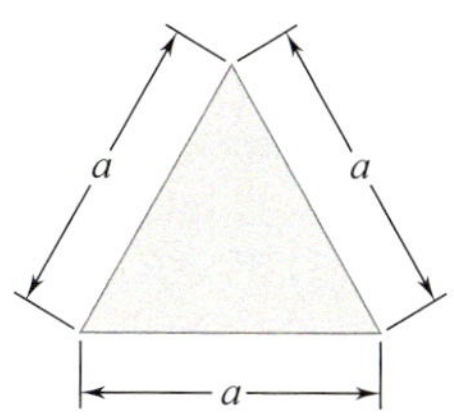

Figura P7.53

7.54 Determine o momento de inércia da superfície sombreada mostrada na figura em relação aos eixos x e y quando $a = 20$ mm.

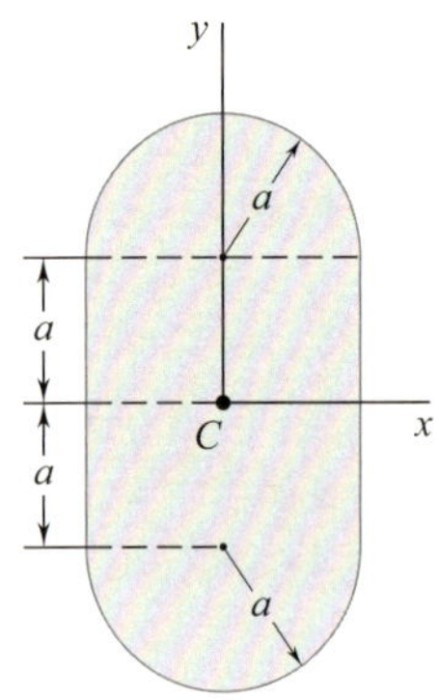

Figura P7.54

7.55 (*a*) Determine I_x e I_y se $b = 250$ mm. (*b*) Determine as dimensões de b para que $I_x = I_y$.

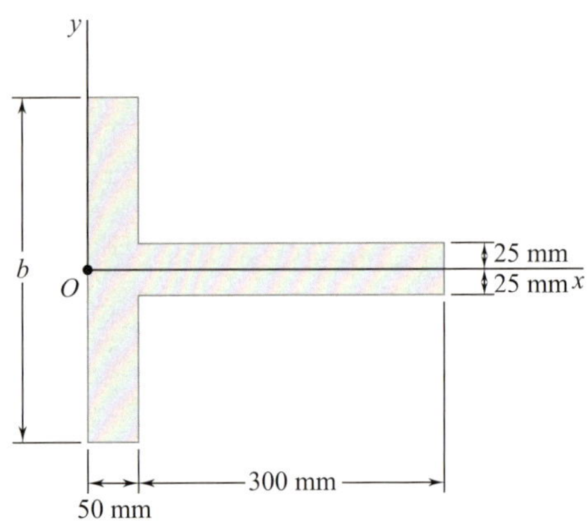

Figura P7.55

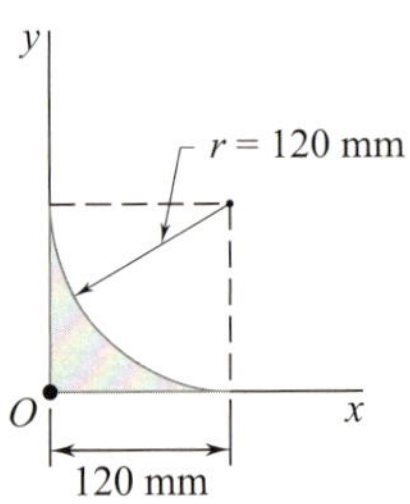

Figura P7.56

7.56 Determine o momento de inércia da superfície sombreada em relação ao eixo y.

7.57 A área sombreada é igual a 5.000 mm². Determine os momentos centroidais de inércia $\bar{I}_x$ e $\bar{I}_y$, sabendo que $\bar{I}_y = 2\bar{I}_x$ e que o momento polar de inércia da área sobre o ponto A é $J_A = 22{,}5 \times 10^6$ mm⁴.

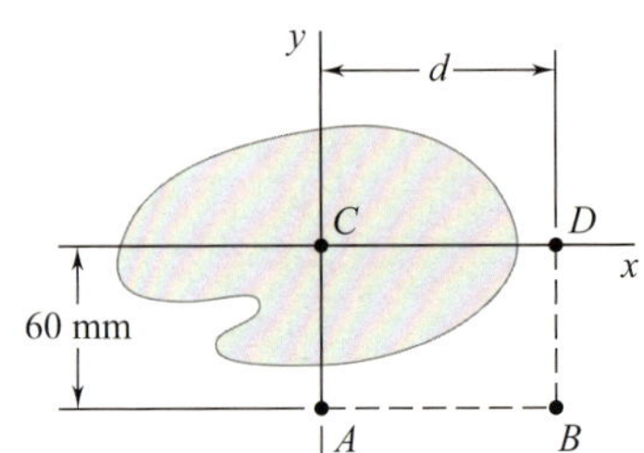

Figura P7.57

7.58 Determine o momento de inércia polar e o raio de giração polar da superfície sombreada mostrada na figura em relação ao seu centroide C.

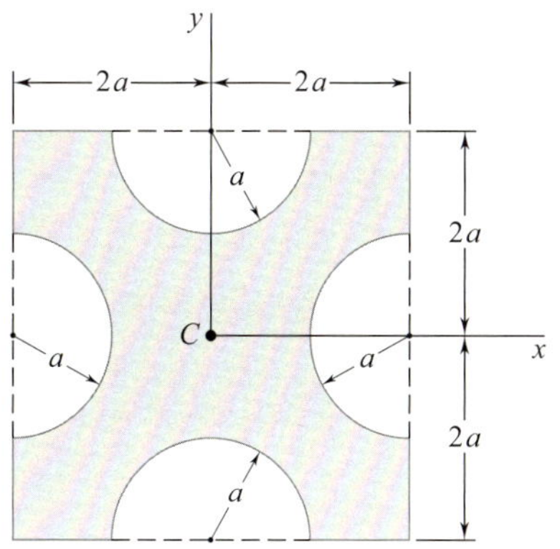

Figura P7.58

7.59 Determine o momento de inércia polar da superfície sombreada em relação (*a*) ao ponto O e (*b*) ao centroide da superfície.

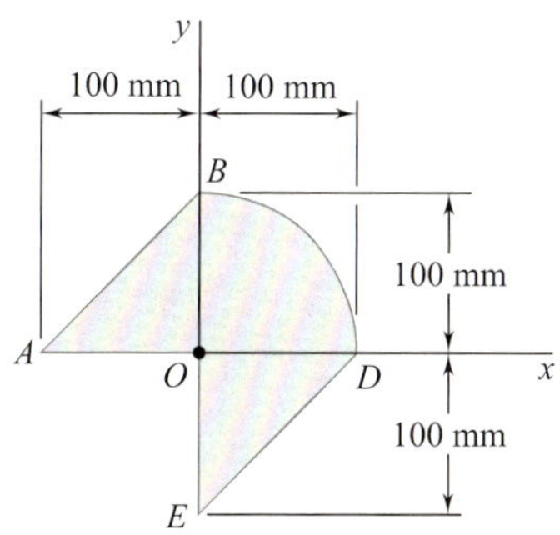

Figura P7.59

7.60 Três placas de 25 mm são aparafusadas por quatro cantoneiras L152 × 152 × 25,4 mm para formar uma coluna cuja seção transversal é mostrada na figura. Determine os momentos de inércia e o raio de giração da seção com relação aos eixos centroidais que são respectivamente paralelo e perpendicular às abas.

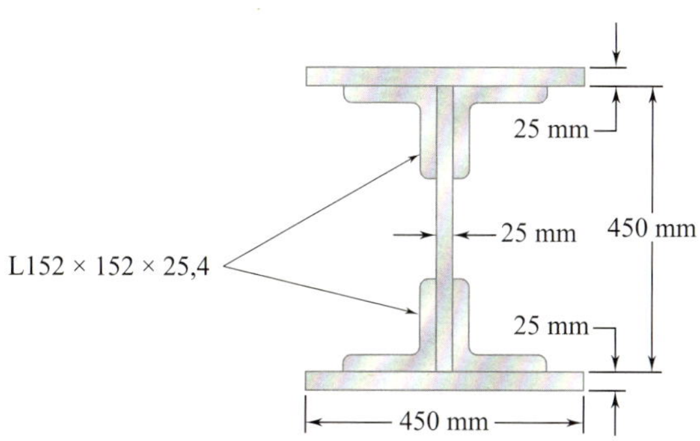

Figura P7.60

Este capítulo é dedicado ao estudo das tensões que ocorrem em muitos dos elementos contidos nesta escavadeira, como elementos de barra, eixos, parafusos e pinos.

CAPÍTULO 8

Conceito de tensão

8 Conceito de tensão

8.1 Introdução

O principal objetivo do estudo da mecânica dos materiais é proporcionar ao futuro engenheiro os meios para analisar e projetar várias máquinas e estruturas portadoras de carga.

Tanto a análise quanto o projeto de uma dada estrutura envolvem a determinação das *tensões* e *deformações*. Este capítulo é dedicado ao conceito de *tensão*.

A Seção 8.2 apresentará o conceito de *tensão* em um elemento estrutural e mostrará como essa tensão pode ser determinada a partir da *força* nesse elemento. Você estudará sucessivamente as *tensões normais* em uma barra sob carga axial (Seção 8.3), as *tensões de cisalhamento* originadas pela aplicação de forças transversais equivalentes e opostas (Seção 8.4) e as *tensões de esmagamento* criadas por parafusos e pinos em barras por eles conectadas (Seção 8.5). Esses vários conceitos serão aplicados na Seção 8.6 para a determinação das tensões nas barras de estrutura simples. Aspectos relacionados a um projeto de engenharia serão abordados na Seção 8.7.

Na Seção 8.8, examinaremos novamente um elemento de barra sob carga axial e verificaremos que as tensões em um plano *oblíquo* incluem as componentes de tensões *normal* e *de cisalhamento*. Na Seção 8.9, você notará que são necessários *seis componentes* para descrever o estado de tensão em um ponto de um corpo, sob as condições mais generalizadas de carga.

Finalmente, a Seção 8.10 será dedicada à determinação do *limite de resistência* de um material por meio de ensaios de corpos de prova e da seleção de *coeficiente de segurança* aplicados ao cálculo da *carga admissível* de um componente estrutural feito com esse material.

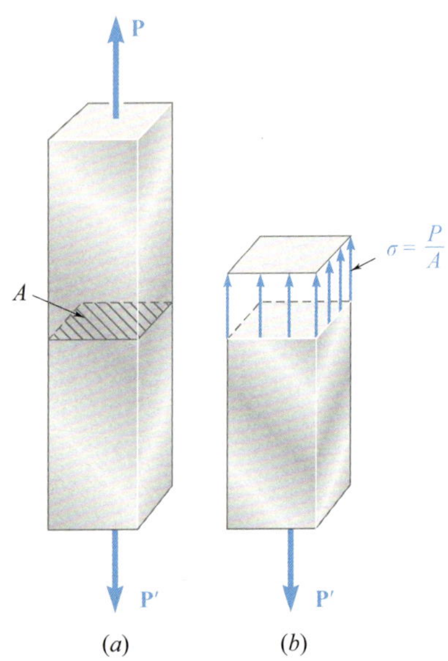

Figura 8.1

8.2 Tensões nos elementos de uma estrutura

A força por unidade de área ou intensidade das forças distribuídas sobre uma determinada seção é chamada de *tensão* na seção e é representada pela letra grega σ (sigma). A tensão na seção transversal de área A de uma barra submetida a uma carga axial **P** (Fig. 8.1) é obtida dividindo o valor da carga P pela área A.

$$\sigma = \frac{P}{A} \tag{8.1}$$

Utilizam-se um sinal positivo para indicar uma tensão de tração (barra tracionada) e um sinal negativo para indicar tensão de compressão (barra comprimida).

Como nessa discussão são utilizadas as unidades métricas do Sistema Internacional (SI), com P expressa em newtons (N) e A em metros quadrados (m^2), a tensão σ será expressa em N/m^2. Essa unidade é chamada de *pascal* (Pa). No entanto, considerando que o pascal é um valor extremamente pequeno, deverão, na prática, ser utilizados múltiplos dessa unidade, ou seja, o quilopascal (kPa), o megapascal (MPa) e o gigapascal (GPa). Temos

$$1 \text{ kPa} = 10^3 \text{ Pa} = 10^3 \text{ N/m}^2$$
$$1 \text{ MPa} = 10^6 \text{ Pa} = 10^6 \text{ N/m}^2$$
$$1 \text{ GPa} = 10^9 \text{ Pa} = 10^9 \text{ N/m}^2$$

Quando são utilizadas as unidades inglesas, a força P geralmente é expressa em libras (lb) ou quilolibras (kip), e a área da seção transversal A, em polegadas quadradas (in^2). A tensão σ será então expressa em libras por polegada quadrada (psi) ou quilolibras por polegada quadrada (ksi).

8.3 Carga axial e tensão normal

A barra mostrada na Fig. 8.1 está sujeita a forças **P** e **P′** aplicadas nas extremidades. As forças estão dirigidas ao longo do eixo, e dizemos que a barra está sob *carga axial*. Um exemplo real de estrutura formada por barras sob carga axial é a ponte em treliça mostrada na Foto 8.1.

Foto 8.1 Essa ponte em treliça é composta de barras simples que podem estar sob tração ou compressão.

Como mostra a Fig. 8.1*b*, a força interna e a tensão correspondente são perpendiculares ao eixo da barra, e a tensão correspondente é descrita como *tensão normal*. Assim, a Eq. (8.1) nos dá a *tensão normal em um elemento sob carga axial*:

$$\sigma = \frac{P}{A} \tag{8.1}$$

Devemos notar também que, na Eq. (8.1), σ é obtido dividindo a intensidade P da resultante das forças internas distribuídas sobre a seção transversal pela área A da seção transversal. A tensão σ representa, portanto, o *valor médio* da tensão sobre a seção transversal e não a tensão em um ponto específico da seção transversal.

Para definirmos a tensão em um determinado ponto Q da seção transversal, devemos considerar uma pequena área ΔA (Fig. 8.2). Ao dividirmos

Figura 8.2

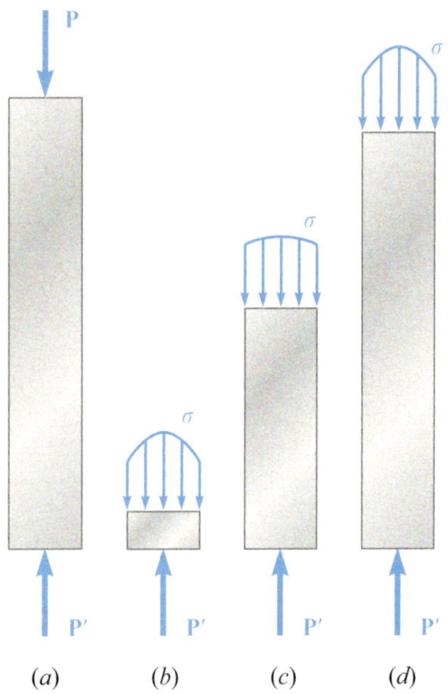

Figura 8.3

a intensidade de $\Delta\mathbf{F}$ por ΔA, obtemos o valor médio da tensão sobre ΔA. Ao aproximarmos ΔA de zero, obtemos a tensão no ponto Q:

$$\sigma = \lim_{\Delta A \to 0} \frac{\Delta F}{\Delta A} \tag{8.2}$$

Em geral, o valor obtido para a tensão σ em um determinado ponto Q da seção é diferente do valor da tensão média determinada pela Eq. (8.1) e verifica-se que σ varia através da seção. Em uma barra esbelta submetida a cargas concentradas **P** e **P′** iguais e de sentidos opostos (Fig. 8.3*a*), essa variação é pequena em uma seção distante dos pontos de aplicação das cargas concentradas (Fig. 8.3*c*), mas é bastante significativa nas vizinhanças desses pontos (Fig. 8.3*b* e *d*).

Pela Eq. (8.2), vê-se que a intensidade da resultante das forças internas distribuídas é

$$\int dF = \int_A \sigma \, dA$$

Mas as condições de equilíbrio de cada uma das partes da barra mostrada na Fig. 8.3 exigem que essa intensidade seja igual à intensidade P das cargas concentradas. Temos, portanto,

$$P = \int dF = \int_A \sigma \, dA \tag{8.3}$$

isso significa que a resultante sob cada uma das superfícies de tensão na Fig. 8.3 deve ser igual à intensidade P das cargas. Essa, no entanto, é a única informação que a estática nos fornece em relação à distribuição das tensões normais nas várias seções da barra. A distribuição real das tensões em uma determinada seção é *estaticamente indeterminada.* Para saber mais sobre essa distribuição, é necessário considerar as deformações resultantes do modo particular de aplicação das cargas nas extremidades da barra, assunto que será discutido no Cap. 9.

Na prática, consideraremos que a distribuição das tensões normais em uma barra sob carga axial é uniforme, exceto nas vizinhanças imediatas dos pontos de aplicação das cargas. O valor σ da tensão é então igual a $\sigma_{\text{méd}}$ e pode ser obtido pela Eq. (8.1). No entanto, devemos perceber que, quando assumimos uma distribuição uniforme das tensões na seção, ou seja, quando assumimos que as forças internas estão distribuídas uniformemente através da seção, segue-se da estática elementar que a resultante **P** das forças internas deve ser aplicada no centroide C da seção (Fig. 8.4). Isso significa que *uma distribuição uniforme da tensão será possível somente se a linha de ação das cargas concentradas* **P** e **P′** *passar através do centroide da seção considerada* (Fig. 8.5). Esse tipo de carregamento é chamado de *carga centrada*, e consideraremos que ele ocorre em todos os elementos de barra retos, encontrados em treliças e estruturas, conectados por pinos. No entanto, se um elemento de barra estiver carregado axialmente por uma carga *excêntrica* como mostra a Fig. 8.6*a*, perceberemos, pelas condições de equilíbrio da parte da barra mostrada na Fig. 8.6*b*, que as forças internas em uma determinada seção devem ser equivalentes a uma

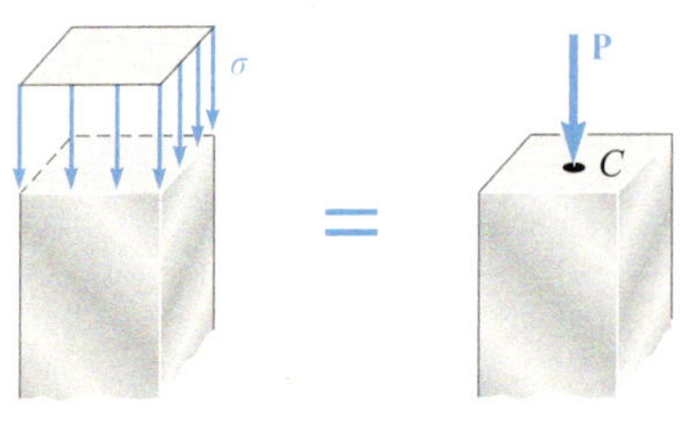

Figura 8.4

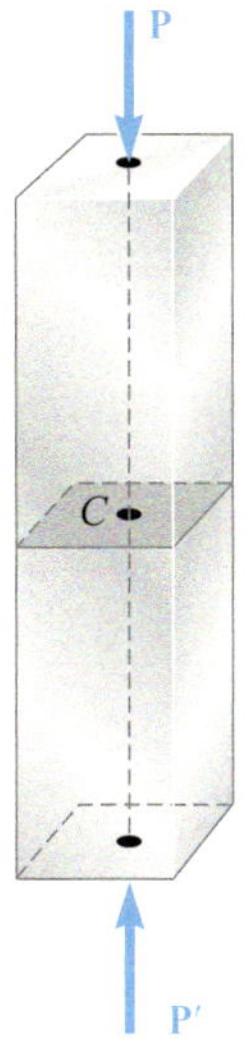

Figura 8.5

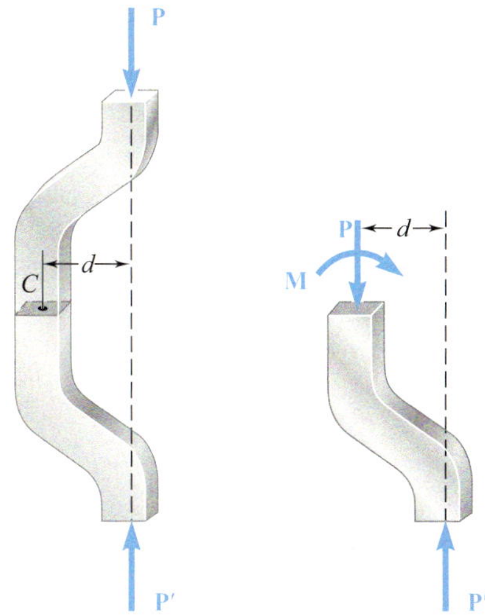

(*a*) (*b*)

Figura 8.6

força **P** aplicada no centroide da seção e um conjugado **M**, cuja intensidade é dada pelo momento $M = Pd$. A distribuição das forças e a distribuição correspondente das tensões *não podem ser uniformes*, assim como a distribuição de tensões não pode ser simétrica, como mostra a Fig. 8.3. Esse caso será discutido detalhadamente no Cap. 11.

8.4 Tensão de cisalhamento

As forças internas e as tensões correspondentes discutidas nas Seções 8.2 e 8.3 eram normais à seção considerada. Um tipo muito diferente de tensão é obtido quando forças transversais **P** e **P′** são aplicadas à barra *AB* (Fig. 8.7). Ao passarmos um corte na seção transversal *C* entre os pontos de aplicação das duas forças (Fig. 8.8*a*), obtemos o diagrama da parte *AC* mostrada na Fig. 8.8*b*. Concluímos que devem existir forças internas no plano da seção e que a resultante dessas forças é igual a **P**. Essas forças internas elementares são chamadas de *forças de cisalhamento*, e a intensidade *P* de sua resultante é a *força cortante* na seção. Ao dividirmos a força cortante *P* pela área *A* da seção transversal, obtemos a *tensão média de cisalhamento* na seção. Indicando a tensão de cisalhamento pela letra grega τ (tau), temos

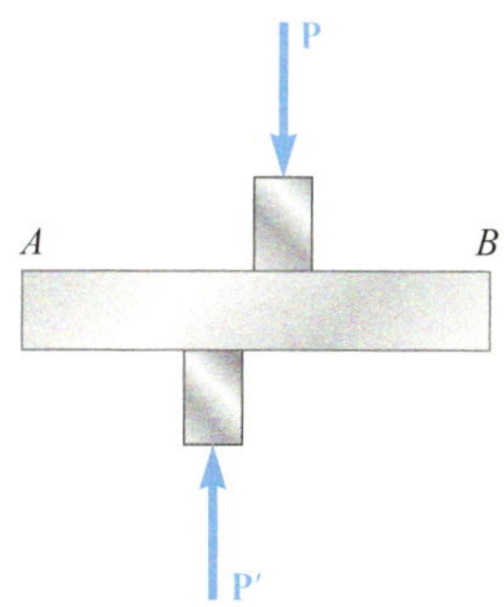

Figura 8.7

$$\tau_{\text{méd}} = \frac{P}{A} \tag{8.4}$$

Deve-se enfatizar que o valor obtido é um valor médio da tensão de cisalhamento sobre a seção toda. Ao contrário do que dissemos antes para as tensões normais, a distribuição da tensão de cisalhamento por meio da seção *não pode* ser considerada uniforme. Conforme veremos no Cap. 13, o valor real τ da tensão de cisalhamento varia de zero na superfície da barra até um valor máximo $\tau_{\text{máx}}$, que pode ser muito maior que o valor médio $\tau_{\text{méd}}$.

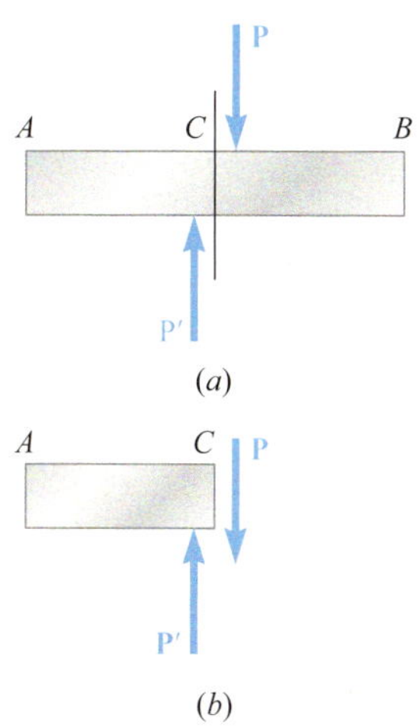

Figura 8.8

As tensões de cisalhamento são encontradas geralmente em parafusos, pinos e rebites utilizados para conectar vários elementos estruturais e

Foto 8.2 Vista em corte de uma conexão com um parafuso em cisalhamento.

componentes de máquinas (Foto 8.2). Considere as duas placas A e B conectadas por um parafuso CD (Fig. 8.9). Se as placas estiverem submetidas a forças de tração de intensidade F, serão desenvolvidas tensões na seção EE' do parafuso. Desenhando os diagramas do parafuso e da parte localizada acima do plano EE' (Fig. 8.10), concluímos que a força cortante P na seção é igual a F. A tensão de cisalhamento média na seção é obtida de acordo com a Eq. (8.4), dividindo a força cortante $P = F$ pela área A da seção transversal:

$$\tau_{\text{méd}} = \frac{P}{A} = \frac{F}{A} \tag{8.5}$$

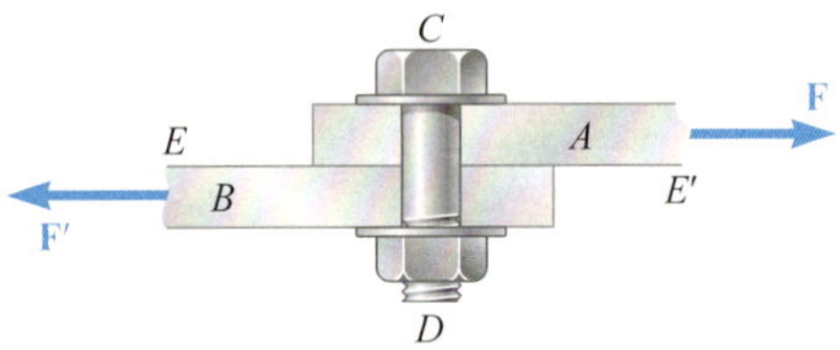

Figura 8.9

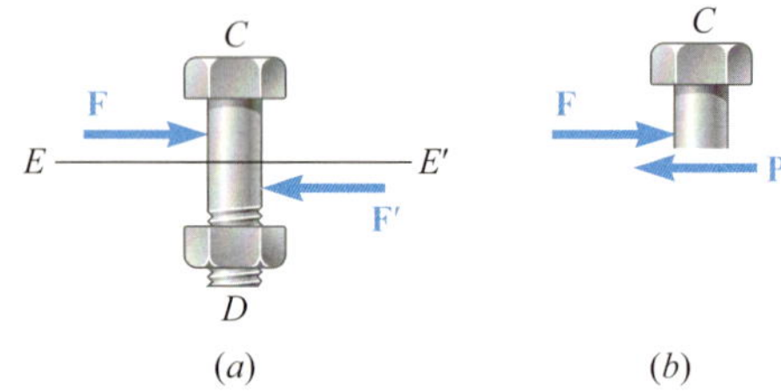

Figura 8.10

Podemos dizer que o parafuso que acabamos de considerar encontra-se em *cisalhamento simples*. No entanto, podem ocorrer diferentes situações de carga. Por exemplo, se forem utilizadas chapas de ligação C e D para conectar as placas A e B (Fig. 8.11), o cisalhamento ocorrerá no parafuso HJ em cada um dos dois planos KK' e LL' (e similarmente no parafuso EG). Dizemos que os parafusos estão na condição de *cisalhamento duplo*. Para determinarmos a tensão de cisalhamento média em cada plano, desenhamos os diagramas de corpo livre do parafuso HJ e da parte do parafuso localizada entre os dois planos (Fig. 8.12). Observando que a força cortante P em cada uma das seções é $P = F/2$, concluímos que a tensão média de cisalhamento é

$$\tau_{\text{méd}} = \frac{P}{A} = \frac{F/2}{A} = \frac{F}{2A} \tag{8.6}$$

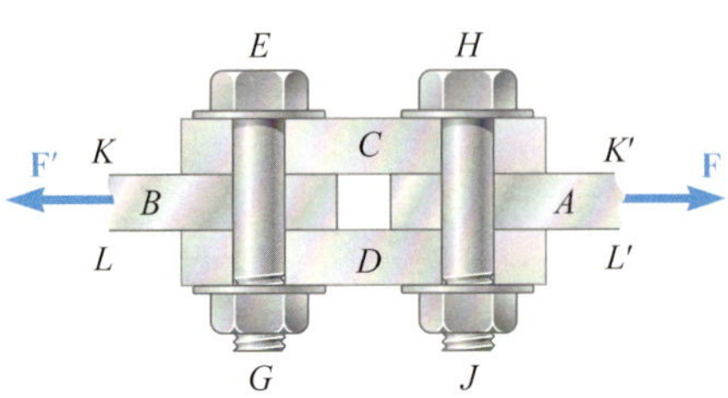

Figura 8.11

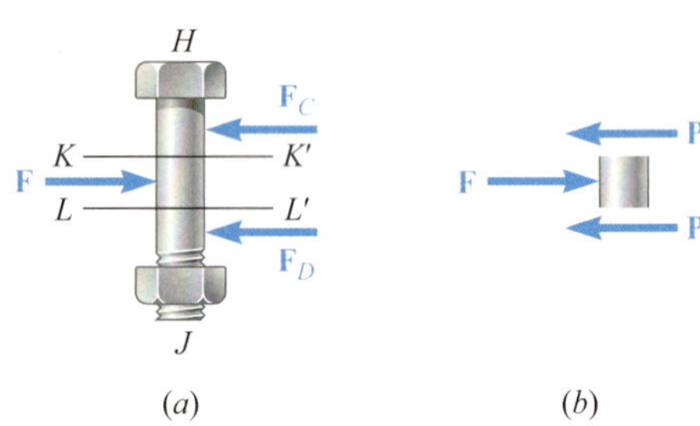

Figura 8.12

8.5 Tensão de esmagamento em conexões

Parafusos, pinos e rebites criam tensões ao longo da *superfície de esmagamento*, ou de contato, nos elementos que eles conectam. Por exemplo, considere novamente as duas placas A e B conectadas por um parafuso CD que discutimos na seção anterior (Fig. 8.9). O parafuso exerce na placa A uma força **P** igual e oposta à força **F** exercida pela placa no parafuso (Fig. 8.13). A força **P** representa a resultante das forças elementares distribuídas na superfície interna de um meio-cilindro de diâmetro d e de comprimento t igual à espessura da placa. Como a distribuição dessas forças e as tensões correspondentes são muito complicadas, utiliza-se, na prática, um valor nominal médio σ_b para a tensão, chamado de *tensão de esmagamento*, obtido dividindo a carga P pela área do retângulo que representa a projeção do parafuso sobre a seção da placa (Fig. 8.14). Como essa área é igual a td, onde t é a espessura da placa, e d, o diâmetro do parafuso, temos

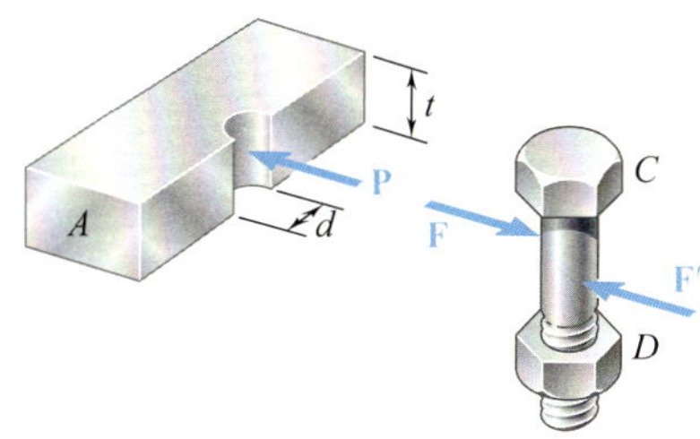

Figura 8.13

$$\sigma_b = \frac{P}{A} = \frac{P}{td} \tag{8.7}$$

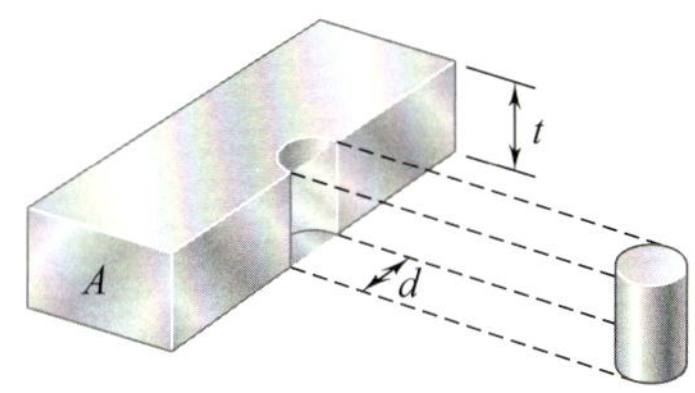

Figura 8.14

8.6 Aplicação à análise e projeto de estruturas simples

Podemos agora determinar as tensões nos elementos e nas conexões de várias estruturas simples bidimensionais e, portanto, projetar essas estruturas.

A estrutura mostrada na Fig. 8.15 foi projetada para suportar uma carga de 30 kN. Essa estrutura é composta de uma barra AB com uma seção transversal retangular de 30 × 50 mm e uma barra BC com uma seção transversal circular com diâmetro de 20 mm. As duas barras estão conectadas por um pino em B e são suportadas por pinos e suportes em A e C, respectivamente.

Nosso primeiro passo será desenhar um *diagrama de corpo livre* da estrutura, separando-a de seus suportes em A e C e mostrando as reações

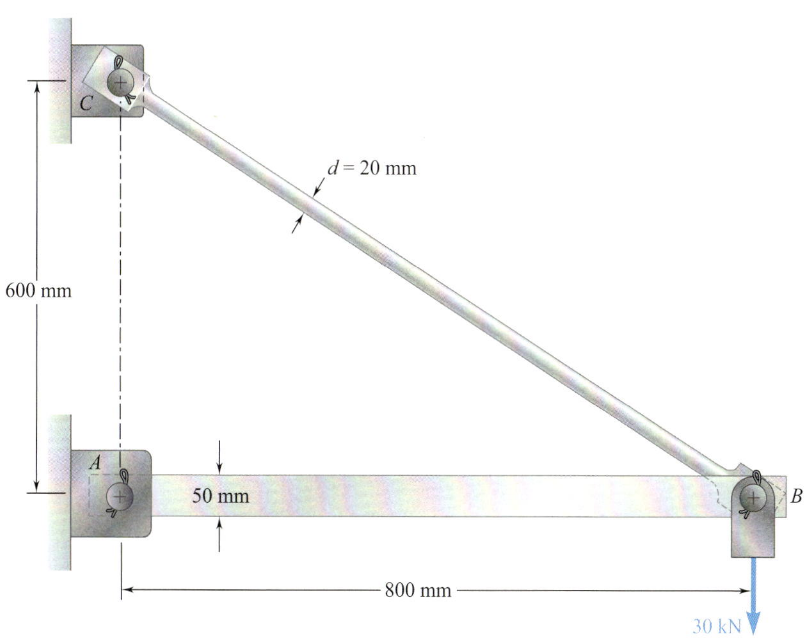

Figura 8.15

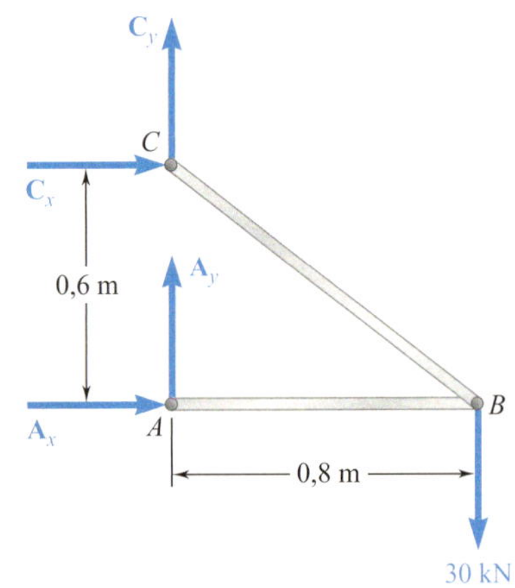

Figura 8.16

que esses suportes exercem na estrutura (Fig. 8.16). As reações são representadas por duas componentes: $\mathbf{A}_x$ e $\mathbf{A}_y$ em A e $\mathbf{C}_x$ e $\mathbf{C}_y$ em C. Escrevemos as três equações de equilíbrio a seguir:

$$+\circlearrowleft \Sigma M_C = 0: \quad A_x(0{,}6 \text{ m}) - (30 \text{ kN})(0{,}8 \text{ m}) = 0 \qquad A_x = +40 \text{ kN} \tag{8.8}$$

$$\xrightarrow{+} \Sigma F_x = 0: \quad A_x + C_x = 0 \qquad C_x = -A_x \quad C_x = -40 \text{ kN} \tag{8.9}$$

$$+\uparrow \Sigma F_y = 0: \quad A_y + C_y - 30 \text{ kN} = 0 \qquad A_y + C_y = +30 \text{ kN} \tag{8.10}$$

Encontramos duas das quatro incógnitas, mas não podemos determinar as outras duas a partir dessas equações e tampouco obter uma equação independente adicional a partir do diagrama de corpo livre da estrutura. Precisamos agora desmembrar a estrutura. Considerando o diagrama de corpo livre da barra AB (Fig. 8.17), temos a seguinte equação de equilíbrio:

$$+\circlearrowleft \Sigma M_B = 0: \quad -A_y(0{,}8 \text{ m}) = 0 \qquad A_y = 0 \tag{8.11}$$

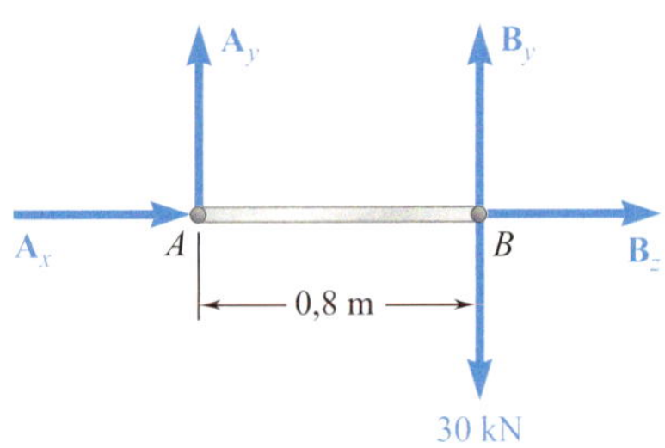

Figura 8.17

Substituindo A_y de (8.11) em (8.10), obtemos $C_y = +30$ kN. Expressando os resultados obtidos para as reações em A e C na forma vetorial, temos

$$\mathbf{A} = 40 \text{ kN} \rightarrow, \; \mathbf{C}_x = 40 \text{ kN} \leftarrow, \; \mathbf{C}_y = 30 \text{ kN}\uparrow$$

Notamos que a reação em A é dirigida ao longo do eixo da barra AB e provoca compressão nessa barra. Observando que as componentes C_x e C_y da reação em C são, respectivamente, proporcionais as componentes horizontal e vertical da distância de B a C, concluímos que a reação em C é igual a 50 kN e dirigida ao longo do eixo da barra BC, o que provoca tração nessa barra.

Esses resultados poderiam ter sido previstos reconhecendo que AB e BC são barras simples, ou seja, elementos submetidos apenas a forças em dois pontos A e B para a barra AB e B e C para a barra BC. Sem dúvida, para uma barra simples, as linhas de ação das resultantes das forças agindo em cada um dos dois pontos são iguais e opostas e passam através de ambos os pontos. Se utilizássemos essa propriedade, poderíamos ter obtido uma solução mais simples, considerando o diagrama de corpo livre do pino B. As forças no pino B são as forças $\mathbf{F}_{AB}$ e $\mathbf{F}_{BC}$ exercidas, respectivamente, pelas barras AB e BC e a carga de 30 kN (Fig. 8.18*a*). Podemos expressar que o pino B está em equilíbrio e desenhar o triângulo de forças correspondente (Fig. 8.18*b*).

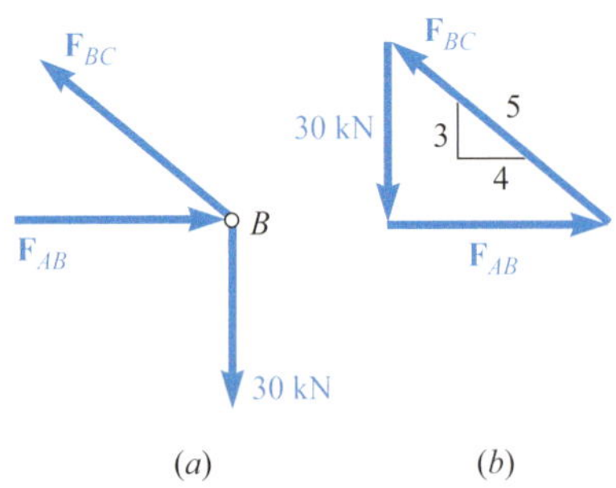

Figura 8.18

Como a força $\mathbf{F}_{BC}$ está dirigida ao longo da barra BC, sua inclinação é a mesma de BC, ou seja, 3/4. Então temos a proporção

$$\frac{F_{AB}}{4} = \frac{F_{BC}}{5} = \frac{30 \text{ kN}}{3}$$

da qual obtemos

$$F_{AB} = 40 \text{ kN} \qquad F_{BC} = 50 \text{ kN}$$

As forças $\mathbf{F}'_{AB}$ e $\mathbf{F}'_{BC}$ exercidas pelo pino B, respectivamente, na barra AB e haste BC são iguais e opostas a $\mathbf{F}_{AB}$ e $\mathbf{F}_{BC}$ (Fig. 8.19).

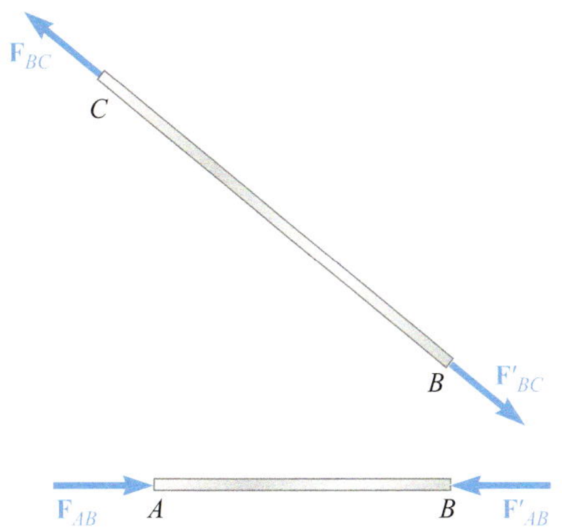

Figura 8.19

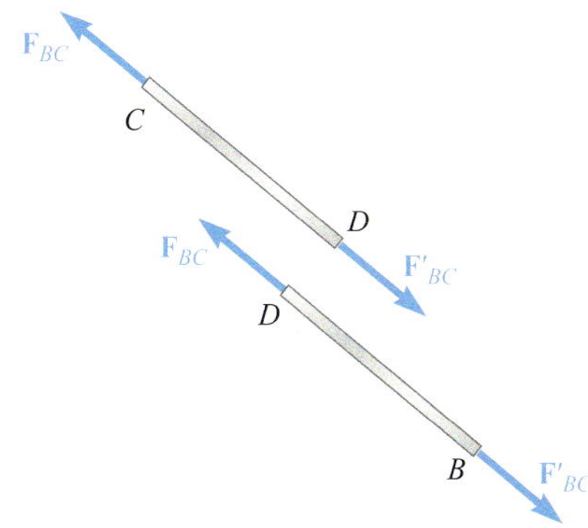

Figura 8.20

Conhecendo as forças nas extremidades de cada um dos elementos, podemos agora determinar suas forças internas. Cortando a barra BC em algum ponto arbitrário D, obtemos duas partes BD e CD (Fig. 8.20). Se uma carga de 50 kN deve ser aplicada em D em ambas as partes da barra para manter o equilíbrio, concluímos que uma força interna de 50 kN é produzida na barra BC quando uma carga de 30 kN é aplicada em B. Verificamos ainda, pelas direções das forças $\mathbf{F}_{BC}$ e $\mathbf{F}'_{BC}$ na Fig. 8.20, que a barra está sob tração. Um procedimento similar nos permitiria determinar que a força interna na barra AB é 40 kN e que a barra está sob compressão.

Agora podemos determinar as tensões nas barras e conexões. Como mostra a Fig. 8.21, a barra BC com diâmetro de 20 mm tem extremidades achatadas com seção transversal retangular de 20 × 40 mm, ao passo que a barra AB tem uma seção transversal retangular de 30 × 50 mm e está presa com uma articulação na extremidade B. Ambos os elementos são conectados em B por um pino a partir do qual é suspensa a carga de 30 kN, por meio de um suporte em forma de U. A barra AB é suportada em A por um pino preso em um suporte duplo, enquanto a barra BC está conectada em C a um suporte simples. Todos os pinos têm 25 mm de diâmetro.

a. Determinação da tensão normal nas barras *AB* e *BC*. A força na barra BC é $F_{BC} = 50$ kN (tração). Relembrando que o diâmetro da barra é 20 mm, usamos a Eq. (8.1) para determinar a tensão criada na barra para um dado carregamento. Temos

$$P = F_{BC} = +50 \text{ kN} = +50 \times 10^3 \text{ N}$$
$$A = \pi r^2 = \pi \left(\frac{20 \text{ mm}}{2}\right)^2 = \pi (10 \times 10^{-3} \text{ m})^2 = 314 \times 10^{-6} \text{ m}^2$$
$$\sigma_{BC} = \frac{P}{A} = \frac{+50 \times 10^3 \text{ N}}{314 \times 10^{-6} \text{ m}^2} = +159 \times 10^6 \text{ Pa} = +159 \text{ MPa}$$

No entanto, as partes achatadas da barra também estão sob tração, e na seção mais estreita, na qual está localizado um furo, temos

$$A = (20 \text{ mm})(40 \text{ mm} - 25 \text{ mm}) = 300 \times 10^{-6} \text{ m}^2$$

Portanto, o valor médio correspondente da tensão é

$$(\sigma_{BC})_{\text{ext}} = \frac{P}{A} = \frac{50 \times 10^3 \text{ N}}{300 \times 10^{-6} \text{ m}^2} = 167 \text{ MPa}$$

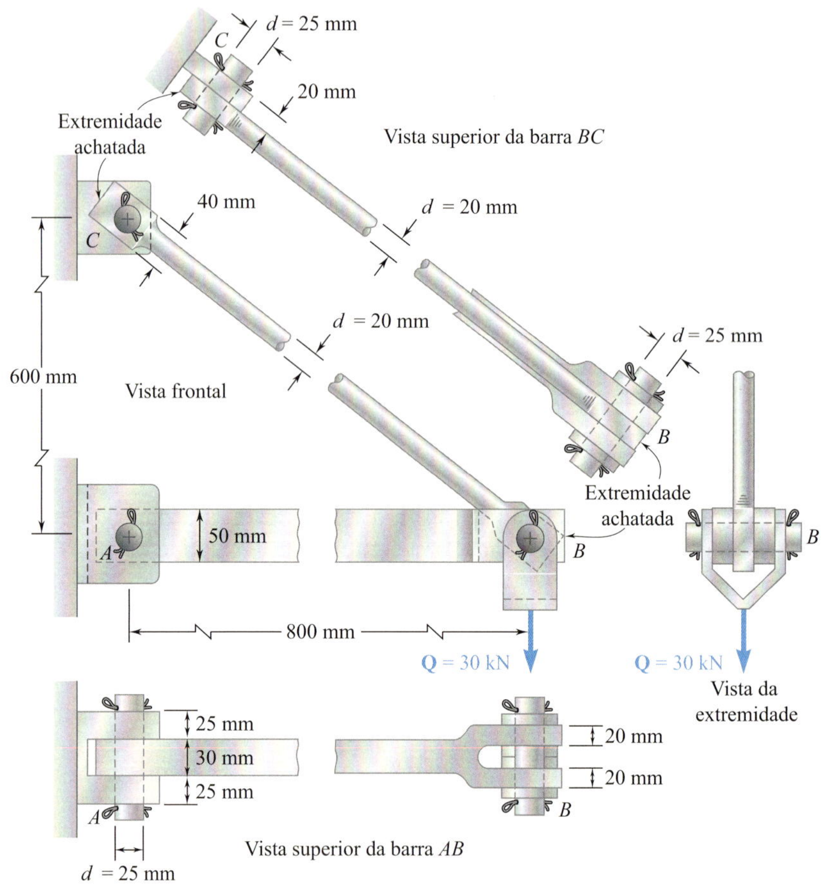

Figura 8.21

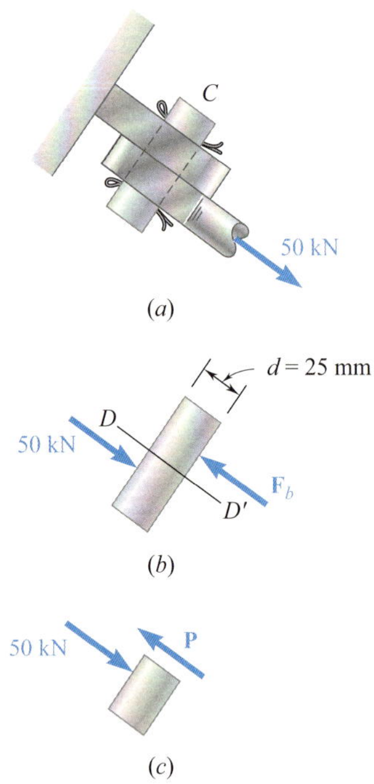

Figura 8.22

Note que se trata de um *valor médio*. Próximo ao furo, a tensão realmente terá um valor muito maior, como veremos na Seção 9.15. Está claro que, sob uma carga crescente, a barra falhará próximo de um dos furos e não na sua parte cilíndrica. Seu projeto, portanto, poderia ser melhorado com o aumento da largura ou da espessura das extremidades achatadas da barra.

Voltando nossa atenção agora para a barra *AB*, recordaremos que a força na barra é $F_{AB} = 40$ kN (compressão). Como a área da seção transversal retangular da barra é $A = 30 \text{ mm} \times 50 \text{ mm} = 1{,}5 \times 10^{-3} \text{ m}^2$, o valor médio da tensão normal na parte principal da barra entre os pinos *A* e *B* é

$$\sigma_{AB} = -\frac{40 \times 10^3 \text{ N}}{1{,}5 \times 10^{-3} \text{ m}^2} = -26{,}7 \times 10^6 \text{ Pa} = -26{,}7 \text{ MPa}$$

Observe que as seções de área mínima em *A* e *B* não estão sob tensão, pois a barra está em compressão e, portanto, *empurra* os pinos (em vez de *puxá-los* como faz a barra *BC*).

b. Determinação da tensão de cisalhamento em várias conexões. Para determinarmos a tensão de cisalhamento em uma conexão, como, um parafuso, pino ou rebite, primeiro mostramos claramente as forças aplicadas pelas várias barras que ela conecta. Assim, no caso do pino *C* em nosso exemplo (Fig. 8.22*a*), desenhamos a Fig. 8.22*b*, mostrando a

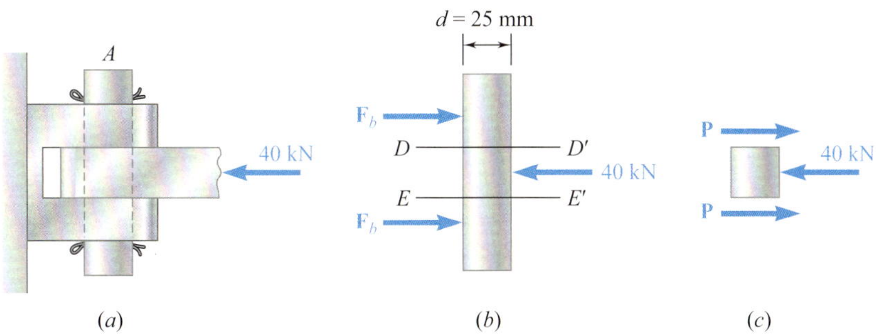

Figura 8.23

força de 50 kN, aplicada pela barra BC sobre o pino, e a força igual e oposta aplicada pelo suporte. Desenhando agora o diagrama da parte do pino localizada abaixo do plano DD' em que ocorrem as tensões de cisalhamento (Fig. 8.22*c*), concluímos que a força cortante nesse plano é $P = 50$ kN. Como a área da seção transversal do pino é

$$A = \pi r^2 = \pi \left(\frac{25 \text{ mm}}{2}\right)^2 = \pi (12{,}5 \times 10^{-3} \text{ m})^2 = 491 \times 10^{-6} \text{ m}^2$$

concluímos que o valor médio da tensão de cisalhamento no pino C é

$$\tau_{\text{méd}} = \frac{P}{A} = \frac{50 \times 10^3 \text{ N}}{491 \times 10^{-6} \text{ m}^2} = 102 \text{ MPa}$$

Considerando agora o pino em A (Fig. 8.23), notamos que ele está na condição de cisalhamento duplo. Desenhando os diagramas de corpo livre do pino e da parte do pino localizada entre os planos DD' e EE' em que ocorrem as tensões de cisalhamento, concluímos que $P = 20$ kN e que

$$\tau_{\text{méd}} = \frac{P}{A} = \frac{20 \text{ kN}}{491 \times 10^{-6} \text{ m}^2} = 40{,}7 \text{ MPa}$$

Considerando o pino em B (Fig. 8.24*a*), verificamos que ele pode ser dividido em cinco partes que estão sob a ação de forças aplicadas pelas barras e pelo suporte. Considerando sucessivamente as partes DE (Fig. 8.24*b*) e DG (Fig. 8.24*c*), concluímos que a força cortante na seção E é $P_E = 15$ kN, enquanto a força cortante na seção G é $P_G = 25$ kN. Como a carga do pino é simétrica, concluímos que o valor máximo da força cortante no pino B é $P_G = 25$ kN e que a maior tensão de cisalhamento ocorre nas seções G e H, onde

$$\tau_{\text{méd}} = \frac{P_G}{A} = \frac{25 \text{ kN}}{491 \times 10^{-6} \text{ m}^2} = 50{,}9 \text{ MPa}$$

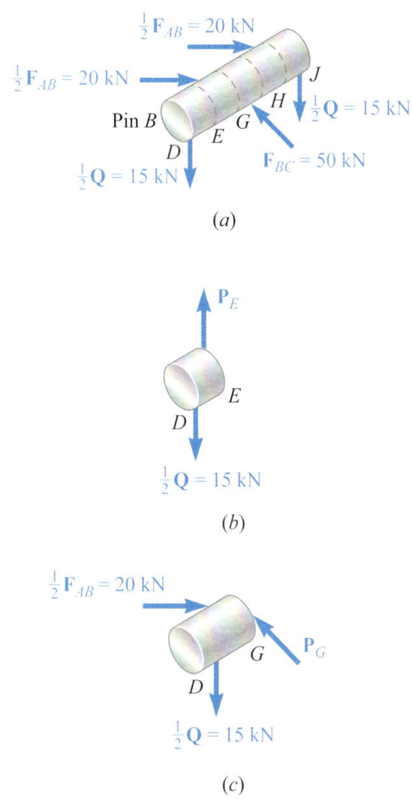

Figura 8.24

c. Determinação das tensões de esmagamento. Para determinarmos a tensão de esmagamento nominal em A na barra AB, utilizamos a Eq. (8.7) da Seção 8.5. Da Fig. 8.21, temos $t = 30$ mm e $d = 25$ mm. Lembrando que $P = F_{AB} = 40$ kN, temos

$$\sigma_e = \frac{F}{td} = \frac{40 \text{ kN}}{(30 \text{ mm})(25 \text{ mm})} = 53{,}3 \text{ MPa}$$

Para obtermos a tensão de esmagamento no suporte em A, utilizamos t = 2(25 mm) = 50 mm e d = 25 mm:

$$\sigma_e = \frac{P}{td} = \frac{40 \text{ kN}}{(50 \text{ mm})(25 \text{ mm})} = 32{,}0 \text{ MPa}$$

As tensões de esmagamento em B na barra AB, em B e C na barra BC e no suporte em C são encontradas de forma semelhante.

8.7 Projeto

Considerando novamente a estrutura da Fig. 8.15 vamos supor que a barra BC seja feita de aço com uma tensão máxima admissível σ_{adm} = 165 MPa. A barra BC pode suportar com segurança a carga à qual ela está submetida? O valor da força F_{BC} na barra já foi calculada como 50 kN e tensão σ_{BC} encontrada foi 159 MPa. Como o valor obtido é menor que o valor da tensão admissível do aço utilizado σ_{adm}, concluímos que a barra BC pode suportar com segurança a carga à qual ela está submetida. Deveremos determinar também se as deformações produzidas pela carga são aceitáveis. O estudo das deformações sob cargas axiais será discutido no Cap. 9. Uma consideração adicional necessária para elementos comprimidos envolve sua *estabilidade*, ou seja, sua capacidade para suportar uma dada carga sem apresentar mudança brusca de configuração, assunto que será discutido no Cap. 16.

O papel do engenheiro não se limita à análise das estruturas e das máquinas existentes sujeitas a uma determinada condição de carga. Mais importante ainda para o engenheiro é o *projeto* de novas estruturas e máquinas, o que implica a seleção dos componentes aptos a executar cada função específica. Como exemplo de projeto, vamos voltar à estrutura da Fig. 8.15 e supor que será utilizado o alumínio, que tem uma tensão admissível σ_{adm} = 100 MPa. Como a força na barra BC ainda será $P = F_{BC}$ = 50 kN sob a carga dada, devemos ter então, da Eq. (8.1),

$$\sigma_{\text{adm}} = \frac{P}{A} \qquad A = \frac{P}{\sigma_{\text{adm}}} = \frac{50 \times 10^3 \text{ N}}{100 \times 10^6 \text{ Pa}} = 500 \times 10^{-6} \text{ m}^2$$

e, como $A = \pi r^2$,

$$r = \sqrt{\frac{A}{\pi}} = \sqrt{\frac{500 \times 10^{-6} \text{ m}^2}{\pi}} = 12{,}62 \times 10^{-3} \text{ m} = 12{,}62 \text{ mm}$$

$$d = 2r = 25{,}2 \text{ mm}$$

Concluímos que uma barra de alumínio com 26 mm ou mais de diâmetro será adequada.

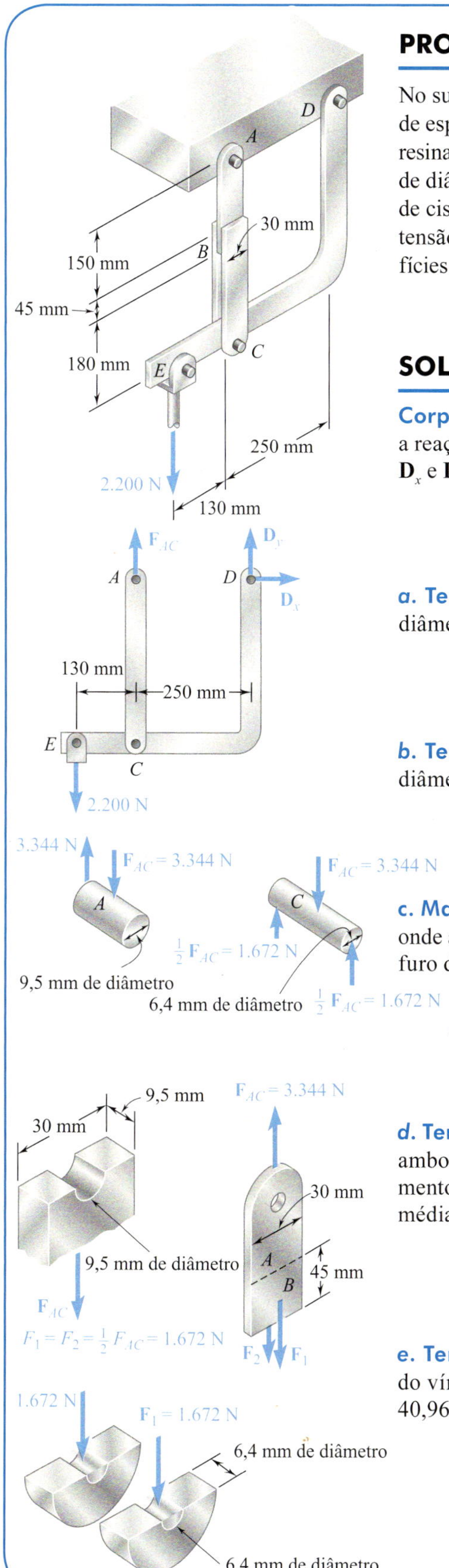

PROBLEMA RESOLVIDO 8.1

No suporte mostrado na figura, a parte superior do elemento *ABC* tem 9,5 mm de espessura, e as partes inferiores, 6,4 mm de espessura cada uma. É utilizada resina epóxi para unir as partes superior e inferior em *B*. O pino em *A* tem 9,5 mm de diâmetro, e o pino usado em *C*, 6,4 mm de diâmetro. Determine (*a*) a tensão de cisalhamento no pino *A*, (*b*) a tensão de cisalhamento no pino *C*, (*c*) a maior tensão normal no elemento *ABC*, (*d*) a tensão de cisalhamento média nas superfícies coladas em *B* e (*e*) a tensão de esmagamento no elemento em *C*.

SOLUÇÃO

Corpo livre: todo o suporte. Como o elemento *ABC* é uma barra simples, a reação em *A* é vertical; a reação em *D* é representada por seus componentes $\mathbf{D}_x$ e $\mathbf{D}_y$. Assim, temos

$$+\circlearrowleft \Sigma M_D = 0: \qquad (2.200\ \text{N})(380\ \text{mm}) - F_{AC}\,(250\ \text{mm}) = 0$$

$$F_{AC} = +3.344\ \text{N} \qquad F_{AC} = 3.344\ \text{N} \quad \textit{tração}$$

a. Tensão de cisalhamento no pino *A*. Como esse pino tem 9,5 mm de diâmetro e está sob cisalhamento simples, temos

$$\tau_A = \frac{F_{AC}}{A} = \frac{3.344\ \text{N}}{\frac{1}{4}\pi(9{,}5\ \text{mm})^2} \qquad \tau_A = 47{,}2\ \text{MPa} \quad ◀$$

b. Tensão de cisalhamento no pino *C*. Como esse pino tem 6,4 mm de diâmetro e está sob cisalhamento duplo, temos

$$\tau_C = \frac{\frac{1}{2}F_{AC}}{A} = \frac{1.672\ \text{N}}{\frac{1}{4}\pi\,(6{,}4\ \text{mm})^2} \qquad \tau_C = 52{,}0\ \text{MPa} \quad ◀$$

c. Maior tensão normal no membro *ABC*. A maior tensão é encontrada onde a área é menor. Isso ocorre na seção transversal *A* onde está localizado o furo de 9,5 mm. Temos

$$\sigma_A = \frac{F_{AC}}{A_{\text{útil}}} = \frac{3.344\ \text{N}}{(9{,}5\ \text{mm})(30\ \text{mm} - 9{,}5\ \text{mm})} = \frac{3.344\ \text{N}}{194{,}75\ \text{mm}^2}$$

$$\sigma_A = 17{,}2\ \text{MPa} \quad ◀$$

d. Tensão de cisalhamento média em *B*. Notamos que existe ligação em ambos os lados da parte superior do membro *ABC* e que a força de cisalhamento em cada lado é $F_1 = (3.344\ \text{N})/2 = 1.672\ \text{N}$. A tensão de cisalhamento média em cada superfície é então

$$\tau_B = \frac{F_1}{A} = \frac{1.672\ \text{N}}{(30\ \text{mm})(45\ \text{mm})} \qquad \tau_B = 1{,}24\ \text{MPa} \quad ◀$$

e. Tensão de esmagamento no membro *ABC* em *C*. Para cada parte do vínculo, $F_1 = 1.672$ N e a área de contato nominal é (6,4 mm) (6,4 mm) = 40,96 mm².

$$\sigma_e = \frac{F_1}{A} = \frac{1.672\ \text{N}}{40{,}96\ \text{mm}^2} \qquad \sigma_e = 40{,}8\ \text{MPa} \quad ◀$$

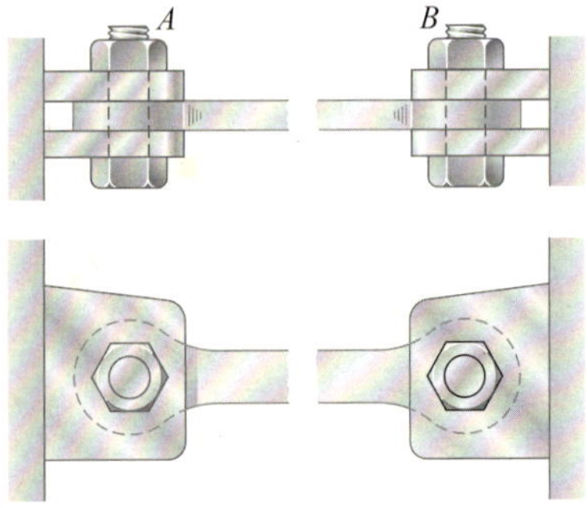

PROBLEMA RESOLVIDO 8.2

A barra de ligação de aço mostrada na figura deve suportar uma força de tração de intensidade $P = 120$ kN quando é rebitada entre suportes duplos em A e B. A barra será feita a partir de uma chapa de 20 mm de espessura. Para a classe do aço a ser utilizado, as tensões máximas admissíveis são: $\sigma = 175$ MPa, $\tau = 100$ MPa e $\sigma_e = 350$ MPa. Para projetar a barra, determine os valores necessários de (*a*) o diâmetro d do parafuso, (*b*) a dimensão b em cada extremidade da barra e (*c*) a dimensão h da barra.

SOLUÇÃO

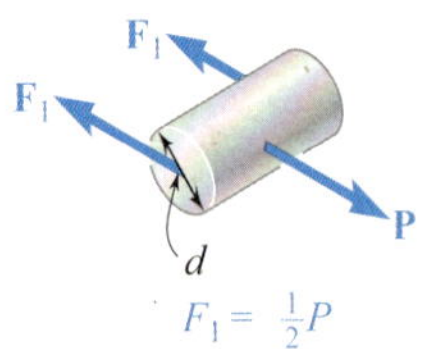

a. Diâmetro do parafuso. Como o parafuso está sob cisalhamento duplo, $F_1 = \frac{1}{2}P = 60$ kN.

$$\tau = \frac{F_1}{A} = \frac{60\text{ kN}}{\frac{1}{4}\pi\, d^2} \qquad 100\text{ MPa} = \frac{60\text{ kN}}{\frac{1}{4}\pi\, d^2} \qquad d = 27{,}6\text{ mm}$$

Utilizaremos **$d = 28$ mm** ◀

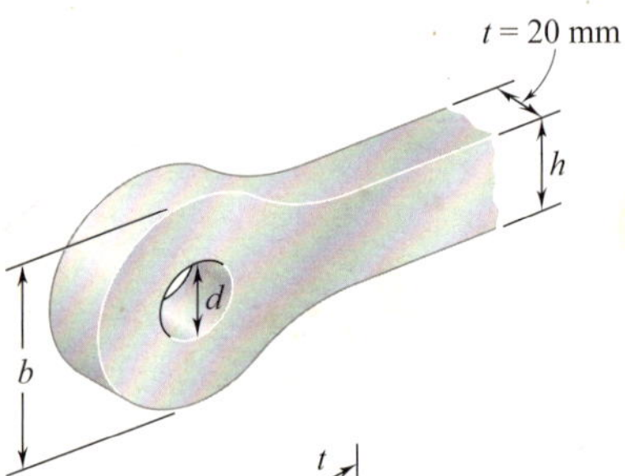

Neste ponto, verificamos a tensão de esmagamento entre a chapa de 20 mm de espessura e o parafuso com 28 mm de diâmetro.

$$\tau_b = \frac{P}{td} = \frac{120\text{ kN}}{(0{,}020\text{ m})(0{,}028\text{ m})} = 214\text{ MPa} < 350\text{ MPa} \qquad \text{OK}$$

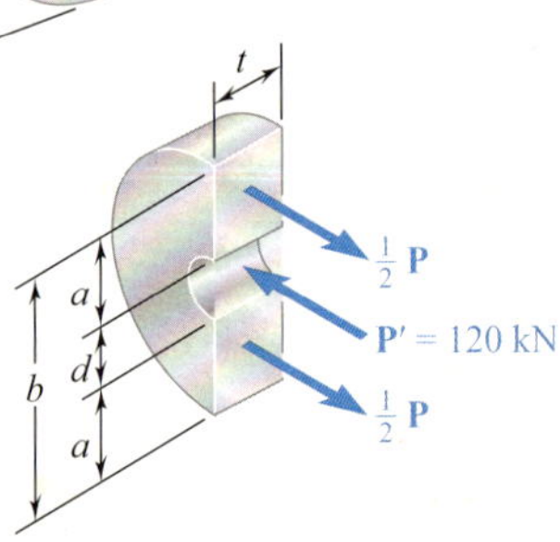

b. Dimensão b em cada extremidade da barra. Consideremos uma das partes extremas da barra. Lembrando que a espessura da chapa de aço é $t = 20$ mm e que a tensão de tração média não deve exceder 175 MPa, temos

$$\sigma = \frac{\frac{1}{2}P}{ta} \qquad 175\text{ MPa} = \frac{60\text{ kN}}{(0{,}02\text{ m})a} \qquad a = 17{,}14\text{ mm}$$

$$b = d + 2a = 28\text{ mm} + 2(17{,}14\text{ mm}) \qquad b = 62{,}3\text{ mm}$$ ◀

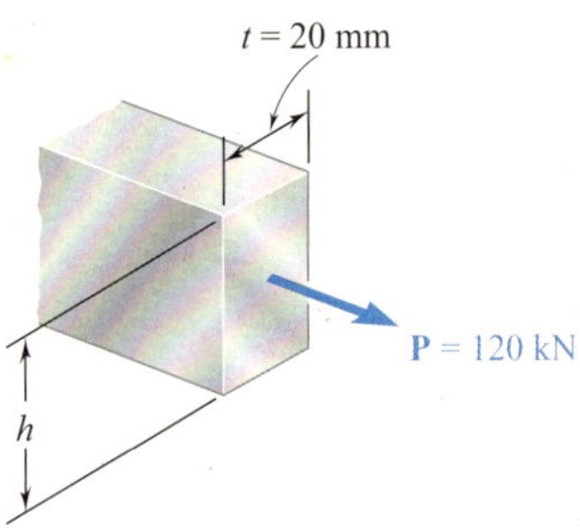

c. Dimensão h da barra. Lembrando que a espessura da chapa de aço é $t = 20$ mm, temos

$$\sigma = \frac{P}{th} \qquad 175\text{ MPa} = \frac{120\text{ kN}}{(0{,}020\text{ m})h} \qquad h = 34{,}3\text{ mm}$$

Utilizaremos **$h = 35$ mm** ◀

PROBLEMAS

8.1 Duas barras cilíndricas de seção transversal sólida AB e BC são soldadas uma à outra em B e submetidas a um carregamento como mostra a figura. Sabendo que $d_1 = 50$ mm e $d_2 = 30$ mm, calcule a tensão normal média no ponto médio (*a*) da barra AB e (*b*) da barra BC.

8.2 Duas barras cilíndricas de seção transversal sólida AB e BC são soldadas uma à outra em B e submetidas a um carregamento como mostra a figura. Sabendo que a tensão normal média não pode exceder 140 MPa em qualquer barra, determine os menores valores admissíveis de d_1 e d_2.

8.3 Duas barras cilíndricas de seção transversal sólida AB e BC são soldadas uma à outra em B e submetidas a um carregamento como mostra a figura. Determine a tensão normal média no ponto médio (*a*) da barra AB e (*b*) da barra BC.

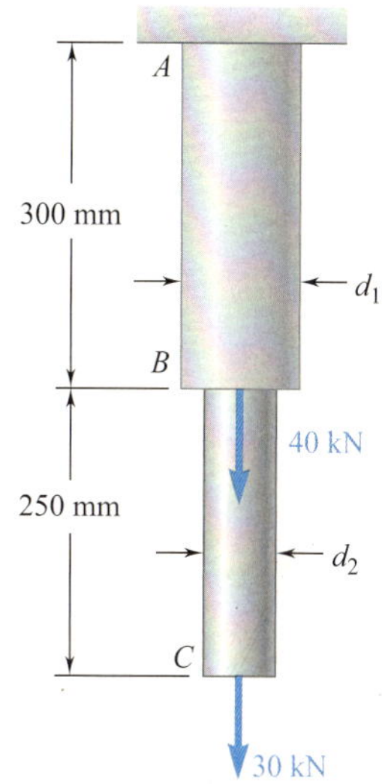

Figura P8.1 e P8.2

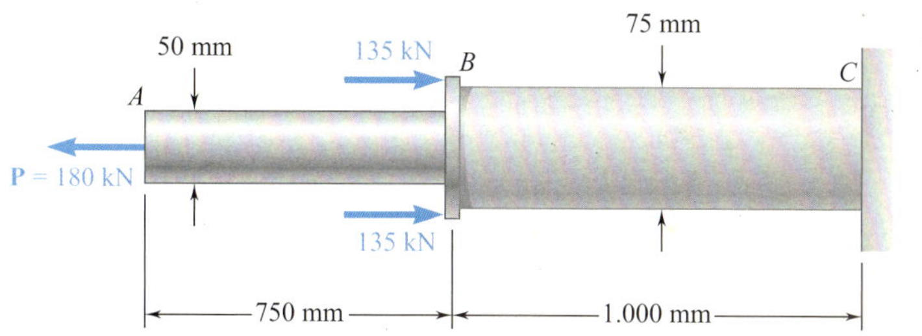

Figura P8.3

8.4 No Problema 8.3, determine a intensidade da força **P** para a qual a tensão normal de tração na barra AB tem a mesma intensidade da tensão de compressão da barra BC.

8.5 A haste BD consiste em uma única barra com largura de 30 mm e espessura de 12 mm. Sabendo que cada pino tem diâmetro de 10 mm, determine o valor da tensão normal média máxima na haste BD se (*a*) $\theta = 0°$ e (*b*) $\theta = 90°$.

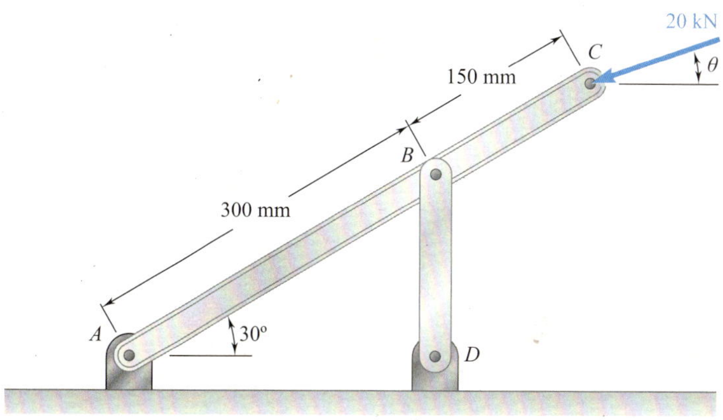

Figura P8.5

8.6 Sabendo que a parte central da haste BD tem uma seção transversal uniforme de área de 800 mm², determine a intensidade de carga **P** para que a tensão normal na parte de BD seja de 50 MPa.

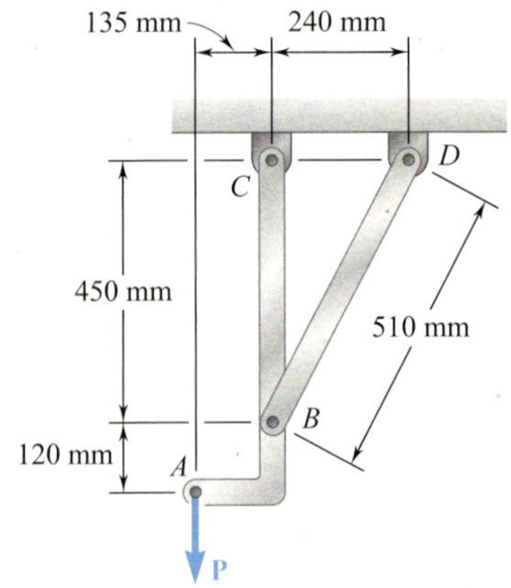

Figura P8.6

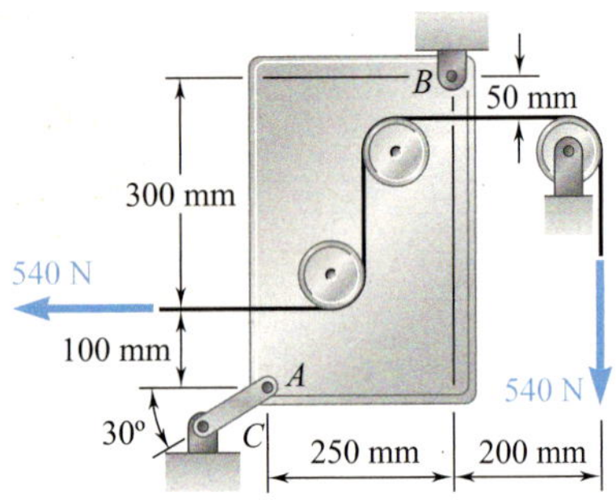

Figura P8.7

8.7 A barra AC tem seção transversal retangular uniforme com 3 mm de espessura e 6,4 mm de largura. Determine a tensão normal na parte central da barra.

8.8 Duas forças horizontais de 22,5 kN são aplicadas ao pino B do conjunto mostrado na figura. Sabendo que é utilizado um pino de 20 mm de diâmetro em cada conexão, determine o valor máximo da tensão normal média (*a*) na haste AB e (*b*) na haste BC.

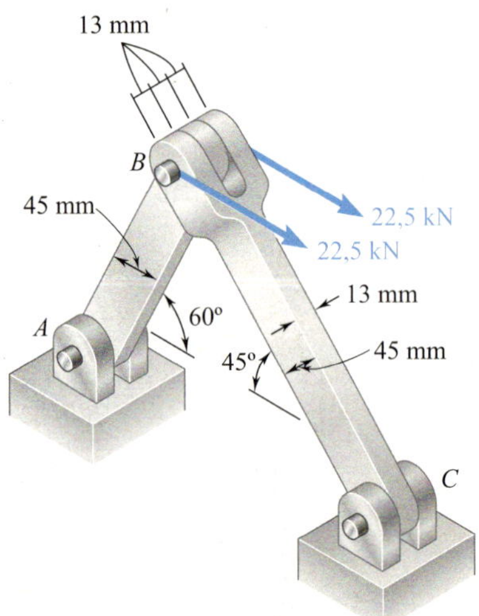

Figura P8.8

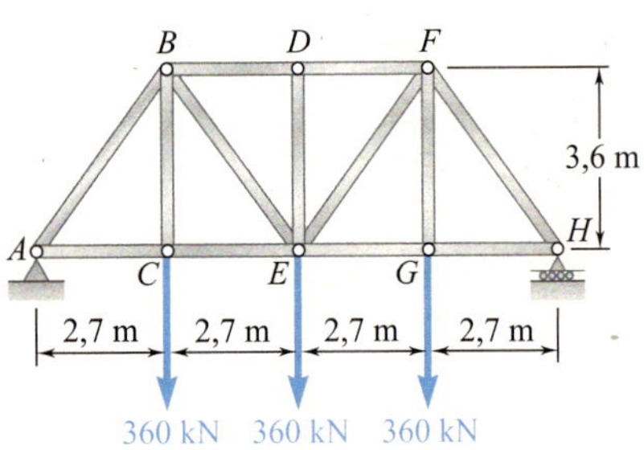

Figura P8.9 e P8.10

8.9 Para a ponte Pratt em treliça e com carregamento mostrado na figura, determine a tensão normal média no membro BE, sabendo que a área da seção transversal do membro é de 3.670 mm².

8.10 Sabendo que a tensão normal média no membro CE da ponte Pratt em treliça mostrada na figura não excede 94,5 kN para um dado carregamento, determine a área da seção transversal do membro que proporcionará o projeto mais econômico e seguro. Considere que ambas as extremidades dos membros poderão ser adequadamente reforçadas.

8.11 O conjugado **M** de intensidade 1.500 N · m é aplicado à manivela de um motor. Para a posição mostrada, determine (*a*) a força **P** necessária para manter o sistema do motor em equilíbrio e (*b*) a tensão normal média na biela *BC*, que tem uma seção transversal uniforme de 450 mm^2.

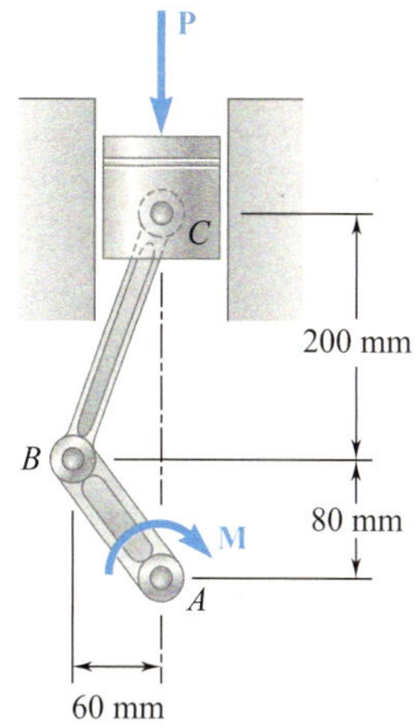

Figura P8.11

8.12 Dois cilindros hidráulicos são usados para controlar a posição do braço robótico *ABC*. Sabendo que os cilindros de controle presos em *A* e *D* têm, cada um, hastes de diâmetro de 20 mm que estão paralelas na posição mostrada na figura, determine a tensão normal média (*a*) no membro *AE* e (*b*) no membro *DG*.

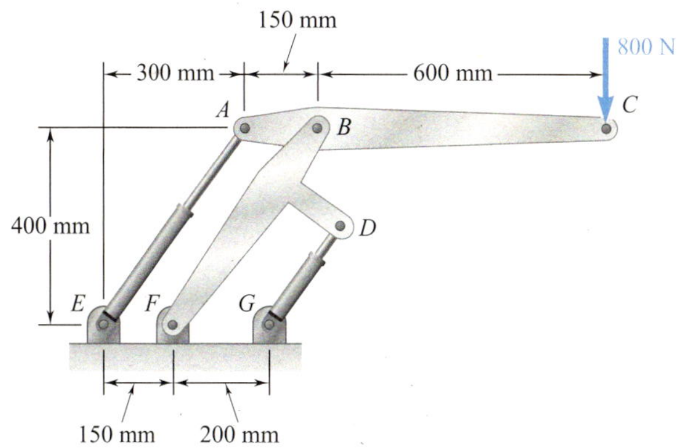

Figura P8.12

8.13 As componentes de madeira *A* e *B* devem ser unidas por cobrejuntas de madeira compensada que serão totalmente coladas às superfícies em contato. Como parte do projeto da junção e sabendo que a folga entre as extremidades das componentes deve ser de 8 mm, determine o comprimento *L* mínimo permitido para que a tensão de cisalhamento média na cola não exceda 800 kPa.

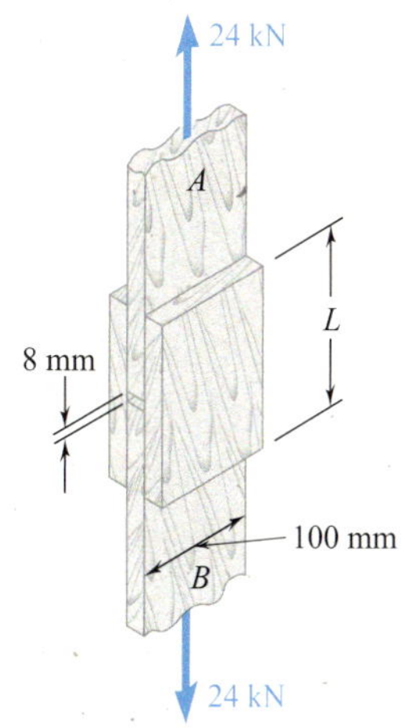

Figura P8.13

8.14 Determine o diâmetro do maior furo circular que pode ser perfurado na chapa de poliestireno cuja espessura é de 6 mm, sabendo que a força exercida pelo punção é de 45 kN e que uma tensão de cisalhamento média de 55 MPa é requerida para causar a ruptura do material.

8.15 Duas pranchas de madeira, cada uma com 22 mm de espessura e 150 mm de largura, são unidas por uma junta de encaixe colada, mostrada na figura. Sabendo que a junta falhará quando a tensão de cisalhamento média na cola atingir 864 kPa, determine o menor comprimento *d* admissível do encaixe, uma vez que a junta precisa suportar uma carga axial de intensidade *P* = 5,4 kN.

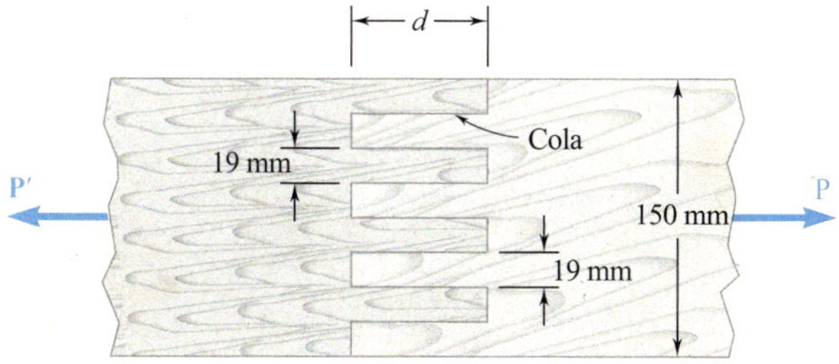

Figura P8.15

8.16 Uma carga **P** é aplicada a uma barra de aço suportada por uma chapa de alumínio na qual foi feito um furo de 15 mm como mostra a figura. Sabendo que a tensão de cisalhamento não deve exceder 124 MPa na barra de aço e 70 MPa na chapa de alumínio, determine a máxima carga **P** que pode ser aplicada à barra.

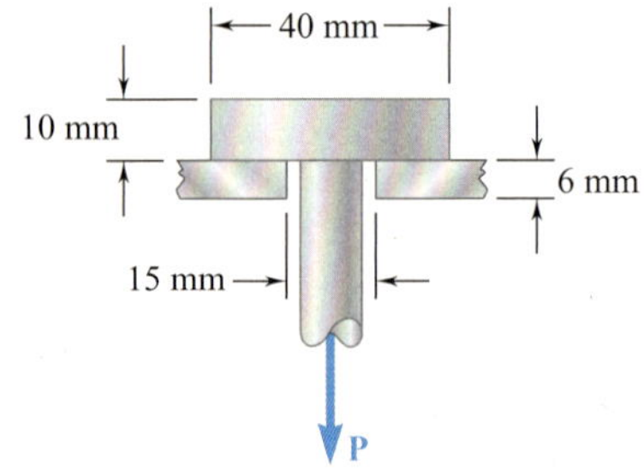

Figura P8.16

8.17 Uma carga axial **P** é suportada por uma coluna curta W250 × 67 com seção transversal de área $A = 8.580\ \text{mm}^2$ e distribuída a uma fundação de concreto por uma placa quadrada como mostra a figura. Sabendo que a tensão normal média na coluna não pode exceder 150 MPa e que a tensão de esmagamento na fundação de concreto não deve exceder 12,5 MPa, determine a dimensão a da chapa que proporcionará o projeto mais econômico e seguro.

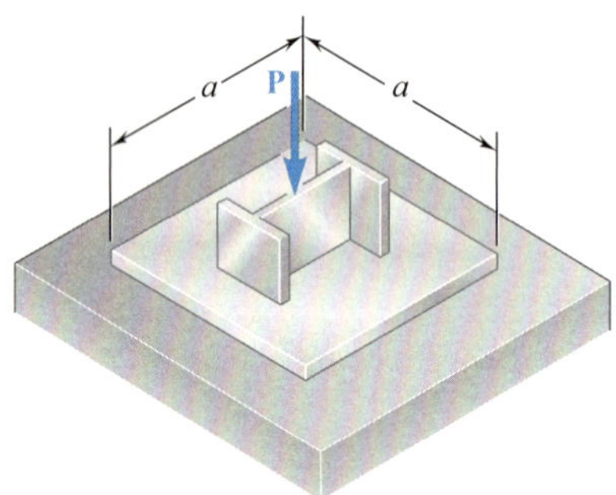

Figura P8.17

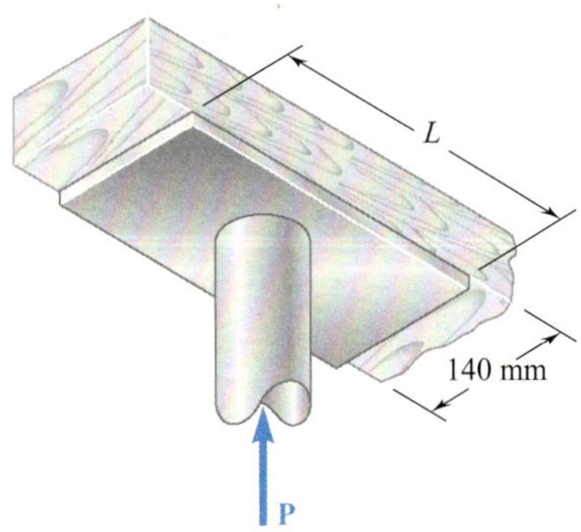

Figura P8.18

8.18 A força axial na coluna que suporta a viga de madeira mostrada na figura é $P = 75$ kN. Determine o menor comprimento L admissível para a chapa de contato para que a tensão de contato na madeira não exceda 3 MPa.

8.19 Três pranchas de madeira são presas em conjunto por vários parafusos para formar uma coluna. O diâmetro de cada parafuso é de 12,7 mm e o diâmetro interno de cada arruela é de 15,8 mm, que é ligeiramente mais largo que o diâmetro dos furos nas pranchas. Determine o menor diâmetro externo admissível d das arruelas, sabendo que a tensão normal média nos parafusos é de 34,5 MPa e que a tensão de esmagamento entre as arruelas e as pranchas não deve exceder 8,3 MPa.

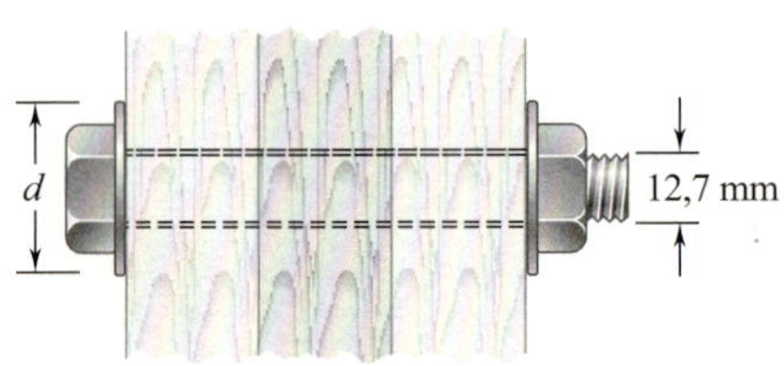

Figura P8.19

8.20 A barra AB com largura $b = 50$ mm e espessura $t = 6$ mm é utilizada para suportar a extremidade de uma viga horizontal. Sabendo que a tensão normal média na barra é –138 MPa e que a tensão de cisalhamento média em cada um dos dois pinos é 83 MPa determine (*a*) o diâmetro d dos pinos e (*b*) a tensão de esmagamento média na barra.

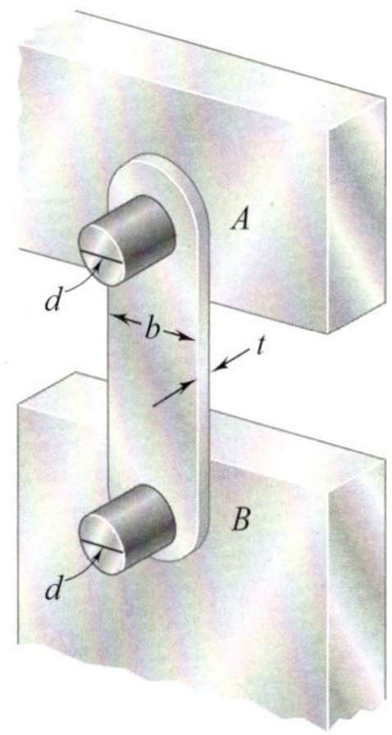

Figura P8.20

8.21 Para a montagem e o carregamento do Problema 8.8 determine (*a*) a tensão de cisalhamento média no pino A e (*b*) a tensão de esmagamento em A no membro AB.

8.22 O cilindro hidráulico CF, que controla parcialmente a posição da haste DE, foi bloqueado na posição mostrada na figura. A barra BD tem 15,8 mm de espessura e está conectada à haste vertical por um parafuso com diâmetro de 9,5 mm. Determine (*a*) a tensão de cisalhamento média no parafuso e (*b*) a tensão de esmagamento em C no membro BD.

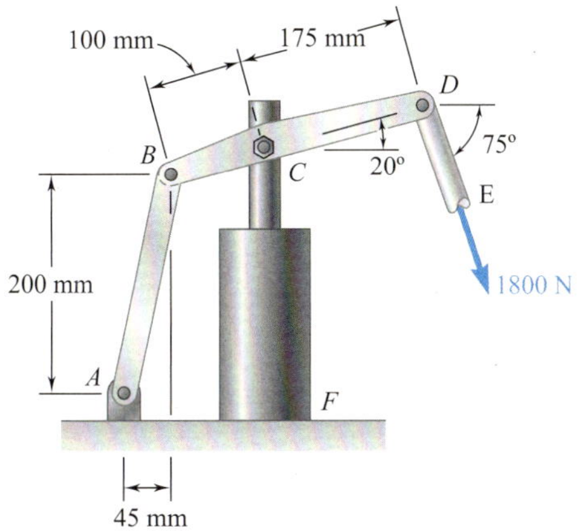

Figura P8.22

8.23 Sabendo que $\theta = 40°$ e $P = 9$ kN, determine (*a*) o menor diâmetro admissível do pino em B se a tensão de cisalhamento no pino não excede 120 MPa, (*b*) a correspondente tensão de esmagamento média no membro AB e (*c*) a correspondente tensão de esmagamento média em cada apoio do suporte em B.

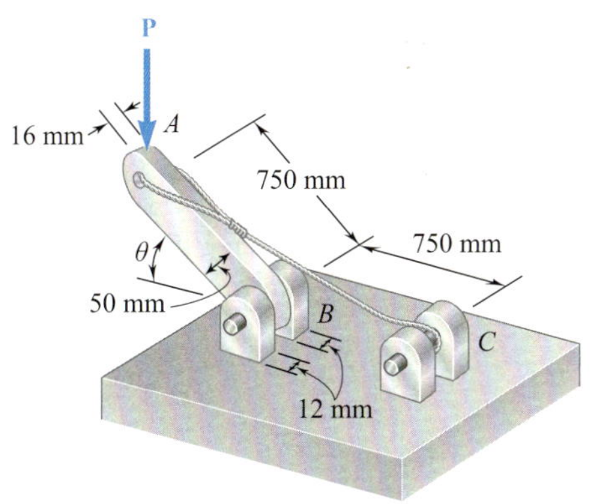

Figura P8.23 e P8.24

8.24 Determine a maior força **P** que pode ser aplicada em A quando $\theta = 60°$, sabendo que a tensão de esmagamento média no pino de 10 mm de diâmetro em B não deve exceder 120 MPa e que a tensão de esmagamento média no membro AB e no suporte em B não deve exceder 90 MPa.

8.8 Tensão em um plano oblíquo sob carregamento axial

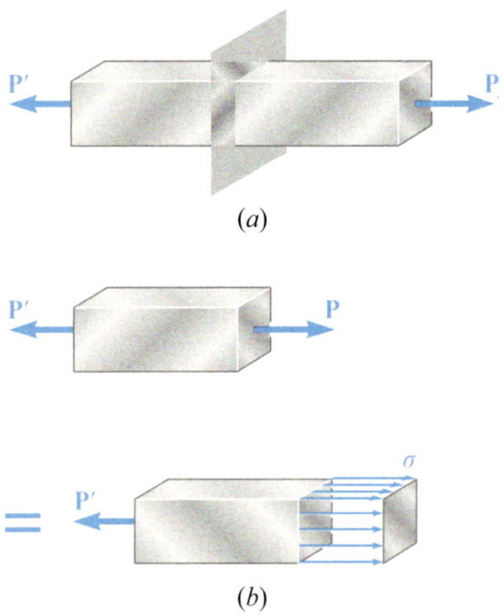

Figura 8.25

Nas seções anteriores, vimos que torças axiais aplicadas em um elemento de barra (Fig. 8.25*a*) provocavam tensões normais na barra (Fig. 8.25*b*), enquanto forças transversais que agiam sobre parafusos e pinos (Fig. 8.26*a*) provocavam tensões de cisalhamento nas conexões (Fig. 8.26*b*). A relação entre forças axiais e tensões normais, por um lado, e forças transversais e tensões de cisalhamento, por outro, ocorreu porque as tensões estavam sendo determinadas apenas em planos perpendiculares ao eixo do elemento ou da conexão. Conforme veremos nesta seção, forças axiais provocam tensões normais e tensões de cisalhamento em planos que não são perpendiculares ao eixo do elemento. Da mesma forma, forças transversais que agem sobre um parafuso ou pino provocam tensões normais e tensões de cisalhamento em planos que não são perpendiculares ao eixo do parafuso ou pino.

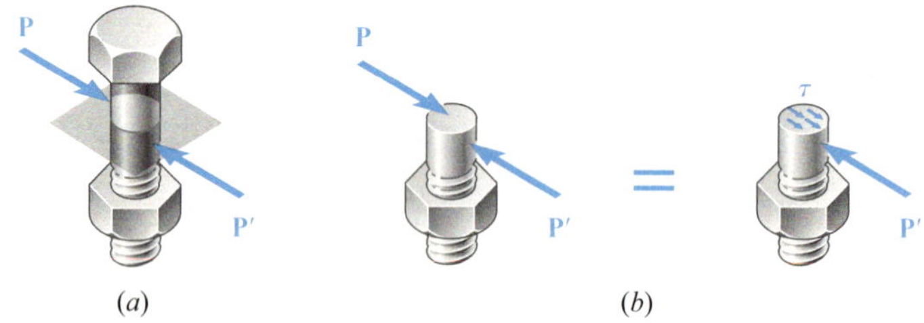

Figura 8.26

Considere a barra da Fig. 8.25 que está submetida às forças axiais **P** e **P'**. Se cortarmos a barra com um plano que forma um ângulo θ com um plano normal (Fig. 8.27*a*) e desenharmos o diagrama de corpo livre da parte do componente localizada à esquerda da seção (Fig. 8.27*b*), verificaremos, pelas condições de equilíbrio do corpo livre, que as forças distribuídas que agem na seção serão equivalentes à força **P**.

Decompondo **P** nas suas componentes **F** e **V**, respectivamente normal e tangencial à seção (Fig. 8.27*c*). temos

$$F = P\cos\theta \qquad V = P\,\mathrm{sen}\,\theta \tag{8.12}$$

A força **F** representa a resultante das forças normais distribuídas sobre a seção, e a força **V**, a resultante das forças tangenciais (Fig. 8.27*d*). Os valores médios das tensões normal e de cisalhamento correspondentes são obtidos dividindo, respectivamente F e V pela área A_θ da seção:

$$\sigma = \frac{F}{A_\theta} \qquad \tau = \frac{V}{A_\theta} \tag{8.13}$$

Substituindo F e V de (8.12) em (8.13) e observando com base na Fig. 8.27*c* que $A_0 = A_\theta \cos\theta$ ou $A_\theta = A_0/\cos\theta$, em que A_0 indica a área de uma seção perpendicular ao eixo da barra, obtemos

$$\sigma = \frac{P\cos\theta}{A_0/\cos\theta} \qquad \tau = \frac{P\,\mathrm{sen}\,\theta}{A_0/\cos\theta}$$

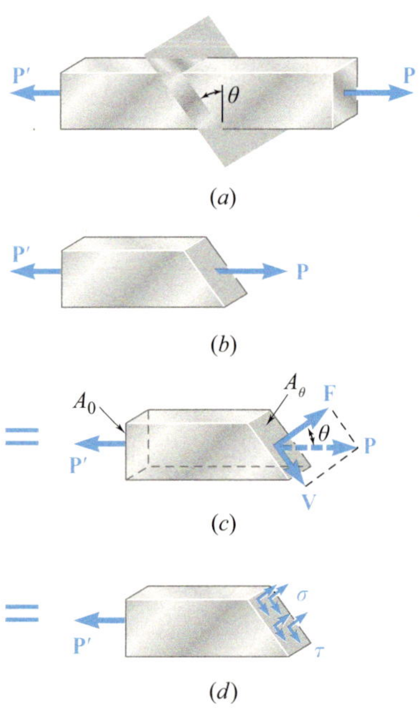

Figura 8.27

ou

$$\sigma = \frac{P}{A_0}\cos^2\theta \qquad \tau = \frac{P}{A_0}\operatorname{sen}\theta\cos\theta \tag{8.14}$$

Notamos, na primeira das Eqs. (8.14), que a tensão normal σ é máxima quando $\theta = 0°$, ou seja, quando o plano da seção é perpendicular ao eixo do elemento, e que ela se aproxima de zero à medida que θ se aproxima de 90°. Verificamos que o valor de σ quando $\theta = 0°$ é

$$\sigma_m = \frac{P}{A_0} \tag{8.15}$$

como vimos anteriormente na Seção 8.2. A segunda das Eqs. (8.14) mostra que a tensão de cisalhamento τ é zero para $\theta = 0°$ e $\theta = 90°$ e que para $\theta = 45°$ ela alcança seu valor máximo

$$\tau_m = \frac{P}{A_0}\operatorname{sen}45°\cos 45° = \frac{P}{2A_0} \tag{8.16}$$

A primeira das Eqs. (8.14) indica que, quando $\theta = 45°$, a tensão normal σ' também é igual a $P/2A_0$:

$$\sigma' = \frac{P}{A_0}\cos^2 45° = \frac{P}{2A_0} \tag{8.17}$$

Os resultados obtidos nas Eqs. (8.15), (8.16) e (8.17) são mostrados graficamente na Fig. 8.28. Notamos que a mesma carga pode produzir uma tensão normal $\sigma_m = P/A_0$ e nenhuma tensão de cisalhamento (Fig. 8.28*b*), ou uma tensão normal e de cisalhamento da mesma intensidade $\sigma' = \tau_m = P/2A_0$ (Fig. 8.28*c* e *d*), o que dependerá da orientação da seção.

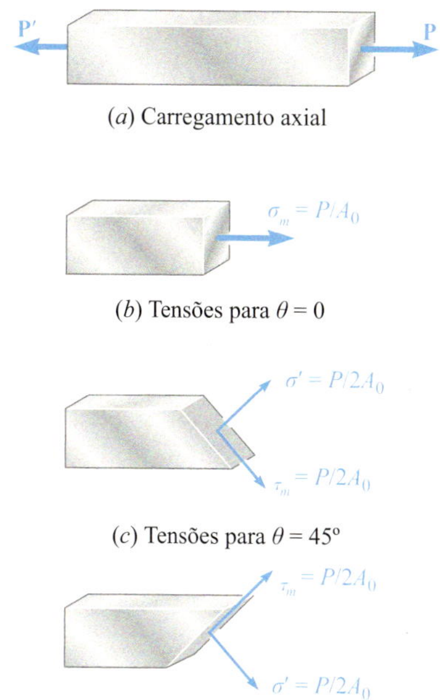

(*a*) Carregamento axial

(*b*) Tensões para $\theta = 0$

(*c*) Tensões para $\theta = 45°$

(*d*) Tensões para $\theta = -45°$

Figura 8.28

8.9 Tensão sob condições gerais de carregamento. Componentes de tensão

Os exemplos das seções anteriores estavam limitados a elementos sob carregamento axial e conexões sob carregamento transversal. Muitos elementos estruturais e de máquinas estão sob condições de carregamento mais complexas.

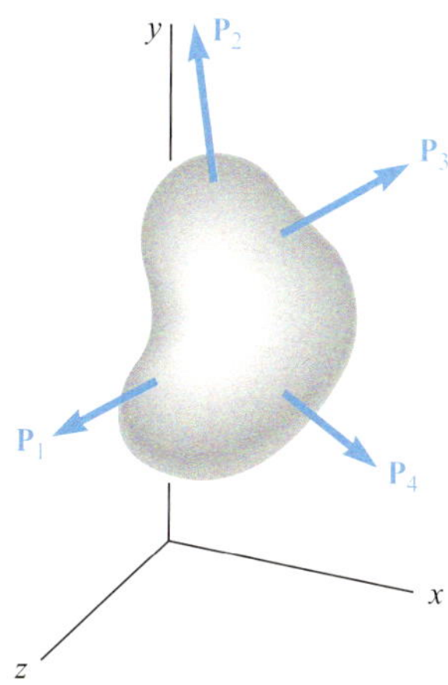

Figura 8.29

Considere um corpo sujeito a várias cargas $\mathbf{P}_1$, $\mathbf{P}_2$, etc. (Fig. 8.29). Para entendermos a condição de tensão criada por essas cargas em algum ponto Q interno ao corpo, vamos primeiro passar um corte através de Q, utilizando um plano paralelo ao plano yz. A parte do corpo à esquerda do corte está sujeita a algumas das cargas originais e às forças normais e cortantes distribuídas na seção. Vamos indicar por $\Delta\mathbf{F}^x$ e $\Delta\mathbf{V}^x$, respectivamente, as forças normal e cortante que agem sobre uma pequena área ΔA que circunda o ponto Q (Fig. 8.30*a*).

Note que é utilizado o índice superior x para indicar que as forças $\Delta\mathbf{F}^x$ e $\Delta\mathbf{V}^x$ agem sobre uma superfície perpendicular ao eixo x. Enquanto a força normal $\Delta\mathbf{F}^x$ tem uma direção bem definida, a força cortante $\Delta\mathbf{V}^x$ pode ter qualquer direção no plano da seção. Decompomos então $\Delta\mathbf{V}^x$ nos dois componentes de força, $\Delta\mathbf{V}_y^x$ e $\Delta\mathbf{V}_z^x$, em direções paralelas aos eixos y e z

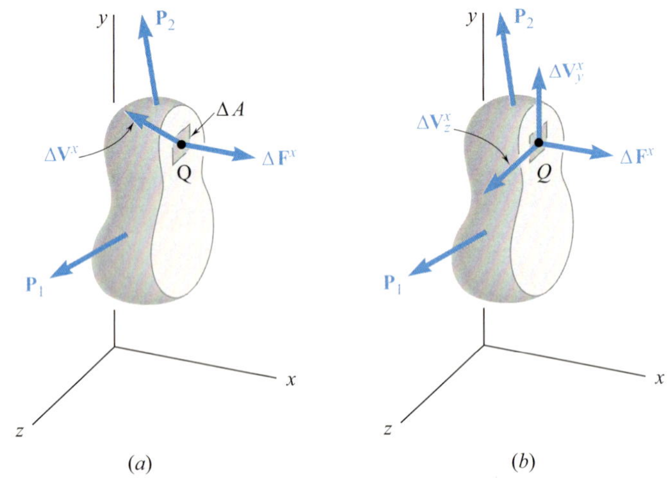

Figura 8.30

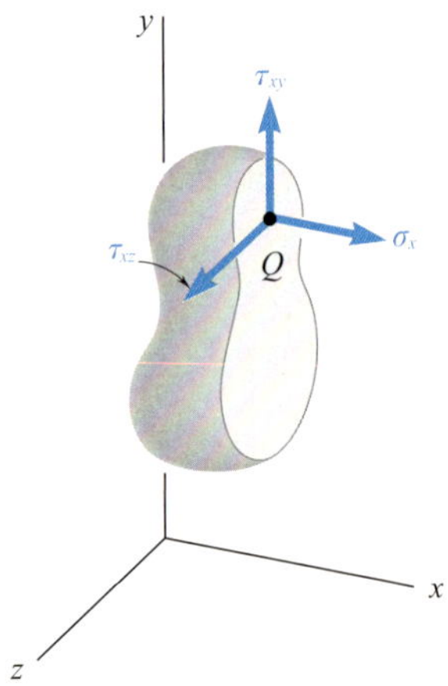

Figura 8.31

respectivamente (Fig. 8.30*b*). Dividindo agora a intensidade de cada força pela área ΔA e fazendo ΔA aproximar-se de zero, definimos os três componentes de tensão mostrados na Fig. 8.31:

$$\sigma_x = \lim_{\Delta A \to 0} \frac{\Delta F^x}{\Delta A}$$
$$\tau_{xy} = \lim_{\Delta A \to 0} \frac{\Delta V_y^x}{\Delta A} \qquad \tau_{xz} = \lim_{\Delta A \to 0} \frac{\Delta V_z^x}{\Delta A} \tag{8.18}$$

Notamos que o primeiro índice em σ_x, τ_{xy} e τ_{xz} é utilizado para indicar que as tensões em consideração são aplicadas *em uma superfície perpendicular ao eixo x*. O segundo índice em τ_{xy} e τ_{xz} identifica *a direção da componente*. A tensão normal σ_x será positiva se o sentido do vetor correspondente apontar para a direção positiva de x, isto é, se o corpo for tracionado; do contrário, a tensão será negativa. Analogamente, as componentes da tensão de cisalhamento τ_{xy} e τ_{xz} serão positivas se os sentidos dos vetores correspondentes apontarem, respectivamente, nas direções positivas de y e z.

A análise anterior também pode ser feita considerando a parte do corpo localizada à direita do plano vertical através de Q (Fig. 8.32). As mesmas intensidades, mas com sentidos opostos, são obtidas para as forças normal e cortante $\Delta \mathbf{F}^x$, $\Delta \mathbf{V}_y^x$ e $\Delta \mathbf{V}_z^x$. Portanto, os mesmos valores são também obtidos para os componentes de tensão correspondentes, mas, como a seção na Fig. 8.32 agora está voltada para o lado *negativo do eixo x*, um sinal positivo para σ_x indicará que o sentido do vetor correspondente aponta na *direção negativa de x*. Analogamente, sinais positivos para τ_{xy} e τ_{xz} indicarão que os sentidos dos vetores correspondentes apontam, respectivamente, nas direções negativas de y e z, como mostra a Fig. 8.32.

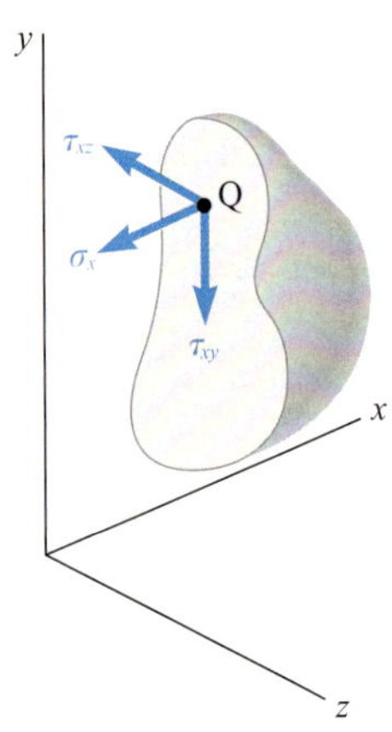

Figura 8.32

Ao passarmos um corte através de Q paralelo ao plano zx, definimos da mesma maneira as componentes da tensão σ_y, τ_{yz} e τ_{yx}. Finalmente, um corte através de Q paralelo ao plano xy resulta nas componentes σ_z, τ_{zx} e τ_{zy}.

Para facilitarmos a visualização do estado de tensão no ponto Q, consideraremos um pequeno cubo de lado a centrado em Q e as tensões que atuam em cada uma das seis faces desse cubo (Fig. 8.33). As componentes de tensão mostradas na figura são σ_x, σ_y e σ_z que representam as tensões normais nas faces perpendiculares, respectivamente, aos eixos x, y e z e às seis componentes de tensão de cisalhamento τ_{xy}, τ_{xz}, etc. Recordamos que, de acordo com a definição das componentes de tensão de cisalhamento, τ_{xy} representa a componente y da tensão de cisalhamento que atua na face perpendicular ao eixo x, enquanto τ_{yx} representa a componente x da tensão de cisalhamento que atua na face perpendicular ao eixo y. Note que somente três faces do cubo são realmente visíveis na Fig. 8.33 e que componentes de tensão iguais e opostas agem nas faces ocultas. Embora as tensões que agem nas faces do cubo difiram ligeiramente das tensões em Q, o erro envolvido é pequeno e desaparece na medida em que o lado a do cubo aproxima-se de zero.

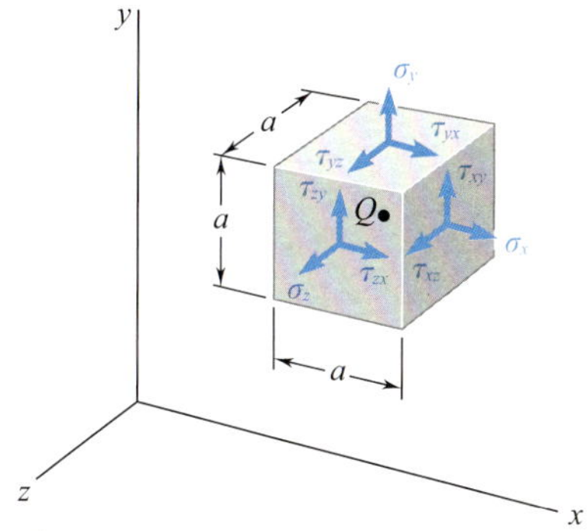

Figura 8.33

Vamos deduzir agora relações importantes entre as componentes de tensão de cisalhamento. Consideremos o diagrama de corpo livre do pequeno cubo centrado no ponto Q (Fig. 8.34). Forças normais e tangenciais atuando nas várias faces do cubo são obtidas multiplicando-se as correspondentes tensões pela área ΔA de cada face. Escreveremos primeiro as seguintes equações de equilíbrio:

$$\Sigma F_x = 0 \qquad \Sigma F_y = 0 \qquad \Sigma F_z = 0 \tag{8.19}$$

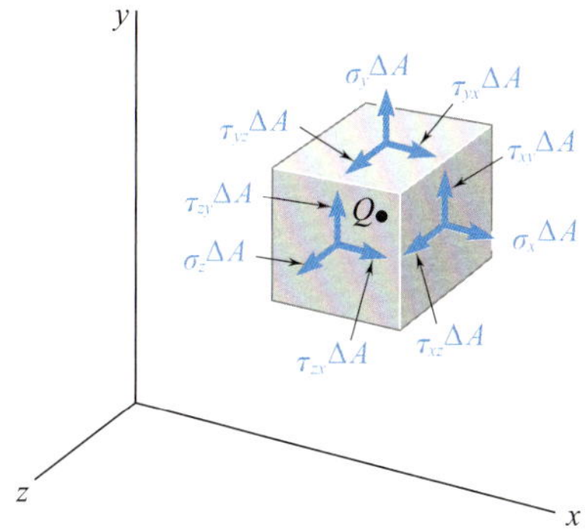

Figura 8.34

Como há forças iguais e opostas às forças mostradas na Fig. 8.34 que agem nas faces ocultas do cubo, está claro que as Eqs. (8.19) são satisfeitas. Considerando agora os momentos das forças em relação aos eixos x', y' e z' desenhados a partir de Q em direções, respectivamente, paralelas aos eixos x, y e z, temos as três equações adicionais

$$\Sigma M_{x'} = 0 \qquad \Sigma M_{y'} = 0 \qquad \Sigma M_{z'} = 0 \tag{8.20}$$

Utilizando a projeção no plano $x'y'$ (Fig. 8.35), notamos que somente as forças de cisalhamento têm momentos em relação ao eixo z diferentes de zero. Essas forças formam dois conjugados, um de momento anti-horário (positivo) $(\tau_{xy}\Delta A)a$ e outro de momento horário (negativo) $-(\tau_{xy}\Delta A)a$. Da última das três Eqs. (8.20), resulta, então,

$$+\circlearrowleft \Sigma M_z = 0: \qquad (\tau_{xy}\ \Delta A)a - (\tau_{yx}\ \Delta A)a = 0$$

da qual concluímos que

$$\tau_{xy} = \tau_{yx} \tag{8.21}$$

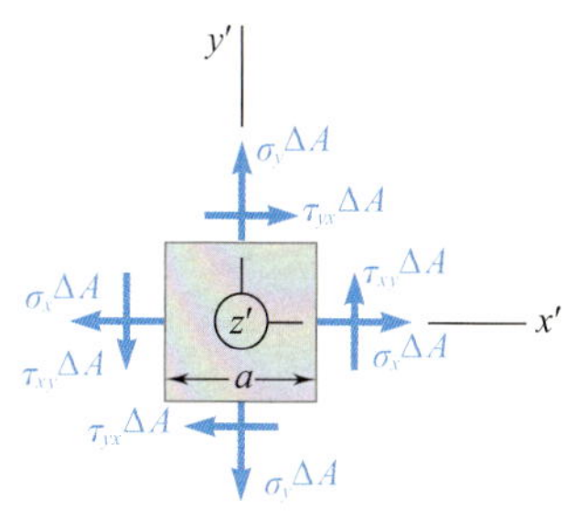

Figura 8.35

A relação obtida mostra que a componente y da tensão de cisalhamento aplicada à face perpendicular ao eixo x é igual à componente x da tensão de cisalhamento aplicada sobre a face perpendicular ao eixo y. Das duas Eqs. restantes (8.20), determinamos de maneira semelhante as relações

$$\tau_{yz} = \tau_{zy} \qquad \tau_{zx} = \tau_{xz} \tag{8.22}$$

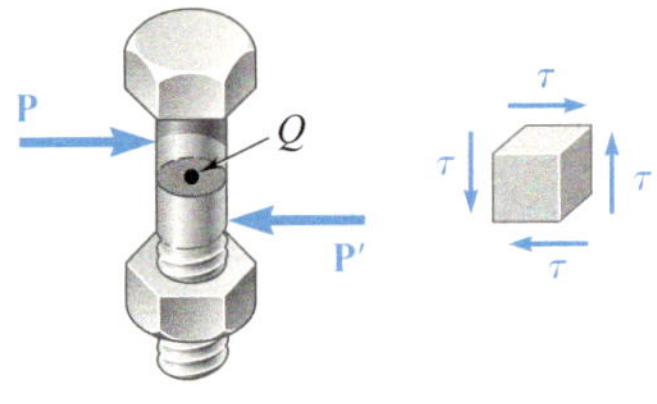

(*a*) (*b*)

Figura 8.36

Concluímos das Eqs. (8.21) e (8.22) que são necessários somente seis componentes de tensão para definir o estado de tensão em um determinado ponto Q, em vez dos nove componentes considerados originalmente. Esses seis componentes são σ_x, σ_y, σ_z, τ_{xy}, τ_{xz}, τ_{yz} e τ_{xz}. Notamos também que, em um determinado ponto, *o cisalhamento não pode ocorrer apenas em um plano*; deve sempre existir uma tensão de cisalhamento igual em outro plano perpendicular ao primeiro. Por exemplo, considerando novamente o parafuso da Fig. 8.26 e um pequeno cubo no centro Q do parafuso (Fig. 8.36*a*), vemos que tensões de cisalhamento de igual intensidade devem agir nas duas faces horizontais do cubo e nas duas faces perpendiculares às forças **P** e **P**′ (Fig. 8.36*b*).

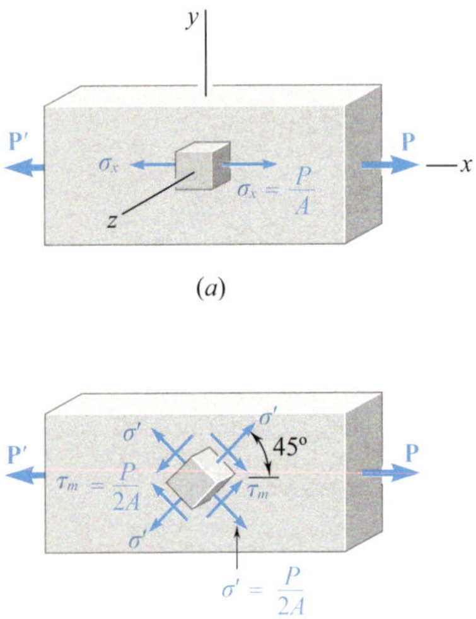

(*b*)

Figura 8.37

Antes de concluirmos nossa discussão sobre as componentes de tensão, vamos considerar novamente o caso de um elemento sob carga axial. Se considerarmos um pequeno cubo com faces paralelas às faces do elemento e lembrando os resultados obtidos na Seção 8.8, verificaremos que o estado de tensão no elemento pode ser descrito como mostra a Fig. 8.37*a*; as únicas tensões são as normais σ_x que agem nas faces do cubo perpendiculares ao eixo x. No entanto, se o pequeno cubo for girado 45° em torno do eixo z, de modo que sua nova orientação corresponda à orientação das seções consideradas na Fig. 8.28*c* e *d*, concluímos que as tensões normal e de cisalhamento de igual intensidade estão agindo nas quatro faces do cubo (Fig. 8.37*b*). Observamos então que a mesma condição de carregamento pode levar a diferentes interpretações do estado de tensão em um determinado ponto, o que dependerá da orientação do elemento considerado. Discutiremos mais sobre esse assunto no Cap. 14.

8.10 Considerações de projeto

Nas seções anteriores, você aprendeu a determinar as tensões em barras, parafusos e pinos sob condições simples de carregamento. Nos próximos capítulos, você aprenderá a determinar tensões em situações mais complexas. No entanto, em aplicações de engenharia, a determinação das tensões raramente é o objetivo final. O conceito de tensões é utilizado pelos engenheiros como auxílio na sua mais importante tarefa, ou seja, o projeto de estruturas e máquinas que executarão determinada função com segurança e economia.

a. Determinação do limite de resistência de um material. Um elemento importante a ser considerado por um projetista é como o material selecionado se comportará sob um carregamento. Para tanto, realizam-se testes específicos em corpos de prova preparados com o material. Por exemplo, um corpo de prova de aço pode ser preparado e colocado em uma máquina de ensaios de laboratório para ser submetido à força axial de tração centrada conhecida, conforme descrito na Seção 9.3. À medida que se aumenta a intensidade da força, são medidas várias alterações no corpo de prova, como alterações em seu comprimento e diâmetro. Eventualmente, pode-se atingir a máxima força a ser aplicada ao corpo de prova e este se romper ou começar a suportar menos carga. Essa força máxima é chamada de *carga-limite* do corpo de prova, também denominada P_L. Como a carga aplicada é centrada, podemos dividir o valor da carga-limite pela área da seção transversal original da barra para obter o *limite da tensão normal* do material utilizado. Essa tensão, também conhecida como *limite de resistência à tração* do material, é

$$\sigma_L = \frac{P_L}{A} \tag{8.23}$$

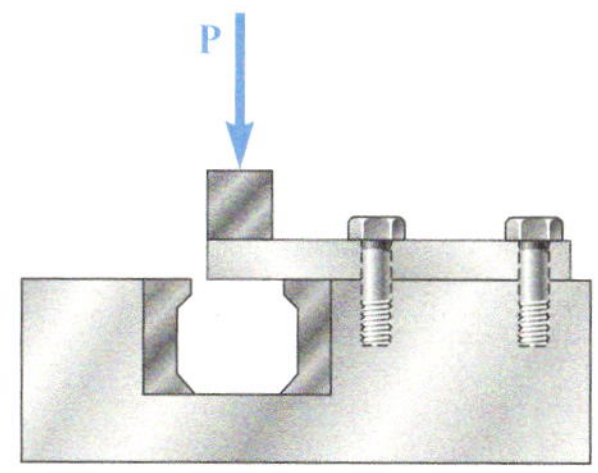

Figura 8.38

Há vários procedimentos de ensaio disponíveis para determinar o *limite da tensão de cisalhamento* ou *limite de resistência em cisalhamento* de um material. Em geral, o procedimento utilizado envolve a torção de um tubo circular (Seção 10.5). Um procedimento mais direto, embora menos preciso, consiste em prender uma barra retangular ou redonda e, com uma ferramenta de corte (Fig. 8.38), aplicar uma carga P crescente até ser obtida a carga-limite P_L para cisalhamento simples. Se a extremidade livre do corpo de prova se apoiar em ambas as superfícies de corte (Fig. 8.39), será obtida a carga-limite para cisalhamento duplo. Em qualquer um dos casos, o limite da tensão de cisalhamento τ_L é obtido dividindo o valor da carga-limite pela área total sobre a qual ocorreu o corte. Lembramos que, no caso de cisalhamento simples, essa é a área da seção transversal A do corpo de prova, enquanto, em cisalhamento duplo, ela é igual a duas vezes a área da seção transversal.

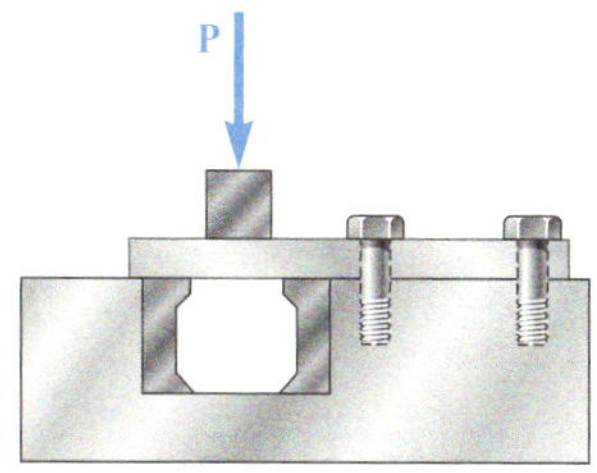

Figura 8.39

b. Carga e tensão admissíveis. Coeficiente de segurança. A carga máxima que um elemento estrutural ou um membro de máquina poderá suportar sob condições normais de utilização é consideravelmente menor que o valor da carga-limite. Essa carga menor é conhecida como *carga admissível* e, às vezes, como *carga de trabalho* ou *carga de projeto.* Somente uma fração do limite da capacidade de carga do elemento é utilizada quando aplicada à carga admissível. A parte restante da capacidade de carga do elemento é mantida na reserva para garantir seu desempenho com segurança. A relação entre a carga-limite e a carga admissível é utilizada para definir o *coeficiente de segurança.** Temos

$$\text{Coeficiente de segurança} = C.S. = \frac{\text{carga-limite}}{\text{carga admissível}} \tag{8.24}$$

Uma definição alternativa do coeficiente de segurança é dada com base no uso de tensões:

$$\text{Coeficiente de segurança} = C.S. = \frac{\text{limite de tensão}}{\text{tensão admissível}} \tag{8.25}$$

As duas expressões dadas para o coeficiente de segurança nas Eqs. (8.24) e (8.25) são idênticas quando existe uma relação linear entre a carga e a tensão. No entanto, na maioria das aplicações de engenharia, essa relação deixa de ser linear à medida que a carga se aproxima de seu valor-limite e o coeficiente de segurança obtido da Eq. (8.25) não proporciona uma verdadeira avaliação da segurança de um determinado projeto. Contudo, o

* Em alguns campos da engenharia, principalmente na engenharia aeronáutica, é usada a *margem de segurança* em lugar do coeficiente de segurança. A margem de segurança é definida como o coeficiente de segurança menos um, ou seja, margem de segurança = $C.S. - 1{,}00$.

método de projeto da tensão admissível, com base no uso da Eq. (8.25), é amplamente utilizado.

c. Seleção de um coeficiente de segurança apropriado. A seleção do coeficiente de segurança a ser utilizado para várias aplicações é uma das mais importantes tarefas da engenharia. No entanto, se for escolhido um coeficiente de segurança muito pequeno, a possibilidade de falha se tornará grande e inaceitável; em contrapartida, se for escolhido um coeficiente de segurança desnecessariamente grande, o resultado será um projeto antieconômico e não funcional. A escolha do coeficiente de segurança apropriado para uma aplicação requer senso de engenharia com base em muitas considerações, como as seguintes:

1. *Variações que podem ocorrer nas propriedades do elemento sob consideração.* A composição, a resistência e as dimensões do elemento estão todas sujeitas a pequenas variações durante a fabricação. Além disso, as propriedades do material podem ser alteradas e as tensões residuais introduzidas com o aquecimento ou deformação que podem ocorrer durante a fabricação, a armazenagem, o transporte ou a construção.
2. *Número de cargas que podem ser esperadas durante a vida da estrutura ou máquina.* Para a maioria dos materiais, a tensão-limite diminui na medida em que o número de operações de carga aumenta. Esse fenômeno é conhecido como *fadiga* e, se for ignorado, poderá resultar em falha súbita (ver Seção 9.6).
3. *Tipo de carregamento planejado para o projeto ou que pode ocorrer no futuro.* Poucas são as cargas que podem ser conhecidas com exatidão total – a maioria das cargas de projeto é estimativa de engenharia. Além disso, alterações futuras ou mudanças no uso podem introduzir alterações na carga real. Coeficientes de segurança maiores são também necessários para carregamentos dinâmicos, cíclicos ou impulsivos.
4. *Tipo de falha que pode ocorrer.* Materiais frágeis falham subitamente, em geral sem uma indicação prévia de que o colapso é iminente. Não obstante, materiais dúcteis, como o aço utilizado em estruturas, normalmente passam por uma deformação substancial chamada de *escoamento* antes de falhar, proporcionando assim um aviso de que existe sobrecarga. No entanto, a maioria das falhas por flambagem ou por perda de estabilidade é súbita, seja o material frágil ou não. Quando existe a possibilidade de falha súbita, deverá ser utilizado um coeficiente de segurança maior que aquele utilizado quando a falha é precedida por sinais óbvios de aviso.
5. *Incerteza em virtude de métodos de análise.* Todos os métodos de análise são realizados com base em certas hipóteses simplificadoras cujos resultados fazem as tensões calculadas aproximarem-se das tensões reais.
6. *Deterioração que pode ocorrer no futuro em razão da falta de manutenção ou devido às causas naturais imprevisíveis.* Um coeficiente de segurança maior é necessário em locais em que as condições como corrosão e envelhecimento são difíceis de controlar ou até de descobrir.
7. *Importância de um determinado elemento para a integridade de toda a estrutura.* Contraventamentos e elementos secundários podem, em muitos casos, ser projetados com um coeficiente de segurança menor que aquele utilizado para elementos principais.

Além dessas considerações, há uma outra referente ao risco de morte e de danos materiais que uma falha poderia produzir. Nos casos em que uma falha não causa risco de morte e somente risco mínimo de danos materiais, pode ser considerado o uso de um coeficiente de segurança menor. Finalmente, há a consideração prática de que, a menos que seja utilizado um projeto cuidadoso, com um coeficiente de segurança baixo, uma estrutura ou máquina pode não executar a função para a qual foi projetada. Altos coeficientes de segurança, por exemplo, podem ter um efeito inaceitável no peso de um avião.

Para a maioria das aplicações estruturais e de máquinas, coeficientes de segurança são definidos por especificações de projeto ou normas técnicas redigidas por comitês de engenheiros experientes que trabalham em conjunto com sociedades profissionais, indústrias ou agências federais, estaduais ou municipais. Exemplos de tais especificações de projeto e normas técnicas são

1. *Aço*: American Institute of Steel Construction (Especificações para Construção com aço Estrutural).
2. *Concreto*: American Concrete Institute (Código de Requisitos para Construção em Concreto Estrutural).
3. *Madeira*: American Forest and Paper Association (Especificações Nacionais para Construção em Madeira).
4. *Pontes rodoviárias*: American Association of State Highway Officials. (Especificações Padrão para Pontes Rodoviárias).

***d. Coeficiente de projeto para carga e resistência.** Conforme vimos, o método da tensão admissível exige que todas as incertezas associadas com o projeto de uma estrutura ou elemento de máquina sejam agrupadas em um único coeficiente de segurança. Um método alternativo de projeto que está ganhando aceitação principalmente entre engenheiros estruturais torna possível, com o uso de três diferentes coeficientes, distinguir entre as incertezas associadas com a própria estrutura e aquelas associadas com a carga que ela deve suportar por projeto. Esse método, conhecido como *load and resistance factor design – LRFD* (coeficiente de projeto para carga e resistência), permite ao projetista distinguir melhor entre incertezas associadas à *carga externa*, P_E, ou seja, com a carga a ser suportada pela estrutura, e à *carga permanente*, P_P, ou seja, com o peso da parte da estrutura contribuindo para a carga total.

Nesse método de projeto, deverá ser determinado primeiro o *limite de carga* P_L da estrutura, ou seja, a carga na qual a estrutura deixa de ser útil. O projeto proposto será então aceitável se for satisfeita a seguinte inequação:

$$\gamma_P P_P + \gamma_E P_E \leq \phi P_L \tag{8.26}$$

O coeficiente ϕ é conhecido como *coeficiente de resistência* e está relacionado às incertezas associadas com a própria estrutura e normalmente será menor que 1. Os coeficientes γ_P e γ_E são chamados de *coeficientes de carga* e estão relacionados às incertezas associadas, respectivamente, com a carga permanente e a carga externa, e normalmente serão maiores que 1, com γ_E geralmente maior que γ_P. O método de projeto da tensão admissível será utilizado neste livro.

PROBLEMA RESOLVIDO 8.3

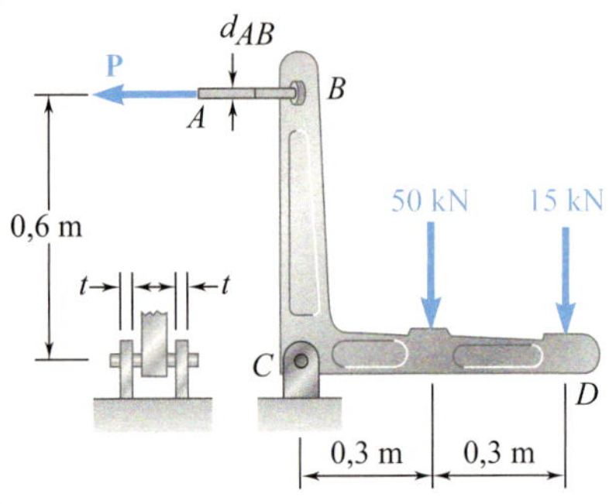

São aplicadas duas forças ao suporte *BCD* mostrado na figura. (*a*) Sabendo que a barra de controle *AB* deve ser feita de aço e ter um limite de tensão normal de 600 MPa, determine o diâmetro da barra para o qual o coeficiente de segurança com relação à falha seja igual a 3,3. (*b*) Sabendo que o pino em *C* deve ser feito de um aço com um limite de tensão de cisalhamento de 350 MPa, determine o diâmetro do pino *C* para o qual o coeficiente de segurança com relação ao cisalhamento seja também igual a 3,3. (*c*) Determine a espessura necessária para as barras de apoio em *C*, sabendo que a tensão de esmagamento admissível do aço utilizado é de 300 MPa.

SOLUÇÃO

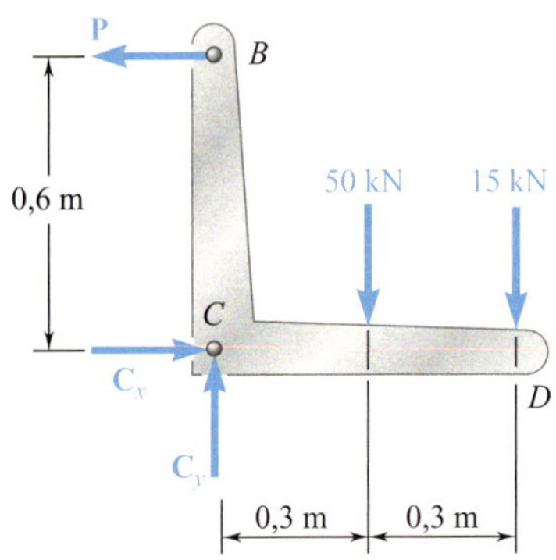

Corpo livre: o suporte inteiro. A reação em *C* é representada por seus componentes $\mathbf{C}_x$ e $\mathbf{C}_y$.

$$+\circlearrowleft \Sigma M_C = 0: \quad P(0{,}6 \text{ m}) - (50 \text{ kN})(0{,}3 \text{ m}) - (15 \text{ kN})(0{,}6 \text{ m}) = 0 \quad P = 40 \text{ kN}$$

$$\Sigma F_x = 0: \qquad C_x = 40 \text{ k}$$

$$\Sigma F_y = 0: \qquad C_y = 65 \text{ kN} \qquad C = \sqrt{C_x^2 + C_y^2} = 76{,}3 \text{ kN}$$

a. Barra de controle *AB*. Como o coeficiente de segurança deve ser 3,3, a tensão admissível é

$$\sigma_{\text{adm}} = \frac{\sigma_L}{C.S.} = \frac{600 \text{ MPa}}{3{,}3} = 181{,}8 \text{ MPa}$$

Para $P = 40$ kN, a área da seção transversal necessária é

$$A_{\text{nec}} = \frac{P}{\sigma_{\text{adm}}} = \frac{40 \text{ kN}}{181{,}8 \text{ MPa}} = 220 \times 10^{-6} \text{ m}^2$$

$$A_{\text{nec}} = \frac{\pi}{4} d_{AB}^2 = 220 \times 10^{-6} \text{ m}^2 \qquad d_{AB} = 16{,}74 \text{ mm} \quad ◀$$

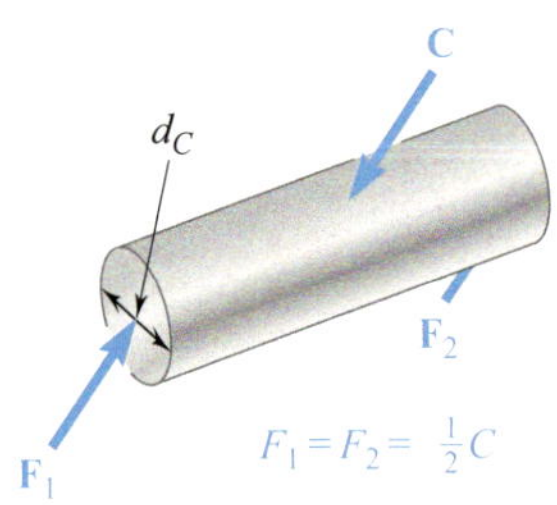

b. Cisalhamento no pino C. Para um coeficiente de segurança de 3,3, temos

$$\tau_{\text{adm}} = \frac{\tau_L}{C.S.} = \frac{350 \text{ MPa}}{3{,}3} = 106{,}1 \text{ MPa}$$

Como o pino está sob corte duplo, temos

$$A_{\text{nec}} = \frac{C/2}{\tau_{\text{adm}}} = \frac{(76{,}3 \text{ kN})/2}{106{,}1 \text{ MPa}} = 360 \text{ mm}^2$$

$$A_{\text{nec}} = \frac{\pi}{4} d_C^2 = 360 \text{ mm}^2 \qquad d_C = 21{,}4 \text{ mm} \qquad \text{Utilizamos: } d_C = 22 \text{ mm} \quad ◀$$

O próximo pino maior disponível tem diâmetro de 22 mm e deverá ser utilizado.

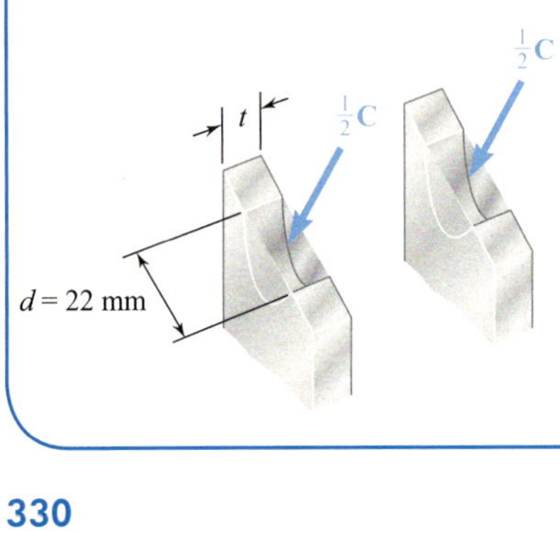

c. Esmagamento em C. Utilizando $d = 22$ mm, a área nominal de esmagamento de cada barra é $22t$. Como a força aplicada em cada suporte é C/2 e a tensão de esmagamento admissível é de 300 MPa, temos

$$A_{\text{nec}} = \frac{C/2}{\sigma_{\text{adm}}} = \frac{(76{,}3 \text{ kN})/2}{300 \text{ MPa}} = 127{,}2 \text{ mm}^2$$

Assim, $22t = 127{,}2$ $\qquad t = 5{,}78$ mm $\qquad$ Utilizamos: $t = 6$ mm ◀

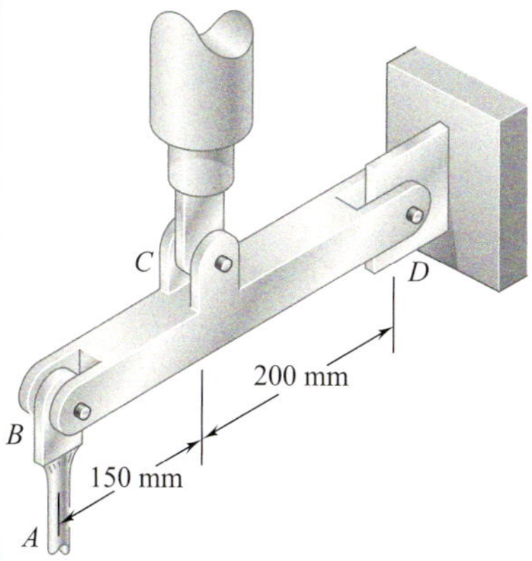

PROBLEMA RESOLVIDO 8.4

A viga rígida *BCD* está presa por parafusos a uma barra de controle em *B*, a um cilindro hidráulico em *C* e a um suporte fixo em *D*. Os diâmetros dos parafusos utilizados são: $d_B = d_D = 9{,}5$ mm, e $d_C = 12{,}7$ mm. Cada parafuso age sob cisalhamento duplo e é feito de um aço para o qual o limite da tensão de cisalhamento é $\tau_L = 275$ MPa. A barra de controle *AB* tem um diâmetro $d_A = 11$ mm e é feita de um aço para o qual o limite da tensão de tração é $\sigma_L = 414$ MPa. Se o coeficiente de segurança mínimo deve ser 3,0 para toda a estrutura, determine a maior força ascendente que pode ser aplicada pelo cilindro hidráulico em *C*.

SOLUÇÃO

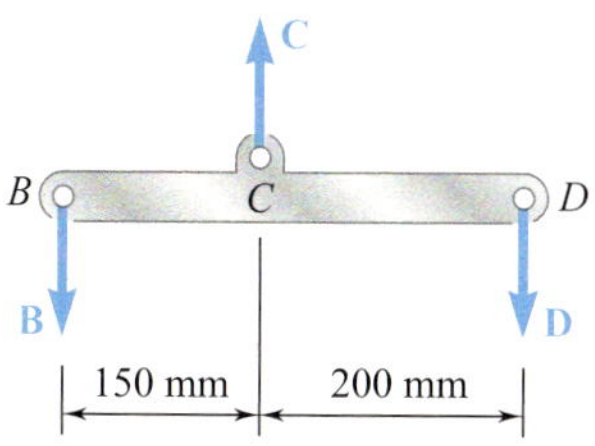

O coeficiente de segurança com relação à falha deve ser 3,0 ou mais em cada um dos três parafusos e na barra de controle. Esses quatro critérios independentes serão considerados separadamente.

Corpo livre: viga *BCD*. Primeiro determinamos a força *C* em função das forças *B* e *D*.

$$+\circlearrowleft \Sigma M_D = 0: \qquad B(350\text{ mm}) - C(200\text{ mm}) = 0 \qquad C = 1{,}750B \qquad (1)$$

$$+\circlearrowleft \Sigma M_B = 0: \qquad -D(350\text{ mm}) + C(150\text{ mm}) = 0 \qquad C = 2{,}33D \qquad (2)$$

Barra de controle. Para um coeficiente de segurança de 3,0, temos

$$\sigma_{\text{adm}} = \frac{\sigma_L}{C.S.} = \frac{414\text{ MPa}}{3{,}0} = 138\text{ MPa}$$

A força admissível na barra de controle é

$$B = \sigma_{\text{adm}}(A) = (138\text{ MPa})\tfrac{1}{4}\pi(11\text{ mm})^2 = 13{,}11\text{ kN}$$

Utilizando a Eq. (1), determinamos o maior valor admissível *C*:

$$C = 1{,}750B = 1{,}750(13{,}11\text{ kN}) \qquad C = 22{,}94\text{ kN} \blacktriangleleft$$

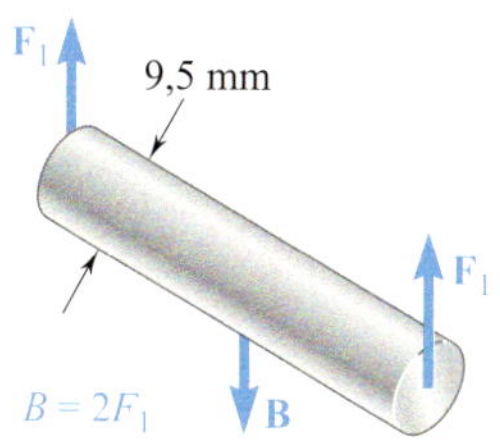

Parafuso em *B*. $\tau_{\text{adm}} = \tau_L/C.S. = (275\text{ MPa})/3 = 91{,}67$ MPa. Como o parafuso está sob corte duplo, o valor admissível da força **B** aplicada no parafuso é

$$B = 2F_1 = 2(\tau_{\text{adm}}A) = 2(91{,}67\text{ MPa})(\tfrac{1}{4}\pi)(12{,}7\text{ mm})^2 = 23{,}22\text{ kN}$$

Da Eq. (1): $\quad C = 1{,}750B = 1{,}750(13{,}00\text{ kN}) \qquad C = 22{,}75\text{ kN} \blacktriangleleft$

Parafuso em *D*. Como esse parafuso é igual ao parafuso *B*, a força admissível é $D = B = 13{,}00$ kN. Da Eq. (2):

$$C = 2{,}33D = 2{,}33(13{,}00\text{ kN}) \qquad C = 30{,}29\text{ kN} \blacktriangleleft$$

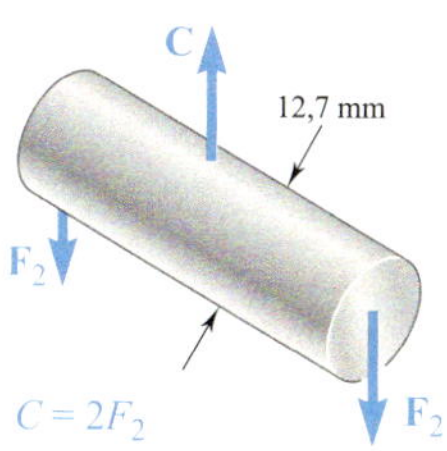

Parafuso em *C*. Temos novamente $\tau_{\text{adm}} = 91{,}67$ MPa e escrevemos

$$C = 2F_2 = 2(\tau_{\text{adm}}A) = 2(91{,}67\text{ MPa})(\tfrac{1}{4}\pi)(12{,}7\text{ mm})^2 \qquad C = 23{,}22\text{ kN} \blacktriangleleft$$

Resumo. Encontramos separadamente quatro valores máximos admissíveis para a força *C*. Para satisfazermos todos esses critérios, devemos escolher o menor valor, ou seja:

$$C = 22{,}75\text{ kN} \blacktriangleleft$$

PROBLEMAS

8.25 Dois elementos de madeira de seção transversal retangular uniforme de 75 × 150 mm são unidos por uma emenda colada como mostra a figura. Sabendo que P = 10.800 N, determine as tensões normal e de cisalhamento na emenda colada.

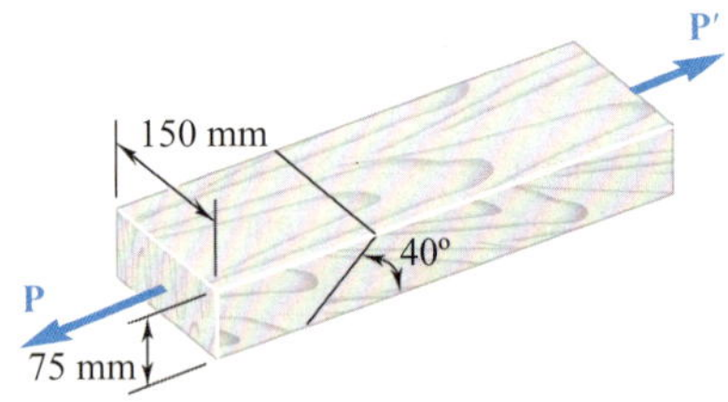

Figura P8.25 e P8.26

8.26 Dois elementos de madeira de seção transversal retangular uniforme de 75 × 150 mm são unidos por uma emenda colada, como mostra a figura. Sabendo que a máxima tensão de cisalhamento admissível na emenda é 620 kPa, determine (*a*) a maior carga **P** que pode ser suportada com segurança e (*b*) a tensão de tração correspondente na emenda.

8.27 A carga **P** de 6 kN é suportada por dois elementos de madeira de seção transversal uniforme de 75 × 125 mm que são unidos por uma emenda colada como mostra a figura. Determine as tensões normal e de cisalhamento na emenda colada.

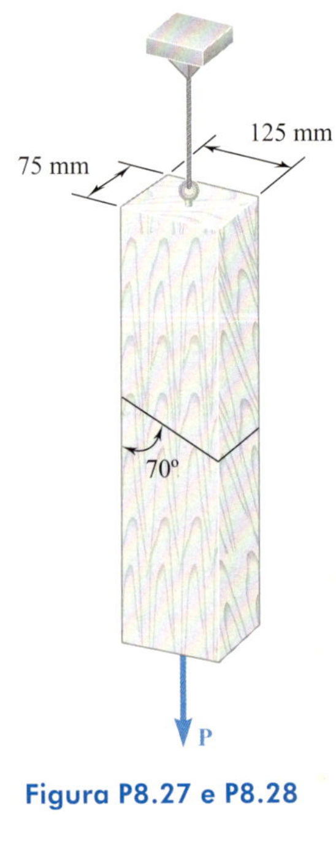

Figura P8.27 e P8.28

8.28 Dois elementos de madeira de seção transversal retangular uniforme de 75 × 125 mm são unidos por uma emenda colada como mostra a figura. Sabendo que a máxima tensão de tração admissível na emenda é 500 kPa, determine (*a*) a maior carga **P** que pode ser suportada com segurança e (*b*) a tensão de tração correspondente na emenda.

8.29 Uma carga **P** de 1.080 kN é aplicada ao bloco de granito mostrado na figura. Determine o valor máximo resultante (*a*) da tensão normal e (*b*) da tensão de cisalhamento. Especifique a orientação do plano no qual ocorre cada um desses valores máximos.

8.30 Uma carga **P** centrada é aplicada ao bloco de granito mostrado na figura. Sabendo que o valor máximo resultante da tensão de cisalhamento no bloco é 17,25 MPa, determine (*a*) a intensidade de **P**, (*b*) a orientação da superfície na qual ocorre a tensão de cisalhamento máxima, (*c*) a tensão normal exercida na superfície e (*d*) o valor máximo da tensão normal no bloco.

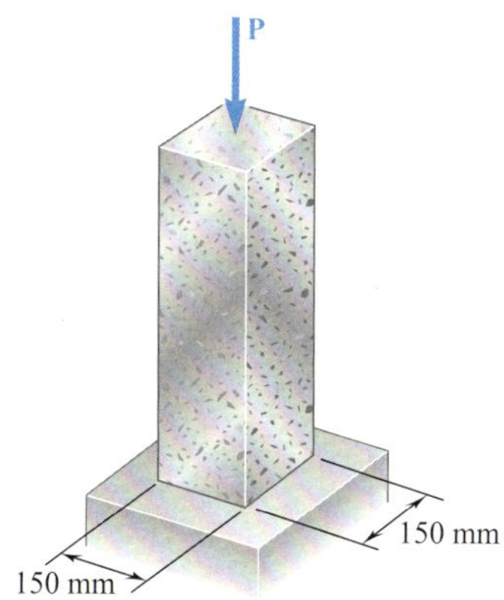

Figura P8.29 e P8.30

8.31 Um tubo de aço de 300 mm de diâmetro externo é fabricado a partir de uma chapa de aço com espessura de 6 mm soldada ao longo de uma hélice, que forma um ângulo de 25° com um plano perpendicular ao eixo do tubo. Sabendo que é aplicada ao tubo uma força **P** axial de 250 kN, determine as tensões normal e de cisalhamento nas direções, respectivamente, normal e tangencial à solda.

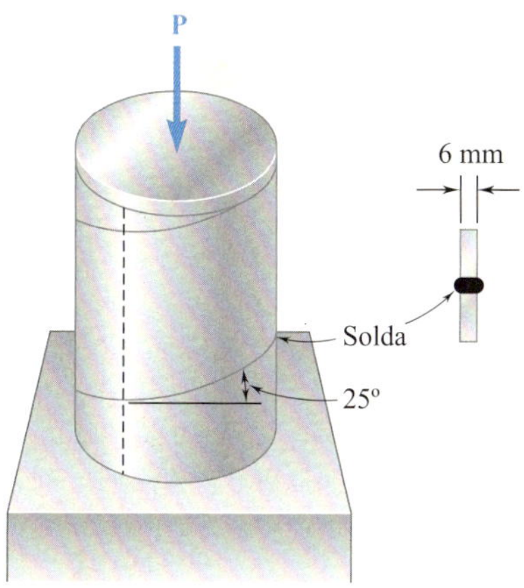

Figura P8.31 e *P8.32*

8.32 Um tubo de aço com 300 mm de diâmetro externo é fabricado a partir de uma chapa de aço com espessura de 6 mm soldada ao longo de uma hélice, que forma um ângulo de 25° com um plano perpendicular ao eixo do tubo. Sabendo que as tensões normal e de cisalhamento máximas admissíveis nas direções, respectivamente, normal e tangencial à solda são σ = 50 MPa e τ = 30 MPa, determine a intensidade *P* da maior força axial que pode ser aplicada ao tubo.

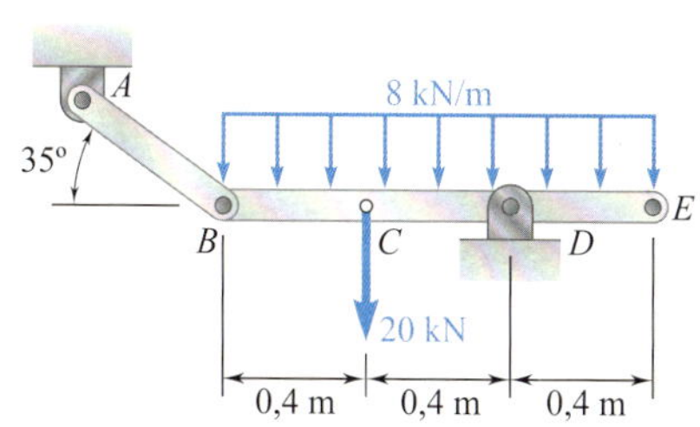

Figura P8.33

8.33 A barra *AB* deve ser feita de um aço para o qual o limite da tensão normal é 450 MPa. Determine a área da seção transversal para *AB* para a qual o coeficiente de segurança seja 3,50. Suponha que a barra seja reforçada adequadamente ao redor dos pinos em *A* e *B*.

8.34 O elemento *ABC* apoiado por um pino e suporte em *C* e por um cabo *BD* foi projetado para suportar uma carga **P** de 18 kN como mostra a figura. Sabendo que a carga-limite para o cabo *BD* é de 113 kN, determine o coeficiente de segurança com relação à falha do cabo.

8.35 Sabendo que a carga-limite no cabo *BD* é de 113 kN e que o coeficiente de segurança exigido para a falha do cabo é de 3,2, determine a intensidade do maior esforço **P** que pode ser aplicado com segurança conforme o indicado para o elemento *ABC*.

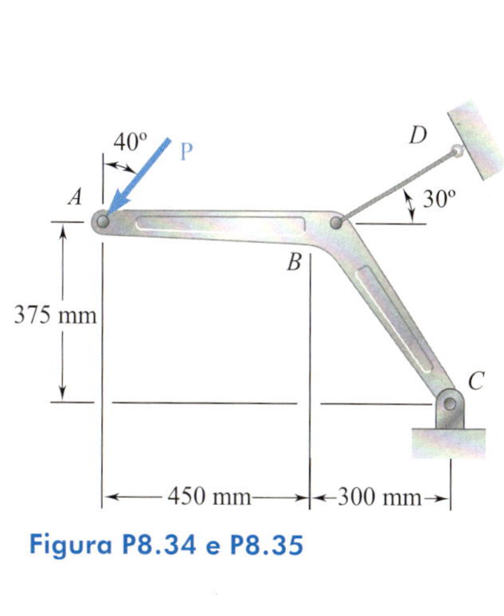

Figura P8.34 e P8.35

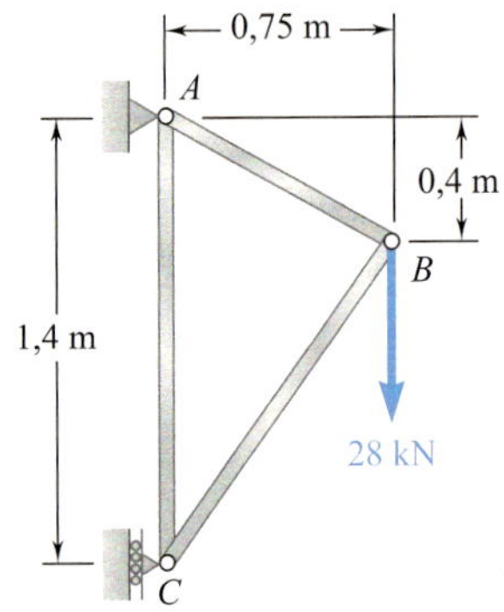

Figura P8.36

8.36 Os membros AB e AC da treliça mostrada na figura são compostos de barras de seção quadrada feita da mesma liga. É sabido que uma barra de seção quadrada de 20 mm de mesma liga foi testada até falhar com uma carga-limite de 120 kN. Se o fator de segurança de 3,2 é aplicado para ambas as barras, determine as dimensões necessárias para a seção transversal (*a*) da barra AB e (*b*) da barra AC.

8.37 Três parafusos de aço com 19 mm de diâmetro devem ser utilizados para fixar a chapa de aço mostrada na figura em uma viga de madeira. Sabendo que a chapa suportará uma carga de 108 kN e que o limite da tensão de cisalhamento do aço utilizado é 360 MPa, determine o coeficiente de segurança para esse projeto.

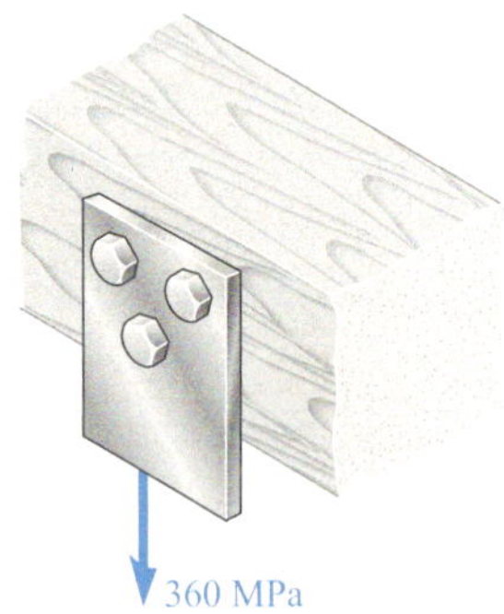

Figura *P8.37*

8.38 Duas placas, cada uma com espessura de 3 mm, são usadas para emendar uma tira de plástico mostrada na figura. Sabendo que a tensão-limite de cisalhamento na colagem entre as superfícies é 900 kPa, determine o fator de segurança com relação ao cisalhamento quando $P = 1.500$ N.

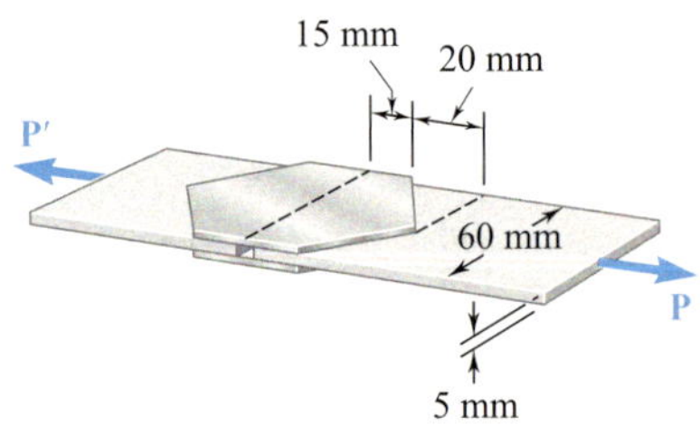

Figura P8.38

8.39 Dois elementos de madeira de seção transversal retangular uniforme e de 88 × 138 mm são unidos por uma junta colada, como mostra a figura. Sabendo que a tensão de cisalhamento admissível na junta colada é de 518 kPa, determine a maior carga axial **P** possível de ser aplicada com segurança.

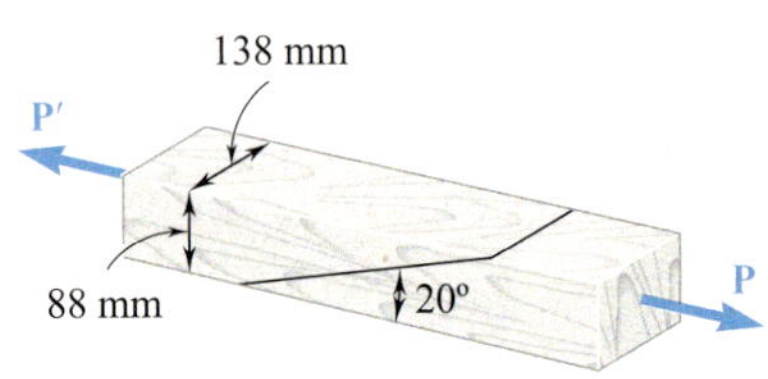

Figura P8.39

8.40 Uma carga **P** é aplicada em um pino de aço que foi inserido em um elemento de madeira curto preso em um teto. O limite de resistência à tração da madeira utilizada é 60 MPa e ao cisalhamento 7,5 MPa, enquanto o limite de resistência do aço ao cisalhamento é 150 MPa. Sabendo que o diâmetro do pino é $d = 16$ mm e que a intensidade da carga é $P = 20$ kN, determine (*a*) o coeficiente de segurança para o pino e (*b*) os valores necessários de *b* e *c*, se o valor do coeficiente de segurança do elemento de madeira for o mesmo que o encontrado na parte *a* para o pino.

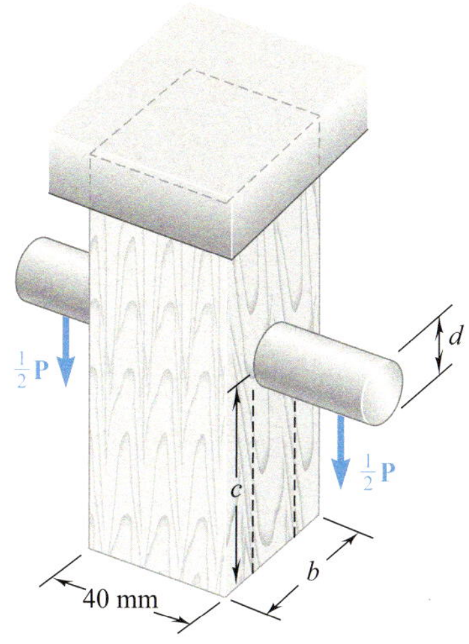

Figura P8.40

8.41 Uma chapa de 8 mm de espessura está encaixada em um bloco de concreto e é utilizada para ancorar um cabo vertical de alta resistência, conforme mostra a figura. O diâmetro do furo na chapa é de 19 mm, o limite de resistência do aço utilizado é 250 MPa e o limite da tensão de aderência entre a chapa e o concreto é 2,1 MPa. Sabendo que se deseja um coeficiente de segurança de 3,60 quando $P = 11{,}25$ kN, determine (*a*) a largura *a* necessária para a chapa e (*b*) a dimensão *b* mínima com que a placa deve ser encaixada no bloco de concreto. (Despreze a tensão normal entre o concreto e a extremidade inferior da placa.)

8.42 Determine o fator de segurança do cabo de ancoragem no Problema 8.41 quando $P = 13{,}5$ kN, sabendo que $a = 50$ mm e $b = 188$ mm.

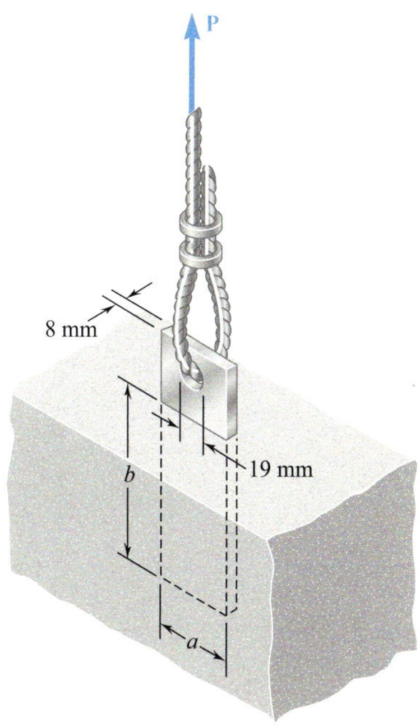

Figura P8.41

8.43 Na estrutura mostrada na figura, utilizam-se um pino de 8 mm de diâmetro em *A* e pinos de 12 mm de diâmetro em *B* e *D*. Sabendo que o limite da tensão de cisalhamento é 100 MPa em todas as conexões e que o limite da tensão normal é 250 MPa em cada uma das duas barras que ligam *B* e *D*, determine a maior carga **P** que pode ser aplicada se o fator de segurança global desejado é 3,0.

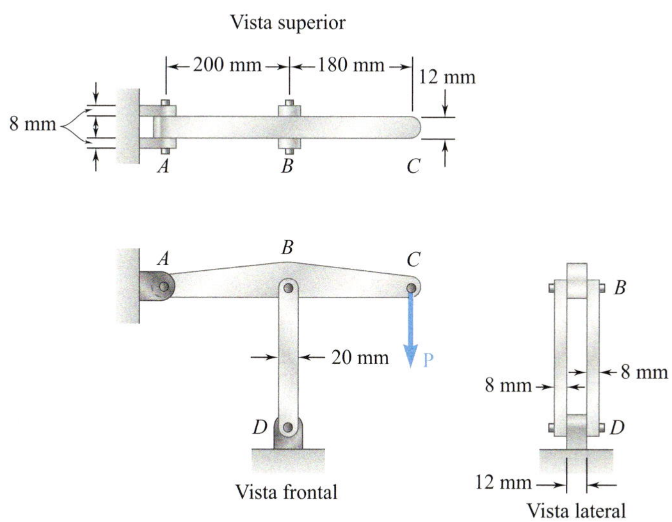

Figura P8.43 e P8.44

8.44 Em um projeto alternativo para a estrutura do Problema 8.43, o pino de 10 mm de diâmetro é usado em *A*. Considerando que todas as outras especificações permanecem inalteradas, determine a carga permissível **P** se o fator de segurança global desejado é 3,0.

8.45 A barra AC feita de aço com limite de resistência à tração de 450 MPa tem uma seção transversal uniforme de 6 × 13 mm. Ela é ligada ao suporte A e ao membro BCD em C por pinos de 10 mm de diâmetro, enquanto o membro BCD é ligado ao seu suporte em B por um pino de 8 mm de diâmetro. Todos os pinos são feitos de aço com um limite resistência ao cisalhamento de 173 MPa e sofrem cisalhamento puro. Sabendo que o fator de segurança desejado é 3,25, determine a maior carga **P** que pode ser aplicada em D. Note que a barra AC não é reforçada em torno dos furos dos pinos.

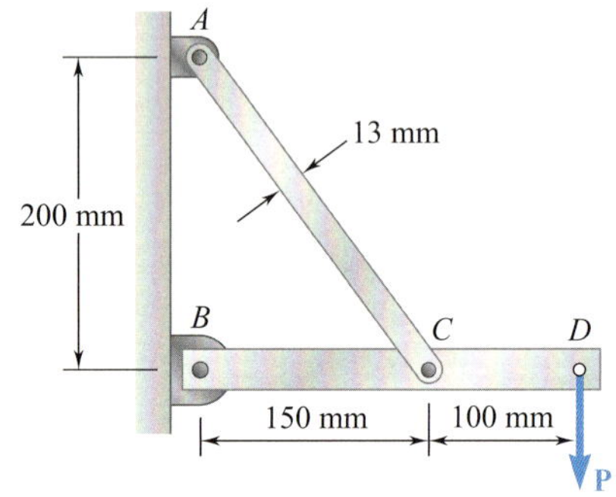

Figura P8.45

8.46 Resolva o Problema 8.45 considerando que a estrutura tenha sido reprojetada para usar pinos de 8 mm em A e C, bem como em B, e que nenhuma outra mudança tenha sido feita.

8.47 Cada uma das duas barras verticais CF que conectam os dois elementos horizontais AD e EG tem uma seção transversal retangular uniforme de 10 × 40 mm e é feita com um aço que tem limite de resistência à tração de 400 MPa, enquanto os dois pinos em C e F têm um diâmetro de 20 mm e são feitos de aço com um limite de resistência ao cisalhamento de 150 MPa. Determine o coeficiente de segurança global para as barras CF e para os pinos que as conectam aos elementos horizontais.

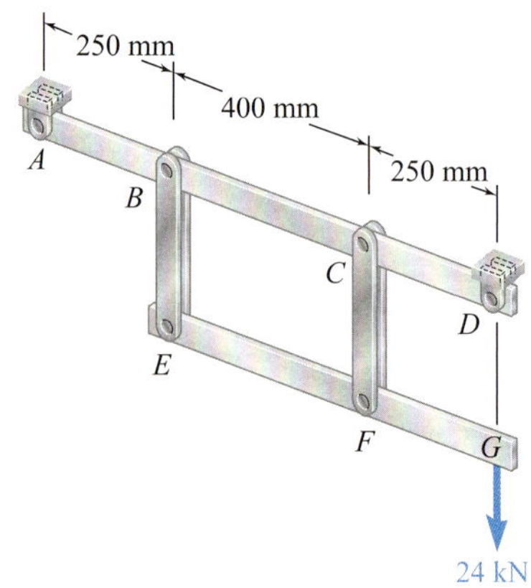

Figura P8.47

8.48 Resolva o Problema 8.47 considerando que os pinos em C e F foram trocados por pinos com 30 mm de diâmetro.

REVISÃO E RESUMO

Este capítulo foi dedicado ao conceito de tensão e à introdução aos métodos utilizados para a análise e o projeto de máquinas e estruturas.

Carga axial. Tensão normal

O conceito de *tensão* foi introduzido inicialmente na Seção 8.2 em que se considerou uma barra sob *carga axial*. A *tensão normal* na seção transversal dessa barra foi obtida dividindo a intensidade P da carga pela área A de sua seção transversal (Fig. 8.40). Assim, temos

$$\sigma = \frac{P}{A} \tag{8.1}$$

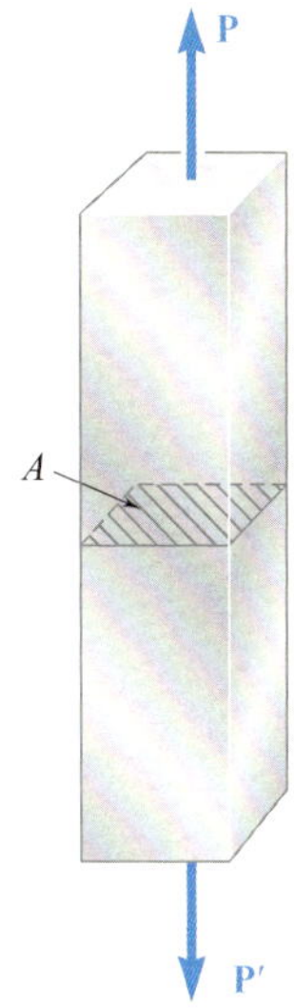

Figura 8.40

Conforme notamos na Seção 8.3 o valor de σ obtido da Eq. (8.1) representa a *tensão média* sobre a seção e não a tensão em um ponto Q específico da seção. Considerando uma pequena área ΔA ao redor de Q e a intensidade ΔF da força exercida sobre ΔA, definimos a tensão no ponto Q como

$$\sigma = \lim_{\Delta A \to 0} \frac{\Delta F}{\Delta A} \tag{8.2}$$

Em geral, o valor obtido para a tensão σ no ponto Q é diferente do valor da tensão média dado pela Eq. (8.1) e sabe-se que ele varia ao longo da seção. No entanto, essa variação é pequena em qualquer seção distante dos pontos de aplicação das cargas. Na prática, portanto, supomos que a distribuição da tensão normal em uma barra com carga axial seja *uniforme*, exceto nas proximidades imediatas dos pontos de aplicação das cargas.

Contudo, para que a distribuição das tensões seja uniforme em uma dada seção, é necessário que a linha de ação das cargas **P** e **P′** passem através do centroide C da seção. Uma carga desse tipo é chamada de carga axial *centrada*. No caso de uma carga axial *excêntrica*, a distribuição de tensões *não* é uniforme. As tensões em elementos submetidos a uma carga axial excêntrica serão discutidas no Cap. 11.

Forças transversais. Tensão de cisalhamento

Quando *forças transversais* **P** e **P′** iguais e opostas de intensidade P são aplicadas a uma barra AB (Fig. 8.41), criam-se *tensões de cisalhamento* τ sobre qualquer seção localizada entre os pontos de aplicação das duas forças (Seção 8.4). Essas tensões variam bastante através da seção e sua distribuição *não pode* ser considerada uniforme. No entanto, dividindo a intensidade P (chamada de força *cortante* na seção) pela área da seção transversal A, definimos a *tensão de cisalhamento média* sobre a seção:

$$\tau_{\text{méd}} = \frac{P}{A} \tag{8.4}$$

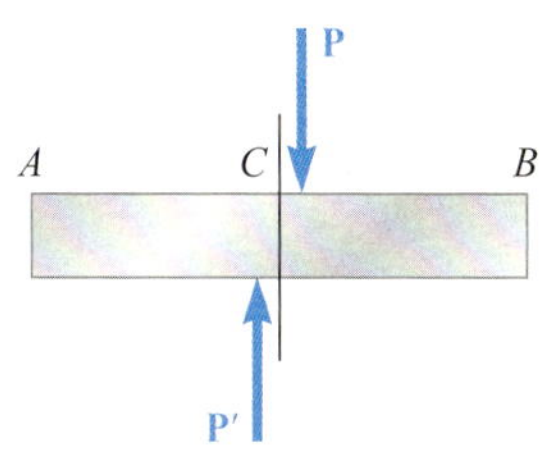

Figura 8.41

Tensões de cisalhamento são encontradas em parafusos, pinos ou rebites que conectam dois elementos estruturais ou em componentes de máquinas. Por exemplo, no caso do parafuso *CD* (Fig. 8.42), que está sob *corte simples*, temos

Corte simples e duplo

$$\tau_{\text{méd}} = \frac{P}{A} = \frac{F}{A} \tag{8.5}$$

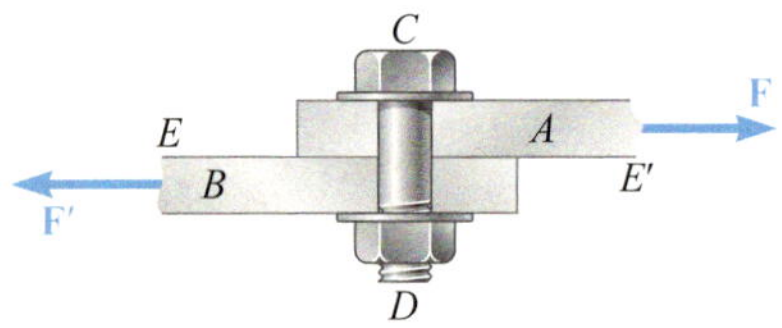

Figura 8.42

ao passo que, no caso dos parafusos *EG* e *HJ* (Fig. 8.43), que estão ambos sob *corte duplo*, tínhamos

$$\tau_{\text{méd}} = \frac{P}{A} = \frac{F/2}{A} = \frac{F}{2A} \tag{8.6}$$

Tensão de esmagamento

Parafusos, pinos e rebites também criam tensões localizadas ao longo das *superfícies de contato* nos elementos conectados (Seção 8.5). O parafuso *CD* da Fig. 8.42, por exemplo, cria tensões na superfície semicilíndrica da chapa *A* com a qual ele está em contato (Fig. 8.44). Como a distribuição dessas tensões é bastante complicada, utilizamos, na prática, um valor nominal médio σ_b da tensão, chamado de *tensão de esmagamento*, obtido dividindo a carga *P* pela área do retângulo que representa a projeção do parafuso na seção da chapa. Designando por *t* a espessura da chapa e por *d* o diâmetro do parafuso, temos

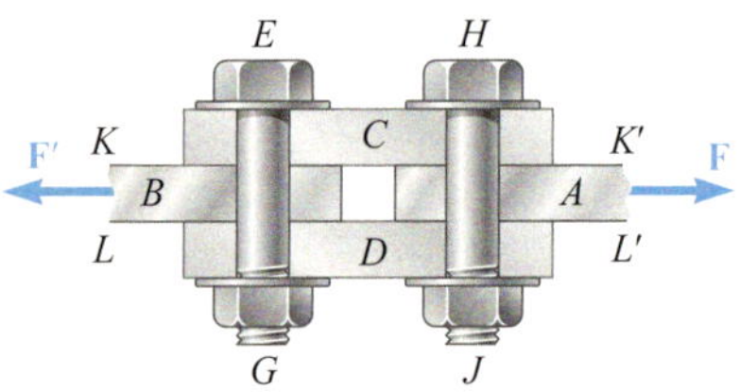

Figura 8.43

$$\sigma_b = \frac{P}{A} = \frac{P}{td} \tag{8.7}$$

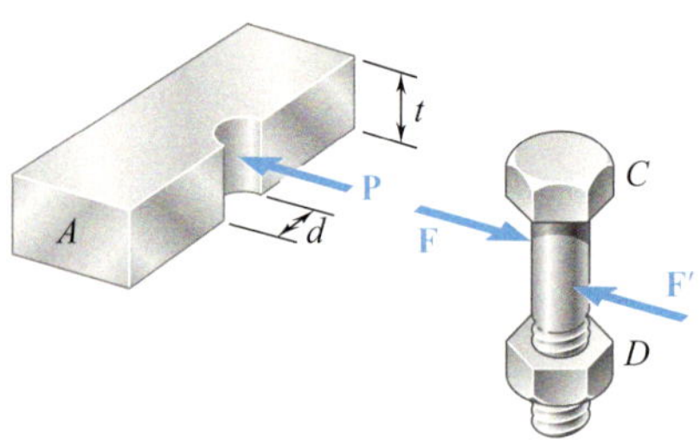

Figura 8.44

Na Seção 8.6, aplicamos o conceito introduzido nas seções anteriores para analisarmos uma estrutura simples formada por dois elementos conectados por pinos que suportam uma carga dada. Determinamos sucessivamente as tensões normais nos dois elementos, prestando especial atenção às suas seções mais estreitas, às tensões de cisalhamento nos vários pinos e à tensão de esmagamento em cada conexão.

Projeto

A seção 8.7 foi dedicada a uma breve discussão do *projeto* de estruturas e máquinas.

Tensões em um corte oblíquo

Na Seção 8.8, consideramos as tensões criadas em um *corte oblíquo*, em uma barra sob carga axial. Descobrimos que ocorriam *tensões normais* e *de cisalhamento* nessa situação. Ao representarmos por θ o ângulo formado pelo plano de corte com um plano normal (Fig. 8.45) e por A_0 a área de uma seção perpendicular ao eixo do componente, determinamos as expressões apresentadas a seguir para as tensões normal σ e a de cisalhamento τ no corte oblíquo

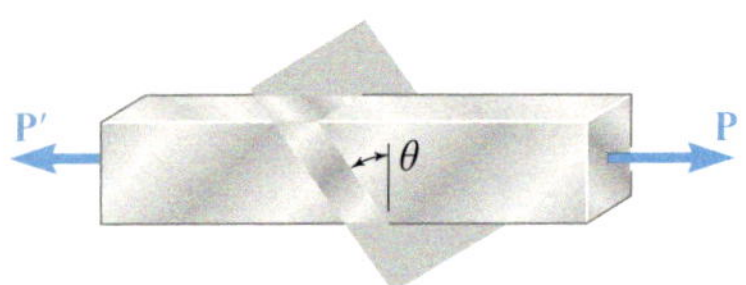

Figura 8.45

$$\sigma = \frac{P}{A_0}\cos^2\theta \qquad \tau = \frac{P}{A_0}\operatorname{sen}\theta\cos\theta \tag{8.14}$$

Observamos, a partir dessas fórmulas, que a tensão normal é máxima e igual a $\sigma_m = P/A_0$ para $\theta = 0°$, enquanto a tensão de cisalhamento é máxima e igual a $\tau_m = P/2A_0$ para $\theta = 45°$. Notamos também que $\tau = 0$ quando $\theta = 0°$, enquanto $\sigma = P/2A_0$ quando $\theta = 45°$.

Tensão sob carregamento geral

Em seguida, discutimos o estado de tensão no ponto Q, em um corpo sob as condições de carregamento mais gerais (Seção 8.9). Considerando um pequeno cubo centrado em Q (Fig. 8.46), designamos por σ_x a tensão normal aplicada a uma face do cubo perpendicular ao eixo x, e por τ_{xy} e τ_{xz}, respectivamente, as componentes y e z da tensão de cisalhamento aplicada na mesma face do cubo. Repetindo esse procedimento para as outras duas faces do cubo e observando que $\tau_{xy} = \tau_{yx}$, $\tau_{yz} = \tau_{zy}$ e $\tau_{zx} = \tau_{xz}$, concluímos que são necessários *seis componentes de tensão* para definir o estado de tensão em um determinado ponto Q, a saber, σ_x, σ_y, σ_z, τ_{xy}, τ_{yx}, τ_{zy} e τ_{zx}.

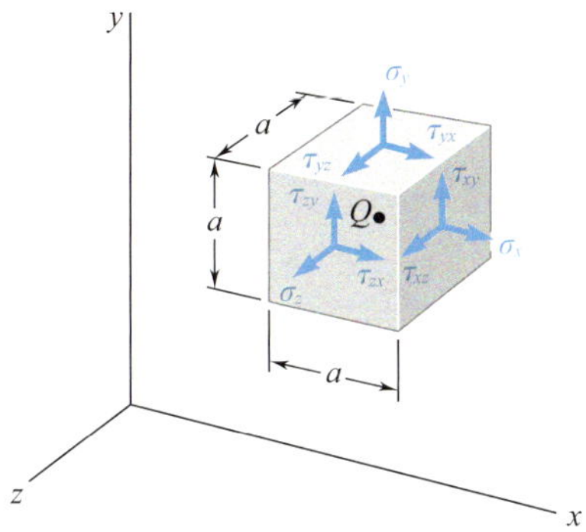

Figura 8.46

Coeficiente de segurança

A Seção 8.10 foi dedicada a uma discussão dos vários conceitos utilizados no projeto de estruturas em engenharia. A *carga-limite* de um componente estrutural ou componente de máquina é a carga com a qual se espera que o elemento ou componente venha a falhar. Essa carga-limite é calculada com base no valor do *limite de tensão* ou *limite de resistência* do material utilizado, conforme determinado por um teste de laboratório feito em corpo de prova do material. A carga-limite deverá ser consideravelmente maior que a *carga admissível*, isto é, a carga que o elemento ou componente poderá suportar sob condições normais. A relação entre a carga-limite e a carga admissível é definida como *coeficiente de segurança.*

$$\text{Coeficiente de segurança} = C.S. = \frac{\text{carga-limite}}{\text{carga admissível}} \tag{8.24}$$

A determinação do coeficiente de segurança que deverá ser utilizado no projeto de uma determinada estrutura depende de muitas considerações, algumas das quais foram arroladas nessa seção.

Coeficiente de projeto para carga e resistência

A Seção 8.10 terminou com a discussão de uma abordagem alternativa ao projeto, conhecida como *coeficiente de projeto para carga e resistência*, que permite ao engenheiro distinguir entre as incertezas associadas à estrutura e aquelas associadas à carga.

PROBLEMAS DE REVISÃO

8.49 Uma carga axial de 40 kN é aplicada a uma coluna curta de madeira suportada por uma base de concreto em solo estável. Determine (*a*) a tensão de contato máxima na base de concreto e (*b*) o tamanho da base para que a tensão de contato média no solo seja de 145 kPa.

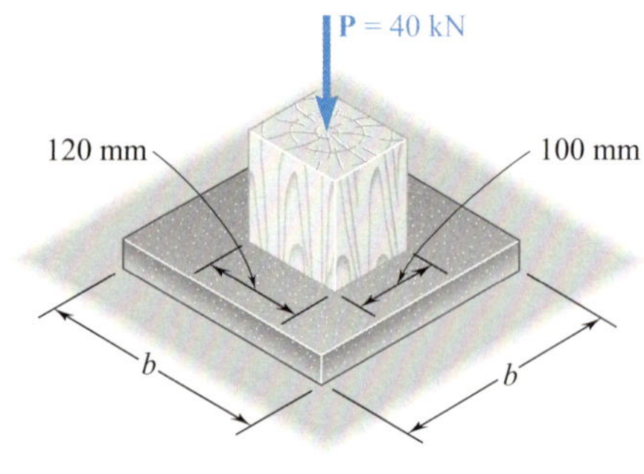

Figura P8.49

8.50 A estrutura mostrada na figura é composta de quatro membros de madeiras, *ABC*, *DEF*, *BE* e *CF*. Sabendo que cada membro tem uma seção transversal retangular de 50 × 100 mm e que cada pino tem um diâmetro de 13 mm, determine o máximo valor da tensão normal média (*a*) no membro *BE* e (*b*) no membro *CF*.

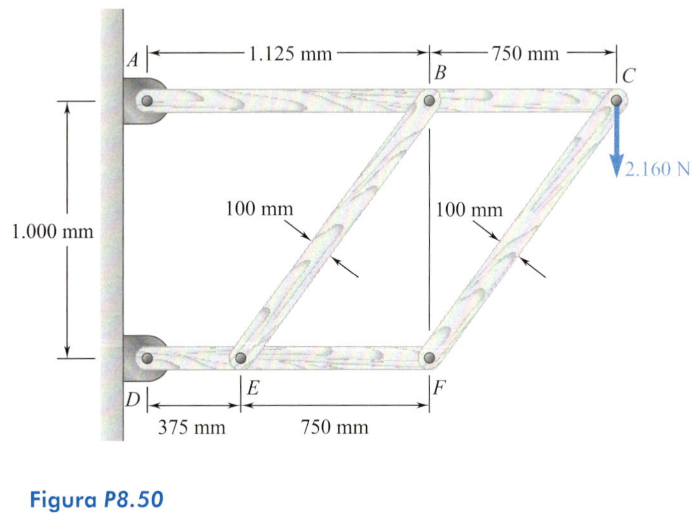

Figura P8.50

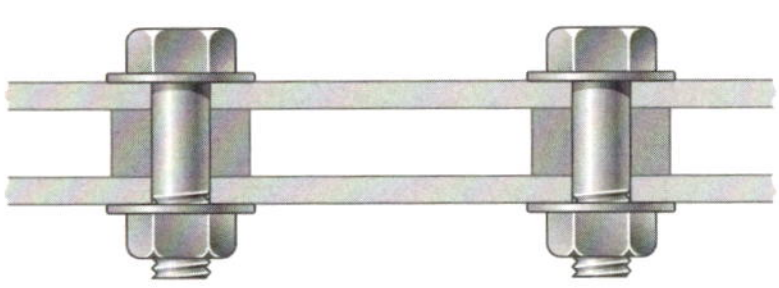

Figura P8.51

8.51 Duas chapas de aço precisam ser unidas por parafusos de aço de alta resistência de 6 mm de diâmetro que se encaixam dentro de espaçadores cilíndricos de latão. Sabendo que a tensão normal média não deve exceder 207 MPa nos parafusos e 124 MPa nos espaçadores, determine o diâmetro externo dos espaçadores que resulte no projeto mais econômico e seguro.

8.52 Quando a força **P** alcançou 8 kN, o corpo de prova de madeira mostrado na figura falhou por cisalhamento ao longo da superfície indicada pela linha tracejada. Determine a tensão de cisalhamento média ao longo da superfície no instante da falha.

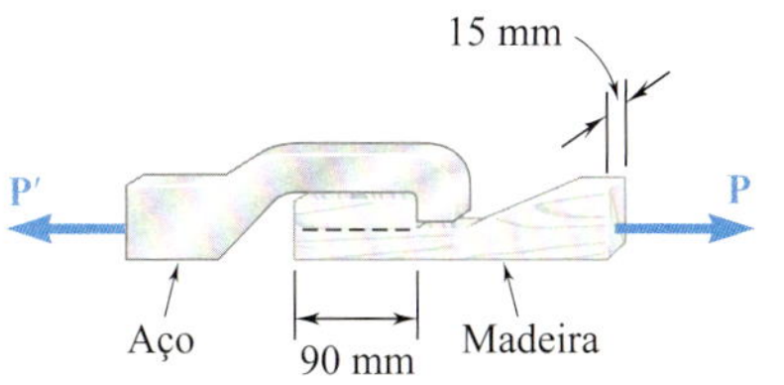

Figura P8.52

8.53 Sabendo que o elemento DE tem 25 mm de largura e 3 mm de espessura, determine a tensão normal na parte central desse elemento quando (a) $\theta = 0$ e (b) $\theta = 90°$.

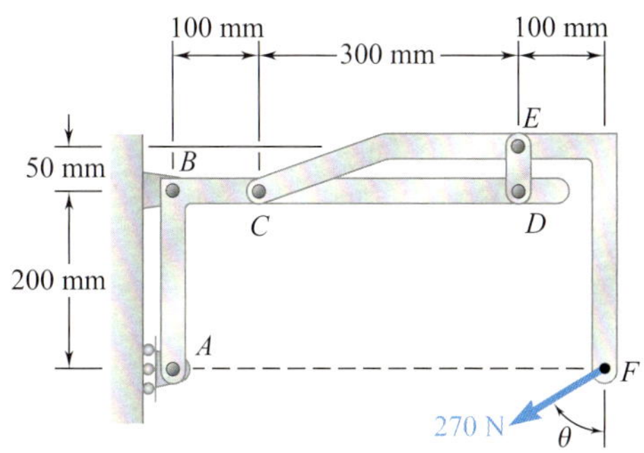

Figura P8.53

8.54 Duas pranchas de madeira, cada uma com 12 mm de espessura e 225 mm de largura, são unidas pela junta de encaixe mostrada na figura. Sabendo que a madeira utilizada rompe por cisalhamento ao longo das libras quando a tensão de cisalhamento média alcança 8 MPa, determine a intensidade P da carga axial que romperá a junta.

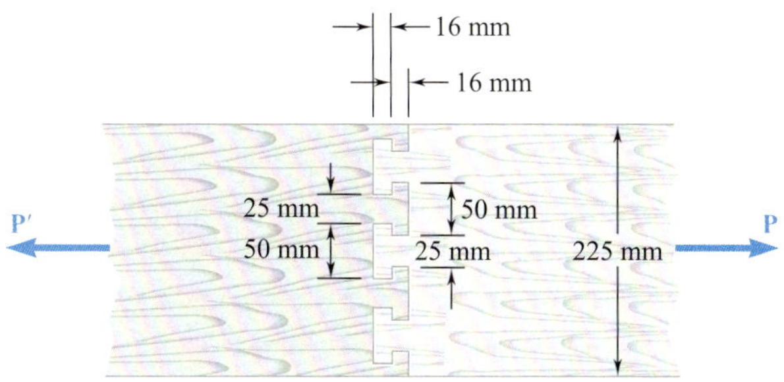

Figura P8.54

8.55 Dois sistemas idênticos constituídos de barras e cilindros hidráulicos controlam a posição dos garfos de uma empilhadeira. A carga suportada pelo sistema mostrado na figura é 6.750 N. Sabendo que a espessura do elemento BD é 16 mm, determine (a) a tensão de cisalhamento média no pino de 13 mm de diâmetro em B e (b) a tensão de esmagamento em B no elemento BD.

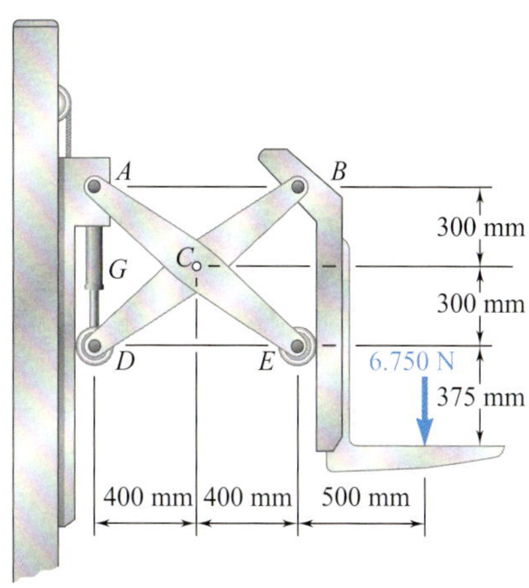

Figura P8.55

8.56 Uma barra de aço AB de 16 mm de diâmetro está encaixada em um furo redondo próximo à extremidade C de uma vigota de madeira CD. Para o carregamento mostrado, determine (*a*) a tensão normal média máxima na madeira, (*b*) a distância b para a qual a tensão de cisalhamento média é 620 kPa nas superfícies indicadas pelas linhas pontilhadas e (*c*) a tensão de esmagamento média na madeira.

Figura P8.56

8.57 Utiliza-se um aro em forma de losango de aço $ABCD$ com comprimento de 1,2 m e 10 mm de diâmetro para envolver uma barra de alumínio AC com 24 mm de diâmetro, conforme mostra a figura. São utilizados os cabos BE e DE, cada um com 12 mm de diâmetro, para aplicar a carga **Q**. Sabendo que o limite de resistência do alumínio utilizado na barra é 260 MPa e que o limite de resistência do aço utilizado para o aro e os cabos é 480 MPa, determine a máxima carga **Q** que pode ser aplicada quando se adota um coeficiente de segurança 3 para todos os elementos.

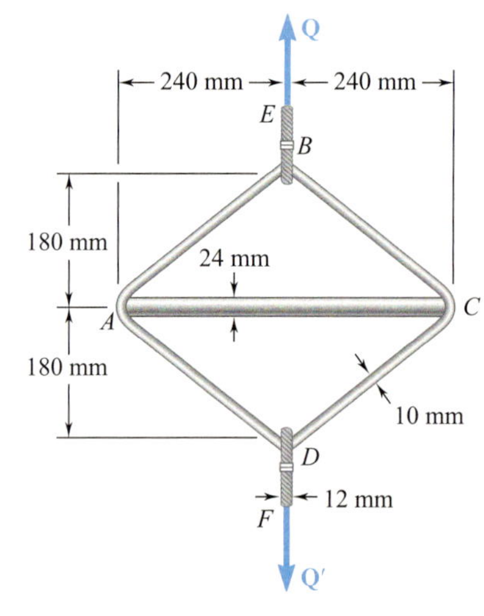

Figura P8.57

8.58 Dois elementos de madeira de seção transversal retangular uniforme de 75 × 125 mm são unidos por uma emenda colada como mostra a figura. Sabendo que $P = 3{,}6$ kN, que o limite de resistência à tração da cola é 1,1 MPa e que o limite de resistência ao cisalhamento é 1,4 MPa, determine o fator de segurança.

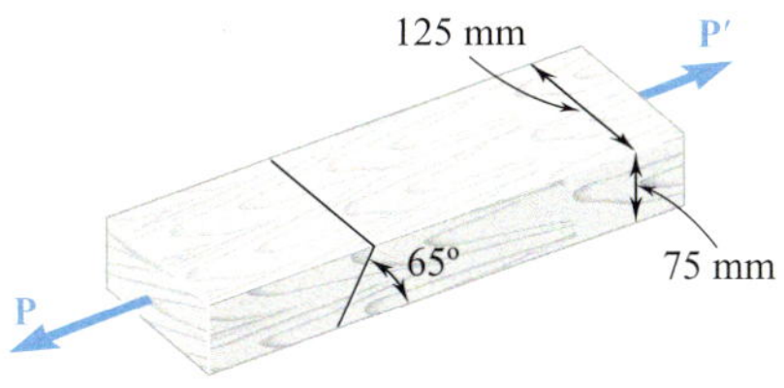

Figura P8.58

8.59 A barra BC tem 6 mm de espessura e uma largura $w = 25$ mm. Ela é feita de um aço cujo limite de resistência à tração é de 480 MPa. Calcule o coeficiente de segurança utilizado considerando que a estrutura mostrada foi projetada para suportar uma carga **P** = 16 kN.

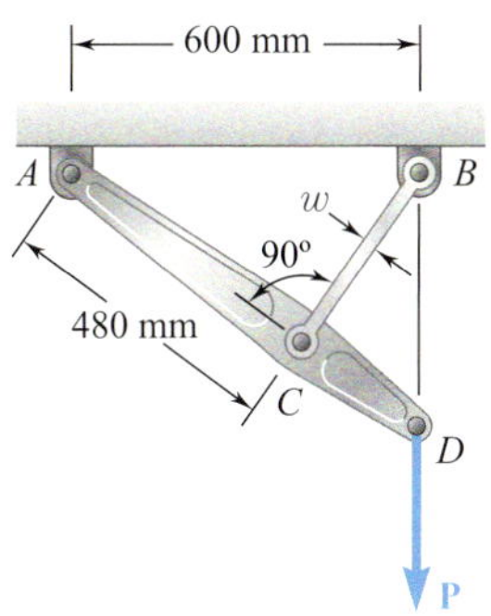

Figura P8.59

8.60 As duas partes do elemento AB são coladas ao longo de um plano formando um ângulo θ com a horizontal. Sabendo que o limite de tensão para a junta colada é de 17,2 MPa em tração e de 9 MPa em cisalhamento, determine o intervalo de valores de θ de modo que o coeficiente de segurança dos elementos seja pelo menos 3,0.

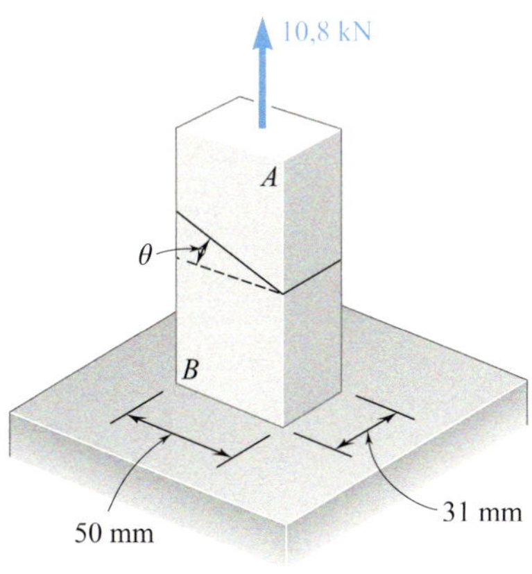

Figura P8.60

Este capítulo é dedicado ao estudo das deformações que ocorrem em componentes estruturais sujeitos a carregamento axial. A alteração no comprimento das amarras foi cuidadosamente considerada no projeto desta ponte suspensa.

CAPÍTULO 9

Tensão e deformação – carregamento axial

9

Tensão e deformação – carregamento axial

9.1 Introdução

No Cap. 8, analisamos as tensões originadas nos vários componentes e conexões pelas cargas aplicadas em uma estrutura ou máquina. Aprendemos também a projetar componentes e conexões simples para que não falhassem sob condições específicas de carregamento. Outro aspecto importante da análise e do projeto de estruturas relaciona-se com as *deformações* produzidas pelas cargas aplicadas a uma estrutura. É claro que a análise das deformações é importante para evitar deformações grandes o suficiente que possam impedir a estrutura de atender à finalidade para a qual ela foi destinada, mas essa análise também pode nos ajudar na determinação das tensões. Sem dúvida, nem sempre é possível determinar as forças nos componentes de uma estrutura aplicando somente os princípios da estática, pois esta é baseada na hipótese de estruturas rígidas e indeformáveis. Considerando as estruturas de engenharia *deformáveis* e analisando as deformações em seus vários componentes, poderemos calcular as forças *estaticamente indeterminadas*, isto é, indeterminadas dentro do âmbito da estática. Também, conforme indicamos na Seção 8.3, a distribuição de tensões em um componente é estaticamente indeterminada, mesmo quando se conhece a força nesse componente. Para determinar a distribuição real das tensões dentro de um componente, é necessário analisar as deformações que ocorrem nele. Neste capítulo, vamos considerar as deformações de um componente estrutural como uma haste, barra ou placa sob *carregamento axial.*

Primeiro, a *deformação específica normal* ϵ em um componente será definida como a *deformação do componente por unidade de comprimento.* Ao construirmos um gráfico da tensão σ em função da deformação específica ϵ, obteremos, à medida que aumentarmos a carga aplicada ao componente, um *diagrama tensão-deformação específica* para o material utilizado. Por meio desse diagrama, podemos determinar algumas propriedades importantes do material, como seu *módulo de elasticidade*, e se o material é *dúctil ou frágil* (Seções 9.2 a 9.4).

Por meio do diagrama tensão-deformação específica, podemos também determinar se as deformações no corpo de prova desaparecerão depois de a carga ser removida – nesse caso, dizemos que o material tem comportamento *elástico* – ou se haverá uma *deformação permanente* ou *plástica* (Seção 9.5).

A Seção 9.6 é dedicada ao fenômeno da *fadiga* que faz os componentes de uma estrutura ou máquina falharem após um número muito grande de cargas repetidas, mesmo que as tensões permaneçam na região elástica.

A Seção 9.7 aborda aspectos relacionados à determinação da deformação de vários tipos de componentes sob várias condições de carregamento axial.

Nas Seções 9.8 e 9.9, serão considerados os *problemas estaticamente indeterminados*, isto é, problemas nos quais as reações e as forças internas *não podem* ser determinadas apenas pela estática. As equações de equilíbrio derivadas do diagrama de corpo livre do componente devem ser complementadas por relações obtidas da geometria do problema que envolvem deformações.

Nas Seções 9.10 a 9.13, serão introduzidas constantes adicionais associadas com materiais isotrópicos – isto é, materiais com características mecânicas independentes da direção. Essas constantes incluem o *coeficiente de Poisson*, que relaciona deformação lateral e axial, e o *módulo de elasticidade transversal*, que relaciona componentes de tensão de cisalhamento e deformação específica de cisalhamento. Vamos determinar também as relações tensão-deformação específica para um material isotrópico sob um carregamento multiaxial.

Até aqui, consideraram-se as tensões uniformemente distribuídas em determinada seção transversal, com a suposição que elas permanecem dentro da região elástica. A validade da primeira hipótese é discutida na Seção 9.14, enquanto *concentrações de tensões* próximas a furos circulares e adoçamentos em placas são consideradas na Seção 9.15.

9.2 Deformação específica normal sob carregamento axial

Consideremos uma barra BC, de comprimento L e com seção transversal uniforme de área A, que está suspensa em B (Fig. 9.1*a*). Se aplicarmos uma força **P** à extremidade C, a barra se alongará (Fig. 9.1*b*). Ao construirmos um gráfico com os valores da intensidade P da força em função da deformação δ (letra grega delta), obtemos determinado diagrama força-deformação (Fig. 9.2). Embora esse diagrama contenha informações úteis para a análise da barra em consideração, ele não pode ser utilizado diretamente para prever a deformação de uma barra do mesmo material, mas com dimensões diferentes. De fato, observamos que, se uma deformação δ é produzida em uma barra BC por uma força **P**, é necessária uma força 2**P** para provocar a mesma deformação em uma barra $B'C'$ de mesmo comprimento L, mas com uma área de seção transversal igual a $2A$ (Fig. 9.3). Notamos que, em ambos os casos, o valor da tensão é o mesmo: $\sigma = P/A$. Em contrapartida, uma força **P** aplicada a uma barra $B''C''$, com a mesma seção transversal de área A, mas com comprimento $2L$, provoca uma deformação 2δ na barra (Fig. 9.4), isto é, uma deformação duas vezes maior do que a deformação δ que ela produz na barra BC. Mas, em ambos os casos, a relação entre a deformação e o comprimento da barra é a mesma: igual a δ/L. Essa observação nos leva a introduzir o conceito de *deformação específica*: definimos *deformação específica normal* em uma barra sob carregamento axial como a *deformação por unidade de comprimento* da barra. Designando a deformação específica normal por ϵ (letra grega épsilon), temos

$$\epsilon = \frac{\delta}{L} \tag{9.1}$$

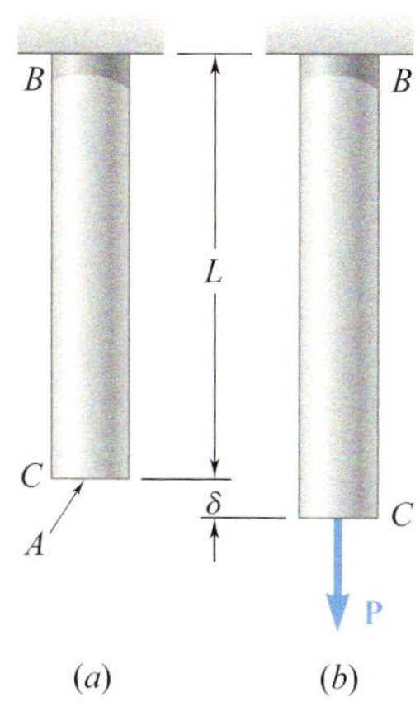

Figura 9.1

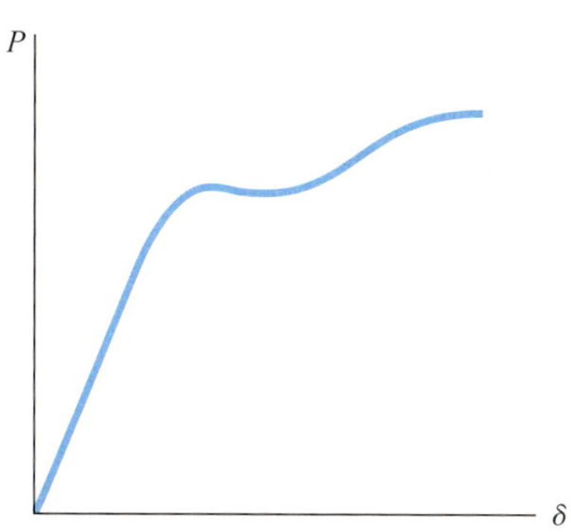

Figura 9.2

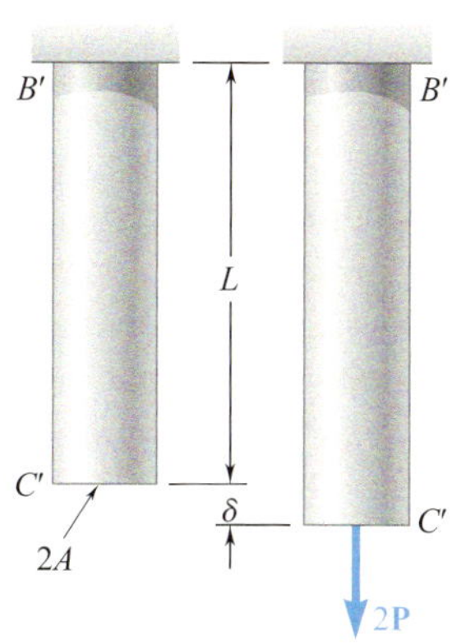

Figura 9.3

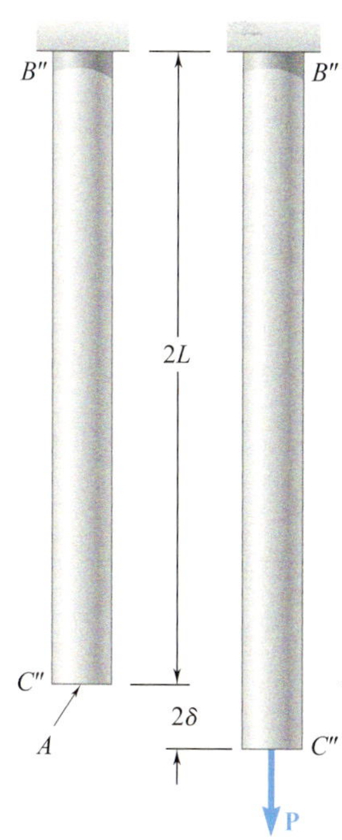

Figura 9.4

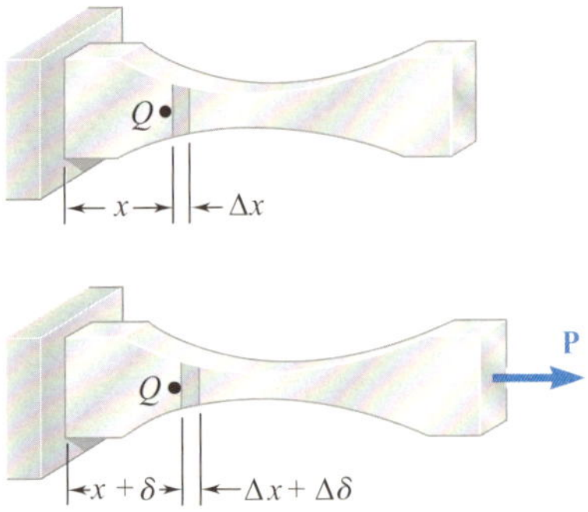

Figura 9.5

Ao construirmos o gráfico da tensão $\sigma = P/A$ em função da deformação específica $\epsilon = \delta/L$, obtemos uma curva característica das propriedades do material que não depende das dimensões do corpo de prova utilizado. Essa curva é chamada de *diagrama tensão-deformação* e será discutida em detalhes na Seção 9.3.

Como a barra BC considerada na discussão anterior tinha uma seção transversal uniforme de área A, poderíamos supor que a tensão normal σ tem um valor constante igual a P/A por toda a barra. Assim, seria apropriado definir a deformação específica ϵ como a relação entre a deformação total δ sobre o comprimento total L da barra. No caso de um elemento com seção transversal de área A variável, a tensão normal $\sigma = P/A$ também varia ao longo do elemento, e é necessário definir a deformação específica em determinado ponto Q considerando um pequeno elemento de comprimento não deformado Δx (Fig. 9.5). Designando por $\Delta\delta$ a deformação do elemento sob determinado carregamento, definimos a *deformação específica normal no ponto Q* como

$$\epsilon = \lim_{\Delta x \to 0} \frac{\Delta \delta}{\Delta x} = \frac{d\delta}{dx} \qquad (9.2)$$

Como a deformação e o comprimento são expressos nas mesmas unidades, a deformação específica normal ϵ obtida pela divisão de δ por L (ou $d\delta$ por dx) é uma *quantidade adimensional*. Assim, obtemos o mesmo valor numérico para a deformação específica normal em determinado componente, independentemente de usarmos o sistema de unidades métrico SI ou o sistema inglês. Considere, por exemplo, uma barra de comprimento $L = 0{,}600$ m com seção transversal uniforme, que sofre uma deformação $\delta = 150 \times 10^{-6}$ m. A deformação específica correspondente é

$$\epsilon = \frac{\delta}{L} = \frac{150 \times 10^{-6}\ \text{m}}{0{,}600\ \text{m}} = 250 \times 10^{-6}\ \text{m/m} = 250 \times 10^{-6}$$

Note que a deformação poderia ter sido expressa em micrômetro: $\delta = 150\ \mu$m. Poderíamos, então, ter escrito

$$\epsilon = \frac{\delta}{L} = \frac{150\ \mu\text{m}}{0{,}600\ \text{m}} = 250\ \mu\text{m/m} = 250\ \mu$$

e lido a resposta como "250 mícrons". Se usarmos unidades inglesas, o comprimento e a deformação da mesma barra são, respectivamente, $L = 23{,}6$ pol e $\delta = 5{,}91 \times 10^{-3}$ pol. A deformação específica correspondente é

$$\epsilon = \frac{\delta}{L} = \frac{5{,}91 \times 10^{-3}\ \text{pol}}{23{,}6\ \text{pol}} = 250 \times 10^{-6}\ \text{pol/pol}$$

que é o mesmo valor que encontramos ao usarmos as unidades SI. No entanto, usualmente, quando os comprimentos e as deformações são expressos em polegadas ou micropolegadas (μpol), costuma-se manter as unidades originais na expressão obtida para a deformação específica. Em nosso exemplo, a deformação específica seria escrita como $\epsilon = 250 \times 10^{-6}$ pol/pol ou, alternativamente, como $\epsilon = 250\ \mu$pol/pol.

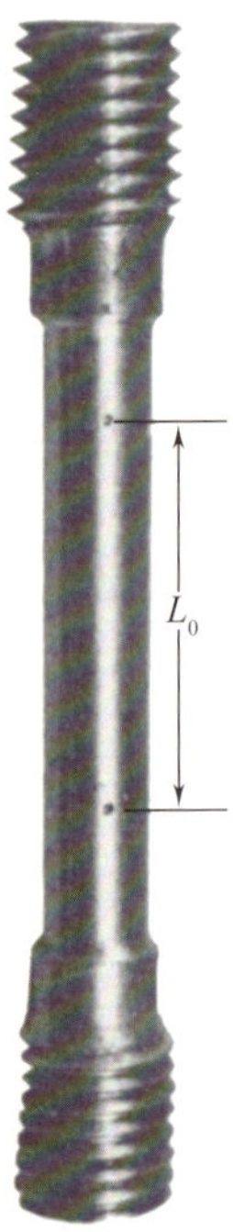

Foto 9.1 Corpo de prova típico para ensaio de tração.

9.3 Diagrama tensão-deformação

Vimos na Seção 9.2 que o diagrama que representa a relação entre tensão e deformação específica em determinado material é uma característica

Foto 9.2 Essa máquina é utilizada para ensaios de tração em corpos de prova, como aqueles mostrados neste capítulo.

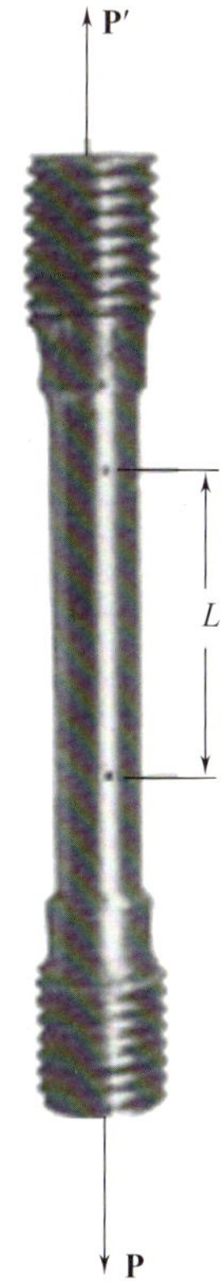

Foto 9.3 Corpo de prova com carga de tração.

importante do material. Para obter o diagrama tensão-deformação de um material, geralmente se executa um *ensaio de tração* em um corpo de prova do material. A Foto 9.1 mostra um tipo de corpo de prova usual. A área da seção transversal da parte central cilíndrica do corpo de prova foi determinada com precisão e fizeram-se duas marcas de referência na parte a uma distância L_0 uma da outra. A distância L_0 é conhecida como *comprimento de referência* do corpo de prova.

O corpo de prova é então colocado em uma máquina de teste (Foto 9.2), utilizada para aplicar uma carga centrada **P**. À medida que a carga **P** aumenta, a distância L entre as duas marcas de referência também aumenta (Foto 9.3). A distância L é medida com um extensômetro, e o alongamento $\delta = L - L_0$ é registrado para cada valor de P. Em geral, usa-se simultaneamente um segundo extensômetro para medir e registrar a alteração no diâmetro do corpo de prova. Para cada par de leituras P e δ, é calculada a tensão σ dividindo P pela área original A_0 da seção transversal do corpo de prova, e a deformação específica ϵ é obtida dividindo o alongamento δ pela distância original L_0 entre as duas marcas de referência. O diagrama tensão-deformação pode então ser obtido colocando-se ϵ como abscissa e σ como ordenada.

Os diagramas tensão-deformação dos materiais variam muito, e ensaios de tração diferentes executados com o mesmo material podem produzir resultados diferentes, dependendo da temperatura do corpo de prova e da velocidade de aplicação da carga. No entanto, é possível distinguir algumas características comuns entre os diagramas tensão-deformação de vários grupos de materiais e, assim, dividir os materiais em duas categorias principais com base nessas características, ou seja, materiais *dúcteis* e *frágeis*.

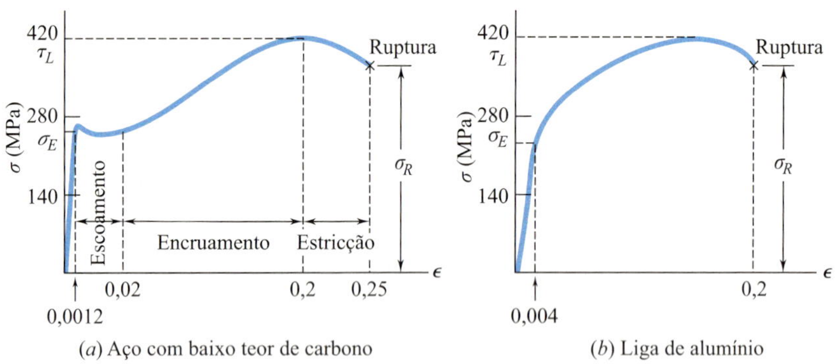

Figura 9.6 Diagramas tensão-deformação de dois materiais dúcteis típicos.

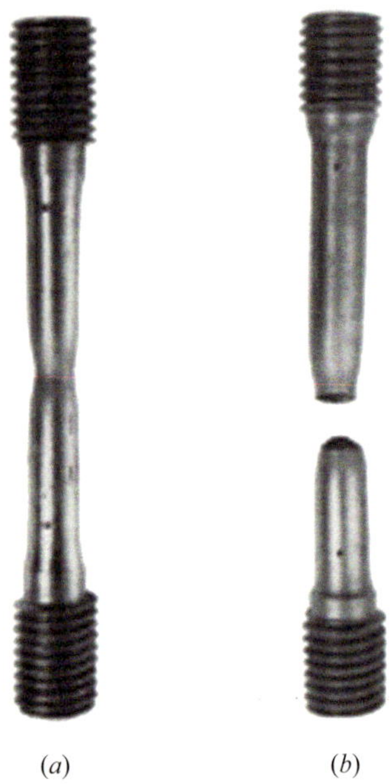

Foto 9.4 Corpo de prova ensaiado de um material dúctil.

Os materiais dúcteis, como o aço estrutural e as ligas de muitos outros metais, são caracterizados por sua capacidade de *escoar* na temperatura ambiente. À medida que o corpo de prova é submetido a uma carga crescente, seu comprimento aumenta linearmente a uma taxa muito baixa, inicialmente. Assim, a parte inicial do diagrama tensão-deformação é uma linha reta com inclinação bastante acentuada (Fig. 9.6). No entanto, após alcançar um valor crítico de tensão σ_E, o corpo de prova sofre uma grande deformação com aumento relativamente pequeno da carga aplicada. Essa deformação é provocada por deslizamento do material ao longo de superfícies oblíquas e é devido, portanto, primeiro às tensões de cisalhamento. Conforme podemos notar nos diagramas tensão-deformação de dois materiais dúcteis típicos (Fig. 9.6), o alongamento do corpo de prova após o início do escoamento pode ser até 200 vezes maior do que aquele observado no início do escoamento. Depois de alcançar um certo valor máximo da carga, o diâmetro de uma parte do corpo de prova começa a diminuir em razão da instabilidade local (Foto 9.4*a*). Esse fenômeno é conhecido como *estricção*. Depois de iniciada a estricção, cargas mais baixas são suficientes para manter o corpo de prova alongando, até que finalmente se rompa (Foto 9.4*b*). Notamos que a ruptura ocorre ao longo de uma superfície cônica que forma um ângulo de aproximadamente 45° com a superfície original do corpo de prova. Isso indica que o cisalhamento é o principal responsável pela falha dos materiais dúcteis e confirma o fato de que, sob uma carga axial, as tensões de cisalhamento são maiores nos planos que formam um ângulo de 45° com a carga (ver Seção 8.8). A tensão σ_E, na qual o escoamento é iniciado, é chamada de *resistência ao escoamento* do material, a tensão σ_L correspondente à carga máxima aplicada ao corpo de prova é conhecida como *limite de resistência*, e a tensão σ_R, correspondente à ruptura, é denominada de *resistência à ruptura.*

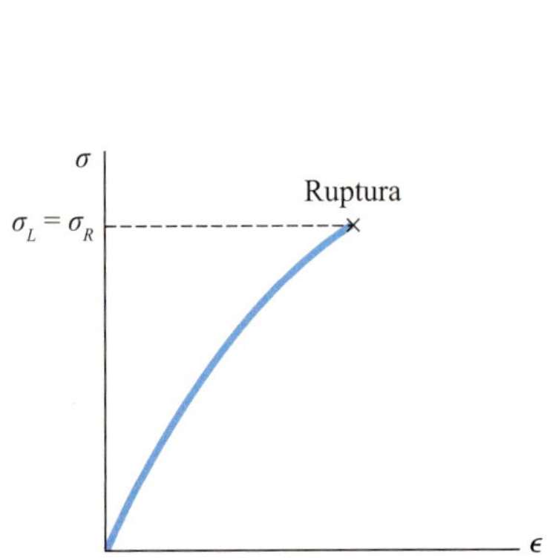

Figura 9.7 Diagrama tensão-deformação para um material frágil típico.

Materiais frágeis, que incluem ferro fundido, vidro e pedra, são caracterizados pelo fato de que a ruptura ocorre sem nenhuma mudança prévia notável na taxa de alongamento (Fig. 9.7). Para os materiais frágeis, não há diferença entre o limite de resistência e a resistência à ruptura. E também a deformação no instante da ruptura é muito menor para materiais frágeis que para materiais dúcteis. Na Foto 9.5, notamos a falta de estricção no corpo de prova, no caso de um material frágil, e que a ruptura ocorre ao longo de uma superfície perpendicular à carga. Concluímos dessa observação que as tensões normais são as principais responsáveis pela falha de materiais frágeis.*

Os diagramas tensão-deformação da Fig. 9.6 mostram que o aço estrutural e o alumínio, embora sejam ambos dúcteis, têm diferentes características de escoamento. No caso do aço estrutural (Fig. 9.6*a*), a tensão permanece constante em um grande intervalo de valores da deformação após o início do escoamento. Depois a tensão tem de ser aumentada para manter o corpo de prova se alongando, até ser atingido o máximo valor de σ_L. Isso se dá em razão de uma propriedade do material conhecida como encruamento. A resistência ao escoamento do aço estrutural pode ser determinada durante o ensaio de tração observando a carga indicada no mostrador da máquina de ensaio. Após um aumento constante, constata-se que a carga cai subitamente para um valor ligeiramente inferior, mantido por um certo período, enquanto o corpo de prova continua se alongando. Em um ensaio executado cuidadosamente, é possível distinguir entre o *ponto de escoamento superior*, que corresponde à carga atingida imediatamente antes do início do escoamento, e o *ponto de escoamento inferior*, que corresponde à carga necessária para manter o escoamento. Como o ponto de escoamento superior é transitório, deve ser utilizado o ponto de escoamento inferior para determinar a resistência ao escoamento do material.

Foto 9.5 Corpo de prova ensaiado de um material frágil.

No caso do alumínio (Fig. 9.6*b*) e de muitos outros materiais dúcteis, o início do escoamento não é caracterizado por uma parte horizontal da curva tensão-deformação. Em vez disso, a tensão continua aumentando – embora não linearmente – até ser alcançado o limite de resistência. Começa então a estricção, que leva eventualmente à ruptura. Para esses materiais, a resistência ao escoamento σ_E pode ser definida pelo método do desvio. A resistência ao escoamento para um desvio de 0,2%, por exemplo, é obtida traçando através do ponto do eixo horizontal de abscissa $\epsilon = 0,2\%$ (ou $\epsilon = 0,002$) uma linha paralela à parte reta inicial da curva do diagrama tensão-deformação (Fig. 9.8). A tensão σ_E corresponde ao ponto E obtido dessa maneira, o qual é definido como a resistência ao escoamento a 0,2% da origem.

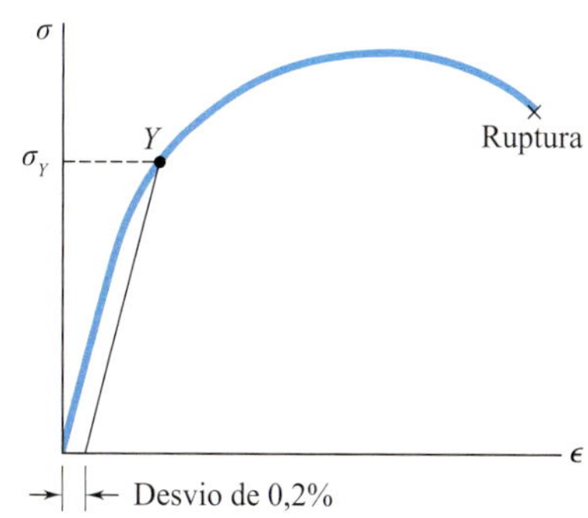

Figura 9.8 Determinação da resistência ao escoamento pelo método do desvio.

Uma medida padrão da ductilidade de um material é sua *deformação percentual*, definida como

$$\text{Deformação percentual} = 100\,\frac{L_R - L_0}{L_0}$$

em que L_0 e L_R são, respectivamente, o comprimento inicial do corpo de prova e seu comprimento final na ruptura. O alongamento mínimo especificado para um comprimento de referência de 50 mm, usualmente empregado para aços com resistência ao escoamento de até 345 MPa, é de 21%. Isso significa que a deformação média na ruptura deverá ser de pelo menos 0,21 mm/mm.

* Os ensaios de tração descritos nesta seção são executados em temperatura ambiente. No entanto, um material dúctil em temperatura ambiente pode apresentar as características de um material frágil em temperaturas muito baixas, ao passo que um material normalmente frágil pode se comportar de maneira dúctil em temperaturas muito altas. Portanto, em temperaturas que não a ambiente, podemos nos referir a *um material em estado dúctil* ou a *um material em estado frágil*, em vez de dizermos que o material é dúctil ou frágil.

Outra medida da ductilidade, às vezes usada, é a *redução percentual da área*, definida como

$$\text{Redução percentual da área} = 100\,\frac{A_0 - A_R}{A_0}$$

em que A_0 e A_R são, respectivamente, a área da seção transversal inicial do corpo de prova e sua área de seção transversal mínima na ruptura. Para o aço estrutural, reduções percentuais em área de 60% a 70% são comuns.

Até aqui discutimos apenas os ensaios de tração. Se um corpo de prova feito de um material dúctil fosse submetido a uma carga de compressão em lugar de tração, a curva tensão-deformação específica obtida seria essencialmente a mesma em sua parte inicial reta e no início da parte correspondente ao escoamento e encruamento. É particularmente notável o fato de que, para determinado aço, a resistência ao escoamento é a mesma tanto na tração como na compressão. Para valores maiores de deformação específica, as curvas tensão-deformação na tração e na compressão divergem, e deve-se notar que a estricção não pode ocorrer na compressão. Para muitos materiais frágeis, sabe-se que o limite de resistência de compressão é muito maior que o limite de resistência de tração. Isso se deve à presença de falhas, como trincas microscópicas ou cavidades, que tendem a enfraquecer o material na tração, embora não afete significativamente sua resistência à falha em compressão.

Um exemplo de material frágil com propriedades diferentes na tração e na compressão é o *concreto*, cujo diagrama tensão-deformação é mostrado na Fig. 9.9. No lado da tração do diagrama, observamos primeiro uma região elástico-linear na qual a deformação é proporcional à tensão. Depois de ter alcançado o ponto de escoamento, a deformação aumenta mais rápido do que a tensão até ocorrer a ruptura. O comportamento do material na compressão é diferente. Em primeiro lugar, a região elástico-linear é significativamente maior. Em segundo, não ocorre a ruptura quando a tensão alcança seu valor máximo. Em vez disso, a tensão diminui em intensidade, enquanto a deformação continua aumentando até ocorrer a ruptura. Note que o módulo de elasticidade, representado pela inclinação da curva tensão-deformação em sua parte linear, é o mesmo na tração e na compressão, o que vale para a maioria dos materiais frágeis.

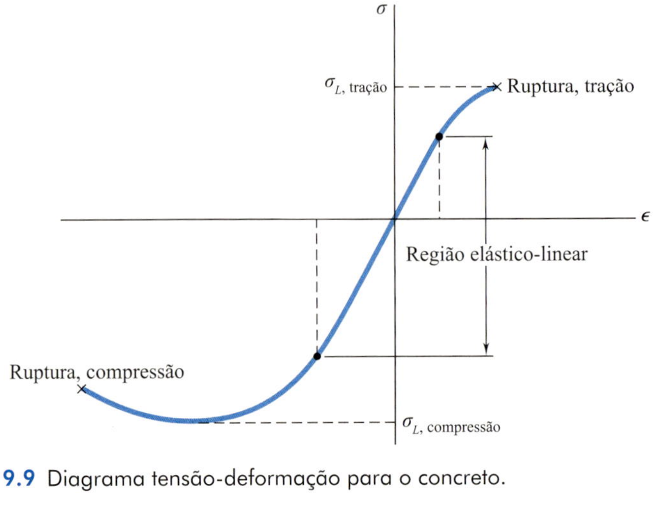

Figura 9.9 Diagrama tensão-deformação para o concreto.

9.4 Lei de Hooke. Módulo de elasticidade

Muitas estruturas em engenharia são projetadas para sofrer deformações relativamente pequenas, que envolvem somente a parte reta do correspondente diagrama tensão-deformação. Para essa parte inicial do diagrama (Fig. 9.6), a tensão σ é diretamente proporcional à deformação específica ϵ, e podemos escrever

$$\sigma = E\,\epsilon \tag{9.3}$$

Essa relação é conhecida como *lei de Hooke*, em homenagem ao matemático inglês Robert Hooke (1635-1703). O coeficiente E é chamado de *módulo de elasticidade* do material envolvido, ou também *módulo de Young*, em homenagem ao cientista inglês Thomas Young (1773-1829). Como a deformação específica ϵ é uma quantidade adimensional, o módulo E é expresso nas mesmas unidades da tensão σ, ou seja, em pascal ou em um de seus múltiplos se forem utilizadas unidades do SI, e em psi ou ksi se forem utilizadas unidades do sistema inglês de unidades.

O maior valor da tensão para o qual a lei de Hooke pode ser utilizada para determinado material é conhecido como o *limite de proporcionalidade*. No caso dos materiais dúcteis que têm um ponto de escoamento bem definido, como na Fig. 9.6*a*, o limite de proporcionalidade quase coincide com o ponto de escoamento. Para outros materiais, o limite de proporcionalidade não pode ser definido tão facilmente, visto que é difícil determinar com precisão o valor da tensão σ para o qual a relação entre σ e ϵ deixa de ser linear. Contudo, em razão dessa dificuldade, podemos concluir para esses materiais que o uso da lei de Hooke para valores de tensão ligeiramente maiores que o limite proporcional real não resultará em um erro significativo.

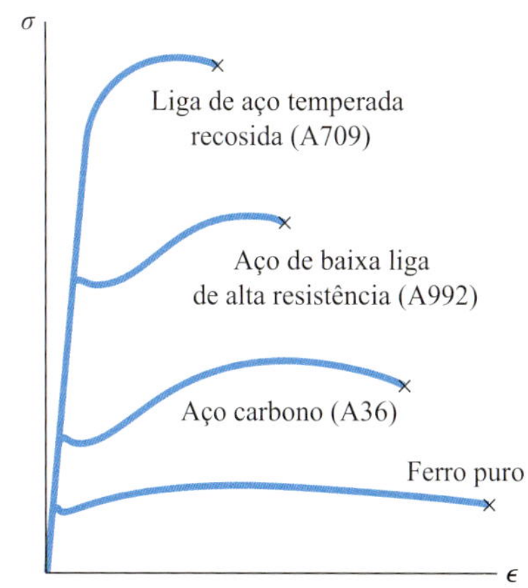

Figura 9.10 Diagramas tensão-deformação para o ferro e diferentes tipos de aço.

Algumas das propriedades físicas dos metais estruturais, como resistência, ductilidade e resistência à corrosão, podem ser muito afetadas pela inclusão de elementos de liga, tratamento térmico e processos de fabricação utilizados. Por exemplo, com base nos diagramas tensão-deformação do ferro puro e de três diferentes tipos de aço (Fig. 9.10) observamos que existem grandes variações na resistência ao escoamento, no limite de resistência e na deformação específica final (ductilidade) entre esses quatro metais. No entanto, todos eles têm o mesmo módulo de elasticidade; em outras palavras, a "rigidez", ou capacidade de resistir a deformações dentro da região linear, é a mesma. Portanto, se for usado um aço de alta resistência em lugar de um aço de baixa resistência em determinada estrutura, e se todas as dimensões forem mantidas com os mesmos valores, a estrutura terá uma capacidade de carga maior, mas sua rigidez permanecerá inalterada.

Para cada um dos materiais considerados até agora, a relação entre tensão normal e deformação específica normal, $\sigma = E\epsilon$, é independente da direção de carregamento, porque as propriedades mecânicas de cada material, incluindo seu módulo de elasticidade E, são independentes da direção considerada. Dizemos que esses materiais são *isotrópicos*. Materiais cujas propriedades dependem da direção considerada são chamados de *anisotrópicos*.

Uma classe importante de materiais anisotrópicos consiste em *materiais compósitos reforçados com fibras*. Esses materiais compósitos são obtidos quando se incorporam fibras de um material resistente e rígido em um material mais fraco e menos rígido, denominado *matriz*. Materiais típicos utilizados como fibras são carbono, vidro e polímeros, enquanto vários

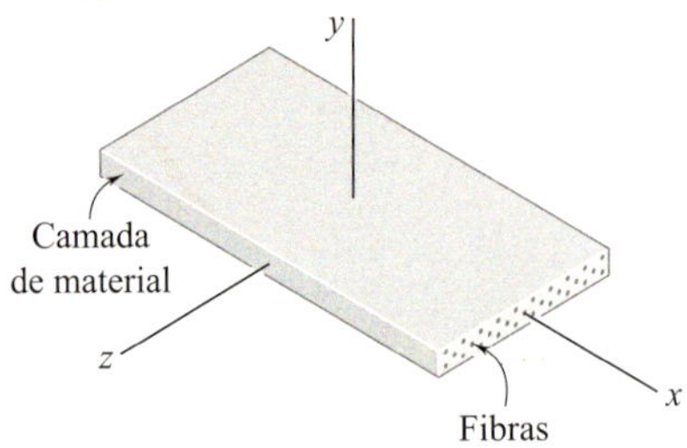

Figura 9.11 Camada de material compósito reforçado com fibras.

tipos de resinas são utilizados como matriz. A Fig. 9.11 mostra uma camada, ou *lâmina*, de um material compósito que consiste em uma grande quantidade de fibras paralelas embutidas em uma matriz. Uma força axial aplicada à lâmina ao longo do eixo x, ou seja, em uma direção paralela às fibras, provocará uma tensão normal σ_x na lâmina e uma deformação específica normal ϵ_x correspondente. A lei de Hooke estará satisfeita à medida que a carga aumenta, desde que não seja ultrapassado o limite elástico do material da lâmina. Analogamente, se uma força axial for aplicada ao longo do eixo y, ou seja, em direções perpendiculares à lâmina, criará uma tensão normal σ_y e uma deformação normal ϵ_y, satisfazendo a lei de Hooke; se uma força axial for aplicada ao longo do eixo z, criará uma tensão normal σ_z e uma deformação normal ϵ_z que outra vez satisfaz a lei de Hooke. No entanto, os módulos de elasticidade E_x, E_y e E_z correspondentes, respectivamente, a cada um dos carregamentos anteriores serão diferentes. Em virtude de as fibras serem paralelas ao eixo x, a lâmina oferecerá uma resistência à deformação muito maior a uma força direcionada ao longo do eixo x que a uma força direcionada ao longo dos eixos y ou z. Portanto, E_x será muito maior que E_y ou E_z.

Um plano *laminado* é obtido quando se superpõe uma quantidade de placas ou lâminas. Se o laminado for submetido somente a uma força axial que provoca tração, as fibras em todas as camadas deverão ter a mesma orientação da força para obter a maior resistência possível. Contudo, se o laminado estiver em compressão, o material da matriz pode não ser suficientemente forte para evitar a dobra ou a flambagem das fibras. A estabilidade lateral do laminado pode ser então aumentada posicionando algumas das camadas de maneira que suas fibras fiquem perpendiculares à força. Quando se posicionam algumas camadas de modo que suas fibras fiquem orientadas a 30°, 45° ou 60° em relação à força, pode-se também aumentar a resistência do laminado ao cisalhamento no plano.

*9.5 Comportamento elástico e comportamento plástico de um material

Se as deformações específicas provocadas em um corpo de prova pela aplicação de determinada força desaparecem quando esta é removida, dizemos que o material se comporta *elasticamente*. O maior valor da tensão para o qual o material comporta-se elasticamente é chamado de *limite elástico* do material.

Se o material tem um ponto de escoamento bem definido, como na Fig. 9.6*a*, o limite elástico, o limite de proporcionalidade (Seção 9.4) e o ponto de escoamento são essencialmente iguais. Em outras palavras, o material comporta-se elástica e linearmente desde que a tensão seja mantida abaixo do ponto de escoamento. No entanto, se for atingido o ponto de escoamento, ele deve ocorrer conforme descrito na Seção 9.3, e, quando a força é removida, a tensão e a deformação específica diminuem de forma linear ao longo de uma linha CD paralela à parte reta AB da curva de carregamento (Fig. 9.12). O fato de ϵ não retornar a zero depois de a força ter sido removida indica que ocorreram *deformações permanentes* ou *plásticas*. Para muitos materiais, a deformação plástica não depende somente do valor máximo atingido pela tensão, mas também do tempo decorrido até que o carregamento seja removido. A parte da deformação plástica que depende da tensão é conhecida como *escorregamento*, e a parte que depende do tempo – que também é influenciada pela temperatura – é denominada *fluência*.

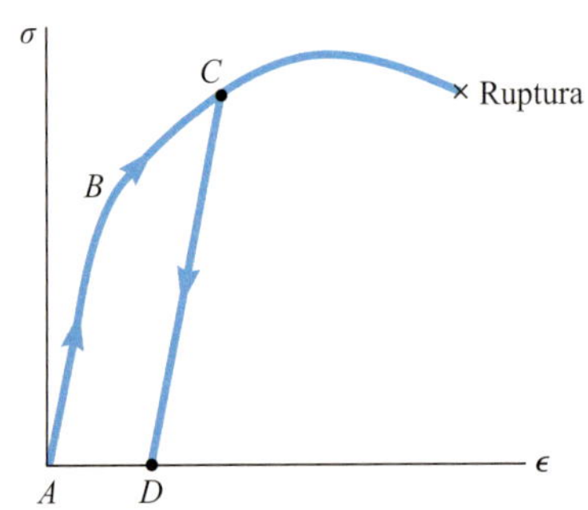

Figura 9.12

Quando um material não tem um ponto de escoamento bem definido, o limite elástico não pode ser determinado com precisão. No entanto, supor o limite elástico igual à resistência ao escoamento conforme definido pelo método do desvio (Seção 9.3) resulta apenas em um pequeno erro. Sem dúvida, ao examinarmos a Fig. 9.8, notamos que a parte reta utilizada para determinar o ponto E também representa a curva de descarregamento depois de ter alcançado a máxima tensão σ_E. Embora o material não se comporte de forma verdadeiramente elástica, a deformação plástica resultante é tão pequena quanto o desvio selecionado.

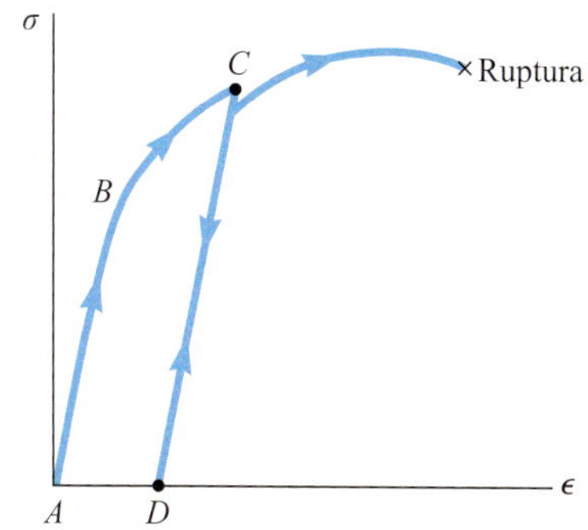

Figura 9.13

Se o corpo de prova for carregado e descarregado (Fig. 9.13) e carregado novamente, a nova curva de carregamento seguirá bem próxima à curva de descarregamento até quase chegar ao ponto C; então ela virará para a direita e se conectará com a porção curvada do diagrama tensão-deformação original. Observe que a parte reta da nova curva de carregamento é mais longa do que a parte correspondente da curva inicial. Assim, o limite de proporcionalidade e o limite elástico aumentaram em consequência do encruamento que ocorreu durante o carregamento anterior do corpo de prova. No entanto, como o ponto de ruptura R se manteve inalterado, a ductilidade do corpo de prova, que agora deve ser medida a partir do ponto D, diminuiu.

Temos considerado que o corpo de prova foi carregado duas vezes na mesma direção, isto é, que ambas as forças eram forças de tração. Consideremos agora o caso quando é aplicada uma segunda carga em uma direção oposta àquela da primeira carga.

Suponha que o material seja um aço doce, para o qual a resistência ao escoamento seja a mesma em tração e compressão. A força inicial, de tração, é aplicada até ser alcançado o ponto C no diagrama tensão-deformação (Fig. 9.14). Após o descarregamento (ponto D), aplica-se uma força de compressão que faz o material alcançar o ponto H, onde a tensão é igual a $-\sigma_E$. Notamos que a parte DH do diagrama tensão-deformação é curva e não mostra nenhum ponto de escoamento claramente definido, o que é denominado *efeito Bauschinger*. À medida que a força de compressão é mantida, o material escoa ao longo da linha HJ.

Se a carga é removida após alcançar o ponto J, a tensão retorna a zero ao longo da linha JK, e notamos que a inclinação de JK é igual ao módulo de elasticidade E. A deformação permanente resultante AK pode ser positiva, negativa ou zero, o que dependerá dos comprimentos dos segmentos BC e HJ. Se uma força de tração for aplicada novamente ao corpo de prova, a parte do diagrama tensão-deformação que começa em K (linha tracejada) se curvará para cima e para a direita até alcançar a tensão de escoamento σ_E.

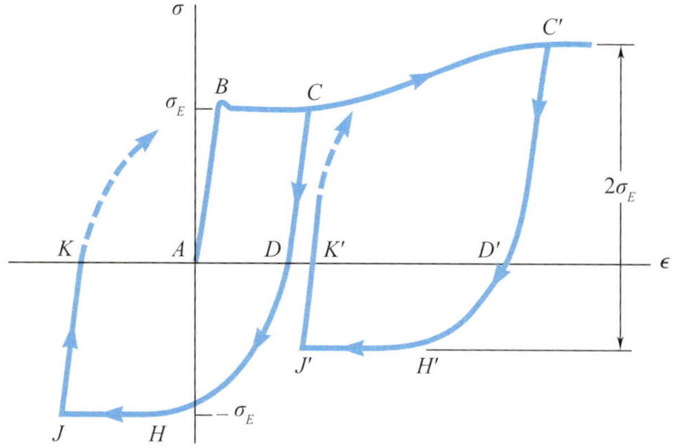

Figura 9.14

Se o carregamento inicial for grande o suficiente para provocar encruamento do material (ponto C'), o descarregamento ocorrerá ao longo da linha $C'D'$. À medida que é aplicada a força reversa, a tensão torna-se compressiva, alcançando seu valor máximo em H' e mantendo-a conforme o material escoa ao longo da linha $H'J'$. Notamos que, enquanto o valor máximo da tensão de compressão é menor que σ_E, a variação total na tensão entre C' e H' ainda é igual a $2\sigma_E$.

Se o ponto K ou K' coincide com a origem A do diagrama, a deformação permanente é igual a zero e pode parecer que o corpo de prova retornou à sua condição original. No entanto, terão ocorrido alterações internas, e embora a mesma sequência de carregamento possa ser repetida, o corpo de prova romperá sem nenhum aviso após algumas poucas repetições. Isso indica que as deformações plásticas excessivas às quais o corpo de prova estava submetido provocaram uma alteração radical nas características do material. Portanto, forças reversas na região plástica raramente são permitidas e só podem ocorrer sob condições rigorosamente controladas. Essas situações ocorrem no endireitamento de material danificado e no alinhamento final de uma estrutura ou máquina.

*9.6 Carregamentos repetidos. Fadiga

Nas seções anteriores, consideramos o comportamento de um corpo de prova submetido a uma carga axial. Lembramos que, se a tensão máxima no corpo de prova não exceder o limite elástico do material, o corpo de prova retornará à sua condição inicial quando a carga for removida. Você pode concluir que determinada carga pode ser repetida muitas vezes, desde que a tensão permaneça na região elástica. Essa conclusão é correta para cargas repetidas algumas dezenas ou mesmo centenas de vezes. No entanto, você verá que isso não é correto quando a carga é repetida milhares ou milhões de vezes. Nesses casos, ocorrerá a ruptura a uma tensão muito menor do que a resistência à ruptura estática, fenômeno conhecido como *fadiga*. Uma falha por fadiga é de natureza frágil, mesmo para materiais normalmente dúcteis.

A fadiga deve ser levada em conta no projeto de todos os componentes estruturais e de máquinas submetidos a cargas repelidas ou flutuantes. O número de ciclos de carregamento que se pode esperar durante a vida útil de um componente varia grandemente. Por exemplo, uma viga que suporta um guindaste industrial pode ser carregada até dois milhões de vezes em 25 anos (cerca de 300 carregamentos por dia de trabalho), um virabrequim do motor de um carro será carregado aproximadamente meio bilhão de vezes se o carro rodar 300.000 km, e uma pá de turbina pode ser carregada várias centenas de bilhões de vezes durante sua vida útil.

Alguns carregamentos têm natureza flutuante. Por exemplo, o tráfego de veículos sobre uma ponte provocará níveis de tensão que flutuarão sobre o nível de tensão em razão do próprio peso da ponte. Uma condição mais grave ocorre quando há uma inversão completa da carga durante o ciclo de carregamento. Por exemplo, as tensões no eixo de um vagão de trem são completamente invertidas a cada meia volta da roda.

O número de ciclos de carregamento necessário para provocar a falha de um corpo de prova por meio da aplicação de cargas cíclicas pode ser determinado experimentalmente para dado nível de tensão máxima. Se for executada uma série de ensaios em que se utilizam diferentes níveis de tensão máxima, os dados resultantes podem ser colocados em um gráfico como uma curva σ-n. Para cada ensaio, devem-se construir uma curva da tensão máxima σ como ordenada e o número de ciclos n como abscissa. Por causa do grande número de ciclos necessários para a ruptura, o número n de ciclos é apresentado em escala logarítmica.

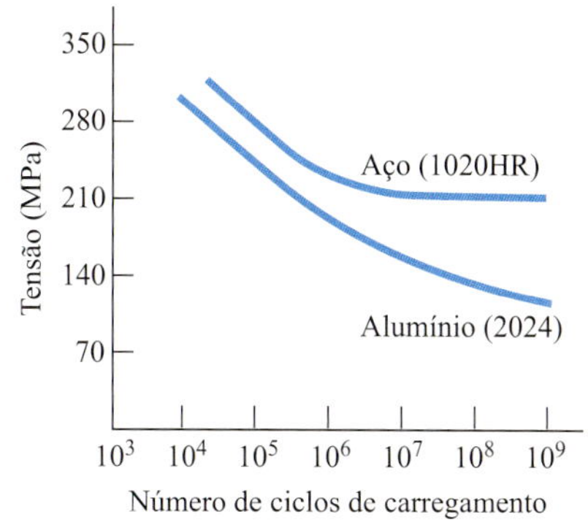

Figura 9.15

Uma curva típica σ-n para o aço é mostrada na Fig. 9.15. Notamos que, se a tensão máxima aplicada for alta, serão necessários relativamente poucos ciclos para causar a ruptura. À medida que a intensidade da tensão máxima é reduzida, o número de ciclos necessário para provocar a ruptura aumenta até ser alcançada uma tensão conhecida como *limite de resistência à fadiga*, que é a tensão para a qual não ocorre falha, mesmo para um número indefinidamente grande de ciclos de carregamento. Para um aço de baixo teor de carbono como o aço estrutural, o limite de resistência à fadiga é aproximadamente metade do limite de resistência do aço.

Para metais não ferrosos como o alumínio e o cobre, uma curva σ-n típica (Fig. 9.15) mostra que a tensão de falha continua a diminuir à medida que aumenta o número de ciclos de carregamento. Para esses metais, define-se o *limite de resistência à fadiga* como a tensão correspondente à falha após um número especificado de ciclos de carregamento, por exemplo, 500 milhões.

O exame de corpos de prova obtidos de eixos, molas ou de outros componentes que falharam em fadiga mostra que a falha foi iniciada em uma trinca microscópica ou em alguma imperfeição similar. A cada carregamento, a trinca se propagava um pouco. Durante sucessivos ciclos de carregamento, a trinca se propagou pelo material até que a quantidade de material não danificado fosse insuficiente para suportar a carga máxima, ocorrendo falha abrupta por fragilidade. Como a falha por fadiga pode ser iniciada em qualquer trinca ou imperfeição, as condições da superfície de um corpo de prova têm um efeito importante no valor do limite de resistência à fadiga obtida no ensaio. O limite de resistência à fadiga para corpos de prova usinados e polidos é mais alto do que para os componentes laminados ou forjados, ou para componentes corroídos. Em aplicações no mar (ou próximo a ele), ou ainda em outras aplicações em que se espera que haja corrosão, pode-se prever uma redução de 50% no limite de resistência à fadiga.

9.7 Deformações de elementos sob carregamento axial

Considere a barra homogênea BC de comprimento L e seção transversal uniforme de área A submetida a uma força axial centrada **P** (Fig. 9.16). Se a tensão axial resultante $\sigma = P/A$ não ultrapassar o limite de proporcionalidade do material, poderemos aplicar a lei de Hooke e escrever

$$\sigma = E\,\epsilon \tag{9.3}$$

da qual se segue que

$$\epsilon = \frac{\sigma}{E} = \frac{P}{AE} \tag{9.4}$$

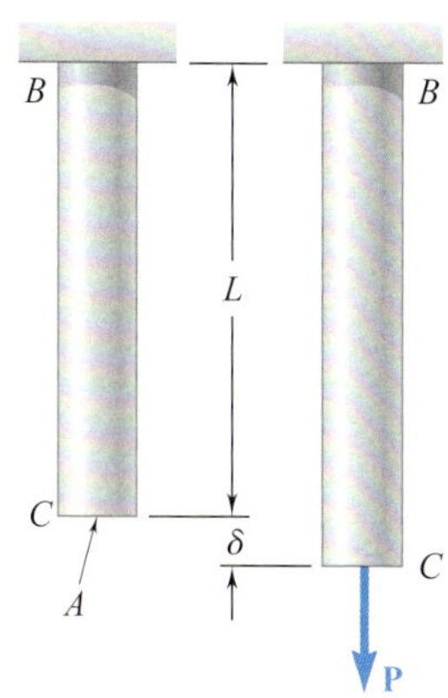

Figura 9.16

Lembrando que a deformação específica ϵ foi definida na Seção 9.2 como $\epsilon = \delta/L$, temos

$$\delta = \epsilon L \tag{9.5}$$

e substituindo ϵ da Eq. (9.4) na Eq. (9.5), temos

$$\delta = \frac{PL}{AE} \tag{9.6}$$

A Eq. (9.6) só poderá ser utilizada se a barra for homogênea (E constante), se tiver uma seção transversal uniforme de área A e se tiver a força aplicada em suas extremidades. Se a barra estiver carregada em outros pontos ou se ela for composta de diversas partes com várias seções transversais e possivelmente de diferentes materiais, precisaremos dividi-la em partes componentes que satisfaçam individualmente as condições necessárias para a aplicação da Eq. (9.6). Designando, respectivamente, por P_i, L_i, A_i e E_i a força interna, o comprimento, a área da seção transversal e o módulo de elasticidade correspondentes à parte i, expressamos a deformação da barra inteira como

$$\delta = \sum_i \frac{P_i L_i}{A_i E_i} \tag{9.7}$$

Na Seção 9.2, vimos que, no caso de uma barra de seção transversal variável (Fig. 9.5), a deformação específica ϵ depende da posição do ponto Q em que ela é calculada e definida como $\epsilon = d\delta/dx$. Resolvendo $d\delta$ dessa equação e substituindo ϵ pelo seu valor dado na Eq. (9.4), expressamos a deformação de um elemento de comprimento dx como

$$d\delta = \epsilon\, dx = \frac{P\, dx}{AE}$$

A deformação total δ da barra é obtida integrando essa expressão sobre o comprimento L da barra:

$$\delta = \int_0^L \frac{P\, dx}{AE} \tag{9.8}$$

A Eq. (9.8) deverá ser utilizada em lugar da (9.6) não só quando a área A da seção transversal for uma função de x, mas também quando a força interna P depender de x, como é o caso de uma barra suspensa que suporta o próprio peso.

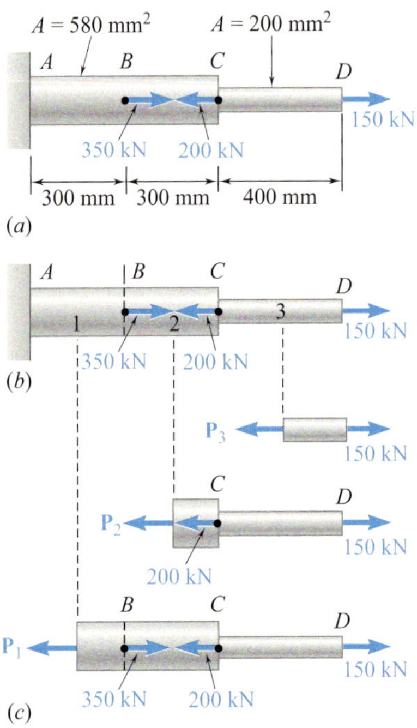

Figura 9.17

Exemplo 9.1. Determine a deformação da barra de aço mostrada na Fig. 9.17*a* submetida às forças dadas (E – 200 GPa).

Dividimos a barra em três partes componentes mostradas na Fig. 9.17*b* e escrevemos

$$L_1 = L_2 = 300 \text{ mm} \qquad L_3 = 400 \text{ mm}$$
$$A_1 = A_2 = 580 \text{ mm}^2 \qquad A_3 = 200 \text{ mm}^2$$

Para encontrarmos as forças internas P_1, P_2 e P_3, devemos cortar cada uma das partes componentes, desenhando para cada corte o diagrama de corpo livre da parte da barra localizada à direita da seção (Fig. 9.17*c*). Impondo a condição de que cada um dos corpos livres está em equilíbrio, obtemos sucessivamente

$$P_1 = 300 \text{ kN} = 300 \times 10^3 \text{ N}$$
$$P_2 = -50 \text{ kN} = -50 \times 10^3 \text{ N}$$
$$P_3 = 150 \text{ kN} = 150 \times 10^3 \text{ N}$$

Usando esses valores na Eq. (9.7), temos

$$\delta = \sum_i \frac{P_i L_i}{A_i E_i} = \frac{1}{E}\left(\frac{P_1 L_1}{A_1} + \frac{P_2 L_2}{A_2} + \frac{P_3 L_3}{A_3}\right)$$

$$= \frac{1}{200}\left[\frac{(300 \times 300)}{580} + \frac{(-50)\,(300)}{580} + \frac{150 \times 400}{200}\right]$$

$$\delta = \frac{429{,}31}{200} = 2{,}15 \text{ mm}$$ ■

A barra *BC* da Fig. 9.16, utilizada para deduzir a Eq. (9.6), e a barra *AD* da Fig. 9.17, que acabamos de discutir no Exemplo 9.1, tinham ambas uma extremidade presa a um suporte fixo. Em cada caso, portanto, a deformação δ da barra era igual ao deslocamento de sua extremidade livre. Porém, quando ambas as extremidades da barra se movem, a deformação da barra é medida pelo *deslocamento relativo* de uma extremidade da barra em relação à outra. Considere, por exemplo, o conjunto mostrado na Fig. 9.18*a* que é composta de três barras elásticas de comprimento *L* conectadas por um pino rígido em *A*. Se uma força **P** for aplicada em *B* (Fig. 9.18*b*), as três barras se deformarão. Como as barras *AC* e *AC'* estão presas a suportes fixados em *C* e *C'*, a deformação de ambas as barras é medida pelo deslocamento δ_A do ponto *A*. Entretanto, como ambas as extremidades da barra *AB* se movem, a deformação de *AB* é medida pela diferença entre os deslocamentos δ_A e δ_B dos pontos *A* e *B*, isto é, pelo deslocamento relativo de *B* em relação a *A*. Designando esse deslocamento relativo por $\delta_{B/A}$, escrevemos

$$\delta_{B/A} = \delta_B - \delta_A = \frac{PL}{AE} \qquad (9.9)$$

onde *A* é a área da seção transversal de *AB*, e *E*, seu módulo de elasticidade.

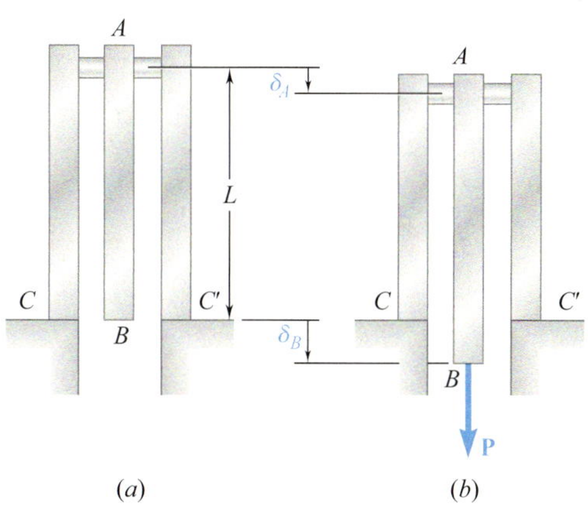

Figura 9.18

PROBLEMA RESOLVIDO 9.1

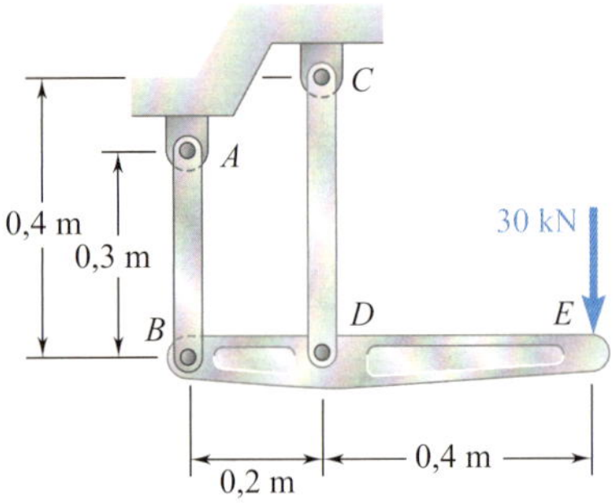

A barra rígida *BDE* é suspensa por duas barras *AB* e *CD*. A barra *AB* é de alumínio ($E = 70$ GPa) e tem uma seção transversal com área de 500 mm^2; a barra *CD* é de aço ($E = 200$ GPa) e tem uma seção transversal com área de 600 mm^2. Para a força de 30 kN mostrada na figura, determine os deslocamentos dos pontos (*a*) *B*, (*b*) *D* e (*c*) *E*.

SOLUÇÃO

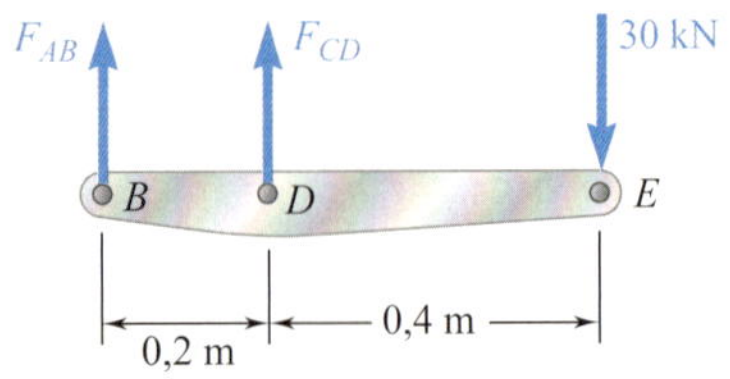

Corpo livre: barra *BDE*

$$+\circlearrowleft \Sigma M_B = 0: \quad -(30 \text{ kN})(0{,}6 \text{ m}) + F_{CD}(0{,}2 \text{ m}) = 0$$

$$F_{CD} = +90 \text{ kN} \qquad F_{CD} = 90 \text{ kN} \quad \textit{tração}$$

$$+\circlearrowleft \Sigma M_D = 0: \quad -(30 \text{ kN})(0{,}4 \text{ m}) - F_{AB}(0{,}2 \text{ m}) = 0$$

$$F_{AB} = -60 \text{ kN} \qquad F_{AB} = 60 \text{ kN} \quad \textit{compressão}$$

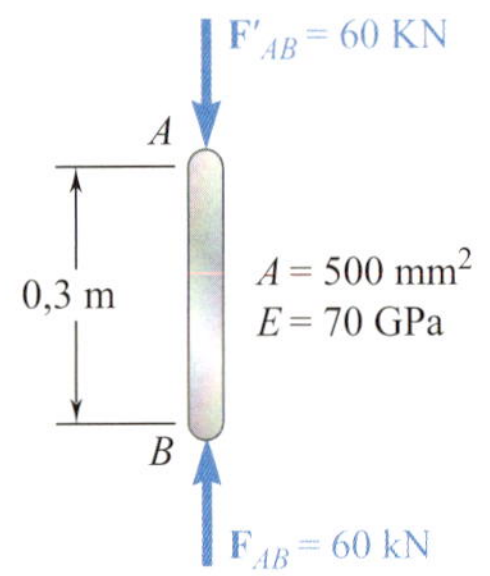

a. Deslocamento do ponto *B*. Como a força interna na barra *AB* é de compressão, temos $P = -60$ kN

$$\delta_B = \frac{PL}{AE} = \frac{(-60 \times 10^3 \text{ N})(0{,}3 \text{ m})}{(500 \times 10^{-6} \text{ m}^2)(70 \times 10^9 \text{ Pa})} = -514 \times 10^{-6} \text{ m}$$

O sinal negativo indica uma contração do elemento *AB* e, portanto, um deslocamento da extremidade *B* para cima:

$$\delta_B = 0{,}514 \text{ mm} \uparrow \quad ◀$$

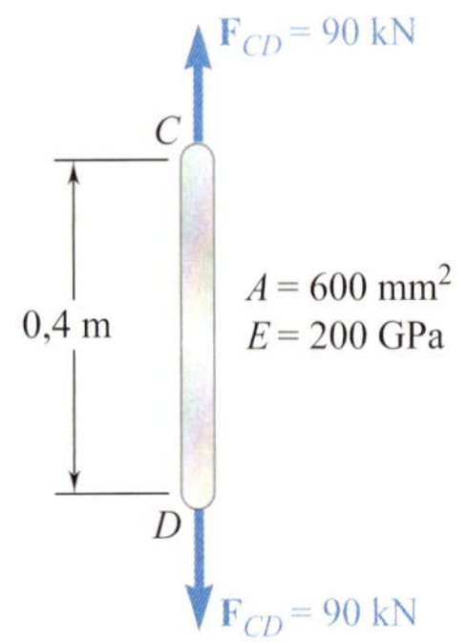

b. Deslocamento do ponto *D*. Como a força interna na barra *CD* é $P = 90$ kN, temos

$$\delta_D = \frac{PL}{AE} = \frac{(90 \times 10^3 \text{ N})(0{,}4 \text{ m})}{(600 \times 10^{-6} \text{ m}^2)(200 \times 10^9 \text{ Pa})}$$

$$= 300 \times 10^{-6} \text{ m} \qquad \delta_D = 0{,}300 \text{ mm} \downarrow \quad ◀$$

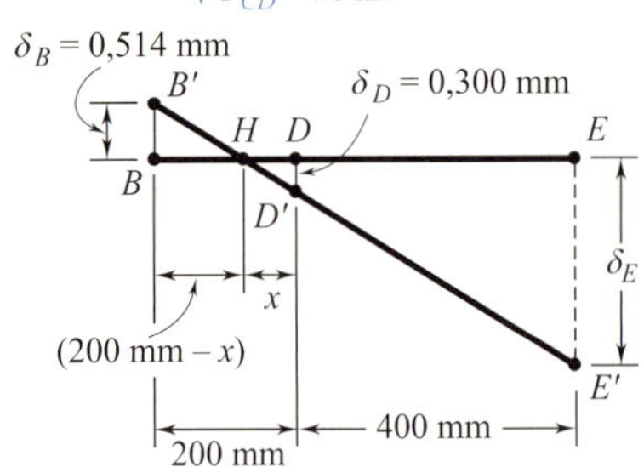

c. Deslocamento do ponto *E*. Designamos por *B'* e *D'* as posições deslocadas dos pontos *B* e *D*. Como a barra *BDE* é rígida, os pontos *B'*, *D'* e *E'* estão em uma linha reta e temos

$$\frac{BB'}{DD'} = \frac{BH}{HD} \qquad \frac{0{,}514 \text{ mm}}{0{,}300 \text{ mm}} = \frac{(200 \text{ mm}) - x}{x} \qquad x = 73{,}7 \text{ mm}$$

$$\frac{EE'}{DD'} = \frac{HE}{HD} \qquad \frac{\delta_E}{0{,}300 \text{ mm}} = \frac{(400 \text{ mm}) + (73{,}7 \text{ mm})}{73{,}7 \text{ mm}}$$

$$\delta_E = 1{,}928 \text{ mm} \downarrow \quad ◀$$

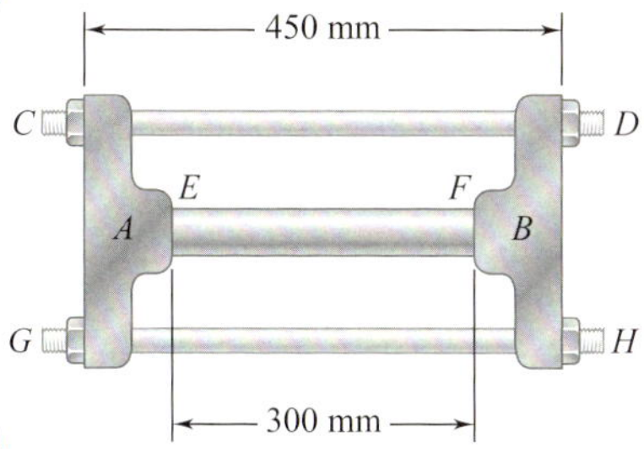

PROBLEMA RESOLVIDO 9.2

As peças fundidas rígidas A e B estão conectadas por dois parafusos de aço CD e GH de 19 mm de diâmetro e estão em contato com as extremidades de uma barra de alumínio EF com diâmetro de 38 mm. Cada parafuso tem rosca simples com um passo de 2,5 mm, e depois de serem ajustadas, as porcas em D e H são apertadas em $\frac{1}{4}$ de volta cada uma. Sabendo que E é 200 GPa para o aço e 70 GPa para o alumínio, determine a tensão normal na barra.

SOLUÇÃO

Deformações

Parafusos CD e GH. O aperto das porcas provoca tração nos parafusos. Em razão da simetria, ambos estão sujeitos à mesma força interna P_p e sofrem a mesma deformação δ_p. Temos

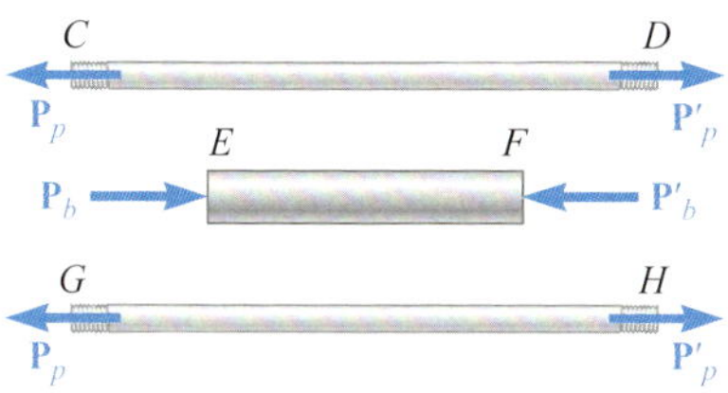

$$\delta_b = +\frac{P_pL_p}{A_pE_p} = +\frac{P_p(0{,}450\text{ m})}{\frac{1}{4}\pi\,(0{,}019\text{ m})^2(200\times 10^9\text{ Pa})} = +7{,}936\times 10^{-9}\,P_p \qquad (1)$$

Barra EF. A barra está em compressão. Designando por P_b a intensidade da força na barra e por δ_b a deformação na barra, temos

$$\delta_b = -\frac{P_bL_b}{A_bE_b} = -\frac{P_b(0{,}300\text{ m})}{\frac{1}{4}\pi\,(0{,}038\text{ m})^2\,(70\times 10^9\text{ Pa})} = -3{,}779\times 10^{-9}\,P_b \qquad (2)$$

Deslocamento de D em relação a B. O aperto de $\frac{1}{4}$ de volta nas porcas faz as extremidades D e H dos parafusos sofrerem um deslocamento de $\frac{1}{4}$ (2,5 mm) *em relação à peça fundida B*. Considerando a extremidade D, temos

$$\delta_{D/B} = \tfrac{1}{4}(0{,}0025\text{ m}) = 6{,}25\times 10^{-4}\text{ m} \qquad (3)$$

Mas $\delta_{D/B} = \delta_D - \delta_B$, em que δ_D e δ_B representam os deslocamentos de D e B, respectivamente. Considerando que a peça A é mantida em uma posição fixa enquanto as porcas em D e H são apertadas, esses deslocamentos são iguais às deformações dos parafusos e da barra, respectivamente. Temos, então,

$$\delta_{D/B} = \delta_p - \delta_b \qquad (4)$$

Substituindo (1), (2) e (3) em (4), obtemos

$$6{,}25\times 10^{-4} = 7{,}936\times 10^{-9}\,P_p + 3{,}779\times 10^{-9}\,P_b \qquad (5)$$

Corpo livre: peça *B*

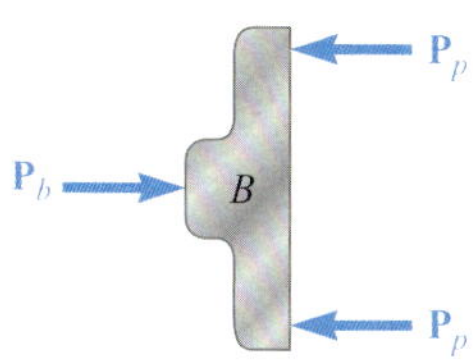

$$\xrightarrow{+}\Sigma F = 0: \qquad P_b - 2P_p = 0 \qquad P_b = 2P_p \qquad (6)$$

Forças nos parafusos e na barra. Substituindo o valor de P_b de (6) em (5), temos

$$6{,}25\times 10^{-4} = 7{,}936\times 10^{-9}\,P_p + 3{,}779\times 10^{-9}\,(2P_p)$$

$$P_p = 40.339\text{ N}$$

$$P_b = 2P_p = 2(40.339\text{ N}) = 80.678\text{ N}$$

Tensão na barra

$$\sigma_b = \frac{P_b}{A_b} = \frac{180.678\text{ N}}{\frac{1}{4}\pi\,(0{,}038\text{ m})^2} \qquad \sigma_b = 71\text{ MPa} \blacktriangleleft$$

PROBLEMAS

9.1 Um arame de aço de 1,44 m de comprimento e 6,35 mm de diâmetro está submetido a uma força de tração de 3.375 N. Sabendo que $E = 200$ GPa, determine (*a*) o alongamento do arame e (*b*) a tensão normal no arame.

9.2 Duas marcas de referência são colocadas a exatamente 250 mm uma da outra em uma barra de alumínio com diâmetro de 12 mm com $E = 73$ GPa e limite de resistência de 140 MPa. Sabendo que a distância entre as marcas de referência é de 250,28 mm depois que a força é aplicada, determine (*a*) a tensão na barra e (*b*) o coeficiente de segurança.

9.3 Um fio de nylon está submetido a uma força de tração de 9 N. Sabendo que $E = 4{,}8$ GPa e que o comprimento do fio deve aumentar 1,1%, determine (*a*) o diâmetro do fio e (*b*) a tensão nele.

9.4 Um arame de aço de 9 m de comprimento e 6 mm de diâmetro é usado em um suporte. O arame alonga-se 18 mm quando uma força **P** é aplicada. Sabendo que $E = 200$ GPa, determine (*a*) a intensidade da força **P** e (*b*) a tensão normal correspondente no arame.

9.5 Uma barra de aço tem 2,2 m de comprimento e não deve se alongar mais de 1,2 mm quando uma carga de 8,5 kN é aplicada. Sabendo que $E = 200$ GPa, determine (*a*) o menor diâmetro da barra que pode ser usado e (*b*) a correspondente tensão normal causada pela carga.

9.6 Uma barra de controle feita de latão não deve se alongar mais de 3,175 mm quando a tração na barra for de 3.600 N. Sabendo que $E = 105$ GPa e que a máxima tensão normal admissível é 220 MPa, determine (*a*) o menor diâmetro que pode ser selecionado para a barra e (*b*) o comprimento máximo correspondente da barra.

9.7 Um tubo de alumínio não deve se alongar mais de 1,25 mm quando submetido a uma força de tração. Sabendo que $E = 70$ GPa e que a resistência à tração admissível é de 70 MPa, determine (*a*) o comprimento máximo admissível para o tubo e (*b*) a área necessária para o tubo se a carga de tração for de 574 kN.

9.8 Um tubo de ferro fundido é utilizado para suportar uma força de compressão. Sabendo que $E = 69$ GPa e que a máxima variação admissível no comprimento é de 0,025%, determine (*a*) a tensão normal máxima no tubo e (*b*) a espessura mínima da parede para uma carga de 7,2 kN se o diâmetro externo do tubo for de 50 mm.

9.9 Um bloco de 250 mm de comprimento e seção transversal de 45 × 40 mm deve suportar uma força de compressão centrada **P**. O material a ser utilizado é um bronze para o qual $E = 97$ GPa. Determine a maior força que pode ser aplicada, sabendo que a tensão normal não deve exceder 81 MPa e que a diminuição no comprimento do bloco deverá ser no máximo de 0,12% de seu comprimento original.

9.10 Uma carga de tração de 9 kN deverá ser aplicada a um arame de aço com comprimento de 50 m e $E = 200$ GPa. Determine o menor diâmetro do arame que pode ser usado, sabendo que a tensão normal não deve exceder 150 MPa e que o aumento no comprimento do arame deverá ser menor que 25 mm.

9.11 O cabo BC de 4 mm de diâmetro é feito de um aço com $E = 200$ GPa. Sabendo que a máxima tensão no cabo não pode exceder 190 MPa e que a deformação do cabo não deve exceder 6 mm, determine a máxima força **P** que pode ser aplicada conforme mostra a figura.

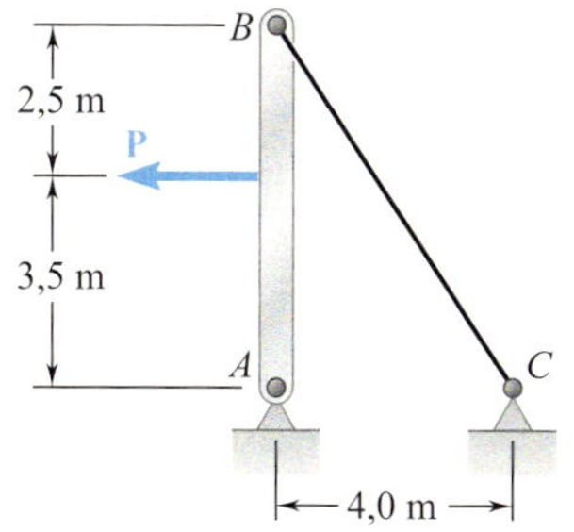

Figura P9.11

9.12 A barra BD feita de aço ($E = 200$ GPa) é utilizada para contenção lateral da haste comprimida ABC. O máximo esforço que se desenvolve em BD é igual a $0{,}02P$. Se a tensão não deve exceder 124 MPa e a máxima mudança de comprimento da barra BD não pode exceder 0,001 vezes o comprimento de ABC, determine o menor diâmetro possível de ser utilizado para o membro BD.

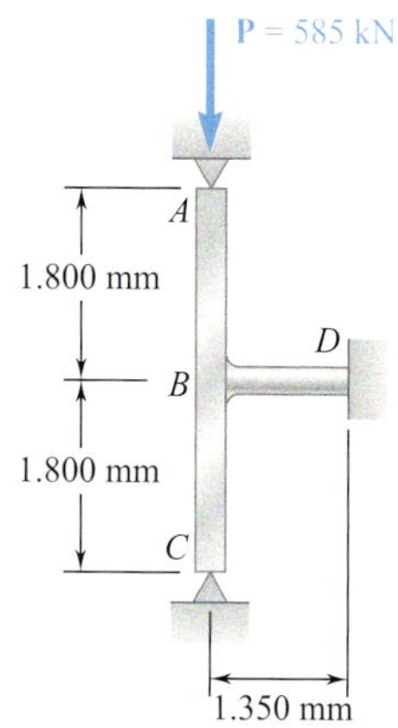

Figura P9.12

9.13 O elemento mostrado é feito com um cilindro de aço com diâmetro de 25,4 mm e duas luvas com 38,1 mm de diâmetro externo ajustadas nas suas extremidades. Sabendo que $E = 200$ GPa, determine (*a*) a carga **P** de modo que o alongamento total seja igual a 0,0508 mm e (*b*) o correspondente alongamento da porção central BC.

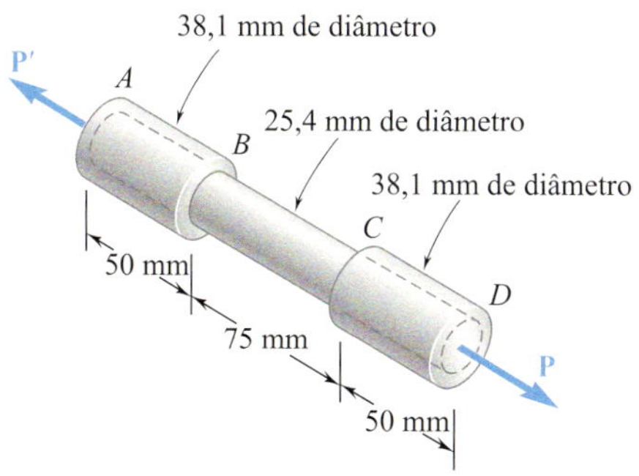

Figura P9.13

9.14 Ambas as partes da barra ABC são feitas de um alumínio para o qual $E = 70$ GPa. Sabendo que a intensidade de **P** é 4 kN, determine (*a*) o valor de **Q** de modo que o deslocamento em A seja zero e (*b*) o deslocamento correspondente de B.

9.15 A barra ABC é feita de um alumínio para o qual $E = 70$ GPa. Sabendo que $P = 6$ kN e $Q = 42$ kN, determine o deslocamento (*a*) do ponto A e (*b*) do ponto B.

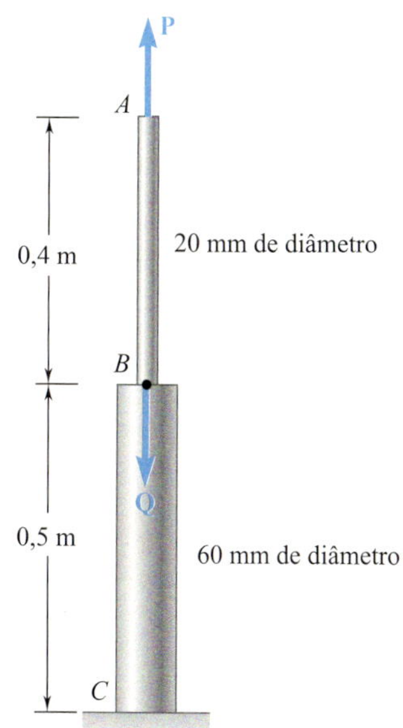

Figura P9.14 e P9.15

9.16 Duas barras cilíndricas sólidas são unidas em B e carregadas conforme mostra a figura. A barra AB é feita de aço (E = 200 GPa) e a barra BC de latão (E = 105 GPa). Determine (*a*) o deslocamento total da barra composta ABC e (*b*) o deslocamento do ponto B.

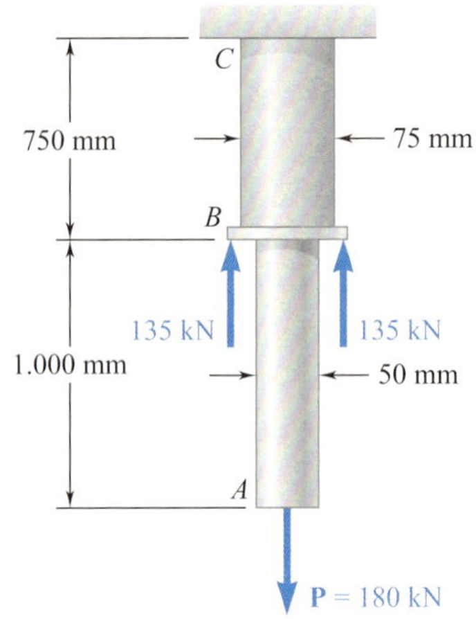

Figura P9.16

9.17 Um cilindro vazado de poliestireno (E = 3,1 GPa) com parede de 3,2 mm de espessura e uma placa rígida circular (somente parte dela é mostrada) são utilizados para suportar uma barra de aço AB (E = 200 GPa) de 254 mm de comprimento e 6,35 mm de diâmetro. Se uma carga **P** de 3.600 N for aplicada em B, determine (*a*) a deformação da barra AB, (*b*) o deslocamento do ponto B e (*c*) a tensão normal média na barra AB.

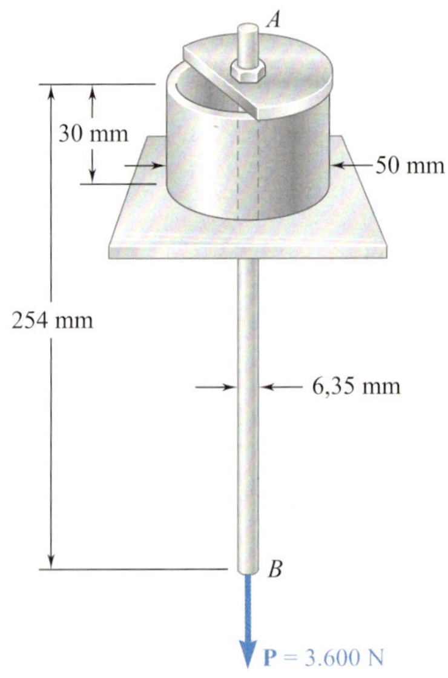

Figura P9.17

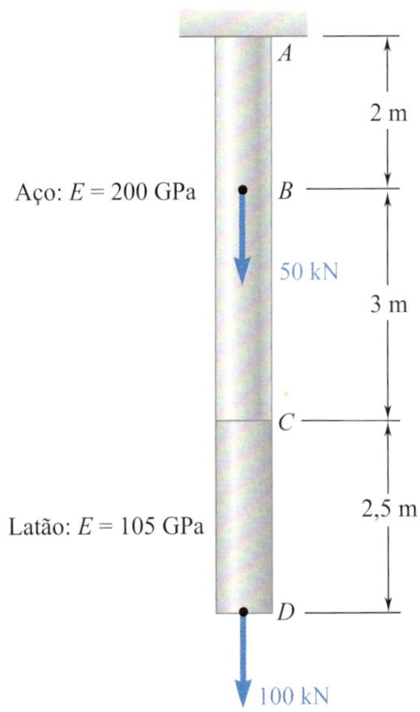

Figura P9.18

9.18 Uma barra de aço ABC de diâmetro 36 mm e uma barra de latão CD de mesmo diâmetro são unidas no ponto C e formam uma barra $ABCD$ de 7,5 m. Para o carregamento mostrado na figura e desprezando o peso da barra, determine o deslocamento (*a*) do ponto C e (*b*) do ponto D.

9.19 A estrutura de aço (E = 200 GPa) mostrada na figura tem uma braço diagonal BD com a área de 1.920 mm². Determine a maior carga admissível **P** se a mudança no comprimento do elemento BD não excede 1,6 mm.

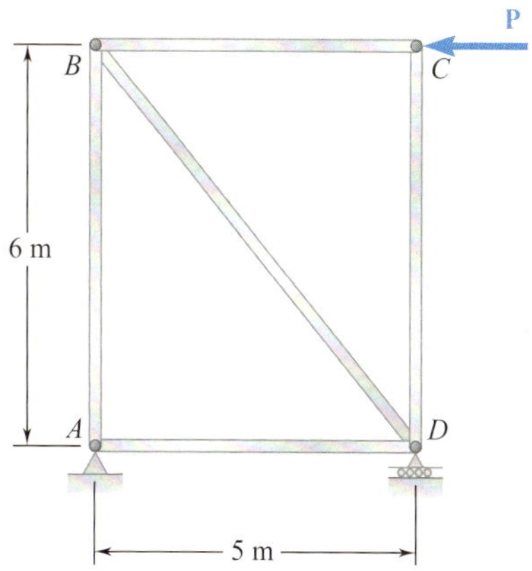

Figura P9.19

9.20 Para a treliça de aço (E = 200 GPa) e o carregamento mostrados, determine as deformações dos componentes AB e AD, sabendo que suas áreas de seção transversal são, respectivamente, 2.500 mm² e 1.750 mm².

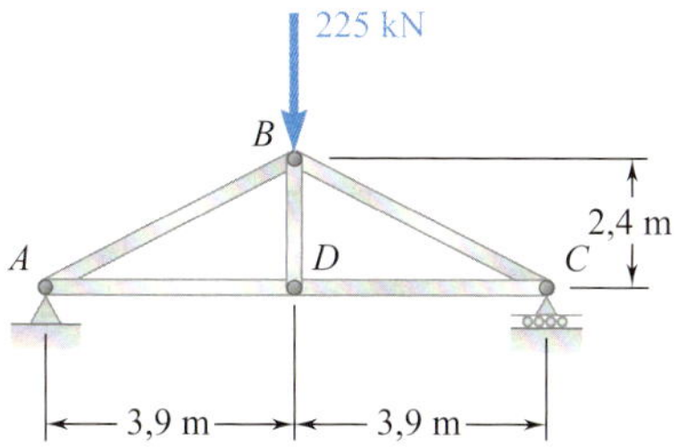

Figura P9.20

9.21 Os elementos AB e CD são barras de aço (E = 200 GPa) com áreas de seção transversal de 500 mm² e 400 mm², respectivamente. Para o carregamento mostrado na figura, determine a alongamento (a) do elemento AB e (b) do elemento BC.

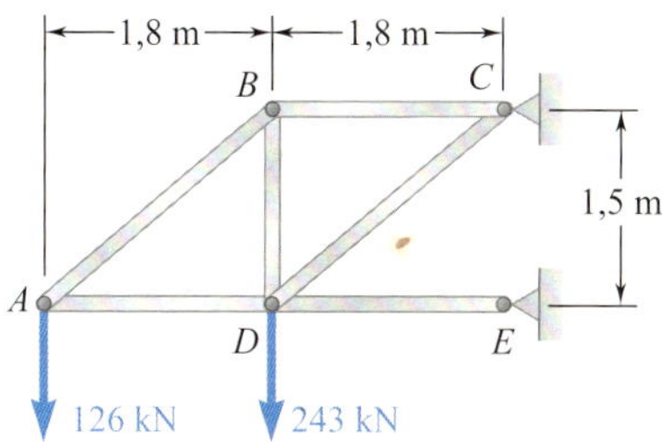

Figura P9.21

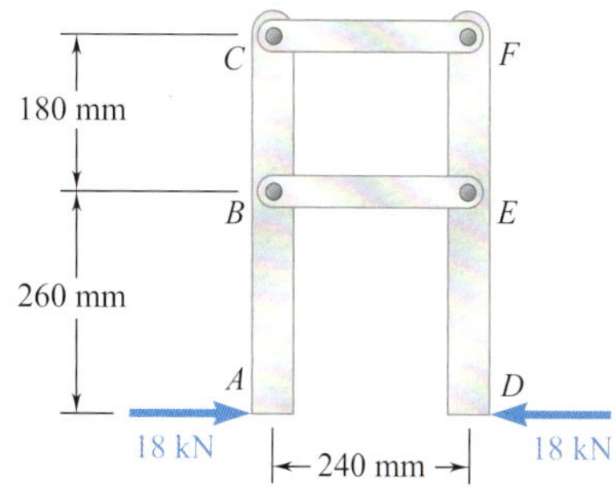

Figura P9.22

9.22 Os elementos ABC e DEF são unidos com barras de aço (E = 200 GPa). Cada uma das barras é feita de um par de placas de 25 × 35 mm. Determine a mudança de comprimento (a) do elemento BE e (b) do elemento CF.

9.23 Cada uma das barras AB e CD é feita de alumínio (E = 75 GPa) e tem uma seção transversal com área de 125 mm². Sabendo que elas suportam a barra rígida BC, determine o deslocamento do ponto E.

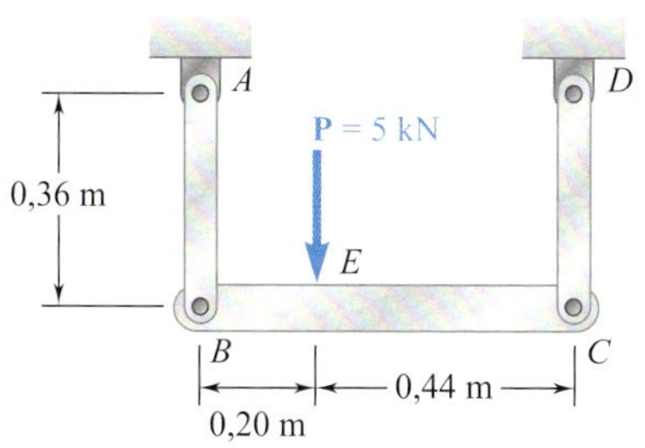

Figura P9.23

9.24 A barra BD é feita de latão (E = 105 GPa) e tem uma área de seção transversal de 250 mm². A barra CE é feita de alumínio (E = 70 GPa) e tem uma área de seção transversal de 313 mm². Determine a máxima força **P** que pode ser aplicada verticalmente no ponto A, considerando que o deslocamento de A não deve exceder 0,35 mm.

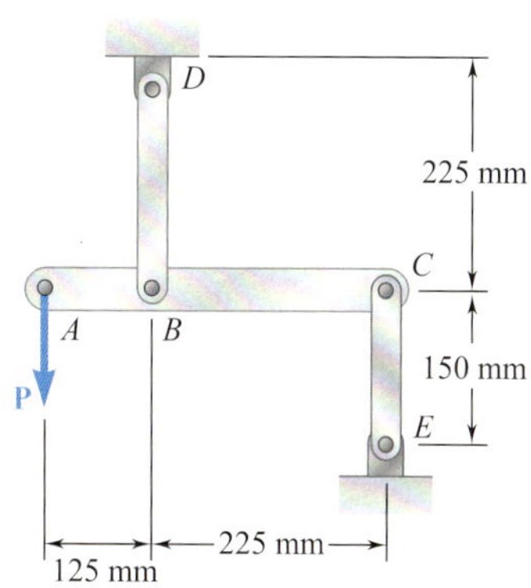

Figura P9.24

9.8 Problemas estaticamente indeterminados

Nos problemas considerados na seção anterior, sempre podíamos usar diagramas de corpo livre e equações de equilíbrio para determinar as forças internas que ocorrem nas várias partes de um componente sob determinadas condições de carregamento. Os valores obtidos para as forças internas eram então colocados nas Eqs. (9.7) ou (9.8) para obter a deformação do componente.

No entanto, há muitos problemas nos quais as forças internas não podem ser determinadas apenas por meio da estática. Na verdade, na maioria desses problemas, as próprias reações, que são forças externas, não podem ser determinadas simplesmente desenhando o diagrama de corpo livre do componente e escrevendo as equações de equilíbrio correspondentes. As equações de equilíbrio devem ser complementadas por relações que envolvem deformações obtidas com base na geometria do problema. Como as equações da estática são incapazes de determinar as reações ou as forças internas, dizemos que os problemas desse tipo são *estaticamente indeterminados*. Os exemplos a seguir mostrarão como lidar com esse tipo de problema.

Exemplo 9.2. Uma barra de comprimento L, seção transversal de área A_1 e módulo de elasticidade E_1 foi colocada dentro de um tubo do mesmo comprimento L, mas de seção transversal de área A_2 e módulo de elasticidade E_2 (Fig. 9.19*a*). Qual é a deformação da barra e do tubo quando uma força **P** é aplicada em uma placa lateral rígida como mostra a figura?

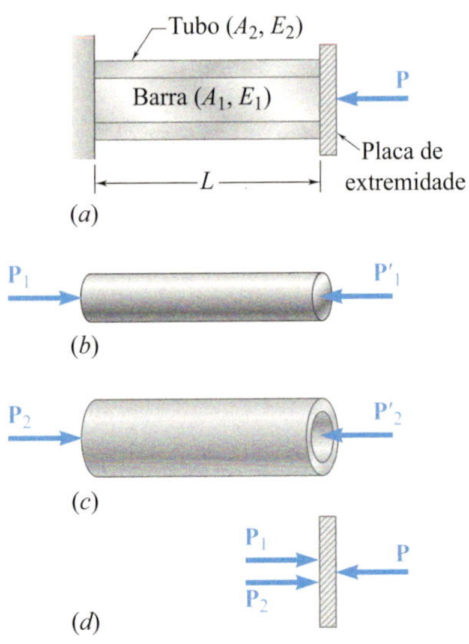

Figura 9.19

Indicando por P_1 e P_2, respectivamente, as forças axiais na barra e no tubo, desenhamos os diagramas de corpo livre dos três elementos (Fig. 9.19*b*, *c*, *d*). Somente o último dos diagramas fornece alguma informação significativa, ou seja:

$$P_1 + P_2 = P \tag{9.10}$$

Está claro que uma única equação não é suficiente para determinar as duas forças internas desconhecidas P_1 e P_2. O problema é estaticamente indeterminado.

No entanto, a geometria do problema mostra que as deformações δ_1 e δ_2 da barra e do tubo devem ser iguais. Usando a Eq. (9.6), escrevemos

$$\delta_1 = \frac{P_1 L}{A_1 E_1} \qquad \delta_2 = \frac{P_2 L}{A_2 E_2} \tag{9.11}$$

Igualando as deformações δ_1 e δ_2, obtemos

$$\frac{P_1}{A_1 E_1} = \frac{P_2}{A_2 E_2} \tag{9.12}$$

As Eqs. (9.10) e (9.12) podem ser resolvidas simultaneamente para P_1 e P_2:

$$P_1 = \frac{A_1 E_1 P}{A_1 E_1 + A_2 E_2} \qquad P_2 = \frac{A_2 E_2 P}{A_1 E_1 + A_2 E_2}$$

Qualquer uma das Eqs. (9.11) pode então ser utilizada para determinar a deformação comum da barra e do tubo. ■

Exemplo 9.3. Uma barra AB de comprimento L e seção transversal uniforme está ligada a suportes rígidos em A e B antes de ser aplicada uma força. Quais são as tensões nas partes AC e BC em razão da aplicação de uma força P no ponto C (Fig. 9.20*a*)?

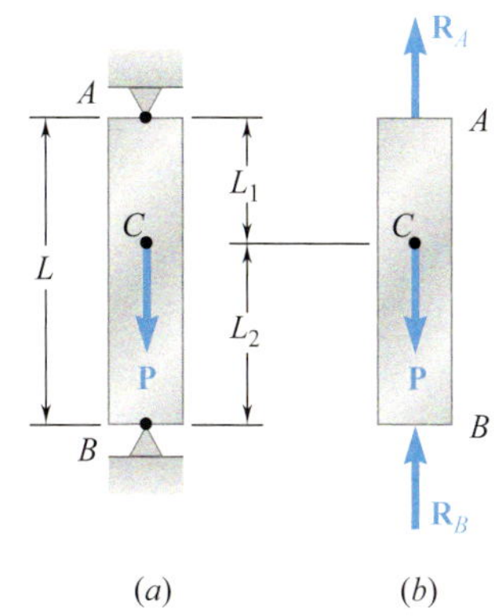

Figura 9.20

Ao desenharmos o diagrama de corpo livre da barra (Fig. 9.20*b*), obtemos a equação de equilíbrio

$$R_A + R_B = P \tag{9.13}$$

Como essa equação não é suficiente para determinar as duas reações desconhecidas R_A e R_B, o problema é estaticamente indeterminado.

No entanto, as reações podem ser determinadas se observarmos da geometria que a deformação total δ da barra deve ser zero. Designando por δ_1 e δ_2, respectivamente, as deformações das partes AC e BC, escrevemos

$$\delta = \delta_1 + \delta_2 = 0$$

ou expressando δ_1 e δ_2 em termos das forças internas correspondentes P_1 e P_2:

$$\delta = \frac{P_1L_1}{AE} + \frac{P_2L_2}{AE} = 0 \tag{9.14}$$

Mas notamos pelos diagramas de corpo livre mostrados, respectivamente, nas partes *b* e *c* da Fig. 9.21 que $P_1 = R_A$ e $P_2 = -R_B$. Substituindo esses dois valores na Eq. (9.14), escrevemos

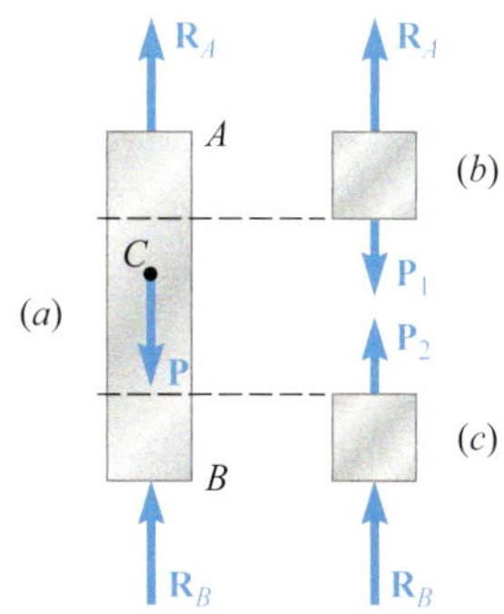

Figura 9.21

$$R_AL_1 - R_BL_2 = 0 \tag{9.15}$$

As Eqs. (9.13) e (9.15) podem ser resolvidas simultaneamente para R_A e R_B, e obtemos $R_A = PL_2/L$ e $R_B = PL_1/L$. As tensões desejadas σ_1 em AC e σ_2 em BC são obtidas dividindo, respectivamente, $P_1 = R_A$ e $P_2 = -R_B$ pela área da seção transversal da barra:

$$\sigma_1 = \frac{PL_2}{AL} \qquad \sigma_2 = -\frac{PL_1}{AL} \quad \blacksquare$$

Método da superposição. Observamos que uma estrutura é estaticamente indeterminada sempre que ela é vinculada por mais suportes do que aqueles necessários para manter seu equilíbrio. Isso resulta em mais reações desconhecidas do que equações de equilíbrio disponíveis. Muitas vezes é conveniente designar uma das reações como *redundante* e eliminar o suporte correspondente. Como as condições estabelecidas no problema não podem ser alteradas arbitrariamente, a reação redundante deve ser mantida na solução. Contudo, ela será tratada como uma *força desconhecida* que, com outras forças, deve produzir deformações compatíveis com as restrições originais. A solução real do problema é obtida considerando separadamente as deformações provocadas pelas forças e pela reação redundante e somando – ou *superpondo* – os resultados obtidos.*

* As condições gerais sob as quais o efeito combinado de várias forças pode ser obtido dessa maneira serão discutidas na Seção 9.11

Exemplo 9.4. Determine as reações em A e B para a barra de aço mostrada na Fig. 9.22, considerando que ela está presa em ambas as extremidades por apoios fixos submetidos ao carregamento indicado.

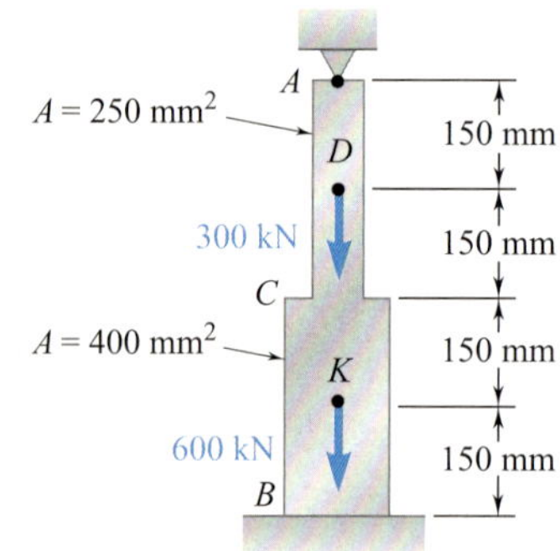

Figura 9.22

Consideramos a reação em B como redundante e liberamos a barra do apoio. A reação $\mathbf{R}_B$ é agora uma força desconhecida (Fig. 9.23*a*) e será determinada por meio da condição de que a deformação δ da barra deve ser igual a zero. A solução é obtida considerando separadamente a deformação δ_L causada pelas forças dadas (Fig. 9.23*b*) e a deformação δ_R em razão da reação $\mathbf{R}_B$ redundante (Fig. 9.23*c*).

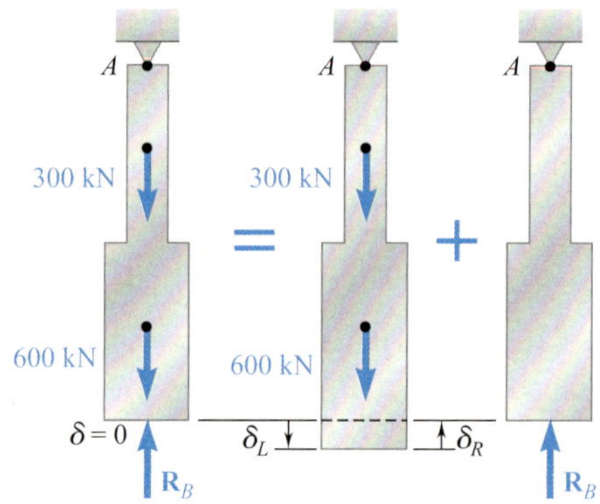

Figura 9.23

A deformação δ_L foi obtida pela Eq. (9.7) depois que a barra foi dividida em quatro partes, como mostra a Fig. 9.24.

Seguindo o mesmo procedimento do Exemplo 9.1, escrevemos

$$P_1 = 0 \qquad P_2 = P_3 = 600 \times 10^3 \text{ N} \qquad P_4 = 900 \times 10^3 \text{ N}$$
$$A_1 = A_2 = 400 \times 10^{-6} \text{ m}^2 \qquad A_3 = A_4 = 250 \times 10^{-6} \text{ m}^2$$
$$L_1 = L_2 = L_3 = L_4 = 0{,}150 \text{ m}$$

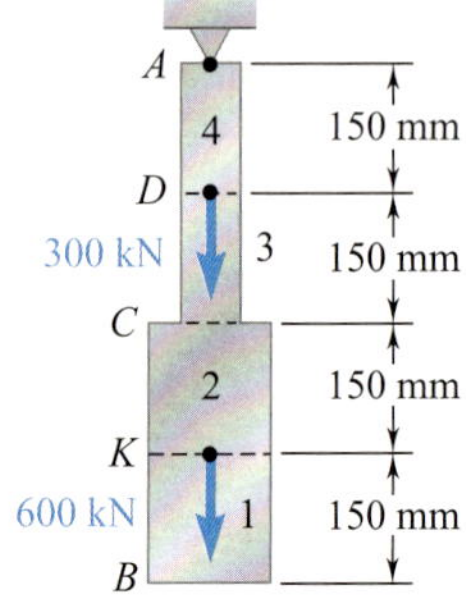

Figura 9.24

Substituindo esses valores na Eq. (9.7), obtemos

$$\delta_L = \sum_{i=1}^{4} \frac{P_i L_i}{A_i E} = \left(0 + \frac{600 \times 10^3 \text{ N}}{400 \times 10^{-6} \text{ m}^2} + \frac{600 \times 10^3 \text{ N}}{250 \times 10^{-6} \text{ m}^2} + \frac{900 \times 10^3 \text{ N}}{250 \times 10^{-6} \text{ m}^2}\right) \frac{0{,}150 \text{ m}}{E} \tag{9.16}$$

$$\delta_L = \frac{1{,}125 \times 10^9}{E}$$

Considerando agora a deformação δ_R por causa da reação redundante R_B, devemos dividir a barra em duas partes, como mostra a Fig. 9.25, e escrever

$$P_1 = P_2 = -R_B$$
$$A_1 = 400 \times 10^{-6}\ \text{m}^2 \qquad A_2 = 250 \times 10^{-6}\ \text{m}^2$$
$$L_1 = L_2 = 0{,}300\ \text{m}$$

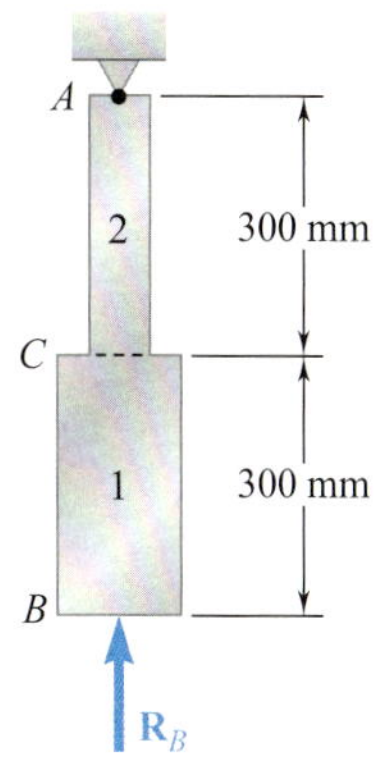

Figura 9.25

Substituindo esses valores na Eq. (9.7) obtemos

$$\delta_R = \frac{P_1L_1}{A_1E} + \frac{P_2L_2}{A_2E} = -\frac{(1{,}95 \times 10^3)R_B}{E} \tag{9.17}$$

Considerando que a deformação total δ da barra deve ser zero, escrevemos

$$\delta = \delta_L + \delta_R = 0 \tag{9.18}$$

e, substituindo δ_L e δ_R de (9.16) e (9.17) em (9.18),

$$\delta = \frac{1{,}125 \times 10^9}{E} - \frac{(1{,}95 \times 10^3)R_B}{E} = 0$$

Resolvendo para R_B, temos

$$R_B = 577 \times 10^3\ \text{N} = 577\ \text{kN}$$

A reação R_A no apoio superior é obtida do diagrama de corpo livre da barra (Fig. 9.26). Escrevemos

$$+\uparrow \Sigma F_y = 0: \qquad R_A - 300\ \text{kN} - 600\ \text{kN} + R_B = 0$$
$$R_A = 900\ \text{kN} - R_B = 900\ \text{kN} - 577\ \text{kN} = 323\ \text{kN}$$

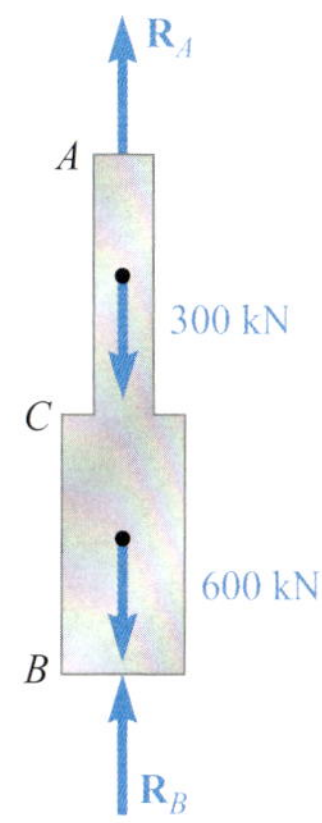

Figura 9.26

Uma vez determinadas as reações, as tensões e deformações na barra podem ser obtidas facilmente. Deve-se notar que, embora a deformação total da barra seja zero, cada uma de suas partes componentes *se deforma* sob as condições de carregamento e restrições nos apoios. ■

Exemplo 9.5. Determine as reações em A e B para a barra de aço do Exemplo 9.4. Considere o mesmo carregamento e suponha, agora, que exista uma folga de 4,50 mm entre a barra e o chão antes de aplicar o carregamento (Fig. 9.27). Suponha E = 200 GPa.

Seguimos o mesmo procedimento do Exemplo 9.4. Considerando a reação em B redundante, calculamos as deformações δ_L e δ_R provocadas, respectivamente, pelas forças e pela reação redundante $\mathbf{R}_B$. No entanto, nesse caso, a deformação total não é zero, mas δ = 4,5 mm. Escrevemos então

$$\delta = \delta_L + \delta_R = 4{,}5 \times 10^{-3}\ \text{m} \tag{9.19}$$

Substituindo δ_L e δ_R de (9.16) e (9.17) em (9.19) e lembrando que E = 200 GPa = 200×10^9 Pa, temos

$$\delta = \frac{1{,}125 \times 10^9}{200 \times 10^9} - \frac{(1{,}95 \times 10^3)R_B}{200 \times 10^9} = 4{,}5 \times 10^{-3}\ \text{m}$$

Resolvendo para R_B, temos

$$R_B = 115{,}4 \times 10^3\ \text{N} = 115{,}4\ \text{kN}$$

A reação em A é obtida do diagrama de corpo livre da barra (Fig. 9.27):

$$+\uparrow \Sigma F_y = 0: \qquad R_A - 300\ \text{kN} - 600\ \text{kN} + R_B = 0$$
$$R_A = 900\ \text{kN} - R_B = 900\ \text{kN} - 115{,}4\ \text{kN} = 785\ \text{kN} \quad ■$$

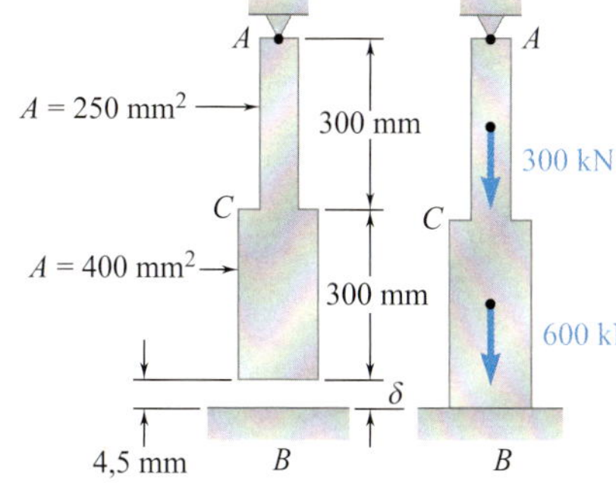

Figura 9.27

9.9 Problemas que envolvem mudanças de temperatura

Todos os componentes e estruturas até agora foram considerados na mesma temperatura enquanto estavam sendo submetidos a um carregamento. Agora vamos considerar varias situações que envolvem mudanças na temperatura.

Primeiro vamos considerar uma barra homogênea AB de seção transversal uniforme, que se apoia livremente em uma superfície horizontal lisa (Fig. 9.28*a*). Se a temperatura da barra é aumentada de ΔT, observamos que a barra se alonga de δ_T que é proporcional à variação de temperatura ΔT e ao comprimento L da barra (Fig. 9.28*b*). Temos

$$\delta_T = \alpha(\Delta T)L \tag{9.20}$$

onde α é uma constante característica do material, chamada de *coeficiente de dilatação térmica*. Como δ_T e L são ambos expressos em unidades de comprimento, α representa uma quantidade *por grau C*, ou *por grau F*, dependendo se a mudança de temperatura é expressa em graus Celsius ou Fahrenheit.

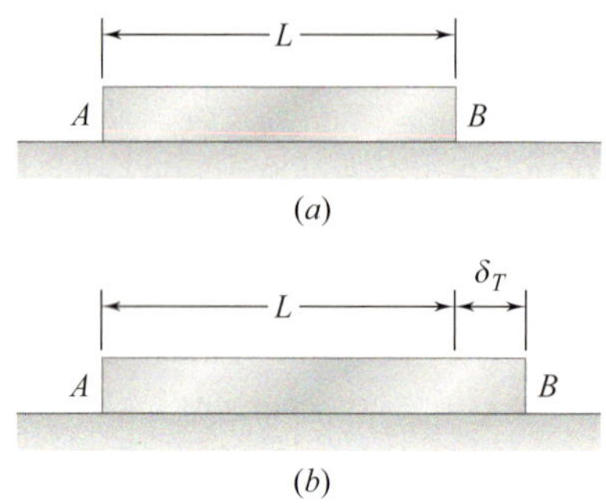

Figura 9.28

Com a deformação δ_T deve ser associada uma deformação específica $\epsilon_T = \delta_T/L$. Com base na Eq. (9.20), concluímos que

$$\epsilon_T = \alpha\,\Delta T \tag{9.21}$$

A deformação específica ϵ_T é conhecida como *deformação específica térmica*, pois ela é provocada pela variação de temperatura da barra. No caso considerado aqui, *não há tensão associada com a deformação específica* ϵ_T.

Suponhamos agora que a mesma barra AB de comprimento L seja colocada entre dois apoios fixos, a uma distância L um do outro (Fig. 9.29*a*). Novamente, não há tensão nem deformação nessa condição inicial. Se aumentarmos a temperatura em ΔT, a barra não poderá se alongar em razão das restrições impostas nas suas extremidades, e a deformação δ_T da barra será então zero. Como a barra é homogênea e tem seção transversal uniforme, a deformação específica ϵ_T em qualquer ponto será $\epsilon_T = \delta_T/L$ e, portanto, também zero. No entanto, os apoios exercerão forças iguais e opostas **P** e **P′** na barra, após a elevação da temperatura, para impedir sua deformação (Fig. 9.29*b*). Concluímos então que é criado um estado de tensão (sem a deformação específica correspondente) na barra.

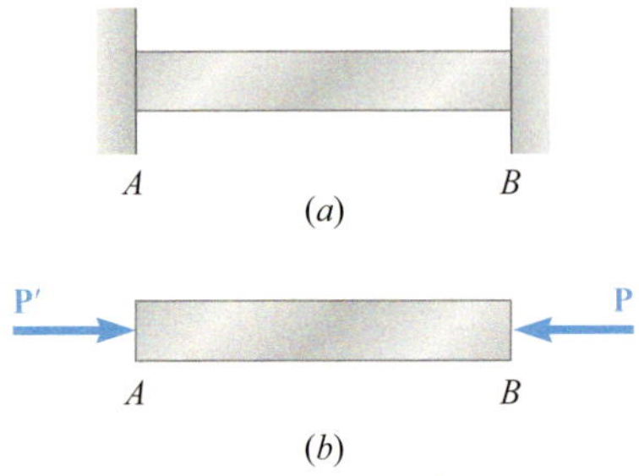

Figura 9.29

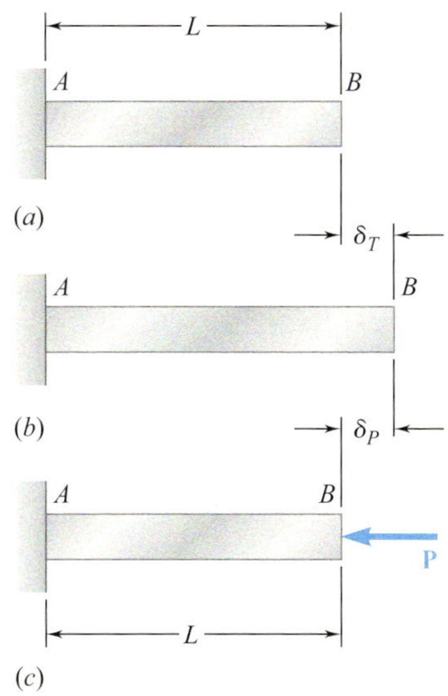

Figura 9.30

Quando nos preparamos para determinar a tensão σ criada pela variação de temperatura ΔT, observamos que o problema que tínhamos para resolver era estaticamente indeterminado. Portanto, devemos primeiro calcular a intensidade P das reações nos apoios por meio da condição de que a deformação da barra é zero. Usando o método da superposição descrito na Seção 9.8, separamos a barra de seu apoio B (Fig. 9.30*a*) e a deixamos alongar-se livremente com a variação de temperatura ΔT (Fig. 9.30*b*). De acordo com a Eq. (9.20), a deformação correspondente é

$$\delta_T = \alpha(\Delta T)L$$

Aplicando agora à extremidade B a força **P**, que representa a reação redundante, e usando a Eq. (9.6), obtemos uma segunda deformação (Fig. 9.30*c*)

$$\delta_P = \frac{PL}{AE}$$

Considerando que a deformação total δ deve ser zero, temos

$$\delta = \delta_T + \delta_P = \alpha(\Delta T)L + \frac{PL}{AE} = 0$$

e concluímos que

$$P = -AE\alpha(\Delta T)$$

e que a tensão na barra em razão da mudança de temperatura ΔT é

$$\sigma = \frac{P}{A} = -E\alpha(\Delta T) \tag{9.22}$$

Devemos ter em mente que o resultado obtido aqui e nossa observação anterior referente à ausência de qualquer deformação específica na barra *aplicam-se somente no caso de uma barra homogênea de seção transversal uniforme.* Qualquer outro problema envolvendo uma estrutura impedida de se deformar submetida a uma variação de temperatura deve ser analisado detalhadamente. No entanto, pode ser utilizada a mesma abordagem geral, ou seja, podemos considerar separadamente as deformações causadas pela variação de temperatura e pela reação redundante, e superpor as soluções obtidas.

Exemplo 9.6. Determine os valores da tensão nas partes AC e CB da barra de aço mostrada (Fig. 9.31) quando a temperatura da barra for de –45 °C, sabendo que ambos os apoios rígidos estão ajustados quando a temperatura estiver a +20 °C. Use os valores E = 200 GPa e $\alpha = 12 \times 10^{-6}$/°C para o aço.

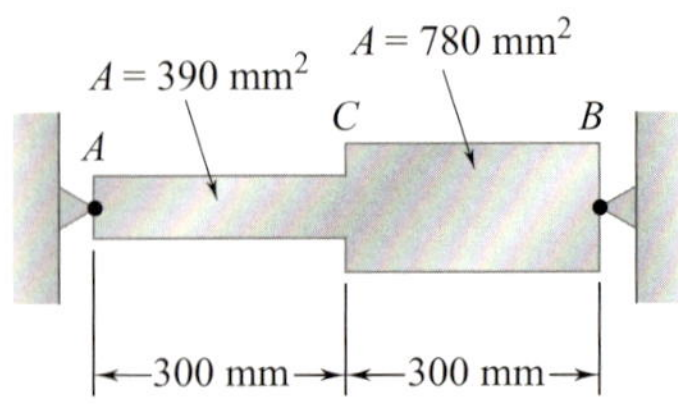

Figura 9.31

Primeiro determinamos as reações nos apoios. Como o problema é estaticamente indeterminado, separamos a barra de seu apoio em B e a deixamos mudar com a temperatura.

$$\Delta T = (-45\ °C) - (20\ °C) = -65\ °C$$

A deformação correspondente (Fig. 9.32*b*) é

$$\delta_T = \alpha(\Delta T)L = (12 \times 10^{-6}/°C)(-65\ °C)(600\ mm)$$
$$= -0{,}468\ mm$$

Aplicando agora a força desconhecida $\mathbf{R}_B$ na extremidade B (Fig. 9.32*c*), usamos a Eq. (9.7) para expressar a deformação δ_R correspondente. Substituindo

$$L_1 = L_2 = 300\ mm$$
$$A_1 = 390\ mm^2 \quad A_2 = 780\ mm^2$$
$$P_1 = P_2 = R_B \qquad E = 200\ GPa$$

na Eq. (9.7), temos

$$\delta_R = \frac{P_1 L_1}{A_1 E} + \frac{P_2 L_2}{A_2 E}$$
$$= \frac{R_B}{200\ kN/mm^2}\left(\frac{300\ mm}{390\ mm^2} + \frac{300\ mm}{780\ mm^2}\right)$$
$$= (5{,}769 \times 10^{-3}\ mm/kN)R_B$$

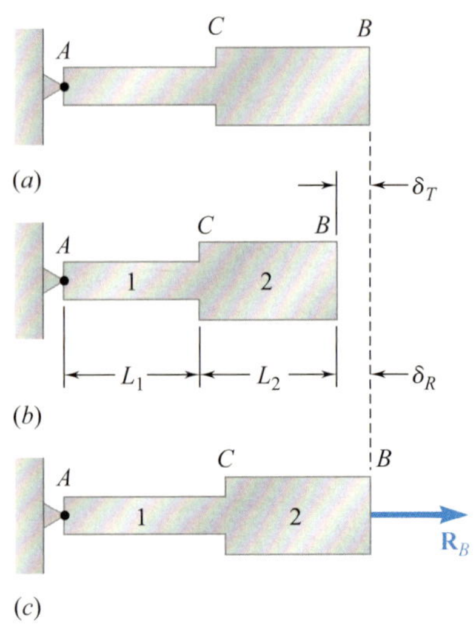

Figura 9.32

Considerando que a deformação total da barra deve ser zero como resultado das restrições impostas, escrevemos

$$\delta = \delta_T + \delta_R = 0$$
$$= -0{,}468 \text{ mm} + (5{,}769 \times 10^{-3} \text{ mm/kN})R_B = 0$$

e obtemos

$$R_B = 81{,}12 \text{ kN}$$

A reação em A é igual e oposta.

Notando que as forças nas duas partes da barra são $P_1 = P_2 = 81{,}12$ kN, obtemos os seguintes valores para a tensão nas partes AC e CB da barra:

$$\sigma_1 = \frac{P_1}{A_1} = \frac{81{,}12 \text{ kN}}{390 \text{ mm}^2} = +208 \text{ MPa}$$

$$\sigma_2 = \frac{P_2}{A_2} = \frac{81{,}12 \text{ kN}}{780 \text{ mm}^2} = +104 \text{ MPa}$$

Não podemos enfatizar demasiadamente o fato de que, embora a *deformação total* da barra deva ser zero, as deformações das partes componentes AC e CB *não serão nulas*. Portanto, uma solução do problema baseada na hipótese de que essas deformações são iguais a zero seria errada. E nem os valores da deformação específica em AC ou CB podem ser considerados iguais a zero. Para melhor destacarmos esse ponto, vamos determinar a deformação específica ϵ_{AC} na parte AC da barra. A deformação específica ϵ_{AC} pode ser dividida em duas partes componentes; uma é a deformação específica térmica ϵ_T produzida na barra livre pela variação de temperatura ΔT (Fig. 9.32*b*). Da Eq. (9.21) escrevemos

$$\epsilon_T = \alpha\, \Delta T = (12 \times 10^{-6}/°\text{C})(-65\ °\text{C})$$
$$= -780 \times 10^{-6}$$

A outra componente de ϵ_{AC} está associada com a tensão σ_1 por causa da força $\mathbf{R}_B$ aplicada à barra (Fig. 9.32*c*). Da lei de Hooke, expressamos essa componente da deformação como

$$\frac{\sigma_1}{E} = \frac{208 \text{ MPa}}{200.000 \text{ MPa}} = 1.040 \times 10^{-6}$$

Somando as duas componentes da deformação específica em AC, obtemos

$$\epsilon_{AC} = \epsilon_T + \frac{\sigma_1}{E} = -780 \times 10^{-6} + 1.040 \times 10^{-6}$$
$$= +260 \times 10^{-6}$$

Um cálculo semelhante fornece a deformação específica na parte CB da barra:

$$\epsilon_{CB} = \epsilon_T + \frac{\sigma_2}{E} = -780 \times 10^{-6} + 520 \times 10^{-6}$$
$$= -260 \times 10^{-6}$$

As deformações δ_{AC} e δ_{CB} das duas partes da barra são expressas, respectivamente, como

$$\delta_{AC} = \epsilon_{AC}(AC) = (260 \times 10^{-6})(300 \times 10^{-3} \text{ m})$$
$$= 78 \times 10^{-6} \text{ m}$$
$$\delta_{CB} = \epsilon_{CB}(CB) = (-260 \times 10^{-6})(300 \times 10^{-3} \text{ m})$$
$$= -78 \times 10^{-6} \text{ m}$$

Verificamos então que, embora a soma $\delta = \delta_{AC} + \delta_{CB}$ das duas deformações seja zero, nenhuma das deformações é igual a zero. ■

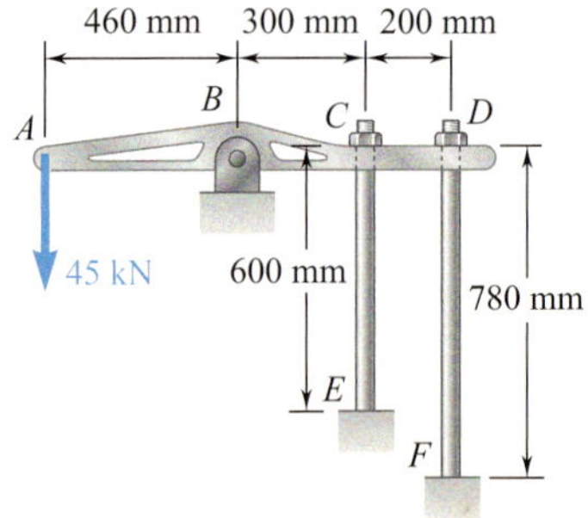

PROBLEMA RESOLVIDO 9.3

As barras CE de 12 mm de diâmetro e DF de 20 mm de diâmetro estão ligadas à barra rígida $ABCD$ conforme mostra a figura. Sabendo que as barras são feitas de alumínio e usando $E = 70$ GPa, determine (*a*) a força em cada barra provocada pela força mostrada na figura e (*b*) o deslocamento correspondente do ponto A.

SOLUÇÃO

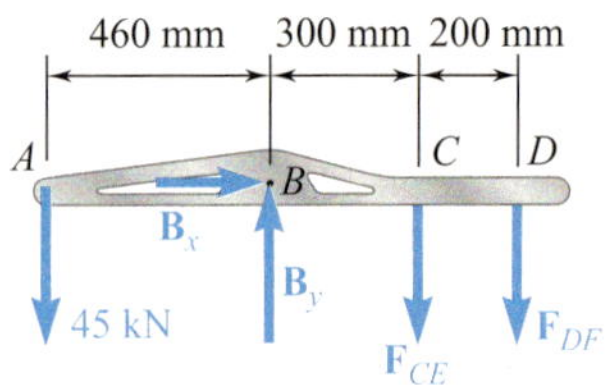

Estática. Considerando o diagrama de corpo livre da barra $ABCD$, notamos que a reação em B e as forças aplicadas pelas barras são indeterminadas. No entanto, usando a estática, podemos escrever

$$+\circlearrowright \Sigma M_B = 0: \quad (45 \text{ kN})(460 \text{ mm}) - F_{CE}(300 \text{ mm}) - F_{DF}(500 \text{ mm}) = 0$$

$$3F_{CE} + 5F_{DF} = 207 \qquad (1)$$

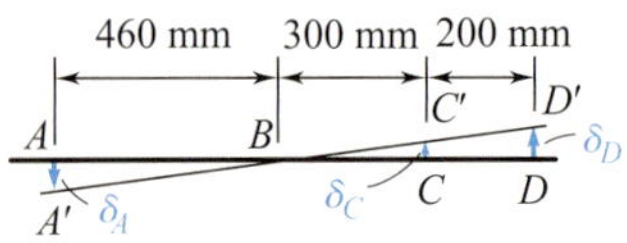

Geometria. Após a aplicação da força de 45 kN, a posição da barra é $A'BC'D'$. Com base nos triângulos semelhantes BAA', BCC' e BDD', temos

$$\frac{\delta_C}{300 \text{ mm}} = \frac{\delta_D}{500 \text{ mm}} \qquad \delta_C = 0{,}60\,\delta_D \qquad (2)$$

$$\frac{\delta_A}{460 \text{ mm}} = \frac{\delta_D}{500 \text{ mm}} \qquad \delta_A = 0{,}92\,\delta_D \qquad (3)$$

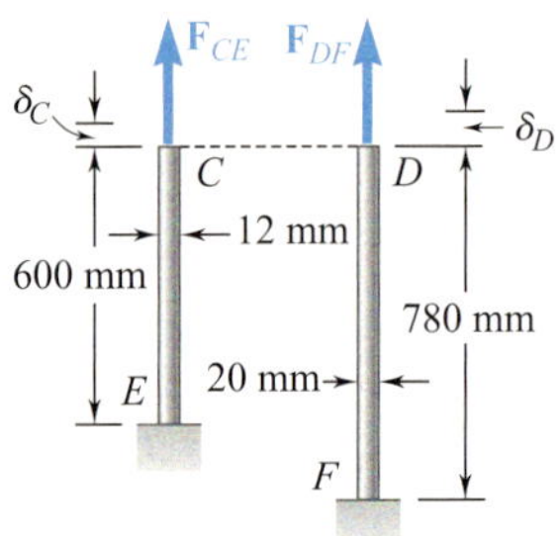

Deformações. Usando a Eq. (9.6), temos

$$\delta_C = \frac{F_{CE}L_{CE}}{A_{CE}E} \qquad \delta_D = \frac{F_{DF}L_{DF}}{A_{DF}E}$$

Substituindo os valores de δ_C e δ_D em (2), escrevemos

$$\delta_C = 0{,}6\delta_D \qquad \frac{F_{CE}L_{CE}}{A_{CE}E} = 0{,}6\,\frac{F_{DF}L_{DF}}{A_{DF}E}$$

$$F_{CE} = 0{,}6\,\frac{L_{DF}}{L_{CE}}\frac{A_{CE}}{A_{DF}}F_{DF} = 0{,}6\left(\frac{780 \text{ mm}}{600 \text{ mm}}\right)\left[\frac{\frac{1}{4}\pi(12 \text{ mm})^2}{\frac{1}{4}\pi(20 \text{ mm})^2}\right]F_{DF} \quad F_{CE} = 0{,}281F_{DF}$$

Força em cada barra. Substituindo F_{CE} em (1) e lembrando que todas as forças foram expressas em kN, temos

$$3(0{,}281F_{DF}) + 5F_{DF} = 207 \qquad F_{DF} = 35{,}43 \text{ kN} \blacktriangleleft$$

$$F_{CE} = 0{,}281F_{DF} = 0{,}281(35{,}43) \qquad F_{CE} = 9{,}96 \text{ kN} \blacktriangleleft$$

Deslocamentos. O deslocamento do ponto D é

$$\delta_D = \frac{F_{DF}L_{DF}}{A_{DF}E} = \frac{(35{,}43 \text{ kN})(780 \text{ mm})}{\frac{1}{4}\pi(20 \text{ mm})^2(70 \text{ kN/mm}^2)} \qquad \delta_D = 1{,}26 \text{ mm}$$

Usando (3), escrevemos

$$\delta_A = 0{,}92\,\delta_D = 0{,}92(1{,}26 \text{ mm}) \qquad \delta_A = 1{,}16 \text{ mm} \blacktriangleleft$$

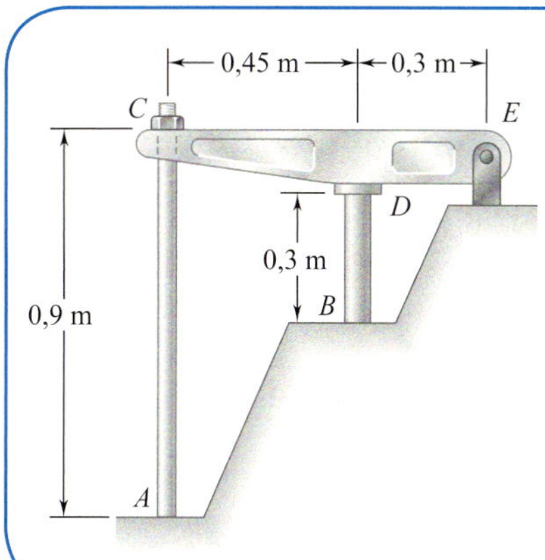

PROBLEMA RESOLVIDO 9.4

A barra rígida *CDE* está ligada a um pino com apoio em *E* e apoiada sobre o cilindro *BD* de latão, com 30 mm de diâmetro. Uma barra de aço *AC* com diâmetro de 22 mm passa através de um furo na barra e está presa por uma porca que está ajustada quando a temperatura do conjunto todo é de 20 °C. A temperatura do cilindro de latão é então elevada para 50 °C, enquanto a barra de aço permanece a 20 °C. Supondo que não havia tensões presentes antes da variação de temperatura, determine a tensão no cilindro.

Barra *AC*: Aço	Cilindro *BD*: Latão
$E = 200$ GPa	$E = 105$ GPa
$\alpha = 11{,}7 \times 10^{-6}/°\text{C}$	$\alpha = 20{,}9 \times 10^{-6}/°\text{C}$

SOLUÇÃO

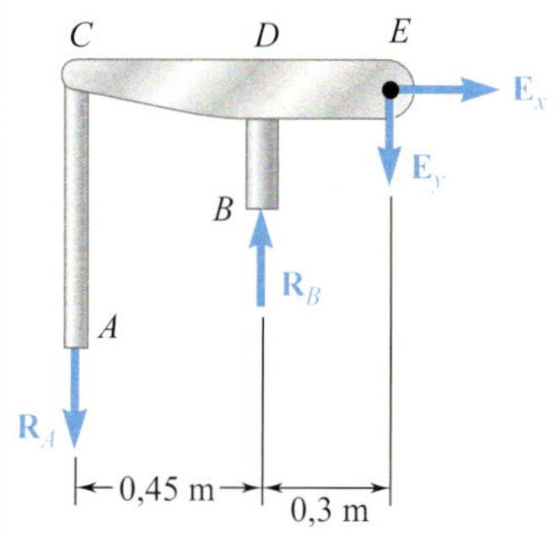

Estática. Considerando o diagrama de corpo livre do conjunto inteiro, escrevemos

$$+\circlearrowleft \Sigma M_E = 0: \quad R_A(0{,}75\text{ m}) - R_B(0{,}3\text{ m}) = 0 \qquad R_A = 0{,}4R_B \qquad (1)$$

Deformações. O método da superposição será utilizado, considerando $\mathbf{R}_B$ redundante. Com o apoio em *B* removido, o aumento de temperatura do cilindro faz o ponto *B* se mover para baixo com valor δ_T. A reação $\mathbf{R}_B$ deve provocar um deslocamento δ_1 igual a δ_T, de modo que o deslocamento final em *B* seja zero (Fig. 3).

Deslocamento δ_T. Em virtude de um aumento na temperatura de 50 °C − 20 °C = 30 °C, o comprimento do cilindro de latão aumenta em δ_T.

$$\delta_T = L(\Delta T)\alpha = (0{,}3\text{ m})(30\text{ °C})(20{,}9 \times 10^{-6}/°\text{C}) = 188{,}1 \times 10^{-6}\text{ m} \downarrow$$

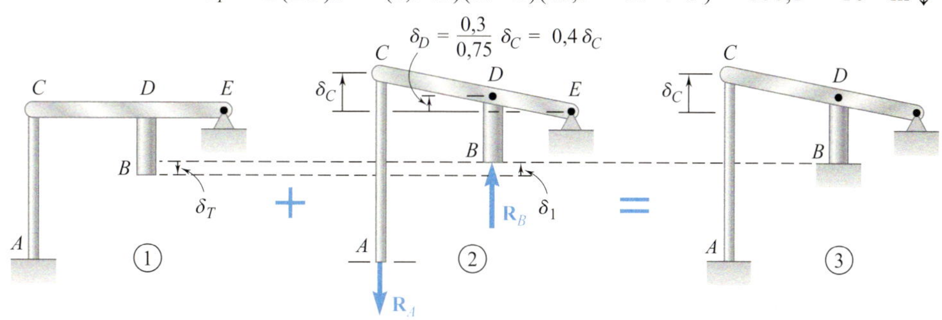

Deslocamento δ_1. Notamos que $\delta_D = 0{,}4\,\delta_C$ e $\delta_1 = \delta_D + \delta_{B/D}$.

$$\delta_C = \frac{R_A L}{AE} = \frac{R_A(0{,}9\text{ m})}{\frac{1}{4}\pi(0{,}022\text{ m})^2(200\text{ GPa})} = 11{,}84 \times 10^{-9} R_A \uparrow$$

$$\delta_D = 0{,}40\delta_C = 0{,}4(11{,}84 \times 10^{-9} R_A) = 4{,}74 \times 10^{-9} R_A \uparrow$$

$$\delta_{B/D} = \frac{R_B L}{AE} = \frac{R_B(0{,}3\text{ m})}{\frac{1}{4}\pi(0{,}03\text{ m})^2(105\text{ GPa})} = 4{,}04 \times 10^{-9} R_B \uparrow$$

De acordo com a Equação (1), em que $R_A = 0{,}4R_B$, escrevemos

$$\delta_1 = \delta_D + \delta_{B/D} = [4{,}74(0{,}4R_B) + 4{,}04R_B]10^{-9} = 5{,}94 \times 10^{-9} R_B \uparrow$$

$$\text{Mas } \delta_T = \delta_1: \qquad 188{,}1 \times 10^{-6}\text{ m} = 5{,}94 \times 10^{-9} R_B \qquad R_B = 31{,}7\text{ kN}$$

Tensão no cilindro: $\sigma_B = \dfrac{R_B}{A} = \dfrac{31{,}7\text{ kN}}{\frac{1}{4}\pi(0{,}03\text{m})^2}$ $\qquad \sigma_B = 44{,}8\text{ MPa}$ ◀

PROBLEMAS

9.25 Uma força axial de 60 kN é aplicada ao conjunto mostrado na figura por meio de placas rígidas nas extremidades do conjunto. Determine (*a*) a tensão normal no tubo de latão e (*b*) a deformação correspondente do conjunto.

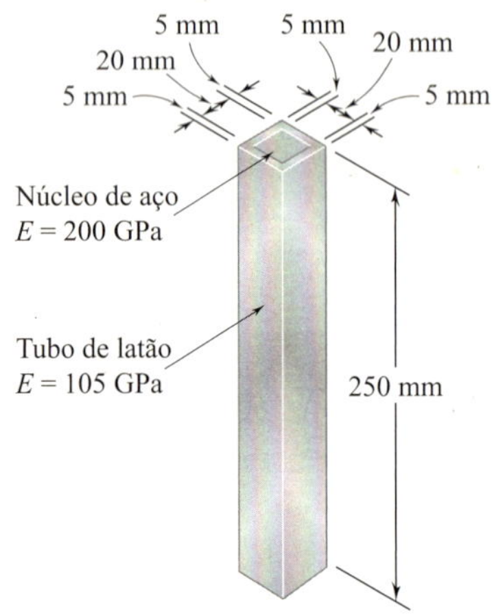

Figura P9.25 e P9.26

9.26 O comprimento do conjunto diminui 0,15 mm quando uma força axial é aplicada por meio de placas rígidas nas extremidades do conjunto. Determine (*a*) a intensidade da força aplicada e (*b*) a tensão correspondente no núcleo de aço.

9.27 A coluna de concreto de 1,35 m é reforçada com seis barras de aço, cada uma com 28 mm de diâmetro. Sabendo que $E_{aço} = 200$ GPa e $E_{conc} = 25$ GPa, determine as tensões normais no aço e no concreto quando uma força **P** centrada axial de 1.575 kN é aplicada à coluna.

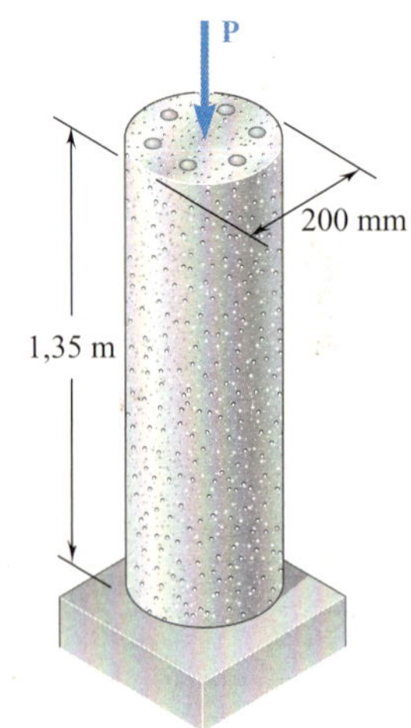

Figura P9.27

9.28 Para a coluna do Problema 9.27, determine a força centrada máxima que pode ser aplicada se a tensão normal admissível é de 138 MPa no aço e 16,5 MPa no concreto.

9.29 Três barras de aço ($E = 200$ GPa) suportam uma carga **P** de 38 kN. Cada uma das barras AB e CD têm uma área de seção transversal de 200 mm^2 e a barra EF tem uma área de seção transversal de 625 mm^2. Desprezando a deformação da barra BED, determine (a) a variação do comprimento da barra EF e (b) a tensão em cada barra.

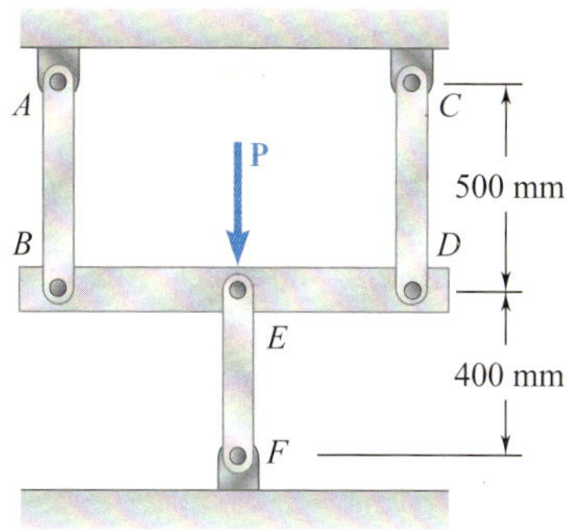

Figura P9.29

9.30 Duas barras cilíndricas, uma de aço e outra de latão, são unidas em C e contidas por apoios rígidos em A e E. Para o carregamento indicado na figura e sabendo que $E_{aço} = 200$ GPa e $E_{latão} = 105$ GPa, determine (a) as reações em A e E e (b) o deslocamento do ponto C.

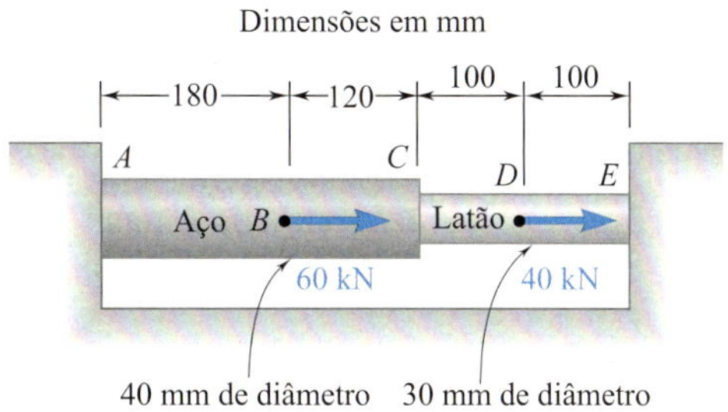

Figura P9.30

9.31 Resolva o Problema 9.30 supondo que a barra AC é feita de latão, e a barra CE, de aço.

9.32 Duas barras cilíndricas – CD feita de aço ($E_{aço} = 200$ GPa) e AC feita de alumínio ($E_{alum} = 70$ GPa) – são unidas em C e contidas por apoios rígidos em A e D. Determine (a) as reações em A e D e (b) o deslocamento do ponto C.

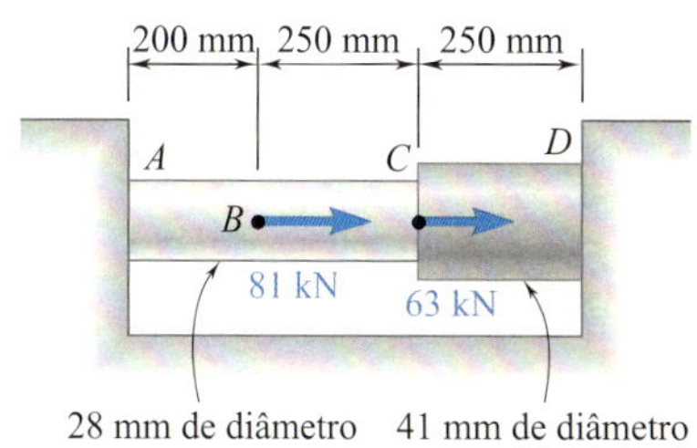

Figura P9.32

9.33 Três fios são utilizados para suspender a placa mostrada na figura. Os fios A e B com diâmetro de 3,175 mm são de alumínio, e C é um fio de aço com diâmetro de 2,117 mm. Sabendo que a tensão admissível para o alumínio ($E = 70$ GPa) é 96,5 MPa e para o aço ($E = 200$ GPa) é 124,2 MPa, determine a máxima carga **P** que pode ser aplicada.

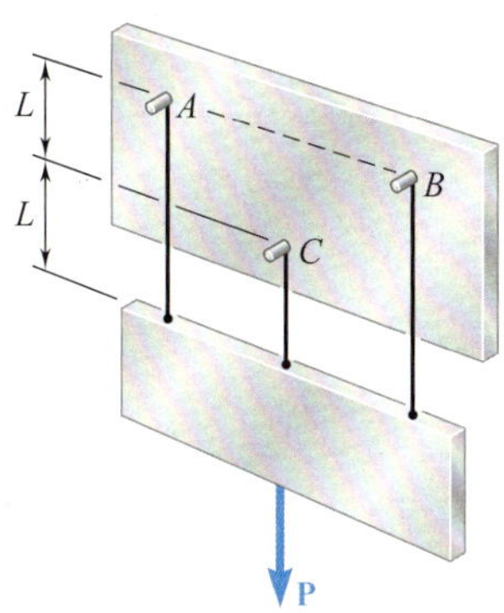

Figura P9.33

9.34 A barra rígida AD é suportada por dois fios de aço (E = 200 GPa) com 1,6 mm de diâmetro e um apoio em D. Sabendo que os fios foram inicialmente esticados, determine (a) a tensão adicional em cada um quando for aplicada uma carga **P** de 990 N em D e (b) o deslocamento correspondente do ponto D.

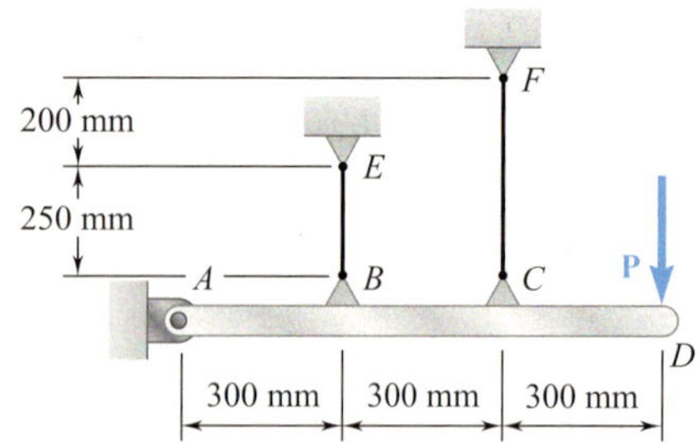

Figura P9.34

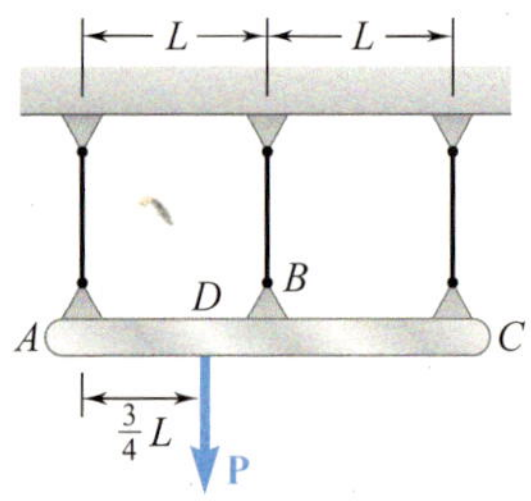

Figura P9.35

9.35 Uma barra rígida ABC é suspensa por três fios de mesmo material. A área da seção transversal do fio em B é igual à metade da área da seção transversal dos fios em A e C. Determine a tensão em cada fio causada pela carga **P**.

9.36 A barra rígida $ABCD$ é suportada por quatro fios idênticos. Determine a tensão em cada fio causada pela carga **P**.

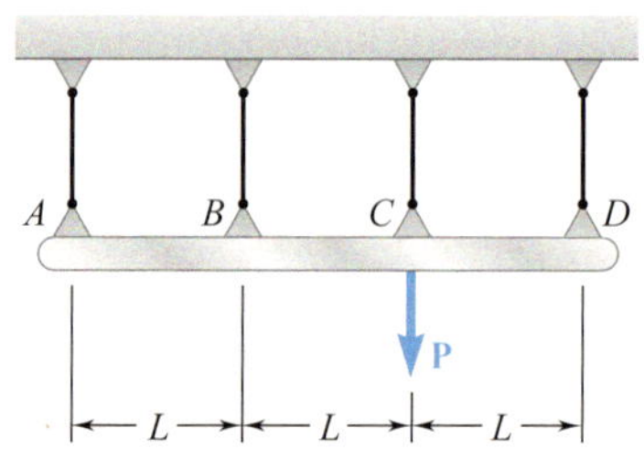

Figura P9.36

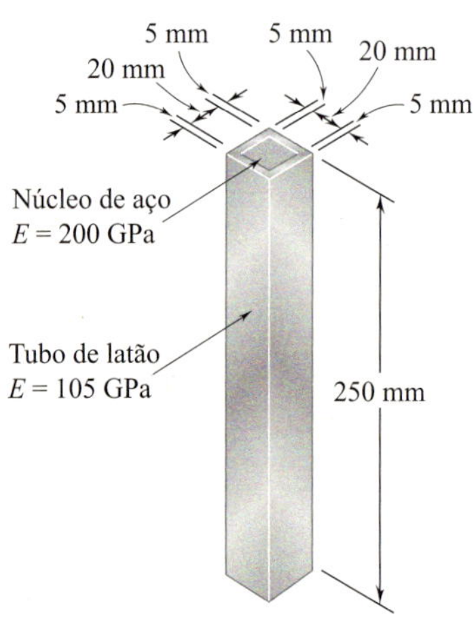

Figura P9.37

9.37 Um tubo de latão ($\alpha_{latão}$ = 20,9 × 10^{-6}/°C) é totalmente preso ao núcleo de aço ($\alpha_{aço}$ = 11,7 × 10^{-6}/°C). Determine o maior aumento permitido na temperatura, considerando que a tensão no núcleo de aço não deve exceder 55 MPa.

9.38 O conjunto mostrado na figura consiste em um tubo de alumínio (E_{alum} = 70 GPa, α_{alum} = 23,6 × 10^{-6}/°C) totalmente preso ao núcleo de aço ($E_{aço}$ = 200 GPa, $\alpha_{aço}$ = 11,7 × 10^{-6}/°C) e está livre de tensões a uma temperatura de 20 °C. Considerando apenas as deformações axiais, determine as tensões no tubo de alumínio quando a temperatura alcança 180 °C.

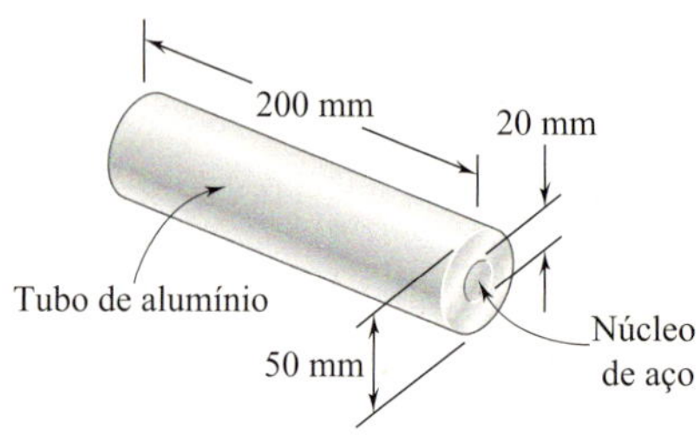

Figura P9.38

9.39 Uma coluna de concreto de 1,2 m de altura é reforçada por quatro barras de aço, cada uma com diâmetro de 19,05 mm. Sabendo que $E_{aço} = 200$ GPa, $\alpha_{aço} = 11,7 \times 10^{-6}$/°C e $E_{conc} = 24,8$ GPa e $\alpha_{conc} = 9,9 \times 10^{-6}$/°C, determine as tensões normais induzidas no aço e no concreto por um aumento de temperatura de 27 °C.

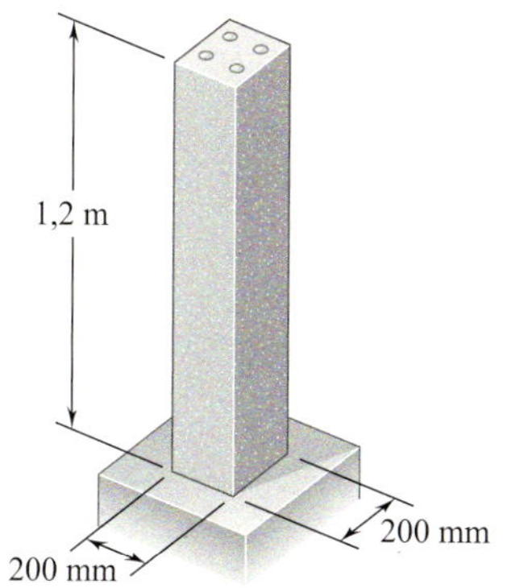

Figura P9.39

9.40 Um trilho de aço ($E_{aço} = 200$ GPa e $\alpha_{aço} = 11,7 \times 10^{-6}$/°C) foi instalado em temperatura de –1,1 °C. Determine a tensão normal no trilho quando a temperatura alcança os 51,7 °C, considerando que os trilhos são (*a*) soldados a fim de assegurar continuidade e (*b*) tem 11,7 m de comprimento com uma folga entre trilhos igual a 6,35 mm.

9.41 Uma barra formada por duas partes cilíndricas *AB* e *BC* está impedida de se deslocar em ambas as extremidades. A parte *AB* é feita de latão ($E_{latão}$ = 105 GPa, $\alpha_{latão} = 20,9 \times 10^{-6}$/°C) e a parte *BC* é feita de alumínio (E_{alum} = 72 GPa $\alpha_{alum} = 23,9 \times 10^{-6}$/°C). Sabendo que a barra está inicialmente livre de tensões, determine (*a*) as tensões normais nas partes *AB* e *BC* provocadas por um aumento de 42 °C na temperatura e (*b*) o deslocamento correspondente do ponto *B*.

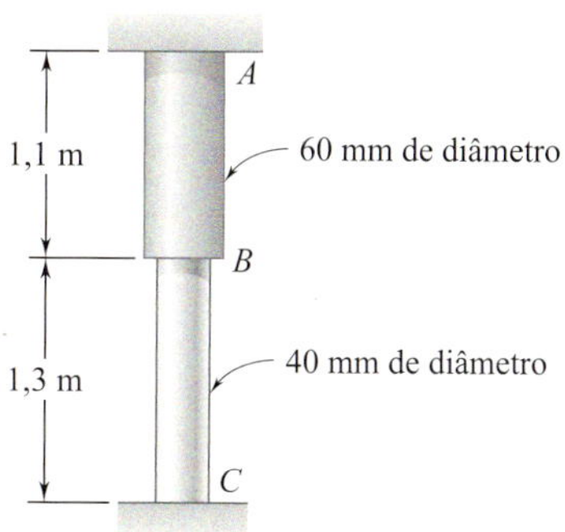

Figura P9.41

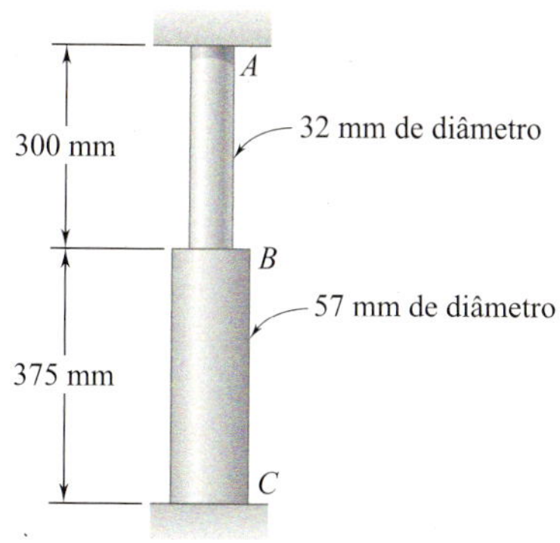

Figura P9.42

9.42 Uma barra formada por duas partes cilíndricas *AB* e *BC* está impedida de se deslocar em ambas as extremidades. A parte *AB* é feita de aço ($E_{aço}$ = 200 GPa, $\alpha_{aço} = 11,7 \times 10^{-6}$/°C) e a parte *BC* é feita de latão ($E_{latão}$ = 105 GPa, $\alpha_{latão} = 20,9 \times 10^{-6}$/°C). Sabendo que a barra está inicialmente livre de tensões, determine (*a*) as tensões normais nas partes *AB* e *BC* provocadas por um aumento de 18,3 °C na temperatura e (*b*) o deslocamento correspondente do ponto *B*.

9.43 Para a barra do Problema 9.42, determine a máxima variação de temperatura admissível se a tensão na parte de aço *AB* não pode exceder 124 MPa e se a parte de latão *BC* não pode exceder 48 MPa.

9.44 Determine (*a*) a força compressiva nas barras mostradas na figura após o aumento da temperatura de 96 °C e (*b*) a correspondente variação no comprimento da barra de bronze.

9.45 Sabendo que existe um espaçamento de 0,5 mm quando a temperatura é 20 °C, determine (*a*) a temperatura na qual a tensão normal na barra de alumínio será igual a –90 MPa e (*b*) o comprimento exato correspondente da barra de alumínio.

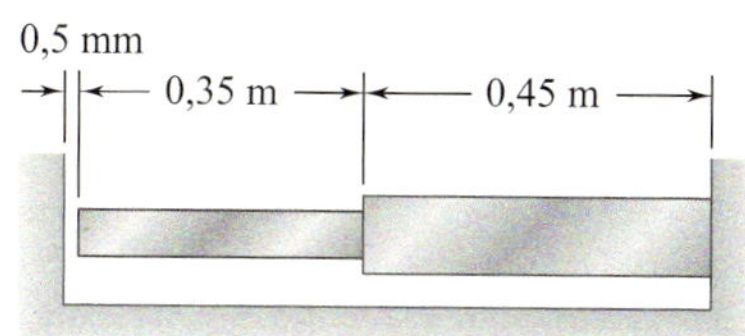

Bronze	Alumínio
$A = 1.500$ mm^2	$A = 1.800$ mm^2
$E = 105$ GPa	$E = 73$ GPa
$\alpha = 21,6 \times 10^{-6}$/°C	$\alpha = 23,2 \times 10^{-6}$/°C

Figura P9.44 e P9.45

9.46 Em temperatura ambiente (21 °C), existe um espaçamento de 0,5 mm entre as extremidades das barras mostradas na figura. Algum tempo depois, quando a temperatura atingir 160 °C, determine (*a*) a tensão normal na barra de alumínio e (*b*) sua variação do comprimento.

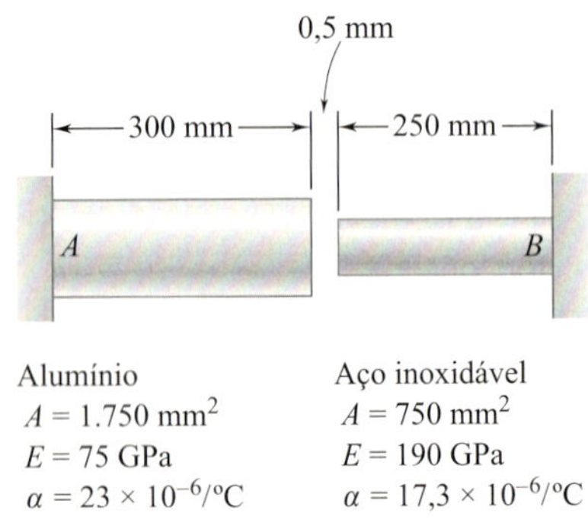

Figura P9.46

9.47 Um anel de latão ($E_{latão}$ = 105 GPa, $\alpha_{latão}$ = 20,9 × 10^{-6}/°C) e uma barra de aço ($E_{aço}$ = 200 GPa, $\alpha_{aço}$ = 11,7 × 10^{-6}/°C) têm as dimensões mostradas em temperatura de 18,3 °C. A barra de aço é resfriada até que se encaixe com folga no anel. A temperatura da montagem é então aumentada para 160 °C. Determine (*a*) a tensão final na barra de aço e (*b*) o comprimento final da barra de aço.

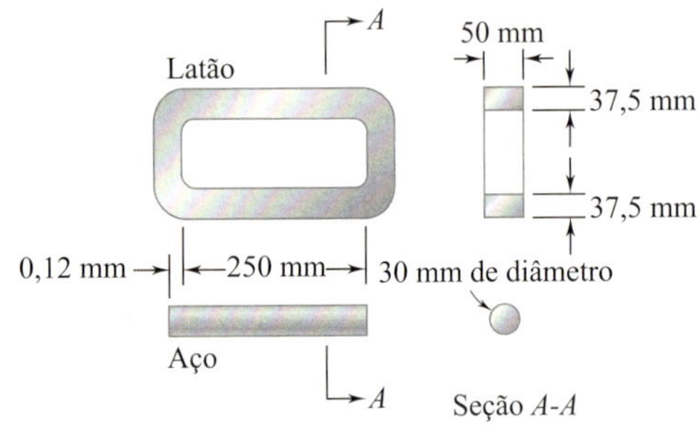

Figura P9.47

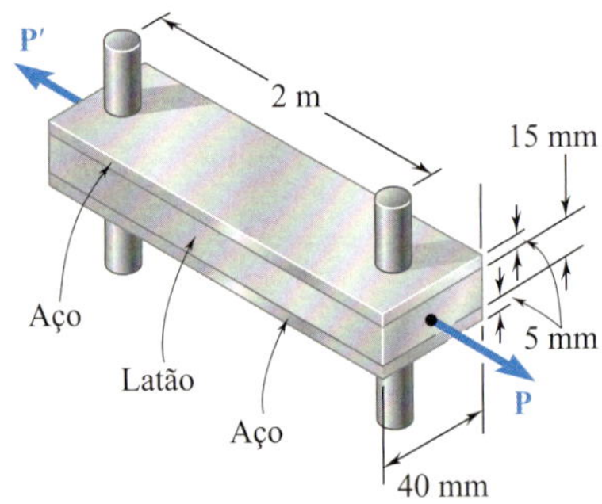

Figura P9.48

9.48 Duas barras de aço ($E_{aço}$ = 200 GPa, $\alpha_{aço}$ = 11,7 × 10^{-6}/°C) são utilizadas para reforçar uma barra de latão ($E_{latão}$ = 105 GPa, $\alpha_{latão}$ = 20,9 × 10^{-6}/°C) que está submetida a uma força P = 25 kN. Quando as barras de aço foram fabricadas, a distância entre os centros dos furos que deveriam encaixar os pinos foi feita 0,5 mm menor do que os 2 m necessários. As barras de aço foram então colocadas em um forno para aumentar seu comprimento para que pudessem encaixar-se nos pinos. Após a fabricação, a temperatura das barras de aço voltou a ser a temperatura ambiente. Determine (*a*) o aumento necessário na temperatura para que as barras de aço se encaixassem nos pinos e (*b*) a tensão na barra de latão depois que a força foi aplicada a ela.

9.10 Coeficiente de Poisson

Vimos anteriormente neste capítulo que, quando uma barra delgada homogênea é carregada axialmente, a tensão e a deformação específica resultantes satisfazem a lei de Hooke, desde que o limite de elasticidade do material não seja excedido. Supondo que a direção da força **P** seja a do eixo x (Fig. 9.33*a*), temos $\sigma_x = P/A$, em que A é a área da seção transversal da barra, e, pela lei de Hooke, temos

$$\epsilon_x = \sigma_x/E \tag{9.23}$$

em que E é o módulo de elasticidade do material.

Notamos também que as tensões normais nas faces, respectivamente, perpendiculares aos eixos y e z são iguais a zero: $\sigma_y = \sigma_z = 0$ (Fig. 9.33*b*). Poderíamos ser tentados a concluir que as deformações específicas correspondentes ϵ_y e ϵ_z também são iguais a zero. No entanto, *não é isso o que ocorre*. Em todos os materiais de engenharia, a deformação produzida por uma força axial de tração **P** na direção da força é acompanhada por uma contração em qualquer direção transversal (Fig. 9.34). Nesta seção e nas próximas (Seções 9.11 a 9.13), vamos supor que todos os materiais considerados são *homogêneos* e *isotrópicos*, ou seja, suas propriedades mecânicas serão consideradas independentes da *direção* e *posição*. Conclui-se daí que a deformação específica deve ter o mesmo valor para qualquer direção transversal. Portanto, para o carregamento mostrado na Fig. 9.33, devemos ter $\epsilon_y = \epsilon_z$. Esse valor comum é chamado de *deformação específica lateral*. Um parâmetro importante para determinado material é o seu *coeficiente de Poisson*, assim chamado em homenagem ao matemático francês Siméon Denis Poisson (1781-1840) e designado pela letra grega ν (nu). Esse coeficiente é definido como

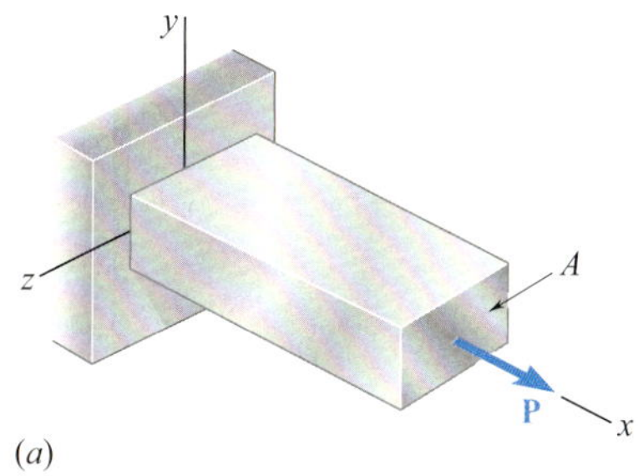

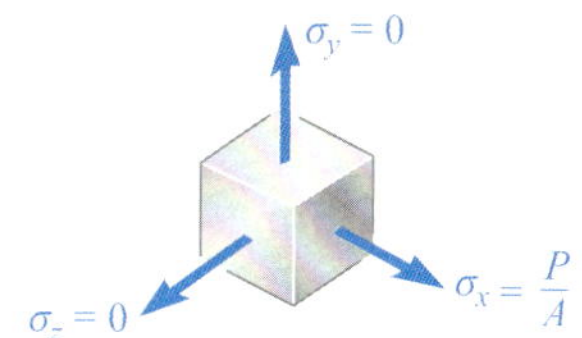

Figura 9.33

$$\nu = -\frac{\text{deformação específica lateral}}{\text{deformação específica axial}} \tag{9.24}$$

ou

$$\nu = -\frac{\epsilon_y}{\epsilon_x} = -\frac{\epsilon_z}{\epsilon_x} \tag{9.25}$$

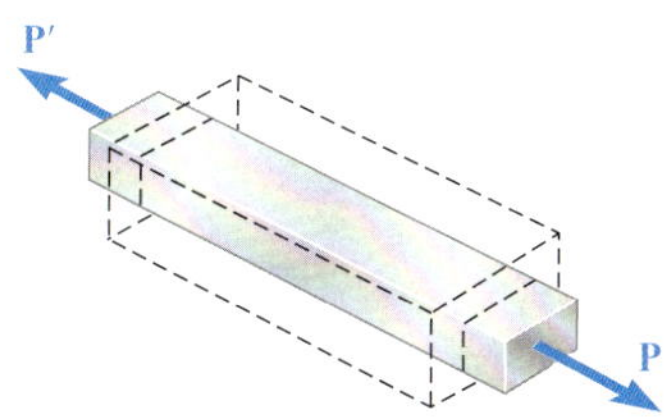

Figura 9.34

para a condição de carregamento representado na Fig. 9.33. Utiliza-se o sinal de menos nas equações anteriores para obter um valor positivo de υ e as deformações específicas axial e lateral têm de ter sinais opostos.* Resolvendo a Eq. (9.25) para ϵ_y e ϵ_z e lembrando a (9.23), temos as seguintes relações que descrevem completamente a condição de deformação específica de uma barra, submetida a uma força axial aplicada em direção paralela ao eixo x:

$$\epsilon_x = \frac{\sigma_x}{E} \qquad \epsilon_y = \epsilon_z = -\frac{\nu\sigma_x}{E} \tag{9.26}$$

* No entanto, alguns materiais, como as espumas de polímeros, expandem-se lateralmente quando são esticados. Como as deformações específicas axial e lateral têm o mesmo sinal, o coeficiente de Poisson desses materiais é negativo. (*Ver* Roderic Lakes "Foam Structures with a Negative Poisson's Ratio". *Science*, 27 February 1987, volume 235, pp. 1.038-1.040).

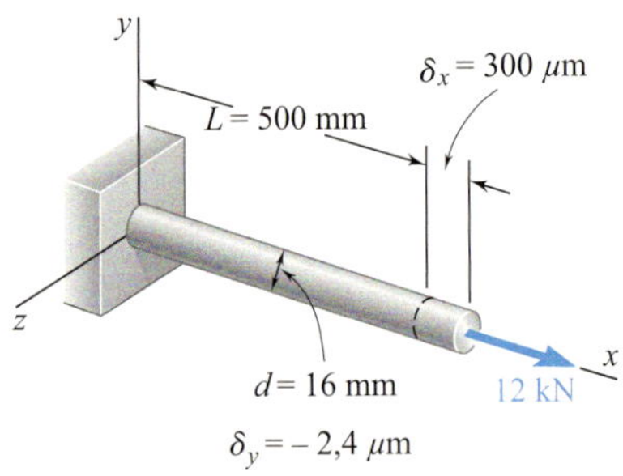

Figura 9.35

Exemplo 9.7. Observa-se que uma barra de 500 mm de comprimento e 16 mm de diâmetro, feita de um material homogêneo e isotrópico, aumenta 300 μm no comprimento e diminui 2,4 μm no diâmetro quando submetida a uma força axial de 12 kN. Determine o módulo de elasticidade e o coeficiente do Poisson do material.

A área da seção transversal da barra é

$$A = \pi r^2 = \pi (8 \times 10^{-3} \text{ m})^2 = 201 \times 10^{-6} \text{ m}^2$$

Escolhendo o eixo x ao longo do eixo da barra (Fig. 9.35), escrevemos

$$\sigma_x = \frac{P}{A} = \frac{12 \times 10^3 \text{ N}}{201 \times 10^{-6} \text{ m}^2} = 59{,}7 \text{ MPa}$$

$$\epsilon_x = \frac{\delta_x}{L} = \frac{300 \ \mu\text{m}}{500 \text{ mm}} = 600 \times 10^{-6}$$

$$\epsilon_y = \frac{\delta_y}{d} = \frac{-2{,}4 \ \mu\text{m}}{16 \text{ mm}} = -150 \times 10^{-6}$$

Da lei de Hooke, $\sigma_x = E\epsilon_x$, obtemos

$$E = \frac{\sigma_x}{\epsilon_x} = \frac{59{,}7 \text{ MPa}}{600 \times 10^{-6}} = 99{,}5 \text{ GPa}$$

e, da Eq. (9.25),

$$\upsilon = -\frac{\epsilon_y}{\epsilon_x} = -\frac{-150 \times 10^{-6}}{600 \times 10^{-6}} = 0{,}25 \quad \blacksquare$$

9.11 Carregamento multiaxial. Lei de Hooke generalizada

Todos os exemplos considerados até agora tratavam de elementos delgados submetidos a forças axiais, isto é, a forças com direção de um único eixo. Escolhemos esse eixo como o eixo x e designamos por P a força interna em uma dada localização, e as componentes de tensão correspondentes eram $\sigma_x = P/A$, $\sigma_y = 0$ e $\sigma_z = 0$.

Vamos agora considerar elementos estruturais submetidos a cargas que atuam nas direções dos três eixos coordenados e produzem tensões normais σ_x, σ_y e σ_z que são todas diferentes de zero (Fig. 9.36). Essa condição é conhecida como *carregamento multiaxial.* Note que essa não é a condição geral de tensão descrita na Seção 8.9, visto que não há tensões de cisalhamento incluídas entre as tensões mostradas na Fig. 9.36.

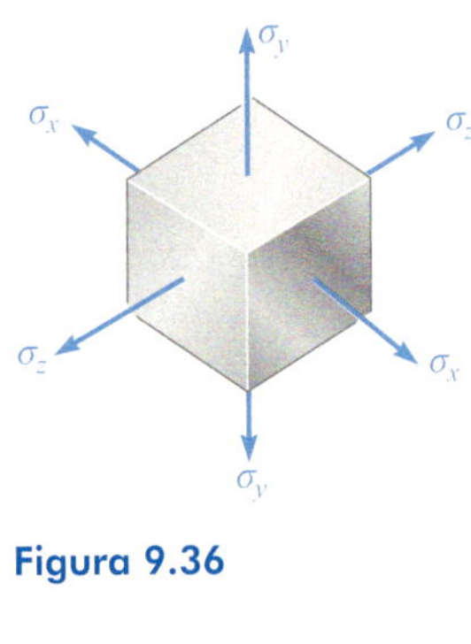

Figura 9.36

Considere um elemento de um material isotrópico na forma de um cubo (Fig. 9.37*a*). Podemos supor que as arestas do cubo tenham um comprimento unitário, desde que seja sempre possível considerar a aresta do cubo como uma unidade de comprimento. Sob um carregamento multiaxial dado, o elemento se deformará, transformando-se em um *paralelepípedo retangular* de lados respectivamente iguais a $1 + \epsilon_x$, $1 + \epsilon_y$ e $1 + \epsilon_z$, em que ϵ_x, ϵ_y e ϵ_z são os valores da deformação específica normal nas direções dos três eixos coordenados (Fig. 9.37*b*). Você deve notar que, como os outros elementos do material também se deformam, o elemento em consideração poderia sofrer uma translação. Entretanto, estamos interessados aqui somente na *deformação real* do elemento, e não no deslocamento de corpo rígido.

Para expressarmos as componentes de deformação ϵ_x, ϵ_y e ϵ_z em função das componentes de tensão σ_x, σ_y e σ_z, consideraremos separadamente o efeito de cada componente de tensão e combinaremos os resultados obtidos. A abordagem proposta aqui que se baseia no *princípio da superposição* será utilizada repetidamente neste livro. De acordo com esse princípio, o efeito de determinado carregamento combinado em uma estrutura pode ser obtido *determinando separadamente os efeitos das várias forças e combinando os resultados obtidos*, desde que sejam satisfeitas as seguintes condições:

1. Cada efeito está linearmente relacionado com a força que o produz.

2. A deformação resultante de determinada força é pequena e não afeta as condições de aplicação das outras forças.

No caso de um carregamento multiaxial, a primeira condição será satisfeita se as tensões não excederem o limite de proporcionalidade do material. A segunda condição será satisfeita se a tensão em qualquer face não provocar deformações suficientemente grandes nas outras faces, de modo que afete o cálculo das tensões nelas.

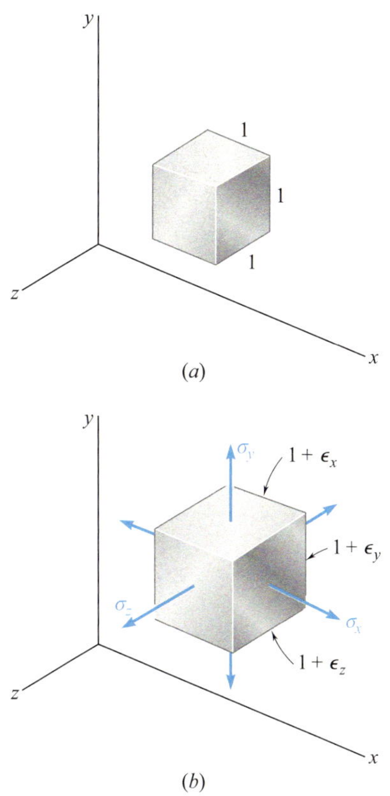

Figura 9.37

Considerando o primeiro efeito da componente de tensão σ_x, lembramos-nos da Seção 9.10, em que σ_x provoca uma deformação específica igual a σ_x/E na direção x e deformações específicas iguais a $-\nu\sigma_x/E$ em cada uma das direções y e z. Da mesma forma, a componente de tensão σ_y, se aplicado separadamente, provocará uma deformação específica igual a σ_y/E na direção y e deformações específicas $-\nu\sigma_y/E$ nas outras duas direções. Finalmente, a componente de tensão σ_z provoca uma deformação específica igual a σ_z/E na direção z e deformações específicas iguais a $-\nu\sigma_z/E$ nas direções x e y. Combinando os resultados obtidos, concluímos que as componentes de deformação específica correspondentes a um carregamento multiaxial são

$$
\begin{aligned}
\epsilon_x &= +\frac{\sigma_x}{E} - \frac{\nu\sigma_y}{E} - \frac{\nu\sigma_z}{E} \\
\epsilon_y &= -\frac{\nu\sigma_x}{E} + \frac{\sigma_y}{E} - \frac{\nu\sigma_z}{E} \\
\epsilon_z &= -\frac{\nu\sigma_x}{E} - \frac{\nu\sigma_y}{E} + \frac{\sigma_z}{E}
\end{aligned}
\tag{9.27}
$$

As relações (9.27) são conhecidas como *lei de Hooke generalizada para carregamento multiaxial de um material isotrópico homogêneo.* Conforme indicamos anteriormente, os resultados obtidos serão válidos somente enquanto as tensões não excederem o limite de proporcionalidade e desde que as deformações envolvidas permaneçam pequenas. Lembramos também que um valor positivo para a componente de tensão significa tração, e um valor negativo, compressão. Analogamente, um valor positivo para uma componente de deformação específica indica expansão na direção correspondente, e um valor negativo, contração.

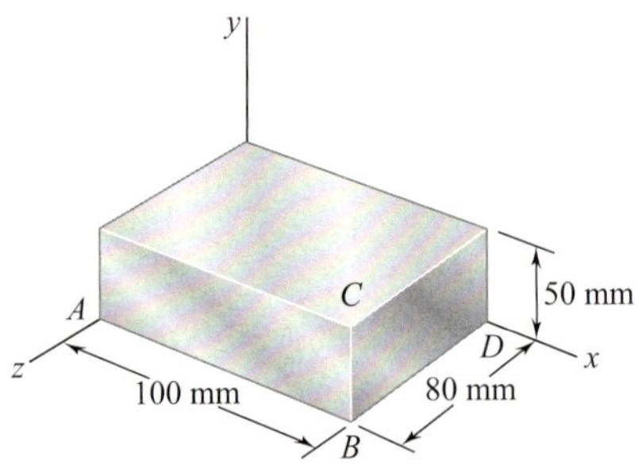

Figura 9.38

Exemplo 9.8. O bloco de aço mostrado (Fig. 9.38) está submetido a uma pressão uniforme em todas as suas faces. Sabendo que a variação no comprimento da aresta AB é $-0{,}03$ mm, determine (*a*) a variação no comprimento das outras duas arestas e (*b*) a pressão p aplicada às faces do bloco. Suponha $E = 200$ GPa e $\nu = 0{,}29$.

a. Variação no comprimento das outras arestas. Substituindo $\sigma_x = \sigma_y = \sigma_z = -p$ nas relações (9.27), verificamos que os três componentes de deformação específica têm o seguinte valor

$$\epsilon_x = \epsilon_y = \epsilon_z = -\frac{p}{E}(1 - 2\nu) \tag{9.28}$$

Como

$$\epsilon_x = \delta_x / AB = (-0{,}03 \text{ mm})/(100 \text{ mm})$$
$$= -300 \times 10^{-6} \text{ mm/mm}$$

obtemos

$$\epsilon_y = \epsilon_z = \epsilon_x = -300 \times 10^{-6} \text{ mm/mm}$$

do qual se segue que

$$\delta_y = \epsilon_y(BC) = (-300 \times 10^{-6})(50 \text{ mm}) = -0{,}015 \text{ mm}$$
$$\delta_z = \epsilon_z(BD) = (-300 \times 10^{-6})(80 \text{ mm}) = -0{,}024 \text{ mm}$$

b. Pressão. Resolvendo a Eq. (9.28) para p, escrevemos

$$p = -\frac{E\epsilon_x}{1 - 2\nu} = -\frac{(200 \text{ GPa})(-300 \times 10^{-6})}{1 - 0{,}58}$$
$$p = 142{,}9 \text{ MPa}$$ ■

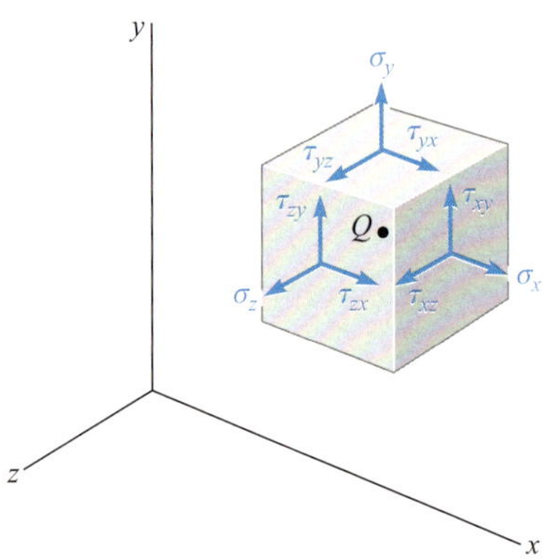

Figura 9.39

9.12 Deformação de cisalhamento

Quando determinamos na Seção 9.11 as relações (9.27) entre tensões normais e deformações específicas normais em um material isotrópico homogêneo, consideramos que não havia tensões de cisalhamento envolvidas. Na situação de estado de tensão mais geral representada na Fig. 9.39, estarão presentes as tensões de cisalhamento τ_{xy}, τ_{yz} e τ_{zx} (bem como, naturalmente, as tensões de cisalhamento correspondentes τ_{yx}, τ_{zy} e τ_{xz}). Essas tensões não têm um efeito direto nas deformações específicas normais e desde que todas as deformações envolvidas permaneçam pequenas, não afetarão a determinação nem a validade das relações (9.27). No entanto, as tensões de cisalhamento tenderão a deformar um elemento em forma de cubo do material, transformando-o em um paralelepípedo *oblíquo*.

Considere primeiro um elemento em forma de cubo de lado unitário (Fig. 9.40) submetido a nenhuma outra tensão que não as tensões de cisalhamento τ_{xy} e τ_{yx} aplicadas às laces do elemento, respectivamente, perpendiculares aos eixos x e y. (Lembremo-nos da Seção 8.9, em que $\tau_{xy} = \tau_{yx}$.) Observa-se que o elemento se deforma se transformando em um romboide de lados iguais a um (Fig. 9.41). Dois dos ângulos formados pelas quatro faces sob tensão são reduzidos de $\pi/2$ para $\pi/2 - \gamma_{xy}$, enquanto os outros dois são aumentados de $\pi/2$ para $\pi/2 + \gamma_{xy}$. O pequeno ângulo γ_{xy} (expresso em radianos) define a *deformação de cisalhamento* correspondente às direções x e y. Quando a deformação envolve uma *redução* do ângulo formado pelas duas faces orientadas, respectivamente, na direção positiva dos eixos x e y (como mostra a Fig. 9.41), dizemos que a deformação de cisalhamento γ_{xy} é *positiva*; caso contrário, dizemos que ela é negativa.

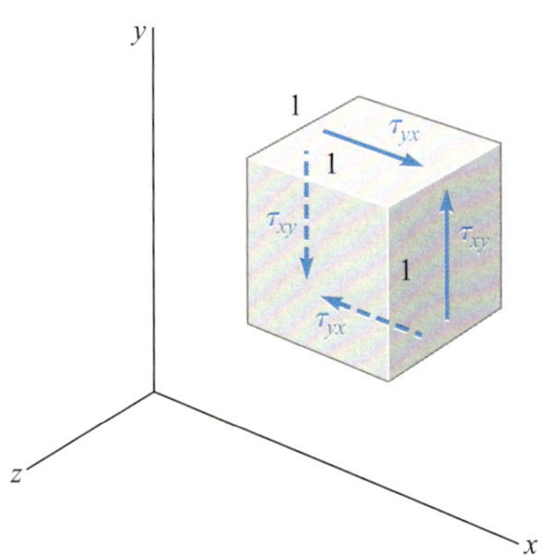

Figura 9.40

Devemos notar que, em consequência das deformações dos outros elementos do material, o elemento em consideração também pode ter uma rotação geral. No entanto, como era o caso em nosso estudo das deformações específicas normais, estamos preocupados aqui somente com as *deformações reais* do elemento, e não com quaisquer possíveis deslocamentos de corpo rígido.[*]

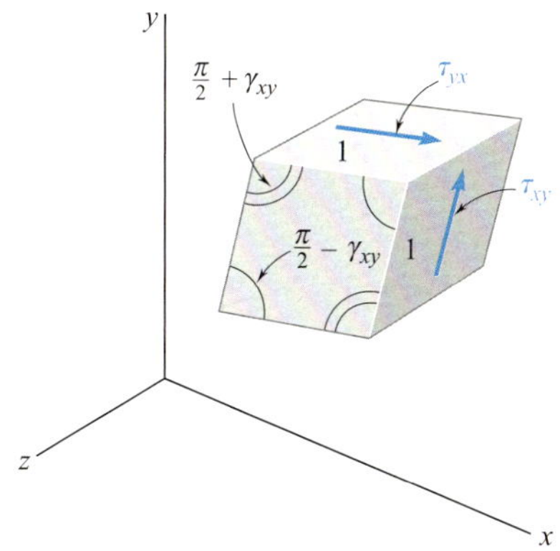

Figura 9.41

Ao construirmos um gráfico com valores sucessivos de τ_{xy} em função dos valores correspondentes de γ_{xy}, obtemos o diagrama tensão-deformação de cisalhamento para o material considerado, o que pode ser conseguido por meio de um ensaio de torção, como veremos no Cap. 10. O diagrama obtido é similar ao diagrama tensão-deformação específica normal, obtido para o mesmo material com o ensaio de tração descrito anteriormente neste capítulo. No entanto, os valores obtidos para a resistência ao escoamento, para o limite de resistência, etc. de um determinado material em um ensaio de cisalhamento são apenas um pouco maiores que a metade dos valores obtidos em tração. Como ocorria no caso das tensões e deformações específicas normais, a parte inicial do diagrama tensão-deformação de cisalhamento é linear. Para valores de tensão de cisalhamento que não excedam o limite de proporcionalidade em cisalhamento, podemos então escrever para qualquer material isotrópico e homogêneo

$$\tau_{xy} = G\gamma_{xy} \tag{9.28}$$

Essa relação é conhecida como *lei de Hooke para tensão e deformação de cisalhamento*, e a constante G é denominada de *módulo de rigidez* ou *módulo de elasticidade transversal* do material. Como a deformação γ_{xy} foi definida como um ângulo em radianos, ela é adimensional, e o módulo G é expresso nas mesmas unidades de τ_{xy}, ou seja, em pascal ou em psi. O módulo de rigidez G de qualquer material é menos da metade, porém mais de um terço do módulo de elasticidade E do material.

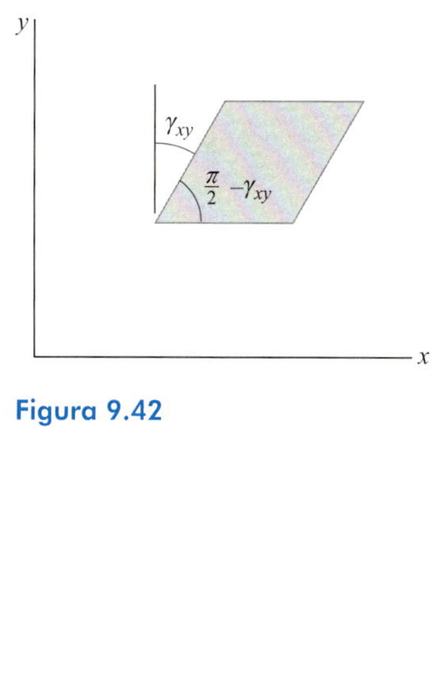

Figura 9.42

Considerando agora um cubo elementar do material sujeito a tensões de cisalhamento τ_{yz} e τ_{zy} (Fig. 9.44*a*), definimos a deformação de cisalhamento γ_{yz} como a variação no ângulo formado pelas faces sob tensão. A deformação de cisalhamento γ_{zx} é definida de forma semelhante, considerando um elemento submetido a tensões de cisalhamento τ_{zx} e τ_{xz} (Fig. 9.44*b*). Para valores da tensão que não ultrapassem o limite de proporcionalidade, podemos escrever duas relações adicionais

$$\tau_{yz} = G\gamma_{yz} \qquad \tau_{zx} = G\gamma_{zx} \tag{9.29}$$

em que a constante G é a mesma da Eq. (9.28).

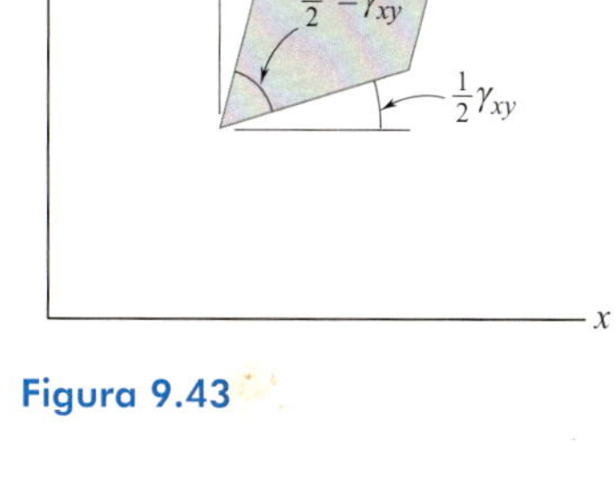

Figura 9.43

[*] Ao definirem a deformação γ_{xy}, alguns autores consideram arbitrariamente que a deformação real do elemento é acompanhada de uma rotação de corpo rígido, de modo que as faces horizontais do elemento não giram. A deformação γ_{xy} é então representada pelo ângulo por meio do qual as outras duas faces são giradas (Fig. 9.42). Outros consideram uma rotação do corpo rígido quando as faces horizontais giram através de $\frac{1}{2}\gamma_{xy}$ no sentido anti-horário, e as faces verticais, através de $\frac{1}{2}\gamma_{xy}$ no sentido horário (Fig. 9.43). Como ambas as suposições são desnecessárias e podem induzir à confusão, neste livro preferimos associar a deformação de cisalhamento γ_{xy} com a *variação no ângulo* formado pelas duas faces, e não com a *rotação de determinada face* sob condições restritivas.

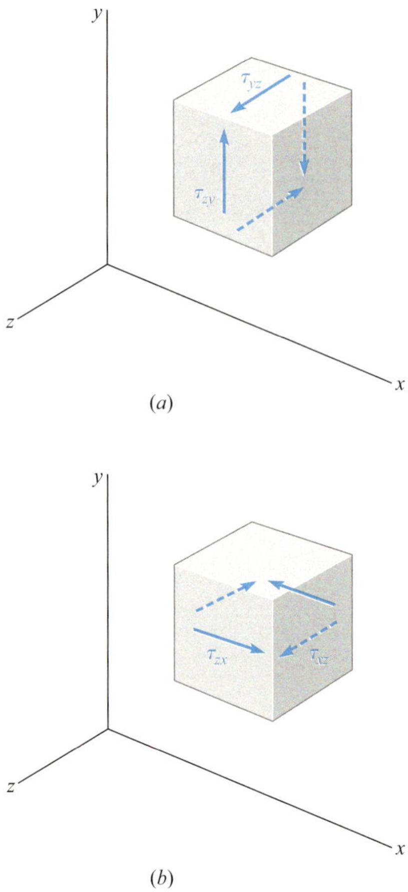

Figura 9.44

Para o estado de tensão geral representado na Fig. 9.39 e desde que nenhuma das tensões envolvidas ultrapasse o limite de proporcionalidade correspondente, podemos aplicar o princípio da superposição e combinar os resultados obtidos nesta seção e na Seção 9.11. Obtemos o seguinte grupo de equações representando a lei de Hooke generalizada para um material isotrópico e homogêneo submetido a um estado de tensão mais geral.

$$
\begin{aligned}
\epsilon_x &= +\frac{\sigma_x}{E} - \frac{\nu\sigma_y}{E} - \frac{\nu\sigma_z}{E} \\
\epsilon_y &= -\frac{\nu\sigma_x}{E} + \frac{\sigma_y}{E} - \frac{\nu\sigma_z}{E} \\
\epsilon_z &= -\frac{\nu\sigma_x}{E} - \frac{\nu\sigma_y}{E} + \frac{\sigma_z}{E} \\
\gamma_{xy} &= \frac{\tau_{xy}}{G} \qquad \gamma_{yz} = \frac{\tau_{yz}}{G} \qquad \gamma_{zx} = \frac{\tau_{zx}}{G}
\end{aligned}
\tag{9.30}
$$

Um exame das Eqs. (9.30) pode nos levar a acreditar que três constantes distintas do material, E, ν e G, devem primeiro ser determinadas experimentalmente se quisermos prever as deformações provocadas em determinado material por uma combinação arbitrária de tensões. Na realidade, somente duas dessas constantes precisam ser determinadas experimentalmente para qualquer material. Conforme você verá na próxima seção, a terceira constante pode então ser obtida com um cálculo bastante simples.

Exemplo 9.9. Um bloco retangular de um material com um módulo de elasticidade transversal G = 620 MPa é colado a duas placas rígidas horizontais. A placa inferior é fixa, enquanto a placa superior está submetida a uma força horizontal **P** (Fig. 9.45). Sabendo que a placa superior se desloca 1 mm sob a ação da força, determine (*a*) a deformação de cisalhamento média no material e (*b*) a força **P** que atua na placa superior.

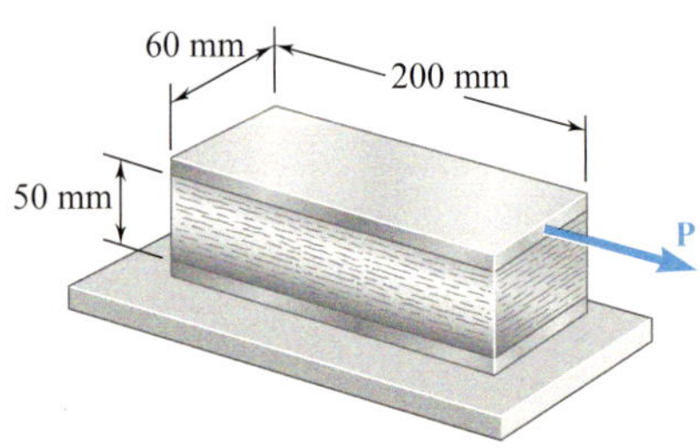

Figura 9.45

a. Deformação de cisalhamento. Selecionamos eixos coordenados centrados no ponto médio C da borda AB e direcionados conforme mostrado (Fig. 9.46). De acordo com essa definição, a deformação de cisalhamento γ_{xy} é igual ao ângulo formado pela vertical e pela linha CF que une os pontos médios das bordas AB e DF. Notando que esse é um ângulo muito pequeno e lembrando que ele deverá ser expresso em radianos, escrevemos

$$\gamma_{xy} \approx \text{tg}\ \gamma_{xy} = \frac{1 \text{ mm}}{50 \text{ mm}} \qquad \gamma_{xy} = 0{,}020 \text{ rad}$$

b. Força atuante na placa superior. Primeiro determinamos a tensão de cisalhamento τ_{xy} no material. Usando a lei de Hooke para tensão e deformação de cisalhamento, temos

$$\tau_{xy} = G\gamma_{xy} = (620 \text{ MPa})(0{,}020 \text{ rad}) = 12{,}4 \text{ MPa}$$

A força exercida na placa superior é então

$$P = \tau_{xy} A = (12{,}4 \text{ MPa})(200 \text{ mm})(60 \text{ mm}) = 148{,}8 \times 10^3 \text{ N}$$

$$P = 148{,}8 \text{ kN} \quad ■$$

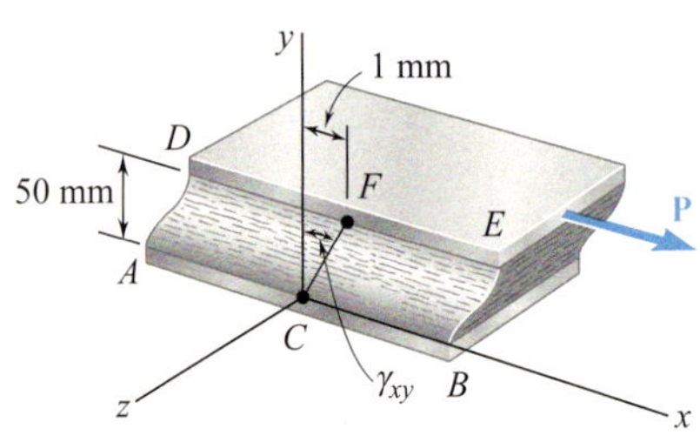

Figura 9.46

*9.13 Outras discussões sobre deformação sob carregamento axial. Relação entre E, ν e G

Vimos na Seção 9.10 que uma barra delgada submetida a uma força de tração axial **P** na direção do eixo x se alongará na direção x e se contrairá nas direções transversais y e z. Se ϵ_x é a deformação específica axial, a deformação específica lateral é expressa como $\epsilon_y = \epsilon_z = -\nu\epsilon_x$, em que ν é o coeficiente de Poisson. Assim, um elemento na forma de um cubo com lado de comprimento unitário e orientado conforme mostra a Fig. 9.47*a* se deformará, transformando-se em um paralelepípedo retangular de lados $1 + \epsilon_x$, $1 - \nu\epsilon_x$ e $1 - \nu\epsilon_x$. (Note que somente uma face do elemento é mostrada na figura.) Em contrapartida, se o elemento é orientado a 45° em relação ao eixo da força (Fig. 9.47*b*), observa-se que a face mostrada na figura se deforma, transformando-se em um losango. Concluímos que a força axial **P** provoca nesse elemento uma deformação de cisalhamento γ' igual ao valor pelo qual aumenta ou diminui cada um dos ângulos mostrados na Fig. 9.47*b*.

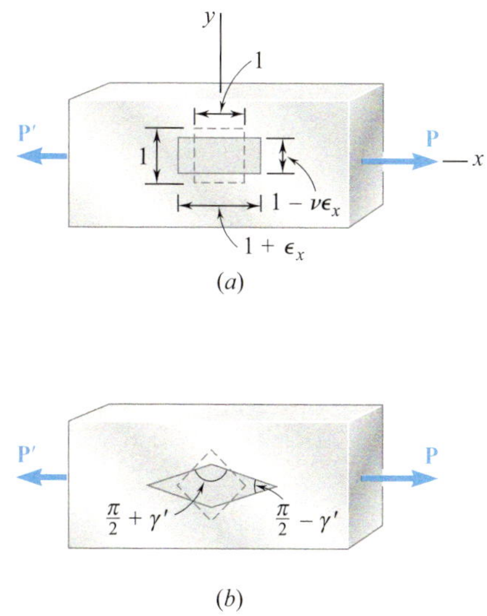

Figura 9.47

O fato de que as deformações de cisalhamento, bem como as deformações específicas normais, resultam de um carregamento axial não deve ser uma surpresa para nós, pois já observamos, no fim da Seção 8.9, que uma carga axial **P** provoca tensões normais e de cisalhamento de igual intensidade nas quatro faces de um elemento orientado a 45° do eixo do elemento. Isso foi ilustrado na Fig. 8.37 que, por conveniência, foi repetida aqui. Foi mostrado também na Seção 8.8 que a tensão de cisalhamento é máxima em um plano que forma um ângulo de 45° com o eixo da força. Conclui-se da lei de Hooke para tensões e deformações de cisalhamento que a deformação de cisalhamento γ' associada ao elemento da Fig. 9.47*b* também é máxima: $\gamma' = \gamma_m$.

Deduziremos agora uma relação entre a deformação de cisalhamento máxima $\gamma' = \gamma_m$ associada ao elemento da Fig. 9.47*b* e a deformação específica normal ϵ_x na direção da força. Vamos considerar para essa finalidade o elemento prismático obtido pelo corte do elemento em forma de cubo da Fig. 9.47*a* por um plano diagonal (Fig. 9.48*a* e *b*). Referindo-nos à Fig. 9.47*a*, concluímos que esse novo elemento se deformará, transformando-se no elemento mostrado na Fig. 9.48*c*, que tem lados horizontais e verticais, respectivamente, iguais a $1 + \epsilon_x$ e $1 - \nu\epsilon_x$. Mas o ângulo formado pelas faces oblíqua e horizontal do elemento da Fig. 9.48*b* é precisamente metade de um dos ângulos retos do elemento em forma de cubo considerado na Fig. 9.47*b*. O ângulo β obtido após a deformação deve, portanto, ser igual à metade de $\pi/2 - \gamma_m$. Escrevemos

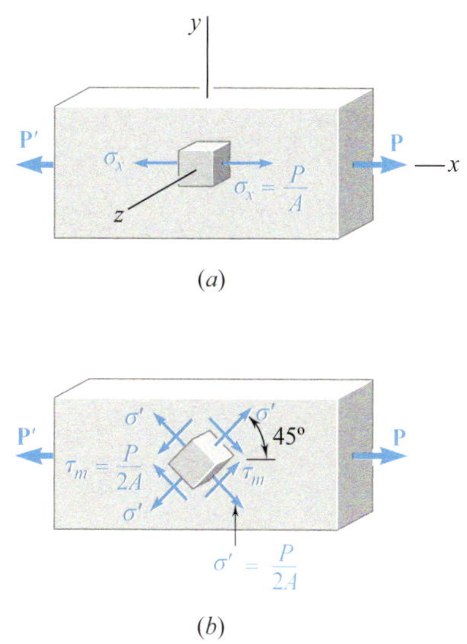

Figura 8.37 (repetida)

$$\beta = \frac{\pi}{4} - \frac{\gamma_m}{2}$$

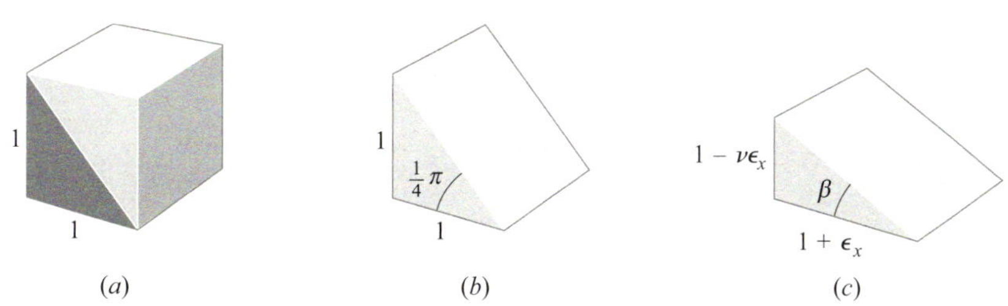

Figura 9.48

Aplicando a fórmula para a tangente da diferença de dois ângulos, obtemos

$$\text{tg}\ \beta = \frac{\text{tg}\ \dfrac{\pi}{4} - \text{tg}\ \dfrac{\gamma_m}{2}}{1 + \text{tg}\ \dfrac{\pi}{4}\ \text{tg}\ \dfrac{\gamma_m}{2}} = \frac{1 - \text{tg}\ \dfrac{\gamma_m}{2}}{1 + \text{tg}\ \dfrac{\gamma_m}{2}}$$

ou, como $\gamma_m/2$ é um ângulo muito pequeno,

$$\text{tg}\ \beta = \frac{1 - \dfrac{\gamma_m}{2}}{1 + \dfrac{\gamma_m}{2}} \qquad (9.31)$$

Entretanto, da Fig. 9.48*c* observamos que

$$\text{tg}\ \beta = \frac{1 - \nu\epsilon_x}{1 + \epsilon_x} \qquad (9.32)$$

Igualando os membros do lado direito de (9.31) e (9.32) e resolvendo em função de γ_m, temos

$$\gamma_m = \frac{(1 + \nu)\epsilon_x}{1 + \dfrac{1 - \nu}{2}\epsilon_x}$$

Como $\epsilon_x << 1$, o denominador na expressão obtida pode ser considerado igual a unidade; temos, portanto,

$$\gamma_m = (1 + \nu)\epsilon_x \qquad (9.33)$$

que é a relação desejada entre a deformação de cisalhamento máxima γ_m e a deformação específica axial ϵ_x.

Para obtermos uma relação entre as constantes E, ν e G, lembramos que, pela lei de Hooke, $\gamma_m = \tau_m/G$, e que, para um carregamento axial, $\epsilon_x = \sigma_x/E$. A Eq. (9.33) pode, portanto, ser escrita como

$$\frac{\tau_m}{G} = (1 + \nu)\frac{\sigma_x}{E}$$

ou

$$\frac{E}{G} = (1 + \nu)\frac{\sigma_x}{\tau_m} \qquad (9.34)$$

Verificamos agora, da Fig. 8.37, que $\sigma_x = P/A$ e $\tau_m = P/2A$, em que A é a área da seção transversal da componente. Conclui-se, então, que $\sigma_x/\tau_m = 2$. Substituindo esse valor em (9.34) e dividindo ambos os membros por 2, obtemos a relação

$$\frac{E}{2G} = 1 + \nu \qquad (9.35)$$

que pode ser usada para determinar uma das constantes E, ν ou G a partir das outras duas. Por exemplo, escrevendo a Eq. (9.35) para G, temos

$$G = \frac{E}{2(1 + \nu)} \qquad (9.35')$$

PROBLEMA RESOLVIDO 9.5

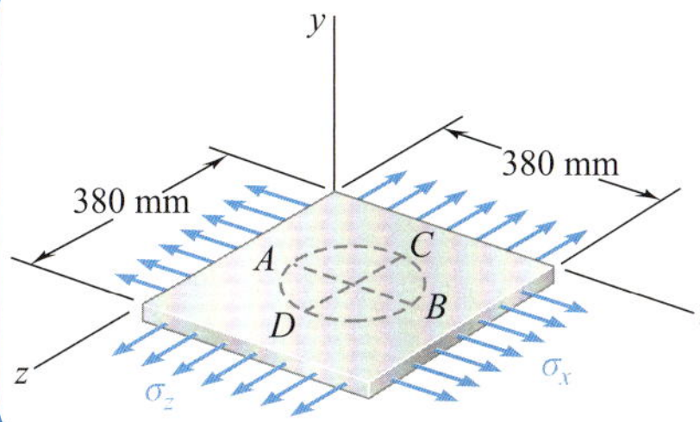

Um círculo de diâmetro $d = 220$ mm é desenhado em uma placa de alumínio livre de tensões de espessura $t = 19$ mm. Forças que atuam posteriormente no plano da placa provocam tensões normais $\sigma_x = 82$ MPa e $\sigma_z = 138$ MPa. Para $E = 69$ GPa e $\nu = \frac{1}{3}$, determine a variação (*a*) do comprimento do diâmetro *AB*, (*b*) do comprimento do diâmetro *CD*, (*c*) da espessura da placa e (*d*) do volume da placa.

SOLUÇÃO

Lei de Hooke. Notamos que $\sigma_y = 0$. Usando as Eqs. (9.27), encontramos a deformação específica em cada uma das direções das coordenadas.

$$\epsilon_x = +\frac{\sigma_x}{E} - \frac{\nu\sigma_y}{E} - \frac{\nu\sigma_z}{E}$$

$$= \frac{1}{69 \times 10^3 \text{ MPa}}\left[(82 \text{ MPa}) - 0 - \frac{1}{3}(138 \text{ MPa})\right]$$

$$= +0{,}522 \times 10^{-3} \text{ mm/mm}$$

$$\epsilon_y = -\frac{\nu\sigma_x}{E} + \frac{\sigma_y}{E} - \frac{\nu\sigma_z}{E}$$

$$= \frac{1}{69 \times 10^3 \text{ MPa}}\left[-\frac{1}{3}(82 \text{ MPa}) + 0 - \frac{1}{3}(138 \text{ MPa})\right]$$

$$= -1{,}063 \times 10^{-3} \text{ mm/mm}$$

$$\epsilon_z = -\frac{\nu\sigma_x}{E} - \frac{\nu\sigma_y}{E} + \frac{\sigma_z}{E}$$

$$= \frac{1}{69 \times 10^3 \text{ MPa}}\left[-\frac{1}{3}(82 \text{ MPa}) - 0 + (138 \text{ MPa})\right]$$

$$= +1{,}604 \times 10^{-3} \text{ mm/mm}$$

a. Diâmetro *AB*. A variação do comprimento é $\delta_{B/A} = \epsilon_x d$.

$$\delta_{B/A} = \epsilon_x d = (+0{,}522 \times 10^{-3} \text{ mm/mm})(220 \text{ mm})$$

$$\delta_{B/A} = +0{,}104 \text{ mm} \quad \blacktriangleleft$$

b. Diâmetro *CD*.

$$\delta_{C/D} = \epsilon_z d = (+1{,}604 \times 10^{-3} \text{ mm/mm})(220 \text{ mm})$$

$$\delta_{C/D} = +0{,}353 \text{ mm} \quad \blacktriangleleft$$

c. Espessura. Lembrando que $t = 19$ mm, temos

$$\delta_t = \epsilon_y t = (-1{,}063 \times 10^{-3} \text{ mm/mm})(19 \text{ mm})$$

$$\delta_t = -0{,}20 \text{ mm} \quad \blacktriangleleft$$

d. Volume da placa. Usando a Equação (2.30), escrevemos

$$e = \epsilon_x + \epsilon_y + \epsilon_z = (+0{,}522 - 1{,}063 + 1{,}604)10^{-3} = +1{,}063 \times 10^{-3}$$

$$\Delta V = eV = +1{,}063 \times 10^{-3}\,[(380 \text{ mm})(380 \text{ mm})](19 \text{ mm}) \qquad \Delta V = 2{,}916 \text{ mm}^3 \quad \blacktriangleleft$$

PROBLEMAS

9.49 Em um ensaio de tração padrão, uma barra de aço de 22 mm de diâmetro está submetida a uma força de tração de $P = 76{,}5$ kN. Sabendo que $\nu = 0{,}3$ e $E = 200$ GPa, determine (*a*) o alongamento da barra em um comprimento de referência de 200 mm e (*b*) a variação no diâmetro da barra.

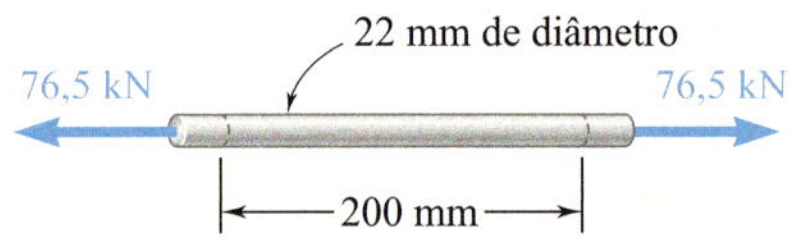

Figura P9.49

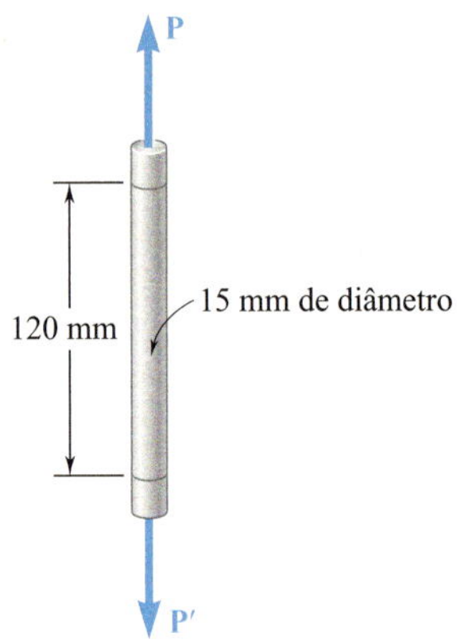

Figura P9.50

9.50 Um ensaio de tração padrão é usado para determinar as propriedades de um plástico. O corpo de prova é uma barra de 15 mm de diâmetro e está submetido a uma força de tração de 3,5 kN. Sabendo que em um comprimento de referência de 120 mm observa-se um alongamento de 11 mm no seu comprimento e uma diminuição de 0,62 mm no diâmetro, determine o módulo de elasticidade, o módulo de elasticidade transversal e o coeficiente de Poisson do material.

9.51 Um tubo de alumínio de 2 m de comprimento, com diâmetro externo de 240 mm e espessura de parede de 10 mm, é usado como uma coluna curta e suporta uma força axial centrada de 640 kN. Sabendo que $E = 73$ GPa e $\nu = 0{,}33$, determine (*a*) a variação no comprimento do tubo, (*b*) a variação em seu diâmetro externo e (*c*) a variação na espessura da parede.

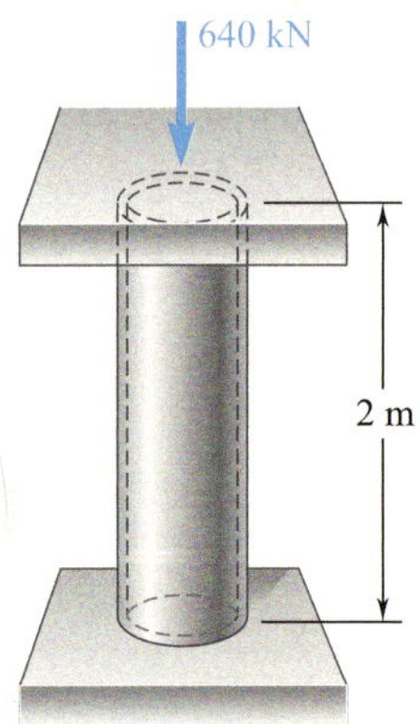

Figura P9.51

9.52 A variação no diâmetro de um grande parafuso dc aço é cuidadosamente medida enquanto a porca é apertada. Sabendo que $E = 200$ GPa e $\nu = 0{,}29$, determine a força interna no parafuso, quando se observa que o diâmetro diminuiu em 13 μm.

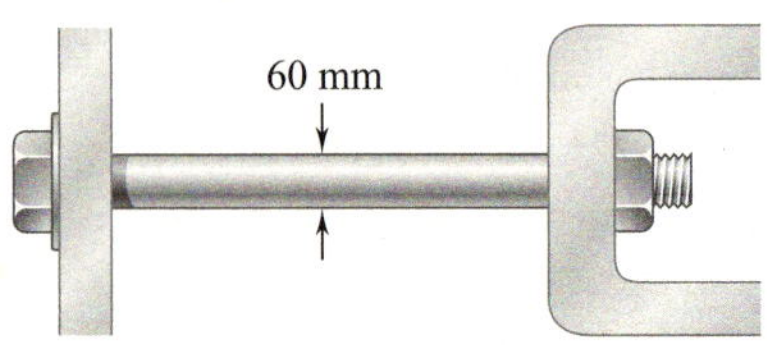

Figura P9.52

9.53 Uma chapa de alumínio (E = 74 GPa, ν = 0,33) está submetida a uma força axial que causa uma tensão normal σ. Sabendo que antes do carregamento uma reta inscrita na chapa tem inclinação 2:1, determine essa inclinação quando σ = 125 MPa.

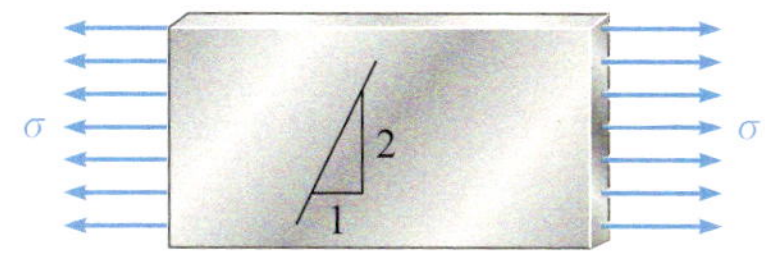

Figura P9.53

9.54 Uma força de tração de 2.700 N é aplicada a um corpo de prova feito de placa de aço plana de 1,588 mm (E = 200 GPa, ν = 0,30). Determine a variação resultante (*a*) no comprimento de referência de 50,8 mm, (*b*) na largura da parte AB do corpo de prova, (*c*) na espessura da parte AB e (*d*) na área da seção transversal da parte AB.

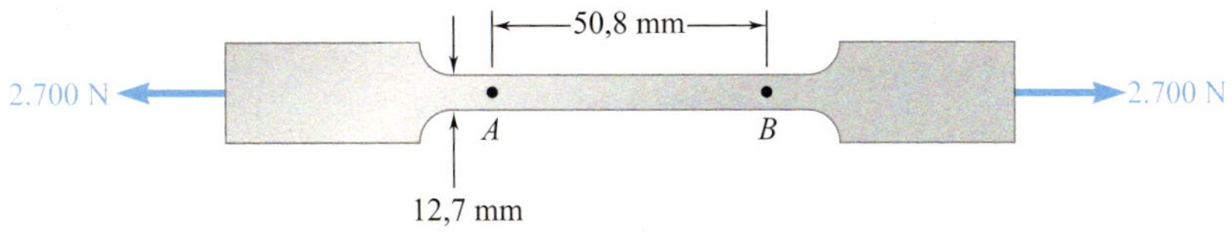

Figura P9.54

9.55 A barra de alumínio AD é envolvida por uma jaqueta utilizada para aplicar uma pressão hidrostática de 41,4 MPa na parte BC de 300 mm da barra. Sabendo que E = 70 GPa e ν = 0,36, determine (*a*) a variação do comprimento total AD e (*b*) a variação do diâmetro no meio da barra.

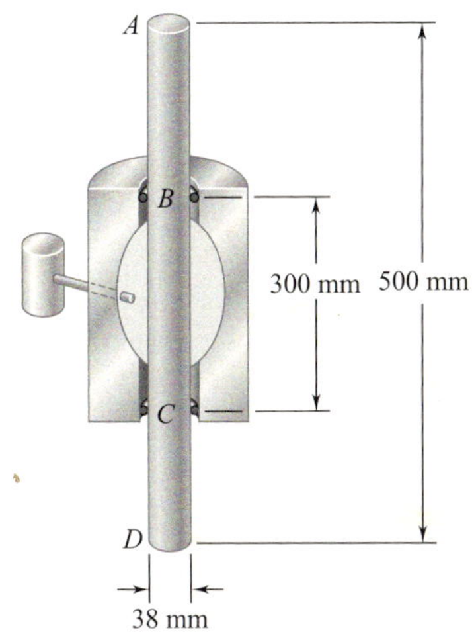

Figura P9.55

9.56 Para a barra do Problema 9.55, determine as forças que deverão ser aplicadas às extremidades A e D da barra (*a*) se a deformação específica axial na parte BC da barra permanecer zero com a pressão hidrostática aplicada e (*b*) se o comprimento total AD da barra permanecer inalterado.

9.57 Um quadrado de 20 mm foi traçado na lateral de um grande vaso de pressão de aço. Após a pressurização, a condição de tensão biaxial no quadrado é mostrada na figura. Usando dados disponíveis no Apêndice A para estruturas de aço, determine a variação percentual da inclinação da diagonal DB devido à pressurização do vaso.

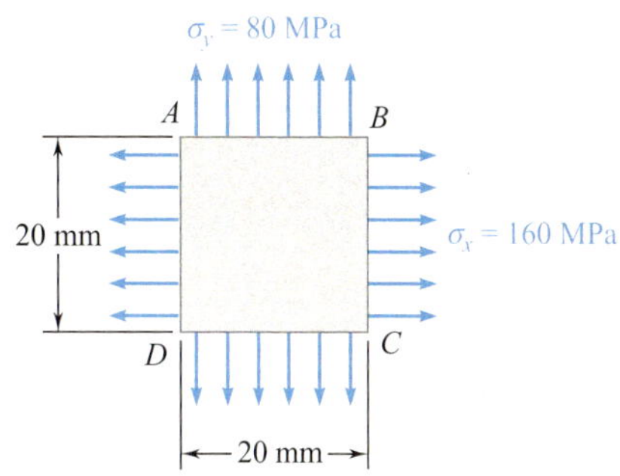

Figura P9.57

9.58 Um tecido utilizado em estruturas infláveis está submetido a um carregamento biaxial que resulta em tensões normais $\sigma_x = 120$ MPa e $\sigma_z = 160$ MPa. Sabendo que as propriedades do tecido podem ser de aproximadamente $E = 87$ GPa e $\nu = 0{,}34$, determine a variação no comprimento (*a*) do lado *AB*, (*b*) do lado *BC* e (*c*) da diagonal *AC*.

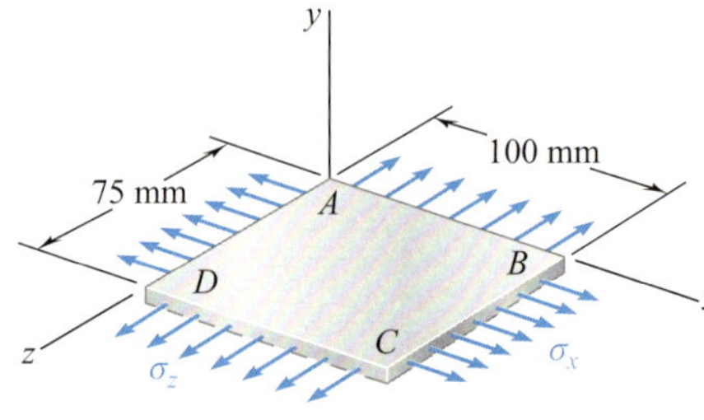

Figura P9.58

9.59 Em muitas situações, sabe-se que a tensão normal em determinada direção é zero. Por exemplo, $\sigma_z = 0$, no caso da placa fina mostrada na figura. Para esse caso, conhecido como *estado plano de tensão*, mostre que, se as deformações ϵ_x e ϵ_y foram determinadas experimentalmente, podemos expressar σ_x, σ_y e ϵ_z da seguinte maneira:

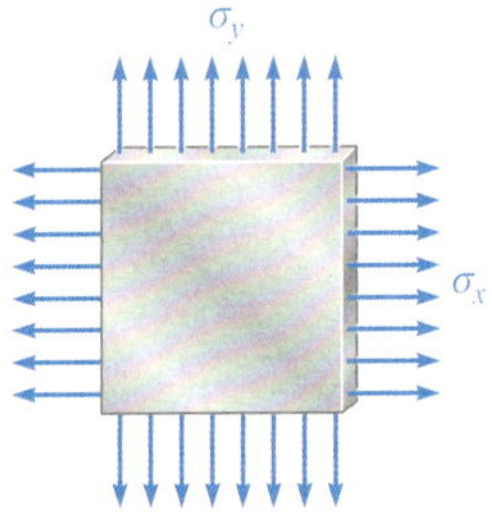

Figura P9.59

$$\sigma_x = E\frac{\epsilon_x + \nu\epsilon_y}{1 - \nu^2}$$

$$\sigma_y = E\frac{\epsilon_y + \nu\epsilon_x}{1 - \nu^2}$$

$$\epsilon_z = -\frac{\nu}{1 - \nu}(\epsilon_x + \epsilon_y)$$

9.60 Em muitas situações físicas, impedimentos de deformação devem ocorrer em determinada direção. Por exemplo, $\epsilon_z = 0$, no caso mostrado na figura, onde o movimento longitudinal do prisma longo é impedido em todos os pontos. Seções planas perpendiculares ao eixo longitudinal permanecem planas e separadas na mesma distância. Mostre que para essa situação, conhecida como *estado plano de deformação*, podemos expressar σ_z, ϵ_x e ϵ_y da seguinte maneira:

$$\sigma_z = \nu(\sigma_x + \sigma_y)$$

$$\epsilon_x = \frac{1}{E}[(1 - \nu^2)\sigma_x - \nu(1 + \nu)\sigma_y]$$

$$\epsilon_y = \frac{1}{E}[(1 - \nu^2)\sigma_y - \nu(1 + \nu)\sigma_x]$$

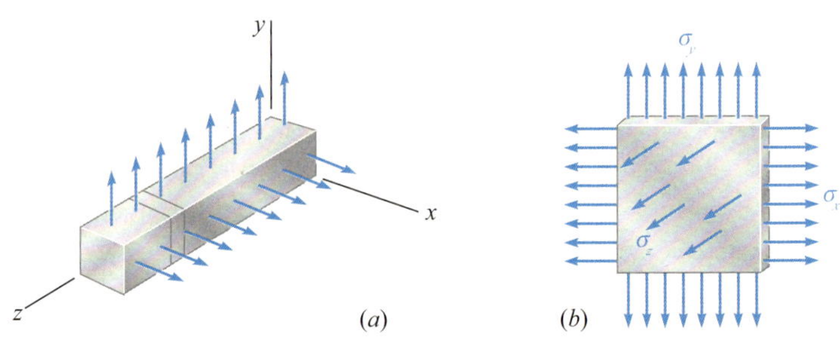

Figura P9.60

9.61 O bloco plástico mostrado na figura é colado entre um suporte rígido e uma placa vertical, à qual é aplicada uma força **P** de 240 kN. Sabendo que, para o plástico utilizado, G = 1.050 MPa, determine o deslocamento da placa.

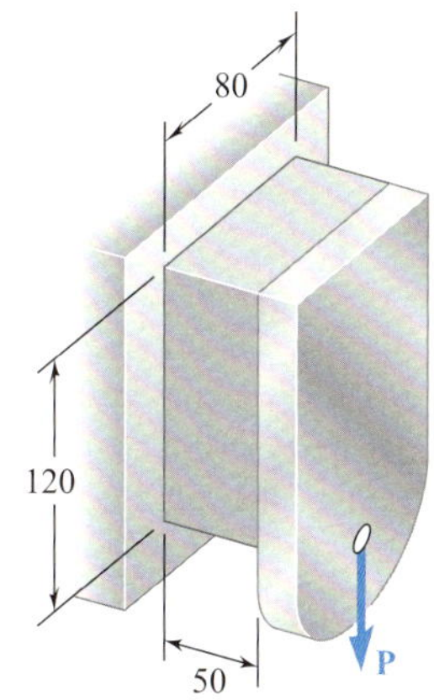

Dimensões em mm

Figura P9.61

9.62 A unidade de isolamento de vibrações é formada por dois blocos de borracha dura colados à placa AB e a suportes rígidos conforme mostrado na figura. Sabendo que uma força vertical de intensidade P = 27 kN causa uma deflexão δ = 1,5875 mm na chapa AB, determine o módulo de rigidez transversal da borracha usada.

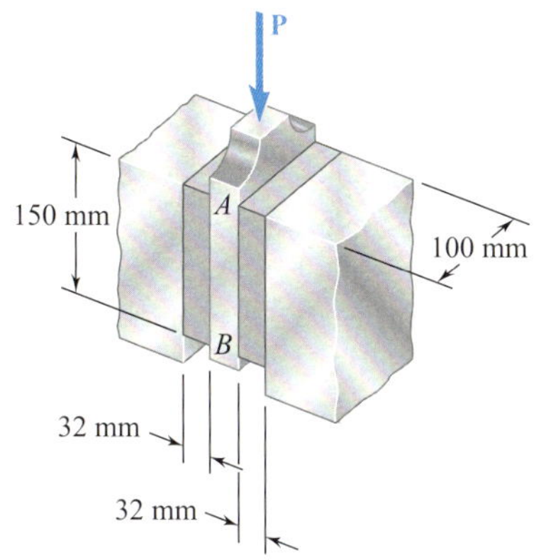

Figura P9.62 e P9.63

9.63 A unidade de isolamento de vibrações é formada por dois blocos de borracha dura com módulo de rigidez transversal G = 19 MPa colados à placa AB e a suportes rígidos conforme mostra a figura. Representando por P a intensidade da força aplicada na placa e por δ a deflexão correspondente, determine a constante de mola, $k = P/\delta$, do sistema.

9.64 Um apoio de elastômero (G = 0,9 MPa) é utilizado para suportar uma viga mestra de uma ponte, como mostra a figura, para proporcionar flexibilidade durante terremotos. A viga não pode sofrer deslocamento horizontal superior a 10 mm quando é aplicada uma força lateral de 22 kN. Sabendo que a tensão de cisalhamento máxima admissível é 420 kPa, determine (*a*) a menor dimensão b admissível e (*b*) a menor espessura a necessária.

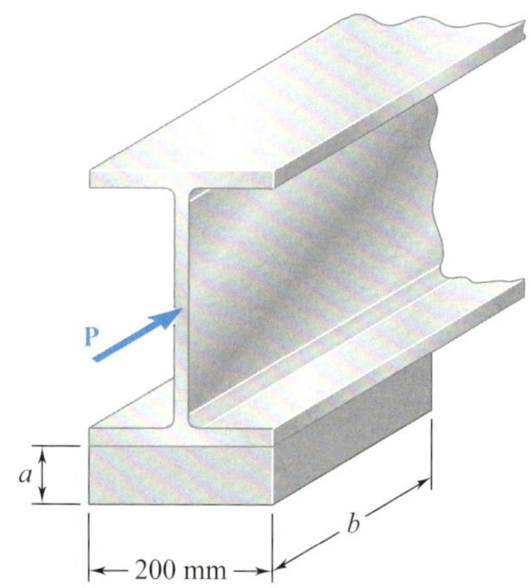

Figura P9.64

9.14 Distribuição de tensão e deformação específica sob carregamento axial. Princípio de Saint-Venant

Supomos até agora que, em um componente carregado axialmente, as tensões normais são uniformemente distribuídas em qualquer seção perpendicular ao eixo do elemento. Conforme vimos na Seção 8.3, essa suposição pode estar errada nas vizinhanças imediatas dos pontos de aplicação das forças. No entanto, a determinação das tensões reais em uma seção do componente requer a solução de um problema estaticamente indeterminado.

Na Seção 9.8, vimos que problemas estaticamente indeterminados que envolvem a determinação de *forças* podem ser resolvidos considerando as *deformações* provocadas por essas forças. É, portanto, razoável concluir que a determinação das *tensões* em um componente requer a análise das *deformações específicas* produzidas pelas tensões no componente. Essa é essencialmente a abordagem encontrada em livros mais avançados, nos

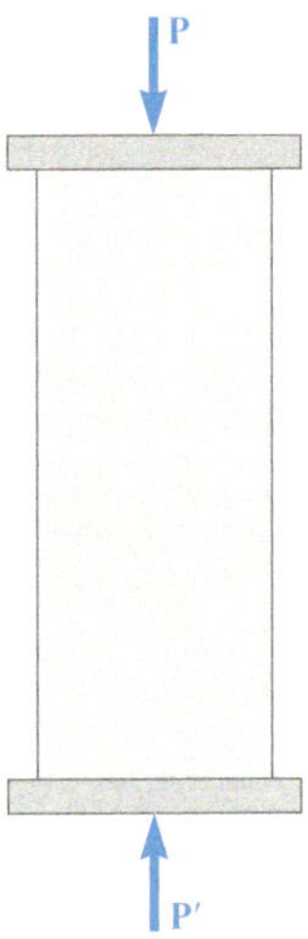

Figura 9.49

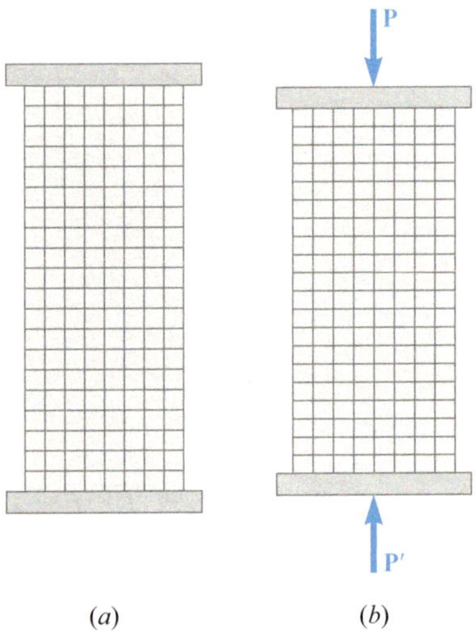

Figura 9.50

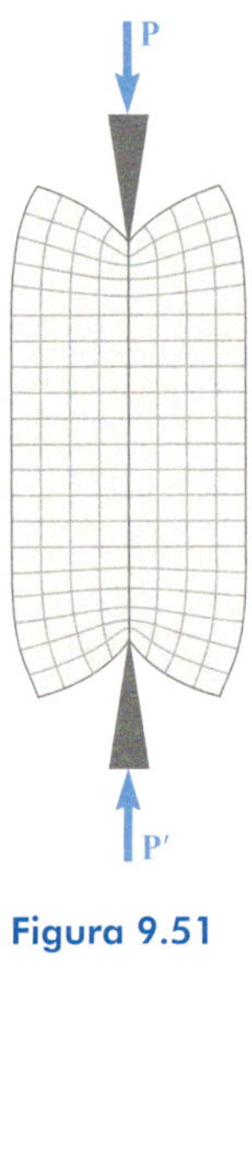

Figura 9.51

quais é utilizada a teoria matemática da elasticidade para determinar a distribuição de tensões que correspondem a vários modos de aplicação das forças nas extremidades do elemento. Em razão dos meios matemáticos mais limitados à nossa disposição, a análise de tensões ficará restrita ao caso em que são utilizadas duas placas rígidas para transmitir as forças a um componente feito de material isotrópico homogêneo (Fig. 9.49).

Se as forças forem aplicadas ao centro de cada placa,* as placas se moverão uma em direção à outra sem girar, o que levará o componente a ficar mais curto enquanto aumenta na largura e na espessura. E razoável supor que o componente permanecerá reto, que as seções planas permanecerão planas, e que todos os elementos se deformarão da mesma maneira, visto que essa suposição é claramente compatível com as condições de contorno do elemento. Isso está ilustrado na Fig. 9.50, que mostra um modelo de borracha antes e depois do carregamento.** Agora, se os elementos se deformam da mesma maneira, a distribuição de deformações específica através do componente deve ser uniforme. Em outras palavras, a deformação específica axial ϵ_y e a deformação específica lateral $\epsilon_x = -\nu\epsilon_y$ são constantes. Mas, se as tensões não excederem o limite de proporcionalidade, poderemos aplicar a lei de Hooke e escrever $\sigma_y = E\epsilon_y$, e consequentemente a tensão normal σ_y também será constante. Assim, a distribuição das tensões é uniforme através de todo o componente e em qualquer ponto.

$$\sigma_y = (\sigma_y)_{\text{méd}} = \frac{P}{A}$$

Entretanto, se as forças forem concentradas, conforme ilustra a Fig. 9.51, os elementos nas vizinhanças imediatas dos pontos de aplicação das forças estarão submetidos a tensões muito grandes, ao passo que outros elementos próximos das extremidades do componente não serão afetados pelo carregamento. Isso pode ser verificado observando que ocorrem grandes deformações e, portanto, grandes deformações específicas e grandes tensões nas proximidades dos pontos de aplicação das forças, enquanto nos cantos não há deformações. No entanto, à medida que consideramos elementos cada vez mais distantes das extremidades, notamos uma equalização progressiva das deformações envolvidas e, portanto, uma distribuição mais uniforme das deformações específicas e tensões através da seção transversal do componente. Isso está melhor ilustrado na Fig. 9.52, que mostra o resultado dos cálculos, por métodos de matemática avançada, da distribuição de tensões através de várias seções transversais de uma placa retangular fina submetida a forças concentradas. Notamos que a uma distância b de qualquer extremidade, em que b é a largura da placa, a distribuição de tensões é aproximadamente uniforme através da seção transversal, e o valor da tensão σ_y em qualquer ponto dessa seção pode ser considerado igual ao valor médio P/A. Assim, a uma distância igual à largura do componente ou maior, a distribuição de tensões através de determinada seção transversal é a mesma, independentemente de o componente estar carregado, como mostram as Figs. 9.49 ou 9.51. Em outras palavras, exceto nas vizinhanças imediatas dos pontos

* Mais precisamente, a linha de ação das forças deverá passar através do centroide da seção transversal (ver Seção 8.3).

** Note que, para componentes longos e delgados, é possível outra configuração, e certamente prevalecerá, se a carga for suficientemente grande: o componente *se dobra* e assume uma forma curvada. Isso será discutido no Cap. 16.

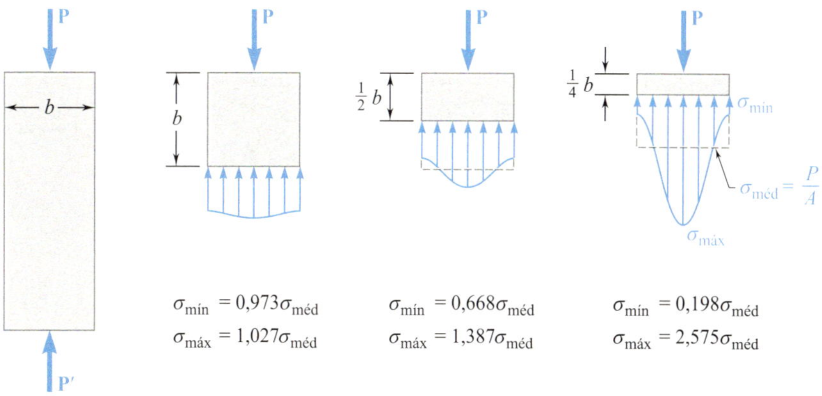

Figura 9.52

de aplicação das forças, a distribuição de tensões pode ser considerada independentemente do modo real de aplicação das forças. Essa definição, que se aplica não somente a carregamentos axiais, mas também praticamente a todo tipo de carregamento, é conhecida como *princípio de Saint-Venant*, em homenagem ao matemático e engenheiro francês Adhémar Barré de Saint-Venant (1797-1886).

Embora o princípio de Saint-Venant torne possível substituir determinado carregamento por outro mais simples para fins de cálculos de tensões em um componente estrutural, devemos ter em mente dois pontos importantes ao aplicá-lo:

1. O carregamento real e o utilizado para calcular as tensões devem ser *estaticamente equivalentes*.
2. As tensões não podem ser calculadas dessa maneira nas vizinhanças imediatas dos pontos de aplicação das forças. Métodos teóricos avançados ou experimentais devem ser utilizados para determinar a distribuição de tensões nessas regiões.

Observe também que as placas utilizadas para obter uma distribuição uniforme de tensão no componente da Fig. 9.50 devem permitir que o componente se expanda livremente na direção lateral. As placas não podem ser fixadas rigidamente no componente. Elas devem estar apenas em contato com o componente e ser lisas o suficiente para não impedir a expansão lateral dele. Embora se possam realmente obter essas condições de contorno para um componente em compressão, elas não podem ser obtidas fisicamente no caso de um componente em tração. No entanto, pouco importa se um dispositivo real pode ser ou não implementado e utilizado para aplicar uma força em um componente de maneira que a distribuição de tensões neste seja uniforme. O importante é *idealizar um modelo* que permitirá essa distribuição de tensões e mantê-lo em mente para que depois você possa compará-lo com as condições reais de carregamento.

9.15 Concentrações de tensão

Como foi visto na seção anterior, as tensões nas proximidades dos pontos de aplicação de forças concentradas podem alcançar valores muito maiores do que o valor médio da tensão no componente. Quando um componente estrutural contém uma descontinuidade, como, um furo ou uma mudança brusca na seção transversal, podem ocorrer valores altos de tensões localizadas próximas da descontinuidade. As Figs. 9.53 e 9.54 mostram a

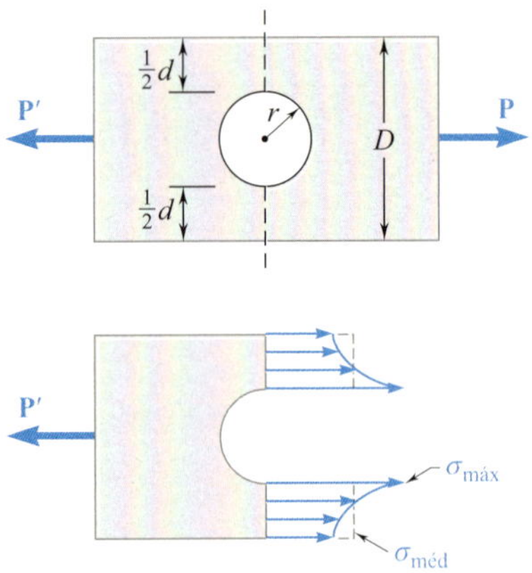

Figura 9.53 Distribuição de tensões próximas a um furo circular, em placa submetida a carregamento axial.

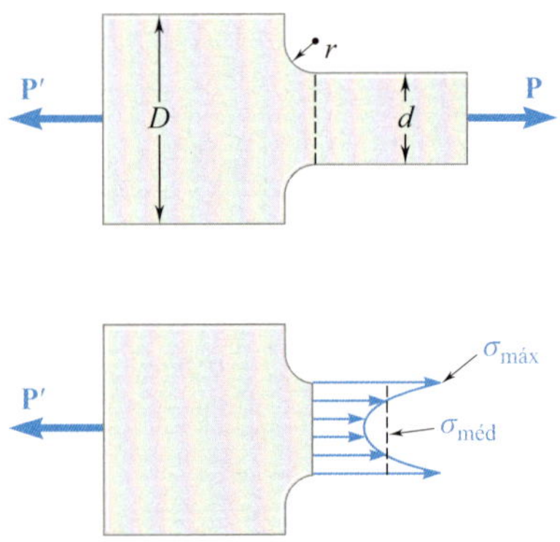

Figura 9.54 Distribuição de tensões próximas aos adoçamentos, em placa submetida a carregamento axial.

distribuição de tensões em seções críticas correspondentes a duas dessas situações. A Fig. 9.53 refere-se a uma placa com um *furo circular* e mostra a distribuição de tensões em uma seção passando através do centro do furo. A Fig. 9.54 refere-se a uma placa composta por duas partes de diferentes seções transversais conectadas por *adoçamentos* (*arredondamentos*). Ela mostra a distribuição de tensões na parte mais estreita da conexão, onde ocorrem as maiores tensões.

Esses resultados foram obtidos experimentalmente por meio de método fotoelástico. Felizmente, para o engenheiro que tiver de projetar determinado componente e não puder executar uma análise desse tipo, os resultados obtidos serão independentes do tamanho do elemento e do material utilizado. Eles dependerão somente das relações dos parâmetros geométricos envolvidos, ou seja, da relação r/d, no caso de um furo circular, e das relações r/d e D/d, no caso dos adoçamentos. Além disso, o projetista está mais interessado no *valor máximo* da tensão em determinada seção do que na distribuição real de tensões. A preocupação principal é determinar *se* a tensão admissível será ou não ultrapassada sob determinado carregamento e não *onde* esse valor será ultrapassado. Por essa razão, definimos a relação

$$K = \frac{\sigma_{\text{máx}}}{\sigma_{\text{méd}}} \tag{9.36}$$

em que a máxima tensão normal e a tensão normal média são calculadas na seção crítica (mais estreita) da descontinuidade. Essa relação é chamada de *coeficiente de concentração de tensão* de uma descontinuidade. Os coeficientes de concentração de tensão podem ser calculados somente uma vez, em função das relações de parâmetros geométricos envolvidos. Os resultados obtidos podem ser apresentados na forma de tabelas ou gráficos, como mostra a Fig. 9.55. Para determinar a tensão máxima que está ocorrendo próxima de uma descontinuidade em um elemento submetido a uma força axial P, o projetista precisa somente calcular a tensão média $\sigma_{\text{méd}} = P/A$ na seção crítica e multiplicar o resultado obtido pelo valor apropriado do coeficiente K de concentração de tensão. No entanto, deve-se notar que esse procedimento é válido somente enquanto $\sigma_{\text{máx}}$ não excede o limite de proporcionalidade do material, pois os valores de K representados no gráfico da Fig. 9.55 foram obtidos supondo uma relação linear entre tensão e deformação específica.

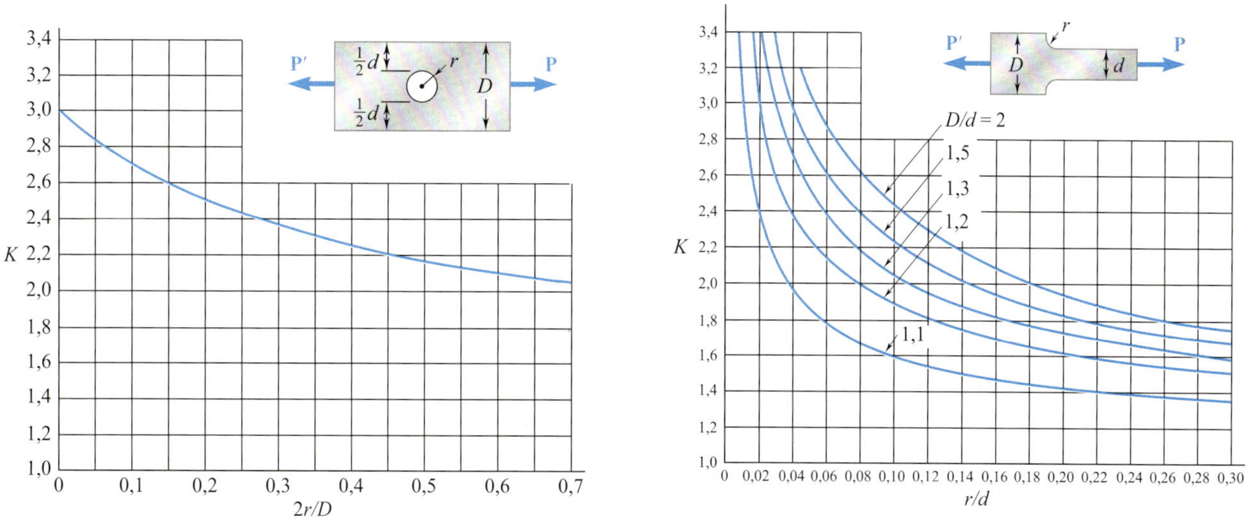

(*a*) Placas com furos

(*b*) Placas com adoçamentos

Figura 9.55 Coeficientes de concentração de tensão para placas submetidas a carregamento axial.*

Note que a tensão média deve ser calculada na seção transversal mais estreita: $\sigma_{méd} = P/td$, em que t é a espessura da placa.

Exemplo 9.10. Determine a maior força axial **P** que pode ser suportada com segurança por uma placa de aço composta de duas partes, ambas com espessura de 10 mm e, respectivamente, 40 e 60 mm de largura, conectadas por adoçamentos de raio $r = 8$ mm. Considere uma tensão normal admissível de 165 MPa.

Primeiro calculamos as relações

$$\frac{D}{d} = \frac{60 \text{ mm}}{40 \text{ mm}} = 1{,}50 \qquad \frac{r}{d} = \frac{8 \text{ mm}}{40 \text{ mm}} = 0{,}20$$

Usando a curva da Fig. 9.55*b* correspondente a $D/d = 1{,}50$, verificamos que o valor do coeficiente de concentração de tensão correspondente a $r/d = 0{,}20$ é

$$K = 1{,}82$$

Usando esse valor na Eq. (9.36), determina-se o valor $\sigma_{méd}$

$$\sigma_{méd} = \frac{\sigma_{máx}}{1{,}82}$$

Mas $\sigma_{máx}$ não pode exceder a tensão admissível do material da placa $\sigma_{adm} = 165$ MPa. Considerando esse valor para $\sigma_{máx}$, verificamos que a tensão média na parte mais estreita ($d = 40$ mm) da barra não deverá exceder o valor

$$\sigma_{méd} = \frac{165 \text{ MPa}}{1{,}82} = 90{,}7 \text{ MPa}$$

Lembrando que $\sigma_{méd} = P/A$, temos

$$P = A\sigma_{méd} = (40 \text{ mm})(10 \text{ mm})(90{,}7 \text{ MPa}) = 36{,}3 \times 10^3 \text{ N}$$
$$P = 36{,}3 \text{ kN} \quad \blacksquare$$

* Pilkey W. D. *Peterson's Stress Concentration Factors*, 2nd ed. Nova York: John Wiley & Sons, 1997.

PROBLEMAS

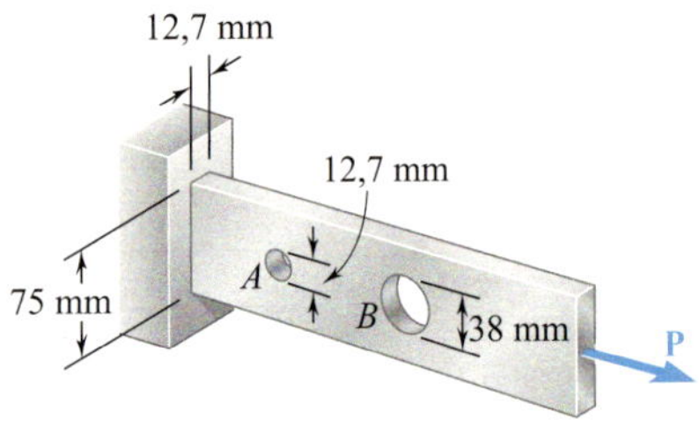

Figura P9.65 e P9.66

9.65 Dois furos foram feitos ao longo da barra de aço que é submetida a uma força axial central como mostra a figura. Para $P = 29$ kN, determine o máximo valor da tensões (*a*) em *A* e (*b*) em *B*.

9.66 Sabendo que $\sigma_{adm} = 110$ MPa, determine o máximo valor admissível da carga axial central **P**.

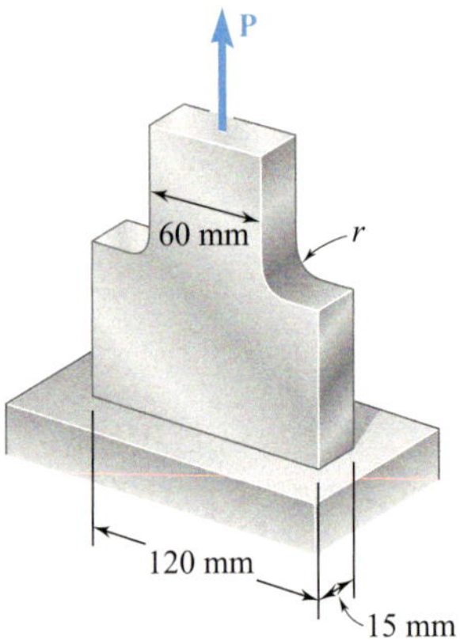

Figura P9.67 e P9.68

9.67 Sabendo que, para a placa mostrada, a tensão admissível é de 125 MPa, determine o valor máximo admissível para *P* quando (*a*) $r = 12$ mm e (*b*) $r = 18$ mm.

9.68 Sabendo que $P = 38$ kN, determine a tensão máxima quando (*a*) $r = 10$ mm, (*b*) $r = 16$ mm e (*c*) $r = 18$ mm.

9.69 (*a*) Sabendo que a tensão admissível é de 140 MPa, determine a intensidade máxima admissível da força central **P**. (*b*) Determine a variação percentual na intensidade máxima admissível de **P** se as partes mais largas são removidas das extremidades da amostra.

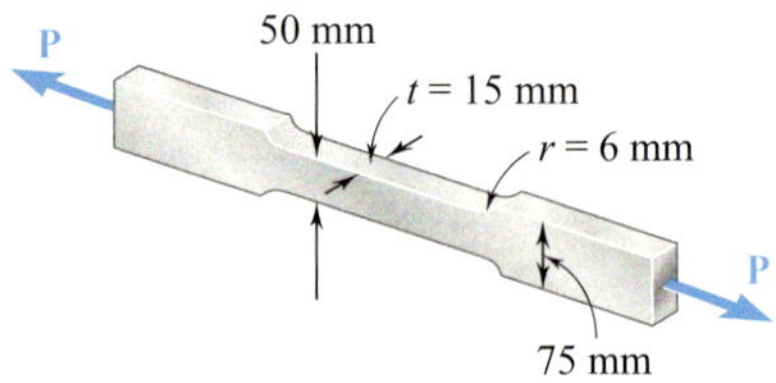

Figura P9.69

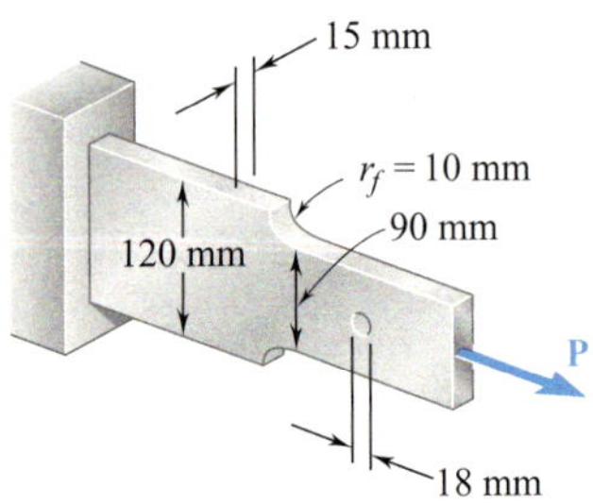

Figura P9.70

9.70 Uma força axial central é aplicada na barra de aço mostrada na figura. Sabendo que a σ_{adm} é de 135 MPa, determine a máxima carga admissível **P**.

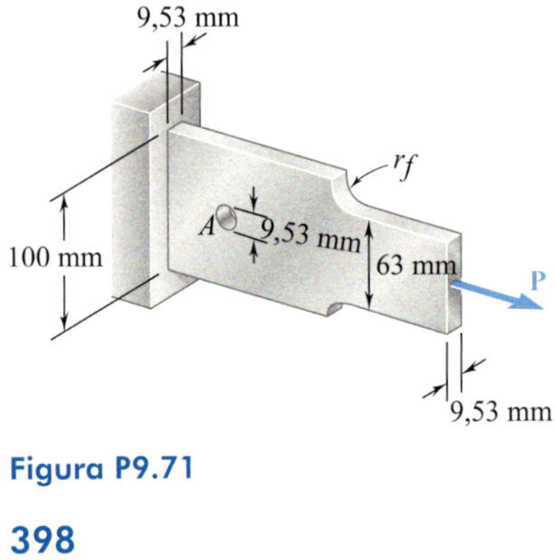

Figura P9.71

9.71 Sabendo que o furo tem um diâmetro de 9,53 mm, determine (*a*) o raio r_f dos adoçamentos para os quais ocorre a mesma tensão máxima no furo *A* e nos adoçamentos e (*b*) a força **P** correspondente máxima admissível se a tensão admissível é de 103,5 MPa.

9.72 Para $P = 38$ kN, determine a espessura *t* mínima necessária para a placa se a tensão admissível é de 124,2 MPa.

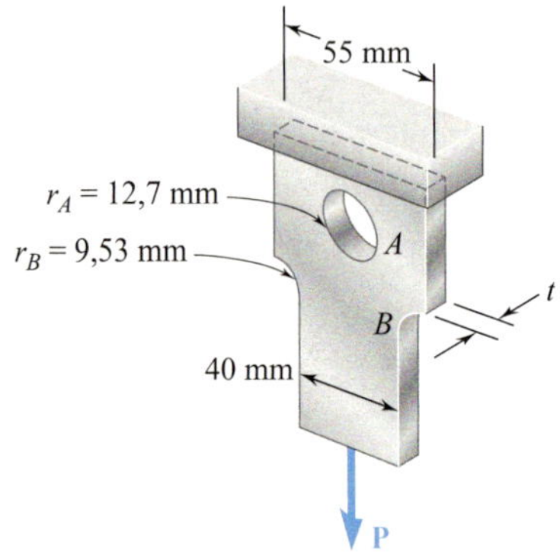

Figura P9.72

REVISÃO E RESUMO

Este capítulo foi dedicado à introdução do conceito de *deformação específica*, para a discussão das relações entre tensão e deformação específica para vários tipos de materiais e para a determinação das deformações de elementos estruturais sob carregamento axial.

Deformação específica normal

Considerando uma barra de comprimento L e seção transversal uniforme, e designando por δ sua deformação sob força axial **P** (Fig. 9.56), definimos a *deformação específica normal* ϵ na barra como a *deformação por unidade de comprimento* [Seção 9.2]:

$$\epsilon = \frac{\delta}{L} \tag{9.1}$$

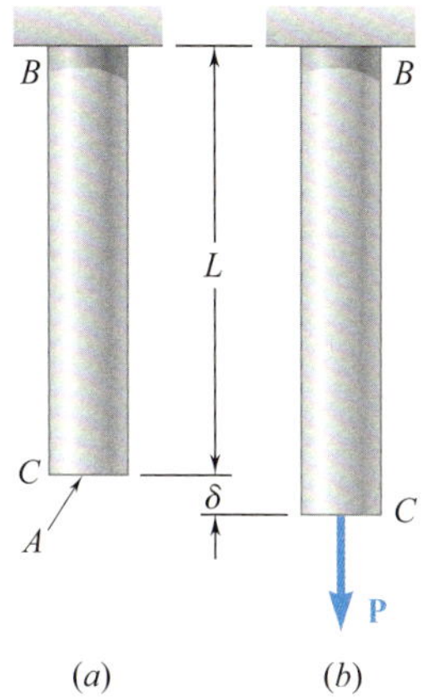

Figura 9.56

No caso de uma barra de seção transversal variável, a deformação específica normal foi definida em um ponto qualquer Q, considerando um pequeno elemento da barra em Q. Designando por Δx o comprimento do elemento e por $\Delta\delta$ sua deformação sob determinada força, escrevemos

$$\epsilon = \lim_{\Delta x \to 0} \frac{\Delta\delta}{\Delta x} = \frac{d\delta}{dx} \tag{9.2}$$

Diagrama tensão-deformação

Ao construirmos um gráfico da tensão σ em função da deformação específica ϵ à medida que a força é aumentada, obtivemos o *diagrama tensão-deformação* para o material utilizado [Seção 9.3]. A partir desse diagrama, pudemos fazer uma distinção entre materiais *frágeis* e *dúcteis*. Um corpo de prova feito com um material frágil se rompe sem que seja observada uma mudança prévia na taxa de alongamento (Fig. 9.58), enquanto um corpo de prova feito de um material dúctil *escoa* após alcançar uma tensão crítica σ_E, chamada de *resistência ao escoamento*, isto é, o corpo de prova sofre uma grande deformação antes da ruptura, com aumento relativamente pequeno na força aplicada (Fig. 9.57). Um exemplo de material frágil com diferentes propriedades em tração e compressão é o *concreto*.

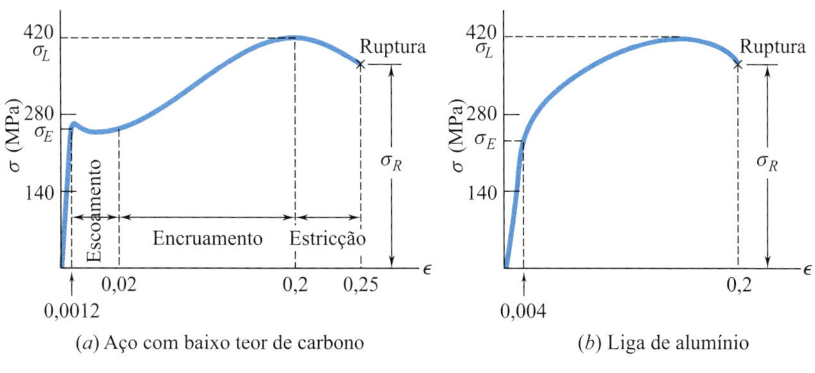

(*a*) Aço com baixo teor de carbono

(*b*) Liga de alumínio

Figura 9.57

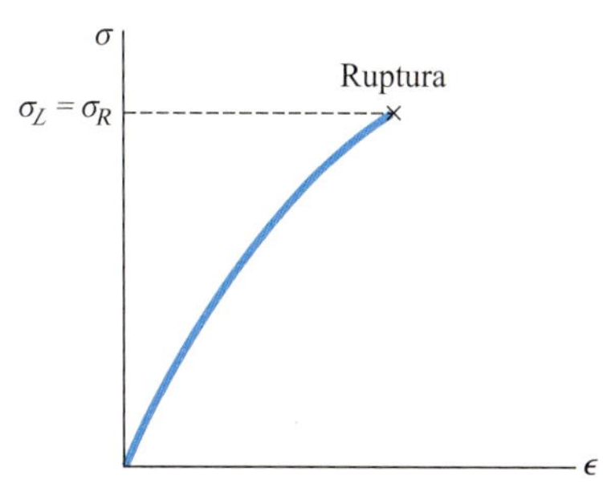

Figura 9.58

Lei de Hooke
Módulo de elasticidade

Na Seção 9.4, vimos que a parte inicial do diagrama tensão-deformação é uma linha reta, o que significa que, para pequenas deformações, a tensão é diretamente proporcional à deformação específica:

$$\sigma = E\,\epsilon \tag{9.3}$$

Essa relação é conhecida como *lei de Hooke*, e o coeficiente E, como o *módulo de elasticidade* do material. A maior tensão para a qual se aplica a Eq. (9.3) é o *limite de proporcionalidade* do material.

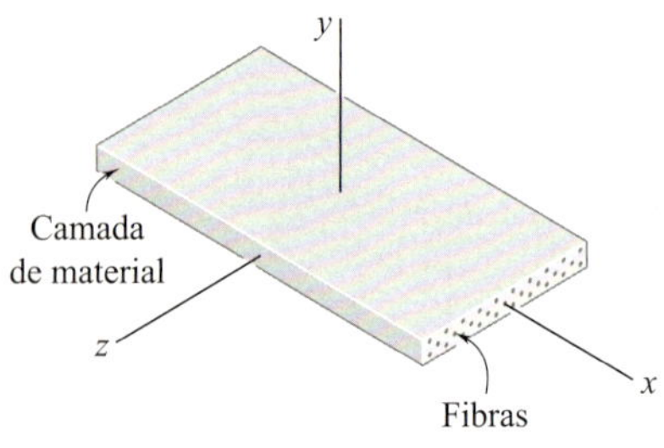

Figura 9.59

Os materiais até então considerados eram *isotrópicos*, cujas propriedades independem da direção. Na Seção 9.4, consideramos também uma classe de materiais *anisotrópicos*, cujas propriedades dependem da direção. Trata-se de *materiais compósitos reforçados com fibras*, feitas de um material forte e rígido incorporado em camadas de um material mais fraco e menos rígido (Fig. 9.59). Vimos que era preciso usar diferentes módulos de elasticidade, dependendo da direção de carregamento.

Limite elástico. Deformação plástica

Se as deformações provocadas em um corpo de prova pela aplicação de uma certa força desaparecem quando a força é removida, dizemos que o material se comporta *elasticamente*, e a maior tensão na qual isso ocorre é chamada de *limite elástico* do material [Seção 9.5]. Se o limite elástico é ultrapassado, a tensão e a deformação específica decrescem de forma linear quando a força é removida e a deformação específica não retorna a zero (Fig. 9.60), indicando que o material sofreu uma *deformação permanente* ou *plástica.*

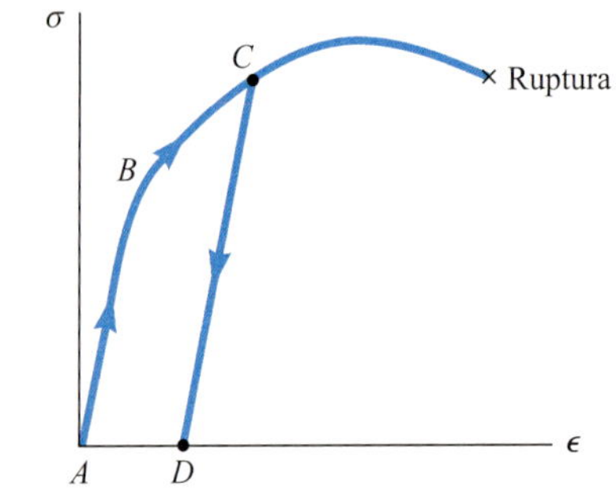

Figura 9.60

Limite de resistência à fadiga

Na Seção 9.6, discutimos o fenômeno da *fadiga*, que provoca a falha de elementos estruturais ou de máquinas após um número muito grande de ciclos de carga, embora as tensões permaneçam na região elástica. Um teste padrão de fadiga consiste em determinar o número n de ciclos sucessivos de carregamento e descarregamento necessários para provocar a falha de um corpo de prova para determinado nível máximo de tensão σ, traçando o gráfico σ-n correspondente. O valor de σ para o qual não ocorra a falha, mesmo para um número indefinidamente grande de ciclos, é conhecido como *limite de resistência à fadiga* do material utilizado no teste.

Deformação elástica sob carregamento axial

A Seção 9.7 foi dedicada à determinação das deformações elásticas de vários tipos de elementos estruturais e de máquinas sob várias condições de carregamento axial. Vimos que, se uma barra de comprimento L e seção transversal uniforme de área A é submetida em sua extremidade a uma força axial centrada **P** (Fig. 9.61), a deformação correspondente é

$$\delta = \frac{PL}{AE} \tag{9.6}$$

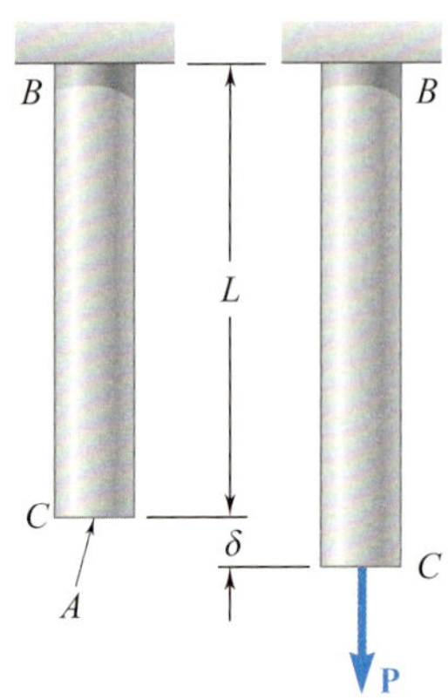

Figura 9.61

Se a barra é carregada em vários pontos ou é formada por várias partes de seções transversais diferentes e possivelmente materiais diferentes, a deformação δ da barra deve ser expressa como uma soma das deformações de suas partes componentes [Exemplo 1]:

$$\delta = \sum_i \frac{P_i L_i}{A_i E_i} \tag{9.7}$$

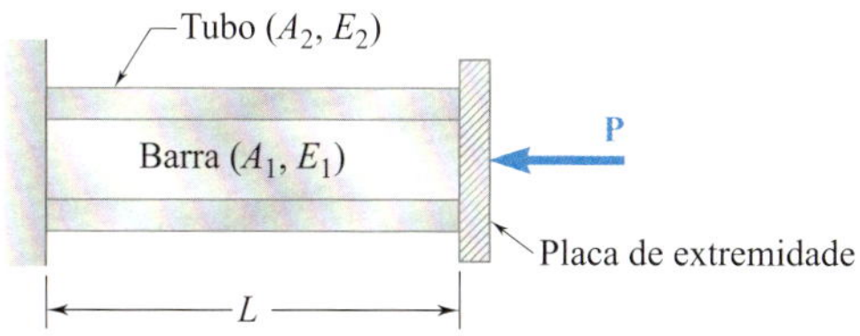

Figura 9.62

Problemas estaticamente indeterminados

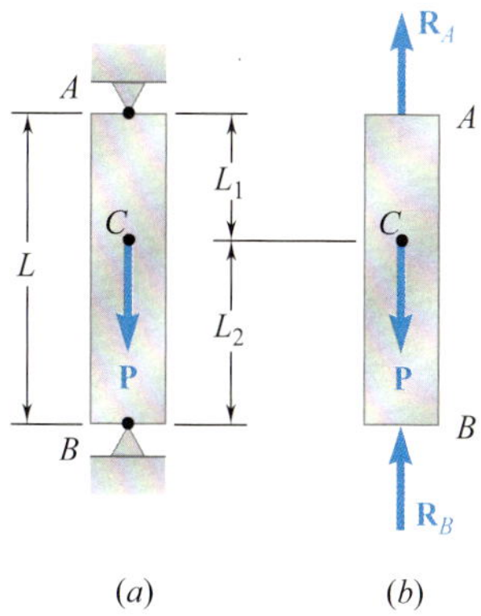

Figura 9.63

A Seção 9.8 foi dedicada à solução de *problemas estaticamente indeterminados*, isto é, problemas nos quais as reações e as forças internas *não podem* ser determinadas apenas por meio da estática. As equações de equilíbrio determinadas pelo diagrama de corpo livre do componente em consideração foram complementadas por relações que envolvem deformações e obtidas da geometria do problema. As forças na barra e no tubo da Fig. 9.62, por exemplo, foram determinadas observando, por um lado, que sua soma é igual a P e, por outro, que elas provocam deformações iguais na barra e no tubo [Exemplo 2]. Analogamente, as reações nos apoios da barra da Fig. 9.63 não podiam ser obtidas somente por meio do diagrama de corpo livre da barra [Exemplo 3], mas podiam ser determinadas pela imposição de que a deformação total da barra deve ser igual a zero.

Problemas com variação de temperatura

Na Seção 9.9, consideramos problemas que envolvem *variações de temperatura.* Primeiro observamos que, se a temperatura de uma barra AB *sem impedimentos*, de comprimento L, tem sua temperatura aumentada em ΔT, sua deformação é

$$\delta_T = \alpha(\Delta T)L \tag{9.20}$$

em que α é o *coeficiente de expansão térmica* do material. Notamos que a deformação específica correspondente, chamada de *deformação específica térmica*, é

$$\epsilon_T = \alpha \Delta T \tag{9.21}$$

e que *nenhuma tensão* é associada a essa deformação específica. No entanto, se a barra AB está *impedida de se deformar* por suportes fixos (Fig. 9.64), aparecem tensões na barra à medida que a temperatura aumenta, em razão das reações nos suportes. Para determinarmos a intensidade P das reações, separamos a barra de seu suporte em B (Fig. 9.65) e consideramos separadamente a deformação δ_T da barra à medida que ela se expande livremente, por causa da variação de temperatura, e a deformação δ_P provocada pela força **P** necessária para trazer de volta a barra ao seu comprimento original, de forma que ela pudesse ser recolocada no suporte em B. Escrevendo que a deformação total $\delta = \delta_T + \delta_P$ é igual a zero, obtivemos uma equação que poderia ser resolvida para P. Embora a deformação final na barra AB seja claramente zero, esse geralmente não será o caso para barras compostas de elementos de diferentes seções transversais ou materiais, pois as deformações dos vários elementos usualmente *não são* zero [Exemplo 6].

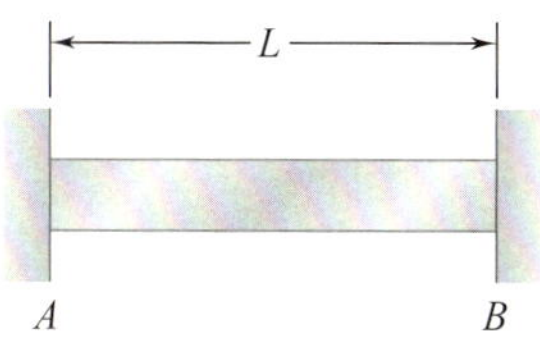

Figura 9.64

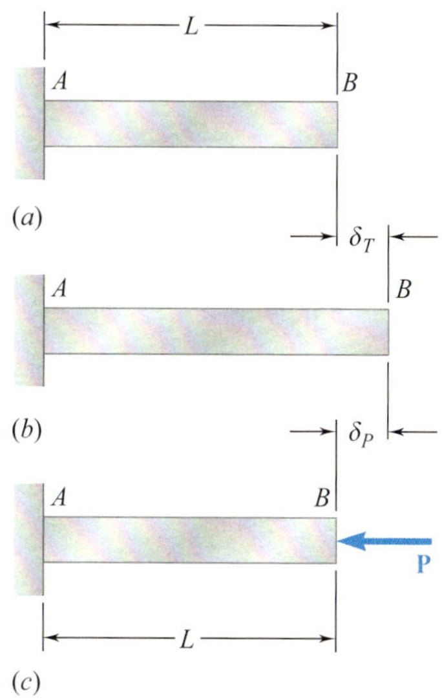

Figura 9.65

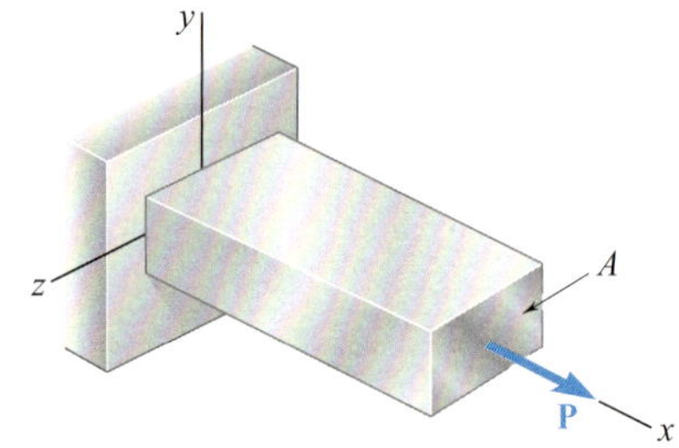

Figura 9.66

Deformação específica lateral. Coeficiente de Poisson

Quando uma força axial **P** é aplicada a uma barra delgada e homogênea (Fig. 9.66), provoca uma deformação específica não somente ao longo do eixo da barra, mas também em qualquer direção transversal [Seção 9.10]. Essa deformação específica é chamada de *deformação específica lateral*, e a relação entre a deformação específica lateral e a deformação específica axial é denominada *coeficiente de Poisson* e designada por ν. Escrevemos

$$\nu = -\frac{\text{deformação específica lateral}}{\text{deformação específica axial}} \qquad (9.24)$$

Lembrando que a deformação específica axial na barra é $\epsilon_x = \sigma_x/E$, expressamos da seguinte forma a condição de deformação específica sob um carregamento axial na direção x:

$$\epsilon_x = \frac{\sigma_x}{E} \qquad \epsilon_y = \epsilon_z = -\frac{\nu\sigma_x}{E} \qquad (9.26)$$

Carregamento multiaxial

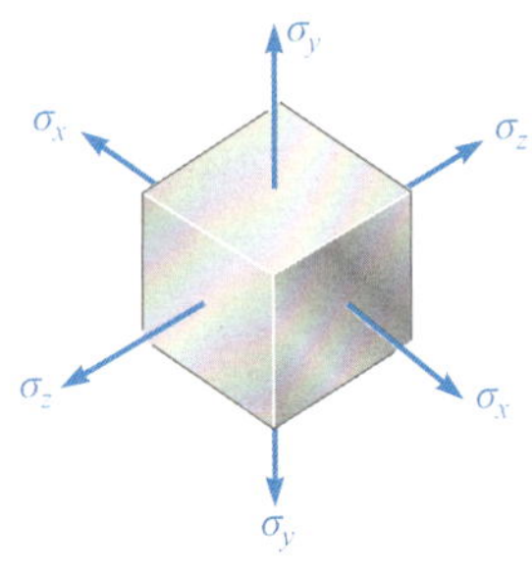

Figura 9.67

Esse resultado foi estendido na Seção 9.11 no caso de um *carregamento multiaxial*, provocando o estado de tensão mostrado na Fig. 9.67. A condição de deformação específica resultante foi descrita pelas equações a seguir, chamadas de *lei de Hooke generalizada* para carregamento multiaxial.

$$\begin{aligned}
\epsilon_x &= +\frac{\sigma_x}{E} - \frac{\nu\sigma_y}{E} - \frac{\nu\sigma_z}{E} \\
\epsilon_y &= -\frac{\nu\sigma_x}{E} + \frac{\sigma_y}{E} - \frac{\nu\sigma_z}{E} \\
\epsilon_z &= -\frac{\nu\sigma_x}{E} - \frac{\nu\sigma_y}{E} + \frac{\sigma_z}{E}
\end{aligned} \qquad (9.27)$$

Deformação por cisalhamento. Módulo de elasticidade transversal

Conforme vimos no Cap. 8, o estado de tensão em um material sob as condições mais generalizadas de carregamento envolve tensões de elasticidade transversal de cisalhamento, bem como tensões normais (Fig. 9.68). As tensões de cisalhamento tendem a deformar um elemento cúbico do material transformando-o em um paralelepípedo oblíquo [Seção 9.12]. Por exemplo, considerando as tensões τ_{xy} e τ_{yx} mostradas na Fig. 9.69 (as quais, lembramos, são iguais em intensidade), notamos que elas provocaram, nos ângulos formados pelas faces nas quais agiam, um aumento ou uma diminuição por um pequeno ângulo γ_{xy}. Esse ângulo, expresso em radianos, define a *deformação de cisalhamento* correspondente às direções x e y. Ao definirmos de forma similar as deformações de cisalhamento γ_{yz} e γ_{zy}, escrevemos as relações

$$\tau_{xy} = G\gamma_{xy} \qquad \tau_{yz} = G\gamma_{yz} \qquad \tau_{zx} = G\gamma_{zx} \qquad (9.28, 9.29)$$

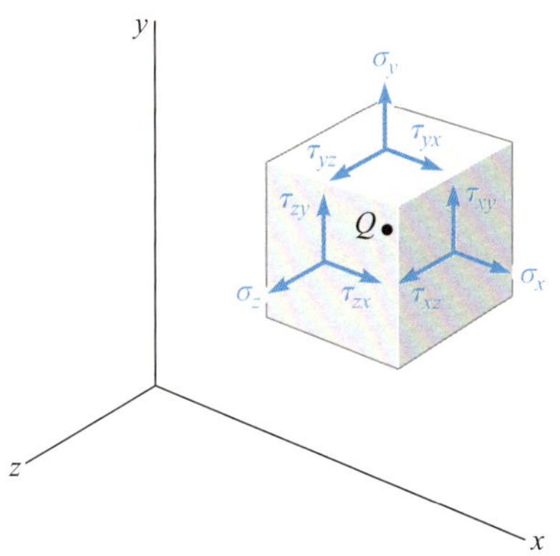

Figura 9.68

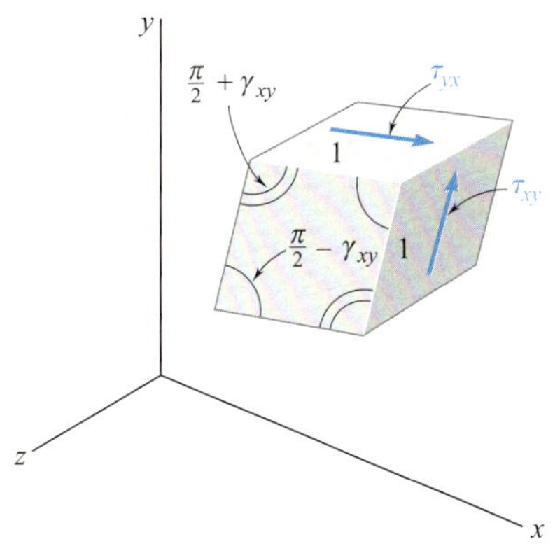

Figura 9.69

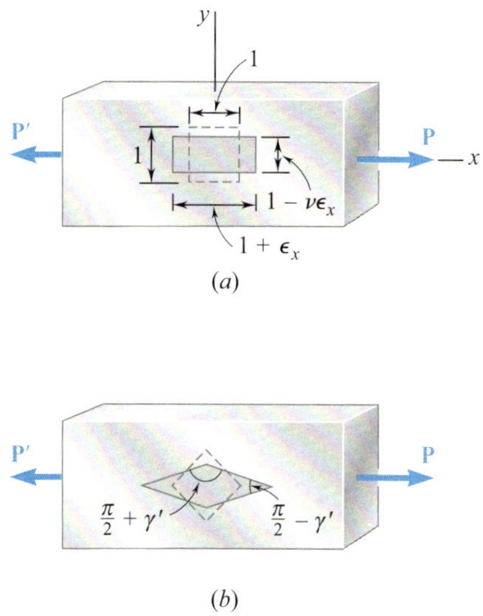

Figura 9.70

que são válidas para qualquer material isotrópico homogêneo dentro de seu limite de proporcionalidade em cisalhamento. A constante G é chamada de *módulo de elasticidade transversal* do material, e as relações obtidas expressam a *lei de Hooke para tensão e deformação de cisalhamento.* Juntamente com as Eqs. (9.27), elas formam um grupo de equações que representam a lei de Hooke generalizada para um material isotrópico homogêneo sob um estado de tensão mais geral.

Na Seção 9.13, observamos que, embora uma força axial exercida sobre uma barra delgada produza somente deformações específicas normais (axial e transversal) em um elemento do material orientado ao longo do eixo da barra, ela produzirá deformações normais e de cisalhamento em um elemento girado em 45° (Fig. 9.70). Notamos também que as três constantes E, ν e G não são independentes, mas satisfazem a relação

$$\frac{E}{2G} = 1 + \nu \tag{9.35}$$

que pode ser utilizada para determinar qualquer uma das três constantes em função das outras duas.

Princípio de Saint-Venant

Na Seção 9.14, discutimos o *princípio de Saint-Venant*, segundo o qual, exceto nas vizinhanças imediatas dos pontos de aplicação das forças, a distribuição de tensões em um componente ocorre independentemente do modo real de aplicação das forças. Esse princípio permite supor uma distribuição uniforme de tensões em um componente submetido a forças axiais concentradas, exceto quando ele estiver próximo aos pontos de aplicação das forças, onde ocorrem concentrações de tensão.

Concentrações de tensão

Concentrações de tensão também ocorrerão em componentes estruturais próximos de uma descontinuidade, como um furo ou uma mudança brusca na seção transversal [Seção 9.15]. A relação entre o valor máximo da tensão que ocorre próximo da descontinuidade e a tensão média calculada na seção crítica é chamada de *coeficiente de concentração de tensão* da descontinuidade e designada por K:

$$K = \frac{\sigma_{\text{máx}}}{\sigma_{\text{méd}}} \tag{9.36}$$

Valores de K para furos circulares e adoçamentos de placas são dados na Fig. 9.55 na p. 397.

PROBLEMAS DE REVISÃO

9.73 A barra de alumínio ABC (E = 70 GPa), composta de duas partes cilíndricas AB e BC, deve ser substituída por uma barra de aço cilíndrica DE (E = 200 GPa) com o mesmo comprimento total. Determine o diâmetro d mínimo necessário para a barra de aço, considerando que sua deformação vertical não deve exceder a deformação da barra de alumínio sob a mesma força e que a tensão admissível na barra de aço não deve ultrapassar 165,5 MPa.

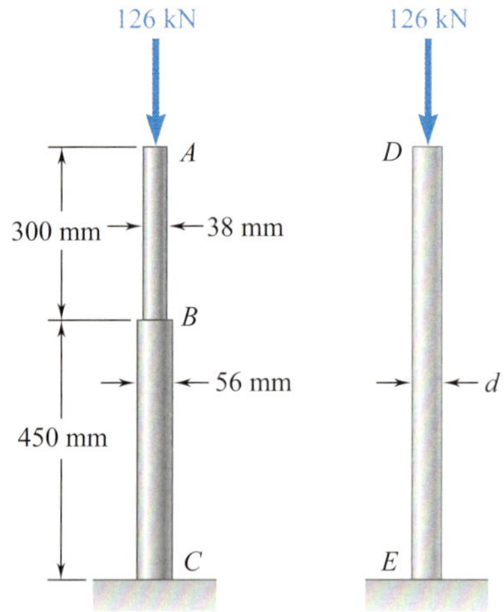

Figura P9.73

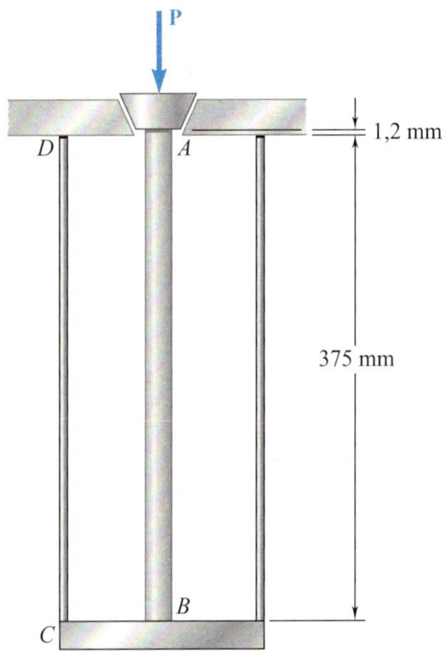

Figura P9.74

9.74 Um tubo de latão AB (E = 105 GPa) tem uma área da seção transversal de 138 mm^2 e é equipado com um tampão em A. O tubo é fixado em B, em uma placa rígida que é fixada em C, em uma base cilíndrica de alumínio (E = 70 GPa) com área da seção transversal de 250 mm^2. O cilindro é então pendurado por um suporte em D. Para fechar o cilindro, o tampão deve ser movido para baixo 1,2 mm. Determine a força **P** que deve ser aplicada no cilindro.

9.75 O comprimento do fio de aço CD de 2 mm de diâmetro foi ajustado de modo que, sem nenhuma força aplicada, existe um espaço de 1,5 mm entre a extremidade B da barra rígida ACB e um ponto de contato E. Sabendo que E = 200 GPa, determine onde deve ser colocado o bloco de 20 kg na barra rígida para provocar o contato entre B e E.

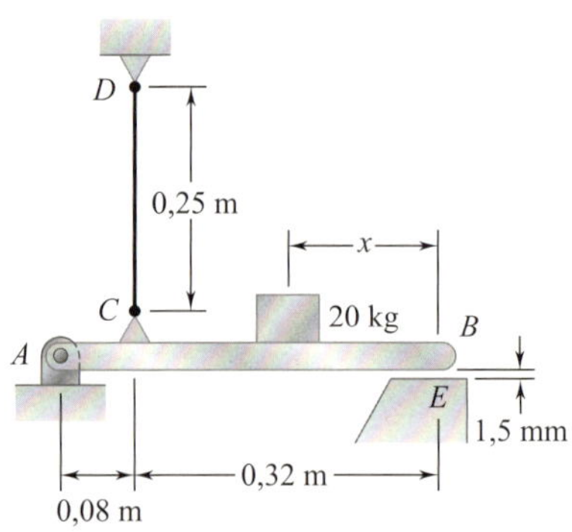

Figura P9.75

9.76 As barras uniformes AB e BC são feitas de aço e carregadas como mostra a figura. Sabendo que $E = 200$ GPa, determine a intensidade e direção da deflexão do ponto B quando $\theta = 22°$.

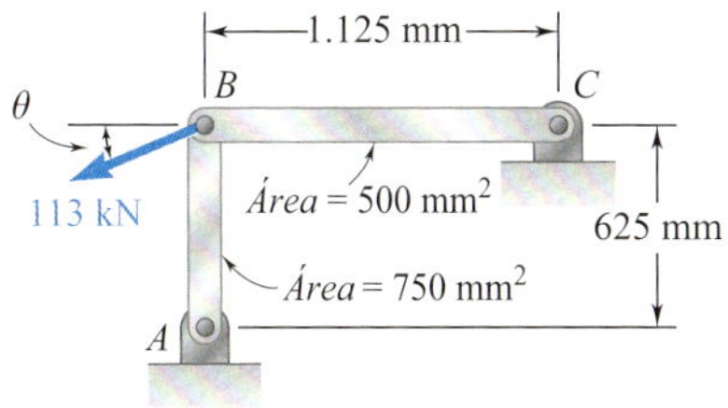

Figura P9.76

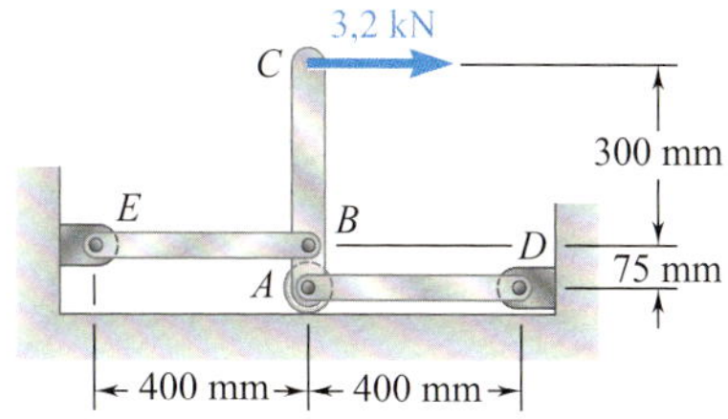

Figura P9.77

9.77 As barras de aço BE e AD têm uma seção transversal de 6 × 18 mm cada. Sabendo que $E = 200$ GPa, determine as deflexões dos pontos A, B e C da barra rígida ABC.

9.78 No Problema 9.77, a força de 3,2 kN causa em C uma deflexão para a direita. Usando $\alpha = 11{,}7 \times 10^{-6}/°C$, determine (*a*) a mudança global na temperatura que faz o ponto C retornar à sua posição original e (*b*) a deflexão total correspondente nos pontos A e B.

9.79 Uma força axial central P é aplicada em bloco composto mostrado na figura por meio de uma placa rígida na extremidade. Determine (*a*) o valor de h se a carga sobre as placas de alumínio é metade da parte da carga sobre o núcleo de latão e (*b*) a carga total se a tensão no latão é de 80 MPa.

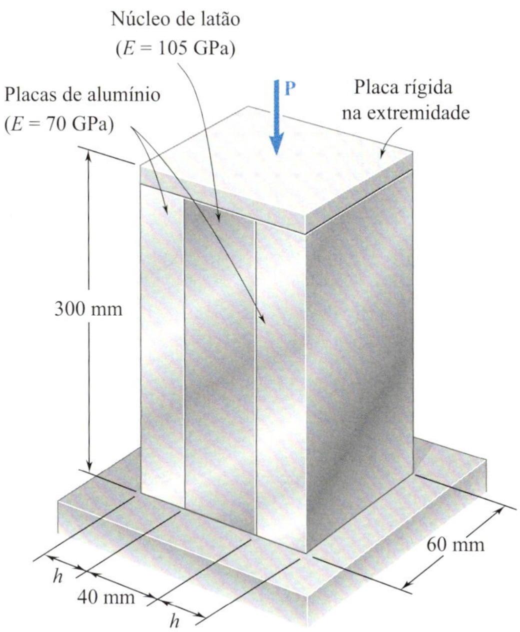

Figura P9.79

9.80 Um tubo de aço (E = 200 GPa) com diâmetro externo de 31,8 mm e espessura de 3,18 mm é colocado em um torno de bancada ajustado de maneira que as mandíbulas apenas toquem as extremidades do tubo, sem exercerem nenhuma pressão sobre ele. As duas forças mostradas na figura são então aplicadas ao tubo. Após aplicar essas forças, o torno de bancada é ajustado para diminuir a distância entre suas mandíbulas em 0,2 mm. Determine (*a*) as forças aplicadas pelo torno de bancada no tubo em A e D e (*b*) a variação do comprimento da parte BC do tubo.

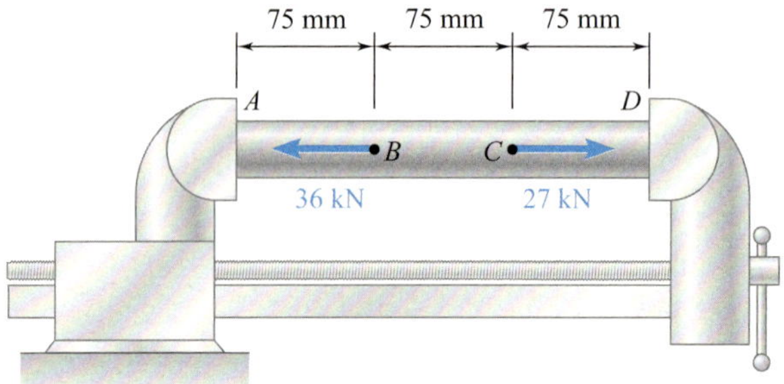

Figura P9.80

9.81 O bloco mostrado na figura é feito de liga de magnésio com E = 45 GPa e ν = 0,35. Sabendo que $\sigma_x = -138$ MPa, determine (*a*) a intensidade de σ_y para a qual a variação na altura do bloco será zero, (*b*) a variação correspondente na área da face $ABCD$ e (*c*) a variação correspondente no volume do bloco.

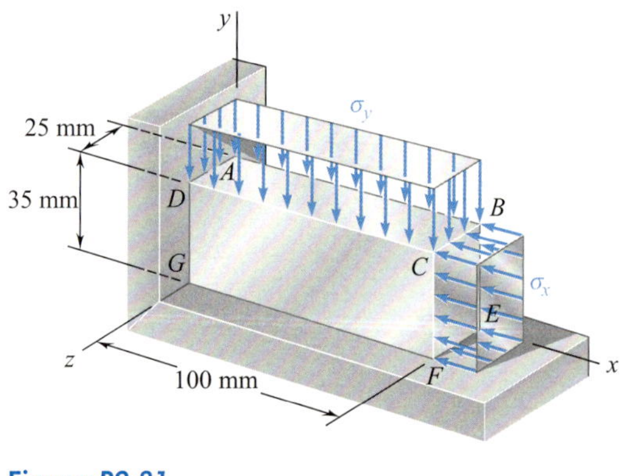

Figura P9.81

9.82 A unidade de isolamento de vibrações é formada por dois blocos de borracha dura colados à placa AB e a suportes rígidos, conforme mostrado na figura. Para o grau e o tipo de borracha utilizada, têm-se τ_{adm} = 1.518 kPa e G = 12,42 MPa. Sabendo que uma força vertical de intensidade P = 14,4 kN deve produzir um deslocamento vertical de 2,54 mm na chapa AB, determine as menores dimensões a e b admissíveis para o bloco.

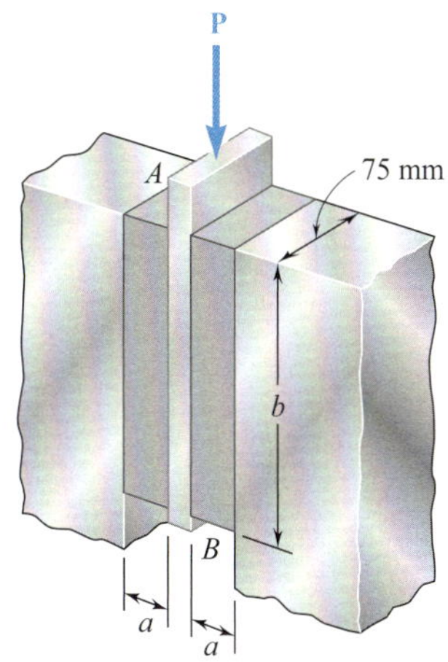

Figura P9.82

9.83 Deve ser feito um furo na placa no ponto A. Os diâmetros das brocas disponíveis para fazer o furo variam de 9 mm a 27 mm em incrementos de 6 mm. Se a tensão admissível na placa é de 145 MPa, determine (*a*) o diâmetro d da maior broca que pode ser usada se a força admissível **P** para o furo exceder aquela para os adoçamentos e (*b*) a carga admissível **P** correspondente.

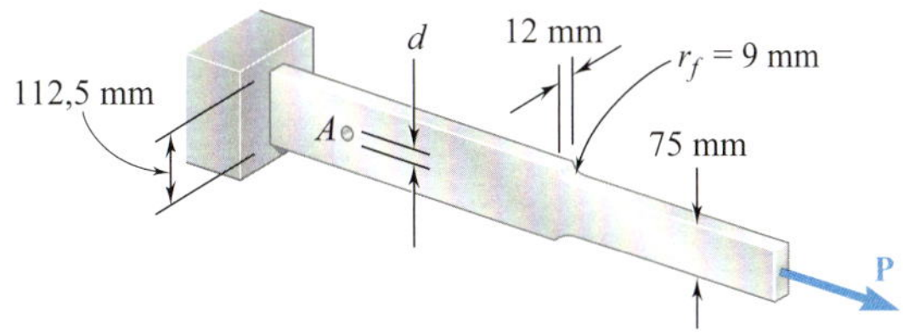

Figura P9.83 e P9.84

9.84 (*a*) Para P = 58 kN e d = 12 mm, determine a tensão máxima na placa mostrada. (*b*) Resolva a parte *a* supondo que o furo em A não seja feito.

Este capítulo é dedicado ao estudo da torção e das tensões e deformações que ela provoca. Na turbina mostrada aqui, o eixo central conecta os componentes do motor para produzir o empuxo necessário ao movimento de uma aeronave.

CAPÍTULO 10

Torção

10 Torção

10.1 Introdução

Nos Caps. 8 e 9, você estudou como calcular as tensões e as deformações em componentes estruturais submetidos a forças axiais, isto é, a forças orientadas ao longo do eixo do componente. Neste capítulo, vamos considerar os elementos estruturais e peças de máquinas que estão sob *torção*. Mais especificamente, você analisará as tensões e as deformações em elementos com seção transversal circular submetidos a momentos de torção ou *torques* **T** e **T'** (Fig. 10.1). Esses momentos têm a mesma intensidade T e sentidos opostos, são grandezas vetoriais e podem ser representados por setas curvas, como na Fig. 10.1*a*, ou por vetores conjugados, como na Fig. 10.1*b*.

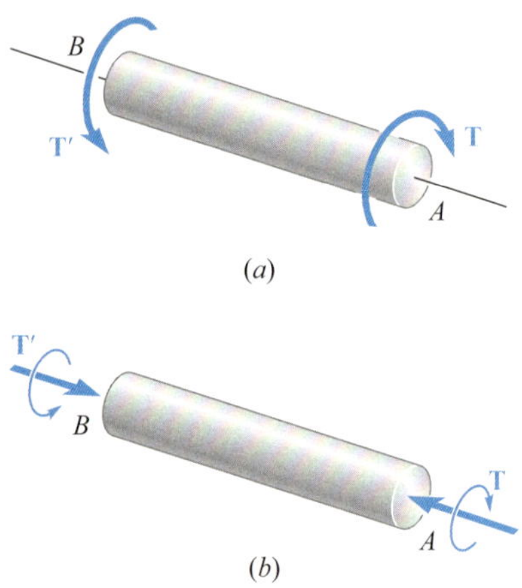

Figura 10.1

Elementos sob torção são encontrados em muitas aplicações de engenharia. A aplicação mais comum é aquela dos *eixos de transmissão* utilizados para transmitir potência de um ponto para outro. Por exemplo, o eixo mostrado na Foto 10.1 é utilizado para transmitir potência do motor para as rodas traseiras de um automóvel. Esses eixos podem ser maciços, como mostra a Fig. 10.1, ou vazados.

Foto 10.1 No conjunto de transmissão do automóvel mostrado, o eixo transmite potência do motor para as rodas traseiras.

Considere o sistema mostrado na Fig. 10.2*a*, composto por uma turbina a vapor A e um gerador elétrico B conectados por um eixo de transmissão AB. Ao separar o sistema em suas três partes componentes (Fig. 10.2*b*), você pode ver que a turbina aplica um momento de torção ou torque **T** no eixo e que o eixo aplica um torque igual no gerador. O gerador reage aplicando um torque igual e oposto **T'** no eixo, e o eixo aplica um torque **T'** na turbina.

Primeiro vamos analisar as tensões e as deformações que ocorrem em eixos circulares. Na Seção 10.3, é demonstrada uma propriedade importante dos eixos circulares: *quando um eixo circular é submetido à torção, todas as seções transversais permanecem planas e indeformadas*. Em outras palavras, embora as várias seções transversais ao longo do eixo girem

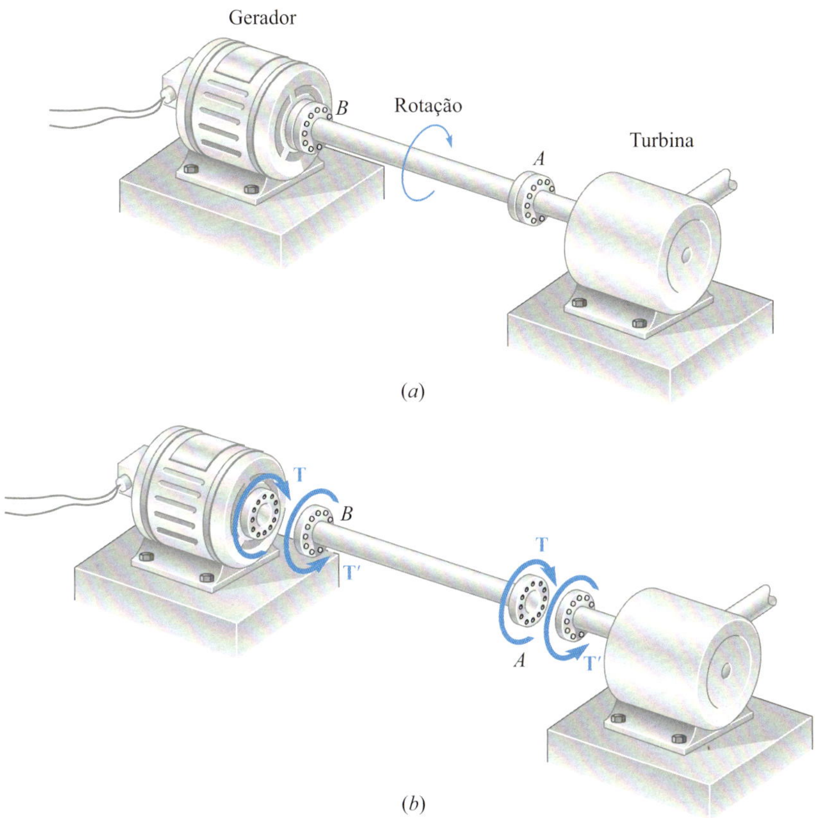

Figura 10.2

em diferentes ângulos, cada seção transversal gira como um disco sólido e rígido. Essa propriedade lhe permitirá determinar a *distribuição de deformações específicas de cisalhamento em um eixo circular e concluir que a deformação específica de cisalhamento varia linearmente com a distância ao centro do eixo.*

Considerando deformações na *região elástica* e utilizando a lei de Hooke para tensão e deformação de cisalhamento, vamos determinar a *distribuição de tensões de cisalhamento* em um eixo circular e deduzir as *fórmulas de torção elástica* (Seção 10.4).

Na Seção 10.5, você aprenderá a encontrar o *ângulo de torção* de um eixo circular submetido a determinado torque, supondo novamente que as deformações sejam elásticas. A solução do problema que envolve *eixos estaticamente indeterminados* será considerada na Seção 10.6.

10.2 Discussão preliminar das tensões em um eixo circular

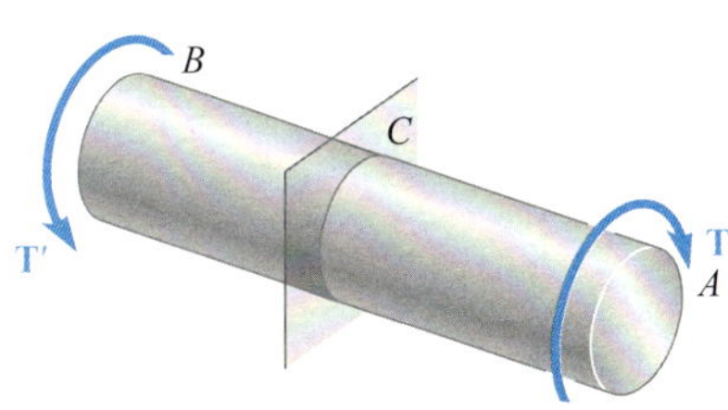

Figura 10.3

Considerando o eixo circular AB submetido em A e B a torques iguais e opostos $\mathbf{T}$ e $\mathbf{T}'$, cortamos o eixo por um plano perpendicular ao seu eixo longitudinal em algum ponto arbitrário C (Fig. 10.3). O diagrama de corpo livre da parte BC do eixo deve incluir as forças de cisalhamento elementares $d\mathbf{F}$, perpendiculares ao raio do eixo, que a parte AC aplica em BC

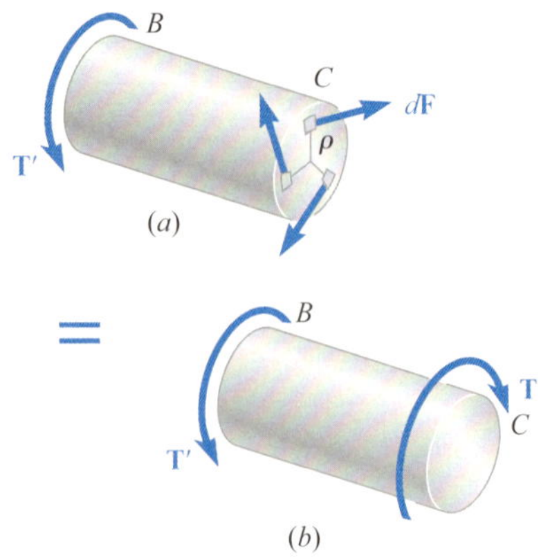

Figura 10.4

quando o eixo é torcido (Fig. 10.4*a*). Contudo, as condições de equilíbrio para *BC* requerem que o sistema dessas forças elementares seja equivalente a um torque interno **T**, igual e oposto a **T′** (Fig. 10.4*b*). Designando por ρ a distância perpendicular da força $d\mathbf{F}$ à linha central do eixo e supondo que a soma dos momentos das forças de cisalhamento $d\mathbf{F}$ em relação à linha central do eixo seja igual em intensidade ao torque **T**, escrevemos

$$\int \rho dF = T$$

ou, uma vez que $dF = \tau\, dA$, onde τ é a tensão de cisalhamento no elemento de área dA,

$$\int \rho(\tau\, dA) = T \tag{10.1}$$

Embora a relação obtida expresse uma importante condição que deve ser satisfeita pelas tensões de cisalhamento em qualquer seção transversal do eixo, ela *não* nos informa como essas tensões são distribuídas na seção transversal. Como já fizemos na Seção 8.3, observamos que a distribuição real de tensões em razão de determinado carregamento *é estaticamente indeterminada*, isto é, essa distribuição *não pode ser determinada pelos métodos da estática*. No entanto, a suposição feita na Seção 8.3 de que as tensões normais produzidas por uma força axial centrada eram uniformemente distribuídas, foi justificada na Seção 9.14, desde que fora da vizinhança das forças concentradas. Uma suposição similar com relação à distribuição das tensões de cisalhamento em um eixo circular elástica *seria incorreta*. Devemos evitar qualquer suposição em relação à distribuição de tensões em um eixo circular até que tenhamos analisado as *deformações* produzidas nela, o que será feito na próxima seção.

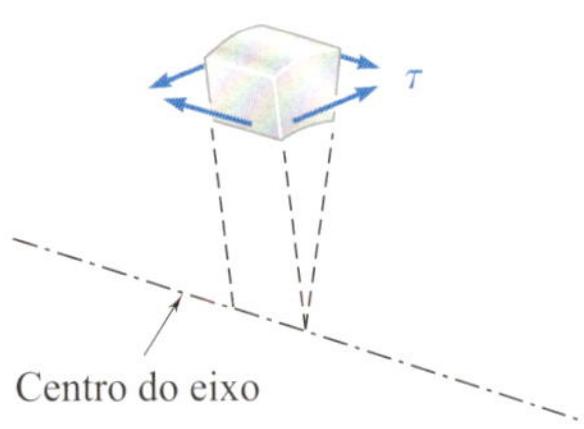

Figura 10.5

Mais uma observação deverá ser feita neste ponto. Conforme indicamos na Seção 8.9, a tensão de cisalhamento não pode ocorrer somente em um plano. Considere um pequeno elemento do eixo, como aquele mostrado na Fig. 10.5. Sabemos que o torque aplicado ao eixo produz tensões de cisalhamento τ nas faces perpendiculares à linha longitudinal do eixo. Entretanto, as condições de equilíbrio discutidas na Seção 8.9 requerem a existência de tensões iguais nas faces formadas pelos dois planos que contêm a linha central do eixo. A demonstração de que essas tensões de cisalhamento realmente ocorrem na torção poderá ser feita ao considerarmos um "eixo" formado por tiras separadas e fixadas por pinos a discos colocados em suas extremidades, como mostra a Fig. 10.6*a*. Se forem pintadas marcas em duas tiras adjacentes, observaremos que as tiras deslizam uma em relação à outra quando são aplicados torques iguais e opostos nas extremidades do "eixo" (Fig. 10.6*b*). Embora esse deslizamento, na realidade, não ocorra em um eixo feito com um material homogêneo e coesivo, a tendência ao deslizamento existirá, mostrando que ocorrem tensões em planos longitudinais, bem como em planos perpendiculares ao eixo do eixo.*

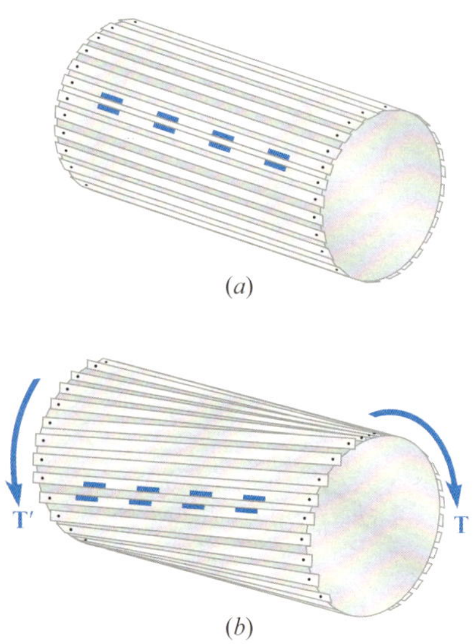

Figura 10.6

* A rotação de um tubo de cartolina que tenha sido aberto por um corte no sentido do comprimento fornece outra demonstração da existência de tensões de cisalhamento em planos longitudinais.

10.3 Deformações em um eixo circular

Considere um eixo circular conectado a um suporte rígido em uma de suas extremidades (Fig. 10.7*a*). Se um torque **T** é aplicado à outra extremidade, a eixo sofrerá rotação, com sua extremidade livre girando de um ângulo ϕ chamado de *ângulo de torção* (Fig. 10.7*b*). A figura mostra que, dentro de determinado intervalo de valores de T, o ângulo de torção ϕ é proporcional a T. Ela mostra também que ϕ é proporcional ao comprimento L do eixo. Em outras palavras, o ângulo de torção para um eixo do mesmo material e da mesma seção transversal, mas duas vezes mais longa, será duas vezes maior sob o mesmo torque **T**. Um dos objetivos da nossa análise será encontrar a relação existente entre ϕ, L e T; outro objetivo será determinar a distribuição das tensões de cisalhamento na seção transversal do eixo, que não conseguimos obter na seção anterior com base apenas na estática.

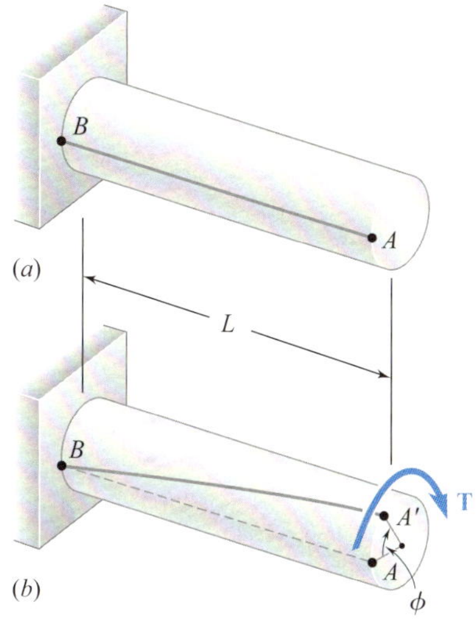

Figura 10.7

Neste ponto, deve-se notar uma importante propriedade dos eixos circulares: quando um eixo circular é submetido à torção, *toda seção transversal plana permanece plana e indeformada*. Em outras palavras, embora as várias seções transversais ao longo do eixo sofram rotações de diferentes valores, cada seção transversal gira como um disco rígido, o que é ilustrado na Fig. 10.8*a*, que mostra a deformação em um modelo de borracha submetido à torção. A propriedade que estamos discutindo é característica dos eixos circulares, sejam eles cheios ou vazados, mas não vale para elementos de seção transversal não circular. Por exemplo, quando um eixo de seção transversal quadrada é submetido à torção, suas várias seções transversais empenam (sofrem deslocamentos longitudinais) e não permanecem planas (Fig. 10.8*b*).

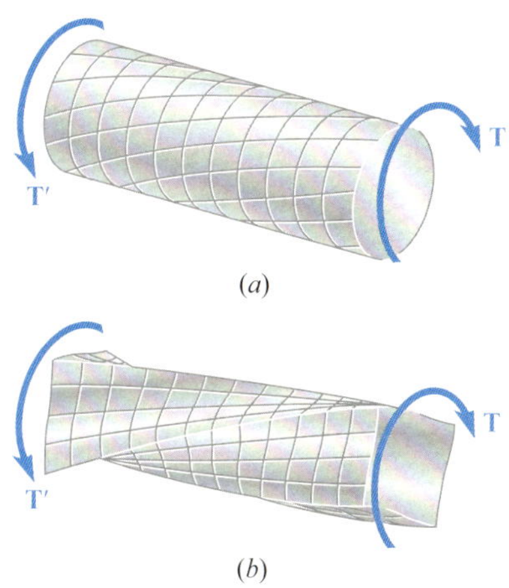

Figura 10.8

As seções transversais de um eixo circular permanecem planas e indeformadas porque um eixo circular é *axissimétrico*, isto é, sua aparência permanece a mesma quando ele é visto de uma posição fixa e rotacionada em torno de seu próprio eixo por um ângulo arbitrário. (Eixos quadrados, entretanto, mantêm a mesma aparência somente se forem girados 90° ou 180°.) Conforme veremos agora, a axissimetria de eixos circulares pode ser utilizada para provar teoricamente que suas seções transversais permanecem planas e indeformadas.

Considere os pontos C e D localizados na circunferência de determinada seção transversal do eixo, e sejam C' e D' as posições que eles ocuparão depois que a eixo for girado (Fig. 10.9*a*). A axissimetria do eixo e do carregamento requer que a rotação que colocaria D em C agora coloque D' em C'. Então, C' e D' devem ficar na circunferência de um círculo, e o arco $C'D'$ deve ser igual ao arco CD (Fig. 10.9*b*). Examinaremos agora se o círculo no qual estão C' e D' é diferente do círculo original. Vamos supor que C' e D' estejam em um círculo diferente e que o novo círculo esteja localizado à esquerda do círculo original, como mostra a Fig. 10.9*b*. A mesma situação valerá para qualquer outra seção transversal, uma vez que todas as seções transversais do eixo estão submetidas ao mesmo torque interno T. Um observador que olha para o eixo pela sua extremidade A concluirá que o carregamento faz com que o círculo desenhado no eixo se *afaste dele*. Contudo, um observador localizado em B, para o qual esse carregamento é o mesmo observado por A (um momento no sentido horário

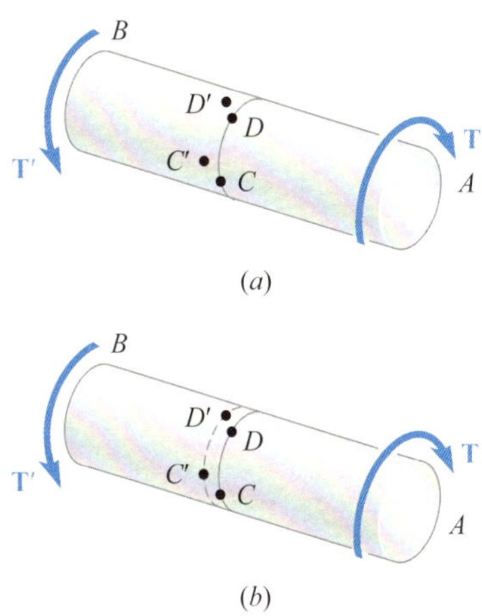

Figura 10.9

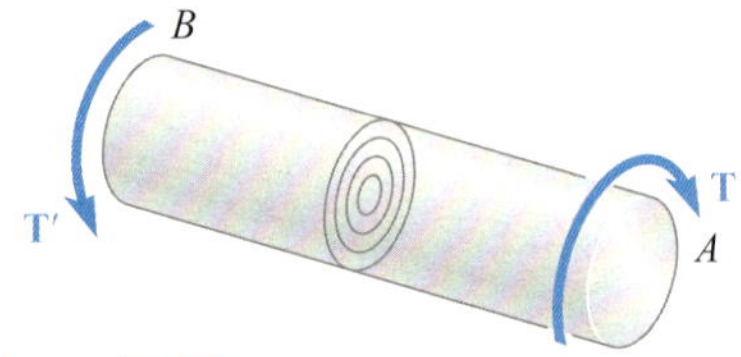

Figura 10.10

em A e um momento no sentido anti-horário em B), chegará a uma conclusão oposta, isto é, de que o círculo se move em *direção* a ele. Essa contradição prova que nossa hipótese é errada e que C' e D' estão no mesmo círculo de C e D. Assim, quando o eixo é torcido, o círculo original apenas gira em seu próprio plano. Como o mesmo raciocínio pode ser aplicado a qualquer círculo menor e concêntrico, localizado na seção transversal em questão, concluímos que a seção transversal inteira permanece plana (Fig. 10.10).

O argumento anterior não impede que os vários círculos concêntricos da Fig. 10.10 possam girar por diferentes valores quando o eixo é torcido. Todavia, se assim fosse, determinado diâmetro da seção transversal seria distorcido em uma curva que pode ter a aparência daquela mostrada na Fig. 10.11*a*. Um observador que olha para essa curva a partir de A concluiria que as camadas externas do eixo ficam mais torcidas do que as camadas internas, enquanto um observador que olha a partir de B chegaria a uma conclusão oposta (Fig. 10.11*b*). Essa inconsistência nos leva a concluir que qualquer diâmetro de seção transversal permanece reto (Fig. 10.11*c*) e, portanto, que qualquer seção transversal de um eixo circular permanece plana e indeformada.

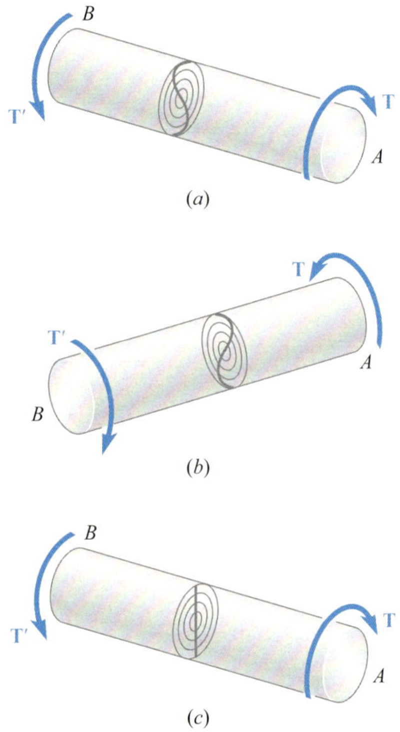

Figura 10.11

Nossa discussão até agora ignorou o modo de aplicação dos momentos torçores **T** e **T'**. Se *todas* as seções do eixo, de uma extremidade à outra, devem permanecer planas e indeformadas, precisamos garantir que os momentos sejam aplicados de maneira que as extremidades do eixo permaneçam planas e indeformadas. Isso pode ser conseguido aplicando os momentos **T** e **T'** a discos rígidos, que estão presos solidamente às extremidades do eixo (Fig. 10.12*a*). Podemos então ter certeza de que todas as seções permanecerão planas e indeformadas quando o carregamento for aplicado e que as deformações resultantes ocorrerão de maneira uniforme em todo o comprimento do eixo. Todos os círculos igualmente espaçados mostrados na Fig. 10.12*a* girarão a mesma quantidade em relação aos seus vizinhos, e cada uma das linhas retas será transformada em uma curva (hélice), interceptando os vários círculos com o mesmo ângulo (Fig. 10.12*b*).

As deduções apresentadas nesta e nas próximas seções serão fundamentadas na hipótese de eixos com extremidades rígidas. As condições de carregamento encontradas na prática podem ser muito diferentes daquelas correspondentes ao modelo da Fig. 10.12. O grande mérito desse modelo é que ele nos ajuda a caracterizar um problema de torção para o qual podemos obter uma solução exata, de maneira análoga ao que foi feito com o modelo de placas rígidas de extremidade apresentado na Seção 9.14, que tornou possível a solução do problema de força axial com facilidade e precisão. Em virtude do princípio de Saint-Venant, os resultados obtidos para nosso modelo idealizado podem ser estendidos para a maioria das aplicações de engenharia. No entanto, devemos associar mentalmente esses resultados ao modelo específico mostrado na Fig. 10.12.

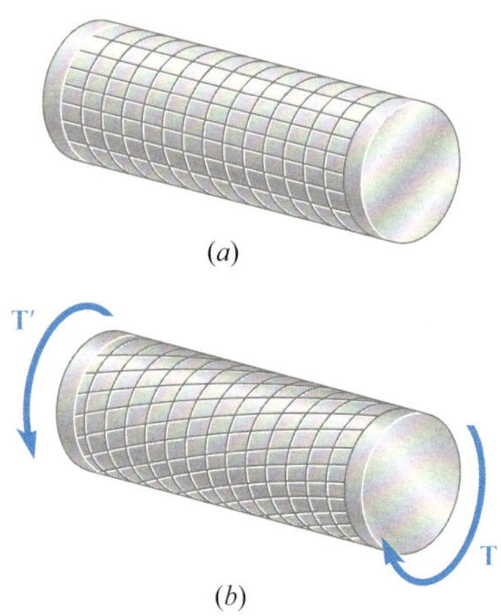

Figura 10.12

Vamos agora determinar a distribuição de *deformações de cisalhamento* em um eixo circular de comprimento L e raio c que foi torcido através de um ângulo ϕ (Fig. 10.13*a*). Destacando do eixo um cilindro de raio ρ, consideramos o pequeno elemento quadrado formado por dois círculos adjacentes e duas linhas retas adjacentes traçadas na superfície do cilindro antes de aplicar qualquer carregamento (Fig. 10.13*b*). Como o eixo é submetido a um carregamento torcional, o elemento deformado assume a forma de um losango (Fig. 10.13*c*). Recordamos agora da Seção 9.12 que a deformação por cisalhamento γ em um elemento é medida pela variação dos ângulos formados pelos lados daquele elemento. Como os círculos que definem dois dos lados do elemento considerado aqui permanecem inalterados, a deformação de cisalhamento γ deve ser igual ao ângulo entre as linhas AB e $A'B$. (Lembre-se de que γ deve ser expresso em radianos.)

Observamos na Fig. 10.13*c* que, para pequenos valores de γ, podemos expressar o comprimento do arco AA' como $AA' = L\gamma$, no entanto, temos $AA' = \rho\phi$. Segue-se que $L\gamma = \rho\phi$, ou

$$\gamma = \frac{\rho\phi}{L} \tag{10.2}$$

onde γ e ϕ são ambos expressos em radianos. A equação obtida mostra, como já podíamos prever, que a deformação de cisalhamento γ em determinado ponto de um eixo circular em torção é proporcional ao ângulo de torção ϕ. Ela mostra também que γ é proporcional à distância ρ da linha central do eixo até o ponto em consideração. Assim, a *deformação de cisalhamento em um eixo circular varia linearmente com a distância do eixo do eixo.*

Conclui-se da Eq. (10.2) que a deformação de cisalhamento é máxima na superfície do eixo, em que $\rho = c$. Temos

$$\gamma_{\text{máx}} = \frac{c\phi}{L} \tag{10.3}$$

Eliminando ϕ das Eqs. (10.2) e (10.3), podemos expressar a deformação de cisalhamento γ a uma distância ρ do eixo do eixo como

$$\gamma = \frac{\rho}{c}\gamma_{\text{máx}} \tag{10.4}$$

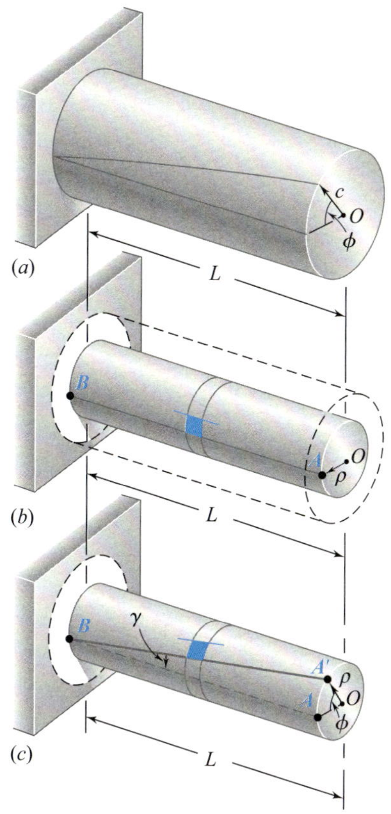

Figura 10.13

10.4 Tensões

Não foi considerada até aqui nenhuma relação particular tensão-deformação em nossa discussão de eixos circulares em torção. Vamos agora considerar o caso quando o torque **T** é tal que todas as tensões de cisalhamento no eixo permanecem abaixo da tensão de escoamento τ_Y. Sabemos do Cap. 9 que, para todos os fins práticos, isso significa que as tensões no eixo circular permanecerão abaixo do limite de proporcionalidade e abaixo do limite elástico também. Assim, vale a lei de Hooke e não haverá deformação permanente.

Recordando a lei de Hooke para tensão e deformação de cisalhamento da Seção 9.12, escrevemos

$$\tau = G\gamma \tag{10.5}$$

onde G é o módulo de elasticidade transversal do material. Multiplicando ambos os membros da Eq. (10.5) por G, escrevemos

$$G\gamma = \frac{\rho}{c}G\gamma_{\text{máx}}$$

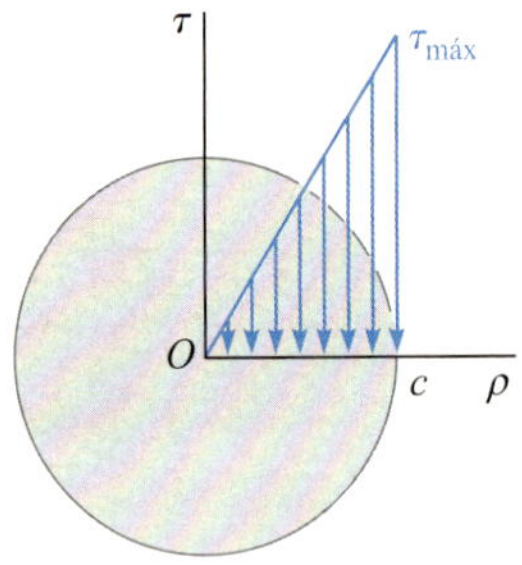

(a)

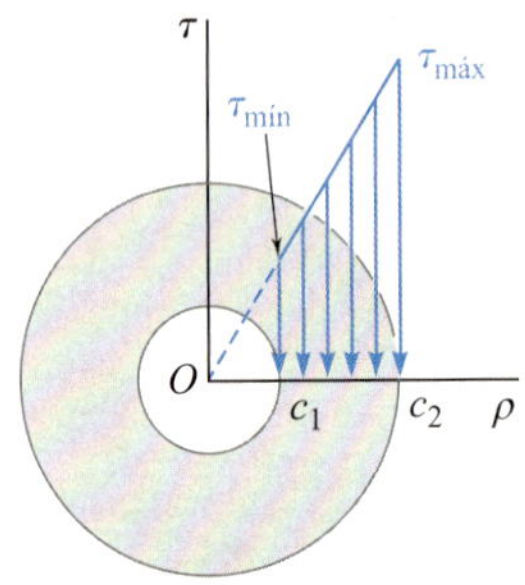

(b)

Figura 10.14

ou, utilizando a Eq. (10.5),

$$\tau = \frac{\rho}{c}\tau_{\text{máx}} \tag{10.6}$$

A equação obtida mostra que, desde que a tensão de escoamento (ou limite de proporcionalidade) não seja excedida em nenhuma parte do eixo circular, a *tensão de cisalhamento no eixo circular variará linearmente com a distância* ρ *do eixo do eixo.* A Fig. 10.4*a* mostra a distribuição de tensões em um eixo circular cheio de raio c, e a Fig. 10.14*b*, em um eixo circular vazado com raio interno c_1 e raio externo c_2. Da Eq. (10.6), verificamos que, nesse último caso,

$$\tau_{\text{mín}} = \frac{c_1}{c_2}\tau_{\text{máx}} \tag{10.7}$$

Lembramos agora da Seção 10.2 que a soma dos momentos das forças elementares aplicadas em qualquer seção transversal do eixo circular deve ser igual à intensidade T do torque aplicado ao eixo circular:

$$\int \rho(\tau\, dA) = T \tag{10.1}$$

Substituindo τ de (10.6) em (10.1), escrevemos

$$T = \int \rho\tau\, dA = \frac{\tau_{\text{máx}}}{c}\int \rho^2\, dA$$

Mas a integral no último membro representa o momento polar de inércia J da seção transversal com relação ao seu centro O. Temos, portanto

$$T = \frac{\tau_{\text{máx}}J}{c} \tag{10.8}$$

ou, resolvendo para $\tau_{\text{máx}}$,

$$\tau_{\text{máx}} = \frac{Tc}{J} \tag{10.9}$$

Substituindo $\tau_{\text{máx}}$ de (10.9) em (10.6), expressamos a tensão de cisalhamento a qualquer distância ρ do eixo do eixo circular como

$$\tau = \frac{T\rho}{J} \tag{10.10}$$

As Eqs. (10.9) e (10.10) são conhecidas como *fórmulas da torção no regime elástico.* Recordamos da estática que o momento polar de inércia de um círculo de raio c é $J = 1/2\ \pi c^4$. No caso de um eixo circular vazado de raio interno c_1 e raio externo c_2, o momento polar de inércia é

$$J = \tfrac{1}{2}\pi c_2^4 - \tfrac{1}{2}\pi c_1^4 = \tfrac{1}{2}\pi (c_2^4 - c_1^4) \tag{10.11}$$

Notamos que, em unidades métricas SI, na Eq. (10.9) ou (10.10), T será expresso em N · m, c ou ρ em metros e J em m^4, e a tensão de cisalhamento resultante será expressa em N/m^2, ou seja, pascais (Pa).

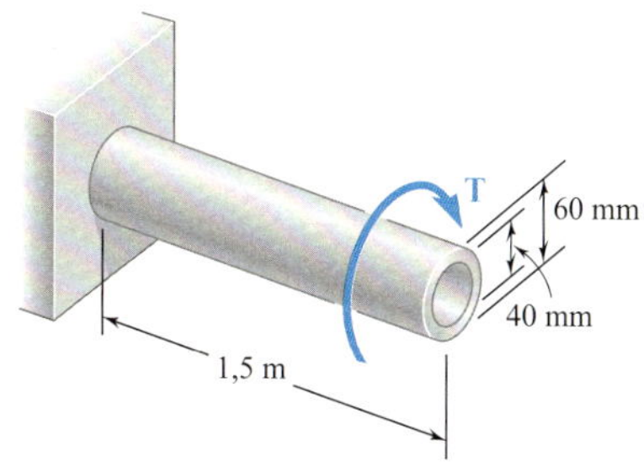

Figura 10.15

Exemplo 10.1. Um eixo circular vazado de aço cilíndrico tem 1,5 m de comprimento e diâmetros interno e externo, respectivamente, iguais a 40 e 60 mm (Fig. 10.15). (*a*) Qual é o maior torque que pode ser aplicado ao eixo circular se a tensão de cisalhamento não deve exceder 120 MPa? (*b*) Qual é o valor mínimo correspondente da tensão de cisalhamento no eixo circular?

a. Maior torque permitido. O maior torque **T** que pode ser aplicado ao eixo circular é aquele para o qual $\tau_{máx} = 120$ MPa. Como esse valor é menor que a tensão de escoamento do material do eixo, podemos usar a Eq. (10.9). Resolvendo essa equação para T, temos

$$T = \frac{J\tau_{máx}}{c} \tag{10.12}$$

Lembrando que o momento polar de inércia J da seção transversal é dado pela Eq. (10.11), onde $c_1 = \frac{1}{2}(40 \text{ mm}) = 0{,}02$ m e $c_2 = \frac{1}{2}(60 \text{ mm}) = 0{,}03$ m, escrevemos

$$J = \tfrac{1}{2}\pi\,(c_2^4 - c_1^4) = \tfrac{1}{2}\pi\,(0{,}03^4 - 0{,}02^4) = 1{,}021 \times 10^{-6} \text{ m}^4$$

Substituindo J e $\tau_{máx}$ em (10.12) e fazendo $c = c_2 = 0{,}03$ m, temos

$$T = \frac{J\tau_{máx}}{c} = \frac{(1{,}021 \times 10^{-6} \text{ m}^4)(120 \times 10^6 \text{ Pa})}{0{,}03 \text{ m}} = 4{,}08 \text{ kN} \cdot \text{m}$$

b. Tensão de cisalhamento mínima. O valor mínimo da tensão de cisalhamento ocorre na superfície interna do eixo. Ele é obtido da Eq. (10.7), a qual mostra que $\tau_{mín}$ e $\tau_{máx}$ são proporcionais, respectivamente, a c_1 e c_2:

$$\tau_{mín} = \frac{c_1}{c_2}\,\tau_{máx} = \frac{0{,}02 \text{ m}}{0{,}03 \text{ m}}(120 \text{ MPa}) = 80 \text{ MPa}$$ ■

As fórmulas de torção (Eqs. [10.9] e [10.10]) foram deduzidas para um eixo de seção transversal circular uniforme submetido a torques em suas extremidades. No entanto, elas também podem ser utilizadas para um eixo de seção transversal variável ou para um eixo submetido a torques em localizações que não são suas extremidades (Fig. 10.16*a*). A distribuição de tensões de cisalhamento em determinada seção transversal S do eixo circular é obtida da Eq. (10.9), onde J representa o momento polar de inércia na seção, e T, o *esforço solicitante de torção* ou *esforço interno de torção* na seção. O valor de T é obtido quando desenhamos o diagrama de corpo livre da parte do eixo circular localizada em um dos lados da seção (Fig. 10.16*b*) e escrevemos que a soma de torques aplicados a essa parte, incluindo o esforço interno de torção **T**, é zero (ver Problema Resolvido 10.1).

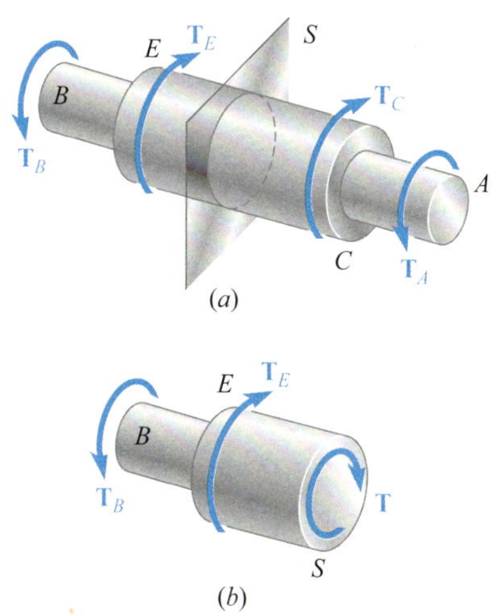

Figura 10.16

Até agora, nossa análise de tensões em um eixo circular esteve limitada a tensões de cisalhamento, porque o elemento que selecionamos estava orientado de modo que suas faces eram paralelas ou perpendiculares ao eixo do eixo circular (Fig. 10.5). Sabemos pelas discussões anteriores (Seções 8.8 e 8.9) que podem ser encontradas tensões normais, tensões de cisalhamento ou uma combinação de ambas sob as mesmas condições de carregamento, o que dependerá da orientação do elemento escolhido. Considere os dois elementos a e b localizados na superfície de um eixo circular

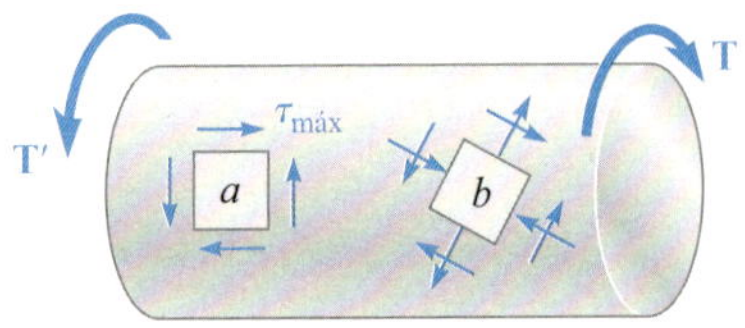

Figura 10.17

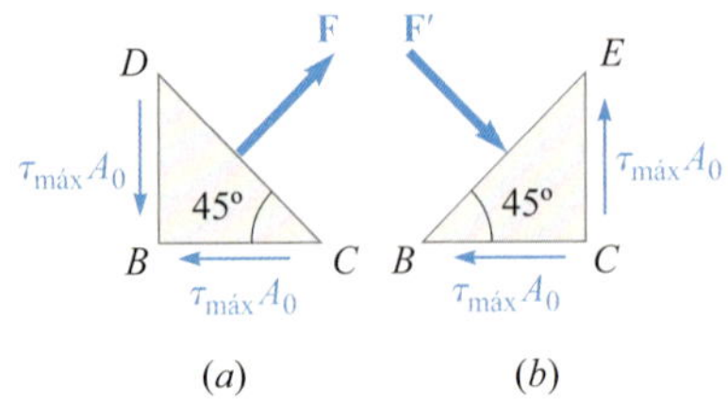

Figura 10.18

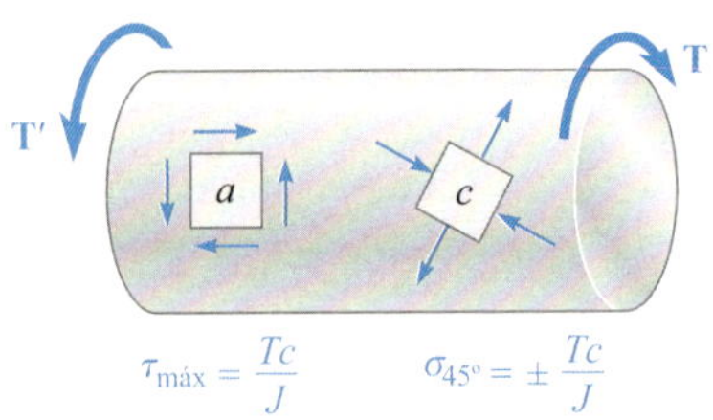

Figura 10.19

submetida à torção (Fig. 10.17). Como as faces do elemento a são, respectivamente, paralela e perpendicular ao eixo do eixo circular, as únicas tensões no elemento serão as tensões de cisalhamento definidas pela Eq. (10.9), ou seja, $\tau_{máx} = Tc/J$. Em contrapartida, as faces do elemento b, que formam ângulos arbitrários com o eixo do eixo circular, estarão submetidas a uma combinação das tensões normal e de cisalhamento.

Vamos analisar o caso particular de um elemento c (não mostrado) a 45° do eixo do eixo. Para determinarmos as tensões nas faces desse elemento, consideramos os dois elementos triangulares mostrados na Fig. 10.18 e desenhamos seus diagramas de corpo livre. No caso do elemento da Fig. 10.18a, sabemos que as tensões exercidas nas faces BC e BD são as tensões de cisalhamento $\tau_{máx} = Tc/J$. A intensidade das forças de cisalhamento correspondentes será então $\tau_{máx}A_0$, em que A_0 representa a área da face. Observando que as componentes nas faces DC das duas forças de cisalhamento são iguais e opostas, concluímos que a força **F** aplicada em DC deve ser perpendicular àquela face. Trata-se de uma força de tração, e sua intensidade é

$$F = 2(\tau_{máx} A_0)\cos 45° = \tau_{máx} A_0 \sqrt{2} \tag{10.13}$$

A tensão correspondente é obtida dividindo a força F pela área A da face DC. Observando que $A = A_0 \sqrt{2}$, escrevemos

$$\sigma = \frac{F}{A} = \frac{\tau_{máx} A_0 \sqrt{2}}{A_0 \sqrt{2}} = \tau_{máx} \tag{10.14}$$

Uma análise similar aplicada ao elemento da Fig. 10.18b mostra que a tensão na face BE é $\sigma = -\tau_{máx}$. Concluímos que as tensões exercidas nas faces de um elemento c a 45° do eixo do eixo (Fig. 10.19) são tensões normais iguais a $\pm\ \tau_{máx}$. Assim, enquanto o elemento a na Fig. 10.19 está em cisalhamento puro, o elemento c na mesma figura está submetido à tensão de tração em duas de suas faces e à tensão de compressão nas outras duas. Notamos também que todas as tensões envolvidas têm a mesma intensidade, Tc/J.*

Como foi visto na Seção 9.3, os materiais dúcteis geralmente falham em cisalhamento. Portanto, quando submetido à torção, um corpo de prova J feito de um material dúctil rompe-se ao longo de um plano perpendicular ao seu eixo longitudinal (Foto 10.2a). Entretanto, materiais frágeis falham mais em tração do que em cisalhamento. Assim, quando submetido à torção, um corpo de prova feito de um material frágil tende a se romper ao longo das superfícies perpendiculares à direção na qual a tensão de tração é máxima, isto é, ao longo das superfícies que formam um ângulo de 45° com o eixo longitudinal do corpo de prova (Foto 10.2b).

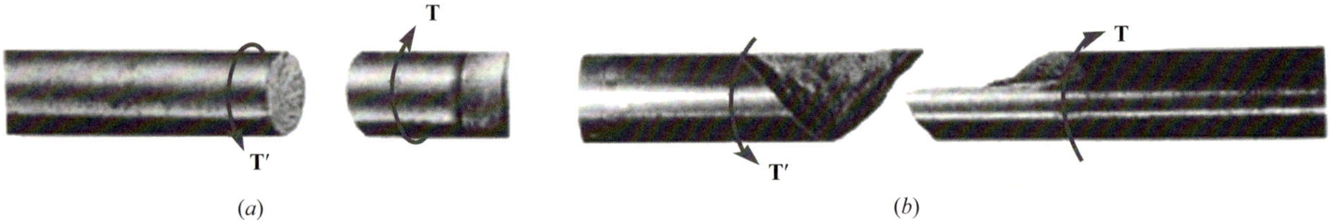

Foto 10.2

* Tensões em elementos de orientação arbitrária, como o elemento b da Fig. 10.17, serão discutidas no Cap. 14.

PROBLEMA RESOLVIDO 10.1

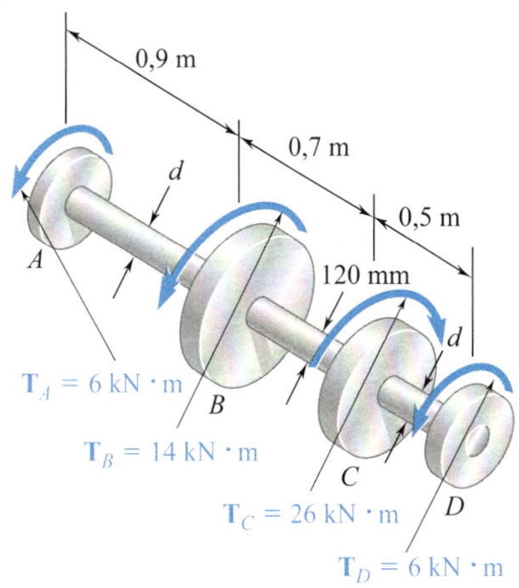

O eixo de seção circular *BC* é vazado com diâmetros interno e externo de 90 mm e 120 mm, respectivamente. Os eixos de seção circular *AB* e *CD* são cheios e têm diâmetro *d*. Para o carregamento mostrado na figura, determine (*a*) as tensões de cisalhamento máxima e mínima no eixo *BC* e (*b*) o diâmetro *d* necessário para os eixos *AB* e *CD*, se a tensão de cisalhamento admissível nesses eixos for de 65 MPa.

SOLUÇÃO

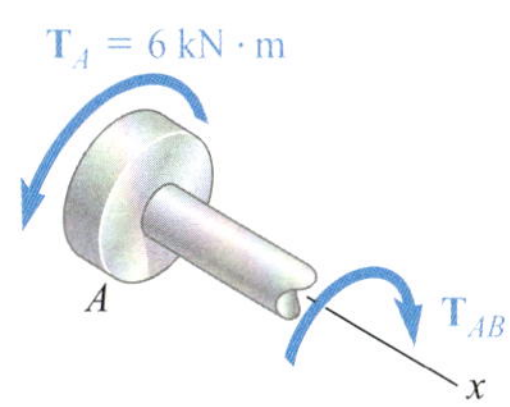

Equações da estática. Chamando de $\mathbf{T}_{AB}$ o torque no eixo *AB*, cortamos uma seção através do eixo *AB* e, para o diagrama de corpo livre mostrado, escrevemos

$$\Sigma M_x = 0: \qquad (6 \text{ kN} \cdot \text{m}) - T_{AB} = 0 \qquad T_{AB} = 6 \text{ kN} \cdot \text{m}$$

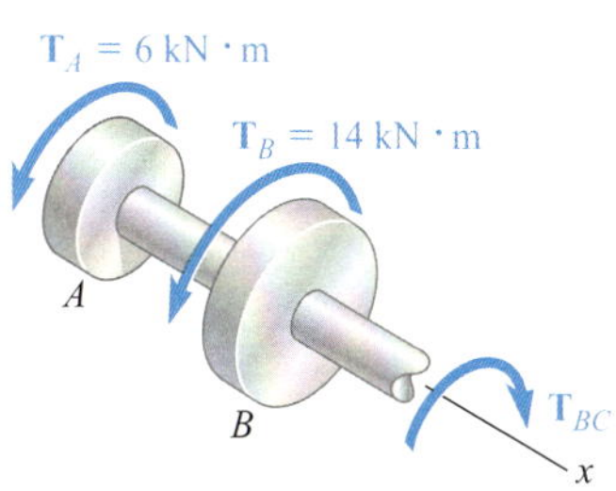

Cortamos agora uma seção através do eixo *BC* e, para o corpo livre mostrado, temos

$$\Sigma M_x = 0: \quad (6 \text{ kN} \cdot \text{m}) + (14 \text{ kN} \cdot \text{m}) - T_{BC} = 0 \qquad T_{BC} = 20 \text{ kN} \cdot \text{m}$$

a. Eixo *BC*. Para esse eixo circular vazado, temos

$$J = \frac{\pi}{2}(c_2^4 - c_1^4) = \frac{\pi}{2}[(0{,}060)^4 - (0{,}045)^4] = 13{,}92 \times 10^{-6} \text{ m}^4$$

Tensão de cisalhamento máxima. Na superfície externa, temos

$$\tau_{\text{máx}} = \tau_2 = \frac{T_{BC}c_2}{J} = \frac{(20 \text{ kN} \cdot \text{m})(0{,}060 \text{ m})}{13{,}92 \times 10^{-6} \text{ m}^4} \qquad \tau_{\text{máx}} = 86{,}2 \text{ MPa} \blacktriangleleft$$

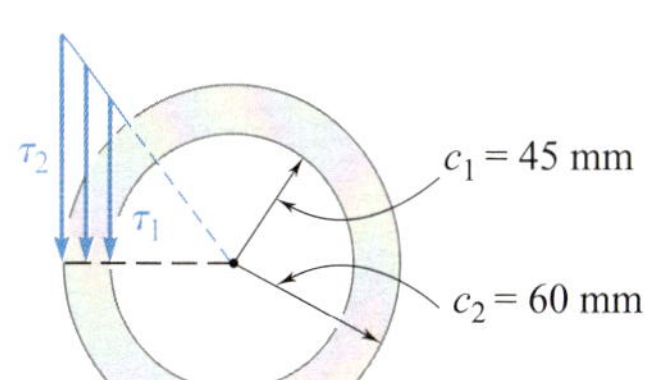

Tensão de cisalhamento mínima. Escrevemos que as tensões são proporcionais à distância do centro do eixo.

$$\frac{\tau_{\text{mín}}}{\tau_{\text{máx}}} = \frac{c_1}{c_2} \qquad \frac{\tau_{\text{mín}}}{86{,}2 \text{ MPa}} = \frac{45 \text{ mm}}{60 \text{ mm}} \qquad \tau_{\text{mín}} = 64{,}7 \text{ MPa} \blacktriangleleft$$

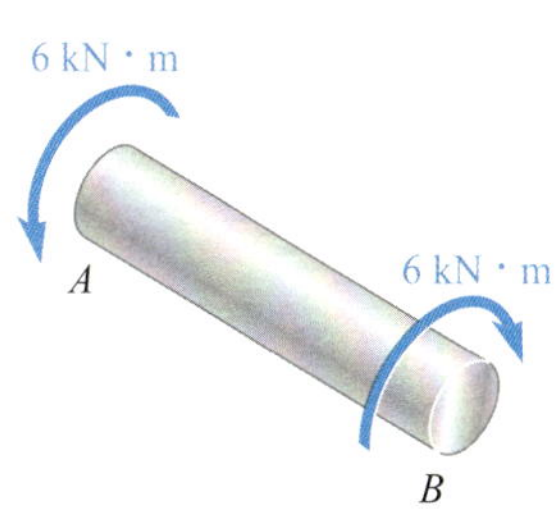

b. Eixos *AB* e *CD*. Notamos que, em ambos os eixos, a intensidade do torque é $T = 6$ kN · m e $\tau_{\text{adm}} = 65$ MPa. Chamando de *c* o raio dos eixos, escrevemos

$$\tau = \frac{Tc}{J} \qquad 65 \text{ MPa} = \frac{(6 \text{ kN} \cdot \text{m})c}{\frac{\pi}{2}c^4}$$

$$c^3 = 58{,}8 \times 10^{-6} \text{ m}^3 \qquad c = 38{,}9 \times 10^{-3} \text{ m}$$

$$d = 2c = 2(38{,}9 \text{ mm}) \qquad d = 77{,}8 \text{ mm} \blacktriangleleft$$

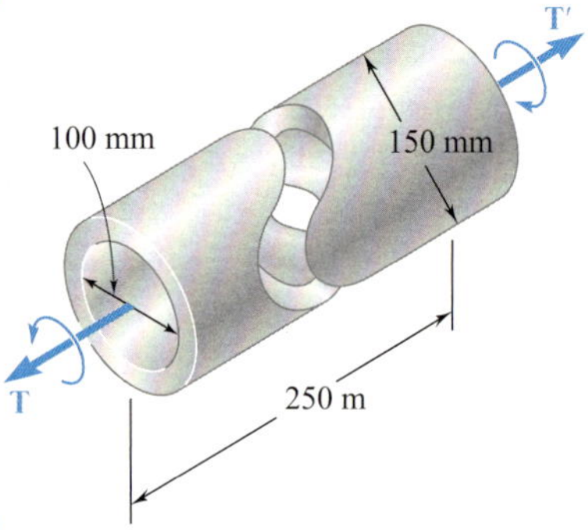

PROBLEMA RESOLVIDO 10.2

O projeto preliminar de um grande eixo conectando um motor a um gerador determinou que o eixo escolhido fosse vazado e com diâmetros interno e externo de 100 mm e 150 mm, respectivamente. Sabendo que a tensão de cisalhamento admissível é de 82 MPa, determine o valor do torque máximo que pode ser transmitido (*a*) pelo eixo conforme o projeto preliminar, (*b*) por um eixo de seção cheia com o mesmo peso e (*c*) por um eixo de seção vazada com o mesmo peso e com diâmetro externo de 200 mm.

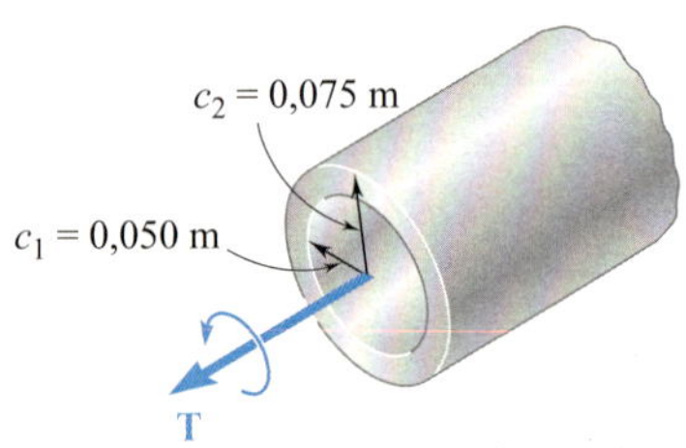

SOLUÇÃO

a. Eixo vazado conforme foi projetado. Para o eixo vazado, temos

$$J = \frac{\pi}{2}(c_2^4 - c_1^4) = \frac{\pi}{2}[(0,075 \text{ m})^4 - (0,050 \text{ m})^4] = 39,9 \times 10^{-6} \text{ m}^4$$

Utilizando a Eq. (10.9), escrevemos

$$\tau_{\text{máx}} = \frac{Tc_2}{J} \qquad 82 \text{ MPa} = \frac{T(0,075 \text{ m})}{39,9 \times 10^{-6} \text{ m}^4} \qquad T = 43,6 \text{ kN} \cdot \text{m} \blacktriangleleft$$

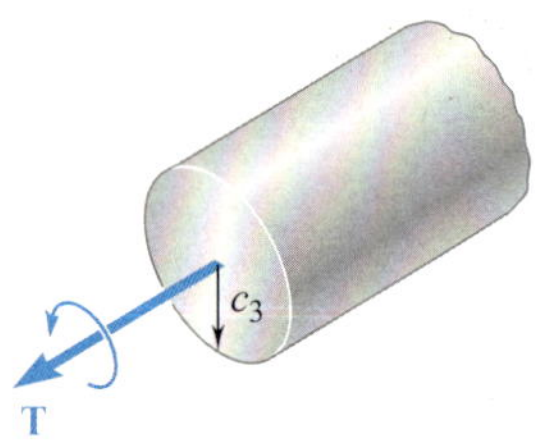

b. Eixo de seção cheia de mesmo peso. Para que o eixo projetado e a seção transversal cheia tenham o mesmo peso e comprimento, suas áreas de seção transversal devem ser iguais.

$$A_{(a)} = A_{(b)}$$

$$\pi[(0,075 \text{ m})^2 - (0,050 \text{ m})^2] = \pi c_3^2 \qquad c_3 = 0,056 \text{ m}$$

Como $\tau_{\text{adm}} = 82$ MPa, escrevemos

$$\tau_{\text{máx}} = \frac{Tc_3}{J} \qquad 82 \text{ MPa} = \frac{T(0,056 \text{ m})}{\frac{\pi}{2}(0,056 \text{ m})^4} \qquad T = 22,62 \text{ kN} \cdot \text{m} \blacktriangleleft$$

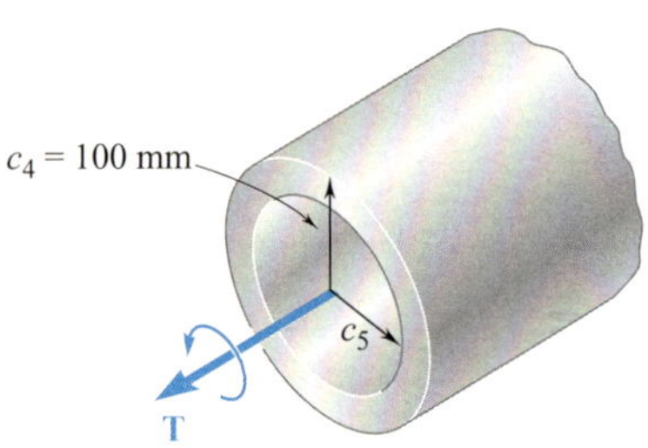

c. Eixo vazado com 200 mm de diâmetro externo. Para ter o mesmo peso, as áreas das seções transversais devem ser iguais. Determinamos o diâmetro interno do eixo escrevendo

$$A_{(a)} = A_{(c)}$$

$$\pi[(0,075 \text{ m})^2 - (0,050 \text{ m})^2] = \pi[(0,100 \text{ m})^2 - c_5^2] \qquad c_5 = 0,083 \text{ m}$$

Para $c_5 = 0,083$ m e $c_4 = 100$ mm,

$$J = \frac{\pi}{2}[(0,100 \text{ m})^4 - (0,083 \text{ m})^4] = 8,25 \times 10^{-5} \text{ m}^4$$

Com $\tau_{\text{adm}} = 82$ MPa e $c_4 = 100$ mm,

$$\tau_{\text{máx}} = \frac{Tc_4}{J} \qquad 82 \text{ MPa} = \frac{T(0,010 \text{ m})}{8,25 \times 10^{-5} \text{ m}^4} \qquad T = 67,65 \text{ kN} \cdot \text{m} \blacktriangleleft$$

PROBLEMAS

10.1 Determine o torque **T** que causa uma tensão de cisalhamento máxima de 70 MPa no eixo cilíndrico de aço mostrado na figura.

10.2 Determine a tensão de cisalhamento máxima provocada por um torque de intensidade $T = 800$ N · m.

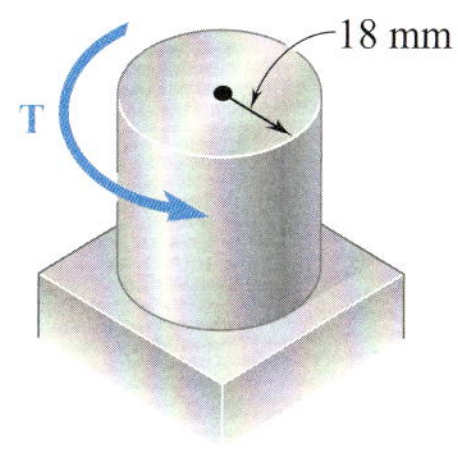

Figura P10.1 e P10.2

10.3 (*a*) Para o eixo vazado e o carregamento mostrado, determine a máxima tensão de cisalhamento. (*b*) Determine o diâmetro do eixo de seção cheia para que a máxima tensão de cisalhamento com o carregamento mostrado seja idêntica à da parte *a*.

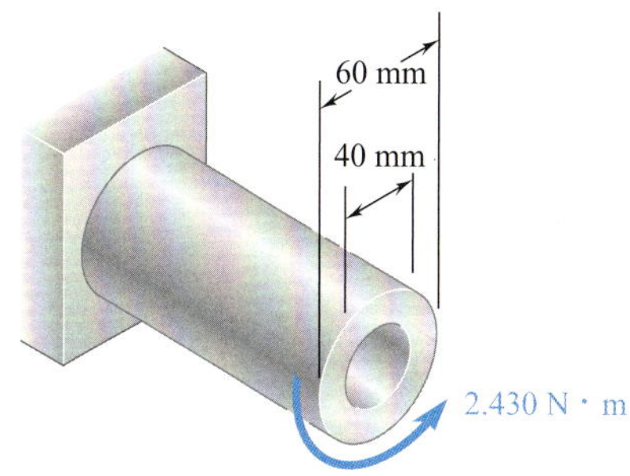

Figura P10.3

10.4 (*a*) Determine o torque que pode ser aplicado a um eixo de seção cheia com diâmetro de 90 mm, sem exceder a tensão de cisalhamento admissível do material do eixo de 70 MPa. (*b*) Resolva a parte *a* considerando que o eixo de seção cheia foi substituído por um eixo vazado com a mesma massa e com um diâmetro interno 90 mm.

10.5 (*a*) Para um cilindro sólido de 75 mm e carregamento mostrado na figura, determine a máxima tensão de cisalhamento. (*b*) Determine o diâmetro interno de um cilindro vazado de 100 mm de diâmetro externo, para que a máxima tensão seja idêntica à da parte *a*.

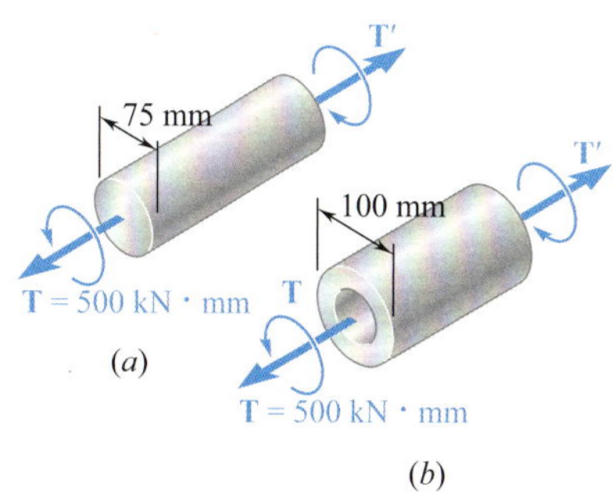

Figura *P10.5*

10.6 (*a*) Determine o torque que pode ser aplicado a um eixo de seção cheia com diâmetro de 19 mm, sem exceder a tensão de cisalhamento admissível do material do eixo de 70 MPa. (*b*) Resolva a parte *a* considerando que o eixo de seção cheia foi substituído por um eixo vazado com a mesma área de seção transversal e com um diâmetro interno igual à metade de seu próprio diâmetro externo.

10.7 Os torques mostrados são aplicados nas polias *A*, *B* e *C*. Sabendo que ambos os eixos são de seções cheias, determine a tensão de cisalhamento máxima (*a*) no eixo *AB* e (*b*) no eixo *BC*.

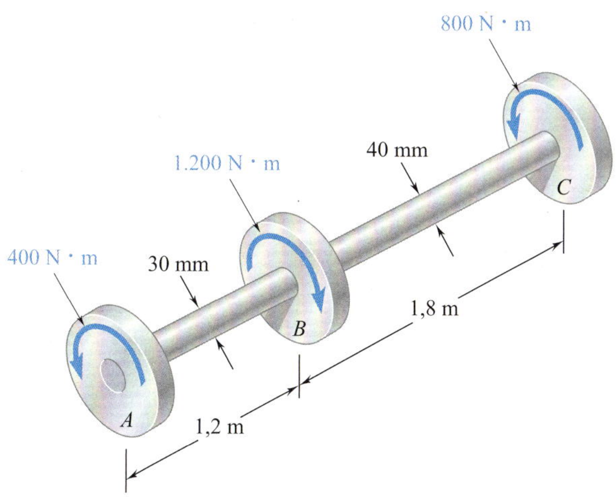

Figura P10.7 e *P10.8*

10.8 Os eixos do conjunto de polias mostrado na figura devem ser redimensionados. Sabendo que a tensão de cisalhamento admissível em cada eixo é de 60 MPa, determine o menor diâmetro admissível para (*a*) o eixo *AB* e (*b*) o eixo *BC*.

10.9 Sabendo que cada um dos eixos AB, BC e CD consistem em barras de seção cheia, determine (*a*) o eixo no qual ocorre a máxima tensão de cisalhamento e (*b*) a intensidade dessa tensão.

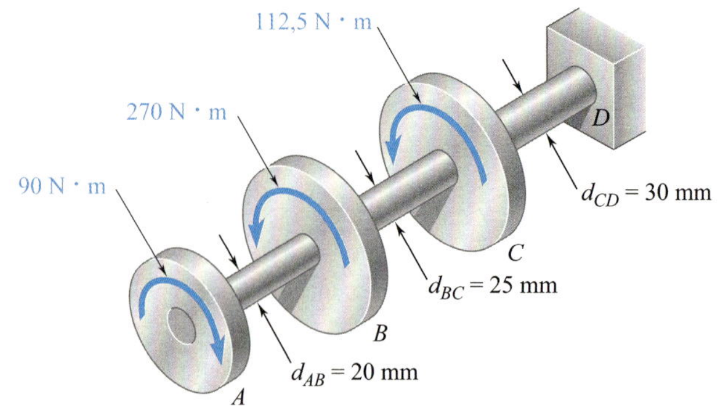

Figura P10.9 e P10.10

10.10 Sabendo que um furo de diâmetro de 10 mm foi feito em cada eixo AB, BC e CD, determine (*a*) o eixo no qual ocorre a máxima tensão de cisalhamento e (*b*) a intensidade dessa tensão.

10.11 Sob condições normais de operação, o motor elétrico aplica um torque de 2,4 kN · m no eixo AB. Sabendo que cada um dos eixos tem seção cheia, determine a tensão de cisalhamento máxima (*a*) no eixo AB e (*b*) no eixo BC e (*c*) no eixo CD.

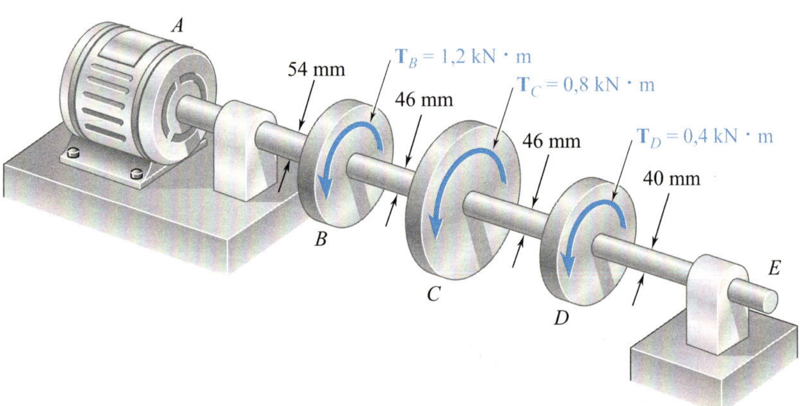

Figura *P10.11*

10.12 Para reduzir a massa total do conjunto do Problema 10.11, está sendo considerado um novo projeto no qual o diâmetro do eixo BC será menor. Determine o menor diâmetro do eixo BC para o qual o valor máximo da tensão de cisalhamento no conjunto não será aumentado.

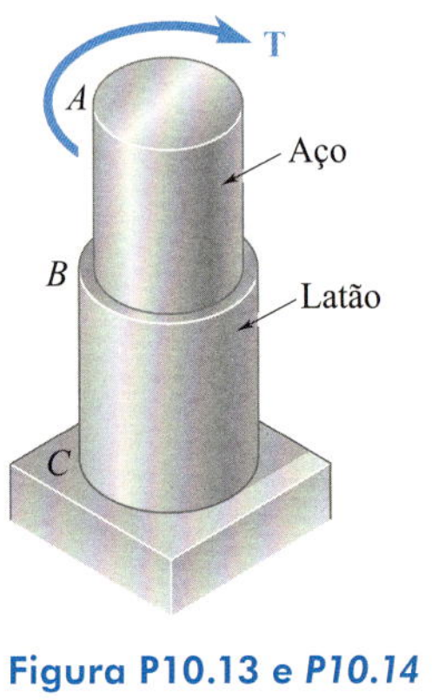

Figura P10.13 e *P10.14*

10.13 A tensão de cisalhamento admissível é de 103 MPa na barra de aço AB de 38 mm de diâmetro e 55 MPa na barra BC de 45 mm de diâmetro. Desprezando o efeito das concentrações de tensão, determine o maior torque que pode ser aplicado em A.

10.14 A tensão de cisalhamento admissível é de 103 MPa na barra de aço AB e 55 MPa na barra de latão BC. Sabendo que um torque de intensidade T = 1.125 N · m é aplicado em A e desprezando o efeito das concentrações de tensão, determine o diâmetro necessário (*a*) da barra *AB* e (*b*) da barra *BC*.

10.15 Uma barra sólida *AB* tem um diâmetro d_{AB} = 60 mm e é feita de aço cuja tensão de cisalhamento admissível é de 85 MPa. O tubo *CD*, que tem um diâmetro externo de 90 mm e espessura de parede de 6 mm, é feito de alumínio cuja tensão de cisalhamento admissível é de 54 MPa. Determine o maior torque **T** que pode ser aplicado em *A*.

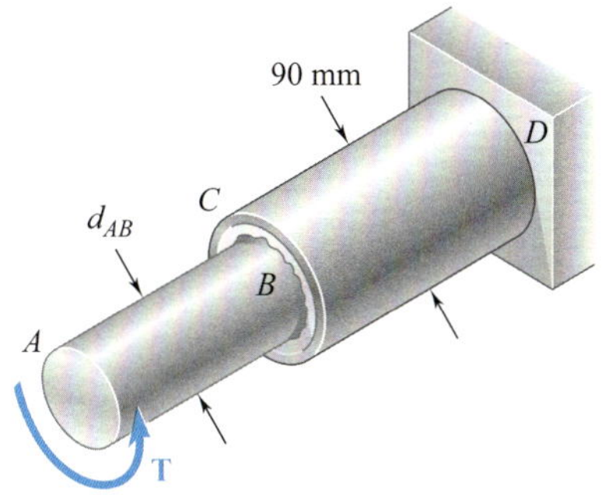

Figura P10.15

10.16 A tensão admissível é de 50 MPa na barra de latão *AB* e de 25 MPa na barra de alumínio *BC*. Sabendo que um torque de intensidade *T* = 1.250 N · m é aplicado em *A*, determine o diâmetro necessário (*a*) da barra *AB* e (*b*) da barra *BC*.

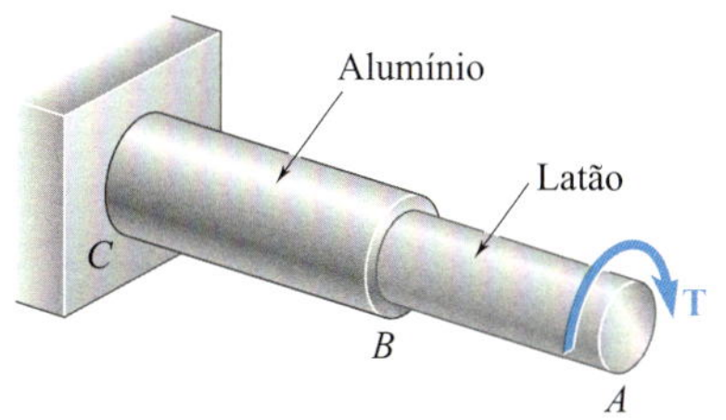

Figura P10.16

10.17 O eixo de seção transversal cheia é feito de latão cuja tensão de cisalhamento admissível é de 55 MPa. Desprezando o efeito das concentrações de tensão, determine os menores diâmetros d_{AB} e d_{BC} para os quais a tensão de cisalhamento admissível não é excedida.

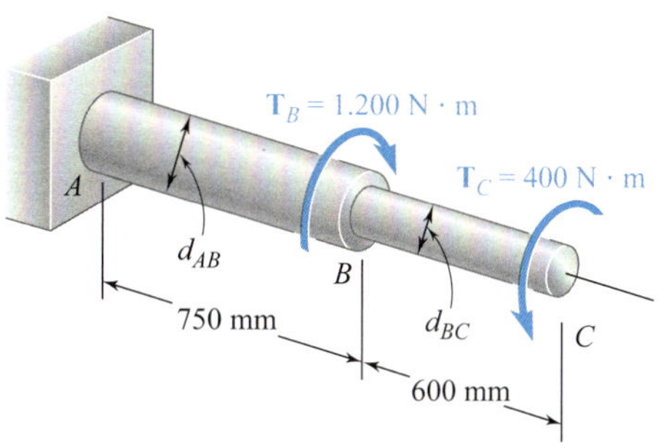

Figura P10.17 e P10.18

10.18 Resolva o Problema 10.17 considerando que a direção de T_C seja invertida.

10.19 e **10.20** Em condições normais de operação, um motor exerce um torque de intensidade T_F = 135 N · m em *F*. Sabendo que a tensão de cisalhamento admissível é de 72 MPa em cada eixo, determine para cada dado o diâmetro necessário (*a*) do eixo *CDE* e (*b*) do eixo *FGH*.

10.19 r_D = 200 mm, r_G = 75 mm

10.20 r_D = 75 mm, r_G = 200 mm

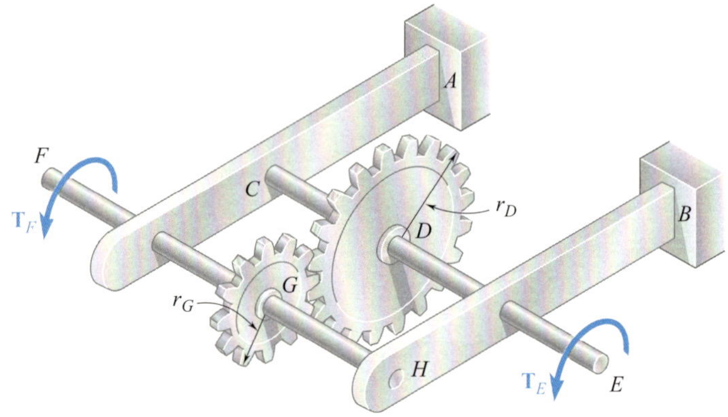

Figura P10.19 e P10.20

10.21 Um torque de intensidade de T = 1.000 N · m é aplicado em *D*, como mostra a figura. Sabendo que o diâmetro do eixo *AB* é de 56 mm e que o diâmetro do eixo *CD* é de 42 mm, determine a tensão de cisalhamento máxima (*a*) no eixo *AB* e (*b*) no eixo *CD*.

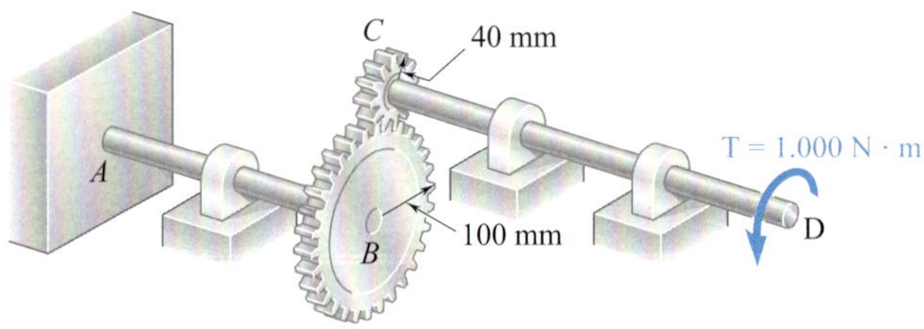

Figura P10.21 e P10.22

10.22 Um torque de intensidade T = 1.000 N · m é aplicado em *D*, como mostra a figura. Sabendo que a tensão de cisalhamento admissível é de 60 MPa em cada eixo, determine o diâmetro necessário (*a*) do eixo *AB* e (*b*) do eixo *CD*.

10.23 Os dois eixos de seção cheia estão conectados por engrenagens, como mostra a figura, e são feitos de um aço cuja tensão de cisalhamento admissível é de 58,6 MPa. Sabendo que um torque de intensidade T_C = 563 kN · mm é aplicado em *C* e que o conjunto está em equilíbrio, determine o diâmetro necessário (*a*) do eixo *BC* e (*b*) do eixo *EF*.

10.24 Os dois eixos de seção cheia estão conectados por engrenagens como mostra a figura e são feitos de um aço cuja tensão de cisalhamento admissível é de 48,3 MPa. Sabendo que os diâmetros dos dois eixos são, respectivamente, d_{BC} = 40 mm e d_{EF} = 31 mm, determine o maior torque $\mathbf{T}_C$ que pode ser aplicado em *C*.

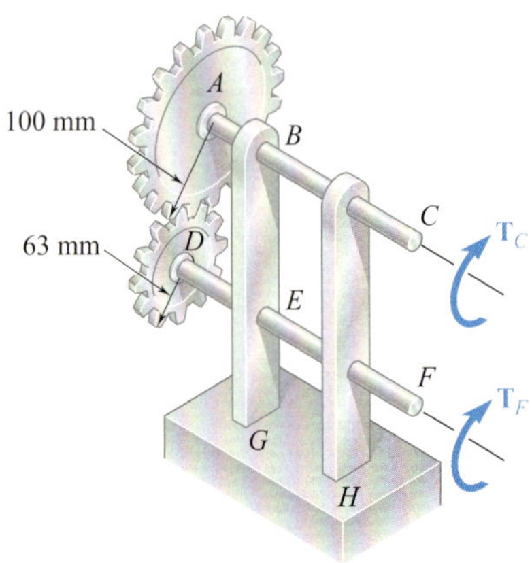

Figura P10.23 e P10.24

10.5 Ângulo de torção

Nesta seção, será determinada uma relação entre o ângulo de torção ϕ de um eixo circular e o momento torçor **T** aplicado no eixo. Nesse caso, o eixo permanece elástico em qualquer parte. Considerando primeiro o caso de um eixo de comprimento L e de seção transversal uniforme de raio c submetido a um momento torçor **T** em sua extremidade livre (Fig. 10.20), lembremo-nos da Seção 10.3 que o ângulo de torção ϕ e a deformação de cisalhamento máxima $\gamma_{\text{máx}}$ estão relacionados da seguinte forma:

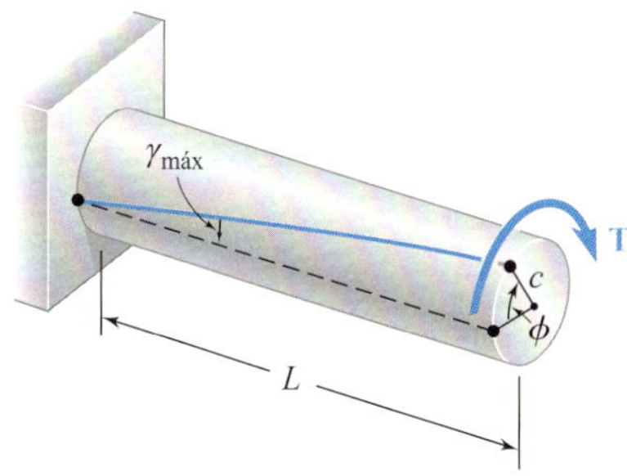

Figura 10.20

$$\gamma_{\text{máx}} = \frac{c\phi}{L} \tag{10.3}$$

Entretanto, no regime elástico, a tensão de escoamento não é excedida em nenhum ponto do eixo, assim aplica-se a lei de Hooke da seguinte forma: $\gamma_{\text{máx}} = \tau_{\text{máx}}/G$ ou, usando a Eq. (10.9),

$$\gamma_{\text{máx}} = \frac{\tau_{\text{máx}}}{G} = \frac{Tc}{JG} \tag{10.15}$$

Igualando os dois membros direitos das Eqs. (10.3) e (10.15) e resolvendo para ϕ, escrevemos

$$\phi = \frac{TL}{JG} \tag{10.16}$$

em que ϕ é expresso em radianos. A relação obtida mostra que, dentro do regime elástico, *o ângulo de torção ϕ é proporcional ao momento torçor T aplicado no eixo*, o que está de acordo com a evidência experimental citada no início da Seção 10.3.

A Eq. (10.16) nos proporciona um método conveniente para determinar o módulo de elasticidade transversal de um material. Um corpo de prova do material a ser analisado, na forma de um eixo cilíndrico de diâmetro e comprimento conhecidos, é colocado em uma *máquina para ensaios de torção* (Foto 10.3). Torques de intensidades crescentes T são aplicados ao corpo de prova, e registram-se os valores correspondentes do ângulo de torção ϕ em determinado comprimento L do corpo de prova.

Foto 10.3 Máquina de teste de torção.

Enquanto a tensão de escoamento do material não é excedida, os pontos obtidos em um gráfico de T em função de θ estarão em uma linha reta. A inclinação dessa linha representa a quantidade JG/L, por meio da qual pode ser calculado o módulo de elasticidade transversal G.

Exemplo 10.2. Qual é o torque que deverá ser aplicado à extremidade do eixo do Exemplo 10.1 para produzir um ângulo de torção de 2°? Use o valor $G = 77$ GPa para o módulo de elasticidade transversal do aço.

Resolvendo a Eq. (10.16) para T, escrevemos

$$T = \frac{JG}{L}\phi$$

Substituindo os valores dados

$$G = 77 \times 10^9 \text{ Pa} \qquad L = 1{,}5 \text{ m}$$
$$\phi = 2°\left(\frac{2\pi \text{ rad}}{360°}\right) = 34{,}9 \times 10^{-3} \text{ rad}$$

e lembrando do Exemplo 10.1 que, para a seção transversal dada,

$$J = 1{,}021 \times 10^{-6} \text{ m}^4$$

temos

$$T = \frac{JG}{L}\phi = \frac{(1{,}021 \times 10^{-6} \text{ m}^4)(77 \times 10^9 \text{ Pa})}{1{,}5 \text{ m}}(34{,}9 \times 10^{-3} \text{ rad})$$
$$T = 1{,}829 \times 10^3 \text{ N} \cdot \text{m} = 1{,}829 \text{ kN} \cdot \text{m}$$ ■

Exemplo 10.3. Qual é o ângulo de torção que criará uma tensão de cisalhamento de 70 MPa na superfície interna do eixo vazado de aço dos Exemplos 10.1 e 10.2?

Para resolver esse problema, devem-se utilizar a Eq. (10.10) para encontrar o torque T correspondente ao valor fornecido de τ e a Eq. (10.16) para determinar o ângulo de torção ϕ correspondente ao valor de T que acabamos de encontrar.

No entanto, pode ser utilizada uma solução mais direta. Pela lei de Hooke, primeiro calculamos a deformação de cisalhamento na superfície interna do eixo:

$$\gamma_{\text{mín}} = \frac{\tau_{\text{mín}}}{G} = \frac{70 \times 10^6 \text{ Pa}}{77 \times 10^9 \text{ Pa}} = 909 \times 10^{-6}$$

Com base na Eq. (10.2), que foi obtida expressando o comprimento do arco AA' na Fig. 10.13c em termos de γ e ϕ, temos

$$\phi = \frac{L\gamma_{\text{mín}}}{c_1} = \frac{1.500 \text{ mm}}{20 \text{ mm}}(909 \times 10^{-6}) = 68{,}2 \times 10^{-3} \text{ rad}$$

Para obtermos o ângulo de torção em graus, escrevemos

$$\phi = (68{,}2 \times 10^{-3} \text{ rad})\left(\frac{360°}{2\pi \text{ rad}}\right) = 3{,}91°$$ ■

A Eq. (10.16) para o ângulo de torção só poderá ser utilizada se o eixo for homogêneo (G constante), se a seção transversal for uniforme e se o carregamento for aplicado somente nas extremidades. Se o eixo estiver submetido

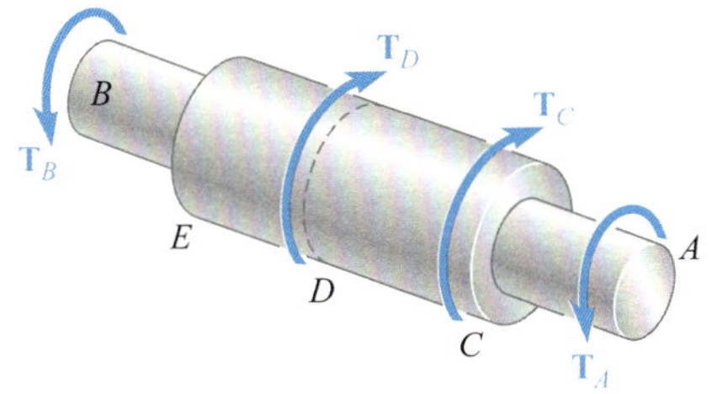

Figura 10.21

a torques em outras localizações que não as suas extremidades ou se ele for composto de várias partes com diferentes seções transversais e possivelmente em diferentes materiais, deveremos dividi-lo em partes componentes que satisfaçam individualmente as condições necessárias para a aplicação da Eq. (10.16). No caso do eixo *AB* mostrado na Fig. 10.21, por exemplo, devem ser consideradas quatro partes diferentes: *AC*, *CD*, *DE* e *EB*. O ângulo de torção total do eixo, isto é, o ângulo pelo qual a extremidade *A* gira com relação à extremidade *B*, é obtido somando *algebricamente* os ângulos de torção de cada parte componente. Chamando, respectivamente, de T_i, L_i, J_i e G_i o momento torçor interno, o comprimento, o momento polar de inércia da seção transversal e o módulo de elasticidade transversal correspondente à parte *i*, o ângulo de torção total do eixo é expresso como

$$\phi = \sum_i \frac{T_i L_i}{J_i G_i} \tag{10.17}$$

Em qualquer parte do eixo, o momento torçor interno T_i é obtido cortando uma seção do eixo através dessa parte e desenhando o diagrama de corpo livre da parte do eixo localizada em um dos lados da seção. Esse procedimento, que já foi explicado na Seção 10.4 e ilustrado na Fig. 10.16, é aplicado no Problema Resolvido 10.3.

No caso de um eixo com uma seção circular variável, como mostra a Fig. 10.22, a Eq. (10.16) pode ser aplicada a um disco de espessura dx. O ângulo segundo o qual uma face do disco gira em relação à outra é, portanto

$$d\phi = \frac{T\,dx}{JG}$$

onde J é uma função de x que pode ser determinada. Integrando em x de 0 a L, obtemos o ângulo total de torção do eixo:

$$\phi = \int_0^L \frac{T\,dx}{JG} \tag{10.18}$$

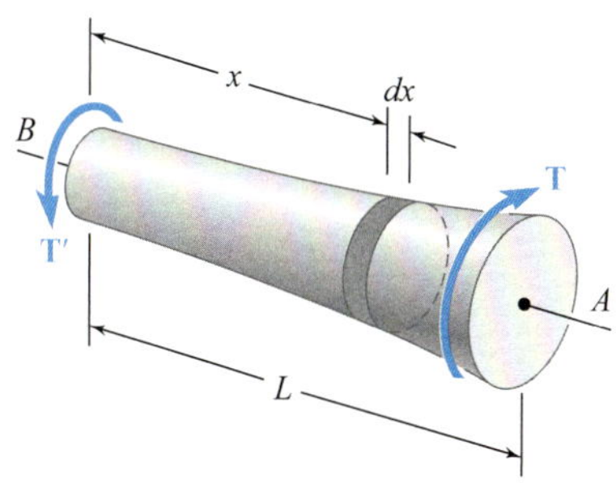

Figura 10.22

O eixo mostrado na Fig. 10.20, utilizado para deduzir a Eq. (10.16), e o eixo da Fig. 10.15, discutido nos Exemplos 10.2 e 10.3, tinham ambos uma das extremidades engastada a um suporte fixo. Em cada caso, portanto, o ângulo de torção ϕ do eixo era igual ao ângulo de rotação de sua extremidade livre. No entanto, quando ambas as extremidades de um eixo giram, o ângulo de torção do eixo é igual ao ângulo pelo qual uma extremidade do eixo gira *em relação à outra*. Considere, por exemplo, o conjunto mostrado na Fig. 10.23*a*, que consiste em dois eixos elásticos *AD* e *BE*, cada um deles com comprimento *L*, raio *c* e módulo de elasticidade transversal

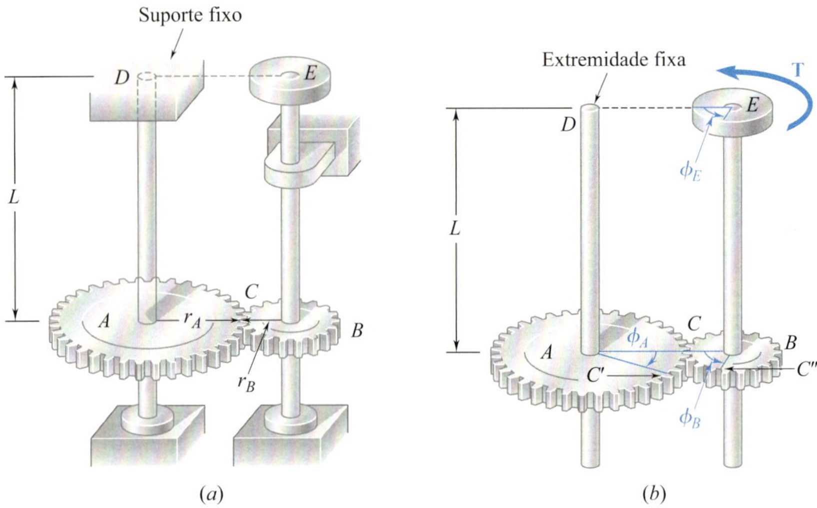

Figura 10.23

G, que estão ligados a engrenagens acopladas em C. Se for aplicado um torque **T** em E (Fig. 10.23*b*), ambos os eixos sofrerão torção. Como a extremidade D do eixo AD está fixa, o ângulo de torção de AD é medido pelo ângulo de rotação ϕ_A da extremidade A. No entanto, como ambas as extremidades do eixo BE giram, o ângulo de torção de BE é igual à diferença entre os ângulos de rotação ϕ_B e ϕ_E, isto é, o ângulo de torção é igual ao ângulo segundo o qual a extremidade E gira em relação à extremidade B. Designando esse ângulo relativo de rotação por $\phi_{E/B}$, escrevemos

$$\phi_{E/B} = \phi_E - \phi_B = \frac{TL}{JG}$$

Exemplo 10.4. Para o conjunto da Fig. 10.23, sabendo que $r_A = 2r_B$, determine o ângulo de rotação da extremidade E do eixo BE quando se aplica o torque **T** em E.

Primeiro determinamos o torque $\mathbf{T}_{AD}$ aplicado ao eixo AD. Observando que forças **F** e **F′** iguais e opostas são aplicadas nas duas engrenagens em C (Fig. 10.24) e lembrando que $r_A = 2r_B$, concluímos que o torque aplicado no eixo AD é duas vezes maior que o torque aplicado no eixo BE; assim, $T_{AD} = 2T$.

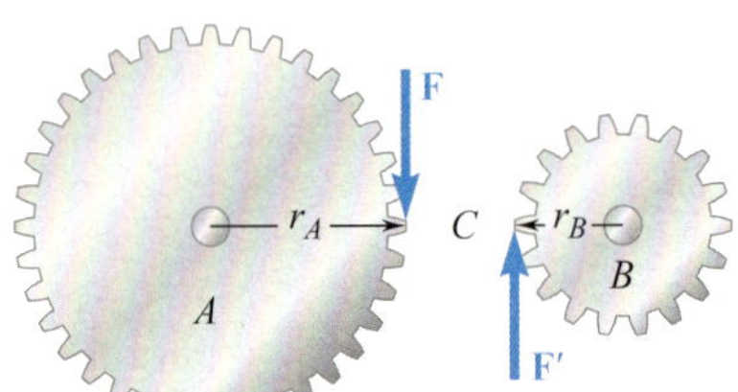

Figura 10.24

Como a extremidade D do eixo AD está fixa, o ângulo de rotação ϕ_A da engrenagem A é igual ao ângulo de torção do eixo e é obtido escrevendo

$$\phi_A = \frac{T_{AD}L}{JG} = \frac{2TL}{JG}$$

Observando que os arcos CC' e CC'' na Fig. 10.23*b* devem ser iguais, escrevemos $r_A\phi_A = r_B\phi_B$ e obtemos

$$\phi_B = (r_A / r_B)\phi_A = 2\phi_A$$

Temos, portanto,

$$\phi_B = 2\phi_A = \frac{4TL}{JG}$$

Considerando agora o eixo BE, lembramos que o ângulo de torção desse eixo é igual a $\phi_{E/B}$ e corresponde ao giro da extremidade E em relação à extremidade B. Temos

$$\phi_{E/B} = \frac{T_{BE}L}{JG} = \frac{TL}{JG}$$

O ângulo de rotação da extremidade E é obtido escrevendo

$$\begin{aligned}\phi_E &= \phi_B + \phi_{E/B}\\ &= \frac{4TL}{JG} + \frac{TL}{JG} = \frac{5TL}{JG}\end{aligned}$$ ■

10.6 Eixos estaticamente indeterminados

Vimos na Seção 10.4 que, para determinar as tensões em um eixo, era necessário primeiro calcular os momentos torçores internos nas várias seções do eixo. Esses momentos eram obtidos por meio da estática, desenhando o diagrama de corpo livre da parte do eixo localizada em um lado de determinada seção e escrevendo que a soma dos momentos exercidos naquela parte era zero.

No entanto, há situações nas quais os momentos de torção internos não podem ser determinados somente pela estática. Na verdade, nesses casos os próprios momentos externos, isto é, os torques aplicados no eixo por apoios e conexões, não podem ser determinados pelo diagrama de corpo livre do eixo inteiro. As equações de equilíbrio devem ser complementadas por relações que envolvem as deformações do eixo e obtidas com base na geometria do problema. Em virtude de a estática não ser suficiente para determinar os momentos externos e internos, dizemos que os eixos são *estaticamente indeterminados*. O exemplo apresentado a seguir e o Problema Resolvido 10.5 mostrarão como analisar eixos estaticamente indeterminados.

Exemplo 10.5. Um eixo circular AB consiste em um cilindro de aço de 240 mm de comprimento e 22 mm de diâmetro, no qual foi feito um furo de 120 mm de profundidade e 16 mm de diâmetro na extremidade B. O eixo está engastado a suportes fixos em ambas as extremidades, e é aplicado um torque de 120 N · m na sua seção média (Fig. 10.25). Determine o torque aplicado no eixo por cada um dos suportes.

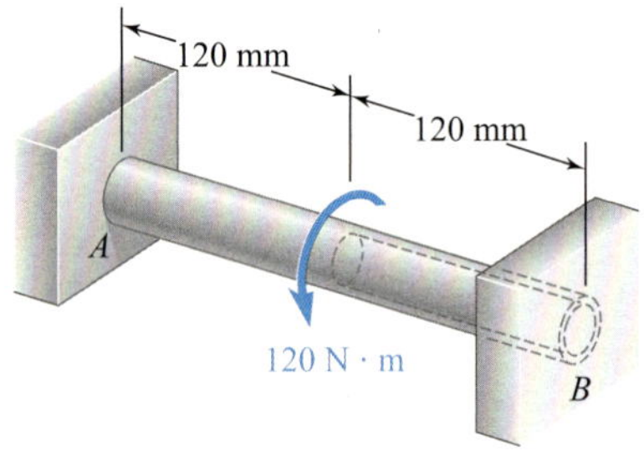

Figura 10.25

Desenhando o diagrama de corpo livre do eixo e chamando de $\mathbf{T}_A$ e $\mathbf{T}_B$ os torques aplicados pelos suportes (Fig. 10.26*a*), obtemos a equação de equilíbrio

$$T_A + T_B = 120 \text{ kN} \cdot \text{m}$$

Como essa equação não é suficiente para determinar os dois torques desconhecidos $\mathbf{T}_A$ e $\mathbf{T}_B$, o eixo é estaticamente indeterminado.

Entretanto, $\mathbf{T}_A$ e $\mathbf{T}_B$ poderão ser determinados se observarmos que o ângulo de torção total do eixo AB deve ser zero, pois ambas as extremidades estão rigidamente fixadas. Chamando de ϕ_1 e ϕ_2, respectivamente, os ângulos de torção das partes AC e CB, escrevemos

$$\phi = \phi_1 + \phi_2 = 0$$

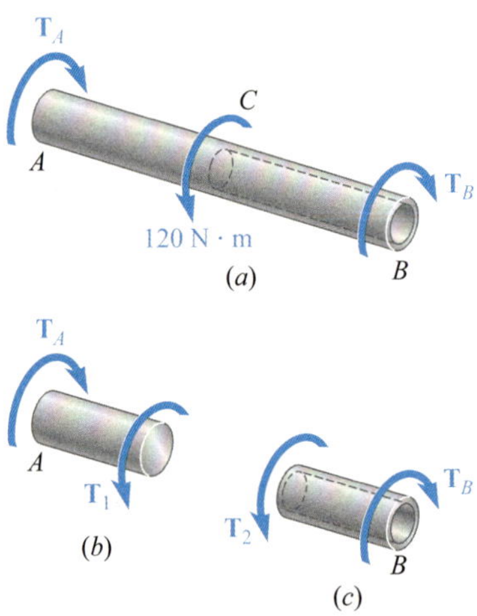

Figura 10.26

Com base no diagrama de corpo livre de uma pequena parte do eixo, incluindo a extremidade (Fig. 10.26*b*), notamos que o momento torçor interno T_1 em AC é igual a T_A; por meio do diagrama de corpo livre de uma pequena parte do eixo, incluindo a extremidade B (Fig. 10.26*c*), notamos que o momento torçor interno T_2 em CB é igual a T_B. Usando a Eq. (10.16) e observando que as partes AC e CB do eixo giram em sentidos opostos, escrevemos

$$\phi = \phi_1 + \phi_2 = \frac{T_A L_1}{J_1 G} - \frac{T_B L_2}{J_2 G} = 0$$

Resolvendo para o torque T_B, temos

$$T_B = \frac{L_1 J_2}{L_2 J_1} T_A$$

Substituindo os valores numéricos

$$L_1 = L_2 = 120 \text{ mm}$$
$$J_1 = \tfrac{1}{2}\pi\,(0{,}011 \text{ m})^4 = 2{,}30 \times 10^{-8} \text{ m}^4$$
$$J_2 = \tfrac{1}{2}\pi\,[(0{,}011 \text{ m})^4 - (0{,}008 \text{ m})^4] = 1{,}66 \times 10^{-8} \text{ m}^4$$

obtemos

$$T_B = 0{,}720\, T_A$$

Substituindo essa expressão na equação de equilíbrio original, escrevemos

$$1{,}720\, T_A = 120 \text{ N} \cdot \text{m}$$

$$T_A = 69{,}77 \text{ N} \cdot \text{m} \qquad T_B = 50{,}23 \text{ N} \cdot \text{m}$$ ■

PROBLEMA RESOLVIDO 10.3

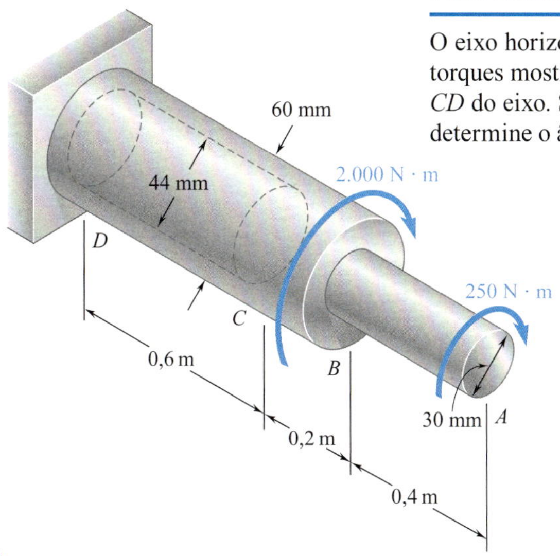

O eixo horizontal AD está engastado a uma base rígida em D e submetido aos torques mostrados na figura. Foi feito um furo de 44 mm de diâmetro na parte CD do eixo. Sabendo que o eixo inteiro é feito de aço para o qual $G = 77$ GPa, determine o ângulo de torção na extremidade A.

SOLUÇÃO

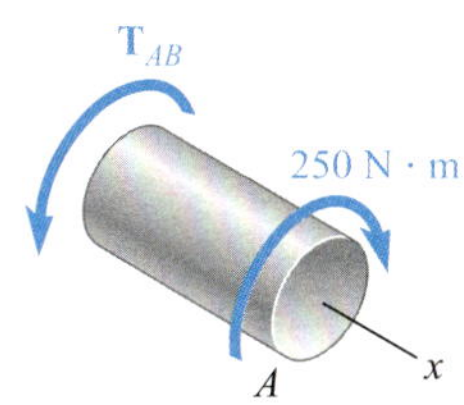

Como o eixo consiste em três partes AB, BC e CD, cada uma delas com seção transversal constante e momento torçor interno constante, pode ser utilizada a Equação (10.17).

Estática. Cortando o eixo em uma seção transversal entre A e B e utilizando o diagrama de corpo livre mostrado na figura, encontramos

$$\Sigma M_x = 0: \qquad (250 \text{ N} \cdot \text{m}) - T_{AB} = 0 \qquad T_{AB} = 250 \text{ N} \cdot \text{m}$$

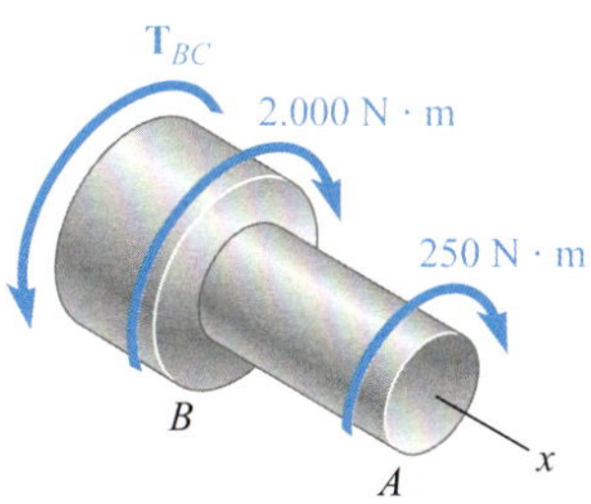

Cortando agora o eixo em uma seção entre B e C, temos

$$\Sigma M_x = 0: (250 \text{ N} \cdot \text{m}) + (2.000 \text{ N} \cdot \text{m}) - T_{BC} = 0 \qquad T_{BC} = 2.250 \text{ N} \cdot \text{m}$$

Como não é aplicado nenhum torque em C,

$$T_{CD} = T_{BC} = 2.250 \text{ N} \cdot \text{m}$$

Momentos polares de inércia

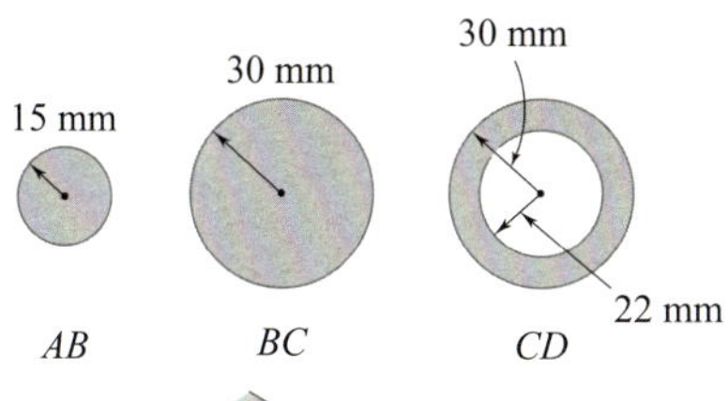

$$J_{AB} = \frac{\pi}{2} c^4 = \frac{\pi}{2} (0{,}015 \text{ m})^4 = 0{,}0795 \times 10^{-6} \text{ m}^4$$

$$J_{BC} = \frac{\pi}{2} c^4 = \frac{\pi}{2} (0{,}030 \text{ m})^4 = 1{,}272 \times 10^{-6} \text{ m}^4$$

$$J_{CD} = \frac{\pi}{2} (c_2^4 - c_1^4) = \frac{\pi}{2} [(0{,}030 \text{ m})^4 - (0{,}022 \text{ m})^4] = 0{,}904 \times 10^{-6} \text{ m}^4$$

Ângulo de torção. Utilizando a Eq. (10.17) e lembrando que $G = 77$ GPa para o eixo inteiro, temos

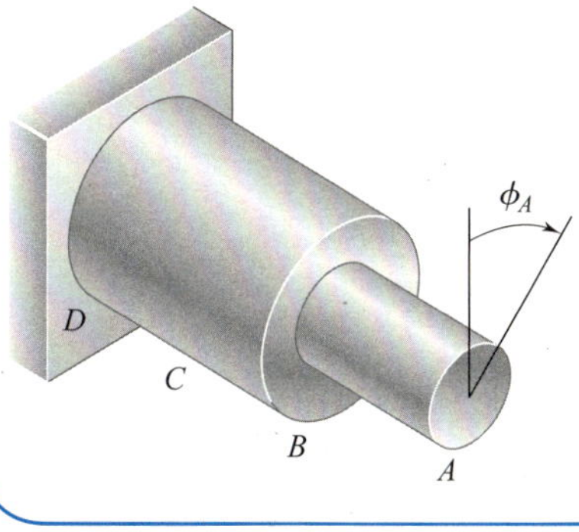

$$\phi_A = \sum_i \frac{T_i L_i}{J_i G} = \frac{1}{G}\left(\frac{T_{AB} L_{AB}}{J_{AB}} + \frac{T_{BC} L_{BC}}{J_{BC}} + \frac{T_{CD} L_{CD}}{J_{CD}}\right)$$

$$\phi_A = \frac{1}{77 \text{ GPa}}\left[\frac{(250 \text{ N} \cdot \text{m})(0{,}4 \text{ m})}{0{,}0795 \times 10^{-6} \text{ m}^4} + \frac{(2.250)(0{,}2)}{1{,}272 \times 10^{-6}} + \frac{(2.250)(0{,}6)}{0{,}904 \times 10^{-6}}\right]$$

$$= 0{,}01634 + 0{,}00459 + 0{,}01939 = 0{,}0403 \text{ rad}$$

$$\phi_A = (0{,}0403 \text{ rad}) \frac{360°}{2\pi \text{ rad}} \qquad \phi_A = 2{,}31° \blacktriangleleft$$

PROBLEMA RESOLVIDO 10.4

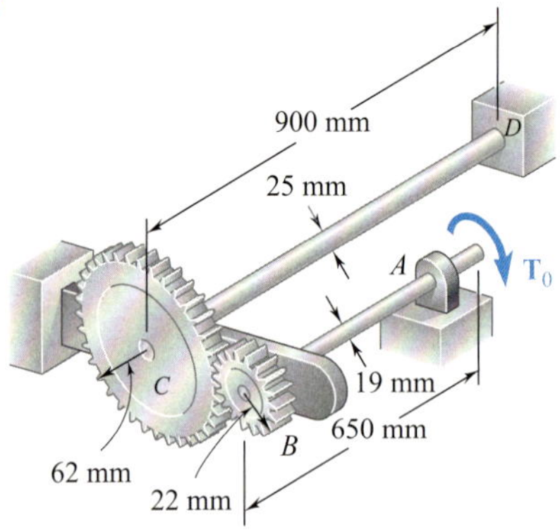

Dois eixos cheios de aço estão acoplados pelas engrenagens mostradas na figura. Sabendo que para cada eixo $G = 77{,}2$ GPa e que a tensão de cisalhamento admissível é de 55 MPa, determine (*a*) o maior torque $\mathbf{T}_0$ que pode ser aplicado à extremidade *A* do eixo *AB* e (*b*) o ângulo correspondente pelo qual a extremidade *A* do eixo *AB* gira.

SOLUÇÃO

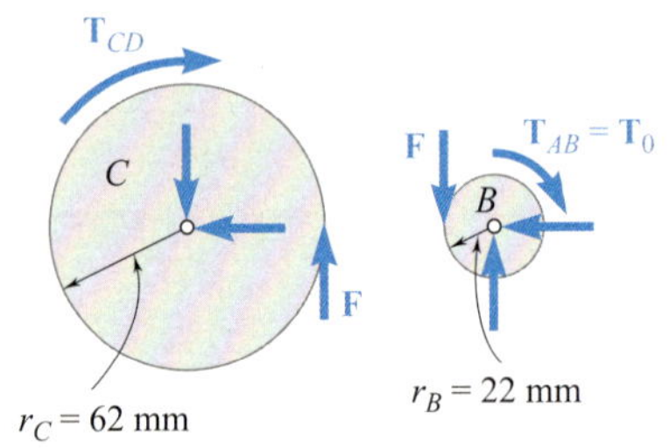

Estática. Chamando de F a intensidade da força tangencial entre os dentes da engrenagem, temos

Engrenagem B. $\Sigma M_B = 0$: $F(22 \text{ mm}) - T_0 = 0$

Engrenagem C. $\Sigma M_C = 0$: $F(62 \text{ mm}) - T_{CD} = 0$ $\qquad T_{CD} = 2{,}82\, T_0 \quad (1)$

Cinemática. Notando que os movimentos periféricos das engrenagens são iguais, escrevemos

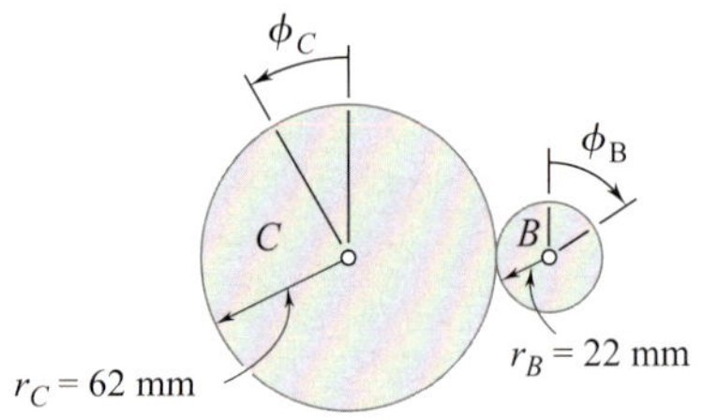

$$r_B \phi_B = r_C \phi_C \qquad \phi_B = \phi_C \frac{r_C}{r_B} = \phi_C \frac{62 \text{ mm}}{22 \text{ mm}} = 2{,}82\, \phi_C \quad (2)$$

a. Torque T_0

Eixo *AB*. Com $T_{AB} = T_0$ e $c = 9{,}5$ mm, com uma tensão de cisalhamento máxima admissível de 55 MPa, escrevemos

$$\tau = \frac{T_{AB}\, c}{J} \qquad 55 \text{ MPa} = \frac{T_0(9{,}5 \text{ mm})}{\frac{1}{2}\pi\ (9{,}5 \text{ mm})^4} \qquad T_0 = 74{,}07 \text{ N} \cdot \text{m} \ ◀$$

Eixo *CD*. De (1) temos $T_{CD} = 2{,}82\ T_0$. Com $c = 12{,}5$ mm e $\tau_{\text{adm}} = 55$ MPa, escrevemos

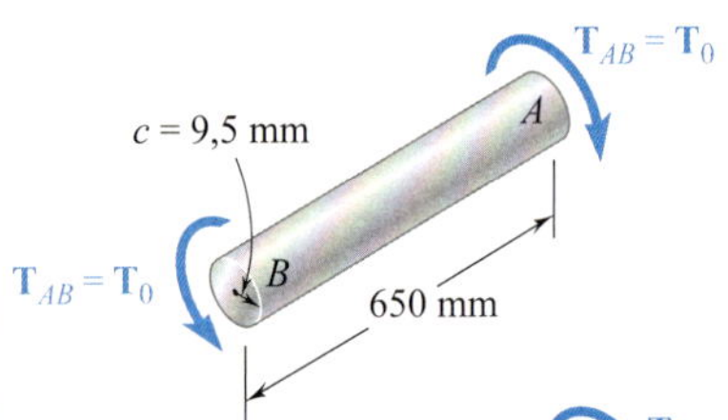

$$\tau = \frac{T_{CD}\, c}{J} \qquad 55 \text{ MPa} = \frac{2{,}82 T_0(12{,}5 \text{ mm})}{\frac{1}{2}\pi\,(12{,}5 \text{ mm})^4} \qquad T_0 = 59{,}84 \text{ N} \cdot \text{m} \ ◀$$

Torque máximo permitido. Escolhemos o menor valor obtido para T_0

$$T_0 = 59{,}84 \text{ N} \cdot \text{m} \ ◀$$

b. Ângulo de rotação da extremidade *A*. Primeiro calculamos o ângulo de torção para cada eixo.

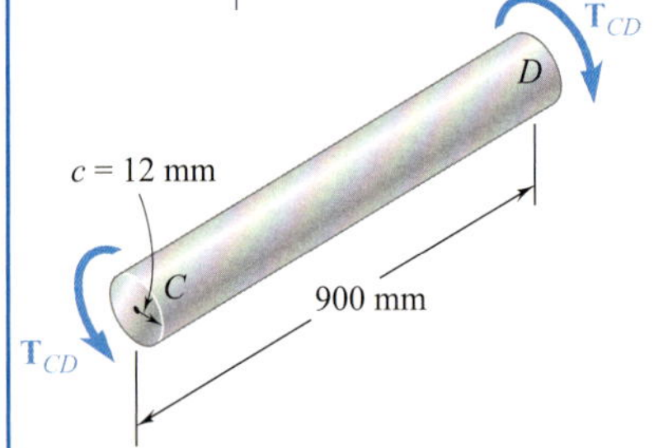

Eixo *AB*. Para $T_{AB} = T_0 = 59{,}84$ N · m, temos

$$\phi_{A/B} = \frac{T_{AB} L}{JG} = \frac{(59{,}84 \text{ N} \cdot \text{m})(0{,}650 \text{ m})}{\frac{1}{2}\pi\ (0{,}0095 \text{ m})^4(77{,}2 \times 10^9 \text{ N/m}^2)} = 0{,}0394 \text{ rad} = 2{,}26^\circ$$

Eixo *CD*. $T_{CD} = 2{,}82\ T_0 = 2{,}82(59{,}84 \text{ N} \cdot \text{m})$

$$\phi_{C/D} = \frac{T_{CD} L}{JG} = \frac{2{,}82(59{,}84 \text{ N} \cdot \text{m})(0{,}900 \text{ m})}{\frac{1}{2}\pi\ (0{,}012 \text{ m})^4(77{,}2 \times 10^9 \text{ N/m}^2)} = 0{,}0604 \text{ rad} = 3{,}46^\circ$$

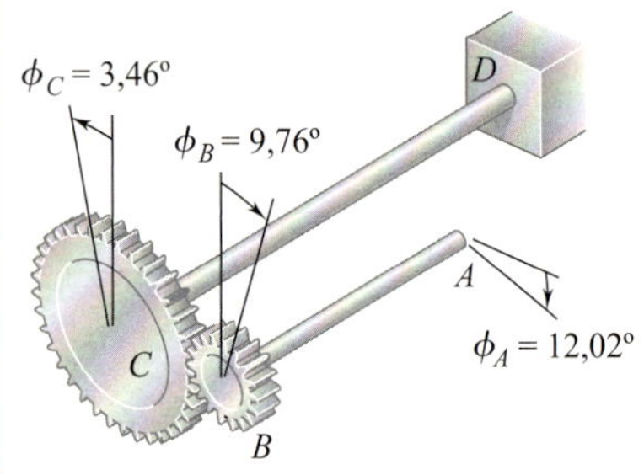

Como a extremidade *D* do eixo *CD* está fixa, temos $\phi_C = \phi_{C/D} = 3{,}46^\circ$. Usando (2), calculamos que o ângulo de rotação da engrenagem *B* deve ser

$$\phi_B = 2{,}82 \phi_C = 2{,}82(3{,}46^\circ) = 9{,}76^\circ$$

Para a extremidade *A* do eixo *AB*, temos

$$\phi_A = \phi_B + \phi_{A/B} = 9{,}76^\circ + 2{,}26^\circ \qquad \phi_A = 12{,}02^\circ \ ◀$$

PROBLEMA RESOLVIDO 10.5

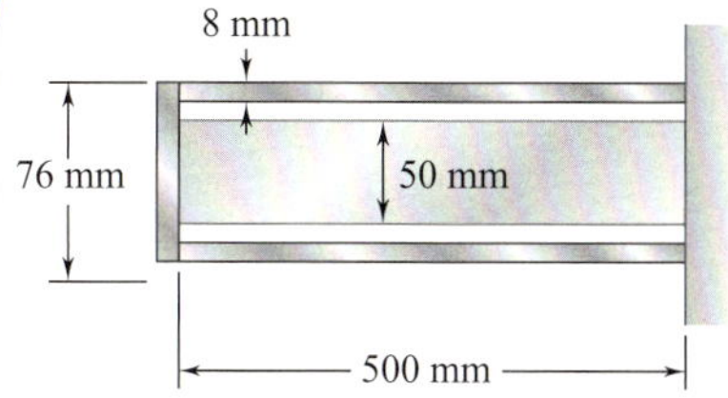

Um eixo de aço e um tubo de alumínio são engastados a um suporte rígido e conectados a um disco também rígido, conforme está indicado na figura. Sabendo que as tensões iniciais são iguais a zero, determine o torque máximo $\mathbf{T}_0$ que pode ser aplicado ao disco se as tensões admissíveis são de 120 MPa no eixo de aço e 70 MPa no tubo de alumínio. Use $G = 77$ GPa para o aço e $G = 27$ GPa para o alumínio.

SOLUÇÃO

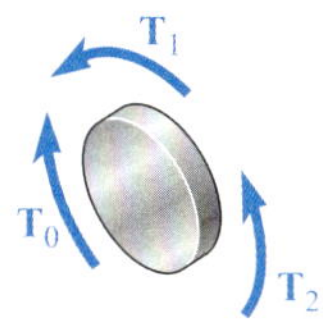

Estática. ***Diagrama de corpo livre do disco.*** Chamando de $\mathbf{T}_1$ o torque exercido pelo tubo no disco e de $\mathbf{T}_2$ o torque exercido pelo eixo no disco, encontramos

$$T_0 = T_1 + T_2 \tag{1}$$

Deformações. Como o tubo e o eixo estão conectados ao disco rígido, temos

$$\phi_1 = \phi_2: \quad \frac{T_1 L_1}{J_1 G_1} = \frac{T_2 L_2}{J_2 G_2}$$

$$\frac{T_1(0{,}5\text{ m})}{(2{,}003 \times 10^{-6}\text{ m}^4)(27\text{ GPa})} = \frac{T_2(0{,}5\text{ m})}{(0{,}614 \times 10^{-6}\text{ m}^4)(77\text{ GPa})} \tag{2}$$

$$T_2 = 0{,}874 T_1$$

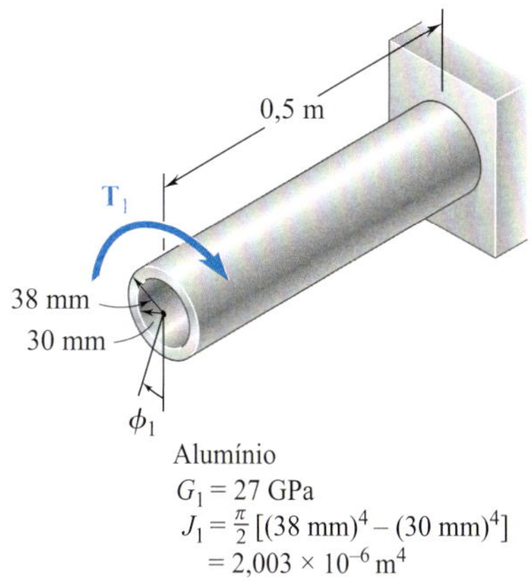

Tensões de cisalhamento. Inicialmente, *consideremos* que a condição $\tau_{\text{alum}} \leq 70$ MPa é crítica. Para o tubo de alumínio, temos

$$T_1 = \frac{\tau_{\text{alum}} J_1}{c_1} = \frac{(70\text{ MPa})(2{,}003 \times 10^{-6}\text{ m}^4)}{0{,}038\text{ m}} = 3.690\text{ N}\cdot\text{m}$$

Utilizando a Eq. (2), calculamos o valor correspondente de T_2 e depois encontramos a tensão de cisalhamento máxima no eixo de aço.

$$T_2 = 0{,}874 T_1 = 0{,}874(3.690) = 3.225\text{ N}\cdot\text{m}$$

$$\tau_{\text{aço}} = \frac{T_2 c_2}{J_2} = \frac{(3.225\text{ N}\cdot\text{m})(0{,}025\text{ m})}{0{,}614 \times 10^{-6}\text{ m}^4} = 131{,}3\text{ MPa}$$

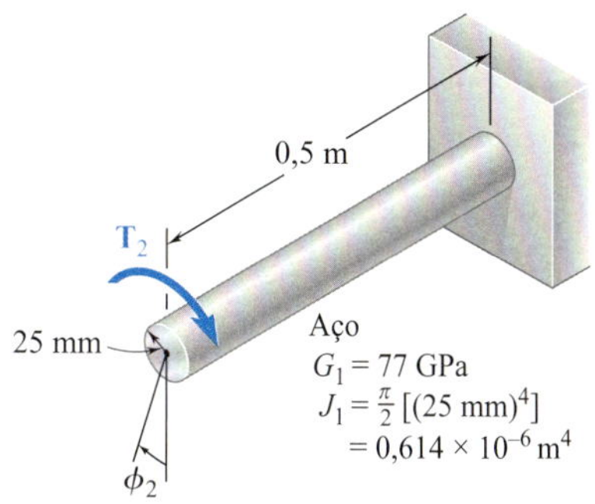

Notamos que a tensão admissível de 120 MPa no aço é excedida, o que significa que a nossa suposição estava *errada*. Então o torque máximo $\mathbf{T}_0$ será obtido fazendo $\tau_{\text{aço}} = 120$ MPa. Primeiro determinamos o torque $\mathbf{T}_2$.

$$T_2 = \frac{\tau_{\text{aço}} J_2}{c_2} = \frac{(120\text{ MPa})(0{,}614 \times 10^{-6}\text{ m}^4)}{0{,}025\text{ m}} = 2.950\text{ N}\cdot\text{m}$$

Da Eq. (2), temos

$$2.950\text{ N}\cdot\text{m} = 0{,}874 T_1 \qquad T_1 = 3.375\text{ N}\cdot\text{m}$$

Utilizando a Eq. (1), obtemos o torque máximo admissível

$$T_0 = T_1 + T_2 = 3.375\text{ N}\cdot\text{m} + 2.950\text{ N}\cdot\text{m}$$

$$T_0 = 6{,}325\text{ kN}\cdot\text{m} \blacktriangleleft$$

PROBLEMAS

10.25 Para o eixo de alumínio mostrado ($G = 27$ GPa), determine (*a*) o torque **T** que provoca um ângulo de torção de 5° e (*b*) o ângulo de torção provocado pelo mesmo torque **T** em um eixo cilíndrico cheio de mesmo comprimento e mesma área transversal.

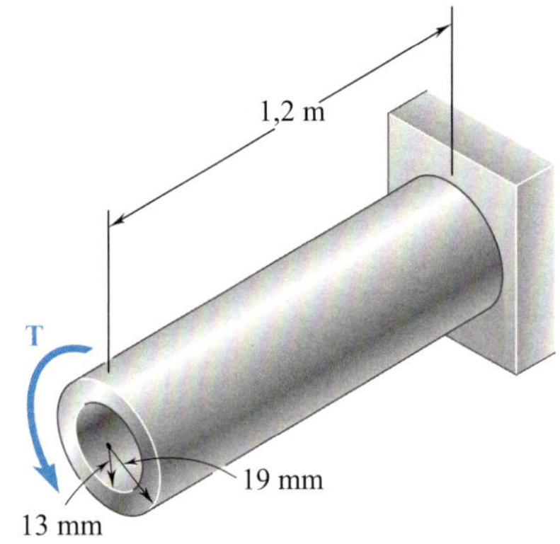

Figura P10.25

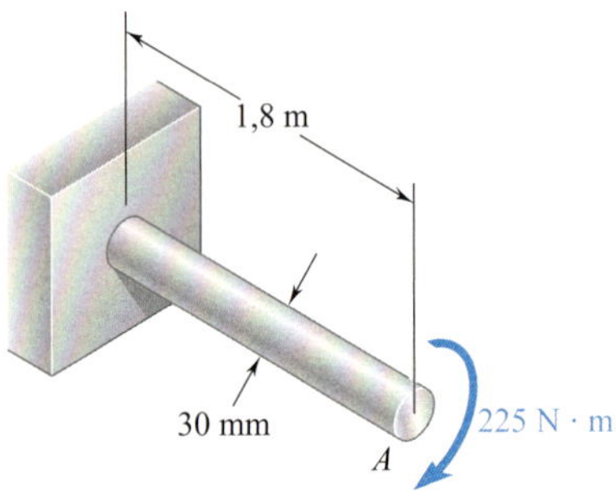

Figura P10.26

10.26 (*a*) Para o eixo de aço com seção transversal cheia mostrado na figura ($G = 77$ GPa), determine o ângulo de torção em *A*. (*b*) Resolva a parte (*a*) considerando que o eixo de aço é vazado com 30 mm de diâmetro externo e 20 mm de diâmetro interno.

10.27 Determine o maior diâmetro possível para uma barra de aço com 3 m de comprimento ($G = 77$ GPa), se a barra deve ser girada em 30° sem exceder a tensão de cisalhamento de 80 MPa.

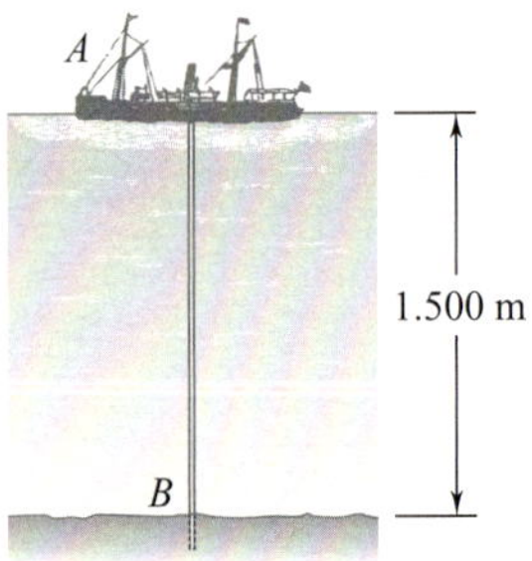

Figura P10.28

10.28 O navio em *A* está começando a perfurar um poço de petróleo no fundo do oceano a uma profundidade de 1.500 m. Sabendo que o topo da broca de aço ($G = 77$ GPa) de 200 mm de diâmetro dá duas voltas completas até que a broca em *B* comece a girar, determine a tensão de cisalhamento máxima provocada na broca pela torção.

10.29 Os torques mostrados são aplicados nas polias *A* e *B*. Sabendo que os eixos têm seção transversal cheia e são feitos de aço ($G = 77$ GPa), determine o ângulo de torção entre (*a*) *A* e *B* e (*b*) *A* e *C*.

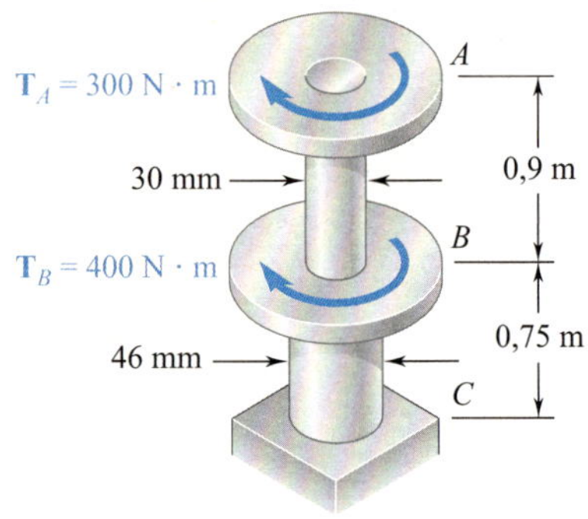

Figura P10.29

10.30 Os torques mostrados são aplicados nas polias B, C e D. Sabendo que os eixos têm seção transversal cheia e são feitos de alumínio (G = 27 GPa), determine o ângulo de torção entre (*a*) C e B e (*b*) D e B.

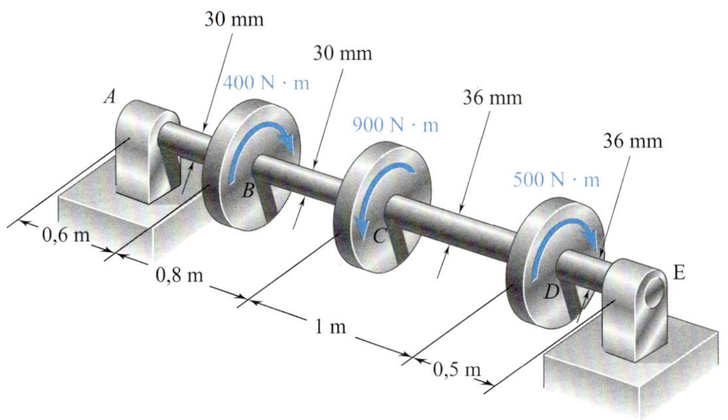

Figura P10.30

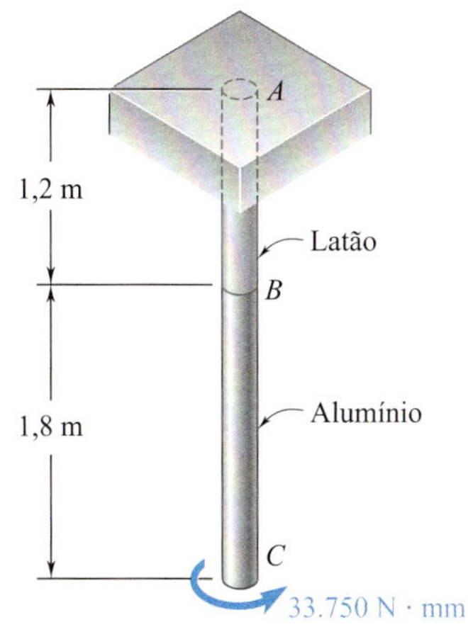

Figura P10.31

10.31 A barra de alumínio BC (G = 27 GPa) está ligada à barra de latão AB (G = 39 GPa). Sabendo que cada barra é de seção cheia e tem um diâmetro de 13 mm, determine o ângulo de torção (*a*) em B e (*b*) C.

10.32 A barra de latão AB (G = 39 GPa) está ligada à barra de alumínio BC (G = 27 GPa). Determine o ângulo de torção (*a*) em B e (*b*) C.

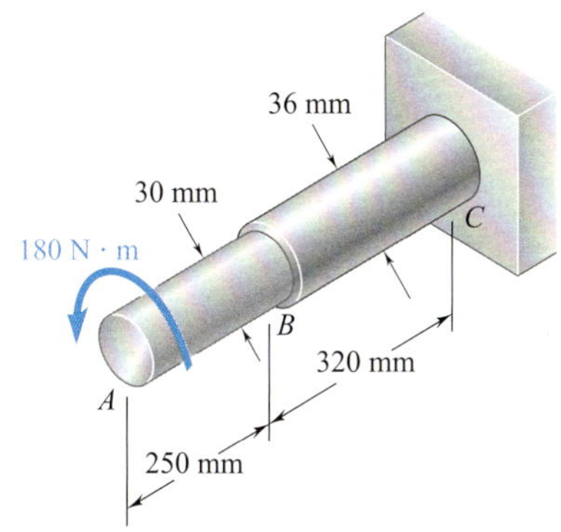

Figura P10.32

10.33 Dois eixos de seção transversal cheia de aço (G = 77 GPa) estão acoplados por engrenagens, conforme mostra a figura. Sabendo que o raio da engrenagem B é r_B = 20 mm, determine o ângulo de rotação da extremidade A quando T_A = 75 N · m.

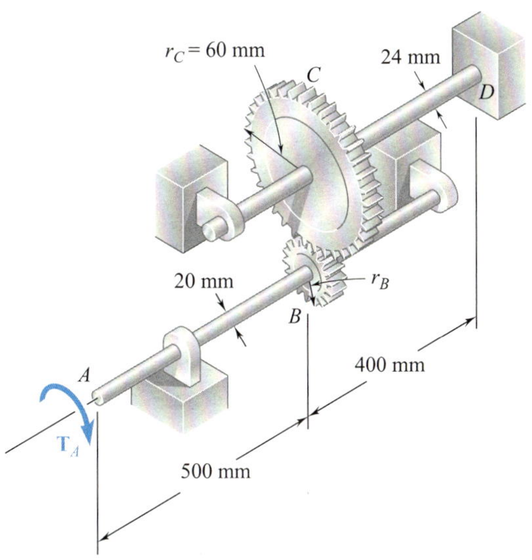

Figura P10.33

10.34 Resolva o Problema 10.33 considerando que uma alteração de projeto do conjunto resultou no aumento do raio da engrenagem B para 30 mm.

10.35 Dois eixos, cada um com diâmetro de 22 mm, são conectados pelas engrenagens mostradas na figura. Sabendo que $G = 77$ GPa e que o eixo está fixo em F, determine o ângulo pelo qual a extremidade A gira, quando é aplicado um torque de 84.375 N · mm.

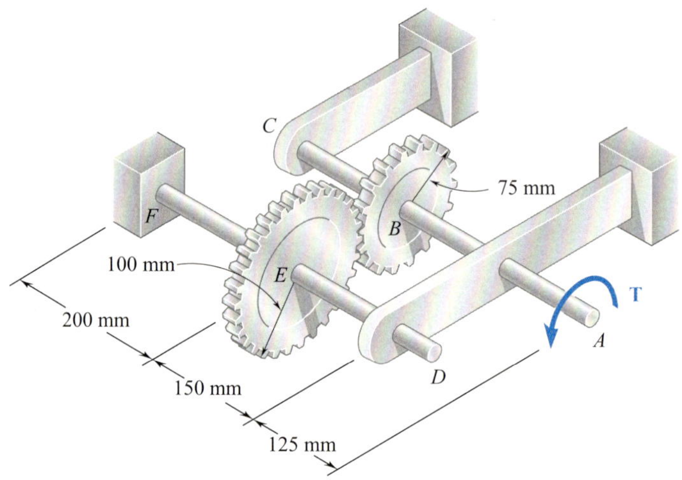

Figura *P10.35*

10.36 Resolva o Problema 10.35 considerando que, após uma alteração de projeto, o raio da engrenagem B é de 100 mm, e o raio de engrenagem E, 75 mm.

10.37 As especificações de projeto de um eixo de transmissão de seção cheia de 1,2 m de comprimento requerem que o ângulo de torção do eixo não exceda 4° quando for aplicado um torque de 750 N · m. Determine o diâmetro necessário para o eixo, sabendo que ele é feito de um aço com tensão de cisalhamento admissível de 90 MPa e um módulo de elasticidade transversal de 77,2 GPa.

10.38 As especificações de projeto de um eixo de transmissão de seção cheia de 2 m de comprimento requerem que o ângulo de torção do eixo não exceda 3° quando for aplicado um torque de 9 kN · m. Determine o diâmetro necessário para o eixo, sabendo que ele é feito de (*a*) um aço com tensão de cisalhamento admissível de 90 MPa e um módulo de elasticidade transversal de 77 GPa e de (*b*) um bronze com tensão de cisalhamento admissível de 35 MPa e um módulo de elasticidade transversal de 42 GPa.

10.39 O projeto do sistema de engrenagem e eixo mostrado na figura requer que sejam utilizados eixos de aço de mesmo diâmetro para *AB* e *CD*. É necessário também que $\tau_{adm} \leq 62$ MPa e que o ângulo pelo qual a extremidade *D* do eixo *CD* gira não exceda 2°. Sabendo que $G = 77$ GPa, determine o diâmetro necessário para os eixos.

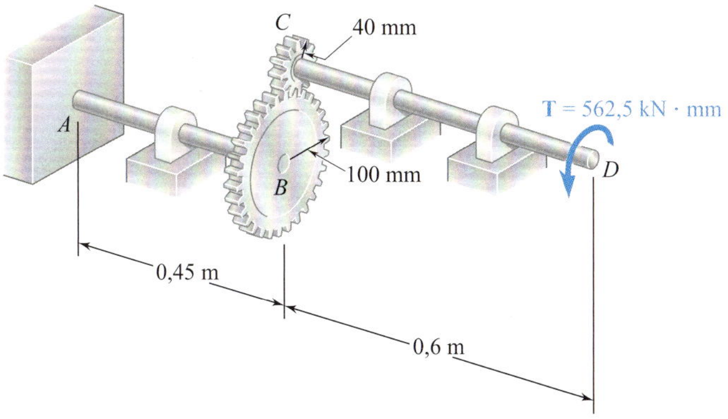

Figura P10.39 e P10.40

10.40 No sistema de engrenagem e eixo mostrado na figura, os diâmetros são $d_{AB} = 50$ mm e $d_{CD} = 38$ m. Sabendo que $G = 77$ GPa, determine o ângulo de torção na extremidade *D* do eixo *CD*.

10.41 Um torque de intensidade $T = 3.938$ N · m é aplicada na extremidade *A* de um eixo composto mostrado na figura. Sabendo que o módulo de elasticidade transversal é de 77 GPa para o aço e de 27 GPa para o alumínio, determine (*a*) a tensão de cisalhamento máxima no núcleo de aço, (*b*) a tensão de cisalhamento máxima na jaqueta de alumínio e (*c*) o ângulo de torção em *A*.

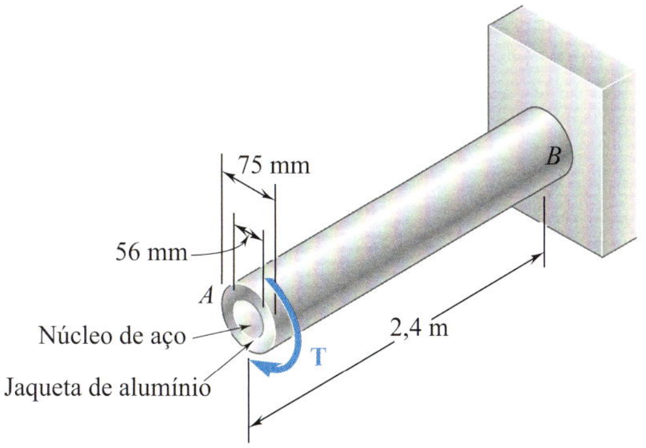

Figura P10.41 e P10.42

10.42 O eixo composto mostrado na figura é torcido pela aplicação de um torque **T** na extremidade *A*. Sabendo que o módulo de elasticidade transversal é de 77 GPa para o aço e de 27 GPa para o alumínio, determine o maior ângulo que a extremidade *A* pode girar se a seguinte tensão admissível não pode ser excedida: $\tau_{aço} = 59$ MPa e $\tau_{alum} = 45$ MPa.

10.43 O eixo composto mostrado consiste em uma jaqueta de latão de 5 mm de espessura ($G_{latão} = 39$ GPa) unido a um núcleo de aço de 30 mm de diâmetro ($G_{aço} = 77$ GPa). Sabendo que o eixo está submetido a um torque de 560 N · m, determine (*a*) a tensão de cisalhamento máxima no núcleo de aço e (*b*) o ângulo de torção de *B* relativo a *A*.

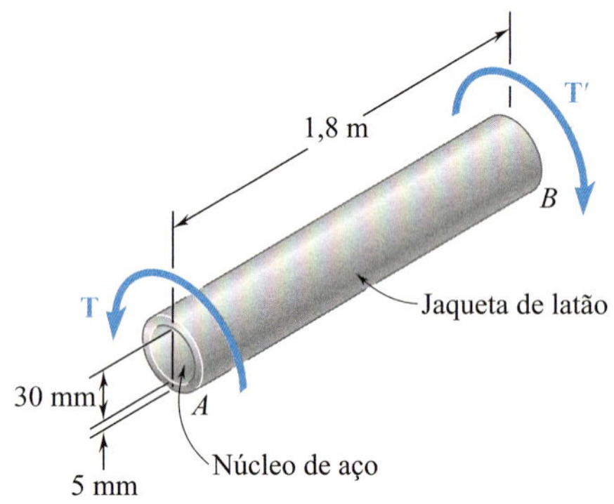

Figura P10.43 e P10.44

10.44 O eixo composto mostrado consiste em uma jaqueta de latão de 5 mm de espessura ($G_{latão} = 39$ GPa) unido a um núcleo de aço de 30 mm de diâmetro ($G_{aço} = 77$ GPa). Sabendo que o eixo está submetido ao torque mostrado, determine o maior ângulo por meio do qual o eixo composto pode ser torcido se as seguintes tensões de cisalhamento admissíveis não podem ser excedidas: $\tau_{aço} = 103$ MPa e $\tau_{latão} = 55$ MPa.

10.45 Dois eixos sólidos de aço ($G = 77$ GPa) são conectados a um disco de acoplamento *B* e aos suportes fixos em *A* e *C*. Para o carregamento mostrado na figura, determine (*a*) a reação em cada suporte, (*b*) a máxima tensão de cisalhamento no eixo *AB* e (*c*) a máxima tensão de cisalhamento no eixo *BC*.

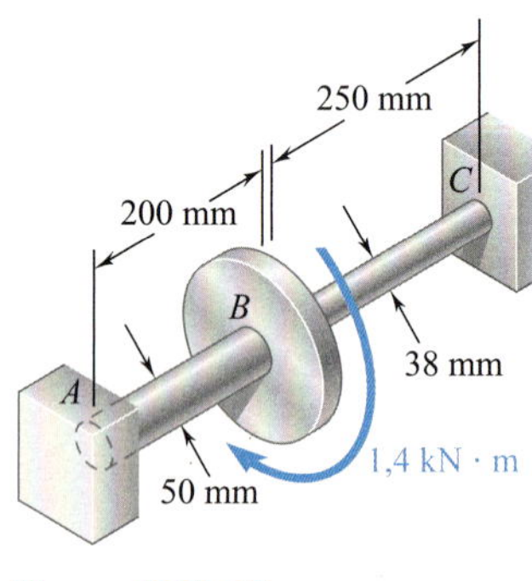

Figura P10.45

10.46 Resolva o Problema 10.45 considerando que o eixo *AB* é substituído por um eixo de seção vazada com o mesmo diâmetro externo e com o diâmetro interno de 25 mm.

10.47 Ao mesmo tempo que a rotação da extremidade inferior de cada eixo é impedida, aplica-se um torque de 50 N · m à extremidade *A* do eixo *AB*. Sabendo que $G = 77$ GPa para ambos os eixos, determine (*a*) a tensão de cisalhamento máxima no eixo *CD* e (*b*) o ângulo de rotação em *A*.

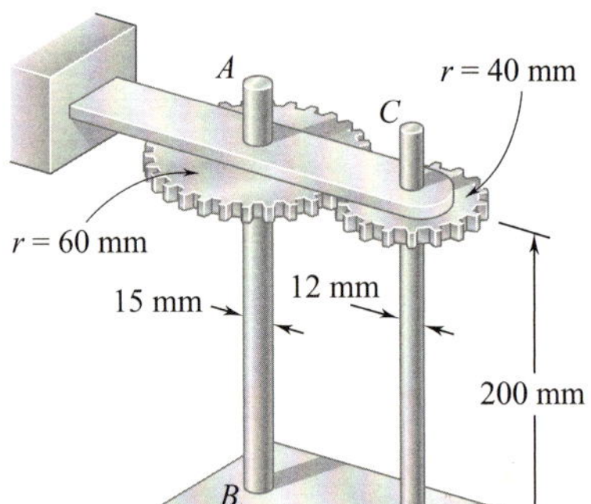

Figura P10.47

10.48 Resolva o Problema 10.47 considerando que o torque de 50 N · m é aplicado na extremidade *C* do eixo *CD*.

REVISÃO E RESUMO

Este capítulo foi dedicado à análise e ao projeto de *eixos* submetidos a momentos de torção, ou *torques*. Nossa discussão se limitou aos *eixos circulares*.

Deformações em eixos circulares

Em uma discussão preliminar [Seção 10.2], dissemos que a distribuição de tensões na seção transversal de um eixo circular é *estaticamente indeterminada*. A determinação dessas tensões, portanto, requer uma análise prévia das *deformações* que ocorrem no eixo [Seção 10.3]. Depois de demonstrarmos que em um eixo circular submetido à torção *toda seção transversal permanece plana e indeformável*, deduzimos a expressão apresentada a seguir para a *deformação de cisalhamento*, em um pequeno elemento com lados paralelos e perpendiculares à linha central do eixo e a uma distância ρ dessa linha:

$$\gamma = \frac{\rho\phi}{L} \tag{10.2}$$

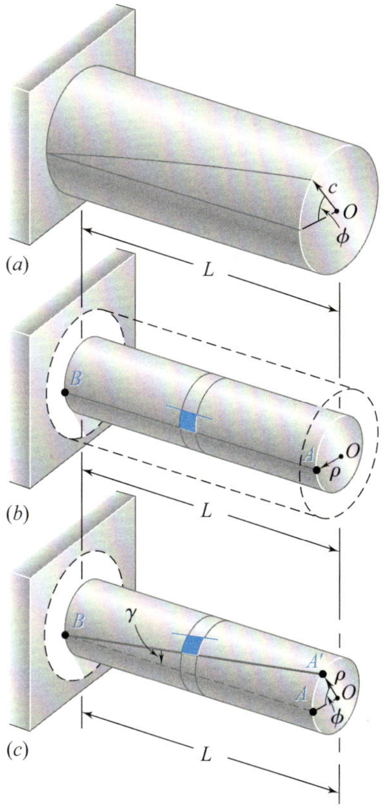

Figura 10.27

onde ϕ é o ângulo de torção para um comprimento L do eixo (Fig. 10.27). A Eq. (10.2) mostra que a *deformação de cisalhamento em um eixo circular varia linearmente com a distância da linha central do eixo*. Consequentemente, a deformação é máxima na superfície do eixo, na qual ρ é igual ao raio c do eixo. Escrevemos

$$\gamma_{\text{máx}} = \frac{c\phi}{L} \qquad \gamma = \frac{\rho}{c}\gamma_{\text{máx}} \tag{10.3, 10.4}$$

Tensões de cisalhamento em regime elástico

Considerando as *tensões de cisalhamento* em um eixo circular dentro do regime elástico [Seção 10.4] e recordando a lei de Hooke para tensão e deformação de cisalhamento, $\tau = G\gamma$, deduzimos a relação

$$\tau = \frac{\rho}{c}\tau_{\text{máx}} \tag{10.6}$$

que mostra que, dentro do regime elástico, a *tensão de cisalhamento τ em um eixo de circular também varia linearmente com a distância da linha central do eixo*. Impondo a condição de que a soma dos momentos das forças elementares exercidas em uma seção transversal do eixo é igual à intensidade T do torque aplicado nessa seção, determinamos as *fórmulas de torção elástica*

$$\tau_{\text{máx}} = \frac{Tc}{J} \qquad \tau = \frac{T\rho}{J} \tag{10.9, 10.10}$$

onde c é o raio da seção transversal, e J, seu momento polar de inércia. Notamos que $J = \frac{1}{2}\pi c^4$ para um eixo de seção cheia e $J = \frac{1}{2}\pi(c_2^4 - c_1^4)$ para um eixo de seção vazada de raio interno c_1 e raio externo c_2.

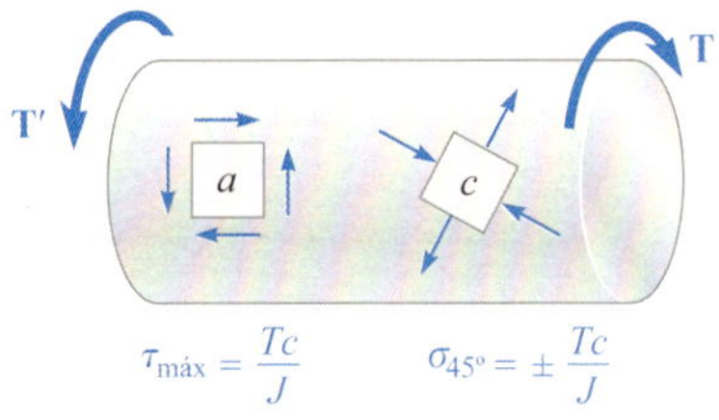

Figura 10.28

Notamos que, enquanto o elemento *a* na Fig. 10.28 está em cisalhamento puro, o elemento *c* na mesma figura está submetido a tensões normais da mesma intensidade, *Tc*/*J*, e que duas das tensões normais são de tração e duas de compressão. Isso explica por que, em um ensaio de torção, os materiais dúcteis, que geralmente falham em cisalhamento, romperão ao longo de um plano perpendicular ao eixo do corpo de prova, enquanto materiais frágeis, que costumam falhar em tração em vez de em cisalhamento, romperão ao longo de superfícies formando um ângulo de 45° com o eixo.

Ângulo de torção

Na Seção 10.5, vimos que, dentro do regime elástico, o ângulo de torção ϕ de um eixo circular é proporcional ao torque T aplicado a ele (Fig. 10.29). Expressando ϕ em *radianos*, escrevemos

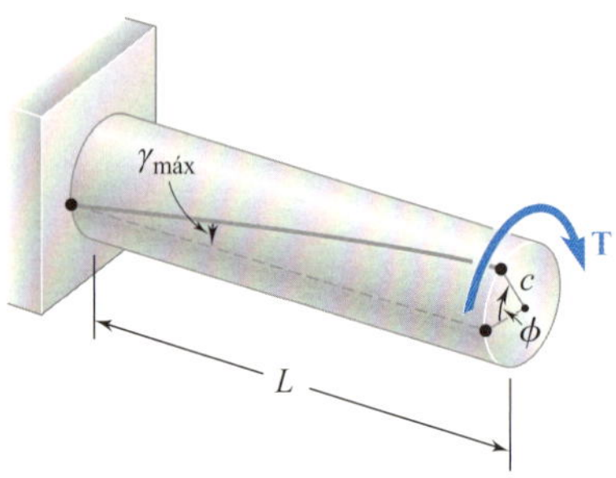

Figura 10.29

$$\phi = \frac{TL}{JG} \tag{10.16}$$

onde L = comprimento do eixo
J = momento polar de inércia da seção transversal
G = módulo de elasticidade transversal do material

Se o eixo circular está submetido a torques em localizações que não as suas extremidades ou é formado por várias partes com várias seções transversais e possivelmente de diferentes materiais, o ângulo de torção do eixo deve ser expresso como a *soma algébrica* dos ângulos de torção de suas partes componentes [Problema Resolvido 10.3]:

$$\phi = \sum_i \frac{T_i L_i}{J_i G_i} \tag{10.17}$$

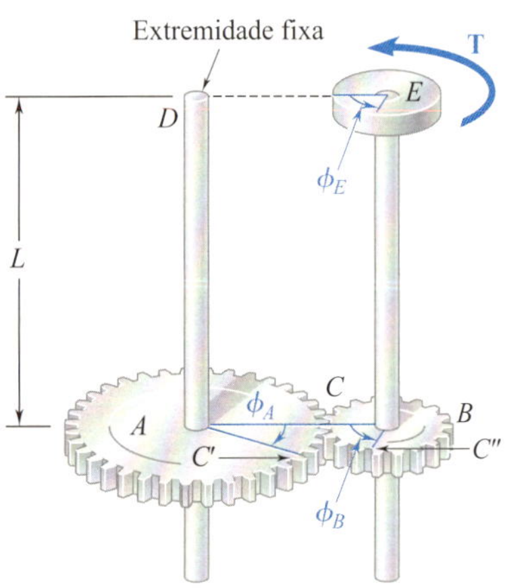

Figura 10.30

Observamos que, quando ambas as extremidades de um eixo *BE* giram (Fig. 10.30), o ângulo de torção do eixo é igual à *diferença* entre os ângulos de rotação ϕ_B e ϕ_E de suas extremidades. Notamos também que, quando dois eixos *AD* e *BE* são conectados por engrenagens *A* e *B*, os torques aplicados respectivamente pela engrenagem *A* no eixo *AD* e pela engrenagem *B* no eixo *BE* são *diretamente proporcionais* aos raios r_A e r_B das duas engrenagens, pois as forças aplicadas uma à outra pelos dentes da engrenagem em *C* são iguais e opostas. Em contrapartida, os ângulos ϕ_A e ϕ_B pelos quais as duas engrenagens giram são *inversamente proporcionais* a r_A e r_B, pois os arcos *CC'* e *CC''* descritos pelos dentes da engrenagem são iguais [Exemplo 10.4 e Problema Resolvido 10.4].

Eixos estaticamente indeterminados

Se as reações nos suportes de um eixo ou os torques internos não puderem ser determinados somente pela estática, dizemos que o eixo é *estaticamente indeterminado* [Seção 10.6]. As equações de equilíbrio obtidas dos diagramas de corpo livre devem ser então complementadas por relações que envolvem as deformações do eixo e obtidas por meio da geometria do problema [Exemplo 10.5 e Problema Resolvido 10.5].

PROBLEMAS DE REVISÃO

10.49 Sabendo que o diâmetro interno de um eixo vazado mostrado na figura é $d = 22{,}5$ mm, determine a máxima tensão de cisalhamento causada pelo torque de intensidade $T = 1.012$ N · m.

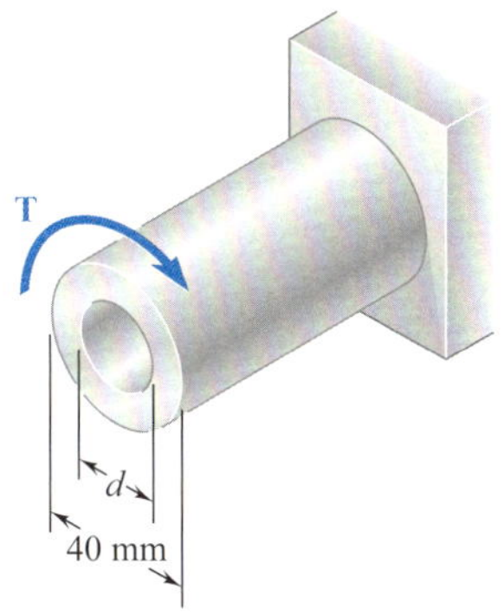

Figura P10.49 e P10.50

10.50 Sabendo que $d = 30$ mm, determine o torque **T** que a causa a máxima tensão de cisalhamento de 52 MPa no eixo vazado mostrado na figura.

10.51 O sistema da figura é constituído por um eixo de aço com seção transversal cheia *AB*, com diâmetro $d_s = 38$ mm e tensão de cisalhamento admissível de 82 MPa, e por tubo *CD* feito de latão com uma tensão de cisalhamento admissível de 48 MPa. Determine o maior torque **T** que pode ser aplicado em *A*.

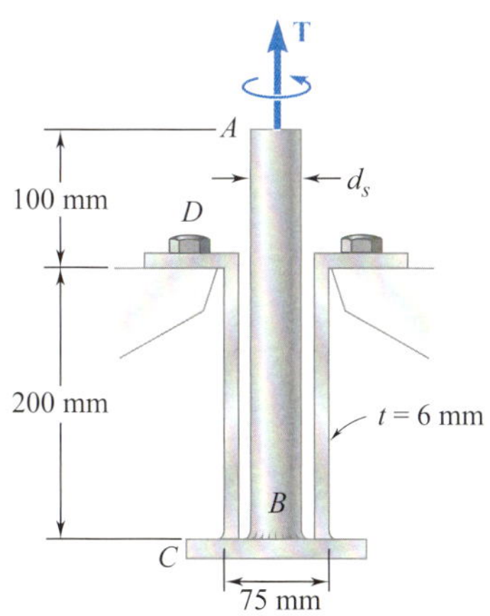

Figura *P10.51* e P10.52

10.52 O sistema da figura é constituído por um eixo de seção transversal cheia *AB* e com uma tensão de cisalhamento admissível de 82 MPa, e por um tubo *CD* feito de latão com uma tensão de cisalhamento admissível de 48 MPa. Determine (*a*) o maior torque **T** que pode ser aplicado em *A*, sem que a tensão de cisalhamento admissível do material do tubo *CD* seja excedida, e (*b*) o valor correspondente necessário para o diâmetro d_s do eixo *AB*.

10.53 (*a*) Determine o torque que pode ser aplicado em um eixo de seção cheia de diâmetro de 90 mm sem exceder a tensão de cisalhamento admissível de 75 MPa. (*b*) Resolva a parte *a* considerando que o eixo de seção cheia é substituído por um eixo vazado de mesma massa e de diâmetro interno de 90 mm.

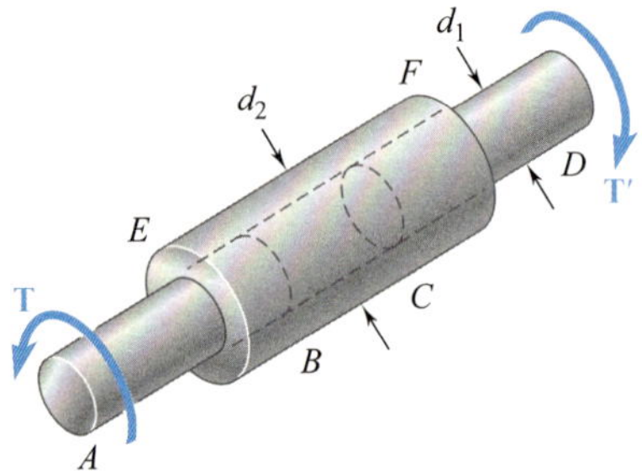

Figura P10.54

10.54 Duas barras de latão AB e CD são soldadas a uma luva de latão EF. Determine a relação d_2/d_1 para a qual o valor máximo da tensão de cisalhamento ocorre simultaneamente para as barras e para a luva.

10.55 Uma barra de alumínio AB (G = 27 GPa) está ligada à barra de latão BD (G = 39 GPa). Sabendo que a parte CD de latão é vazada e tem um diâmetro interno de 40 mm, determine o ângulo de rotação em A.

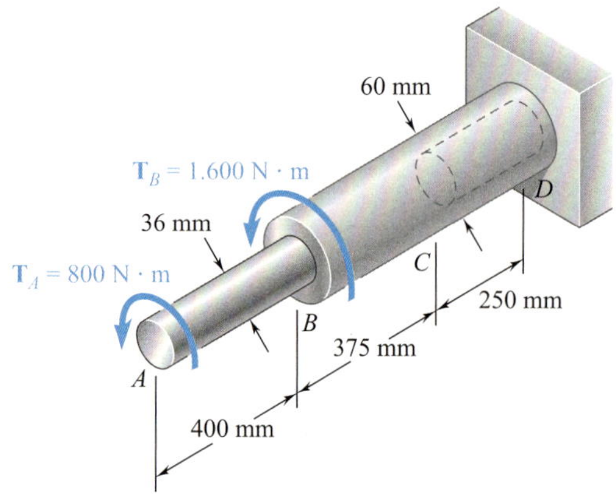

Figura P10.55

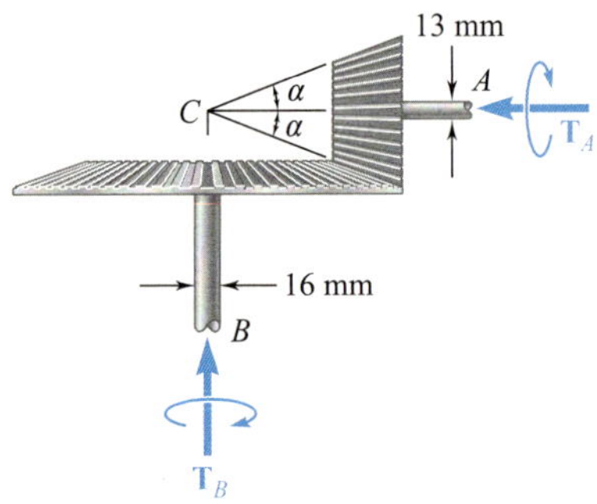

Figura P10.56

10.56 No sistema de engrenagens cônicas mostrado na figura, α = 18,43°. Sabendo que a tensão de cisalhamento admissível é de 55 MPa em cada eixo e que o sistema está em equilíbrio, determine o maior torque $\mathbf{T}_A$ que pode ser aplicado em A.

10.57 A barra cilíndrica de seção cheia BC de comprimento L = 600 mm está ligada à alavanca rígida AB de comprimento a = 375 mm e fixada a um suporte em C. Especificações de projeto indicam que o deslocamento em A não deve exceder 25 mm quando a força **P** de 450 N é aplicada em A. Determine o diâmetro necessário para barra. G = 77 GPa e τ_{adm} = 103 MPa.

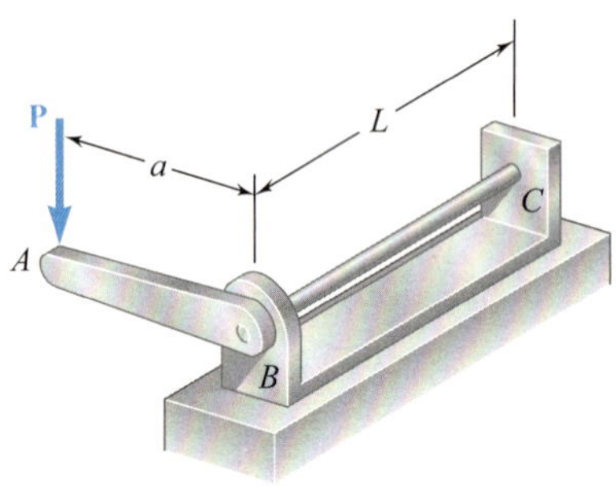

Figura P10.57

10.58 Dois eixos de aço, cada um com diâmetro de 30 mm, são conectados por engrenagens mostradas na figura. Sabendo que $G = 77$ GPa, determine o ângulo por meio do qual a extremidade A gira quando um torque de intensidade $T = 200$ N · m é aplicado em A.

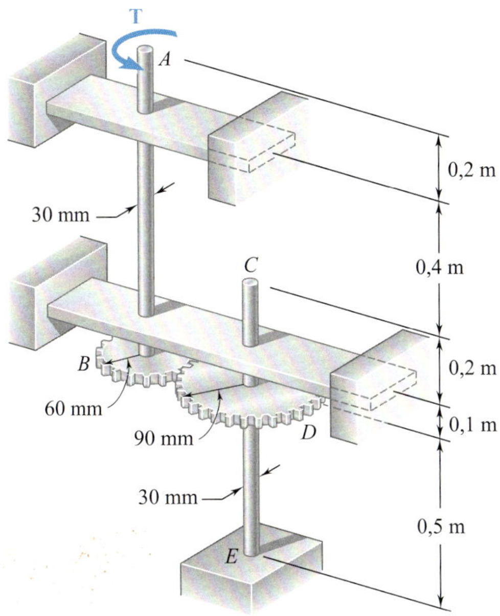

Figura P10.58

10.59 Dois eixos sólidos de aço são ajustados com flanges, que em seguida são conectados por parafusos, de modo que não haja rotação relativa entre os flanges. Sabendo que $G = 77$ GPa, determine a máxima tensão de cisalhamento em cada eixo quando um torque T de intensidade 500 N · m é aplicado no flange B.

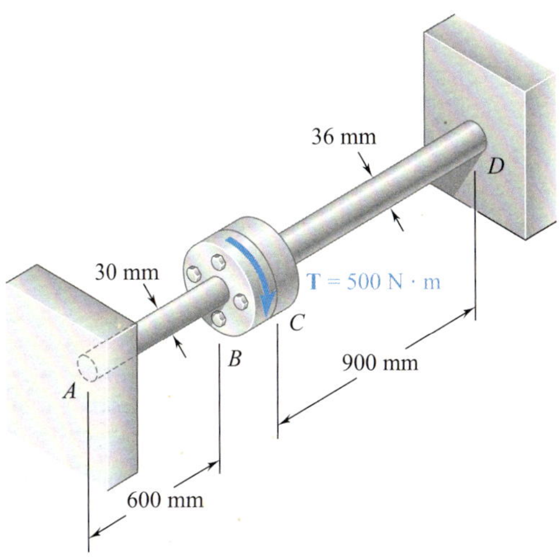

Figura P10.59

10.60 A jaqueta de aço CD foi fixada ao eixo de aço AE de 40 mm de diâmetro por meio de flanges rígidos soldados ao tubo e à barra. O diâmetro externo da jaqueta é de 80 mm e a espessura da parede é de 4 mm. Se forem aplicados torques de 500 N · m, como mostra a figura, determine a tensão de cisalhamento máxima na jaqueta.

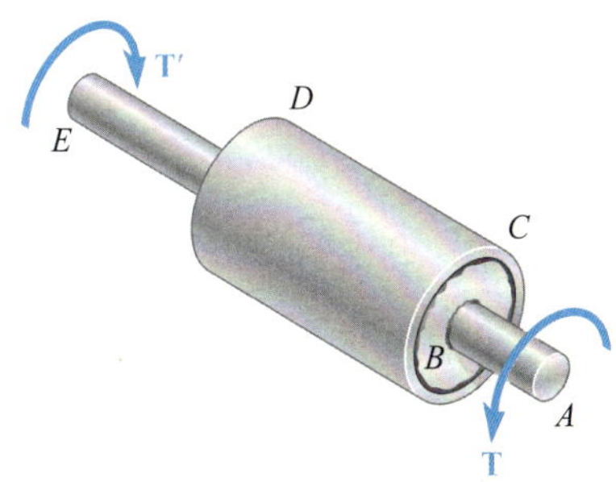

Figura P10.60

O atleta mostrado na figura segura a barra de levantamento de pesos com as mãos posicionadas a distâncias iguais dos pesos. Isso resulta em flexão pura na parte central da barra. As tensões normais e a curvatura resultante da flexão pura serão determinadas neste capítulo.

CAPÍTULO 11

Flexão pura

11 Flexão pura

11.1 Introdução

Nos três capítulos anteriores, estudamos como determinar as tensões nos elementos prismáticos ou barras submetidas a forças axiais ou a momentos de torção. Neste capítulo e nos dois seguintes, analisaremos as tensões e deformações em elementos prismáticos submetidos à *flexão*. Flexão é um conceito importante usado no projeto de muitos componentes de máquinas e componentes estruturais, como vigas e traves.

Este capítulo será dedicado à análise dos elementos prismáticos submetidos a momentos fletores **M** e **M′** iguais e opostos que atuam no mesmo plano longitudinal. Nesse caso, dizemos que esses elementos estão em *flexão pura*. Na maior parte do capítulo, consideraremos que os elementos têm um plano de simetria e que os momentos fletores **M** e **M′** estão atuando nesse plano (Fig. 11.1).

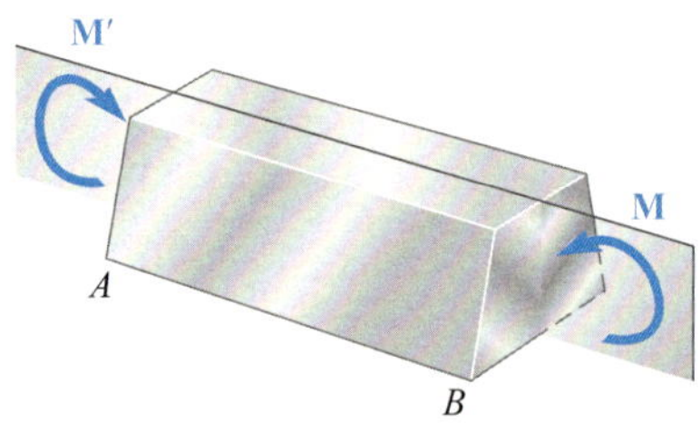

Figura 11.1

Um exemplo de flexão pura é dado pela barra de levantamento de pesos típica quando o atleta a segura acima da cabeça. A barra suporta pesos iguais a distâncias iguais das mãos do levantador de pesos. Por causa da simetria do diagrama de corpo livre da barra (Fig. 11.2*a*), as reações nas mãos devem ser iguais e opostas aos pesos. Portanto, com relação à parte média *CD* da barra, os pesos e as reações podem ser substituídos por dois momentos fletores iguais e opostos de 108 N · m (Fig. 11.2*b*), mostrando que a parte central da barra está em flexão pura. Uma análise similar do eixo de um pequeno veículo esportivo (Foto 11.1) mostraria que, entre os dois pontos em que ele está preso ao veículo, o eixo está em flexão pura.

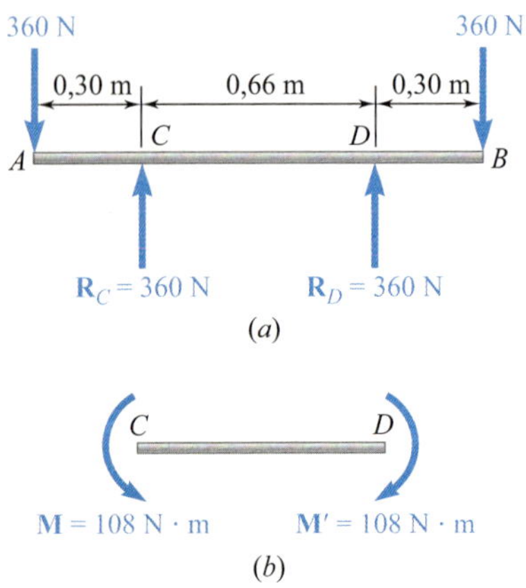

Figura 11.2

Foto 11.1 Nesse veículo esportivo, o segmento central do eixo traseiro está submetido à flexão pura.

Por mais interessantes que as aplicações diretas da flexão pura possam ser, um capítulo inteiro dedicado ao seu estudo se justifica porque os resultados obtidos serão usados na análise de outros tipos de carregamento, como *carregamentos axiais excêntricos* e *transversais*.

A Foto 11.2 mostra um grampo de aço de 305 mm usado para aplicar uma força de 680 N a duas peças de madeira que estão sendo coladas. A Fig. 11.3*a* mostra as forças iguais e opostas exercidas pela madeira no grampo, as quais resultam em um *carregamento excêntrico* na parte reta do grampo. Na Fig. 11.3*b*, foi feito um corte no grampo na seção *CC'* e desenhou-se o diagrama de corpo livre da metade superior do grampo, do qual concluímos que os esforços internos na seção são equivalentes a uma força de tração axial **P** de 680 N e a um momento fletor **M** de 85 N · m. Podemos então combinar as tensões sob uma força *centrada* e os resultados de nossa futura análise de tensões em flexão pura, para obtermos a distribuição de tensões sob uma força *excêntrica*. Isso será discutido com mais detalhes na Seção 11.6.

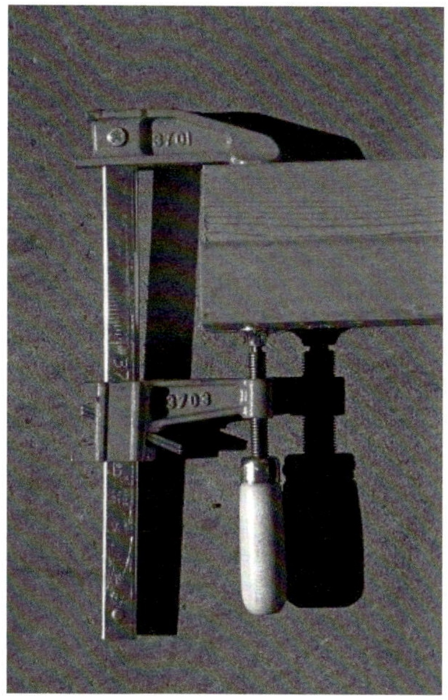

Foto 11.2

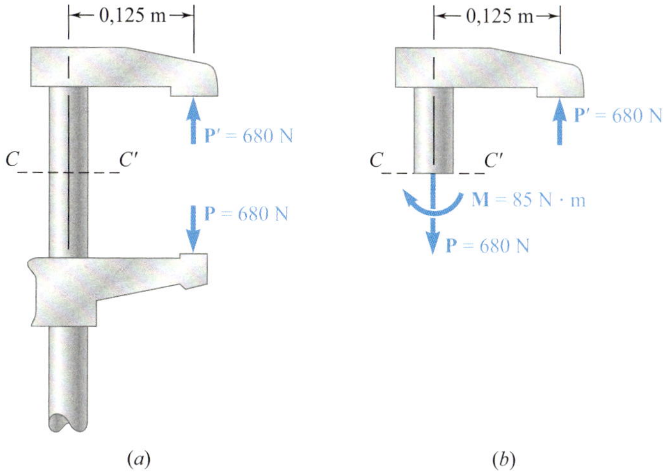

Figura 11.3

Aspectos relacionados à flexão pura também terão um papel essencial no estudo das vigas, isto é, de elementos prismáticos submetidos a vários tipos de *forças transversais* ao eixo longitudinal do elemento. Considere, por exemplo, uma viga em balanço *AB* suportando uma força concentrada **P** em sua extremidade livre (Fig. 11.4*a*). Se cortarmos a viga em uma seção *C* a uma distância *x* de *A*, observaremos no diagrama de corpo livre de *AC* (Fig. 11.4*b*) que os esforços internos na seção consistem em uma força **P'** igual e oposta a **P** e em um momento **M** de intensidade $M = Px$. A distribuição de tensões normais na seção pode ser obtida do momento **M** como se a viga estivesse em flexão pura. As tensões de cisalhamento na seção dependem da força **P'**, e você aprenderá no Cap. 13 a determinar sua distribuição sobre uma determinada seção.

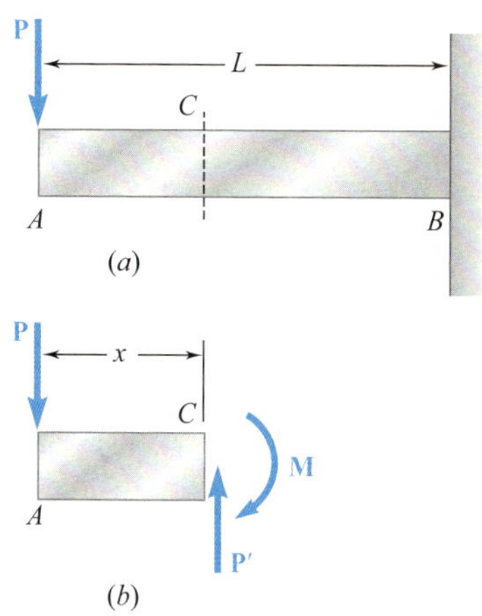

Figura 11.4

A primeira parte do capítulo é dedicada à análise das tensões e deformações provocadas por flexão pura em uma barra homogênea que tem um plano de simetria e que é feita de um material que segue a lei de Hooke. Em uma discussão preliminar sobre as tensões em virtude da flexão (Seção 11.2), serão usados os métodos da estática para determinar três equações fundamentais que devem ser satisfeitas pelas tensões normais em uma determinada seção transversal da barra. Na Seção 11.3, provaremos que *seções transversais planas permanecem planas* em uma barra submetida à flexão pura, enquanto, na Seção 11.4, serão desenvolvidas fórmulas que podem ser usadas para determinar as *tensões normais*, bem como o *raio de curvatura* para uma barra dentro do regime elástico.

Na Seção 11.5, você estudará as tensões e deformações em *barras de material composto*, feitas de mais de um material, como vigas reforçadas de concreto, que utilizam as melhores características do aço e do concreto e que são usadas extensivamente na construção de edifícios e pontes. Você aprenderá a desenhar uma *seção transformada* representando a seção de uma barra feita de material homogêneo que sofre as mesmas deformações da barra do material composto sob o mesmo carregamento. A seção transformada será usada para determinar as tensões e deformações na barra de material composto original.

Na Seção 11.6, você aprenderá a analisar um *carregamento axial excêntrico* em um plano de simetria, como aquele mostrado na Foto 11.2, superpondo as tensões em virtude da flexão pura e as tensões em virtude do carregamento axial centrado.

Por fim, analisaremos a *flexão assimétrica* (Seção 11.7), e estudaremos o caso geral de *carregamento axial excêntrico* (Seção 11.8).

11.2 Barra simétrica em flexão pura

Considere uma barra prismática AB que tenha um plano de simetria e que esteja submetida a conjugados iguais e opostos **M** e **M'**, os quais atuam no plano (Fig. 11.5*a*). Observamos que, se uma seção da barra AB for cortada em algum ponto arbitrário C, as condições de equilíbrio da parte AC da barra exigirão que os esforços internos na seção sejam equivalentes ao conjugado **M** (Fig. 11.5*b*). Assim, os esforços internos em qualquer seção transversal de uma barra de seção simétrica em flexão pura são equivalentes ao conjugado. O momento M do conjugado é chamado de *momento fletor* na seção. Com base na convenção usual, será atribuído um sinal positivo a M quando a barra for flexionada, conforme mostra a Fig. 11.5*a*, isto é, quando a concavidade da viga estiver virada para cima, e um sinal negativo em caso contrário.

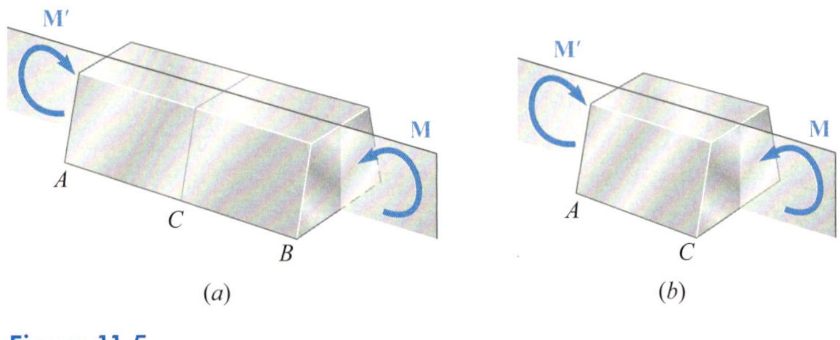

Figura 11.5

Chamando de σ_x a tensão normal em um ponto da seção transversal e de τ_{xy} e τ_{xz} as componentes da tensão de cisalhamento, expressamos que o sistema das forças internas elementares que atuam na seção é equivalente ao momento fletor **M** (Fig. 11.6).

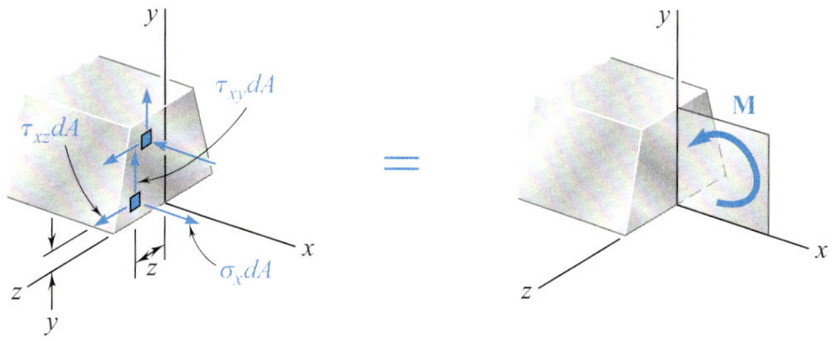

Figura 11.6

De acordo com a estática, um momento fletor **M** consiste na realidade de duas forças iguais e opostas. A soma das componentes dessas forças em qualquer direção, portanto, é igual a zero. Além disso, o momento fletor é o mesmo em relação a *qualquer* eixo perpendicular a seu plano e zero em relação a qualquer eixo contido no plano. Ao selecionarmos arbitrariamente o eixo z, como mostra a Fig. 11.6, expressamos a equivalência das forças internas elementares e do momento **M** escrevendo que as somas das componentes e dos momentos das forças elementares são iguais às correspondentes componentes e aos correspondentes momentos fletores **M**:

componentes x: $\int \sigma_x dA = 0$ (11.1)

momentos em torno do eixo y: $\int z\sigma_x dA = 0$ (11.2)

momentos em torno do eixo z: $\int(-y\sigma_x dA) = M$ (11.3)

Três equações adicionais poderiam ser obtidas igualando a zero as somas das componentes y, componentes z e momentos em torno do eixo x, mas essas equações envolveriam somente as componentes da tensão de cisalhamento, e como você verá na próxima seção, as componentes da tensão de cisalhamento são ambas iguais a zero.

Devem ser feitas duas observações neste ponto. (1) Na Eq. (11.3), indica-se o sinal de menos porque uma tensão de tração ($\sigma_x > 0$) leva a um momento negativo (sentido horário) da força normal $\sigma_x\, dA$ em relação ao eixo z. (2) A Eq. (11.2) poderia ter sido prevista, pois a aplicação dos momentos fletores no plano de simetria da barra AB resultará em uma distribuição de tensões normais que é simétrica em relação ao eixo y.

Uma vez mais, notamos que a distribuição real de tensões em uma seção transversal não pode ser determinada somente pela estática. Ela é *estaticamente indeterminada* e pode ser obtida somente pela análise das *deformações* produzidas na barra.

11.3 Deformações em uma barra de seção simétrica em flexão pura

Vamos agora analisar as deformações de um elemento prismático que tem um plano de simetria e está submetido, em suas extremidades, a momentos fletores **M** e **M′** iguais e opostos que atuam no plano de simetria. O elemento sofrerá flexão sob a ação dos momentos fletores, mas permanecerá simétrico em relação ao outro plano (Fig. 11.7). Além disso, como o momento fletor M é o mesmo em qualquer seção transversal, a barra sofrerá flexão uniforme.

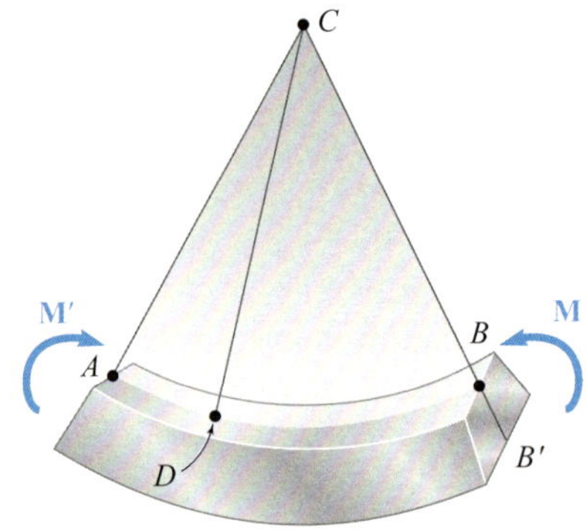

Figura 11.7

Assim, a linha AB ao longo da qual a face superior da barra intercepta o plano dos momentos fletores terá uma curvatura constante. Em outras palavras, a linha AB, originalmente uma linha reta, será transformada em um arco de circunferência de centro C, como também a linha $A'B'$ (não mostrada na figura) ao longo da qual a face inferior da barra intercepta o plano de simetria. Notamos também que a linha AB diminuirá em seu comprimento quando a barra for flexionada conforme mostra a figura, isto é, quando $M > 0$, enquanto $A'B'$ se tornará mais longa.

Em seguida, vamos provar que qualquer seção transversal perpendicular ao eixo da barra permanece plana e que o plano da seção passa por C. Se esse não fosse o caso, poderíamos encontrar um ponto E da seção original, que é a mesma seção à qual D pertence (Fig. 11.8*a*), e que depois de a barra ter sido flexionada, ele *não* estaria mais no plano de simetria que contém a linha CD (Fig. 11.8*b*). Mas, em virtude da simetria da barra, haveria um outro ponto E' que seria transformado exatamente da mesma maneira. Vamos supor que, depois de a viga ter sido flexionada, ambos os pontos estariam localizados à esquerda do plano definido por CD, como mostra a Fig. 11.8*b*. Como o momento fletor M é o mesmo por todo o elemento, uma situação similar seria válida em qualquer outra seção transversal, e os pontos correspondentes a E e E' também se moveriam para a esquerda. Assim, um observador em A concluiria que o carregamento faz os pontos E e E' em várias seções transversais se moverem para a frente (em direção ao observador). Mas um observador em B, para o qual o carregamento parece o mesmo e que observa os pontos E e E' nas mesmas posições (exceto que agora eles estão invertidos), chegaria a uma conclusão oposta. Essa inconsistência nos leva a concluir que E e E' estarão no mesmo plano definido por CD e, portanto, que a seção permanecerá plana e passará pelo ponto C. Devemos notar, no entanto, que essa discussão não invalida a possibilidade de deformações *dentro* do plano da seção.

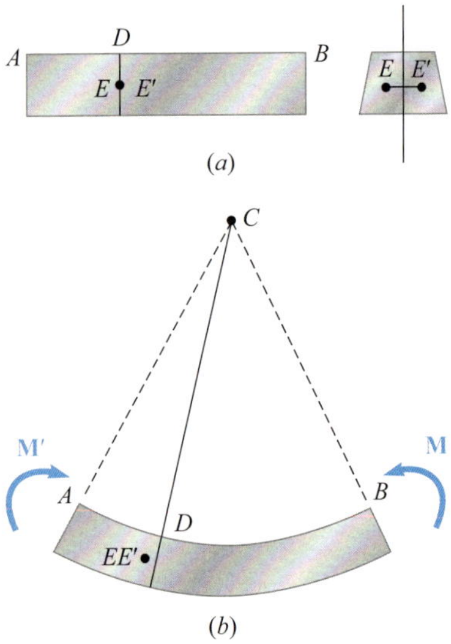

Figura 11.8

Suponha que a viga seja dividida em um grande número de pequenos elementos cúbicos com faces respectivamente paralelas aos três planos coordenados. A propriedade que estabelecemos requer que esses elementos sejam transformados quando a viga estiver submetida aos momentos fletores **M** e **M′** como mostra a Fig. 11.9. Como todas as faces representadas nas duas projeções da Fig. 11.9 estão a 90º uma da outra, concluímos que $\gamma_{xy} = \gamma_{zx} = 0$ e, portanto, que $\tau_{xy} = \tau_{xz} = 0$. Com relação aos três componentes de tensão não discutidos ainda, ou seja, σ_x, σ_y, e τ_{yz}, notamos que eles devem ser zero na superfície da viga. Em contrapartida, como as deformações envolvidas não requerem nenhuma interação entre os elementos de uma seção transversal, podemos supor que esses três componentes de tensão são iguais a zero em toda a viga. Essa suposição é confirmada, tanto pela evidência experimental quanto pela teoria da elasticidade, para vigas delgadas submetidas a pequenas deformações. Concluímos que a única componente de tensão diferente de zero que atua em qualquer um dos pequenos elementos cúbicos considerados aqui é a componente normal σ_x. Assim, em qualquer ponto de uma viga delgada em flexão pura, temos um estado de *tensão uniaxial*. Lembrando que, para $M > 0$, observa-se que as linhas AB e $A'B'$, respectivamente, diminuem e aumentam em comprimento, notamos que a deformação específica ϵ_x e a tensão σ_x são negativas na parte superior da viga (*compressão*) e positivas na parte inferior (*tração*).

Conclui-se dessa discussão que deve existir uma superfície paralela às faces superior e inferior da viga, em que ϵ_x e σ_x são zero. Essa superfície é chamada de *superfície neutra*, que intercepta o plano de simetria ao longo de um arco de circunferência DE (Fig. 11.10*a*) e determinada seção transversal por meio de uma linha reta chamada de *linha neutra* da seção (Fig. 11.10*b*).

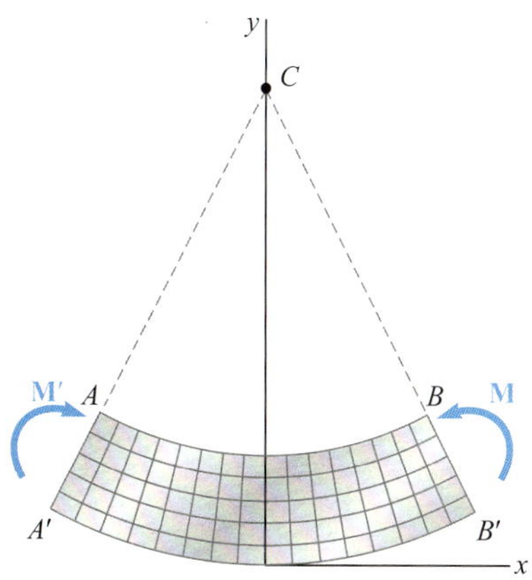

(*a*) Seção vertical, longitudinal (plano de simetria)

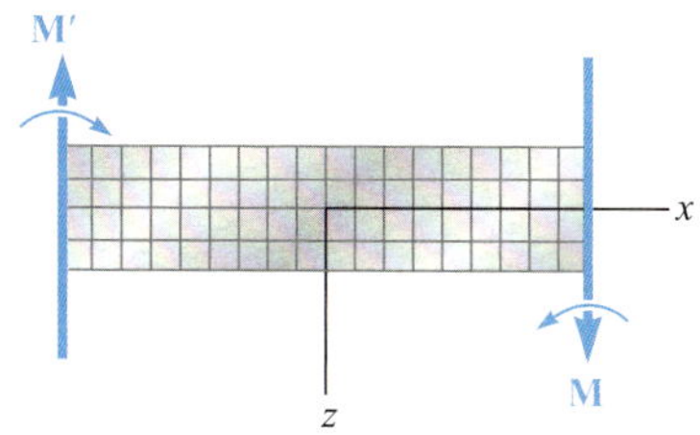

(*b*) Seção horizontal, longitudinal

Figura 11.9

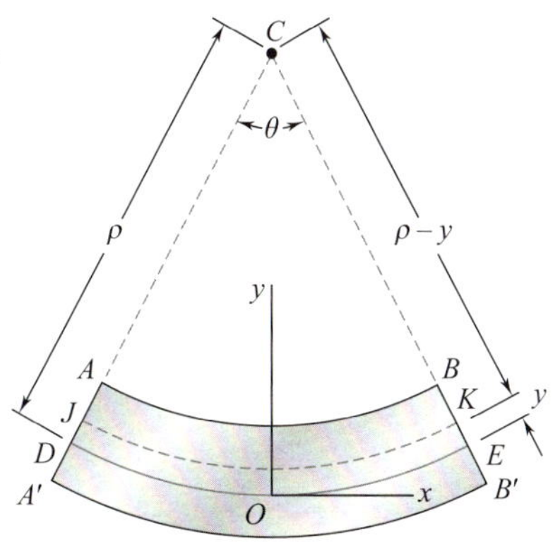

(*a*) Seção vertical, longitudinal (plano de simetria)

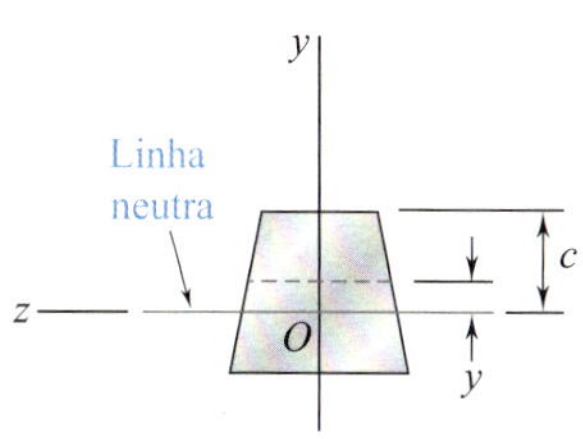

(*b*) Seção transversal

Figura 11.10

A origem das coordenadas será adotada agora em um ponto na superfície neutra, e não na face inferior da viga, como foi feito antes, de modo que a distância de qualquer ponto até a superfície neutra será medida por sua coordenada y.

Chamando de ρ o raio do arco DE (Fig. 11.10*a*) e de θ o ângulo central que corresponde a DE, e observando que o comprimento de DE é igual ao comprimento L da viga não deformada, escrevemos

$$L = \rho\theta \qquad (11.4)$$

Considerando agora o arco *JK* localizado a uma distância y acima da superfície neutra, notamos que seu comprimento L' é

$$L' = (\rho - y)\theta \tag{11.5}$$

Como o comprimento original do arco *JK* era igual a L, a deformação de *JK* é

$$\delta = L' - L \tag{11.6}$$

ou, se substituirmos de (11.4) e (11.5) em (11.6),

$$\delta = (\rho - y)\theta - \rho\theta = -y\theta \tag{11.7}$$

A deformação longitudinal específica ϵ_x nos elementos que constituem o arco *JK* é obtida dividindo δ pelo comprimento original L de *JK*. Escrevemos

$$\epsilon_x = \frac{\delta}{L} = \frac{-y\theta}{\rho\theta}$$

ou

$$\epsilon_x = -\frac{y}{\rho} \tag{11.8}$$

Indicamos o sinal de menos porque supomos que o momento fletor seja positivo e, portanto, que a viga terá a concavidade para cima.

Em virtude da necessidade de que as seções transversais permaneçam planas, ocorrerão deformações idênticas em todos os planos paralelos ao plano de simetria. Assim, o valor da deformação específica dado pela Eq. (11.8) é válido em qualquer lugar, e concluímos que a *deformação normal longitudinal específica* ϵ_x *varia linearmente com a distância* y *da superfície neutra.*

A deformação específica ϵ_x atinge seu valor absoluto máximo quando o valor de y é máximo. Chamando de c a maior distância da superfície neutra (que corresponde à superfície superior ou inferior da viga) e de ϵ_m o *valor absoluto máximo* da deformação, temos

$$\epsilon_m = \frac{c}{\rho} \tag{11.9}$$

Resolvendo (11.9) para ρ e substituindo o valor obtido em (11.8), podemos também escrever

$$\epsilon_x = -\frac{y}{c}\epsilon_m \tag{11.10}$$

Concluímos nossa análise das deformações de uma viga em flexão pura observando que ainda não somos capazes de calcular a deformação específica ou tensão em um determinado ponto da viga, pois ainda não localizamos sua superfície neutra. Para isso, devemos primeiro determinar a relação tensão-deformação específica do material utilizado.*

* No entanto, se a viga tiver um plano vertical e horizontal de simetria (por exemplo, uma viga com uma seção transversal retangular) e se a curva tensão-deformação específica for a mesma em tração e compressão, a superfície neutra coincidirá com o plano de simetria.

11.4 Tensões e deformações

Consideremos agora o caso em que o momento fletor M é tal que as tensões normais na viga permanecem abaixo da tensão de escoamento do material σ_E. Isso significa que, para todos os fins práticos, as tensões na viga permanecerão abaixo dos limites de proporcionalidade e elástico. Não haverá deformação permanente, e valerá a lei de Hooke para tensão uniaxial. Considerando que o material seja homogêneo e chamando de E seu módulo de elasticidade, temos na direção longitudinal x

$$\sigma_x = E\epsilon_x \tag{11.11}$$

Recordando a Eq. (11.10) e multiplicando ambos os membros dessa equação por E, escrevemos

$$E\epsilon_x = -\frac{y}{c}(E\epsilon_m)$$

ou, usando (11.11),

$$\sigma_x = -\frac{y}{c}\sigma_m \tag{11.12}$$

onde σ_m representa o *valor máximo absoluto* da tensão. Esse resultado mostra que, no regime elástico, *a tensão normal varia linearmente com a distância da superfície neutra* (Fig. 11.11).

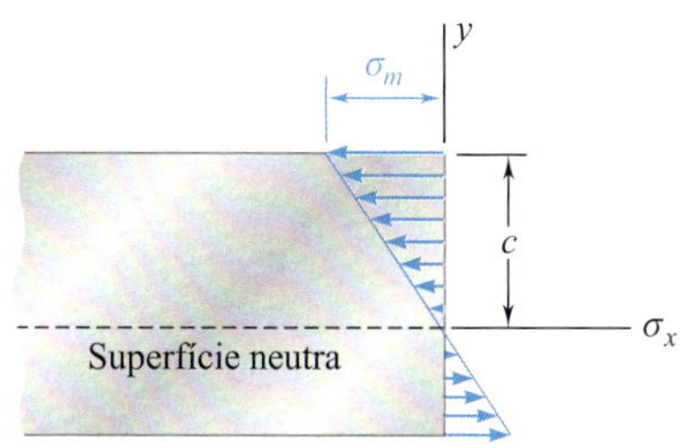

Figura 11.11

Deve-se notar, neste momento, que não conhecemos a localização da superfície neutra nem o valor máximo σ_m da tensão. Ambos podem ser encontrados se lembrarmos das relações (11.1) e (11.3) obtidas anteriormente da estática. Substituindo primeiro o valor de σ_x dado em (11.12) em (11.1), escrevemos

$$\int \sigma_x \, dA = \int \left(-\frac{y}{c}\sigma_m\right) dA = -\frac{\sigma_m}{c}\int y \, dA = 0$$

da qual concluímos que

$$\int y \, dA = 0 \tag{11.13}$$

Essa equação mostra que o momento estático da seção transversal em relação à linha neutra deve ser zero. Em outras palavras, para uma viga submetida à flexão pura e *desde que as tensões permaneçam no regime elástico, a linha neutra passará pelo centro geométrico ou centroide da seção transversal.*

Com base na Eq. (11.3), determinada na Seção 11.2 com relação a um eixo z horizontal *arbitrário,*

$$\int (-y\sigma_x \, dA) = M \tag{11.3}$$

Especificando que o eixo z deverá coincidir com a linha neutra da seção transversal, substituímos o valor de σ_x dado em (11.12) em (11.3) e escrevemos

$$\int (-y)\left(-\frac{y}{c}\sigma_m\right) dA = M$$

ou

$$\frac{\sigma_m}{c}\int y^2\,dA = M \qquad (11.14)$$

Lembrando que, no caso de flexão pura, a linha neutra passa pelo centroide da seção transversal, notamos que I é o momento de inércia, ou momento de segunda ordem, da seção transversal em relação a um eixo que passa pelo centroide e é perpendicular ao plano do momento fletor **M**. Resolvendo (11.14) para σ_m, escrevemos então*

$$\sigma_m = \frac{Mc}{I} \qquad (11.15)$$

Substituindo σ_m de (11.15) em (11.12), obtemos a tensão normal σ_x para qualquer distância y da linha neutra:

$$\sigma_x = -\frac{My}{I} \qquad (11.16)$$

As Eqs. (11.15) e (11.16) são chamadas de *fórmulas da flexão em regime elástico*, e a tensão normal σ_x provocada pela flexão da viga geralmente é denominada *tensão de flexão*. Verificamos que a tensão é de compressão ($\sigma_x < 0$) acima da linha neutra ($y > 0$) quando o momento fletor M é positivo e de tração ($\sigma_x > 0$) quando M é negativo.

Retornando à Eq. (11.15), notamos que a relação I/c depende somente da geometria da seção transversal. Essa relação é chamada de *módulo de resistência* e representada por W. Temos

$$\text{Módulo de resistência} = W = \frac{I}{c} \qquad (11.17)$$

Substituindo I/c por W na Eq. (11.15), escrevemos essa equação na forma alternativa

$$\sigma_m = \frac{M}{W} \qquad (11.18)$$

Como a tensão máxima σ_m é inversamente proporcional ao módulo de resistência W, está claro que as vigas devem ser projetadas com um valor de W o maior possível. Por exemplo, no caso de uma viga de madeira com seção transversal retangular de largura b e altura h, temos

$$W = \frac{I}{c} = \frac{\frac{1}{12}bh^3}{h/2} = \frac{1}{6}bh^2 = \frac{1}{6}Ah \qquad (11.19)$$

onde A é a área da seção transversal da viga. Isso mostra que, no caso de duas vigas com a mesma área A de seção transversal (Fig. 11.12), aquela com a altura h maior terá um módulo de resistência maior e, portanto, uma capacidade maior para resistir à flexão.**

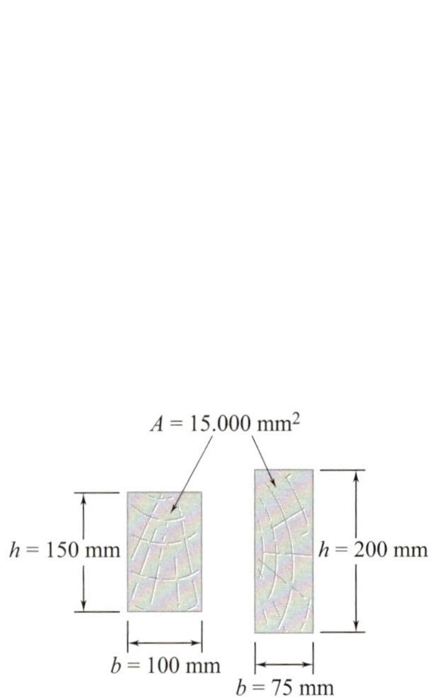

Figura 11.12

* Lembramos que o momento fletor foi considerado positivo. Se o momento fletor for negativo, M deverá ser substituído na Eq. (11.15) por seu valor absoluto $|M|$.

** Entretanto, valores grandes da relação h/b poderiam resultar na instabilidade lateral da viga.

No caso do aço estrutural, as vigas de padrão americano (viga S) e as vigas de mesa larga (viga W), mostradas na Foto. 11.3, são preferidas às de outros perfis, porque a maior parte de suas seções transversais está localizada bem longe da linha neutra (Fig. 11.13).

Foto 11.3 Vigas de mesa larga de aço formam a estrutura de muitos edifícios.

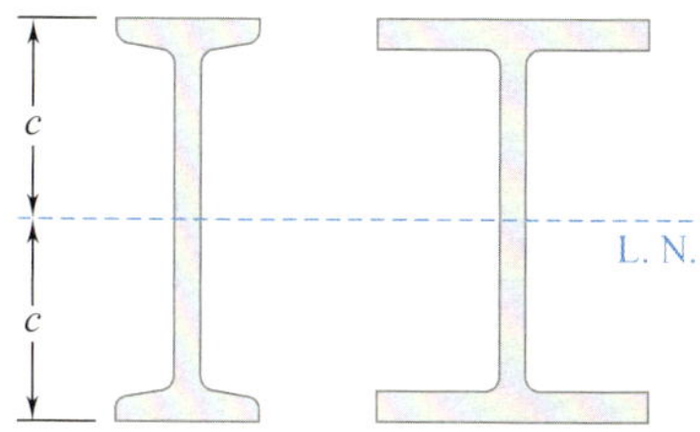

(*a*) Viga *S* (*b*) Viga *W*

Figura 11.13

Assim, para uma determinada área de seção transversal e uma altura dada, o projeto dessas vigas proporciona valores altos de I e, consequentemente, de W. Valores do módulo de resistência das vigas fabricadas normalmente podem ser obtidos das tabelas que listam várias propriedades geométricas dessas vigas. Para determinar a tensão máxima σ_m em uma seção de uma viga padrão, o engenheiro precisa somente ler o valor do módulo de resistência W na tabela e dividir o momento fletor M na seção por W.

A deformação da viga provocada pelo momento fletor M é medida pela *curvatura* da superfície neutra. A curvatura é definida como o inverso do raio de curvatura ρ e pode ser obtida resolvendo a Eq. (11.9) para $1/\rho$:

$$\frac{1}{\rho} = \frac{\epsilon_m}{c} \tag{11.20}$$

Mas, no regime elástico, temos $\epsilon_m = \sigma_m/E$. Substituindo ϵ_m na Eq. (11.20) e usando a (11.15), escrevemos

$$\frac{1}{\rho} = \frac{\sigma_m}{Ec} = \frac{1}{Ec}\frac{Mc}{I}$$

ou

$$\frac{1}{\rho} = \frac{M}{EI} \tag{11.21}$$

Exemplo 11.1. Uma barra de aço de seção transversal retangular que mede 20,3 mm × 63,5 mm está submetida a dois momentos fletores iguais e opostos que atuam no plano vertical de simetria da barra (Fig. 11.14). Determine o valor do momento fletor M que provoca escoamento na barra. Considere $\sigma_E = 248$ MPa.

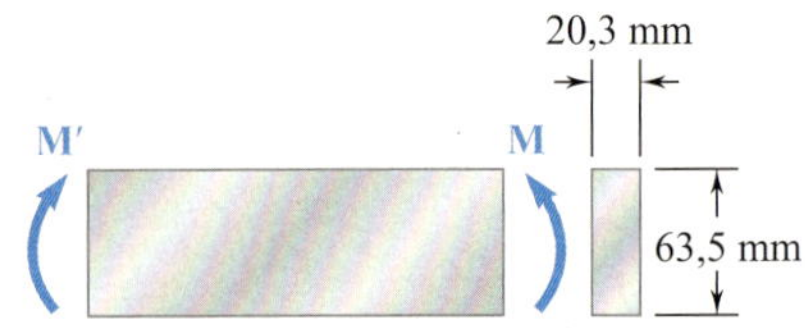

Figura 11.14

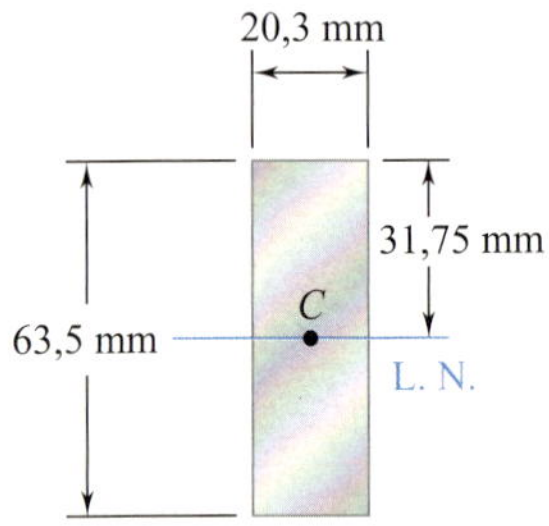

Figura 11.15

Como a linha neutra deve passar pelo centroide C da seção transversal, temos $c = 31{,}75$ mm (Fig. 11.15). Entretanto, o momento de inércia em relação ao eixo que passa pelo centroide da seção transversal retangular é

$$I = \tfrac{1}{12}bh^3 = \tfrac{1}{12}(2{,}03\ \text{cm})(6{,}35\ \text{cm})^3 = 43{,}31\ \text{cm}^4$$

Resolvendo a Eq. (11.15) para M e usando os dados anteriores, temos

$$M = \frac{I}{c}\sigma_m = \frac{43{,}31}{3{,}175}\ (24{,}8\ \text{kN/cm}^2)$$
$$M = 338{,}30\ \text{kN} \cdot \text{cm} \quad ■$$

Exemplo 11.2. Uma barra de alumínio com uma seção transversal semicircular de raio $r = 12$ mm (Fig. 11.16) é flexionada até atingir a forma de um arco de circunferência de raio médio $\rho = 2{,}5$ m. Sabendo que a face plana da barra está virada para o centro de curvatura do arco, determine as tensões máximas de tração e compressão na barra. Use $E = 70$ GPa.

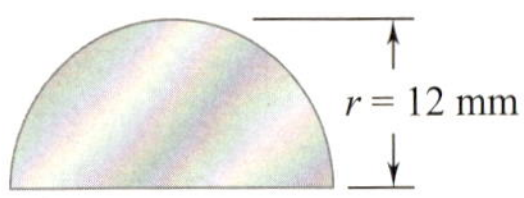

Figura 11.16

Poderíamos usar a Eq. (11.21) para determinar o momento fletor M correspondente ao raio de curvatura ρ dado e depois usar a Eq. (11.15) para determinar σ_m. Entretanto, é mais simples usar a Eq. (11.9) para determinar ϵ_m e a lei de Hooke para obter σ_m.

A ordenada $\bar{y}$ do centroide C da seção transversal semicircular é

$$\bar{y} = \frac{4r}{3\pi} = \frac{4(12\ \text{mm})}{3\pi} = 5{,}093\ \text{mm}$$

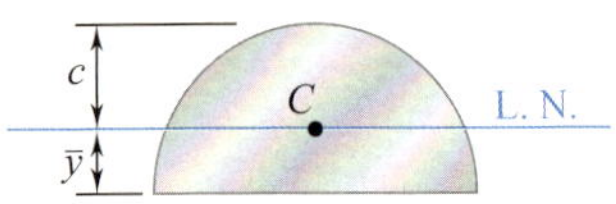

Figura 11.17

A linha neutra passa pelo ponto C (Fig. 11.17) e a distância c até o ponto da seção transversal mais distante da linha neutra é

$$c = r - \bar{y} = 12\ \text{mm} - 5{,}093\ \text{mm} = 6{,}907\ \text{mm}$$

Usando a Eq. (11.9), escrevemos

$$\epsilon_m = \frac{c}{\rho} = \frac{6{,}907 \times 10^{-3}\ \text{m}}{2{,}5\ \text{m}} = 2{,}763 \times 10^{-3}$$

e, aplicando a lei de Hooke,

$$\sigma_m = E\epsilon_m = (70 \times 10^9\ \text{Pa})(2{,}763 \times 10^{-3}) = 193{,}4\ \text{MPa}$$

Como esse lado da barra está voltado para direção oposta ao centro de curvatura da barra, a tensão obtida é de tração. A tensão de compressão máxima ocorre no lado plano da barra. Considerando que a tensão é proporcional à distância da linha neutra, escrevemos

$$\sigma_{\text{comp}} = -\frac{\bar{y}}{c}\sigma_m = -\frac{5{,}093\ \text{mm}}{6{,}907\ \text{mm}}(193{,}4\ \text{MPa})$$
$$= -142{,}6\ \text{MPa} \quad ■$$

PROBLEMA RESOLVIDO 11.1

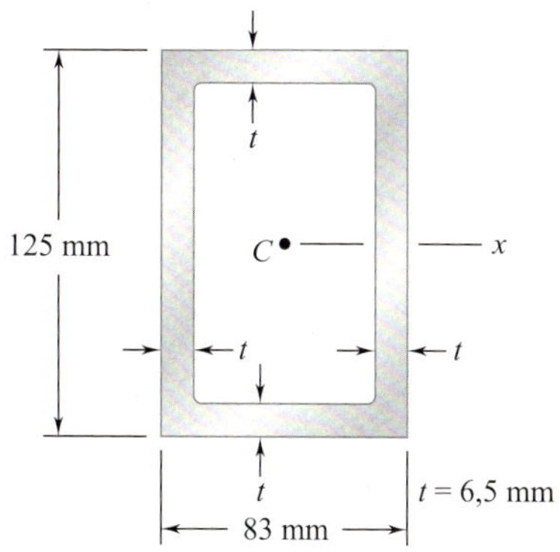

O tubo retangular mostrado na figura é um extrudado de uma liga de alumínio para a qual $\sigma_E = 275$ MPa, $\sigma_L = 414$ MPa e $E = 73$ GPa. Desprezando o efeito dos adoçamentos, determine (*a*) o momento fletor *M* para o qual o coeficiente de segurança será de 3,00 e (*b*) o raio de curvatura correspondente do tubo.

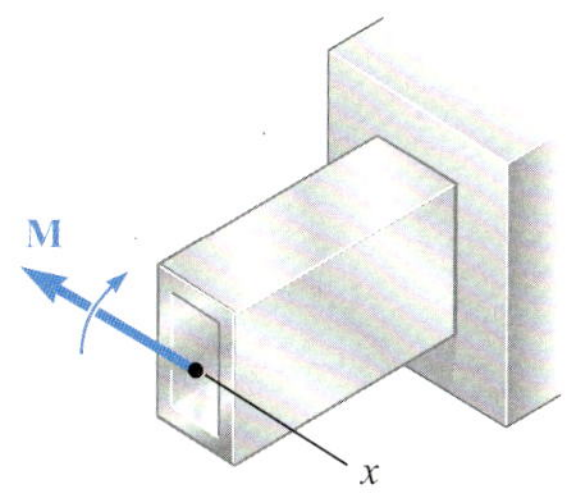

SOLUÇÃO

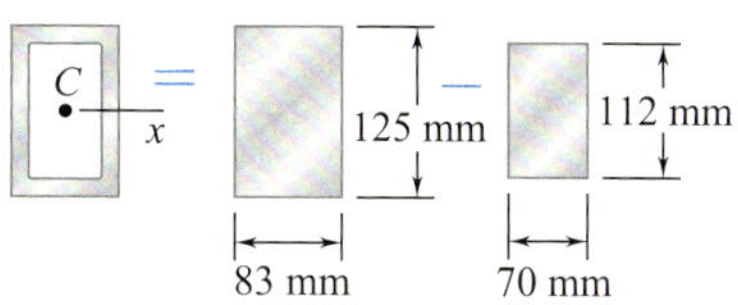

Momento de inércia. Considerando a área da seção transversal do tubo como a diferença entre os dois retângulos mostrados na figura e usando a fórmula para o momento de inércia de um retângulo, escrevemos

$$I = \tfrac{1}{12}(0{,}083\text{ m})(0{,}125\text{ m})^3 - \tfrac{1}{12}(0{,}070\text{ m})(0{,}112\text{ m})^3 \qquad I = 5{,}3 \times 10^6\text{ m}^4$$

Tensão admissível. Para um coeficiente de segurança de 3,00 e um limite de tensão de 414 MPa, temos

$$\sigma_{\text{adm}} = \frac{\sigma_L}{C.S.} = \frac{414\text{ MPa}}{3{,}00} = 138\text{ MPa}$$

Como $\sigma_{\text{adm}} < \sigma_E$, o tubo permanece no regime elástico e podemos aplicar os resultados da Seção 11.4.

a. Momento fletor. Com $c = \frac{1}{2}(0{,}125\text{ m}) = 0{,}0625$ m, escrevemos

$$\sigma_{\text{adm}} = \frac{Mc}{I} \qquad M = \frac{I}{c}\sigma_{\text{adm}} = \frac{5{,}3 \times 10^6\text{ m}^4}{0{,}0625\text{ m}}(138 \times 10^3\text{ kN/m}^2)$$

$M = 11{,}7$ kN · m ◀

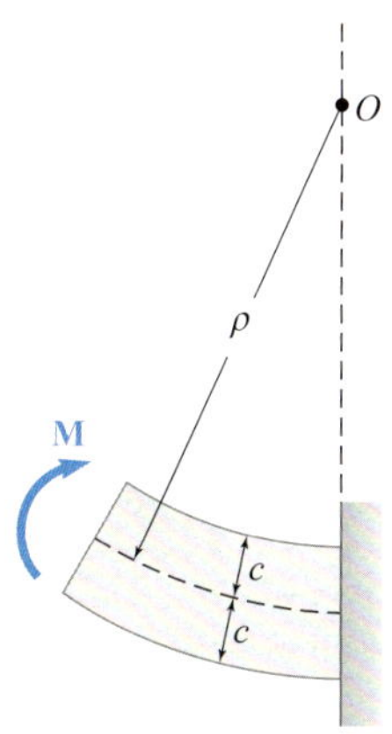

b. Raio de curvatura. Lembrando que $E = 73 \times 10^6$ kN/m², substituímos esse valor e os valores obtidos para *I* e *M* na Eq. (11.21) e encontramos

$$\frac{1}{\rho} = \frac{M}{EI} = \frac{11{,}7\text{ kN}\cdot\text{m}}{(73 \times 10^6\text{ kN/m}^2)(5{,}3 \times 10^{-6}\text{ m}^4)} = 0{,}030\text{ m}^{-1}$$

$$\rho = 33{,}07\text{ m}$$

$\rho = 33{,}07$ m ◀

Solução alternativa. Como sabemos que a tensão máxima é $\sigma_{\text{adm}} = 138$ MPa, podemos determinar a deformação específica máxima ϵ_m e então usar a Eq. (11.9).

$$\epsilon_m = \frac{\sigma_{\text{adm}}}{E} = \frac{138\text{ MPa}}{73 \times 10^3\text{ MPa}} = 1{,}890 \times 10^{-3}\text{ m/m}$$

$$\epsilon_m = \frac{c}{\rho} \qquad \rho = \frac{c}{\epsilon_m} = \frac{0{,}0625\text{ m}}{1{,}890 \times 10^{-3}\text{ m/m}}$$

$$\rho = 33{,}07\text{ m}$$

$\rho = 33{,}07$ m ◀

PROBLEMA RESOLVIDO 11.2

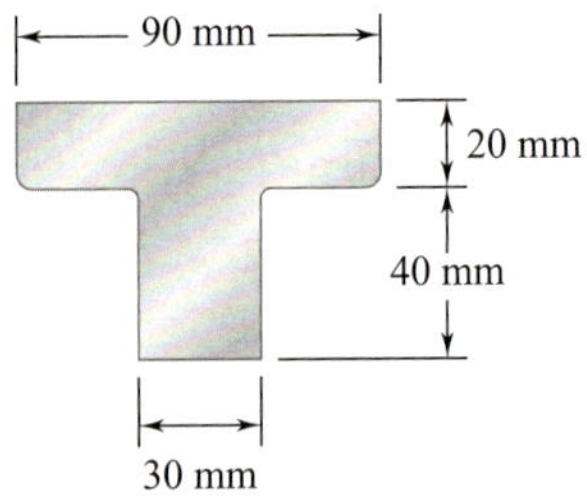

Uma peça de máquina feita de ferro fundido está submetida a um momento fletor de 3 kN · m conforme mostra a figura. Sabendo que $E = 165$ GPa e desprezando o efeito dos adoçamentos, determine (*a*) as tensões de tração e compressão máximas na peça fundida e (*b*) o raio de curvatura dessa peça.

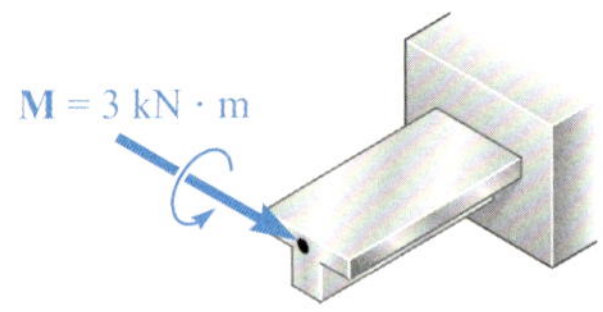

SOLUÇÃO

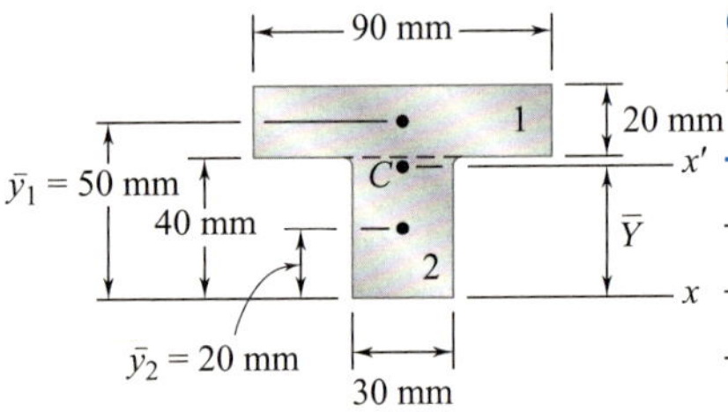

Centroide. Dividimos a seção transversal em forma de *T* nos dois retângulos mostrados na figura e escrevemos

	Área, mm²	$\bar{y}$, mm	$\bar{y}A$, mm³
1	(20)(90) = 1.800	50	90×10^3
2	(40)(30) = 1.200	20	24×10^3
	$\Sigma A = 3.000$		$\Sigma \bar{y}A = 114 \times 10^3$

$$\bar{Y}\Sigma A = \Sigma \bar{y}A$$
$$\bar{Y}(3.000) = 114 \times 10^6$$
$$\bar{Y} = 38 \text{ mm}$$

Momento de inércia centroidal. O teorema do eixo paralelo é usado para determinar o momento de inércia de cada retângulo com relação ao eixo x' que passa pelo centroide de toda a seção. Somando os momentos de inércia dos retângulos, escrevemos

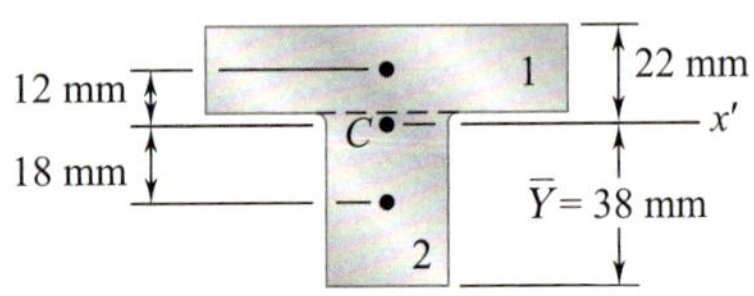

$$\begin{aligned} I_{x'} &= \Sigma(\bar{I} + Ad^2) = \Sigma(\tfrac{1}{12}bh^3 + Ad^2) \\ &= \tfrac{1}{12}(90)(20)^3 + (90 \times 20)(12)^2 + \tfrac{1}{12}(30)(40)^3 + (30 \times 40)(18)^2 \\ &= 868 \times 10^3 \text{ mm}^4 \\ I &= 868 \times 10^{-9} \text{ m}^4 \end{aligned}$$

a. Tensão de tração máxima. Como o momento fletor aplicado flexiona a peça fundida para baixo, o centro de curvatura está localizado abaixo da seção transversal. A tensão de tração máxima ocorre no ponto *A*, que está mais distante do centro de curvatura.

$$\sigma_A = \frac{Mc_A}{I} = \frac{(3 \text{ kN} \cdot \text{m})(0{,}022 \text{ m})}{868 \times 10^{-9} \text{ m}^4} \qquad \sigma_A = +76{,}0 \text{ MPa} \blacktriangleleft$$

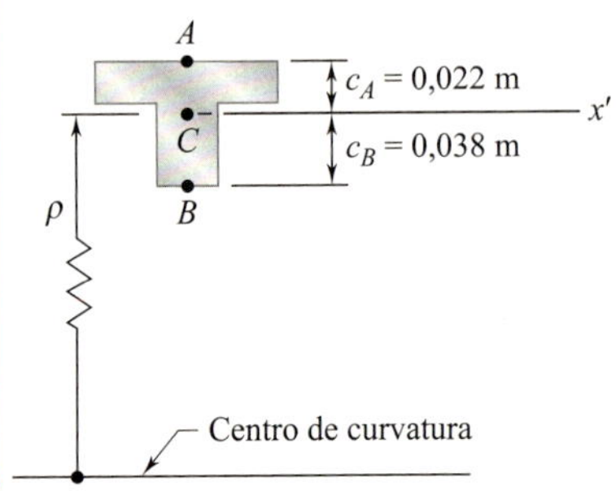

Tensão de compressão máxima. Ela ocorre no ponto *B*; temos

$$\sigma_B = -\frac{Mc_B}{I} = -\frac{(3 \text{ kN} \cdot \text{m})(0{,}038 \text{ m})}{868 \times 10^{-9} \text{ m}^4} \qquad \sigma_B = -131{,}3 \text{ MPa} \blacktriangleleft$$

b. Raio de curvatura. Da Eq. (11.21), temos

$$\begin{aligned} \frac{1}{\rho} &= \frac{M}{EI} = \frac{3 \text{ kN} \cdot \text{m}}{(165 \text{ GPa})(868 \times 10^{-9} \text{ m}^4)} \\ &= 20{,}95 \times 10^{-3} \text{ m}^{-1} \end{aligned} \qquad \rho = 47{,}7 \text{ m} \blacktriangleleft$$

PROBLEMAS

11.1 e 11.2 Sabendo que o momento mostrado atua em um plano vertical, determine a tensão (*a*) no ponto *A* e (*b*) no ponto *B*.

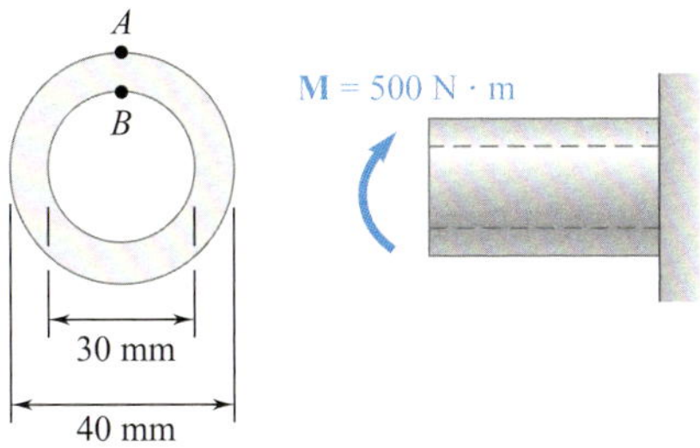

Figura P11.1

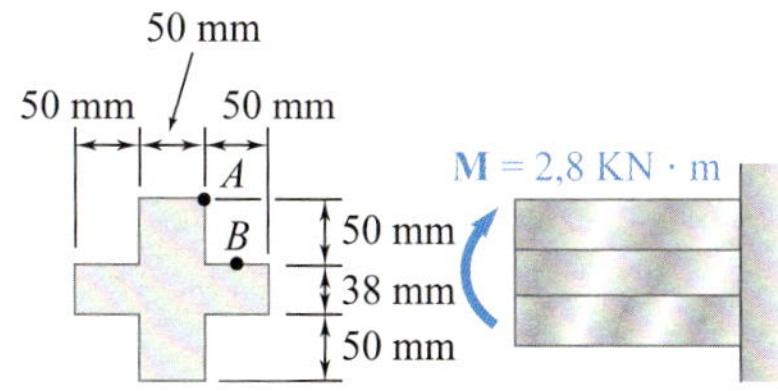

Figura P11.2

11.3 Usando a tensão admissível de 155 MPa, determine o maior momento fletor M_x que pode ser aplicado na viga de mesa larga mostrado na figura. Despreze o efeito dos arredondamentos.

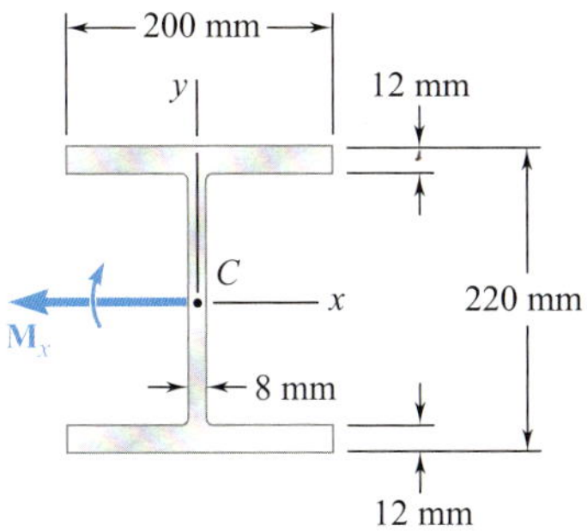

Figura P11.3

11.4 Resolva o Problema 11.3 considerando que a viga de mesa larga é flexionada no eixo *y* por um momento M_y.

11.5 Um barra de espaçamento de nylon de seção transversal é mostrada na figura. Sabendo que a tensão admissível para o tipo de nylon usado é 24 MPa, determine o maior momento fletor $\mathbf{M}_z$ que pode ser aplicado na barra.

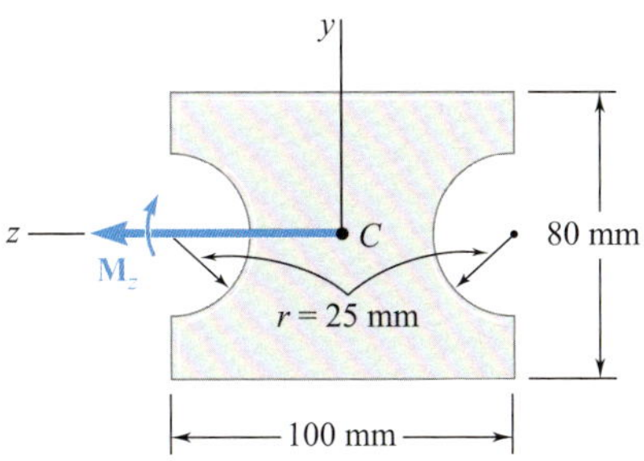

Figura *P11.5*

11.6 Usando um tensão admissível de 110 MPa, determine o maior momento que pode ser aplicado em cada tubo.

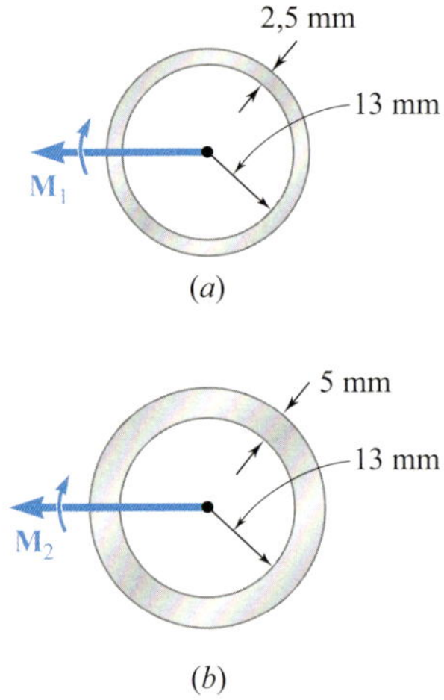

Figura P11.6

11.7 e *11.8* Duas barras do perfil de aço laminado W100 × 19,3 mm são soldadas conforme mostra a figura. Sabendo que para a liga de aço usada $\sigma_E = 248$ MPa e $\sigma_L = 400$ MPa e usando um coeficiente de segurança de 3,0, determine o maior momento que pode ser aplicado quando o conjunto é flexionado em relação ao eixo z.

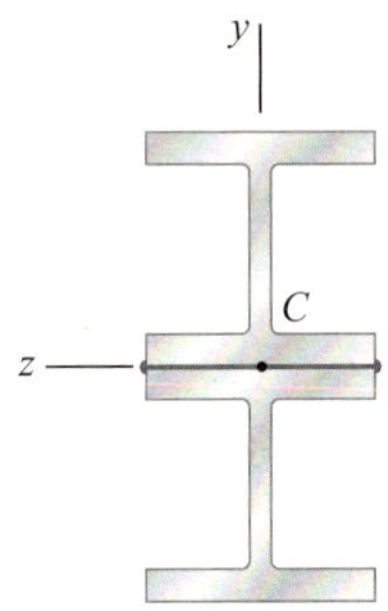

Figura P11.7

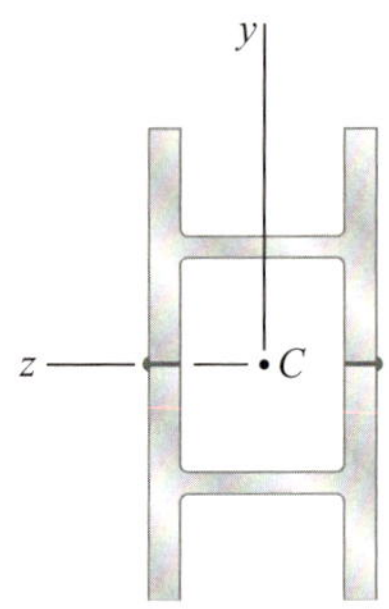

Figura *P11.8*

11.9 até *11.11* Duas forças verticais são aplicadas à viga com a seção transversal mostrada na figura. Determine as tensões de tração e de compressão máximas na parte BC da viga.

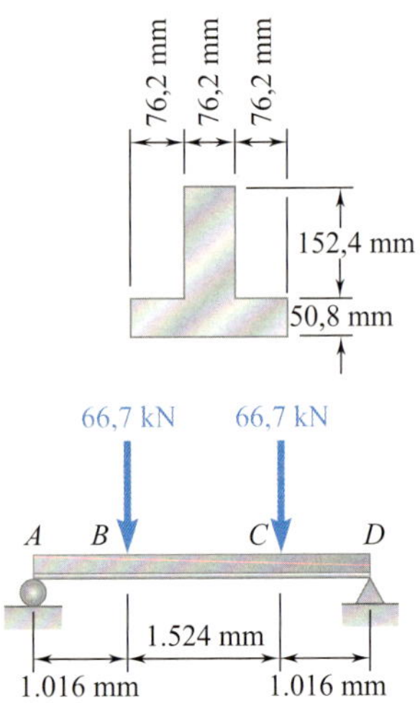

Figura P11.9

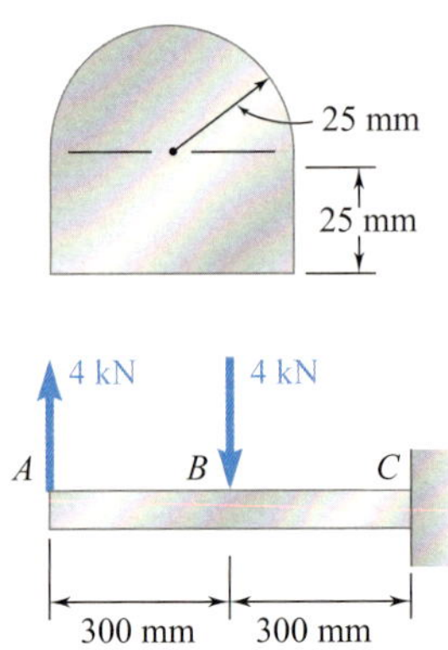

Figura P11.10

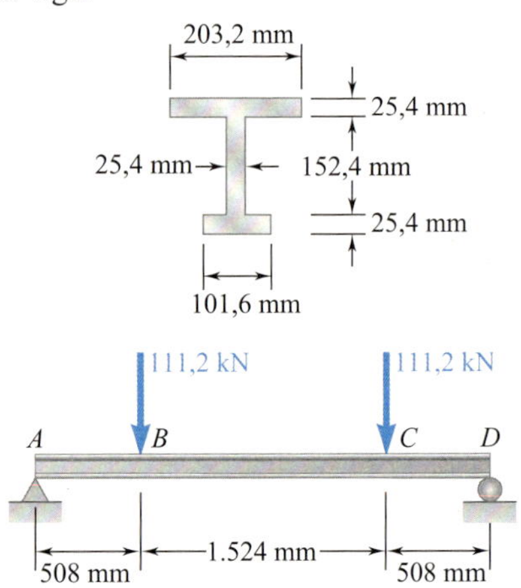

Figura *P11.11*

11.12 Dois momentos fletores iguais e opostos de intensidade $M = 15$ kN · m são aplicados à viga AB constituída de um perfil U. Observando que fazem a viga flexionar em um plano horizontal, determine a tensão (*a*) no ponto C, (*b*) no ponto D e (*c*) no ponto E.

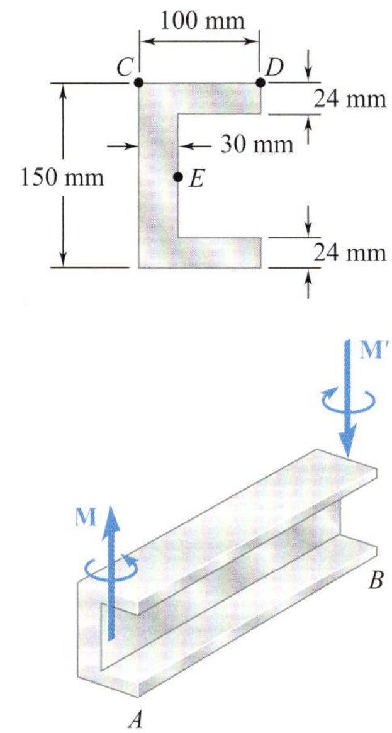

Figura P11.12

11.13 Sabendo que uma viga com a seção transversal mostrada na figura é flexionada em torno do eixo horizontal e que o momento fletor é de 394 kN · mm, determine a força total que atua na parte sombreada da viga.

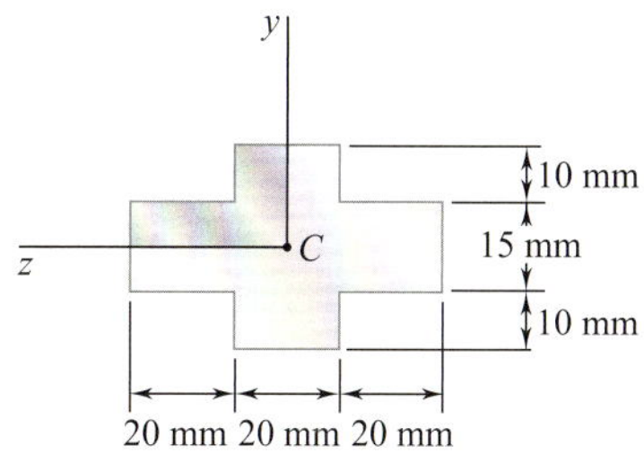

Figura P11.13

11.14 Resolva o Problema 11.13 considerando que a viga seja flexionada em torno do eixo vertical e que o momento fletor seja de 675 kN · mm.

11.15 Sabendo que a viga de seção transversal mostrada na figura é flexionada em torno do eixo horizontal e que o momento fletor é de 8 kN · m, determine a força total que atua na mesa superior.

11.16 Sabendo que a viga de seção transversal mostrada na figura é flexionada em torno do eixo vertical e que o momento fletor é de 4 kN · m, determine a força total que atua na parte sombreada de sua alma.

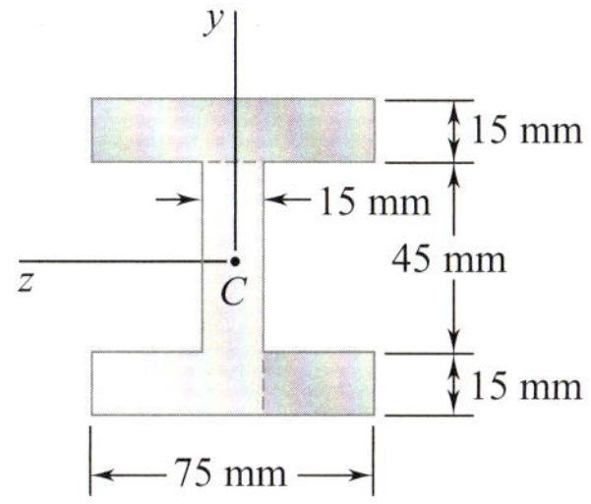

Figura *P11.15* e P11.16

11.17 Sabendo que, para a viga extrudada da figura, a tensão admissível é de 120 MPa em tração e de 150 MPa em compressão, determine o maior momento fletor **M** que pode ser aplicado.

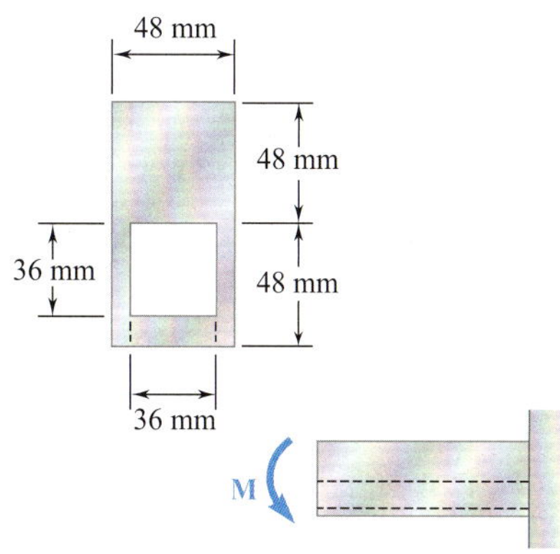

Figura P11.17

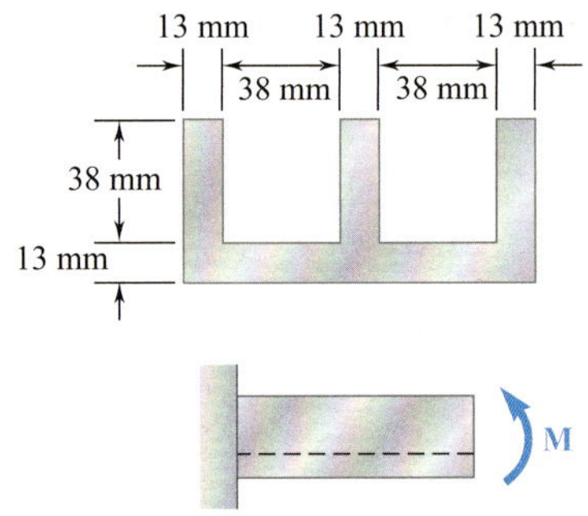

Figura P11.18

11.18 Sabendo que, para a viga extrudada da figura, a tensão admissível é de 83 MPa em tração e de 110 MPa em compressão, determine o maior momento fletor **M** que pode ser aplicado.

11.19 Para a peça fundida mostrada na figura, determine o maior momento **M** que pode ser aplicado sem exceder uma das seguintes tensões admissíveis: as tensões admissíveis na tração e na compressão são, respectivamente, $\sigma_{adm} = +41{,}4$ MPa e $\sigma_{adm} = -103{,}5$ MPa.

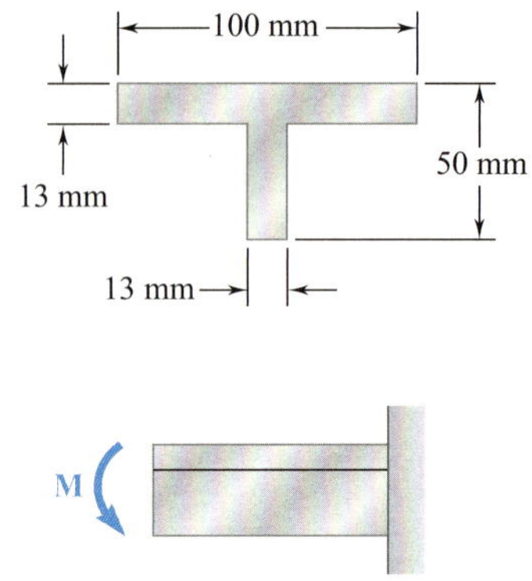

Figura P11.19

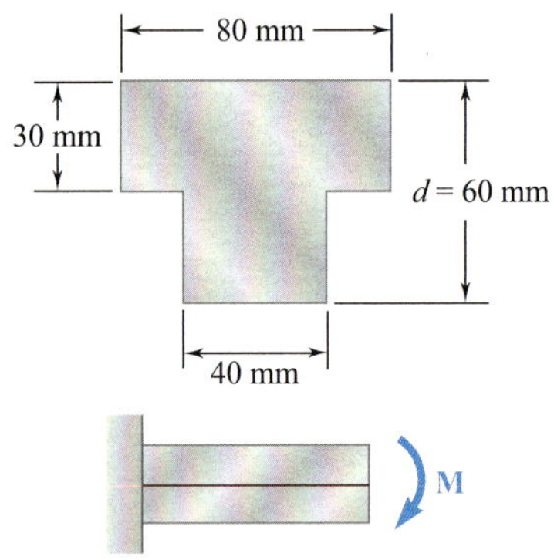

Figura P11.20

11.20 A viga mostrada na figura é feita de um tipo de nylon para o qual a tensão admissível é de 24 MPa em tração e de 30 MPa em compressão. Determine o maior momento fletor **M** que pode ser aplicado à viga.

11.21 Resolva o Problema 11.20 considerando que $d = 80$ mm.

11.22 Sabendo que, para a viga mostrada na figura, a tensão admissível é de 83 MPa em tração e de 110 MPa em compressão, determine o maior momento fletor **M** que nela pode ser aplicado.

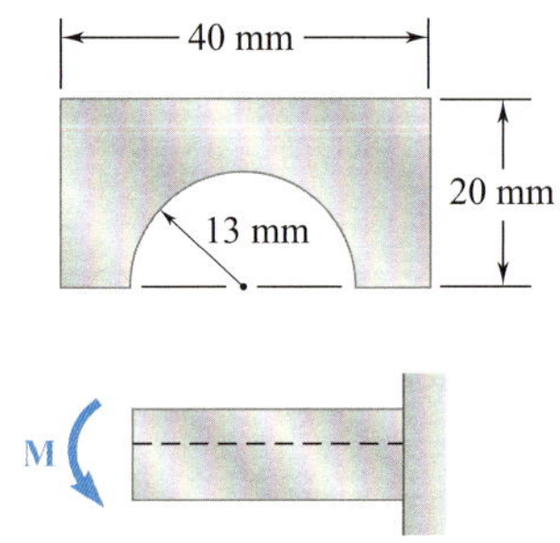

Figura P11.22

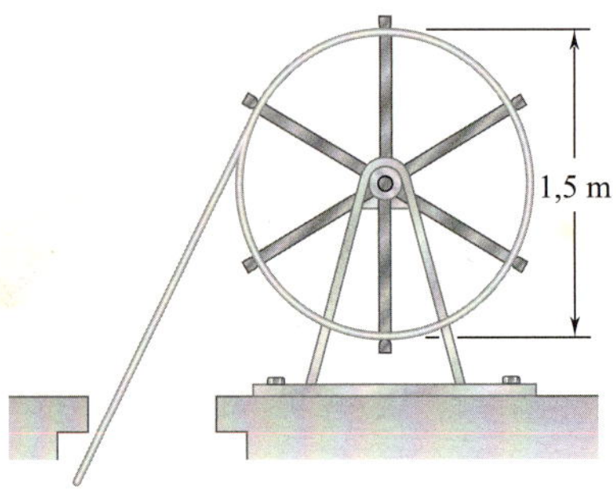

Figura P11.23

11.23 Sondas de 7,5 mm de diâmetro e 60 m de comprimento são por vezes usadas para limpar canalizações subterrâneas obstruídas ou para passar fios em novas canalizações. As sondas não feitas de aço de alta resistência e, para armazenagem, são enroladas em carretéis de 1,5 m de diâmetro. Considerando que o limite de escoamento não é excedido, determine (*a*) a máxima tensão na sonda quando ela, que estava inicialmente reta, é enrolada no carretel e (*b*) o momento de flexão correspondente na sonda. Use $E = 200$ GPa.

11.24 Um momento fletor de 24 kN · m é aplicado a uma viga W200 × 46.1 mm de aço laminado. (*a*) Considerando que o momento seja aplicado em torno do eixo *z*, como mostra a figura, determine a tensão máxima e o raio de curvatura da viga. (*b*) Resolva a parte *a* levando em conta que o momento fletor seja aplicado em torno do eixo *y*. Use $E = 200$ GPa.

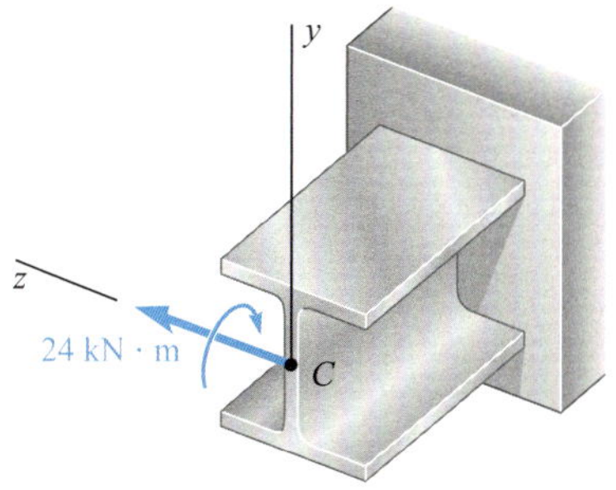

Figura P11.24

11.5 Flexão de barras constituídas de vários materiais

As deduções dadas na Seção 11.4 baseavam-se na hipótese de que o material era homogêneo com um módulo de elasticidade *E*. Se a barra submetida à flexão pura for constituída de dois ou mais materiais com diferentes módulos de elasticidade, nossa abordagem para a determinação das tensões na barra precisará ser modificada.

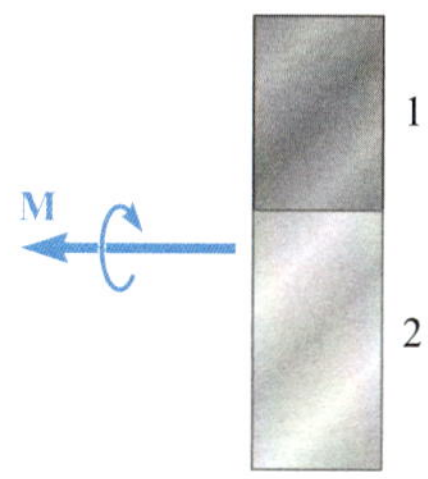

Figura 11.18

Considere, por exemplo, uma barra formada por duas partes de materiais diferentes unidas como mostra a seção transversal na Fig. 11.18. Essa barra composta se deformará conforme descrito na Seção 11.3, pois sua seção transversal permanece a mesma em todo o comprimento, e não foi feita nenhuma suposição na Seção 11.3 referente à relação tensão-deformação do material ou dos materiais envolvidos. Assim, a deformação específica normal ϵ_x ainda varia linearmente com a distância *y* da linha neutra da seção (Fig. 11.19*a* e *b*), e vale a Eq. (11.8):

$$\epsilon_x = -\frac{y}{\rho} \tag{11.8}$$

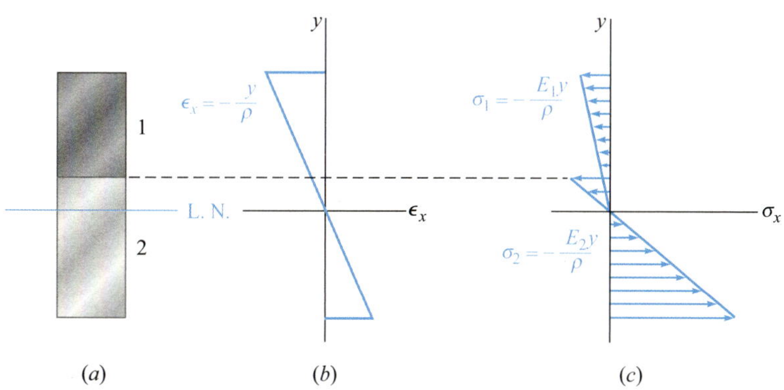

Figura 11.19 Distribuição de deformação específica e tensão em barra constituída de dois materiais.

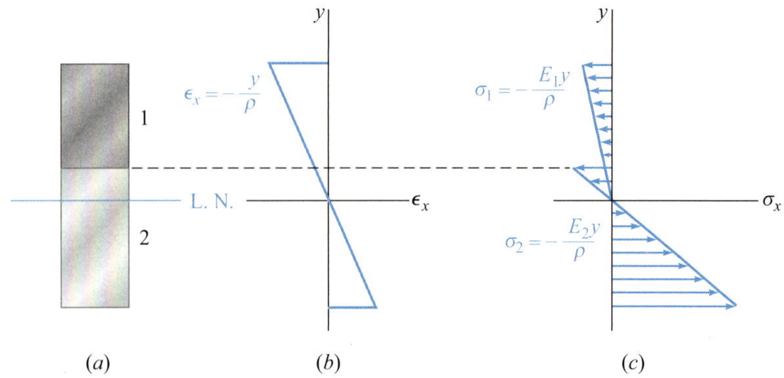

Figura 11.19 (repetida) Distribuição de deformação específica e tensão em barra constituída de dois materiais.

Entretanto, não podemos supor que a linha neutra passe pelo centroide da seção composta, uma vez que um dos objetivos desta análise será determinar a localização dessa linha neutra.

Como os módulos de elasticidade E_1 e E_2 dos dois materiais são diferentes, as expressões obtidas para a tensão normal em cada material também serão diferentes. Escrevemos

$$\sigma_1 = E_1 \epsilon_x = -\frac{E_1 y}{\rho}$$
$$\sigma_2 = E_2 \epsilon_x = -\frac{E_2 y}{\rho} \tag{11.22}$$

e obtemos uma curva de distribuição de tensões consistindo em dois segmentos de reta (Fig. 11.19*c*). Conclui-se das Eqs. (11.22) que a força dF_1 que atua no elemento de área dA da parte superior da seção transversal é

$$dF_1 = \sigma_1\, dA = -\frac{E_1 y}{\rho}\, dA \tag{11.23}$$

enquanto a força dF_2 que atua em um elemento de mesma área dA da parte inferior é

$$dF_2 = \sigma_2\, dA = -\frac{E_2 y}{\rho}\, dA \tag{11.24}$$

Todavia, chamando de n a relação E_2/E_1 dos dois módulos de elasticidade, podemos expressar dF_2 como

$$dF_2 = -\frac{(nE_1)y}{\rho}\, dA = -\frac{E_1 y}{\rho}(n\, dA) \tag{11.25}$$

Comparando as Eqs. (11.23) e (11.25), notamos que a mesma força dF_2 atuaria em um elemento de área $n\, dA$ do primeiro material. Em outras palavras, a resistência à flexão da barra permaneceria a mesma se ambas as partes fossem feitas do primeiro material, desde que a largura de cada elemento da parte inferior fosse multiplicada pelo coeficiente n. Note que esse alargamento (se $n > 1$), ou estreitamento (se $n < 1$), deve ser feito em *uma direção paralela à linha neutra da seção*, pois é essencial que a distância y de cada elemento em relação à linha neutra permaneça a mesma.

A nova seção transversal obtida dessa maneira é chamada de *seção transformada* da barra (Fig. 11.20).

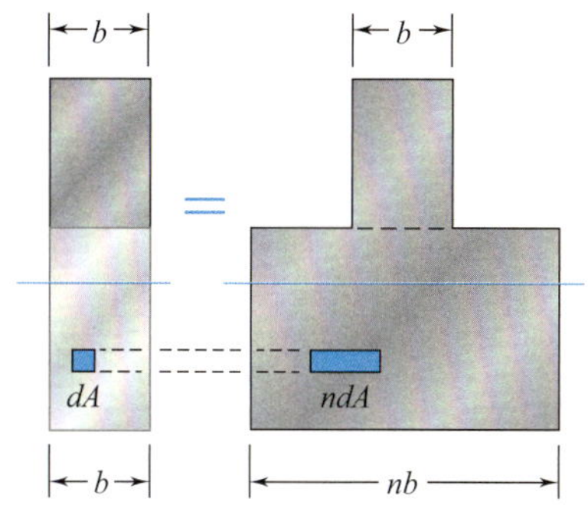

Figura 11.20 Seção transformada para a barra de seção composta.

Como a seção transformada é equivalente à seção transversal de uma barra feita de um *material homogêneo* com módulo de elasticidade E_1, o método descrito na Seção 11.4 pode ser usado para determinar a linha neutra e a tensão normal em vários pontos. A linha neutra será traçada *através do centroide da seção transformada* (Fig. 11.21), e a tensão σ_x em qualquer ponto da seção da barra homogênea fictícia será obtida da Eq. (11.16)

$$\sigma_x = -\frac{My}{I} \tag{11.16}$$

onde y é a distância medida a partir da linha neutra, e I, *o momento de inércia da seção transformada* em relação ao eixo que passa pelo seu próprio centroide.

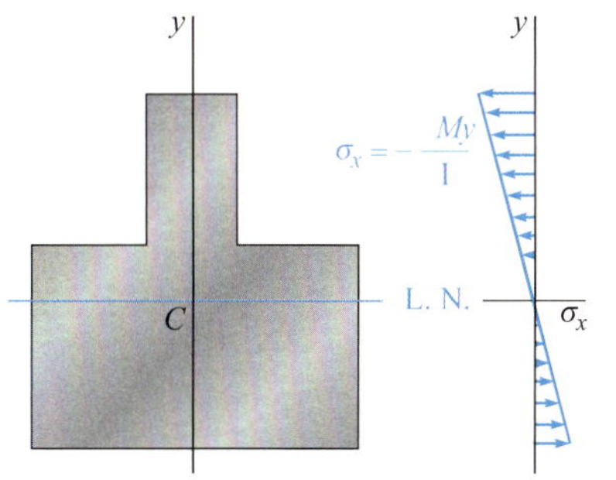

Figura 11.21 Distribuição de tensões na seção transformada.

Para obtermos a tensão σ_1 em um ponto localizado na parte superior da seção transversal da barra composta original, simplesmente calculamos a tensão σ_x no ponto correspondente da seção transformada. Entretanto, para obtermos a tensão σ_2 em um ponto na parte inferior da seção transversal, devemos *multiplicar por n* a tensão σ_x calculada no ponto correspondente da seção transformada. Sem dúvida, conforme vimos anteriormente, a mesma força elementar dF_2 é aplicada a um elemento de área $n\,dA$ da seção transformada e a um elemento de área dA da seção original. Assim, a tensão σ_2 em um ponto da seção original deve ser n vezes maior do que a tensão no ponto correspondente da seção transformada.

As deformações de uma barra de material composto também podem ser determinadas usando a seção transformada. Não podemos esquecer de que a seção transformada representa a seção transversal de uma barra feita de material homogêneo de módulo E_1, que se deforma da mesma maneira que a barra composta. Portanto, usando a Eq. (11.21), escrevemos que a curvatura de uma barra de material composto é

$$\frac{1}{\rho} = \frac{M}{E_1 I}$$

onde I é o momento de inércia da seção transformada em relação à sua linha neutra.

Exemplo 11.3. Uma barra obtida a partir de duas peças de aço ($E_{aço}$ = 203 GPa) e latão ($E_{latão}$ = 105 GPa) tem a seção transversal mostrada na Fig. 11.22. Determine a tensão máxima no aço e no latão quando a barra estiver em flexão pura com um momento fletor M = 4,5 kN · m.

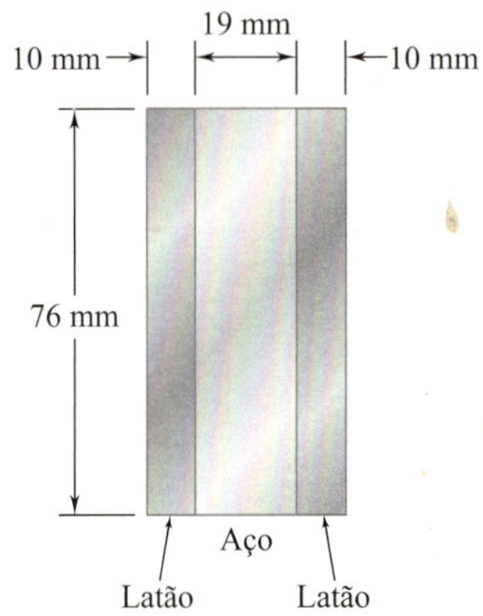

Figura 11.22

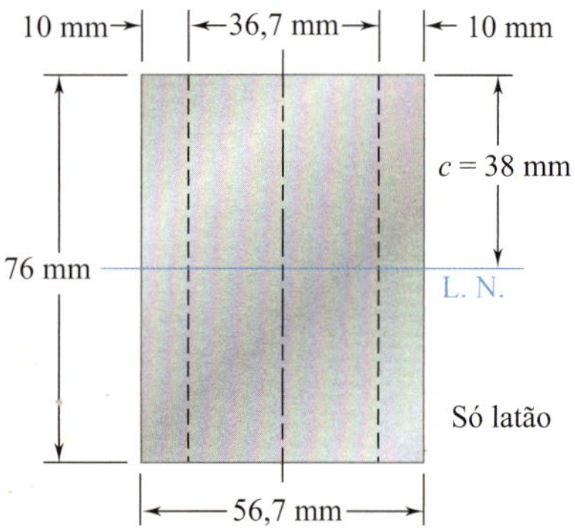

Figura 11.23

A seção transformada correspondente a uma barra equivalente feita inteiramente de latão é mostrada na Fig. 11.23. Como

$$n = \frac{E_{\text{aço}}}{E_{\text{latão}}} = \frac{203 \text{ GPa}}{105 \text{ GPa}} = 1{,}933$$

a largura da parte central de latão, que substitui a parte de aço original, é obtida ao multiplicarmos a largura original por 1,933, temos

$$(19 \text{ mm})(1{,}933) = 36{,}7 \text{ mm}$$

Note que essa variação na dimensão ocorre em uma direção paralela à linha neutra. O momento de inércia da seção transformada em relação ao seu eixo que passa pelo centroide da seção é

$$I = \tfrac{1}{12}bh^3 = \tfrac{1}{12}(0{,}567 \text{ m})(0{,}076 \text{ m})^3 = 2 \times 10^{-6} \text{ m}^4$$

e a distância máxima da linha neutra é c = 0,038 m. Usando a Eq. (11.15), encontramos a tensão máxima na seção transformada:

$$\sigma_m = \frac{Mc}{I} = \frac{(4{,}5 \text{ kN} \cdot \text{m})(0{,}038 \text{ m})}{2 \times 10^{-6} \text{ m}^4} = 85{,}5 \text{ MPa}$$

O valor obtido também representa a tensão máxima na parte de latão da barra composta original. No entanto, a tensão máxima na parte de aço será maior que o valor obtido para a seção transformada, pois a área da parte central deve ser reduzida pelo coeficiente n = 1,933 quando retornamos da seção transformada para a original. Concluímos então que

$$(\sigma_{\text{latão}})_{\text{máx}} = 85{,}5 \text{ MPa}$$
$$(\sigma_{\text{aço}})_{\text{máx}} = (1{,}933)(85{,}5 \text{ MPa}) = 165{,}3 \text{ MPa} \ ■$$

Foto 11.4

Um exemplo importante de elementos estruturais constituídos de dois materiais diferentes é encontrado em *vigas de concreto reforçado* (Foto 11.4). Essas vigas, quando submetidas a momentos fletores positivos, são reforçadas por barras de aço colocadas a uma pequena distância da face inferior (Fig. 11.24*a*). Como o concreto tem baixa resistência à tração, ele trincará abaixo da superfície neutra e as barras de aço suportarão toda a força de tração, enquanto a parte superior da viga de concreto suportará o esforço de compressão.

Para obtermos a seção transformada de uma viga de concreto reforçado, substituímos a área total da seção transversal $A_{aço}$ das barras de aço por uma área equivalente $nA_{aço}$, em que n é a relação $E_{aço}/E_{conc}$ entre o módulo de elasticidade do aço e do concreto (Fig. 11.24*b*). Em contrapartida, como o concreto na viga atua efetivamente somente em compressão, apenas a parte da seção transversal localizada acima da linha neutra deverá ser usada na seção transformada.

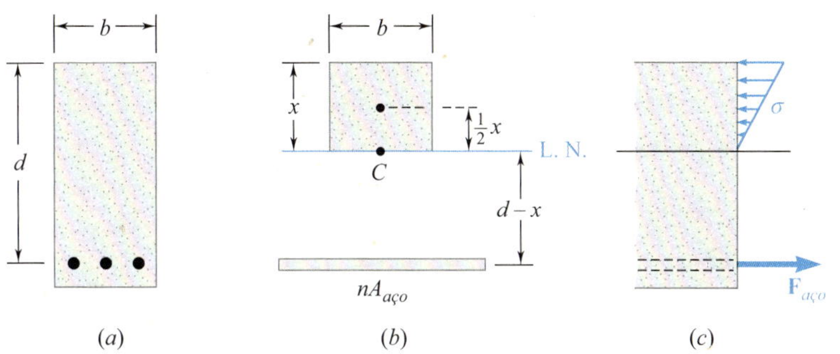

Figura 11.24

A posição da linha neutra é obtida ao determinarmos a distância x da face superior da viga até o centroide C da seção transformada. Chamando de b a largura da viga e de d a distância da face superior até a linha de centro das barras de aço, escrevemos que o momento estático da seção transformada com relação à sua linha neutra deve ser zero. Como o momento estático de cada uma das duas partes da seção transformada é obtido ao multiplicarmos sua área pela distância de seu próprio centroide até a linha neutra, temos

$$(bx)\frac{x}{2} - nA_{aço}(d - x) = 0$$

ou

$$\frac{1}{2}bx^2 + nA_{aço}x - nA_{aço}d = 0 \tag{11.26}$$

Resolvendo essa equação do segundo grau para x, obtemos a posição da linha neutra da viga, e a parte da seção transversal da viga de concreto que é efetivamente usada.

A determinação das tensões na seção transformada é feita conforme explicado anteriormente nesta seção (ver Problema Resolvido 11.4). A distribuição das tensões de compressão no concreto e a resultante $\mathbf{F}_{aço}$ das forças de tração nas barras de aço são mostradas na Fig. 11.24*c*.

PROBLEMA RESOLVIDO 11.3

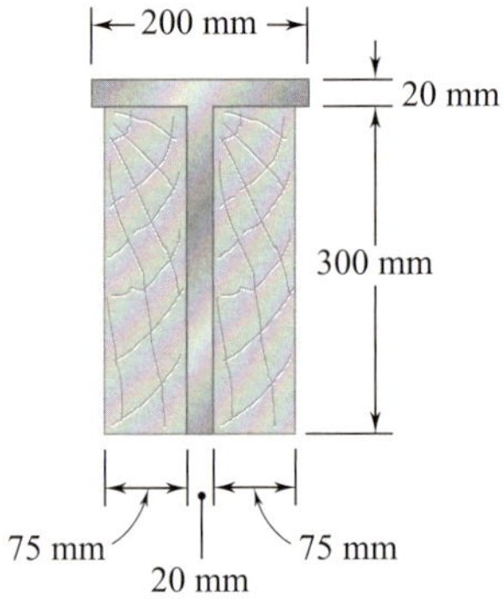

Duas placas de aço foram soldadas para formar uma viga em forma de T que foi reforçada aparafusando firmemente a ela duas pranchas de carvalho, conforme mostra a figura. O módulo de elasticidade é de 12,5 GPa para a madeira e de 200 GPa para o aço. Sabendo que um momento fletor $M = 50$ kN · m é aplicado à viga composta, determine (*a*) a tensão máxima na madeira e (*b*) a tensão no aço ao longo da borda superior.

SOLUÇÃO

Seção transformada. Primeiro calculamos a relação

$$n = \frac{E_{aço}}{E_{mad}} = \frac{200 \text{ GPa}}{12{,}5 \text{ GPa}} = 16$$

Multiplicando as dimensões horizontais da parte de aço da seção por $n = 16$, obtemos uma seção transformada feita inteiramente de madeira.

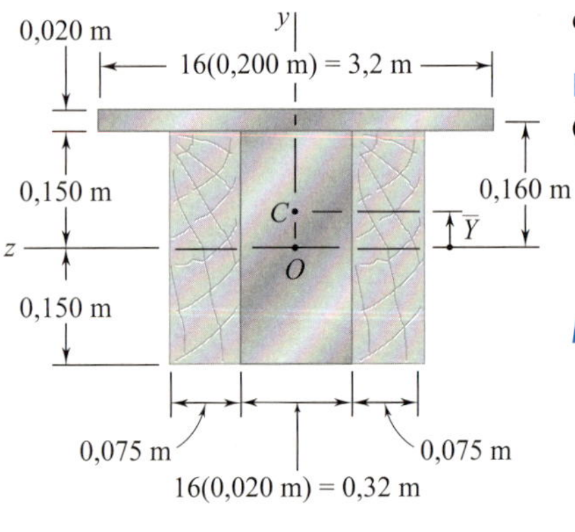

Linha neutra. A linha neutra passa pelo centroide da seção transformada. Como a seção é composta de dois retângulos, temos

$$\bar{Y} = \frac{\Sigma \bar{y}A}{\Sigma A} = \frac{(0{,}160 \text{ m})(3{,}2 \text{ m} \times 0{,}020 \text{ m}) + 0}{3{,}2 \text{ m} \times 0{,}020 \text{ m} + 0{,}470 \text{ m} \times 0{,}300 \text{ m}} = 0{,}050 \text{ m}$$

Momento de inércia. Usando o teorema do eixo paralelo:

$$I = \tfrac{1}{12}(0{,}470)(0{,}300)^3 + (0{,}470 \times 0{,}300)(0{,}050)^2$$
$$+ \tfrac{1}{12}(3{,}2)(0{,}020)^3 + (3{,}2 \times 0{,}020)(0{,}160 - 0{,}050)^2$$
$$I = 2{,}19 \times 10^{-3} \text{ m}^4$$

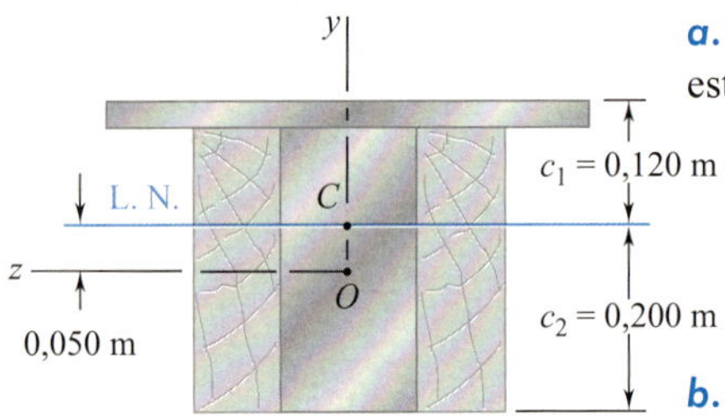

a. Tensão máxima na madeira. A madeira mais distante da linha neutra está localizada ao longo da borda inferior, em que $c_2 = 0{,}200$ m.

$$\sigma_{mad} = \frac{Mc_2}{I} = \frac{(50 \times 10^3 \text{ N} \cdot \text{m})(0{,}200 \text{ m})}{2{,}19 \times 10^{-3} \text{ m}^4}$$

$\sigma_{mad} = 4{,}57$ MPa ◀

b. Tensão no aço. Ao longo da borda superior, $c_1 = 0{,}120$ m. Da seção transformada obtemos uma tensão equivalente na madeira, que deve ser multiplicada por n para obtermos a tensão no aço.

$$\sigma_{aço} = n\frac{Mc_1}{I} = (16)\frac{(50 \times 10^3 \text{ N} \cdot \text{m})(0{,}120 \text{ m})}{2{,}19 \times 10^{-3} \text{ m}^4}$$

$\sigma_{aço} = 43{,}8$ MPa ◀

PROBLEMA RESOLVIDO 11.4

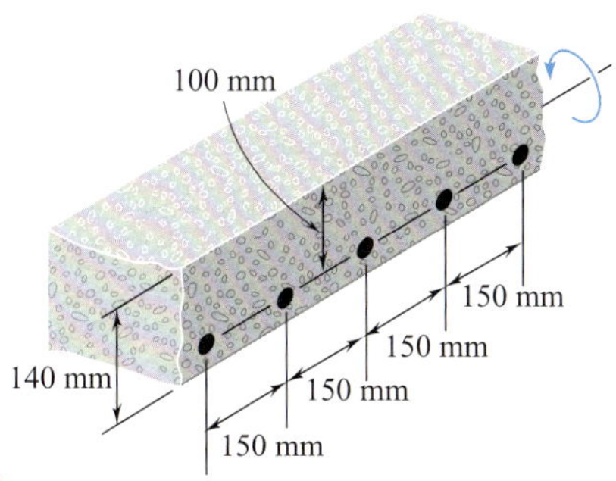

Uma laje de piso de concreto é reforçada por barras de aço de 16 mm de diâmetro colocadas 38 mm acima da face inferior da laje, com 150 mm de espaço entre seus centros. O módulo de elasticidade é de 25 GPa para o concreto usado e de 205 GPa para o aço. Sabendo que é aplicado um momento fletor de 4,5 kN · m a cada 300 mm de largura da laje, determine (*a*) a tensão máxima no concreto e (*b*) a tensão no aço.

SOLUÇÃO

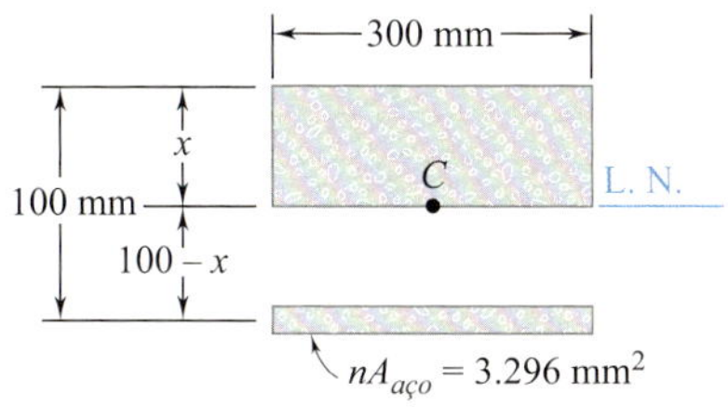

Seção transformada. Consideramos uma parte da laje de 300 mm de largura, sob a qual há duas barras de 16 mm de diâmetro com uma área de seção transversal total de

$$A_{aço} = 2\left[\frac{\pi}{4}(16\text{ mm})^2\right] = 402\text{ mm}^2$$

Como o concreto resiste somente em compressão, todas as forças de tração são suportadas pelas barras de aço, e a seção transformada consiste em duas áreas mostradas. Uma é a parte do concreto em compressão (localizada acima da linha neutra), e a outra é a área transformada do aço, $nA_{aço}$. Temos

$$n = \frac{E_{aço}}{E_{conc}} = \frac{205\text{ GPa}}{25\text{ GPa}} = 8{,}2$$

$$nA_{aço} = 8{,}2(402\text{ mm}^2) = 3.296\text{ mm}^2$$

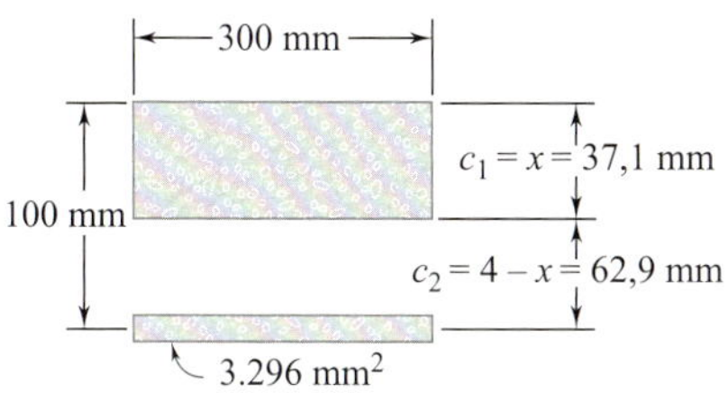

Linha neutra. A linha neutra da laje passa pelo centroide da seção transformada. Somando os momentos da área transformada em relação à linha neutra, escrevemos

$$300x\left(\frac{x}{2}\right) - 32{,}96(100 - x) = 0 \qquad x = 37{,}1\text{ mm}$$

Momento de inércia. O momento centroidal de inércia da área transformada é

$$I = \tfrac{1}{3}(300)(37{,}1)^3 + 3.296(100 - 37{,}1)^2 = 18{,}15 \times 10^6\text{ mm}^4$$

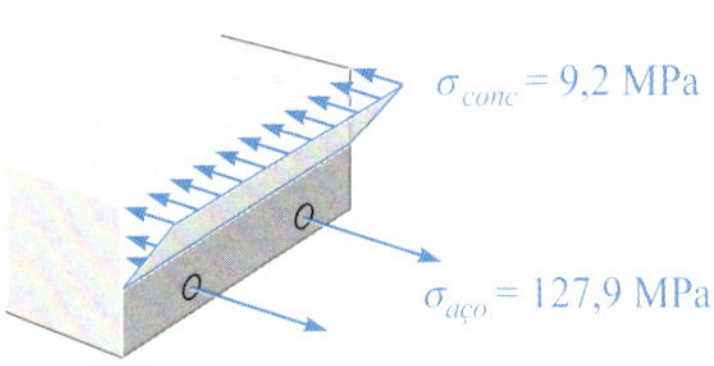

a. Tensão máxima no concreto. Na face superior da laje, temos $c_1 = 37{,}1$ mm e

$$\sigma_{conc} = \frac{Mc_1}{I} = \frac{(4.500\text{ kN} \cdot \text{m})(37{,}1\text{ mm})}{18{,}15 \times 10^6\text{ mm}^4} \qquad \sigma_{conc} = 9{,}2\text{ MPa} \blacktriangleleft$$

b. Tensão no aço. Para o aço, temos $c_2 = 62{,}9$ mm, $n = 8{,}2$ e

$$\sigma_{aço} = n\frac{Mc_2}{I} = 8{,}2\frac{(4.500\text{ kN} \cdot \text{mm})(62{,}9\text{ mm})}{18{,}15 \times 10^6\text{ mm}^4} \qquad \sigma_{aço} = 127{,}9\text{ MPa} \blacktriangleleft$$

PROBLEMAS

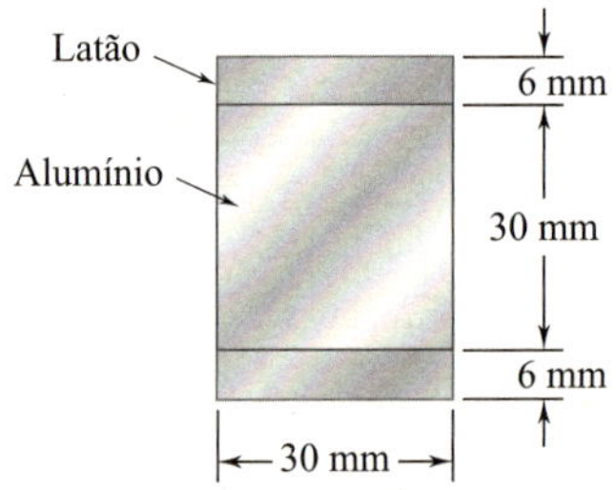

Figura P11.25

11.25 e **11.26** Uma barra com a seção transversal mostrada na figura foi construída unindo firmemente latão e alumínio. Usando os dados fornecidos a seguir, determine o maior momento fletor admissível quando a barra composta é flexionada em torno do eixo horizontal.

	Alumínio	Latão
Módulo de elasticidade	70 GPa	105 GPa
Tensão admissível	100 MPa	160 MPa

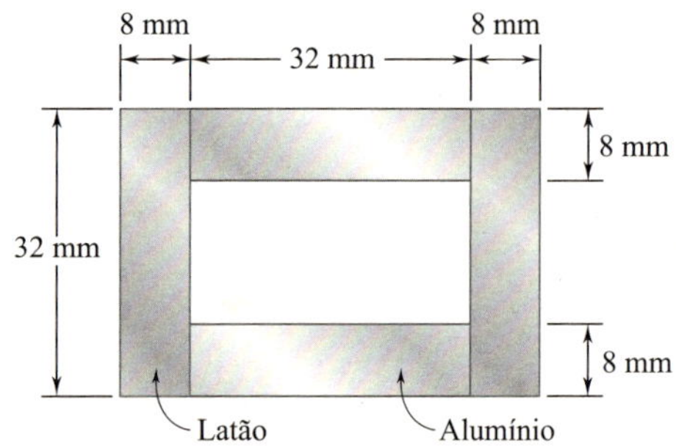

Figura P11.26

11.27 e ***11.28*** Para a barra composta indicada, determine o maior momento fletor admissível quando ela é flexionada em torno do eixo vertical.

11.27 Barra do Problema 11.25.

11.28 Barra do Problema 11.26

11.29 até **11.31** Vigas de madeira e chapas de aço são aparafusadas firmemente para formar o elemento composto mostrado na figura. Usando os dados da tabela a seguir, determine o maior momento fletor admissível quando a viga é flexionada em torno do eixo horizontal.

	Madeira	Aço
Módulo de elasticidade	13,8 GPa	207 GPa
Tensão admissível	13,8 MPa	152 MPa

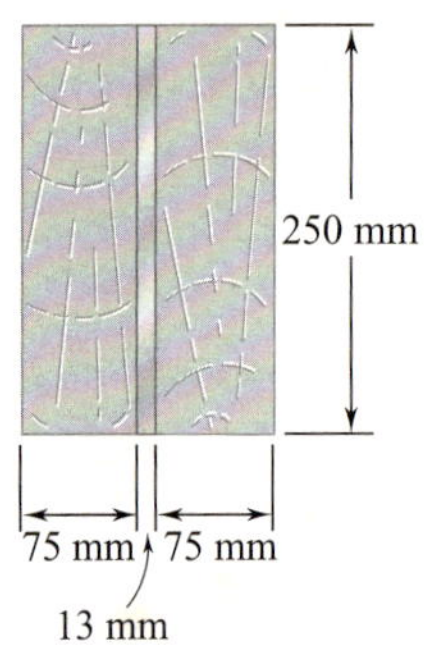

Figura P11.29

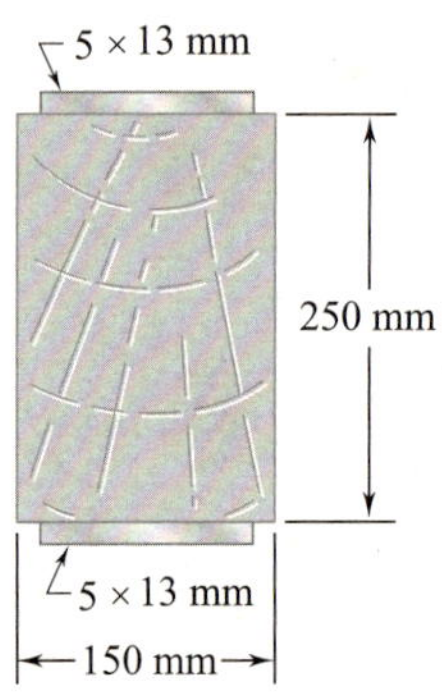

Figura P11.30

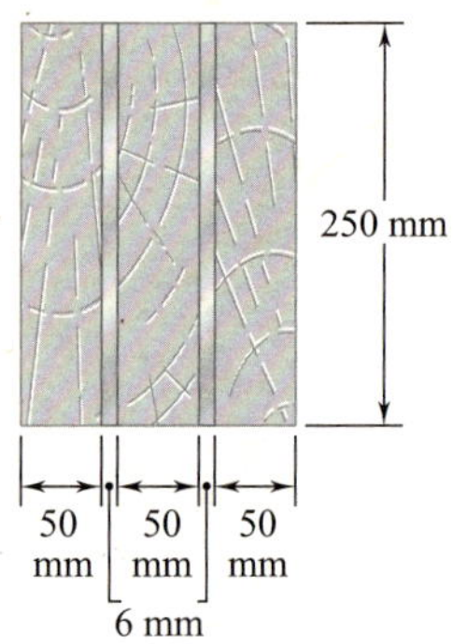

Figura P11.31

11.32 Para a viga composta do Problema 11.31, determine o maior momento fletor admissível quando ela é flexionada em torno do eixo vertical.

11.33 e **11.34** Uma tira de cobre (E_c = 105 GPa) e uma barra de alumínio (E_a = 75 GPa) são unidas para formar a barra composta mostrada na figura. Sabendo que a tira é flexionada em torno do eixo horizontal com um momento 35 N · m, determine a tensão máxima (*a*) na tira de alumínio e (*b*) na tira de cobre.

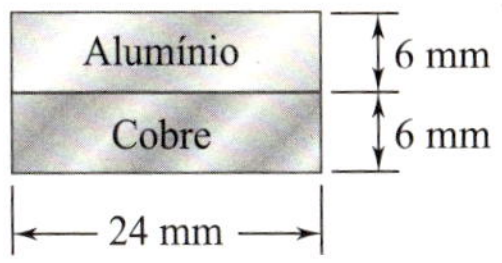

Figura P11.33

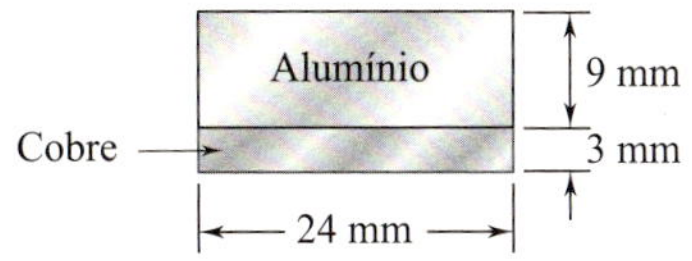

Figura P11.34

11.35 e **11.36** Uma viga de madeira de 152,4 mm × 304,8 mm foi reforçada aparafusando nela o reforço de aço mostrado na figura. O módulo de elasticidade para a madeira é de 12,4 GPa e de 200 GPa para o aço. Sabendo que a viga é flexionada em torno do eixo horizontal por um momento fletor 50,8 kN · m, determine a tensão máxima (*a*) na madeira e (*b*) no aço.

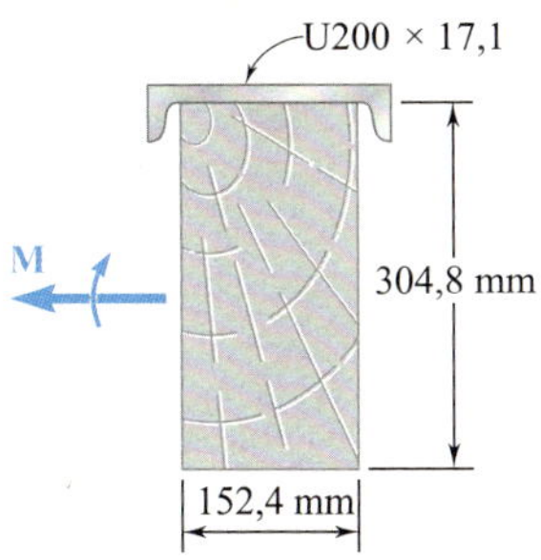

Figura P11.35

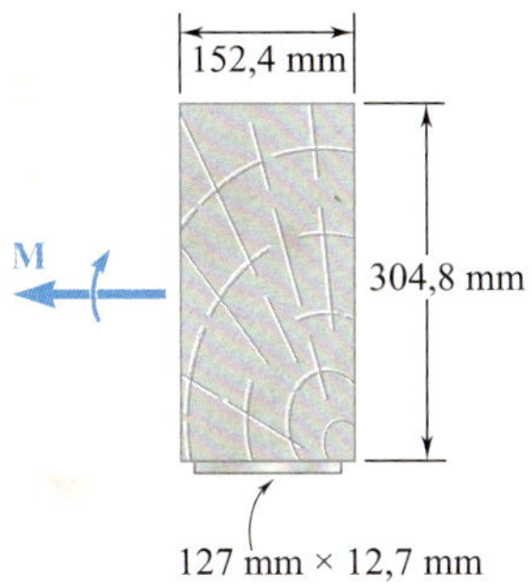

Figura P11.36

11.37 e **11.38** Para a barra composta indicada, determine o raio de curvatura provocado pelo momento fletor de 35 N · m.

11.37 Barra do Problema 11.33.

11.38 Barra do Problema 11.34.

11.39 e **11.40** Para a barra composta indicada, determine o raio de curvatura provocado pelo momento fletor de 50,8 kN · m.

11.39 Barra do Problema 11.35.

11.40 Barra do Problema 11.36.

11.41 A viga de concreto reforçado mostrada na figura está submetida a um momento fletor positivo de 175 kN · m. Sabendo que o módulo de elasticidade é de 25 GPa para o concreto e de 200 GPa para o aço, determine (*a*) a tensão no aço e (*b*) a tensão máxima no concreto.

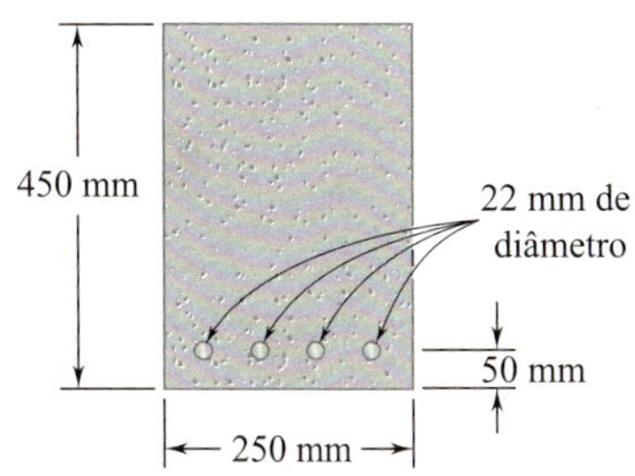

Figura P11.41

11.42 Resolva o Problema 11.41 considerando que a largura de 450 mm seja aumentada para 500 mm.

11.43 Uma laje de concreto é reforçada por barras de 16 mm de diâmetro colocadas com distanciamento de 180 mm entre os centros, conforme mostra a figura. O módulo de elasticidade é de 20 GPa para o concreto e de 200 GPa para o aço. Usando uma tensão admissível de 9 MPa para o concreto e de 120 MPa para o aço, determine o maior momento fletor por metro de largura que pode ser aplicado com segurança à laje.

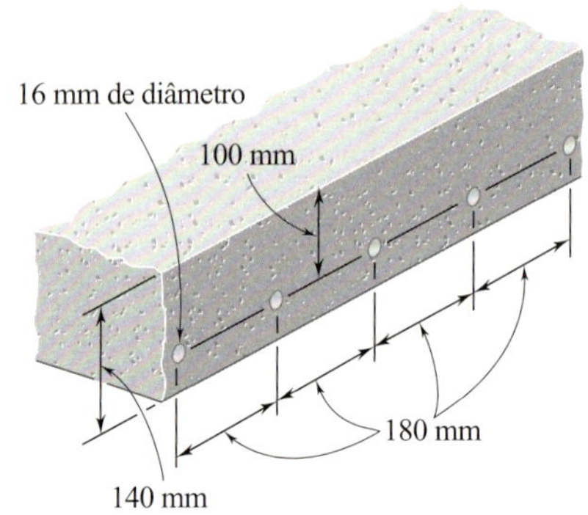

Figura P11.43

11.44 Resolva o Problema 11.43 considerando que o espaçamento entre os centros das barras de diâmetro de 16 mm é aumentado para 225 mm.

11.45 Sabendo que o momento fletor em uma viga de concreto reforçado é de +203,4 kN · m e que o módulo de elasticidade é de 25,9 GPa para o concreto e de 206,9 GPa para o aço, determine (*a*) a tensão no aço e (*b*) a tensão máxima no concreto.

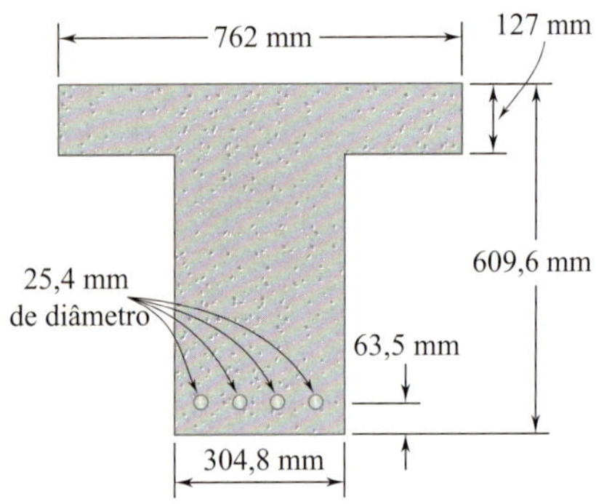

Figura P11.45

11.46 Um viga de concreto é reforçada com três barras de aço posicionadas como mostra a figura. O modulo de elasticidade é de 25 GPa para o concreto e de 200 GPa para o aço. Usando uma tensão admissível de 9,3 MPa para o concreto e 138 MPa para o aço, determine o maior momento fletor positivo admissível na viga.

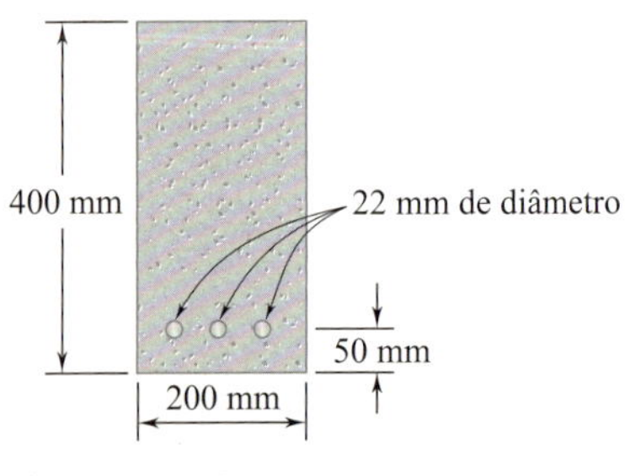

Figura P11.46

11.47 e 11.48 Cinco tiras de metal, cada uma com 13 mm × 38 mm de seção transversal, são unidas para formar uma viga composta, mostrada na figura. O módulo de elasticidade é de 200 GPa para o aço, de 105 GPa para o latão e de 70 GPa para o alumínio. Sabendo que a viga é flexionada em torno do eixo horizontal por um momento de 1.350 N · m, determine (*a*) a tensão máxima em cada um dos três metais e (*b*) o raio de curvatura da viga composta.

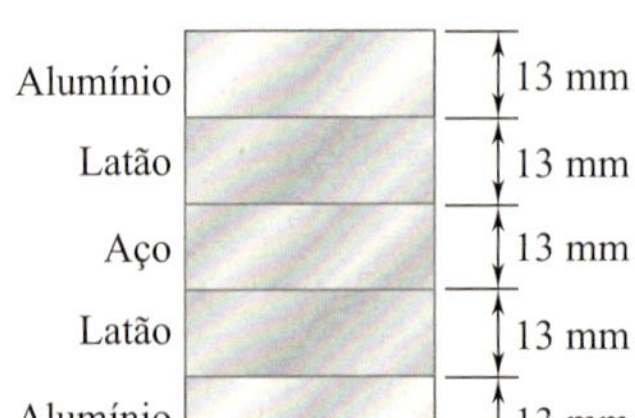

Figura P11.47

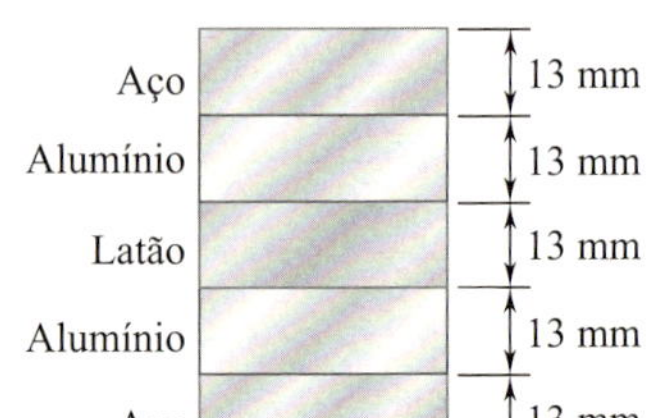

Figura P11.48

11.6 Carregamento axial excêntrico em um plano de simetria

Na Seção 8.3, vimos que a distribuição de tensões na seção transversal de uma viga sob carregamento axial pode ser considerada uniforme somente quando a linha de ação das cargas **P** e **P′** passa pelo centroide da seção transversal. Dizemos que um carregamento desse tipo é *centrado*. Vamos agora analisar a distribuição de tensões quando a linha de ação das forças *não* passa pelo centroide da seção transversal, isto é, quando o carregamento é *excêntrico*.

Dois exemplos de carregamento excêntrico são mostrados nas Fotos 11.5 e 11.6. No caso do poste de iluminação, o peso da lâmpada provoca um carregamento excêntrico. Da mesma forma, as forças verticais que atuam na prensa provocam um carregamento excêntrico na coluna que fica atrás da prensa.

Foto 11.5

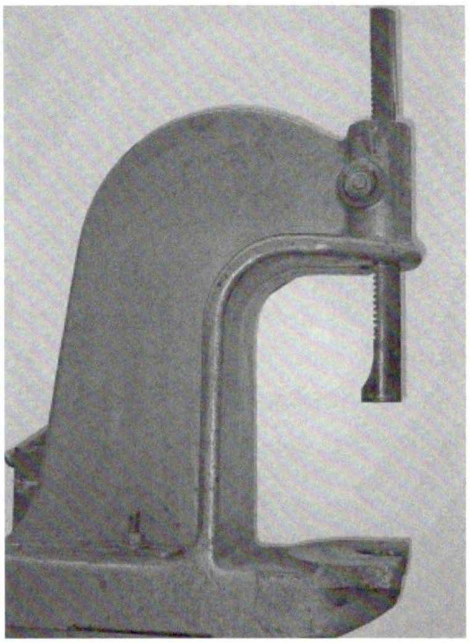

Foto 11.6

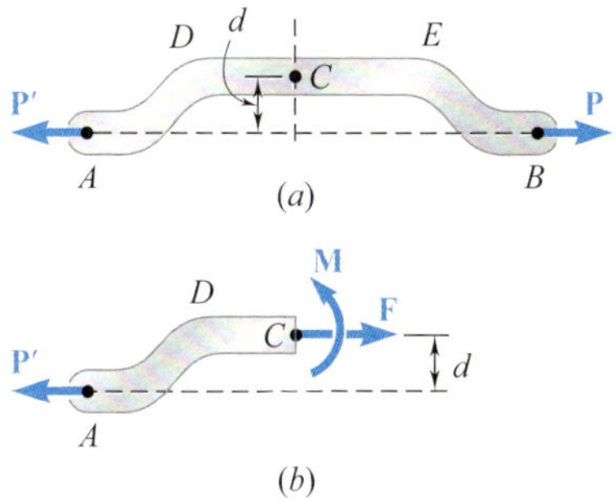

Figura 11.25

Nesta seção, nossa análise estará limitada a barras que têm um plano de simetria, e consideraremos que as forças são aplicadas no plano de simetria da barra (Fig. 11.25*a*). Os esforços internos que atuam sobre uma seção transversal podem ser representados por uma força **F** aplicada no centroide *C* da seção e um momento fletor **M** atuando no plano de simetria da barra (Fig. 11.25*b*). As condições de equilíbrio do diagrama de corpo livre *AC* requerem que a força **F** seja igual e oposta a **P′**, e que o momento fletor **M** seja igual e oposto ao momento de **P′** em relação a *C*. Chamando de *d* a distância do centroide *C* até a linha de ação *AB* das forças **P** e **P′**, temos

$$F = P \qquad \text{e} \qquad M = Pd \tag{11.27}$$

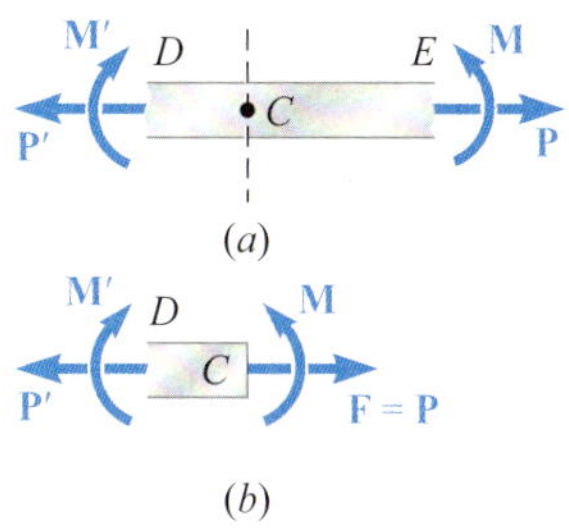

Figura 11.26

Observamos agora que os esforços internos na seção poderiam ter sido representados pela mesma força e momento, se a parte reta *DE* da barra *AB* tivesse sido destacada de *AB* e submetida simultaneamente às forças centradas **P** e **P′** e aos momentos fletores **M** e **M′** (Fig. 11.26). Assim, a distribuição de tensões causada pelo carregamento excêntrico original poderia ser obtida pela superposição da distribuição uniforme de tensão correspondente às forças centradas **P** e **P'** e da distribuição linear correspondente aos momentos fletores **M** e **M'** (Fig. 11.27). Escrevemos

$$\sigma_x = (\sigma_x)_{\text{centrada}} + (\sigma_x)_{\text{flexão}}$$

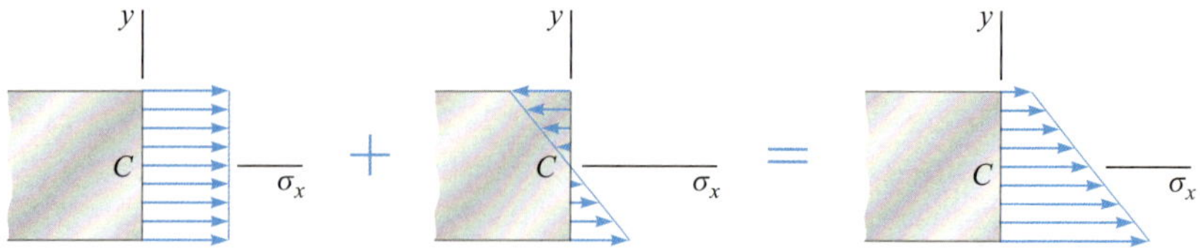

Figura 11.27

ou, usando as Eqs. (8.1) e (11.16):

$$\sigma_x = \frac{P}{A} - \frac{My}{I} \qquad (11.28)$$

onde A é a área da seção transversal, e I, seu momento de inércia em relação ao eixo que passa pelo centroide da seção transversal, e na qual y é medido a partir desse eixo da seção transversal. A relação obtida mostra que a distribuição de tensões ao longo da seção é *linear, mas não uniforme*. Dependendo da geometria da seção transversal e da excentricidade da força, as tensões combinadas podem ter todas elas o mesmo sinal, como mostra a Fig. 11.27, ou algumas podem ser positivas e outras negativas como mostra a Fig. 11.28. Nesse último caso, haverá uma linha na seção ao longo da qual $\sigma_x = 0$. Trata-se da *linha neutra* da seção. Notamos que a linha neutra *não* coincide com o eixo que passa pelo centroide da seção, pois $\sigma_x \neq 0$ para $y = 0$.

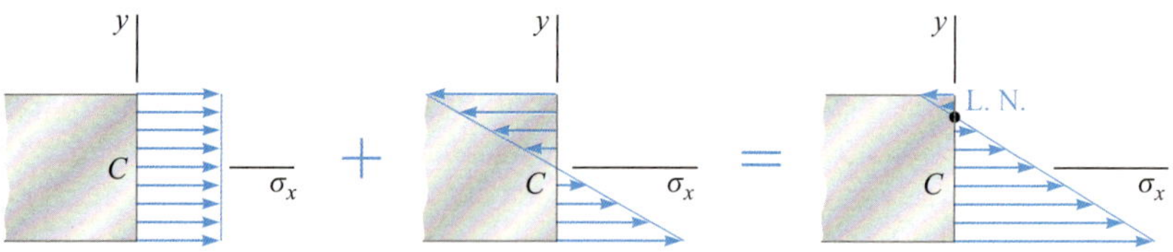

Figura 11.28

Os resultados obtidos são válidos somente quando satisfeitas as condições de aplicabilidade do princípio da superposição (Seção 9.11) e do princípio de Saint-Venant (Seção 9.14). Isso significa que as tensões envolvidas não devem ultrapassar o limite de proporcionalidade do material, que as deformações provocadas pela flexão não devem afetar de forma considerável a distância d na Fig. 11.25 e que a seção transversal onde as tensões são calculadas não deve estar muito perto dos pontos D ou E na mesma figura.

Exemplo 11.4. Uma corrente de elos abertos é obtida quando se dobram barras de aço de baixo teor de carbono, de 12 mm de diâmetro, na forma mostrada (Fig. 11.29). Sabendo que a corrente suporta uma força de 750 N, determine (*a*) as tensões máximas de tração e compressão na parte reta de um elo e (*b*) a distância entre o eixo que passa pelo centroide e a linha neutra de uma seção transversal.

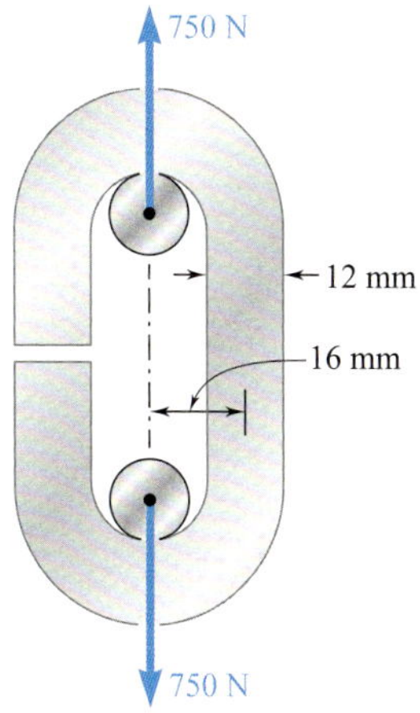

Figura 11.29

a. Tensões de tração e de compressão máximas. Os esforços internos na seção transversal são equivalentes a uma força centrada **P** e a um momento fletor **M** (Fig. 11.30) de intensidades

$$P = 750 \text{ N}$$
$$M = Pd = (750 \text{ N})(0{,}016 \text{ m}) = 12 \text{ N} \cdot \text{m}$$

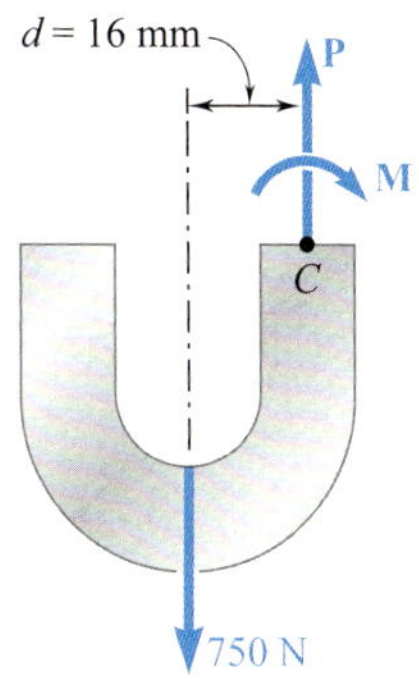

Figura 11.30

As distribuições de tensão correspondentes são mostradas nas partes *a* e *b* da Fig. 11.31. A distribuição provocada pela força centrada **P** é uniforme e igual a $\sigma_0 = P/A$. Temos

$$A = \pi c^2 = \pi (6 \times 10^{-3} \text{ m})^2 = 1{,}131 \times 10^{-4} \text{ m}^2$$
$$\sigma_0 = \frac{P}{A} = \frac{750 \text{ N}}{1{,}131 \times 10^{-4} \text{ m}^2} = 6{,}63 \text{ MPa}$$

A distribuição provocada pelo momento fletor **M** é linear com uma tensão máxima $\sigma_m = Mc/I$. Escrevemos então

$$I = \tfrac{1}{4}\pi c^4 = \tfrac{1}{4}\pi (6 \times 10^{-3} \text{ m})^4 = 1{,}018 \times 10^{-9} \text{ m}^4$$
$$\sigma_m = \frac{Mc}{I} = \frac{(12 \text{ N} \cdot \text{m})(6 \times 10^{-3} \text{ m})}{1{,}018 \times 10^{-9} \text{ m}^4} = 70{,}73 \text{ MPa}$$

Superpondo as duas distribuições, obtemos a distribuição de tensões correspondente para o carregamento excêntrico dado (Fig. 11.31*c*). As tensões máximas de tração e compressão na seção resultam, respectivamente, em

$$\sigma_t = \sigma_0 + \sigma_m = 6{,}63 + 70{,}73 = 77{,}36 \text{ MPa}$$
$$\sigma_c = \sigma_0 - \sigma_m = 6{,}63 - 70{,}73 = -64{,}10 \text{ MPa}$$

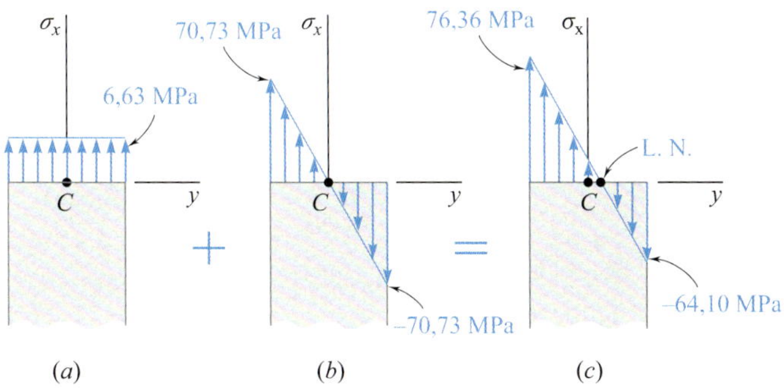

Figura 11.31

b. Distância entre o eixo que passa pelo centroide e a linha neutra. A distância y_0 do eixo que passa pelo centroide para a linha neutra da seção é obtida fazendo $\sigma_x = 0$ na Eq. (11.28) e resolvendo para y_0:

$$0 = \frac{P}{A} - \frac{My_0}{I}$$
$$y_0 = \left(\frac{P}{A}\right)\left(\frac{I}{M}\right) = (6{,}63 \times 10^6 \text{ N/m}^2)\,\frac{1{,}018 \times 10^{-9} \text{ m}^4}{12 \text{ N} \cdot \text{m}}$$
$$y_0 = 0{,}56 \text{ mm} \quad ■$$

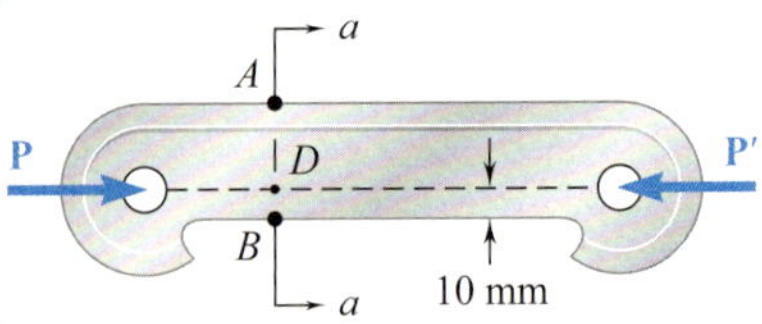

PROBLEMA RESOLVIDO 11.5

Sabendo que, para a peça de ferro fundido mostrada, as tensões admissíveis são 30 MPa na tração e 120 MPa na compressão, determine a maior força **P** que pode ser aplicada à peça. (*Sugestão*: A seção transversal em forma de *T* do elo já foi considerada no Problema Resolvido 11.2.)

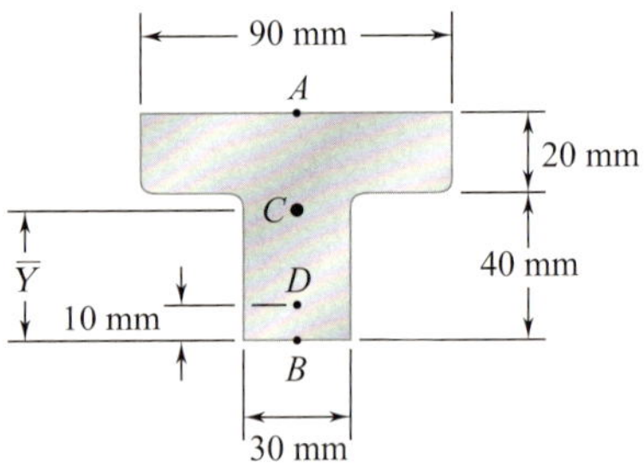

Seção *a-a*

SOLUÇÃO

Propriedades da seção transversal. Do Problema Resolvido 11.2, temos

$$A = 3.000 \text{ mm}^2 = 3 \times 10^{-3} \text{ m}^2 \qquad \overline{Y} = 38 \text{ mm} = 0{,}038 \text{ m}$$
$$I = 868 \times 10^{-9} \text{ m}^4$$

Agora escrevemos: $d = (0{,}038 \text{ m}) - (0{,}010 \text{ m}) = 0{,}028 \text{ m}$

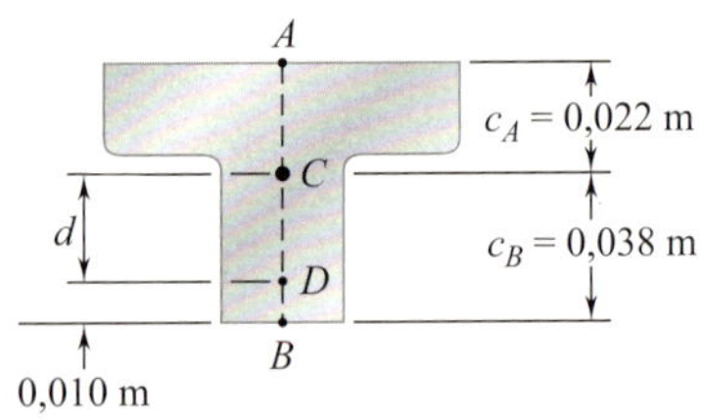

Força e momento em C. Substituímos **P** por um sistema equivalente força e momento no centroide *C*.

$$P = P \qquad M = P(d) = P(0{,}028 \text{ m}) = 0{,}028P$$

A força **P** que atua no centroide provoca uma distribuição de tensão uniforme (Fig. 1). O momento fletor **M** provoca uma distribuição de tensão linear (Fig. 2).

$$\sigma_0 = \frac{P}{A} = \frac{P}{3 \times 10^{-3}} = 333P \qquad \text{(Compressão)}$$
$$\sigma_1 = \frac{Mc_A}{I} = \frac{(0{,}028P)(0{,}022)}{868 \times 10^{-9}} = 710P \qquad \text{(Tração)}$$
$$\sigma_2 = \frac{Mc_B}{I} = \frac{(0{,}028P)(0{,}038)}{868 \times 10^{-9}} = 1.226P \qquad \text{(Compressão)}$$

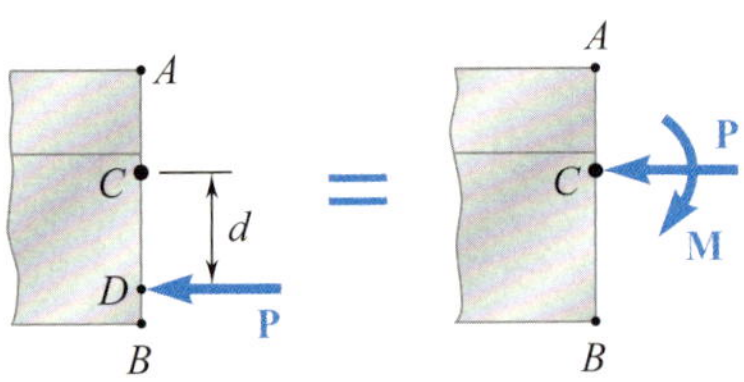

Superposição. A distribuição total de tensão (Fig. 3) é encontrada quando se superpõem as distribuições de tensão provocadas pela força centrada **P** e pelo momento **M**. Como a tração é positiva e a compressão é negativa, temos

$$\sigma_A = -\frac{P}{A} + \frac{Mc_A}{I} = -333P + 710P = +377P \qquad \text{(Tração)}$$
$$\sigma_B = -\frac{P}{A} - \frac{Mc_B}{I} = -333P - 1.226P = -1.559P \qquad \text{(Compressão)}$$

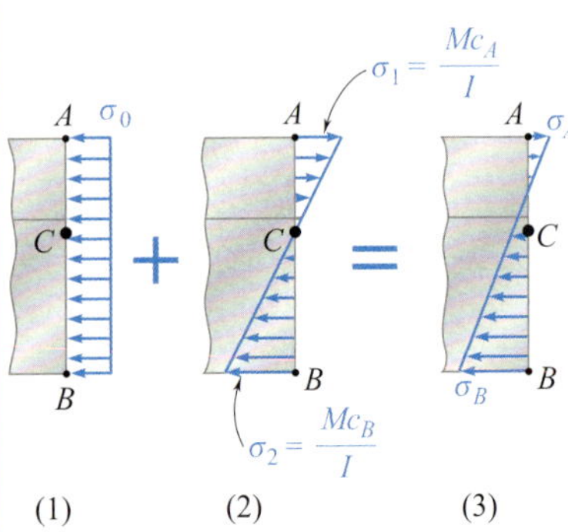

Maior força admissível. A intensidade de **P** para a qual a tensão de tração no ponto *A* é igual à tensão de tração admissível de 30 MPa é encontrada escrevendo

$$\sigma_A = 377P = 30 \text{ MPa} \qquad P = 79{,}6 \text{ kN} \blacktriangleleft$$

Determinamos também a intensidade de **P** para a qual a tensão em *B* é igual à tensão de compressão admissível de 120 MPa.

$$\sigma_B = -1.559P = -120 \text{ MPa} \qquad P = 77{,}0 \text{ kN} \blacktriangleleft$$

A intensidade da maior força **P** que pode ser aplicada sem ultrapassar nenhuma das tensões admissíveis é o menor dos dois valores que encontramos.

$$P = 77{,}0 \text{ kN} \blacktriangleleft$$

PROBLEMAS

11.49 Duas forças **P** podem ser aplicadas separadamente ou ao mesmo tempo a uma placa que está soldada a uma barra circular cheia de raio r. Determine a maior tensão de compressão na barra circular (*a*) quando ambas as forças são aplicadas e (*b*) quando somente uma das forças é aplicada.

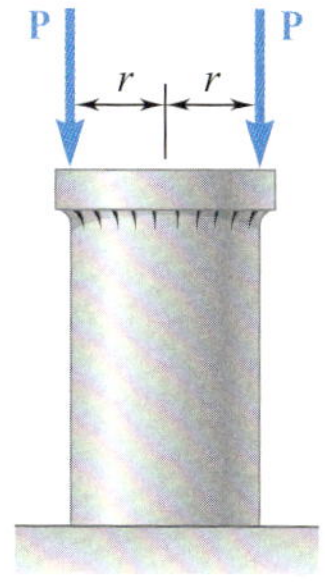

Figura P11.49

11.50 Podem ser aplicadas até três forças axiais, cada uma de intensidade $P = 45$ kN, à extremidade de um perfil de aço laminado de W200 × 31,3 mm. Determine a tensão no ponto A (*a*) para o carregamento mostrado e (*b*) se as forças forem aplicadas aos pontos 1 e 2 somente.

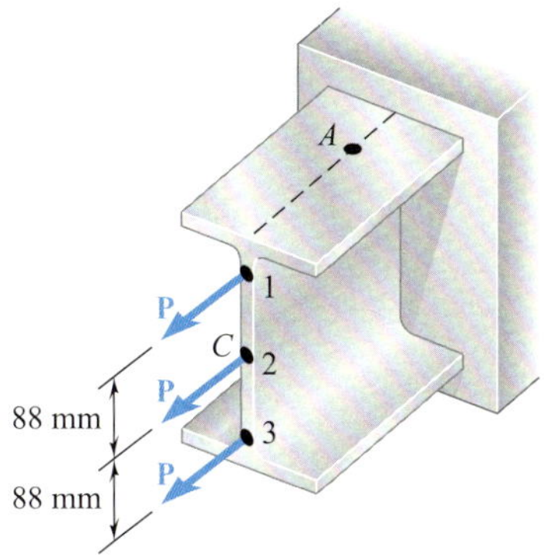

Figura P11.50 e P11.51

11.51 Podem ser aplicadas até três forças axiais, cada uma de intensidade $P = 45$ kN, à extremidade de um perfil de aço laminado de W200 × 31,3 mm. Determine a tensão no ponto A (*a*) para o carregamento mostrado e (*b*) se as forças forem aplicadas aos pontos 2 e 3 somente.

11.52 Sabendo que a intensidade da força horizontal **P** é de 8 kN, determine a tensão (*a*) no ponto A e (*b*) no ponto B.

11.53 A parte vertical da prensa mostrada na figura é composta de um tubo retangular com espessura de parede $t = 13$ mm. Sabendo que a prensa foi usada para prender blocos de madeira que estavam sendo colados, com uma força $P = 27$ kN, determine a tensão (*a*) no ponto A e (*b*) no ponto B.

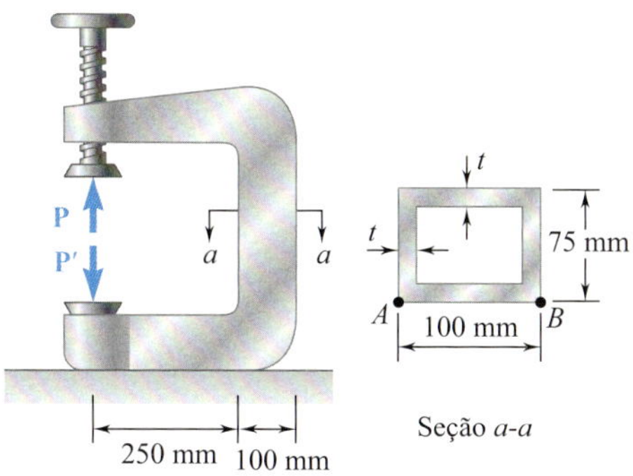

Figura P11.53

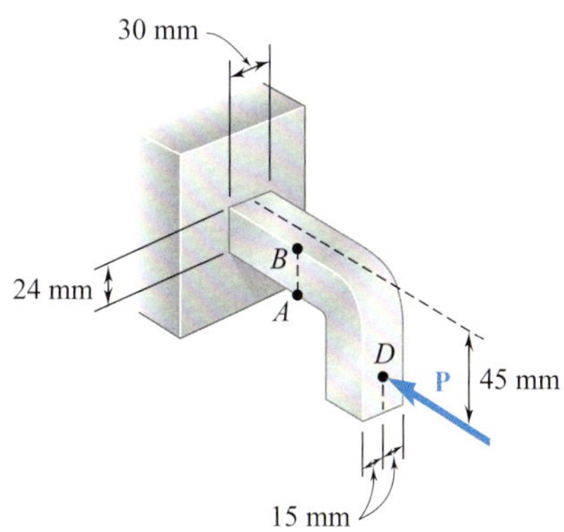

Figura P11.52

11.54 Resolva o Problema 11.53 considerando que $t = 10$ mm.

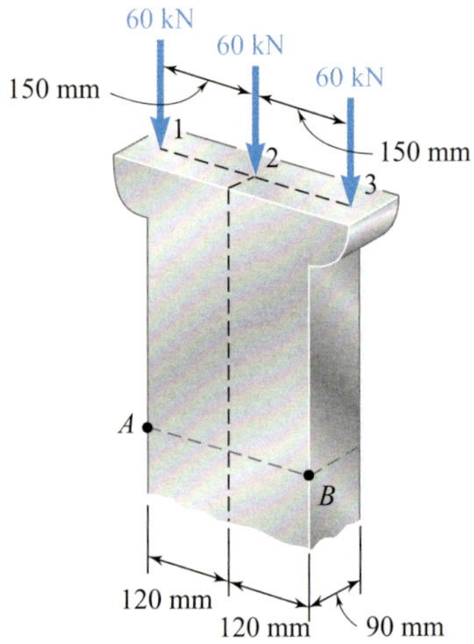

Figura P11.55 e P11.56

11.55 Determine a tensão nos pontos *A* e *B* (*a*) para o carregamento mostrado e (*b*) se as forças de 60 kN forem aplicadas aos pontos 1 e 2 somente.

11.56 Determine a tensão nos pontos *A* e *B* (*a*) para o carregamento mostrado e (*b*) se as forças de 60 kN forem aplicadas aos pontos 2 e 3 somente.

11.57 Deve ser feito um desvio *h* em uma barra circular cheia, de diâmetro *d*. Sabendo que a tensão máxima após criar esse desvio não deve exceder quatro vezes a tensão na barra quando estiver reta, determine o maior desvio a ser feito.

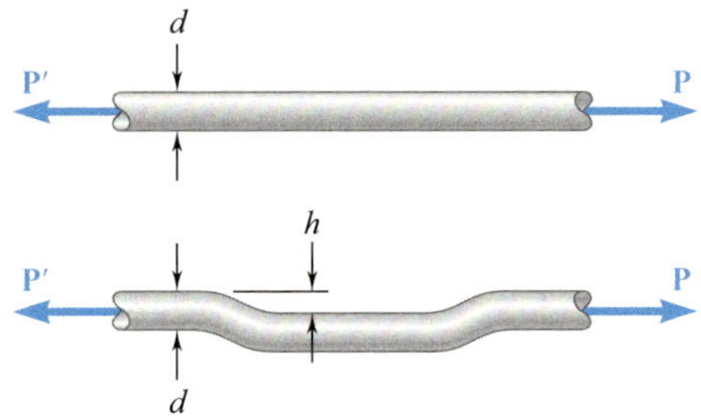

Figura P11.57 e P11.58

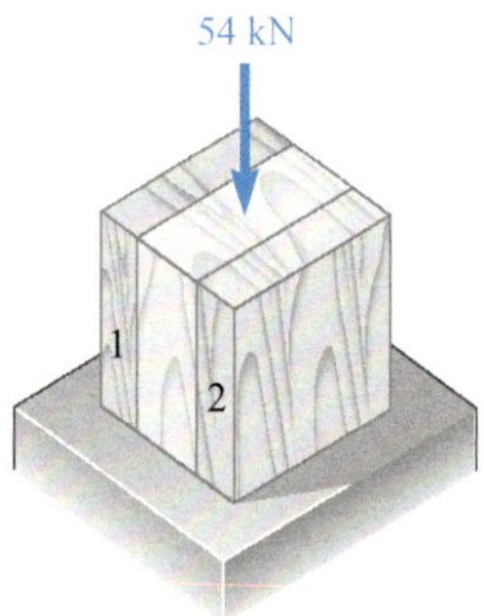

Figura P11.59

11.58 Deve ser feito um desvio *h* em um tubo metálico de 18 mm de diâmetro externo e 2 mm de espessura na parede. Sabendo que a tensão máxima após criar o desvio não deve exceder quatro vezes a tensão no tubo quando estiver reta, determine o maior desvio a ser feito.

11.59 Uma coluna curta é feita pregando duas pranchas de 25 × 100 mm a um tarugo de madeira com 50 × 100 mm. Determine a maior tensão de compressão desenvolvida na coluna pela aplicação de uma carga de 54 kN no centro da seção no topo dessa coluna se (*a*) a coluna for como o que foi descrito, (*b*) a prancha 1 for removida e (*c*) ambas as pranchas forem removidas.

11.60 Sabendo que a tensão admissível na seção *ABD* é de 45 kN, determine a maior força **P** que pode ser aplicada no suporte mostrado na figura.

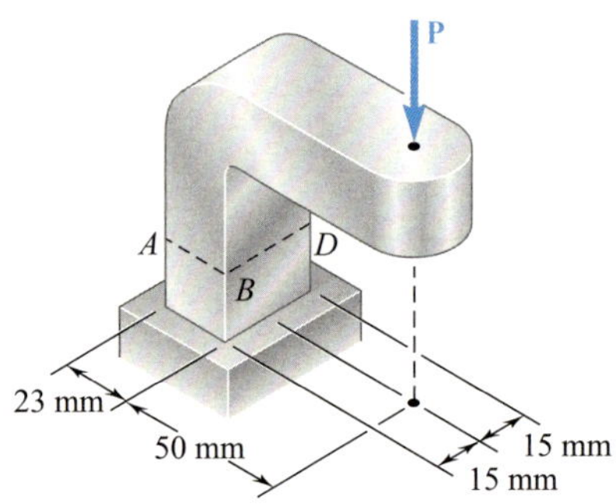

Figura P11.60

11.61 Uma operação de fresagem foi usada para remover parte de uma barra cheia de seção transversal quadrada. Sabendo que $a = 30$ mm, $d = 20$ mm e $\sigma_{adm} = 55$ MPa, determine a intensidade P das maiores forças que podem ser aplicadas com segurança aos centros das extremidades da barra.

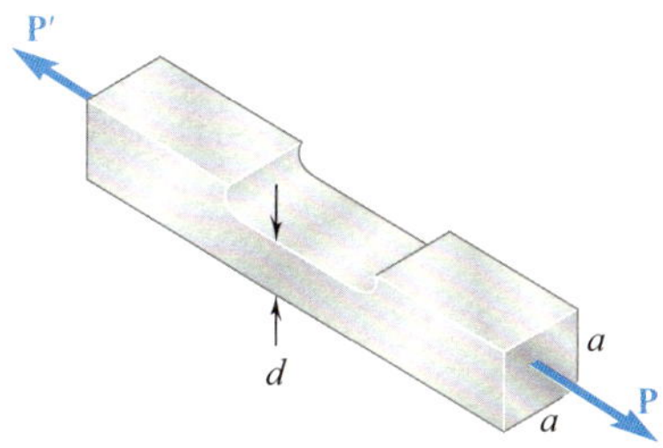

Figura P11.61 e P11.62

11.62 Uma operação de fresagem foi usada para remover parte de uma barra cheia de seção transversal quadrada. Forças de intensidade $P = 18$ kN são aplicadas aos centros das extremidades da barra. Sabendo que $a = 30$ mm e $\sigma_{adm} = 55$ MPa, determine a menor dimensão d admissível para a parte fresada da barra.

11.63 Duas forças mostradas na figura são aplicadas em uma placa rígida suportada por um tubo de aço de 140 mm de diâmetro externo e 120 mm de diâmetro interno. Sabendo que tensão de compressão admissível é de 100 MPa, determine a faixa de valores admissíveis de P.

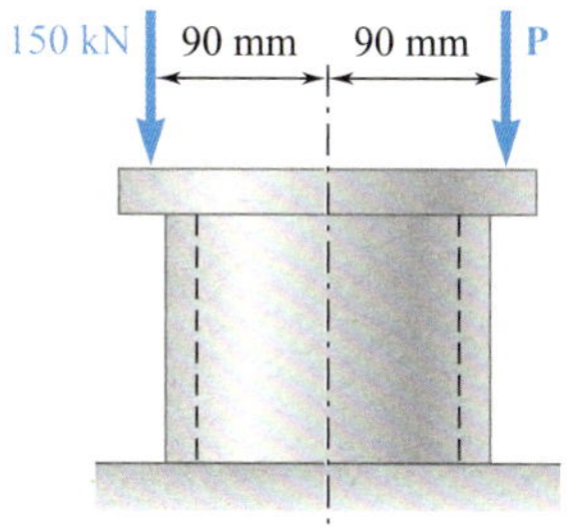

Figura P11.63 e P11.64

11.64 Duas forças mostradas na figura são aplicadas em uma placa rígida suportada por um tubo de aço de 140 mm de diâmetro externo e 120 mm de diâmetro interno. Determine a faixa de valores admissíveis de P, de modo que todas as tensões sejam compressivas e menores que 100 MPa.

11.65 O perfil mostrado foi formado pela flexão de uma placa fina de aço. Considerando que a espessura t é pequena quando comparada ao comprimento a dos lados do perfil, determine a tensão (a) no ponto A, (b) no ponto B e (c) no ponto C.

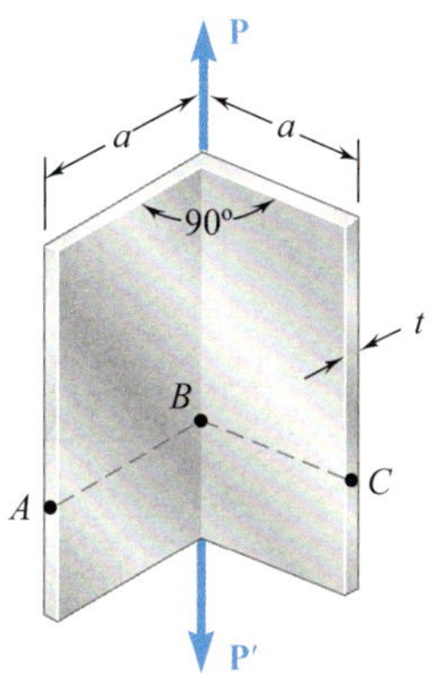

Figura P11.65

11.66 Sabendo que a tensão admissível na seção *a-a* da prensa hidráulica mostrada na figura é de 40 MPa em tração e de 80 MPa em compressão, determine a maior força **P** que pode ser aplicada pela prensa.

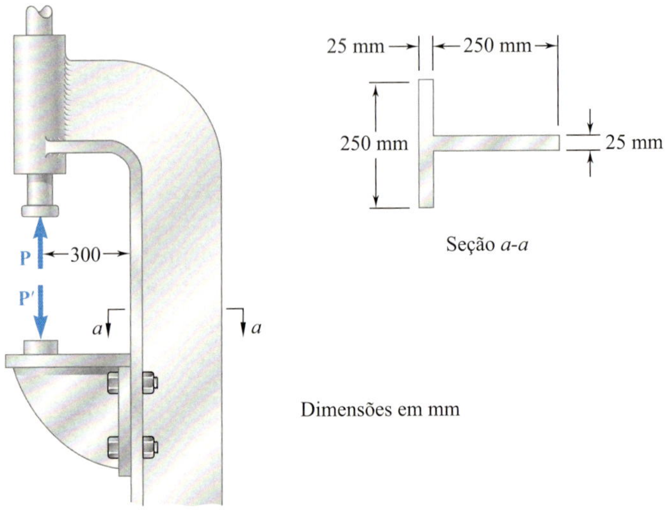

Figura P11.66

11.67 Uma força vertical **P** de intensidade 90 kN é aplicada a um ponto *C* localizado no eixo de simetria da seção transversal de uma coluna curta. Sabendo que $y = 125$ mm, determine (*a*) a tensão no ponto *A*, (*b*) a tensão no ponto *B* e (*c*) a localização da linha neutra.

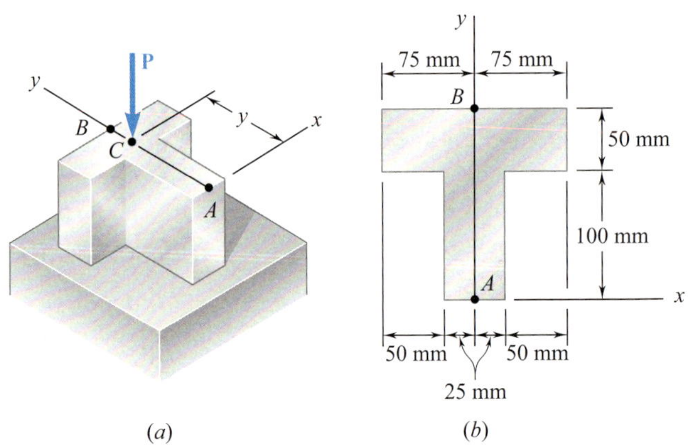

Figura *P11.67* e P11.68

11.68 Uma força vertical **P** é aplicada a um ponto *C* localizado no eixo de simetria da seção transversal de uma coluna curta. Determine a faixa de valores de *y* para que não ocorram tensões na coluna.

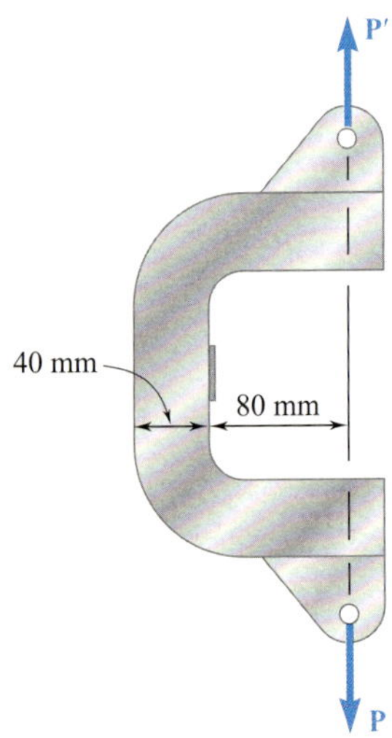

Figura *P11.69*

11.69 A barra de aço em forma de C é usada como um dinamômetro para determinar a intensidade *P* das forças mostradas. Sabendo que a seção transversal da barra é um quadrado de 40 mm de lado e que a deformação na borda interna foi medida e encontrou-se o valor de 450 μ, determine a intensidade *P* das forças. Use $E = 200$ GPa.

11.70 Uma coluna curta de aço laminado suporta uma placa rígida na qual são aplicadas as duas cargas **P** e **Q** conforme mostra a figura. As deformações em dois pontos A e B na linha de centro das faces externas das mesas foram medidas e obtiveram os valores $\epsilon_A = -400 \times 10^{-6}$ mm/mm e $\epsilon_B = -300 \times 10^{-6}$ mm/mm. Sabendo que $E = 200$ GPa, determine a intensidade de cada força.

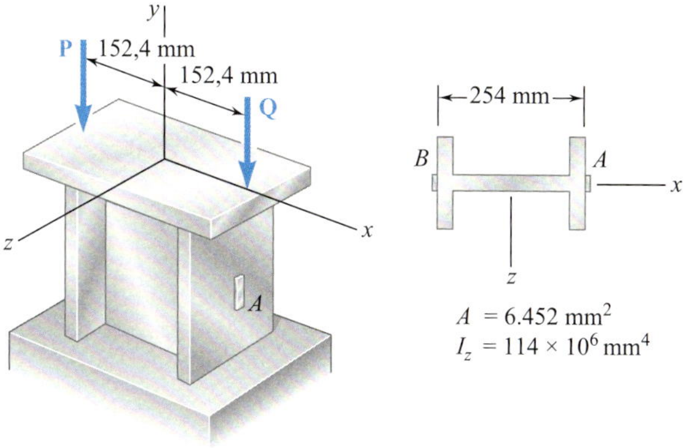

Figura P11.70

11.71 Resolva o Problema 11.70 considerando que as deformações medidas são $\epsilon_A = -350 \times 10^{-6}$ mm/mm e $\epsilon_B = -50 \times 10^{-6}$ mm/mm.

11.72 Uma força excêntrica **P** é aplicada a uma barra de aço com seção transversal de 25 × 90 mm conforme mostra a figura. As deformações em A e B foram medidas e obtiveram-se os valores $\epsilon_A = +350\ \mu$ e $\epsilon_B = -70\ \mu$. Sabendo que $E = 200$ GPa, determine (*a*) a distância d e (*b*) a intensidade da força **P**.

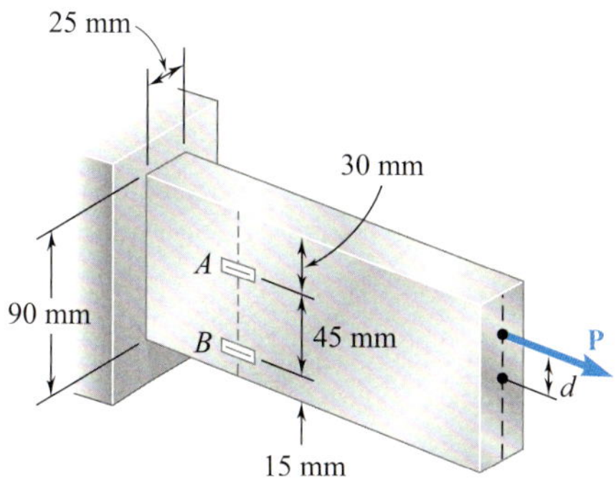

Figura P11.72

11.7 Flexão assimétrica

Nossa análise de flexão pura esteve limitada até agora a barras que têm pelo menos um plano de simetria e que foram submetidas a momentos fletores que atuam nesse plano. Por causa da simetria dessas barras e de seus carregamentos, concluímos que elas permaneceriam simétricas em relação ao plano dos momentos e, portanto, flexionadas nele (Seção 11.3),

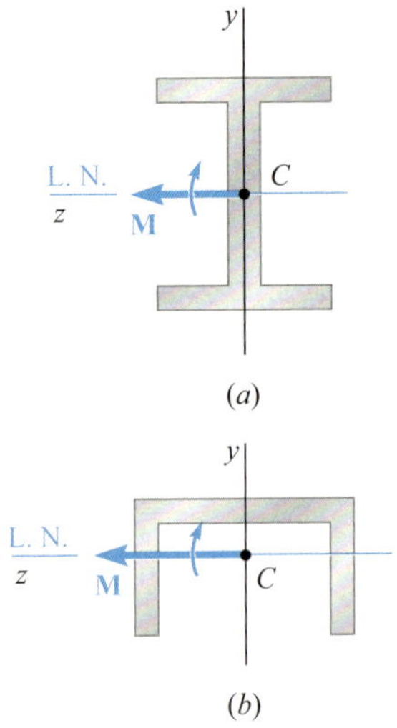

Figura 11.32

o que é ilustrado pela Fig. 11.32: a parte *a* mostra a seção transversal de uma barra que tem dois planos de simetria, um vertical e um horizontal, e a parte *b* mostra a seção transversal de uma barra com um único plano de simetria vertical. Em ambos os casos, o momento fletor que atua na seção age no plano vertical de simetria da barra e é representado pelo vetor momento **M** horizontal, e em ambos os casos, a linha neutra da seção transversal coincide com a direção do vetor momento.

Consideremos agora situações em que os momentos fletores *não* atuam em um plano de simetria da barra, ou porque atuam em um plano diferente ou porque a barra não tem nenhum plano de simetria. Em tais situações, não podemos considerar que a barra será flexionada no plano dos momentos, o que está ilustrado na Fig. 11.33. Em cada parte da figura, consideramos novamente que o momento fletor que atua na seção age em um plano vertical e foi representado por um vetor momento **M** horizontal. No entanto, como o plano vertical não é um plano de simetria, *não podemos esperar que a barra venha a flexionar nesse plano ou que a linha neutra da seção coincida com a direção do momento.*

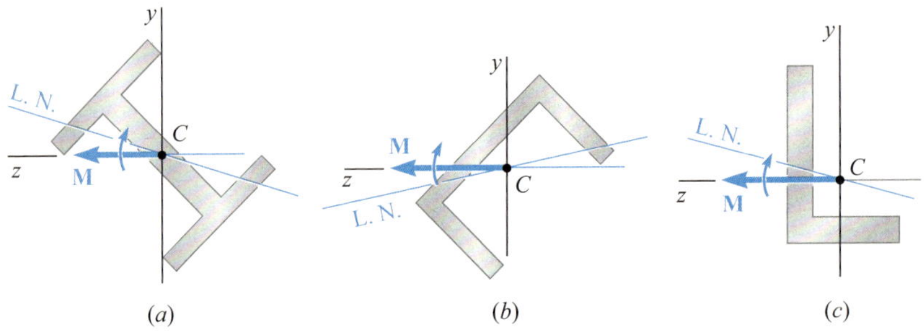

Figura 11.33

Nossa proposta é determinar as condições sob as quais a linha neutra de uma seção transversal de forma arbitrária coincide com a direção do momento **M**, representando os esforços que atuam na seção. Uma seção assim é mostrada na Fig. 11.34, e consideramos que tanto o vetor momento **M** quanto a linha neutra estão direcionados ao longo do eixo z. Como

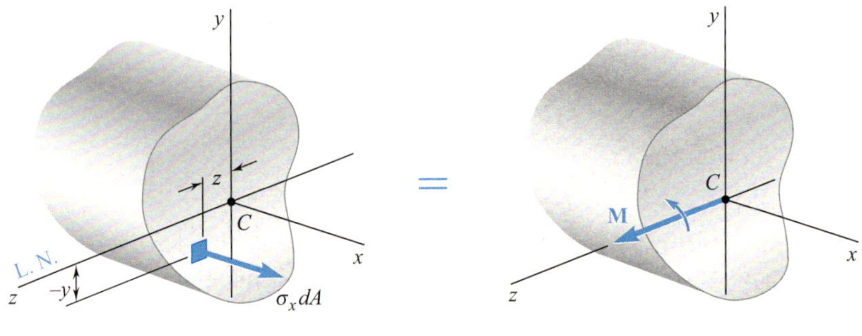

Figura 11.34

vimos na Seção 11.2, ao expressarmos que as forças internas elementares $\sigma_x dA$ formam um sistema equivalente ao momento **M**, obtemos

$$\text{componentes } x: \qquad \int \sigma_x dA = 0 \qquad (11.1)$$

$$\text{momentos em torno do eixo } y: \qquad \int z\sigma_x dA = 0 \qquad (11.2)$$

$$\text{momentos em torno do eixo } z: \qquad \int(-y\sigma_x dA) = M \qquad (11.3)$$

Conforme já vimos, quando todas as tensões estão dentro do limite de proporcionalidade, a primeira dessas equações leva à condição de que a linha neutra deve ser um eixo que passa pelo centroide, e a última equação conduz à relação fundamental $\sigma_x = -My/I$. Como supomos na Seção 11.2 que a seção transversal era simétrica com relação ao eixo y, a Eq. (11.2) não foi considerada naquele momento. Agora que estamos considerando uma seção transversal de forma arbitrária, a Eq. (11.2) torna-se altamente significativa. Como as tensões permanecem dentro do limite de proporcionalidade do material, podemos substituir $\sigma_x = -\sigma_m y/c$ na Eq. (11.2) e escrever

$$\int z\left(-\frac{\sigma_m y}{c}\right) dA = 0 \qquad \text{ou} \qquad \int yz\, dA = 0 \qquad (11.29)$$

A integral $\int yzdA$ representa o produto da inércia I_{yz} da seção transversal com relação aos eixos y e z, e será zero se esses eixos forem os *eixos principais de inércia da seção transversal.*[*] Concluímos então que a linha neutra da seção transversal coincidirá com a direção do momento **M** que representa os esforços que atuam nessa seção *se, e somente se, o vetor momento fletor* **M** *estiver direcionado ao longo de um dos eixos principais da seção transversal.*

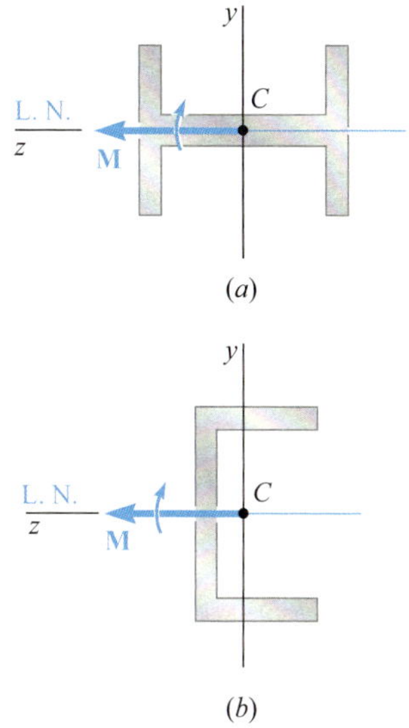

Figura 11.35

Observamos que as seções transversais mostradas na Fig. 11.32 são simétricas em relação a pelo menos um dos eixos coordenados. Conclui-se que, em cada caso, os eixos y e z são os principais eixos de inércia da seção. Como o vetor momento **M** está direcionado ao longo de um dos eixos principais de inércia, verificamos que a linha neutra coincidirá com a direção do momento. Notamos também que, se as seções transversais forem rotacionadas em 90° (Fig. 11.35), o vetor momento **M** ainda estará direcionado ao longo do eixo principal de inércia e a linha neutra novamente coincidirá com a direção do momento, ainda que, no caso *b*, o momento *não* atue em um plano de simetria da barra.

Em contrapartida, na Fig. 11.33, nenhum dos eixos coordenados é de simetria para as seções mostradas, e os eixos coordenados não são os eixos principais de inércia. Assim, o vetor momento **M** não está direcionado ao longo de um eixo principal de inércia, e a linha neutra não coincide com a direção do momento. No entanto, qualquer seção tem eixos principais de inércia, mesmo que ela seja assimétrica, como a seção mostrada na Fig. 11.33*c*. Se o vetor momento **M** estiver direcionado ao longo de um dos eixos principais de inércia da seção, a linha neutra coincidirá com a direção do momento (Fig. 11.36) e as equações deduzidas nas Seções 11.3 e 11.4 para barras de seção simétrica poderão ser usadas para determinar a tensão nesse caso também.

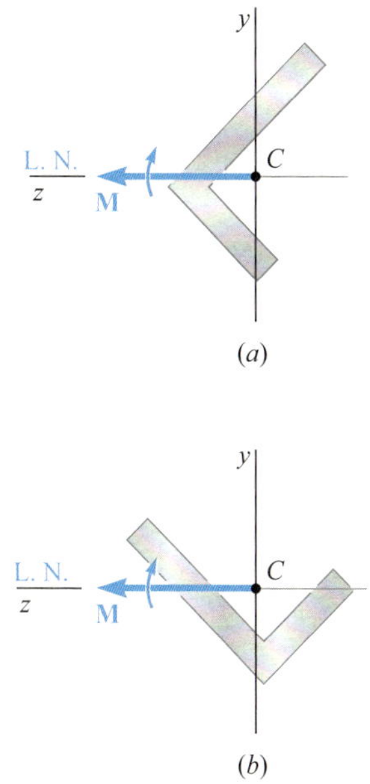

Figura 11.36

[*] Ver Ferdinand P. Beer, Russell Johnston, Jr, David F. Mazurek, and Elliot R. Eisenberg, *Vector Mechanics for Engineers*, 9th ed., McGraw-Hill, New York, 2010, sec. 9.8-9.10.

Conforme você verá aqui, o princípio da superposição pode ser usado para determinar tensões no caso mais geral de flexão assimétrica. Considere primeiro uma barra com um plano vertical de simetria, que está submetida aos momentos fletores **M** e **M′** que atuam em um plano formando um ângulo θ com o plano vertical (Fig. 11.37). O vetor momento **M** representando os esforços que atuam em uma dada seção transversal formará o mesmo ângulo θ com o eixo z horizontal (Fig. 11.38). Ao decompormos o vetor **M** nas direções z e y, nas componentes $\mathbf{M}_z$ e $\mathbf{M}_y$, respectivamente, escrevemos

$$M_z = M \cos\theta \qquad M_y = M \operatorname{sen}\theta \tag{11.30}$$

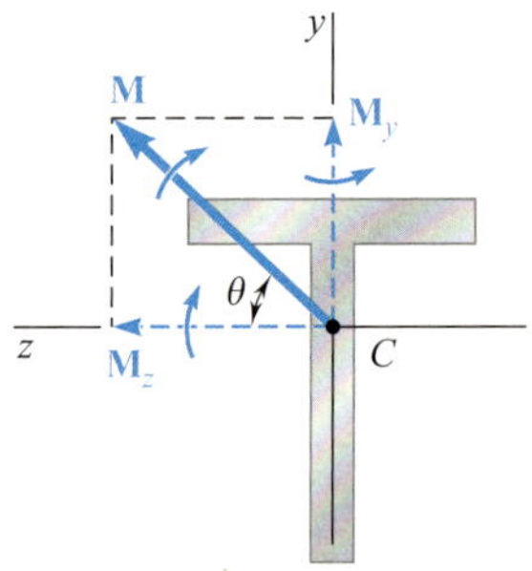

Figura 11.38

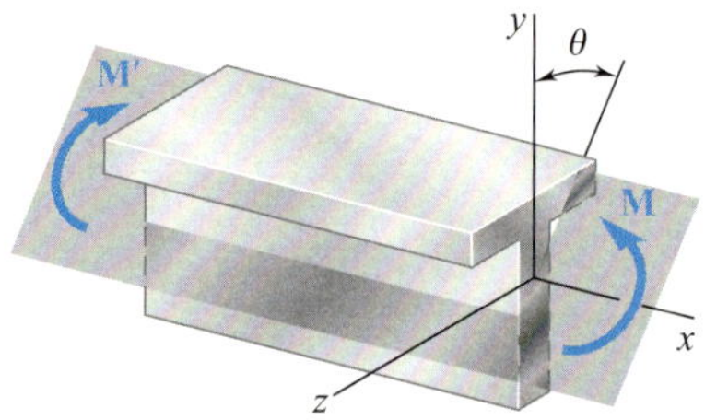

Figura 11.37

Como y e z são os eixos principais de inércia da seção transversal, podemos usar a Eq. (11.16) para determinar as tensões resultantes da aplicação de qualquer um dos momentos representados por $\mathbf{M}_z$ e $\mathbf{M}_y$. O momento $\mathbf{M}_z$ atua em um plano vertical e flexiona a barra nele (Fig. 11.39). As tensões resultantes são

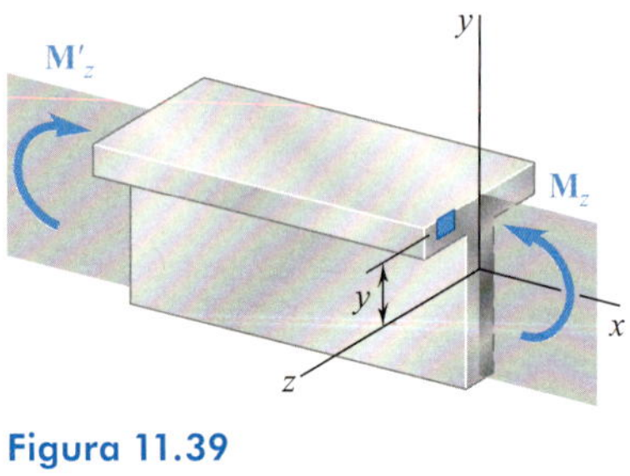

Figura 11.39

$$\sigma_x = -\frac{M_z y}{I_z} \tag{11.31}$$

onde I_z é o momento de inércia da seção em relação ao eixo principal de inércia z. O sinal negativo se deve ao fato de que temos compressão acima do plano xz ($y > 0$) e tração abaixo ($y < 0$). Em contrapartida, o momento $\mathbf{M}_y$ atua em um plano horizontal e flexiona a barra nele (Fig. 11.40). As tensões resultantes são

$$\sigma_x = +\frac{M_y z}{I_y} \tag{11.32}$$

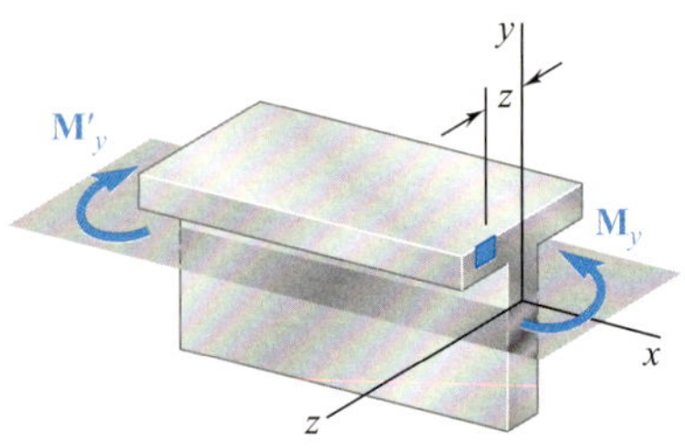

Figura 11.40

onde I_y é o momento de inércia da seção em relação ao eixo principal de inércia y, e no qual o sinal positivo se deve ao fato de que temos tração à esquerda do plano xy vertical ($z > 0$) e compressão à sua direita ($z < 0$). A distribuição das tensões provocada pelo momento **M** original é obtida superpondo as distribuições de tensão definidas pelas Eqs. (11.31) e (11.32), respectivamente. Temos

$$\sigma_x = -\frac{M_z y}{I_z} + \frac{M_y z}{I_y} \tag{11.33}$$

Notamos que a expressão obtida também pode ser usada para calcular as tensões em uma seção assimétrica, como mostra a Fig. 11.41, uma vez que os eixos principais de inércia y e z foram determinados. No entanto, a Eq. (11.33) só será válida se forem satisfeitas as condições de aplicabilidade do princípio da superposição. Em outras palavras, ela não deverá ser usada se as tensões combinadas excederem o limite de proporcionalidade do material ou se as deformações provocadas por um dos momentos componentes afetarem de forma considerável a distribuição de tensões provocadas pelo outro.

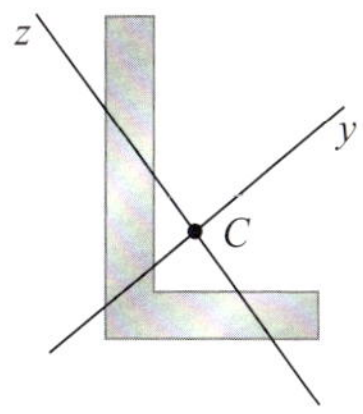

Figura 11.41

A Eq. (11.33) mostra que a distribuição de tensões provocada pela flexão assimétrica é linear. No entanto, conforme já indicamos nesta seção, a linha neutra da seção transversal, em geral, não coincidirá com a direção do momento fletor. Como a tensão normal é zero em qualquer ponto da linha neutra, a equação que define essa linha pode ser obtida considerando $\sigma_x = 0$ na Eq. (11.33). Escrevemos

$$-\frac{M_z y}{I_z} + \frac{M_y z}{I_y} = 0$$

ou, resolvendo para y e usando M_z e M_y das Eqs. (11.30),

$$y = \left(\frac{I_z}{I_y}\text{tg }\theta\right) z \qquad (11.34)$$

A equação obtida é uma linha reta de inclinação $m = (I_z/I_y)$ tg θ. Assim, o ângulo ϕ que a linha neutra forma com o eixo z (Fig. 11.42) é definido pela relação

$$\text{tg }\phi = \frac{I_z}{I_y}\text{tg }\theta \qquad (11.35)$$

onde θ é o ângulo que o vetor momento fletor **M** forma com o mesmo eixo z. Como I_z e I_y são ambos positivos, ϕ e θ têm o mesmo sinal. Além disso, notamos que $\phi > \theta$ quando $I_z > I_y$, e $\phi < \theta$ quando $I_z < I_y$. Assim, a linha neutra está sempre localizada entre o vetor momento fletor **M** e o eixo principal correspondente ao momento mínimo de inércia.

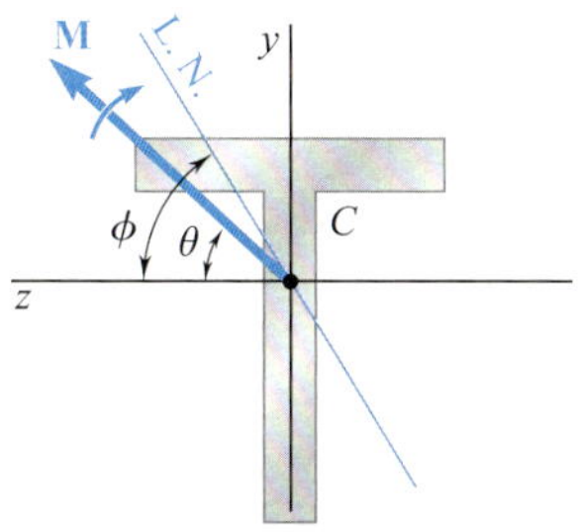

Figura 11.42

Exemplo 11.5. Um momento de 180 N · m é aplicado a uma viga de madeira, de seção transversal retangular de 38 × 90 mm, em um plano formando um ângulo de 30° com a vertical (Fig. 11.43). Determine (*a*) a tensão máxima na viga e (*b*) o ângulo que a superfície neutra forma com o plano horizontal.

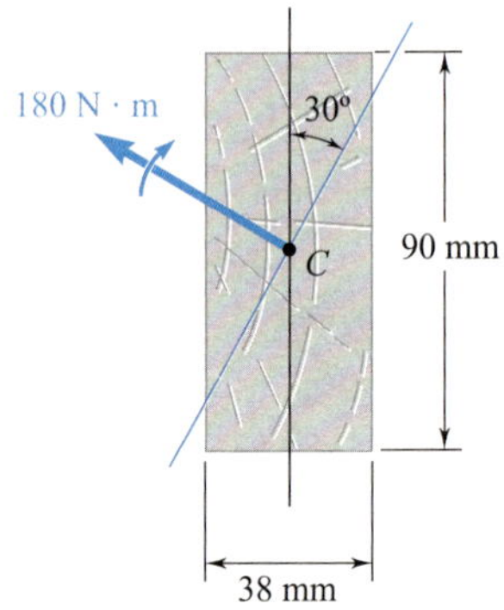

Figura 11.43

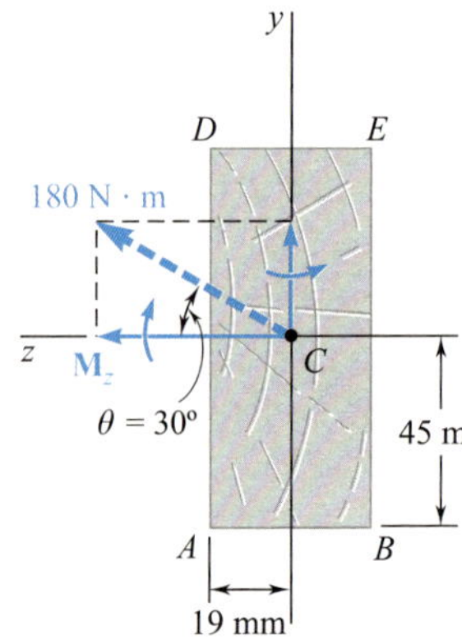

Figura 11.44

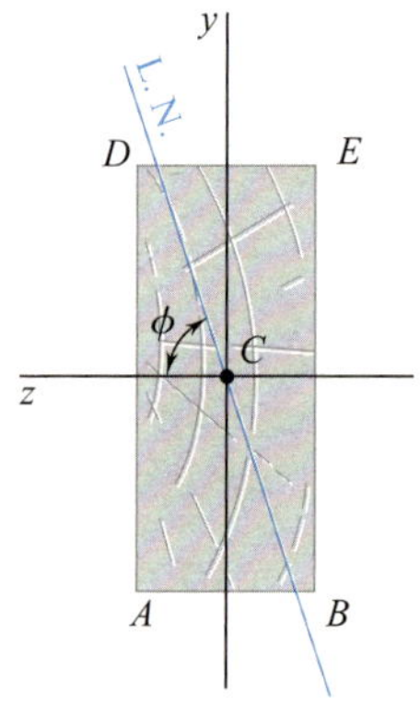

Figura 11.45

a. Tensão máxima. As componentes $\mathbf{M}_z$ e $\mathbf{M}_y$ do vetor momento são determinadas em primeiro lugar (Fig. 11.44):

$$M_z = (180 \text{ N} \cdot \text{m}) \cos 30° = 156 \text{ N} \cdot \text{m}$$
$$M_y = (180 \text{ N} \cdot \text{m}) \operatorname{sen} 30° = 90 \text{ N} \cdot \text{m}$$

Calculamos também os momentos de inércia da seção transversal em relação aos eixos z e y:

$$I_z = \tfrac{1}{12}(0{,}038 \text{ m})(0{,}090 \text{ m})^3 = 2{,}31 \times 10^{-6} \text{ m}^4$$
$$I_y = \tfrac{1}{12}(0{,}090 \text{ m})(0{,}038 \text{ m})^3 = 0{,}41 \times 10^{-6} \text{ m}^4$$

A maior tensão de tração provocada por $\mathbf{M}_z$ ocorre ao longo de AB e é

$$\sigma_1 = \frac{M_z y}{I_z} = \frac{(156 \text{ N} \cdot \text{m})(0{,}045 \text{ m})}{2{,}31 \times 10^{-6} \text{ m}^4} = 3{,}0 \text{ MPa}$$

A maior tensão de tração provocada por $\mathbf{M}_y$ ocorre ao longo de AD e é

$$\sigma_2 = \frac{M_y z}{I_y} = \frac{(90 \text{ N} \cdot \text{m})(0{,}019 \text{ m})}{0{,}41 \times 10^{-6} \text{ m}^4} = 4{,}2 \text{ MPa}$$

A maior tensão de tração provocada pela carga combinada, portanto, ocorre em A e é

$$\sigma_{\text{máx}} = \sigma_1 + \sigma_2 = 3{,}0 + 4{,}2 = 7{,}2 \text{ MPa}$$

A maior tensão de compressão tem a mesma intensidade e ocorre em E.

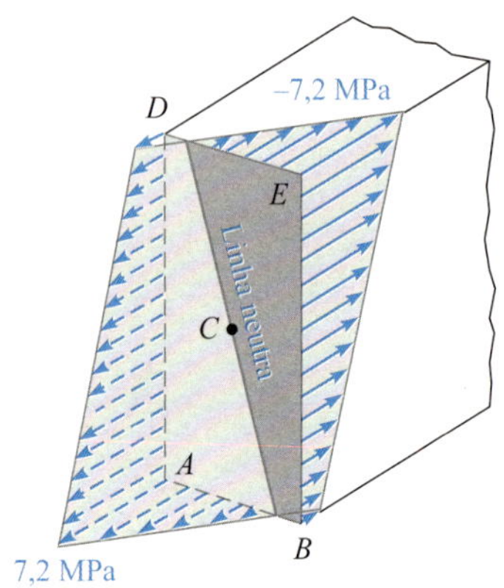

Figura 11.46

b. Ângulo da superfície neutra com o plano horizontal. O ângulo ϕ que a superfície neutra forma com o plano horizontal (Fig. 11.45) é obtido da Eq. (11.35):

$$\operatorname{tg} \phi = \frac{I_z}{I_y} \operatorname{tg} \theta = \frac{2{,}31 \times 10^{-6} \text{ m}^4}{0{,}41 \times 10^{-6} \text{ m}^4} \operatorname{tg} 30° = 3{,}25$$
$$\phi = 72{,}9°$$

A distribuição das tensões ao longo da seção é mostrada na Fig. 11.46. ■

11.8 Caso geral de carregamento axial excêntrico

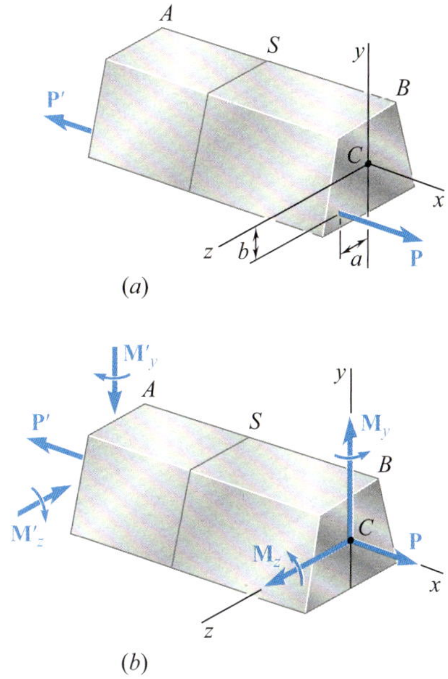

Figura 11.47

Na Seção 11.6, analisamos as tensões produzidas em uma barra por uma força axial excêntrica aplicada a um plano de simetria da barra. Agora estudaremos o caso mais geral quando uma força axial não é aplicada a um plano de simetria.

Considere um elemento reto AB submetido a forças axiais centradas, iguais e opostas **P** e **P**′ (Fig. 11.47*a*), e sejam a e b as distâncias da linha de ação das forças até os eixos principais de inércia da seção transversal da barra. A força excêntrica **P** é estaticamente equivalente ao sistema composto de uma força centrada **P** e dois momentos $\mathbf{M}_y$ e $\mathbf{M}_z$ de valores $M_y = Pa$ e $M_z = Pb$ representados na Fig. 11.47*b*. Analogamente, a força excêntrica **P**′ é equivalente à força centrada **P**′ e aos momentos $\mathbf{M}'_y$ e $\mathbf{M}'_z$.

Com base no princípio de Saint-Venant (Seção 9.14), podemos substituir o carregamento original da Fig. 11.47*a* pelo carregamento estaticamente equivalente da Fig. 11.47*b* para determinar a distribuição de tensões em uma seção S da barra, desde que essa seção não esteja muito perto de uma das extremidades da barra. Além disso, as tensões provocadas pelo carregamento da Fig. 11.47*b* podem ser obtidas superpondo as tensões correspondentes pela força axial centrada **P** e pelos momentos fletores $\mathbf{M}_y$ e $\mathbf{M}_z$, desde que sejam satisfeitas as condições de aplicabilidade do princípio da superposição (Seção 9.11). As tensões provocadas pela força centrada **P** são dadas pela Eq. (8.1), e as tensões provocadas pelos momentos fletores, pela Eq. (11.33), desde que os correspondentes vetores momentos estejam direcionados ao longo dos eixos principais de inércia da seção. Escrevemos então

$$\sigma_x = \frac{P}{A} - \frac{M_z y}{I_z} + \frac{M_y z}{I_y} \tag{11.36}$$

onde y e z são medidos em relação aos eixos principais de inércia da seção. A relação obtida mostra que a distribuição de tensões ao longo da seção é *linear*.

No cálculo da tensão combinada σ_x da Eq. (11.36), deve-se tomar cuidado para determinar corretamente o sinal de cada um dos três termos no membro da direita, pois cada um deles pode ser positivo ou negativo, dependendo do sentido das forças **P** e **P**′ e da localização de suas linhas de ação em relação aos eixos principais de inércia da seção transversal. Dependendo da geometria da seção transversal e da localização da linha de ação de **P** e **P**′, as tensões combinadas σ_x obtidas da Eq. (11.36) em vários pontos da seção podem ter todas elas o mesmo sinal; algumas ainda poderão ser positivas e outras negativas. Nesse último caso, haverá uma linha na seção, ao longo da qual as tensões serão zero. Fazendo $\sigma_x = 0$ na Eq. (11.36), obtemos a equação de uma linha reta que representa a *linha neutra* da seção:

$$\frac{M_z}{I_z} y - \frac{M_y}{I_y} z = \frac{P}{A}$$

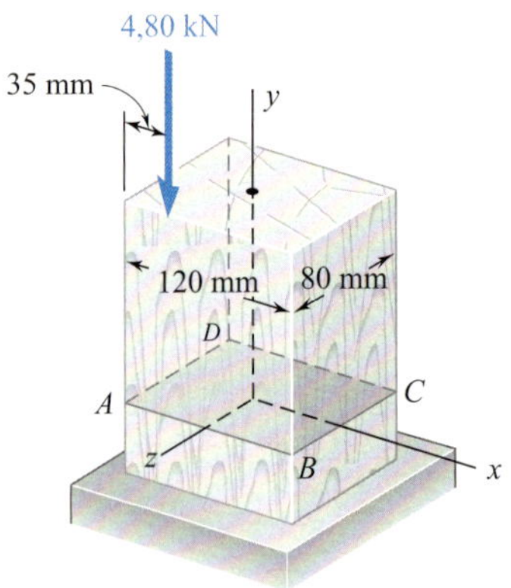

Figura 11.48

Exemplo 11.6. Uma força vertical de 4,80 kN é aplicada em um poste de madeira de seção transversal retangular de 80 × 120 mm (Fig. 11.48). (*a*) Determine as tensões nos pontos *A*, *B*, *C* e *D*. (*b*) Localize a linha neutra da seção transversal.

a. Tensões. A força excêntrica dada é substituída por um sistema equivalente composto de uma força centrada **P** e dois momentos $\mathbf{M}_x$ e $\mathbf{M}_z$, representados por vetores direcionados ao longo dos eixos principais de inércia da seção (Fig. 11.49). Temos

$$M_x = (4{,}80\text{ kN})(40\text{ mm}) = 192\text{ N}\cdot\text{m}$$
$$M_z = (4{,}80\text{ kN})(60\text{ mm} - 35\text{ mm}) = 120\text{ N}\cdot\text{m}$$

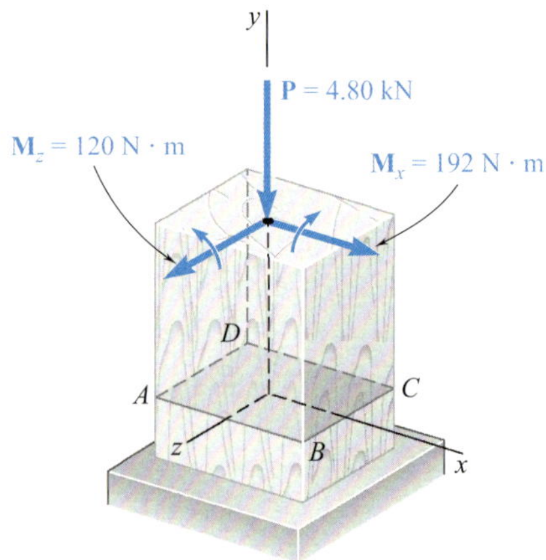

Figura 11.49

Calculamos também a área e os momentos de inércia da seção transversal:

$$A = (0{,}080\text{ m})(0{,}120\text{ m}) = 9{,}60 \times 10^{-3}\text{ m}^2$$
$$I_x = \tfrac{1}{12}(0{,}120\text{ m})(0{,}080\text{ m})^3 = 5{,}12 \times 10^{-6}\text{ m}^4$$
$$I_z = \tfrac{1}{12}(0{,}080\text{ m})(0{,}120\text{ m})^3 = 11{,}52 \times 10^{-6}\text{ m}^4$$

A tensão σ_0 causada pela força centrada **P** é negativa e uniforme ao longo da seção. Temos

$$\sigma_0 = \frac{P}{A} = \frac{-4{,}80\text{ kN}}{9{,}60 \times 10^{-3}\text{ m}^2} = -0{,}5\text{ MPa}$$

As tensões provocadas pelos momentos fletores $\mathbf{M}_x$ e $\mathbf{M}_z$ são linearmente distribuídas ao longo da seção, com valores máximos iguais, respectivamente, a

$$\sigma_1 = \frac{M_x z_{\text{máx}}}{I_x} = \frac{(192\text{ N}\cdot\text{m})(40\text{ mm})}{5{,}12 \times 10^{-6}\text{ m}^4} = 1{,}5\text{ MPa}$$
$$\sigma_2 = \frac{M_z x_{\text{máx}}}{I_z} = \frac{(120\text{ N}\cdot\text{m})(60\text{ mm})}{11{,}52 \times 10^{-6}\text{ m}^4} = 0{,}625\text{ MPa}$$

As tensões nos cantos da seção são

$$\sigma_y = \sigma_0 \pm \sigma_1 \pm \sigma_2$$

onde os sinais devem ser determinados pela Fig. 11.49. Considerando que as tensões provocadas por $\mathbf{M}_x$ são positivas em C e D, e negativas em A e B, e que as tensões provocadas por $\mathbf{M}_z$ são positivas em B e C, e negativas em A e D, obtemos

$$\sigma_A = -0,5 - 1,5 - 0,625 = -2,625 \text{ MPa}$$
$$\sigma_B = -0,5 - 1,5 + 0,625 = -1,375 \text{ MPa}$$
$$\sigma_C = -0,5 + 1,5 + 0,625 = +1,625 \text{ MPa}$$
$$\sigma_D = -0,5 + 1,5 - 0,625 = +0,375 \text{ MPa}$$

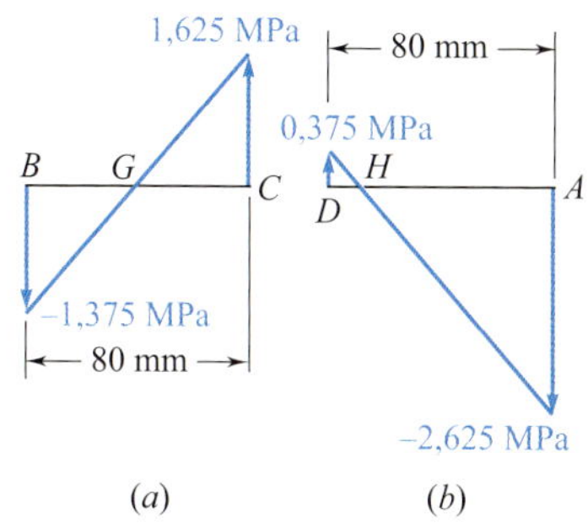

Figura 11.50

b. Linha neutra. Notamos que a tensão será zero em um ponto G entre B e C, e em um ponto H entre D e A (Fig. 11.50). Como a distribuição de tensão é linear, escrevemos

$$\frac{BG}{80 \text{ mm}} = \frac{1,375}{1,625 + 1,375} \qquad BG = 36,7 \text{ mm}$$
$$\frac{HA}{80 \text{ mm}} = \frac{2,625}{2,625 + 0,375} \qquad HA = 70 \text{ mm}$$

A linha neutra pode ser traçada pelos pontos G e H (Fig. 11.51).

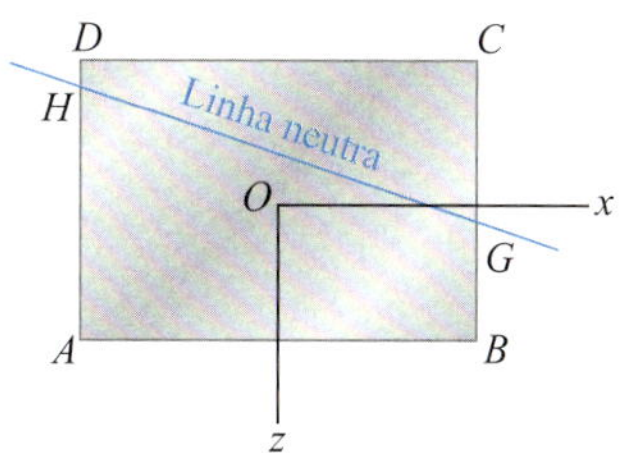

Figura 11.51

A distribuição de tensões ao longo da seção é mostrada na Fig. 11.52. ■

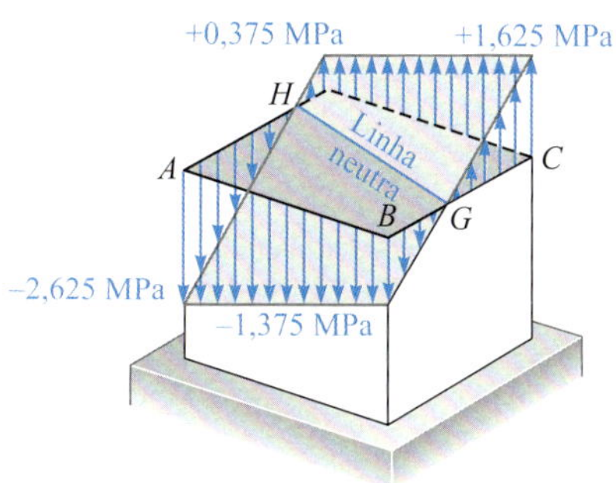

Figura 11.52

PROBLEMA RESOLVIDO 11.6

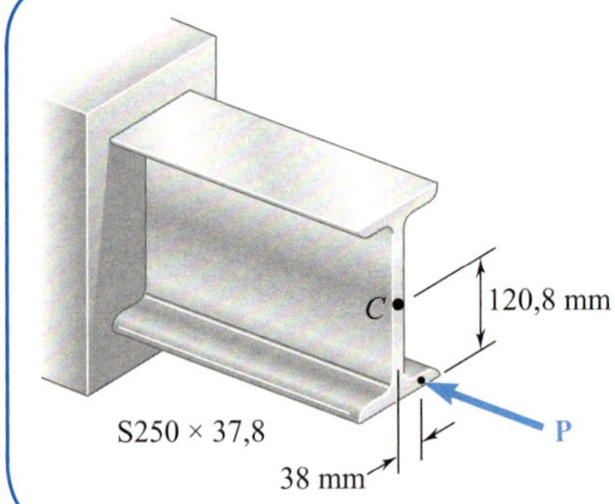

Uma força horizontal **P** é aplicada a uma seção curta de uma viga de aço laminado S250 × 37,8, conforme mostra a figura. Sabendo que a tensão de compressão na viga não pode ultrapassar 82 MPa, determine a maior força **P** admissível.

SOLUÇÃO

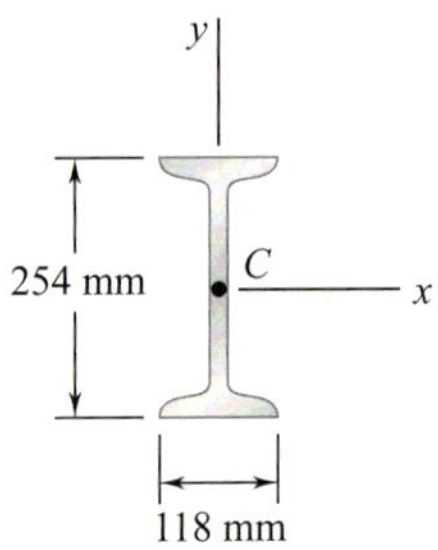

Propriedades da seção transversal. Os dados a seguir são obtidos do Apêndice B.

Área: $A = 4.820\ \text{mm}^2$

Módulos de resistência da seção: $W_x = 402 \times 10^3\ \text{mm}^3 \quad W_y = 47{,}5 \times 10^3\ \text{mm}^3$

Força e momento em C. Substituímos **P** por um sistema equivalente de força e momento no centroide C da seção transversal.

$$M_x = (120{,}8\ \text{mm})P \qquad M_y = (38\ \text{mm})P$$

Note que os vetores momentos $\mathbf{M}_x$ e $\mathbf{M}_y$ estão direcionados ao longo dos eixos principais de inércia da seção transversal.

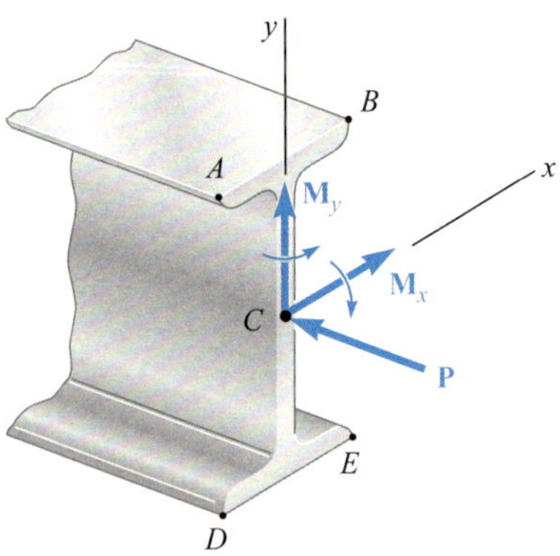

Tensões normais. Os valores absolutos das tensões nos pontos A, B, D e E, em virtude da carga centrada **P** e dos momentos $\mathbf{M}_x$ e $\mathbf{M}_y$, respectivamente, são

$$\sigma_1 = \frac{P}{A} = \frac{P}{4.820\ \text{mm}^2} = 2{,}1 \times 10^{-4}P$$

$$\sigma_2 = \frac{M_x}{W_x} = \frac{120{,}8P}{402 \times 10^3\ \text{mm}^3} = 3{,}0 \times 10^{-4}P$$

$$\sigma_3 = \frac{M_y}{W_y} = \frac{38P}{47{,}5 \times 10^3\ \text{mm}^3} = 8{,}0 \times 10^{-4}P$$

Superposição. A tensão total em cada ponto é encontrada superpondo as tensões provocadas por **P**, $\mathbf{M}_x$ e $\mathbf{M}_y$. Determinamos o sinal de cada tensão examinando cuidadosamente o esquema do sistema de força e momento.

$$\sigma_A = -\sigma_1 + \sigma_2 + \sigma_3 = -(2{,}1P + 3{,}0P + 8{,}0P) \times 10^{-4} = +8{,}9 \times 10^{-4}P$$
$$\sigma_B = -\sigma_1 + \sigma_2 - \sigma_3 = -(2{,}1P + 3{,}0P - 8{,}0P) \times 10^{-4} = -7{,}1 \times 10^{-4}P$$
$$\sigma_D = -\sigma_1 - \sigma_2 + \sigma_3 = -(2{,}1P - 3{,}0P + 8{,}0P) \times 10^{-4} = +2{,}9 \times 10^{-4}P$$
$$\sigma_E = -\sigma_1 - \sigma_2 - \sigma_3 = -(2{,}1P - 3{,}0P - 8{,}0P) \times 10^{-4} = -13{,}1 \times 10^{-4}P$$

Maior força admissível. A máxima tensão de compressão ocorre no ponto E. Lembrando que $\sigma_{\text{adm}} = -82\ \text{N/mm}^2$, escrevemos

$$\sigma_{\text{adm}} = \sigma_E \qquad -82\ \text{N/mm}^2 = -13{,}1 \times 10^{-4}P \qquad P = 62{,}6\ \text{kN} \blacktriangleleft$$

PROBLEMAS

11.73 até 11.78 O momento **M** é aplicado a uma viga com a seção transversal mostrada na figura em um plano formando um ângulo β com a vertical. Determine a tensão nos (*a*) pontos *A*, (*b*) *B* e (*c*) *D*.

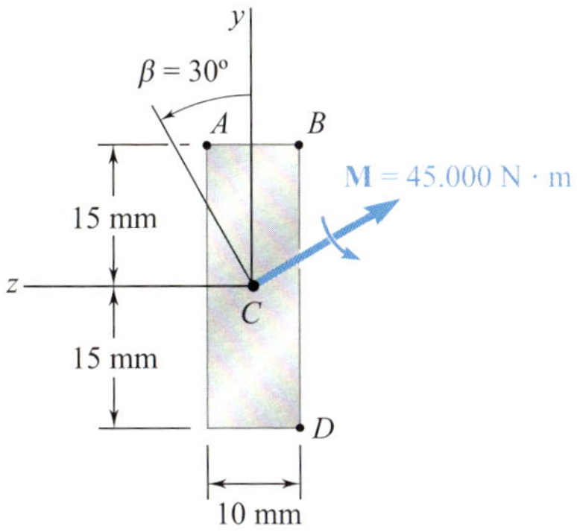

Figura P11.73

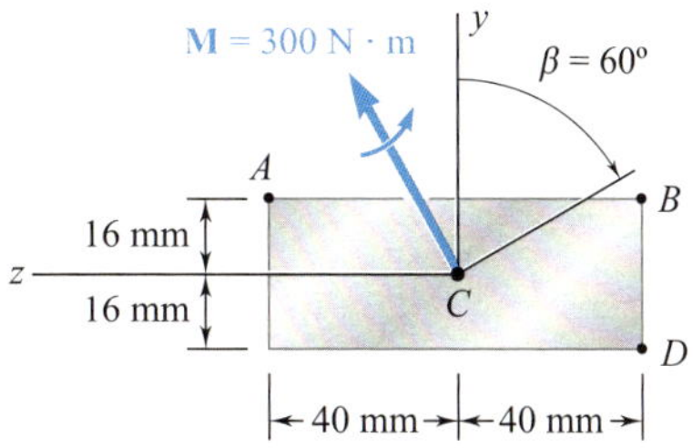

Figura P11.74

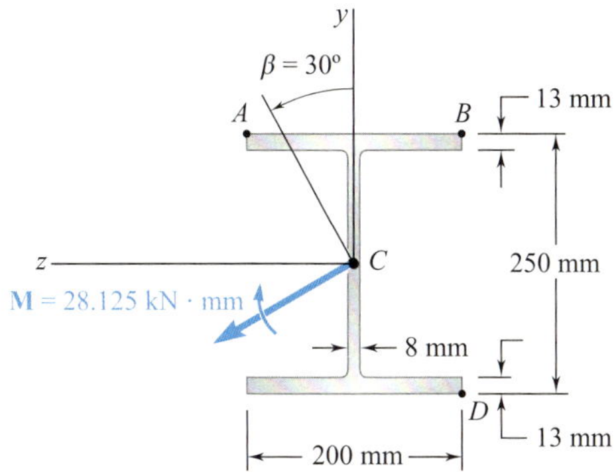

Figura P11.75

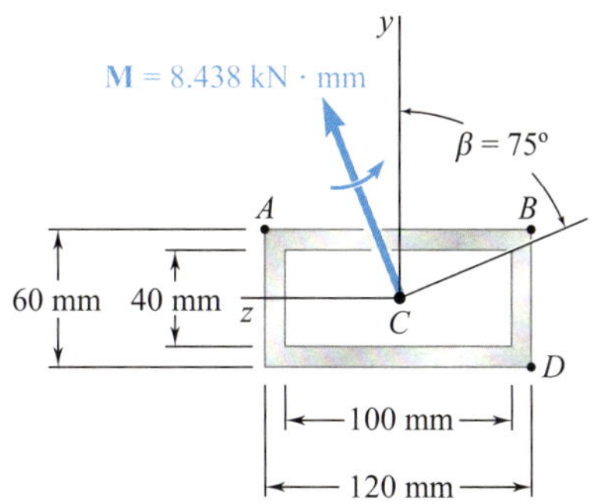

Figura P11.76

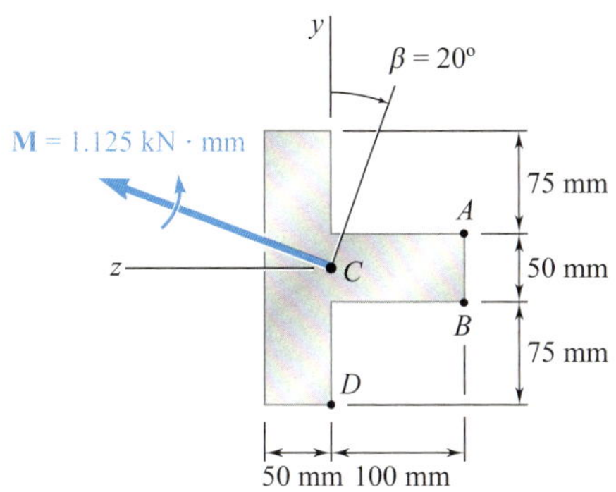

Figura P11.77

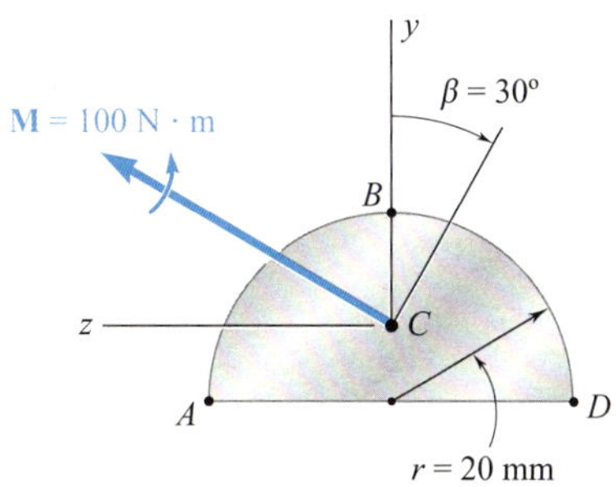

Figura P11.78

11.79 até 11.84 O momento **M** atua em um plano vertical e é aplicado a uma viga orientada conforme mostra a figura. Determine (*a*) o ângulo que a linha neutra forma com a horizontal e (*b*) a tensão de tração máxima na viga.

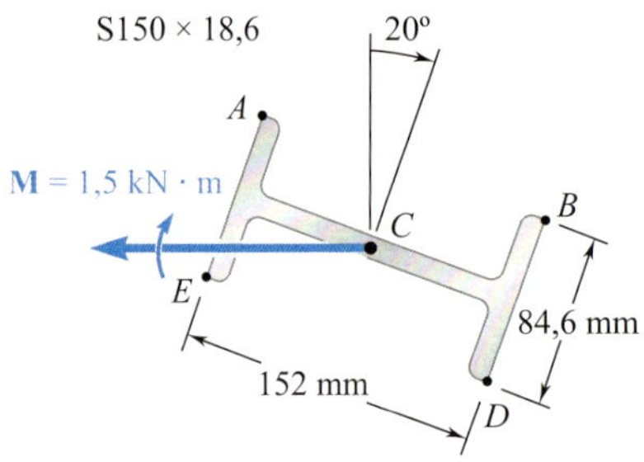

Figura P11.79

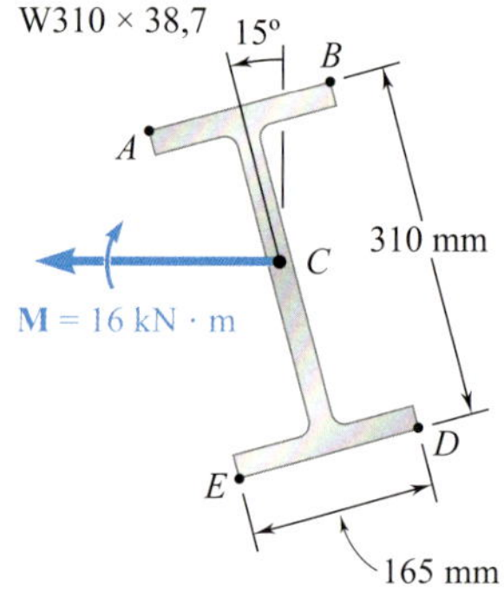

Figura P11.80

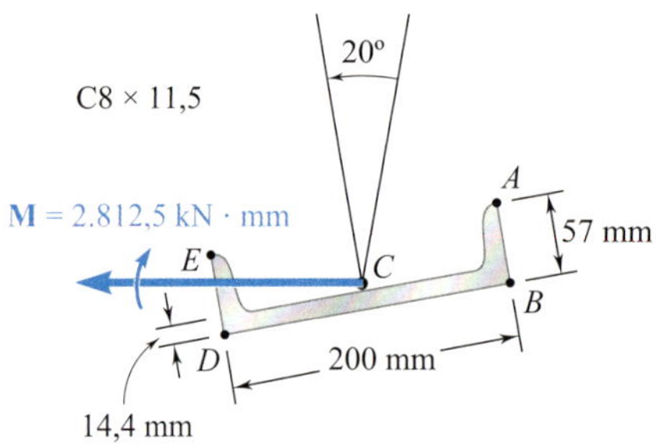

Figura P11.81

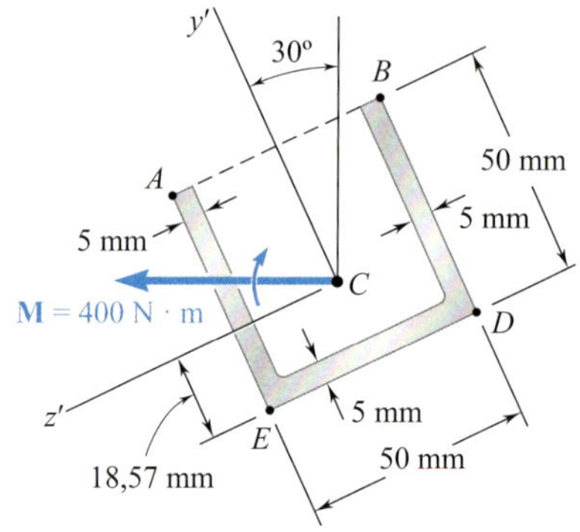

$I_{y'} = 281 \times 10^3\ mm^4$
$I_{z'} = 176{,}9 \times 10^3\ mm^4$

Figura P11.82

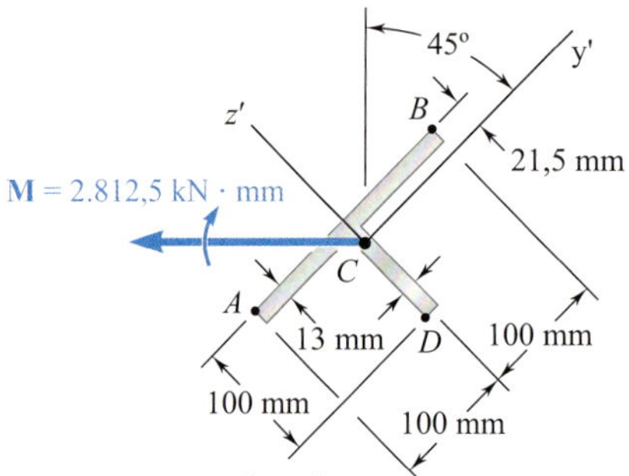

$I_{y'} = 2.633 \times 10^3\ mm^4$
$I_{z'} = 8.359 \times 10^3\ mm^4$

Figura P11.83

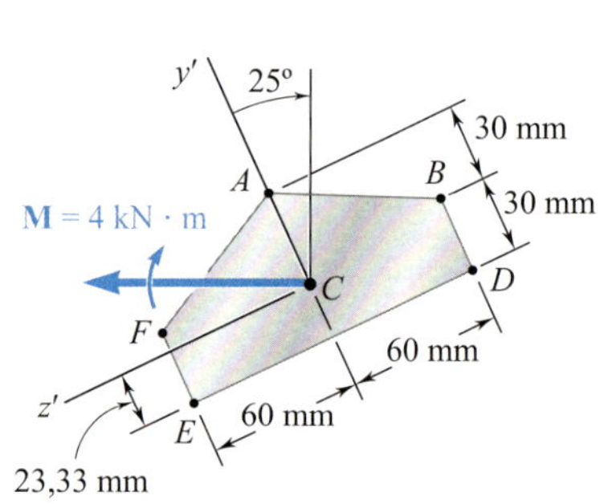

Figura P11.84

11.85 Para o carregamento mostrado na figura, determine (*a*) a tensão nos pontos *A* e *B* e (*b*) o ponto em que a linha neutra intercepta a linha *ABD*.

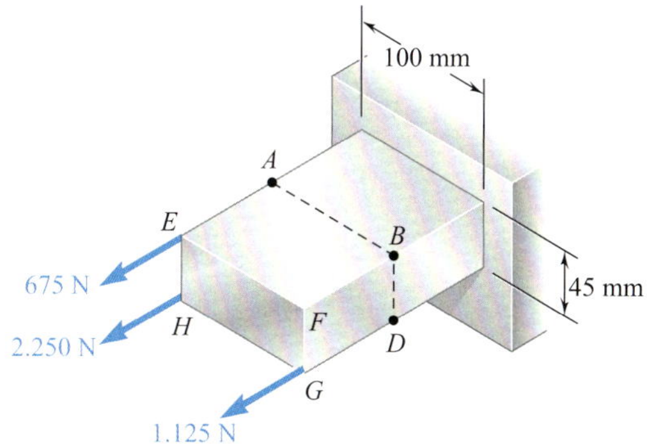

Figura P11.85

11.86 Resolva o Problema 11.85 considerando que a intensidade da força aplicada em *G* eleva-se de 1.125 N a 1.800 N

11.87 O tubo mostrado na figura tem parede com espessura constante de 13 mm. Para o carregamento dado, determine (*a*) a tensão nos pontos *A* e *B* e (*b*) o ponto em que o eixo neutro intercepta a linha *ABD*.

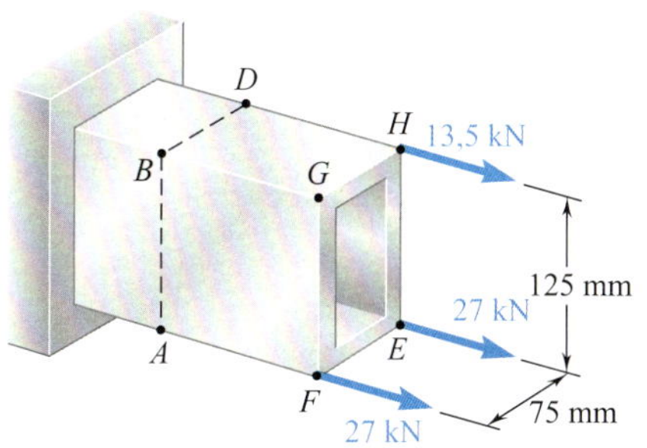

Figura P11.87

11.88 Resolva o Problema 11.87 considerando que a força de 27 kN aplicada em *E* é removida.

11.89 Uma força axial **P** de intensidade de 50 kN é aplicada, conforme mostra a figura, a uma seção de uma viga curta de aço laminado de W150 × 24. Determine a maior distância *a* para a qual a máxima tensão de compressão não ultrapasse 90 MPa.

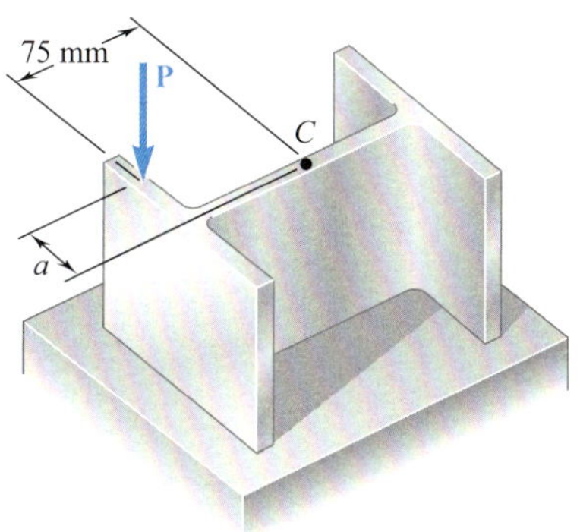

Figura P11.89

11.90 Uma força axial **P** de intensidade 30 kN é aplicada em uma seção curta C150 × 12,2 de aço laminado como mostra a figura. Determinar a maior distância a para a qual a máxima tensão de compressão não ultrapasse 60 MPa.

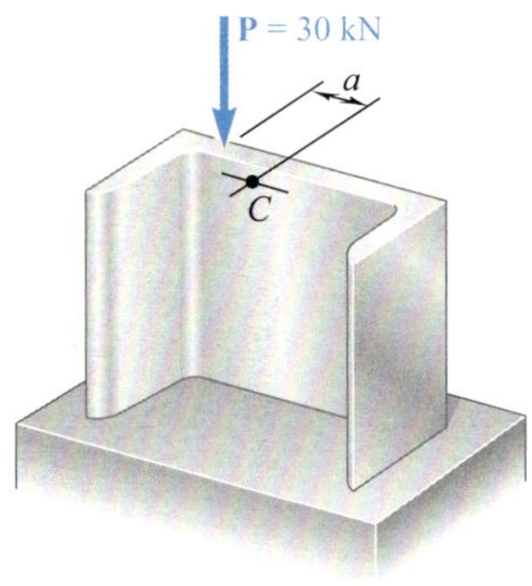

Figura P11.90

11.91 Uma força horizontal **P** é aplicada à viga mostrada na figura. Sabendo que $a = 20$ mm e que a tensão de tração na viga não pode exceder 75 MPa, determine a maior carga **P** permitida.

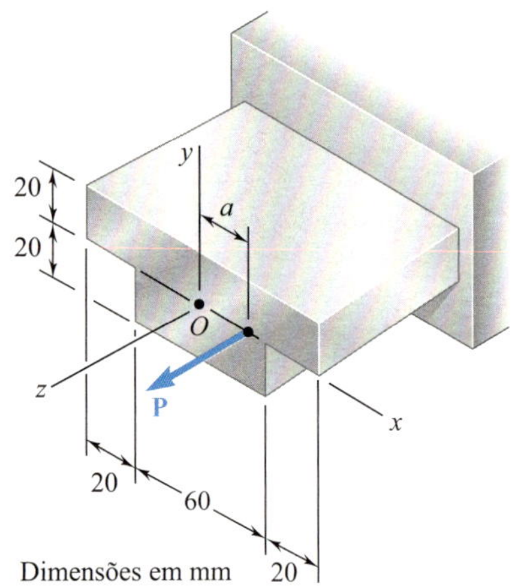

Figura P11.91 e P11.92

11.92 Uma força horizontal **P** de intensidade 100 kN é aplicada à viga mostrada na figura. Determine a maior distância a para a qual a tensão de tração máxima na viga não ultrapasse 75 MPa.

REVISÃO E RESUMO

Este capítulo foi dedicado à análise de barras em *flexão pura*. Ou seja, consideramos as tensões e deformações em componentes submetidos a momentos fletores **M** e **M′** iguais e opostos, atuando no mesmo plano longitudinal (Fig. 11.53).

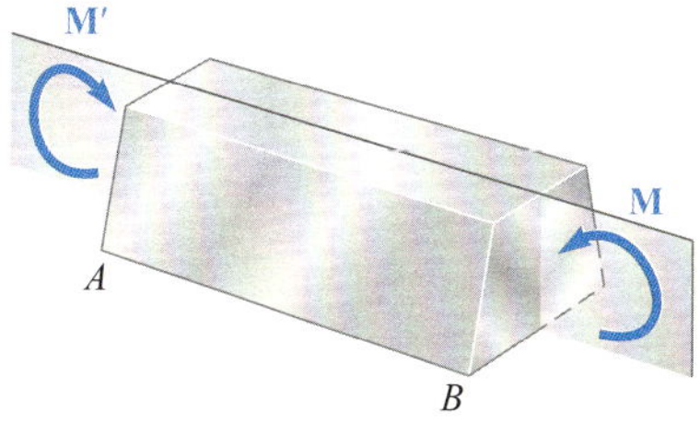

Figura 11.53

Deformação normal em flexão

Primeiro estudamos as barras que têm um plano de simetria e estão sujeitas a momentos que atuam nesse plano. Considerando as possíveis deformações de uma barra, provamos que *seções transversais permanecem planas* à medida que a barra é deformada [Seção 11.3]. Notamos então que a barra em flexão pura tem uma *superfície neutra* ao longo da qual as tensões e deformações normais são zero, e que a *deformação específica normal longitudinal* ϵ_x *varia linearmente* com a distância y da superfície neutra:

$$\epsilon_x = -\frac{y}{\rho} \qquad (11.8)$$

onde ρ é o *raio de curvatura* da superfície neutra (Fig. 11.54). A interseção da superfície neutra com a seção transversal é conhecida como *linha neutra* da seção transversal.

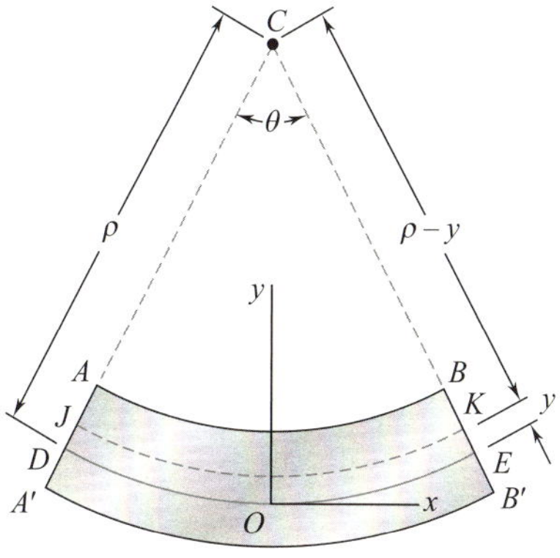

Figura 11.54

Tensão normal no regime elástico

Para barras feitas de um material que segue a lei de Hooke [Seção 11.4], verificamos que a *tensão normal* σ_x *varia linearmente* com a distância da linha neutra (Fig. 11.55). Chamando de σ_m a tensão máxima, escrevemos

$$\sigma_x = -\frac{y}{c}\sigma_m \qquad (11.12)$$

onde c é a maior distância da linha neutra até um ponto na seção.

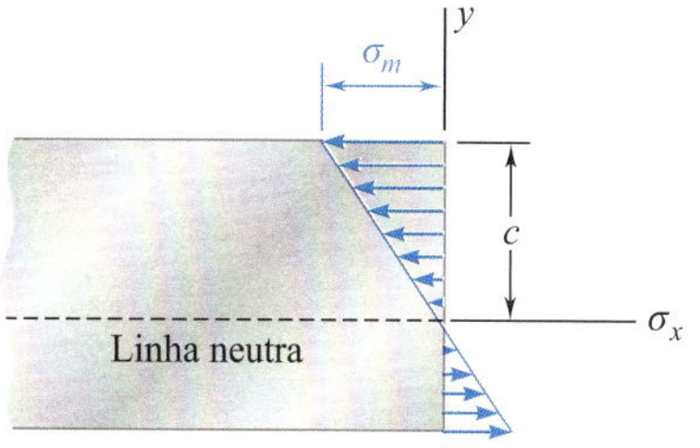

Figura 11.55

Fórmula da flexão elástica

Igualando a zero a soma das forças elementares, $\sigma_x dA$, provamos que a *linha neutra passa pelo centroide* da seção transversal de uma barra em flexão pura. Fazendo a soma dos momentos das forças elementares igual ao momento fletor, determinamos a *fórmula da flexão elástica* para a tensão normal máxima

$$\sigma_m = \frac{Mc}{I} \qquad (11.15)$$

onde I é o momento de inércia da seção transversal em relação à linha neutra. Obtivemos também a tensão normal a qualquer distância y da linha neutra:

$$\sigma_x = -\frac{My}{I} \qquad (11.16)$$

Módulo de resistência à flexão

Observando que I e c dependem somente da geometria da seção transversal, introduzimos o *módulo de resistência à flexão*

$$S = \frac{I}{c} \tag{11.17}$$

e depois usamos o módulo de resistência da seção para escrevermos uma expressão alternativa para a tensão normal:

$$\sigma_m = \frac{M}{S} \tag{11.18}$$

Curvatura da barra

Lembrando que a curvatura de uma barra é o inverso de seu raio de curvatura, expressamos a *curvatura* da barra como

$$\frac{1}{\rho} = \frac{M}{EI} \tag{11.21}$$

Barras feitas de vários materiais

Em seguida, consideramos a flexão de barras feitas de vários materiais com *diferentes módulos de elasticidade* [Seção 11.5]. Embora as seções transversais permaneçam planas, vimos que, em geral, a *linha neutra não passa pelo centroide* da seção transversal composta (Fig. 11.56). Usando a relação entre os módulos de elasticidade dos materiais, obtivemos uma *seção transformada* que corresponde a uma barra equivalente feita inteiramente de um só material. Usamos então os métodos desenvolvidos anteriormente para determinar as tensões nessa barra homogênea equivalente (Fig. 11.57) e depois usamos novamente a relação entre os módulos de elasticidade para determinar as tensões na viga composta [Problemas Resolvidos 11.3 e 11.4].

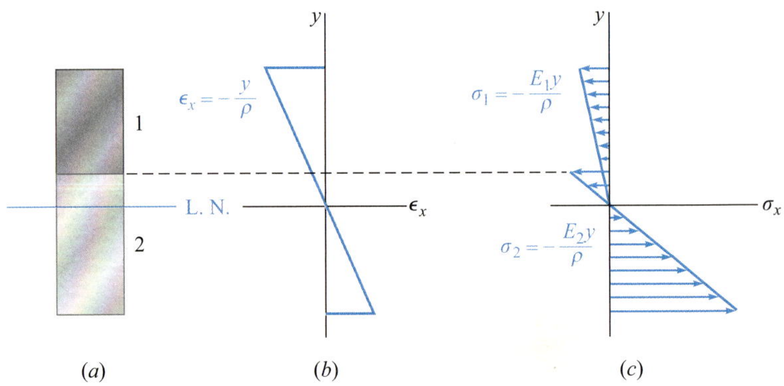

Figura 11.56

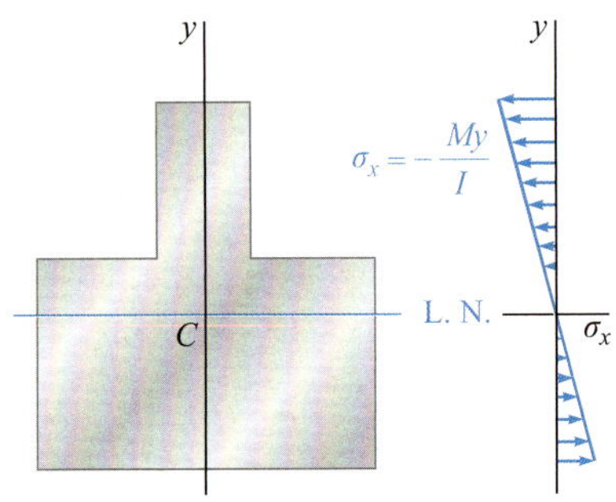

Figura 11.57

Carregamento axial excêntrico

Na Seção 11.6, estudamos as tensões em componentes carregados *excentricamente em relação a um plano de simetria*. Nossa análise fez uso de métodos desenvolvidos anteriormente. Substituímos a *força excêntrica* por um sistema constituído de força e momento localizado no centroide da seção transversal (Fig. 11.58) e depois fizemos a superposição das tensões provocadas pela força centrada e pelo momento fletor (Fig. 11.59):

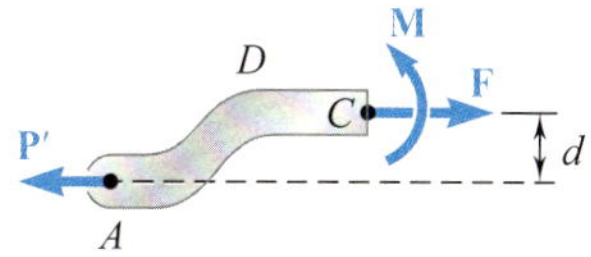

Figura 11.58

$$\sigma_x = \frac{P}{A} - \frac{My}{I} \tag{11.28}$$

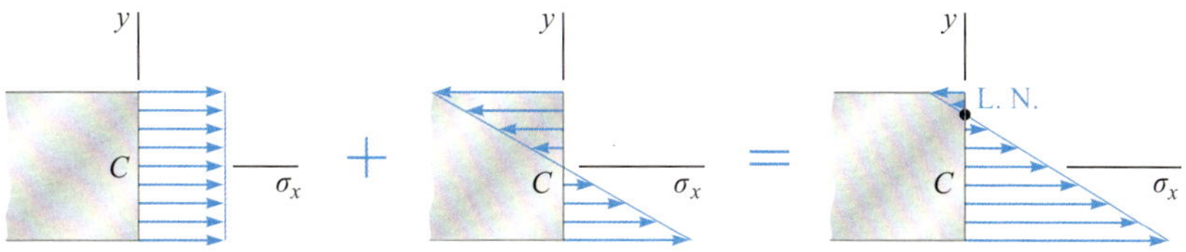

Figura 11.59

Flexão assimétrica

A flexão de barras de *seção transversal assimétrica* foi considerada em seguida [Seção 11.7]. Vimos que a fórmula de flexão pode ser usada desde que o vetor momento fletor **M** esteja direcionado ao longo de um dos eixos principais de inércia da seção transversal. Quando necessário, decompomos **M** em componentes ao longo dos eixos principais de inércia e realizamos a superposição das tensões provocadas pelos momentos componentes (Figs. 11.60 e 11.61).

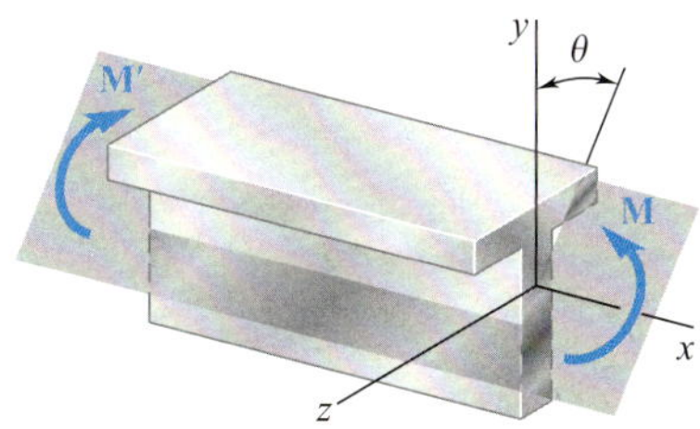

Figura 11.60

$$\sigma_x = -\frac{M_z y}{I_z} + \frac{M_y z}{I_y} \tag{11.33}$$

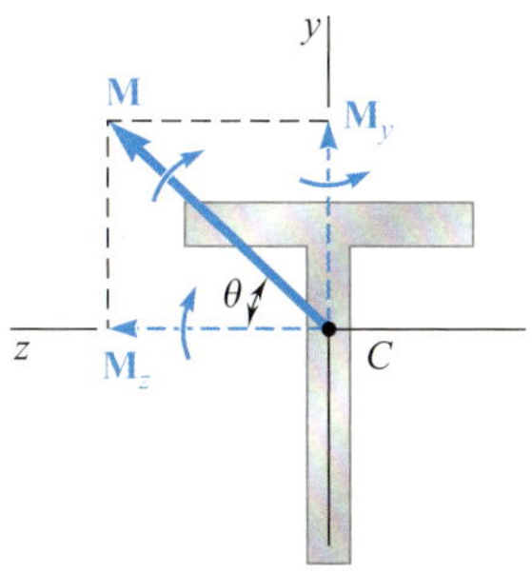

Figura 11.61

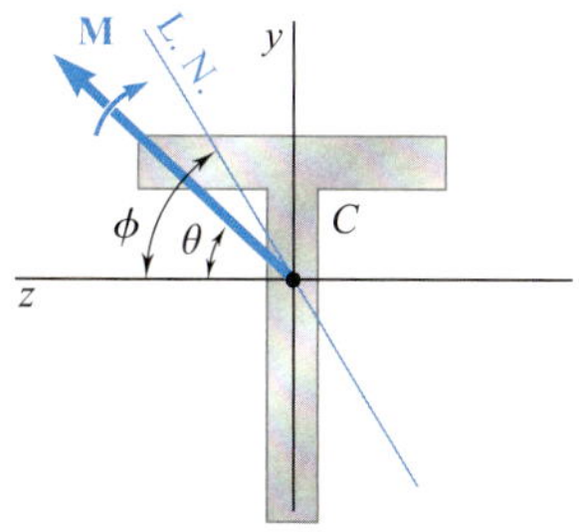

Figura 11.62

Para o momento **M** mostrado na Fig. 11.62, determinamos a orientação da linha neutra escrevendo

$$\operatorname{tg} \phi = \frac{I_z}{I_y} \operatorname{tg} \theta \tag{11.35}$$

Carregamento axial excêntrico geral

O caso geral de *carregamento axial excêntrico* foi considerado na Seção 11.8, em que novamente substituímos a força pelo sistema constituído de força e momento localizado no centroide. A superposição das tensões provocadas pela força centrada e pelas duas componentes do momento direcionadas ao longo dos eixos principais produziu a seguinte equação:

$$\sigma_x = \frac{P}{A} - \frac{M_z y}{I_z} + \frac{M_y z}{I_y} \tag{11.36}$$

PROBLEMAS DE REVISÃO

11.93 Sabendo que a viga de seção vazada mostrada na figura tem uma espessura de parede de 6 mm, determine (*a*) o maior momento que pode ser aplicado sem exceder a tensão admissível de 138 MPa e (*b*) o correspondente raio de curvatura da viga. Use $E = 73$ GPa.

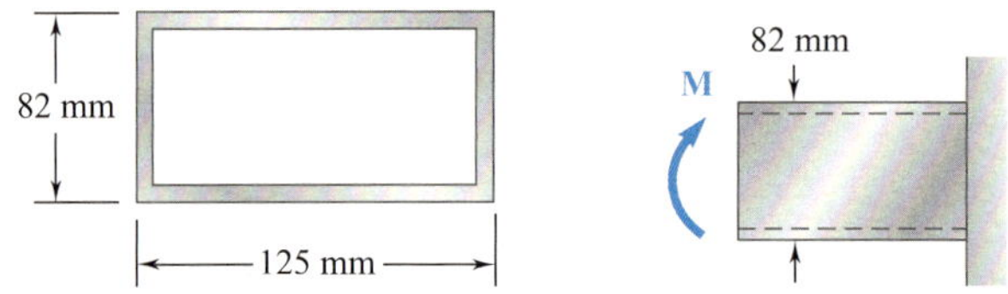

Figura P11.93

11.94 (*a*) Usando uma tensão admissível de 120 MPa, determine o maior momento **M** que pode ser aplicado na viga de seção transversal mostrada na figura. (*b*) Resolva a parte *a* considerando que a seção transversal da viga é um quadrado de 80 mm.

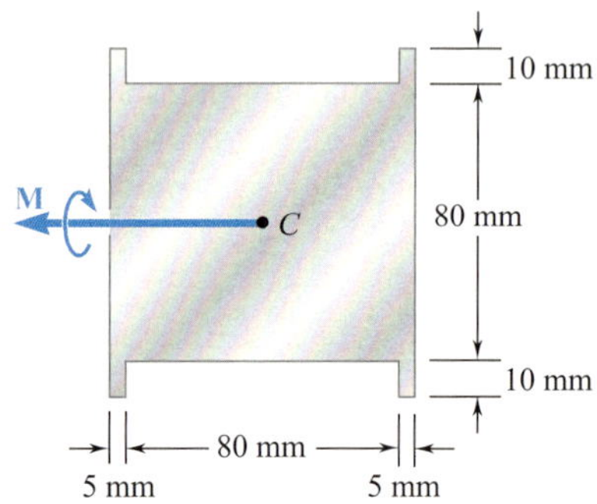

Figura P11.94

11.95 Uma barra de aço ($E_{aço} = 210$ GPa) e uma barra de alumínio ($E_{alum} = 70$ GPa) são ligadas para formar a barra composta mostrada na figura. Determine a máxima tensão (*a*) no alumínio e (*b*) no aço quando a barra é fletida sobre o eixo horizontal com $M = 60$ N · m.

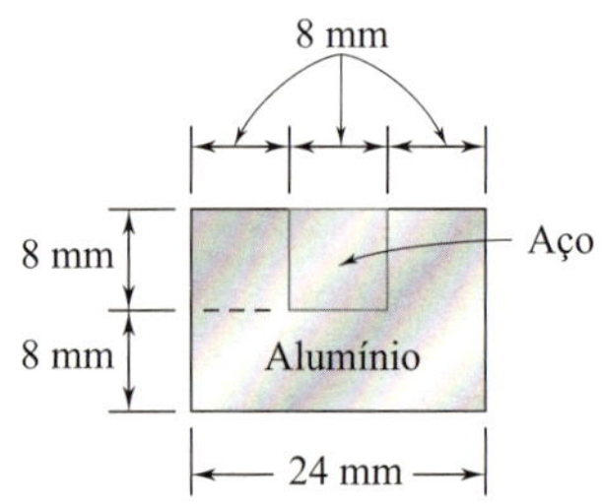

Figura P11.95

11.96 Uma única força vertical **P** é aplicada em uma coluna curta de aço mostrada na figura. Sensores localizados em A, B e C indicam as seguintes deformações: $\epsilon_A = -500\ \mu$, $\epsilon_B = -1.000\ \mu$ e $\epsilon_C = -200\ \mu$. Sabendo que $E = 200$ GPa, determine (*a*) a intensidade de **P**, (*b*) a linha de ação de **P** e (*c*) a deformação correspondentes nas bordas escondidas da coluna, onde $x = -62{,}5$ mm e $z = -37{,}5$ mm.

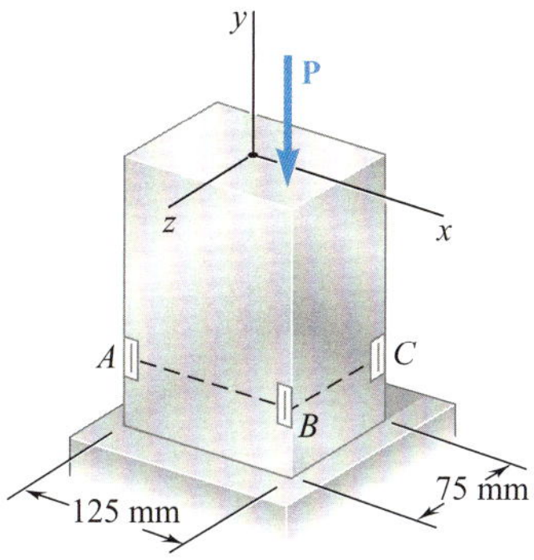

Figura P11.96

11.97 Duas forças verticais são aplicadas na viga de seção transversal mostrada na figura. Determine as máximas tensões de tração e compressão na parte BC da viga.

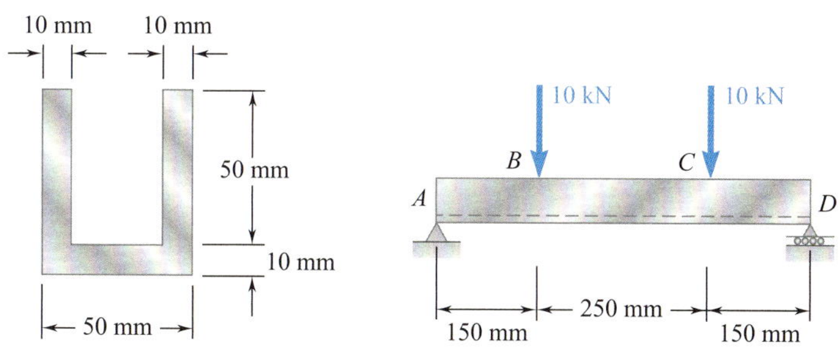

Figura P11.97

11.98 Para aumentar a resistência à corrosão, um revestimento de alumínio de espessura de 2 mm foi adicionado à barra de aço mostrada na figura. O módulo de elasticidade é $E = 200$ GPa para o aço e $E = 70$ GPa para o alumínio. Para um momento fletor de 1.350 kN · mm, determine (*a*) a máxima tensão no aço, (b) a máxima tensão no alumínio, (*c*) o raio de curvatura na barra.

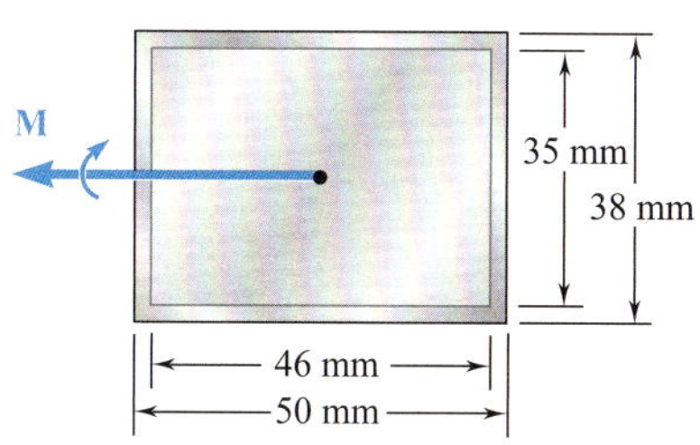

Figura P11.98

11.99 Uma viga de madeira de 150 × 250 mm foi reforçada aparafusando nela o reforço de aço mostrado na figura. O módulo de elasticidade é $E = 10{,}4$ GPa para a madeira e $E = 210$ GPa para o aço. Sabendo que a viga é flexionada em torno do eixo horizontal por um momento fletor de 22,5 kN · m, determine a tensão máxima (*a*) na madeira e (*b*) no aço.

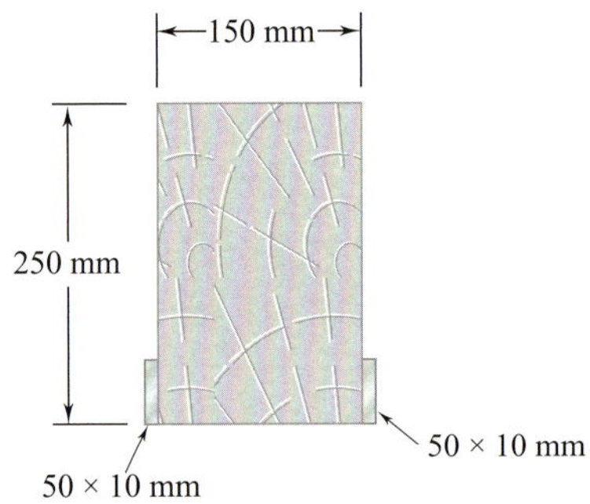

Figura P11.99

11.100 As quatro forças mostradas na figura são aplicadas a uma placa rígida suportada por um poste de aço cheio de raio *a*. Determine a máxima tensão no poste quando (*a*) todas as forças são aplicadas, (*b*) a força em *D* é removida e quando (*c*) as forças em *C* e *D* são removidas.

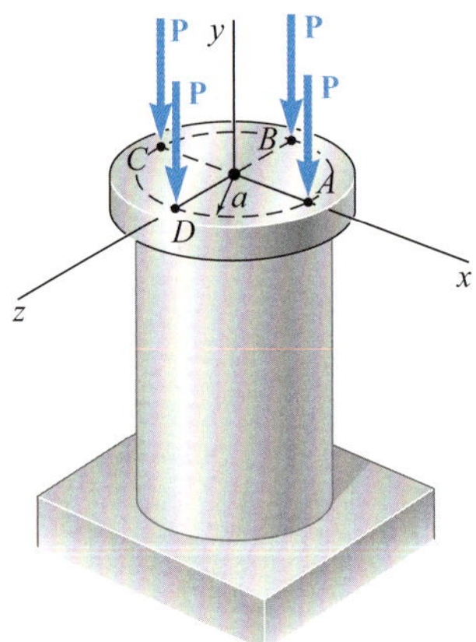

Figura P11.100

11.101 Um momento **M** de 8 kN · m atua no plano vertical da viga de aço laminado W200 × 19,3 como mostra a figura. Determine (*a*) o ângulo que o eixo neutro forma com o plano horizontal e (*b*) a máxima tensão na viga.

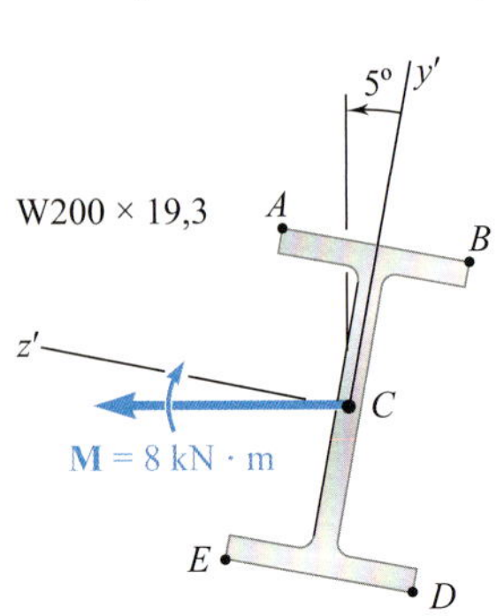

Figura P11.101

11.102 Um momento **M** que atua no plano vertical ($\beta = 0$) é aplicado a uma viga de alumínio de seção transversal mostrada na figura. Determine (*a*) a tensão no ponto A, (*b*) a tensão no ponto B e (*c*) o raio de curvatura da viga. Use $E = 72$ GPa.

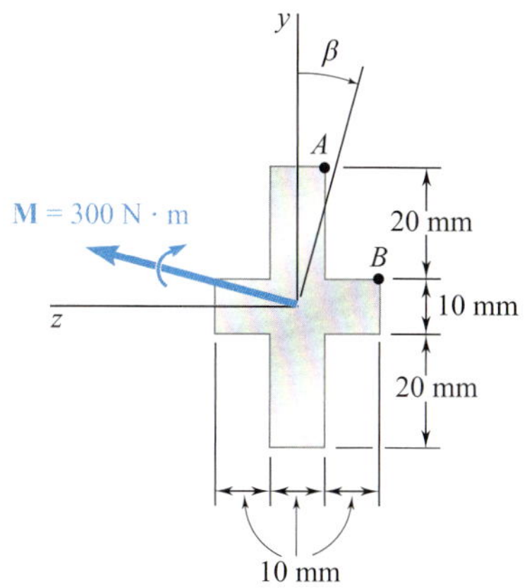

Figura P11.102 e *P11.103*

11.103 Na figura, um momento **M** é aplicado a uma viga de seção transversal que forma um ângulo $\beta = 15°$ com a vertical. Determine (*a*) a tensão no ponto A, (*b*) a tensão no ponto B e (*c*) o ângulo que o eixo neutro forma com a horizontal.

11.104 Um momento **M** será aplicado a uma viga de seção retangular que pode ser serrada a partir da tora de seção circular. Determine a razão d/b para que (*a*) a máxima tensão σ_m seja a menor possível e (*b*) o raio de curvatura da viga seja máximo.

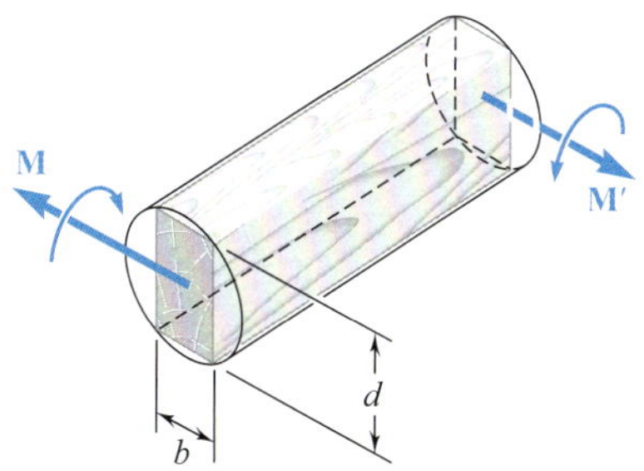

Figura P11.104

As vigas que suportam o sistema de guindastes múltiplos mostrado nesta foto estão submetidas a forças transversais que provocam flexão nas vigas. As tensões normais resultantes desses carregamentos serão determinadas neste capítulo.

CAPÍTULO 12

Análise e projetos de vigas em flexão

12 Análise e projetos de vigas em flexão

12.1 Introdução

Este capítulo e grande parte do próximo serão dedicados à análise e ao projeto de *vigas*, isto é, elementos estruturais que suportam forças aplicadas em vários pontos ao longo do elemento. Em geral, vigas são elementos prismáticos retos longos, como mostra a foto da página anterior. Vigas de aço e de alumínio desempenham um papel importante na engenharia de estruturas e mecânica. Vigas de madeira são muito utilizadas na construção de casas (Foto 12.1). Na maioria dos casos, as forças são perpendiculares ao eixo da viga. Esse *carregamento transversal* provoca somente flexão e cisalhamento na viga. Quando as forças não estão em ângulo reto com o eixo da viga, podem produzir forças axiais sobre ela.

Foto 12.1

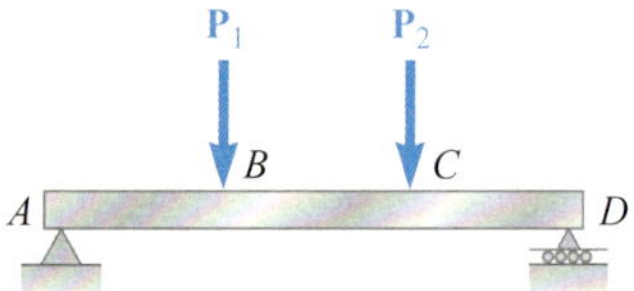

(*a*) Forças concentradas

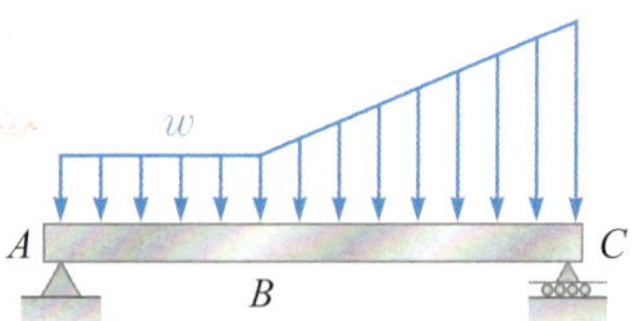

(*b*) Forças distribuídas

Figura 12.1

O carregamento transversal de uma viga pode ser composto de *forças concentradas* $\mathbf{P}_1$, $\mathbf{P}_2$,... expressas em newtons, libras ou seus múltiplos, quilonewtons e kips (Fig. 12.1*a*), de uma *força distribuída* w, expressa em N/m, kN/m, lb/pé ou kips/pé (Fig. 12.2*b*), ou de uma combinação das duas. Quando a força w por unidade de comprimento tem um valor constante sobre parte da viga (como entre A e B na Fig. 12.1*b*), dizemos que a força está *uniformemente distribuída* sobre essa parte.

As vigas são classificadas de acordo com a maneira como são vinculadas ou apoiadas. A Fig. 12.2 mostra vários tipos de vigas utilizadas frequentemente. A distância L mostrada nas várias partes da figura é chamada de *vão*. Note que as reações nos apoios ou nos vínculos das vigas, nas partes *a*, *b* e *c* da figura, envolvem um total de apenas três incógnitas e, portanto, podem

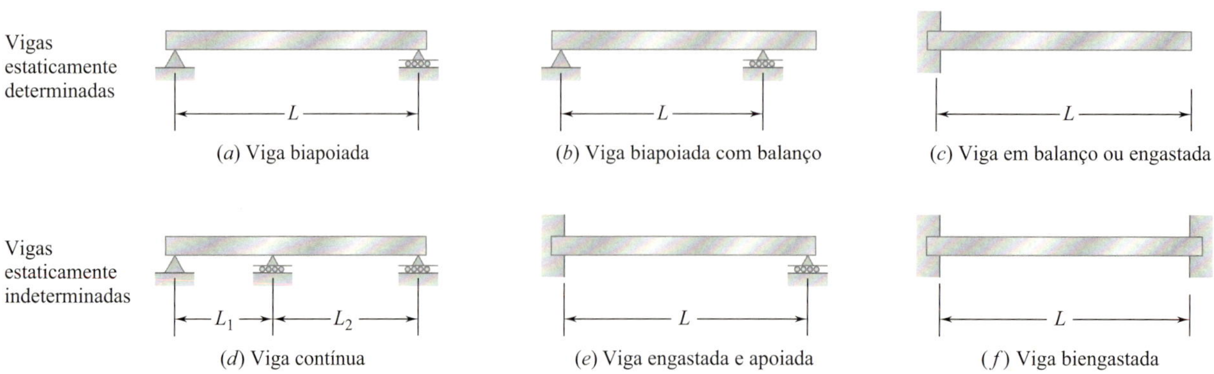

Figura 12.2

ser determinadas pelos métodos da estática. Dizemos que essas vigas são *estaticamente determinadas* e serão discutidas neste capítulo e no próximo. Em contrapartida, as reações nos apoios das vigas, nas partes *d*, *e* e *f* da Fig. 12.2, envolvem mais de três incógnitas e não podem ser determinadas apenas pelos métodos da estática. As propriedades das vigas com relação à sua resistência às deformações também devem ser consideradas. Dizemos que essas vigas são *estaticamente indeterminadas* e sua análise será feita no Cap. 15, no qual discutiremos as deformações nas vigas.

Às vezes, duas ou mais vigas são conectadas por articulações para formar uma estrutura única e contínua. Dois exemplos de vigas articuladas em um ponto *H* são mostrados na Fig. 12.3. Deve-se notar que as reações nos apoios envolvem quatro incógnitas e não podem ser determinadas a partir dos diagramas de corpo livre do sistema de duas vigas. No entanto, podem ser determinadas considerando o diagrama de corpo livre de cada viga separadamente. Nesse processo, estão envolvidas seis incógnitas (incluindo duas componentes de força na articulação), com seis equações disponíveis.

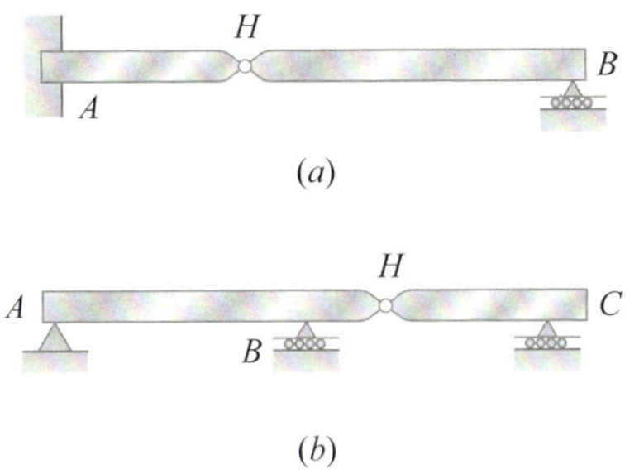

Figura 12.3

Como visto na Seção 11.1, quando cortamos a viga em balanço submetida a uma força concentrada **P** em sua extremidade (Fig. 11.4) através de uma seção em *C* os esforços internos nessa seção são compostos de uma força cortante **P′** igual e oposta à força **P** e um momento fletor **M** de valor igual ao momento de **P** em relação a *C*. Ocorre uma situação similar para outros tipos de apoio e carregamento. Considere, por exemplo, uma viga *AB* simplesmente apoiada, sujeita a duas forças concentradas e uma força uniformemente distribuída (Fig. 12.4*a*). Para determinarmos os esforços internos em uma seção do ponto *C*, primeiro desenhamos o diagrama de corpo livre da viga inteira para obter as reações nos apoios (Fig. 12.4*b*). Cortando a viga em *C*, desenhamos então o diagrama de corpo livre de *AC* (Fig. 12.4*c*), por meio do qual determinamos a força cortante **V** e o momento fletor **M**.

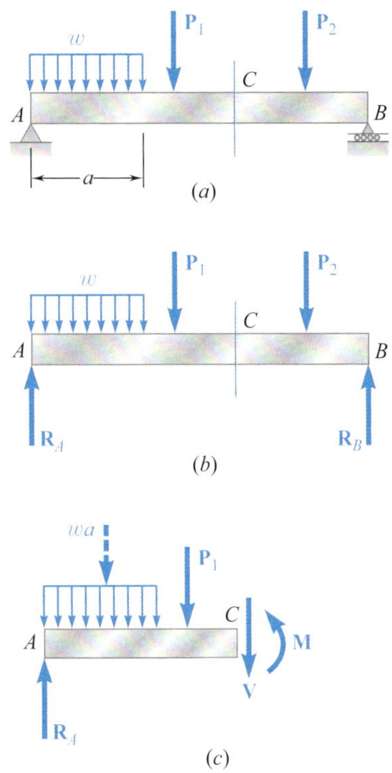

Figura 12.4

O momento fletor **M** provoca *tensões normais* na seção transversal, enquanto a força cortante **V** provoca *tensões de cisalhamento.* Na maioria dos casos, o critério dominante no projeto de uma viga quanto à resistência é o valor máximo da tensão normal sobre ela. A determinação das tensões normais em uma viga será o assunto deste capítulo, enquanto as tensões de cisalhamento serão abordadas no Cap. 13.

Como a distribuição de tensões normais em uma seção depende somente do valor do momento fletor *M* na seção e da geometria dela,* as

* Assume-se que a distribuição de tensões normais em determinada seção transversal não é afetada pela deformação provocada pelas tensões de cisalhamento.

fórmulas de flexão elástica deduzidas na Seção 11.4 podem ser utilizadas para determinar a tensão máxima, bem como a tensão em um ponto dado, na seção. Escrevemos*

$$\sigma_m = \frac{|M|c}{I} \qquad \sigma_x = -\frac{My}{I} \qquad (12.1, 12.2)$$

onde I é o momento de inércia da seção transversal em relação a um eixo que passa pelo centroide da seção transversal perpendicular ao plano de movimento, y é a distância da superfície neutra e c é o valor máximo da distância (Fig. 11.11). Como vimos na Seção 11.4, ao introduzirmos o módulo de resistência à flexão da seção elástica $W = I/c$ da barra, o valor máximo σ_m da tensão normal na seção pode ser expresso como

$$\sigma_m = \frac{|M|}{W} \qquad (12.3)$$

O fato de σ_m ser inversamente proporcional a W destaca a importância de selecionar vigas com um módulo de resistência da seção de valor alto. Os módulos de resistência de seção de vários perfis de aço laminado são dados no Apêndice B, enquanto o módulo de resistência de seção retangular pode ser expresso, conforme mostrado na Seção 11.4, como

$$W = \tfrac{1}{6}bh^2 \qquad (12.4)$$

onde b e h são, respectivamente, a largura e a altura da seção transversal.

A Eq. (12.3) também mostra que, para uma viga de seção transversal uniforme, σ_m é proporcional a $|M|$: assim, o valor máximo da tensão normal na viga ocorre na seção em que $|M|$ é maior. Conclui-se que uma das partes mais importantes do projeto de uma viga para determinada condição de carregamento é a determinação da localização e intensidade do maior momento fletor.

Essa tarefa ficará mais fácil se traçarmos um *diagrama de momento fletor*, isto é, se determinarmos o valor do momento fletor M em vários pontos da viga e construirmos um gráfico do momento em função da distância x medida a partir de uma extremidade da viga. Ficará ainda mais fácil se traçarmos, ao mesmo tempo, um *diagrama de força cortante* como objetivo de elaborar um gráfico da força cortante V em função de x.

A convenção de sinais a ser empregada para registrar os valores da força cortante e do momento fletor será discutida na Seção 12.2. Os valores de V e M serão então obtidos em vários pontos da viga, desenhando os diagramas de corpo livre de suas partes sucessivas. Na Seção 12.3, serão deduzidas relações entre força cortante e momento fletor, as quais serão utilizadas para obter os diagramas de força cortante e momento fletor. Essa abordagem facilita a determinação do maior valor absoluto do momento fletor e, portanto, a determinação da tensão normal máxima na viga.

Na Seção 12.4, você aprenderá a projetar uma viga em flexão, isto é, será imposta a condição de que a tensão normal máxima na viga não

* Como vimos na Seção 11.2, M pode ser positivo ou negativo, o que dependerá de a concavidade da viga no ponto considerado estar virada para cima ou para baixo. Assim, no caso considerado aqui de um carregamento transversal, o sinal de M pode variar ao longo da viga. Entretanto, σ_m é um valor positivo, e o valor absoluto de M é usado na Eq. (12.1).

ultrapassará seu valor admissível. Conforme já dissemos, esse é o critério dominante no projeto de uma viga.

12.2 Diagramas de força cortante e momento fletor

Como indicamos na Seção 12.1, a determinação dos valores máximos absolutos da força cortante e do momento fletor em uma viga será muito mais fácil se os valores de V e M forem construídos graficamente em função da distância x medida a partir de uma extremidade da viga. Além disso, conforme veremos no Cap. 15, o conhecimento de M em função de x é essencial para a determinação do deslocamento de uma viga.

Nos exemplos e problemas resolvidos desta seção, os diagramas de força cortante e momento fletor serão obtidos por meio da determinação dos valores de V e M em pontos selecionados da viga. Esses valores serão determinados da maneira usual, isto é, corta-se a viga no ponto em que eles devem ser determinados (Fig. 12.5*a*) e considera-se o equilíbrio da parte da viga localizada de cada lado da seção (Fig. 12.5*b*). Como as forças cortantes $\mathbf{V}$ e $\mathbf{V}'$ têm sentidos opostos, registrar a força cortante no ponto C com uma seta para cima ou para baixo não teria significado a menos que indicássemos, ao mesmo tempo, qual dos corpos livres AC e CD estamos considerando. Por essa razão, a força cortante V será marcada com *um sinal positivo* se ela estiver direcionada, como mostra a Fig. 12.5*b*, e com *um sinal negativo* se isso não ocorrer. Será aplicada uma convenção similar para o momento fletor M; que será considerado positivo se os momentos fletores estiverem direcionados, como mostrado na figura, e negativo se isso não ocorrer.* Resumindo a convenção de sinais apresentada, podemos dizer o seguinte:

A força cortante V *e o momento fletor* M *serão positivos quando, em determinada seção da viga, os esforços internos atuantes nas partes da viga estiverem direcionados conforme mostra a* Fig. 12.6*a*.

Essas convenções podem ser lembradas mais facilmente se notarmos que:

1. *Em um ponto da viga, a força cortante é positiva quando as forças* **externas** *(cargas e reações) que atuam nela tendem a rompê-la (cisalhar) nesse ponto, conforme indicado na* Fig. 12.6*b*.
2. *Em um ponto da viga, o momento fletor é positivo quando as forças* **externas** *que atuam nela tendem a flexioná-la nesse ponto, conforme indicado na* Fig. 12.6*c*.

É útil também notar que a situação descrita na Fig. 12.6, na qual os valores da força cortante e do momento fletor são positivos, é precisamente a situação que ocorre na metade esquerda de uma viga simplesmente apoiada, tendo uma única força concentrada em seu ponto médio. Esse caso particular é amplamente discutido no próximo exemplo.

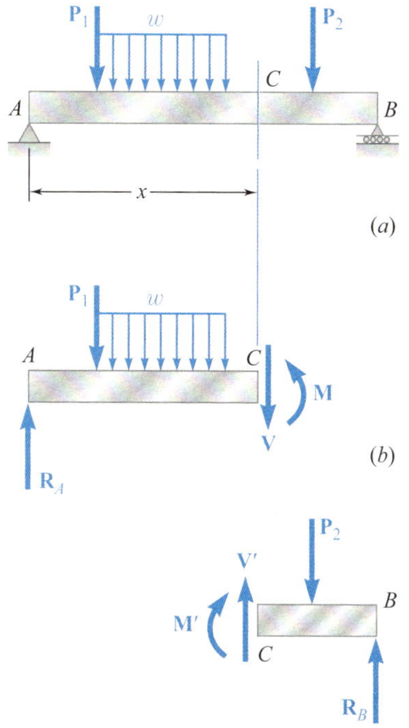

Figura 12.5

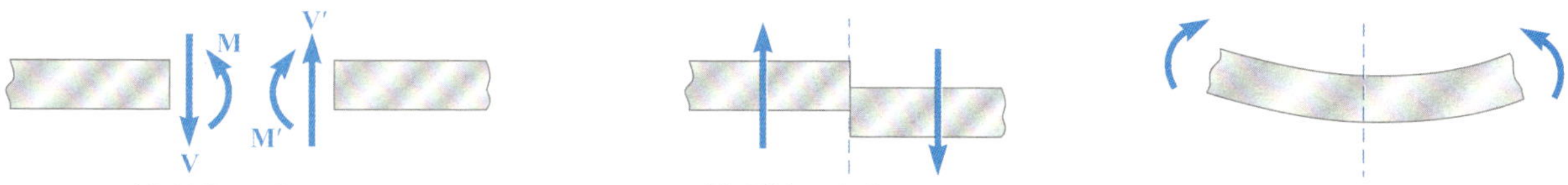

(*a*) Esforços internos (força cortante positiva e momento fletor positivo)

(*b*) Efeitos de forças externas (força cortante positiva)

(*c*) Efeitos de forças externas (momento fletor positivo)

Figura 12.6

* Note que essa convenção é a mesma que usamos na Seção 11.2.

Exemplo 12.1 Trace os diagramas de força cortante e momento fletor para uma viga AB simplesmente apoiada de vão L, submetida a uma única força concentrada **P** em seu ponto médio C (Fig. 12.7).

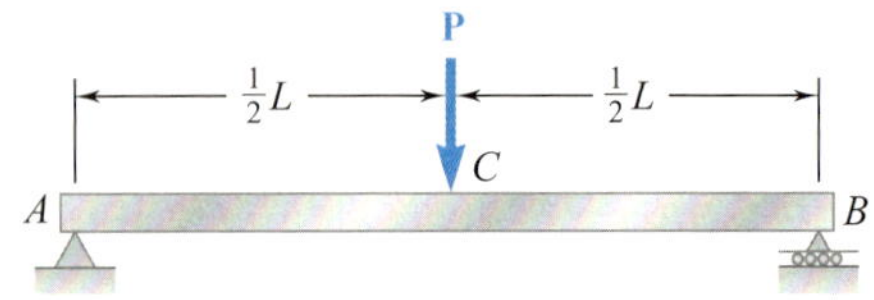

Figura 12.7

Primeiro determinamos as reações nos apoios por meio do diagrama de corpo livre da viga toda (Fig. 12.8*a*); vemos que a intensidade de cada reação é igual a $P/2$.

Em seguida, cortamos a viga no ponto D entre A e C, e desenhamos os diagramas de corpo livre AD e DB (Fig. 12.8*b*). *Considerando que a força cortante e o momento fletor são positivos*, direcionamos os esforços internos **V** e **V′** e **M** e **M′** como mostra a Fig. 12.6*a*. Considerando o diagrama de corpo livre AD e escrevendo que a soma dos componentes verticais e a soma dos momentos em relação a D das forças que atuam no corpo livre são iguais a zero, encontramos $V = +P/2$ e $M = +Px/2$. Tanto a força cortante quanto o momento fletor são, portanto, positivos, pois a reação A tende a cortar e flexionar a viga em D, conforme indicam as Figs. 12.6*b* e *c*. Agora construímos os gráficos de V e M entre A e C (Figs. 12.8*d* e *e*); a força cortante tem um valor constante $V = P/2$, enquanto o momento fletor aumenta linearmente desde $M = 0$ em $x = 0$ até $M = PL/4$ em $x = L/2$.

Cortando a viga no ponto E, entre C e B, e considerando o diagrama de corpo livre EB (Fig. 12.8*c*), escrevemos que a soma dos componentes verticais e a soma dos momentos em relação a E das forças que atuam no corpo livre são iguais a zero. Obtemos $V = -P/2$ e $M = P(L - x)/2$. Assim, a força cortante é negativa, e o momento fletor, positivo, pois a reação em B flexiona a viga em E, conforme indica a Fig. 12.6*c*, mas tende a cortar de maneira oposta àquela mostrada na Fig. 12.6*b*. Podemos completar, agora, os diagramas de força cortante e momento fletor das Figs. 12.8*d* e *e*. A força cortante tem um valor constante $V = -P/2$ entre C e B, enquanto o momento fletor diminui linearmente de $M = PL/4$ em $x = L/2$ até $M = 0$ em $x = L$. ■

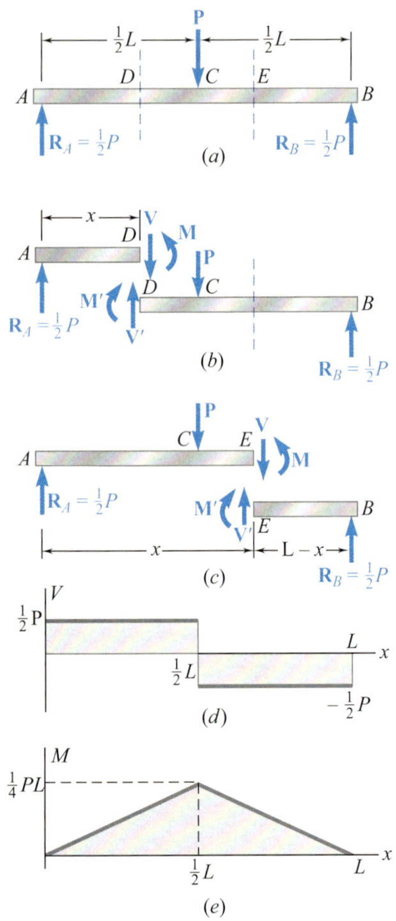

Figura 12.8

Notamos no exemplo anterior que, quando uma viga é submetida somente a forças concentradas, a força cortante é constante entre as forças, e o momento fletor varia linearmente entre elas. Nessas situações, portanto, os diagramas de força cortante e momento fletor podem ser traçados facilmente, uma vez obtidos os valores V e M nas seções selecionadas imediatamente à esquerda e imediatamente à direita dos pontos em que as forças e reações são aplicadas (ver Problema Resolvido 12.1).

Exemplo 12.2. Trace os diagramas de força cortante e momento fletor para a viga em balanço AB de vão L que suporta uma força w uniformemente distribuída (Fig. 12.9).

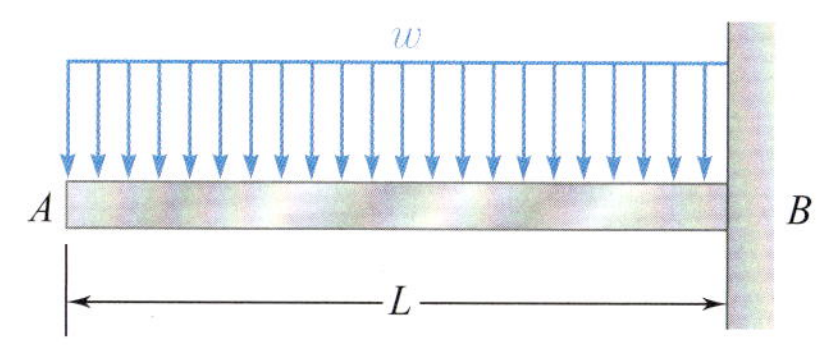

Figura 12.9

Cortamos a viga no ponto C entre A e B e desenhamos o diagrama de corpo livre de AC (Fig. 12.10*a*), direcionando **V** e **M** conforme indica a Fig. 12.6*a*. Chamando de x a distância de A até C e substituindo a força distribuída sobre AC pela sua resultante wx aplicada no ponto médio de AC, escrevemos

$$+\uparrow \Sigma F_y = 0: \qquad -wx - V = 0 \qquad V = -wx$$

$$+\circlearrowleft \Sigma M_C = 0: \qquad wx\left(\frac{x}{2}\right) + M = 0 \qquad M = -\frac{1}{2}wx^2$$

Notamos que o diagrama de força cortante é representado por uma linha reta inclinada (Fig. 12.10*b*), e o diagrama do momento fletor, por uma parábola (Fig. 12.10*c*). Os valores máximos de V e M ocorrem ambos em B, assim, temos

$$V_B = -wL \qquad M_B = -\tfrac{1}{2}wL^2$$

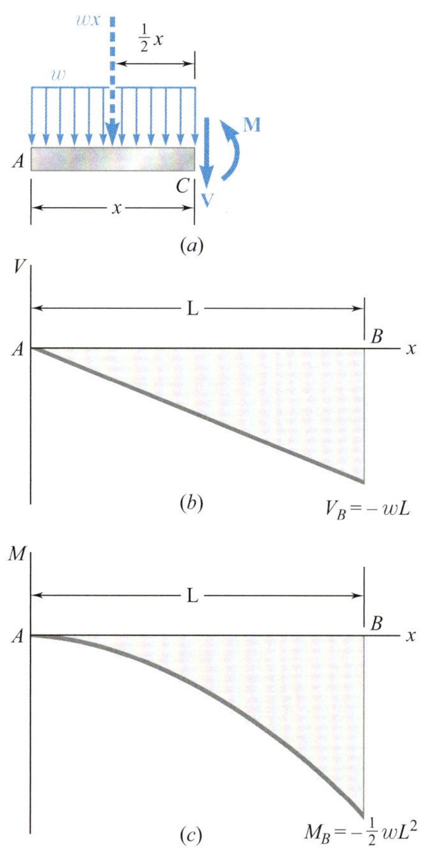

Figura 12.10

PROBLEMA RESOLVIDO 12.1

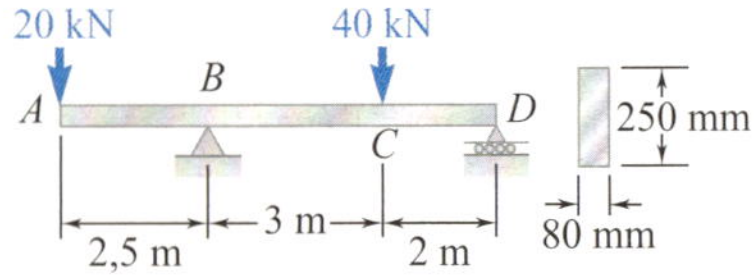

Para a viga de madeira e o carregamento mostrados na figura, trace os diagramas de força cortante e momento fletor, e determine a tensão máxima provocada pelo momento fletor.

SOLUÇÃO

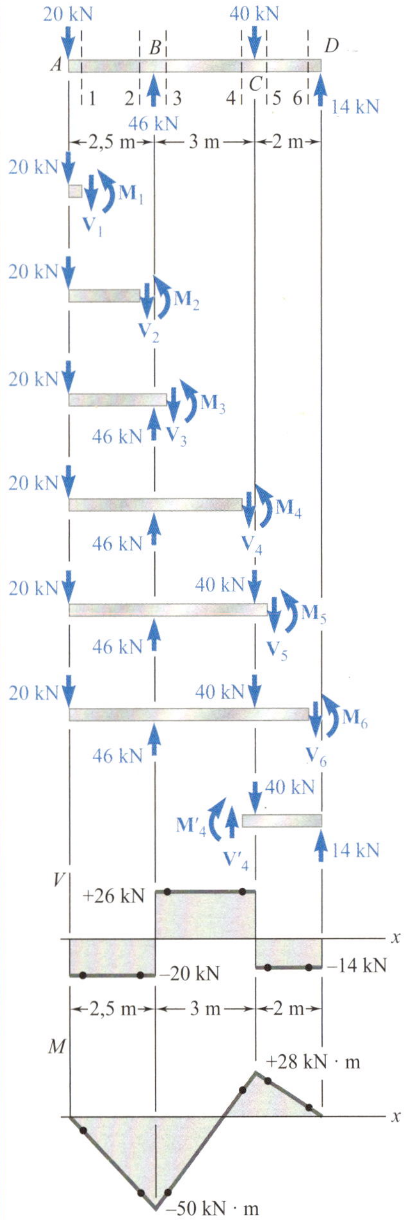

Reações. Considerando a viga inteira como um corpo livre, temos

$$\mathbf{R}_B = 46 \text{ kN} \uparrow \qquad \mathbf{R}_D = 14 \text{ kN} \uparrow$$

Diagramas de força cortante e momento fletor. Primeiro determinamos os esforços internos logo à direita da força de 20 kN em A. Considerando a parte da viga à esquerda da seção *1* como um corpo livre e assumindo que V e M são positivos (de acordo com a convenção adotada), escrevemos

$$+\uparrow \Sigma F_y = 0: \qquad -20 \text{ kN} - V_1 = 0 \qquad V_1 = -20 \text{ kN}$$
$$+\circlearrowright \Sigma M_1 = 0: \qquad (20 \text{ kN})(0 \text{ m}) + M_1 = 0 \qquad M_1 = 0$$

Em seguida, consideramos como um corpo livre a parte da viga à esquerda da seção 2 e escrevemos

$$+\uparrow \Sigma F_y = 0: \qquad -20 \text{ kN} - V_2 = 0 \qquad V_2 = -20 \text{ kN}$$
$$+\circlearrowright \Sigma M_2 = 0: \qquad (20 \text{ kN})(2{,}5 \text{ m}) + M_2 = 0 \qquad M_2 = -50 \text{ kN} \cdot \text{m}$$

A força cortante e o momento fletor nas seções *3*, *4*, *5* e *6* são determinados de maneira similar por meio dos diagramas de corpo livre mostrados. Obtemos

$$V_3 = +26 \text{ kN} \qquad M_3 = -50 \text{ kN} \cdot \text{m}$$
$$V_4 = +26 \text{ kN} \qquad M_4 = +28 \text{ kN} \cdot \text{m}$$
$$V_5 = -14 \text{ kN} \qquad M_5 = +28 \text{ kN} \cdot \text{m}$$
$$V_6 = -14 \text{ kN} \qquad M_6 = 0$$

Nas várias seções anteriores, os resultados podem ser obtidos mais facilmente considerando-se um corpo livre a parte da viga que se encontra à direita da seção. Por exemplo, para a parte da viga à direita da seção *4*, temos

$$+\uparrow \Sigma F_y = 0: \qquad V_4 - 40 \text{ kN} + 14 \text{ kN} = 0 \qquad V_4 = +26 \text{ kN}$$
$$+\circlearrowright \Sigma M_4 = 0: \qquad -M_4 + (14 \text{ kN})(2 \text{ m}) = 0 \qquad M_4 = +28 \text{ kN} \cdot \text{m}$$

Podemos agora construir os gráficos dos seis pontos mostrados nos diagramas de força cortante e momento fletor. Conforme indicamos anteriormente nesta seção, a força cortante tem um valor constante entre forças concentradas, e o momento fletor varia linearmente; obtemos, portanto, os diagramas de força cortante e momento fletor mostrados na figura.

Tensão normal máxima. Ela ocorre em B, em que $|M|$ tem o maior valor. Usamos a Eq. (12.4) para determinar o módulo de resistência à flexão da seção da viga:

$$W = \tfrac{1}{6}bh^2 = \tfrac{1}{6}(0{,}080 \text{ m})(0{,}250 \text{ m})^2 = 833{,}33 \times 10^{-6} \text{ m}^3$$

Substituindo esse valor e $|M| = |M_B| = 50 \times 10^3$ N · m na Eq. (12.3):

$$\sigma_m = \frac{|M_B|}{W} = \frac{(50 \times 10^3 \text{ N} \cdot \text{m})}{833{,}33 \times 10^{-6}} = 60{,}00 \times 10^6 \text{ Pa}$$

Máxima tensão normal na viga = 60,0 MPa ◀

PROBLEMA RESOLVIDO 12.2

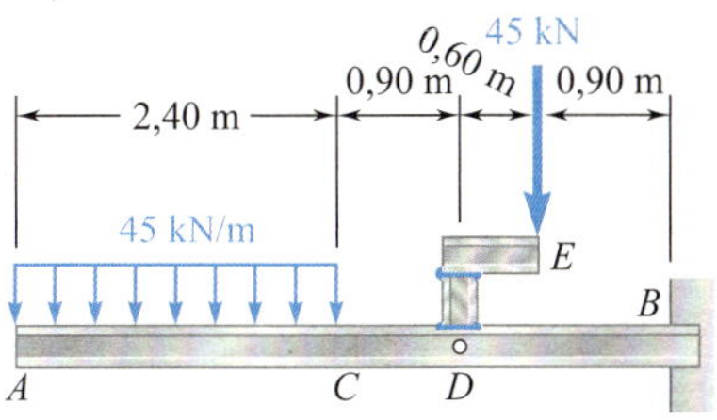

A estrutura mostrada na figura é composta de uma viga AB, que é um perfil de aço laminado W250 × 167 e de dois membros curtos soldados entre si e a viga. (*a*) Trace os diagramas de força cortante e momento fletor para a viga para o carregamento dado. (*b*) Determine a tensão normal máxima em seções imediatamente à esquerda e à direita do ponto D.

SOLUÇÃO

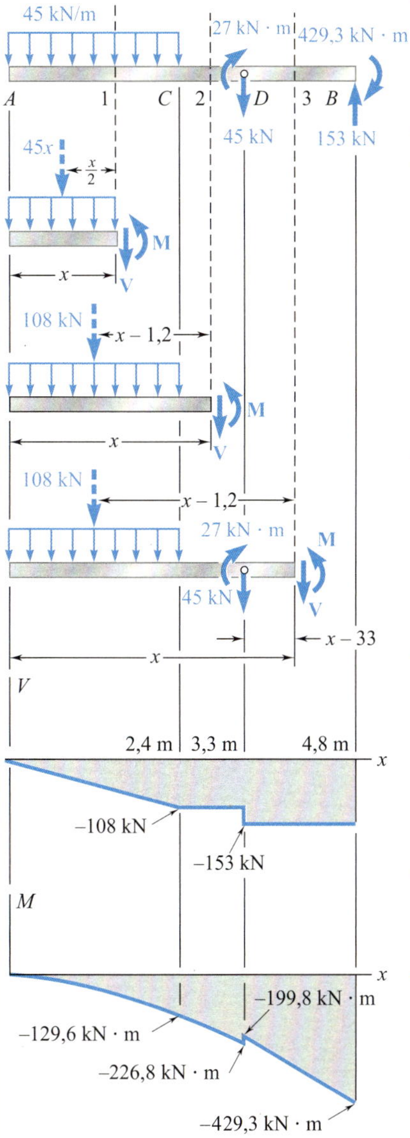

Carregamento equivalente da viga. A força de 45 kN é substituída por um sistema equivalente de força e momento em D. A reação em B é determinada considerando-se a viga como um corpo livre.

a. Diagramas de força cortante e de momento fletor

De A a C. Determinamos os esforços internos a uma distância x do ponto A considerando a parte da viga à esquerda da seção *1*. Essa parte da força distribuída que atua sobre o corpo livre é substituída por sua resultante, e escrevemos

$$+\uparrow \Sigma F_y = 0: \qquad -45x - V = 0 \qquad V = -45x \text{ kN}$$
$$+\circlearrowleft \Sigma M_1 = 0: \qquad 45x(\tfrac{1}{2}x) + M = 0 \qquad M = -22{,}5x^2 \text{ kN} \cdot \text{m}$$

Como o diagrama de corpo livre mostrado pode ser utilizado para todos os valores de x menores que 2,4 m, as expressões obtidas para V e M são válidas na região $0 < x < 2{,}4$ m.

De C a D. Considerando a parte da viga à esquerda da seção *2* e novamente substituindo a força distribuída por sua resultante, obtemos

$$+\uparrow \Sigma F_y = 0: \qquad -108 - V = 0 \qquad V = -108 \text{ kN}$$
$$+\circlearrowleft \Sigma M_2 = 0: \qquad 108(x - 1{,}2) + M = 0 \qquad M = 129{,}6 - 108x \quad \text{kN} \cdot \text{m}$$

Essas expressões são válidas na região 2,4 m $< x <$ 3,3 m.

De D a B. Usando a posição da viga à esquerda da seção *3*, obtemos para a região 3,3 m $< x <$ 4,8 m

$$V = -153 \text{ kN} \qquad M = 305{,}1 - 153x \qquad \text{kN} \cdot \text{m}$$

Podemos agora traçar os diagramas de força cortante e momento fletor para a barra inteira. Notamos que o momento de 27 kN · m aplicado ao ponto D introduz uma descontinuidade no diagrama de momento fletor.

b. Tensão normal máxima à esquerda e à direita do ponto D. Do Apêndice B encontramos que, para uma viga do tipo W250 × 167, o módulo de resistência em relação ao eixo X-X é $W = 2.080 \times 10^3$ mm³.

À esquerda de D: Temos $|M| = 226{,}8$ kN · m $= 226{,}8 \times 16^6$ N · mm. Substituindo $|M|$ e W na Eq. (12.3), escrevemos

$$\sigma_m = \frac{|M|}{W} = \frac{226{,}8 \times 10^6 \text{ N} \cdot \text{mm}}{2.080 \times 10^3 \text{ mm}^3} = 109 \text{ MPa} \qquad \sigma_m = 109 \text{ MPa} \blacktriangleleft$$

À direita de D: Temos $|M| = 199{,}8$ kN · m $= 199{,}8 \times 16^6$ N · mm. Substituindo $|M|$ e W na Eq. (12.3), escrevemos

$$\sigma_m = \frac{|M|}{W} = \frac{199{,}8 \times 10^6 \text{ N} \cdot \text{mm}}{2.080 \times 10^3 \text{ mm}^3} = 96 \text{ MPa} \qquad \sigma_m = 96 \text{ MPa} \blacktriangleleft$$

PROBLEMAS

12.1 até 12.4 Para a viga e o carregamento mostrados, (*a*) trace os diagramas de força cortante e momento fletor e (*b*) determine as equações das curvas de força cortante e momento fletor.

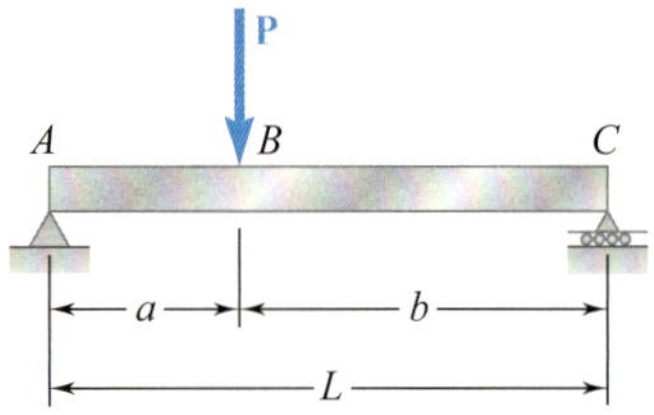

Figura P12.1

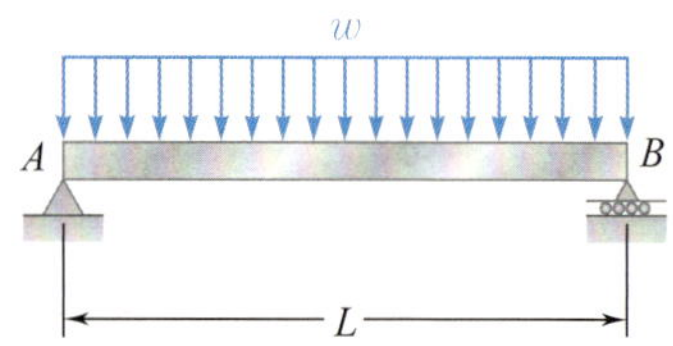

Figura P12.2

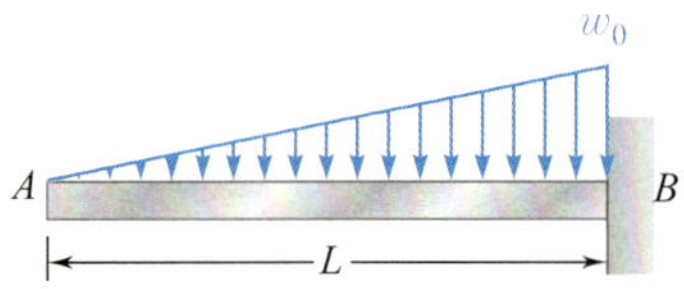

Figura P12.3

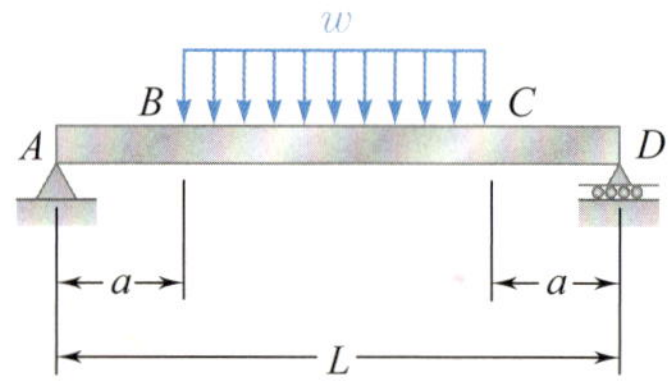

Figura P12.4

12.5 e *12.6* Trace os diagramas de força cortante e momento fletor para a viga e o carregamento mostrados, e determine o valor máximo absoluto (*a*) da força cortante e (*b*) do momento fletor.

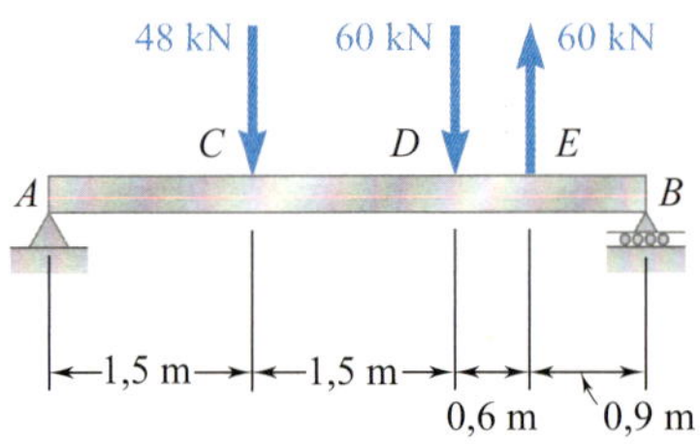

Figura P12.5

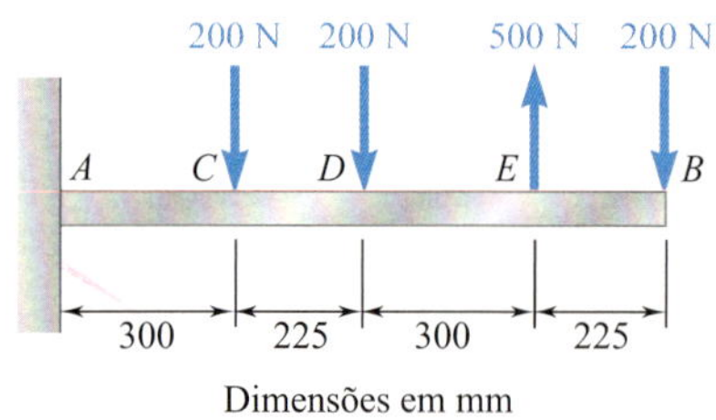

Figura *P12.6*

12.7 e *12.8* Trace os diagramas de força cortante e momento fletor para a viga e o carregamento mostrados, e determine o valor máximo absoluto (*a*) da força cortante e (*b*) do momento fletor.

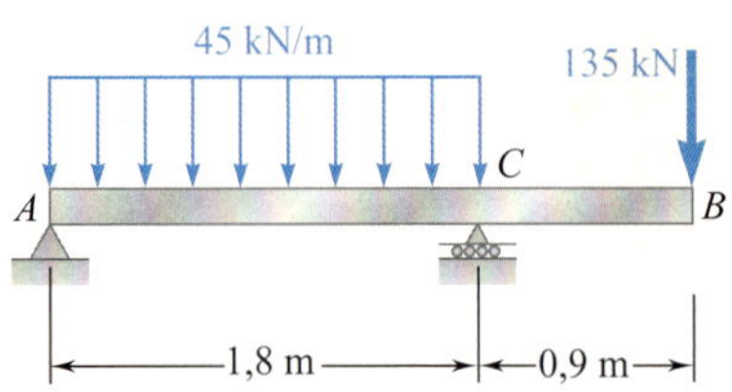

Figura P12.7

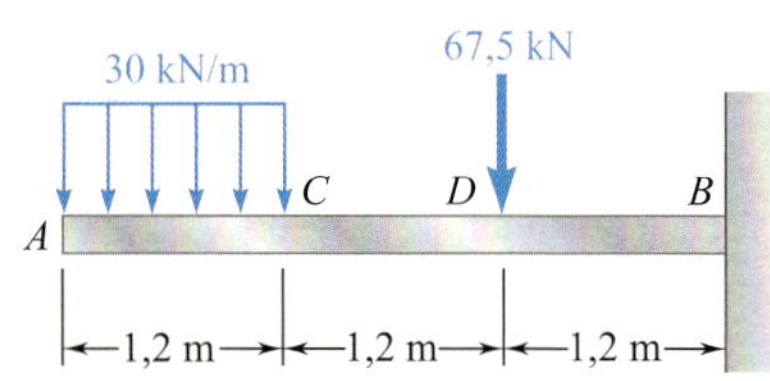

Figura *P12.8*

12.9 e 12.10 Trace os diagramas de força cortante e momento fletor para a viga e o carregamento mostrados, e determine o valor máximo absoluto (*a*) da força cortante e (*b*) do momento fletor.

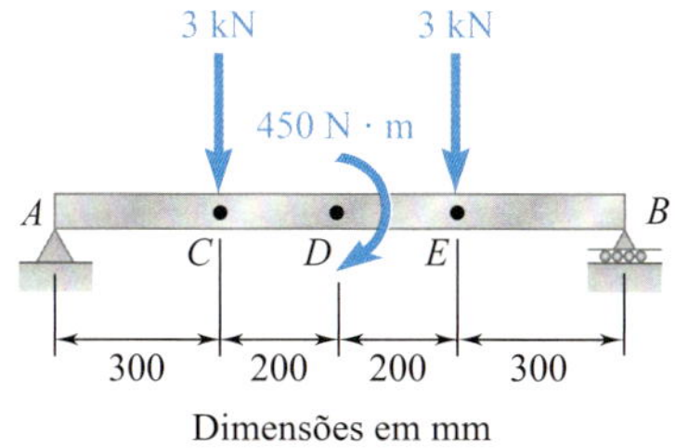

Figura P12.9

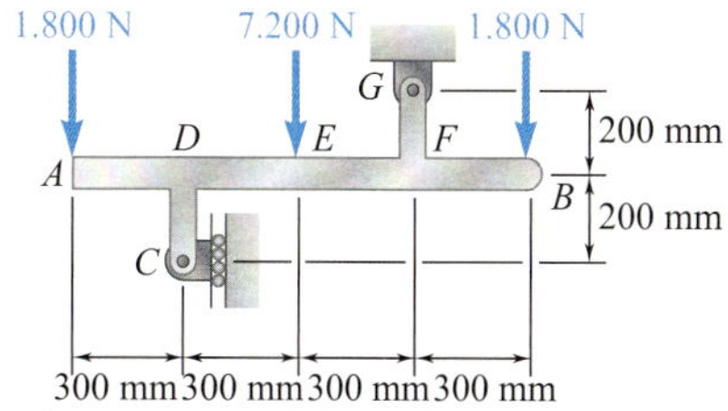

Figura P12.10

12.11 e 12.12 Considerando que a reação do solo seja uniformemente distribuída, trace os diagramas de força cortante e momento fletor para a viga *AB* e determine o valor máximo absoluto (*a*) da força cortante e (*b*) do momento fletor.

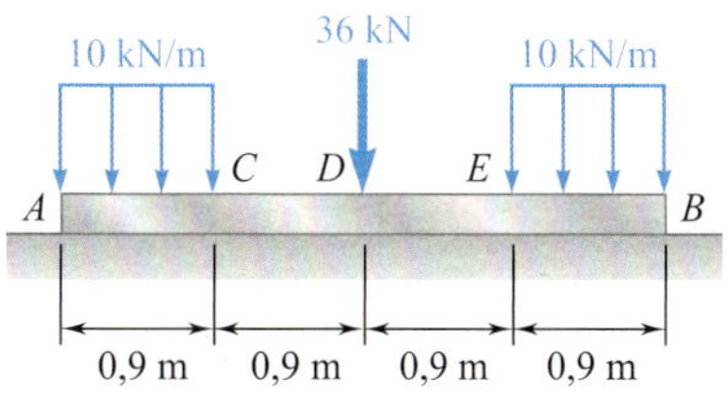

Figura P12.11

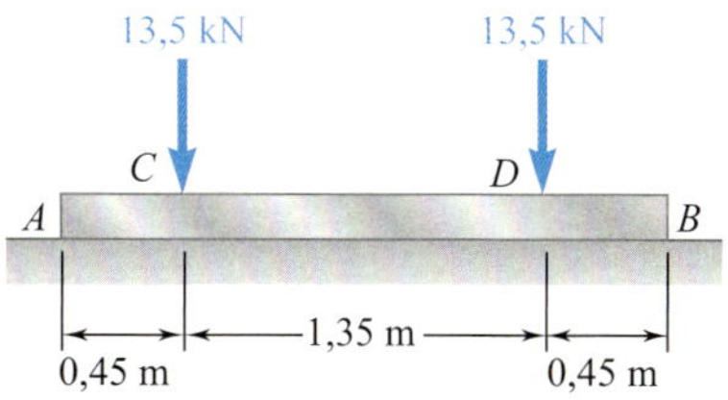

Figura P12.12

12.13 e 12.14 Para a viga e o carregamento mostrados na figura, determine a tensão normal máxima provocada pelo momento fletor na seção transversal *C*.

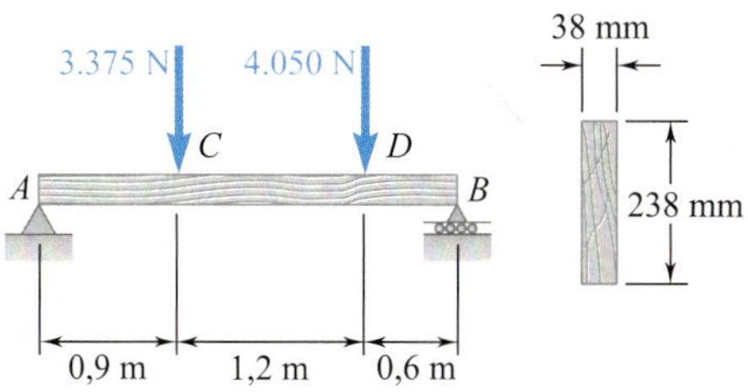

Figura P12.13

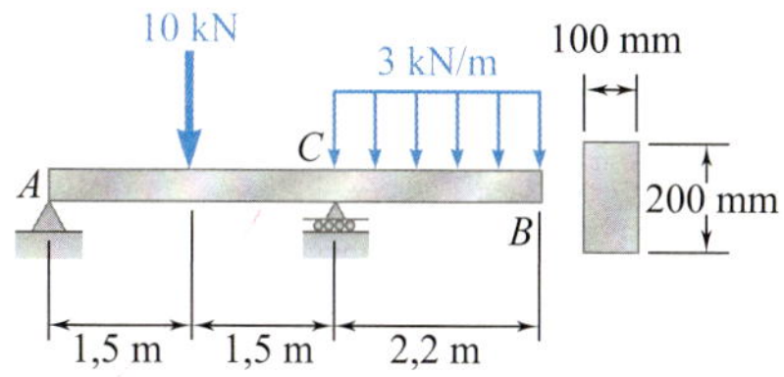

Figura P12.14

12.15 Para a viga e o carregamento mostrados na figura, determine a tensão normal máxima provocada pelo momento fletor na seção *a-a*.

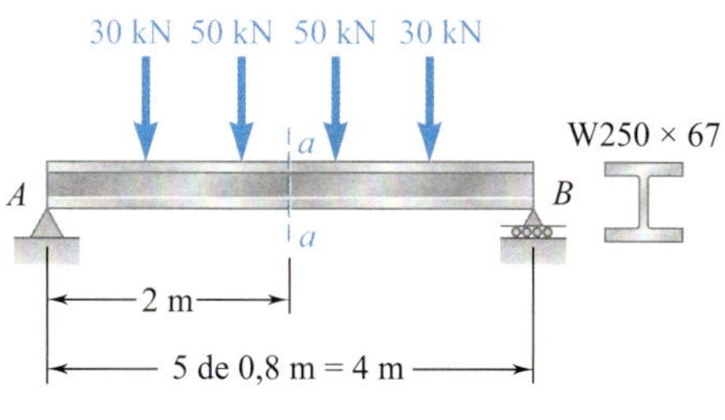

Figura P12.15

12.16 Para a viga e o carregamento mostrados na figura, determine a tensão normal máxima provocada pelo momento fletor na seção transversal C.

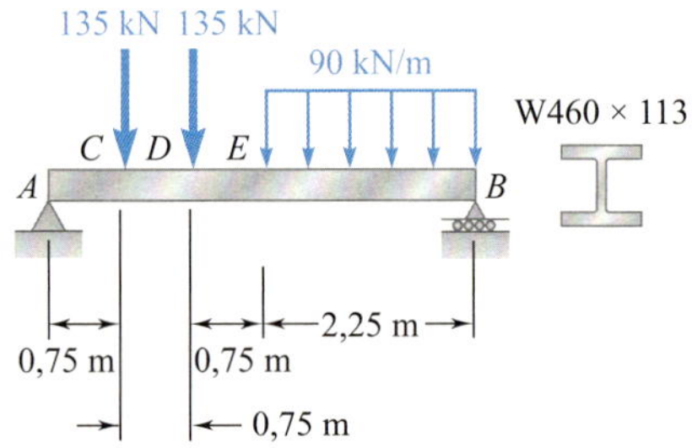

Figura P12.16

12.17 e **12.18** Para a viga e o carregamento mostrados na figura, determine a tensão normal máxima provocada pelo momento fletor na seção transversal C.

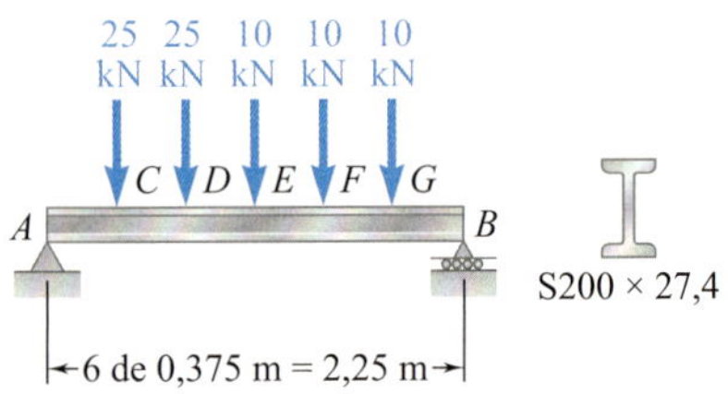

Figura P12.17

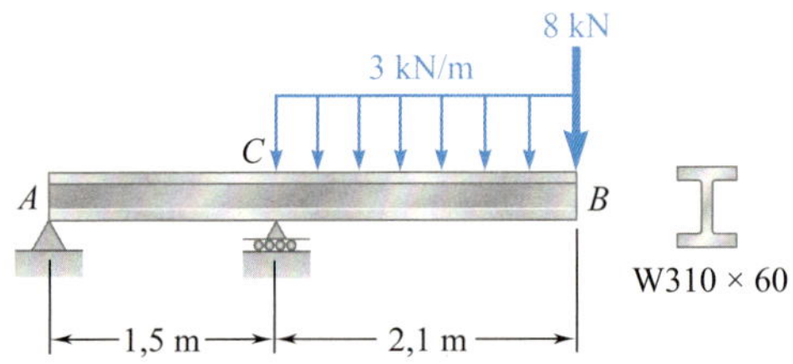

Figura P12.18

12.19 e **12.20** Trace os diagramas de força cortante e momento fletor para a viga e o carregamento mostrados na figura, e determine a tensão normal máxima provocada pelo momento fletor.

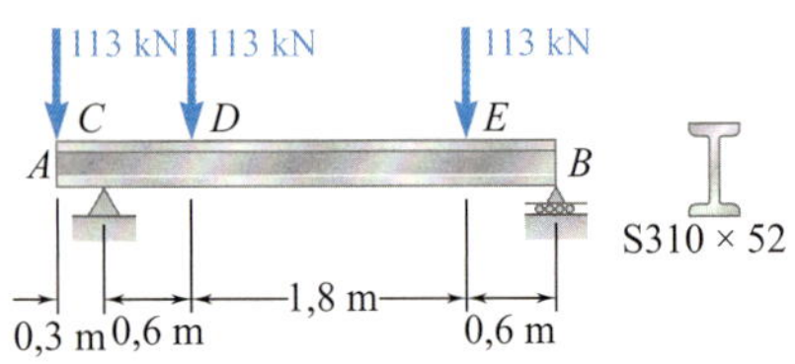

Figura P12.19

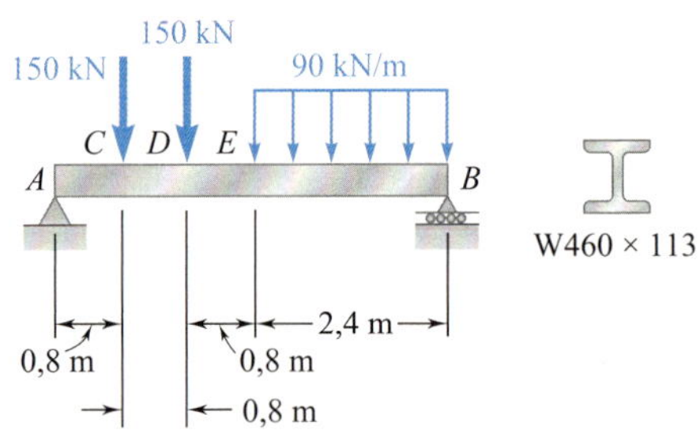

Figura P12.20

12.21 e *12.22* Trace os diagramas de força cortante e momento fletor para a viga e o carregamento mostrados na figura, e determine a tensão normal máxima provocada pelo momento fletor.

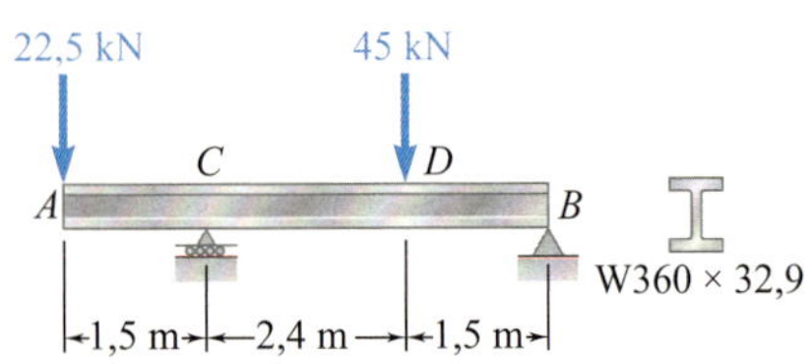

Figura P12.21

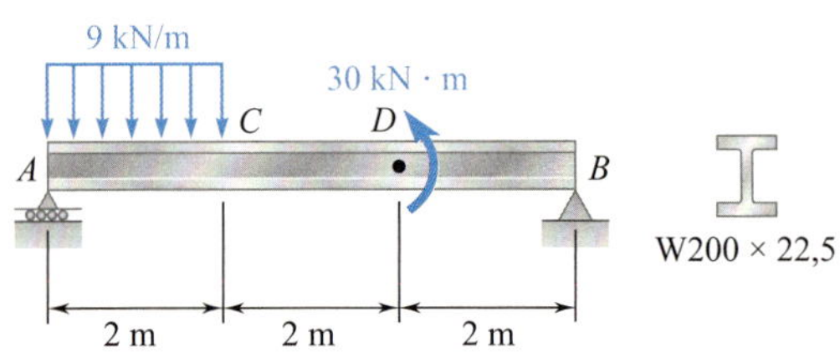

Figura P12.22

12.23 Trace os diagramas de força cortante e momento fletor para a viga e o carregamento mostrados na figura, e determine a tensão normal máxima provocada pelo momento fletor.

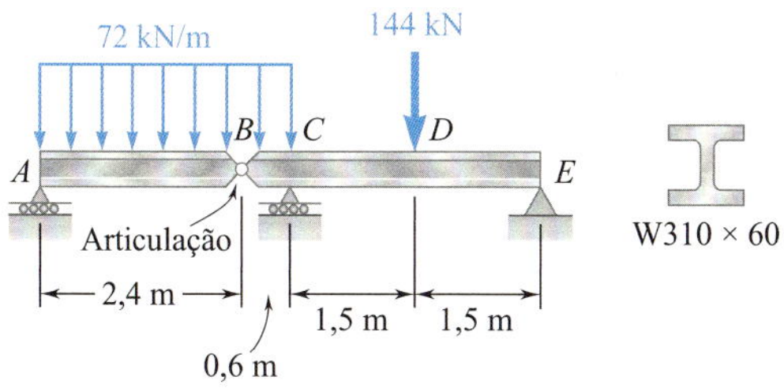

Figura P12.23

12.24 Sabendo que W = 13,5 kN, trace os diagramas de força cortante e momento fletor para a viga AB e determine a tensão normal máxima provocada pelo momento fletor.

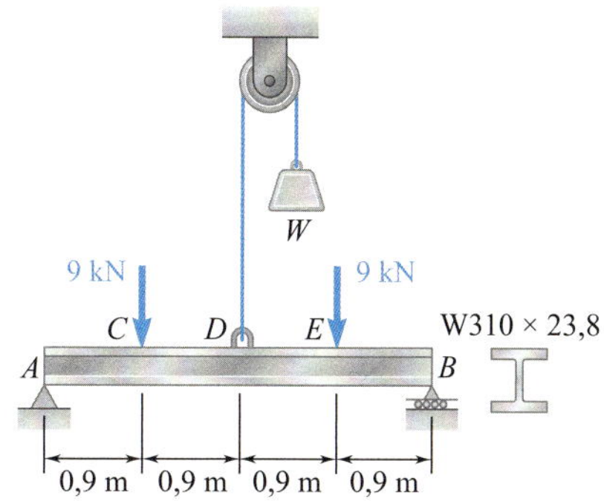

Figura P12.24

12.25 Determine (*a*) a distância *a* para a qual o valor máximo absoluto do momento fletor na viga é o menor possível e (*b*) a tensão normal máxima correspondente provocada pelo momento fletor. (*Sugestão*: Trace o diagrama de momento fletor e iguale os valores absolutos dos maiores momentos fletores positivo e negativo obtidos.)

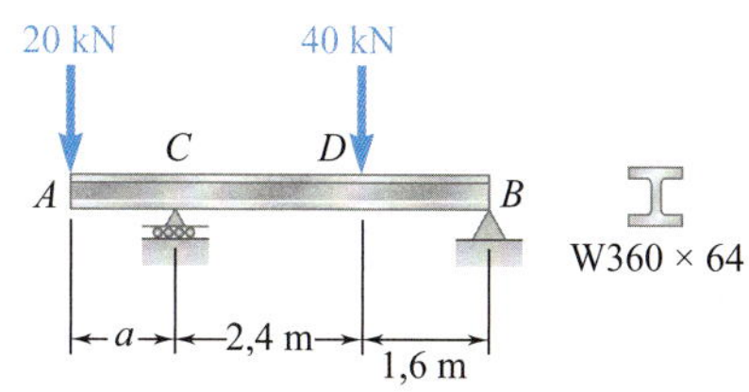

Figura P12.25

12.26 Determine (*a*) a distância *a* para a qual o valor absoluto do momento fletor na viga é o menor possível e (*b*) a tensão normal máxima correspondente provocada pelo momento fletor (ver sugestão do Problema 12.25).

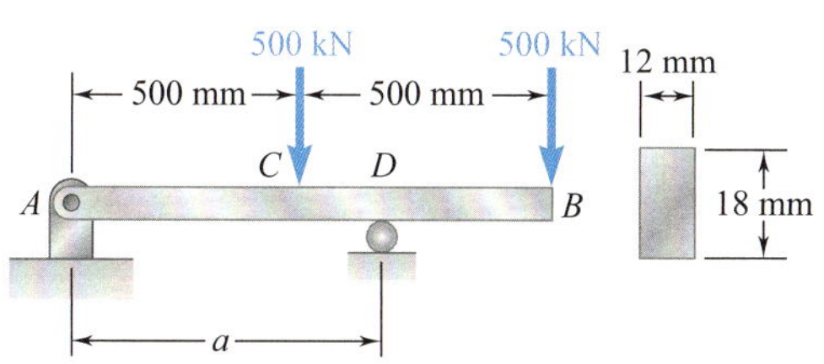

Figura P12.26

12.27 Determine (*a*) a distância *a* para a qual o valor absoluto do momento fletor na viga é o menor possível e (*b*) a tensão normal máxima correspondente provocada pelo momento fletor (ver sugestão do Problema 12.25).

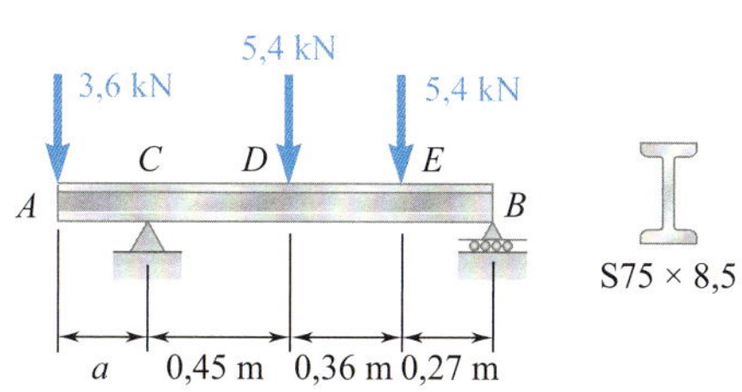

Figura P12.27

12.28 Uma barra de seção transversal circular cheia de aço com diâmetro *d* é suportada como mostra a figura. Sabendo que para o aço γ = 7.697 kg/m^3, determine o menor diâmetro *d* que pode ser utilizado para que a tensão normal provocada pelo momento fletor não ultrapasse 27,6 MPa.

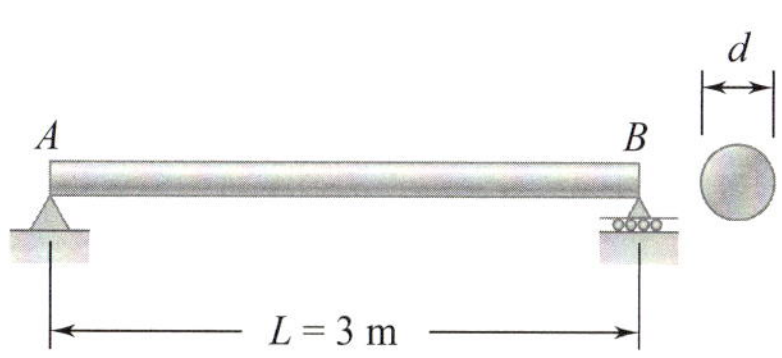

Figura P12.28

12.3 Relações entre força, força cortante e momento fletor

Quando uma viga suporta mais de duas ou três forças concentradas, ou quando suporta forças distribuídas, o método descrito na Seção 12.2 para traçar os diagramas da força cortante do momento fletor pode se mostrar bastante trabalhoso. A construção do diagrama da força cortante e, especialmente, do diagrama de momento fletor ficará muito mais fácil se forem consideradas as relações existentes entre força, força cortante e momento fletor.

Consideremos uma viga AB simplesmente apoiada que está submetida a uma força distribuída w por unidade de comprimento (Fig. 12.11*a*), e sejam C e C' dois pontos da viga a uma distância Δx um do outro. A força cortante e o momento fletor em C serão representados por V e M, respectivamente, e considerados positivos com os sentidos indicados na figura. A força cortante e o momento fletor em C' serão representados por $V + \Delta V$ e $M + \Delta M$.

Isolamos agora a parte da viga CC' e desenhamos o seu diagrama de corpo livre (Fig. 12.11*b*). As forças que atuam no corpo livre incluem uma força de intensidade $w\,\Delta x$ e os esforços internos, força cortante e momento fletor em C e C'. Como a força cortante e o momento fletor foram considerados positivos, as forças e os momentos estarão direcionados conforme mostra a figura.

Relações entre força e força cortante. Considerando que a soma das componentes verticais das forças que atuam no corpo livre CC' é zero, temos

$$+\uparrow \Sigma F_y = 0: \qquad V - (V + \Delta V) - w\,\Delta x = 0$$
$$\Delta V = -w\,\Delta x$$

Dividindo ambos os membros da equação por Δx e depois fazendo Δx se aproximar de zero, obtemos

$$\frac{dV}{dx} = -w \qquad (12.5)$$

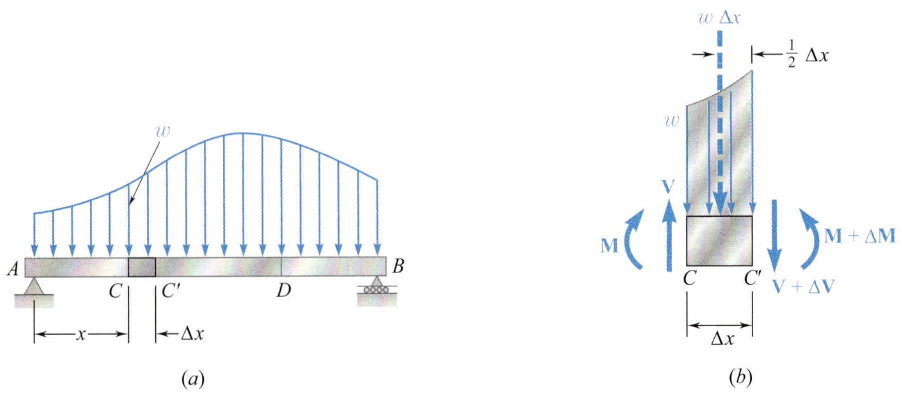

Figura 12.11

A Eq. (12.5) indica que, para uma viga carregada conforme mostra a Fig. 12.11*a*, a inclinação dV/dx da curva de força cortante é negativa; o valor numérico da inclinação em qualquer ponto é igual à força por unidade de comprimento nesse ponto.

Integrando (12.5) entre os pontos C e D, escrevemos

$$V_D - V_C = -\int_{x_C}^{x_D} w\, dx \tag{12.6}$$

$$V_D - V_C = -(\text{área sob a curva da força distribuída entre } C \text{ e } D) \tag{12.6'}$$

Note que esse resultado também poderia ter sido obtido considerando o equilíbrio da parte CD da viga, visto que a área sob a curva da força distribuída representa a força total aplicada entre C e D.

Deve-se observar que a Eq. (12.5) não é válida em um ponto no qual é aplicada uma força concentrada; a curva de força cortante é descontínua nesse ponto, como vimos na Seção 12.2. De forma similar, as Eqs. (12.6) e (12.6′) deixam de ser válidas quando são aplicadas forças concentradas entre C e D, pois elas não levam em conta a variação brusca da força cortante provocada por uma força concentrada. As Eqs. (12.6) e (12.6′), portanto, deverão ser aplicadas somente entre forças concentradas sucessivas.

Relações entre força cortante e momento fletor. Retornando ao diagrama de corpo livre da Fig. 12.11*b* e considerando agora que a soma dos momentos em relação a C' é zero, temos

$$+\circlearrowleft \Sigma M_{C'} = 0: \qquad (M + \Delta M) - M - V\,\Delta x + w\,\Delta x \frac{\Delta x}{2} = 0$$

$$\Delta M = V\,\Delta x - \frac{1}{2} w\,(\Delta x)^2$$

Dividindo ambos os membros da equação por Δx e fazendo Δx aproximar-se de zero, obtemos

$$\frac{dM}{dx} = V \tag{12.7}$$

A Eq. (12.7) indica que a inclinação dM/dx da curva do momento fletor é igual ao valor da força cortante. Isso é verdade em qualquer ponto em que a força cortante tenha um valor bem definido, isto é, em qualquer ponto em que não seja aplicada uma força concentrada. A Eq. (12.7) mostra também que $V = 0$ em pontos em que M é máximo. Essa propriedade facilita a determinação dos pontos em que a viga apresenta possibilidade de falhar sob flexão.

Integrando (12.7) entre os pontos C e D, escrevemos

$$M_D - M_C = \int_{x_C}^{x_D} V\, dx \tag{12.8}$$

$$M_D - M_C = \text{área sob a curva da força cortante entre } C \text{ e } D \tag{12.8'}$$

Note que a área sob a curva da força cortante deverá ser considerada positiva onde a força cortante for positiva e negativa onde a força cortante for negativa. As Eqs. (12.8) e (12.8′) são válidas mesmo quando aplicadas forças concentradas entre C e D, desde que a curva de força cortante tenha sido traçada corretamente. No entanto, as equações deixarão de ser válidas se for aplicado um momento em um ponto entre C e D, pois elas não levam em conta a variação brusca no momento fletor provocada por um momento (ver Problema Resolvido 12.6)

Exemplo 12.3. Trace os diagramas de força cortante e momento fletor para a viga simplesmente apoiada da Fig. 12.12 e determine o valor máximo do momento fletor.

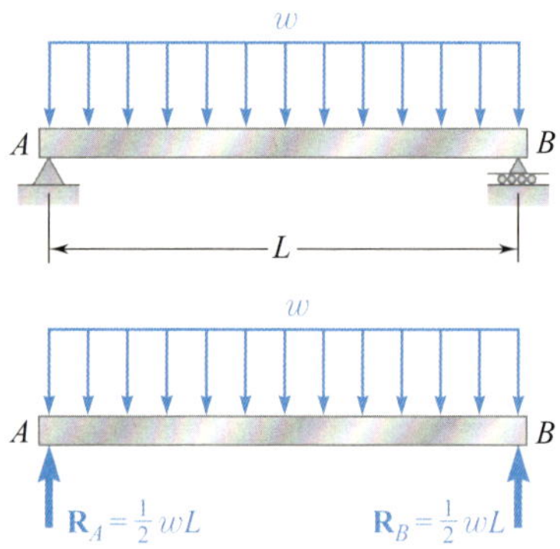

Figura 12.12

Do diagrama de corpo livre da barra inteira, determinamos a intensidade das reações nos apoios.

$$R_A = R_B = \tfrac{1}{2}wL$$

Em seguida, traçamos o diagrama de força cortante. Próximo à extremidade A da viga, a força cortante é igual a R_A, ou seja, $\frac{1}{2}wL$, como podemos verificar considerando uma parte muito pequena da viga como um corpo livre. Usando a Eq. (12.6), determinamos então a força cortante V a qualquer distância x de A e escrevemos

$$V - V_A = -\int_0^x w\,dx = -wx$$

$$V = V_A - wx = \tfrac{1}{2}wL - wx = w(\tfrac{1}{2}L - x)$$

A curva de força cortante é, portanto, uma linha reta inclinada que cruza o eixo x no ponto $x = L/2$ (Fig. 12.13*a*). Considerando agora o momento fletor, observamos primeiro que $M_A = 0$. O valor M do momento fletor a qualquer distância x de A pode então ser obtido da Eq. (12.8). Temos

$$M - M_A = \int_0^x V\,dx$$

$$M = \int_0^x w(\tfrac{1}{2}L - x)\,dx = \tfrac{1}{2}w(L\,x - x^2)$$

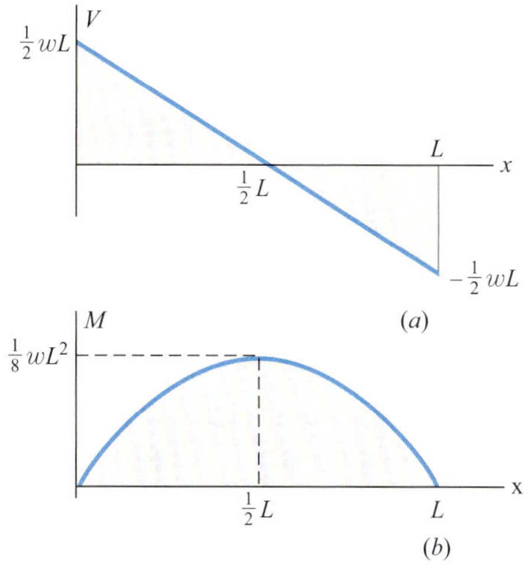

Figura 12.13

A curva do momento fletor é uma parábola. O valor máximo do momento fletor ocorre quando $x = L/2$, pois V (e, portanto, dM/dx) é zero para esse valor de x. Substituindo $x = L/2$ na equação, obtemos $M_{máx} = wL^2/8$ (Fig. 12.13*b*). ■

Em muitas aplicações de engenharia, precisamos saber o valor do momento fletor somente em alguns pontos específicos. Uma vez traçado o diagrama da força cortante, e depois de ter determinado M em uma das extremidades da viga, o valor do momento fletor pode então ser obtido em qualquer ponto calculando a área sob a curva da força cortante e usando a Eq. (12.8′). Por exemplo, como $M_A = 0$ para a viga do Exemplo 12.3, o valor máximo do momento fletor para essa viga pode ser obtido medindo simplesmente a área do triângulo sombreado no diagrama da força cortante da Fig. 12.13*a*. Temos

$$M_{máx} = \frac{1}{2}\frac{L}{2}\frac{wL}{2} = \frac{wL^2}{8}$$

Notamos que, nesse exemplo, a curva da força distribuída é uma linha reta horizontal, a curva da força cortante é uma linha reta inclinada e a curva do momento fletor, uma parábola. Se a curva da força distribuída fosse uma linha reta inclinada (equação de primeiro grau), a curva da força cortante seria uma parábola (equação do segundo grau), e o momento fletor, uma curva de terceiro grau (equação de terceiro grau). As curvas da força cortante e do momento fletor sempre serão, respectivamente, um e dois graus mais altos que a curva da força distribuída. Com isso em mente, conseguimos esboçar os diagramas de força cortante e momento fletor sem realmente determinar as funções $V(x)$ e $M(x)$, após calcularmos alguns poucos valores da força cortante e do momento fletor. Os esboços obtidos serão mais precisos se lembrarmos que, em qualquer ponto em que as curvas são contínuas, a inclinação da curva da força cortante é igual a $-w$ e a inclinação da curva do momento fletor é igual a V.

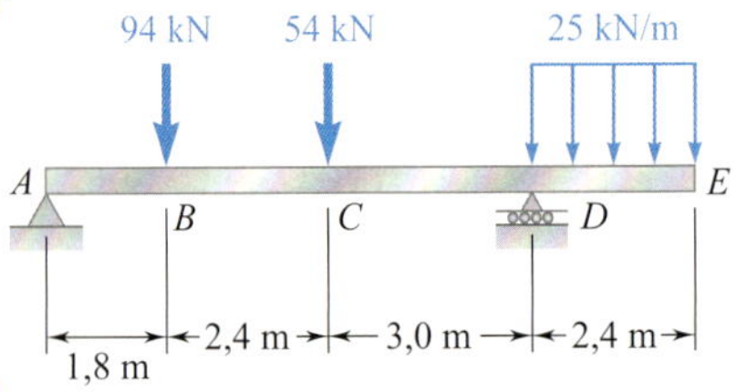

PROBLEMA RESOLVIDO 12.3

Trace os diagramas de força cortante e momento fletor para a viga e o carregamento mostrados.

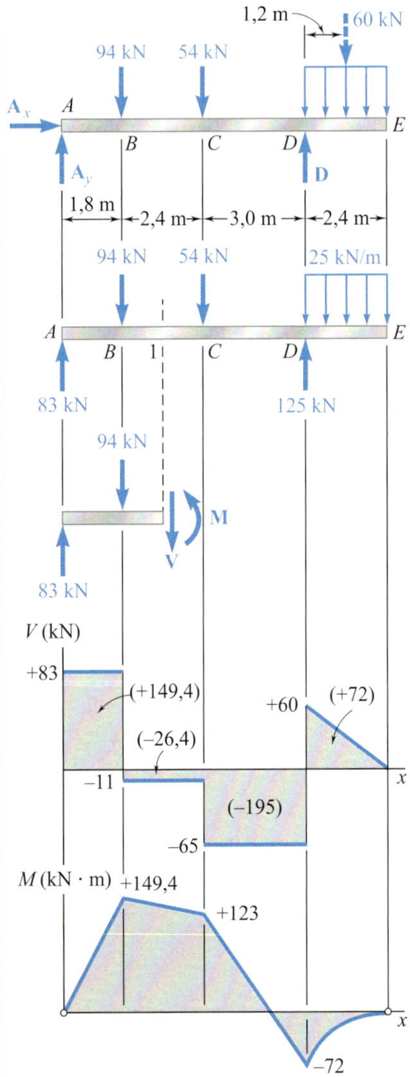

SOLUÇÃO

Reações. Considerando a viga inteira como um corpo livre, escrevemos

$+\circlearrowleft \Sigma M_A = 0$:

$$D(7{,}2\text{ m}) - (94\text{ kN})(1{,}8\text{ m}) - (54\text{ kN})(4{,}2\text{ m}) - (60\text{ kN})(8{,}4\text{ m}) = 0$$

$$D = +125\text{ kN} \qquad \mathbf{D} = 125\text{ kN}\uparrow$$

$+\uparrow \Sigma F_y = 0$: $\quad A_y - 94\text{ kN} - 54\text{ kN} + 125\text{ kN} - 60\text{ kN} = 0$

$$A_y = +83\text{ kN} \qquad \mathbf{A}_y = 83\text{ kN}\uparrow$$

$\xrightarrow{+}\Sigma F_x = 0$: $\quad A_x = 0 \qquad \mathbf{A}_x = 0$

Notamos também que os momentos fletores em A e E são ambos iguais a zero; assim obtemos dois pontos (indicados por um ponto) no diagrama de momento fletor.

Diagrama de força cortante. Como $dV/dx = -w$, sabemos que, entre as forças e as reações concentradas, a inclinação do diagrama da força cortante é zero (isto é, a força cortante é constante). A força cortante em qualquer ponto é determinada dividindo-se a viga em duas partes e considerando cada parte como um corpo livre. Por exemplo, usando a parte da viga à esquerda da seção *1*, obtemos o valor da força cortante entre B e C:

$$+\uparrow \Sigma F_y = 0: \quad +83\text{ kN} - 94\text{ kN} - V = 0 \qquad V = -11\text{ kN}$$

Verificamos também que a força cortante é +60 kN imediatamente à direita de D e zero na extremidade E. Como a inclinação $dV/dx = -w$ é constante entre D e E, o diagrama da força cortante entre esses dois pontos é uma linha reta.

Diagrama do momento fletor. Lembramos que a área sob a curva da força cortante entre dois pontos é igual à variação no momento fletor entre esses dois pontos. Por conveniência, a área de cada parte do diagrama da força cortante é calculada e indicada entre parênteses no diagrama. Como se sabe que o momento fletor M_A na extremidade esquerda é igual a zero, escrevemos

$$M_B - M_A = +149{,}4 \qquad M_B = +149{,}4\text{ kN}\cdot\text{m}$$
$$M_C - M_B = -26{,}4 \qquad M_C = +123{,}0\text{ kN}\cdot\text{m}$$
$$M_D - M_C = -195 \qquad M_D = -72{,}0\text{ kN}\cdot\text{m}$$
$$M_E - M_D = +72 \qquad M_E = 0$$

Como se sabe que M_E é zero, está feita a verificação dos cálculos.

Entre as forças e reações concentradas, a força cortante é constante, portanto a inclinação dM/dx é constante e o diagrama de momento fletor é traçado ligando-se os pontos conhecidos com linhas retas. Entre D e E, em que o diagrama de força cortante é uma linha reta inclinada, o diagrama de momento fletor é uma parábola.

Dos diagramas de V e M notamos que $V_{\text{máx}} = 83$ kN e $M_{\text{máx}} = 149{,}4$ kN · m.

PROBLEMA RESOLVIDO 12.4

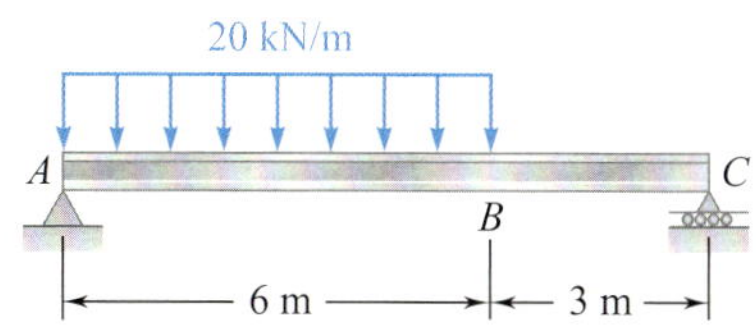

A viga AC formada pelo perfil de aço laminado W360 × 79 é simplesmente apoiada e tem uma força uniformemente distribuída conforme mostra a figura. Trace os diagramas de força cortante e momento fletor para a viga e determine a localização e a intensidade da tensão normal máxima provocada pelo momento fletor.

SOLUÇÃO

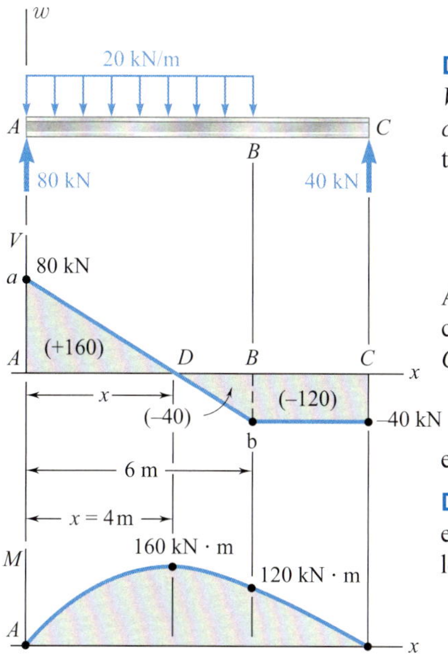

Reações. Considerando a viga inteira como um corpo livre, encontramos

$$\mathbf{R}_A = 80 \text{ kN} \uparrow \qquad \mathbf{R}_C = 40 \text{ kN} \uparrow$$

Diagrama de força cortante. A força cortante logo à direita de A é $V_A = +80$ kN. Como a variação na força cortante entre dois pontos é de sinal *contrário* ao valor da área sob a curva da força entre aqueles dois pontos, obtemos V_B escrevendo

$$V_B - V_A = -(20 \text{ kN/m})(6 \text{ m}) = -120 \text{ kN}$$
$$V_B = -120 + V_A = -120 + 80 = -40 \text{ kN}$$

A inclinação $dV/dx = -w$ sendo constante entre A e B, o diagrama de força cortante entre esses dois pontos é representado por uma linha reta. Entre B e C, a área sob a curva da força é zero; portanto

$$V_C - V_B = 0 \qquad V_C = V_B = -40 \text{ kN}$$

e a força cortante é constante entre B e C.

Diagrama de momento fletor. Notamos que o momento fletor em cada extremidade da barra é zero. Para determinarmos o momento fletor máximo, localizamos a seção D da viga em que $V = 0$. Escrevemos

$$V_D - V_A = -wx$$
$$0 - 80 \text{ kN} = -(20 \text{ kN/m})x$$

e, resolvendo para x: $x = 4$ m ◀

O momento fletor máximo ocorre no ponto D, em que temos $dM/dx = V = 0$. As áreas das várias partes do diagrama de força cortante são calculadas e apresentadas (entre parênteses) no diagrama. Como a área do diagrama de força cortante entre dois pontos é igual à variação no momento fletor entre aqueles dois pontos, escrevemos

$$M_D - M_A = +160 \text{ kN} \cdot \text{m} \qquad M_D = +160 \text{ kN} \cdot \text{m}$$
$$M_B - M_D = -40 \text{ kN} \cdot \text{m} \qquad M_B = +120 \text{ kN} \cdot \text{m}$$
$$M_C - M_B = -120 \text{ kN} \cdot \text{m} \qquad M_C = 0$$

O diagrama de momento fletor consiste em um arco de parábola seguido por um segmento de linha reta; a inclinação da parábola em A é igual ao valor de V naquele ponto.

Tensão normal máxima. Ela ocorre em D, em que $|M|$ tem o maior valor. Do Apêndice B encontramos que, para um perfil de aço W360 × 79, $W = 1.280 \text{ mm}^3$ em relação ao eixo horizontal. Substituindo esse valor e $|M| = |M_D| = 160 \times 10^3 \text{ N} \cdot \text{m}$ na Eq. (12.3), escrevemos

$$\sigma_m = \frac{|M_D|}{W} = \frac{160 \times 10^3 \text{ N} \cdot \text{m}}{1.280 \times 10^{-6} \text{ m}^3} = 125{,}0 \times 10^6 \text{ Pa}$$

Tensão normal máxima na viga = 125,0 MPa ◀

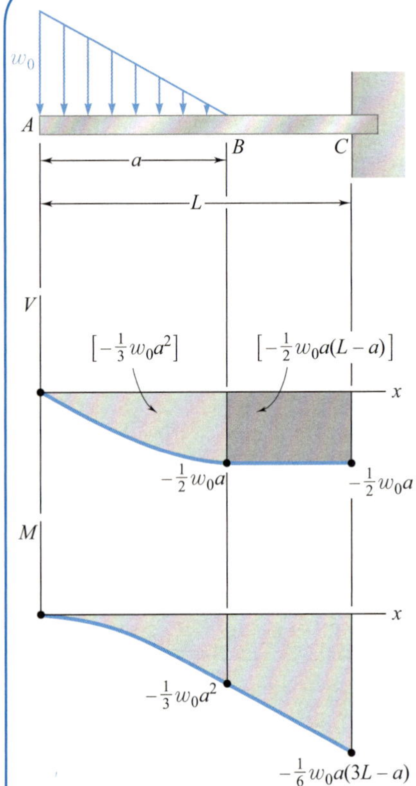

PROBLEMA RESOLVIDO 12.5

Esboce os diagramas de força cortante e momento fletor para a viga em balanço mostrada na figura.

SOLUÇÃO

Diagrama de força cortante. Na extremidade livre da barra, encontramos $V_A = 0$. Entre A e B, a área sob a curva de força é $\frac{1}{2}w_0a$; encontramos V_B escrevendo

$$V_B - V_A = -\tfrac{1}{2}w_0a \qquad V_B = -\tfrac{1}{2}w_0a$$

Entre B e C, a viga não tem força, portanto $V_C = V_B$. Em A, temos $w = w_0$ e, de acordo com a Eq. (12.5), a inclinação da curva de força cortante é $dV/dx = -w_0$, enquanto em B a inclinação é $dV/dx = 0$. Entre A e B, o carregamento diminui linearmente, e o diagrama de força cortante é parabólico. Entre B e C, $w = 0$, e o diagrama de força cortante é uma linha horizontal.

Diagrama do momento fletor. O momento fletor M_A na extremidade livre da viga é zero. Calculamos a área sob a curva da força cortante e escrevemos

$$M_B - M_A = -\tfrac{1}{3}w_0a^2 \qquad M_B = -\tfrac{1}{3}w_0a^2$$
$$M_C - M_B = -\tfrac{1}{2}w_0a(L-a)$$
$$M_C = -\tfrac{1}{6}w_0a(3L-a)$$

O esboço do diagrama de momento fletor é completado lembrando que $dM/dx = V$. Concluímos que, entre A e B, o diagrama é representado por uma curva de terceiro grau com inclinação zero em A, e entre B e C, por uma linha reta.

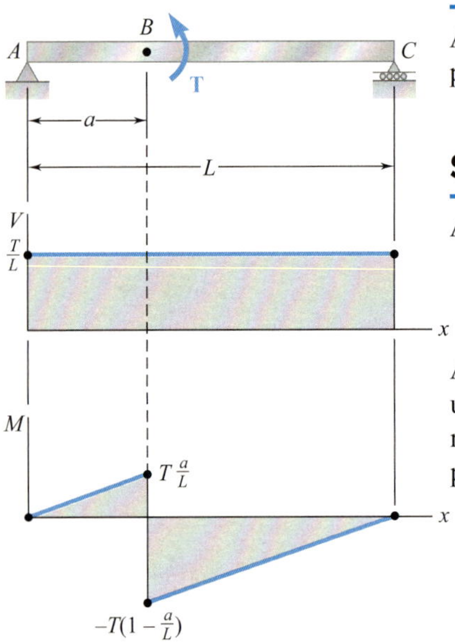

PROBLEMA RESOLVIDO 12.6

A viga simplesmente apoiada AC é carregada por um momento T aplicado no ponto B. Trace os diagramas de força cortante e momento fletor da viga.

SOLUÇÃO

A viga inteira é considerada um corpo livre, e obtemos

$$\mathbf{R}_A = \frac{T}{L}\uparrow \qquad \mathbf{R}_C = \frac{T}{L}\downarrow$$

A força cortante em qualquer seção é constante e igual a T/L. Como é aplicado um momento em B, o diagrama de momento fletor é descontínuo em B; ele é representado por duas linhas retas inclinadas e diminui repentinamente em B por um valor igual a T.

PROBLEMAS

12.29 Usando o método da Seção 12.3, resolva o Problema 12.1*a*.

12.30 Usando o método da Seção 12.3, resolva o Problema 12.2*a*.

12.31 Usando o método da Seção 12.3, resolva o Problema 12.3*a*.

12.32 Usando o método da Seção 12.3, resolva o Problema 12.4*a*.

12.33 Usando o método da Seção 12.3, resolva o Problema 12.5.

12.34 Usando o método da Seção 12.3, resolva o Problema 12.6.

12.35 Usando o método da Seção 12.3, resolva o Problema 12.7.

12.36 Usando o método da Seção 12.3, resolva o Problema 12.8.

12.37 até 12.40 Trace os diagramas de força cortante e momento fletor para a viga e o carregamento mostrados na figura, e determine o valor máximo absoluto (*a*) da força cortante e (*b*) do momento fletor.

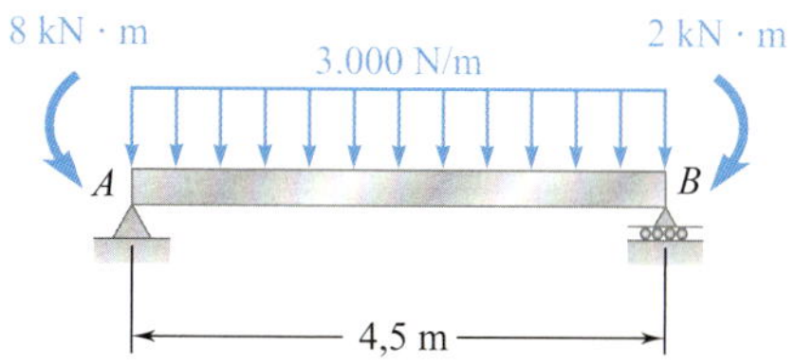

Figura P12.37

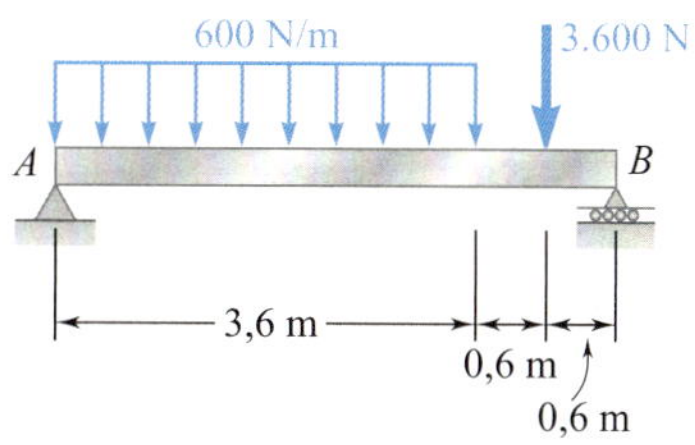

Figura P12.38

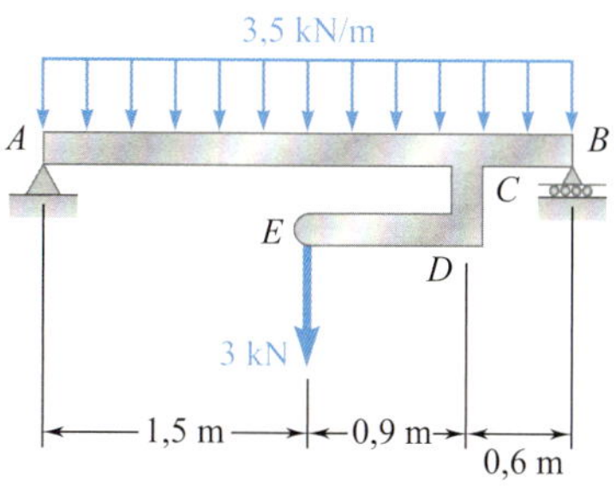

Figura P12.39

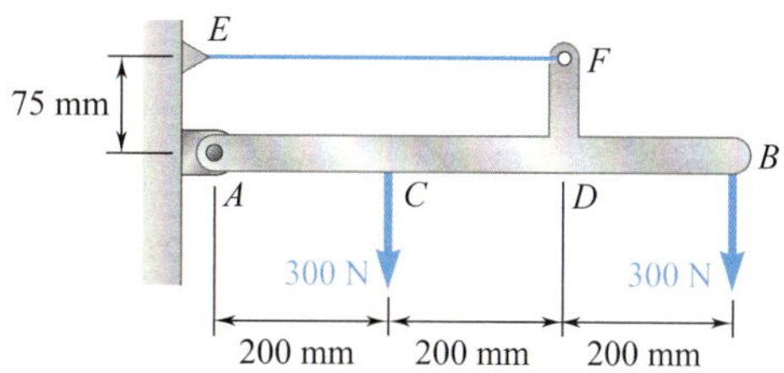

Figura P12.40

12.41 Usando o método da Seção 12.3, resolva o Problema 12.13.

12.42 Usando o método da Seção 12.3, resolva o Problema 12.14.

12.43 Usando o método da Seção 12.3, resolva o Problema 12.15.

12.44 Usando o método da Seção 12.3, resolva o Problema 12.16.

12.45 e ***12.46*** Determine (*a*) as equações das curvas de força cortante e momento fletor para a viga e o carregamento mostrados na figura e (*b*) o valor máximo absoluto do momento fletor na viga.

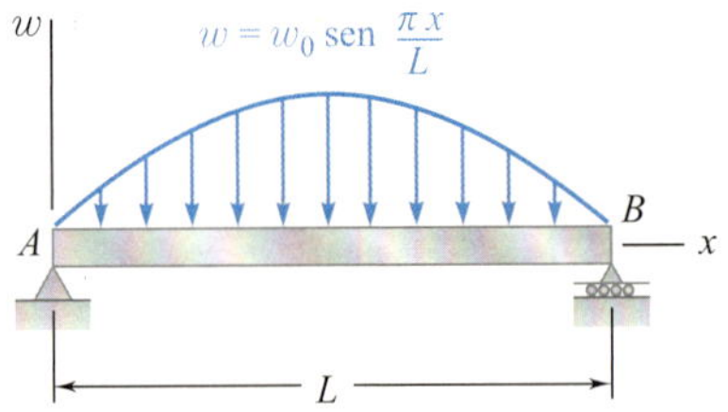

Figura P12.45

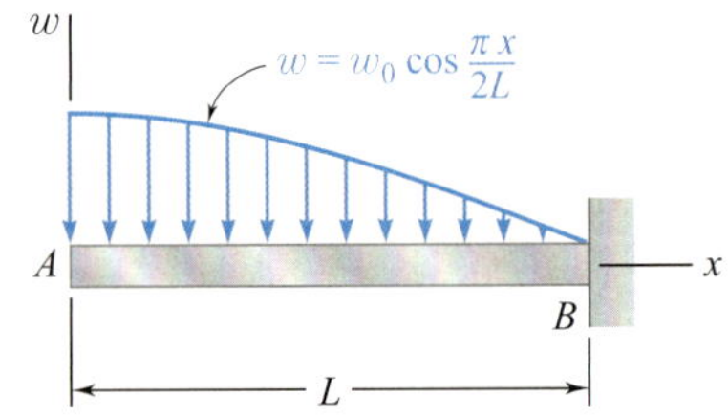

Figura *P12.46*

12.47 Determine (*a*) as equações das curvas de força cortante e momento fletor para a viga e o carregamento mostrados na figura e (*b*) o valor máximo absoluto do momento fletor na viga.

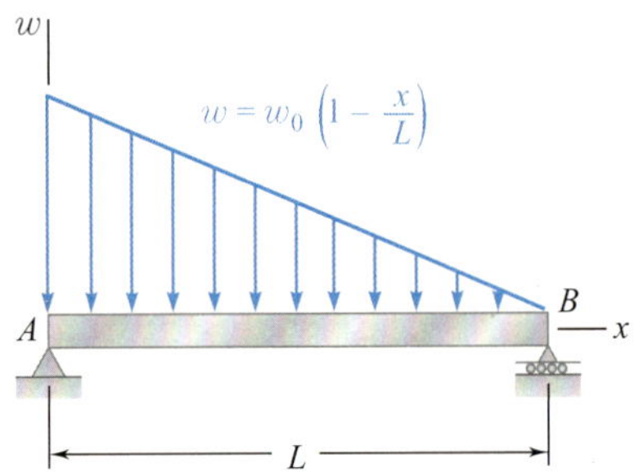

Figura P12.47

12.48 Para a viga e o carregamento mostrados na figura, determine as equações das curvas de força cortante e momento fletor, e o valor máximo absoluto do momento fletor na viga, sabendo que (*a*) $k = 1$ e (*b*) $k = 0{,}5$.

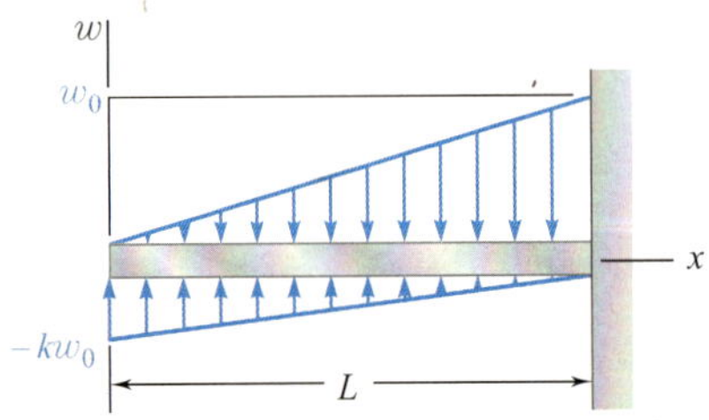

Figura *P12.48*

12.49 e **12.50** Trace os diagramas de força cortante e momento fletor para a viga e o carregamento mostrados, e determine a tensão normal máxima provocada pelo momento fletor.

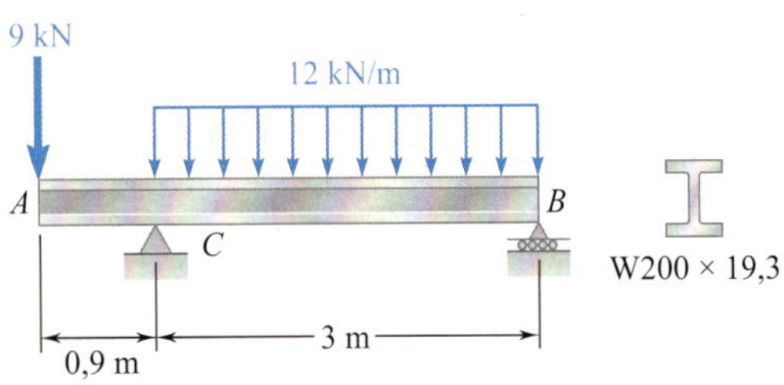

Figura P12.49

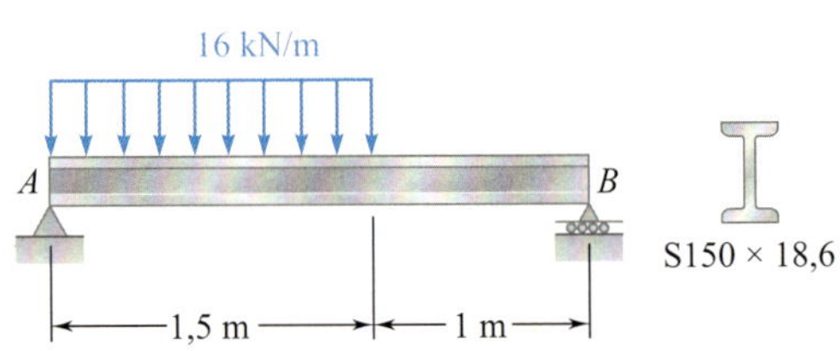

Figura P12.50

12.51 e **12.52** Trace os diagramas de força cortante e momento fletor para a viga e o carregamento mostrados, e determine a tensão normal máxima provocada pelo momento fletor.

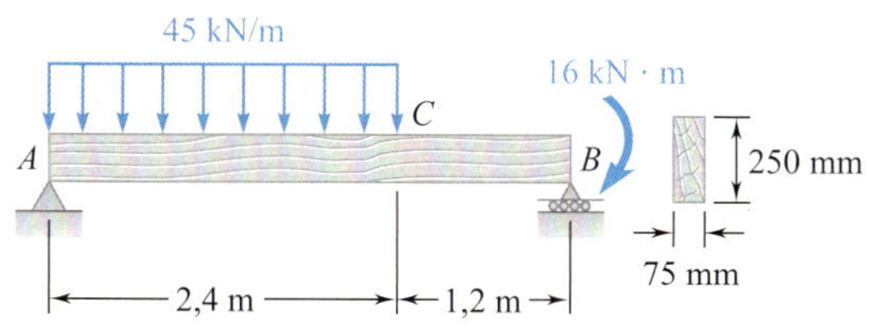

Figura P12.51

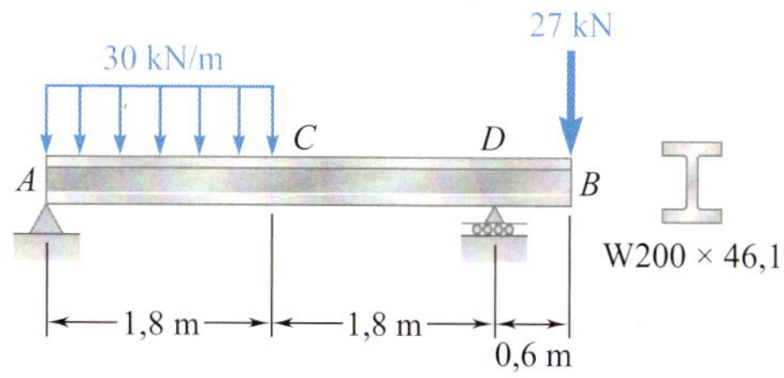

Figura P12.52

12.53 e **12.54** Trace os diagramas de força cortante e momento fletor para a viga e o carregamento mostrados, e determine a tensão normal máxima provocada pelo momento fletor.

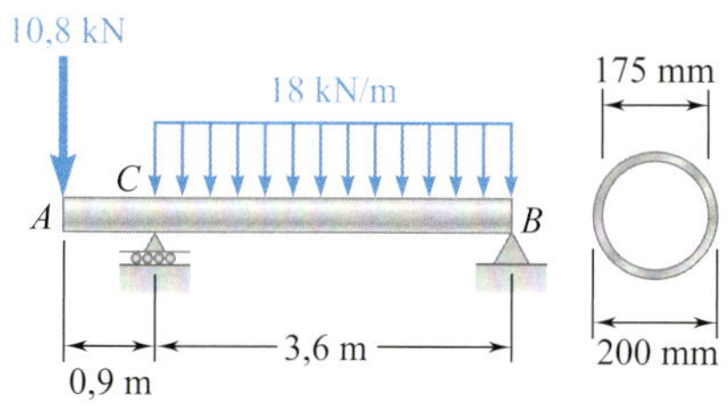

Figura *P12.53*

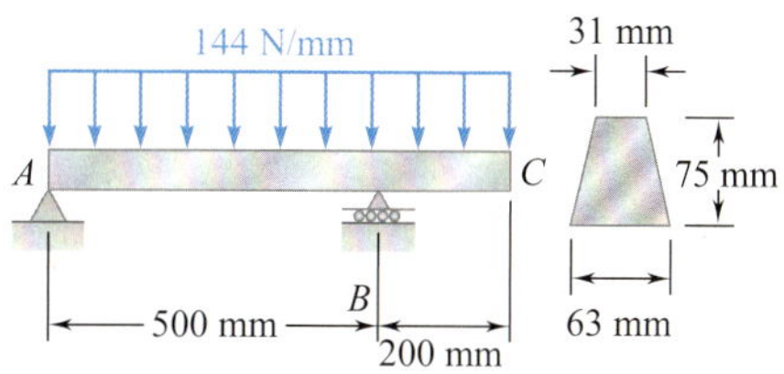

Figura P12.54

12.55 e ***12.56*** Trace os diagramas de força cortante e momento fletor para a viga e o carregamento mostrados, e determine a tensão normal máxima provocada pelo momento fletor.

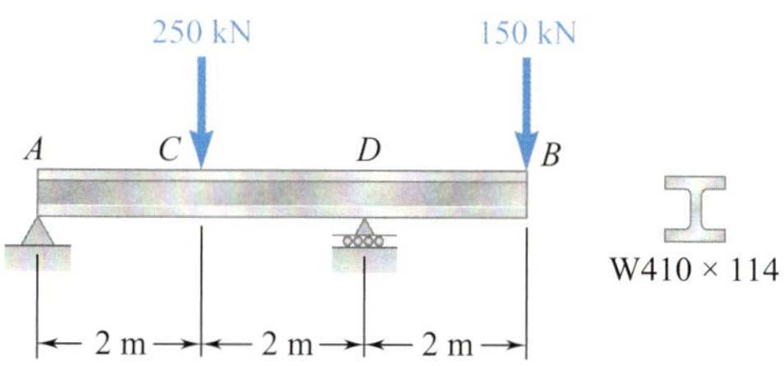

Figura P12.55

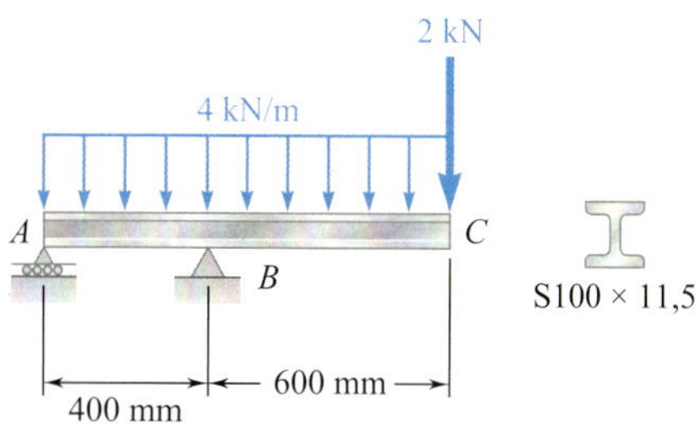

Figura *P12.56*

12.4 Projeto de vigas prismáticas em flexão

Conforme indicamos na Seção 12.1, o projeto de uma viga geralmente é controlado pelo valor máximo absoluto $|M|_{\text{máx}}$ do momento fletor que ocorrerá na viga. A maior tensão normal σ_m na viga é encontrada na sua superfície, na seção crítica em que ocorre a $|M|_{\text{máx}}$, e pode ser obtida substituindo $|M|_{\text{máx}}$ por $|M|$ na Eq. (12.1) ou Eq. (12.3).* Escrevemos

$$\sigma_m = \frac{|M|_{\text{máx}}c}{I} \qquad \sigma_m = \frac{|M|_{\text{máx}}}{W} \qquad (12.1', 12.3')$$

Um projeto seguro requer $\sigma_m \leq \sigma_{\text{adm}}$, em que σ_{adm} é a tensão admissível para o material utilizado. Substituindo σ_{adm} por σ_m em (12.3′) e resolvendo para W, obtemos o valor admissível mínimo do módulo de resistência à flexão da seção para a viga a ser projetada:

$$W_{\text{mín}} = \frac{|M|_{\text{máx}}}{\sigma_{\text{adm}}} \qquad (12.9)$$

O projeto dos tipos comuns de vigas, assim como as vigas de madeira de seção transversal retangular e vigas de aço laminado com várias formas de seção transversal, será tratado nesta seção. Um procedimento apropriado deverá tornar o projeto mais econômico. Isso significa que, entre vigas do mesmo tipo e mesmo material, e com outras características iguais, deverá ser selecionada a viga com menor peso por unidade de comprimento e, portanto, com a menor área de seção transversal, uma vez que ela terá o menor preço.

O procedimento de projeto incluirá os seguintes passos:**

1. Primeiro determine o valor de σ_{adm} para o material selecionado de uma tabela de propriedades dos materiais ou das especificações de projeto. Podemos também calcular esse valor dividindo o limite de resistência σ_L do material por um coeficiente de segurança apropriado (Seção 8. 10). Considerando por enquanto que o valor de σ_{adm} é o mesmo em tração e compressão, adote os procedimentos indicados a seguir.

2. Trace os diagramas da força cortante e do momento fletor que correspondem às condições de carregamento especificadas e determine o valor máximo absoluto $|M|_{\text{máx}}$ do momento fletor na viga.

3. Determine da Eq. (12.9) o valor mínimo admissível do módulo de resistência $W_{\text{mín}}$ da seção da viga.

4. Para uma viga de madeira, a altura h, largura b ou a relação h/b que caracterizam a forma de sua seção transversal provavelmente já estarão especificadas. As dimensões desconhecidas podem então ser selecionadas com base na Eq. (11.19) da Seção 11.4: b e h devem satisfazer a relação $\frac{1}{6}bh^2 = W \geq W_{\text{mín}}$.

5. Para uma viga de aço laminado, consulte a tabela apropriada no Apêndice B. Entre as seções de vigas disponíveis, considere somente aquelas com um módulo de resistência à flexão da seção $W \geq W_{\text{mín}}$ e selecione desse grupo a seção com menor peso por unidade de comprimento.

* Para vigas que não são simétricas em relação à superfície neutra, a maior das distâncias da superfície neutra até as superfícies da viga deverá ser utilizada para c na Eq. (12.1) e no cálculo do módulo de resistência à flexão da seção $W = I/c$

** Consideramos que todas as vigas utilizadas neste capítulo são adequadamente contraventadas para prevenir flambagem lateral e que há placas de apoio sob cargas concentradas aplicadas a vigas de aço laminado para evitar a flambagem local da alma.

Essa é a mais econômica das seções para as quais $W \geq W_{mín}$. Note que essa não é necessariamente a seção com o menor valor de W (ver Exemplo 12.4). Em alguns casos, a escolha de uma seção pode ser limitada por outras considerações, como a altura disponível da seção transversal ou o deslocamento admissível da viga (ver Cap. 15).

A discussão que acabamos de apresentar se limitou a materiais para os quais σ_{adm} tem o mesmo valor em tração e em compressão. Se σ_{adm} tiver valores diferentes em tração e compressão, você precisará selecionar a seção da viga de maneira que $\sigma_m \leq \sigma_{adm}$ para tensões de tração e compressão. Se a seção transversal não for simétrica em relação à sua linha neutra, as maiores tensões de tração e compressão não ocorrerão necessariamente na seção em que $|M|$ for máximo. Uma pode ocorrer quando M é máximo e a outra quando M é mínimo. Assim, o passo 2 deverá incluir a determinação de $M_{máx}$ e $M_{mín}$, e o passo 3 deverá ser modificado para levar em conta as tensões de tração e compressão.

Finalmente, tenha em mente que o procedimento de projeto descrito nesta seção leva em conta somente as tensões normais que ocorrem na superfície da viga. Vigas curtas, especialmente aquelas de madeira, podem falhar em cisalhamento sob um carregamento transversal. A determinação das tensões de cisalhamento em vigas será discutida no Cap. 13.

Exemplo 12.4. Selecione uma viga de mesa larga para suportar uma força de 66 kN como mostra a Fig. 12.14. A tensão normal admissível para o aço utilizado é de 165 MPa.

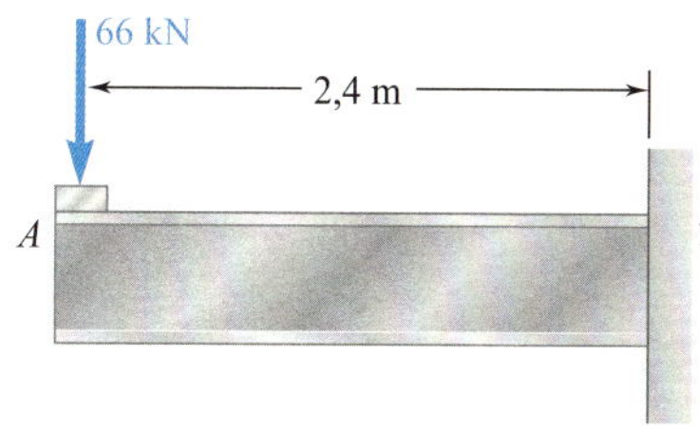

Figura 12.14

1. A tensão normal admissível é dada: $\sigma_{adm} = 165$ MPa.
2. A força cortante é constante e igual a 66 kN. O momento fletor é máximo em B. Temos

$$|M|_{máx} = (66 \text{ kN})(2{,}4 \text{ m}) = 158{,}4 \text{ kN} \cdot \text{m} = 158{,}4 \text{ kN} \cdot \text{m}$$

3. O módulo de resistência da seção mínimo admissível é

$$W_{mín} = \frac{|M|_{máx}}{\sigma_{adm}} = \frac{158{,}4 \times 10^6 \text{ N} \cdot \text{mm}}{165 \text{ N/mm}^2} = 960 \times 10^3 \text{ mm}^3$$

4. Consultando a tabela das *Propriedades de Perfis Laminados* no Apêndice B, notamos que os perfis são dispostos em grupos da mesma altura e que, em cada grupo, eles são listados em ordem decrescente de peso. Escolhemos em cada grupo a viga mais leve que tenha um módulo de resistência da seção $W = I/c$ pelo menos tão grande quanto $\sigma_{mín}$ e anotamos os resultados na tabela a seguir.

Perfil	W, mm³
W530 × 66	1.340 × 10
W460 × 74	1.460 × 10
W410 × 60	1.060 × 10
W360 × 64	1.030 × 10
W310 × 74	1.060 × 10
W250 × 80	984 × 10

O mais econômico é o perfil de menor peso, ou seja, W410 × 60 com 60 kg/m, e, mesmo assim, ele tem um módulo de resistência da seção maior do que dois dos outros perfis. Notamos também que o peso total da viga será (2,4 m) × (60 kg/m × 9,8 m/s²) = 1.411 N. Esse peso é pequeno se comparado com a força de 66.000 N e pode ser desprezado em nossa análise. ■

PROBLEMA RESOLVIDO 12.7

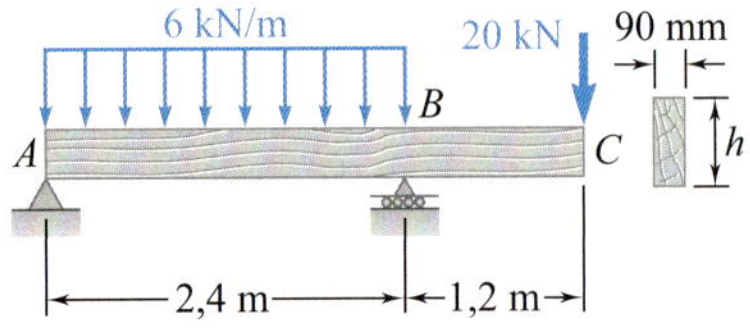

Uma viga AC biapoiada com balanço, de madeira, com 3,6 m de comprimento, com um vão AB de 2,4 m, deve ser projetada para suportar as forças distribuídas e concentradas mostradas na figura. Sabendo que será utilizada madeira com 100 mm de largura nominal (largura real 90 mm) e uma tensão admissível de 12 MPa, determine a altura h mínima necessária para a viga.

SOLUÇÃO

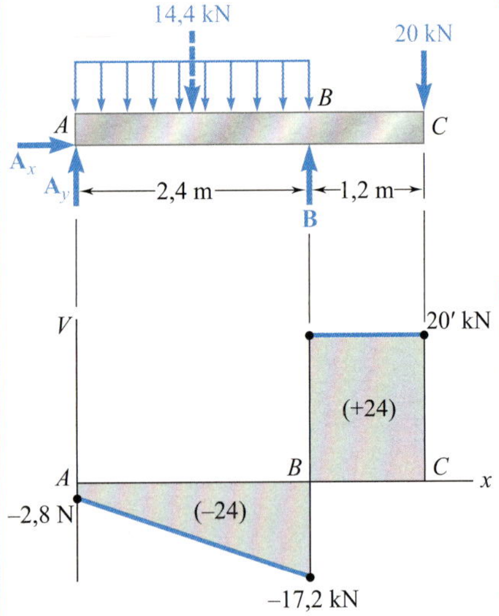

Reações. Considerando toda a viga como um corpo livre, escrevemos

$$+\circlearrowleft \Sigma M_A = 0\colon B(2{,}4\text{ m}) - (14{,}4\text{ kN})(1{,}2\text{ m}) - (20\text{ kN})(3{,}6\text{ m}) = 0$$

$$B = 37{,}2\text{ kN} \qquad \mathbf{B} = 37{,}2\text{ kN}\uparrow$$

$$\xrightarrow{+} \Sigma F_x = 0\colon \qquad A_x = 0$$

$$+\uparrow \Sigma F_y = 0\colon A_y + 37{,}2\text{ kN} - 14{,}4\text{ kN} - 20\text{ kN} = 0$$

$$A_y = -2{,}8\text{ kN} \qquad \mathbf{A} = 2{,}8\text{ kN}\downarrow$$

Diagrama de força cortante. A força cortante logo à direita de A é $V_A = A_y = -2{,}8$ kN. Como a variação da força cortante entre A e B é igual *a menos* a área sob a curva de carga entre esses dois pontos, obtemos V_B escrevendo

$$V_B - V_A = -(6\text{ kN/m})(2{,}4\text{ m}) = -14{,}4\text{ kN} = -14{,}4\text{ kN}$$

$$V_B = V_A - 14{,}4\text{ kN} = -2{,}8\text{ kN} - 14{,}4\text{ kN} = -17{,}2\text{ kN}$$

A reação em B produz um aumento brusco de 37,2 kN em V, resultando em um valor de força cortante igual a 20 kN à direita de B. Como não há nenhuma carga aplicada entre B e C, a força cortante se mantém constante entre esses dois pontos.

Determinação de $|M|_{máx}$. Primeiro observamos que o momento fletor é igual a zero em ambas as extremidades da viga: $M_A = M_C = 0$. Entre A e B, o momento fletor diminui por uma quantidade igual à área sob a curva de força cortante, e entre B e C, ele aumenta por uma quantidade correspondente. Assim, o valor máximo absoluto do momento fletor é $|M|_{máx} = 24$ kN · m.

Módulo de resistência à flexão da seção mínimo admissível. Substituindo na Eq. (12.9) o valor dado de σ_{adm} e o valor de $|M|_{máx}$ que encontramos, escrevemos

$$W_{mín} = \frac{|M|_{máx}}{\sigma_{adm}} = \frac{(24 \times 10^6\text{ N/mm}^2)}{12\text{ N/mm}^2} = 2.000 \times 10^3\text{ mm}^3$$

Altura mínima necessária da viga. Recordando a fórmula desenvolvida na parte 4 do procedimento de projeto descrito na Seção 12.4 e substituindo os valores de b e $W_{mín}$, temos

$$\tfrac{1}{6}bh^2 \geq W_{mín} \qquad \tfrac{1}{6}(90\text{ mm})h^2 \geq 2.000 \times 10^3\text{ mm}^3 \quad h \geq 365\text{ mm}$$

A altura mínima necessária da viga é $h = 365$ mm ◀

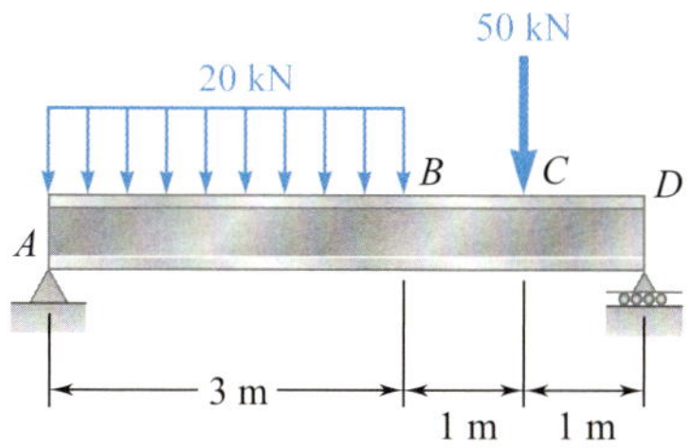

PROBLEMA RESOLVIDO 12.8

Uma viga de aço AD simplesmente apoiada, de 5 m de comprimento, deve suportar as forças distribuídas e concentradas mostradas na figura. Sabendo que a tensão normal admissível para a classe do aço a ser utilizado é de 160 MPa, selecione o perfil de mesa larga que deverá ser utilizado.

SOLUÇÃO

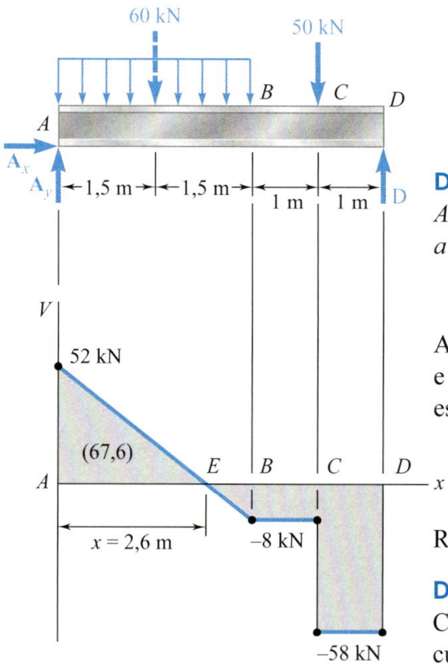

Reações. Considerando a viga inteira um corpo livre, escrevemos

$$+\circlearrowleft \Sigma M_A = 0: D(5 \text{ m}) - (60 \text{ kN})(1{,}5 \text{ m}) - (50 \text{ kN})(4 \text{ m}) = 0$$
$$D = 58{,}0 \text{ kN} \qquad \mathbf{D} = 58{,}0 \text{ kN}\uparrow$$
$$\overset{+}{\rightarrow}\Sigma F_x = 0: \qquad A_x = 0$$
$$+\uparrow \Sigma F_y = 0: A_y + 58{,}0 \text{ kN} - 60 \text{ kN} - 50 \text{ kN} = 0$$
$$A_y = 52{,}0 \text{ kN} \qquad \mathbf{A} = 52{,}0 \text{ kN}\uparrow$$

Diagrama de força cortante. A força cortante imediatamente à direita de A é $V_A = A_y = +52{,}0$ kN. Como a variação na força cortante entre A e B é igual *a menos* a área sob a curva da força distribuída entre esses dois pontos, temos

$$V_B = 52{,}0 \text{ kN} - 60 \text{ kN} = -8 \text{ kN}$$

A força cortante permanece constante entre B e C, quando ela cai para –58 kN, e mantém esse valor entre C e D. Localizamos a seção E da viga em que $V = 0$ escrevendo

$$V_E - V_A = -wx$$
$$0 - 52{,}0 \text{ kN} = -(20 \text{ kN/m})x$$

Resolvendo para x, encontramos $x = 2{,}60$ m.

Determinação de $|M|_{máx}$. O momento fletor é máximo em E, quando $V = 0$. Como M é zero no suporte A, seu valor máximo em E é igual à área sob a curva da força cortante entre A e E. Temos, portanto, $|M|_{máx} = M_E = 67{,}6 \text{ kN} \cdot \text{m}$.

Módulo de resistência da seção mínimo admissível. Substituindo na Eq. (12.9) o valor dado para σ_{adm} e o valor de $|M|_{máx}$ que encontramos, escrevemos

$$W_{mín} = \frac{|M|_{máx}}{\sigma_{adm}} = \frac{67{,}6 \text{ kN} \cdot \text{m}}{160 \text{ MPa}} = 422{,}5 \times 10^{-6} \text{ m}^3 = 422{,}5 \times 10^3 \text{ mm}^3$$

Seleção do perfil de mesa larga. Do Apêndice B compilamos uma lista de perfis que possuem um módulo de resistência da seção maior que $W_{mín}$ e também a forma mais leve em um grupo de altura dado.

Perfil	W, mm³
W410 × 38,8	637
W360 × 32,9	474
W310 × 38,7	549
W250 × 44,8	535
W200 × 46,1	448

Selecionamos a forma mais leve disponível, ou seja, W360 × 32,9 ◀

PROBLEMAS

12.57 e 12.58 Para a viga e o carregamento mostrados na figura, projete a seção transversal da viga sabendo que o tipo da madeira utilizada tem uma tensão normal admissível de 12 MPa.

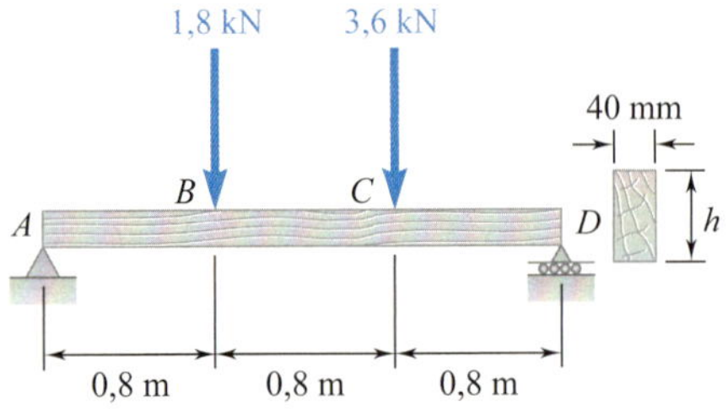

Figura P12.57

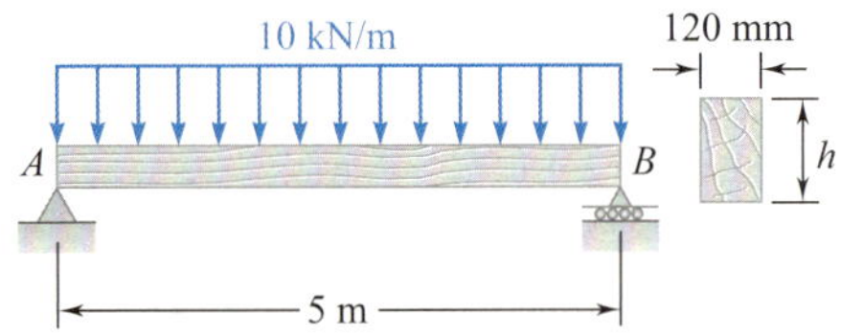

Figura P12.58

12.59 e 12.60 Para a viga e o carregamento mostrados na figura, projete a seção transversal da viga sabendo que o tipo da madeira utilizada tem uma tensão normal admissível de 12 MPa.

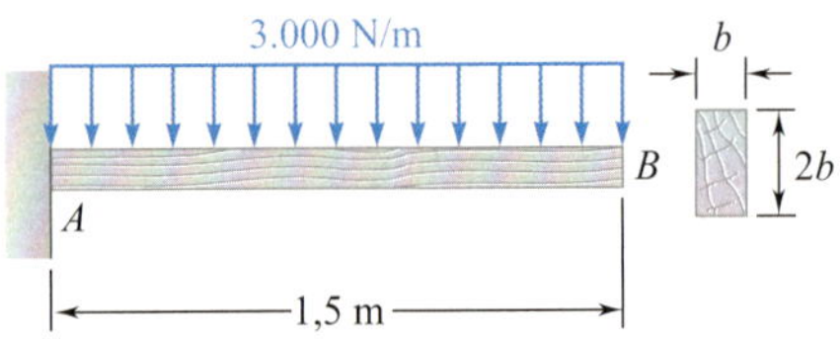

Figura P12.59

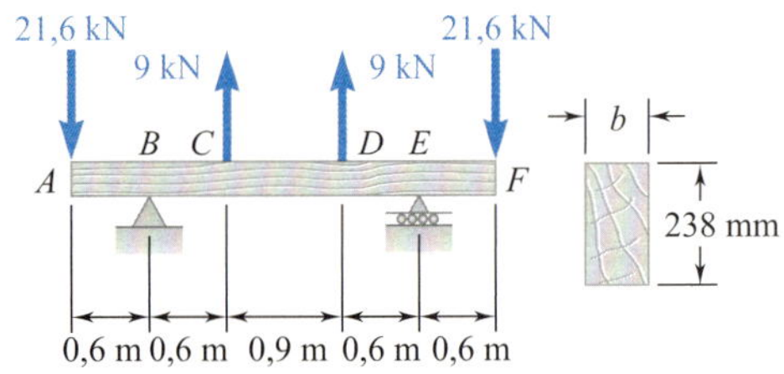

Figura P12.60

12.61 Para a viga e o carregamento mostrados na figura, projete a seção transversal da viga sabendo que o tipo da madeira utilizada tem uma tensão normal admissível de 12 MPa.

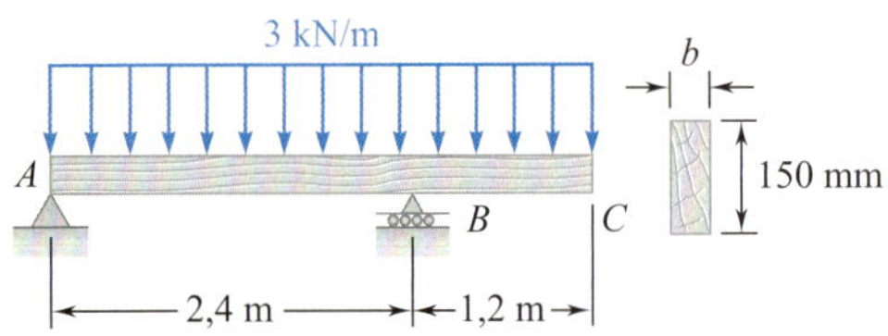

Figura P12.61

12.62 Para a viga e o carregamento mostrados na figura, projete a seção transversal da viga sabendo que o tipo da madeira utilizada tem uma tensão normal admissível de 12 MPa.

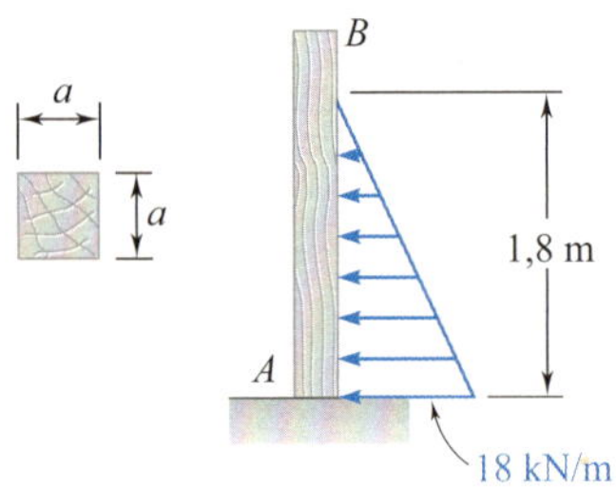

Figura P12.62

12.63 e 12.64 Sabendo que a tensão admissível para o aço utilizado é de 165 MPa, selecione a viga de mesa larga mais econômica para suportar o carregamento mostrado.

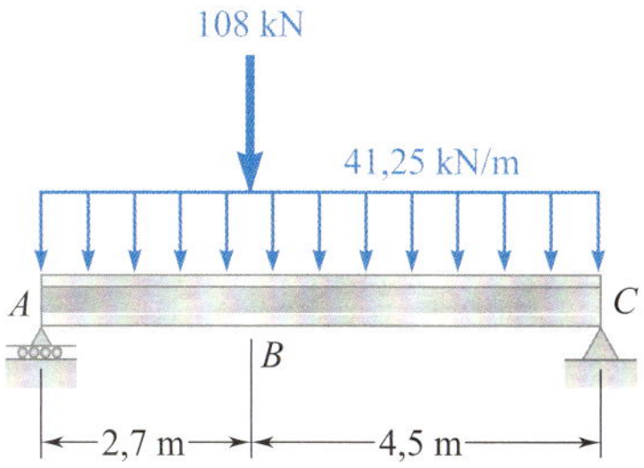

Figura P12.63

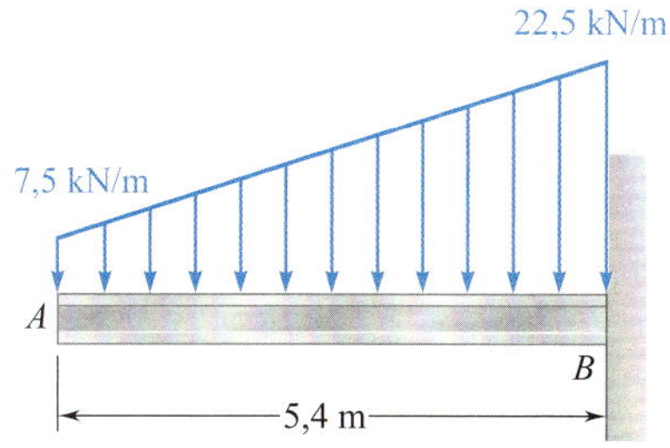

Figura P12.64

12.65 e 12.66 Sabendo que a tensão admissível para o aço utilizado é de 160 MPa, selecione a viga de mesa larga mais econômica para suportar o carregamento mostrado.

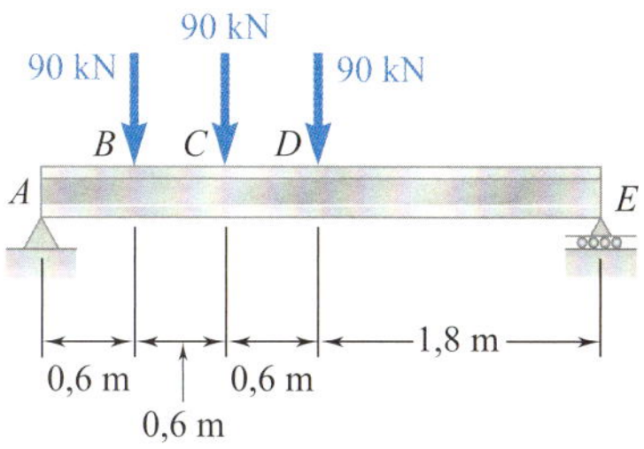

Figura P12.65

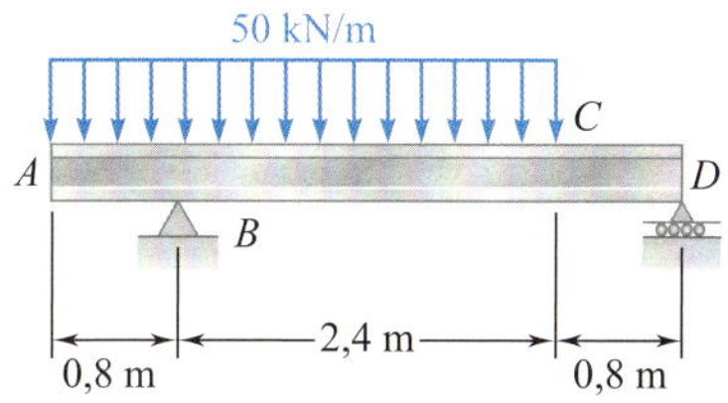

Figura P12.66

12.67 e 12.68 Sabendo que a tensão admissível para o aço utilizado é de 160 MPa, selecione a viga de mesa larga mais econômica para suportar o carregamento mostrado.

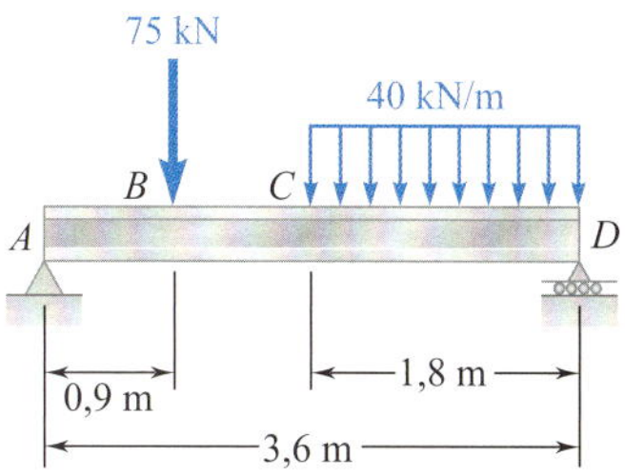

Figura P12.67

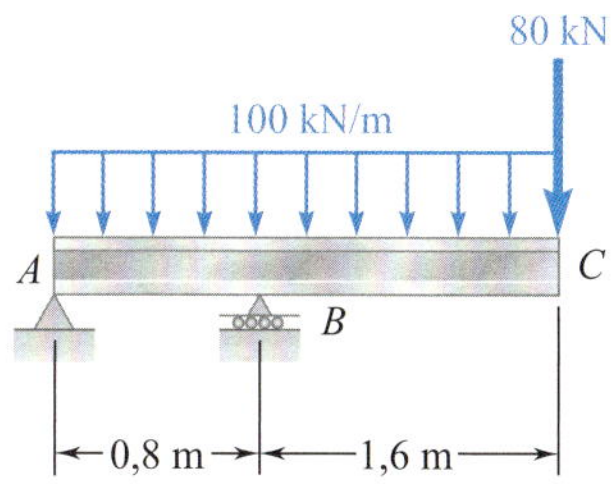

Figura P12.68

12.69 e 12.70 Sabendo que a tensão admissível para o aço utilizado é de 165 MPa, selecione a viga de mesa larga mais econômica para suportar o carregamento mostrado.

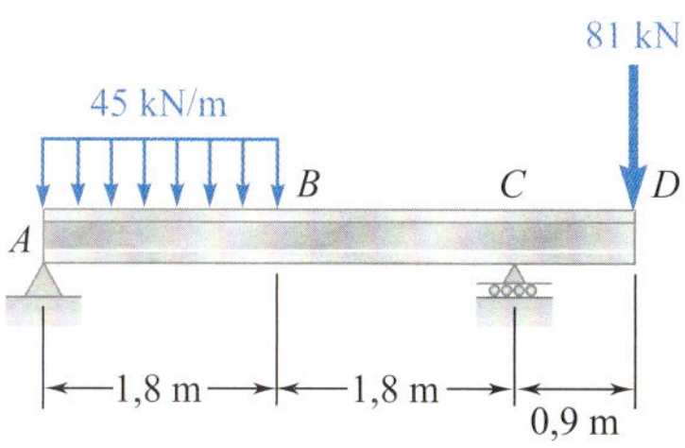

Figura P12.69

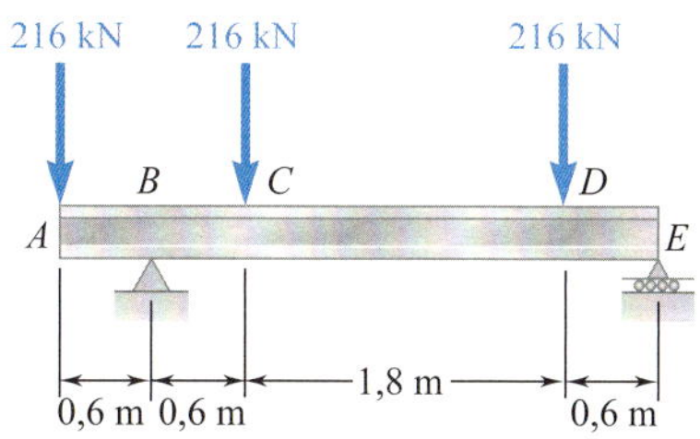

Figura P12.70

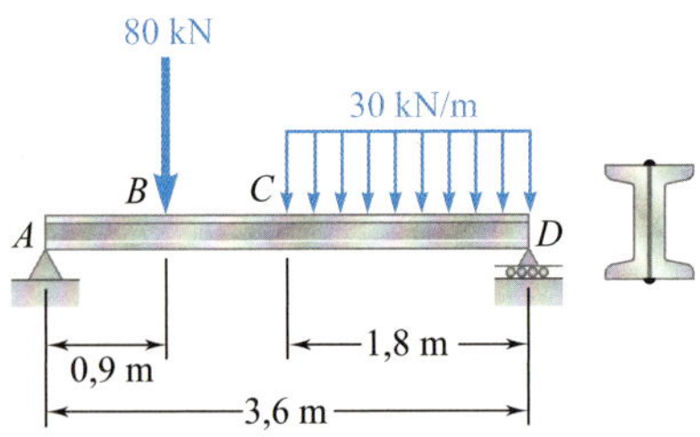

Figura P12.71

12.71 Dois perfis U de aço laminado devem ser soldados entre si ao longo das extremidades das mesas para suportar o carregamento mostrado na figura. Sabendo que a tensão normal admissível para o aço utilizado é de 200 MPa, determine os perfis U mais econômicos que podem ser utilizados.

12.72 Dois perfis U de aço laminado devem ser soldados entre si ao longo das extremidades das mesas para suportar o carregamento mostrado na figura. Sabendo que a tensão normal admissível para o aço utilizado é de 150 MPa, determine os perfis U mais econômicos que podem ser utilizados.

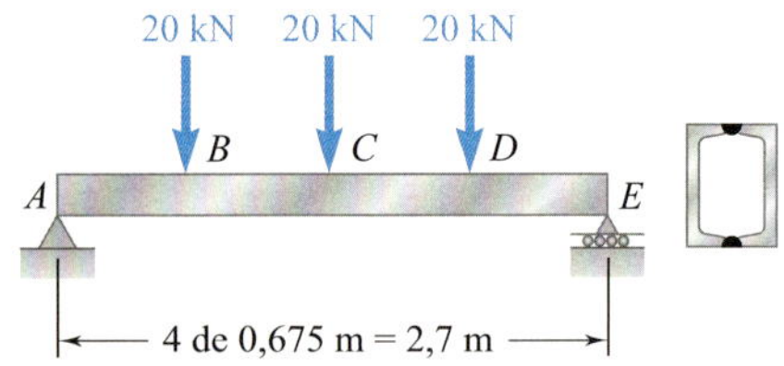

Figura P12.72

12.73 Duas cantoneiras de aço laminado L102 × 76 são soldadas entre si e utilizadas para suportar o carregamento mostrado na figura. Sabendo que a tensão normal admissível para o aço utilizado é de 165 MPa, determine a espessura mínima da cantoneira a ser empregada.

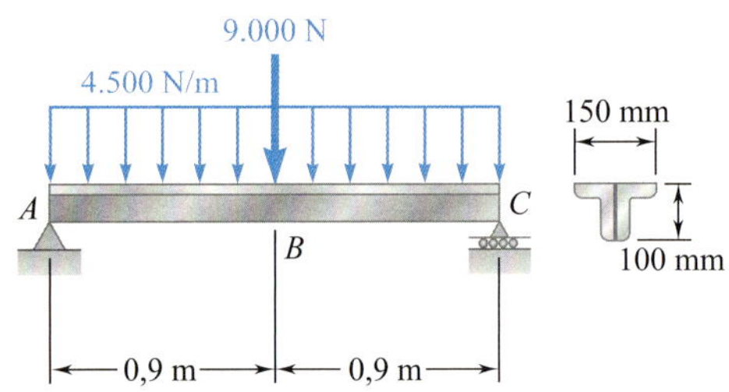

Figura P12.73

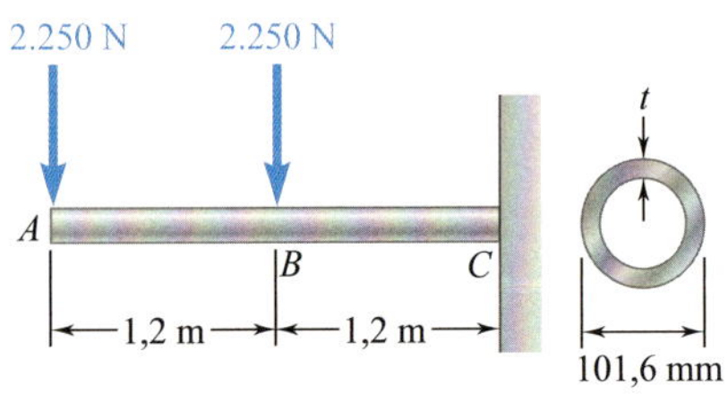

Figura P12.74

12.74 Um tubo de aço com diâmetro de 101,6 mm deve suportar o carregamento mostrado na figura. Sabendo que o estoque de tubos disponíveis tem espessuras que variam de 6,35 mm a 25,4 mm em incrementos de 3,175 mm e que a tensão normal admissível para o aço utilizado é de 165 MPa, determine a espessura mínima de parede *t* que pode ser utilizada.

12.75 Considerando que a reação ascendente do solo seja uniformemente distribuída e sabendo que a tensão normal admissível para o aço utilizado é de 170 MPa, selecione a viga de mesa larga mais econômica para suportar o carregamento mostrado.

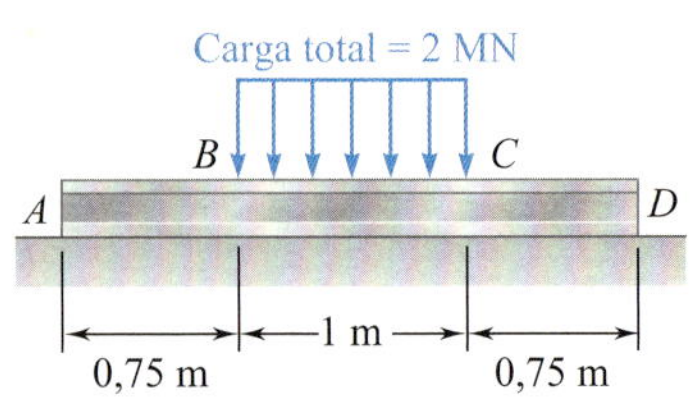

Figura P12.75

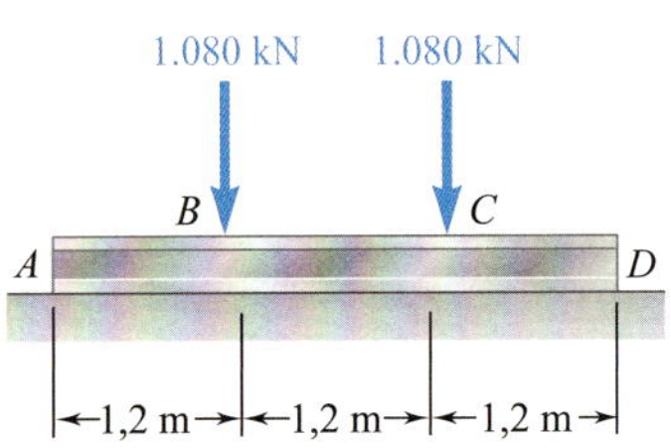

Figura P12.76

12.76 Considerando que a reação ascendente do solo seja uniformemente distribuída e sabendo que a tensão normal admissível para o aço utilizado é de 165 MPa, selecione a viga de mesa larga mais econômica para suportar o carregamento mostrado.

REVISÃO E RESUMO

Considerações para o projeto de vigas prismáticas

Este capítulo foi dedicado à análise e ao projeto de vigas sob carregamentos transversais. Carregamentos podem ser formados por forças concentradas ou forças distribuídas, e as próprias vigas são classificadas de acordo com a maneira como são vinculadas (Fig. 12.15). Neste capítulo, consideraram-se apenas as vigas *estaticamente determinadas*; a análise de vigas estaticamente indeterminadas foi deixada para o Cap. 15.

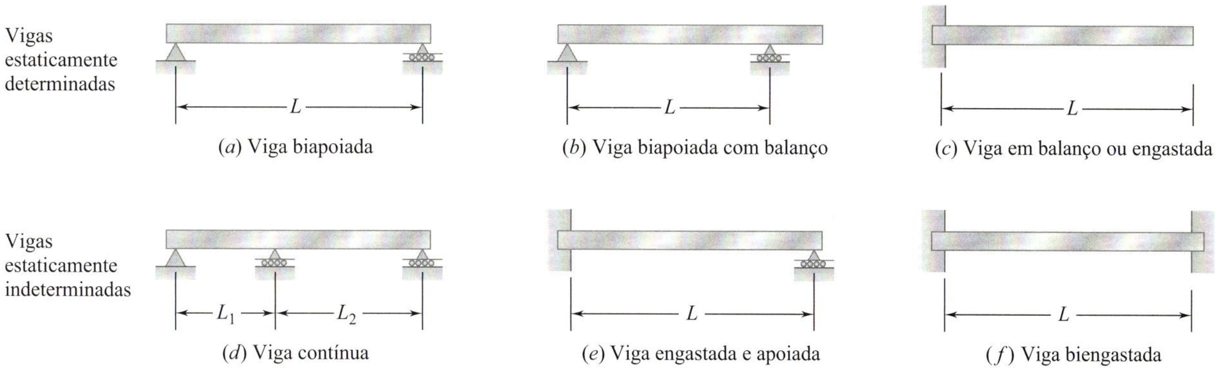

Figura 12.15

Tensões normais provocadas pela flexão

Embora os carregamentos transversais provoquem momento fletor e força cortante em uma viga, as tensões normais provocadas pelo momento fletor são o critério dominante no projeto de uma viga quanto à resistência [Seção 12.1]. Portanto, este capítulo tratou somente da determinação das tensões normais em uma viga. O efeito das tensões de cisalhamento será examinado no próximo capítulo.

Como vimos na Seção 11.4, a fórmula da flexão para a determinação do valor máximo da tensão normal σ_m em uma seção da viga é

$$\sigma_m = \frac{|M|c}{I} \qquad (12.1)$$

onde I é o momento de inércia da seção transversal em relação ao eixo que passa pelo centroide perpendicular ao plano do momento fletor **M**, e c é a distância máxima da superfície neutra (Fig. 12.16). Como consta também na Seção 11.4, quando se introduz o módulo de resistência à flexão da seção $W = I/c$ da viga, o valor máximo σ_m da tensão normal na seção pode ser expresso como

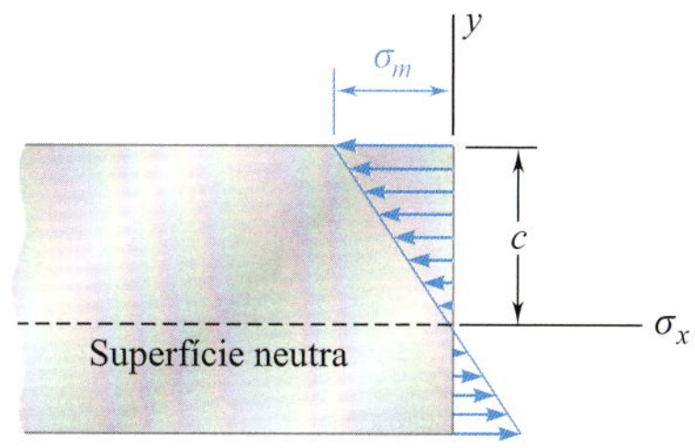

Figura 12.16

$$\sigma_m = \frac{|M|}{W} \qquad (12.3)$$

Diagramas de força cortante e de momento fletor

Conclui-se da Eq. (12.1) que a tensão normal máxima ocorre na seção em que $|M|$ é maior, no ponto mais afastado da linha neutra. A determinação do valor máximo de $|M|$ e da seção crítica da viga na qual ele ocorre ficará bastante simplificada se traçarmos um *diagrama de força cortante* e um *diagrama de momento fletor*. Esses diagramas representam, respectivamente, a variação da força cortante e do momento fletor ao longo da viga, e são obtidos determinando-se os valores de V e M em pontos selecionados da viga [Seção 12.2]. Esses valores foram encontrados cortando a viga em

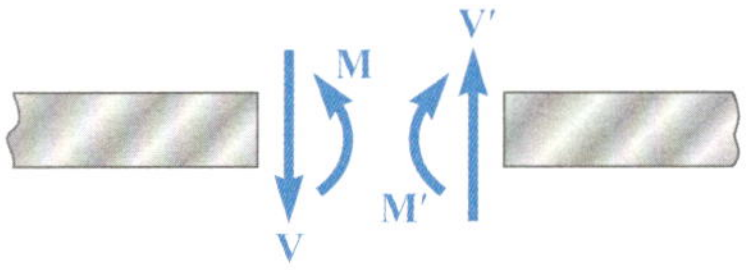

(*a*) Esforços internos (força cortante positiva e momento fletor positivo)

Figura 12.17

uma seção em que eles deveriam ser determinados e desenhando o diagrama de corpo livre de qualquer uma das partes da viga obtidas dessa maneira. Para evitar qualquer confusão referente ao sentido da força cortante **V** e do momento fletor **M** (que atuam em sentidos opostos nas duas partes da viga), seguimos a convenção de sinais adotada anteriormente no livro e ilustrada na Fig. 12.17 [Exemplos 12.1 e 12.2, e Problemas Resolvidos 12.1 e 12.2].

Relações entre força, força cortante e momento fletor

A construção dos diagramas de força cortante e de momento fletor será facilitada se forem levadas em conta as relações a seguir [Seção 12.3]. Chamando de w a força distribuída por unidade de comprimento (supondo que seja positivo quando dirigido para baixo), escrevemos

$$\frac{dV}{dx} = -w \qquad \frac{dM}{dx} = V \tag{12.5, 12.7}$$

ou, na forma integrada,

$$V_D - V_C = -(\text{área sob a curva da força entre } C \text{ e } D) \tag{12.6'}$$

$$M_D - M_C = \text{área sob a curva da força cortante entre } C \text{ e } D \tag{12.8'}$$

A Eq. (12.6′) torna possível traçar o diagrama de força cortante de uma viga a partir da curva que representa a força distribuída nessa viga e o valor de V em uma de suas extremidades. Analogamente, a Eq. (12.8′) permite traçar o diagrama de momento fletor por meio do diagrama de força cortante e o valor de M em uma extremidade da viga. No entanto, forças concentradas introduzem descontinuidades no diagrama de força cortante e momentos concentrados no diagrama de momento fletor, e nenhum deles foi levado em conta nessas equações [Problemas Resolvidos 12.3 e 12.6]. Finalmente, observamos da Eq. (12.7) que os pontos da viga em que o momento fletor é máximo ou mínimo também são pontos em que a força cortante é zero [Problema Resolvido 12.4].

Projeto de vigas prismáticas

Um procedimento apropriado para o projeto de viga prismática foi descrito na Seção 12.4 e é resumido aqui:

Tendo determinado σ_{adm} para o material utilizado e considerando que o projeto da viga é controlado por sua tensão normal máxima, calcula-se que o valor mínimo admissível para o módulo de resistência à flexão da seção é:

$$W_{mín} = \frac{|M|_{máx}}{\sigma_{adm}} \tag{12.9}$$

Para uma viga de madeira de seção transversal retangular, $W = \frac{1}{6}bh^2$, em que b é a largura da viga e h sua altura. As dimensões da seção, portanto, devem ser selecionadas de maneira que $\frac{1}{6}bh^2 \geq W_{mín}$.

Para uma viga de aço laminado, consulte a tabela apropriada no Apêndice B. Entre as seções de vigas disponíveis, considere somente aquelas com um módulo de resistência à flexão da seção $W \geq W_{mín}$ e selecione desse grupo a seção com o menor peso por unidade de comprimento. Essa é a mais econômica das seções para as quais $W \geq W_{mín}$.

PROBLEMAS DE REVISÃO

12.77 e 12.78 Trace os diagramas de força cortante e momento fletor para a viga e o carregamento mostrado nas figura, e determine o valor máximo absoluto (*a*) da força cortante e (*b*) do momento fletor.

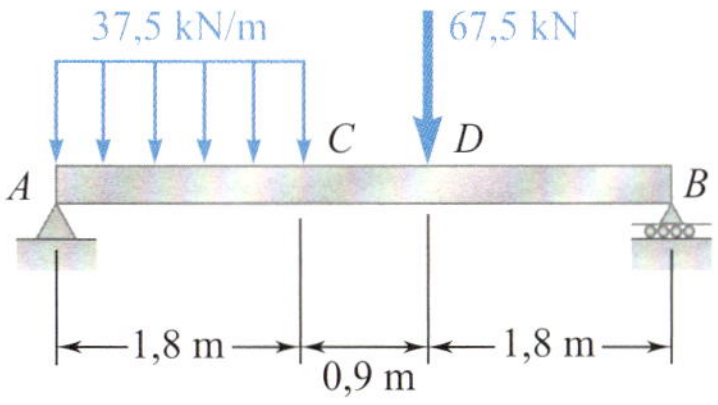

Figura P12.77

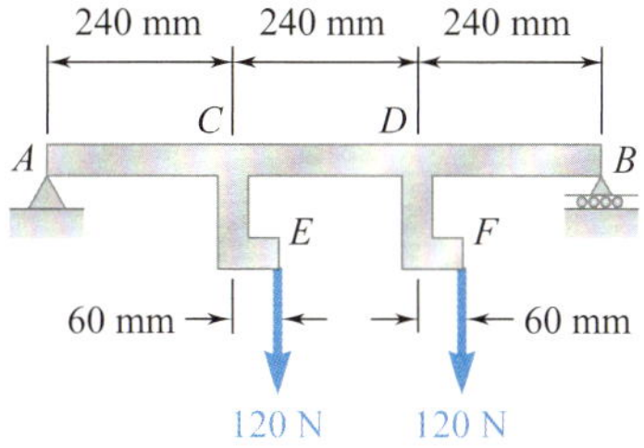

Figura P12.78

12.79 Determine (*a*) as equações das curvas de força cortante e momento fletor para viga e o carregamento mostrados na figura e (*b*) o valor máximo absoluto do momento fletor na viga.

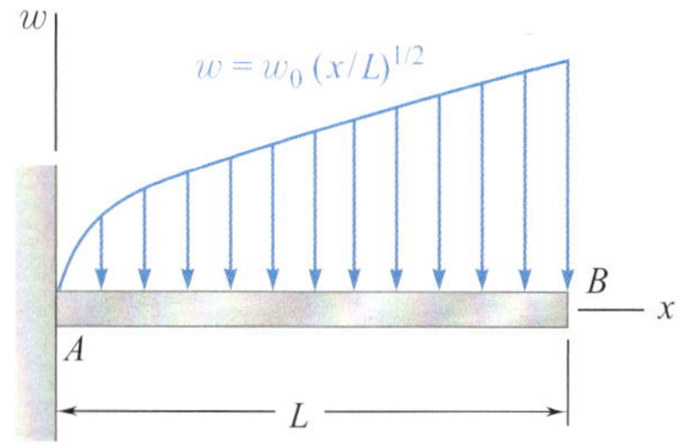

Figura *P12.79*

12.80 Para a viga e o carregamento mostrados na figura, determine a máxima tensão normal atuante na seção transversal no centro da viga provocada pelo momento fletor.

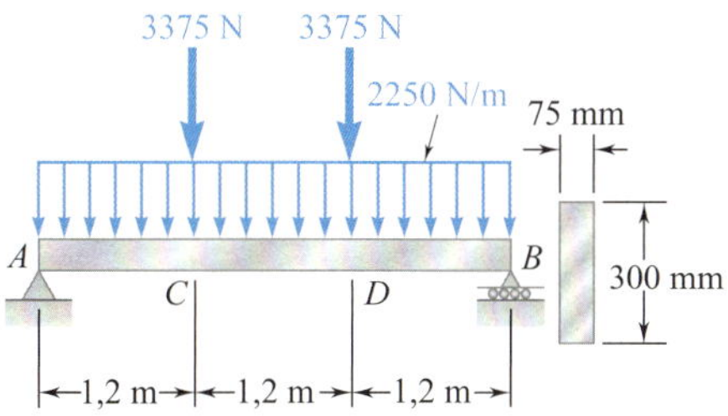

Figura P12.80

12.81 Trace os diagramas de força cortante e momento fletor para a viga e o carregamento mostrados na figura, e determine a máxima tensão normal provocada pelo momento fletor.

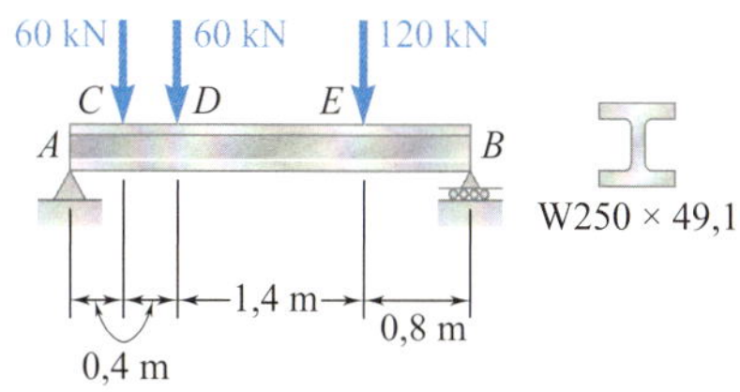

Figura P12.81

12.82 Determine (*a*) a distância *a* para a qual o máximo valor absoluto do momento fletor na viga seja o menor possível e (*b*) a correspondente tensão máxima normal provocada pelo momento fletor. (*Dica:* Trace o diagrama do momento fletor e compare os maiores valores absolutos positivos e negativos dos momentos fletores obtidos).

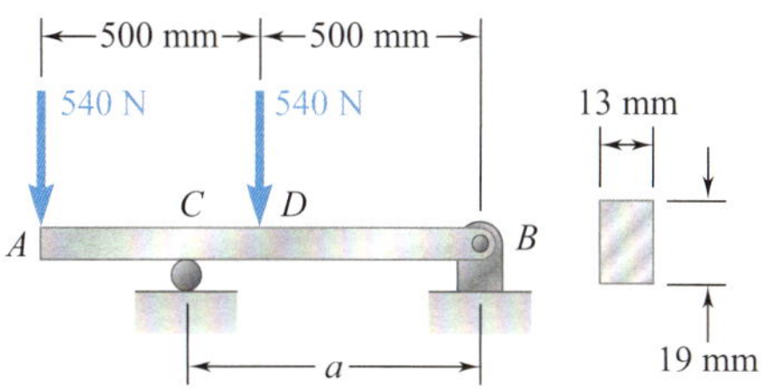

Figura *P12.82*

12.83 A viga AB, de comprimento L e seção transversal quadrada de lado a, é apoiada por um pivô em C e carregada conforme mostra a figura. (*a*) Verifique se a viga está em equilíbrio. (*b*) Mostre que a tensão máxima provocada pelo momento fletor ocorre em C e é igual a $w_0L^2/(1{,}5a)^3$.

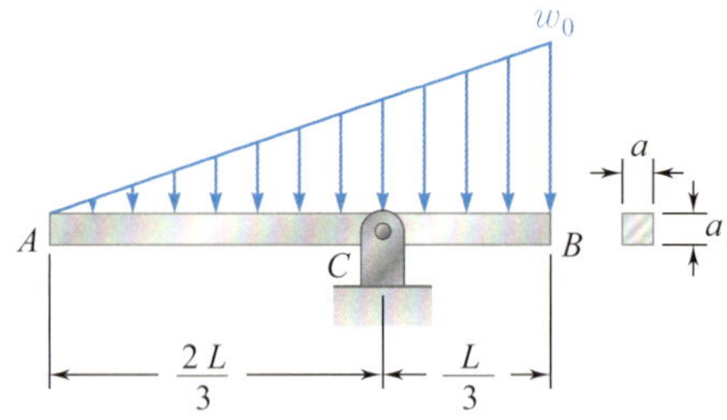

Figura P12.83

12.84 Sabendo que a viga AB está em equilíbrio sob o carregamento mostrado, trace os diagramas de força cortante e momento fletor para essa viga e determine a máxima tensão normal provocada pelo momento fletor.

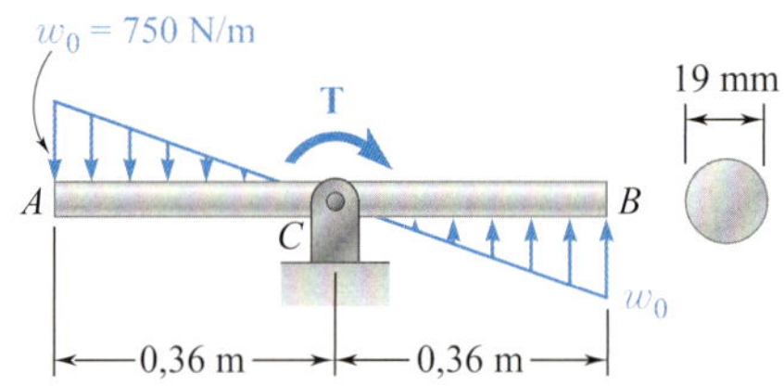

Figura P12.84

12.85 Para a viga e o carregamento mostrados na figura, projete a seção transversal da viga sabendo que o tipo da madeira utilizada tem uma tensão normal admissível de 12 MPa.

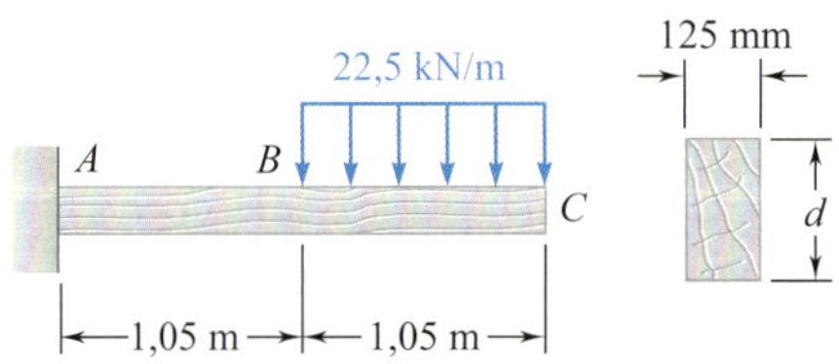

Figura P12.85

12.86 Para a viga e o carregamento mostrados na figura, projete a seção transversal da viga sabendo que o tipo da madeira utilizada tem uma tensão normal admissível de 12 MPa.

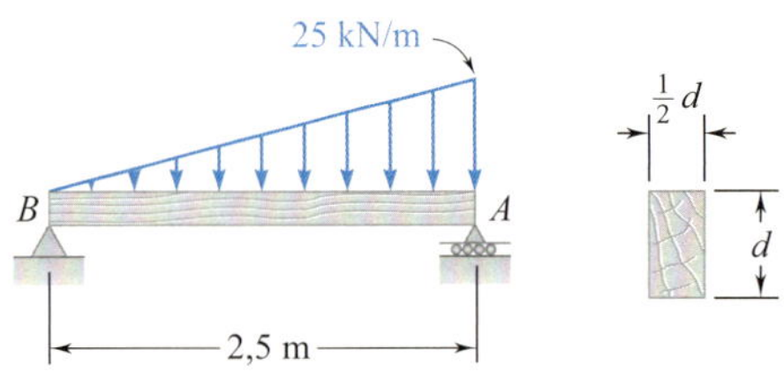

Figura *P12.86*

12.87 Sabendo que a tensão normal admissível para o aço usado é de 160 MPa, selecione a viga de mesa larga mais econômica para suportar o carregamento mostrado na figura.

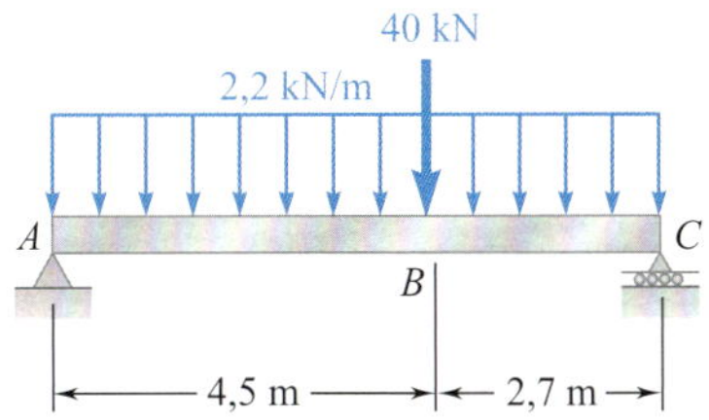

Figura P12.87

12.88 Sabendo que a tensão normal admissível para o aço usado é de 165 MPa, selecione a viga de mesa larga mais econômica para suportar o carregamento mostrado na figura.

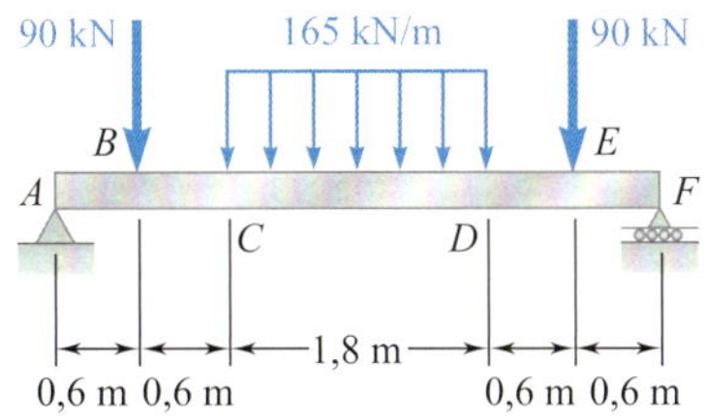

Figura P12.88

Um tabuleiro de concreto armado será fixado em cada uma das seções de aço mostradas para formar uma ponte de viga caixão de material composto. Neste capítulo, as tensões de cisalhamento serão determinadas em vários tipos de vigas e vigas mestras.

CAPÍTULO 13

Tensões de cisalhamento em vigas e barras de paredes finas

13 Tensões de cisalhamento em vigas e barras de paredes finas

13.1 Introdução

Na Seção 12.1, vimos que um carregamento transversal aplicado a uma viga resultará em tensões normais e de cisalhamento em qualquer seção transversal dessa viga. As tensões normais são provocadas pelo momento fletor **M** na seção, e as tensões de cisalhamento, pela força cortante **V**. Como o critério dominante no projeto de uma viga quanto à resistência é o valor máximo da tensão normal na viga, nossa análise no Cap. 12 esteve limitada à determinação das tensões normais. No entanto, as tensões de cisalhamento podem ser importantes, particularmente no projeto de barras de paredes finas e vigas curtas e grossas, e sua análise será o assunto da primeira parte deste capítulo.

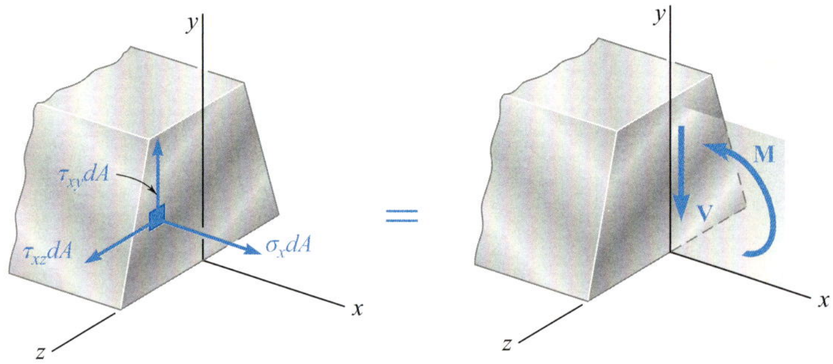

Figura 13.1

A Fig. 13.1 expressa graficamente que as forças elementares normais e de cisalhamento aplicadas em determinada seção transversal de uma viga prismática com um plano vertical de simetria são equivalentes ao momento fletor **M** e à força cortante **V**. Seis equações podem ser escritas para expressar esse fato. Três delas envolvem somente as forças normais $\sigma_x\, dA$ e já foram discutidas na Seção 11.2: Eqs. (11.1), (11.2) e (11.3). Para a determinação dessas equações, foi imposto que a soma das forças normais fosse zero e que as somas de seus momentos em relação aos eixos y e z fossem iguais a zero e M, respectivamente. Outras três equações envolvendo forças de cisalhamento $\tau_{xy}\, dA$ e $\tau_{xz}\, dA$ podem agora ser escritas. Uma delas expressa que a soma dos momentos das forças de cisalhamento em relação ao eixo x é zero e pode ser desconsiderada em razão da simetria da viga com relação ao plano xy. As outras duas envolvem as componentes y e z das forças elementares e são

$$\text{componentes } y: \quad \int \tau_{xy}\, dA = -V \tag{13.1}$$

$$\text{componentes } z: \quad \int \tau_{xz}\, dA = 0 \tag{13.2}$$

A primeira dessas equações mostra que devem existir tensões de cisalhamento verticais em uma seção transversal de uma viga sob carregamento transversal. A segunda equação indica que a tensão de cisalhamento horizontal média em qualquer seção é zero. No entanto, isso não significa que a tensão de cisalhamento τ_{xz} seja zero em todos os pontos.

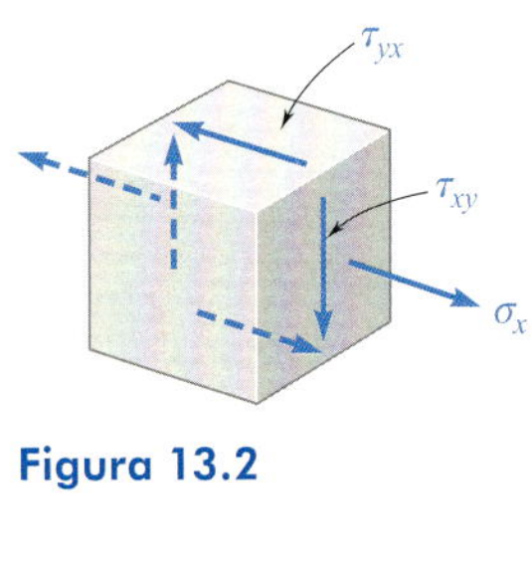

Figura 13.2

Consideraremos agora um pequeno elemento de volume localizado no plano vertical de simetria da viga (do qual sabemos que τ_{xz} deve ser zero) e examinaremos as tensões aplicadas em suas faces (Fig. 13.2). Conforme acabamos de ver, uma tensão normal σ_x e uma tensão de cisalhamento τ_{xy} são aplicadas em cada uma das duas faces perpendiculares ao eixo x. Mas, de acordo com o Cap. 8, sabemos que, quando tensões de cisalhamento τ_{xy} são aplicadas às faces verticais de um elemento, tensões iguais devem ser aplicadas nas faces horizontais do mesmo elemento. Concluímos então que devem existir tensões de cisalhamento longitudinais em qualquer elemento submetido a carregamento transversal, o que pode ser verificado considerando uma viga em balanço feita de pranchas separadas, mas unidas em uma das extremidades (Fig. 13.3*a*). Quando uma força transversal **P** é aplicada à extremidade livre dessa viga composta, observa-se que as pranchas deslizam uma em relação à outra (Fig. 13.3*b*). No entanto, se um momento **M** é aplicado à extremidade livre da mesma viga composta (Fig. 13.3*c*), as várias pranchas se flexionarão em arcos de círculo concêntricos e não deslizarão umas em relação às outras, já que não ocorre cisalhamento em uma viga submetida à flexão pura (ver Seção 11.3).

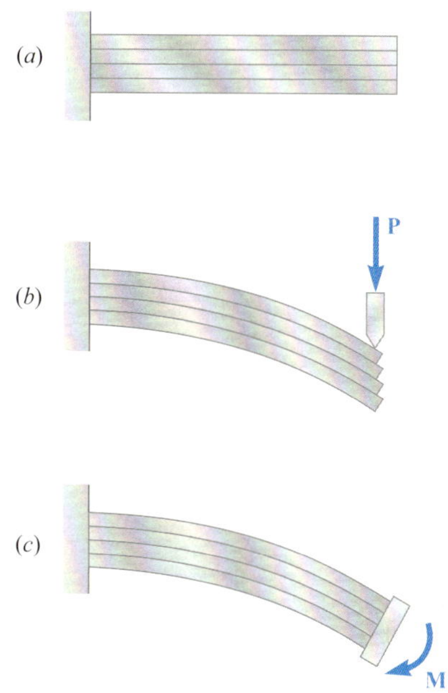

Figura 13.3

Embora o deslizamento realmente não ocorra quando uma força transversal **P** é aplicada a uma viga feita de um material homogêneo e coesivo como o aço, a tendência ao deslizamento existe, mostrando que ocorrem tensões em planos horizontais longitudinais, bem como em planos verticais transversais. No caso das vigas de madeira, cuja resistência ao cisalhamento é menor entre as fibras, a falha ocorrerá ao longo do plano longitudinal, e não ao longo do plano transversal (Foto 13.1).

Na Seção 13.2, será considerado um elemento de viga de comprimento Δx limitado por dois planos transversais e um plano horizontal, e será determinada a força cortante $\Delta\mathbf{H}$ exercida em sua face horizontal, bem como a força cortante por unidade de comprimento, q, também conhecida como *fluxo de cisalhamento*. Na Seção 13.3, será deduzida uma fórmula para a tensão de cisalhamento em uma viga com um plano vertical de simetria, e essa fórmula será usada na Seção 13.4 para determinar as tensões de cisalhamento em tipos comuns de vigas.

A dedução dada na Seção 13.2 será estendida à Seção 13.5 para abranger o caso de um elemento de viga limitado por dois planos transversais e uma superfície curva. Isso nos permitirá, na Seção 13.6, determinar as tensões de cisalhamento em qualquer ponto de uma barra simétrica de paredes finas, como as mesas das vigas de mesas largas e vigas caixão.

Foto 13.1

13.2 Força cortante na face horizontal de um elemento de viga

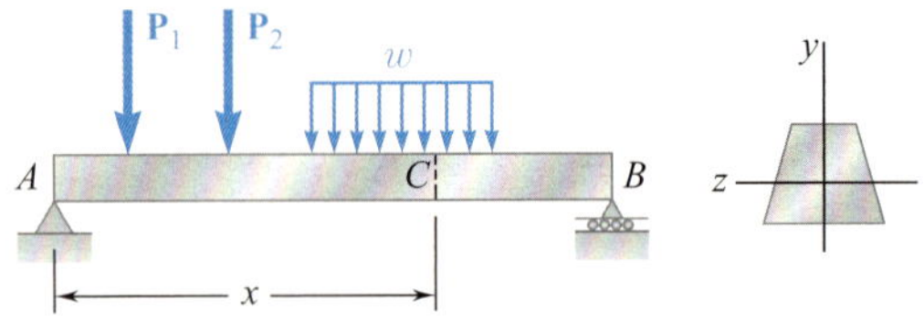

Figura 13.4

Considere uma viga prismática AB com um plano vertical de simetria que suporta várias forças concentradas e distribuídas (Fig. 13.4). A uma distância x da extremidade A, separamos da viga um elemento $CDD'C'$ de comprimento Δx que se estende por sua largura desde a sua superfície superior até um plano horizontal localizado a uma distância y_1 da linha neutra (Fig. 13.5).

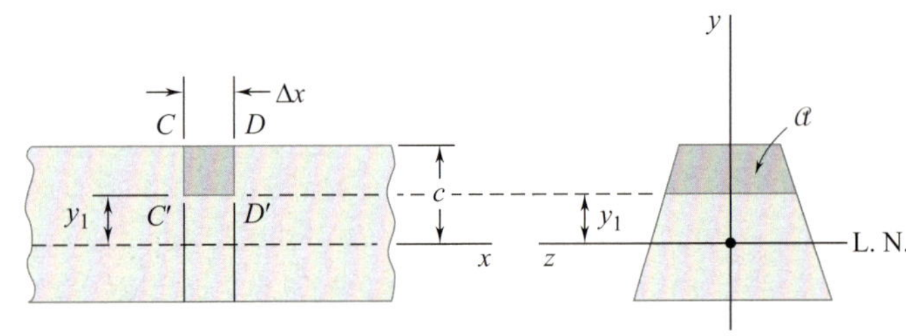

Figura 13.5

As forças exercidas nesse elemento consistem em forças cortantes verticais $\mathbf{V}'_C$ e $\mathbf{V}'_D$, uma força cortante horizontal $\Delta\mathbf{H}$ aplicada na face inferior do elemento, forças elementares horizontais normais $\sigma_C\, dA$ e $\sigma_D\, dA$ e, possivelmente, uma força $w\, \Delta x$ (Fig. 13.6). Escrevemos a equação de equilíbrio

$$\overset{+}{\rightarrow}\Sigma F_x = 0: \qquad \Delta H + \int_{\mathcal{A}} (\sigma_D - \sigma_C)\, dA = 0$$

em que a integral se estende sobre a área sombreada $\mathcal{A}$ da seção localizada acima da linha $y = y_1$. Resolvendo essa equação para ΔH e usando a Eq. (12.2) da Seção 12.1, $\sigma = My/I$, para expressar as tensões normais em termos dos momentos fletores em C e D, temos

$$\Delta H = \frac{M_D - M_C}{I} \int_{\mathcal{A}} y\, dA \qquad (13.3)$$

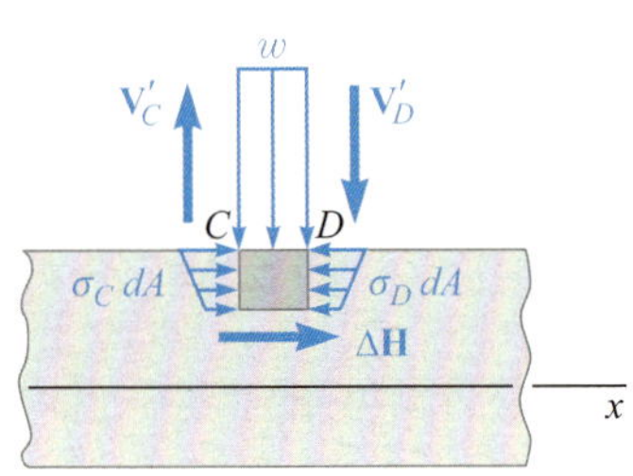

Figura 13.6

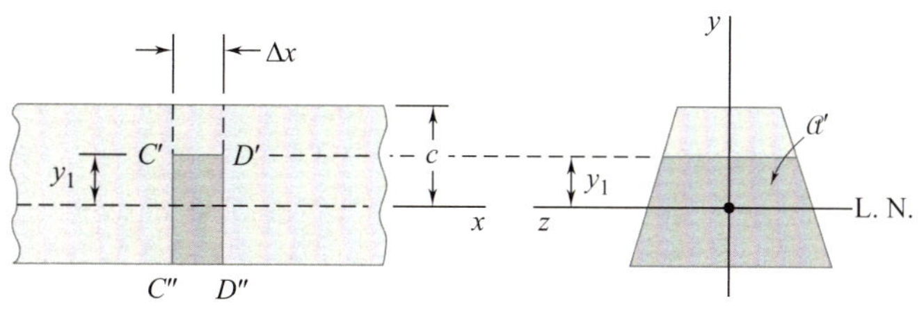

Figura 13.7

A integral em (13.3) representa o *momento estático* em relação à linha neutra na face horizontal de um elemento de viga da parte $\mathcal{A}$ da seção transversal da viga que está localizada acima da linha $y = y_1$ e será representada por Q. Entretanto, usando a Eq. (12.7) da Seção 12.3, podemos expressar o incremento $M_D - M_C$ do momento fletor como

$$M_D - M_C = \Delta M = (dM/dx)\,\Delta x = V\,\Delta x$$

Substituindo em (13.3), obtemos a seguinte expressão para a força cortante horizontal aplicada ao elemento de viga

$$\Delta H = \frac{VQ}{I}\Delta x \qquad (13.4)$$

O mesmo resultado teria sido obtido se tivéssemos utilizado como corpo livre o elemento inferior $C'D'D''C''$, em lugar do elemento superior $CDD'C'$ (Fig. 13.7), visto que as forças cortantes $\Delta\mathbf{H}$ e $\Delta\mathbf{H}'$ que atuam nos dois elementos são iguais e opostas, pois uma é reação da outra. Isso nos leva a observar que o momento estático Q da parte $\mathcal{A}'$ da seção transversal localizada abaixo da linha $y = y_1$ (Fig. 13.7) é igual em intensidade e oposta em sinal ao momento estático da parte $\mathcal{A}$ localizada acima da linha (Fig. 13.5). Sem dúvida, a soma desses dois momentos é igual ao momento estático da seção transversal inteira em relação ao seu eixo que passa pelo centroide e, portanto, deve ser zero. Essa propriedade às vezes pode ser usada para simplificar o cálculo de Q. Notamos também que Q é máximo para $y_1 = 0$, pois os elementos da seção transversal localizados acima da linha neutra contribuem positivamente para a integral (13.3) que define Q, enquanto os elementos localizados abaixo da linha contribuem negativamente.

A *força cortante horizontal por unidade de comprimento*, que será representada pela letra q, é obtida dividindo ambos os membros da Eq. (13.4) por Δx:

$$q = \frac{\Delta H}{\Delta x} = \frac{VQ}{I} \qquad (13.5)$$

Lembramos que Q é o momento estático em relação à linha neutra da parte da seção transversal localizada acima ou abaixo do ponto no qual q está sendo calculado, e I é o momento de inércia da seção transversal *inteira* em relação ao eixo que passa pelo centroide. Por uma razão que se tornará aparente mais adiante (Seção 13.6), a força cortante horizontal por unidade de comprimento q é também chamada de *fluxo de cisalhamento*.

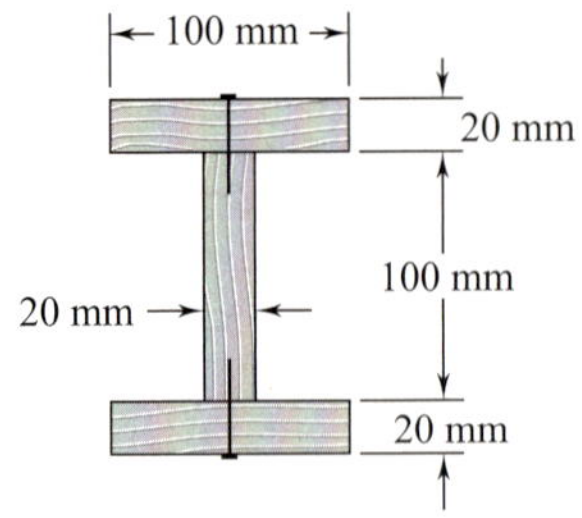

Figura 13.8

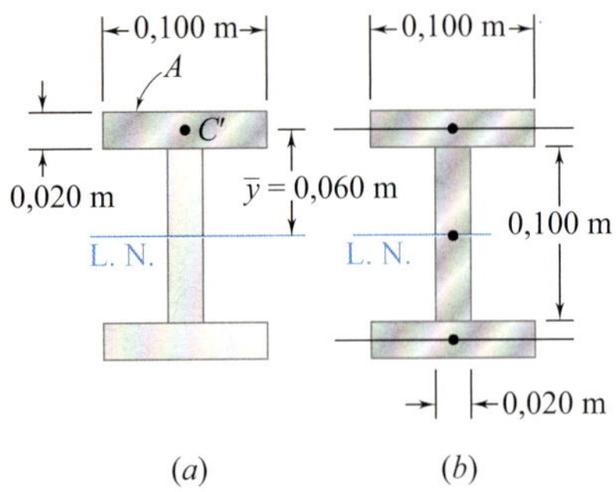

Figura 13.9

Exemplo 13.1. Uma viga é feita de três pranchas, com seção transversal de 20 × 100 mm, pregadas umas às outras (Fig. 13.8). Sabendo que o espaçamento entre os pregos é de 25 mm e que a força cortante vertical na viga é $V = 500$ N, determine a força cortante em cada prego.

Primeiro determinamos a força horizontal por unidade de comprimento, q, exercida sobre a face inferior da prancha superior. Usamos a Eq. (13.5), em que Q representa o momento estático em relação à linha neutra da área sombreada A mostrada na Fig. 13.9*a*, e na qual I é o momento de inércia em relação à mesma linha da seção transversal inteira (Fig. 13.9*b*). Lembrando que o momento estático de uma área em relação a um dado eixo é igual ao produto dessa área pela distância entre seu centroide e esse eixo,* temos

$$\begin{aligned} Q &= A\bar{y} = (0{,}020 \text{ m} \times 0{,}100 \text{ m})(0{,}060 \text{ m}) \\ &= 120 \times 10^{-6} \text{ m}^3 \\ I &= \tfrac{1}{12}(0{,}020 \text{ m})(0{,}100 \text{ m})^3 \\ &\quad + 2[\tfrac{1}{12}(0{,}100 \text{ m})(0{,}020 \text{ m})^3 \\ &\quad + (0{,}020 \text{ m} \times 0{,}100 \text{ m})(0{,}060 \text{ m})^2] \\ &= 1{,}667 \times 10^{-6} + 2(0{,}0667 + 7{,}2)10^{-6} \\ &= 16{,}20 \times 10^{-6} \text{ m}^4 \end{aligned}$$

Substituindo na Eq. (13.5), escrevemos

$$q = \frac{VQ}{I} = \frac{(500 \text{ N})(120 \times 10^{-6} \text{ m}^3)}{16{,}20 \times 10^{-6} \text{ m}^4} = 3.704 \text{ N/m}$$

Como o espaçamento entre os pregos é de 25 mm, a força cortante em cada prego é

$$F = (0{,}025 \text{ m})q = (0{,}025 \text{ m})(3.704 \text{ N/m}) = 92{,}6 \text{ N} \quad ■$$

13.3 Determinação das tensões de cisalhamento em uma viga

Considere novamente uma viga com um plano vertical de simetria, submetida a várias forças concentradas ou distribuídas aplicadas naquele plano. Vimos na seção anterior que, se por meio de dois cortes verticais e um corte horizontal separarmos da viga um elemento de comprimento Δx (Fig. 13.10), a intensidade ΔH da força cortante exercida na face horizontal do elemento pode ser obtida da Eq. (13.4). A *tensão de cisalhamento média* $\tau_{méd}$ nessa face do elemento é obtida dividindo ΔH pela área ΔA da face. Observando que $\Delta A = t\,\Delta x$, em que t é a largura do elemento no corte, escrevemos

$$\tau_{\text{méd}} = \frac{\Delta H}{\Delta A} = \frac{VQ}{I}\,\frac{\Delta x}{t\,\Delta x}$$

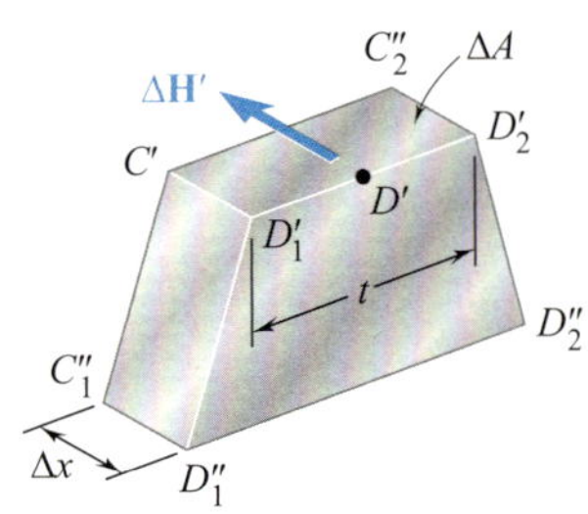

Figura 13.10

* Ver Seção 5.4.

ou

$$\tau_{\text{méd}} = \frac{VQ}{It} \tag{13.6}$$

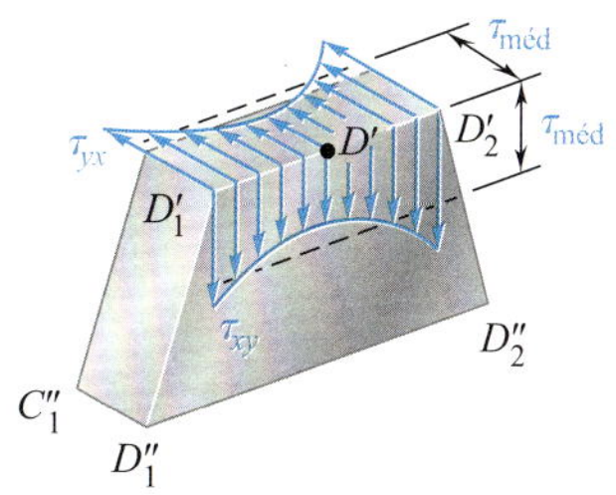

Figura 13.11

Notamos que, como as tensões de cisalhamento τ_{xy} e τ_{yx} exercidas, respectivamente, em um plano transversal e um plano horizontal por meio de D' são iguais, a expressão obtida também representará o valor médio de τ_{xy} ao longo da linha $D'_1D'_2$ (Fig. 13.11).

Observamos que $\tau_{yx} = 0$ nas faces superior e inferior da viga, pois não há forças exercidas nelas. Conclui-se que $\tau_{xy} = 0$ ao longo das bordas superior e inferior da seção transversal (Fig. 13.12). Notamos também que, enquanto Q é máximo para $y = 0$ (ver Seção 13.2), não podemos concluir que $\tau_{\text{méd}}$ será máximo ao longo da linha neutra, pois $\tau_{\text{méd}}$ depende da largura t da seção, bem como de Q.

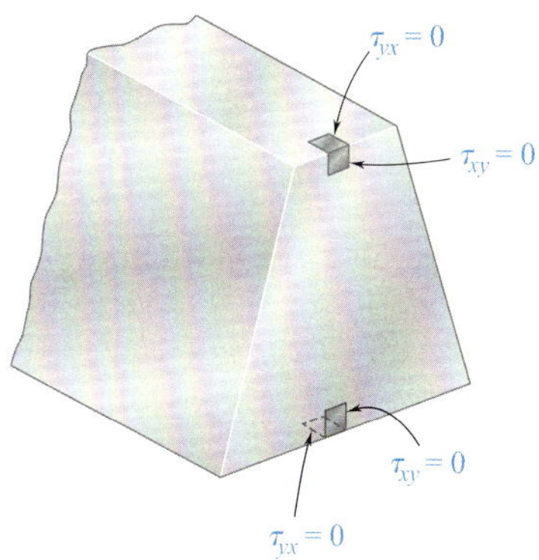

Figura 13.12

Enquanto a largura da seção transversal da viga permanece pequena se comparada com sua altura, a tensão de cisalhamento varia ligeiramente ao longo da linha $D'_1D'_2$ (Fig. 13.11), e a Eq. (13.6) pode ser usada para calcular τ_{xy} em qualquer ponto ao longo de $D'_1D'_2$. Na realidade, τ_{xy} é maior nos pontos D'_1 e D'_2 do que em D', mas a teoria da elasticidade mostra* que, para uma viga de seção retangular de largura b e altura h, e desde que $b \leq h/4$, o valor da tensão de cisalhamento nos pontos C_1 e C_2 (Fig. 13.13) não excede em mais de 0,8% o valor médio da tensão calculada ao longo da linha neutra.**

13.4 Tensões de cisalhamento τ_{xy} em tipos comuns de vigas

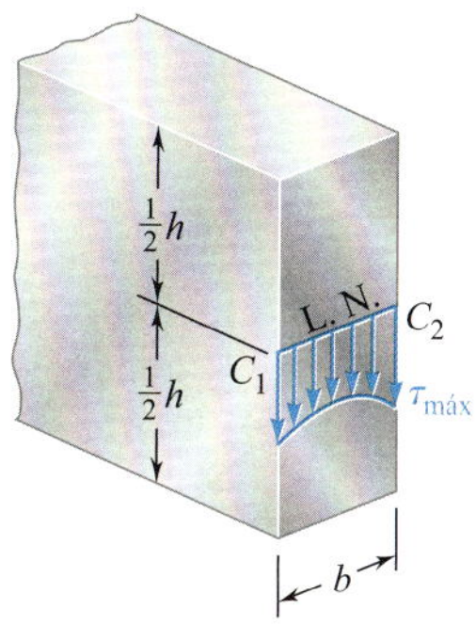

Figura 13.13

Vimos na seção anterior que, para uma *viga retangular estreita*, isto é, para uma viga de seção retangular com largura b e altura h em que $b \leq \frac{1}{4}h$, a variação da tensão de cisalhamento τ_{xy} através da largura da viga é menor que 0,8% de $\tau_{\text{méd}}$. Podemos, portanto, usar a Eq. (13.6) em aplicações práticas para determinar a tensão de cisalhamento em qualquer ponto da seção transversal de uma viga retangular estreita e escrever

$$\tau_{xy} = \frac{VQ}{It} \tag{13.7}$$

onde t é igual à largura b da viga, e Q, o momento estático em relação à linha neutra da área sombreada A (Fig. 13.14).

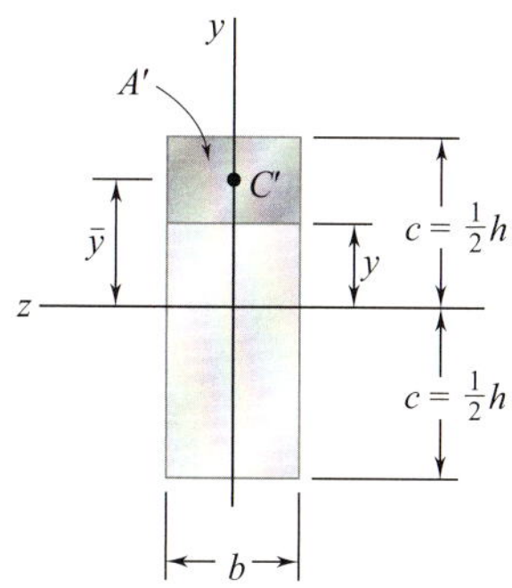

Figura 13.14

* Ver S. P. Timoshenko, and J. N. Goodier, *Theory of Elasticity*, McGraw Hill, New York, 3ᵈ ed., 1970, sec. 124.

** Em contrapartida, para valores grandes de b/h, o valor $\tau_{\text{máx}}$ da tensão em C_1 e C_2 pode ser muitas vezes maior que o valor médio $\tau_{\text{méd}}$ calculado ao longo da linha neutra, como podemos observar na tabela a seguir:

b/h	0,25	0,5	1	2	4	6	10	20	50
$\tau_{\text{mín}}/\tau_{\text{méd}}$	1,008	1,033	1,126	1,396	1,988	2,582	3,770	6,740	15,65
$\tau_{\text{mín}}/\tau_{\text{méd}}$	0,996	0,983	0,940	0,856	0,805	0,800	0,800	0,800	0,800

Observando que a distância da linha neutra até o centroide C' de A é $\bar{y} = \frac{1}{2}(c + y)$ e lembrando que $Q = A\bar{y}$, escrevemos

$$Q = A\bar{y} = b(c - y)\tfrac{1}{2}(c + y) = \tfrac{1}{2}b(c^2 - y^2) \quad (13.8)$$

Recordando, entretanto, que $I = bh^3/12 = \frac{2}{3}bc^3$, temos

$$\tau_{xy} = \frac{VQ}{Ib} = \frac{3}{4}\frac{c^2 - y^2}{bc^3}V$$

ou, notando que a área da seção transversal da barra é $A = 2bc$,

$$\tau_{xy} = \frac{3}{2}\frac{V}{A}\left(1 - \frac{y^2}{c^2}\right) \quad (13.9)$$

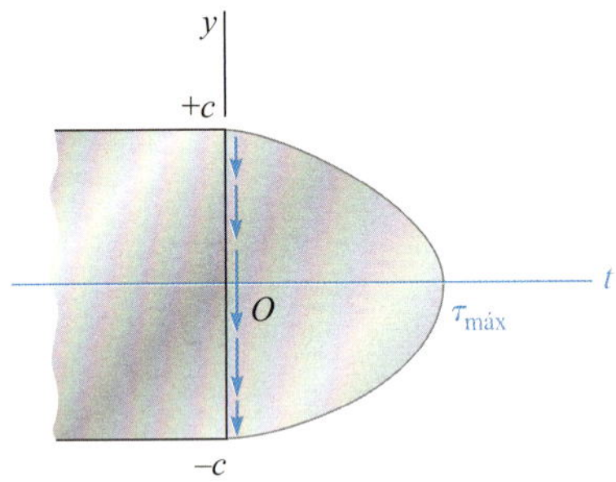

Figura 13.15

A Eq. (13.9) mostra que a distribuição de tensões de cisalhamento em uma seção transversal de uma barra retangular é *parabólica* (Fig. 13.15). Conforme já havíamos observado na seção anterior, as tensões de cisalhamento são iguais a zero nas partes superior e inferior da seção transversal ($y = \pm c$). Fazendo $y = 0$ na Eq. (13.9), obtemos o valor da tensão de cisalhamento máxima em determinada seção de uma *barra retangular estreita*:

$$\tau_{máx} = \frac{3}{2}\frac{V}{A} \quad (13.10)$$

A relação obtida mostra que o valor máximo da tensão de cisalhamento em uma viga de seção transversal retangular é 50% maior que o valor V/A que seria obtido considerando erradamente uma distribuição de tensão uniforme por toda a seção transversal.

No caso de vigas com seção em perfil do tipo I (*padrão americano*) ou do tipo W (*viga de mesas largas*), a Eq. (13.6) pode ser usada para determinar o valor médio da tensão de cisalhamento τ_{xy} sobre uma seção aa' ou bb' da seção transversal dessa viga (Figs. 13.16*a* e *b*). Escrevemos

$$\tau_{méd} = \frac{VQ}{It} \quad (13.6)$$

onde V é a força cortante vertical; t, a largura da seção na elevação considerada; Q, o momento estático da área sombreada em relação à linha neutra cc'; e I, o momento de inércia da seção transversal inteira em relação a cc'. Construindo o gráfico de $\tau_{méd}$ em função da distância vertical y, obtemos a curva mostrada na Fig. 13.16*c*. As descontinuidades existentes nessa curva se devem à diferença entre os valores de t correspondendo, respectivamente, às mesas $ABGD$ e $A'B'G'D'$ e à alma $EFF'E'$.

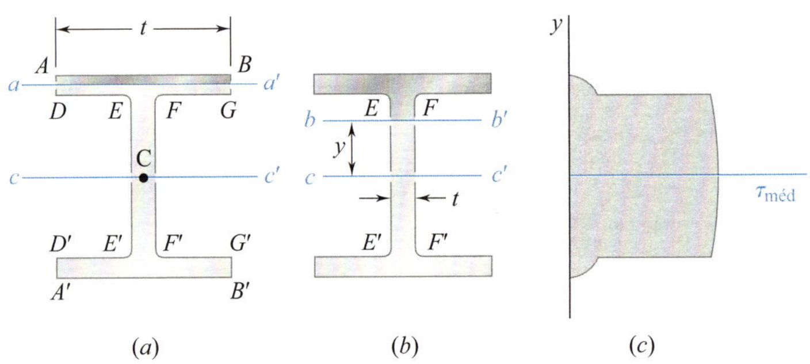

Figura 13.16

No caso da alma, a tensão de cisalhamento τ_{xy} varia bem pouco ao longo da seção bb' e pode-se supor que ela seja igual ao seu valor médio $\tau_{méd}$. No entanto, isso não é verdade para as mesas. Por exemplo, considerando a linha horizontal *DEFG*, notamos que τ_{xy} é zero entre *D* e *E* e entre *F* e *G*, já que esses dois segmentos fazem parte da superfície livre da viga. No entanto, o valor τ_{xy} entre *E* e *F* pode ser obtido quando se considera $t = EF$ na Eq. (13.6). Na prática, geralmente se assume que toda a força cortante é suportada pela alma e que uma boa aproximação do valor máximo da tensão de cisalhamento na seção transversal pode ser obtida dividindo *V* pela área de seção transversal da alma.

$$\tau_{máx} = \frac{V}{A_{alma}} \tag{13.11}$$

Devemos notar, no entanto, que embora a componente vertical τ_{xy} da tensão de cisalhamento nas mesas possa ser desprezada, sua componente horizontal τ_{xz} tem um valor significativo que será determinado na Seção 13.6.

Exemplo 13.2. Sabendo que a tensão de cisalhamento admissível para a viga de madeira do Problema Resolvido 12.7 é $\tau_{adm} = 1{,}7$ MPa, verifique se o projeto obtido no problema é aceitável do ponto de vista das tensões de cisalhamento.

Com base no diagrama da força cortante do Problema Resolvido 12.7, $V_{máx} = 20$ kN. A largura real da viga foi dada como $b = 90$ mm, e o valor obtido para a profundidade foi $h = 365$ mm. Usando a Eq. (13.10) para a tensão de cisalhamento máxima em uma viga retangular estreita, escrevemos

$$\tau_{máx} = \frac{3}{2}\frac{V}{A} = \frac{3}{2}\frac{V}{bh} = \frac{3(20 \times 10^3\text{ N})}{2(90\text{ mm})(365\text{ mm})} = 0{,}91\text{ MPa}$$

Como $\tau_{máx} < \tau_{adm}$, o projeto do Problema Resolvido 12.7 é aceitável. ■

Exemplo 13.3. Sabendo que a tensão de cisalhamento admissível para a viga de aço do Problema Resolvido 12.8 é $\tau_{adm} = 90$ MPa, verifique se o perfil W360 × 32,9 obtido no problema é aceitável do ponto de vista de tensões de cisalhamento.

Com base no diagrama da força cortante do Problema Resolvido 12.8, o valor máximo absoluto da força cortante na viga é $|V|_{máx} = 58$ kN. Conforme vimos nesta seção, pode-se assumir na prática que toda a força cortante é suportada pela alma e que o valor máximo da tensão de cisalhamento na viga pode ser obtido da Eq. (13.11). Do Apêndice B verificamos que, para um perfil W360 × 32,9, a altura da viga e a espessura de sua alma são, respectivamente, $d = 348$ mm e $t_w = 5{,}84$ mm. Temos então

$$A_{alma} = d\,t_w = (348\text{ mm})(5{,}84\text{ mm}) = 2.032\text{ mm}^2$$

Substituindo os valores de $|V|_{máx}$ e A_{alma} na Eq. (13.11), obtemos

$$\tau_{máx} = \frac{|V|_{máx}}{A_{alma}} = \frac{58\text{ kN}}{2.032\text{ mm}^2} = 28{,}5\text{ MPa}$$

Como $\tau_{máx} < \tau_{adm}$, o projeto do Problema Resolvido 12.8 é aceitável. ■

PROBLEMA RESOLVIDO 13.1

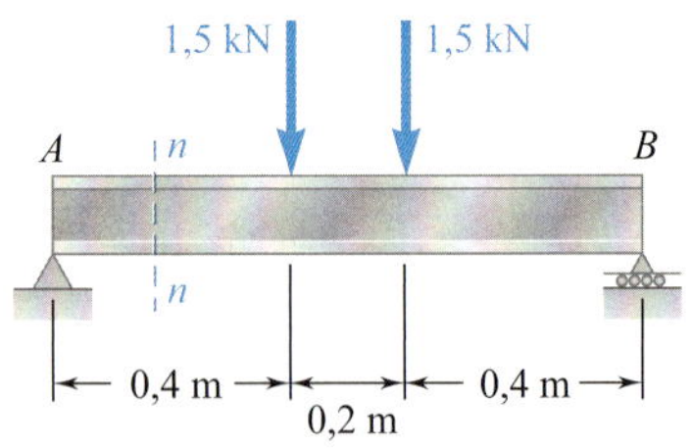

A viga AB é feita de três pranchas coladas entre si e está submetida, em seu plano de simetria, ao carregamento mostrado. Sabendo que a largura de cada junta colada é de 20 mm, determine a tensão de cisalhamento média em cada junta na seção n-n da viga. A localização do centroide da seção é dada na figura e o momento de inércia é $I = 8{,}63 \times 10^{-6}\ \mathrm{m}^4$.

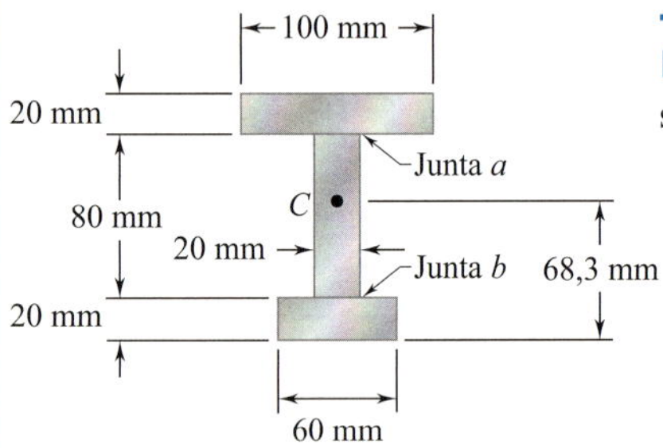

SOLUÇÃO

Força cortante na seção *n-n*. Como a viga e o carregamento são ambos simétricos em relação ao centro da viga, temos $\mathbf{A} = \mathbf{B} = 1{,}5\ \mathrm{kN}\uparrow$.

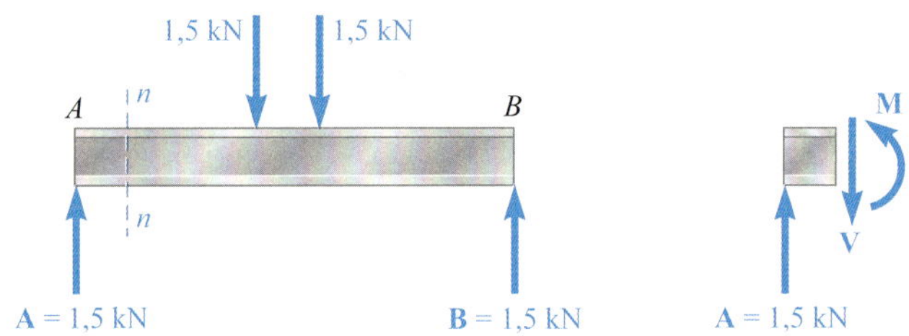

Considerando a parte da viga à esquerda da seção n-n como um corpo livre, escrevemos

$$+\uparrow \Sigma F_y = 0: \qquad 1{,}5\ \mathrm{kN} - V = 0 \qquad V = 1{,}5\ \mathrm{kN}$$

Tensão de cisalhamento na junta *a*. Cortamos a seção a-a na junta colada e separamos a área da seção transversal em duas partes. Decidimos determinar Q calculando o momento estático em relação à linha neutra da área acima da seção a-a.

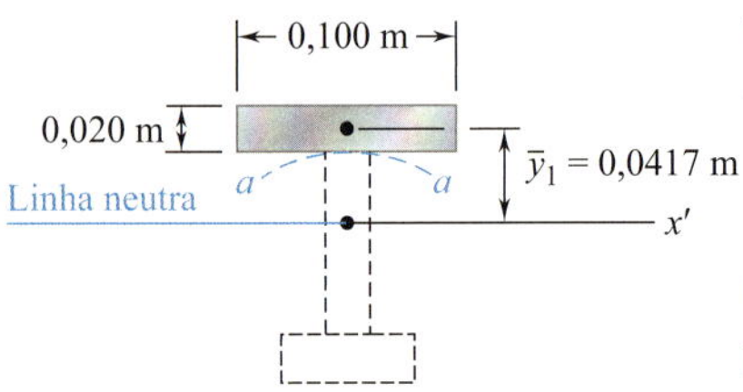

$$Q = A\bar{y}_1 = [(0{,}100\ \mathrm{m})(0{,}020\ \mathrm{m})](0{,}0417\ \mathrm{m}) = 83{,}4 \times 10^{-6}\ \mathrm{m}^3$$

Lembrando que a largura da junta colada é $t = 0{,}020$ m, usamos a Eq. (13.7) para determinar a tensão de cisalhamento média na junta.

$$\tau_{\text{méd}} = \frac{VQ}{It} = \frac{(1.500\ \mathrm{N})(83{,}4 \times 10^{-6}\ \mathrm{m}^3)}{(8{,}63 \times 10^{-6}\ \mathrm{m}^4)(0{,}020\ \mathrm{m})} \qquad \tau_{\text{méd}} = 725\ \mathrm{kPa} \blacktriangleleft$$

Tensão de cisalhamento na junta *b*. Cortamos agora a seção b-b e calculamos Q usando a área abaixo da seção.

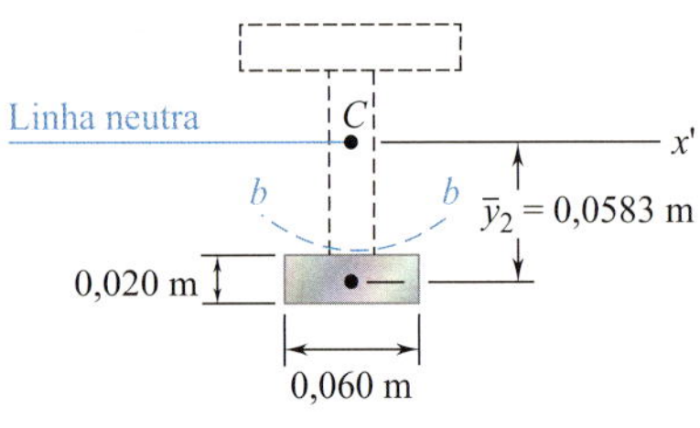

$$Q = A\bar{y}_2 = [(0{,}060\ \mathrm{m})(0{,}020\ \mathrm{m})](0{,}0583\ \mathrm{m}) = 70{,}0 \times 10^{-6}\ \mathrm{m}^3$$

$$\tau_{\text{méd}} = \frac{VQ}{It} = \frac{(1.500\ \mathrm{N})(70{,}0 \times 10^{-6}\ \mathrm{m}^3)}{(8{,}63 \times 10^{-6}\ \mathrm{m}^4)(0{,}020\ \mathrm{m})} \qquad \tau_{\text{méd}} = 608\ \mathrm{kPa} \blacktriangleleft$$

PROBLEMA RESOLVIDO 13.2

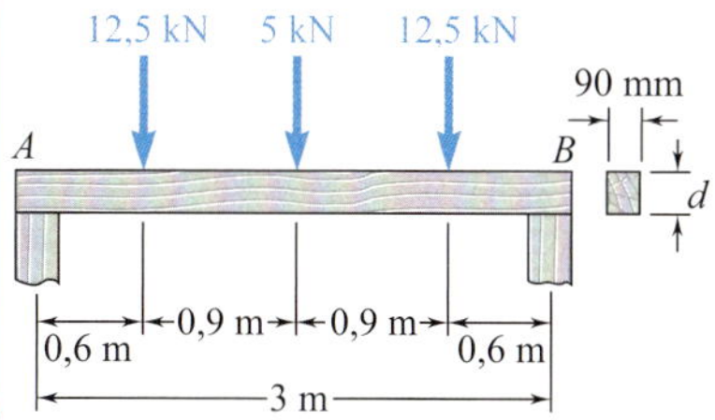

Uma viga de madeira AB com um vão de 3 m e largura nominal de 100 mm (largura real = 90 mm) deve suportar as três forças concentradas mostradas na figura. Sabendo que, para o tipo de madeira usada σ_{adm} = 12 MPa e τ_{adm} = 0,82 MPa, determine a altura d mínima necessária para a viga.

SOLUÇÃO

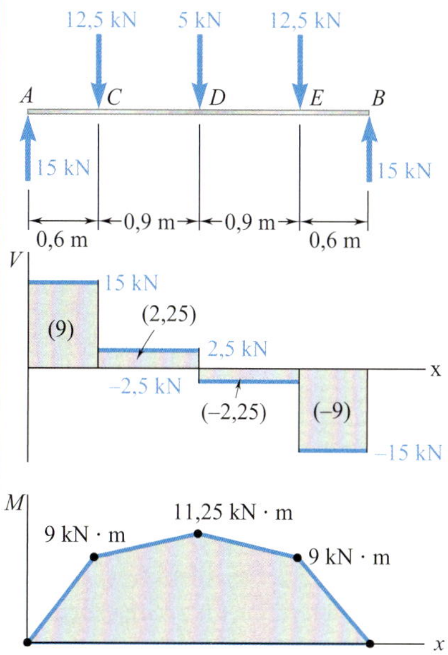

Força cortante e momento fletor máximos. Após traçarmos os diagramas de força cortante e momento fletor, notamos que

$$M_{\text{máx}} = 11{,}25 \text{ kN} \cdot \text{m}$$
$$V_{\text{máx}} = 15 \text{ kN}$$

Projeto com base na tensão normal admissível. Primeiro expressamos o módulo de resistência da seção W em termos da altura d. Temos

$$I = \frac{1}{12}bd^3 \qquad W = \frac{I}{c} = \frac{1}{6}bd^2 = \frac{1}{6}(0{,}090 \text{ m})d^2 = 0{,}015\,d^2$$

Para $M_{\text{máx}}$ = 11,25 kN · m e σ_{adm} = 12 MPa, escrevemos

$$W = \frac{M_{\text{máx}}}{\sigma_{adm}} \qquad 0{,}15\,d^2 = \frac{11{,}25 \text{ kN} \cdot \text{m}}{12 \times 10^3 \text{ kN}}$$
$$d^2 = 0{,}0625 \qquad d = 0{,}25 \text{ m}$$

Satisfizemos as condições de que $\sigma_m \leq 12$ MPa.

Verificação da tensão de cisalhamento. Para $V_{\text{máx}}$ = 15 kN e d = 0,25 m, encontramos

$$\tau_m = \frac{3}{2}\frac{V_{\text{máx}}}{A} = \frac{3}{2}\frac{15 \text{ kN}}{(0{,}090 \text{ m})(0{,}25 \text{ m})} \qquad \tau_m = 1{,}0 \text{ MPa}$$

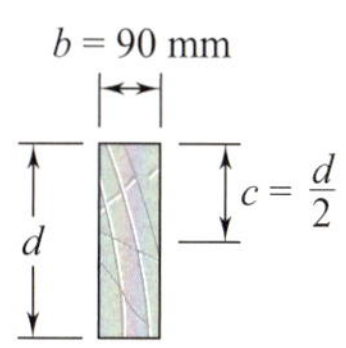

Como τ_{adm} = 0,82 MPa, a altura d = 0,25 m *não* é aceitável e devemos redesenhar a viga com base nos requisitos de que $\tau_m \leq 0{,}82$ MPa.

Projeto com base na tensão de cisalhamento admissível. Como agora sabemos que a tensão de cisalhamento admissível controla o projeto, escrevemos

$$\tau_m = \tau_{adm} = \frac{3}{2}\frac{V_{\text{máx}}}{A} \qquad 0{,}82 \times 10^3 \text{ kN/m}^2 = \frac{3}{2}\frac{15 \text{ kN}}{(0{,}090 \text{ m})d}$$

$$d = 0{,}30 \text{ m} \quad ◀$$

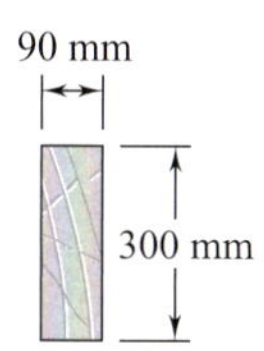

A tensão normal é, naturalmente, menor que σ_{adm} = 12 MPa, e a altura de 300 mm é perfeitamente aceitável.

PROBLEMAS

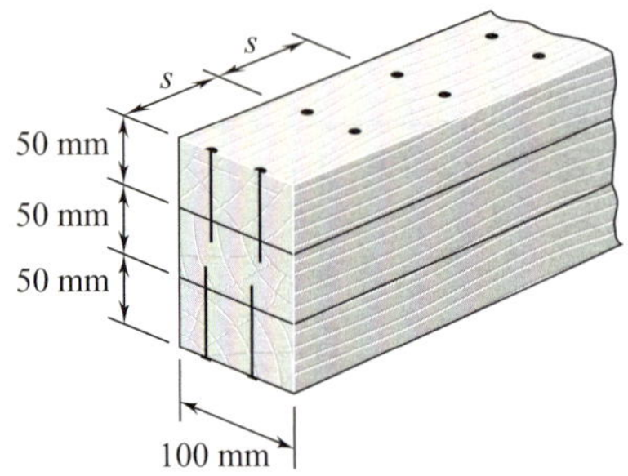

Figura P13.1

13.1 Três tábuas, cada uma com 50 × 100 mm de seção transversal retangular, são pregadas para formar uma viga que é submetida a uma força cortante vertical de 1.500 N. Sabendo que a força de cisalhamento admissível em cada prego é 400 N, determine o maior espaçamento entre os pregos s que pode ser usado entre cada par de pregos.

13.2 Para a viga e o carregamento mostrados no Problema 13.1, determine a força de cisalhamento admissível se o espaçamento entre os pares de pregos é $s = 45$ mm.

13.3 Uma viga caixão quadrada é feita de duas pranchas de 19 × 88 mm e duas pranchas de 19 × 125 mm pregadas entre si como mostra a figura. Sabendo que o espaçamento entre os pregos é $s = 31$ mm e que a força cortante vertical na viga é $V = 1.125$ N, determine (*a*) a força cortante em cada prego e (*b*) a máxima tensão de cisalhamento na viga.

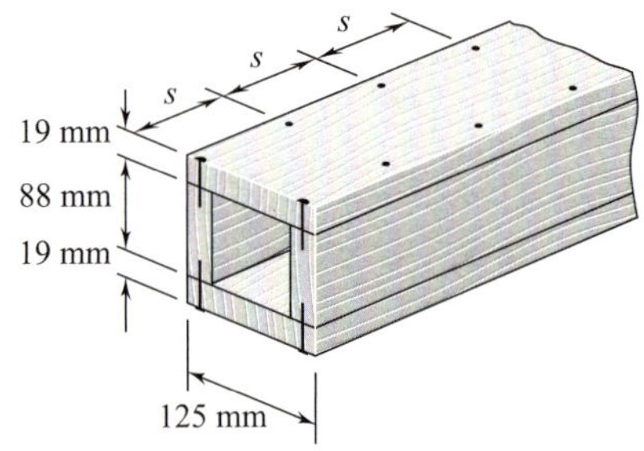

Figura P13.3 e P13.4

13.4 Uma viga caixão quadrada é feita de duas pranchas de 19 × 88 mm e duas pranchas de 19 × 125 mm pregadas entre si como mostra a figura. Sabendo que o espaçamento entre os pregos é $s = 50$ mm e que a força cortante admissível em cada prego é de 1.125 N, determine (*a*) a maior força cortante vertical admissível na viga e (*b*) a tensão de cisalhamento máxima correspondente.

13.5 Uma viga laminada de padrão americano foi reforçada por duas chapas de 16 × 200 mm em que se utilizaram parafusos de diâmetro 18 mm espaçados longitudinalmente de 120 mm. Sabendo que a tensão de cisalhamento média admissível nos parafusos é de 90 MPa, determine a maior força cortante vertical admissível.

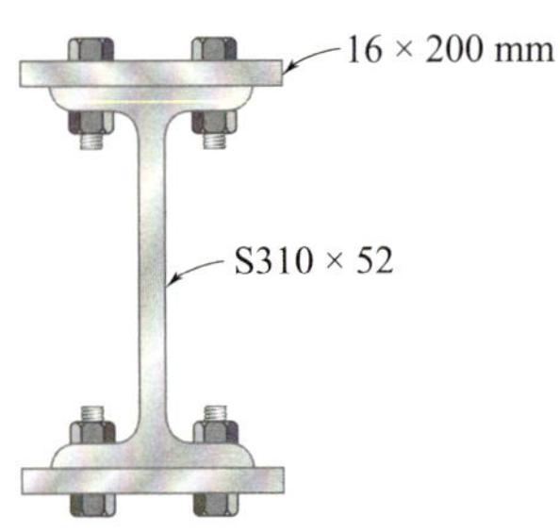

Figura P13.5

13.6 Resolva o Problema 13.5 considerando que as chapas de reforço são de apenas de 12 mm de espessura.

13.7 e 13.8 Uma coluna é fabricada conectando os perfis de aço laminado mostrados na figura com parafusos de 19 mm de diâmetro espaçados longitudinalmente a cada 125 mm. Determine a tensão de cisalhamento média nos parafusos provocada pela força cortante de 135 kN paralela ao eixo y.

13.9 até 13.12 Para a viga e o carregamento mostrados, considere a seção n-n e determine (a) a maior tensão de cisalhamento naquela seção e (b) a tensão de cisalhamento no ponto a.

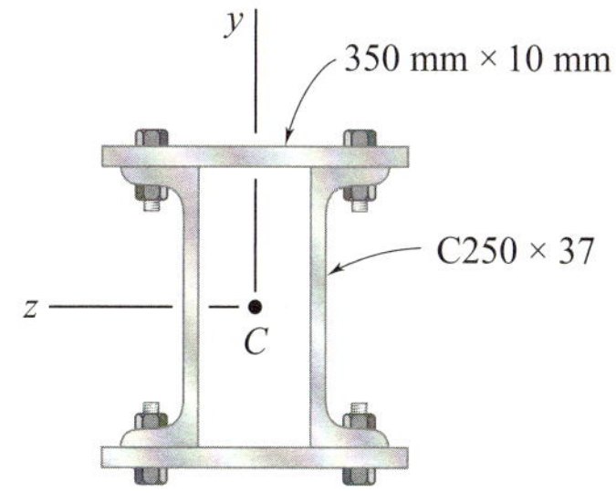

Figura P13.7

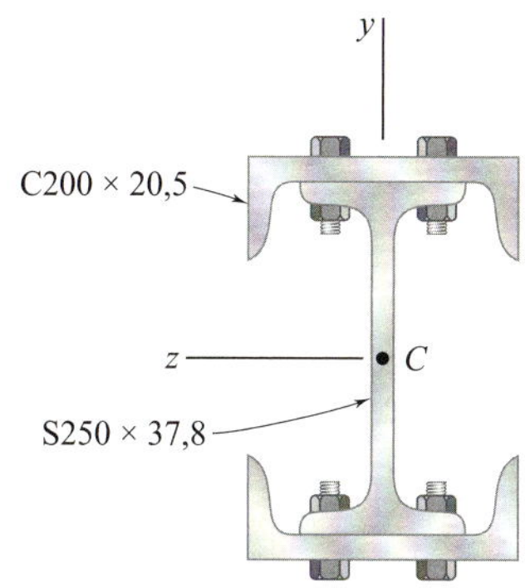

Figura P13.8

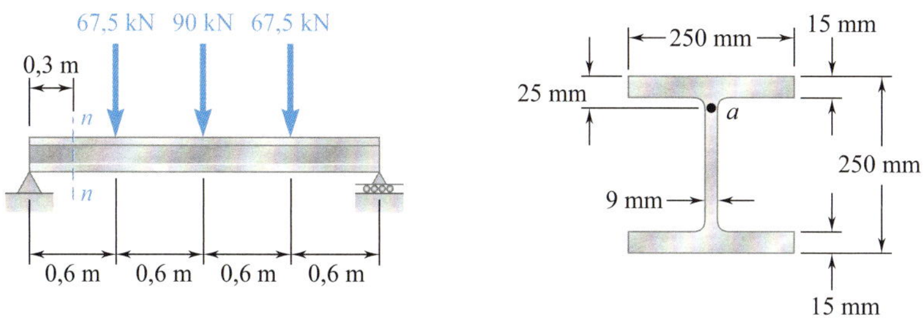

Figura P13.9

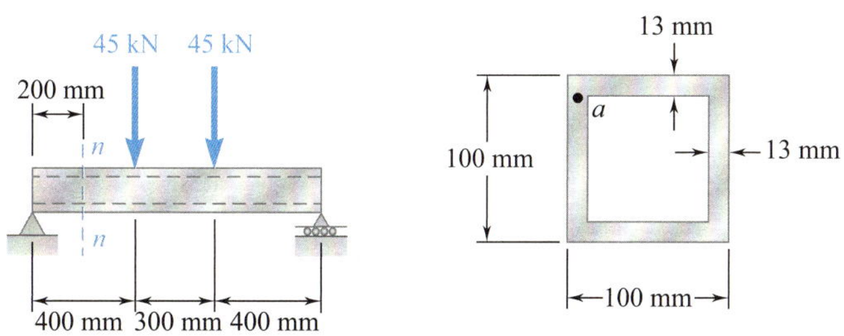

Figura P13.10

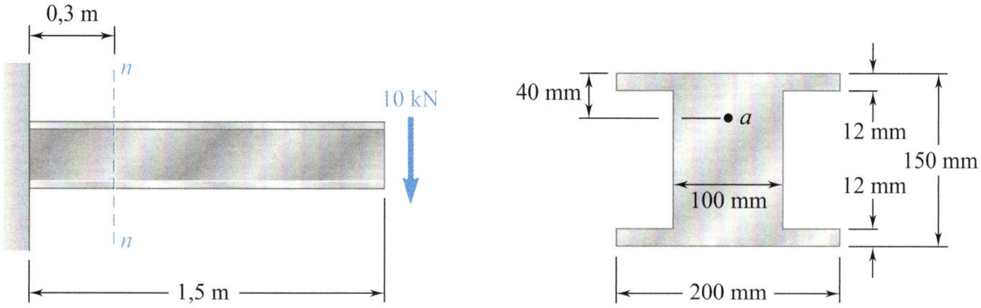

Figura P13.11

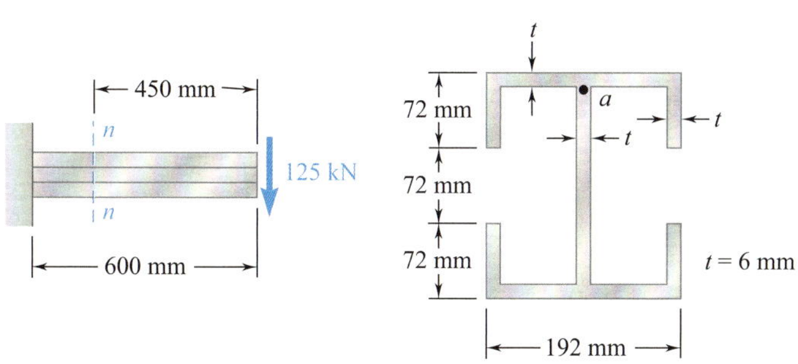

Figura P13.12

13.13 Para a viga e o carregamento mostrados, determine a altura h mínima necessária, sabendo que, para o tipo de madeira usada, $\sigma_{adm} = 12{,}07$ MPa e $\tau_{adm} = 0{,}896$ MPa.

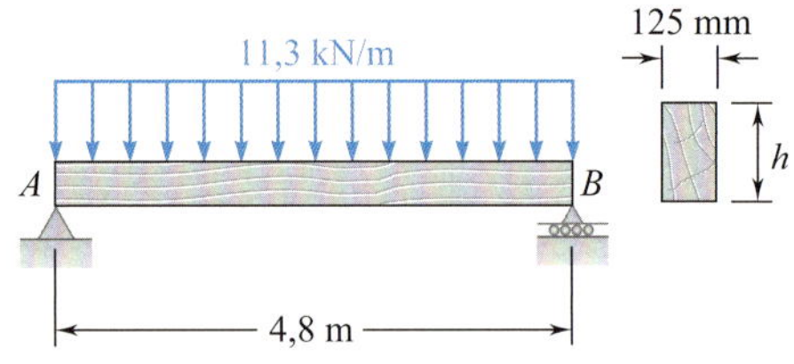

Figura P13.13

13.14 Para a viga e carregamento mostrados, determine a largura b mínima necessária, sabendo que, para o tipo de madeira usada, $\sigma_{adm} = 12$ MPa e $\tau_{adm} = 825$ kPa.

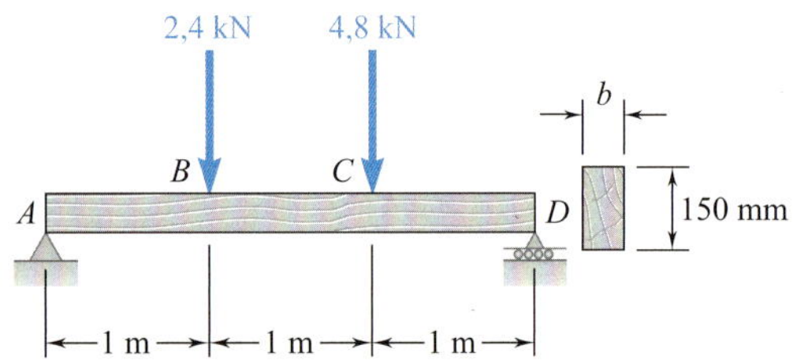

Figura P13.14

13.15 Para a viga de mesas largas com o carregamento mostrado, determine a maior força **P** que pode ser aplicada, sabendo que a tensão normal máxima é de 165 MPa e que a maior tensão de cisalhamento usando a aproximação $\tau_m = V/A_{alma}$ é de 100 MPa.

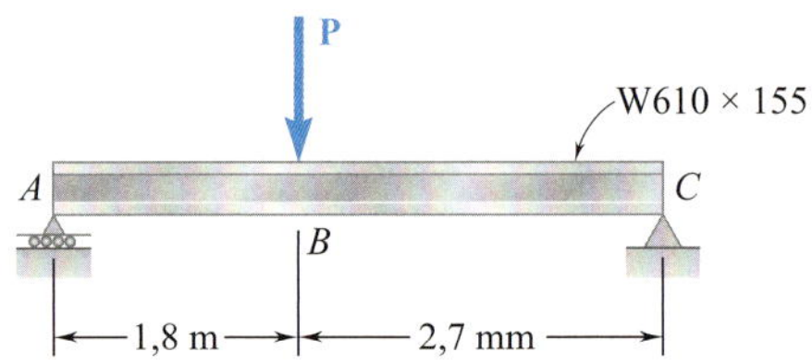

Figura *P13.15*

13.16 Para a viga de mesas largas com o carregamento mostrado, determine a maior força **P** que pode ser aplicada, sabendo que a tensão normal máxima é de 160 MPa e que a maior tensão de cisalhamento usando a aproximação $\tau_m = V/A_{alma}$ é de 100 MPa.

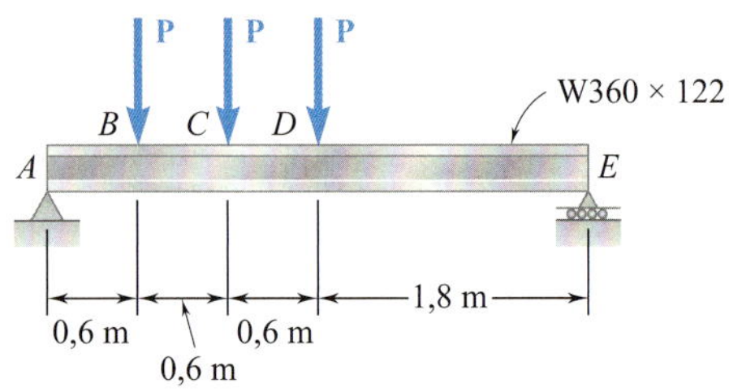

Figura *P13.16*

13.17 e 13.18 Para a viga e o carregamento mostrados, considere a seção *n-n* e determine a tensão de cisalhamento no (*a*) ponto *a* e (*b*) no ponto *b*.

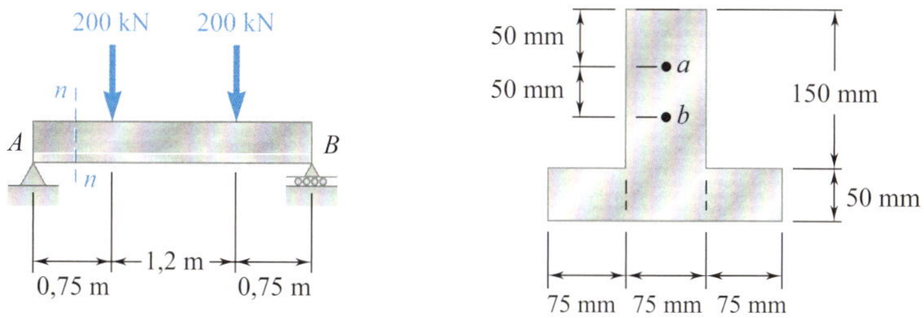

Figura P13.17 e P13.19

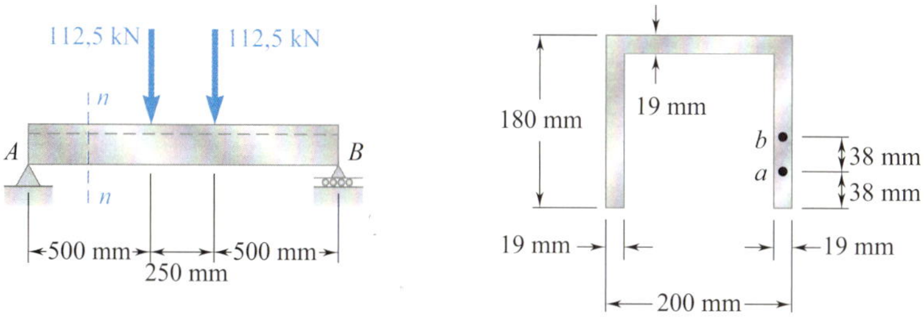

Figura P13.18 e P13.20

13.19 e 13.20 Para a viga e o carregamento mostrados, determine a maior tensão de cisalhamento na seção *n-n*.

13.21 até 13.24 Uma viga com a seção transversal mostrada é submetida a uma força cortante vertical **V**. Determine (*a*) a linha horizontal ao longo da qual a tensão de cisalhamento é máxima e (*b*) a constante *k* na expressão a seguir para a tensão de cisalhamento máxima.

$$\tau_{\text{máx}} = k\frac{V}{A}$$

onde *A* é a área da seção transversal da viga.

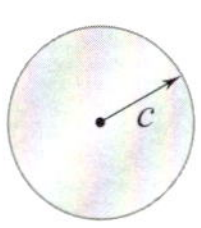

Figura P13.21

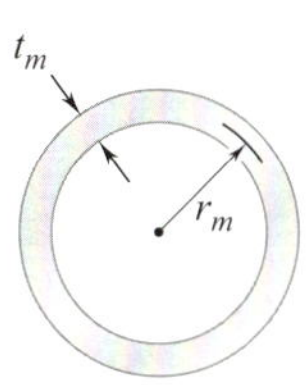

Figura P13.22

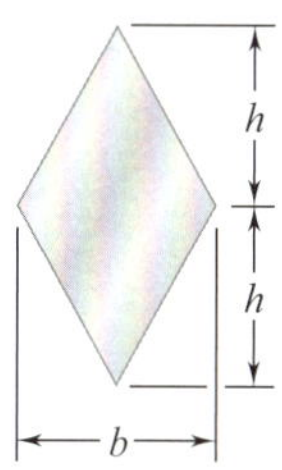

Figura P13.23

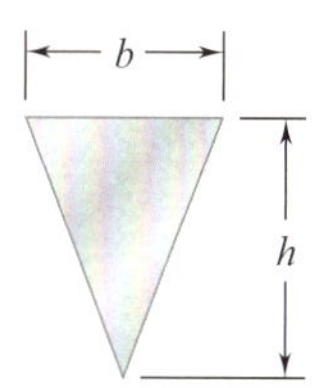

Figura P13.24

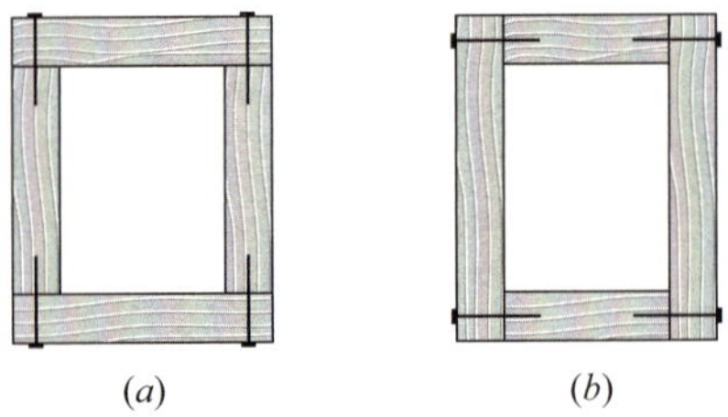

Figura 13.17

13.5 Cisalhamento longitudinal em um elemento de viga de modo arbitrário

Considere uma viga caixão construída com quatro tábuas pregadas como mostra a Fig. 13.17*a*. Você aprendeu na Seção 13.2 como determinar a força cortante por unidade de comprimento, q, nas superfícies horizontais ao longo das quais as tábuas são unidas. Mas você seria capaz de determinar q se as tábuas tivessem sido unidas ao longo de superfícies *verticais* como mostra a Fig. 13.17*b*? Examinamos na Seção 13.4 a distribuição das componentes verticais τ_{xy} das tensões em uma seção transversal de uma viga W ou uma viga I e vimos que essas tensões tinham um valor razoavelmente constante na alma da viga e eram desprezíveis em suas mesas. Mas o que acontece com as componentes *horizontais* τ_{xz} das tensões nas mesas?

Para respondermos a essas questões, devemos retomar o procedimento desenvolvido na Seção 13.2 para a determinação da força cortante por unidade de comprimento, q, de modo que ele se aplique aos casos que acabamos de descrever.

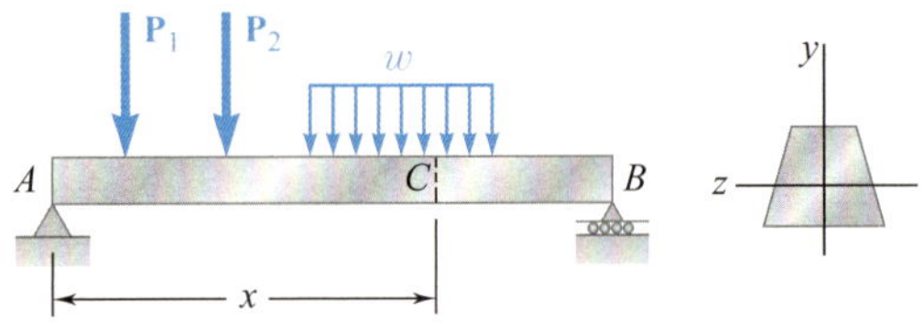

Figura 13.4 (repetida)

Considere a viga prismática AB da Fig. 13.4 que tem um plano vertical de simetria e suporta as forças mostradas na figura. A uma distância x da extremidade A, separamos novamente um elemento $CDD'C$ de comprimento Δx. Esse elemento, no entanto, se estenderá agora aos dois lados da viga até uma superfície curva arbitrária (Fig. 13.18).

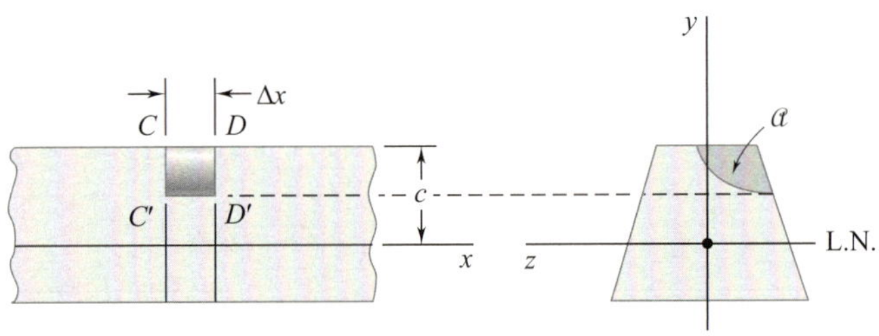

Figura 13.18

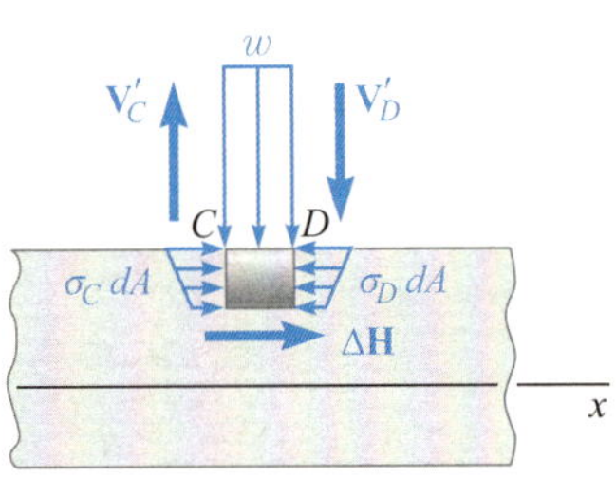

Figura 13.19

As forças exercidas no elemento incluem as forças cortantes na direção vertical $\mathbf{V}'_C$ e $\mathbf{V}'_D$, forças normais horizontais elementares $\sigma_C\, dA$ e $\sigma_D\, dA$ possivelmente uma carga $w\, \Delta x$, e uma força cortante longitudinal $\Delta\mathbf{H}$ representando a resultante das forças cortantes longitudinais elementares que atuam na superfície curva (Fig. 13.19). Escrevemos a equação de equilíbrio.

$$\overset{+}{\rightarrow} \Sigma F_x = 0: \qquad \Delta H + \int_{\mathfrak{a}} (\sigma_D - \sigma_C)\, dA = 0$$

onde a integral deve ser calculada sobre a área sombreada $\mathcal{A}$ da seção. Observamos que a equação obtida é a mesma que obtivemos na Seção 13.2, mas a área sombreada $\mathcal{A}$ sobre a qual a integral deveria ser calculada agora se estende até a superfície curva.

O restante da dedução é igual à da Seção 13.2. Concluímos que a força cortante longitudinal que atua no elemento de viga é

$$\Delta H = \frac{VQ}{I} \Delta x \tag{13.4}$$

onde I é o momento de inércia da seção inteira em relação à linha neutra; Q, o momento estático da área sombreada $\mathcal{A}$ em relação à linha neutra; e V, a força cortante vertical na seção. Dividindo ambos os membros da Eq. (13.4) por Δx, obtemos a força cortante horizontal por unidade de comprimento ou fluxo de cisalhamento:

$$q = \frac{\Delta H}{\Delta x} = \frac{VQ}{I} \tag{13.5}$$

Exemplo 13.4. Uma viga caixão quadrada é feita com duas tábuas de 19 mm × 76 mm e duas tábuas de 19 mm × 114 mm, pregadas como mostra a (Fig. 13.20). Sabendo que o espaçamento entre os pregos é de 45 mm e que a viga está submetida a uma força cortante vertical de intensidade V = 2,7 kN, determine a força cortante em cada prego.

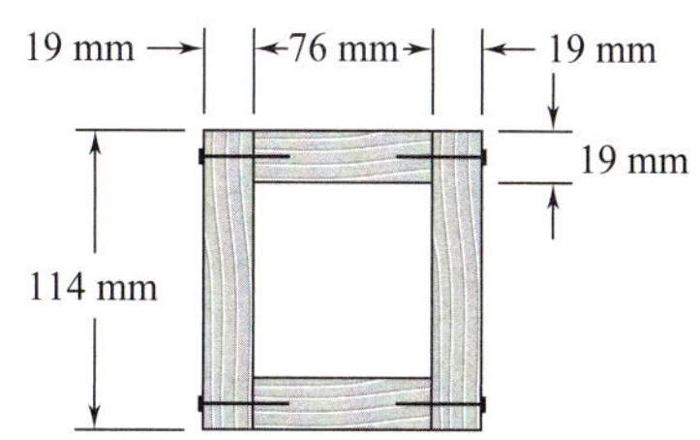

Figura 13.20

Isolamos a tábua superior e consideramos a força total por unidade de comprimento, q, exercida em suas duas bordas. Usamos a Eq. (13.5), onde Q representa o momento estático com relação à linha neutra da área sombreada A' mostrada na Fig. 13.21a, e I é o momento de inércia em relação ao mesmo eixo da seção transversal inteira da viga caixão (Fig. 13.21b). Temos

$$Q = A'\bar{y} = (19 \text{ mm})(76 \text{ mm})(47{,}5 \text{ mm}) = 68.590 \text{ mm}^3$$

Lembrando que o momento de inércia de um quadrado de lado a em relação a um eixo que passa pelo centroide é $I = \frac{1}{12}a^4$, escrevemos

$$I = \tfrac{1}{12}(114 \text{ mm})^4 - \tfrac{1}{12}(76 \text{ mm})^4 = 11{,}29 \times 10^6 \text{ mm}^4$$

Substituindo na Eq. (13.5), obtemos

$$q = \frac{VQ}{I} = \frac{(2.700 \text{ N})(68.590 \text{ mm}^3)}{11{,}29 \times 10^6 \text{ mm}^4} = 16{,}4 \text{ N/mm}$$

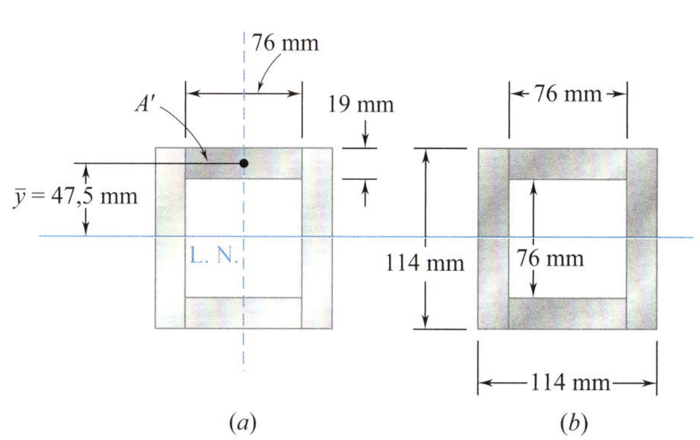

Figura 13.21

Como a viga e a tábua superior são ambas simétricas em relação a um plano vertical de carregamento, aplicam-se forças iguais em ambas as bordas da tábua. A força por unidade de comprimento em cada uma dessas bordas é então $\frac{1}{2}q = \frac{1}{2}(16,4) = 8,2$ N/mm. Como o espaçamento entre os pregos é de 45 mm, a força cortante em cada prego é

$$F = (45 \text{ mm})(8,2 \text{ N/mm}) = 369 \text{ N} \blacksquare$$

13.6 Tensões de cisalhamento em barras de paredes finas

Vimos na seção anterior que a Eq. (13.4) pode ser usada para determinar a força cortante longitudinal $\Delta\mathbf{H}$ que atua nas paredes de um elemento de viga de forma arbitrária e a Eq. (13.5) pode ser usada para determinar o fluxo de cisalhamento q correspondente. Essas equações serão usadas nesta seção para calcular o fluxo de cisalhamento e a tensão de cisalhamento média em barras de paredes finas, como as mesas das vigas de mesas largas (Foto 13.2) e as vigas caixão ou tubos estruturais (Foto 13.3).

Foto 13.2

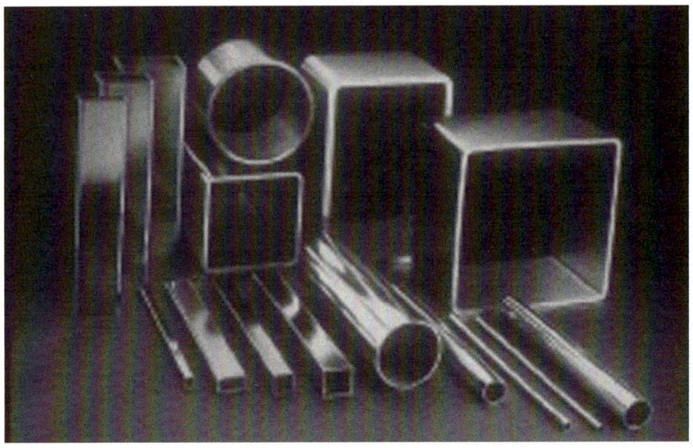

Foto 13.3

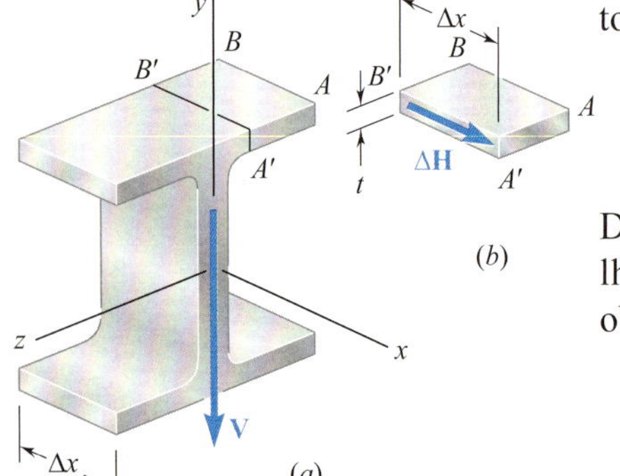

Figura 13.22

Considere, por exemplo, um segmento de comprimento Δx de uma viga de mesas largas (Fig. 13.22*a*) e seja $\mathbf{V}$ a força cortante vertical na seção transversal mostrada. Vamos destacar um elemento $ABB'A'$ da mesa superior (Fig. 13.22*b*). A força cortante longitudinal $\Delta\mathbf{H}$ que atua nesse elemento pode ser obtida da Eq. (13.4):

$$\Delta H = \frac{VQ}{I}\Delta x \tag{13.4}$$

Dividindo ΔH pela área $\Delta A = t\,\Delta x$ do corte, obtemos para a tensão de cisalhamento média que atua no elemento a mesma expressão que havíamos obtido na Seção 13.3, no caso de um corte horizontal:

$$\tau_{\text{méd}} = \frac{VQ}{It} \tag{13.6}$$

Note que $\tau_{\text{méd}}$ agora representa o valor médio da tensão de cisalhamento τ_{zx} sobre um corte vertical, mas, como a espessura t da mesa é pequena,

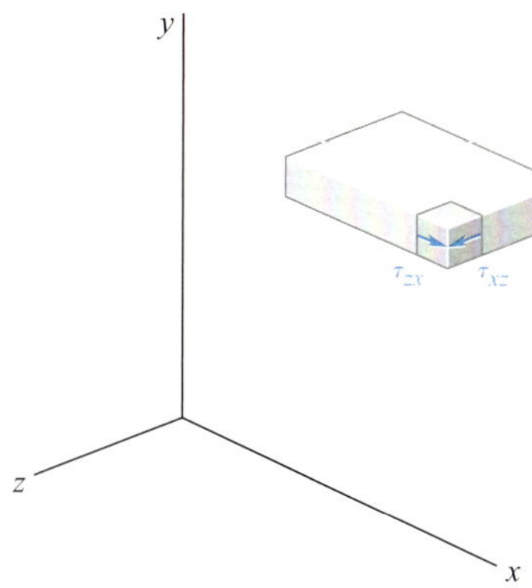

Figura 13.23

há pouca variação de τ_{zx} no corte. Lembrando que $\tau_{xz} = \tau_{zx}$ (Fig. 13.23), concluímos que a componente horizontal τ_{xz} da tensão de cisalhamento em qualquer ponto de uma seção transversal da mesa pode ser obtida da Eq. (13.6), onde Q é o momento estático da área sombreada em relação à linha neutra (Fig. 13.24*a*). Lembramos que um resultado similar a esse foi obtido na Seção 13.4 para a componente vertical τ_{xy} da tensão de cisalhamento na alma (Fig. 13.24*b*). A Eq. (13.6) pode ser usada para determinar tensões de cisalhamento em vigas caixão (Fig. 13.25), meios tubos (Fig. 13.26) e outros componentes de paredes finas, desde que as forças sejam aplicadas em um plano de simetria do componente. Em cada caso, o corte deve ser perpendicular à superfície do componente, e a Eq. (13.6) fornecerá a componente da tensão de cisalhamento na direção da tangente àquela superfície. (A outra componente pode ser considerada igual a zero, por causa da proximidade das duas superfícies livres.)

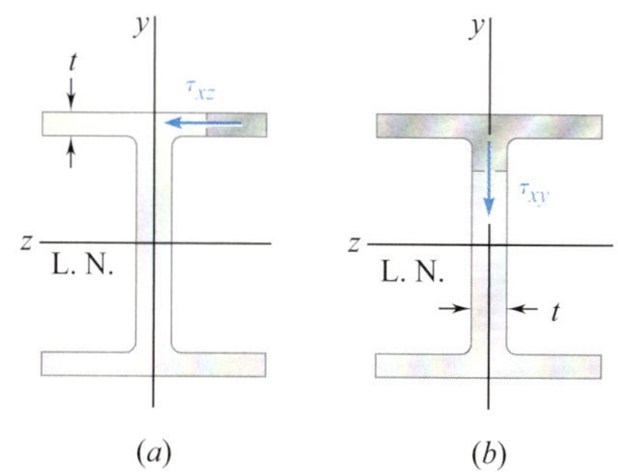

Figura 13.24

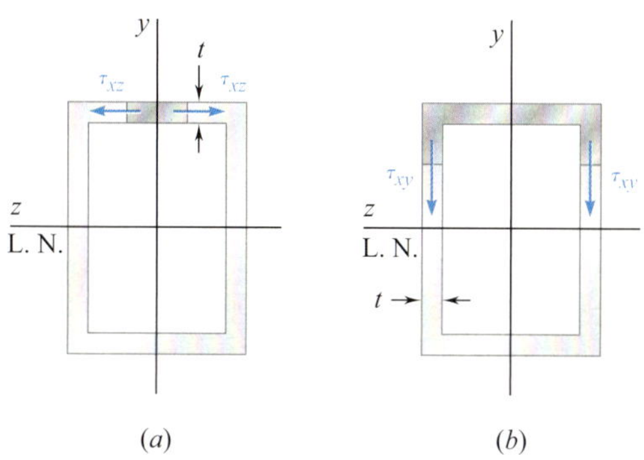

Figura 13.25

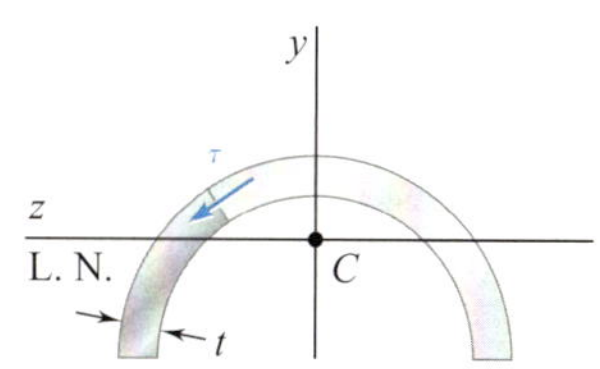

Figura 13.26

Quando comparamos as Eqs. (13.5) e (13.6), notamos que o produto da tensão de cisalhamento τ em um determinado ponto da seção pela espessura t é igual a q. Como V e I são constantes em determinada seção, q depende somente do momento estático Q e, portanto, pode facilmente ser esboçado na seção. No caso de uma viga caixão, por exemplo (Fig. 13.27), notamos que q cresce continuamente desde zero em A até um valor máximo

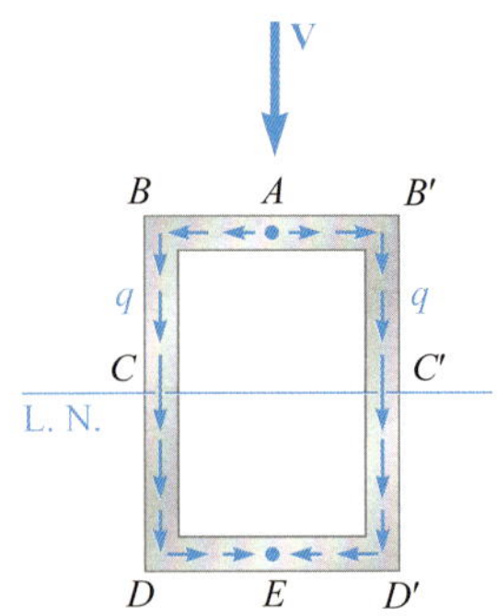

Figura 13.27 Variação de q em uma seção de viga caixão.

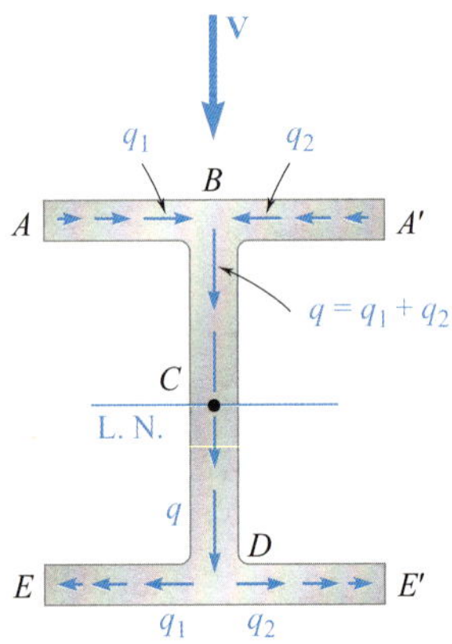

Figura 13.28 Variação de q em uma seção de viga de mesas largas.

em C e C' na linha neutra, e depois decresce de volta a zero à medida que se atinge E. Notamos também que não há uma variação abrupta na intensidade de q quando passamos por um vértice em B, D, B' ou D' e que o sentido de q nas partes horizontais da seção pode ser facilmente obtido pelo seu sentido nas partes verticais (que é o mesmo sentido da força cortante **V**). No caso de uma seção de mesas largas (Fig. 13.28), os valores de q nas partes AB e $A'B$ da mesa superior são distribuídos simetricamente. Quando viramos em B em direção à alma, os valores de q correspondentes às duas metades da mesa devem ser combinados para que possamos obter o valor de q no topo da alma. Após atingir um valor máximo em C na linha neutra, q diminui e, em D, se divide em duas partes iguais que correspondem às duas metades da mesa inferior. A expressão *fluxo de cisalhamento* geralmente utilizada para nos referirmos à força cortante por unidade de comprimento, q, reflete as semelhanças entre as propriedades de q que acabamos de descrever e algumas das características de um fluxo de fluido por meio de um canal aberto ou um tubo.

Até aqui temos considerado que todas as forças foram aplicadas em um plano de simetria do componente. No caso de componentes que têm dois planos de simetria, como a viga de mesas largas da Fig. 13.24 ou a viga caixão da Fig. 13.25, qualquer força aplicada pelo centroide de determinada seção transversal pode ser decomposta em componentes ao longo dos dois eixos de simetria da seção. Cada componente fará a barra flexionar em um plano de simetria, e as tensões de cisalhamento correspondentes podem ser obtidas da Eq. (13.6). O princípio da superposição pode então ser utilizado para determinar as tensões resultantes.

Entretanto, se a barra considerada não tem plano de simetria ou se tem um único plano de simetria e está sujeita a uma força que não está contida nesse plano, observa-se que a barra sofre *flexão e torção* ao mesmo tempo, exceto quando a força é aplicada em um ponto específico, chamado de *centro de cisalhamento*.* Note que o centro de cisalhamento geralmente *não* coincide com o centroide da seção transversal.

* Ver Ferdinand P. Beer, E. Russell Johnston Jr., John T. DeWolf, and David F. Mazurek, *Mechanics of Materials*, 5th ed., McGraw-Hill, New York, 2009, sec. 6.9.

PROBLEMA RESOLVIDO 13.3

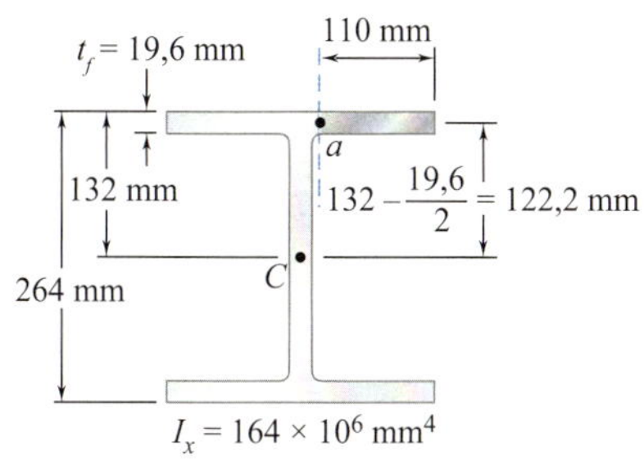

Sabendo que a força cortante vertical é de 220 kN em uma viga W250 × 101, determine a tensão de cisalhamento horizontal na mesa superior em um ponto a localizado a 110 mm da borda da viga. As dimensões e outros dados geométricos da seção laminada são dados no Apêndice B.

SOLUÇÃO

Isolamos a parte sombreada da mesa cortando ao longo da linha tracejada que passa pelo ponto a.

$$Q = (110 \text{ mm})(19{,}6 \text{ mm})(122{,}2 \text{ mm}) = 26{,}35 \times 10^4 \text{ mm}^3$$

$$\tau = \frac{VQ}{It} = \frac{(220 \times 10^4 \text{ N})(26{,}35 \times 10^4 \text{ mm}^3)}{(164 \times 10^6 \text{ mm}^4)(19{,}6 \text{ mm})} \qquad \tau = 18{,}03 \text{ MPa} \blacktriangleleft$$

PROBLEMA RESOLVIDO 13.4

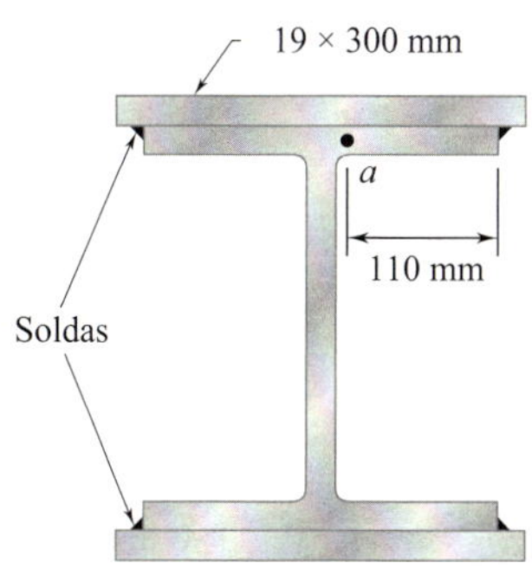

Resolva o Problema 13.3, considerando que placas de 19 × 300 mm foram soldadas às mesas da viga W250 × 101 com cordões contínuos de solda, como mostra a figura.

SOLUÇÃO

Para a barra composta, o momento de inércia em relação ao eixo que passa pelo centroide é

$$I = 164 \times 10^6 \text{ mm}^4 + 2\left[\tfrac{1}{12}(300 \text{ mm})(19 \text{ mm})^3 + (300 \text{ mm})(19 \text{ mm})(141{,}5 \text{ mm})^2\right]$$

$$I = 392{,}6 \times 10^6 \text{ mm}^4$$

Como a placa superior e a mesa estão conectadas somente nas soldas, encontramos a tensão de cisalhamento em a traçando uma seção pela mesa em a, *entre* a placa e a mesa, e novamente por meio da mesa no ponto simétrico a'.

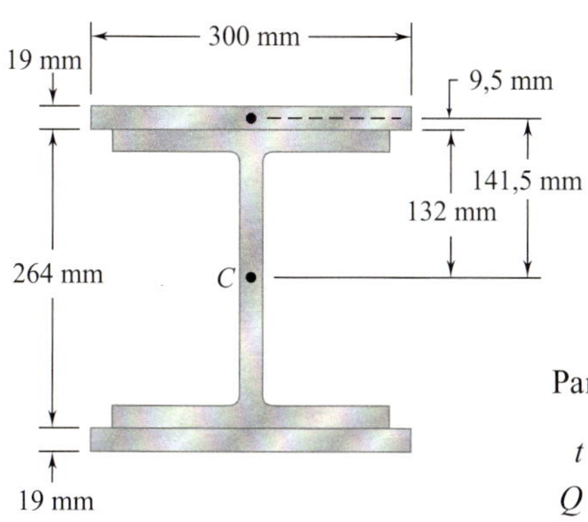

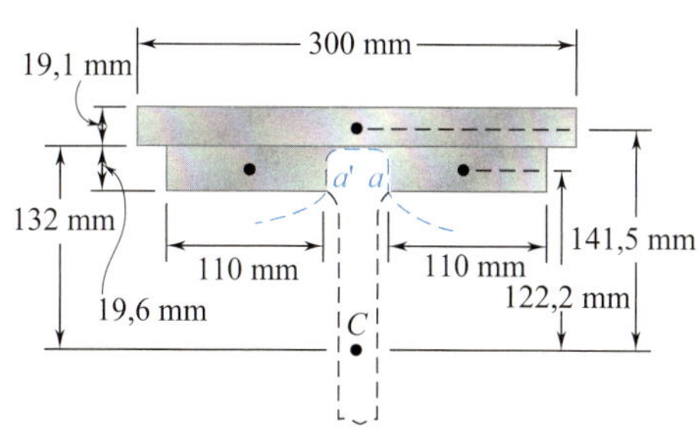

Para a área sombreada que isolamos, temos

$$t = 2t_f = 2(19{,}6 \text{ mm}) = 39{,}2 \text{ mm}$$

$$Q = 2[(110 \text{ mm})(19{,}6 \text{ mm})(122{,}2 \text{ mm})] + (300 \text{ mm})(19 \text{ mm})(141{,}5 \text{ mm})$$

$$Q = 133{,}35 \times 10^4 \text{ mm}^3$$

$$\tau = \frac{VQ}{It} = \frac{(220 \times 10^3 \text{ N})(133{,}35 \times 10^4 \text{ mm}^3)}{(392{,}6 \times 10^6 \text{ mm}^4)(39{,}2 \text{ mm})} \qquad \tau = 19{,}08 \text{ MPa} \blacktriangleleft$$

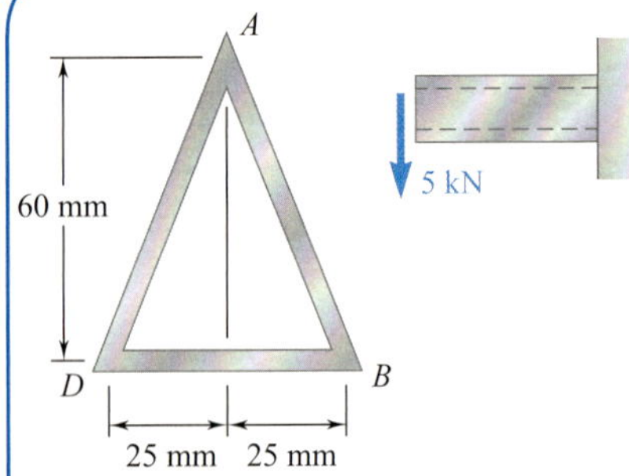

PROBLEMA RESOLVIDO 13.5

Uma viga extrudada de paredes finas é feita de alumínio e tem uma espessura de parede uniforme de 3 mm. Sabendo que a força cortante na viga é de 5 kN, determine (*a*) a tensão de cisalhamento no ponto A e (*b*) a máxima tensão de cisalhamento. *Nota*: As dimensões dadas referem-se a linhas médias entre as superfícies externa e interna da viga.

SOLUÇÃO

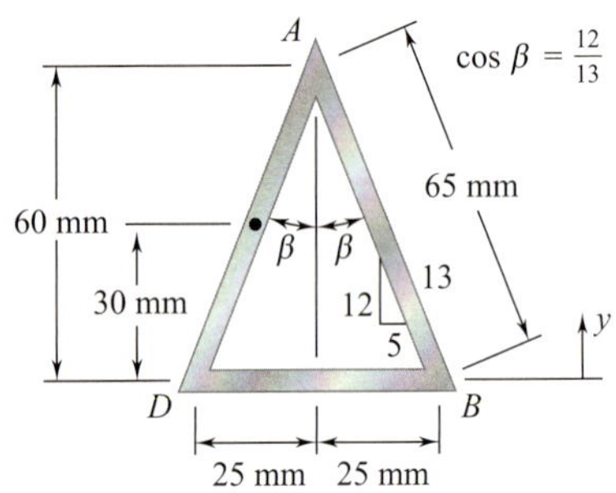

Centroide. Notamos que $AB = AD = 65$ mm.

$$\bar{Y} = \frac{\Sigma\, \bar{y}A}{\Sigma\, A} = \frac{2[(65\text{ mm})(3\text{ mm})(30\text{ mm})]}{2[(65\text{ mm})(3\text{ mm})] + (50\text{ mm})(3\text{ mm})}$$

$$\bar{Y} = 21{,}67\text{ mm}$$

Momento de inércia. Cada lado da viga de paredes finas pode ser considerado um paralelogramo, e lembramos que, para o caso mostrado, $I_{nn} = bh^3/12$, em que b é medido na paralela ao eixo nn.

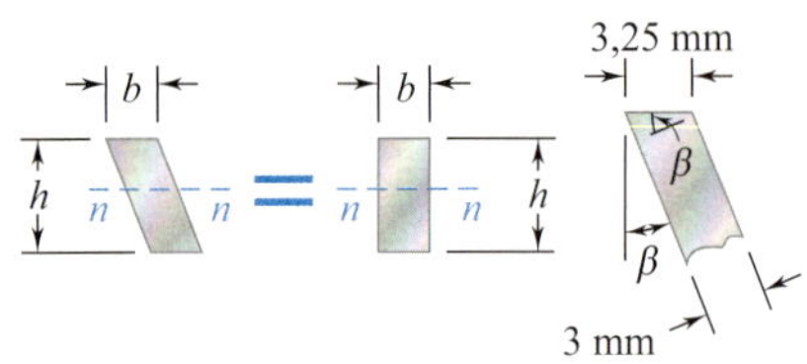

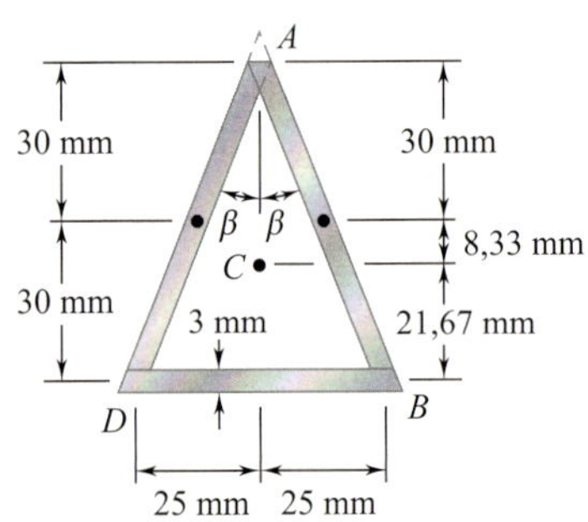

$$b = (3\text{ mm})/\cos\beta = (3\text{ mm})/(12/13) = 3{,}25\text{ mm}$$

$$I = \Sigma(\bar{I} + Ad^2) = 2[\tfrac{1}{12}(3{,}25\text{ mm})(60\text{ mm})^3 + (3{,}25\text{ mm})(60\text{ mm})(8{,}33\text{ mm})^2] + [\tfrac{1}{12}(50\text{ mm})(3\text{ mm})^3 + (50\text{ mm})(3\text{ mm})(21{,}67\text{ mm})^2]$$

$$I = 214{,}6 \times 10^3\text{ mm}^4 \qquad I = 0{,}2146 \times 10^{-6}\text{ m}^4$$

a. Tensão de cisalhamento em A. Se ocorrer uma tensão de cisalhamento τ_A em A, o fluxo de cisalhamento será $q_A = \tau_A t$ e deverá ser direcionado por uma das duas maneiras mostradas. Mas a seção transversal e o carregamento são simétricos em relação a uma linha vertical passando por A, e portanto, o fluxo de cisalhamento também deverá ser simétrico. Como nenhum dos possíveis fluxos de cisalhamento é simétrico, concluímos que $\tau_A = 0$ ◀

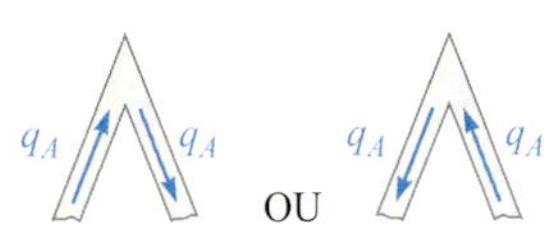

b. Tensão de cisalhamento máxima. Como a espessura da parede é constante, a tensão de cisalhamento máxima ocorre na linha neutra, na qual Q é máximo. Como sabemos que a tensão de cisalhamento em A é zero, então cortamos a seção ao longo da linha tracejada mostrada na figura e isolamos a parte sombreada da viga. Para obtermos a maior tensão de cisalhamento, o corte na linha neutra é feito perpendicular aos lados, com comprimento $t = 3$ mm.

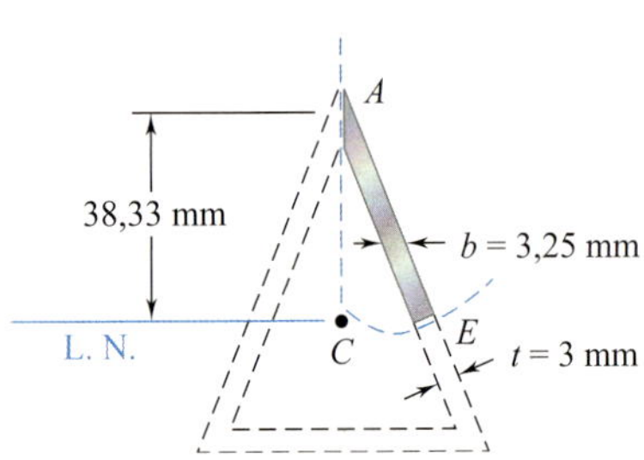

$$Q = [(3{,}25\text{ mm})(38{,}33\text{ mm})]\left(\frac{38{,}33\text{ mm}}{2}\right) = 2.387\text{ mm}^3$$

$$Q = 2{,}387 \times 10^{-6}\text{ m}^3$$

$$\tau_E = \frac{VQ}{It} = \frac{(5\text{ kN})(2{,}387 \times 10^{-6}\text{ m}^3)}{(0{,}2146 \times 10^{-6}\text{ m}^4)(0{,}003\text{ m})} \qquad \tau_{\text{máx}} = \tau_E = 18{,}54\text{ MPa} \;◀$$

PROBLEMAS

13.25 A viga de madeira mostrada na figura está submetida a uma força cortante vertical de 6 kN. Sabendo que o espaçamento longitudinal dos pregos é $s = 60$ mm e que cada prego tem 90 mm de comprimento, determine a força cortante em cada um deles.

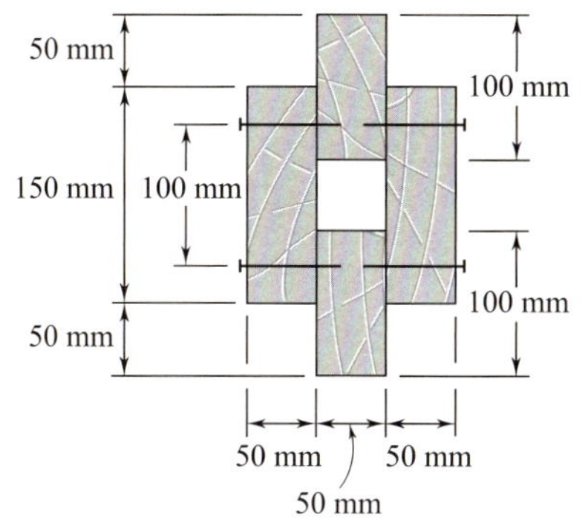

Figura P13.25

13.26 A viga de madeira mostrada na figura está submetida a uma força cortante vertical de 5,4 kN. Sabendo que a força cortante admissível nos pregos é de 338 N, determine o maior espaçamento possível s dos pregos.

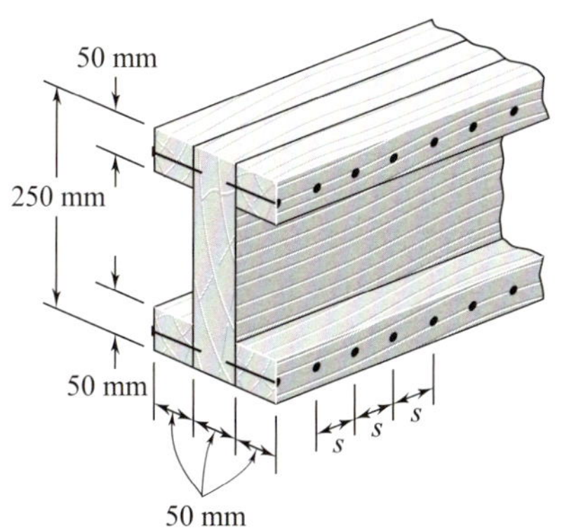

Figura P13.26

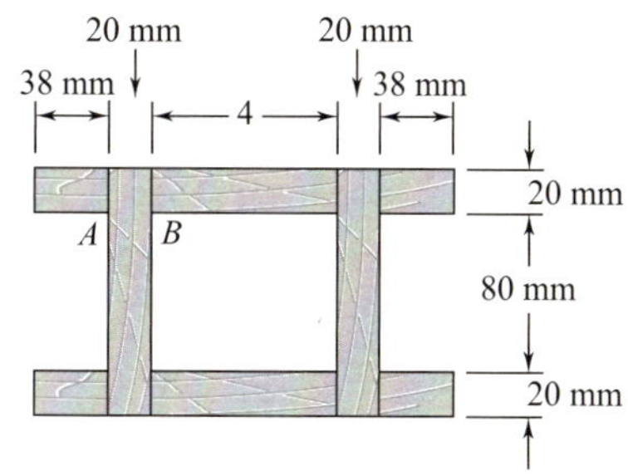

Dimensões em mm

Figura P13.27

13.27 Para a construção da viga mostrada na figura, colocaram-se várias tábuas. Sabendo que a viga está sujeita a uma força cortante de 5,4 kN, determine a tensão de cisalhamento média nas juntas coladas (*a*) em *A* e (*b*) em *B*.

13.28 Sabendo que a viga de perfil laminado W360 × 122 está submetida a um carregamento vertical cortante de 250 kN, determine a tensão de cisalhamento (*a*) no ponto *a* e (*b*) no centroide *C* da seção.

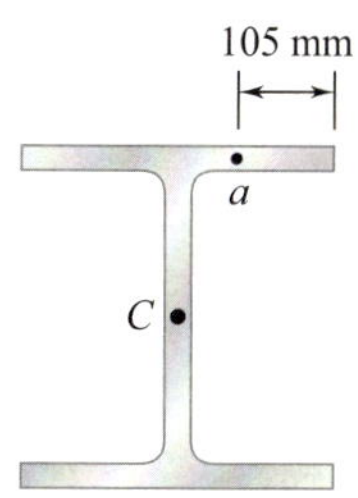

Figura P13.28

13.29 e ***13.30*** Uma viga de alumínio extrudada tem a seção transversal mostrada na figura. Sabendo que a força cortante vertical na viga é de 150 kN, determine a tensão de cisalhamento (*a*) no ponto *a* e (*b*) no ponto *b*.

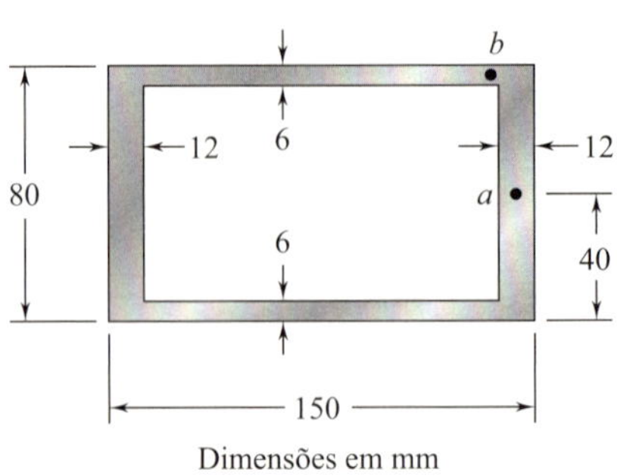

Figura P13.29

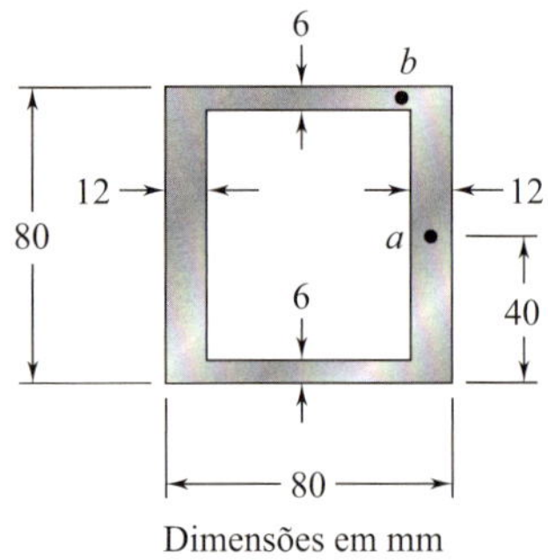

Figura P13.30

13.31 e ***13.32*** Uma viga extrudada tem a seção transversal mostrada na figura e uma parede de espessura uniforme de 3 mm. Sabendo que a força cortante vertical é de 9 kN, determine a tensão de cisalhamento em cada um dos cinco pontos indicados.

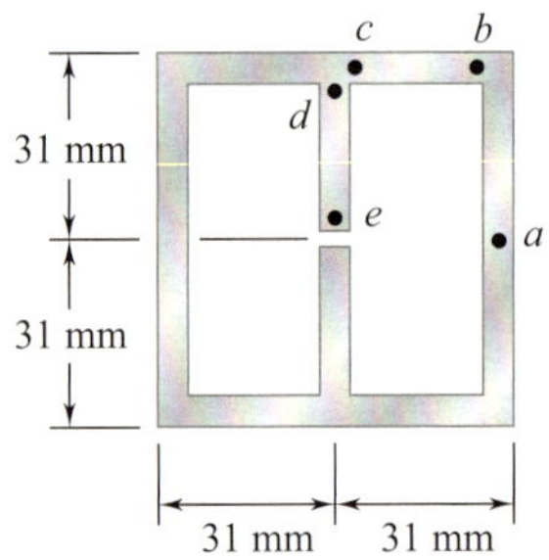

Figura P13.31

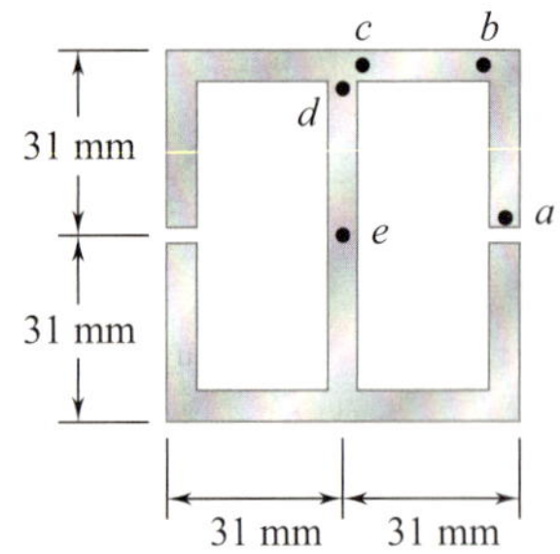

Figura P13.32

13.33 Sabendo que determinada força cortante vertical **V** provoca uma tensão de cisalhamento máxima de 75 MPa na viga extrudada como mostra a figura, determine a tensão de cisalhamento correspondente (*a*) no ponto *a* e (*b*) no ponto *b*.

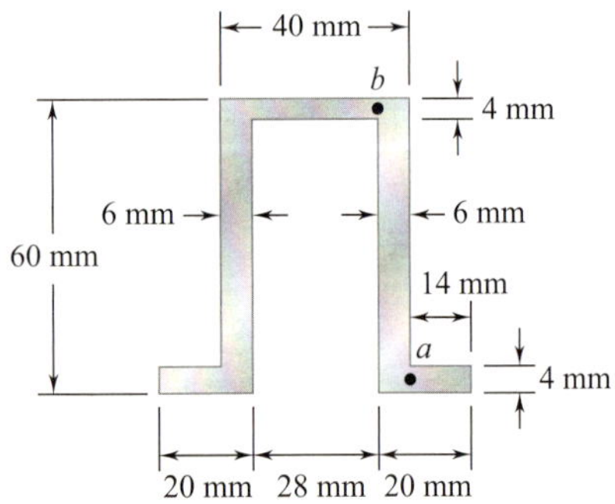

Figura P13.33

13.34 Sabendo que determinada força cortante vertical **V** provoca uma tensão de cisalhamento máxima de 50 MPa na viga de parede fina como mostra a figura, determine a tensão de cisalhamento correspondente (*a*) no ponto *a*, (*b*) no ponto *b* e (*c*) no ponto *c*.

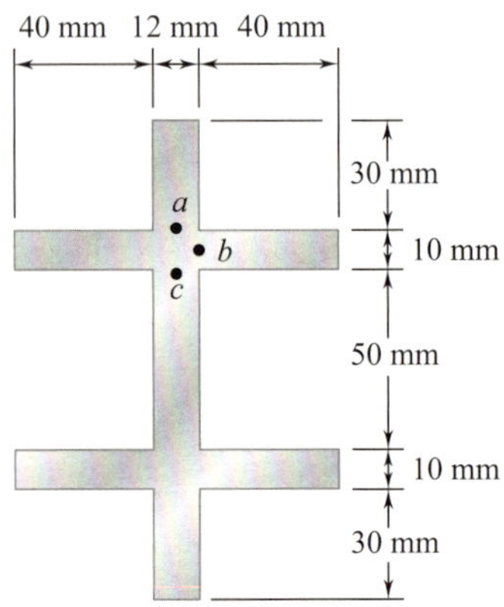

Figura P13.34

13.35 A força cortante vertical é de 5,4 kN em uma viga com a seção transversal mostrada na figura. Sabendo que $d = 100$ mm, determine a tensão de cisalhamento (*a*) no ponto *a* e (*b*) no ponto *b*.

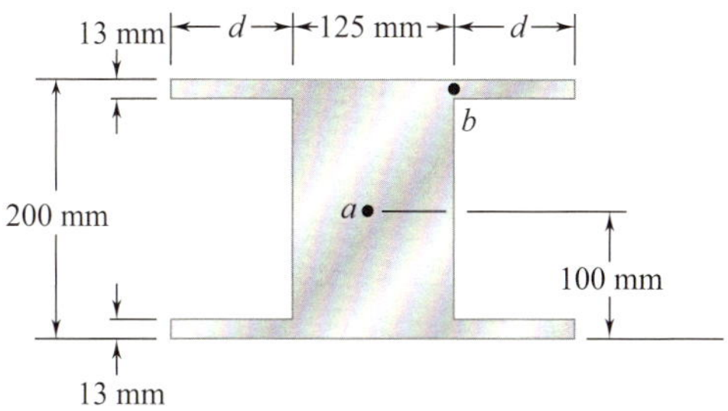

Figura P13.35 e P13.36

13.36 A força cortante vertical é de 5,4 kN em uma viga com a seção transversal mostrada na figura. Determine (*a*) a distância *d* para a qual $\tau_a = \tau_b$ e (*b*) a tensão de cisalhamento correspondente nos pontos *a* e *b*.

13.37 Uma viga é composta de três tábuas conectadas por parafusos de aço espaçados a cada 225 mm. Sabendo que a força de cisalhamento na viga é vertical e igual a 6 kN e que a tensão média admissível em cada parafuso é de 60 MPa, determine o menor diâmetro do parafuso admissível que pode ser usado.

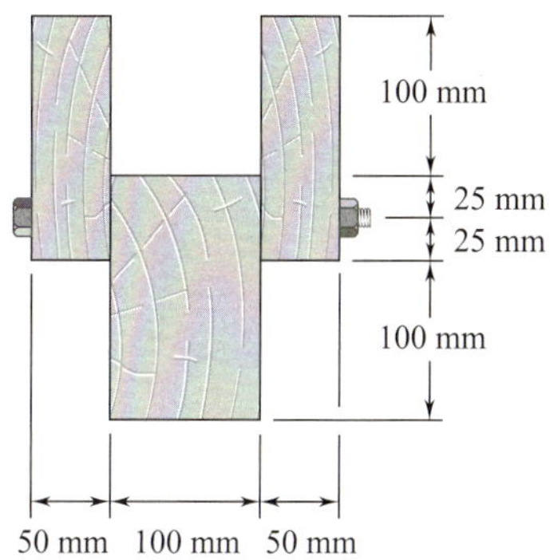

Figura P13.37

13.38 Quatro cantoneiras de aço do tipo L102 × 102 × 9,5 mm e uma placa de aço de 12 × 400 mm são aparafusadas entre si para formar uma viga com a seção transversal mostrada na figura. Os parafusos são de 22 mm de diâmetro e estão espaçados longitudinalmente a cada 120 mm. Sabendo que a viga está submetida a uma força cortante vertical de 240 kN, determine a tensão de cisalhamento média em cada parafuso.

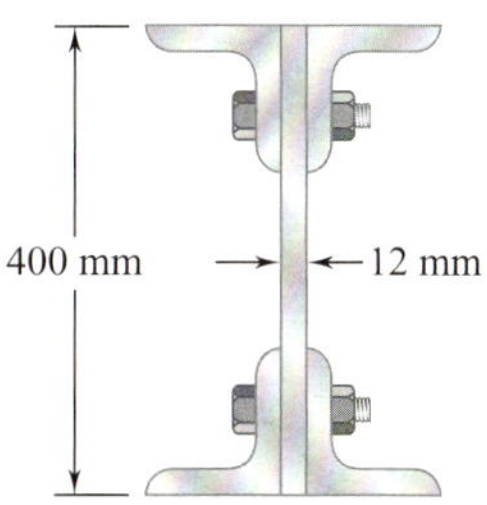

Figura *P13.38*

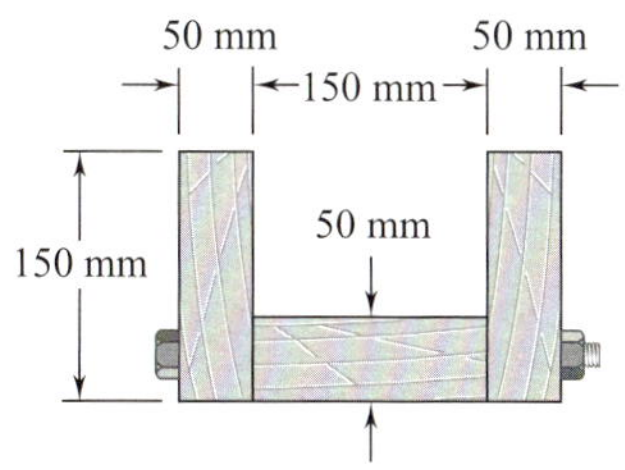

Figura P13.39

13.39 Uma viga é composta de três tábuas conectadas, conforme mostra a figura, por parafusos de 9 mm de diâmetro espaçados a cada 300 mm ao longo de seu eixo longitudinal da viga. Sabendo que a viga está submetida a uma força cortante vertical de 11,25 kN, determine a tensão de cisalhamento média nos parafusos.

13.40 Uma viga é composta de cinco tábuas de 38 × 150 mm conectadas por parafusos de aço espaçados a cada 225 mm. Sabendo que a força de cisalhamento na viga é vertical e igual a 9 kN e que a tensão média admissível em cada parafuso é de 52 MPa, determine o menor diâmetro do parafuso admissível que pode ser usado.

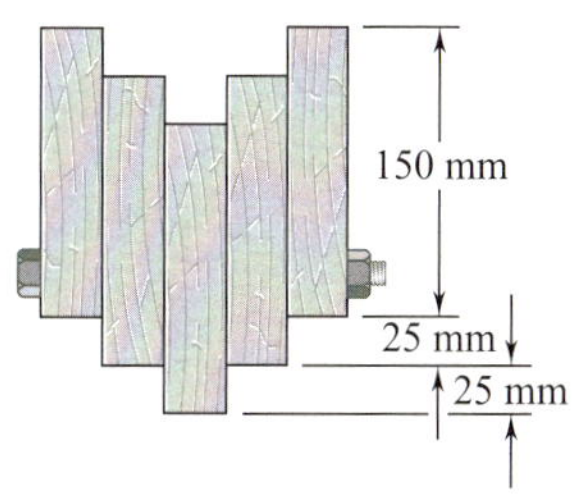

Figura *P13.40*

13.41 Três placas de 12 mm de espessura cada são soldadas uma à outra para formar a seção mostrada na figura. Para uma força cortante vertical de 100 kN, determine o fluxo de cisalhamento na superfície soldada e esboce o fluxo de cisalhamento na seção transversal.

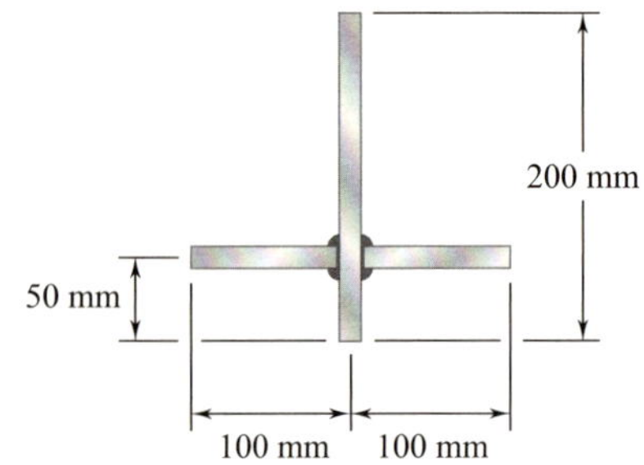

Figura P13.41

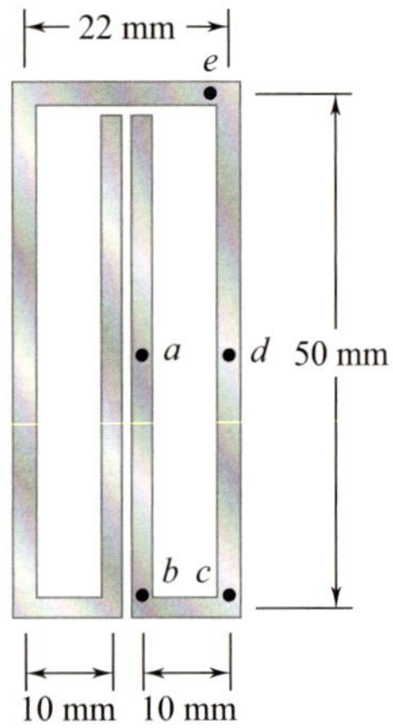

Figura P13.42

13.42 Uma placa de 2 mm de espessura é dobrada, conforme mostra a figura, e depois usada como uma viga. Para uma força cortante vertical de 5 kN, determine a tensão de cisalhamento nos cinco pontos e esboce o fluxo de cisalhamento na seção transversal.

13.43 Uma placa de 6 mm de espessura é enrugada, conforme mostra a figura, e depois usada como uma viga. Para uma força cortante vertical de 5,4 kN, determine (*a*) a tensão de cisalhamento máxima na seção e (*b*) a tensão de cisalhamento no ponto *B*. Esboce também o fluxo de cisalhamento na seção transversal.

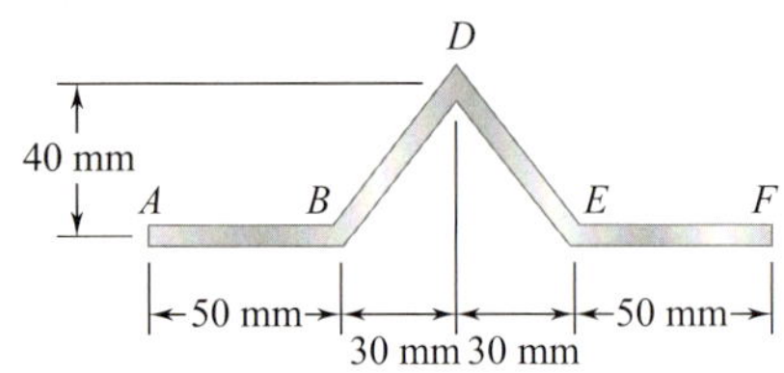

Figura P13.43

13.44 Uma placa de espessura *t* é dobrada, conforme mostra a figura, e então usada como uma viga. Para uma força cortante vertical de 2.700 N, determine (*a*) a espessura *t* para a qual a tensão de cisalhamento máxima é de 2,07 MPa e (*b*) a tensão de cisalhamento correspondente no ponto *E*. Esboce também o fluxo de cisalhamento na seção transversal.

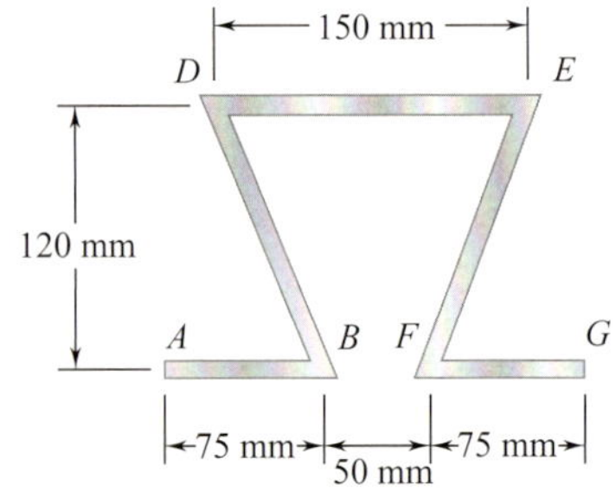

Figura *P13.44*

13.45 Para uma viga feita de dois ou mais materiais com diferentes módulos de elasticidade, mostre que a Eq. (13.6)

$$\tau_{\text{méd}} = \frac{VQ}{It}$$

permanece válida desde que Q e I sejam ambos calculados usando a seção transformada da viga (ver Seção 11.5) e que t seja a largura real da viga em que $\tau_{\text{méd}}$ é calculado.

13.46 Na construção de uma viga composta, unem-se as partes de madeira e aço com parafusos de 12 mm de diâmetro espaçados longitudinalmente a cada 200 mm. O módulo de elasticidade é de 10 GPa para a madeira e 200 GPa para o aço. Para uma força cortante vertical de 4 kN, determine (*a*) a tensão de cisalhamento média nos parafusos e (*b*) a tensão de cisalhamento no centro da seção transversal. (*Dica:* Use o método indicado no Problema 13.45.)

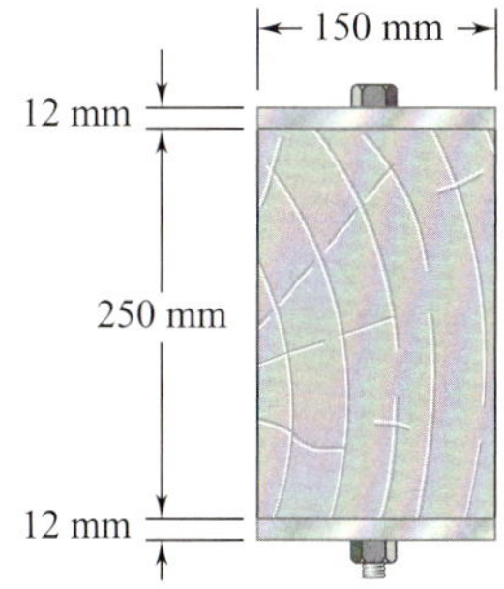

Figura P13.46

13.47 Na construção de uma viga composta, unem-se partes de madeira e aço, conforme mostra a figura, com parafusos de 16 mm de diâmetro espaçados longitudinalmente a cada 200 mm. O módulo de elasticidade é de 13,1 GPa para a madeira e 200 GPa para o aço. Para uma força cortante vertical de 18 kN, determine (*a*) a tensão de cisalhamento média nos parafusos e (*b*) a tensão de cisalhamento no centro de seção transversal. (*Dica:* Use o método indicado no Problema 13.45.)

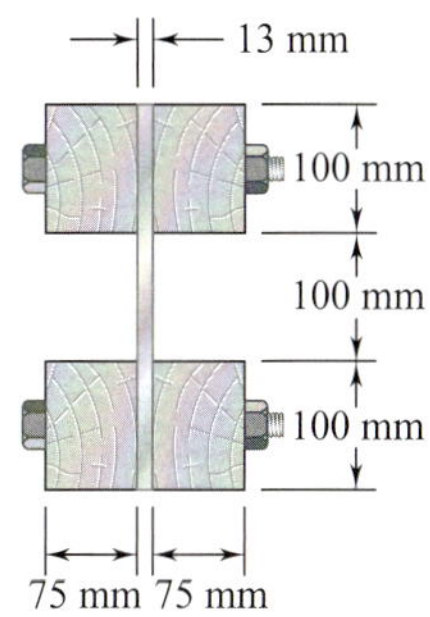

Figura P13.47

13.48 Uma barra de aço e uma barra de alumínio são unidas para formar uma viga composta como mostra a figura. Sabendo que a força cortante vertical na viga é de 6 kN e que o módulo de elasticidade é de 210 GPa para o aço e 70 GPa para o alumínio, determine (*a*) a tensão média na superfície de união e (*b*) a tensão de cisalhamento máxima na viga. (*Dica:* Use o método indicado no Problema 13.45).

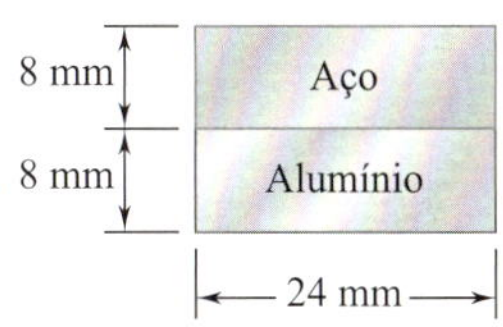

Figura *P13.48*

13.49 Uma barra de aço e uma barra de alumínio são unidas para formar uma viga composta como mostra a figura. Sabendo que a força cortante vertical na viga é de 18 kN e que o módulo de elasticidade é de 200 GPa para o aço e 70 GPa para o alumínio, determine (*a*) a tensão média na superfície de união e (*b*) a tensão de cisalhamento máxima na viga. (*Dica:* Use o método indicado no Problema 13.45.)

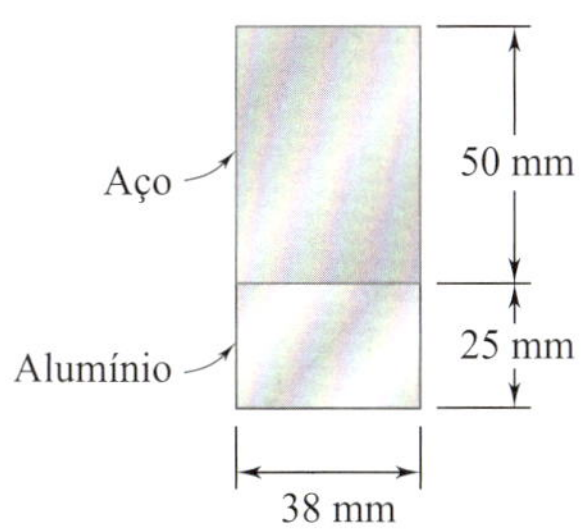

Figura P13.49

REVISÃO E RESUMO

Este capítulo foi dedicado à análise de vigas e barras de paredes finas sob carregamentos transversais.

Tensões em um elemento de viga

Na Seção 13.1, consideramos um pequeno elemento localizado no plano vertical de simetria de uma viga sob um carregamento transversal (Fig. 13.29) e vimos que as tensões normais σ_x e tensões de cisalhamento τ_{xy} atuavam nas faces transversais desse elemento, enquanto tensões de cisalhamento τ_{yx}, iguais em intensidade a τ_{xy}, atuavam em suas faces horizontais.

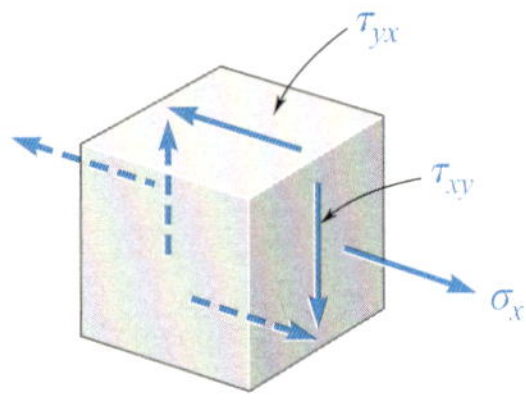

Figura 13.29

Na Seção 13.2, consideramos uma viga prismática AB com um plano de simetria vertical suportando várias cargas concentradas e distribuídas (Fig. 13.30). A uma distância x da extremidade A, separamos da viga um elemento $CDD'C'$ de comprimento Δx que se estende pela largura da viga desde a sua superfície superior até um plano horizontal localizado a uma distância y_1 da linha neutra (Fig. 13.31).

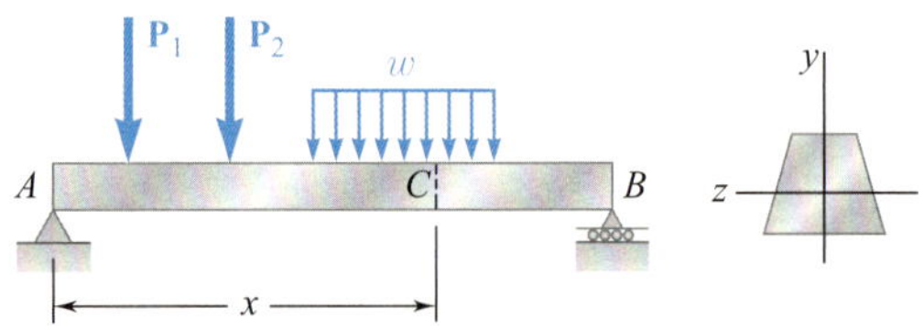

Figura 13.30

Força cortante horizontal em uma viga

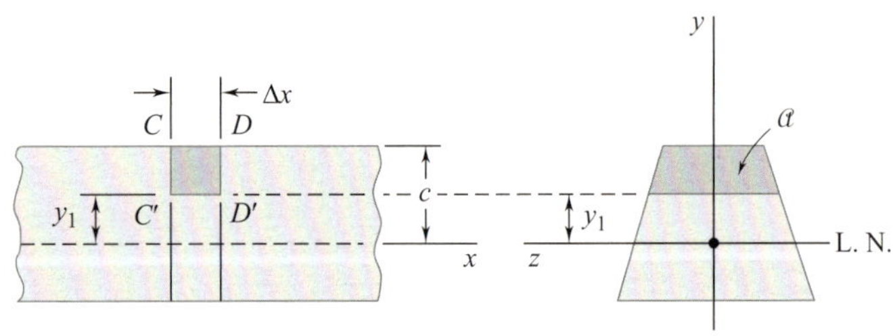

Figura 13.31

Concluímos que a intensidade da força cortante $\Delta\mathbf{H}$ que atua na face inferior do elemento de viga era

$$\Delta H = \frac{VQ}{I}\Delta x \qquad (13.4)$$

onde $V =$ força cortante vertical na seção transversal dada

$Q =$ momento estático em relação à linha neutra da parte sombreada $\mathcal{A}$ da seção

$I =$ momento de inércia da área inteira da seção transversal

Fluxo de cisalhamento

A *força cortante horizontal por unidade de comprimento*, ou *fluxo de cisalhamento*, representada pela letra q foi obtida dividindo ambos os membros da Eq. (13.4) por Δx:

$$q = \frac{\Delta H}{\Delta x} = \frac{VQ}{I} \tag{13.5}$$

Tensões de cisalhamento em uma viga

Dividindo ambos os membros da Eq. (13.4) pela área ΔA da face horizontal do elemento e observando que $\Delta A = t\,\Delta x$, em que t é a largura do elemento no corte, obtivemos na Seção 13.3 a seguinte expressão para a *tensão de cisalhamento média* na face horizontal do elemento

$$\tau_{\text{méd}} = \frac{VQ}{It} \tag{13.6}$$

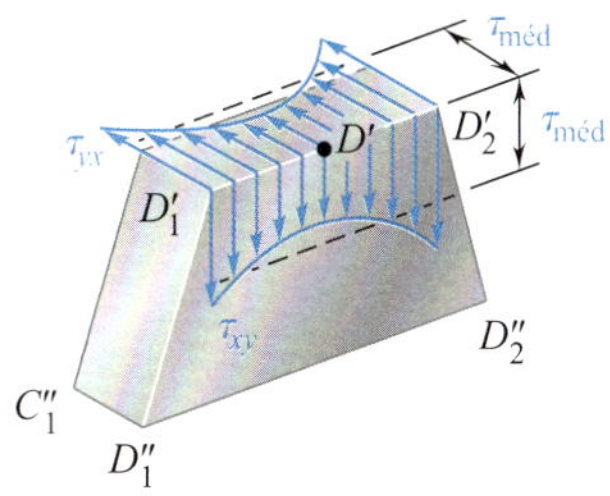

Figura 13.32

Notamos ainda que, como as tensões de cisalhamento τ_{xy} e τ_{yx} que atuam, respectivamente, em um plano transversal e um plano horizontal através de D' são iguais, a expressão em (13.6) também representa o valor médio de τ_{xy} ao longo da linha $D'_1\,D'_2$ (Fig. 13.32).

Tensões de cisalhamento em uma viga de seção transversal retangular

Na Seção 13.4, analisamos as tensões de cisalhamento em uma viga de seção transversal retangular. Concluímos que a distribuição de tensões é parabólica e que a tensão máxima que ocorre no centro da seção é

$$\tau_{\text{máx}} = \frac{3}{2}\frac{V}{A} \tag{13.10}$$

onde A é a área da seção retangular. Para vigas de mesas largas, concluímos que uma boa aproximação da tensão de cisalhamento máxima pode ser obtida dividindo a força cortante V pela área da seção transversal da alma.

Cisalhamento longitudinal em superfície curva

Na Seção 13.5, mostramos que as Eqs. (13.4) e (13.5) poderiam ainda ser usadas para determinar, respectivamente, a força cortante longitudinal $\Delta \mathbf{H}$ e o fluxo de cisalhamento q que atua em um elemento de viga, se o elemento estivesse limitado por uma superfície curva arbitrária em lugar de um plano horizontal (Fig. 13.33). Isso nos possibilitou, na Seção 13.6, estender o uso da Eq. (13.6) para a determinação da tensão de cisalhamento média em barras de paredes finas, como as vigas de mesas largas e as vigas caixão, nas mesas dessas barras e em suas almas (Fig. 13.34).

Tensões de cisalhamento em barras de paredes finas

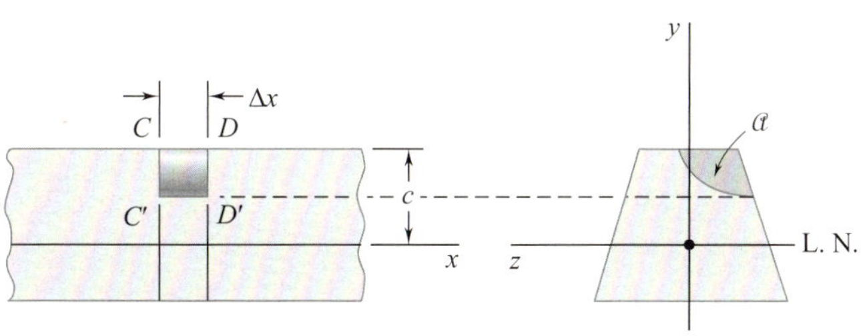

Figura 13.33

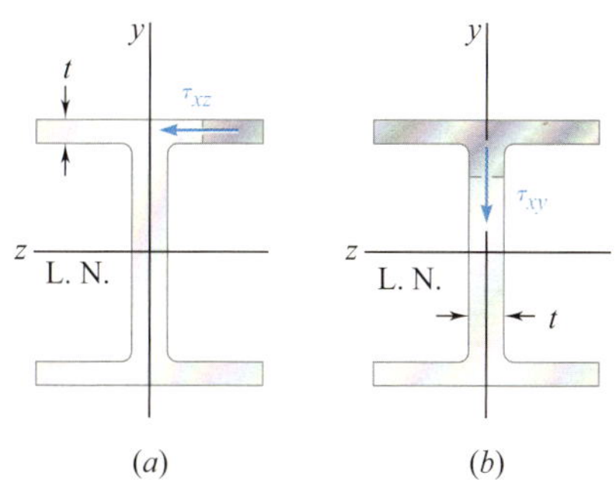

Figura 13.34

PROBLEMAS DE REVISÃO

13.50 Três tábuas são pregadas para formar uma viga que é submetida a uma força cortante vertical. Sabendo que o espaçamento entre os pregos é $s = 75$ mm e que a força de cortante admissível em cada prego é de 400 N, determine o cisalhamento admissível.

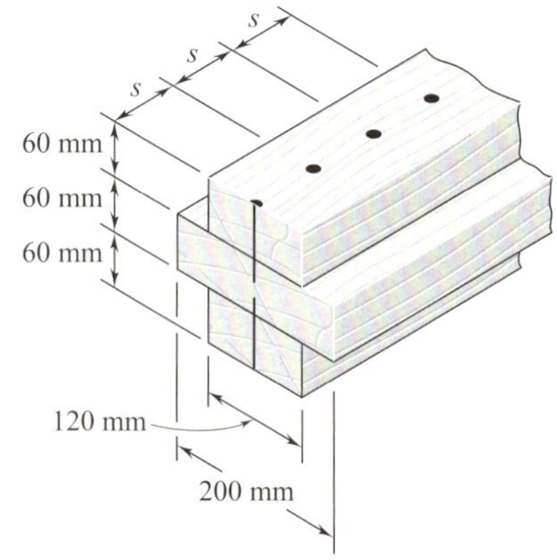

Figura P13.50

13.51 Para a viga e o carregamento mostrados, considere a seção *n*-*n* e determine (*a*) a maior tensão de cisalhamento naquela seção e (*b*) a tensão de cisalhamento no ponto *a*.

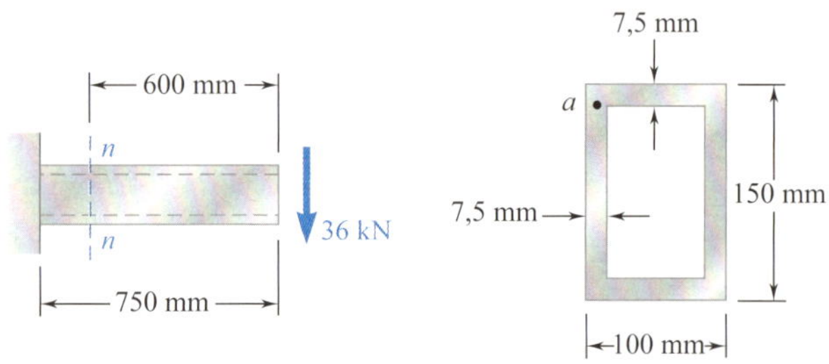

Figura P13.51

13.52 Para a viga e o carregamento mostrados, considere a seção *n*-*n* e determine (*a*) a maior tensão de cisalhamento nessa seção e (*b*) a tensão de cisalhamento no ponto *a*.

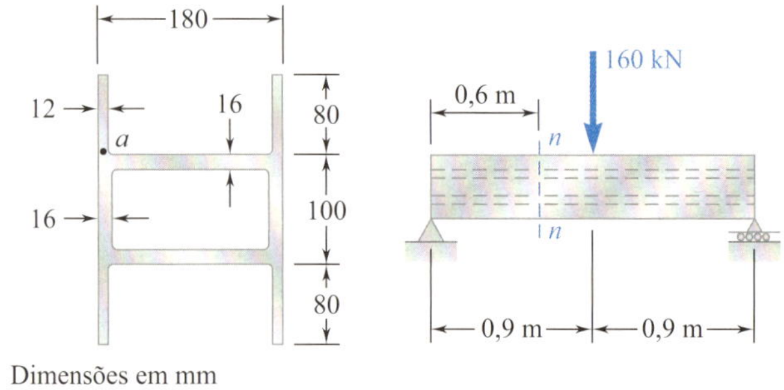

Figura P13.52

13.53 Uma viga da madeira AB de comprimento L e seção transversal retangular suporta uma força uniformemente distribuída w e é vinculada conforme mostra a figura. (*a*) Mostre que a relação τ_m/σ_m dos valores máximos das tensões de cisalhamento e normal na viga é igual a $2h/L$, onde h e L são, respectivamente, a altura e o comprimento da viga. (*b*) Determine a altura h e a largura b da viga, sabendo que $L = 5$ m, $w = 8$ kN/m, $\tau_m = 1{,}08$ MPa e $\sigma_m = 12$ MPa.

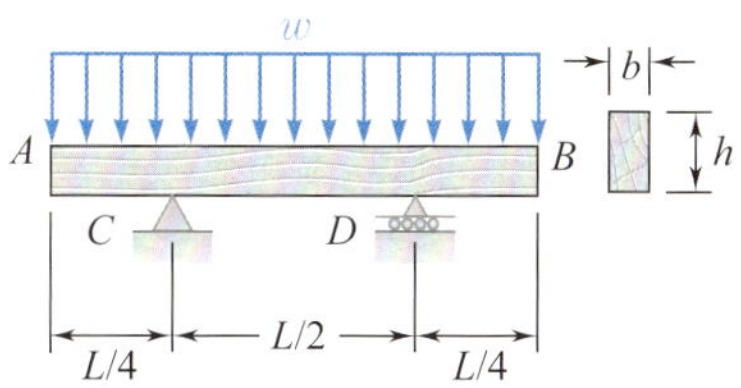

Figura P13.53

13.54 Para a viga e o carregamento mostrados, considere a seção *n-n* e determine a tensão de cisalhamento (*a*) no ponto *a* e (*b*) no ponto *b*.

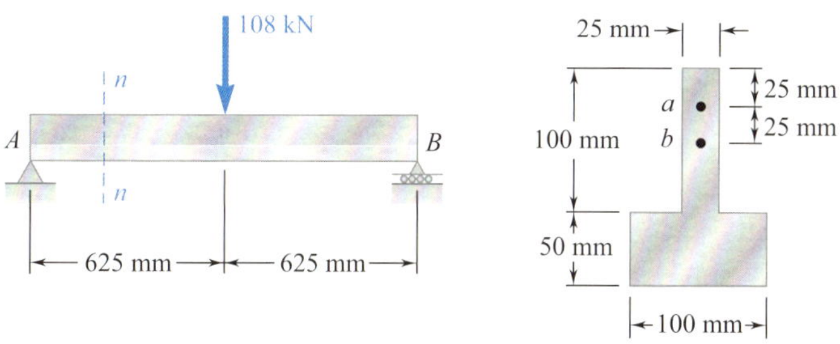

Figura P13.54

13.55 Duas seções laminadas W200 × 46,1 podem ser soldadas em A e B de duas maneiras mostradas na figura para formar uma viga composta. Sabendo que para cada solda a força de cisalhamento horizontal admissível é de 540 N por mm de solda, determine a máxima tensão de cisalhamento vertical na viga composta para cada uma das configurações mostradas.

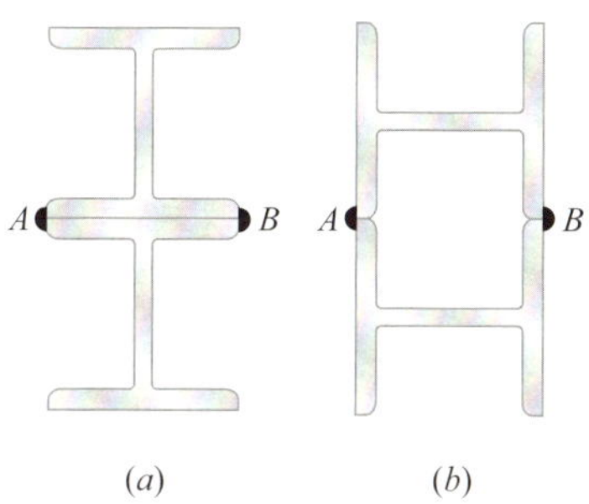

Figura P13.55

13.56 A viga mostrada na figura foi feita pregando-se várias tábuas e está sujeita a uma força cortante de 8 kN. Sabendo que os pregos estão espaçados longitudinalmente a cada 60 mm em *A* e a cada 25 mm em *B*, determine a tensão de cisalhamento nos pregos (*a*) em *A* e (*b*) em *B*. (*Dado:* $I_x = 1{,}504 \times 10^9$ mm^4.)

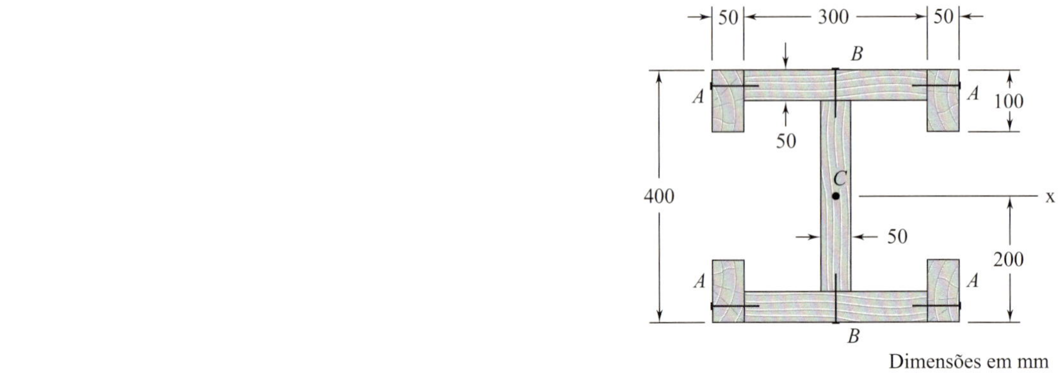

Figura P13.56

13.57 Na construção da viga mostrada na figura, colaram-se cinco tábuas juntas. Sabendo a tensão média de cisalhamento admissível da junta colada é de 414 kPa, determine o cisalhamento vertical admissível na viga.

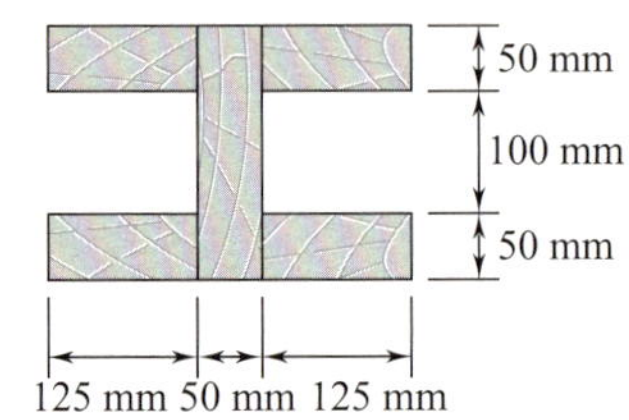

Figura P13.57

13.58 Uma viga extrudada tem a seção transversal mostrada na figura e uma parede de espessura uniforme de 5 mm. Sabendo que determinada força cortante vertical **V** provoca uma tensão de cisalhamento máxima $\tau = 62{,}1$ MPa, determine a tensão de cisalhamento nos quatro pontos indicados.

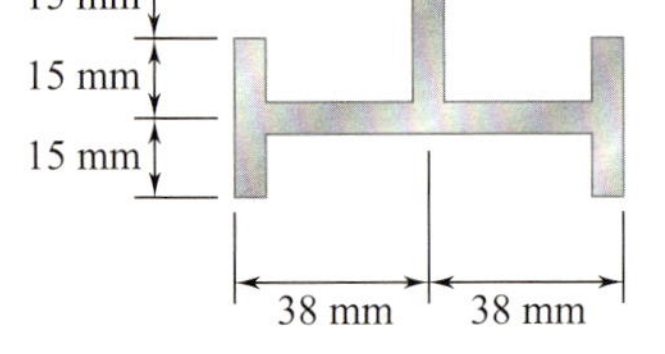

Figura P13.58

13.59 Resolva o Problema 13.58 considerando que a viga está sujeita a um cisalhamento horizontal **V**.

13.60 Três placas de aço de 20 × 450 mm são aparafusadas a quatro cantoneiras do tipo L152 × 152 × 19 para formar uma viga com a seção transversal mostrada na figura. Os parafusos têm um diâmetro de 22 mm e são espaçados longitudinalmente a cada 125 mm. Sabendo que a tensão de cisalhamento média admissível nos parafusos é de 90 MPa, determine a maior força cortante vertical admissível na viga. (*Dado:* $I_x = 1.901 \times 10^6\ \text{mm}^4$.)

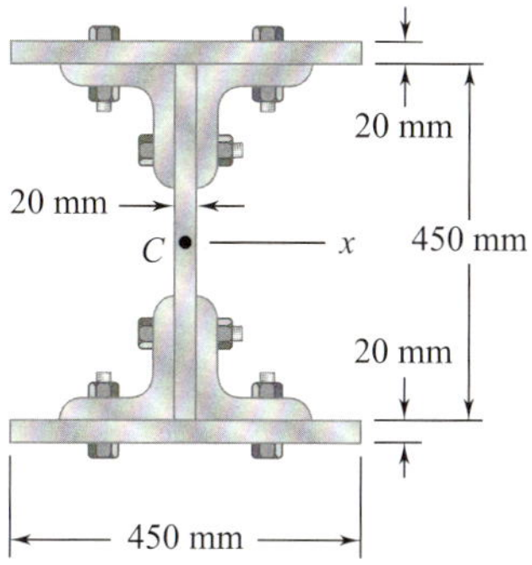

Figura P13.60

13.61 Uma viga extrudada tem a seção transversal mostrada na figura e uma parede de espessura uniforme de 3 mm. Para uma força cortante vertical de 10 kN, determine (*a*) a tensão de cisalhamento no ponto *A* e (*b*) a tensão de cisalhamento máxima na viga. Esboce também o fluxo de cisalhamento na seção transversal.

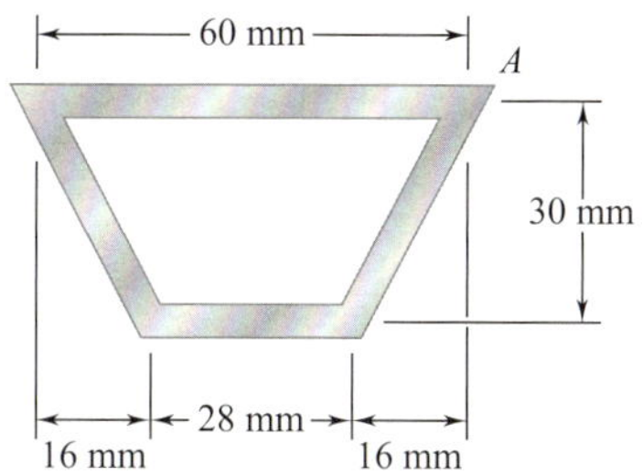

Figura *P13.61*

O avião mostrado está passando por ensaios a fim de determinar os esforços de sustentação que se distribuem pela asa. Este capítulo trata das tensões e deformações em estruturas e componentes de máquinas.

CAPÍTULO 14

Transformações de tensão

14 Transformações de tensão

14.1 Introdução

Na Seção 8.9, vimos que o estado mais geral de tensão em um dado ponto Q pode ser representado por seis componentes, dos quais três, σ_x, σ_y e σ_z, definem as tensões normais que atuam nas faces de um pequeno elemento de volume centrado em Q e com a mesma orientação dos eixos de coordenadas (Fig. 14.1*a*). Os outros três, τ_{xy}, τ_{yz} e τ_{zx},* definem as componentes das tensões de cisalhamento no mesmo elemento. Como já mencionamos, o mesmo estado de tensão poderá ser representado por um conjunto diferente de componentes se os eixos de coordenadas sofrerem uma rotação em relação aos primeiros (Fig. 14.1*b*). Na primeira parte deste capítulo, determinaremos como as componentes de tensão são transformados quando uma rotação dos eixos de coordenadas é realizada.

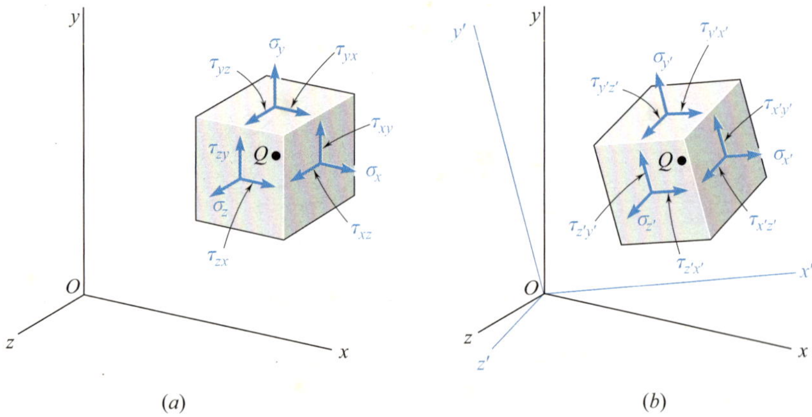

Figura 14.1

Nossa discussão sobre a transformação de tensão tratará principalmente do *estado plano de tensão*, isto é, de uma situação na qual duas faces do elemento de volume estão livres de qualquer tensão. Se o eixo z for escolhido como perpendicular a essas faces, teremos $\sigma_z = \tau_{zx} = \tau_{zy} = 0$, e as únicas componentes de tensão restantes serão σ_x, σ_y e τ_{xy} (Fig. 14.2). Uma situação assim ocorre em uma placa fina submetida a forças que atuam no plano médio da espessura da placa (Fig. 14.3). Ela ocorre também na superfície livre de um elemento estrutural ou componente de máquina, isto é, em qualquer ponto da superfície do elemento ou componente que não esteja submetido a uma força externa (Fig. 14.4).

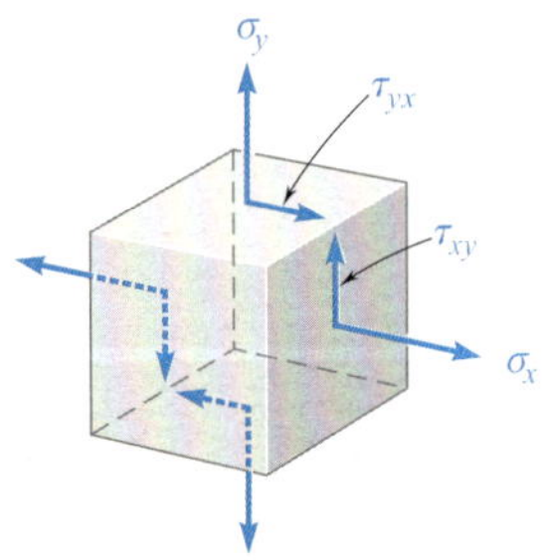

Figura 14.2

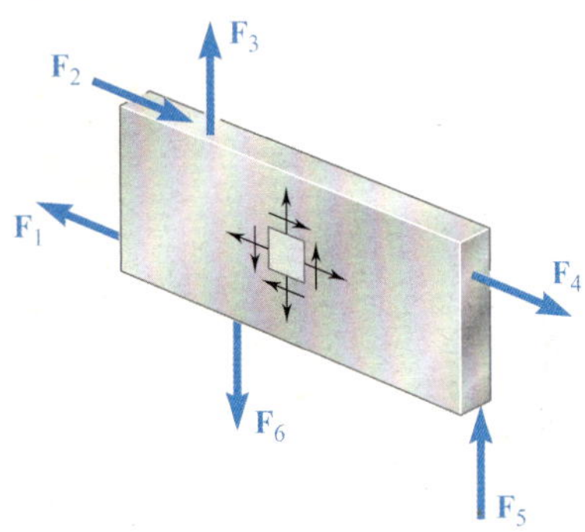

Figura 14.3

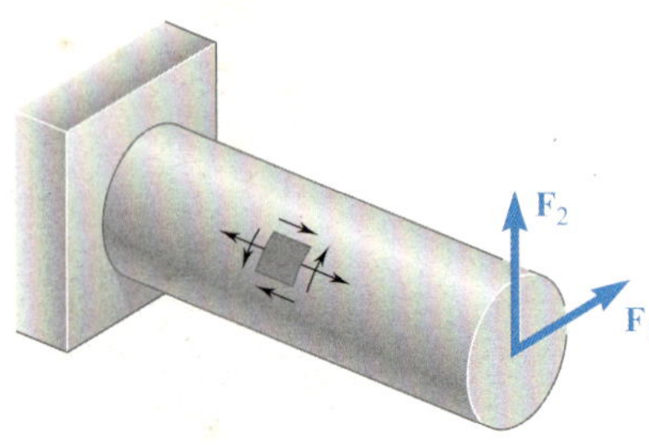

Figura 14.4

* Lembramos que $\tau_{yx} = \tau_{xy}$, $\tau_{zy} = \tau_{yz}$ e $\tau_{xz} = \tau_{zx}$.

Considerando, na Seção 14.2, que um estado plano de tensão em um dado ponto Q é caracterizado pelas componentes de tensão σ_x, σ_y e τ_{xy} associadas com o elemento mostrado na Fig. 14.5*a*, você aprenderá a determinar as componentes $\sigma_{x'}$, $\sigma_{y'}$ e $\tau_{x'y'}$ associados com esse elemento depois de ele sofrer uma rotação de um ângulo θ em torno do eixo z (Fig. 14.5*b*). Na Seção 14.3, você determinará o valor θ_p de θ para o qual as tensões $\sigma_{x'}$ e $\sigma_{y'}$ são, respectivamente, o máximo e o mínimo desses valores da tensão normal que são as *tensões principais* no ponto Q, e as faces correspondentes do elemento definem os *planos principais de tensão* nesse ponto. Você determinará também o valor de θ_c do ângulo de rotação para o qual a tensão de cisalhamento é máxima, bem como o valor desta.

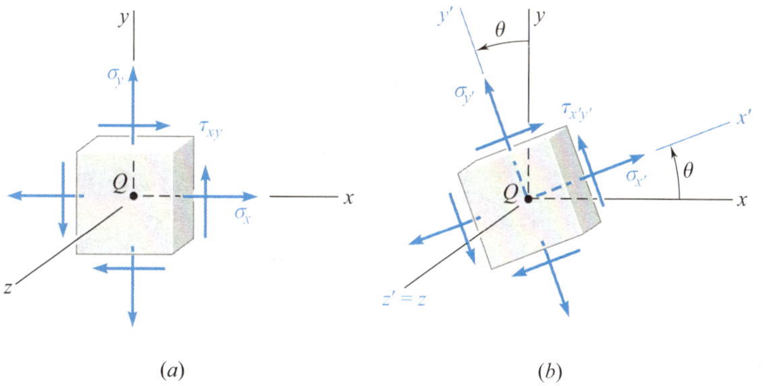

Figura 14.5

Na Seção 14.4, será apresentado um método alternativo para a solução de problemas que envolvem estado plano de tensão, a transformação de tensões planas com base no uso do *círculo de Mohr*.

Os *vasos de pressão de paredes finas* proporcionam uma aplicação importante para a análise do estado plano de tensão. Na Seção 14.5, discutiremos as tensões em vasos de pressão cilíndricos e esféricos (Fotos 14.1 e 14.2).

Foto 14.1

Foto 14.2

14.2 Transformação do estado plano de tensão

Vamos considerar que existe um estado plano de tensão para o ponto Q (com $\sigma_z = \tau_{zx} = \tau_{zy} = 0$) e que ele é definido pelas componentes de tensão σ_x, σ_y e τ_{xy} associadas ao elemento mostrado na Fig. 14.5*a*. Propomos determinar as componentes de tensão $\sigma_{x'}$, $\sigma_{y'}$ e $\tau_{x'y'}$ associadas ao elemento depois de ele sofrer uma rotação de um ângulo θ em torno do eixo z (Fig. 14.5*b*). Essas componentes devem ser expressas em termos de σ_x, σ_y τ_{xy} e θ.

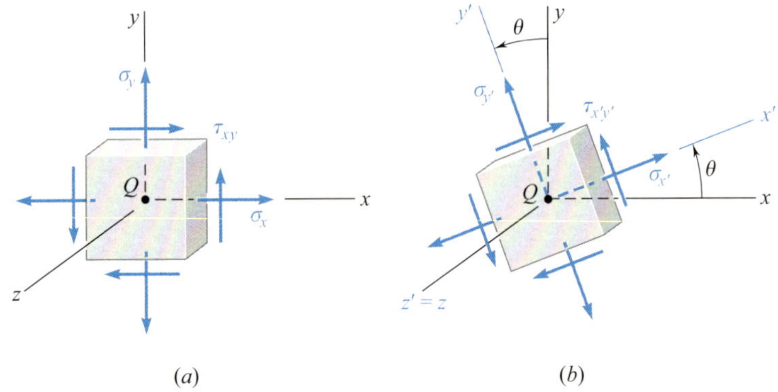

Figura 14.5 (repetida)

Para determinarmos a tensão normal $\sigma_{x'}$ e a tensão de cisalhamento $\tau_{x'y'}$ que atuam na face perpendicular ao eixo x', consideramos um elemento prismático com faces respectivamente perpendiculares aos eixos x, y e x' (Fig. 14.6*a*). Observamos que, se a área da face oblíqua é representada por ΔA, as áreas das faces vertical e horizontal são, respectivamente, iguais a $\Delta A \cos\theta$ e ΔA sen θ. Conclui-se que as *forças* resultantes que atuam nas três faces são aquelas mostradas na Fig. 14.6*b*.

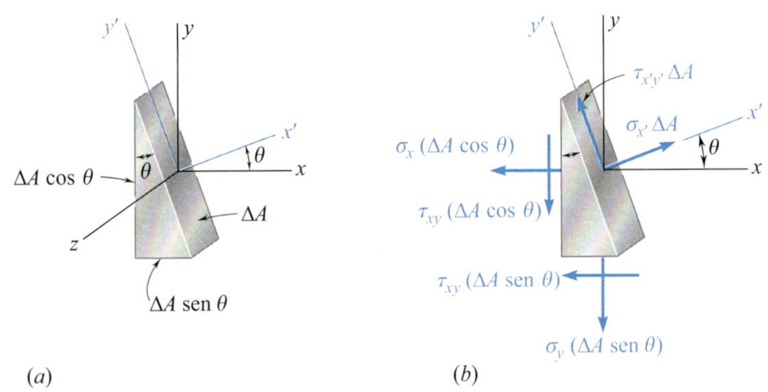

Figura 14.6

(Não há forças aplicadas nas faces triangulares do elemento, visto que as tensões normal e de cisalhamento correspondentes foram todas consideradas iguais a zero.) Usando as componentes ao longo dos eixos x' e y', escrevemos as seguintes equações de equilíbrio:

$$\Sigma F_{x'} = 0: \quad \sigma_{x'}\Delta A - \sigma_x(\Delta A\cos\theta)\cos\theta - \tau_{xy}(\Delta A\cos\theta)\,\text{sen}\,\theta$$
$$-\sigma_y(\Delta A\,\text{sen}\,\theta)\,\text{sen}\,\theta - \tau_{xy}(\Delta A\,\text{sen}\,\theta)\cos\theta = 0$$

$$\Sigma F_{y'} = 0: \quad \tau_{x'y'}\,\Delta A + \sigma_x(\Delta A \cos\theta)\,\text{sen}\,\theta - \tau_{xy}(\Delta A \cos\theta)\cos\theta$$
$$-\sigma_y(\Delta A\,\text{sen}\,\theta)\cos\theta + \tau_{xy}(\Delta A\,\text{sen}\,\theta)\,\text{sen}\,\theta = 0$$

Resolvendo a primeira equação para $\sigma_{x'}$ e a segunda para $\tau_{x'y'}$, temos

$$\sigma_{x'} = \sigma_x \cos^2\theta + \sigma_y\,\text{sen}^2\,\theta + 2\tau_{xy}\,\text{sen}\,\theta\cos\theta \qquad (14.1)$$

$$\tau_{x'y'} = -(\sigma_x - \sigma_y)\,\text{sen}\,\theta\cos\theta + \tau_{xy}(\cos^2\theta - \text{sen}^2\,\theta) \qquad (14.2)$$

Usando as relações trigonométricas

$$\text{sen}\,2\theta = 2\,\text{sen}\,\theta\cos\theta \qquad \cos 2\theta = \cos^2\theta - \text{sen}^2\,\theta \qquad (14.3)$$

e

$$\cos^2\theta = \frac{1 + \cos 2\theta}{2} \qquad \text{sen}^2\,\theta = \frac{1 - \cos 2\theta}{2} \qquad (14.4)$$

escrevemos a Eq. (14.1) da seguinte maneira:

$$\sigma_{x'} = \sigma_x \frac{1 + \cos 2\theta}{2} + \sigma_y \frac{1 - \cos 2\theta}{2} + \tau_{xy}\,\text{sen}\,2\theta$$

ou

$$\sigma_{x'} = \frac{\sigma_x + \sigma_y}{2} + \frac{\sigma_x - \sigma_y}{2}\cos 2\theta + \tau_{xy}\,\text{sen}\,2\theta \qquad (14.5)$$

Usando as relações (14.3), escrevemos a Eq. (14.2) como

$$\tau_{x'y'} = -\frac{\sigma_x - \sigma_y}{2}\,\text{sen}\,2\theta + \tau_{xy}\cos 2\theta \qquad (14.6)$$

A expressão para a tensão normal $\sigma_{y'}$ é obtida substituindo θ na Eq. (14.5) pelo ângulo $\theta + 90°$, formado pela associação do eixo y' com o eixo x. Como $\cos(2\theta + 180°) = -\cos 2\theta$ e $\text{sen}\,(2\theta + 180°) = -\text{sen}\,2\theta$, temos

$$\sigma_{y'} = \frac{\sigma_x + \sigma_y}{2} - \frac{\sigma_x - \sigma_y}{2}\cos 2\theta - \tau_{xy}\,\text{sen}\,2\theta \qquad (14.7)$$

Somando as Eqs. (14.5) e (14.7) membro a membro, obtemos

$$\sigma_{x'} + \sigma_{y'} = \sigma_x + \sigma_y \qquad (14.8)$$

Como $\sigma_z = \sigma_{z'} = 0$, verificamos então que, no caso de estado plano de tensão, a soma das tensões normais que atuam no elemento de volume do material é independente da orientação desse elemento.

14.3 Tensões principais e tensão de cisalhamento máxima

As Eqs. (14.5) e (14.6) obtidas na seção anterior são as equações paramétricas de uma circunferência. Isso significa que, se escolhermos um sistema de eixos cartesianos ortogonais e representarmos um ponto M de abscissa $\sigma_{x'}$ e ordenada $\tau_{x'y'}$ para um dado valor do parâmetro θ, todos os pontos assim obtidos pertencerão a uma circunferência. Para estabelecermos essa propriedade, eliminamos θ das Eqs. (14.5) e (14.6); isso é feito passando primeiro $(\sigma_x + \sigma_y)/2$ para o primeiro membro da Eq. (14.5) e elevando ao quadrado ambos os membros da equação, depois elevando ao quadrado ambos os membros da Eq. (14.6), e finalmente somando membro a membro as duas equações obtidas dessa forma. Temos

$$\left(\sigma_{x'} - \frac{\sigma_x + \sigma_y}{2}\right)^2 + \tau_{x'y'}^2 = \left(\frac{\sigma_x - \sigma_y}{2}\right)^2 + \tau_{xy}^2 \qquad (14.9)$$

Definindo

$$\sigma_{\text{méd}} = \frac{\sigma_x + \sigma_y}{2} \qquad \text{e} \qquad R = \sqrt{\left(\frac{\sigma_x - \sigma_y}{2}\right)^2 + \tau_{xy}^2} \qquad (14.10)$$

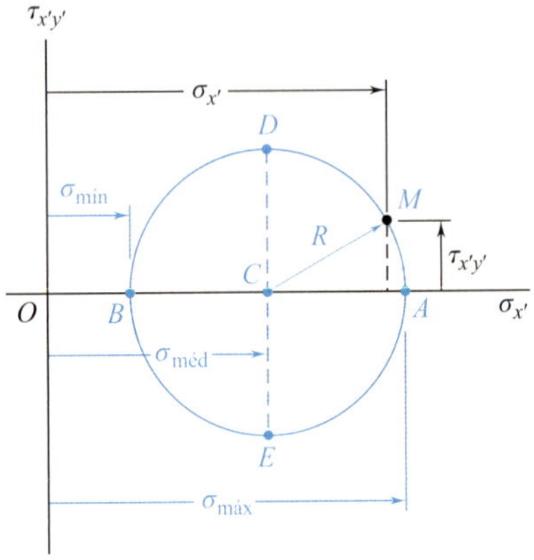

Figura 14.7

escrevemos a identidade (14.9) na forma

$$(\sigma_{x'} - \sigma_{\text{méd}})^2 + \tau_{x'y'}^2 = R^2 \qquad (14.11)$$

que é a equação de uma circunferência de raio R centrado no ponto C de abscissa $\sigma_{\text{méd}}$ e ordenada 0 (Fig. 14.7). Pode-se observar que, em virtude da simetria da circunferência em relação ao eixo horizontal, o mesmo resultado teria sido obtido se, em vez de representarmos o ponto M, tivéssemos representado um ponto N de abscissa $\sigma_{x'}$ e ordenada $-\tau_{x'y'}$ (Fig. 14.8). Essa propriedade será usada na Seção 14.4.

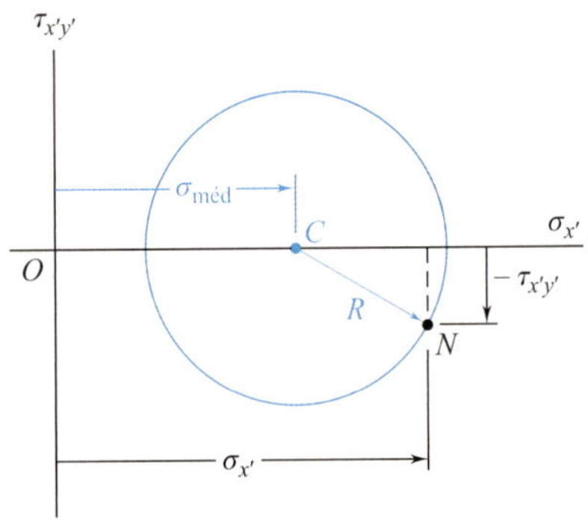

Figura 14.8

Os dois pontos A e B em que a circunferência da Fig. 14.7 intercepta o eixo horizontal são de especial interesse: o ponto A corresponde ao valor máximo da tensão normal $\sigma_{x'}$ enquanto o ponto B corresponde a seu valor mínimo. Além disso, ambos os pontos correspondem a um valor zero da tensão de cisalhamento $\tau_{x'y'}$. Assim, os valores θ_p do parâmetro θ que correspondem aos pontos A e B podem ser obtidos fazendo-se $\tau_{x'y'} = 0$ na Eq. (14.6). Escrevemos*

$$\operatorname{tg} 2\theta_p = \frac{2\tau_{xy}}{\sigma_x - \sigma_y} \qquad (14.12)$$

Essa equação define dois valores de $2\theta_p$ que estão defasados em 180° e, portanto, dois valores de θ_p que estão defasados em 90°. Qualquer um desses valores pode ser utilizado para determinar a orientação do elemento correspondente (Fig. 14.9). Os planos que contêm as faces do elemento obtido dessa maneira são chamados de *planos principais de tensão* no ponto Q, e os valores correspondentes $\sigma_{\text{máx}}$ e $\sigma_{\text{mín}}$ das tensões normais que atuam nesses planos são chamados de *tensões principais* em Q. Como os dois valores θ_p definidos pela Eq. (14.12) foram obtidos fazendo $\tau_{x'y'} = 0$ na Eq. (14.6), está claro que nenhuma tensão de cisalhamento atua nos planos principais.

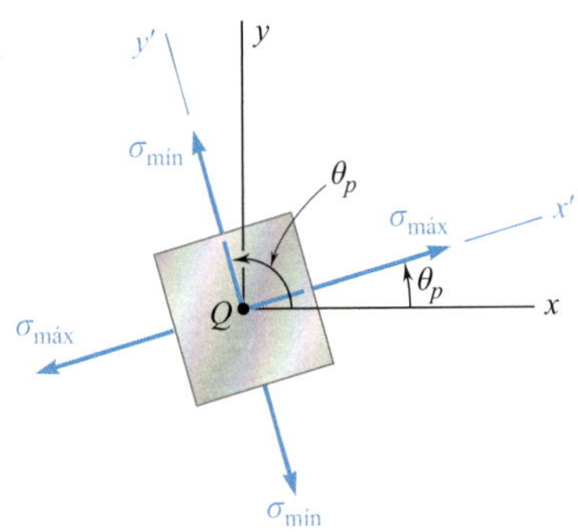

Figura 14.9

Observamos da Fig. 14.7 que

$$\sigma_{\text{máx}} = \sigma_{\text{méd}} + R \qquad \text{e} \qquad \sigma_{\text{mín}} = \sigma_{\text{méd}} - R \qquad (14.13)$$

* Essa relação pode também ser obtida quando se determina que a derivada de $\sigma_{x'}$ na Eq. (14.5) é igual a zero: $d\sigma_{x'}/d\theta = 0$.

Substituindo $\sigma_{méd}$ e R da Eq. (14.10), escrevemos

$$\sigma_{máx,\,mín} = \frac{\sigma_x + \sigma_y}{2} \pm \sqrt{\left(\frac{\sigma_x - \sigma_y}{2}\right)^2 + \tau_{xy}^2} \quad (14.14)$$

A menos que seja possível dizer por inspeção qual dos dois planos principais está submetido a $\sigma_{máx}$ e a $\sigma_{mín}$, é necessário substituir um dos valores de θ_p na Eq. (14.5) para determinar qual dos dois planos corresponde ao valor máximo da tensão normal.

Voltando novamente à circunferência da Fig. 14.7, notamos que os pontos D e E localizados no diâmetro vertical da circunferência correspondem ao maior valor numérico da tensão de cisalhamento $\tau_{x'y'}$. Como a abscissa dos pontos D e E é $\sigma_{méd} = (\sigma_x + \sigma_y)/2$, os valores de θ_c do parâmetro θ correspondentes a esses pontos são obtidos fazendo $\sigma_{x'} = (\sigma_x + \sigma_y)/2$ na Eq. (14.5). Conclui-se que a soma dos dois últimos termos na equação deve ser zero. Assim, para $\theta = \theta_c$, escrevemos*

$$\frac{\sigma_x - \sigma_y}{2} \cos 2\theta_c + \tau_{xy} \operatorname{sen} 2\theta_c = 0$$

ou

$$\operatorname{tg} 2\theta_c = -\frac{\sigma_x - \sigma_y}{2\tau_{xy}} \quad (14.15)$$

Essa equação define dois valores $2\theta_c$ defasados em 180° e, portanto, dois valores θ_c defasados em 90°. Qualquer um desses valores pode ser utilizado para determinar a orientação do elemento correspondente à tensão de cisalhamento máxima (Fig. 14.10). Observando na Fig. 14.7 que o valor máximo da tensão de cisalhamento é igual ao raio R da circunferência e lembrando a segunda das Eqs. (14.10), escrevemos

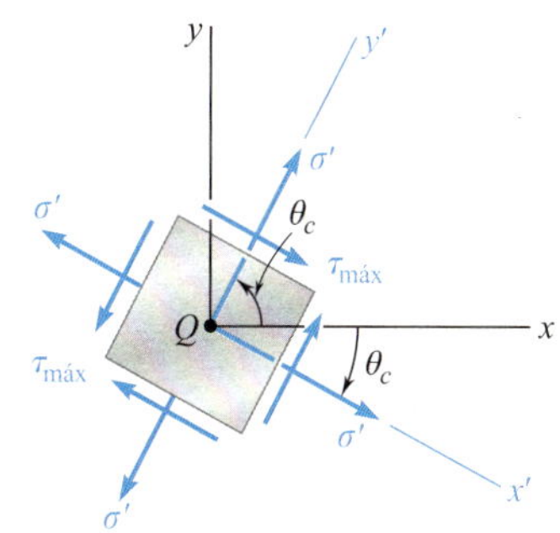

Figura 14.10

$$\tau_{máx} = \sqrt{\left(\frac{\sigma_x - \sigma_y}{2}\right)^2 + \tau_{xy}^2} \quad (14.16)$$

Conforme observamos anteriormente, a tensão normal correspondente à condição de tensão de cisalhamento máxima é

$$\sigma' = \sigma_{méd} = \frac{\sigma_x + \sigma_y}{2} \quad (14.17)$$

Quando comparamos as Eqs. (14.12) e (14.15), notamos que tg $2\theta_c$ é o inverso negativo de tg $2\theta_p$ Isso significa que os ângulos $2\theta_c$ e $2\theta_p$ estão defasados em 90° e, portanto, que os ângulos θ_c e θ_p estão defasados em 45°. Concluímos então que *os planos de tensão de cisalhamento máxima estão defasados em 45° dos planos principais*, o que confirma os resultados obtidos anteriormente na Seção 8.9, no caso de um carregamento axial centrado (Fig. 8.37), e na Seção 10.4, no caso de um carregamento de torção (Fig. 10.19).

* Essa relação pode também ser obtida quando se determina que a derivada de $\tau_{x'y'}$ na Eq. (14.6) é igual a zero: $d\tau_{x'y'}/d\theta = 0$

Devemos estar cientes de que nossa análise da transformação da tensão no estado plano de tensão esteve limitada a rotações *no plano da tensão*. Se o elemento de volume da Fig. 14.5 sofrer rotações em torno de um eixo que não seja o eixo z, suas faces poderão estar submetidas a tensões de cisalhamento maiores do que a tensão definida pela Eq. (14.16). Em tais casos, o valor dado pela Eq. (14.16) é chamado de tensão de cisalhamento máxima *no plano*.

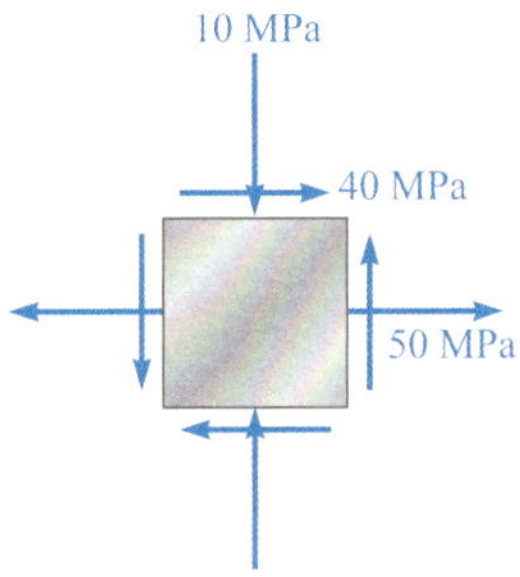

Figura 14.11

Exemplo 14.1. Para o estado plano de tensão mostrado na Fig. 14.11, determine (*a*) os planos principais, (*b*) as tensões principais e (*c*) a tensão de cisalhamento máxima e a tensão normal correspondente.

a. Planos principais. Com base na convenção usual de sinais, escrevemos as componentes de tensão como

$$\sigma_x = +50 \text{ MPa} \qquad \sigma_y = -10 \text{ MPa} \qquad \tau_{xy} = +40 \text{ MPa}$$

Substituindo na Eq. (14.12), temos

$$\text{tg } 2\theta_p = \frac{2\tau_{xy}}{\sigma_x - \sigma_y} = \frac{2(+40)}{50-(-10)} = \frac{80}{60}$$

$$2\theta_p = 53{,}1^\circ \quad \text{e} \quad 180^\circ + 53{,}1^\circ = 233{,}1^\circ$$

$$\theta_p = 26{,}6^\circ \quad \text{e} \quad 116{,}6^\circ$$

b. Tensões principais. A Eq. (14.14) indica

$$\sigma_{\text{máx, mín}} = \frac{\sigma_x + \sigma_y}{2} \pm \sqrt{\left(\frac{\sigma_x - \sigma_y}{2}\right)^2 + \tau_{xy}^2}$$

$$= 20 \pm \sqrt{(30)^2 + (40)^2}$$

$$\sigma_{\text{máx}} = 20 + 50 = 70 \text{ MPa}$$

$$\sigma_{\text{mín}} = 20 - 50 = -30 \text{ MPa}$$

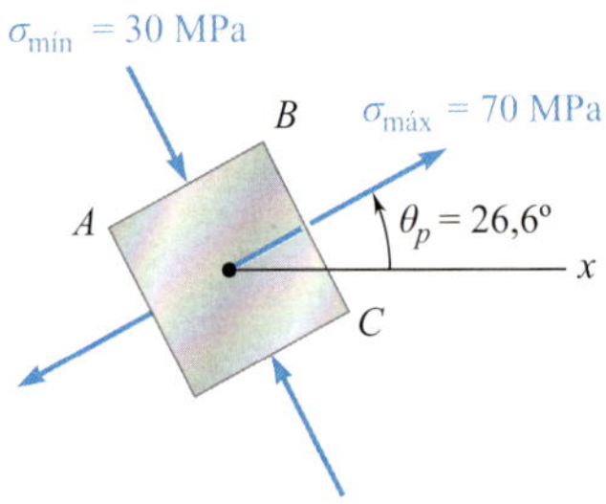

Figura 14.12

Os planos e as tensões principais estão esboçados na Fig. 14.12. Fazendo $\theta = 26{,}6^\circ$ na Eq. (14.5), verificamos que a tensão normal que atua na face BC do elemento é a tensão máxima:

$$\sigma_{x'} = \frac{50-10}{2} + \frac{50+10}{2}\cos 53{,}1^\circ + 40 \text{ sen } 53{,}1^\circ$$

$$= 20 + 30\cos 53{,}1^\circ + 40 \text{ sen } 53{,}1^\circ = 70 \text{ MPa} = \sigma_{\text{máx}}$$

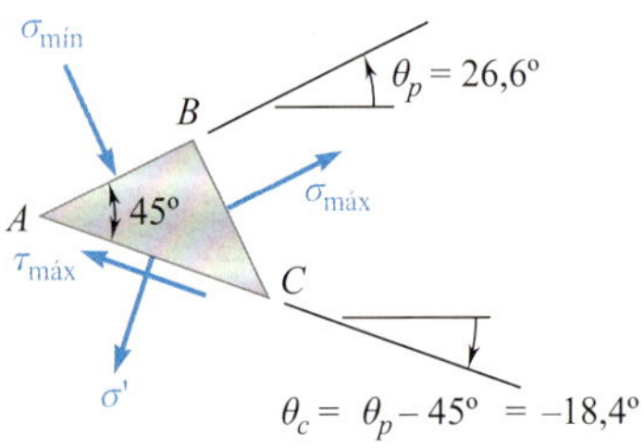

Figura 14.13

(c) Tensão de cisalhamento máxima. A Eq. (14.16) indica

$$\tau_{\text{máx}} = \sqrt{\left(\frac{\sigma_x - \sigma_y}{2}\right)^2 + \tau_{xy}^2} = \sqrt{(30)^2 + (40)^2} = 50 \text{ MPa}$$

Como $\sigma_{\text{máx}}$ e $\sigma_{\text{mín}}$ têm sinais opostos, o valor obtido para $\tau_{\text{máx}}$ realmente representa o valor máximo da tensão de cisalhamento no ponto considerado. A orientação dos planos de tensão de cisalhamento máxima e o sentido das tensões de cisalhamento são mais bem determinados cortando o elemento por uma seção ao longo do plano diagonal AC do elemento da Fig. 14.12. Como as faces AB e BC do elemento estão contidas nos planos principais, o plano diagonal AC deve ser um dos planos de tensão de cisalhamento máxima (Fig. 14.13). Além disso, as condições de equilíbrio para o elemento prismático ABC requerem que a tensão de cisalhamento que atua em AC seja direcionada conforme mostra a figura. O elemento de volume correspondente à tensão de cisalhamento máxima é mostrado na Fig. 14.14. A tensão normal em cada uma das quatro faces do elemento é dada pela Eq. (14.17)

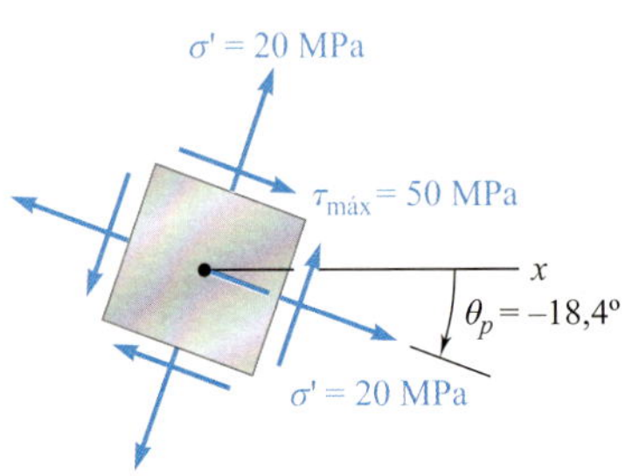

Figura 14.14

$$\sigma' = \sigma_{\text{méd}} = \frac{\sigma_x + \sigma_y}{2} = \frac{50-10}{2} = 20 \text{ MPa} \quad ■$$

PROBLEMA RESOLVIDO 14.1

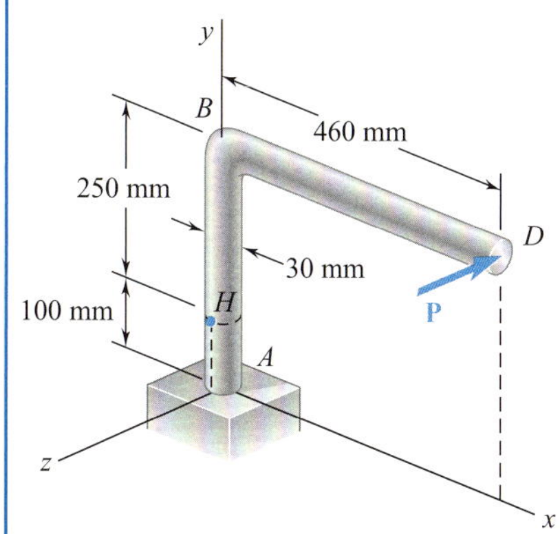

Uma única força horizontal **P** de intensidade de 670 N é aplicada à extremidade *D* da alavanca *ABD*. Sabendo que a parte *AB* da alavanca tem um diâmetro de 30 mm, determine (*a*) as tensões normal e de cisalhamento em um elemento localizado no ponto *H* cujos lados são paralelos aos eixos *x* e *y*, e (*b*) os planos e as tensões principais no ponto *H*.

SOLUÇÃO

Sistema de força e momento. Substituímos a força **P** por um sistema de força e momento equivalente no centro *C* da seção transversal que contém o ponto *H*:

$$P = 670 \text{ N} \qquad T = (670 \text{ N})(0{,}46 \text{ m}) = 308{,}2 \text{ N} \cdot \text{m}$$
$$M_x = (670 \text{ N})(0{,}25 \text{ m}) = 167{,}5 \text{ N} \cdot \text{m}$$

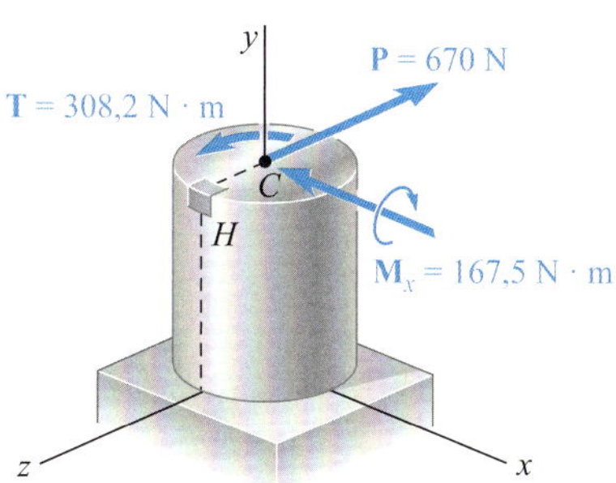

a. Tensões σ_x, σ_y e τ_{xy} no ponto *H*. Usando a convenção de sinais mostrada na Fig. 14.2, determinamos o sentido e o sinal de cada um dos componentes de tensão examinando cuidadosamente o esboço do sistema de força e momento no ponto *C*:

$$\sigma_x = 0 \qquad \sigma_y = +\frac{Mc}{I} = +\frac{(167{,}5 \text{ N} \cdot \text{m})(0{,}015 \text{ m})}{\frac{1}{4}\pi\ (0{,}015 \text{ m})^4} \qquad \sigma_y = +63{,}2 \text{ MPa} \blacktriangleleft$$

$$\tau_{xy} = +\frac{Tc}{J} = +\frac{(308{,}2 \text{ N} \cdot \text{m})(0{,}015 \text{ m})}{\frac{1}{2}\pi\ (0{,}015 \text{ m})^4} \qquad \tau_{xy} = +58{,}1 \text{ MPa} \blacktriangleleft$$

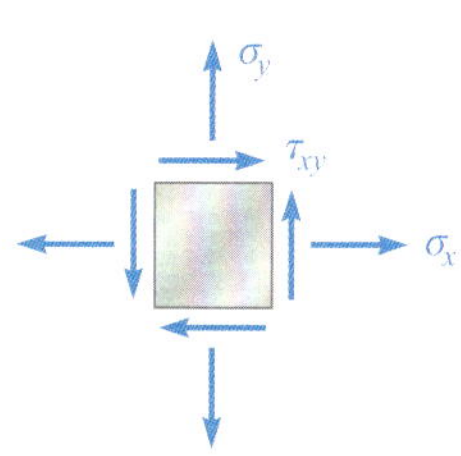

Notamos que a força cortante **P** não provoca nenhuma tensão de cisalhamento no ponto *H*.

b. Planos principais e tensões principais. Substituindo os valores dos componentes de tensão na Eq. (14.12), determinamos a orientação dos planos principais:

$$\operatorname{tg} 2\theta_p = \frac{2\tau_{xy}}{\sigma_x - \sigma_y} = \frac{2(58{,}1)}{0 - 63{,}2} = -1{,}84$$

$$2\theta_p = -61{,}5^\circ \qquad \text{e} \qquad 180^\circ - 61{,}5^\circ = +118{,}5^\circ$$

$$\theta_p = -30{,}7^\circ \qquad \text{e} \qquad +59{,}3^\circ \blacktriangleleft$$

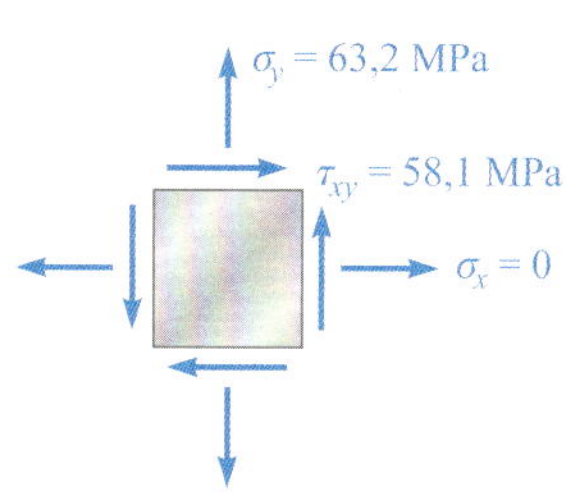

Substituindo na Eq. (14.14), determinamos as intensidades das tensões principais:

$$\sigma_{\text{máx, mín}} = \frac{\sigma_x + \sigma_y}{2} \pm \sqrt{\left(\frac{\sigma_x - \sigma_y}{2}\right)^2 + \tau_{xy}^2}$$

$$= \frac{0 + 8{,}84}{2} \pm \sqrt{\left(\frac{0 - 63{,}2}{2}\right)^2 + (58{,}1)^2} = +31{,}6 \pm 66{,}1$$

$$\sigma_{\text{máx}} = +97{,}7 \text{ MPa} \blacktriangleleft$$

$$\sigma_{\text{mín}} = -34{,}5 \text{ MPa} \blacktriangleleft$$

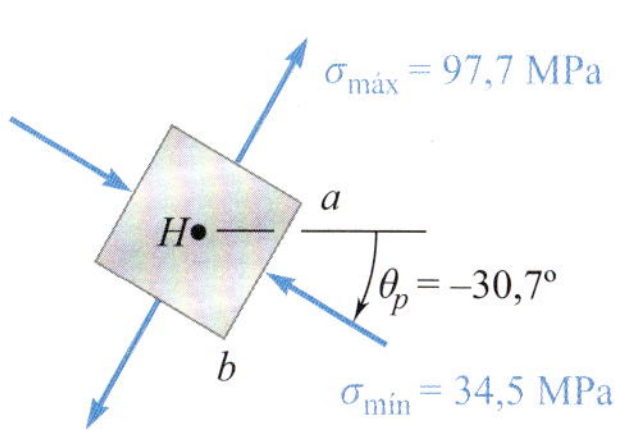

Considerando a face *ab* do elemento mostrado, fazemos $\theta_p = -30{,}7^\circ$ na Eq. (14.5) e encontramos $\sigma_{x'} = -34{,}5$ MPa. Concluímos que as tensões principais são aquelas mostradas na figura

PROBLEMAS

14.1 até 14.4 Para os estados de tensão mostrados nas figuras, determine as tensões normal e de cisalhamento que atuam na face oblíqua do elemento triangular sombreado. Use um método de análise com base no equilíbrio desse elemento como foi feito nas deduções da Seção 14.2.

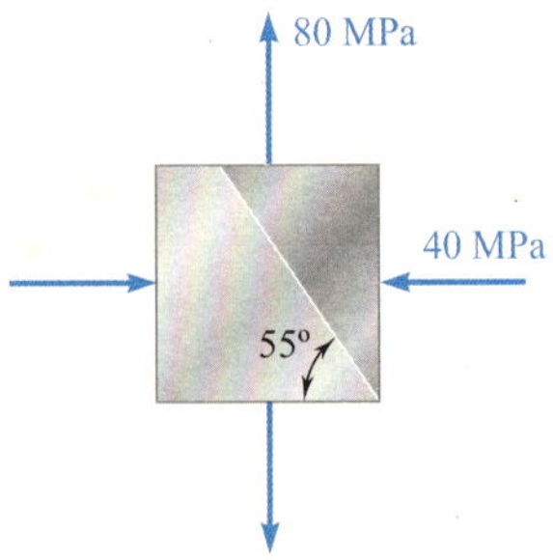

Figura P14.1

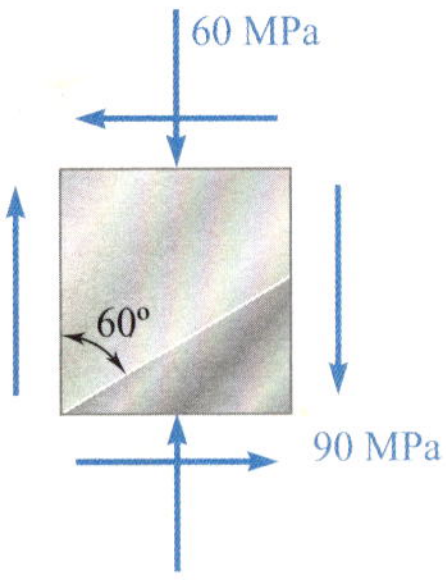

Figura P14.2

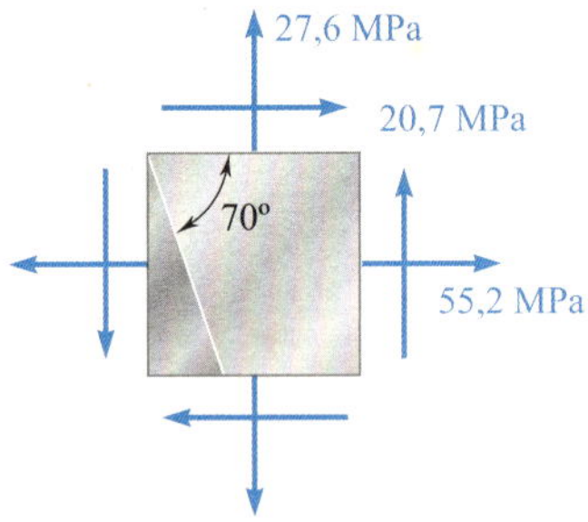

Figura P14.3

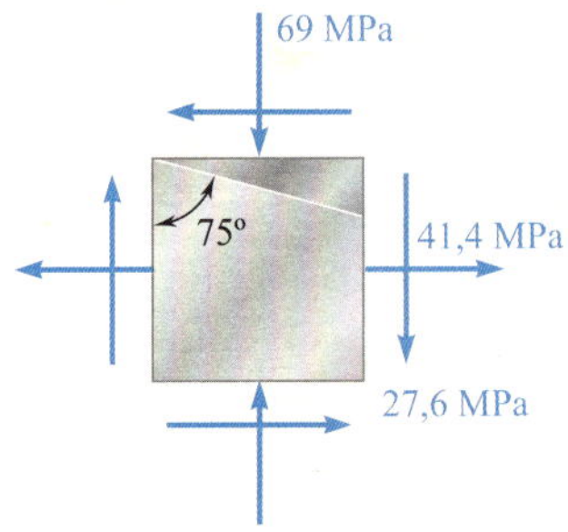

Figura P14.4

14.5 até *14.8* Para o estado de tensão dado, determine (*a*) os planos principais, e (*b*) as tensões principais.

14.9 até 14.12 Para o estado de tensão dado, determine (*a*) a orientação dos planos de máxima tensão de cisalhamento (*b*) a máxima tensão de cisalhamento no plano e (*c*) a tensão normal correspondente.

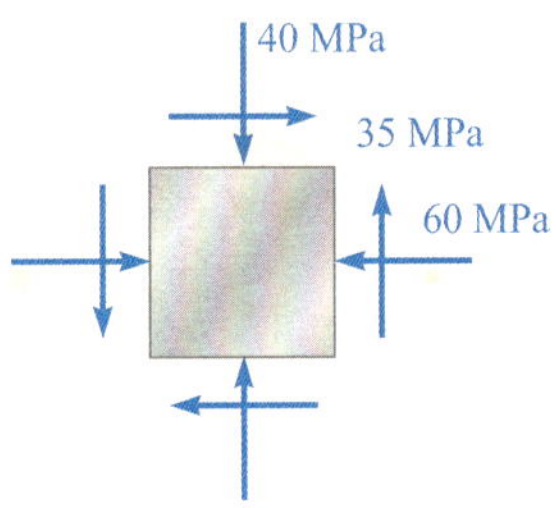

Figura P14.5 e P14.9

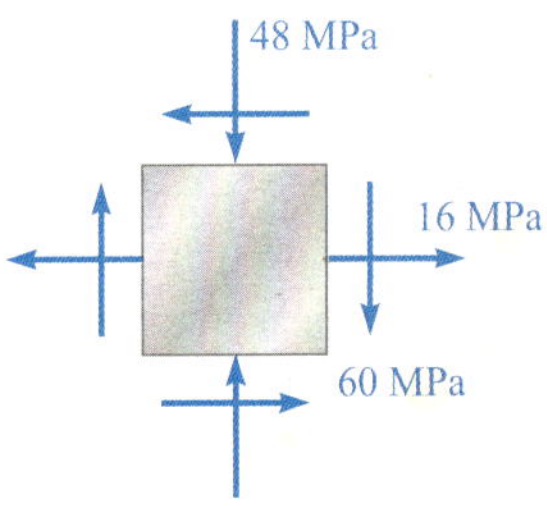

Figura *P14.6* e P14.10

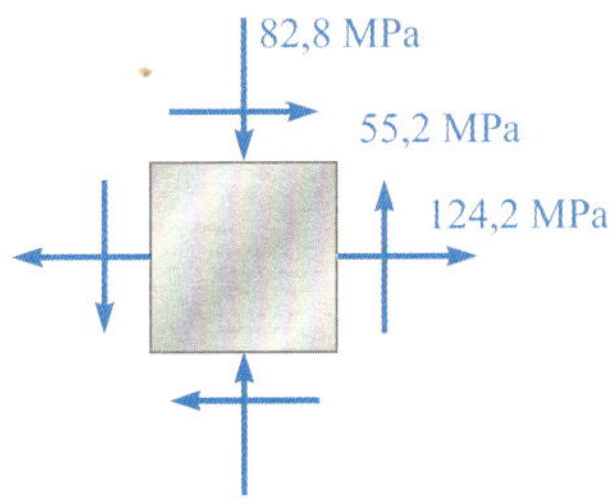

Figura P14.7 e *P14.11*

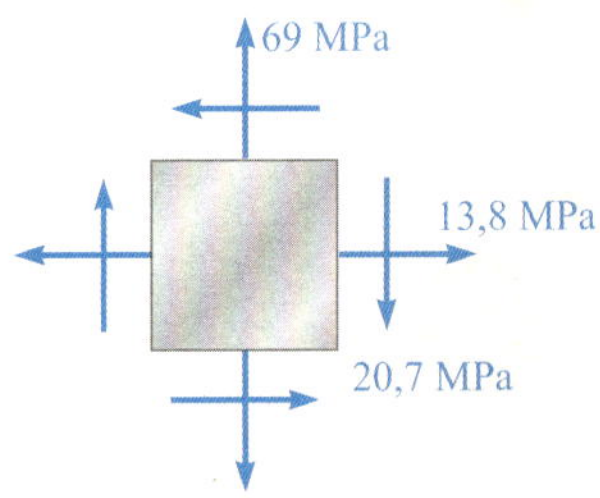

Figura *P14.8* e P14.12

14.13 até 14.16 Para o estado de tensão dado, determine as tensões normal e de cisalhamento depois que o elemento mostrado sofreu uma rotação de (*a*) 25° no sentido horário e (*b*) 10° no sentido anti-horário.

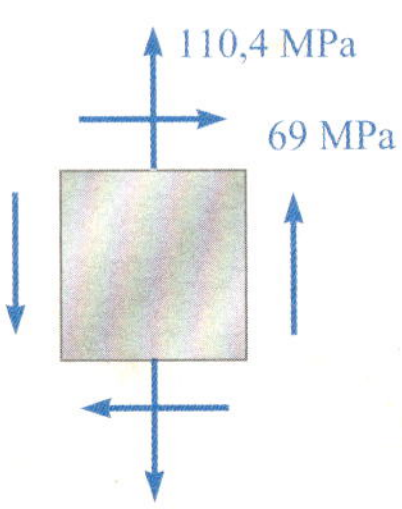

Figura P14.13

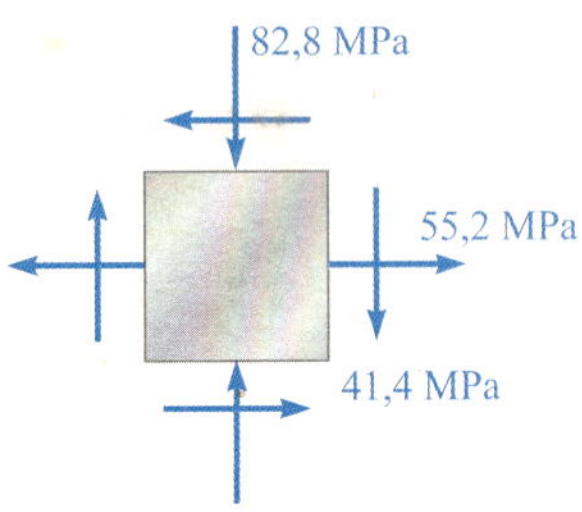

Figura P14.14

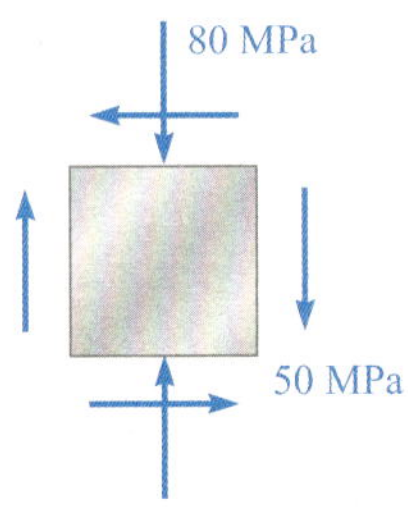

Figura *P14.15*

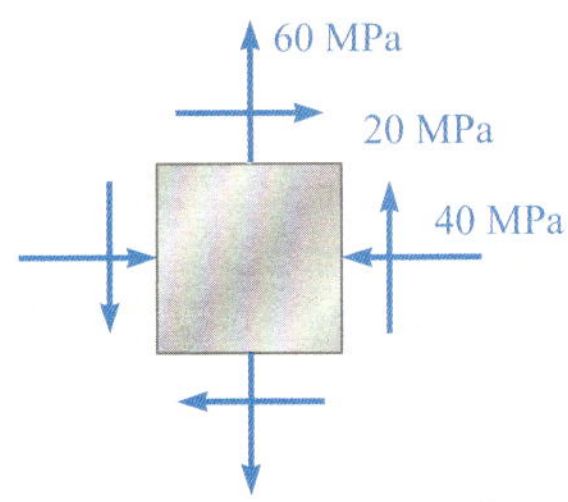

Figura P14.16

14.17 e **14.18** As fibras de um elemento de madeira formam um ângulo de 15° com a vertical. Para o estado de tensão mostrado, determine (*a*) a tensão de cisalhamento no plano da tensão paralela às fibras e (*b*) a tensão normal perpendicular às fibras.

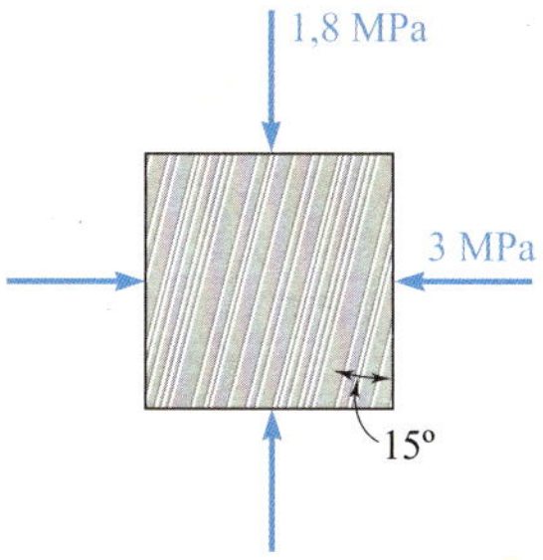

Figura P14.17

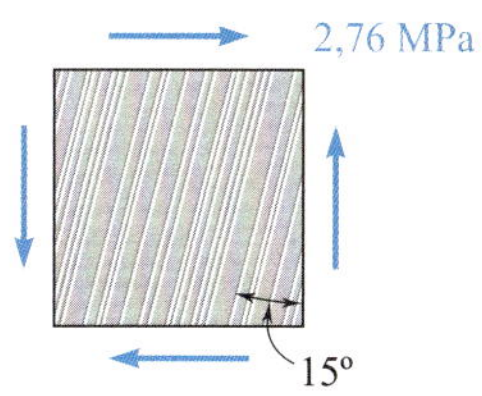

Figura P14.18

14.19 Duas placas de seção transversal uniforme de 10 mm × 80 mm são soldadas juntas como mostra a figura. Sabendo que forças concêntricas de 100 kN são aplicadas nas placas soldadas e que a tensão de cisalhamento paralela ao plano da solda é de 30 MPa, determine (*a*) o ângulo β e (*b*) a tensão normal correspondente perpendicular à solda.

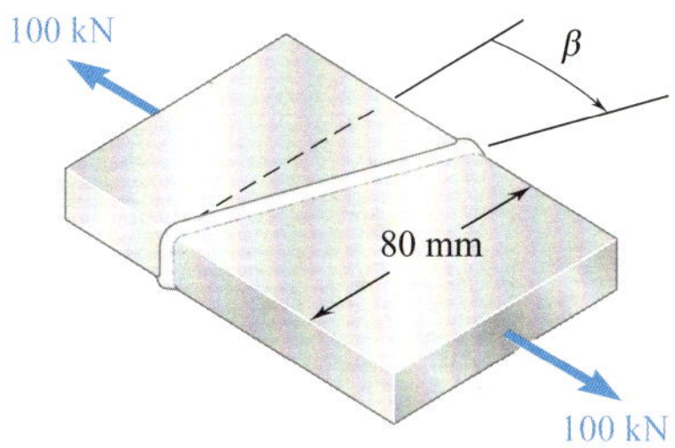

Figura P14.19

14.20 A força concêntrica **P** é aplicada em um poste curto como mostrado na figura. Sabendo que as tensões no plano *a-a* são $\sigma = -103{,}5$ MPa e $\tau = 34{,}5$ MPa, determine (*a*) o ângulo β que o plano *a-a* forma com a horizontal e (*b*) a máxima tensão de compressão no poste.

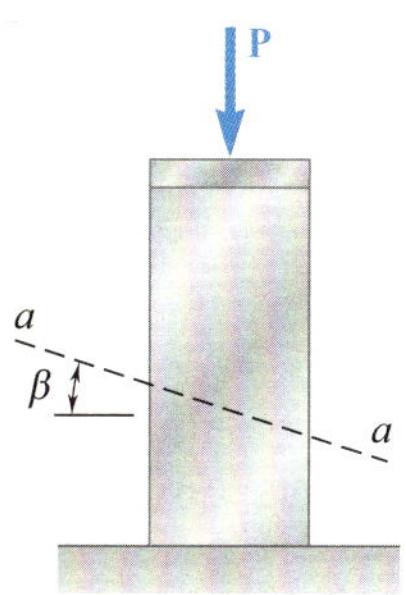

Figura P14.20

14.21 Uma força vertical de 1.800 N é aplicada em *D*, em uma engrenagem fixada a um eixo sólido de 25 mm de diâmetro *AB*. Determine as tensões principais e a máxima tensão de cisalhamento no ponto *H* localizado no topo do eixo como mostra a figura.

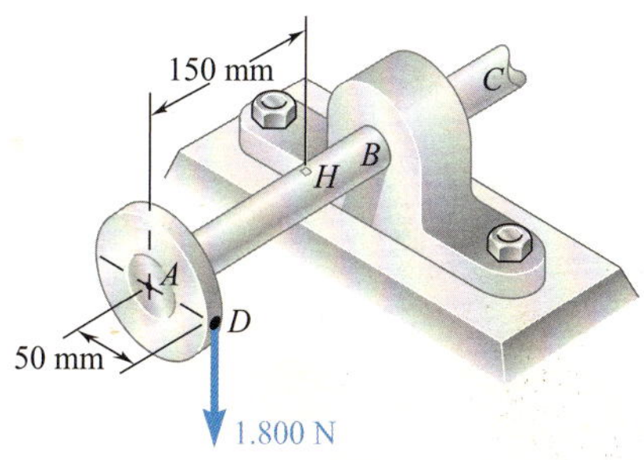

Figura P14.21

14.22 Um mecânico usa uma chave de boca para soltar um parafuso em E. Sabendo que o mecânico aplica uma força vertical de 108 N em A, determine as tensões principais e a máxima tensão de cisalhamento no ponto H localizado no topo de um eixo de 19 mm de diâmetro como mostra a figura.

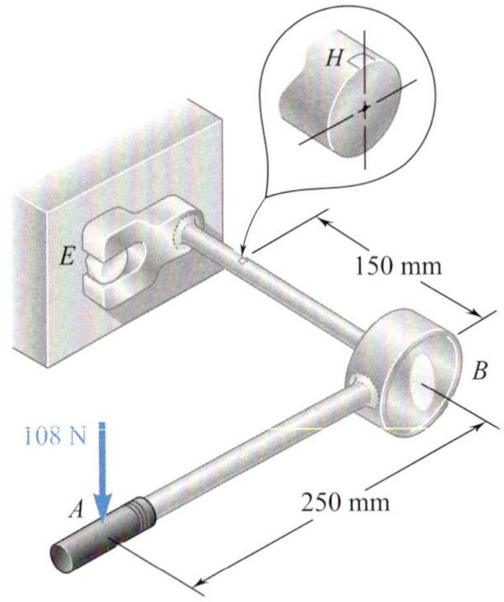

Figura P14.22

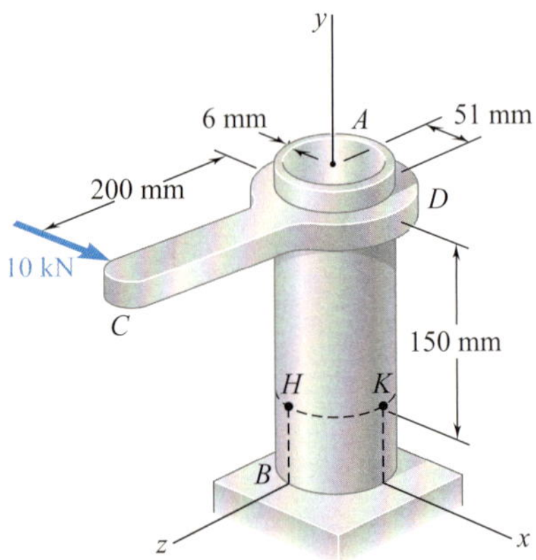

Figura P14.23 e P14.24

14.23 O tubo de aço AB tem 102 mm de diâmetro externo e uma espessura de parede de 6 mm. Sabendo que o braço CD está rigidamente fixado ao tubo, determine as tensões principais e a tensão de cisalhamento máxima no ponto H.

14.24 O tubo de aço AB tem 102 mm de diâmetro externo e uma espessura de parede de 6 mm. Sabendo que o braço CD está rigidamente fixado ao tubo, determine as tensões principais e a tensão de cisalhamento máxima no ponto K.

14.4 Círculo de Mohr para o estado plano de tensão

A circunferência usada na seção anterior para deduzir algumas das fórmulas básicas relacionadas com a transformação de tensões no estado plano de tensão foi introduzida inicialmente pelo engenheiro alemão Otto Mohr (1835-1918) e é conhecida como *círculo de Mohr* para o estado plano de tensão. Como veremos agora, esse círculo pode ser utilizado como um método alternativo na solução dos vários problemas considerados nas Seções 14.2 e 14.3. Esse método baseia-se em considerações geométricas simples e não requer o uso de fórmulas especializadas. Embora tenha sido idealizado originalmente para soluções gráficas, ele se adapta muito bem ao uso de uma calculadora.

Considere um elemento quadrado de um material submetido a um estado plano de tensão (Fig. 14 15*a*), em que σ_x, σ_y e τ_{xy} são as componentes da tensão que atuam nas faces do elemento. Representamos um ponto X de coordenadas σ_x, e $-\tau_{xy}$, e um ponto Y de coordenadas σ_y e $+\tau_{xy}$ (Fig. 14.15*b*). Se τ_{xy} for positivo, conforme indicado na Fig. 14.15*a*, o ponto X estará localizado abaixo do eixo σ e o ponto Y acima, como mostra a Fig. 14.15*b*. Se τ_{xy} for negativo, X estará localizado acima do eixo σ e Y abaixo. Unindo X

e Y por uma linha reta, definimos o ponto C, que é a interseção da linha XY com o eixo σ, e traçamos o círculo de centro C e diâmetro XY. Como a abscissa de C e o raio do círculo são, respectivamente, iguais às quantidades $\sigma_{\text{méd}}$ e R definidas pelas Eqs. (14.10), concluímos que o círculo obtido é o círculo de Mohr para o estado plano de tensão. Assim, as abscissas dos pontos A e B em que o círculo intercepta o eixo σ representam, respectivamente, as tensões principais $\sigma_{\text{máx}}$ e $\sigma_{\text{mín}}$ no ponto considerado.

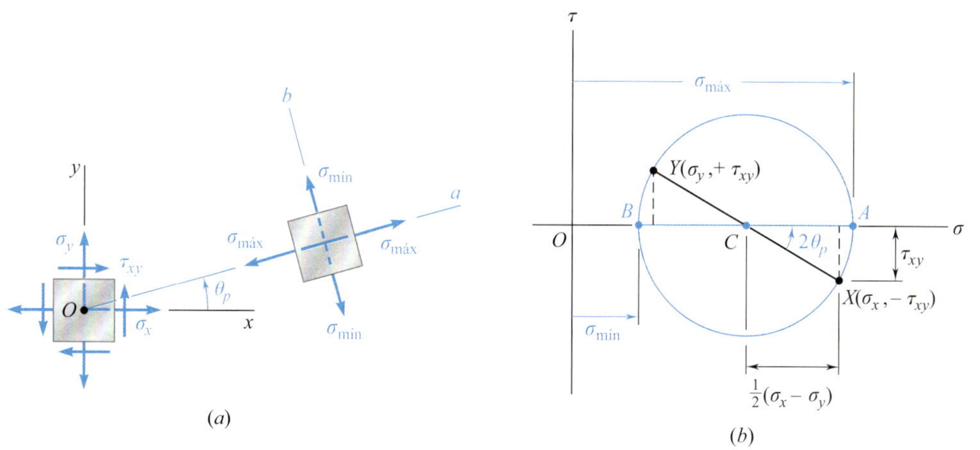

Figura 14.15

Notamos também que, como a tg $(XCA) = 2\tau_{xy}/(\sigma_x - \sigma_y)$, o ângulo XCA é igual em intensidade a um dos ângulos $2\theta_p$ que satisfazem a Eq. (14.12). Assim, o ângulo θ_p que define, na Fig. 14.15*a*, a orientação do plano principal que corresponde ao ponto A na Fig. 14.15*b* pode ser obtido dividindo o valor do ângulo XCA, medido no círculo de Mohr, por dois. Observamos ainda que, se $\sigma_x > \sigma_y$ e $\tau_{xy} > 0$, como no caso considerado aqui, a rotação que faz CX coincidir com CA é anti-horária. Mas, nesse caso, o ângulo θ_p obtido da Eq. (14.12), que define a direção da normal Oa para o plano principal, é positivo; assim, a rotação que faz Ox coincidir com Oa também é anti-horária. Concluímos que os sentidos de rotação de ambas as partes da Fig. 14.15 são os mesmos; se uma rotação anti-horária através de $2\theta_p$ é necessária para fazer CX coincidir com CA no círculo de Mohr, uma rotação anti-horária através de θ_p fará Ox coincidir com Oa na Fig. 14.15*a*.*

Como o círculo de Mohr é definido de unívoco, o mesmo círculo pode ser obtido considerando as componentes de tensão $\sigma_{x'}$, $\sigma_{y'}$ e $\tau_{x'y'}$ que correspondem aos eixos x' e y' mostrados na Fig. 14.16*a*. O ponto X' de coordenadas $\sigma_{x'}$ e $-\tau_{x'y'}$ e o ponto Y' de coordenadas $\sigma_{y'}$ e $+\tau_{x'y'}$ estão, portanto, localizados no círculo de Mohr, e o ângulo $X'CA$ da Fig. 14.16*b* deve ser igual a duas vezes o ângulo $x'Oa$ da Fig. 14.16*a*. Como o ângulo XCA é duas vezes o ângulo xOa, conforme já observamos, conclui-se que o ângulo XCX' da

* Isso ocorre porque estamos usando o círculo da Fig. 14.8, e não o da Fig. 14.7, como o círculo de Mohr.

Fig. 14.16*b* é duas vezes o ângulo xOx' da Fig. 14.16*a*. Assim, o diâmetro $X'Y'$ que define as tensões normal e de cisalhamento $\sigma_{x'}$, $\sigma_{y'}$ e $\tau_{x'y'}$ pode ser obtido pela rotação do diâmetro XY por meio de um ângulo igual a duas vezes o ângulo θ formado pelos eixos x' e x da Fig. 14.16*a*. Notamos que a rotação que faz o diâmetro XY coincidir com o diâmetro $X'Y'$ da Fig. 14.16*b* tem o mesmo sentido de rotação que faz os eixos xy coincidirem com os eixos $x'y'$ da Fig. 14.16*a*.

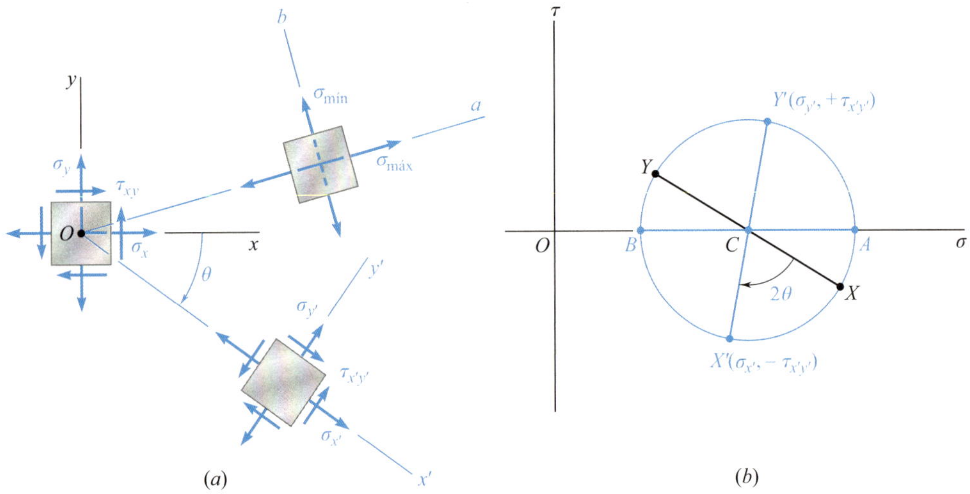

Figura 14.16

A propriedade que acabamos de descrever pode ser usada para verificar o fato de que os planos de tensão de cisalhamento máximo estão a 45º dos planos principais. Sem dúvida, lembramos que os pontos D e E no círculo de Mohr correspondem aos planos de tensão de cisalhamento máxima, enquanto A e B correspondem aos planos principais (Fig. 14.17*b*). Como os diâmetros AB e DE do círculo de Mohr estão a 90º um do outro, conclui-se que as faces dos elementos correspondentes estão a 45º uma da outra (Fig. 14.17*a*).

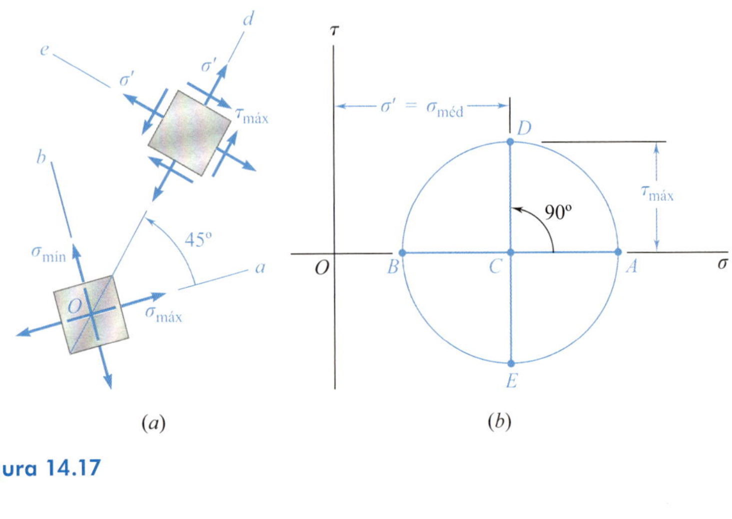

Figura 14.17

A construção do círculo de Mohr para o estado plano de tensão será bem simplificada se considerarmos separadamente cada face do elemento utilizado para definir as componentes de tensão. Das Figs. 14.15 e 14.16, observamos que, quando a tensão de cisalhamento que atua *sobre determinada face* tende a girar o elemento no *sentido horário*, o ponto do círculo de Mohr correspondente a essa face está localizado *acima* do eixo σ. Quando a tensão de cisalhamento em determinada face tende a rodar o elemento no *sentido anti-horário*, o ponto correspondente a essa face está localizado *abaixo* do eixo σ (Fig. 14.18). No que se refere às tensões normais, vale a convenção usual, isto é, uma tensão de tração considerada positiva é representada à direita, enquanto uma tensão de compressão considerada negativa é representada à esquerda.

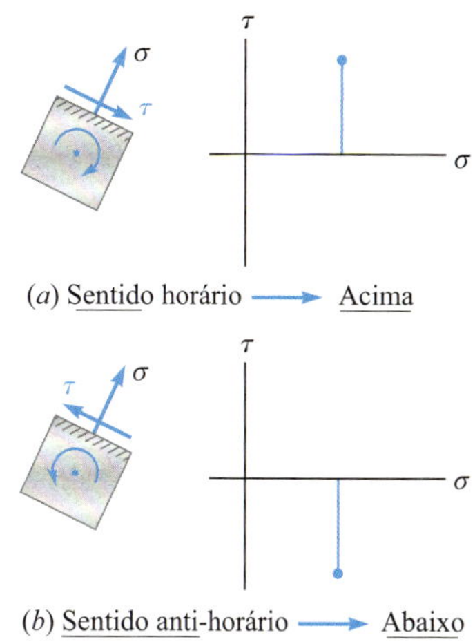

Figura 14.18

Exemplo 14.2. Para o estado plano de tensão já considerado no Exemplo 14.1, (*a*) construa o círculo de Mohr, (*b*) determine as tensões principais e (*c*) determine a tensão de cisalhamento máxima e a tensão normal correspondente.

a. Construção do círculo de Mohr. Na Fig. 14.19*a*, notamos que a tensão normal que atua na face orientada em direção ao eixo x é de tração (positiva)

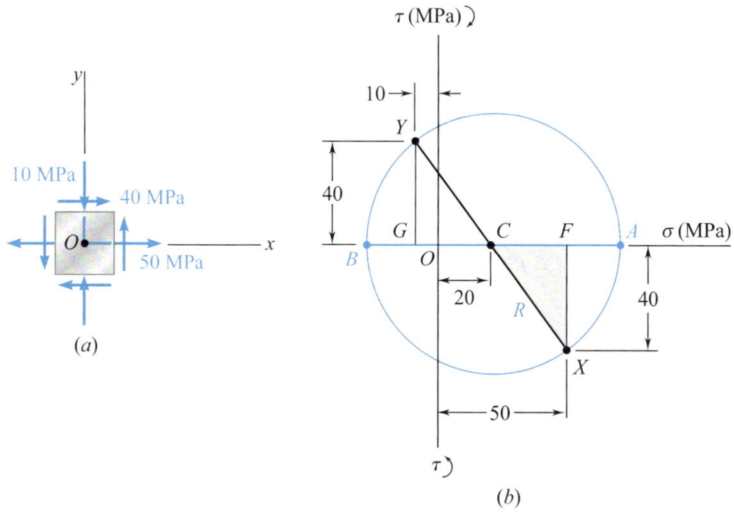

Figura 14.19

e que a tensão de cisalhamento que atua nessa face tende a rodar o elemento no sentido anti-horário. O ponto X do círculo de Mohr, portanto, será representado à direita do eixo vertical e abaixo do eixo horizontal (Fig. 14.19*b*). Um exame análogo das tensões normal e de cisalhamento que atuam na face superior do elemento mostra que o ponto Y deverá ser representado à esquerda do eixo vertical e acima do horizontal. Quando traçamos a linha XY, obtemos o centro C do círculo de Mohr cuja abscissa é

$$\sigma_{\text{méd}} = \frac{\sigma_x + \sigma_y}{2} = \frac{50 + (-10)}{2} = 20 \text{ MPa}$$

Como os lados do triângulo sombreado são

$$CF = 50 - 20 = 30 \text{ MPa} \qquad \text{e} \qquad FX = 40 \text{ MPa}$$

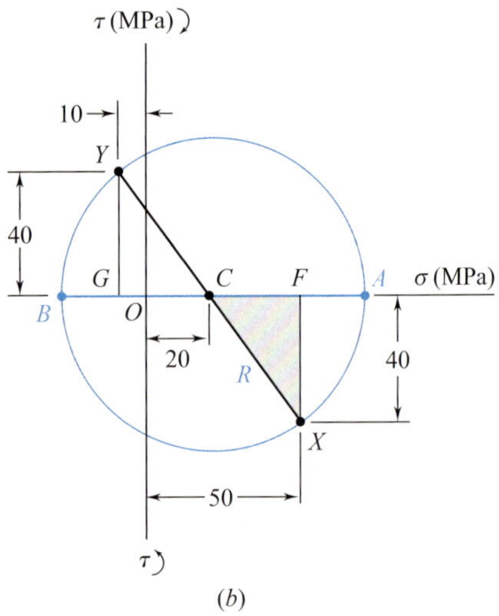

Figura 14.19b (repetida)

o raio do círculo é

$$R = CX = \sqrt{(30)^2 + (40)^2} = 50 \text{ MPa}$$

b. Planos principais e tensões principais. As tensões principais são

$$\sigma_{\text{máx}} = OA = OC + CA = 20 + 50 = 70 \text{ MPa}$$

$$\sigma_{\text{mín}} = OB = OC - BC = 20 - 50 = -30 \text{ MPa}$$

Lembrando que o ângulo ACX representa $2\theta_p$ (Fig. 14.19*b*), escrevemos

$$\text{tg } 2\theta_p = \frac{FX}{CF} = \frac{40}{30}$$

$$2\theta_p = 53{,}1^\circ \qquad \theta_p = 26{,}6^\circ$$

Como a rotação que faz CX coincidir com CA na Fig. 14.20*b* é anti-horária, a rotação que faz Ox coincidir com o eixo Oa correspondente a $\sigma_{\text{máx}}$ na Fig. 14.20*a* também será anti-horária.

c. Tensão de cisalhamento máxima. Como mais uma rotação de 90° no sentido anti-horário faz CA coincidir com CD na Fig. 14.20*b*, uma rotação adicional de 45° no sentido anti-horário fará o eixo Oa coincidir com o eixo Od, correspondendo à tensão de cisalhamento máxima da Fig. 14.20*a*. Notamos, na Fig. 14.20*b*, que $\tau_{\text{máx}} = R = 50$ MPa e que a tensão normal correspondente $\sigma' = \sigma_{\text{méd}} = 20$ MPa. Como o ponto D está localizado acima do eixo σ na Fig. 14.20*b*, as tensões de cisalhamento que atuam nas faces perpendiculares a Od da Fig. 14.20*a* devem ser direcionadas de modo que obtenham a tendência de rodar o elemento no sentido horário.

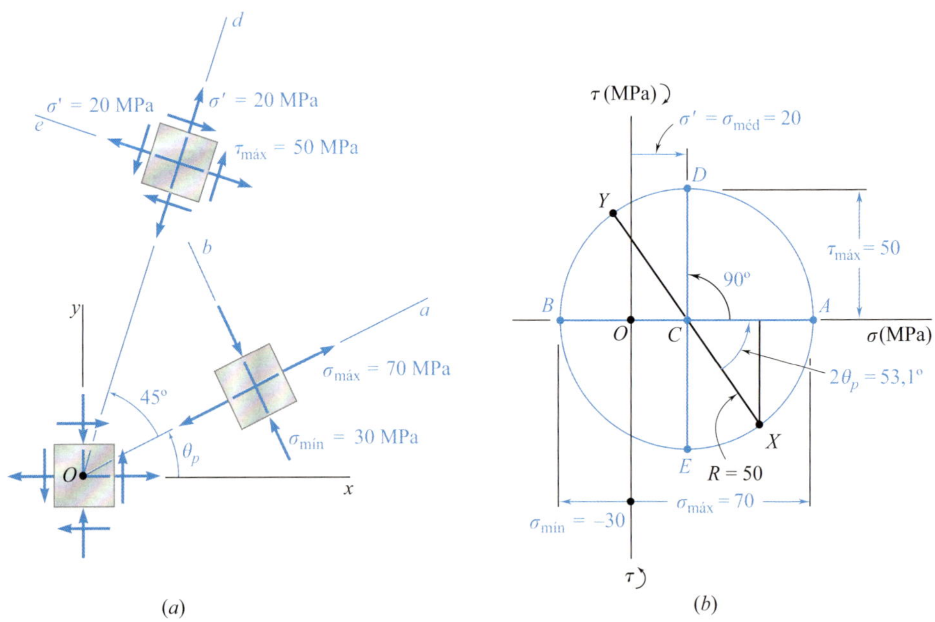

Figura 14.20 ■

O círculo de Mohr proporciona uma maneira conveniente de verificar os resultados obtidos anteriormente para tensões sob um carregamento axial centrado (Seção 8.9) e sob um carregamento torcional (Seção 10.4). No primeiro caso (Fig. 14.21*a*), temos $\sigma_x = P/A$, $\sigma_y = 0$ e $\tau_{xy} = 0$. Os pontos X e Y correspondentes definem um círculo de raio $R = P/2A$ que passa pela origem dos eixos de coordenadas (Fig. 14.21*b*). Os pontos D e E dão origem à orientação dos planos de tensão de cisalhamento máxima (Fig. 14.21*c*), bem como os valores de $\tau_{\text{máx}}$ e das tensões normais correspondentes σ':

$$\tau_{\text{máx}} = \sigma' = R = \frac{P}{2A} \tag{14.18}$$

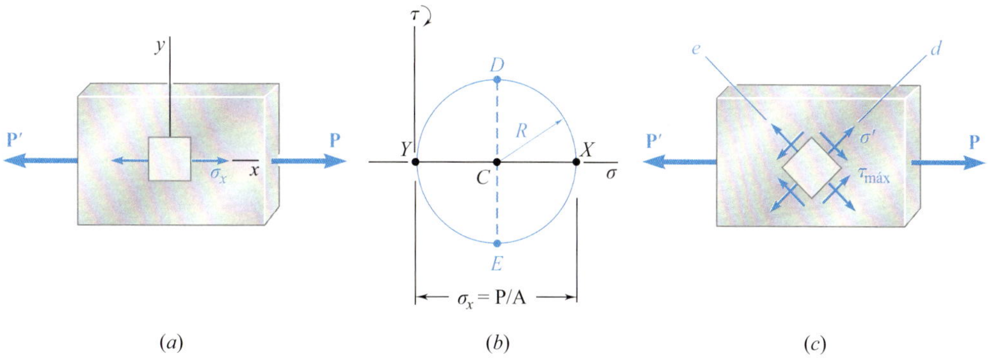

Figura 14.21 Círculo de Mohr para carga axial centrada.

No caso de torção (Fig. 14.22*a*), temos $\sigma_x = \sigma_y = 0$ e $\tau_{xy} = \tau_{\text{máx}} = Tc/J$. Os pontos X e Y, portanto, estão localizados no eixo τ, e o círculo de Mohr é um círculo de raio $R = Tc/J$ centrado na origem (Fig. 14.22*b*). Os pontos A e B definem os planos (Fig. 14.22*c*) e as tensões principais:

$$\sigma_{\text{máx, mín}} = \pm R = \pm \frac{Tc}{J} \tag{14.19}$$

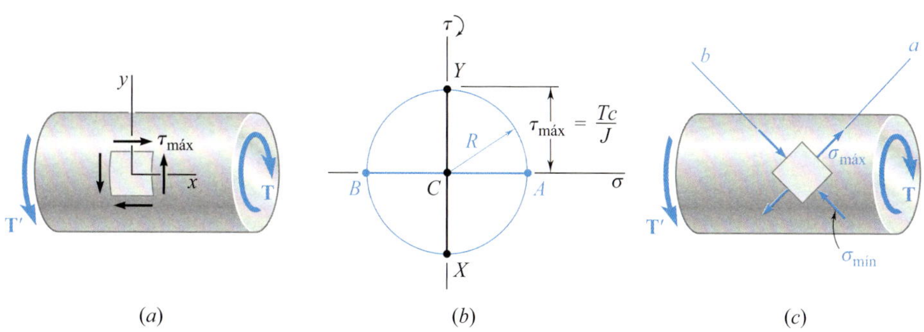

Figura 14.22 Círculo de Mohr para carga torcional.

PROBLEMA RESOLVIDO 14.2

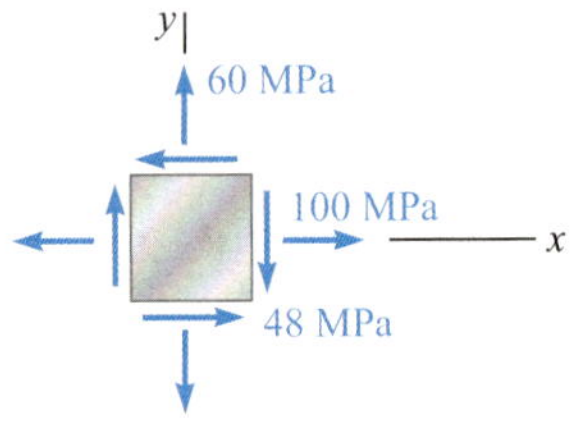

Para o estado plano de tensão mostrado, determine (*a*) os planos e as tensões principais e (*b*) os componentes de tensão que atuam no elemento obtido pela rotação do elemento dado no sentido anti-horário de 30°.

SOLUÇÃO

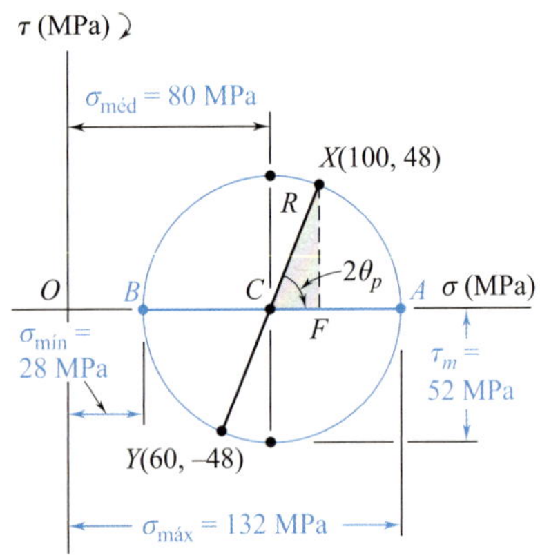

Construção do círculo de Mohr. Notamos que, em uma face perpendicular ao eixo *x*, a tensão normal é de tração e a tensão de cisalhamento tende a girar o elemento no sentido horário; assim, representamos o ponto *X* por 100 unidades à direita do eixo vertical e 48 unidades acima do eixo horizontal. De maneira análoga, examinamos os componentes de tensão na face superior e representamos o ponto *Y* (60, −48). Unindo os pontos *X* e *Y* por uma linha reta, definimos o centro *C* do círculo de Mohr. A abscissa de *C*, que representa $\sigma_{méd}$, e o raio *R* do círculo podem ser medidos diretamente ou calculados da seguinte maneira:

$$\sigma_{méd} = OC = \tfrac{1}{2}(\sigma_x + \sigma_y) = \tfrac{1}{2}(100 + 60) = 80 \text{ MPa}$$

$$R = \sqrt{(CF)^2 + (FX)^2} = \sqrt{(20)^2 + (48)^2} = 52 \text{ MPa}$$

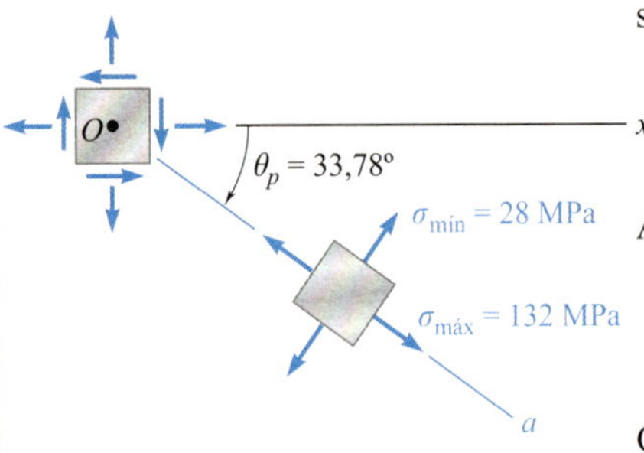

a. Planos principais e tensões principais. Rodamos o diâmetro *XY* no sentido horário por $2\theta p$ até que ele coincida com o diâmetro *AB*. Temos

$$\text{tg } 2\theta_p = \frac{XF}{CF} = \frac{48}{20} = 2{,}4 \quad 2\theta_p = 67{,}4° \qquad \theta_p = 33{,}7° \quad ◀$$

As tensões principais são representadas pelas abscissas dos pontos *A* e *B*:

$$\sigma_{máx} = OA = OC + CA = 80 + 52 \qquad \sigma_{máx} = +132 \text{ MPa} \quad ◀$$

$$\sigma_{mín} = OB = OC - BC = 80 - 52 \qquad \sigma_{mín} = +28 \text{ MPa} \quad ◀$$

Como a rotação que faz *XY* coincidir com *AB* está no sentido horário, a rotação que faz *Ox* coincidir com o eixo *Oa* correspondendo a $\sigma_{máx}$ também estará no sentido horário; obtemos a orientação mostrada para os planos principais.

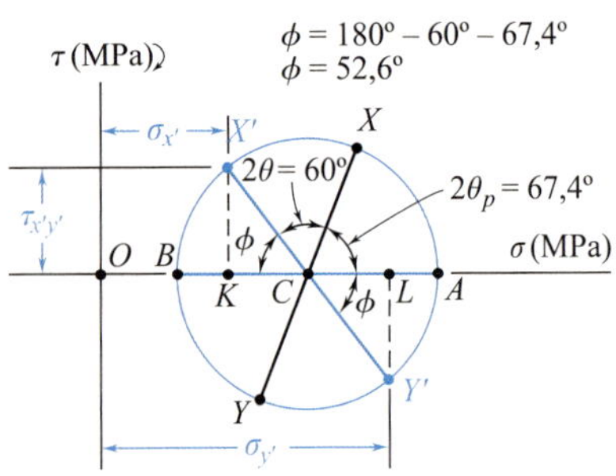

b. Componentes de tensão no elemento rodado de 30°. Os pontos *X'* e *Y'* no círculo de Mohr que correspondem às componentes de tensão no elemento rodado são obtidos girando *XY* no sentido anti-horário através de $2\theta = 60°$. Encontramos

$$\phi = 180° - 60° - 67{,}4° \qquad \phi = 52{,}6° \quad ◀$$

$$\sigma_{x'} = OK = OC - KC = 80 - 52 \cos 52{,}6° \qquad \sigma_{x'} = +48{,}4 \text{ MPa} \quad ◀$$

$$\sigma_{y'} = OL = OC + CL = 80 + 52 \cos 52{,}6° \qquad \sigma_{y'} = +111{,}6 \text{ MPa} \quad ◀$$

$$\tau_{x'y'} = KX' = 52 \text{ sen } 52{,}6° \qquad \tau_{x'y'} = 41{,}3 \text{ MPa} \quad ◀$$

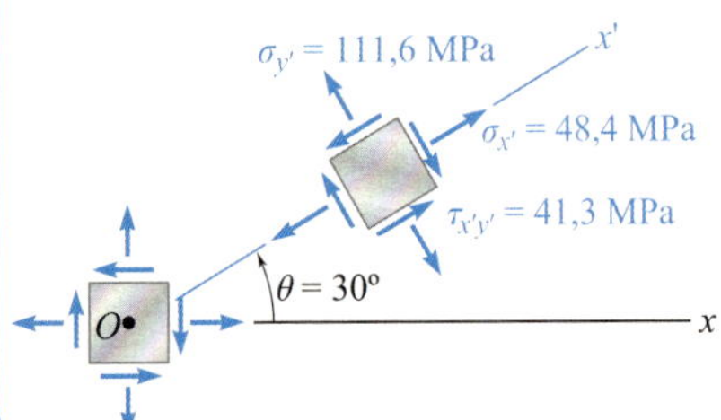

Como *X'* está localizado acima do eixo horizontal, a tensão de cisalhamento na face perpendicular a *Ox'* tende a girar o elemento no sentido horário.

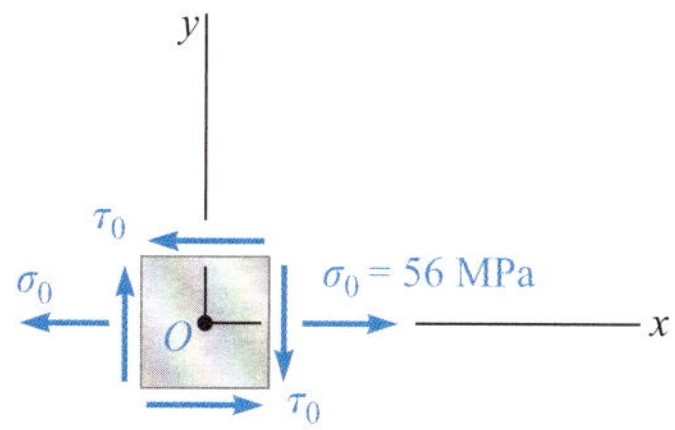

PROBLEMA RESOLVIDO 14.3

Um estado plano de tensão consiste em uma tensão de tração $\sigma_0 = 56$ MPa que atua nos planos verticais e em tensões de cisalhamento desconhecidas. Determine (*a*) a intensidade da tensão de cisalhamento τ_0 para que a maior tensão normal seja 70 MPa e (*b*) a tensão de cisalhamento máxima correspondente.

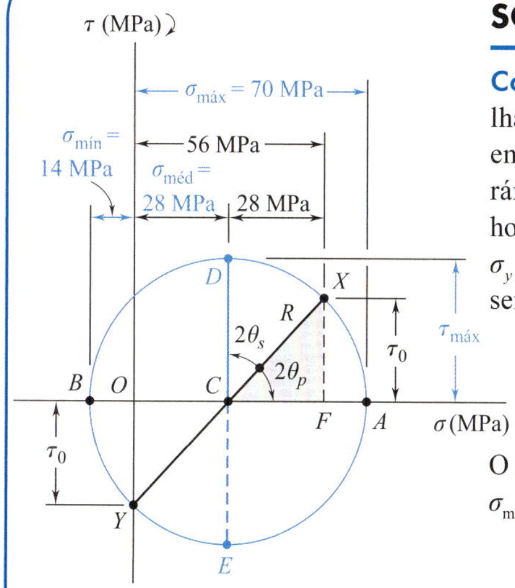

SOLUÇÃO

Construção do círculo de Mohr. Consideramos que as tensões de cisalhamento atuam nos sentidos mostrados. Assim, a tensão de cisalhamento τ_0 em uma face perpendicular ao eixo x tende a girar o elemento no sentido horário, e representamos o ponto X de coordenadas 56 MPa e τ_0 acima do eixo horizontal. Considerando uma face horizontal do elemento, observamos que $\sigma_y = 0$ e que τ_0 tende a girar o elemento no sentido anti-horário; assim, representamos o ponto Y a uma distância τ_0 abaixo de O.

Notamos que a abscissa do centro C do círculo de Mohr é

$$\sigma_{méd} = \tfrac{1}{2}(\sigma_x + \sigma_y) = \tfrac{1}{2}(56 + 0) = 28 \text{ MPa}$$

O raio R do círculo é determinado observando que a tensão normal máxima, $\sigma_{máx} = 70$ MPa, é representada pela abscissa do ponto A e escrevemos

$$\sigma_{máx} = \sigma_{méd} + R$$

$$70 \text{ MPa} = 28 \text{ MPa} + R \qquad R = 42 \text{ MPa}$$

a. Tensão de cisalhamento τ_0. Considerando o triângulo retângulo CFX, encontramos

$$\cos 2\theta_p = \frac{CF}{CX} = \frac{CF}{R} = \frac{28 \text{ MPa}}{42 \text{ MPa}} \quad 2\theta_p = 48{,}2^\circ \quad \theta_p = 24{,}1^\circ$$

$$\tau_0 = FX = R \operatorname{sen} 2\theta_p = (42 \text{ MPa}) \operatorname{sen} 48{,}2^\circ \qquad \tau_0 = 31{,}3 \text{ MPa} \blacktriangleleft$$

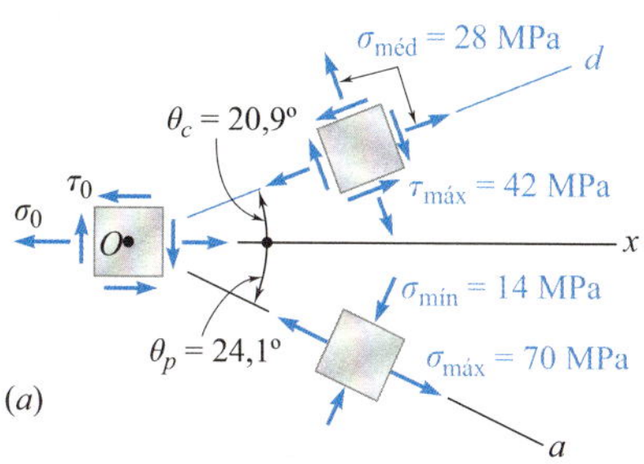

(*a*)

b. Tensão de cisalhamento máxima. As coordenadas do ponto D do círculo de Mohr representam a tensão de cisalhamento máxima e a tensão normal correspondente.

$$\tau_{máx} = R = 42 \text{ MPa} \qquad \tau_{máx} = 42 \text{ MPa} \blacktriangleleft$$

$$2\theta_c = 90^\circ - 2\theta_p = 90^\circ - 48{,}2^\circ = 41{,}8^\circ \qquad \theta_x = 20{,}9^\circ$$

A tensão de cisalhamento máxima atua em um elemento orientado conforme mostra a parte *a* da figura. (A figura também mostra o elemento sobre o qual estão atuando as tensões principais.)

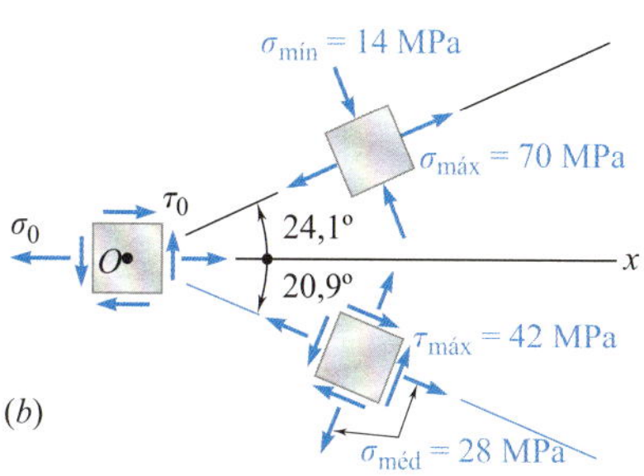

(*b*)

Nota. Se a nossa hipótese original sobre o sentido de τ_0 estivesse errada, obteríamos o mesmo círculo e as mesmas respostas, mas a orientação dos elementos seria conforme mostra a parte *b* da figura.

PROBLEMAS

14.25 Resolva os Problemas 14.5 e 14.9 usando o círculo de Mohr.

14.26 Resolva os Problemas 14.6 e 14.10 usando o círculo de Mohr.

14.27 Resolva o Problema 14.11 usando o círculo de Mohr.

14.28 Resolva o Problema 14.12 usando o círculo de Mohr.

14.29 Resolva o Problema 14.13 usando o círculo de Mohr.

14.30 Resolva o Problema 14.14 usando o círculo de Mohr.

14.31 Resolva o Problema 14.15 usando o círculo de Mohr.

14.32 Resolva o Problema 14.16 usando o círculo de Mohr.

14.33 Resolva o Problema 14.17 usando o círculo de Mohr.

14.34 Resolva o Problema 14.18 usando o círculo de Mohr.

14.35 Resolva o Problema 14.19 usando o círculo de Mohr.

14.36 Resolva o Problema 14.20 usando o círculo de Mohr.

14.37 Resolva o Problema 14.21 usando o círculo de Mohr.

14.38 Resolva o Problema 14.22 usando o círculo de Mohr.

14.39 Resolva o Problema 14.23 usando o círculo de Mohr.

14.40 Resolva o Problema 14.24 usando o círculo de Mohr.

14.41 Para o estado de tensão mostrado na figura, use o círculo de Mohr para determinar (*a*) o maior valor de τ_{xy} para que a tensão máxima de cisalhamento no plano de tensões seja igual ou menor que 82,8 MPa e (*b*) as tensões principais correspondentes.

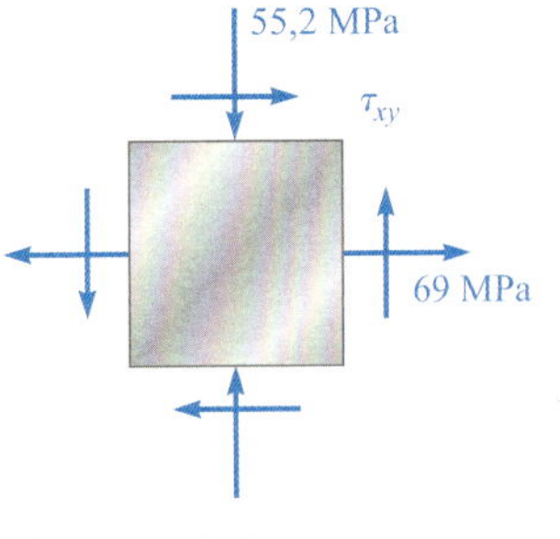

Figura P14.41

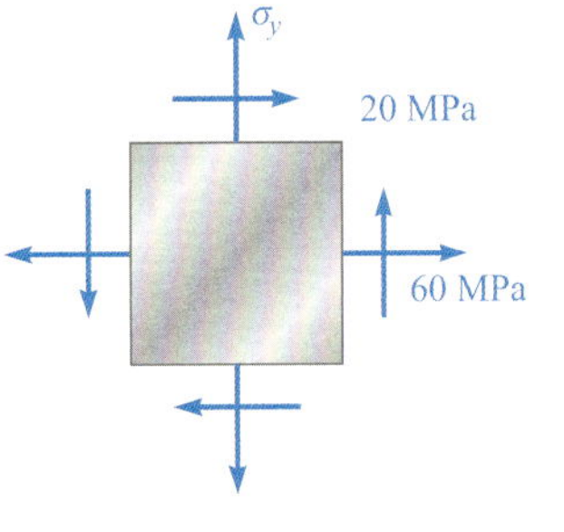

Figura P14.42

14.42 Para o estado de tensão mostrado na figura, use o círculo de Mohr para determinar o maior valor de σ_y para que a tensão máxima de cisalhamento no plano de tensões seja igual ou menor que 75 MPa.

14.43 Para o estado de tensão mostrado na figura, use o círculo de Mohr para determinar (*a*) o valor de τ_{xy} para que a tensão de cisalhamento paralela à solda seja zero e (*b*) as tensões principais correspondentes.

14.44 Resolva o Problema 14.43 considerando que a solda forma um ângulo de 60° com a horizontal.

***14.45* até 14.48** Determine os planos e as tensões principais para o estado plano de tensão resultante da superposição dos dois estados de tensão mostrados.

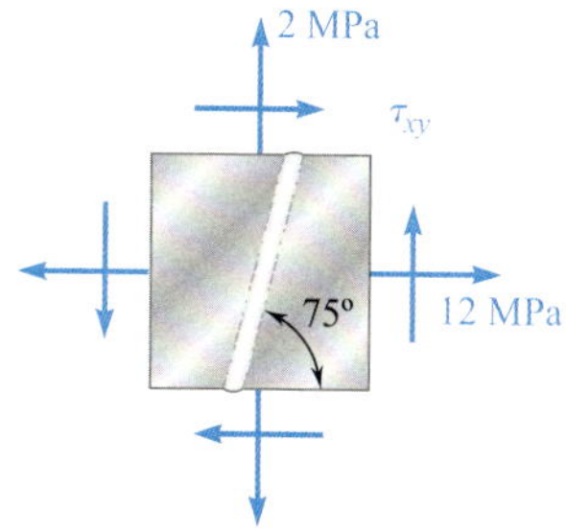

Figura P14.43

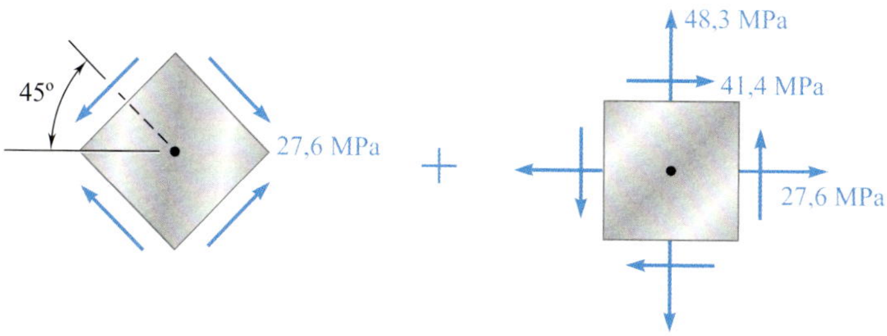

Figura *P14.45*

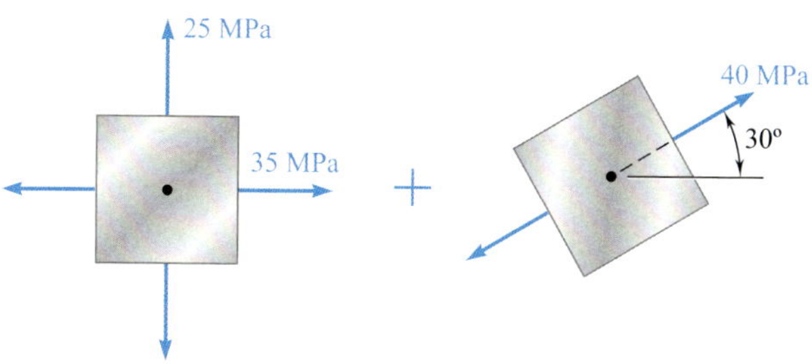

Figura P14.46

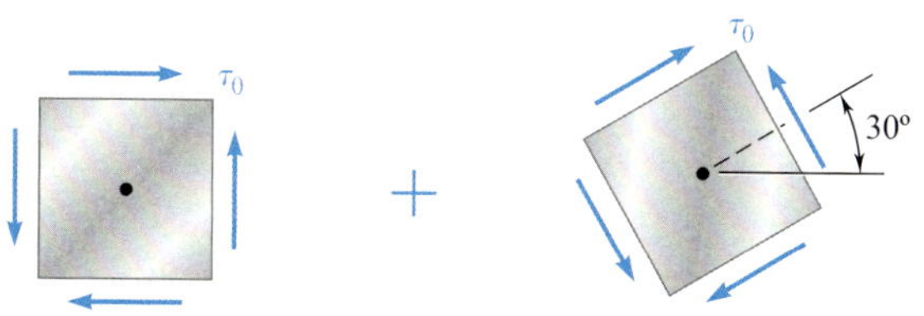

Figura P14.47

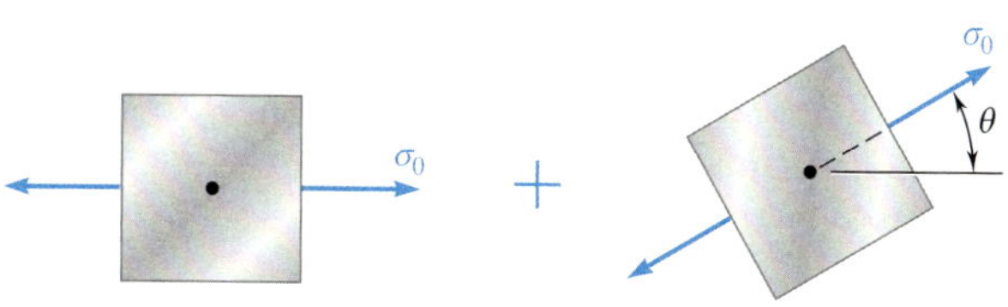

Figura P14.48

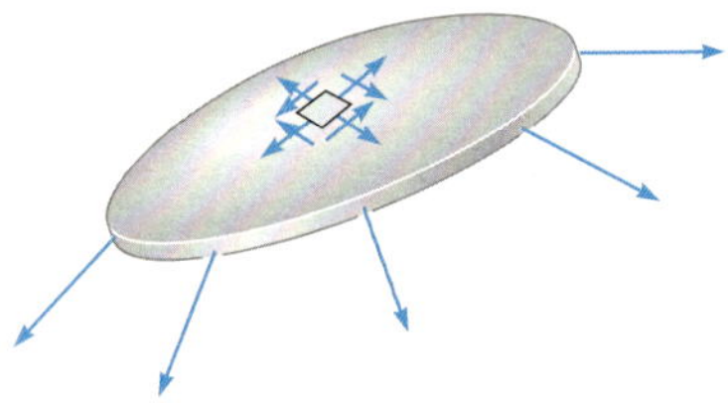

Figura 14.23

14.5 Tensões em vasos de pressão de paredes finas

Os vasos de pressão de paredes finas consistem em uma importante aplicação de análise do estado plano de tensão. Como suas paredes oferecem pouca resistência à flexão, pode-se supor que os esforços internos que atuam em determinada parte da parede sejam tangentes à superfície do vaso (Fig. 14.23). As tensões resultantes em um elemento da parede estarão contidas em um plano tangente à superfície do vaso.

Nossa análise de tensões em vasos de pressão de paredes finas será limitada aos dois tipos encontrados com maior frequência: vasos de pressão cilíndricos e vasos de pressão esféricos (Fotos 14.3 e 14.4).

Foto 14.3

Foto 14.4

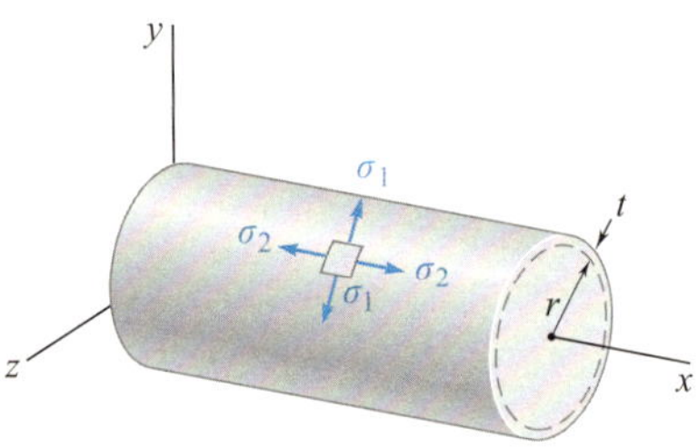

Figura 14.24

Considere um vaso cilíndrico de raio interno r e espessura de parede t que contém um fluido sob pressão (Fig. 14.24). Propomos determinar as tensões que atuam em um pequeno elemento de parede com lados respectivamente paralelos e perpendiculares ao eixo do cilindro. Em razão da axissimetria do vaso e de seu conteúdo, está claro que a tensão de cisalhamento não está atuando no elemento. As tensões normais σ_1 e σ_2 mostradas na Fig. 14.24 são, portanto, tensões principais. A tensão σ_1 é conhecida como *tensão tangencial* ou circunferencial, e a tensão σ_2 é chamada de *tensão longitudinal*.

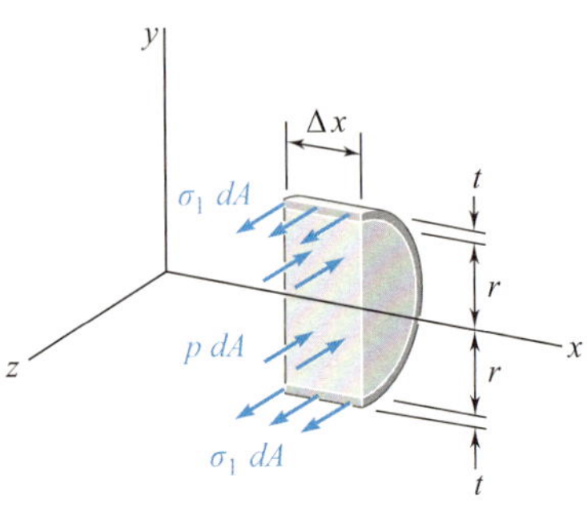

Figura 14.25

Para determinarmos a tensão tangencial σ_1, destacamos uma parte do vaso e de seu conteúdo limitado pelo plano xy e por dois planos paralelos ao plano yz a uma distância Δx um do outro (Fig. 14.25). As forças paralelas ao eixo z que atuam no corpo livre consistem em forças elementares internas $\sigma_1\ dA$, que atuam nas seções da parede, e forças elementares de pressão $p\ dA$, que atuam na parte do fluido incluído no corpo livre. Note que p representa a *pressão nanométrica* do fluido, isto é, o excesso da pressão interna sobre a pressão atmosférica externa. A resultante das forças internas $\sigma_1\ dA$ é igual ao produto de σ_1, pela área da seção transversal $2t\ \Delta x$ da parede, enquanto a resultante das forças de pressão $p\ dA$ é igual ao produto de p pela área $2r\ \Delta x$. Escrevendo a equação de equilíbrio $\Sigma F_z = 0$, temos

$$\Sigma F_z = 0: \qquad \sigma_1(2t\ \Delta x) - p(2r\ \Delta x) = 0$$

e, resolvendo para a tensão tangencial σ_1,

$$\sigma_1 = \frac{pr}{t} \tag{14.20}$$

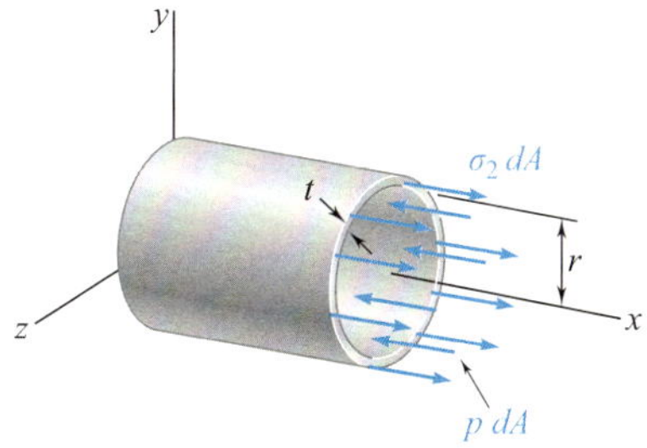

Figura 14.26

Para determinarmos a tensão longitudinal σ_2, cortamos agora o vaso perpendicularmente ao eixo x e consideramos o corpo livre como parte do vaso e de seu conteúdo localizado à esquerda da seção (Fig. 14.26). As forças que atuam nesse corpo livre são as forças internas elementares $\sigma_2\,dA$ na seção da parede e as forças elementares de pressão $p\,dA$ que atuam na parte do fluido incluído no corpo livre. Observando que a área da seção de fluido é πr^2 e que a área da seção de parede pode ser obtida multiplicando o comprimento da circunferência $2\pi r$ do cilindro pela sua espessura de parede t, escrevemos a equação de equilíbrio:*

$$\Sigma F_x = 0: \qquad \sigma_2(2\pi rt) - p(\pi r^2) = 0$$

e, resolvendo para a tensão longitudinal σ_2,

$$\sigma_2 = \frac{pr}{2t} \tag{14.21}$$

Nas Eqs. (14.20) e (14.21), observamos que a tensão tangencial σ_1 é o dobro da tensão longitudinal σ_2:

$$\sigma_1 = 2\sigma_2 \tag{14.22}$$

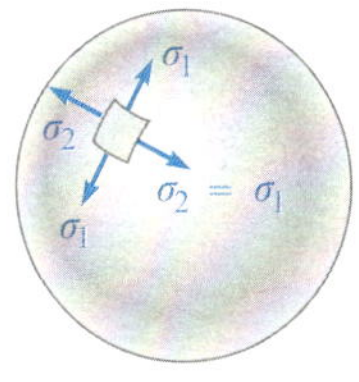

Figura 14.27

Consideramos agora um vaso esférico de raio interno r e parede com espessura t que contém um fluido sob uma pressão nanométrica p. Por razões de simetria, as tensões que atuam nas quatro faces de um pequeno elemento de parede devem ser iguais (Fig. 14.27). Temos

$$\sigma_1 = \sigma_2 \tag{14.23}$$

Para determinarmos o valor da tensão, cortamos o vaso por uma seção através do centro C do vaso e consideramos o corpo livre que consiste na parte do vaso em seu conteúdo localizado à esquerda da seção (Fig. 14.28). A equação de equilíbrio para esse corpo livre é a mesma do corpo livre da Fig. 14.26. Concluímos então que, para um vaso esférico,

$$\sigma_1 = \sigma_2 = \frac{pr}{2t} \tag{14.24}$$

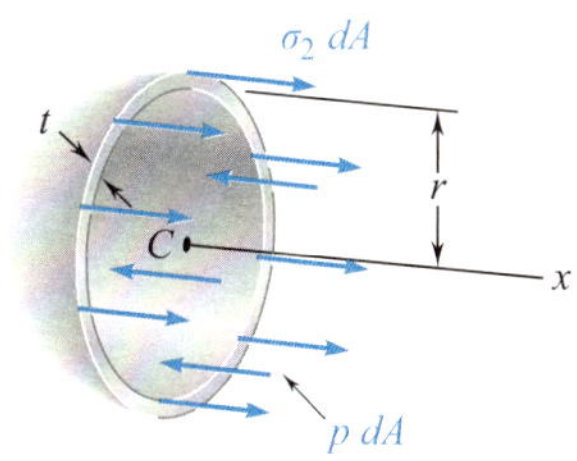

Figura 14.28

* Se usássemos o raio médio da seção de parede $r_m = r + \frac{1}{2}t$ no cálculo da resultante das forças naquela seção, obteríamos um valor mais preciso da tensão longitudinal, ou seja,

$$\sigma_2 = \frac{pr}{2t}\frac{1}{1 + \dfrac{t}{2r}} \tag{14.21'}$$

No entanto, para um vaso de pressão de paredes finas, o termo $t/2r$ é suficientemente pequeno, possibilitando o uso da Eq. (14.21) para projeto de engenharia e análise. Se um vaso de pressão não é do tipo de paredes finas (isto é, se $t/2r$ não é pequeno), as tensões σ_1 e σ_2 variam na parede e devem ser determinadas pelos métodos da teoria da elasticidade.

PROBLEMA RESOLVIDO 14.4

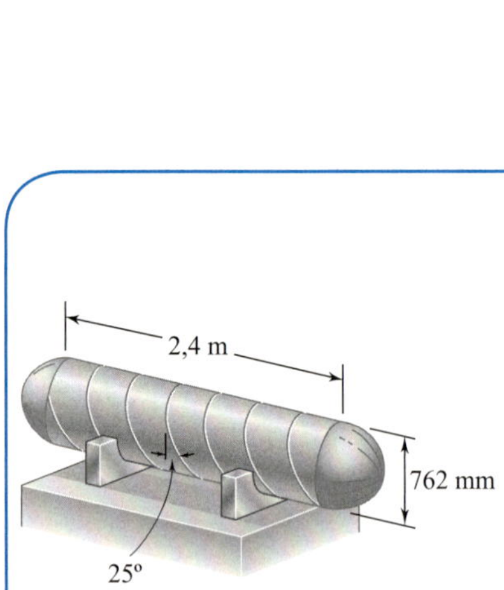

Um tanque de ar comprimido está apoiado em dois berços como mostra a figura. Um dos berços foi projetado de modo que não exerça nenhuma força longitudinal no tanque. O corpo cilíndrico do tanque tem um diâmetro externo de 762 mm e é fabricado a partir de uma placa de aço de 9,5 mm de espessura por soldagem de topo ao longo de uma hélice que forma um ângulo de 25° com o plano transversal. As tampas das extremidades são esféricas e têm uma espessura de parede uniforme de 8,0 mm. Para uma pressão manométrica interna de 1,2 MPa, determine (*a*) a tensão normal e a tensão de cisalhamento máxima nas tampas esféricas e (*b*) as tensões em direções perpendiculares e paralelas à soldagem helicoidal.

SOLUÇÃO

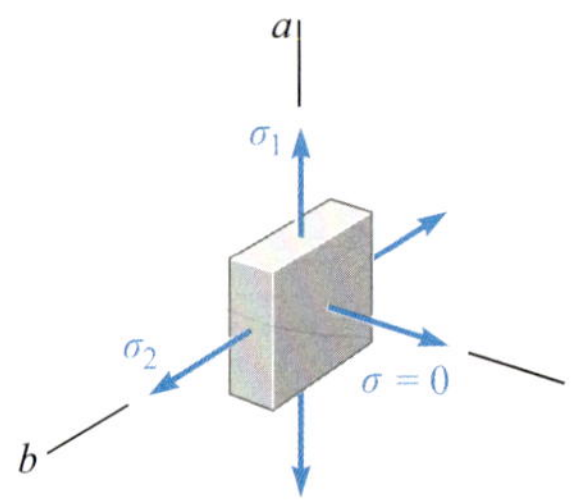

a. Tampa esférica. Usando a Equação (14.24), escrevemos

$$p = 1{,}2 \text{ MPa}, \; t = 8{,}0 \text{ mm} = r = 381 - 8 = 373 \text{ mm}$$

$$\sigma_1 = \sigma_2 = \frac{pr}{2t} = \frac{(1{,}2 \text{ MPa})(373 \text{ mm})}{2(8{,}0 \text{ mm})} \qquad \sigma = 28 \text{ MPa} \blacktriangleleft$$

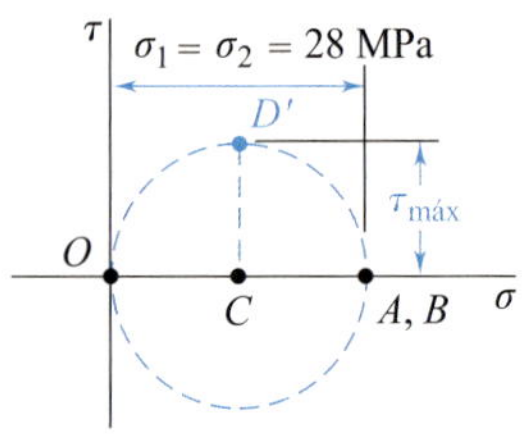

Notamos que para tensões em um plano tangente à tampa, o círculo de Mohr se reduz a um ponto (A, B) no eixo horizontal e que todas as tensões de cisalhamento no plano das tensões são zero. Na superfície da tampa a terceira tensão principal é zero e corresponde ao ponto O. Em um círculo de Mohr de diâmetro AO, o ponto D' representa a tensão de cisalhamento máxima; ela ocorre em planos a 45° em relação ao plano tangente à tampa.

$$\tau_{máx} = \tfrac{1}{2}(28 \text{ MPa}) \qquad \tau_{máx} = 14 \text{ MPa} \blacktriangleleft$$

b. Corpo cilíndrico do tanque. Primeiro determinamos a tensão tangencial σ_1 e a tensão longitudinal σ_2. Usando as Eqs. (14.20) e (14.22), escrevemos

$$p = 1{,}2 \text{ MPa}, \; t = 9{,}5 \text{ mm} = r = 381 - 9{,}5 = 371{,}5 \text{ mm}$$

$$\sigma_1 = \frac{pr}{t} = \frac{(1{,}2 \text{ MPa})(371{,}5 \text{ mm})}{9{,}5 \text{ mm}} = 47 \text{ MPa} \qquad \sigma_2 = \tfrac{1}{2}\sigma_1 = 23{,}5 \text{ MPa}$$

$$\sigma_{méd} = \tfrac{1}{2}(\sigma_1 + \sigma_2) = 35{,}25 \text{ MPa} \qquad R = \tfrac{1}{2}(\sigma_1 - \sigma_2) = 11{,}75 \text{ MPa}$$

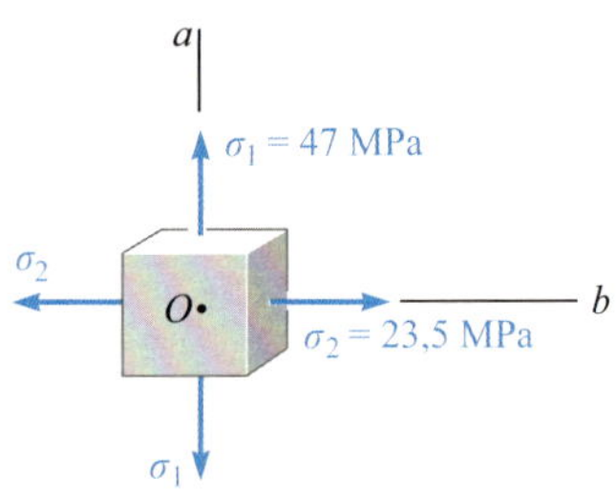

Tensões na solda. Considerando que tanto a tensão tangencial quanto a tensão longitudinal são tensões principais, traçamos o círculo de Mohr conforme está mostrado.

Um elemento com uma face paralela à solda é obtido rodando a face perpendicular ao eixo Ob no sentido anti-horário em 25°. Portanto, no círculo de Mohr, localizamos o ponto X' correspondente aos componentes de tensão na solda rodando o raio CB no sentido anti-horário por meio de $2\theta = 50°$.

$$\sigma_w = \sigma_{méd} - R \cos 50° = 35{,}25 - 11{,}75 \cos 50° \qquad \sigma_w = 27{,}7 \text{ MPa} \blacktriangleleft$$

$$\tau_w = R \text{ sen } 50° = 11{,}75 \text{ sen } 50° \qquad \tau_w = 9 \text{ MPa} \blacktriangleleft$$

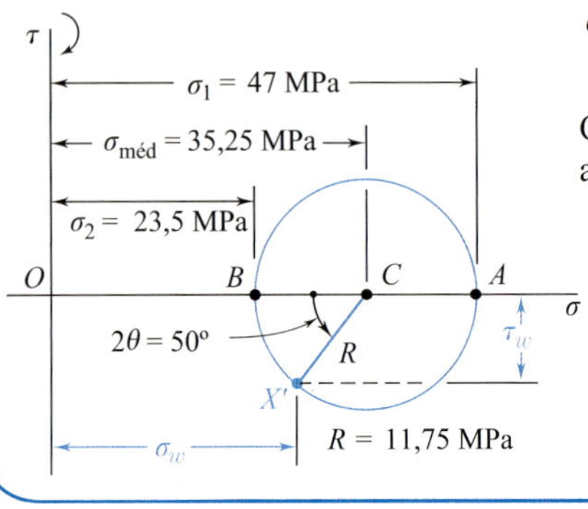

Como X' está abaixo do eixo horizontal, τ_w tende a girar o elemento no sentido anti-horário.

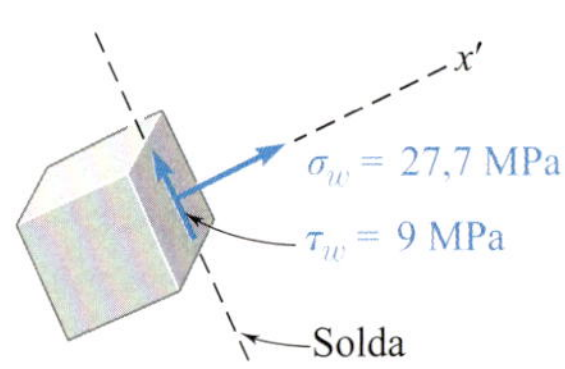

PROBLEMAS

14.49 Determine a tensão normal em uma bola de basquete de 240 mm de diâmetro externo e espessura de parede de 3 mm que é inflada a uma pressão manométrica de 62 kPa.

14.50 Um reservatório de gás esférico feito de aço tem diâmetro externo de 5,4 m e espessura de parede de 9,5 mm. Sabendo que a pressão interna é de 414 kPa, determine a tensão normal máxima no reservatório.

14.51 A pressão manométrica máxima é de 8 MPa em um vaso de pressão esférico com diâmetro externo de 250 mm e espessura de parede de 6 mm. Sabendo que o limite de tensão no aço utilizado é $\sigma_L = 400$ MPa, determine o coeficiente de segurança em relação à falha por tração.

14.52 Um reservatório de gás esférico com diâmetro externo de 4,5 m e espessura de parede de 22,5 mm é feito de um aço para o qual $E = 200$ GPa e $\nu = 0{,}29$. Sabendo que a pressão manométrica no reservatório pode aumentar de zero a 1.725 kPa, determine (*a*) a tensão normal máxima no reservatório e (*b*) o aumento de diâmetro do reservatório.

14.53 Um vaso de pressão esférico tem diâmetro externo de 3 m e espessura de parede de 12 mm. Sabendo que, para o aço utilizado $\sigma_{adm} = 80$ MPa, $E = 200$ GPa e $\nu = 0{,}29$, determine (*a*) a pressão manométrica admissível e (*b*) o aumento correspondente no diâmetro do vaso.

14.54 Um vaso de pressão esférico com diâmetro externo de 750 mm deve ser fabricado com um aço que tem um limite de tensão $\sigma_L = 400$ MPa. Sabendo que se deseja um coeficiente de segurança de 4 e que a pressão manométrica pode alcançar 4,2 MPa, determine a menor espessura de parede que deve ser usada.

14.55 Com a sua capacidade total, o tanque de armazenamento não pressurizado mostrado na figura contém água a uma altura de 15,5 m acima de sua base. Sabendo que a parte inferior usa uma parede de espessura de 16 mm, determine a tensão normal máxima no tanque. (Densidade da água = 1.000 kg/m^3.)

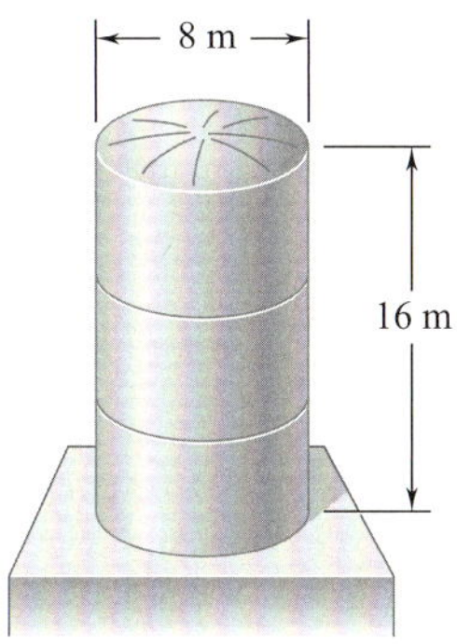

Figura P14.55

Figura P14.57

14.56 Determine a maior pressão interna que pode ser aplicada a um tanque cilíndrico com 1,75 m de diâmetro externo e 16 mm de espessura de parede, se o limite de tensão normal do aço utilizado é de 450 MPa e o coeficiente de segurança desejado é de 5,0.

14.57 Um tanque de armazenamento contém propano líquido sob uma pressão de 1.449 kPa, a uma temperatura de 38 °C. Sabendo que o tanque tem um diâmetro externo de 315 mm e espessura de parede de 2,75 mm, determine a tensão normal máxima e a tensão de cisalhamento máxima no tanque.

14.58 O tanque de armazenamento mostrado na Foto 14.3 tem um diâmetro externo de 3,3 m e uma espessura de parede de 18 mm. Quando a pressão interna do tanque for de 1,5 MPa, determine a tensão normal máxima e a tensão de cisalhamento máxima no tanque.

14.59 Uma adutora de aço tem um diâmetro externo de 900 mm e uma espessura de parede de 13 mm, e conecta um reservatório em A com uma estação geradora de energia em B. Sabendo que a densidade da água é de 1.000 kg/m³, determine a tensão normal máxima e a tensão de cisalhamento máxima na adutora sob condições estáticas.

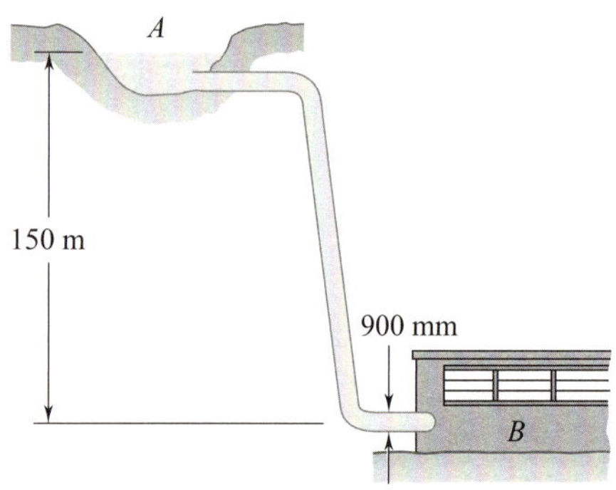

Figura P14.59 e P14.60

14.60 Uma adutora de aço tem um diâmetro externo de 900 mm e uma espessura de parede de 13 mm, e conecta um reservatório em A com uma estação geradora de energia em B. Sabendo que a densidade da água é de 1.000 kg/m³, determine a menor espessura de parede que pode ser usada para a adutora.

14.61 A parte cilíndrica do tanque de ar comprimido mostrado na figura é fabricada com uma placa de 6 mm de espessura soldada ao longo de uma hélice formando um ângulo $\beta = 30°$ com a horizontal. Sabendo que a tensão normal admissível para a solda é de 75 MPa, determine a maior pressão manométrica que pode ser usada no tanque.

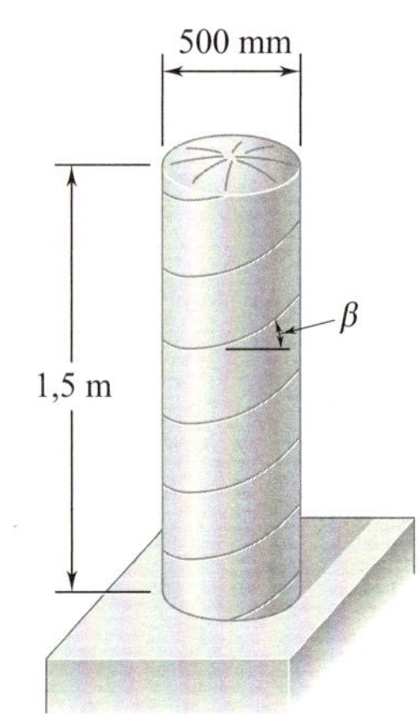

Figura P14.61 e P14.62

14.62 A parte cilíndrica do tanque de ar comprimido mostrado na figura é fabricada com uma placa de 6 mm de espessura soldada ao longo de uma hélice formando um ângulo $\beta = 30°$ com a horizontal. Determine a pressão manométrica que irá causar uma tensão de cisalhamento paralela à solda de 30 MPa.

14.63 O tanque de pressão mostrado na figura tem uma espessura de parede de 9,5 mm e emendas de solda de topo formando um ângulo $\beta = 20°$ com um plano transversal. Para uma pressão manométrica de 586 kPa, determine (*a*) a tensão normal perpendicular à solda e (*b*) a tensão de cisalhamento paralela à solda.

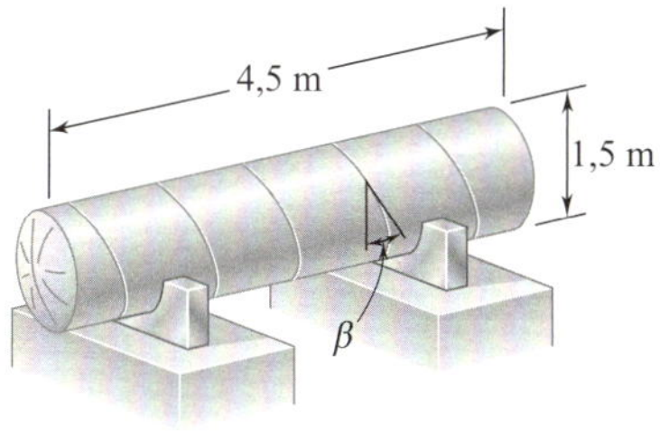

Figura P14.63 e P14.64

14.64 O tanque de pressão mostrado na figura tem uma espessura de parede de 9,5 mm e emendas de solda de topo formando um ângulo $\beta = 25°$ com um plano transversal. Determine a maior pressão manométrica admissível, sabendo que a tensão normal admissível perpendicular à solda é de 124 MPa e a tensão de cisalhamento admissível paralela à solda é de 69 MPa.

14.65 Na fabricação do tubo mostrado na figura, soldaram-se tiras de chapa ao longo de uma hélice formando um ângulo β com um plano transversal. Determine o maior valor de β que pode ser utilizado considerando que a tensão normal perpendicular à solda não deve ser maior que 85% da tensão máxima no tubo.

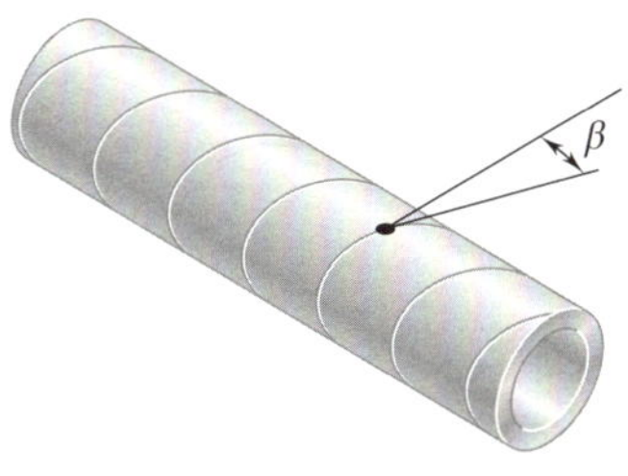

Figura P14.65 e P14.66

14.66 O tubo mostrado na figura tem um diâmetro interno de 600 mm, e na sua fabricação, soldaram-se tiras de chapa de 10 mm de espessura ao longo de uma hélice formando um ângulo $\beta = 25°$ com um plano transversal. Sabendo que a tensão normal limite perpendicular à solda é de 450 MPa e que o fator de segurança de 6,0 é desejado, determine a máxima tensão manométrica admissível que pode ser usada.

14.67 O tanque de ar comprimido AB tem diâmetro interno de 450 mm e espessura de parede uniforme de 6 mm. Sabendo que a pressão manométrica no tanque é de 1,2 MPa, determine a tensão normal máxima e a tensão de cisalhamento máxima no plano das tensões no ponto a, na superfície superior do tanque.

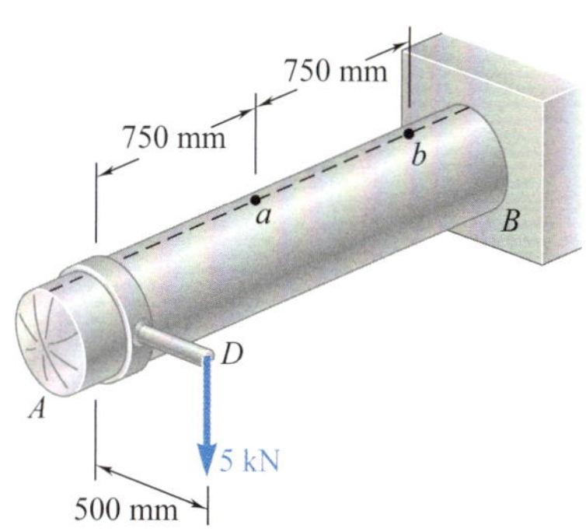

Figura P14.67

14.68 Para o tanque de ar comprimido e carregamento do Problema 14.67, determine a tensão normal máxima e a tensão de cisalhamento máxima no plano das tensões no ponto *b*, na superfície superior do tanque.

14.69 Um vaso de pressão com diâmetro interno de 250 mm e espessura de parede de 6 mm é fabricado com uma seção de 1,2 m de um tubo *AB* soldado em espiral e é equipado com duas tampas laterais rígidas. A pressão manométrica dentro do vaso é de 2.070 kPa, e são aplicadas forças axiais centradas **P** e **P**′ de 45 kN nas tampas laterais. Determine (*a*) a tensão normal perpendicular à solda e (*b*) a tensão de cisalhamento paralela à solda.

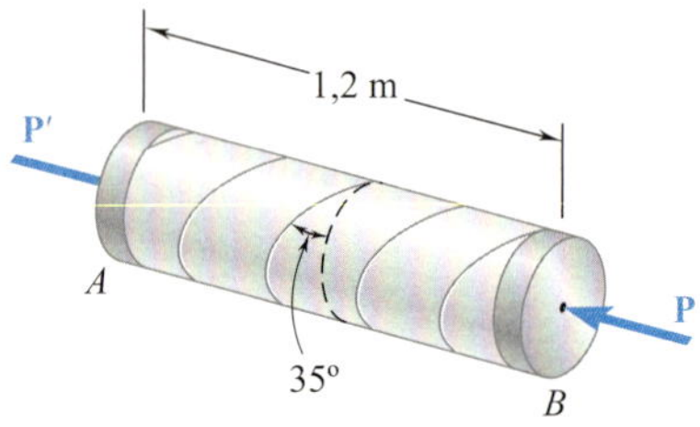

Figura P14.69

14.70 Resolva o Problema 14.69 considerando que a intensidade *P* das duas forças é elevada para 135 kN.

14.71 O tanque de ar comprimido *AB* tem um diâmetro externo de 200 mm e espessura de parede de 8 mm. Sabendo que a pressão dentro do tanque é de 4 MPa, determine a tensão normal máxima e a tensão de cisalhamento máxima no ponto *K*.

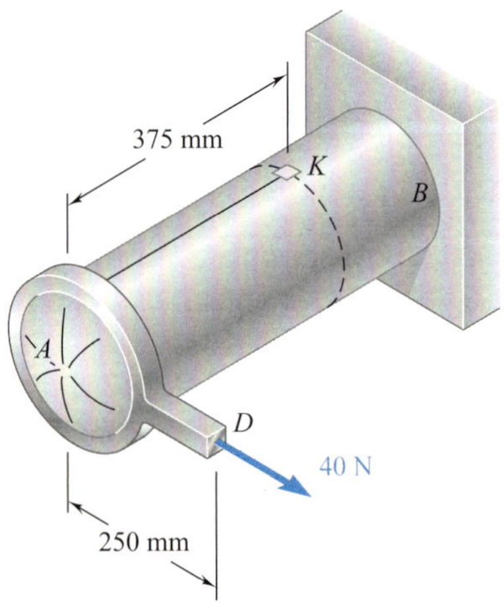

Figura P14.71

14.72 Resolva o Problema 14.71 considerando que a força de 40 N aplicada no ponto *D* é direcionada verticalmente para baixo.

REVISÃO E RESUMO

A primeira parte deste capítulo foi dedicada ao estudo da *transformação do estado de tensão* sob a rotação de eixos e à sua aplicação para a solução de problemas de engenharia.

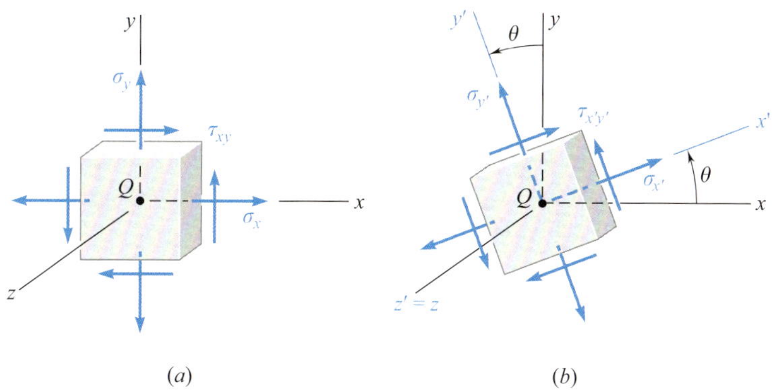

Figura 14.29

Transformação do estado plano de tensão

Considerando primeiramente um estado *plano de tensão* em um dado ponto Q [Seção 14.2] e chamando de σ_x, σ_y e τ_{xy} as componentes de tensão associadas ao elemento mostrado na Fig. 14.29*a*, deduzimos as equações a seguir, definindo as componentes $\sigma_{x'}$, $\sigma_{y'}$ e $\tau_{x'y'}$ associadas a esse elemento depois de ele ter sofrido uma rotação através de um ângulo θ em torno do eixo z (Fig. 14.29*b*):

$$\sigma_{x'} = \frac{\sigma_x + \sigma_y}{2} + \frac{\sigma_x - \sigma_y}{2}\cos 2\theta + \tau_{xy}\,\text{sen}\, 2\theta \qquad (14.5)$$

$$\sigma_{y'} = \frac{\sigma_x + \sigma_y}{2} - \frac{\sigma_x - \sigma_y}{2}\cos 2\theta - \tau_{xy}\,\text{sen}\, 2\theta \qquad (14.7)$$

$$\tau_{x'y'} = -\frac{\sigma_x - \sigma_y}{2}\,\text{sen}\, 2\theta + \tau_{xy}\cos 2\theta \qquad (14.6)$$

Na Seção 14.3, determinamos os valores de θ_p do ângulo de rotação que correspondem aos valores máximo e mínimo da tensão normal no ponto Q. Escrevemos

$$\text{tg}\, 2\theta_p = \frac{2\tau_{xy}}{\sigma_x - \sigma_y} \qquad (14.12)$$

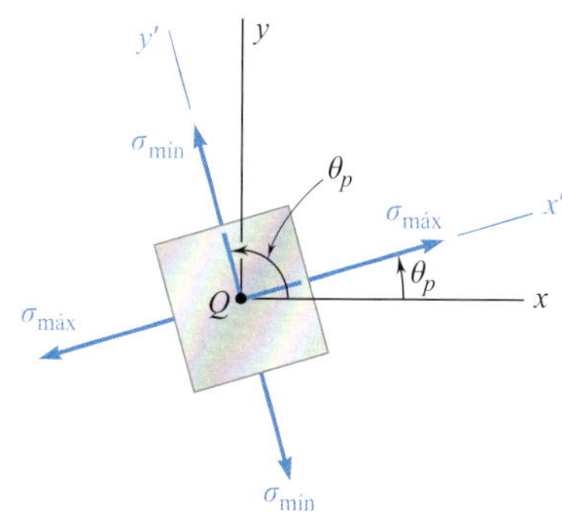

Figura 14.30

Planos principais. Tensões principais

Os dois valores obtidos para θ_p estavam defasados em 90° (Fig. 14.30) e definiam os *planos principais de tensão* no ponto Q. Os valores correspondentes da tensão normal foram chamados de *tensões principais* em Q, e obtivemos

$$\sigma_{\text{máx, mín}} = \frac{\sigma_x + \sigma_y}{2} \pm \sqrt{\left(\frac{\sigma_x - \sigma_y}{2}\right)^2 + \tau_{xy}^2} \qquad (14.14)$$

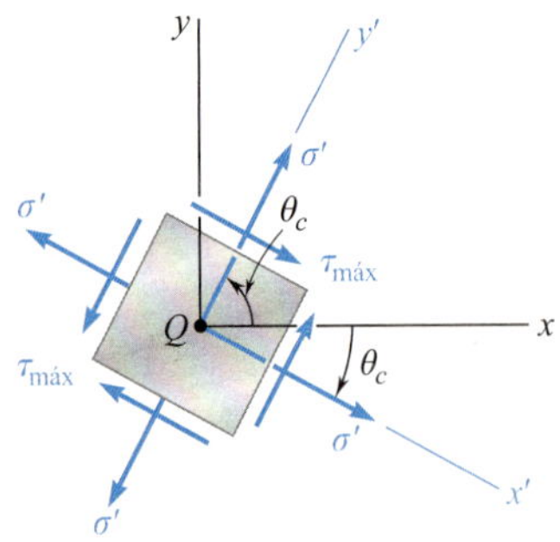

Figura 14.31

Observamos também que o valor correspondente da tensão de cisalhamento é zero. Em seguida, determinamos os valores de θ_c do ângulo θ para o qual ocorreu o maior valor da tensão de cisalhamento. Escrevemos

$$\operatorname{tg} 2\theta_c = -\frac{\sigma_x - \sigma_y}{2\tau_{xy}} \tag{14.15}$$

Os dois valores obtidos para θ_c estavam defasados em 90° (Fig. 14.31). Observamos também que os planos de tensão de cisalhamento máxima estavam a 45° dos planos principais. O valor máximo da tensão de cisalhamento para uma rotação *no plano das tensões era*

$$\tau_{\text{máx}} = \sqrt{\left(\frac{\sigma_x - \sigma_y}{2}\right)^2 + \tau_{xy}^2} \tag{14.16}$$

Tensão de cisalhamento máxima no plano das tensões

e o valor correspondente das tensões normais era

$$\sigma' = \sigma_{\text{méd}} = \frac{\sigma_x + \sigma_y}{2} \tag{14.17}$$

Círculo de Mohr para tensão

Na Seção 14.4, vimos que o *círculo de Mohr* proporciona um método alternativo, com base em considerações geométricas simples, para a análise das transformações do estado plano de tensão. Dado o estado de tensão mostrado em preto na Fig. 14.32*a*, representamos o ponto X de coordenadas σ_x, $-\tau_{xy}$ e o ponto Y de coordenadas σ_y, $+\tau_{xy}$ (Fig. 14.32*b*). Traçando o círculo de diâmetro XY, obtivemos o círculo de Mohr. As abscissas dos pontos de interseção A e B do círculo com o eixo horizontal representam as tensões principais, e o ângulo de rotação que faz coincidir o diâmetro XY com AB é duas vezes o ângulo θ_p, que define os planos principais na Fig. 14.32*a*, tendo ambos os ângulos o mesmo sentido. Observamos também que o diâmetro DE define a tensão de cisalhamento máxima e a orientação do plano correspondente (Fig. 14.33) [Exemplo 14.2, Problemas Resolvidos 14.2 e 14.3].

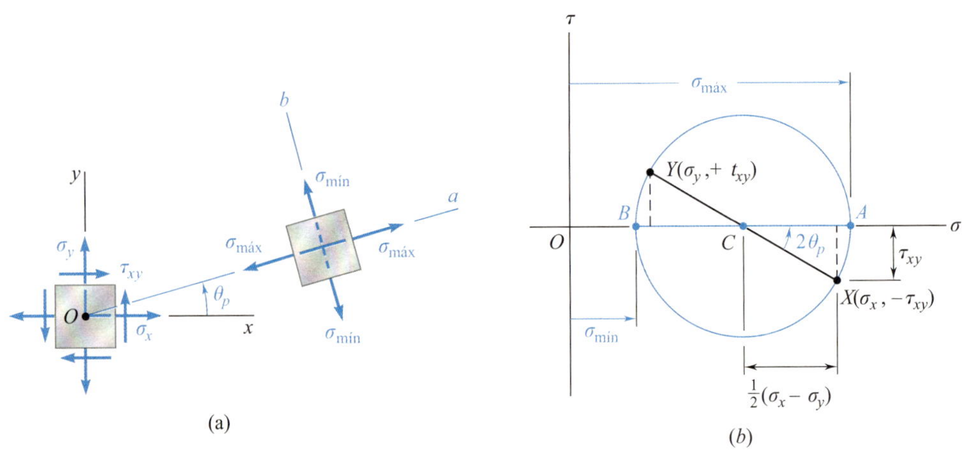

Figura 14.32

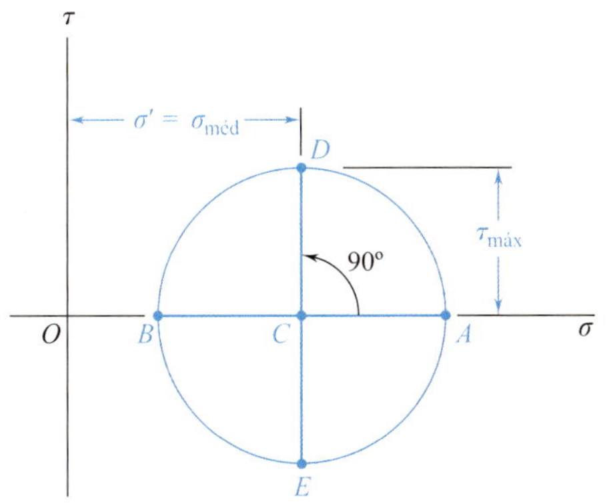

Figura 14.33

Vasos de pressão cilíndricos

Na Seção 14.5, discutimos as tensões em *vasos de pressão de paredes finas* e deduzimos fórmulas que relacionam tensões nas paredes dos vasos e a *pressão manométrica p* do fluido que eles contêm. No caso de um *vaso cilíndrico* de raio interno r e espessura de parede t (Fig. 14.34), obtivemos as seguintes expressões para a *tensão tangencial* σ_1 e para a *tensão longitudinal* σ_2:

$$\sigma_1 = \frac{pr}{t} \qquad \sigma_2 = \frac{pr}{2t} \tag{14.20, 14.21}$$

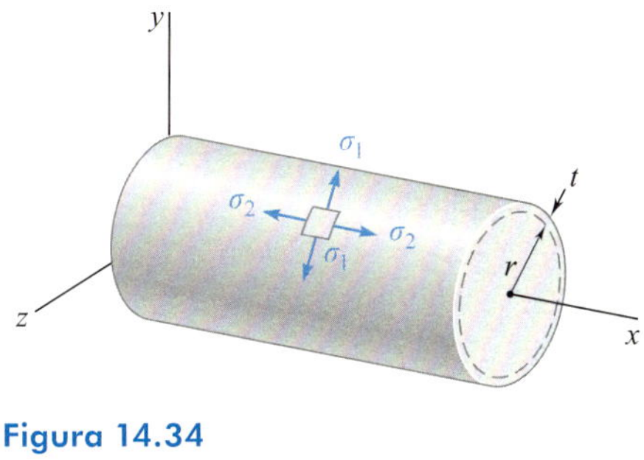

Figura 14.34

Vasos de pressão esféricos

No caso de um *vaso esférico* de raio interno r e espessura de parede t (Fig. 14.35), vimos que as duas tensões principais são iguais:

$$\sigma_1 = \sigma_2 = \frac{pr}{2t} \tag{14.24}$$

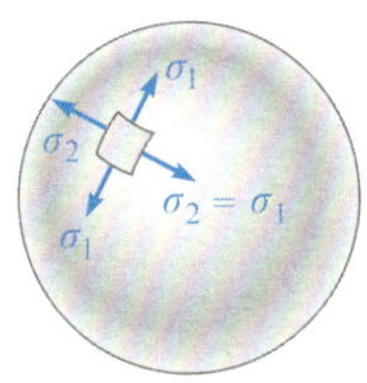

Figura 14.35

PROBLEMAS DE REVISÃO

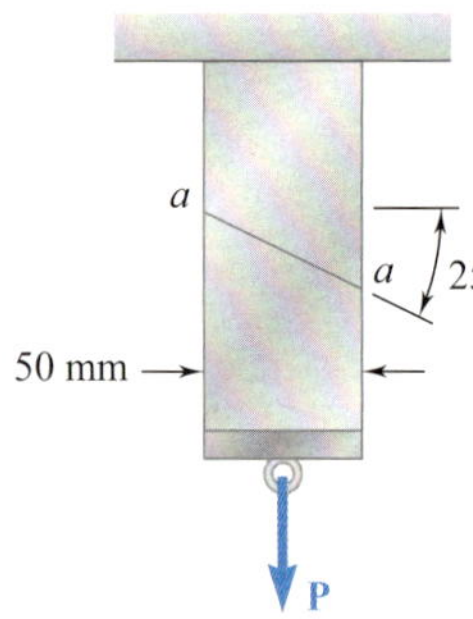

Figura P14.73

14.73 Dois elementos de seção transversal uniforme de 50 mm × 80 mm são colados entre si ao longo do plano *a-a*, que forma um ângulo de 25° com a horizontal. Sabendo que as tensões admissíveis para a junta colada são $\sigma = 800$ kPa e $\tau = 600$ kPa, determine a maior força centrada **P** que pode ser aplicada.

14.74 Determine a maior pressão interna que pode ser aplicada a um tanque cilíndrico com 1,65 m de diâmetro externo e 16 mm de espessura de parede, se o limite de tensão normal do aço utilizado é de 450 MPa e o coeficiente de segurança desejado é de 5,0.

14.75 Um tanque de pressão esférico tem diâmetro externo de 1,2 m e parede uniforme de espessura de 10 mm. Sabendo que a pressão manométrica é de 1,25 MPa no tanque, determine a máxima tensão normal. (Use $E = 200$ GPa e $\nu = 0{,}30$.)

14.76 Para o estado de tensão mostrado, as tensões normal e de cisalhamento estão direcionadas conforme mostra a figura e $\sigma_x = 34{,}5$ MPa, $\sigma_y = 82{,}8$ MPa e $\sigma_{\text{máx}} = 124{,}2$ MPa. Determine (*a*) a orientação dos planos principais e (*b*) a tensão de cisalhamento máxima no plano das tensões.

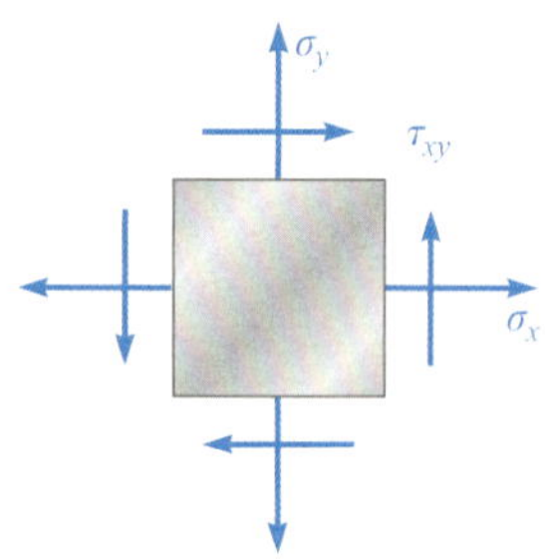

Figura P14.76

14.77 Para o estado de tensão mostrado na figura, determine (*a*) os planos principais, (*b*) as tensões principais e (*c*) a máxima tensão de cisalhamento.

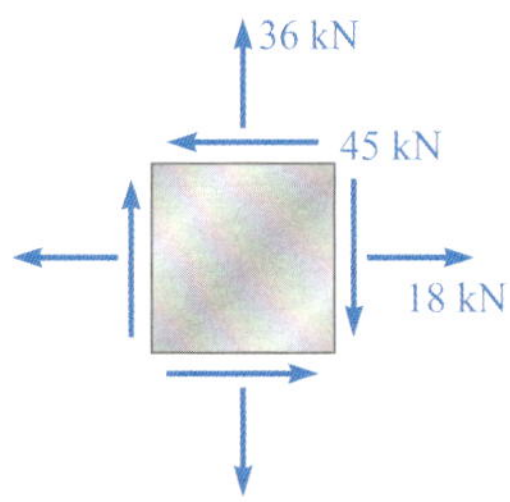

Figura P14.77

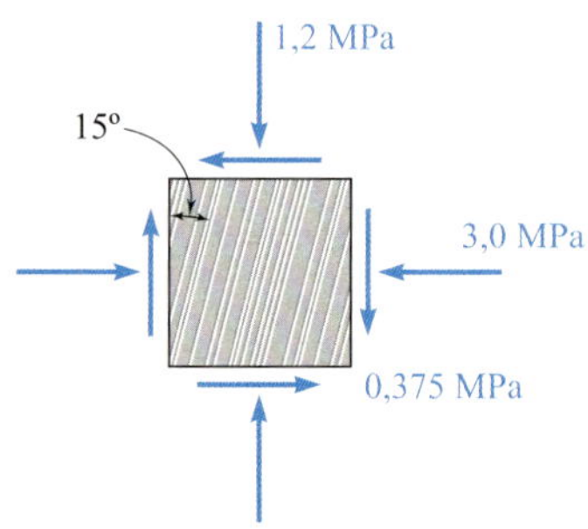

Figura P14.78

14.78 As fibras de um elemento de madeira formam um ângulo de 15° com a vertical. Para o estado de tensão mostrado na figura, determine (*a*) a tensão de cisalhamento no plano da tensão paralela às fibras e (*b*) a tensão normal perpendicular às libras.

14.79 Um tanque de pressão cilíndrico feito de aço tem um diâmetro interno de 650 mm e uma parede uniforme de espessura de 6 mm. Sabendo que a tensão-limite do aço utilizado é de 450 MPa, determine a máxima pressão manométrica admissível se o fator de segurança de 5,0 deve ser mantido.

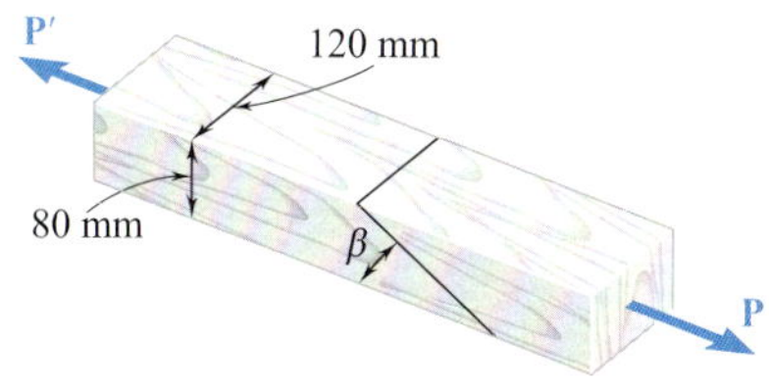

Figura *P14.80* e P14.81

14.80 Dois elementos de madeira de seção transversal retangular uniforme de 80 mm × 120 mm são unidos por uma junta colada conforme mostra a figura. Sabendo que $\beta = 22°$ e que as tensões máximas admissíveis na junta são, respectivamente, 400 kPa em tração (perpendicular à emenda) e 600 kPa em cisalhamento (paralela à emenda), determine a maior força centrada **P** que pode ser aplicada.

14.81 Dois elementos de madeira de seção transversal retangular uniforme de 80 mm × 120 mm são unidos por uma junta colada conforme mostra a figura. Sabendo que $\beta = 25°$ e que são aplicadas forças centradas de intensidade $P = 10$ kN aos elementos mostrados, determine (*a*) a tensão de cisalhamento no plano da tensão, paralela à emenda e (*b*) a tensão normal perpendicular à emenda.

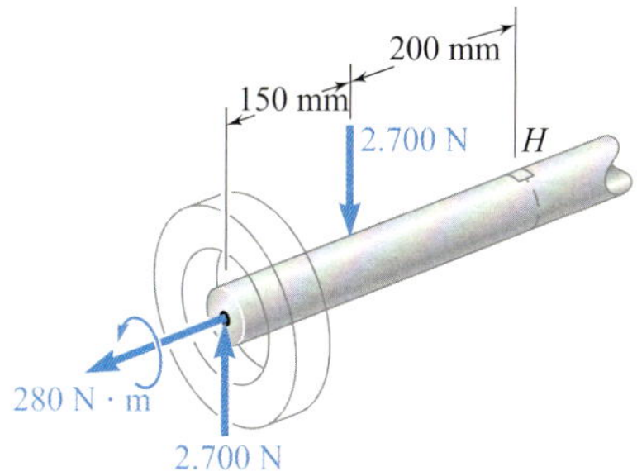

Figura P14.82

14.82 O eixo de um automóvel está sob a ação das forças e do torque mostrados na figura. Sabendo que o diâmetro do eixo de seção transversal cheia é de 31,8 mm, determine (*a*) os planos e as tensões principais no ponto *H* localizado na superfície superior do eixo e (*b*) a tensão de cisalhamento máxima no mesmo ponto.

14.83 Chapas quadradas, cada uma com 13 mm de espessura, podem ser curvadas e soldadas entre si de duas maneiras, conforme mostra a figura, para formar a parte cilíndrica de um tanque de ar comprimido. Sabendo que a tensão normal admissível perpendicular à solda é de 82,8 MPa, determine a maior pressão manométrica possível em cada caso.

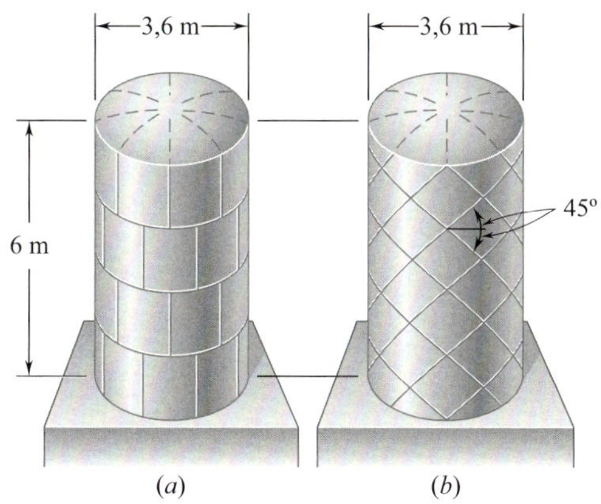

Figura *P14.83*

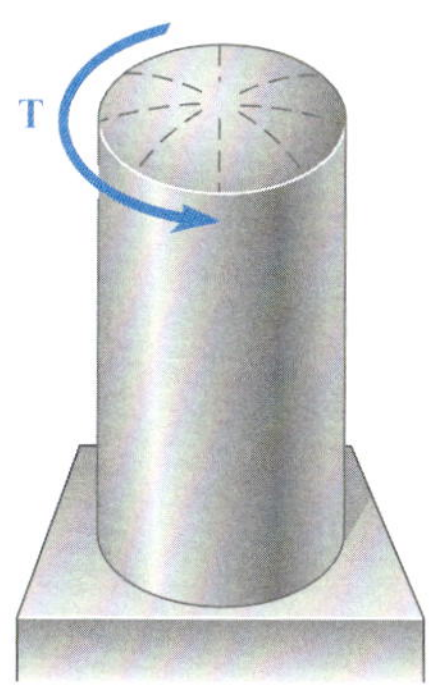

Figura P14.84

14.84 Um torque de intensidade $T = 12$ kN · m é aplicado à extremidade de um tanque que contém ar comprimido sob uma pressão de 8 MPa. Sabendo que o tanque tem um diâmetro interno de 180 mm e uma espessura de parede de 12 mm, determine a tensão normal máxima e a tensão de cisalhamento máxima no tanque.

A foto mostra uma ponte de múltiplas tramas durante a construção. O projeto das vigas da ponte baseia-se em critérios de resistência e na avaliação das deflexões.

CAPÍTULO 15

Deflexão de vigas

15 Deflexão de vigas

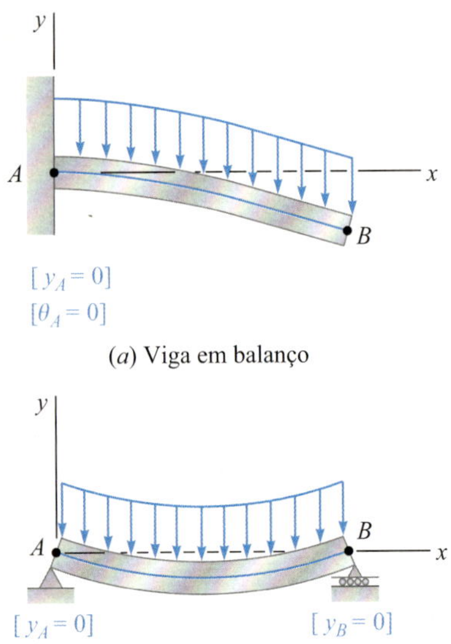

(*a*) Viga em balanço

(*b*) Viga biapoiada

Figura 15.1

15.1 Introdução

No capítulo anterior, aprendemos a projetar vigas com base em critérios de resistência. Neste capítulo, vamos nos preocupar com outro aspecto do projeto de vigas: a determinação da *deflexão*. A *deflexão máxima* de uma viga sob um determinado carregamento tem importância especial, pois as especificações de projeto de uma viga geralmente incluem um valor máximo admissível para sua deflexão. Interessa também o fato de que o conhecimento das deflexões é necessário para analisar as *vigas indeterminadas*, nas quais o número de reações nos apoios excede o número de equações de equilíbrio disponíveis para determinar as incógnitas.

Na Seção 11.4, vimos que uma viga prismática submetida à flexão pura é flexionada em um arco de circunferência e que, dentro do regime elástico, a curvatura da superfície neutra pode ser expressa como

$$\frac{1}{\rho} = \frac{M}{EI} \tag{11.21}$$

onde M é o momento fletor; E, o módulo de elasticidade; e I, o momento de inércia da seção transversal em relação à linha neutra.

Quando uma viga é submetida a um carregamento transversal, a Eq. (11.21) permanece válida para qualquer seção transversal, desde que se aplique o princípio de Saint-Venant. No entanto, o momento fletor e a curvatura da superfície neutra variam de uma seção para outra. Chamando de x a distância da seção a partir da extremidade esquerda da viga, escrevemos

$$\frac{1}{\rho} = \frac{M(x)}{EI} \tag{15.1}$$

O conhecimento da curvatura em vários pontos de uma viga carregada nos permitirá tirar algumas conclusões gerais referentes à deformação dessa viga (Seção 15.2).

Para determinarmos a inclinação e a deflexão transversal da viga em qualquer ponto, primeiro determinamos a equação diferencial linear de segunda ordem, dada a seguir, que governa a *linha elástica* e caracteriza a forma da viga deformada (Seção 15.3):

$$\frac{d^2y}{dx^2} = \frac{M(x)}{EI}$$

Se o momento fletor pode ser representado para todos os valores de x por uma função simples $M(x)$, como no caso das vigas e dos carregamentos mostrados na Fig. 15.1, a inclinação $\theta = dy/dx$ e a deflexão y em qualquer ponto da viga podem ser obtidas por meio de duas integrações sucessivas. As duas constantes de integração introduzidas no processo serão determinadas a partir das condições de contorno indicadas na figura.

No entanto, se forem necessárias funções analíticas diferentes para representar o momento fletor nas várias partes da viga, serão necessárias também diferentes equações diferenciais, que nos levarão a diferentes funções que definirão a linha elástica nas várias partes da viga. Por exemplo, no caso da viga e do carregamento da Fig. 15.2, são necessárias duas equações diferenciais, uma para a parte *AD* da viga e outra para a parte *DB*. A primeira equação produz as funções θ_1 e y_1, e a segunda, as funções θ_2 e y_2. Ao todo, devem ser determinadas quatro constantes de integração: duas serão obtidas escrevendo que a deflexão é zero em *A* e *B*, e as outras duas expressando o fato de que as partes *AD* e *BD* da viga têm a mesma inclinação e a mesma deflexão em *D*.

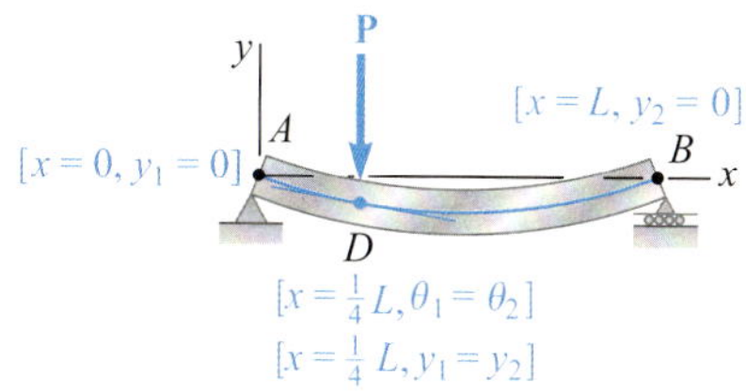

Figura 15.2

Você observará, na Seção 15.4, que, no caso de uma viga que suporta uma força distribuída $w(x)$, a linha elástica pode ser obtida diretamente de $w(x)$ por meio de quatro integrações sucessivas. As constantes introduzidas nesse processo serão determinadas pelos valores de contorno de *V*, *M*, θ e *y*.

Na Seção 15.5, discutiremos as *vigas estaticamente indeterminadas*, em que as reações nos apoios envolvem quatro ou mais incógnitas. As três equações de equilíbrio devem ser complementadas com equações obtidas a partir das condições de contorno impostas pelos apoios.

A próxima parte do capítulo (Seções 15.6 e 15.7) é dedicada ao *método da superposição* que consiste em determinar separadamente e, em seguida, adicionar a inclinação e a deflexão provocadas pelas várias forças aplicadas a uma viga. Para facilitar esse procedimento, deve-se utilizar a tabela do Apêndice C que fornece as inclinações e as deflexões de vigas para vários carregamentos e tipos de apoio.

15.2 Deformação de uma viga sob carregamento transversal

No início deste capítulo, recordamos a Eq. (11.21) da Seção 11.4 que relaciona a curvatura da superfície neutra e o momento fletor em uma viga em flexão pura. Destacamos que essa equação permanece válida para qualquer seção transversal de uma viga submetida a carregamento transversal, desde que o princípio de Saint-Venant seja aplicável. No entanto, tanto o momento fletor quanto a curvatura da superfície neutra irão variar de uma seção para outra. Chamando de *x* a distância da seção a partir da extremidade esquerda da viga, escrevemos

$$\frac{1}{\rho} = \frac{M(x)}{EI} \tag{15.1}$$

Considere, por exemplo, uma viga em balanço *AB* de comprimento *L* submetida a uma força concentrada **P** em sua extremidade livre *A* (Fig. 15.3*a*). Temos $M(x) = -Px$ e, substituindo em (15.1),

$$\frac{1}{\rho} = -\frac{Px}{EI}$$

que mostra que a curvatura da superfície neutra varia linearmente com *x*, desde zero em *A*, em que o próprio ρ_A é infinito, até $-PL/EI$ em *B*, onde $|\rho_B| = EI/PL$ (Fig. 15.3*b*).

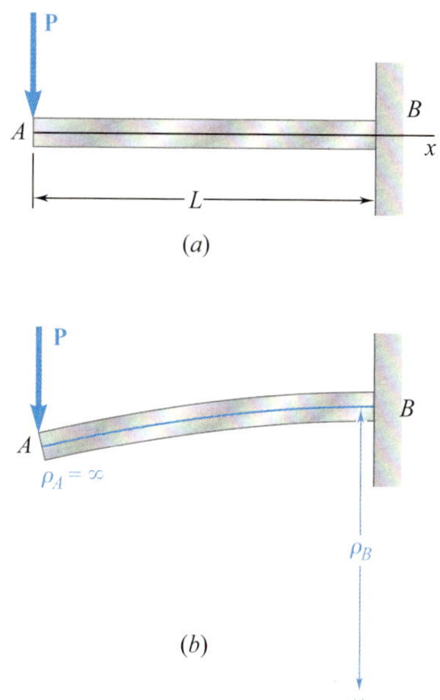

Figura 15.3

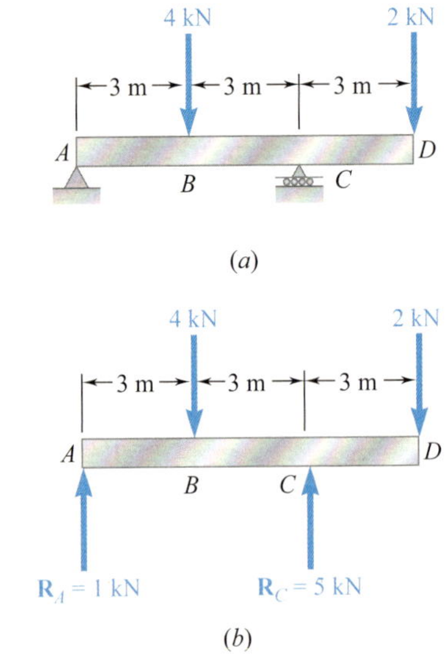

Figura 15.4

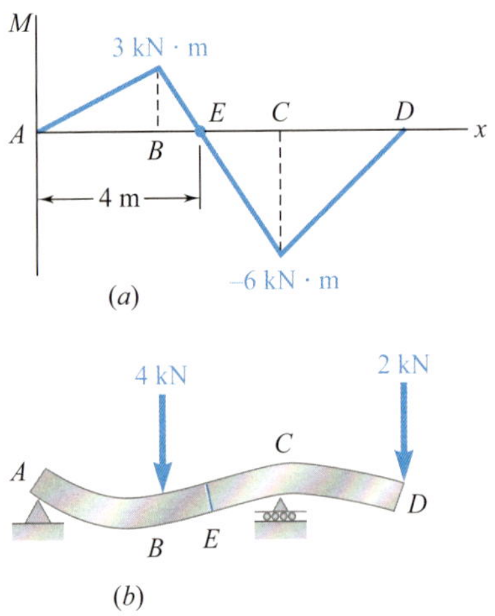

Figura 15.5

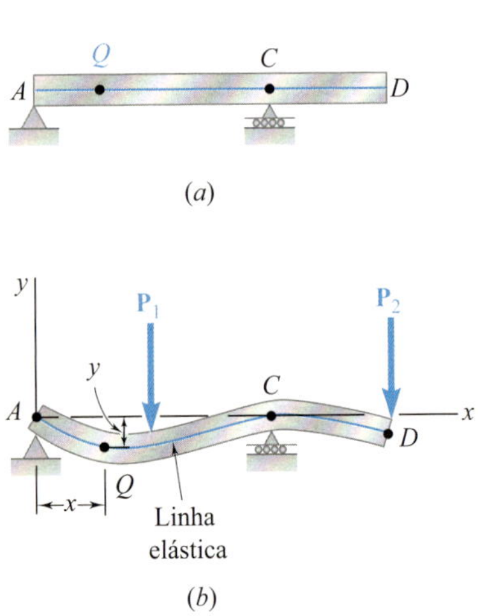

Figura 15.6

Considere agora a viga biapoiada com um balanço AD da Fig. 15.4a que suporta duas forças concentradas conforme mostra a figura. No diagrama de corpo livre da viga (Fig. 15.4b), vemos que as reações nos apoios são $R_A = 1$ kN e $R_C = 5$ kN, respectivamente, e traçamos o diagrama do momento fletor correspondente (Fig. 15.5a). No diagrama, notamos que M e, portanto, a curvatura da viga são iguais a zero em ambas as extremidades da viga, assim como no ponto E localizado em $x = 4$ m. Entre A e E, o momento fletor é positivo, e a viga tem a concavidade voltada para cima; entre E e D, o momento fletor é negativo, e a viga tem a concavidade voltada para baixo (Fig. 15.5b). Notamos também que o maior valor da curvatura (isto é, o menor valor do raio da curvatura) ocorre no apoio C, em que $|M|$ é máximo.

Com base nas informações obtidas sobre a curvatura, temos uma ideia razoavelmente boa sobre a forma da viga deformada. No entanto, a análise e o projeto de uma viga geralmente exigem informações mais precisas sobre a *deflexão* e a *inclinação* da viga em vários pontos. Particularmente importante é o conhecimento da *deflexão máxima* da viga. Na próxima seção, a Eq. (15.1) será usada para obter uma relação entre a deflexão y medida em determinado ponto Q no eixo da viga e a distância x desse ponto em relação a alguma origem fixa (Fig. 15.6). A relação obtida será a equação da *linha elástica*, isto é, a equação da curva na qual o eixo da viga é transformado sob determinado carregamento (Fig. 15.6b).*

15.3 Equações da linha elástica

Com base no cálculo elementar, a curvatura de uma curva plana em um ponto $Q(x, y)$ pode ser expressa como

$$\frac{1}{\rho} = \frac{\dfrac{d^2y}{dx^2}}{\left[1 + \left(\dfrac{dy}{dx}\right)^2\right]^{3/2}} \tag{15.2}$$

onde dy/dx e d^2y/dx^2 são a primeira e a segunda derivadas da função $y(x)$ representada por essa curva. Entretanto, no caso da linha elástica de uma viga, a inclinação dy/dx é muito pequena, e seu quadrado é desprezível comparado com a unidade. Escrevemos então,

$$\frac{1}{\rho} = \frac{d^2y}{dx^2} \tag{15.3}$$

Substituindo $1/\rho$ de (15.3) em (15.1), temos

$$\frac{d^2y}{dx^2} = \frac{M(x)}{EI} \tag{15.4}$$

* Devemos notar que, neste capítulo, a letra y representa um deslocamento vertical, embora tenha sido usada em capítulos anteriores para representar a distância de um ponto em uma seção transversal a partir da linha neutra dessa seção.

Obtém-se a equação diferencial linear de segunda ordem que é a equação diferencial que governa a linha elástica

O produto EI é conhecido como *rigidez à flexão* e, se ele varia ao longo da viga, como no caso de uma viga de altura variável, devemos expressá-lo como uma função de x antes de integrar a Eq. (15.4). No entanto, no caso de uma viga prismática, que é o caso considerado aqui, a rigidez à flexão é constante. Podemos então multiplicar ambos os membros da Eq. (15.4) por EI e integrar em x. Escrevemos

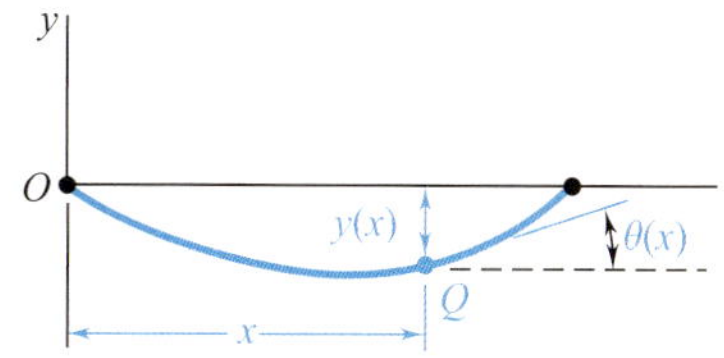

Figura 15.7

$$EI\frac{dy}{dx} = \int_0^x M(x)\,dx + C_1 \tag{15.5}$$

onde C_1 é uma constante de integração. Chamando de $\theta(x)$ o ângulo, medido em radianos, que a tangente com a linha elástica em Q forma com a horizontal (Fig. 15.7) e lembrando que esse ângulo é muito pequeno, temos

$$\frac{dy}{dx} = \operatorname{tg}\theta \simeq \theta(x)$$

Assim, escrevemos a Eq. (15.5) na forma alternativa

$$EI\,\theta(x) = \int_0^x M(x)\,dx + C_1 \tag{15.5'}$$

Integrando ambos os membros da Eq. (15.5) em x, temos

$$\begin{aligned} EI\,y &= \int_0^x \left[\int_0^x M(x)\,dx + C_1\right] dx + C_2 \\ EI\,y &= \int_0^x dx \int_0^x M(x)\,dx + C_1 x + C_2 \end{aligned} \tag{15.6}$$

onde C_2 é uma segunda constante de integração, e onde o primeiro termo no membro da direita representa a função de x obtida integrando duas vezes em x o momento fletor $M(x)$. Se não fosse pelo fato de as constantes C_1 e C_2 estarem ainda indeterminadas, a Eq. (15.6) definiria a deflexão da viga em qualquer ponto Q e a Eq. (15.5) ou (15.5′) definiria de modo semelhante a inclinação da viga em Q.

As constantes C_1 e C_2 são determinadas pelas *condições de contorno* ou, mais precisamente, pelas condições impostas à viga pelos seus apoios. Limitando nossa análise nesta seção a *vigas estaticamente determinadas*, isto é, a vigas vinculadas de uma forma que as reações nos apoios podem ser obtidas pelos métodos da estática, notamos que somente três tipos de vigas precisam ser considerados aqui (Fig. 15.8): (*a*) a *viga biapoiada*, (*b*) a *viga biapoiada com balanço* e (*c*) a *viga em balanço*.

Nos dois primeiros casos, os apoios consistem em um apoio fixo em A e um móvel em B, e requerem que a deflexão seja zero em cada um desses pontos. Fazendo primeiro $x = x_A$, $y = y_A = 0$ na Eq. (15.6), e depois $x = x_B$, $y = y_B = 0$ na mesma equação, obtemos duas equações que podem ser resolvidas para C_1 e C_2. No caso da viga em balanço (Fig. 15.8*c*), notamos que a deflexão e a inclinação em A devem ser zero. Fazendo $x = x_A$, $y = y_A = 0$ na Eq. (15.6), e $x = x_A$, $\theta = \theta_A = 0$ na Eq. (15.5′), obtemos novamente duas equações que podem ser revolvidas para C_1 e C_2.

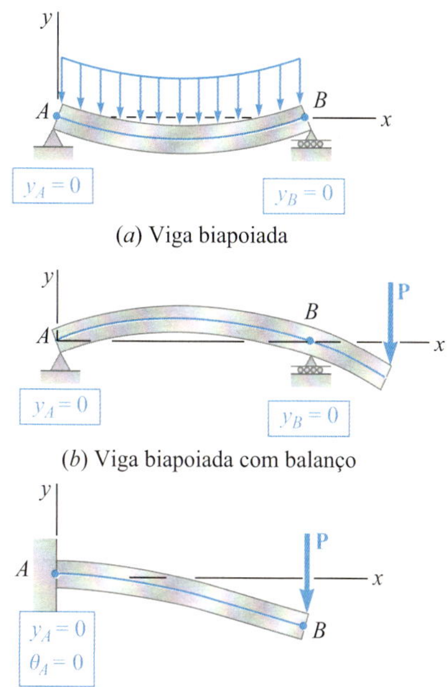

(*a*) Viga biapoiada

(*b*) Viga biapoiada com balanço

(*c*) Viga em balanço

Figura 15.8 Condições de contorno para vigas estaticamente determinadas.

Exemplo 15.1. A viga em balanço AB tem seção transversal uniforme e suporta uma força **P** na sua extremidade livre A (Fig. 15.9). Determine a equação da linha elástica, a deflexão e a inclinação em A.

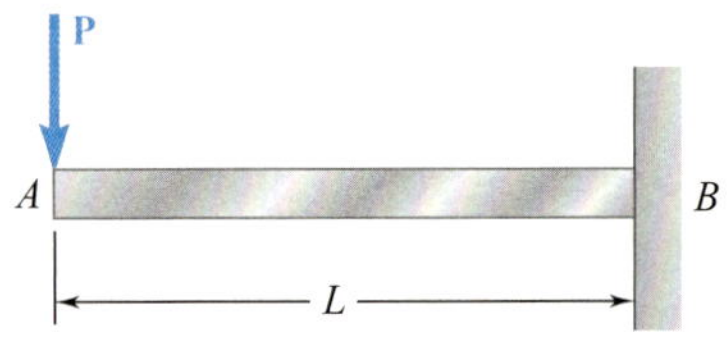

Figura 15.9

Usando o diagrama de corpo livre da parte AC da viga (Fig. 15.10), em que C está localizado a uma distância x da extremidade A, encontramos

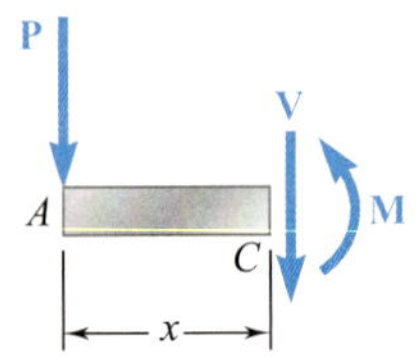

Figura 15.10

$$M = -Px \tag{15.7}$$

Substituindo M na Eq. (15.4) e multiplicando ambos os membros pela constante EI, escrevemos

$$EI\,\frac{d^2y}{dx^2} = -Px$$

Integrando em x, obtemos

$$EI\,\frac{dy}{dx} = -\tfrac{1}{2}Px^2 + C_1 \tag{15.8}$$

Observamos agora que, na extremidade engastada B, temos $x = L$ e $\theta = dy/dx = 0$ (Fig. 15.11). Substituindo esses valores na Eq. (15.8) e resolvendo para C_1, temos

$$C_1 = \tfrac{1}{2}PL^2$$

que usamos novamente na Eq. (15.8):

$$EI\,\frac{dy}{dx} = -\tfrac{1}{2}Px^2 + \tfrac{1}{2}PL^2 \tag{15.9}$$

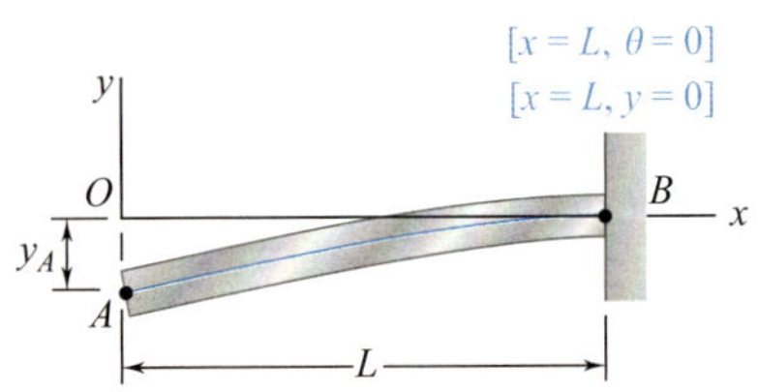

Figura 15.11

Integrando ambos os membros da Eq. (15.9), escrevemos

$$EI\,y = -\tfrac{1}{6}Px^3 + \tfrac{1}{2}PL^2x + C_2 \tag{15.10}$$

Mas em B temos $x = L$, $y = 0$. Substituindo na Eq. (15.10), temos

$$0 = -\tfrac{1}{6}PL^3 + \tfrac{1}{2}PL^3 + C_2$$
$$C_2 = -\tfrac{1}{3}PL^3$$

Utilizando o valor de C_2 novamente na Eq. (15.10), obtemos a equação da linha elástica:

$$EI\,y = -\tfrac{1}{6}Px^3 + \tfrac{1}{2}PL^2x - \tfrac{1}{3}PL^3$$

ou

$$y = \frac{P}{6EI}(-x^3 + 3L^2x - 2L^3) \tag{15.11}$$

A deflexão e a inclinação em A são obtidas fazendo $x = 0$ nas Eqs. (15.11) e (15.9). Constatamos que

$$y_A = -\frac{PL^3}{3EI} \qquad \text{e} \qquad \theta_A = \left(\frac{dy}{dx}\right)_A = \frac{PL^2}{2EI}$$ ■

Exemplo 15.2. A viga prismática biapoiada AB está submetida a uma força w uniformemente distribuída por unidade de comprimento (Fig. 15.12). Determine a equação da linha elástica e a deflexão máxima da viga.

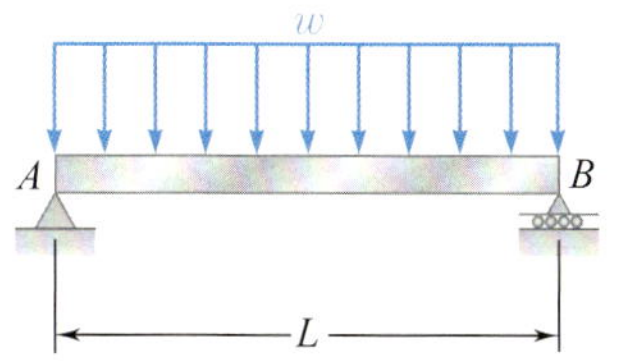

Figura 15.12

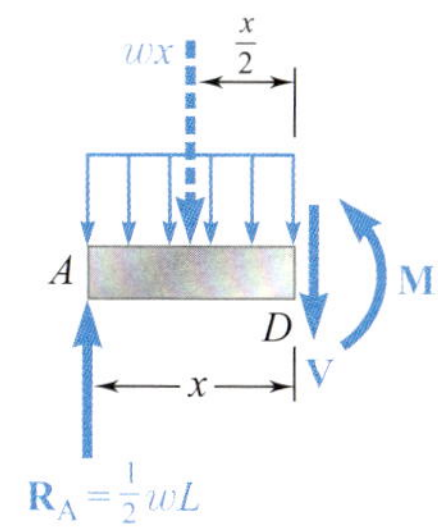

Figura 15.13

Desenhando o diagrama de corpo livre da parte AD da viga (Fig. 15.13) e tomando os momentos em relação a D, constatamos que

$$M = \tfrac{1}{2}wLx - \tfrac{1}{2}wx^2 \tag{15.12}$$

Substituindo M na Eq. (15.4) e multiplicando ambos os membros dessa equação pela constante EI, escrevemos

$$EI\,\frac{d^2y}{dx^2} = -\frac{1}{2}wx^2 + \frac{1}{2}wLx \tag{15.13}$$

Integrando duas vezes em x, temos

$$EI\,\frac{dy}{dx} = -\frac{1}{6}wx^3 + \frac{1}{4}wLx^2 + C_1 \tag{15.14}$$

$$EI\,y = -\frac{1}{24}wx^4 + \frac{1}{12}wLx^3 + C_1x + C_2 \tag{15.15}$$

Observando que $y = 0$ em ambas as extremidades da viga (Fig. 15.14), calculamos primeiro $x = 0$ e $y = 0$ na Eq. (15.15) e obtemos $C_2 = 0$. Depois calculamos $x = L$ e $y = 0$ na mesma equação e escrevemos

$$0 = -\tfrac{1}{24}wL^4 + \tfrac{1}{12}wL^4 + C_1L$$
$$C_1 = -\tfrac{1}{24}wL^3$$

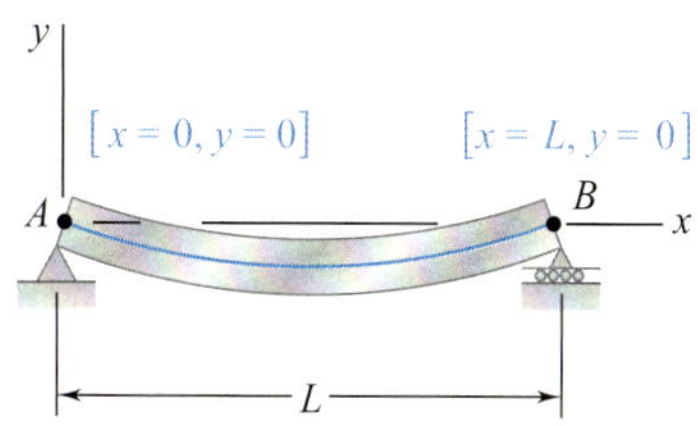

Figura 15.14

Utilizando os valores de C_1 e C_2 na Eq. (15.15), obtemos a equação da linha elástica:

$$EI\,y = -\tfrac{1}{24}wx^4 + \tfrac{1}{12}wLx^3 - \tfrac{1}{24}wL^3x$$

ou

$$y = \frac{w}{24EI}(-x^4 + 2Lx^3 - L^3x) \tag{15.16}$$

Substituindo na Eq. (15.14) o valor obtido para C_1, verificamos que a inclinação da viga é zero para $x = L/2$ e que a linha elástica tem um mínimo no ponto médio C da viga (Fig. 15.15). Usando $x = L/2$ na Eq. (15.16), temos

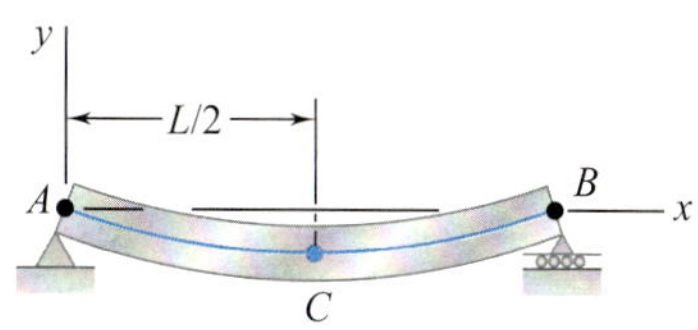

Figura 15.15

$$y_C = \frac{w}{24EI}\left(-\frac{L^4}{16} + 2L\frac{L^3}{8} - L^3\frac{L}{2}\right) = -\frac{5wL^4}{384EI}$$

A deflexão máxima ou, mais precisamente, o valor máximo absoluto da deflexão é então

$$|y|_{\text{máx}} = \frac{5wL^4}{384EI} \quad ■$$

Foto 15.1 Uma função diferente $M(x)$ é necessária em cada parte dos braços em balanço.

Em cada um dos dois exemplos considerados até agora, foi necessário somente um diagrama de corpo livre para determinar o momento fletor na viga. Consequentemente, foi usada uma única função de x para representar M ao longo da viga. Isso, no entanto, não é o que geralmente ocorre. Forças concentradas, reações nos apoios ou descontinuidades em uma força distribuída tornam necessárias a divisão da viga em várias partes e a representação do momento fletor por uma função $M(x)$ diferente em cada uma dessas partes da viga (Foto 15.1). Cada uma das funções $M(x)$ levará então a uma expressão diferente para a inclinação $\theta(x)$ e para a deflexão $y(x)$. Como cada uma das expressões obtidas para a deflexão deve conter duas constantes de integração, teremos de determinar um grande número de constantes. Conforme você verá no próximo exemplo, as condições de contorno adicionais necessárias podem ser obtidas observando que, embora a força cortante e o momento fletor possam ser descontínuos em vários pontos em uma viga, a *deflexão* e a *inclinação* da viga *não podem ser descontínuas* em nenhum ponto.

Exemplo 15.3. Para a viga prismática e o carregamento mostrados (Fig. 15.16), determine a inclinação e a deflexão no ponto D.

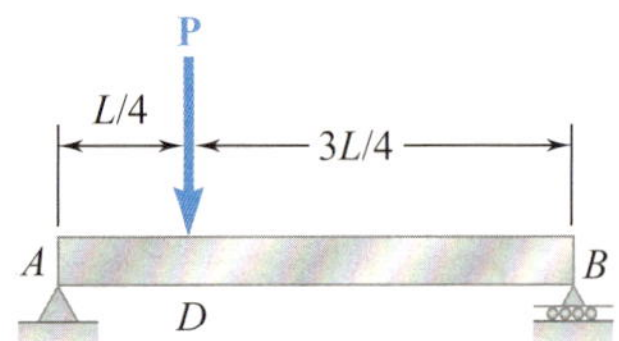

Figura 15.16

Devemos dividir a viga em duas partes, AD e DB, e determinar a função $y(x)$ que define a linha elástica para cada uma dessas partes.

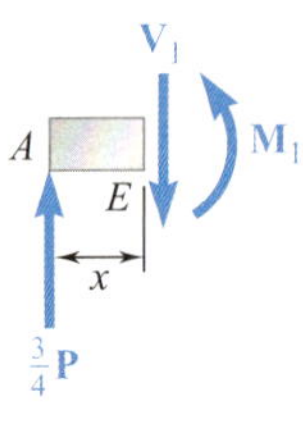

Figura 15.17

1. De *A* a *D* ($x < L/4$). Desenhamos o diagrama de corpo livre de uma parte AE da viga de comprimento $x < L/4$ (Fig. 15.17). Tomando os momentos em relação a E, temos

$$M_1 = \frac{3P}{4}x \tag{15.17}$$

ou, usando a Eq. (15.4),

$$EI\,\frac{d^2y_1}{dx^2} = \frac{3}{4}Px \tag{15.18}$$

onde $y_1(x)$ é a função que define a linha elástica *para a parte AD da viga*. Integrando em x, escrevemos

$$EI\,\theta_1 = EI\,\frac{dy_1}{dx} = \frac{3}{8}Px^2 + C_1 \tag{15.19}$$

$$EI\,y_1 = \frac{1}{8}Px^3 + C_1x + C_2 \tag{15.20}$$

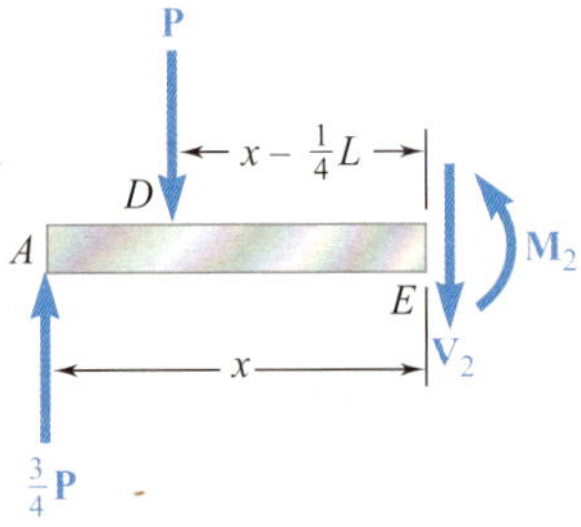

Figura 15.18

2. De *D* a *B* ($x > L/4$). Desenhamos agora o diagrama de corpo livre de uma parte AE da viga de comprimento $x > L/4$ (Fig. 15.18) e escrevemos

$$M_2 = \frac{3P}{4}x - P\left(x - \frac{L}{4}\right) \tag{15.21}$$

ou, com base na Eq. (15.4) e rearranjando os termos,

$$EI\,\frac{d^2y_2}{dx^2} = -\frac{1}{4}Px + \frac{1}{4}PL \tag{15.22}$$

onde $y_2(x)$ é a função que define a linha elástica *para a parte DB da viga*. Integrando em x, escrevemos

$$EI\,\theta_2 = EI\,\frac{dy_2}{dx} = -\frac{1}{8}Px^2 + \frac{1}{4}PLx + C_3 \tag{15.23}$$

$$EI\,y_2 = -\frac{1}{24}Px^3 + \frac{1}{8}PLx^2 + C_3x + C_4 \tag{15.24}$$

Determinação das constantes de integração. As condições que devem ser satisfeitas pelas constantes de integração foram resumidas na Fig. 15.19. No apoio A, em que a deflexão é definida pela Eq. (15.20), devemos ter $x = 0$ e $y_1 = 0$. No apoio B. onde a deflexão é definida pela Eq. (15.24), devemos ter $x = L$ e $y_2 = 0$. Além disso, o fato de que não deve haver nenhuma variação brusca na deflexão ou na inclinação no ponto D requer que $y_1 = y_2$ e $\theta_1 = \theta_2$ quando $x = L/4$. Portanto temos:

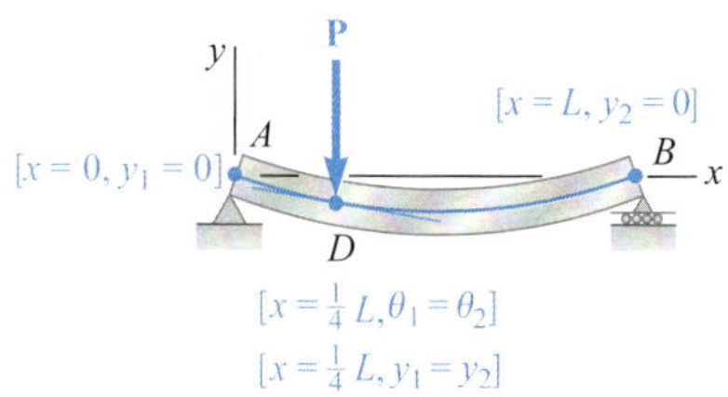

Figura 15.19

$[x = 0,\ y_1 = 0]$, Eq. (15.20): $\quad 0 = C_2 \quad$ (15.25)

$[x = L,\ y_2 = 0]$, Eq. (15.24): $\quad 0 = \frac{1}{12}PL^3 + C_3L + C_4 \quad$ (15.26)

$[x = L/4,\ \theta_1 = \theta_2]$, Eqs. (15.19) e (15.23):

$$\frac{3}{128}PL^2 + C_1 = \frac{7}{128}PL^2 + C_3 \tag{15.27}$$

$[x = L/4,\ y_1 = y_2]$, Eqs. (15.20) e (15.24):

$$\frac{PL^3}{512} + C_1\frac{L}{4} = \frac{11PL^3}{1.536} + C_3\frac{L}{4} + C_4 \tag{15.28}$$

Resolvendo essas equações simultaneamente, encontramos

$$C_1 = -\frac{7PL^2}{128},\ C_2 = 0,\quad C_3 = -\frac{11PL^2}{128},\quad C_4 = \frac{PL^3}{384}$$

Substituindo C_1 e C_2 nas Eqs. (15.19) e (15.20), escrevemos que, para $x \leq L/4$,

$$EI\,\theta_1 = \frac{3}{8}Px^2 - \frac{7PL^2}{128} \tag{15.29}$$

$$EI\,y_1 = \frac{1}{8}Px^3 - \frac{7PL^2}{128}x \tag{15.30}$$

Usando $x = L/4$ em cada uma dessas equações, constatamos que a inclinação e a deflexão no ponto D são, respectivamente,

$$\theta_D = -\frac{PL^2}{32EI} \qquad \text{e} \qquad y_D = -\frac{3PL^3}{256EI}$$

Observamos que, como $\theta_D \neq 0$, a deflexão em D *não* é a deflexão máxima da viga. ■

15.4 Determinação direta da linha elástica com base na força distribuída

Na Seção 15.3, vimos que a equação da linha elástica pode ser obtida integrando duas vezes a equação diferencial

$$\frac{d^2y}{dx^2} = \frac{M(x)}{EI} \tag{15.4}$$

onde $M(x)$ é o momento fletor na viga. Como vimos na Seção 12.3, quando uma viga suporta uma força distribuída $w(x)$ temos $dM/dx = V$ e $dV/dx = -w$ em qualquer ponto. Diferenciando ambos os membros da Eq. (15.4) em relação a x e considerando que EI seja constante, temos então

$$\frac{d^3y}{dx^3} = \frac{1}{EI}\frac{dM}{dx} = \frac{V(x)}{EI} \tag{15.31}$$

e, diferenciando novamente,

$$\frac{d^4y}{dx^4} = \frac{1}{EI}\frac{dV}{dx} = -\frac{w(x)}{EI}$$

Concluímos que quando uma viga prismática suporta uma força distribuída $w(x)$, sua linha elástica é governada pela equação diferencial linear de quarta ordem

$$\frac{d^4y}{dx^4} = -\frac{w(x)}{EI} \tag{15.32}$$

Multiplicando ambos os membros da Eq. (15.32) pela constante EI e integrando quatro vezes, escrevemos

$$\begin{aligned}
EI\frac{d^4y}{dx^4} &= -w(x) \\
EI\frac{d^3y}{dx^3} &= V(x) = -\int w(x)\,dx + C_1 \\
EI\frac{d^2y}{dx^2} &= M(x) = -\int dx \int w(x)\,dx + C_1x + C_2 \\
EI\frac{dy}{dx} &= EI\,\theta(x) = -\int dx \int dx \int w(x)\,dx + \frac{1}{2}C_1x^2 + C_2x + C_3 \\
EI\,y(x) &= -\int dx \int dx \int dx \int w(x)\,dx + \frac{1}{6}C_1x^3 + \frac{1}{2}C_2x^2 + C_3x + C_4
\end{aligned} \tag{15.33}$$

As quatro constantes de integração podem ser determinadas a partir das condições de contorno, as quais incluem (*a*) as condições impostas na deflexão ou na inclinação da viga por seus apoios (Seção 15.3) e (*b*) as condições de que V e M sejam zero na extremidade livre de uma viga em balanço ou que M seja zero em ambas as extremidades de uma viga biapoiada (Seção 12.3). Isso foi ilustrado na Fig. 15.20.

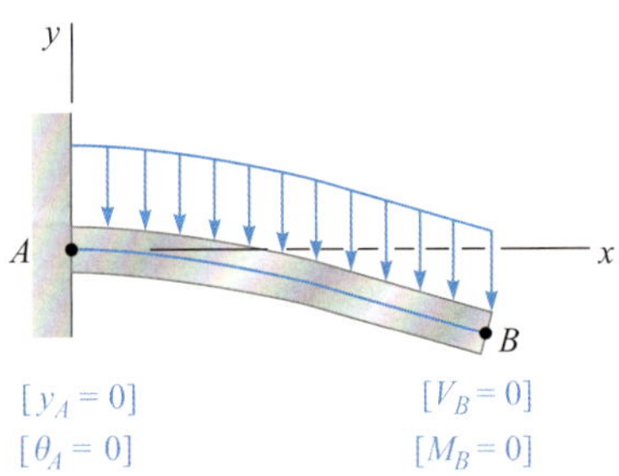

(*a*) Viga em balanço

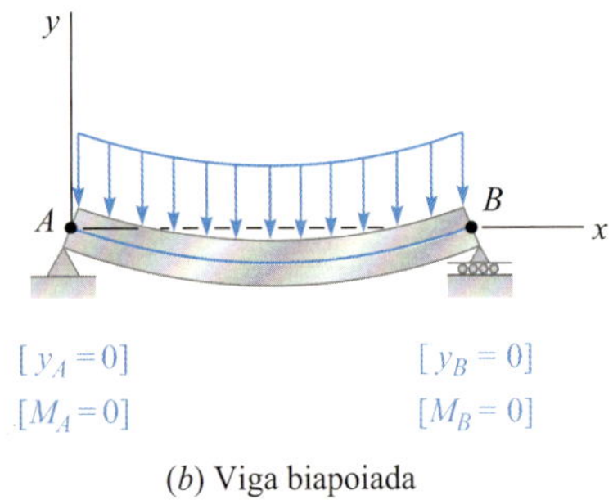

(*b*) Viga biapoiada

Figura 15.20 Condições de contorno para vigas submetidas a uma força distribuída.

O método apresentado aqui pode ser utilizado de maneira eficaz com vigas em balanço ou biapoiadas submetidas a uma força distribuída. Porém, no caso de viga biapoiada com balanço, as reações nos apoios provocarão descontinuidades na força cortante, isto é, na terceira derivada de y, e serão necessárias outras funções para definir a linha elástica sobre toda a viga.

Exemplo 15.4. A viga prismática biapoiada AB suporta uma força uniformemente distribuída w por unidade de comprimento (Fig. 15.21). Determine a equação da linha elástica e a deflexão máxima da viga. (Esse é o mesmo caso resolvido no Exemplo 15.2.)

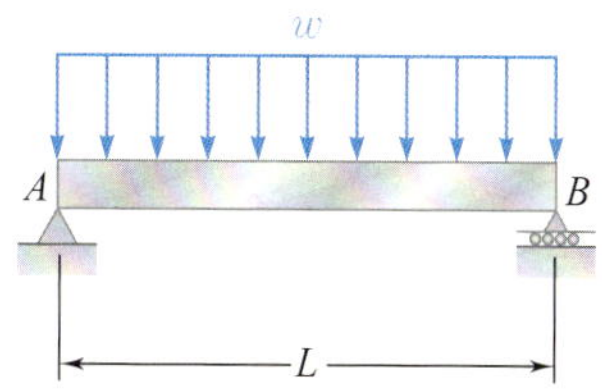

Figura 15.21

Como w = constante, as primeiras três equações das Eqs. (15.33) resultam em

$$EI\,\frac{d^4y}{dx^4} = -w$$

$$EI\,\frac{d^3y}{dx^3} = V(x) = -wx + C_1$$

$$EI\,\frac{d^2y}{dx^2} = M(x) = -\frac{1}{2}wx^2 + C_1x + C_2 \qquad (15.34)$$

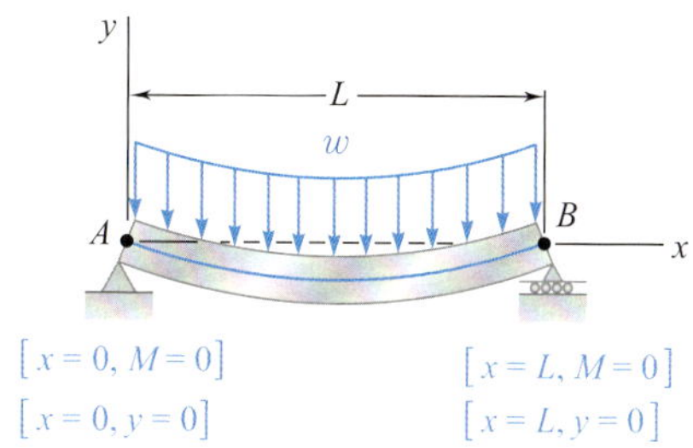

Figura 15.22

Como as condições de contorno requerem que $M = 0$ em ambas as extremidades da viga (Fig. 15.22), primeiro usamos $x = 0$ e $M = 0$ na Eq. (15.34) e obtemos $C_2 = 0$. Depois usamos $x = L$ e $M = 0$ na mesma equação e obtemos $C_1 = \frac{1}{2}wL$.

Utilizando novamente esses valores de C_1 e C_2 na Eq. (15.34) e integrando duas vezes, escrevemos

$$EI\,\frac{d^2y}{dx^2} = -\frac{1}{2}wx^2 + \frac{1}{2}wLx$$

$$EI\,\frac{dy}{dx} = -\frac{1}{6}wx^3 + \frac{1}{4}wLx^2 + C_3$$

$$EI\,y = -\frac{1}{24}wx^4 + \frac{1}{12}wLx^3 + C_3x + C_4 \qquad (15.35)$$

No entanto, as condições de contorno também requerem $y = 0$ em ambas as extremidades da viga. Usando $x = 0$ e $y = 0$ na Eq. (15.35), obtemos $C_4 = 0$; usando $x = L$ e $y = 0$ na mesma equação, escrevemos

$$0 = -\tfrac{1}{24}wL^4 + \tfrac{1}{12}wL^4 + C_3L$$

$$C_3 = -\tfrac{1}{24}wL^3$$

Utilizando novamente os valores de C_3 e C_4 na Eq. (15.35) e dividindo ambos os membros por EI, obtemos a equação da linha elástica:

$$y = \frac{w}{24EI}(-x^4 + 2Lx^3 - L^3x) \qquad (15.36)$$

O valor da deflexão máxima é obtido calculando $x = L/2$ na Eq. (15.36). Temos

$$|y|_{\text{máx}} = \frac{5wL^4}{384EI} \quad ■$$

15.5 Vigas estaticamente indeterminadas

Nas seções anteriores, nossa análise esteve limitada a vigas estaticamente determinadas. Considere agora a viga prismática *AB* (Fig. 15.23*a*) que tem uma extremidade engastada em *A* e a outra apoiada em *B*. Desenhando o diagrama de corpo livre da viga (Fig. 15.23*b*), notamos que as reações envolvem quatro incógnitas, embora tenhamos apenas três equações de equilíbrio:

$$\Sigma F_x = 0 \qquad \Sigma F_y = 0 \qquad \Sigma M_A = 0 \tag{15.37}$$

Como somente A_x pode ser determinado por meio dessas equações, concluímos que a viga é *estaticamente indeterminada*.

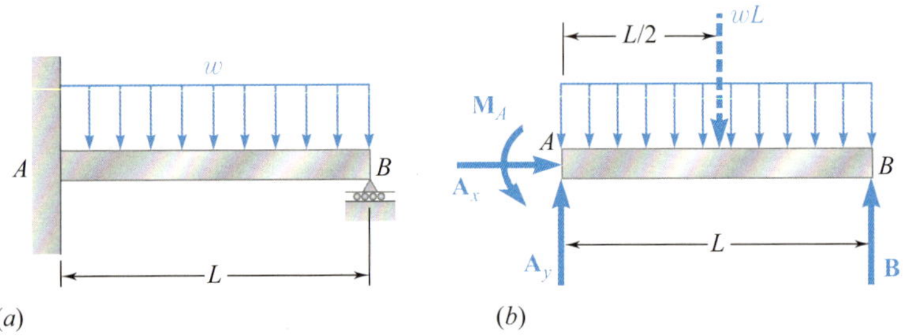

Figura 15.23

Entretanto, como vimos nos Caps. 9 e 10, em um problema estaticamente indeterminado, as reações podem ser obtidas considerando as *deformações* da estrutura envolvida. Iremos, portanto, prosseguir com o cálculo da inclinação e da deflexão ao longo da viga. Com base no método utilizado na Seção 15.3, primeiro expressamos o momento fletor $M(x)$ em um ponto qualquer de *AB* em função da distância x de *A*, da força aplicada e das reações desconhecidas. Integrando em x, obtemos expressões para θ e y contendo duas incógnitas adicionais, que são as constantes de integração C_1 e C_2. Mas, ao todo, estão disponíveis seis equações para determinar as reações e as constantes C_1 e C_2: três equações de equilíbrio (15.37) e as três equações expressando que as condições de contorno estão satisfeitas, isto é, que a inclinação e a deflexão em *A* são zero e que a deflexão em *B* também é zero (Fig. 15.24). Assim, podemos determinar as reações nos apoios e obter a equação da linha elástica.

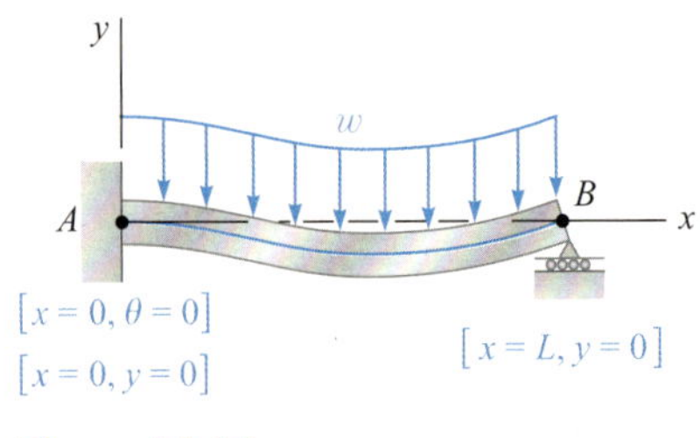

Figura 15.24

Exemplo 15.5. Determine as reações nos apoios da viga prismática da Fig. 15.23*a*.

Equações de equilíbrio. Do diagrama de corpo livre da Fig. 15.23*b*, escrevemos

$$\overset{+}{\rightarrow} \Sigma F_x = 0: \qquad A_x = 0$$
$$+\uparrow \Sigma F_y = 0: \qquad A_y + B - wL = 0 \tag{15.38}$$
$$+\circlearrowleft \Sigma M_A = 0: \qquad M_A + BL - \tfrac{1}{2}wL^2 = 0$$

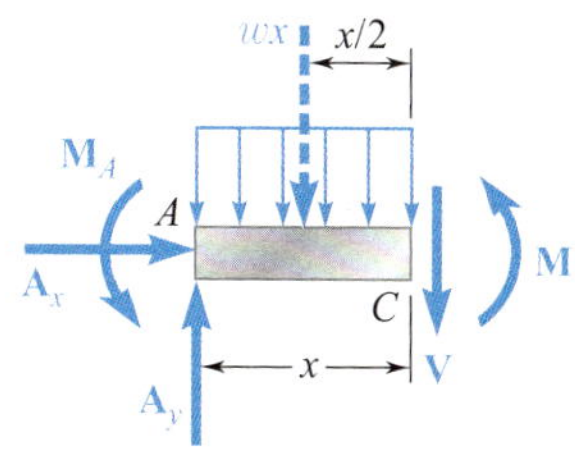

Figura 15.25

Equação da linha elástica. Desenhando o diagrama de corpo livre de uma parte da viga *AC* (Fig. 15.25), escrevemos

$$+\circlearrowleft \Sigma M_C = 0: \qquad M + \tfrac{1}{2}wx^2 + M_A - A_y x = 0 \tag{15.39}$$

Resolvendo a Eq. (15.39) para M e substituindo na Eq. (15.4), escrevemos

$$EI\frac{d^2y}{dx^2} = -\frac{1}{2}wx^2 + A_y x - M_A$$

Integrando em x, temos

$$EI\,\theta = EI\frac{dy}{dx} = -\frac{1}{6}wx^3 + \frac{1}{2}A_y x^2 - M_A x + C_1 \tag{15.40}$$

$$EI\,y = -\frac{1}{24}wx^4 + \frac{1}{6}A_y x^3 - \frac{1}{2}M_A x^2 + C_1 x + C_2 \tag{15.41}$$

Utilizando agora as condições de contorno indicadas na Fig. 15.24, usamos $x = 0$, $\theta = 0$ na Eq. (15.40), $x = 0$, $y = 0$ na Eq. (15.41), e concluímos que $C_1 = C_2 = 0$. Assim, escrevemos a Eq. (15.41) da seguinte forma:

$$EI\,y = -\tfrac{1}{24}wx^4 + \tfrac{1}{6}A_y x^3 - \tfrac{1}{2}M_A x^2 \tag{15.42}$$

No entanto, a terceira condição de contorno requer $y = 0$ para $x = L$. Usando esses valores em (15.42), escrevemos

$$0 = -\tfrac{1}{24}wL^4 + \tfrac{1}{6}A_y L^3 - \tfrac{1}{2}M_A L^2$$

ou

$$3M_A - A_y L + \tfrac{1}{4}wL^2 = 0 \tag{15.43}$$

Resolvendo essa equação simultaneamente com as três equações de equilíbrio (15.38), obtemos as reações nos apoios:

$$A_x = 0 \qquad A_y = \tfrac{5}{8}wL \qquad M_A = \tfrac{1}{8}wL^2 \qquad B = \tfrac{3}{8}wL$$ ■

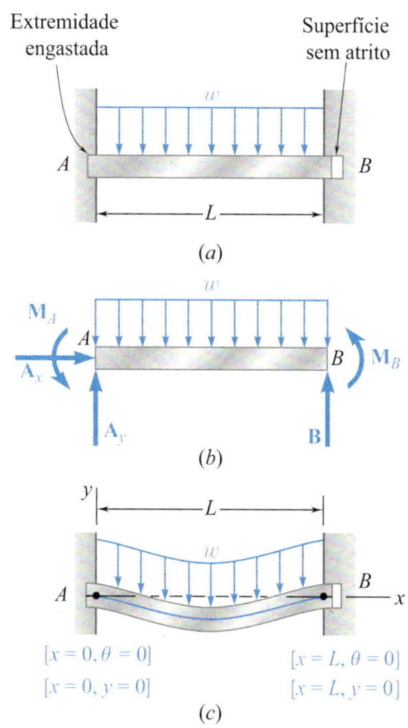

Figura 15.26

No exemplo considerado, havia uma reação redundante, isto é, uma reação a mais do que podia ser determinada por meio somente das equações de equilíbrio. Dizemos que a viga correspondente é *estaticamente indeterminada com um grau de indeterminação ou um grau de hiperasticidade*. Outro exemplo de uma viga indeterminada de um grau de indeterminação é o fornecido no Problema Resolvido 15.3. Se os apoios da viga são tais que duas reações são redundantes (Fig. 15.26*a*), dizemos que a viga é *indeterminada com dois graus de indeterminação*. Embora tenhamos agora cinco reações desconhecidas (Fig. 15.26*b*), descobrimos que quatro equações podem ser obtidas das condições de contorno (Fig. 15.26*c*). Assim, temos um total de sete equações disponíveis para determinar as cinco reações e as duas constantes de integração.

PROBLEMA RESOLVIDO 15.1

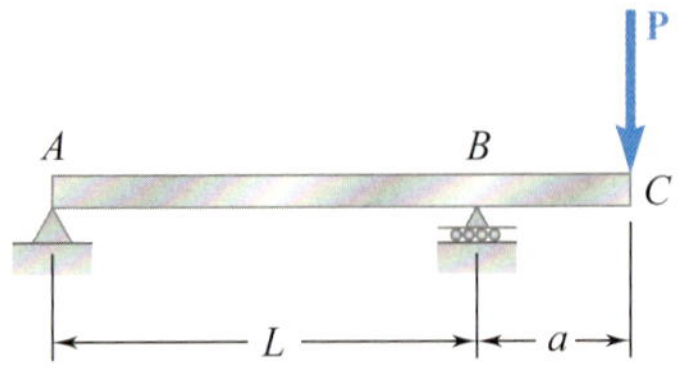

A viga de aço biapoiada com balanço ABC suporta uma força concentrada **P** na extremidade C. Para a parte AB da viga, (*a*) determine a equação da linha elástica, (*b*) determine a deflexão máxima e (*c*) avalie $y_{máx}$ para os seguintes dados:

W360 × 101	$I = 302 \times 10^6\ mm^4$	$E = 200$ GPa
$P = 220$ kN	$L = 4{,}5$ m	$a = 1{,}2$ m

SOLUÇÃO

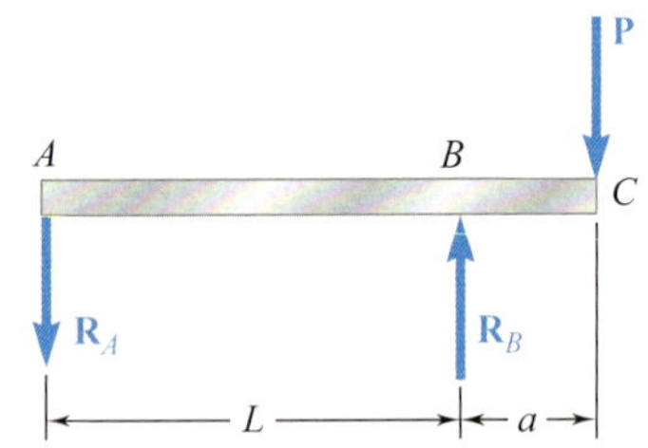

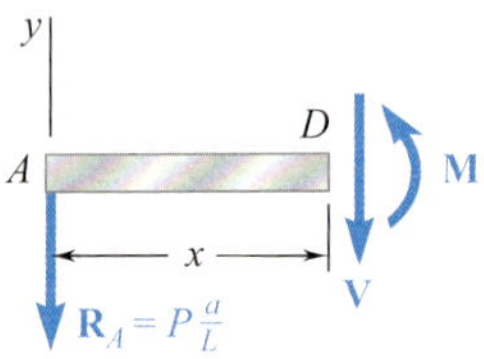

Diagramas de corpo livre. Reações: $\mathbf{R}_A = Pa/L \downarrow$ e $\mathbf{R}_B = P(1 + a/L) \uparrow$. Utilizando o diagrama de corpo livre da parte AD da viga, de comprimento x, encontramos

$$M = -P\frac{a}{L}x \qquad (0 < x < L)$$

Equação diferencial da linha elástica. Utilizamos a Eq. (15.4) e escrevemos

$$EI\frac{d^2y}{dx^2} = -P\frac{a}{L}x$$

Considerando que a rigidez à flexão EI é constante, integramos duas vezes e encontramos

$$EI\frac{dy}{dx} = -\frac{1}{2}P\frac{a}{L}x^2 + C_1 \qquad (1)$$

$$EI\,y = -\frac{1}{6}P\frac{a}{L}x^3 + C_1x + C_2 \qquad (2)$$

Determinação das constantes. Para as condições de contorno mostradas, temos

$[x = 0, y = 0]$: Da Eq. (2), encontramos $C_2 = 0$

$[x = L, y = 0]$: Utilizando novamente a Eq. (2), escrevemos

$$EI(0) = -\frac{1}{6}P\frac{a}{L}L^3 + C_1L \qquad C_1 = +\frac{1}{6}PaL$$

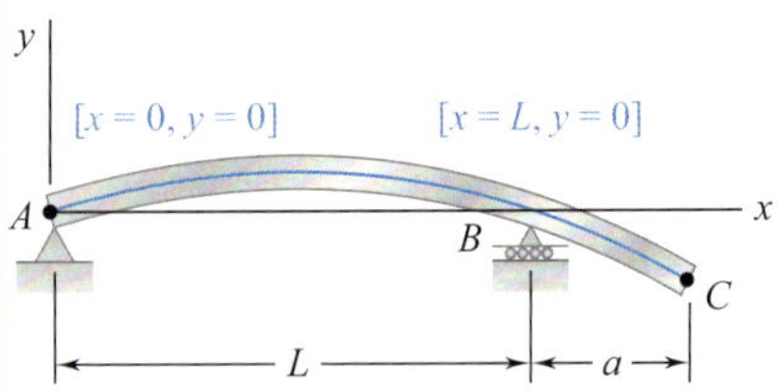

a. Equação da linha elástica. Substituindo C_1 e C_2 nas Eqs. (1) e (2), temos

$$EI\frac{dy}{dx} = -\frac{1}{2}P\frac{a}{L}x^2 + \frac{1}{6}PaL \qquad \frac{dy}{dx} = \frac{PaL}{6EI}\left[1 - 3\left(\frac{x}{L}\right)^2\right] \qquad (3)$$

$$EI\,y = -\frac{1}{6}P\frac{a}{L}x^3 + \frac{1}{6}PaLx \qquad y = \frac{PaL^2}{6EI}\left[\frac{x}{L} - \left(\frac{x}{L}\right)^3\right] \qquad (4) \blacktriangleleft$$

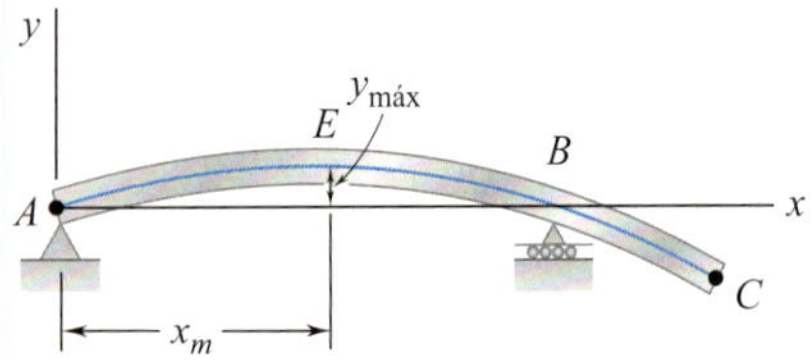

b. Deflexão máxima na parte *AB*. A deflexão máxima $y_{máx}$ ocorre no ponto E, em que a inclinação da linha elástica é zero. Utilizando $dy/dx = 0$ na Eq. (3), determinamos a abscissa x_m do ponto E:

$$0 = \frac{PaL}{6EI}\left[1 - 3\left(\frac{x_m}{L}\right)^2\right] \qquad x_m = \frac{L}{\sqrt{3}} = 0{,}577L$$

Substituímos x_m/L = 0,577 na Eq. (4) e temos

$$y_{máx} = \frac{PaL^2}{6EI}[(0{,}577) - (0{,}577)^3] \qquad y_{máx} = 0{,}0642\frac{PaL^2}{EI} \blacktriangleleft$$

c. Avaliação de $y_{máx}$. Para os dados fornecidos, o valor de $y_{máx}$ é

$$y_{máx} = 0{,}0642\frac{(220 \times 10^3\ N)(1{,}2\ m)(4{,}5\ m)^2}{(200 \times 10^9\ N/m^2)(302 \times 10^{-6}\ m^4)}$$

$$y_{máx} = 5{,}7 \times 10^{-3}\ m = 5{,}7\ mm \blacktriangleleft$$

PROBLEMA RESOLVIDO 15.2

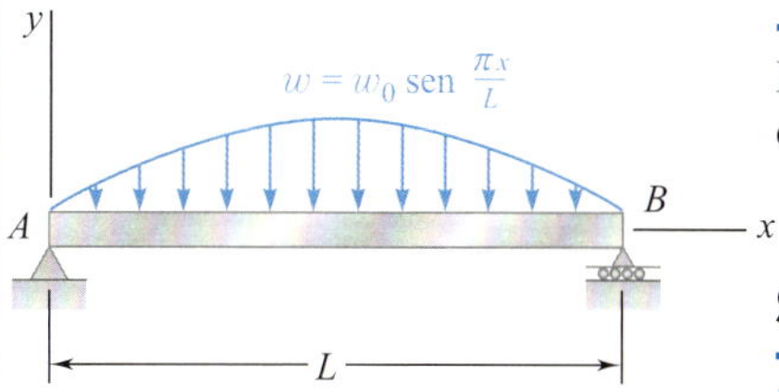

Para a viga e o carregamento mostrados, determine (*a*) a equação da linha elástica, (*b*) a inclinação na extremidade *A* e (*c*) a deflexão máxima.

SOLUÇÃO

Equação diferencial da linha elástica. Da Equação (15.32),

$$EI\frac{d^4y}{dx^4} = -w(x) = -w_0 \operatorname{sen}\frac{\pi x}{L} \qquad (1)$$

Integrando a Eq. (1) duas vezes:

$$EI\frac{d^3y}{dx^3} = V = +w_0\frac{L}{\pi}\cos\frac{\pi x}{L} + C_1 \qquad (2)$$

$$EI\frac{d^2y}{dx^2} = M = +w_0\frac{L^2}{\pi^2}\operatorname{sen}\frac{\pi x}{L} + C_1x + C_2 \qquad (3)$$

Condições de contorno:

[$x = 0, M = 0$]: Da Eq. (3), encontramos $C_2 = 0$

[$x = L, M = 0$]: Utilizando novamente a Eq. (3), escrevemos

$$0 = w_0\frac{L^2}{\pi^2}\operatorname{sen}\pi + C_1L \qquad C_1 = 0$$

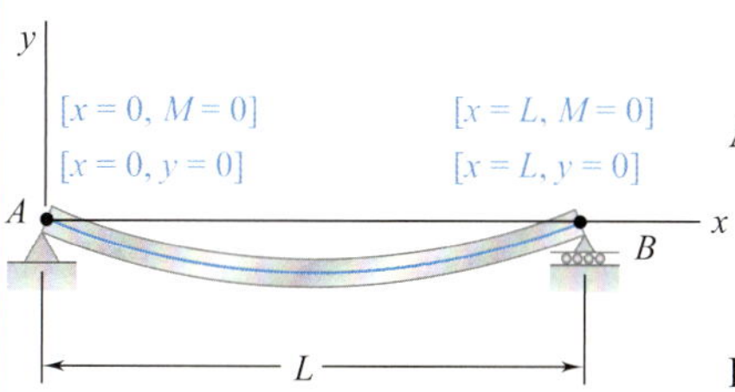

Assim:

$$EI\frac{d^2y}{dx^2} = +w_0\frac{L^2}{\pi^2}\operatorname{sen}\frac{\pi x}{L} \qquad (4)$$

Integrando a Eq. (4) duas vezes:

$$EI\frac{dy}{dx} = EI\,\theta = -w_0\frac{L^3}{\pi^3}\cos\frac{\pi x}{L} + C_3 \qquad (5)$$

$$EI\,y = -w_0\frac{L^4}{\pi^4}\operatorname{sen}\frac{\pi x}{L} + C_3x + C_4 \qquad (6)$$

Condições de contorno:

[$x = 0, y = 0$]: Utilizando a Eq. (6), encontramos $C_4 = 0$

[$x = L, y = 0$]: Utilizando novamente a Eq. (6), encontramos $C_3 = 0$

a. Equação da linha elástica

$$EIy = -w_0\frac{L^4}{\pi^4}\operatorname{sen}\frac{\pi x}{L} \quad ◀$$

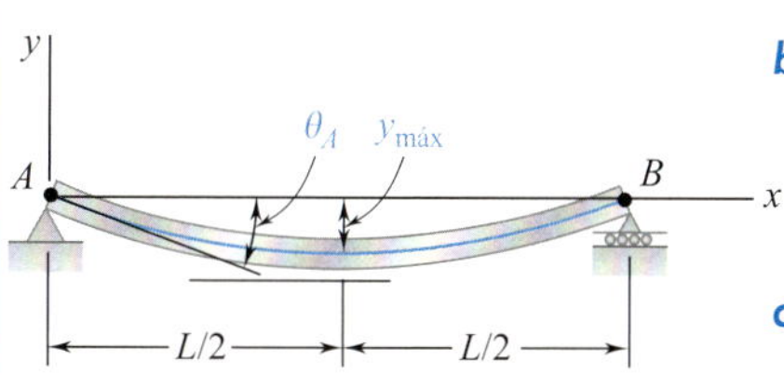

b. Inclinação na extremidade *A*. Para $x = 0$, temos

$$EI\,\theta_A = -w_0\frac{L^3}{\pi^3}\cos 0 \qquad \theta_A = \frac{w_0L^3}{\pi^3EI} \quad ◀$$

c. Deflexão máxima. Para $x = \frac{1}{2}L$

$$ELy_{máx} = -w_0\frac{L^4}{\pi^4}\operatorname{sen}\frac{\pi}{2} \qquad y_{máx} = \frac{w_0L^4}{\pi^4EI}\downarrow \quad ◀$$

PROBLEMA RESOLVIDO 15.3

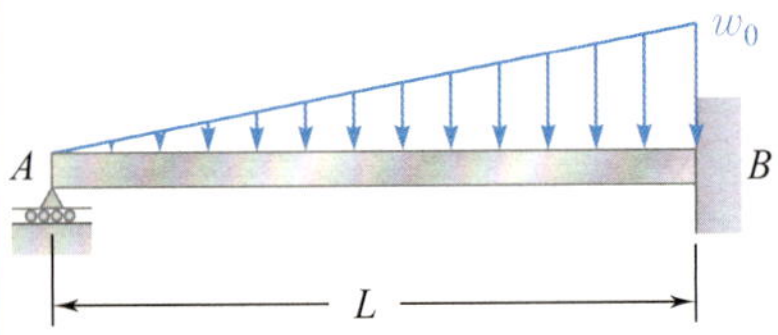

Para a viga uniforme AB, (*a*) determine a reação em A, (*b*) determine a equação da linha elástica e (*c*) determine a inclinação em A. (Note que a viga é estaticamente indeterminada com um grau de indeterminação.)

SOLUÇÃO

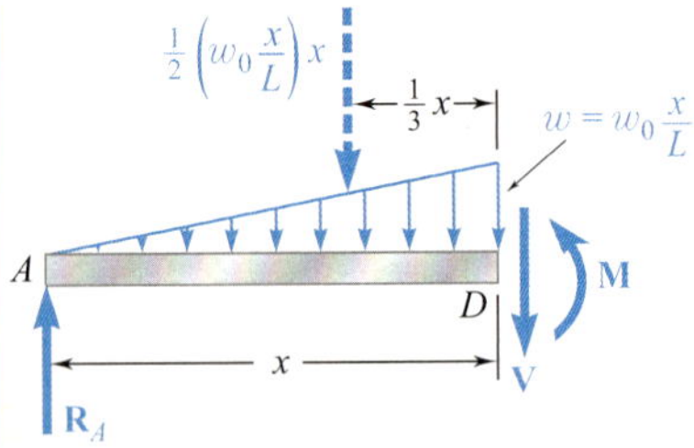

Momento fletor. Utilizando o diagrama de corpo livre mostrado, escrevemos

$$+\circlearrowleft \Sigma M_D = 0: \qquad R_A x - \frac{1}{2}\left(\frac{w_0 x^2}{L}\right)\frac{x}{3} - M = 0 \qquad M = R_A x - \frac{w_0 x^3}{6L}$$

Equação diferencial da linha elástica. Utilizamos a Eq. (15.4) e escrevemos

$$EI\frac{d^2y}{dx^2} = R_A x - \frac{w_0 x^3}{6L}$$

Considerando que a rigidez à flexão EI é constante, integramos duas vezes e temos

$$EI\frac{dy}{dx} = EI\,\theta = \frac{1}{2}R_A x^2 - \frac{w_0 x^4}{24L} + C_1 \qquad (1)$$

$$EI\,y = \frac{1}{6}R_A x^3 - \frac{w_0 x^5}{120L} + C_1 x + C_2 \qquad (2)$$

Condições de contorno. As três condições de contorno que devem ser satisfeitas são mostradas no desenho

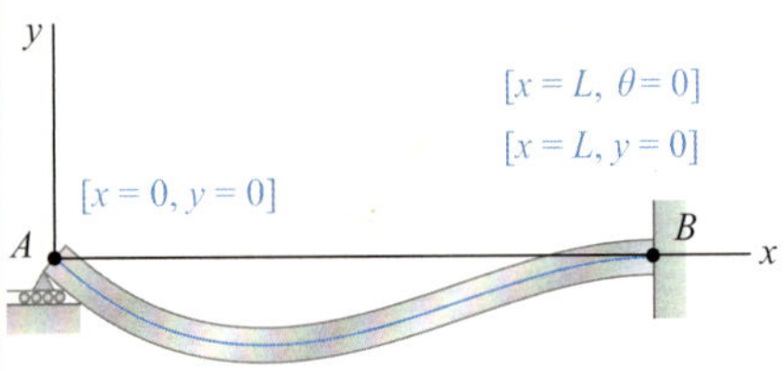

$$[x = 0, y = 0]: \quad C_2 = 0 \qquad (3)$$

$$[x = L, \theta = 0]: \quad \frac{1}{2}R_A L^2 - \frac{w_0 L^3}{24} + C_1 = 0 \qquad (4)$$

$$[x = L, y = 0]: \quad \frac{1}{6}R_A L^3 - \frac{w_0 L^4}{120} + C_1 L + C_2 = 0 \qquad (5)$$

a. Reação em *A*. Multiplicando a Eq. (4) por L, subtraindo a Eq. (5) membro a membro da equação obtida e observando que $C_2 = 0$, temos

$$\tfrac{1}{3}R_A L^3 - \tfrac{1}{30}w_0 L^4 = 0 \qquad R_A = \tfrac{1}{10}w_0 L\uparrow \quad ◀$$

Notamos que a reação é independente de E e I. Substituindo $R_A = \frac{1}{10}w_0 L$ na Eq. (4), temos

$$\tfrac{1}{2}(\tfrac{1}{10}w_0 L)L^2 - \tfrac{1}{24}w_0 L^3 + C_1 = 0 \qquad C_1 = -\tfrac{1}{120}w_0 L^3$$

b. Equação da linha elástica. Substituindo R_A, C_1 e C_2 na Eq. (2), temos

$$EI\,y = \frac{1}{6}\left(\frac{1}{10}w_0 L\right)x^3 - \frac{w_0 x^5}{120L} - \left(\frac{1}{120}w_0 L^3\right)x$$

$$y = \frac{w_0}{120EIL}(-x^5 + 2L^2x^3 - L^4x) \quad ◀$$

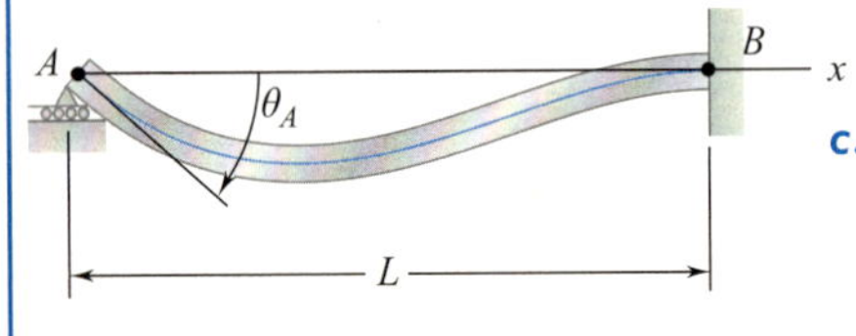

c. Inclinação em *A*. Derivamos a equação acima em relação a x:

$$\theta = \frac{dy}{dx} = \frac{w_0}{120EIL}(-5x^4 + 6L^2x^2 - L^4)$$

Utilizando $x = 0$, temos $\qquad \theta_A = -\dfrac{w_0 L^3}{120EI} \qquad \theta_A = \dfrac{w_0 L^3}{120EI}\,\triangleleft \quad ◀$

PROBLEMAS

Nos problemas a seguir, considere que a rigidez à flexão *EI* de cada viga é constante.

15.1 até 15.4 Para os carregamentos mostrados nas figuras, determine (*a*) a equação da linha elástica para a viga em balanço *AB*, (*b*) a deflexão da extremidade livre e (*c*) a inclinação na extremidade livre.

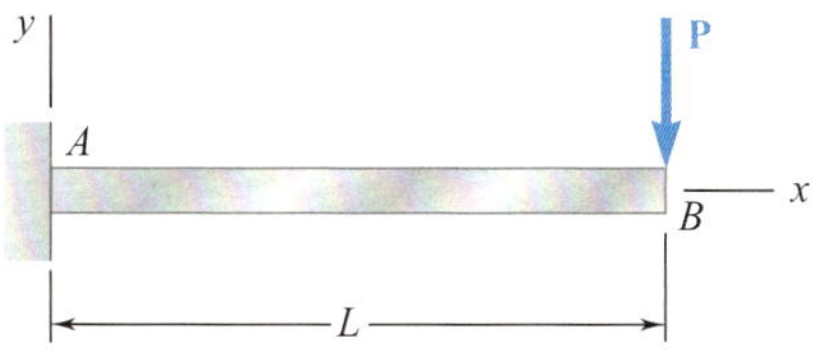

Figura P15.1

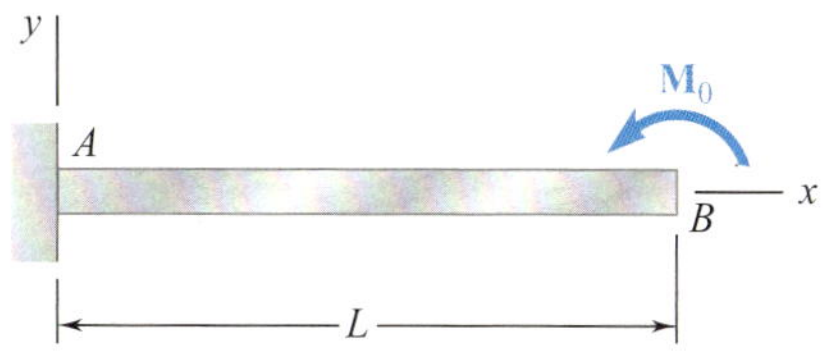

Figura P15.2

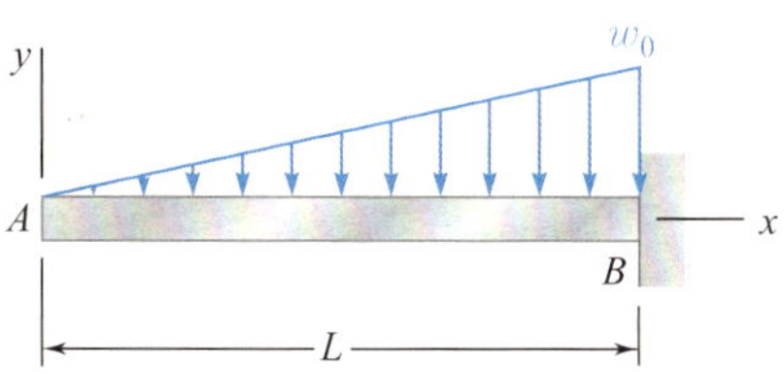

Figura P15.3

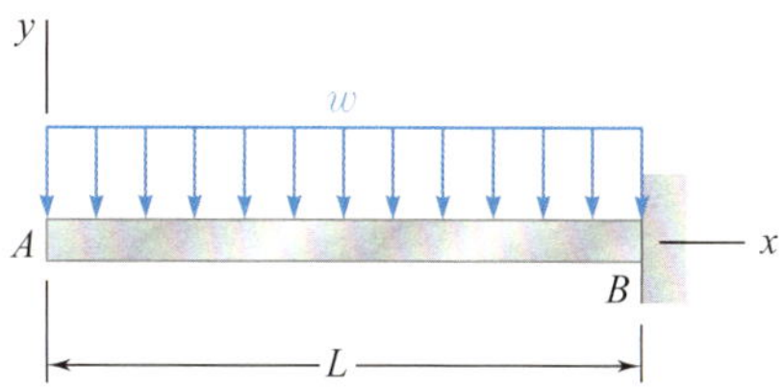

Figura P15.4

15.5 e 15.6 Para a viga em balanço e o carregamento mostrados nas figuras, determine (*a*) a equação da linha elástica para a parte *AB* da viga, (*b*) a deflexão em *B* e (*c*) a inclinação em *B*.

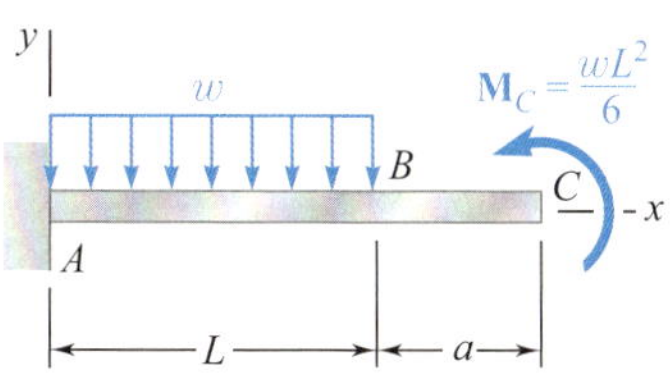

Figura P15.5

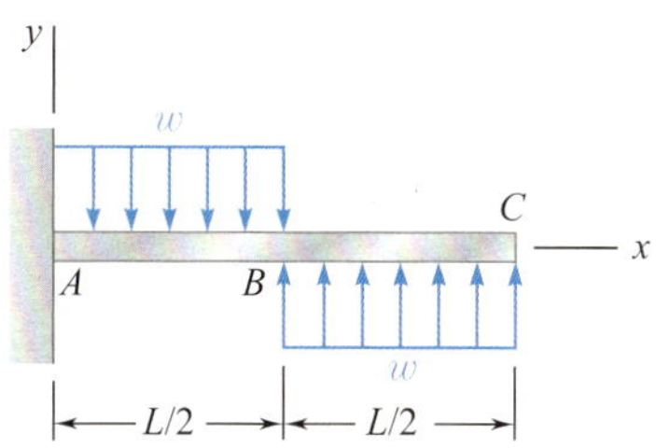

Figura P15.6

15.7 Para a viga e o carregamento mostrados na figura, determine (*a*) a equação da linha elástica para a parte *AB* da viga, (*b*) a inclinação em *A* e (*c*) a inclinação em *B*.

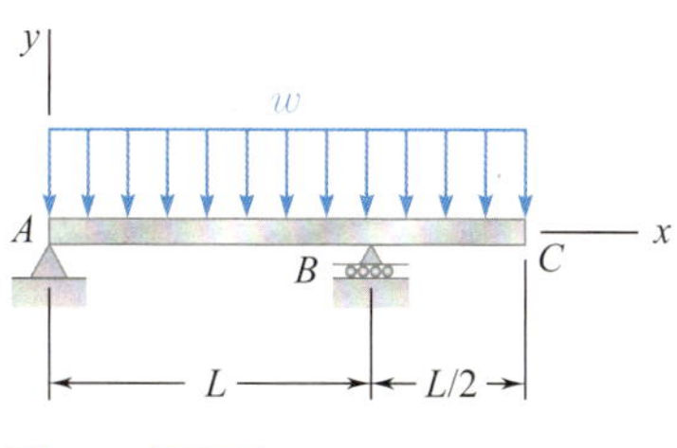

Figura P15.7

15.8 Para a viga e o carregamento mostrados na figura, determine (*a*) a equação da linha elástica para a parte *BC* da viga, (*b*) a deflexão em meio do vão e (*c*) a inclinação em *B*.

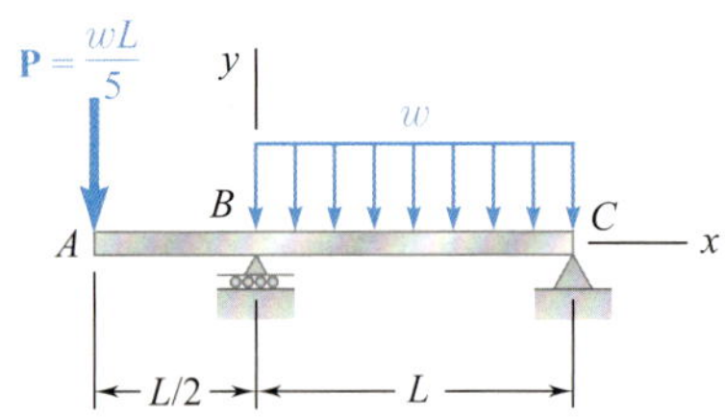

Figura P15.8

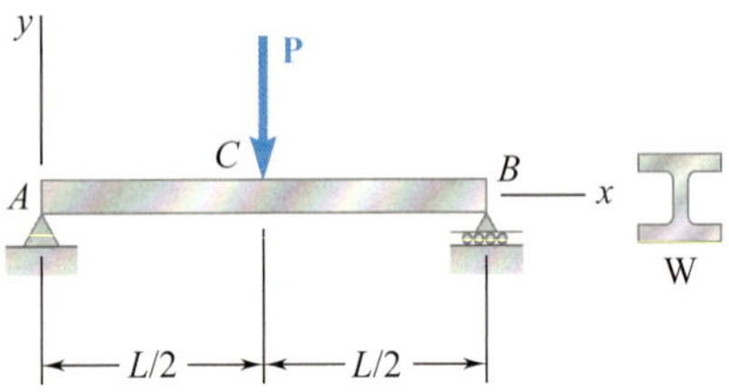

Figura P15.9

15.9 Sabendo que a viga *AB* é um perfil de aço laminado W130 × 23,8 e que $P = 50$ kN, $L = 1{,}25$ m e $E = 200$ GPa, determine (*a*) a inclinação em *A* e (*b*) a deflexão em *C*.

15.10 Sabendo que a viga *AB* é um perfil de aço laminado S200 × 27,4 e que $w_0 = 60$ kN/m, $L = 2{,}7$ m e $E = 200$ GPa, determine (*a*) a inclinação em *A* e (*b*) a deflexão em *C*.

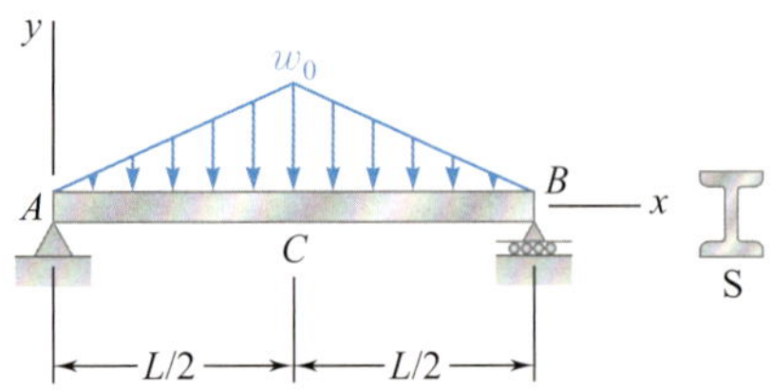

Figura P15.10

15.11 (*a*) Determine a localização e o valor da deflexão máxima absoluta em *AB* entre *A* e o centro da viga. (*b*) Sabendo que a viga *AB* é um perfil W360 × 64 e que $L = 3{,}5$ m e $E = 200$ GPa, determine o máximo valor admissível do momento $\mathbf{M}_0$ se a deflexão máxima não excede 1 mm.

Figura P15.11

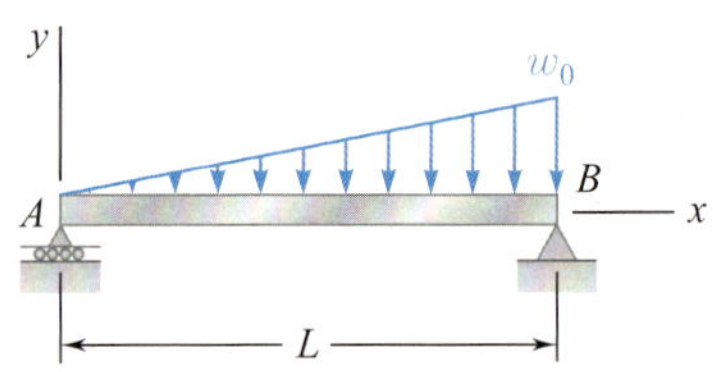

Figura P15.12

15.12 Para a viga e o carregamento mostrados na figura, (*a*) expresse o valor e a localização da deflexão máxima em termos de w_0, *L*, *E* e *I*. (*b*) Calcule o valor da deflexão máxima considerando que a viga *AB* é um perfil de aço laminado W460 × 74 e que $w_0 = 68$ kN/m, $L = 5{,}4$ m e $E = 200$ GPa.

15.13 e *15.14* Para a viga e o carregamento mostrados na figura, determine a deflexão no ponto C. Use $E = 200$ GPa.

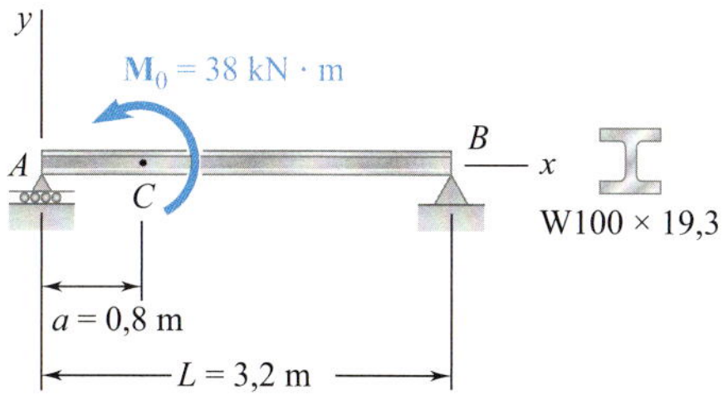

Figura P15.13

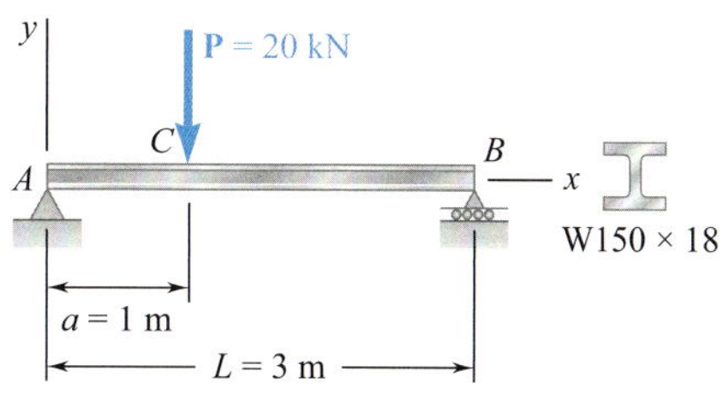

Figura *P15.14*

15.15 Para a viga e o carregamento mostrados na figura, determine (*a*) a equação da linha elástica, (*b*) a inclinação na extremidade A e (*c*) a deflexão no ponto médio do vão.

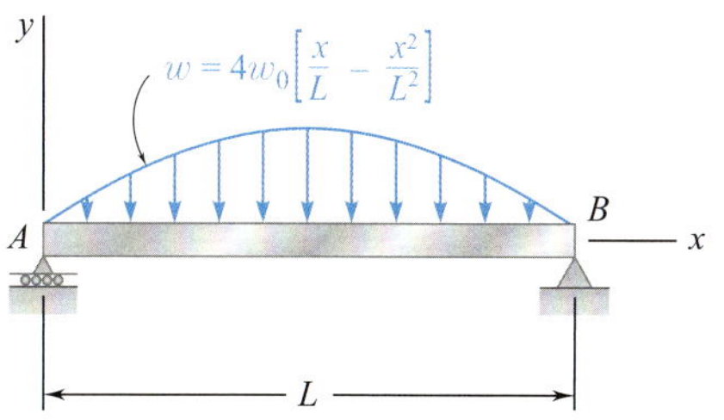

Figura P15.15

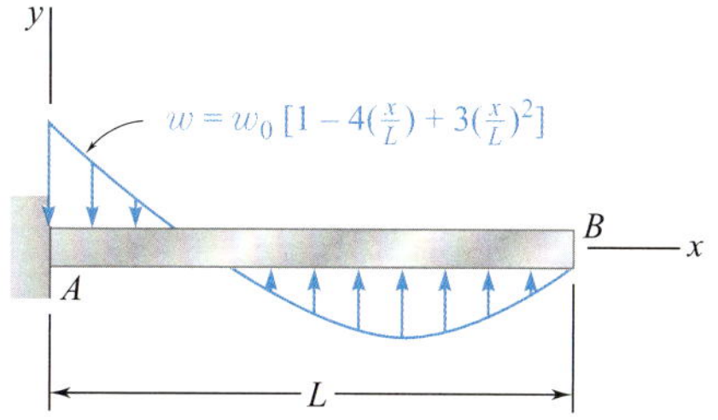

Figura *P15.16*

15.16 Para a viga e o carregamento mostrados na figura, determine (*a*) a equação da linha elástica e (*b*) a deflexão na extremidade livre.

15.17 até 15.20 Para a viga e o carregamento mostrados nas figuras, determine a reação no apoio móvel.

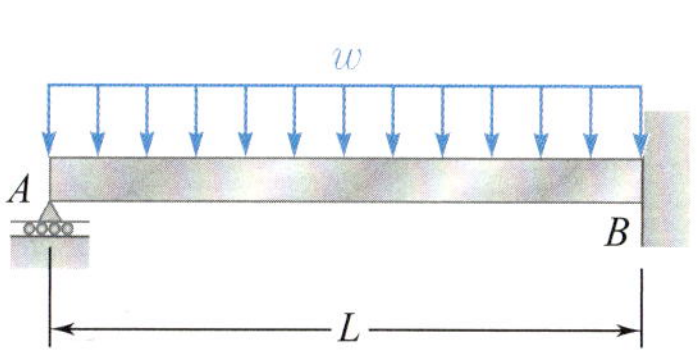

Figura P15.17

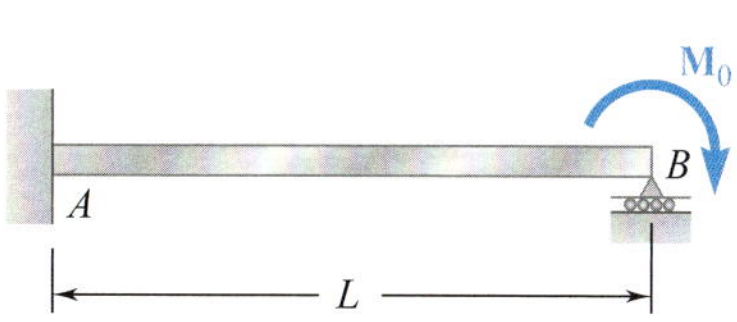

Figura P15.18

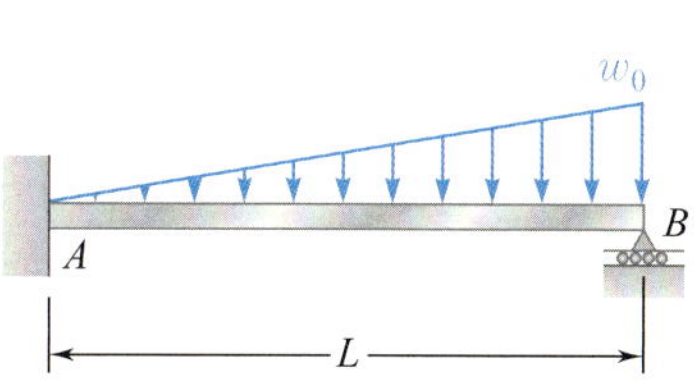

Figura *P15.19*

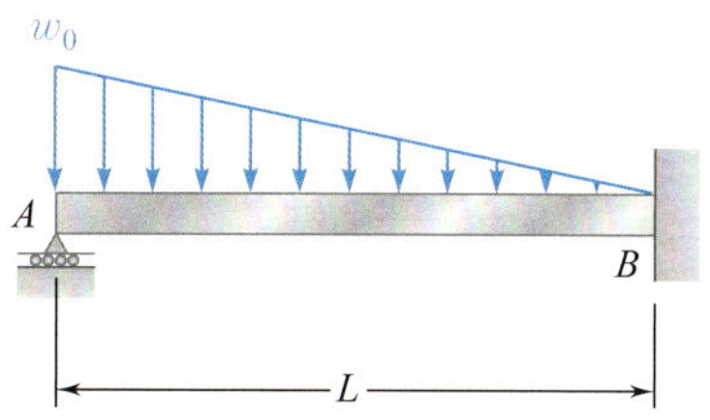

Figura P15.20

15.21 e 15.22 Determine a reação no apoio móvel e desenhe o diagrama do momento fletor para a viga e o carregamento mostrados nas figuras.

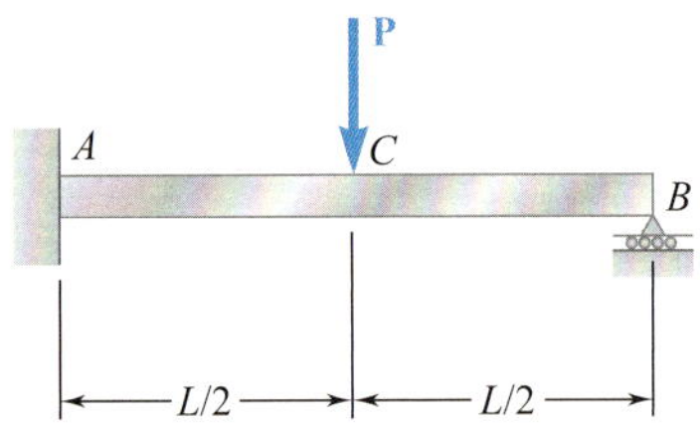

Figura P15.21

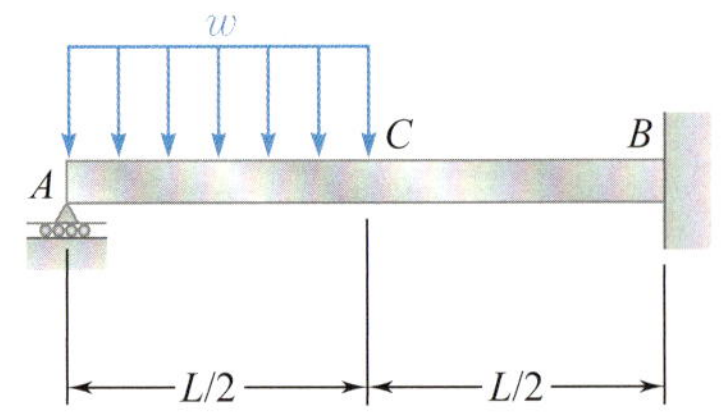

Figura P15.22

15.23 e 15.24 Determine a reação no apoio móvel e a deflexão no ponto D se a for igual a $L/3$.

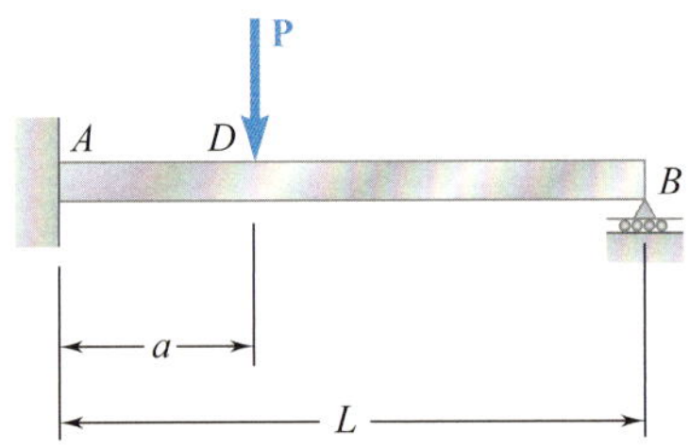

Figura P15.23

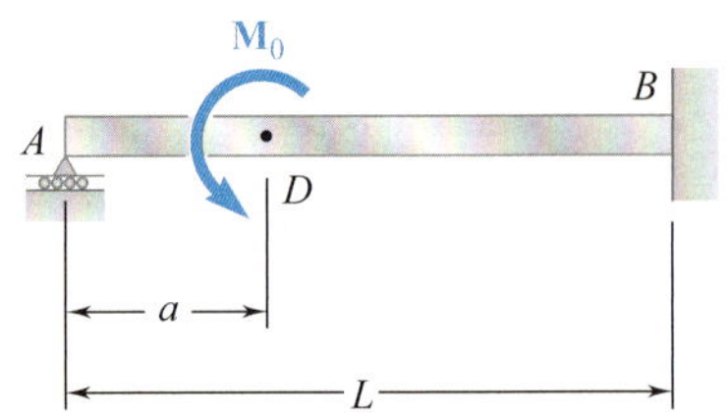

Figura P15.24

15.25 e 15.26 Determine a reação em A e desenhe o diagrama do momento fletor para a viga e o carregamento mostrados nas figuras.

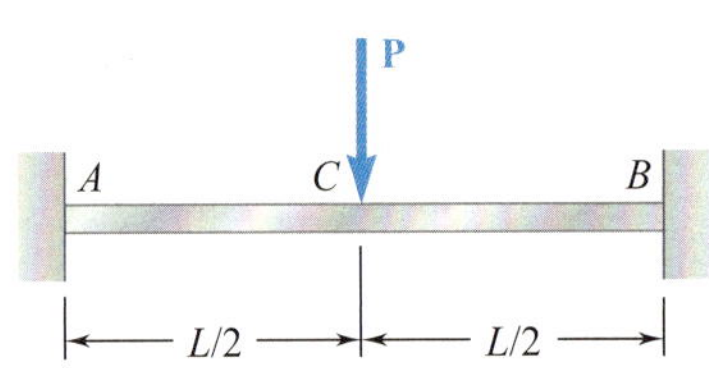

Figura P15.25

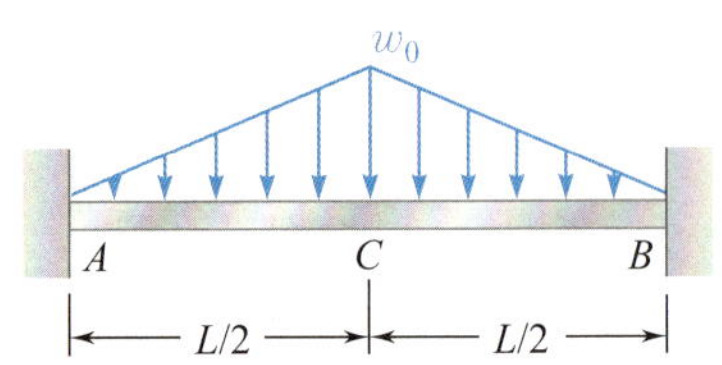

Figura P15.26

15.6 Método da superposição

Quando uma viga está submetida a várias forças concentradas ou distribuídas, em geral é conveniente calcular separadamente a inclinação e a deflexão provocadas por cada uma das forças. A inclinação e a deflexão provocadas pelas forças combinadas são então obtidas quando se aplica o princípio da superposição (Seção 9.11), ou seja, quando se somam os valores da inclinação ou deflexão correspondentes às várias forças.

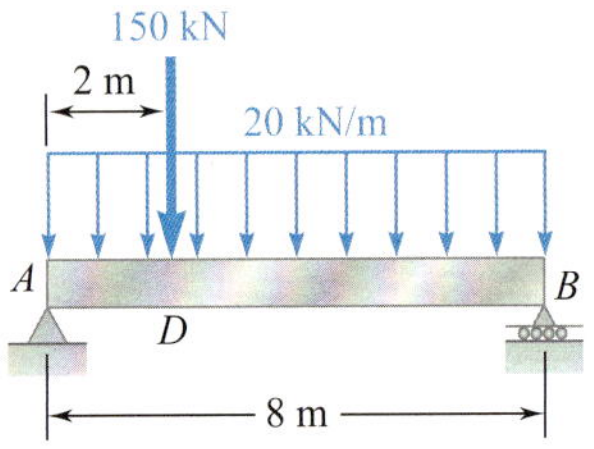

Figura 15.27

Exemplo 15.6. Determine a inclinação e a deflexão em D para a viga e o carregamento mostrados (Fig. 15.27), sabendo que a rigidez à flexão da viga é $EI = 100 \text{ MN} \cdot \text{m}^2$.

A inclinação e a deflexão em qualquer ponto da viga podem ser obtidas superpondo as inclinações e as deflexões provocadas, respectivamente, pela força concentrada e pela força distribuída (Fig. 15.28).

Como a força concentrada na Fig. 15.28*b* é aplicada a um quarto do vão, podemos usar os resultados obtidos para a viga e o carregamento do Exemplo 15.3 e escrever

$$(\theta_D)_P = -\frac{PL^2}{32EI} = -\frac{(150\times10^3)(8)^2}{32(100\times10^6)} = -3\times10^{-3}\ \text{rad}$$

$$(y_D)_P = -\frac{3PL^3}{256EI} = -\frac{3(150\times10^3)(8)^3}{256(100\times10^6)} = -9\times10^{-3}\ \text{m}$$
$$= -9\ \text{mm}$$

Entretanto, com base na equação da linha elástica obtida para uma força uniformemente distribuída no Exemplo 15.2, expressamos a deflexão na Fig. 15.28*c* como

$$y = \frac{w}{24EI}(-x^4 + 2Lx^3 - L^3x) \tag{15.44}$$

e, derivando em relação a x,

$$\theta = \frac{dy}{dx} = \frac{w}{24EI}(-4x^3 + 6Lx^2 - L^3) \tag{15.45}$$

Fazendo $w = 20$ kN/m, $x = 2$ m e $L = 8$ m nas Eqs. (15.45) e (15.44), obtemos

$$(\theta_D)_w = \frac{20\times10^3}{24(100\times10^6)}(-352) = -2{,}93\times10^{-3}\ \text{rad}$$

$$(y_D)_w = \frac{20\times10^3}{24(100\times10^6)}(-912) = -7{,}60\times10^{-3}\ \text{m}$$
$$= -7{,}60\ \text{mm}$$

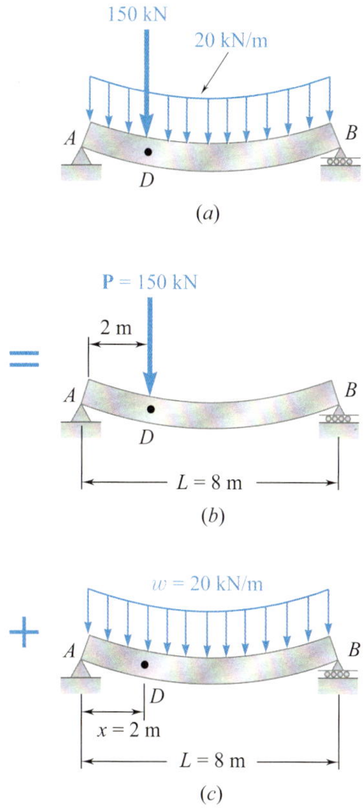

Figura 15.28

Combinando as inclinações e as deflexões produzidas pelas forças concentradas e distribuídas, temos

$$\theta_D = (\theta_D)_P + (\theta_D)_w = -3\times10^{-3} - 2{,}93\times10^{-3}$$
$$= -5{,}93\times10^{-3}\ \text{rad}$$
$$y_D = (y_D)_P + (y_D)_w = -9\ \text{mm} - 7{,}60\ \text{mm} = -16{,}60\ \text{mm}$$ ■

Para facilitar o trabalho dos engenheiros na prática, muitos manuais de estruturas e de engenharia mecânica fornecem tabelas com as deflexões e as inclinações de vigas para vários carregamentos e tipos de apoio. No Apêndice C, há uma tabela desse tipo. Notamos que a inclinação e a deflexão da viga da Fig. 15.27 poderiam ter sido determinadas a partir dessa tabela. É claro que, se utilizássemos as informações dadas nos casos 5 e 6, poderíamos ter expressado a deflexão da viga para qualquer valor $x \leq L/4$. Considerando a derivada da expressão obtida dessa maneira, teríamos alcançado a inclinação da viga sobre o mesmo intervalo. Notamos também que a inclinação em ambas as extremidades da viga pode ser obtida simplesmente somando os valores correspondentes nessa tabela. No entanto, a deflexão máxima da viga da Fig. 15.27 *não pode* ser obtida pela soma das deflexões máximas dos casos 5 e 6, pois elas ocorrem em diferentes pontos da viga.*

* Para obter um valor aproximado para a deflexão máxima da viga, deve-se elaborar um gráfico dos valores de y correspondentes a vários valores de x. Para a determinação da localização exata e do valor da deflexão máxima, será necessário compor a expressão para um resultado igual a zero obtida para a inclinação da viga e resolver essa equação para x.

Foto 15.2 As vigas contínuas que suportam esse viaduto têm três apoios e são, portanto, indeterminadas.

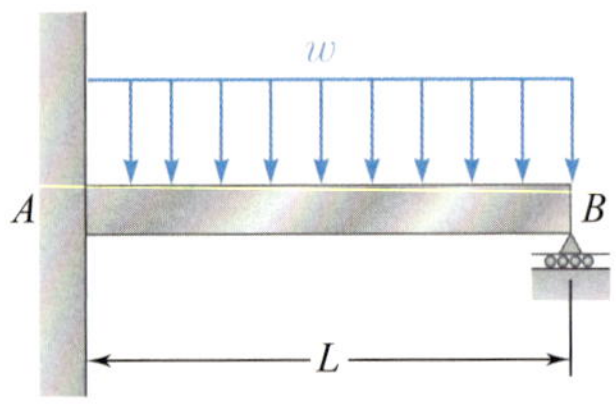

Figura 15.29

15.7 Aplicação da superposição para vigas estaticamente indeterminadas

Em geral, é mais conveniente usar o método da superposição para determinar as reações nos apoios de uma viga estaticamente indeterminada. Considerando primeiro o caso de uma viga indeterminada com um grau de indeterminação (Seção 15.5), como a viga da Foto 15.2, seguimos a abordagem descrita na Seção 9.8. Escolhemos uma das reações como redundante e eliminamos ou modificamos de modo adequado o apoio correspondente. A reação redundante é tratada então como uma força desconhecida que, juntamente com as outras, deve produzir deformações compatíveis com os apoios originais. A inclinação ou a deflexão no ponto em que o apoio foi modificado ou eliminado é obtida calculando separadamente as deformações provocadas pelas forças dadas e pela reação redundante, e superpondo os resultados obtidos. Uma vez determinadas as reações nos apoios, a inclinação e a deflexão podem ser estabelecidas de maneira usual em qualquer outro ponto da viga.

Exemplo 15.7. Determine as reações de apoio para a viga prismática e o carregamento mostrados na Fig. 15.29. (Nesse caso, utilizamos a viga e o carregamento do Exemplo 15.5, da Seção 15.5.)

Consideramos a reação em B como redundante e liberamos a viga do apoio. A reação $\mathbf{R}_B$ é agora considerada uma força desconhecida (Fig. 15.30*a*) e será determinada com base na condição de que a deflexão da viga em B deve ser zero. A solução é obtida considerando separadamente a deflexão $(y_B)_w$ originada em B pela força w uniformemente distribuída (Fig. 15.30*b*) e a deflexão $(y_B)_R$ produzida no mesmo ponto pela reação redundante $\mathbf{R}_B$ (Fig. 15.30*c*).

Com base na tabela do Apêndice C (casos 2 e 1), concluímos que

$$(y_B)_w = -\frac{wL^4}{8EI} \qquad (y_B)_R = +\frac{R_B L^3}{3EI}$$

Escrevendo que a deflexão em B é a soma desses dois valores e que ela deve ser igual a zero, temos

$$y_B = (y_B)_w + (y_B)_R = 0$$

$$y_B = -\frac{wL^4}{8EI} + \frac{R_B L^3}{3EI} = 0$$

e, resolvendo para R_B, $\qquad R_B = \frac{3}{8}wL \qquad \mathbf{R}_B = \frac{3}{8}wL \uparrow$

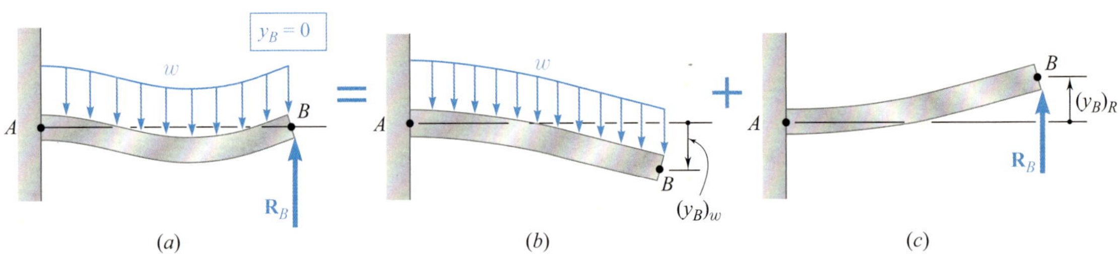

Figura 15.30

Desenhando o diagrama de corpo livre da viga (Fig. 15.31) e escrevendo as equações de equilíbrio correspondentes, temos

$$+\uparrow \Sigma F_y = 0: \quad R_A + R_B - wL = 0$$
$$R_A = wL - R_B = wL - \tfrac{3}{8}wL = \tfrac{5}{8}wL \qquad (15.46)$$
$$\mathbf{R}_A = \tfrac{5}{8}wL \uparrow$$

$$+\circlearrowleft \Sigma M_A = 0: \quad M_A + R_BL - (wL)(\tfrac{1}{2}L) = 0$$
$$M_A = \tfrac{1}{2}wL^2 - R_BL = \tfrac{1}{2}wL^2 - \tfrac{3}{8}wL^2 = \tfrac{1}{8}wL^2 \qquad (15.47)$$
$$\mathbf{M}_A = \tfrac{1}{8}wL^2 \circlearrowleft$$

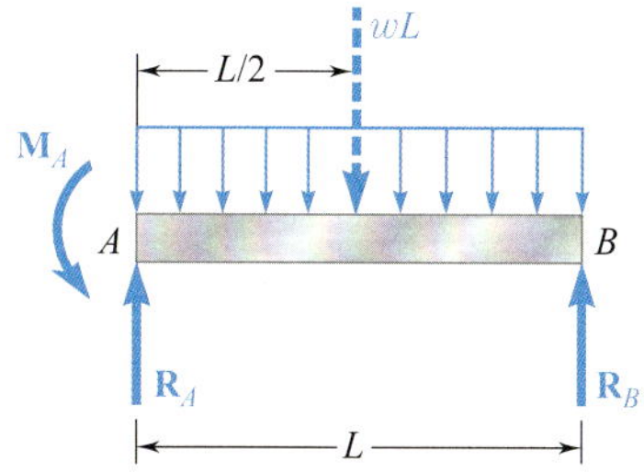

Figura 15.31

Solução alternativa. Podemos considerar o momento aplicado à extremidade engastada A como redundante e substituí-la por um apoio fixo. O momento $\mathbf{M}_A$ é considerado agora a reação desconhecida (Fig. 15.32*a*) e será determinado pela condição de que a inclinação da viga em A de ser zero. A solução é obtida considerando separadamente a inclinação $(\theta_A)_w$ provocada em A pela força w uniformemente distribuída (Fig. 15.32*b*) e a inclinação $(\theta_A)_M$ produzida no mesmo ponto pelo momento desconhecido $\mathbf{M}_A$ (Fig. 15.32*c*).

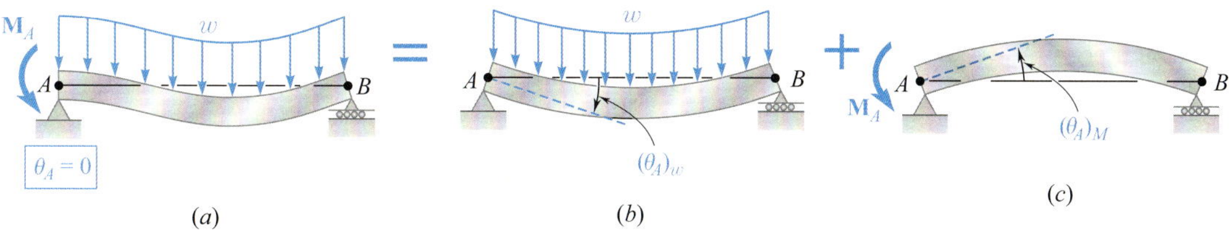

Figura 15.32

Utilizando a tabela do Apêndice C (casos 6 e 7) e observando que, no caso 7, A e B devem ser intercambiados, constatamos que

$$(\theta_A)_w = -\frac{wL^3}{24EI} \qquad (\theta_A)_M = \frac{M_AL}{3EI}$$

Escrevendo que a inclinação em A é a soma desses dois valores e que ela deve ser zero, temos

$$\theta_A = (\theta_A)_w + (\theta_A)_M = 0$$

$$\theta_A = -\frac{wL^3}{25EI} + \frac{M_AL}{3EI} = 0$$

e, resolvendo para M_A,

$$M_A = \tfrac{1}{8}wL^2 \qquad \mathbf{M}_A = \tfrac{1}{8}wL^2 \circlearrowleft$$

Os valores de R_A e R_B podem então ser determinados pelas equações de equilíbrio (15.46) e (15.47). ■

A viga considerada no exemplo anterior é indeterminada de primeiro grau. No caso de uma viga indeterminada de segundo grau (Seção 15.5), duas reações devem ser consideradas redundantes e os apoios correspondentes devem ser eliminados ou modificados de maneira adequada. As reações redundantes são então tratadas como cargas desconhecidas, as quais, simultaneamente e junto com as demais cargas, devem produzir deformações compatíveis com os apoios originais. (Ver Problema Resolvido 15.6.)

PROBLEMA RESOLVIDO 15.4

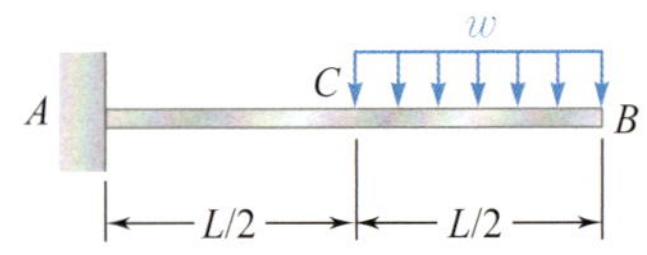

Para a viga e o carregamento mostrados na figura, determine a inclinação e a deflexão no ponto *B*.

SOLUÇÃO

Princípio da superposição. O carregamento dado pode ser obtido pela superposição dos carregamentos mostrados na figura a seguir. A viga *AB*, naturalmente, é a mesma em cada parte da figura.

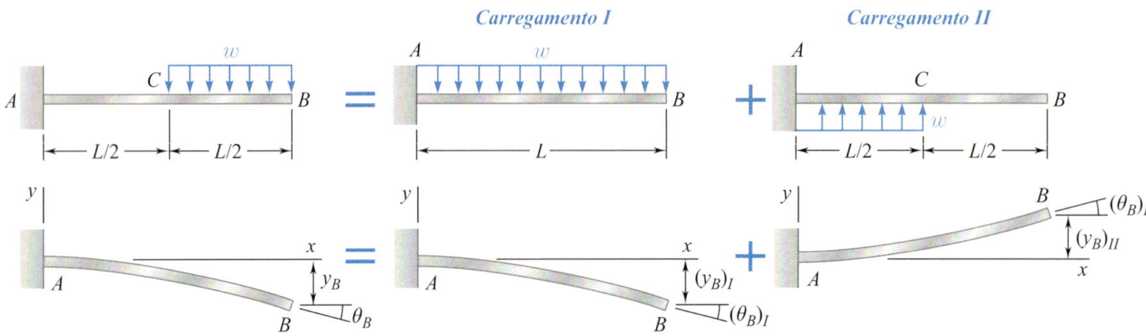

Para cada um dos carregamentos I e II, determinamos agora a inclinação e a deflexão em *B* usando a tabela de *Deflexões e Inclinações de Vigas* do Apêndice C.

Carregamento I

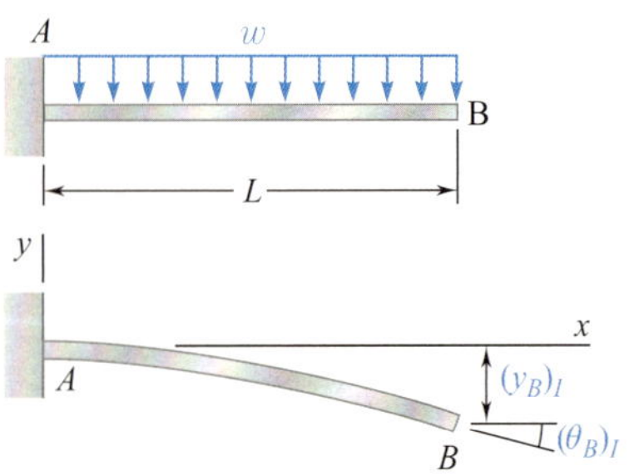

$$(\theta_B)_I = -\frac{wL^3}{6EI} \qquad (y_B)_I = -\frac{wL^4}{8EI}$$

Carregamento II

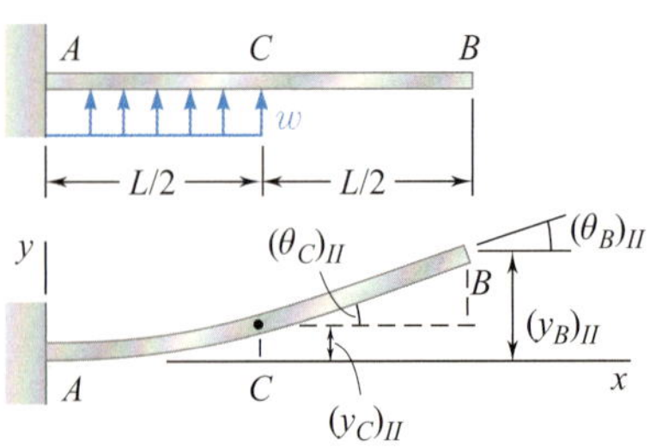

$$(\theta_C)_{II} = +\frac{w(L/2)^3}{6EI} = +\frac{wL^3}{48EI} \qquad (y_C)_{II} = +\frac{w(L/2)^4}{8EI} = +\frac{wL^4}{128EI}$$

Na parte *CB*, o momento fletor para o carregamento II é zero e, portanto, a linha elástica é uma linha reta.

$$(\theta_B)_{II} = (\theta_C)_{II} = +\frac{wL^3}{48EI} \qquad (y_B)_{II} = (y_C)_{II} + (\theta_C)_{II}\left(\frac{L}{2}\right)$$

$$= \frac{wL^4}{128EI} + \frac{wL^3}{48EI}\left(\frac{L}{2}\right) = +\frac{7wL^4}{384EI}$$

Inclinação no ponto B

$$\theta_B = (\theta_B)_I + (\theta_B)_{II} = -\frac{wL^3}{6EI} + \frac{wL^3}{48EI} = -\frac{7wL^3}{48EI} \qquad \theta_B = \frac{7wL^3}{48EI} \searrow \blacktriangleleft$$

Deflexão em B

$$y_B = (y_B)_I + (y_B)_{II} = -\frac{wL^4}{8EI} + \frac{7wL^4}{384EI} = -\frac{41wL^4}{384EI} \qquad y_B = \frac{41wL^4}{384EI} \downarrow \blacktriangleleft$$

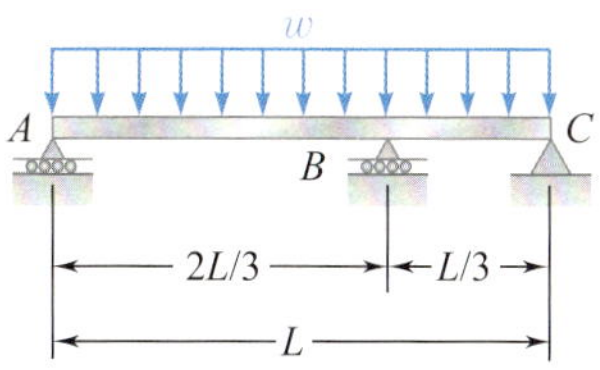

PROBLEMA RESOLVIDO 15.5

Para a viga uniforme e o carregamento mostrados na figura, determine (*a*) a reação em cada apoio e (*b*) a inclinação na extremidade *A*.

SOLUÇÃO

Princípio da superposição. A reação $\mathbf{R}_B$ é escolhida como redundante e considerada uma força desconhecida. As deflexões provocadas pela força distribuída e pela reação $\mathbf{R}_B$ são consideradas separadamente como é mostrado a seguir.

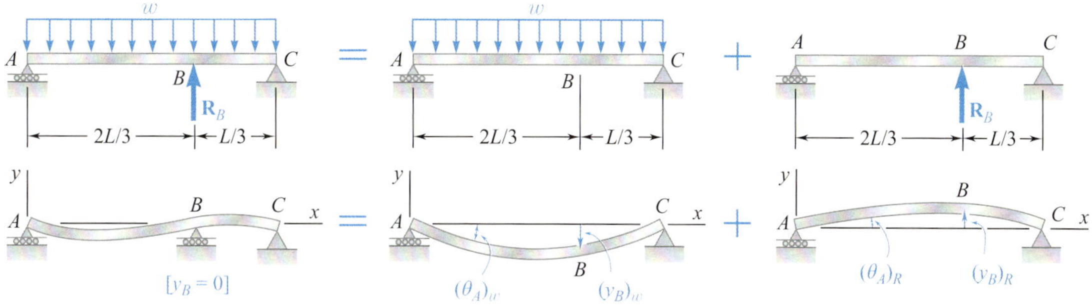

Para cada carregamento, a deflexão no ponto *B* é determinada usando a tabela de *Deflexões e Inclinações de Vigas* do Apêndice C.

Carregamento distribuído. Usamos o caso 6 do Apêndice C

$$y = -\frac{w}{24EI}(x^4 - 2Lx^3 + L^3x)$$

No ponto *B*, $x = \frac{2}{3}L$:

$$(y_B)_w = -\frac{w}{24EI}\left[\left(\frac{2}{3}L\right)^4 - 2L\left(\frac{2}{3}L\right)^3 + L^3\left(\frac{2}{3}L\right)\right] = -0{,}01132\frac{wL^4}{EI}$$

Carregamento da reação redundante. Do caso 5 do Apêndice C, com $a = \frac{2}{3}L$ e $b = \frac{1}{3}L$, temos

$$(y_B)_R = -\frac{Pa^2b^2}{3EIL} = +\frac{R_B}{3EIL}\left(\frac{2}{3}L\right)^2\left(\frac{L}{3}\right)^2 = 0{,}01646\frac{R_BL^3}{EI}$$

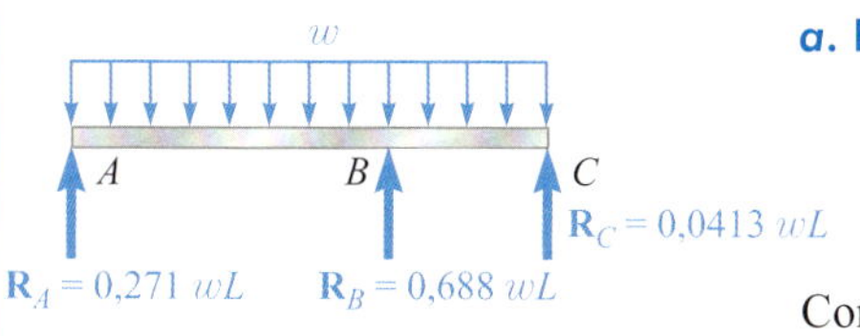

a. Reações nos apoios. Lembrando que $y_B = 0$, escrevemos

$$y_B = (y_B)_w + (y_B)_R$$

$$0 = -0{,}01132\frac{wL^4}{EI} + 0{,}01646\frac{R_BL^3}{EI} \qquad \mathbf{R}_B = 0{,}688wL\uparrow \quad ◀$$

Como a reação R_B agora é conhecida, podemos usar os métodos da estática para determinar as outras reações: $\mathbf{R}_A = 0{,}271wL\uparrow$ $\qquad \mathbf{R}_C = 0{,}0413wL\uparrow$ ◀

b. Inclinação na extremidade *A*. Consultando novamente o Apêndice C, temos

Carregamento distribuído. $(\theta_A)_w = -\dfrac{wL^3}{24EI} = -0{,}04167\dfrac{wL^3}{EI}$

Carregamento da reação redundante. Para $P = -R_B = -0{,}688wL$ e $b = \frac{1}{3}L$

$$(\theta_A)_R = -\frac{Pb(L^2 - b^2)}{6EIL} = +\frac{0{,}688wL}{6EIL}\left(\frac{L}{3}\right)\left[L^2 - \left(\frac{L}{3}\right)^2\right] \qquad (\theta_A)_R = 0{,}03398\frac{wL^3}{EI}$$

Finalmente, $\theta_A = (\theta_A)_w + (\theta_A)_R$

$$\theta_A = -0{,}04167\frac{wL^3}{EI} + 0{,}03398\frac{wL^3}{EI} = -0{,}00769\frac{wL^3}{EI} \qquad \theta_A = 0{,}00769\frac{wL^3}{EI} \quad ◀$$

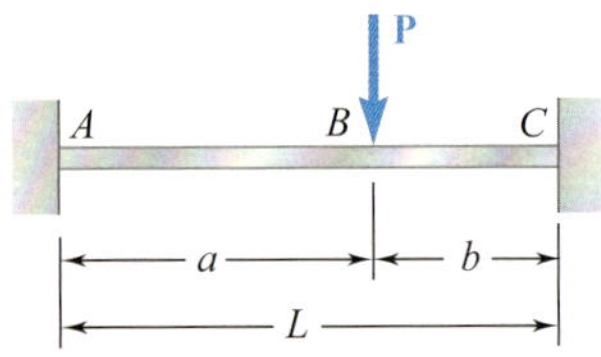

PROBLEMA RESOLVIDO 15.6

Para a viga e o carregamento mostrados na figura, determine as reações no engastamento fixo C.

SOLUÇÃO

Princípio da superposição. Considerando que a força axial na viga é zero, a viga ABC é indeterminada com dois graus de indeterminação e apresenta dois componentes de reação como redundantes, ou seja, a força vertical $\mathbf{R}_C$ e o momento $\mathbf{M}_C$. As deformações provocadas pelas forças $\mathbf{P}$ e $\mathbf{R}_C$ e pelo momento $\mathbf{M}_C$ serão consideradas separadamente conforme mostra a figura.

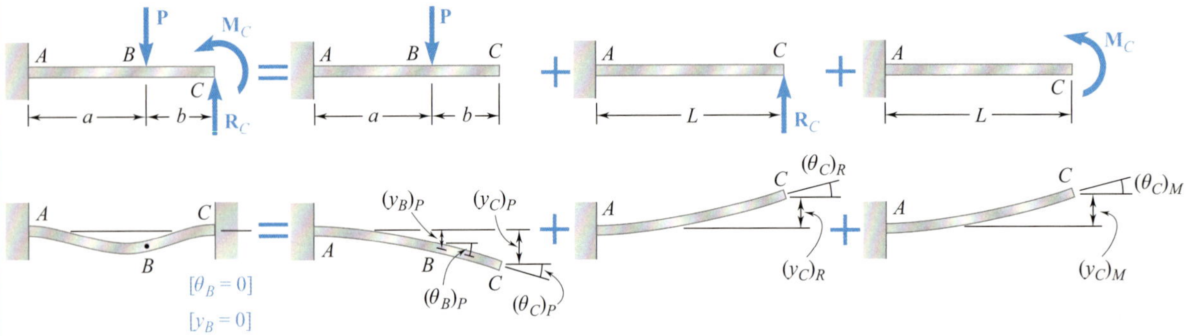

Para cada carga, serão determinadas a inclinação e a deflexão no ponto C, utilizando a tabela *Deflexões e Inclinações de Vigas* do Apêndice C.

Força P. Observamos que, para esse carregamento, a parte BC da viga é reta.

$$(\theta_C)_P = (\theta_B)_P = -\frac{Pa^2}{2EI} \qquad (y_C)_P = (y_B)_P + (\theta_B)_P b$$

$$= -\frac{Pa^3}{3EI} - \frac{Pa^2}{2EI}b = -\frac{Pa^2}{6EI}(2a + 3b)$$

Força R_C $\quad (\theta_C)_R = +\dfrac{R_C L^2}{2EI} \qquad (y_C)_R = +\dfrac{R_C L^3}{3EI}$

Momento M_C $\quad (\theta_C)_M = +\dfrac{M_C L}{EI} \qquad (y_C)_M = +\dfrac{M_C L^2}{2EI}$

Condições de contorno. Na extremidade C, a inclinação e a deflexão devem ser zero:

$[x = L, \theta_C = 0]$:

$$\theta_C = (\theta_C)_P + (\theta_C)_R + (\theta_C)_M$$

$$0 = -\frac{Pa^2}{2EI} + \frac{R_C L^2}{2EI} + \frac{M_C L}{EI} \qquad (1)$$

$[x = L, y_C = 0]$:

$$y_C = (y_C)_P + (y_C)_R + (y_C)_M$$

$$0 = -\frac{Pa^2}{6EI}(2a + 3b) + \frac{R_C L^3}{3EI} + \frac{M_C L^2}{2EI} \qquad (2)$$

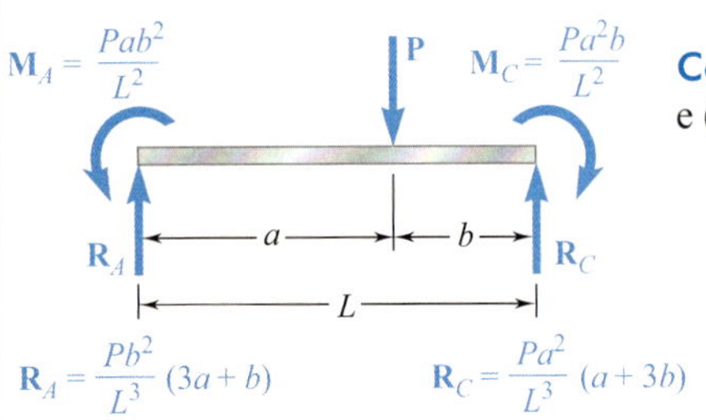

Componentes de reação em C. Resolvendo simultaneamente as Eqs. (1) e (2), encontramos após as simplificações

$$R_C = +\frac{Pa^2}{L^3}(a + 3b) \qquad \mathbf{R}_C = \frac{Pa^2}{L^3}(a + 3b)\uparrow \quad ◀$$

$$M_C = -\frac{Pa^2 b}{L^2} \qquad \mathbf{M}_C = \frac{Pa^2 b}{L^2} \quad ◀$$

Utilizando os métodos da estática, podemos agora determinar as reações em A.

PROBLEMAS

Utilize o método da superposição para resolver os problemas a seguir, considerando que a rigidez à flexão *EI* de cada viga é constante.

15.27 até 15.30 Para a viga e o carregamento mostrados nas figuras, determine (*a*) a deflexão em *C* e (*b*) a inclinação na extremidade *A*.

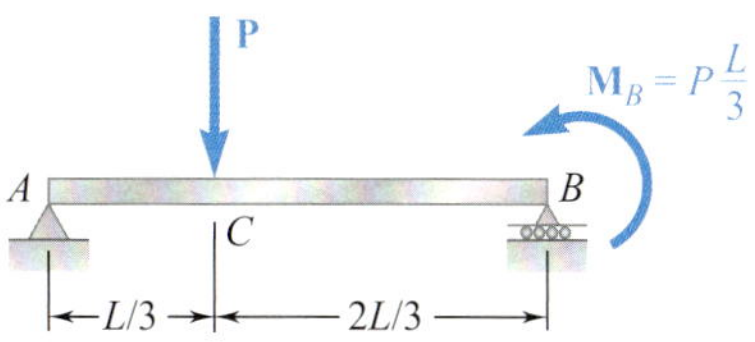

Figura P15.27

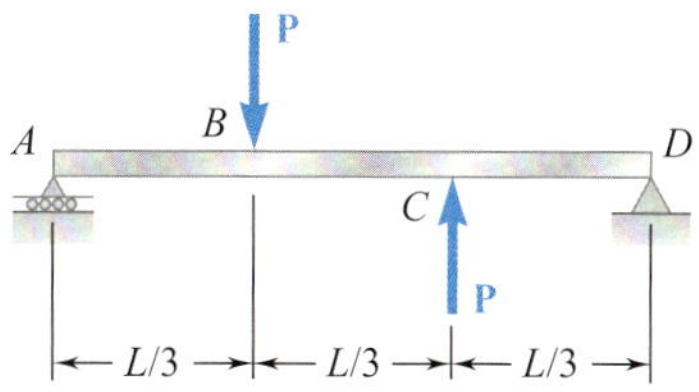

Figura P15.28

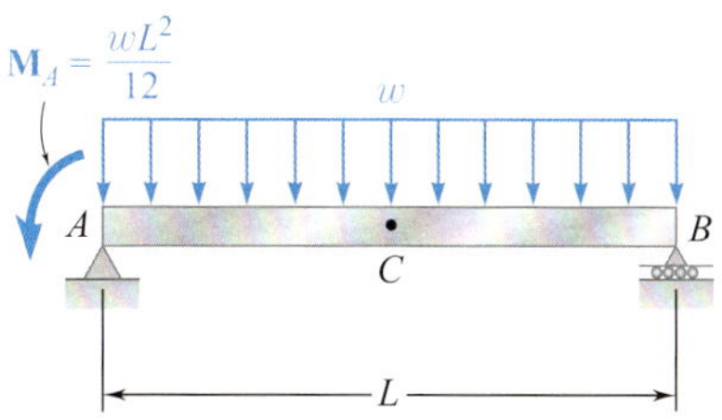

Figura P15.29

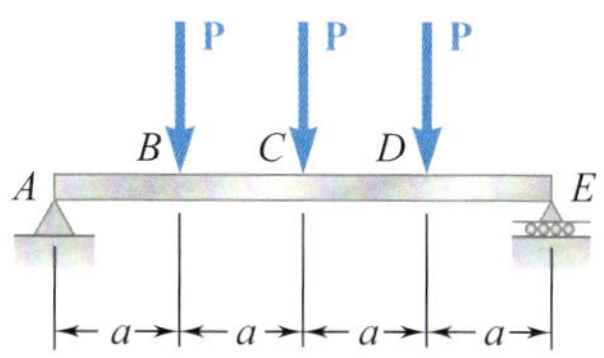

Figura P15.30

15.31 e 15.32 Para a viga em balanço e o carregamento mostrados nas figuras, determine a inclinação e a deflexão na extremidade livre.

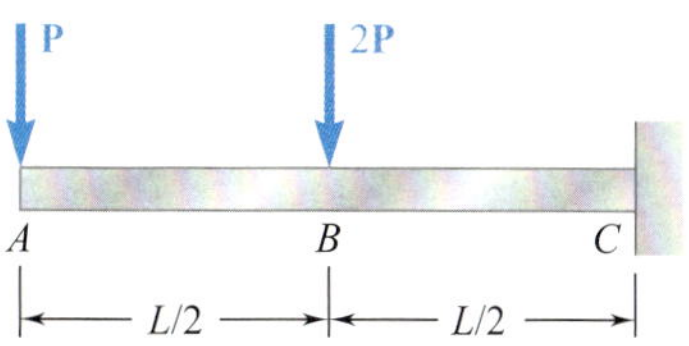

Figura P15.31

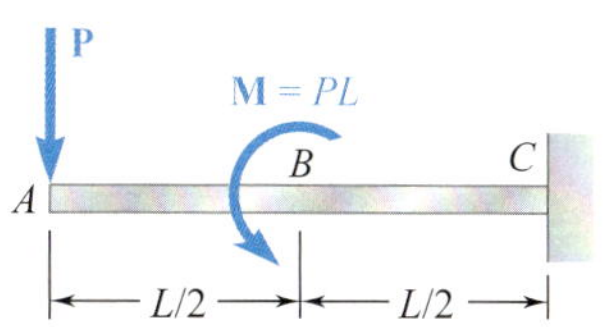

Figura P15.32

15.33 e 15.34 Para a viga em balanço e o carregamento mostrados nas figuras, determine a inclinação e a deflexão no ponto *C*.

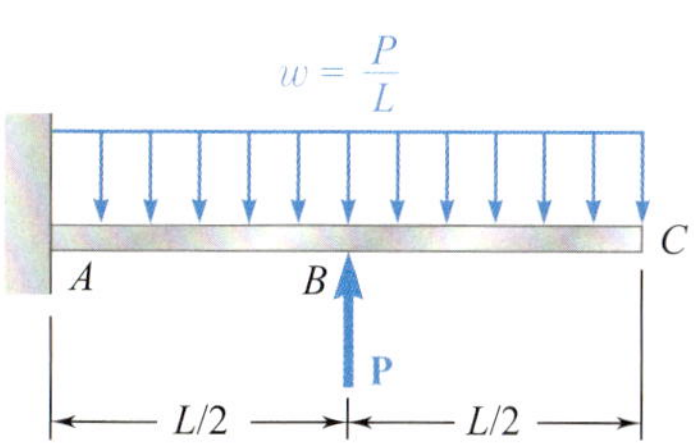

Figura P15.33

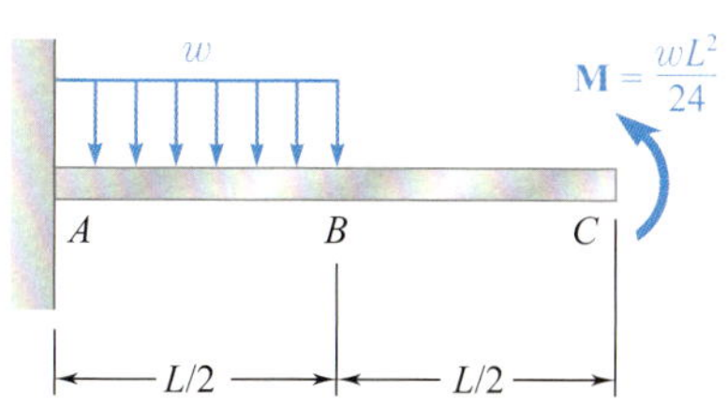

Figura P15.34

15.35 Para a viga em balanço e o carregamento mostrados na figura, determine a inclinação e a deflexão na extremidade C. Use $E = 200$ GPa.

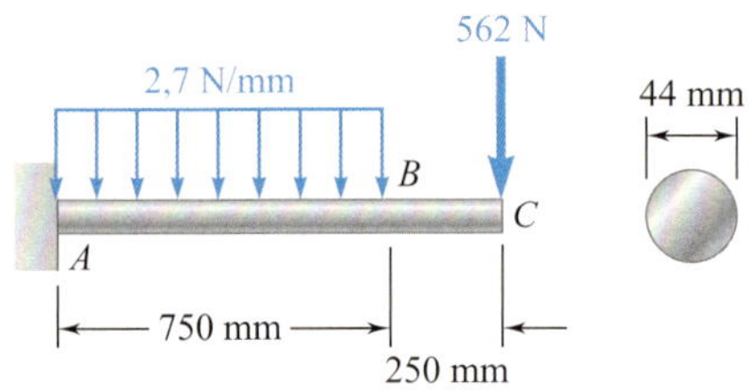

Figura P15.35 e P15.36

15.36 Para a viga em balanço e o carregamento mostrados na figura, determine a inclinação e a deflexão na extremidade B. Use $E = 200$ GPa.

15.37 e *15.38* Para a viga e o carregamento mostrados nas figuras, determine (a) a inclinação na extremidade A e (b) a deflexão no ponto C. Use $E = 200$ GPa.

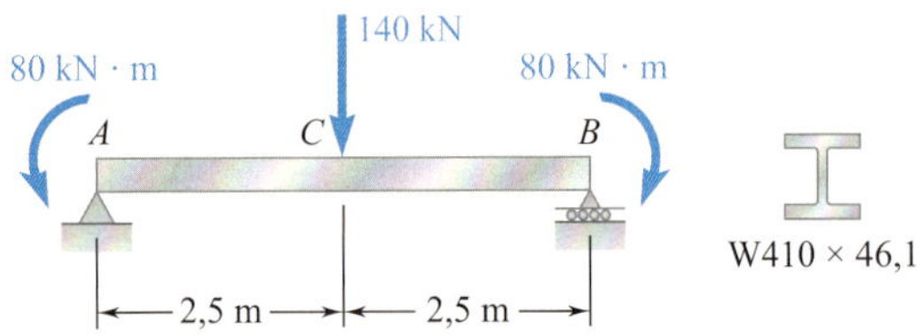

Figura P15.37

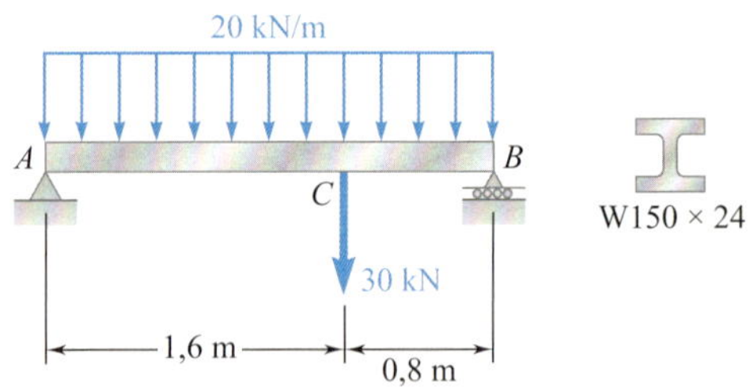

Figura *P15.38*

15.39 e **15.40** Para a viga uniforme mostrada, determine (a) a reação em A e (b) a reação em B.

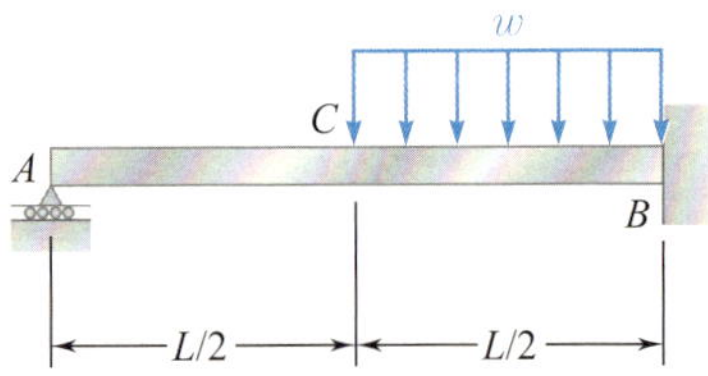

Figura P15.39

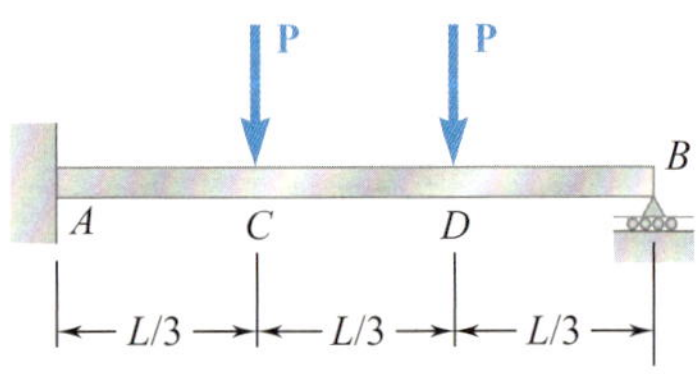

Figura P15.40

15.41 e **15.42** Para a viga uniforme mostrada, determine a reação em cada um dos três apoios.

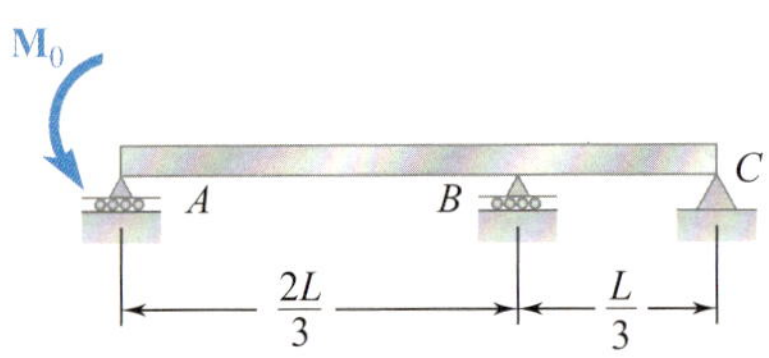

Figura *P15.41*

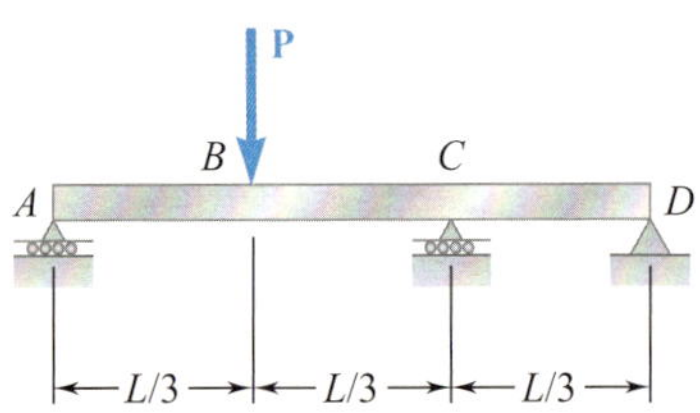

Figura P15.42

15.43 e *15.44* Para a viga mostrada, determine a reação em *B*.

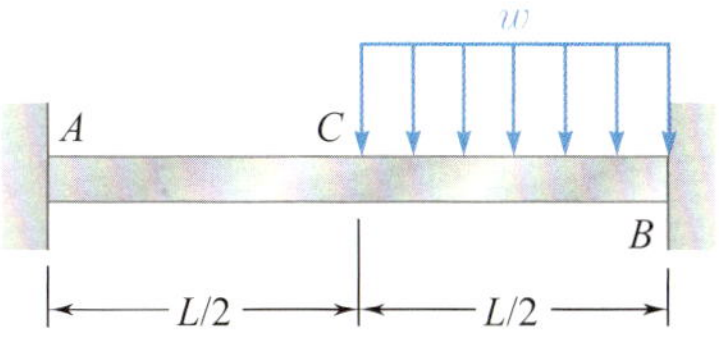

Figura P15.43

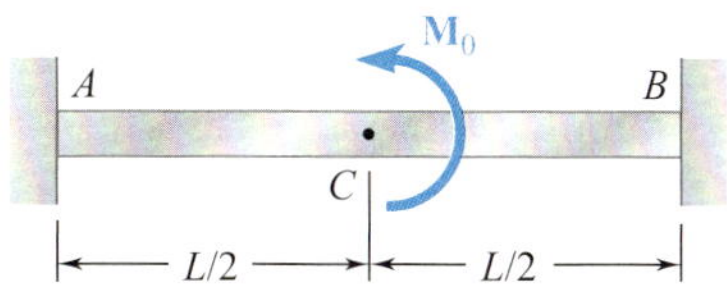

Figura P15.44

15.45 As duas vigas mostradas têm a mesma seção transversal e estão unidas por uma articulação em *C*. Para o carregamento mostrado na figura, determine (*a*) a inclinação no ponto *A* e (*b*) a deflexão no ponto *B*. Use $E = 200$ GPa.

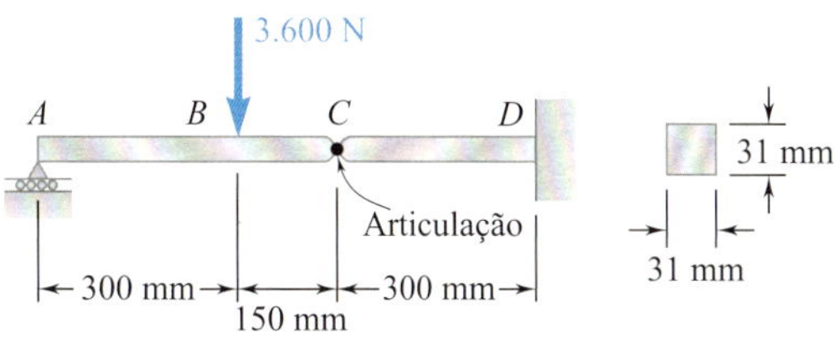

Figura P15.45

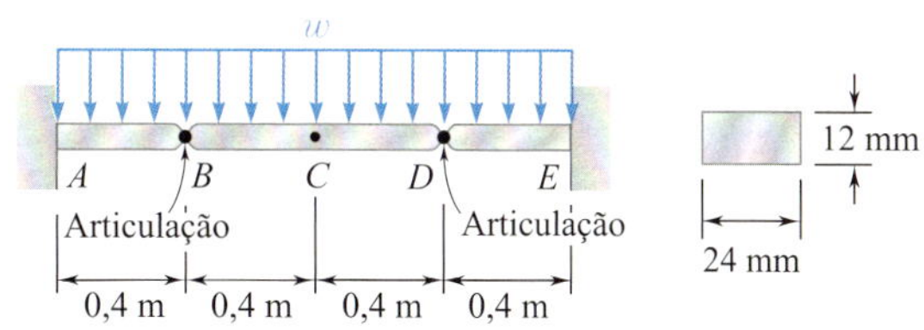

Figura P15.46

15.46 Uma viga central *BD* é presa por articulações a duas vigas em balanço *AB* e *DE*. Todas as vigas têm a seção transversal mostrada. Para o carregamento mostrado na figura, determine o maior valor de *w* de maneira que a deflexão em *C* não exceda 3 mm. Use $E = 200$ GPa.

15.47 Para o carregamento mostrado na figura, e sabendo que as vigas *AB* e *DE* têm a mesma rigidez à flexão, determine a reação (*a*) em *B* e (*b*) *E*.

15.48 Sabendo que a barra *ABC* e o cabo *BD* são ambos feitos de aço, determine (*a*) a deflexão em *B* e (*b*) a reação em *A*. Use $E = 200$ GPa.

15.49 Uma barra de 16 mm de diâmetro foi moldada assumindo a forma mostrada. Determine a deflexão da extremidade *C* após ser aplicada uma carga de 135 N. Use $E = 200$ GPa e $G = 80$ GPa.

15.50 Duas barras de alumínio de 24 mm são soldadas para formar um suporte em forma de T como mostra a figura. Sabendo que $E = 70$ GPa e $G = 26$ GPa, determine a deflexão na (*a*) extremidade *A* e (*b*) na extremidade *B*.

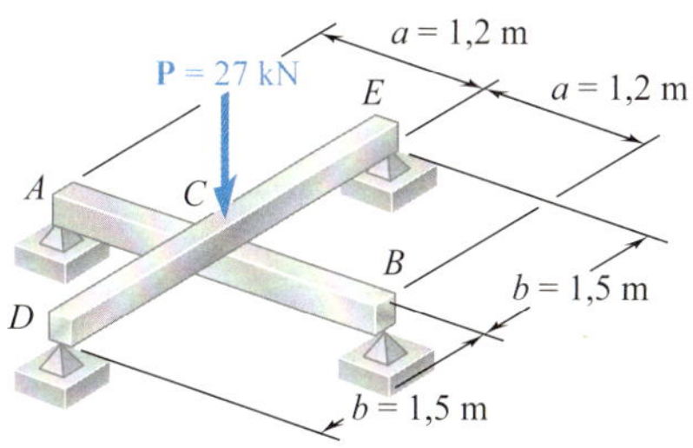

Figura P15.47

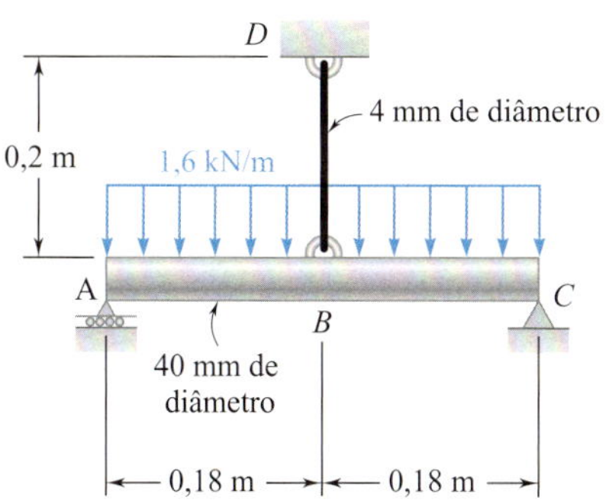

Figura P15.48

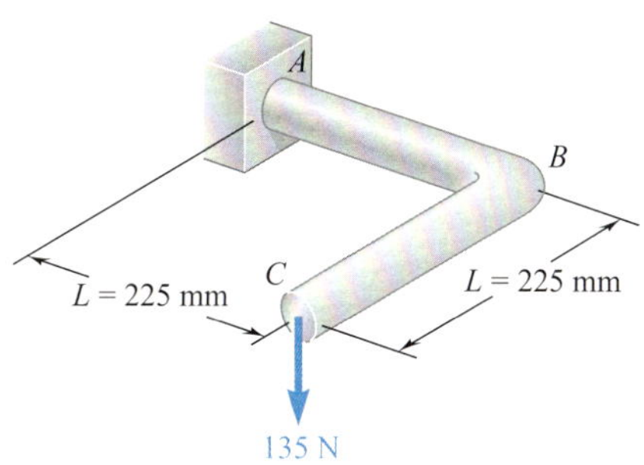

Figura P15.49

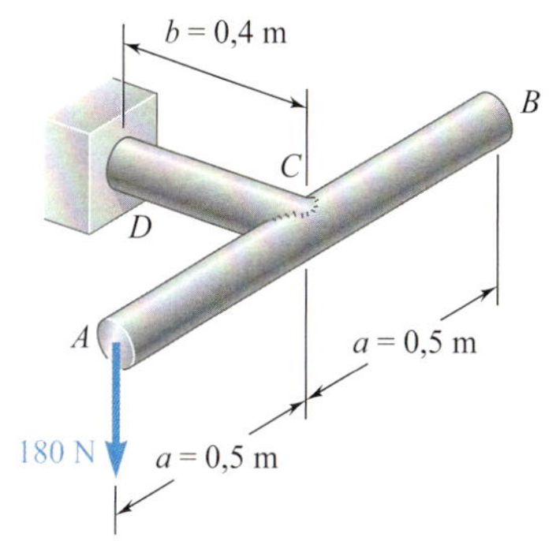

Figura P15.50

REVISÃO E RESUMO

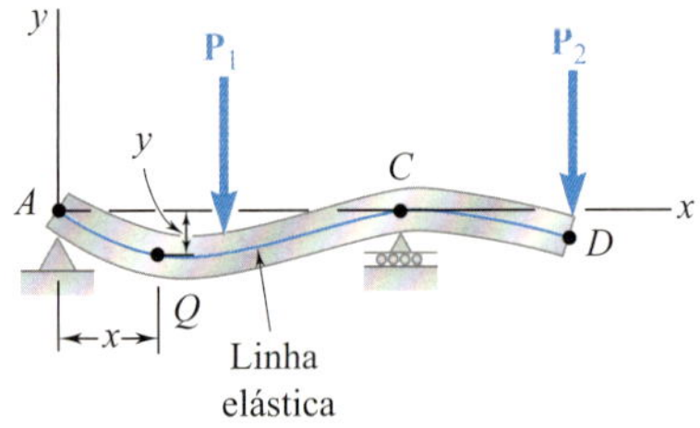

Figura 15.33

Este capítulo foi dedicado à determinação de inclinações e deflexões de vigas sob carregamentos transversais. Utilizamos um método matemático com base no conceito da integração de uma equação diferencial para obter as inclinações e as deflexões em qualquer ponto ao longo da viga. Aplicamos também esses métodos para determinar deflexões na análise das *vigas indeterminadas*, nas quais o número de reações nos apoios excede o número de equações de equilíbrio disponíveis para determinar as incógnitas.

Deformação de uma viga sob carregamento transversal

Na Seção 15.2, observamos que a Eq. (11.21) da Seção 11.4, que relaciona a curvatura $1/\rho$ da superfície neutra com o momento fletor M em uma viga prismática em flexão pura, pode ser aplicada a uma viga sob um carregamento transversal, mas que M e $1/\rho$ irão variar de uma seção para outra. Chamando de x a distância a partir da extremidade esquerda da viga, escrevemos

$$\frac{1}{\rho} = \frac{M(x)}{EI} \tag{15.1}$$

Essa equação nos possibilitou determinar o raio de curvatura da superfície neutra para qualquer valor de x e obter algumas conclusões gerais referentes à forma da viga deformada.

Na Seção 15.3, discutimos como obter uma relação entre a deflexão y de uma viga, medida em determinado ponto Q, e a distância x desse ponto a partir de alguma origem fixada (Fig. 15.33). Esse tipo de relação define a *linha elástica* de uma viga. Expressando a curvatura $1/\rho$ em termos das derivadas da função $y(x)$ e substituindo em (15.1), obtivemos a seguinte equação diferencial linear de segunda ordem:

$$\frac{d^2y}{dx^2} = \frac{M(x)}{EI} \tag{15.4}$$

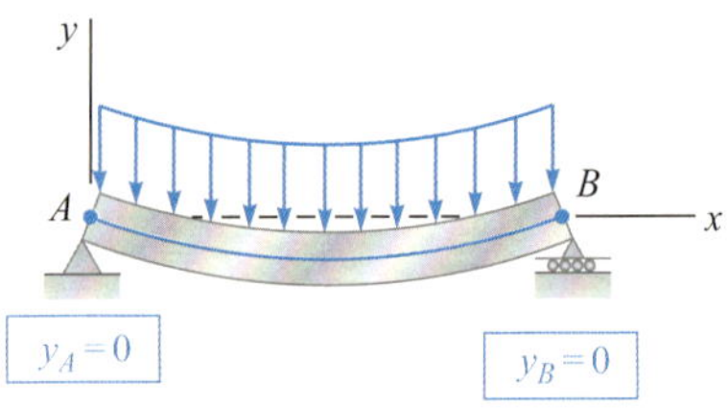

(*a*) Viga biapoiada

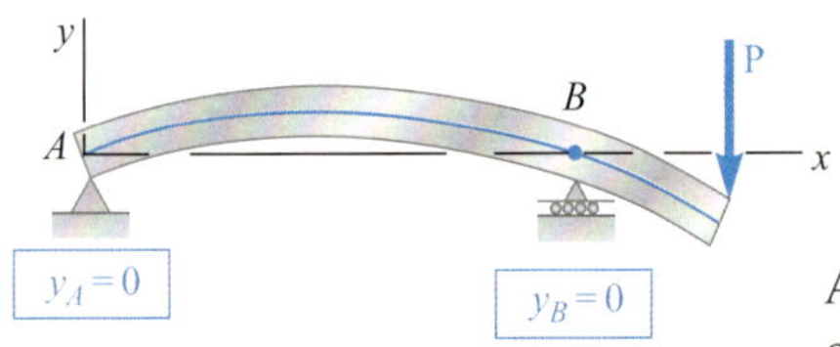

(*b*) Viga biapoiada com balanço

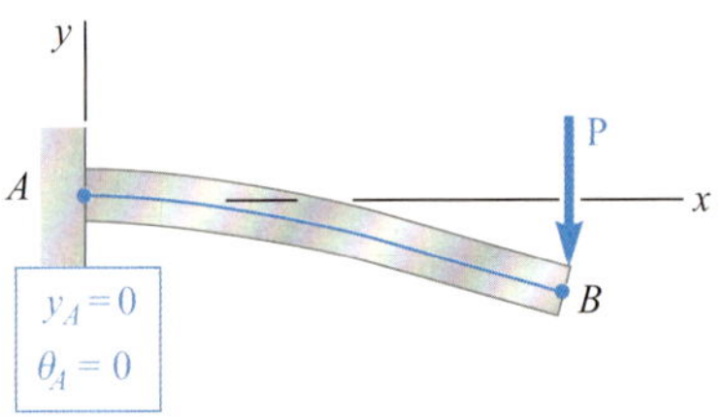

(*c*) Viga em balanço

Figura 15.34 Condições de contorno para vigas estaticamente determinadas.

Ao integrarmos essa equação duas vezes, obtivemos as expressões a seguir que definem a inclinação $\theta(x) = dy/dx$ e a deflexão $y(x)$, respectivamente:

$$EI\frac{dy}{dx} = \int_0^x M(x)\,dx + C_1 \tag{15.5}$$

$$EI\,y = \int_0^x dx \int_0^x M(x)\,dx + C_1x + C_2 \tag{15.6}$$

Condições de contorno

O produto EI é conhecido como *rigidez à flexão* da viga; C_1 e C_2 são duas constantes de integração que podem ser determinadas com base nas *condições de contorno* impostas na viga pelos seus apoios (Fig. 15.34) [Exemplo 15.1]. A deflexão máxima pode então ser obtida pela determinação do valor de x, para o qual a inclinação é zero, e do valor correspondente de y [Exemplo 15.2, Problema Resolvido 15.1].

Quando, no carregamento, exigem-se diferentes funções analíticas para representar o momento fletor em várias partes da viga, são necessárias também diferentes equações diferenciais, resultando em diferentes funções que representam a inclinação $\theta(x)$ e a deflexão $y(x)$ nas várias partes da viga. No caso da viga e do carregamento considerados no Exemplo 15.3 (Fig. 15.35), foram necessárias duas equações diferenciais, uma para a parte AD da viga e a outra para a parte DB. A primeira equação resultou nas funções θ_1 e y_1, e a segunda, nas funções θ_2 e y_2. Quatro constantes de integração tiveram de ser determinadas: duas foram obtidas considerando que as deflexões em A e B eram zero, e as outras duas expressando que as partes AD e DB da viga tinham a mesma inclinação e a mesma deflexão em D.

Linha elástica definida por diferentes funções

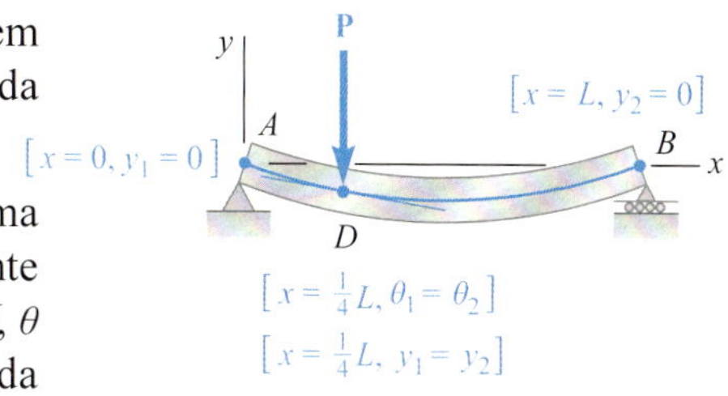

Figura 15.35

Na Seção 15.4, observamos que, no caso de uma viga suportando uma força distribuída $w(x)$, a linha elástica pode ser determinada diretamente de $w(x)$ por meio de quatro integrações sucessivas, resultando em V, M, θ e y, nesta ordem. Para a viga em balanço da Fig. 15.36*a* e a viga biapoiada da Fig. 15.36*b*, as quatro constantes de integração resultantes podem ser determinadas por meio de quatro condições de contorno indicadas em cada parte da figura [Exemplo 15.4, Problema Resolvido 15.2].

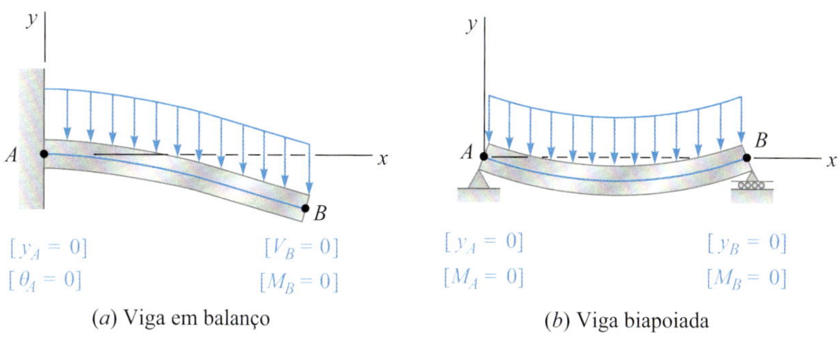

Figura 15.36 Condições de contorno para vigas suportando uma força distribuída.

Vigas estaticamente indeterminadas

Na Seção 15.5, tratamos das *vigas estaticamente indeterminadas*, isto é, vigas vinculadas de modo que as reações nos apoios envolviam quatro ou mais incógnitas. Como há apenas três equações de equilíbrio disponíveis para determinar essas incógnitas, tais equações tinham de ser complementadas por equações obtidas pelas condições de contorno impostas pelos apoios. No caso da viga da Fig. 15.37, notamos que as reações nos apoios

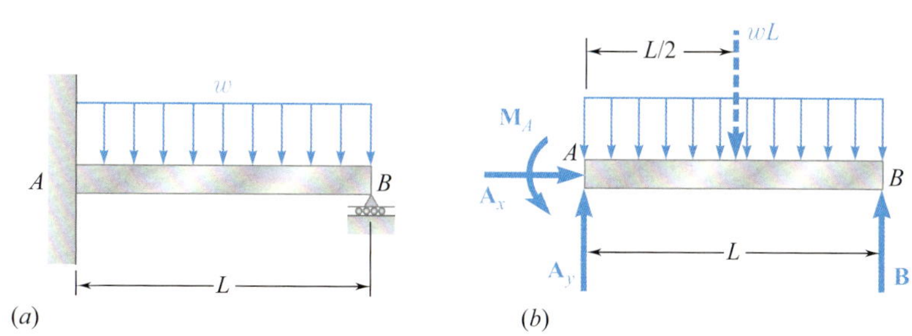

Figura 15.37

envolviam quatro incógnitas: M_A, A_x, A_y e B. Dizemos que essa viga é *indeterminada com um grau de indeterminação.* (Se fossem envolvidas cinco incógnitas, a viga seria indeterminada *com dois graus de indeterminação.*) Expressando o momento fletor $M(x)$ em função das quatro incógnitas e integrando duas vezes [Exemplo 15.5], determinamos a inclinação $\theta(x)$ e a deflexão $y(x)$ em função das mesmas incógnitas e as constantes de integração C_1 e C_2. As seis incógnitas envolvidas nesse cálculo foram obtidas resolvendo simultaneamente as três equações de equilíbrio para o corpo livre da Fig. 15.37*b* e as três equações expressando que $\theta = 0$, $y = 0$ para $x = 0$, e que $y = 0$ para $x = L$ (Fig. 15.38) [ver também o Problema Resolvido 15.3].

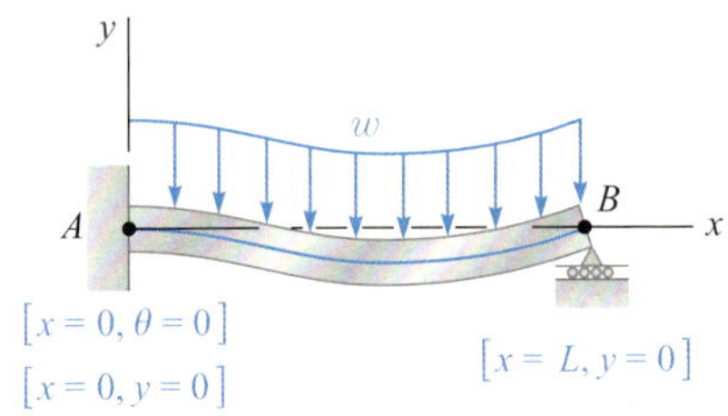

Figura 15.38

Método da superposição

A seção seguinte foi dedicada ao *método da superposição*, que consiste em determinar separadamente, e depois somar, a inclinação e a deflexão provocadas pelas várias forças aplicadas a uma viga [Seção 15.6]. Esse procedimento foi facilitado pela tabela do Apêndice C que fornece as inclinações e as deflexões de vigas para vários carregamentos e tipos de apoio [Exemplo 15.6 e Exemplo Resolvido 15.4].

Vigas estaticamente indeterminadas por superposição

O método da superposição pode ser utilizado de maneira eficiente com as *vigas estaticamente indeterminadas* [Seção 15.7]. No caso da viga do Exemplo 15.7 (Fig. 15.39), que envolve quatro reações desconhecidas e é, portanto, indeterminada *com um grau de indeterminação*, a reação em B foi considerada *redundante*, e a viga, liberada desse apoio. Tratando a reação $\mathbf{R}_B$ como uma força desconhecida e considerando separadamente as deflexões provocadas em B pela força distribuída e por $\mathbf{R}_B$, expressamos que a soma dessas deflexões era zero (Fig. 15.40). A equação obtida foi resolvida para R_B [ver também o Problema Resolvido 15.5]. No caso de uma viga indeterminada *com dois graus de indeterminação*, isto é, com reações nos apoios envolvendo cinco incógnitas, duas reações devem ser escolhidas como redundantes, e os apoios correspondentes devem ser eliminados ou modificados adequadamente [Problema Resolvido 15.6].

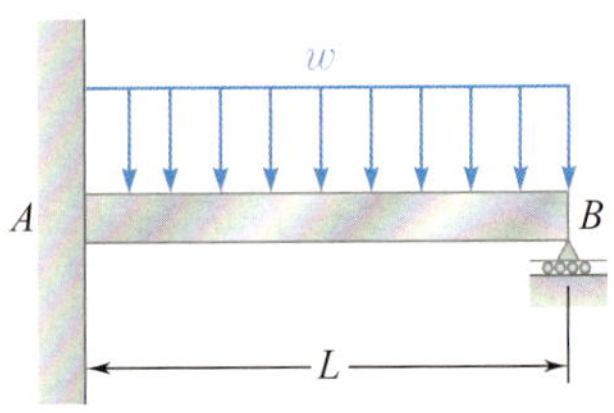

Figura 15.39

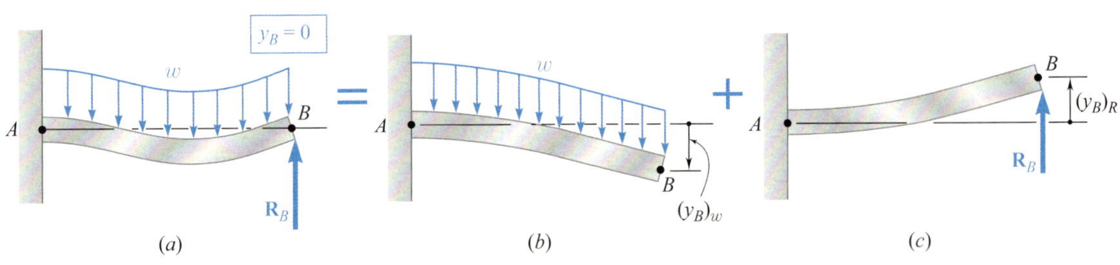

Figura 15.40

PROBLEMAS DE REVISÃO

15.51 Para o carregamento mostrado, determine (*a*) a equação da linha elástica para a viga em balanço *AB*, (*b*) a inclinação em *A* e (*c*) a inclinação em *B*.

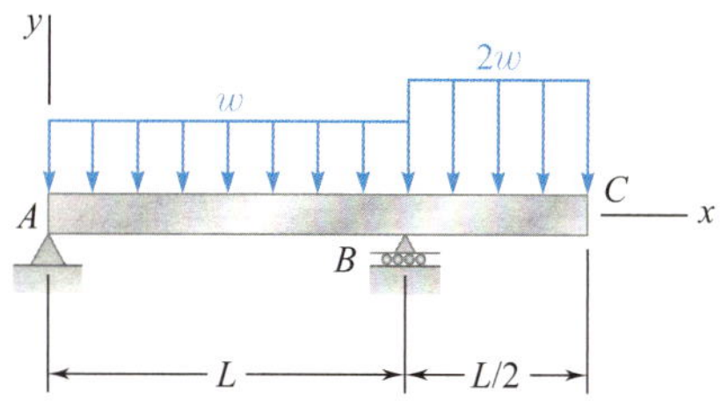

Figura *P15.51*

15.52 (*a*) Determine a localização e o valor da deflexão máxima absoluta em *AB* entre *A* e o centro da viga. (*b*) Considerando que a viga *AB* seja um perfil W460 × 113, $M_0 = 224$ kN · m e $E = 200$ GPa, determine o comprimento *L* máximo admissível de modo que a deflexão máxima não ultrapasse 1,2 mm.

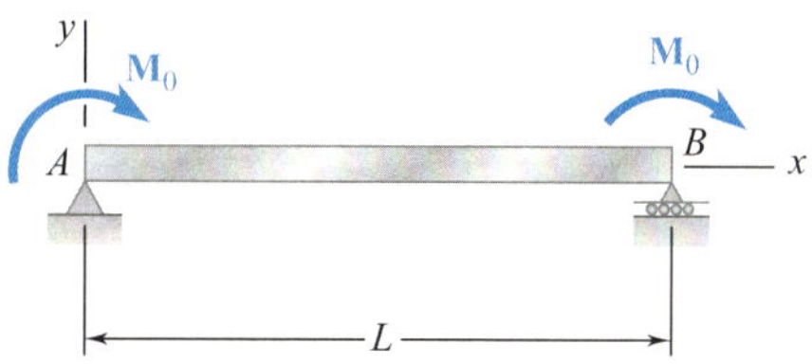

Figura P15.52

15.53 Sabendo que a viga *AE* é um perfil de aço laminado S200 × 27,4 e que $P = 17{,}5$ kN, $L = 2{,}5$ m, $a = 0{,}8$ m e $E = 200$ GPa, determine (*a*) a equação da linha elástica para a parte *BD* e (*b*) a deflexão no centro da viga *C*.

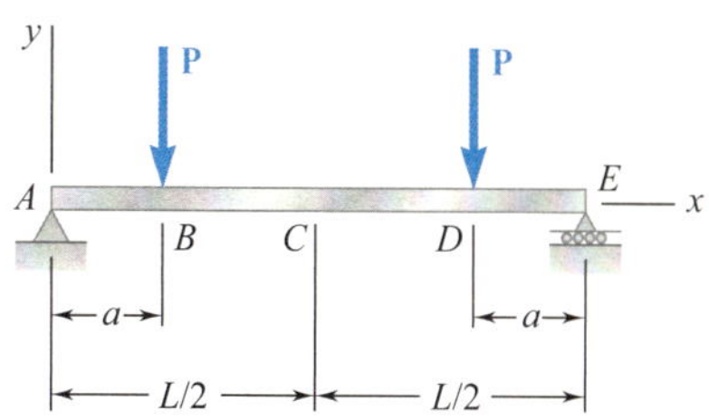

Figura *P15.53*

15.54 Para a viga e o carregamento mostrados na figura, determine (*a*) a equação da linha elástica, (*b*) a inclinação na extremidade livre e (*c*) a deflexão na extremidade livre.

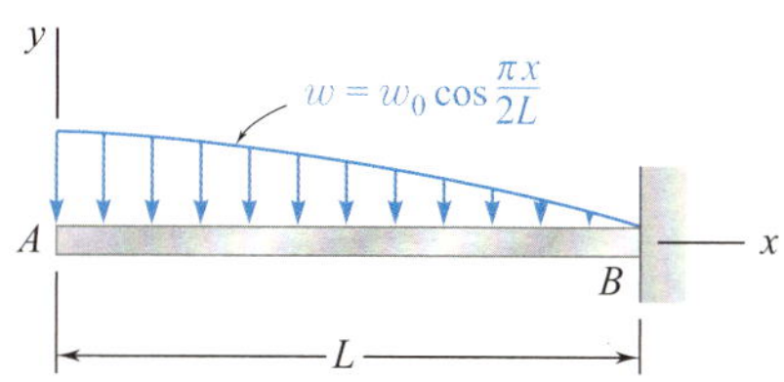

Figura P15.54

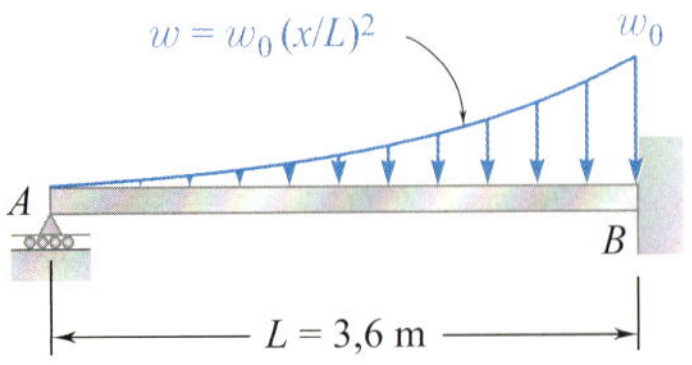

Figura P15.55

15.55 Para a viga mostrada na figura, determine a reação no apoio móvel quando w_0 = 90 KN/m.

15.56 Determine a reação no apoio móvel e desenhe o diagrama do momento fletor para a viga e o carregamento mostrados na figura.

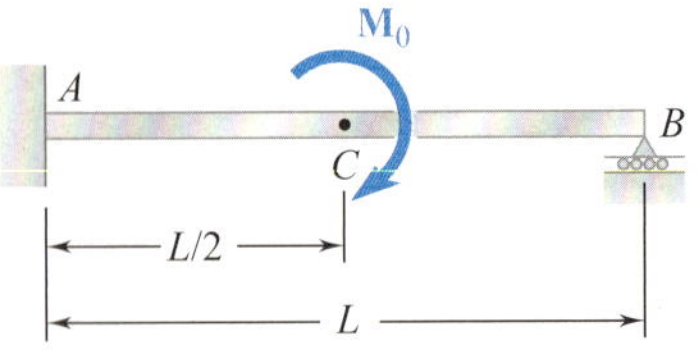

Figura P15.56

15.57 Para a viga em balanço e o carregamento mostrados na figura, determine a inclinação e a deflexão no ponto *B*.

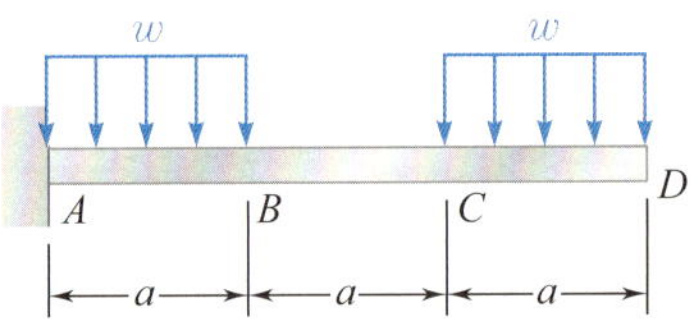

Figura P15.57

15.58 Para a viga e o carregamento mostrados na figura, determine (*a*) a deflexão em *C* e (*b*) a inclinação na extremidade *A*.

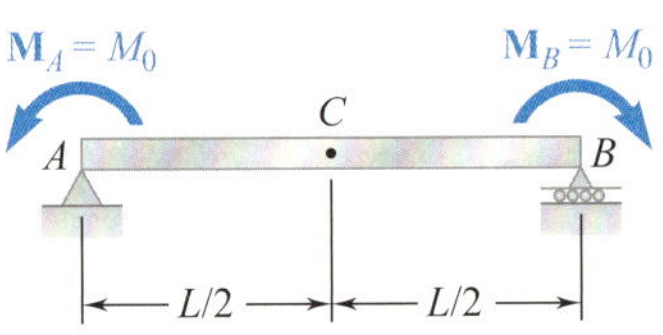

Figura P15.58

15.59 Para a viga em balanço e o carregamento mostrados na figura, determine a inclinação e a deflexão no ponto *B*. Use *E* = 200 GPa.

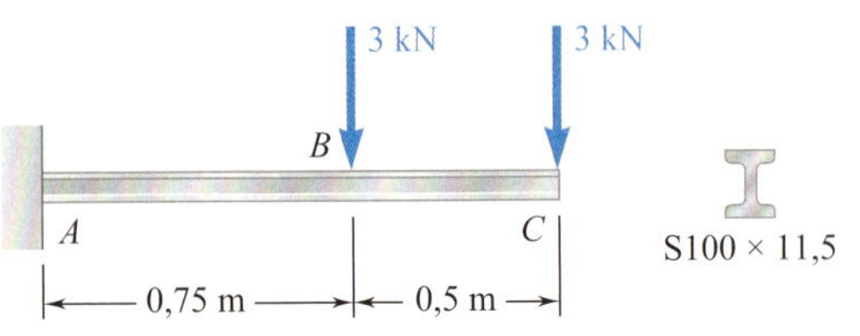

Figura P15.59

15.60 Para a viga uniforme mostrada, determine a reação em cada um dos três apoios.

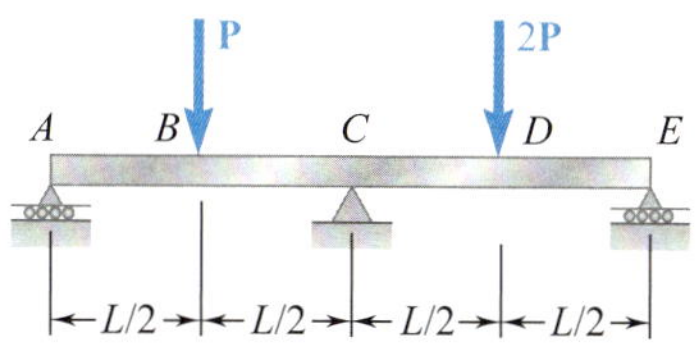

Figura P15.60

15.61 A viga em balanço BC está presa ao cabo de aço AB como mostra a figura. Sabendo que o cabo está inicialmente esticado, determine a força de tração no cabo provocada pela força distribuída mostrada na figura. Use $E = 200$ GPa.

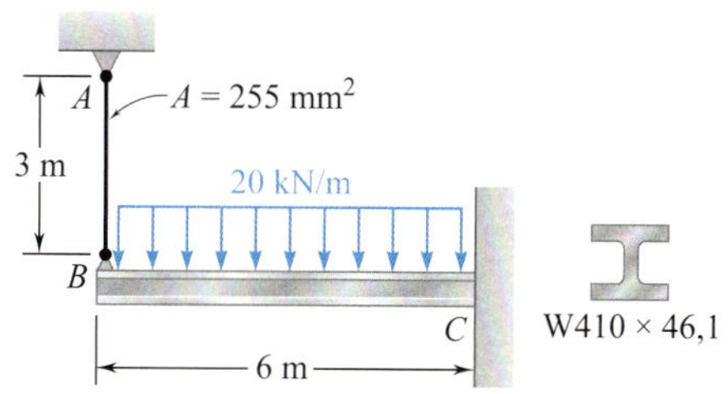

Figura P15.61

15.62 Uma barra BC de 22 mm de diâmetro é presa à alavanca AB e ao suporte fixo em C. A alavanca AB tem uma seção transversal uniforme com 9,5 mm de espessura e 25 mm de altura. Para o carregamento mostrado na figura, determine a deflexão no ponto A. Use $E = 200$ GPa e $G = 112$ MPa.

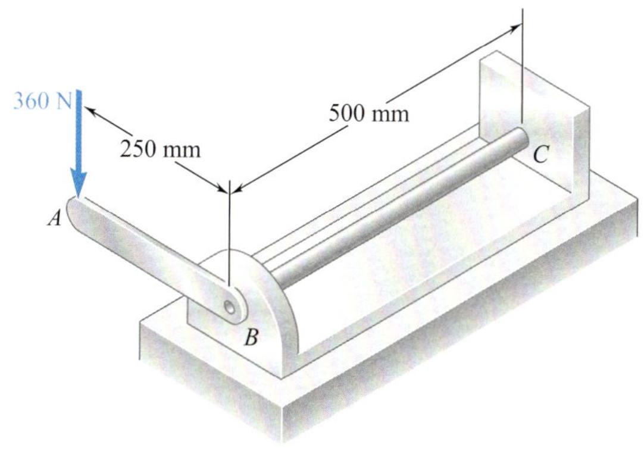

Figura P15.62

A passarela curva para pedestres é suportada por várias colunas. A análise e o projeto de membros que suportam cargas axiais de compressão serão abordados neste capítulo.

CAPÍTULO 16

Colunas

16 Colunas

16.1 Introdução

Nos capítulos anteriores, tínhamos dois interesses principais: (1) a resistência da estrutura, isto é, sua capacidade para suportar determinado carregamento sem que se verificassem tensões excessivas; e (2) a capacidade da estrutura para suportar determinado carregamento sem sofrer deformações inaceitáveis. Neste capítulo, abordaremos aspectos relacionados à estabilidade da estrutura, isto é, a capacidade de suportar determinado carregamento sem sofrer uma mudança abrupta em sua configuração. Trataremos principalmente de colunas, isto é, da análise e do projeto de elementos prismáticos verticais que suportam forças axiais.

Na Seção 16.2, consideraremos primeiro a estabilidade de um modelo simplificado de coluna composto de duas barras rígidas conectadas por um pino e uma mola e suportando uma carga **P**. Você observará que, se seu equilíbrio for perturbado, esse sistema voltará à sua posição de equilíbrio inicial desde que P não exceda um certo valor P_{cr}, chamado de *carga crítica*. No entanto, se $P > P_{cr}$, o sistema se afastará de sua posição original e se estabilizará em uma nova posição de equilíbrio. No primeiro caso, dizemos que o sistema é *estável*, e no segundo caso, dizemos que ele é *instável*.

Na Seção 16.3, estudaremos a *estabilidade de colunas elásticas*, considerando uma coluna biarticulada submetida a uma força axial centrada. Será deduzida a *fórmula de Euler* para a carga crítica da coluna e, por meio dessa fórmula, será determinada a tensão normal crítica correspondente da coluna. Ao aplicar um coeficiente de segurança à carga crítica, você será capaz de determinar a força admissível que pode ser aplicada a uma coluna biarticulada.

Na Seção 16.4, analisaremos a estabilidade de colunas com diferentes condições de extremidade. Para simplificarmos essas análises, aprenderemos a determinar o *comprimento de flambagem* de uma coluna, isto é, o comprimento de uma coluna biarticulada equivalente que tem a mesma carga crítica.

Nas primeiras seções do capítulo, cada coluna é inicialmente considerada um prisma reto homogêneo. Na última parte do capítulo, trataremos de colunas reais, projetadas e analisadas usando fórmulas empíricas preparadas por organizações profissionais. Na Seção 16.5, apresentaremos as fórmulas para a tensão admissível em colunas feitas de aço, alumínio ou madeira e submetidas a uma carga axial centrada.

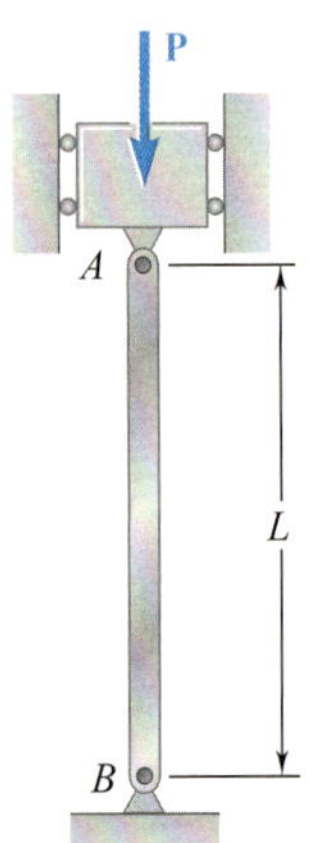

Figura 16.1

Figura 16.2

16.2 Estabilidade de estruturas

Suponha que tenhamos de projetar uma coluna AB de comprimento L para suportar uma dada força **P** (Fig. 16.1). A coluna será articulada em ambas as extremidades e **P** será uma força axial centrada. Se a área da seção transversal A da coluna for selecionada de maneira que o valor $\sigma = P/A$ da tensão em uma seção transversal seja menor do que a tensão admissível σ_{adm} para o material usado, e se a deformação $\delta = PL/AE$ estiver dentro das especificações dadas, poderemos concluir que a coluna foi projetada corretamente. No entanto, à medida que o carregamento é aplicado, a coluna pode ser *flambada*; em vez de permanecer reta, ela subitamente se curvará de maneira acentuada (Fig. 16.2). A coluna da Foto 16.1 é similar à da foto da primeira página deste capítulo após ter sido carregada, de modo que ela não é mais reta: a coluna flambou. Está claro que uma coluna que sofreu

Foto 16.1 Coluna de teste que foi flambada.

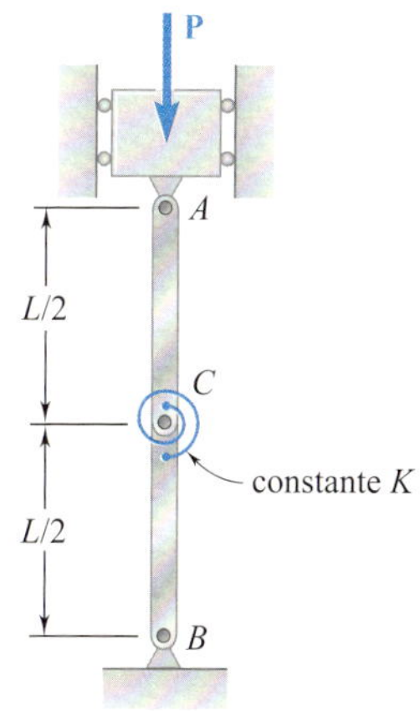

Figura 16.3

flambagem sob a ação de uma força que ela deveria suportar não foi projetada corretamente.

Antes de passarmos para a discussão real da estabilidade de colunas elásticas, vamos adquirir alguns conhecimentos básicos sobre o problema, considerando um modelo simplificado de duas barras rígidas AC e BC conectadas em C por um pino e uma mola de torção de constante K (Fig. 16.3).

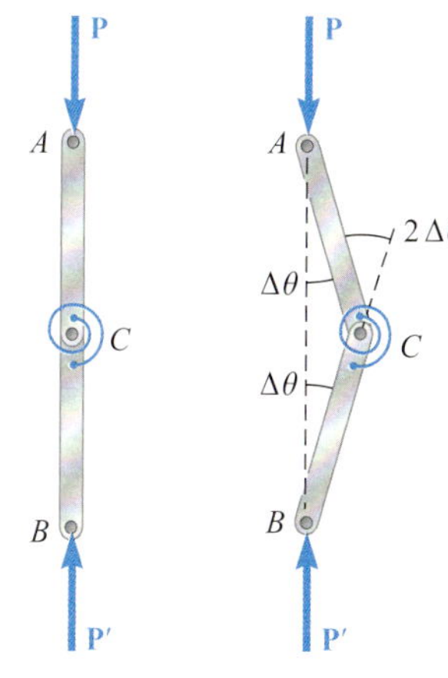

Figura 16.4

Se as duas barras e as duas forças **P** e **P**′ estiverem perfeitamente alinhadas, o sistema permanecerá na posição de equilíbrio mostrada na Fig. 16.4*a* enquanto não for perturbado. Mas suponha que movamos C ligeiramente para a direita, de maneira que cada barra forme agora um pequeno ângulo $\Delta\theta$ com a vertical (Fig. 16.4*b*). O sistema retornará à sua posição de equilíbrio original ou se afastará ainda mais dessa posição. No primeiro caso, dizemos que o sistema é *estável*, e no segundo, que ele é *instável*.

Para determinar se o sistema constituído de duas barras é estável ou instável, consideramos os esforços que atuam na barra AC (Fig. 16.5). Esses esforços consistem em dois momentos, que são o formado por **P** e **P**′ de momento $P(L/2)$ sen $\Delta\theta$, que tende a afastar a barra da linha vertical, e o momento **M** exercido pela mola, que tende a trazer a barra de volta para sua posição vertical original. Como o ângulo de deflexão da mola é $2\Delta\theta$, o momento **M** é $M = K(2\Delta\theta)$. Se o segundo momento for maior que o primeiro, o sistema tenderá a retornar à sua posição original de equilíbrio; o sistema, nesse caso, é estável. Se o primeiro momento for maior que o do

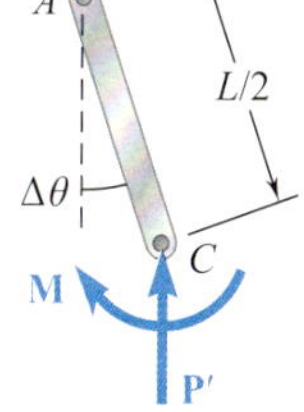

Figura 16.5

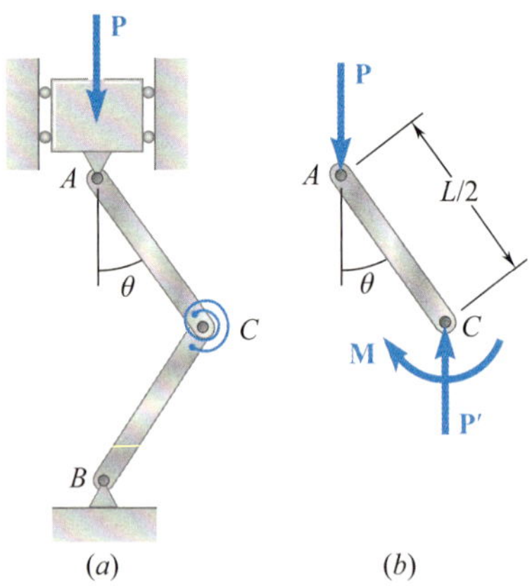

Figura 16.6

segundo, o sistema tenderá a se afastar de sua posição de equilíbrio original; o sistema, nesse caso, é instável. O valor da carga para o qual os dois momentos se equilibram é chamado de *carga crítica* e é representado por P_{cr}. Temos

$$P_{cr}(L/2)\,\text{sen}\,\Delta\theta = K(2\,\Delta\theta) \tag{16.1}$$

ou, como sen $\Delta\theta \approx \Delta\theta$,

$$P_{cr} = 4K/L \tag{16.2}$$

Está claro que o sistema é estável para $P < P_{cr}$, ou seja, para valores da força menores que o valor crítico, e instável para $P > P_{cr}$.

Vamos supor que a força $P > P_{cr}$ foi aplicada às duas barras da Fig. 16.3 e que o sistema foi perturbado. Como $P > P_{cr}$, o sistema se afastará da vertical e, após algumas oscilações, estabilizará em uma nova posição de equilíbrio (Fig. 16.6*a*). Considerando o equilíbrio do corpo livre *AC* (Fig. 16.6*b*), obtemos uma equação similar à Eq. (16.1), mas envolvendo o ângulo finito θ, ou seja,

$$P(L/2)\,\text{sen}\,\theta = K(2\theta)$$

ou

$$\frac{PL}{4K} = \frac{\theta}{\text{sen}\,\theta} \tag{16.3}$$

O valor de θ correspondente à posição de equilíbrio representada na Fig. 16.6 é obtido resolvendo a Eq. (16.3) por tentativa e erro. Entretanto, observamos que, para qualquer valor positivo de θ, temos sen $\theta < \theta$. Assim, a Eq. (16.3) resulta em um valor de θ diferente de zero somente quando o membro esquerdo da equação é maior que um. Com base na Eq. (16.2), notamos que, sem dúvida, esse é o caso tratado aqui, pois assumimos que $P > P_{cr}$. Mas, se tivéssemos considerado que $P < P_{cr}$, a segunda posição de equilíbrio mostrada na Fig. 16.6 não existiria e a única posição de equilíbrio possível seria a correspondente a $\theta = 0$. Verificamos então que, para $P < P_{cr}$, a posição $\theta = 0$ deve ser estável.

Essa observação se aplica a estruturas e sistemas mecânicos em geral, e será usada na próxima seção, em que abordaremos a estabilidade das colunas elásticas.

16.3 Fórmula de Euler para colunas biarticuladas

Retornando à coluna *AB* considerada na seção anterior (Fig. 16.1), propomos determinar o valor crítico da força **P**, isto é, o valor P_{cr} da força para o qual a posição mostrada na Fig. 16.1 deixa de ser estável. Se $P > P_{cr}$, o menor desalinhamento ou perturbação fará a coluna flambar, isto é, a coluna assumirá outra configuração de equilíbrio como a mostrada na Fig. 16.2.

Nossa abordagem tentará determinar as condições sob as quais a configuração da Fig. 16.2 é possível. Como a coluna pode ser considerada uma barra colocada em uma posição vertical e submetida a uma força axial, procederemos conforme o Cap. 15 e chamaremos de x a distância da extremidade *A* da coluna até um dado ponto *Q* de sua linha elástica, e de y a deflexão desse ponto (Fig. 16.7*a*). Consequentemente, o eixo x será vertical

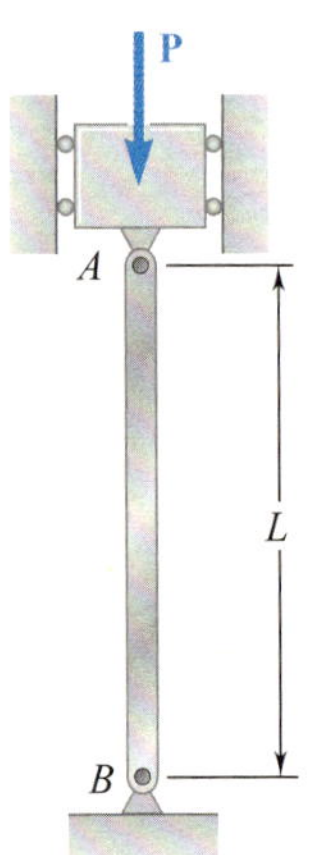

Figura 16.1 (repetida)

Figura 16.2 (repetida)

e orientado para baixo, e o eixo y, horizontal e orientado para a direita. Considerando o equilíbrio do corpo livre AQ (Fig. 16.7*b*), concluímos que o momento fletor em Q é $M= -Py$. Substituindo esse valor de M na Eq. (15.4) da Seção 15.3, escrevemos

$$\frac{d^2y}{dx^2} = \frac{M}{EI} = -\frac{P}{EI}y \tag{16.4}$$

ou, transpondo o último termo,

$$\frac{d^2y}{dx^2} + \frac{P}{EI}y = 0 \tag{16.5}$$

Essa é uma equação diferencial linear homogênea de segunda ordem com coeficientes constantes. Fazendo

$$p^2 = \frac{P}{EI} \tag{16.6}$$

escrevemos a Eq. (16.5) na forma

$$\frac{d^2y}{dx^2} + p^2y = 0 \tag{16.7}$$

que é a mesma equação diferencial para movimento harmônico simples, exceto, naturalmente, que a variável independente agora é a distância x e não o tempo t. A solução geral da Eq. (16.7) é

$$y = A \operatorname{sen} px + B \cos px \tag{16.8}$$

como podemos facilmente verificar calculando d^2y/dx^2 e substituindo os valores de y e d^2y/dx^2 na Eq. (16.7).

Lembrando as condições de contorno que devem ser satisfeitas nas extremidades A e B da coluna (Fig. 16.7*a*), primeiro fazemos $x = 0, y = 0$ na Eq. (16.8) e constatamos que $B = 0$. Substituindo em seguida $x = L, y = 0$, obtemos

$$A \operatorname{sen} pL = 0 \tag{16.9}$$

Essa equação será satisfeita se $A = 0$ ou se sen $pL = 0$. Se a primeira dessas condições for satisfeita, a Eq. (16.8) se reduzirá a $y = 0$ e a coluna estará reta (Fig. 16.1). Para que a segunda condição seja satisfeita, devemos ter $pL = n\pi$ ou substituir p de (16.6) e resolver para P,

$$P = \frac{n^2\pi^2EI}{L^2} \tag{16.10}$$

O menor dos valores de P definido pela Eq. (16.10) é aquele correspondente a $n = 1$. Portanto, temos

$$P_{cr} = \frac{\pi^2EI}{L^2} \tag{16.11}$$

A expressão obtida é conhecida como *fórmula de Euler*, em homenagem ao matemático suíço Leonhard Euler (1707-1783). Substituindo essa

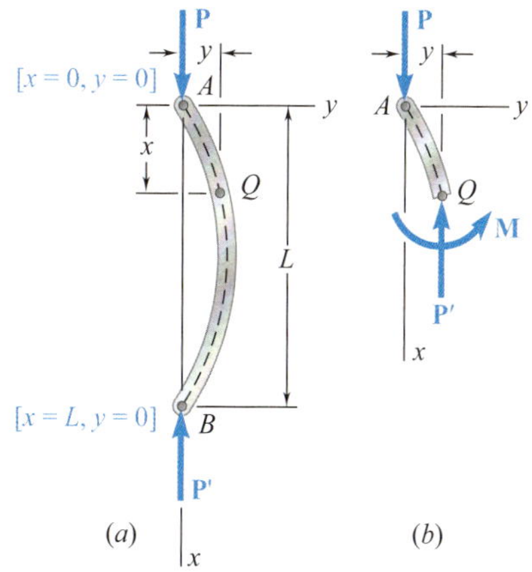

Figura 16.7

expressão para P na Eq. (16.6) e o valor obtido para p na Eq. (16.8) e lembrando que $B = 0$, escrevemos

$$y = A \operatorname{sen} \frac{\pi x}{L} \qquad (16.12)$$

que é a equação da linha elástica depois que a coluna flambou (Fig. 16.2). Notamos que o valor da deflexão máxima, $y_m = A$, é indeterminado, já que a equação diferencial (16.5) é uma aproximação linearizada da verdadeira equação diferencial que governa a linha elástica.*

Se $P < P_{cr}$, a condição sen $pL = 0$ não pode ser satisfeita, e a solução dada pela Eq. (16.12) não existe. Devemos ter então $A = 0$, e a única configuração possível para a coluna é a reta. Assim, para $P < P_{cr}$, a configuração reta da Fig. 16.1 é estável.

No caso de uma coluna com seção transversal circular ou quadrada, o momento de inércia I da seção transversal em relação a qualquer eixo que passa pelo centroide será o mesmo, e a coluna poderá então flambar em qualquer um dos planos, exceto pelas restrições que poderão ser impostas pelos vínculos nas extremidades. Para outras formas de seção transversal, a força crítica deve ser calculada fazendo $I = I_{min}$ na Eq. (16.11); se ocorrer a flambagem, ela será em um plano perpendicular ao eixo principal de inércia correspondente.

O valor da tensão correspondente à força crítica é chamado de *tensão crítica* e é representado por σ_{cr}. Considerando a Eq. (16.11) e fazendo $I = Ar^2$, em que A é a área da seção transversal, e r, o seu raio de giração, temos

$$\sigma_{cr} = \frac{P_{cr}}{A} = \frac{\pi^2 E A r^2}{A L^2}$$

ou

$$\sigma_{cr} = \frac{\pi^2 E}{(L/r)^2} \qquad (16.13)$$

A relação L/r é chamada de *índice de esbeltez* da coluna. Com base nas observações do parágrafo anterior, está claro que o valor mínimo do raio de giração r deverá ser usado no cálculo do índice de esbeltez e da tensão crítica em uma coluna.

A Eq. (16.13) mostra que a tensão crítica é proporcional ao módulo de elasticidade do material e inversamente proporcional ao quadrado do índice de esbeltez da coluna. O gráfico de σ_{cr} em função de L/r é mostrado na Fig. 16.8 para o aço estrutural, considerando $E = 200$ GPa e $\sigma_E = 250$ MPa. Devemos ter em mente que não foi usado coeficiente de segurança no gráfico de σ_{cr}. Notamos também que, se o valor obtido para σ_{cr} da Eq. (16.13) ou da curva da Fig. 16.8 é maior que a tensão de escoamento σ_E, esse valor não tem utilidade para nós, pois a coluna escoará em compressão e deixará de ser elástica antes que a flambagem ocorra.

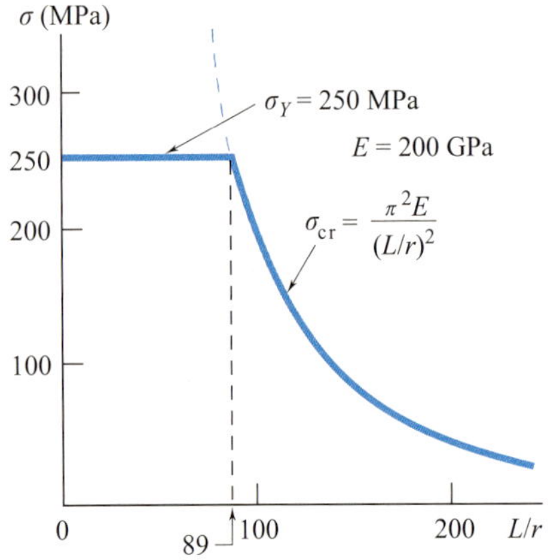

Figura 16.8

* Lembramos que a equação $d^2y/dx^2 = M/EI$ foi obtida na Seção 15.3, considerando que a inclinação dy/dx da viga poderia ser desprezada e que a expressão exata dada na Eq. (15.3) para a curvatura da viga poderia ser substituída por $1/\rho = d^2y/dx^2$.

Exemplo 16.1. Uma coluna biarticulada de 2 m de comprimento de seção transversal quadrada deve ser feita de madeira. Considerando que $E = 13$ GPa, $\sigma_{adm} = 12$ MPa e usando um coeficiente de segurança de 2,5 ao calcular a força crítica de Euler para a flambagem, determine a dimensão da seção transversal se a coluna deve suportar com segurança (*a*) uma força de 100 kN e (*b*) uma força de 200 kN.

a. Para a força de 100 kN. Usando o coeficiente de segurança dado, temos

$$P_{cr} = 2{,}5(100\text{ kN}) = 250\text{ kN} \qquad L = 2\text{ m} \qquad E = 13\text{ GPa}$$

na fórmula de Euler (16.11) e resolvemos para I. Temos

$$I = \frac{P_{cr}L^2}{\pi^2 E} = \frac{(250 \times 10^3\text{ N})(2\text{ m})^2}{\pi^2(13 \times 10^9\text{ Pa})} = 7{,}794 \times 10^{-6}\text{ m}^4$$

Lembrando que para um quadrado de lado a temos $I = a^4/12$, escrevemos

$$\frac{a^4}{12} = 7{,}794 \times 10^{-6}\text{ m}^4 \qquad a = 98{,}3\text{ mm} \approx 100\text{ mm}$$

Verificamos o valor da tensão normal na coluna:

$$\sigma = \frac{P}{A} = \frac{100\text{ kN}}{(0{,}100\text{ m})^2} = 10\text{ MPa}$$

Como σ é menor que a tensão admissível, uma seção transversal de 100 mm × 100 mm é aceitável.

b. Para a força de 200 kN. Resolvendo novamente a Eq. (16.11) para I, mas fazendo agora $P_{cr} = 2{,}5 \times (200) = 500$ kN, temos

$$I = 15{,}588 \times 10^{-6}\text{ m}^4$$

$$\frac{a^4}{12} = 15{,}588 \times 10^{-6} \qquad a = 116{,}95\text{ mm}$$

O valor da tensão normal é

$$\sigma = \frac{P}{A} = \frac{200\text{ kN}}{(0{,}11695\text{ m})^2} = 14{,}62\text{ MPa}$$

Como esse valor é maior do que a tensão admissível, a dimensão obtida não é aceitável, e devemos selecionar a seção transversal com base em sua resistência à compressão. Escrevemos

$$A = \frac{P}{\sigma_{adm}} = \frac{200\text{ kN}}{12\text{ MPa}} = 16{,}67 \times 10^{-3}\text{ m}^2$$

$$a^2 = 16{,}67 \times 10^{-3}\text{ m}^2 \qquad a = 129{,}1\text{ mm}$$

Uma seção transversal de 130 mm × 130 mm é aceitável. ■

16.4 Extensão da fórmula de Euler para colunas com outras condições de extremidade

A fórmula de Euler (16.11) foi deduzida na seção anterior para uma coluna articulada em ambas as extremidades. Agora a força crítica P_{cr} será determinada para colunas com diferentes condições de extremidade.

No caso de uma coluna com uma extremidade livre A suportando uma força **P** e uma extremidade engastada B (Fig. 16.9*a*), observamos que a coluna se comportará como a metade superior de uma coluna biarticulada (Fig. 16.9*b*). A força crítica para a coluna da Fig. 16.9*a* é então a mesma da coluna biarticulada da Fig. 16.9*b*, e pode ser obtida por meio da fórmula de Euler (16.11) usando um comprimento de coluna igual ao dobro do comprimento L real da coluna dada. Dizemos que o *comprimento de flambagem* L_{fl} da coluna da Fig. 16.9 é igual a $2L$ e substituímos $L_{fl} = 2L$ na fórmula de Euler:

$$P_{cr} = \frac{\pi^2 EI}{L_{fl}^2} \qquad (16.11')$$

A tensão crítica é encontrada de maneira análoga por meio da fórmula

$$\sigma_{cr} = \frac{\pi^2 E}{(L_{fl}/r)^2} \qquad (16.13')$$

A relação L_{fl}/r é chamada de *índice de esbeltez* da coluna e, no caso considerado aqui, é igual a $2L/r$.

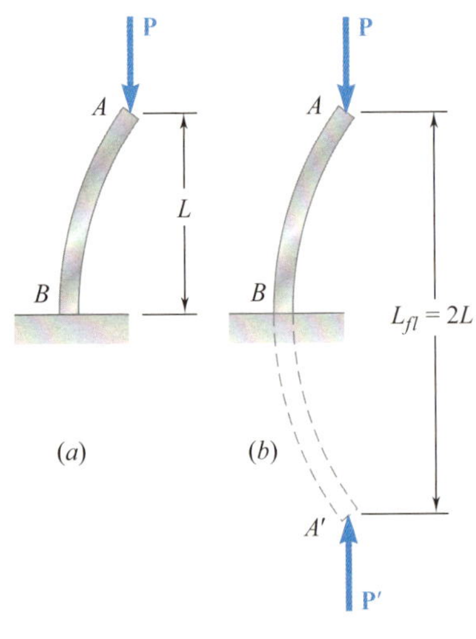

Figura 16.9

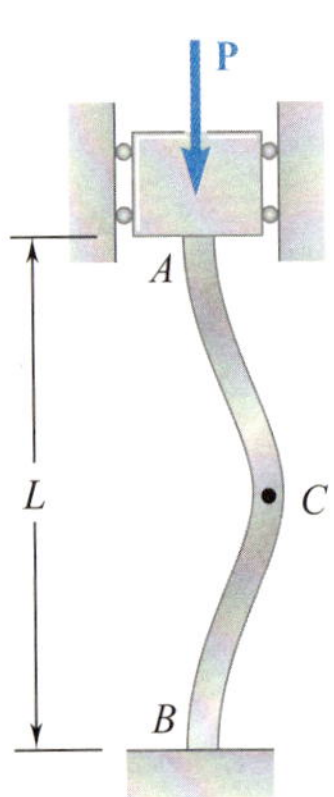

Figura 16.10

Considere em seguida uma coluna com duas extremidades engastadas A e B suportando uma força **P** (Fig. 16.10). A simetria dos vínculos e do carregamento em relação a um eixo horizontal que passa pelo ponto médio C requer que a força cortante em C e as componentes horizontais das reações em A e B sejam zero (Fig. 16.11). Conclui-se que as restrições impostas na metade superior AC da coluna pelo engastamento em A e pela metade inferior CB são idênticas (Fig. 16.12). A parte AC deve, portanto, ser simétrica em relação ao seu ponto médio D, e este deve ser um ponto de inflexão no qual o momento fletor é zero. Um raciocínio similar mostra que o momento fletor no ponto médio E da metade inferior da coluna também deve ser zero (Fig. 16.13a). Como o momento fletor nas extremidades de uma coluna biarticulada é zero, conclui-se que a parte DE da coluna da Fig. 16.13a deve se comportar como uma coluna biarticulada (Fig. 16.13b). Concluímos então que o comprimento de flambagem de uma coluna com duas extremidades engastadas é $L_{fl} = L/2$.

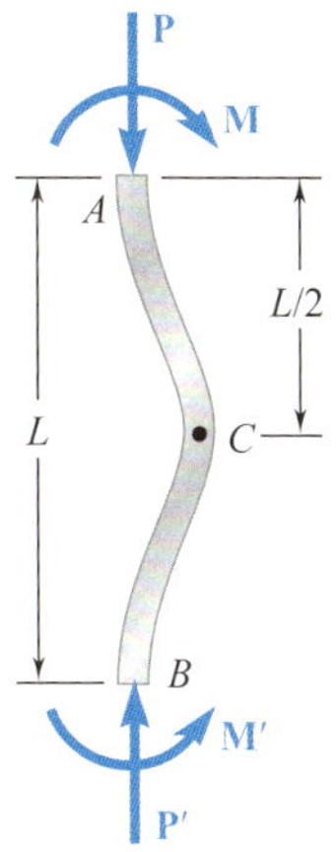

Figura 16.11

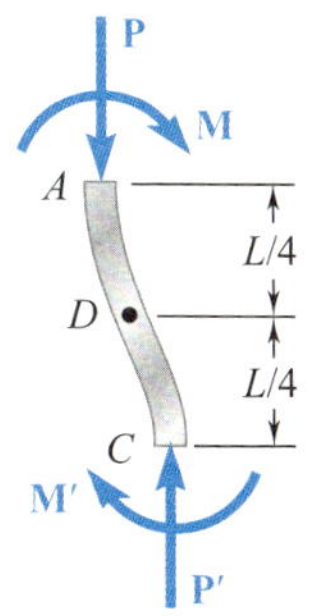

Figura 16.12

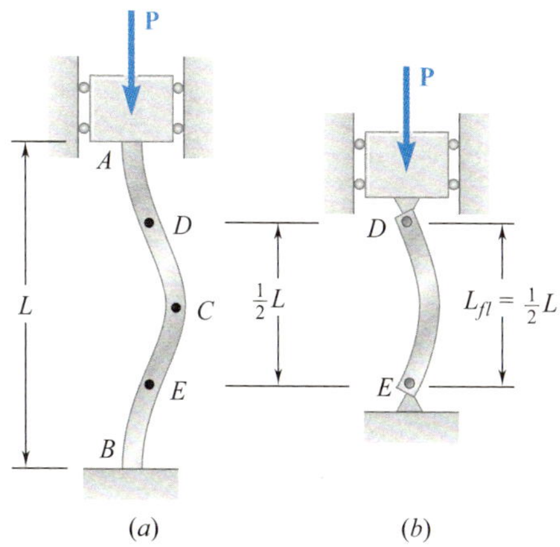

Figura 16.13

No caso de uma coluna com uma extremidade engastada B e uma extremidade articulada A suportando uma força **P** (Fig. 16.14), devemos escrever e resolver a equação diferencial da linha elástica para determinar o comprimento de flambagem da coluna. No diagrama de corpo livre da coluna inteira (Fig. 16.15), observamos primeiro que uma força transversal **V** atua na extremidade A, além da força axial **P**, e que **V** é estaticamente indeterminada. Considerando agora o diagrama de corpo livre de uma parte AQ da coluna (Fig. 16.16), concluímos que o momento fletor em Q é

$$M = -Py - Vx$$

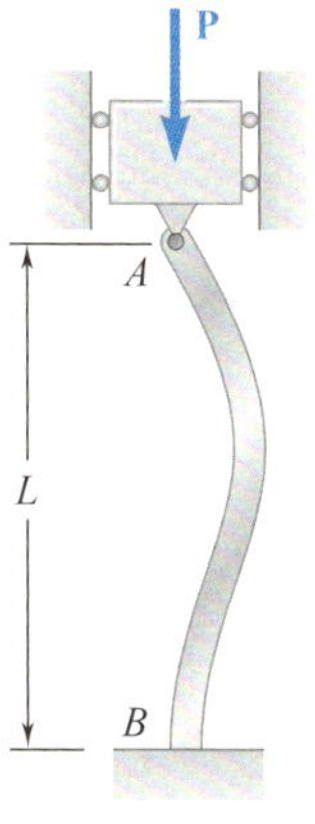

Figura 16.14

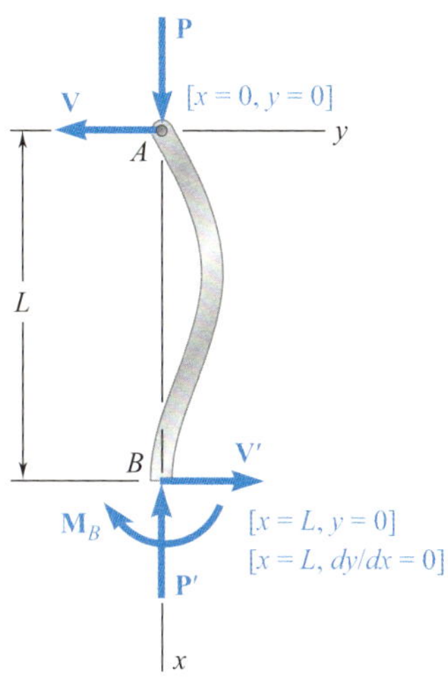

Figura 16.15

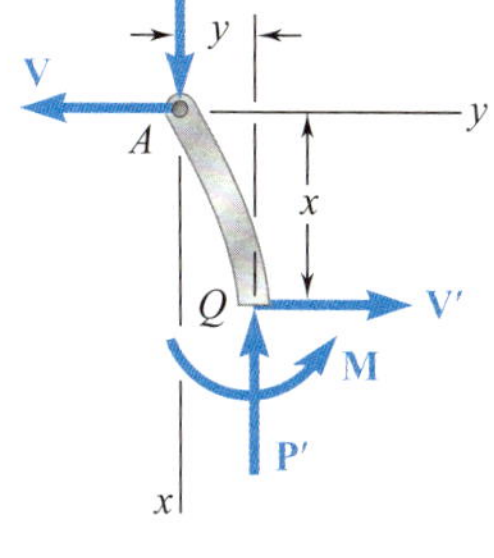

Figura 16.16

Substituindo esse valor na Eq. (15.4) da Seção 15.3, escrevemos

$$\frac{d^2y}{dx^2} = \frac{M}{EI} = -\frac{P}{EI}y - \frac{V}{EI}x$$

Transpondo o termo que contém y e fazendo

$$p^2 = \frac{P}{EI} \tag{16.6}$$

como fizemos na Seção 16.3, escrevemos

$$\frac{d^2y}{dx^2} + p^2y = -\frac{V}{EI}x \tag{16.14}$$

Essa é uma equação diferencial linear, não homogênea de segunda ordem com coeficientes constantes. Como os membros à esquerda das Eqs. (16.7) e (16.14) são idênticos, concluímos que a solução geral da Eq. (16.14) pode ser obtida adicionando uma solução particular da Eq. (16.14) à solução (16.8) obtida da Eq. (16.7). Pode-se facilmente ver que uma solução particular como essa é

$$y = -\frac{V}{p^2EI}x$$

ou, usando a Eq. (16.6),

$$y = -\frac{V}{P}x \tag{16.15}$$

Ao adicionarmos as soluções das Eqs. (16.8) e (16.15), escrevemos a solução geral da Eq. (16.14) como

$$y = A \operatorname{sen} px + B \cos px - \frac{V}{P}x \tag{16.16}$$

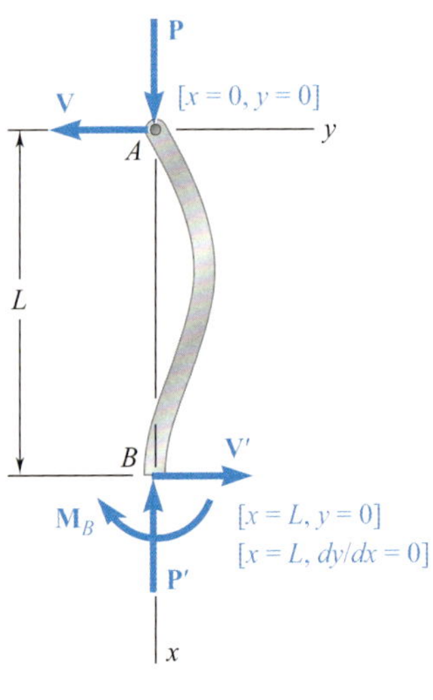

Figura 16.15 (repetida)

As constantes A e B e o valor V da força transversal desconhecida **V** são obtidos com base nas condições de contorno indicadas na Fig. (16.15). Fazendo primeiro $x = 0$, $y = 0$ na Eq. (16.16), concluímos que $B = 0$. Fazendo em seguida $x = L$, $y = 0$, obtemos

$$A \operatorname{sen} pL = \frac{V}{P}L \tag{16.17}$$

Finalmente, calculando

$$\frac{dy}{dx} = Ap \cos px - \frac{V}{P}$$

e fazendo $x = L$, $dy/dx = 0$, temos

$$Ap \cos pL = \frac{V}{P} \tag{16.18}$$

Dividindo a Eq. (16.17) pela Eq. (16.18) membro a membro, concluímos que uma solução da forma da Eq. (16.16) pode existir somente se

$$\operatorname{tg} pL = pL \qquad (16.19)$$

Resolvendo essa equação por tentativa e erro, concluímos que o menor valor de pL que satisfaz a Eq. (16.19) é

$$pL = 4{,}4934 \qquad (16.20)$$

Usando o valor de p definido pela Eq. (16.20) na Eq. (16.6) e resolvendo para P, obtemos o valor da força crítica para a coluna da Fig. 16.14

$$P_{cr} = \frac{20{,}19EI}{L^2} \qquad (16.21)$$

O comprimento de flambagem da coluna é obtido igualando os membros direitos das Eqs. (16.11′) e (16.21):

$$\frac{\pi^2 EI}{L_{fl}^2} = \frac{20{,}19EI}{L^2}$$

Resolvendo para L_{fl}, concluímos que o comprimento de flambagem de uma coluna com uma extremidade engastada e uma extremidade articulada é $L_{fl} = 0{,}699L \approx 0{,}7L$.

Os comprimentos de flambagem correspondentes às várias condições de extremidade consideradas nesta seção são mostrados na Fig. 16.17.

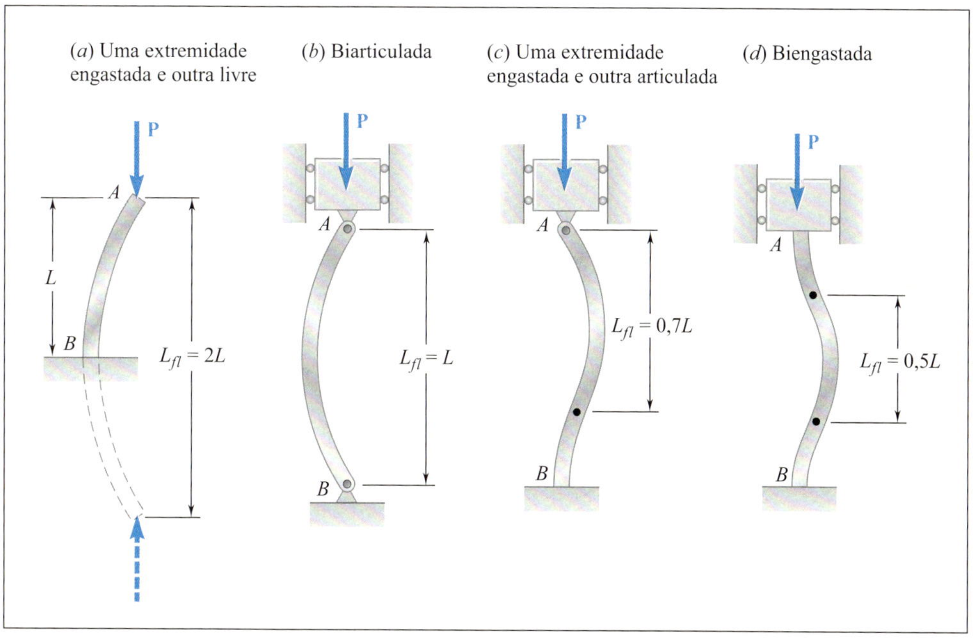

Figura 16.17 Comprimento de flambagem de coluna para várias condições de extremidade.

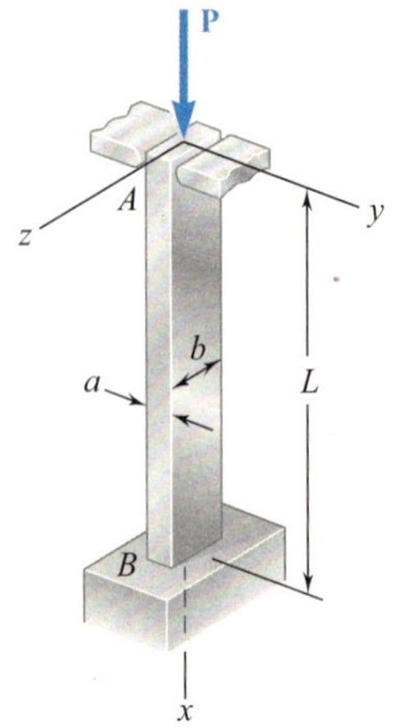

PROBLEMA RESOLVIDO 16.1

Uma coluna de alumínio de comprimento L e seção transversal retangular tem uma extremidade engastada B e suporta uma força centrada em A. Duas placas lisas e de lados arredondados impedem a extremidade A de se mover em um dos planos verticais de simetria da coluna, mas permitem o movimento no outro plano. (*a*) Determine a relação a/b dos dois lados da seção transversal que correspondem ao projeto mais eficiente contra a flambagem. (*b*) Determine a seção transversal mais eficiente para a coluna, sabendo que $L = 500$ mm, $E = 70$ GPa, $P = 22$ kN e que o coeficiente de segurança adotado é 2,5.

SOLUÇÃO

Flambagem no plano *xy*. Pela Fig. 16.17, notamos que o comprimento de flambagem da coluna em relação à flambagem nesse plano é $L_{fl} = 0{,}7L$. O raio de giração r_z da seção transversal é obtido escrevendo

$$I_z = \tfrac{1}{12}ba^3 \qquad A = ab$$

e, como $I_z = Ar_z^2$, $$r_z^2 = \frac{I_z}{A} = \frac{\frac{1}{12}ba^3}{ab} = \frac{a^2}{12} \qquad r_z = a/\sqrt{12}$$

O índice de esbeltez da coluna em relação à flambagem no plano xy é

$$\frac{L_{fl}}{r_z} = \frac{0{,}7L}{a/\sqrt{12}} \tag{1}$$

Flambagem no plano *xz*. O comprimento de flambagem da coluna em relação à flambagem nesse plano é $L_{fl} = 2L$, e o raio de giração correspondente, $r_y = b/\sqrt{12}$. Assim,

$$\frac{L_{fl}}{r_y} = \frac{2L}{b/\sqrt{12}} \tag{2}$$

a. Projeto mais eficiente. O projeto mais eficiente é aquele para o qual as tensões críticas correspondentes aos dois possíveis modos de flambagem são iguais. Retomando à Eq. (16.13′), notamos que esse será o caso se os dois valores obtidos acima para os valores dos índices de esbeltez forem iguais. Escrevemos

$$\frac{0{,}7L}{a/\sqrt{12}} = \frac{2L}{b/\sqrt{12}}$$

e, resolvendo para a relação a/b, $$\frac{a}{b} = \frac{0{,}7}{2} \qquad \frac{a}{b} = 0{,}35 \blacktriangleleft$$

b. Projeto para os dados fornecidos. Como o valor adotado para o $C.S. = 2{,}5$,

$$P_{cr} = (C.S.)P = (2{,}5)(22 \text{ kN}) = 55 \text{ kN}$$

Usando $a = 0{,}35b$, temos $A = ab = 0{,}35b^2$ e

$$\sigma_{cr} = \frac{P_{cr}}{A} = \frac{55 \text{ kN}}{0{,}35b^2}$$

Fazendo $L = 500$ mm na Eq. (2), temos $L_{fl}/r_y = 3.464/b$. Substituindo E, L_{fl}/r_y e σ_{cr} na Eq. (16.13′), escrevemos

$$\sigma_{cr} = \frac{\pi^2 E}{(L_{fl}/r)^2} \qquad \frac{55 \text{ kN}}{0{,}35b^2} = \frac{\pi^2(70 \text{ kN/mm}^2)}{(3.464/b)^2}$$

$$b = 40{,}7 \text{ mm} \qquad a = 0{,}35b = 14{,}2 \text{ mm} \blacktriangleleft$$

PROBLEMAS

16.1 Sabendo que a mola de torção em A tem uma constante K e que a barra AB é rígida, determine a força crítica P_{cr}.

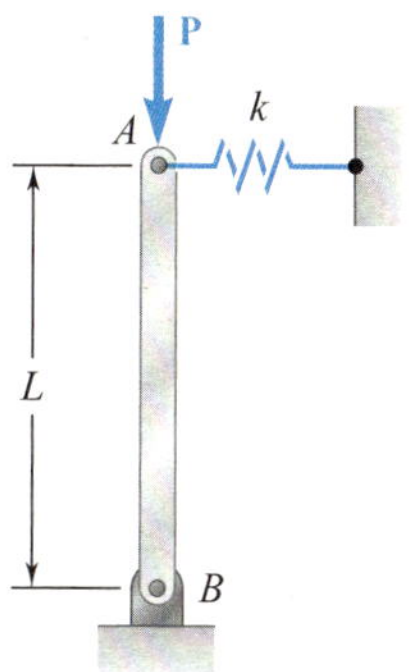

Figura P16.1

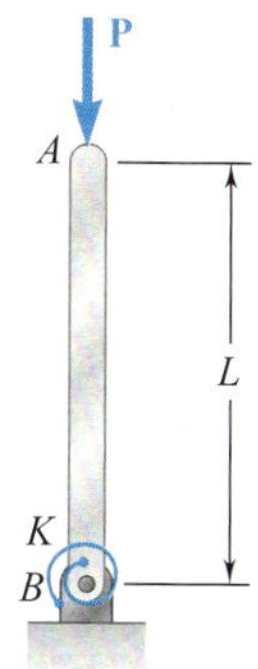

Figura P16.2

16.2 Sabendo que a mola de torção em B tem uma constante K e que a barra AB é rígida, determine a força crítica P_{cr}.

16.3 Duas barras rígidas AC e BC são conectadas, conforme mostra a figura, a uma mola de constante K. Sabendo que a mola pode atuar tanto em tração como em compressão, determine a força crítica P_{cr} para o sistema.

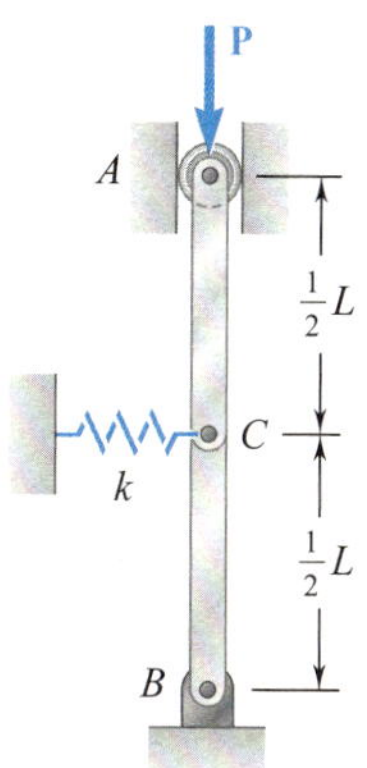

Figura P16.3

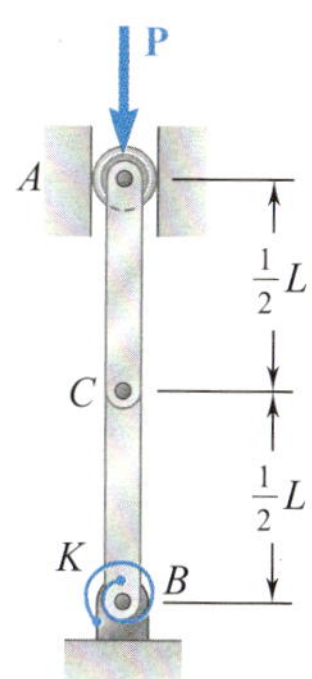

Figura P16.4

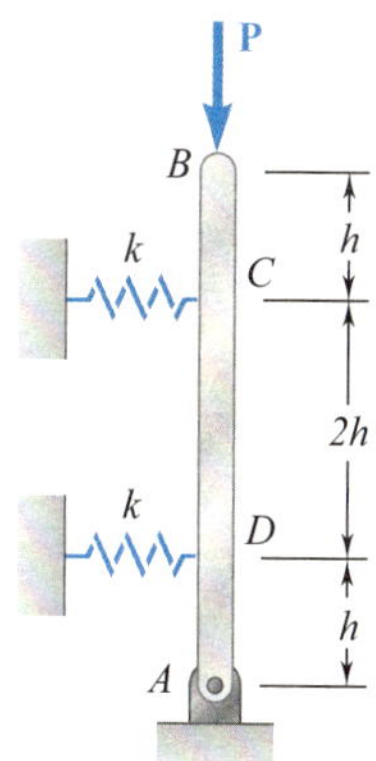

Figura P16.5

16.4 Duas barras rígidas AC e BC são conectadas por um pino em C como mostra a figura. Sabendo que a mola de torção em B tem uma constante K, determine a força crítica P_{cr} para o sistema.

16.5 A barra rígida está presa à articulação em A e a duas molas de constante k = 360 N/mm que podem atuar tracionadas ou comprimidas. Sabendo que h = 600 mm, determine a carga crítica.

16.6 Se m = 125 kg, h = 700 mm e a constante de cada mola k = 2,8 kN/m, determine o intervalo de valores da distância d para o qual o equilíbrio da barra AB seja estável na posição mostrada. Cada mola pode atuar em tração ou compressão.

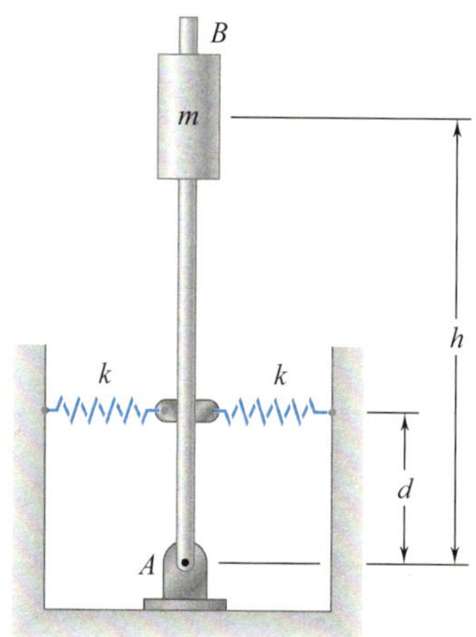

Figura P16.6

16.7 Determine a carga crítica para um tarugo de madeira redondo de 1,2 m de comprimento e diâmetro de (*a*) 10 mm e (*b*) 13 mm. Use $E = 12$ GPa.

16.8 Determine a carga crítica para um tubo de alumínio com 1,5 m de comprimento, diâmetro externo de 16 mm e espessura de parede de 1,25 mm. Use $E = 70$ GPa.

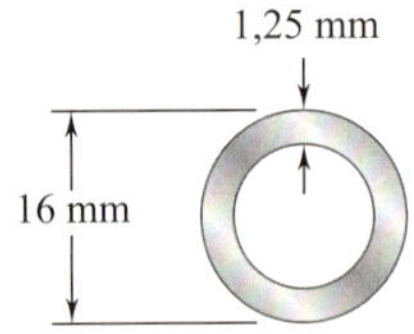

Figura P16.8

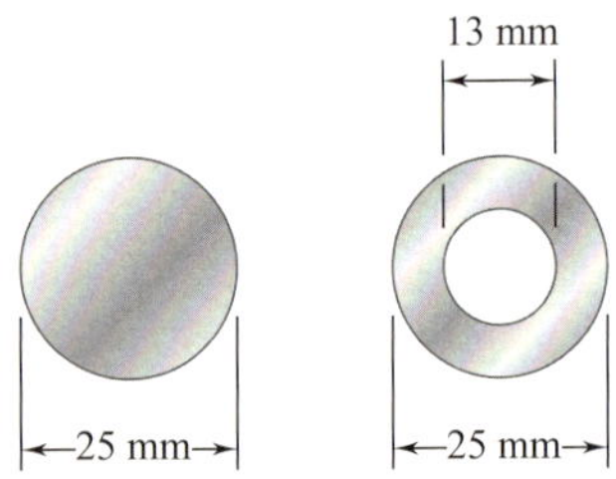

Figura P16.9

16.9 Um elemento comprimido com comprimento de flambagem de 0,5 m consiste em uma barra de seção cheia, de alumínio, com 25 mm de diâmetro. Para reduzir o peso do elemento em 25%, a barra de seção cheia é substituída por uma barra de seção vazada como a seção transversal mostrada. Determine (*a*) a porcentagem de redução na força crítica e (*b*) o valor da força crítica para a barra de seção vazada. Use $E = 70$ GPa.

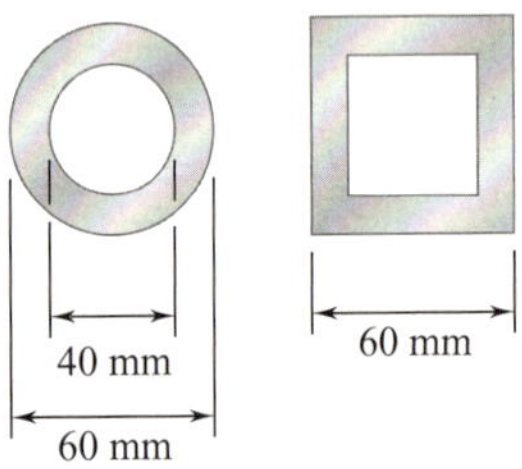

Figura P16.10

16.10 Duas barras de latão usadas como elementos de compressão, cada uma com comprimento de flambagem de 3 m, têm as seções transversais mostradas na figura. (*a*) Determine a espessura da parede da barra de seção quadrada para que as barras tenham a mesma área da seção transversal. (*b*) Usando $E = 105$ GPa, determine a carga crítica de cada barra.

16.11 Determine o raio da escora redonda de modo que a escora redonda e a escora quadrada tenham a mesma área da seção transversal e calcule o valor da carga crítica para cada uma. Use $E = 200$ GPa.

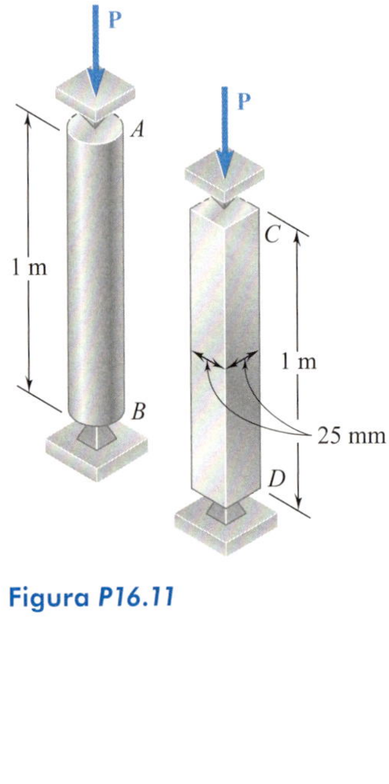

Figura P16.11

16.12 Uma coluna de comprimento de flambagem L pode ser feita colando pranchas idênticas em um dos arranjos mostrados na figura. Determine a relação entre as cargas críticas calculadas usando o arranjo a e o arranjo b.

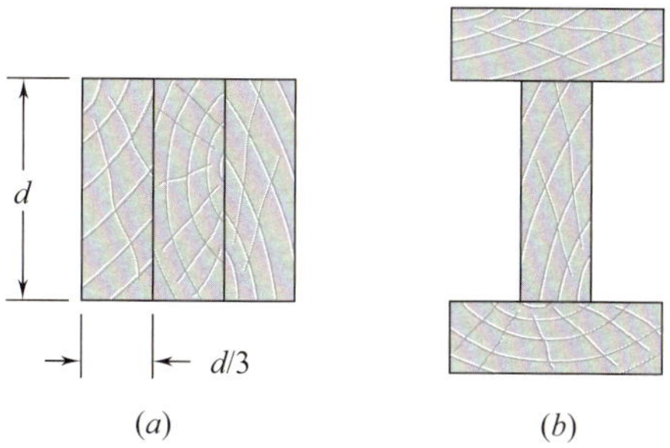

Figura P16.12

16.13 Um elemento comprimido com 7 m de comprimento de flambagem é feito quando se soldam juntas duas cantoneiras de aço L152 × 102 × 12,7 mm, conforme mostra a figura. Usando $E = 200$ GPa, determine a carga centrada admissível para esse elemento se o coeficiente de segurança requerido for 2,2.

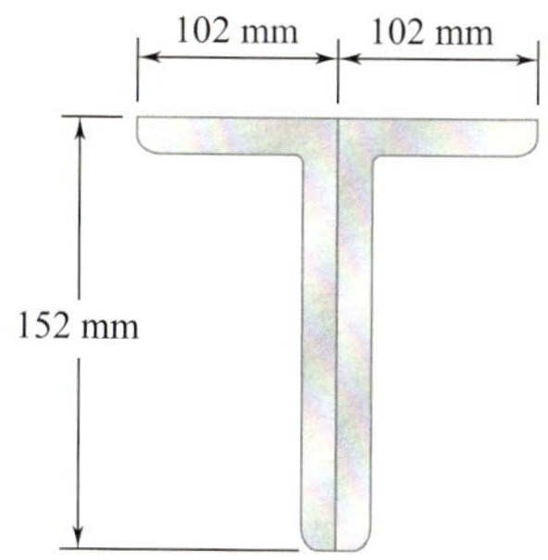

Figura P16.13

16.14 Uma coluna com 7,8 m de comprimento de flambagem é feita da metade de uma viga de aço laminada W410 × 60 mm. Sabendo que a localização do centroide da seção transversal é mostrada a figura, determine o fator de segurança se a carga crítica admissível é 90kN. Use $E = 200$ GPa.

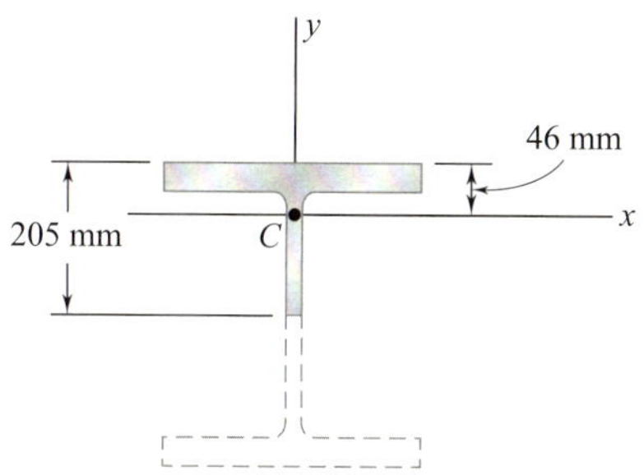

Figura P16.14

16.15 Uma coluna com 6,6 m de comprimento de flambagem é feita quando se soldam juntas duas placas de 225 × 13 mm com um perfil W200 × 52 mm. Determine a carga crítica admissível se o fator de segurança requerido é 2,3. Use $E = 200$ GPa.

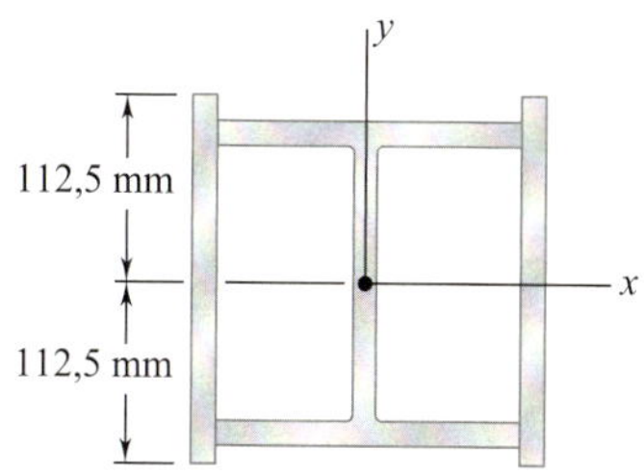

Figura P16.15

16.16 Uma coluna com 3 m de comprimento de flambagem é feita quando se soldam juntos dois perfis de aço laminado C130 × 13 mm. Usando $E = 200$ GPa, determine, para cada arranjo mostrado na figura, a carga centrada admissível se o fator de segurança requerido é 2,4.

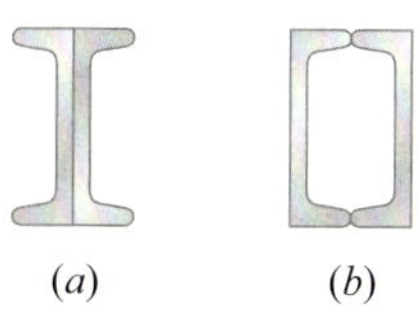

Figura P16.16

16.17 Sabendo que $P = 5{,}2$ kN, determine o coeficiente de segurança para a estrutura mostrada na figura. Use $E = 200$ GPa e considere a flambagem somente no plano da estrutura.

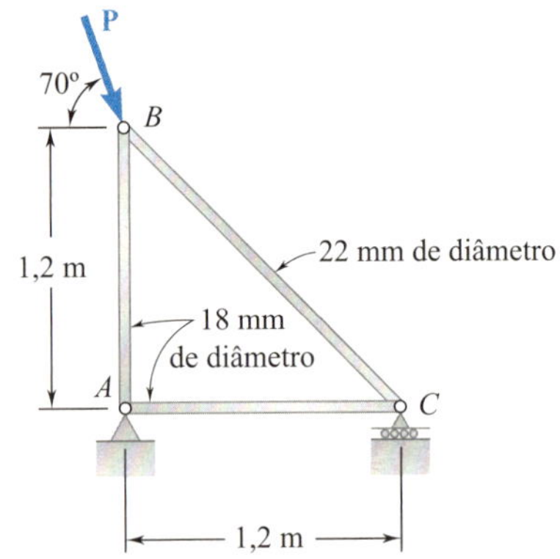

Figura P16.17

16.18 Os elementos AB e CD são barras de aço com 30 mm de diâmetro, e os elementos BC e AD são barras de aço com 22 mm de diâmetro. Quando o esticador é acionado, o elemento diagonal AC é colocado sob tração. Sabendo que é exigido um coeficiente de segurança de 2,75 em relação à flambagem, determine a maior tração admissível em AC. Use $E = 200$ GPa e considere a flambagem somente no plano da estrutura.

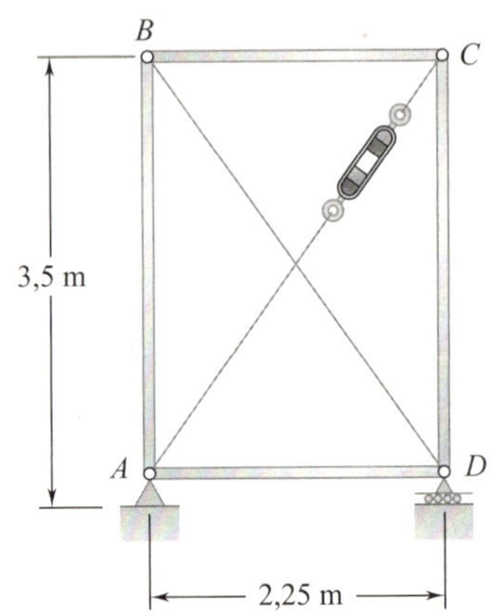

Figura P16.18

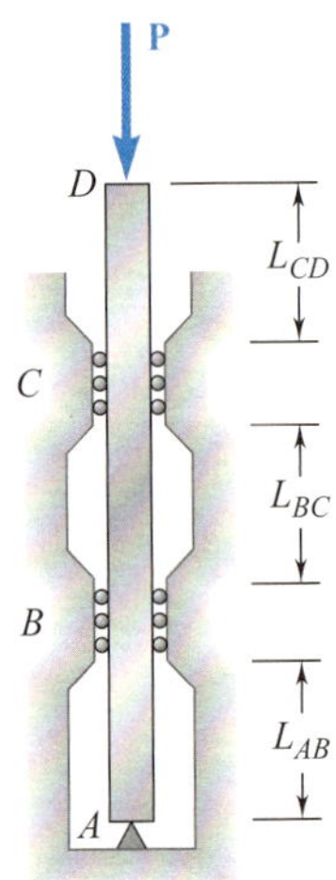

Figura P16.19 e P16.20

16.19 Uma barra de alumínio quadrada de 25 mm de lado é mantida na posição mostrada na figura por um apoio articulado em A e por conjuntos de roletes em B e C que impedem a rotação da barra no plano da figura. Sabendo que $L_{AB} = 1$ m, $L_{BC} = 1{,}25$ m e $L_{CD} = 0{,}5$ m, determine a carga **P** admissível usando um fator de segurança de 2,8 em relação à flambagem. Considere apenas a flambagem no plano da figura e use $E = 75$ GPa.

16.20 Uma barra de alumínio quadrada de 25 mm de lado é mantida na posição mostrada na figura por um apoio articulado em A e por conjuntos de roletes em B e C que impedem a rotação da barra no plano da figura. Sabendo que $L_{AB} = 1{,}4$ m, determine (*a*) os maiores valores possíveis para L_{BC} e L_{CD} que podem ser empregados para que a carga admissível **P** seja a maior possível e (*b*) a intensidade da correspondente carga admissível, considerando que o fator de segurança é 2,8. Considere apenas a flambagem no plano da figura e use $E = 72$ GPa.

16.21 A coluna de alumínio ABC tem uma seção transversal retangular uniforme e é contraventada no plano xz em seu ponto médio C. (*a*) Determine a relação b/d para a qual o coeficiente de segurança é o mesmo em relação à flambagem nos planos xz e yz. (*b*) Usando a relação encontrada na parte *a*, projete a seção transversal da coluna de maneira que o coeficiente de segurança seja 2,7 quando $P = 5{,}4$ kN, $L = 600$ mm e $E = 70$ GPa.

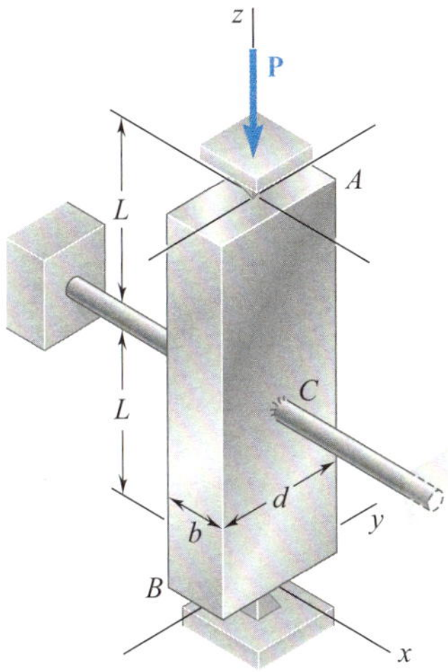

Figura P16.21 e P16.22

16.22 A coluna de alumínio ABC tem uma seção transversal retangular uniforme com $b = 13$ mm e $d = 22$ mm. A coluna é contraventada no plano xz em seu ponto médio C e suporta uma força centrada **P** de intensidade de 5 kN. Sabendo que é exigido um coeficiente de segurança de 2,5, determine o maior comprimento L admissível. Use $E = 70$ GPa.

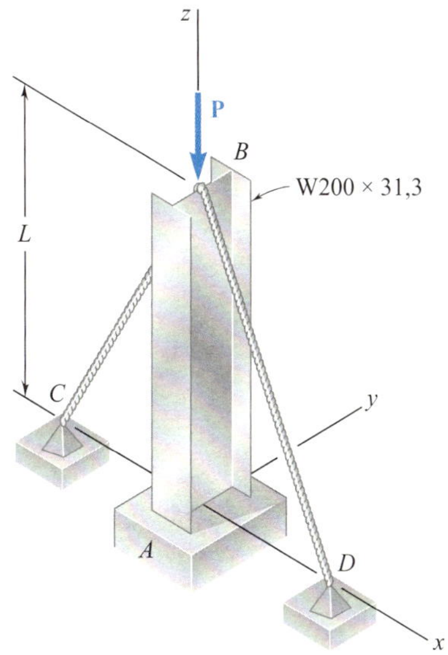

Figura P16.23

16.23 A viga de aço laminado W200 × 31,3 mm é usada com o suporte e o arranjo de cabo mostrados na figura. Os cabos BC e BD estão esticados e impedem o movimento do ponto B no plano xz. Sabendo que $L = 7{,}2$ m, determine a carga centrada admissível **P** se o fator de segurança necessário é 2,2. Use $E = 200$ GPa.

16.24 São usadas duas colunas para suportar um bloco pesando 14,6 kN em cada um dos quatro arranjos mostrados. (*a*) Sabendo que a coluna da Fig. (1) é feita de aço com diâmetro de 31 mm, determine o coeficiente de segurança em relação à flambagem para o carregamento mostrado. (*b*) Determine o diâmetro de cada uma das outras colunas para as quais o coeficiente de segurança é idêntico ao obtido na parte *a*. Use $E = 200$ GPa.

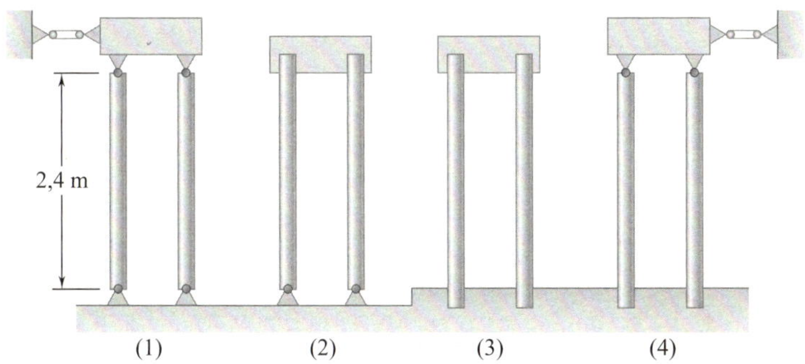

Figura P16.24

*16.5 Projeto de colunas submetidas a uma força centrada

Nas seções anteriores, determinamos a força crítica de uma coluna com base na fórmula de Euler e investigamos as deformações e tensões em colunas carregadas excentricamente por meio da fórmula da secante. Em cada caso, consideramos que todas as tensões permaneciam abaixo do limite de proporcionalidade e que a coluna era inicialmente um prisma reto e homogêneo. Na prática, poucas colunas têm essa característica, e seu projeto se baseia em fórmulas empíricas que refletem os resultados de numerosos testes de laboratório.

Durante o último século, foram testadas muitas colunas de aço aplicando a elas uma força axial centrada e aumentando a força até ocorrer a falha. Os resultados desses testes estão representados na Fig. 16.18: para cada um dos testes, foi colocado no gráfico um ponto com sua ordenada igual à tensão normal σ_{cr} na falha, e sua abscissa igual ao valor correspondente do índice de esbeltez, L_{fl}/r. Embora os resultados dos testes sejam bastante dispersos, podem ser observadas as regiões correspondentes a três tipos de falhas. Para colunas longas, em que L_{fl}/r é grande, a falha é prevista com boa aproximação pela fórmula de Euler, e observa-se que o valor σ_{cr} depende do módulo de elasticidade E do aço utilizado, e não de sua tensão de escoamento σ_E. Para colunas muito curtas e blocos de compressão, a falha ocorre essencialmente como resultado do escoamento, e temos $\sigma_{cr} \approx \sigma_E$. Colunas de comprimento intermediário compreendem aqueles casos em que a falha depende tanto de σ_E quanto de E. Nessa região, a falha da coluna é um fenômeno extremamente complexo, e foram usados extensivamente dados de ensaios para orientar o desenvolvimento de especificações e fórmulas de projeto.

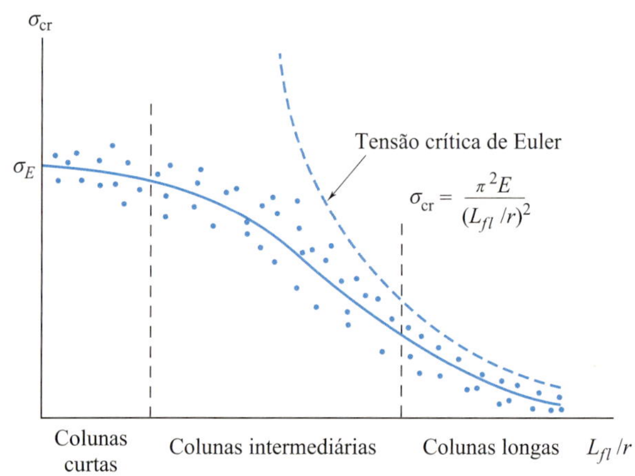

Figura 16.18

As fórmulas empíricas que expressam uma tensão admissível ou tensão crítica em termos do índice de esbeltez foram apresentadas pela primeira vez há um século, e desde então passaram por um contínuo processo de refinamento e melhora. A Fig. 16.19 mostra fórmulas empíricas típicas usadas para aproximar dados de ensaio. Nem sempre é viável usar uma única fórmula para todos os valores de L_{fl}/r. Muitas especificações de projeto utilizam fórmulas diferentes, cada uma com determinada região de aplicabilidade. Em cada caso, devemos verificar se a fórmula proposta é aplicável ao valor L_{fl}/r para a coluna envolvida. Além disso, devemos verificar se a fórmula fornece o valor da tensão crítica para a coluna, em que caso devemos aplicar o coeficiente de segurança apropriado ou se ela já fornece uma tensão admissível.

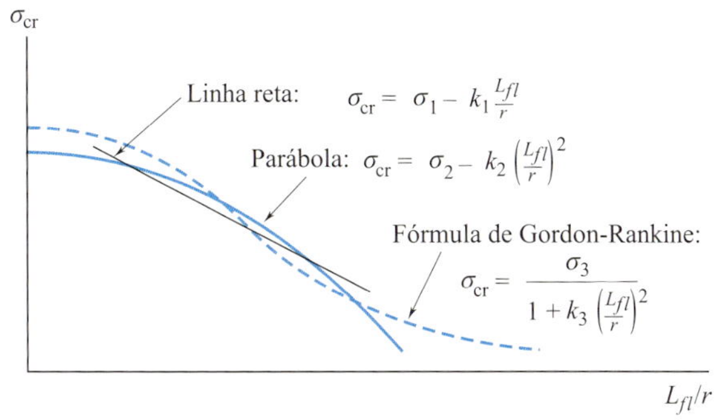

Figura 16.19

Consideraremos agora as fórmulas específicas para projeto de colunas de aço, alumínio e madeira submetidas a carregamento centrado. A Foto 16.2 mostra exemplos de colunas que seriam projetadas por meio dessas fórmulas. O projeto para os três diferentes materiais em que se utiliza o *método da tensão admissível* é mostrado nesta seção.*

(a)

(b)

Foto 16.2 O reservatório de água em (a) é suportado por colunas de aço, e a edificação em construção em (b) é um pórtico com colunas de madeira.

Aço estrutural. As fórmulas mais amplamente usadas para o projeto de colunas de aço, pelo método da tensão admissível, submetidas a uma carga centrada são encontradas nas especificações do American Institute of

* Em fórmulas específicas de projeto, a letra L será sempre usada para se referir ao comprimento de flambagem de uma coluna.

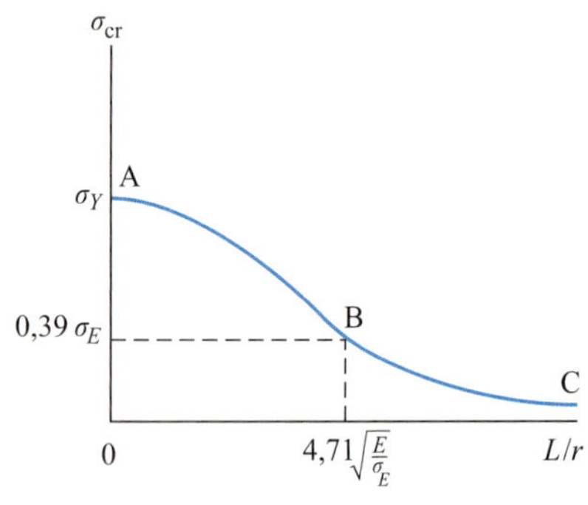

Figura 16.20

Steel Construction (AISC).* Uma expressão parabólica será usada para prever o valor de σ_{adm} para colunas de comprimentos curto e intermediário, e a fórmula de Euler será usada para colunas longas. Essas relações são desenvolvidas em duas etapas:

1. Primeiro é obtida uma curva representando a variação de σ_{cr} com L/r (Fig. 16.20). É importante notar que essa curva não incorpora coeficientes de segurança.** A parte AB dessa curva é definida pela equação

$$\sigma_{cr} = [0{,}658^{(\sigma_Y/\sigma_e)}]\sigma_E \tag{16.22}$$

onde

$$\sigma_e = \frac{\pi^2 E}{(L/r)^2} \tag{16.23}$$

A porção BC é definida pela equação

$$\sigma_{cr} = 0{,}877\sigma_e \tag{16.24}$$

Notamos que, quando $L/r = 0$, $\sigma_{cr} = \sigma_E$ na Eq. (16.22). No ponto B, a Eq. (16.22) coincide com a Eq. (16.24). O valor do coeficiente de esbeltez L/r nesse ponto é

$$\frac{L}{r} = 4{,}71\sqrt{\frac{E}{\sigma_E}} \tag{16.25}$$

Se L/r for menor que aquele fornecido pela Eq. (16.25), σ_{cr} será determinado pela Eq. (16.22); e se L/r for maior, σ_{cr} será determinado pela Eq. (16.24). No ponto equivalente ao coeficiente de esbeltez L/r fornecido pela Eq. (16.25), temos a tensão $\sigma_e = 0{,}44\,\sigma_E$. Utilizando a Eq. (16.24), $\sigma_{cr} = 0{,}877\,(0{,}44\,\sigma_E) = 0{,}39\,\sigma_E$.

2. Deve ser introduzido um coeficiente de segurança para obtermos as fórmulas finais de projeto do AISC. O coeficiente de segurança determinado por essas especificações é 1,67. Portanto,

$$\sigma_{adm} = \frac{\sigma_{cr}}{1{,}67} \tag{16.26}$$

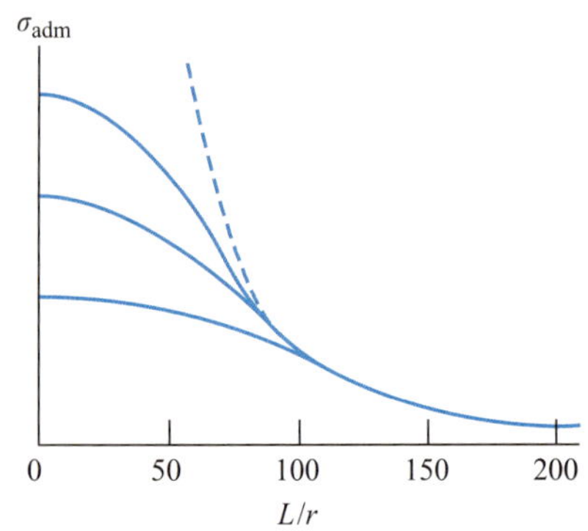

Figura 16.21

Observamos que, ao usarmos as Eqs. (16.22), (16.24), (16.25) e (16.26), podemos determinar a tensão admissível axial para uma dada classe de aço e um dado valor de L/r. Deve-se primeiramente calcular o valor de L/r na interseção entre as duas equações usando a Eq. (16.25). Para valores de L/r menores do que aquele dado pela Eq. (16.25), usamos as Eqs. (16.24) e (16.26) para determinarmos σ_{adm}, e para valores maiores do que aquele dado pela Eq. (16.25), usamos as Eqs. (16.24) e (16.26) para determinarmos σ_{adm}. A Figura 16.21 proporciona uma visão geral sobre como σ_{adm} varia com L/r para diferentes classes de aço estrutural.

* *Manual of Steel Construction*, 13th ed., American Institute of Steel Construction, Chicago. 2005.

** Na *Specification for Structural Steel for Buildings*, o símbolo F é utilizado para tensões.

Exemplo 16.2. Determine o maior comprimento L para o qual o elemento de compressão AB, que é um perfil de aço laminado S100 × 11,5, possa suportar com segurança a força centrada mostrada (Fig. 16.22). Considere que $\sigma_E = 250$ MPa e $E = 200$ GPa.

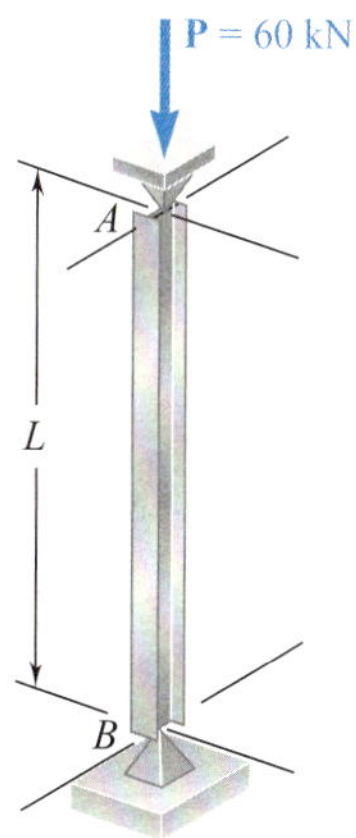

Figura 16.22

Do Apêndice B, temos para um perfil I100 × 11,5

$$A = 1.460 \text{ mm}^2 \quad r_x = 41,6 \text{ mm} \quad r_y = 14,8 \text{ mm}$$

Se a força de 60 kN deve ser suportada com segurança, devemos ter

$$\sigma_{\text{adm}} = \frac{P}{A} = \frac{60 \times 10^3 \text{ N}}{1.460 \times 10^{-6} \text{ m}^2} = 41,1 \times 10^6 \text{ Pa}$$

Devemos calcular a tensão crítica σ_{cr}. Considerando que L/r é maior que o coeficiente esbeltez calculado pela Eq. (16.25), usamos a Eq. (16.24) com (16.23) e escrevemos

$$\sigma_{\text{cr}} = 0,877\, \sigma_e = 0,877 \frac{\pi^2 E}{(L/r)^2}$$

$$= 0,877 \frac{\pi^2 (200 \times 10^9 \text{Pa})}{(L/r)^2} = \frac{1,731 \times 10^{12} \text{Pa}}{(L/r)^2}$$

Usando essa expressão na Eq. (16.26) para σ_{adm}, escrevemos

$$\sigma_{\text{adm}} = \frac{\sigma_{\text{cr}}}{1,67} = \frac{1,037 \times 10^{12} \text{ Pa}}{(L/r)^2}$$

Igualando essa expressão ao valor requerido para σ_{adm}, escrevemos

$$\frac{1,037 \times 10^{12} \text{Pa}}{(L/r)^2} = 1,41 \times 10^6 \text{Pa} \quad L/r = 158,8$$

O coeficiente de esbeltez dado pela Eq. (16.25) é

$$\frac{L}{r} = 4,71 \sqrt{\frac{200 \times 10^9}{250 \times 10^6}} = 133,2$$

Nossa suposição de que L/r era maior que esse coeficiente de esbeltez estava correta. Ao escolhermos o menor entre os dois raios de giração, temos

$$\frac{L}{r_y} = \frac{L}{14,6 \times 10^{-3} \text{ m}} = 158,8 \qquad L = 2,32 \text{ m} \quad \blacksquare$$

Alumínio. Existem disponíveis muitas ligas de alumínio para uso em estruturas e construção de máquinas. Para muitas colunas, as especificações da Aluminum Association* fornecem duas fórmulas para a tensão admissível em colunas submetidas a carregamento centrado. A variação de σ_{adm} com L/r definida por essas fórmulas é mostrada na Fig. 16.23. Notamos que, para colunas curtas, é usada uma relação linear entre σ_{adm} e L/r, e para colunas longas, utiliza-se a equação de Euler. A seguir, apresentamos algumas fórmulas específicas para o uso no projeto de prédios e estruturas similares, para as duas ligas mais empregadas.

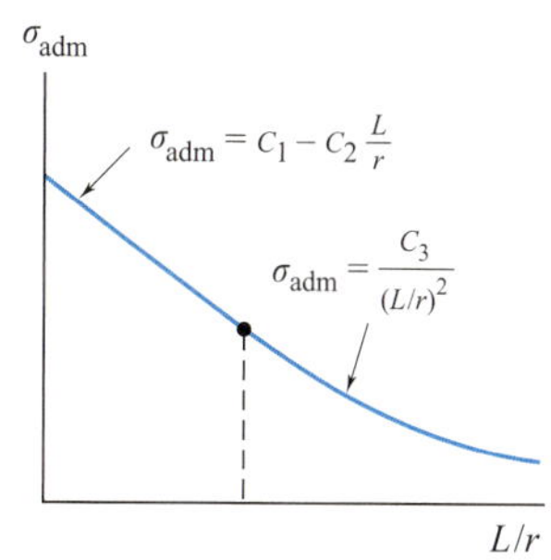

Figura 16.23

* *Specifications and Guidelines for Aluminum Structures*, Aluminum Association Inc., Washington, D.C., 2005.

Liga 6061-T6:

$$L/r < 66: \quad \sigma_{adm} = [20{,}2 - 0{,}126(L/r)]\,\text{ksi} \qquad (16.27)$$
$$= [139 - 0{,}868(L/r)]\,\text{MPa} \qquad (16.27')$$

$$L/r \geq 66: \quad \sigma_{adm} = \frac{51.000\ \text{ksi}}{(L/r)^2} = \frac{351 \times 10^3\ \text{MPa}}{(L/r)^2} \qquad (16.28)$$

Liga 2014-T6:

$$L/r < 55: \quad \sigma_{adm} = [30{,}7 - 0{,}23(L/r)]\,\text{ksi} \qquad (16.29)$$
$$= [212 - 1{,}585(L/r)]\,\text{MPa} \qquad (16.29')$$

$$L/r \geq 55: \quad \sigma_{adm} = \frac{54.000\ \text{ksi}}{(L/r)^2} = \frac{372 \times 10^3\ \text{MPa}}{(L/r)^2} \qquad (16.30)$$

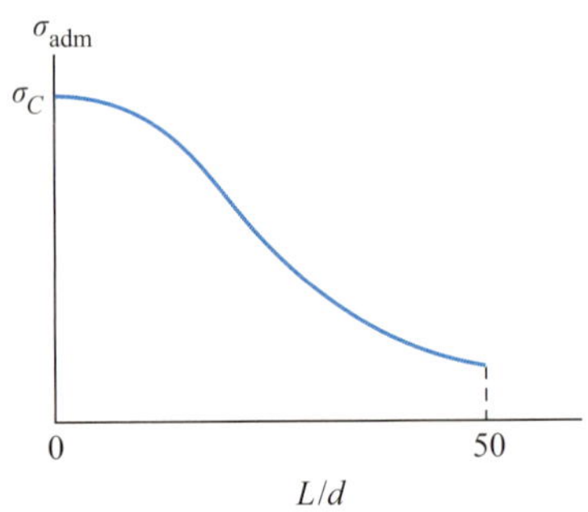

Figura 16.24

Madeira. Para o projeto de colunas de madeira, as especificações da American Forest & Paper Association* fornecem uma única equação que pode ser usada para obter a tensão admissível para colunas curtas, intermediárias e longas submetidas a carregamento centrado. Para uma coluna com uma seção transversal retangular de lados b e d, em que $d < b$, a variação de σ_{adm} com L/d é mostrada na Fig. 16.24.

Para colunas de seção cheia feitas de uma única peça de madeira ou elaboradas com laminados colados, a tensão admissível σ_{adm} é

$$\sigma_{adm} = \sigma_C C_P \qquad (16.31)$$

onde σ_C é a tensão admissível ajustada à compressão paralela às libras da madeira.** Nas especificações, incluem-se ajustes usados para obter σ_C, considerando diferentes variações, como a duração da força. O coeficiente de estabilidade da coluna C_P leva em conta o comprimento da coluna e é definido pela seguinte equação:

$$C_P = \frac{1 + (\sigma_{CE}/\sigma_C)}{2c} - \sqrt{\left[\frac{1 + (\sigma_{CE}/\sigma_C)}{2c}\right]^2 - \frac{\sigma_{CE}/\sigma_C}{c}} \qquad (16.32)$$

O parâmetro c considera o tipo de coluna e é igual a 0,8 para colunas de madeira serrada e 0,90 para colunas de madeira laminada colada. O valor de σ_{CE} é definido como

$$\sigma_{CE} = \frac{0{,}822E}{(L/d)^2} \qquad (16.33)$$

onde E é um módulo de elasticidade ajustado para flambagem de colunas. Colunas nas quais L/d excede 50 não são permitidas pela *National Design Specification for Wood Construction*.

* *National Design Specification for Wood Construction*, American Forest & Paper Association, American Wood Council, Washington, D.C., 2005.

** Na *National Design Specification for Wood Construction*, o símbolo F é usado para tensões.

Exemplo 16.3. Sabendo que a coluna AB (Fig. 16.25) tem um comprimento de flambagem de 4,2 m e que ela deve suportar com segurança uma força de 142 kN, projete uma coluna usando uma seção transversal quadrada composta de laminados colados. O módulo de elasticidade ajustado para a madeira é $E = 5{,}52$ GPa, e a tensão admissível ajustada à compressão paralela às fibras da madeira é $\sigma_C = 7{,}3$ MPa.

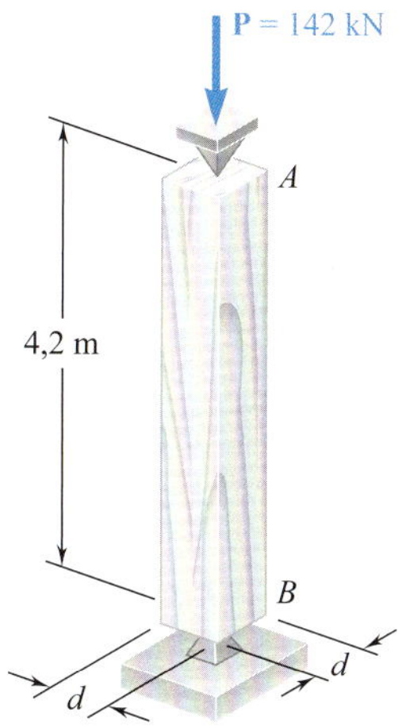

Figura 16.25

Observamos que $c = 0{,}90$ para colunas de madeira constituídas de laminados colados. Devemos calcular o valor de σ_{CE}. Usando a Eq. (16.33), escrevemos

$$\sigma_{CE} = \frac{0{,}822E}{(L/d)^2} = \frac{0{,}822(5.520 \text{ MN/m}^2)}{(4{,}2 \text{ m/d})^2} = 257{,}2d^2 \text{ MN/mm}^2$$

Usamos então a Eq. (16.32) para expressar o coeficiente de estabilidade da coluna em termos de d, com $(\sigma_{CE}/\sigma_C) = (257{,}2\, d^2/7{,}3) = 35{,}24\, d^2$,

$$C_P = \frac{1 + (\sigma_{CE}/\sigma_C)}{2c} - \sqrt{\left[\frac{1 + (\sigma_{CE}/\sigma_C)}{2c}\right]^2 - \frac{\sigma_{CE}/\sigma_C}{c}}$$

$$= \frac{1 + 35{,}24\, d^2}{2(0{,}90)} - \sqrt{\left[\frac{1 + 35{,}24\, d^2}{2(0{,}9)}\right]^2 - \frac{35{,}24\, d^2}{(0{,}9)}}$$

Como a coluna deve suportar 142 kN, que é igual a $\sigma_C d^2$, usamos a Eq. (16.31) para escrever

$$\sigma_{\text{adm}} = \frac{0{,}142 \text{ MN}}{d^2} = \sigma_C C_P = 7{,}3\, C_P$$

Resolvendo essa equação para C_P e substituindo na equação anterior o valor obtido, escrevemos

$$\frac{19{,}5 \times 10^{-3}}{d^2} = \frac{1 + 3{,}5\, d^2}{2(0{,}90)} - \sqrt{\left[\frac{1 + 3{,}5\, d^2}{2(0{,}90)}\right]^2 - \frac{3{,}5\, d^2}{0{,}90}}$$

Resolvendo para d por tentativa e erro, obtemos $d = 0{,}163$ m. ■

Nota: As fórmulas apresentadas nesta seção se destinam a fornecer exemplos de diferentes abordagens de projeto. Elas não fornecem todos os requisitos necessários para muitos trabalhos, e o estudante deve consultar as especificações apropriadas antes de iniciar o projeto.

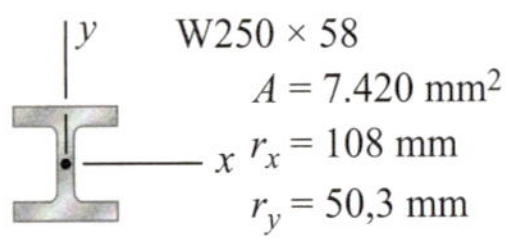

PROBLEMA RESOLVIDO 16.2

A coluna AB consiste em um perfil de aço laminado W250 × 58 feito com uma classe de aço para a qual σ_E = 250 MPa e E = 200 GPa. Determine a força centrada **P** admissível (*a*) se o comprimento de flambagem da coluna for de 7,2 m em todas as direções e (*b*) se houver contraventamento para impedir o movimento do ponto médio C no plano xz. (Considere que o movimento do ponto C no plano yz não seja afetado pelo contraventamento.)

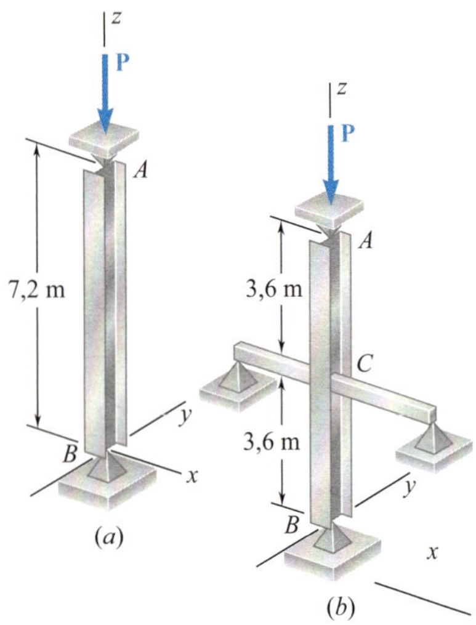

SOLUÇÃO

Primeiro calculamos o coeficiente de esbeltez por meio da Eq. (16.25) correspondente à tensão de escoamento dada σ_E = 250 MPa.

$$\frac{L}{r} = 4{,}71\sqrt{\frac{200 \times 10^3}{250}} = 133{,}2$$

a. Comprimento de flambagem = 7,2 m. Como $r_y < r_x$, a flambagem ocorrerá no plano xz. Para L = 7,2 m e $r = r_y$ = 50,3 mm, o coeficiente de esbeltez é

$$\frac{L}{r_y} = \frac{720\text{ cm}}{5{,}03\text{ cm}} = 143{,}1$$

Como L/r > 133,2, usamos a Eq. (16.23) na Eq. (16.24) para determinarmos σ_{cr}

$$\sigma_{cr} = 0{,}877\ \sigma_e = 0{,}877\frac{\pi^2 E}{(L/r)^2} = 0{,}877\frac{\pi^2(200 \times 10^3\text{ MPa})}{(143{,}1)^2} = 84{,}5\text{ MPa}$$

A tensão admissível, determinada com base na Eq. (16.26), e P_{adm} são

$$\sigma_{adm} = \frac{\sigma_{cr}}{1{,}67} = \frac{84{,}5\text{ MPa}}{1{,}67} = 50{,}6\text{ MPa}$$

$$P_{adm} = \sigma_{adm} A = (50{,}6\text{ MN/m}^2)(7.420 \times 10^{-6}\text{ m}^2) = 0{,}376\text{ MN} \blacktriangleleft$$

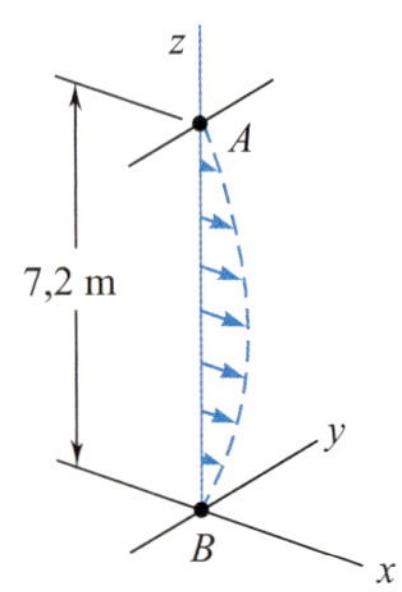

b. Contraventamento no ponto médio C. Como o contraventamento impede o movimento do ponto C no plano xz, mas não no plano yz, devemos calcular o coeficiente de esbeltez correspondente à flambagem em cada plano e determinar qual dos valores é maior.

Plano xz: Comprimento de flambagem = 3,6 m = 3.600 mm, $r = r_y$ = 50,3 mm.

$$L/r = (3.600\text{ mm})/(50{,}3\text{ mm}) = 71{,}6$$

Plano yz: Comprimento de flambagem = 7,2 m = 7.200 mm, $r = r_x$ = 108 mm.

$$L/r = (7.200\text{ mm})/(108\text{ mm}) = 66{,}7$$

Como um coeficiente de esbeltez maior corresponde a uma força admissível menor, escolhemos L/r = 71,6. Uma vez que esse valor é menor que L/r = 133,2, usamos as Eqs. (16.23) e (16.22) para determinarmos σ_{CR}

$$\sigma_e = \frac{\pi^2 E}{(L/r)^2} = \frac{\pi^2(200 \times 10^3\text{ MN/m}^2)}{(71{,}6)^2} = 385{,}0\text{ MN/m}^2$$

$$\sigma_{cr} = [0{,}658^{(\sigma_e/\sigma_e)}]\,F_y = [0{,}658^{(250\text{ MPa}/385\text{ MPa})}]\,250 = 190{,}5\text{ MPa}$$

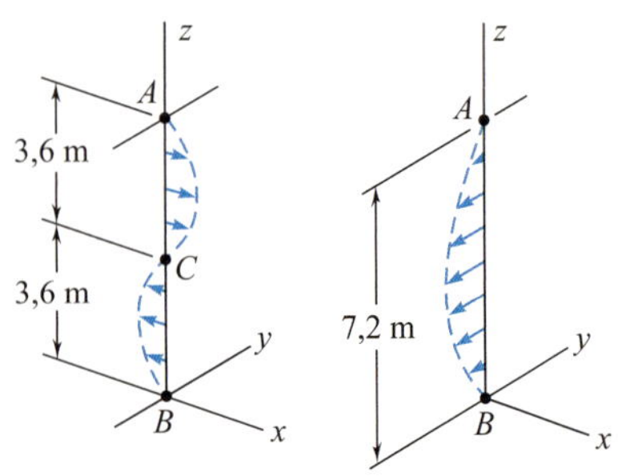

Flambagem no plano xz Flambagem no plano yz

Agora calculamos a tensão admissível usando a Eq. (16.26) e a carga admissível.

$$\sigma_{adm} = \frac{\sigma_{cr}}{1{,}67} = \frac{190{,}5\text{ MPa}}{1{,}67} = 114{,}1\text{ MPa}$$

$$P_{adm} = \sigma_{adm} A = (114{,}1\text{ MN/m}^2)(7.420 \times 10^{-3}\text{ m}^2) = 0{,}846\text{ MN} \blacktriangleleft$$

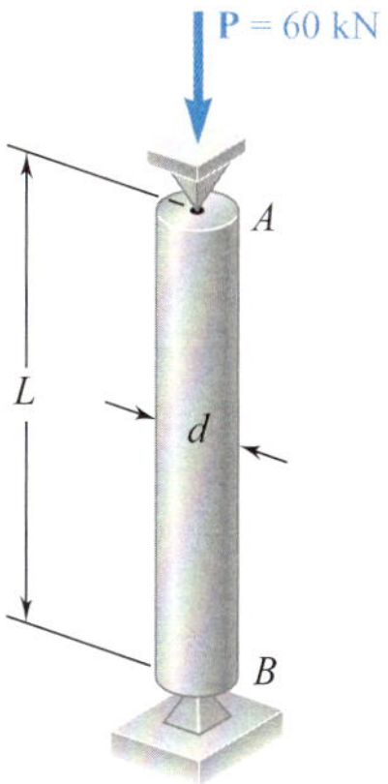

PROBLEMA RESOLVIDO 16.3

Usando a liga de alumínio 2014-T6, determine a barra de menor diâmetro que pode ser utilizada para suportar a força centrada $P = 60$ kN se (*a*) $L = 750$ mm e (*b*) $L = 300$ mm.

SOLUÇÃO

Para a seção transversal de uma barra circular cheia, temos

$$I = \frac{\pi}{4}c^4 \qquad A = \pi c^2 \qquad r = \sqrt{\frac{I}{A}} = \sqrt{\frac{\pi c^4/4}{\pi c^2}} = \frac{c}{2}$$

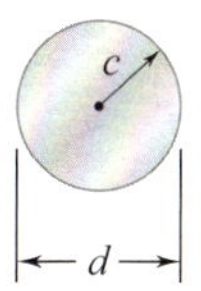

a. Comprimento de 750 mm. Como o diâmetro da barra não é conhecido, deve-se adotar um valor de L/r; *consideramos* que $L/r > 55$ e usamos a Eq. (16.30). Para a força centrada **P**, temos $\sigma = P/A$ e escrevemos

$$\frac{P}{A} = \sigma_{adm} = \frac{372 \times 10^3 \text{ MPa}}{(L/r)^2}$$

$$\frac{60 \times 10^3 \text{ N}}{\pi c^2} = \frac{372 \times 10^9 \text{ Pa}}{\left(\dfrac{0{,}750 \text{ m}}{c/2}\right)^2}$$

$$c^4 = 115{,}5 \times 10^{-9} \text{ m}^4 \qquad c = 18{,}44 \text{ mm}$$

Para $c = 18{,}44$ mm, o coeficiente de esbeltez é

$$\frac{L}{r} = \frac{L}{c/2} = \frac{750 \text{ mm}}{(18{,}44 \text{ mm})/2} = 81{,}3 > 55$$

Nossa suposição está correta, e, para $L = 750$ mm, o diâmetro necessário é

$$d = 2c = 2(18{,}44 \text{ mm}) \qquad d = 36{,}9 \text{ mm} \quad ◀$$

b. Comprimento de 300 mm. Novamente *consideramos* que $L/r > 55$. Usando a Eq. (16.30), e seguindo o procedimento adotado na parte *a*, encontramos $c = 11{,}66$ mm e $L/r = 51{,}5$. Como L/r é menor que 55, nossa suposição está errada; consideramos agora que $L/r < 55$ e usamos a Eq. (16.29′) para o projeto dessa barra.

$$\frac{P}{A} = \sigma_{adm} = \left[212 - 1{,}585\left(\frac{L}{r}\right)\right] \text{MPa}$$

$$\frac{60 \times 10^3 \text{ N}}{\pi c^2} = \left[212 - 1{,}585\left(\frac{0{,}3 \text{ m}}{c/2}\right)\right] 10^6 \text{ Pa}$$

$$c = 12{,}00 \text{ mm}$$

Para $c = 12{,}00$ mm, o coeficiente de esbeltez é

$$\frac{L}{r} = \frac{L}{c/2} = \frac{300 \text{ mm}}{(12{,}00 \text{ mm})/2} = 50$$

Nossa segunda suposição de que $L/r < 55$ está correta. Para $L = 300$ mm, o diâmetro necessário é

$$d = 2c = 2(12{,}00 \text{ mm}) \qquad d = 24{,}0 \text{ mm} \quad ◀$$

PROBLEMAS

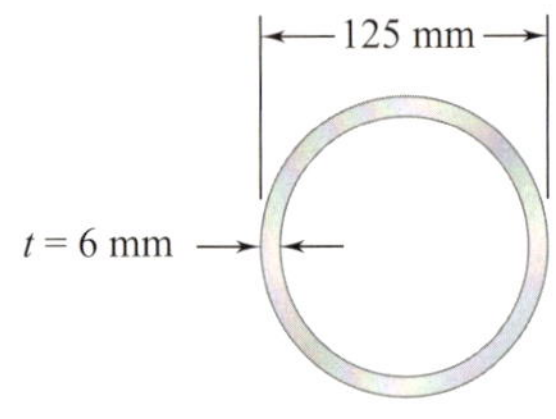

Figura P16.25

16.25 Um tubo de aço com a seção transversal mostrada na figura é utilizado como coluna. Usando as fórmulas da tensão admissível do AISC, determine a força centrada admissível se o comprimento de flambagem da coluna for (*a*) 6 m e (*b*) 4 m. Use $\sigma_E = 250$ MPa e $E = 200$ GPa.

16.26 Uma coluna com a seção transversal mostrada tem um comprimento de flambagem de 4,05 m. Usando o método da tensão admissível do AISC, determine a maior força centrada que pode ser aplicada na coluna. Use $\sigma_E = 248$ MPa e $E = 200$ GPa.

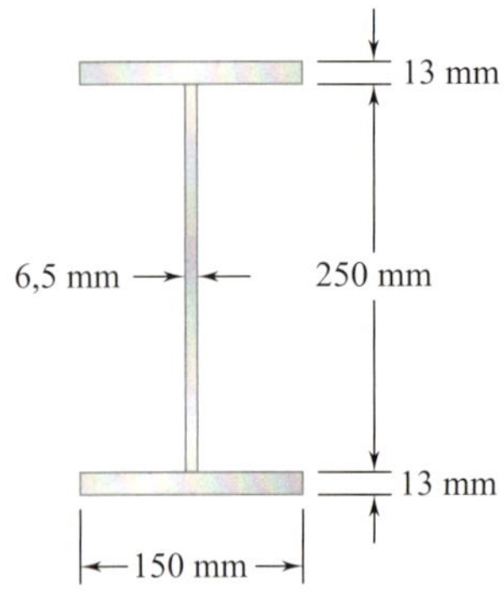

Figura P16.26

16.27 Usando o método da tensão admissível, determine a força centrada admissível para uma coluna com comprimento de flambagem de 6 m feita com os seguintes perfis de aço laminado: (*a*) W200 × 35,9 e (*b*) W200 × 86. Use $\sigma_E = 250$ MPa e $E = 200$ GPa.

16.28 Um perfil de aço laminado W200 × 46,1 é usado para formar uma coluna com comprimento de flambagem de 6,3 m. Usando o método da tensão admissível, determine a força centrada admissível se a tensão de escoamento do tipo de aço utilizado é (*a*) $\sigma_E = 248$ MPa e (*b*) $\sigma_E = 345$ MPa. Use $E = 200$ GPa.

16.29 Uma coluna com comprimento de flambagem de 3,5 m é feita de madeira serrada com uma seção transversal de 114 × 140 mm. Sabendo que, para o tipo de madeira utilizada, a tensão admissível ajustada à compressão paralela às fibras é $\sigma_C = 7,6$ MPa e que o módulo de elasticidade ajustado é $E = 2,8$ GPa, determine a máxima força centrada admissível para a coluna.

16.30 Uma coluna de madeira serrada com seção transversal de 188 × 138 mm tem um comprimento de flambagem de 5,4 m. Sabendo que, para o tipo de madeira utilizada, a tensão admissível ajustada à compressão paralela às fibras é $\sigma_C = 8,28$ MPa e que o módulo de elasticidade ajustado é $E = 3,24$ GPa, determine a máxima força centrada admissível para a coluna.

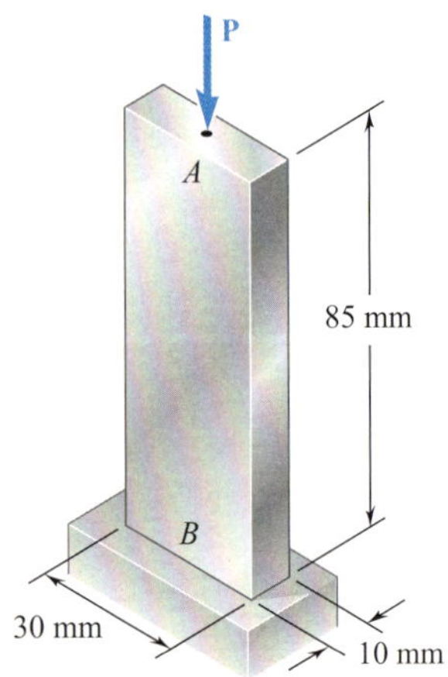

Figura P16.31

16.31 A barra *AB* está livre em sua extremidade *A* e engastada na base *B*. Determine a força **P** centrada admissível se a liga de alumínio for (*a*) 6061-T6 e (*b*) 2014-T6.

16.32 Um elemento de compressão tem a seção transversal mostrada na figura e comprimento de flambagem de 1,5 m. Sabendo que a liga de alumínio usada é 6061-T6, determine a carga centrada admissível.

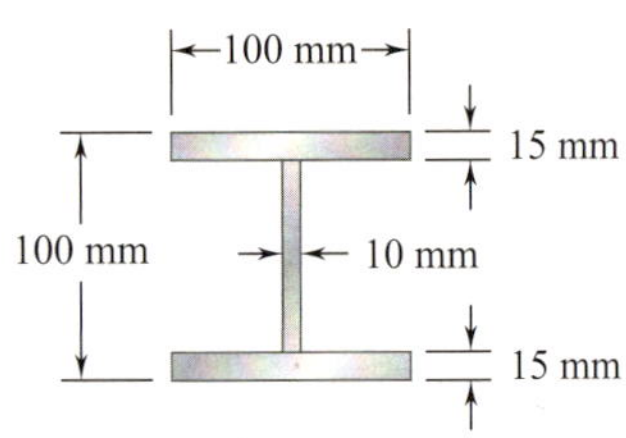

Figura P16.32

16.33 e 16.34 Um elemento de compressão com 9 m de comprimento de flambagem é obtido soldando duas placas de aço com 10 mm de espessura a um perfil de aço laminado W250 × 80, conforme mostra a figura. Sabendo que σ_E = 345 MPa e E = 200 GPa e usando o método da tensão admissível, determine a força centrada admissível para o elemento de compressão.

Figura P16.33

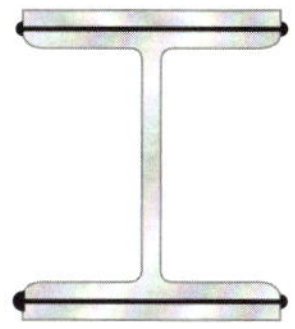

Figura P16.34

16.35 Um membro comprimido de comprimento de flambagem igual a 2,3 m é obtido conectando com parafusos duas cantoneiras de L127 × 76 × 12,7 mm conforme mostrado na figura. Usando o método por tensões admissíveis, determine a carga axial centrada para a coluna. Use σ_E = 250 MPa e E = 200 GPa.

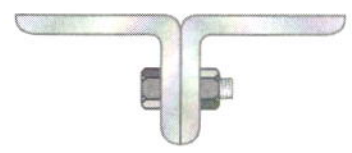

Figura *P16.35*

16.36 Uma coluna com comprimento de flambagem de 6,3 m é obtida quando se ligam dois perfis de aço C250 × 30 mm com barras de travejamento conforme mostra a figura. Usando o método da tensão admissível, determine a força centrada admissível para a coluna. Use σ_E = 250 MPa e E = 200 GPa.

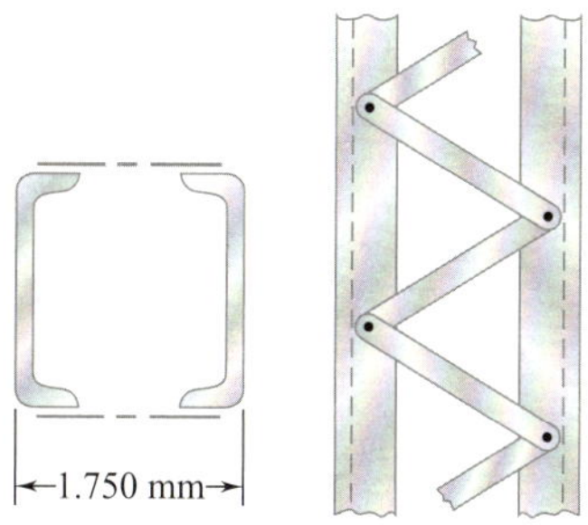

Figura P16.36

16.37 A coluna retangular com comprimento de flambagem de 4,4 m é feita de madeira laminada colada. Sabendo que, para o tipo de madeira usada, a tensão admissível ajustada à compressão paralela às fibras e σ_C = 8,3 MPa e que o módulo de elasticidade ajustado é E = 4,6 GPa, determine a força máxima centrada para essa coluna.

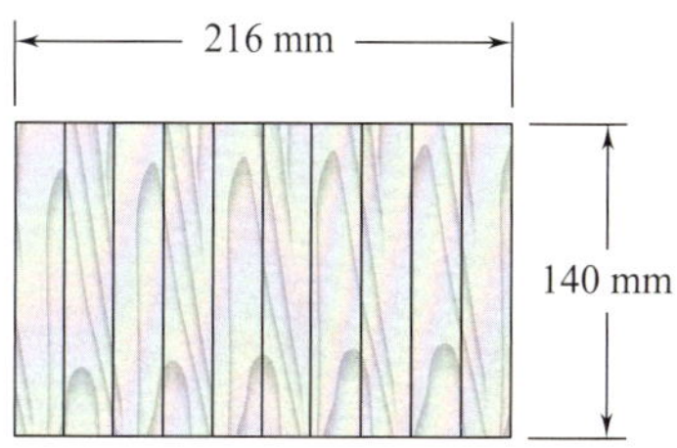

Figura P16.37

16.38 Um tubo de alumínio estrutural é reforçado rebitando nele duas placas como mostra a figura, para ser usado como uma coluna de 1,7 m de comprimento de flambagem. Sabendo que todo o material é composto pela liga de alumínio 2014-T6, determine a máxima força centrada admissível.

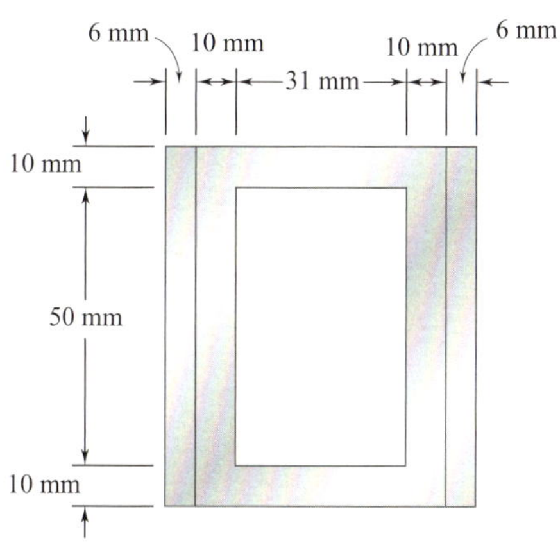

Figura *P16.38*

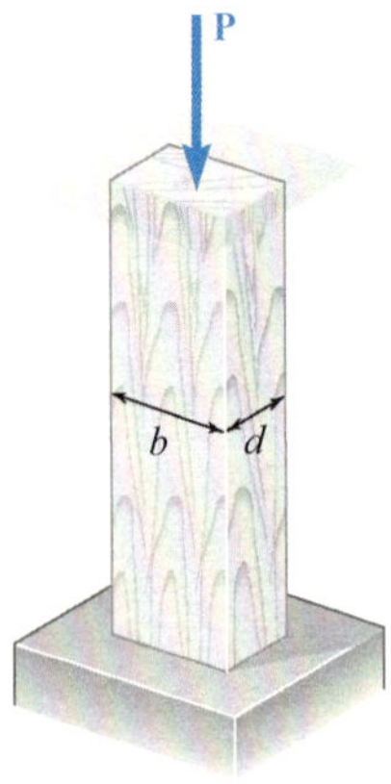

Figura P16.39

16.39 Uma força centrada de 81 kN é aplicada a uma coluna retangular de madeira serrada com 6,6 m de comprimento de flambagem. Usando madeira serrada para a qual a tensão admissível ajustada à compressão paralela às fibras é σ_C = 7,24 MPa e sabendo que o módulo de elasticidade ajustado é E = 3,03 GPa, determine a menor seção transversal quadrada que pode ser usada. Use $b = 2d$.

16.40 Uma coluna laminada colada com 2,1 m de comprimento de flambagem deve ser feita com tábuas de seção transversal de 25 × 150 mm. Sabendo que, para o tipo de madeira utilizada, a tensão admissível ajustada à compressão paralela às fibras é σ_C = 7,7 MPa e que o módulo de elasticidade ajustado é E = 5,4 GPa, determine o número de tábuas que devem ser usadas para suportar a força centrada mostrada quando (*a*) P = 52 kN e (*b*) P = 108 kN.

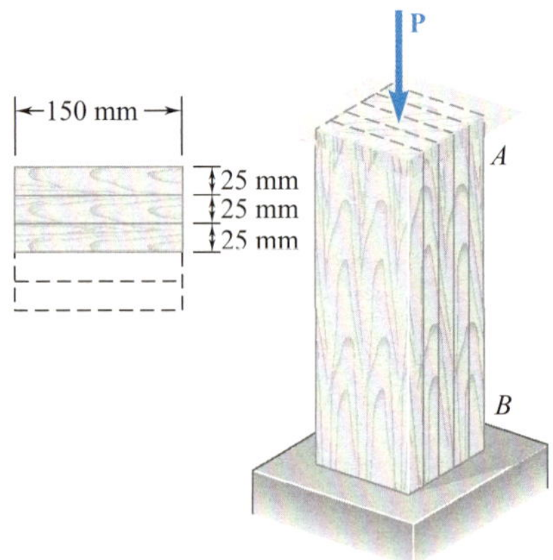

Figura P16.40

16.41 Uma força centrada de 72 kN precisa ser suportada por uma coluna de alumínio conforme mostra a figura. Usando a liga de alumínio 6061-T6, determine a dimensão b mínima que pode ser usada.

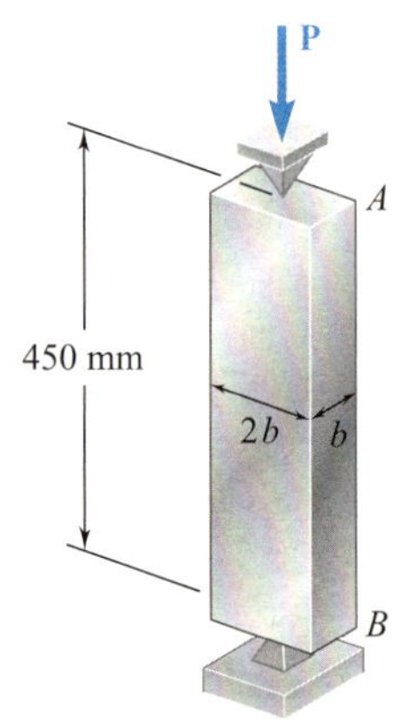

Figura P16.41

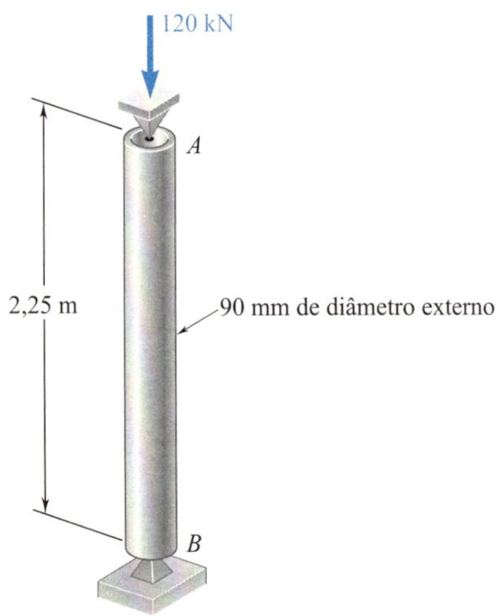

Figura P16.42

16.42 Um tubo de alumínio com diâmetro externo de 90 mm deve suportar uma força centrada de 120 kN. Sabendo que o estoque de tubos disponíveis para uso é composto de tubos feitos com a liga 2014-T6 e com espessura de parede que varia de 6 mm a 15 mm com acréscimos de 3 mm, determine o tubo mais leve que pode ser usado.

16.43 Uma força **P** centrada deve ser suportada pela barra de aço *AB*. Usando o método da tensão admissível, determine a menor dimensão *d* da seção transversal que pode ser usada quando (*a*) $P = 108$ kN e (*b*) P = 162 kN. Use $\sigma_E = 250$ MPa e $E = 200$ GPa.

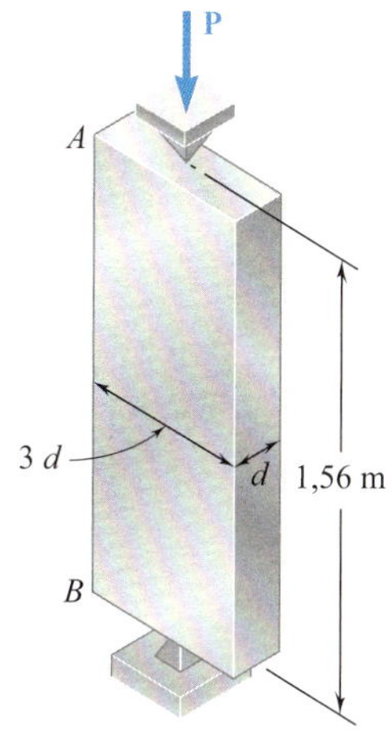

Figura P16.43

16.44 Uma coluna com comprimento de flambagem de 4,5 m deve suportar uma força centrada de 900 kN. Sabendo que $\sigma_E = 345$ MPa e $E = 200$ GPa, use o método da tensão admissível para selecionar o perfil de mesa larga de 250 mm de altura nominal que deverá ser usado.

16.45 Uma coluna com comprimento de flambagem de 6,8 m deve suportar uma força centrada de 1.296 kN. Usando o método da tensão admissível, selecione o perfil de mesa larga de 350 mm de altura nominal que deverá ser usado. Use $\sigma_E = 345$ MPa e $E = 200$ GPa.

16.46 Uma coluna com comprimento de flambagem de 4,6 m deve suportar uma força centrada de 525 kN. Sabendo que $\sigma_E = 345$ MPa e $E = 200$ GPa, use o método da tensão admissível para selecionar o perfil de mesa larga de 200 mm de altura nominal que deverá ser usado.

16.47 Um tubo de aço estrutural quadrado com a seção transversal mostrada na figura é usado como uma coluna de 7,8 mm de comprimento de flambagem para suportar uma força centrada de 293 kN. Sabendo que os tubos disponíveis para uso são feitos com espessuras de parede que variam entre 6 mm e 19 mm com acréscimos de 1,5 mm, utilize o método da tensão admissível para determinar o tubo mais leve que pode ser usado. Use $\sigma_E = 250$ MPa e $E = 200$ GPa.

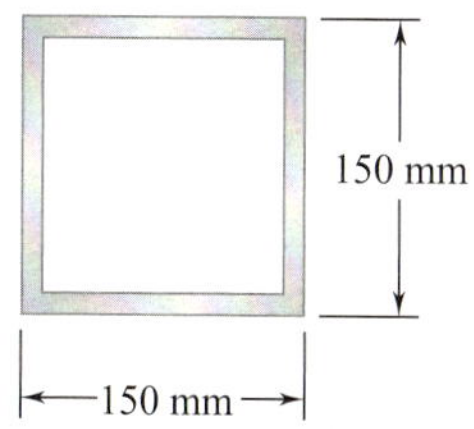

Figura P16.47

16.48 Duas cantoneiras de aço de 88 mm × 63 mm são aparafusadas, como mostra a figura, para formarem uma coluna com comprimento de flambagem de 1,8 m para suportar uma força centrada de 243 kN. Sabendo que as cantoneiras disponíveis têm espessuras de 6 mm, 10 mm e 13 mm, utilize o método da tensão admissível para determinar as cantoneiras mais leves que podem ser empregadas. Use $\sigma_E = 250$ MPa e $E = 200$ GPa.

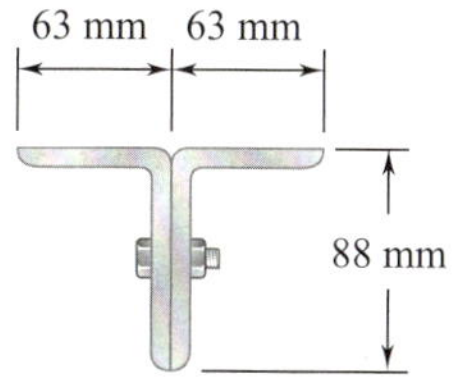

Figura P16.48

REVISÃO E RESUMO

Este capítulo foi dedicado ao projeto e à análise de colunas, isto é, membros prismáticos que suportam forças axiais de compressão. Para termos uma visão do comportamento das colunas, consideramos primeiramente, na Seção 16.2, o equilíbrio de um modelo simples e vimos que, para valores da força P que ultrapassam um certo valor P_{cr}, denominado *carga crítica*, havia duas posições possíveis para equilíbrio do modelo: a posição original com deflexões transversais iguais a zero e uma segunda envolvendo deflexões que poderiam ser muito grandes. Isso nos levou a concluir que a primeira posição de equilíbrio era instável para $P > P_{cr}$ e estável para $P < P_{cr}$, pois neste último caso ela era a única posição de equilíbrio possível.

Carga crítica

Na Seção 16.3, consideramos uma coluna biarticulada de comprimento L e de rigidez à flexão constante EI submetida a uma força axial centrada P. Como a coluna havia sofrido flambagem (Fig. 16.26), notamos que o momento fletor no ponto Q era igual a $-Py$ e escrevemos

$$\frac{d^2y}{dx^2} = \frac{M}{EI} = -\frac{P}{EI}y \qquad (16.4)$$

Resolvendo essa equação diferencial e impondo as condições de contorno correspondentes a uma coluna biarticulada, determinamos a menor força P para a qual pode haver a flambagem. Essa força, conhecida como *carga crítica* e representada por P_{cr}, é dada pela *fórmula de Euler*:

Fórmula de Euler

$$P_{cr} = \frac{\pi^2 EI}{L^2} \qquad (16.11)$$

onde L é o comprimento da coluna. Para essa força ou qualquer força maior, o equilíbrio da coluna é instável e ocorrerão deformações transversais.

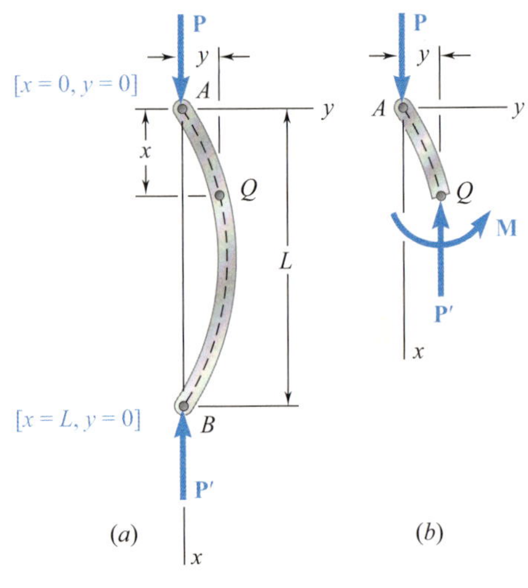

Figura 16.26

Representando a área da seção transversal da coluna por A e seu raio de giração por r, determinamos a tensão crítica σ_{cr} correspondente à carga crítica P_{cr}:

$$\sigma_{cr} = \frac{\pi^2 E}{(L/r)^2} \tag{16.13}$$

Coeficiente de esbeltez

O valor L/r é chamado de *coeficiente de esbeltez*, e desenhamos o gráfico de σ_{cr} como uma função de L/r (Fig. 16.27). Como nossa análise baseou-se nas tensões que estão abaixo da tensão de escoamento do material, notamos que a coluna falharia por escoamento quando $\sigma_{cr} > \sigma_E$.

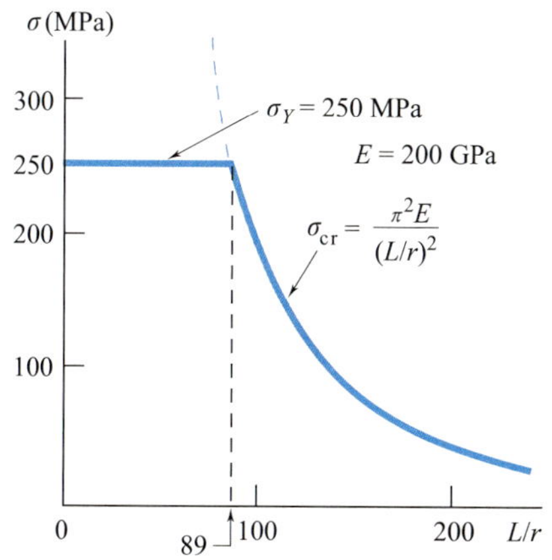

Figura 16.27

Na Seção 16.4, discutimos a força crítica de colunas com várias condições de extremidade e escrevemos

$$P_{cr} = \frac{\pi^2 EI}{L_{fl}^2} \tag{16.11'}$$

Comprimento de flambagem

onde L_{fl} é o *comprimento de flambagem* da coluna, isto é, o comprimento de uma coluna biarticulada equivalente. Os comprimentos de flambagem de várias colunas com diferentes condições de extremidade foram calculados e mostrados na Fig. 16.17, na página 653.

Projeto de colunas na prática

Colunas carregadas de forma centrada

Na primeira parte do capítulo, consideramos cada coluna como um prisma reto homogêneo. Como existem imperfeições em todas as colunas, o *projeto de colunas na prática* é feito com fórmulas empíricas baseadas em testes de laboratório e definidas em normas de especificações publicadas por organizações profissionais. Na Seção 16.5, discutimos o projeto de *colunas carregadas de forma centrada* feitas de aço, alumínio e madeira. Para cada material, o projeto da coluna baseava-se nas fórmulas que expressam a tensão admissível como uma função do coeficiente de esbeltez L/r da coluna.

PROBLEMAS DE REVISÃO

16.49 Uma coluna de 3,5 m de comprimento de flambagem é feita quando se soldam juntas duas cantoneiras L89 × 64 × 6,4 mm como mostra a figura. Usando a fórmula de Euler com E = 200 GPa, determine a carga centrada admissível se o fator de segurança necessário é 2,8.

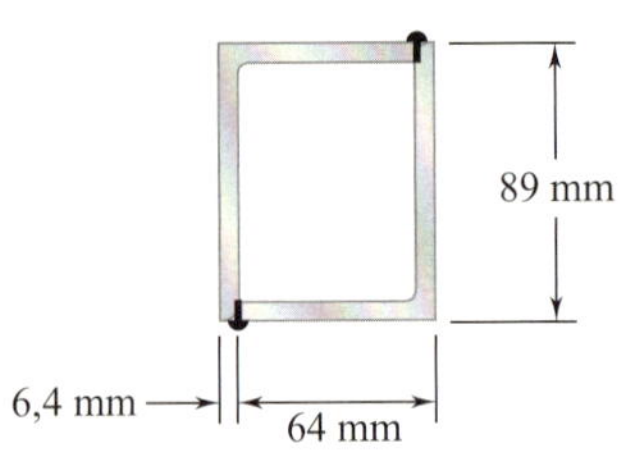

Figura P16.49

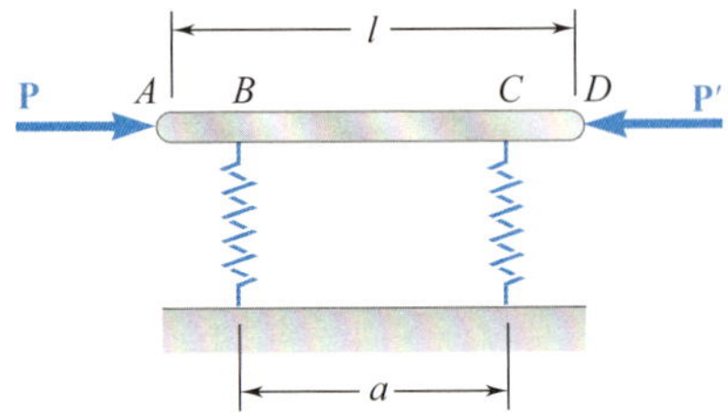

Figura P16.50

16.50 A barra rígida AD está conectada a duas molas de constante k e está em equilíbrio. Sabendo que duas forças iguais e opostas **P** e **P**′ *permanecem horizontais*, determine a intensidade da carga crítica P_{cr} para o sistema.

16.51 A barra de aço BC está fixada à barra rígida AB e ao suporte fixo em C. Sabendo que G = 77,2 GPa, determine a carga crítica P_{cr} do sistema quando d = 13 mm.

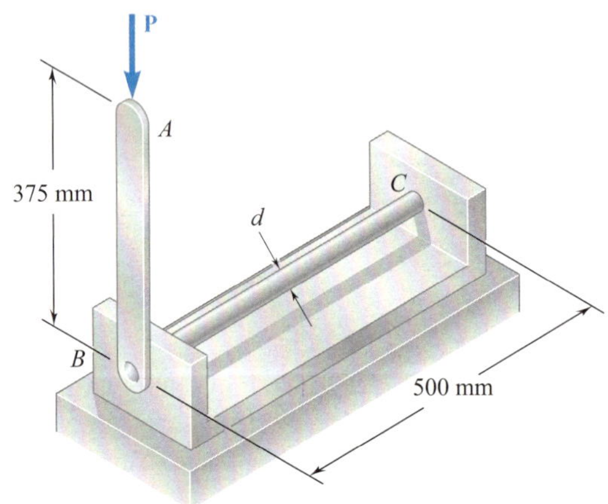

Figura *P16.51* e P16.52

16.52 A barra de aço BC está fixada à barra rígida AB e ao suporte fixo em C. Sabendo que G = 77,2 GPa, determine o diâmetro da barra BC para que a carga crítica P_{cr} do sistema seja 360 N.

16.53 Os suportes A e B da coluna articulada nas extremidades mostrada na figura estão a uma distância fixa L uma da outra. Sabendo que a uma temperatura T_0 a força sobre a coluna é zero e a flambagem ocorre quando a temperatura é $T_1 = T_0 + \Delta T$, expresse ΔT em termos de b e L e o coeficiente de dilatação α.

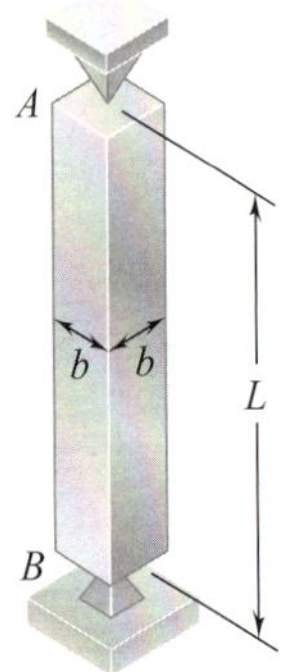

Figura P16.53

16.54 O elemento AB consiste em um único perfil de aço laminado C130 × 10,4 de comprimento igual a 2,5 m. Sabendo que os pinos em A e B passam pelo centroide da seção transversal do perfil, determine o coeficiente de segurança para a carga mostrada em relação à flambagem no plano da figura quando $\theta = 30°$. Use $E = 200$ GPa.

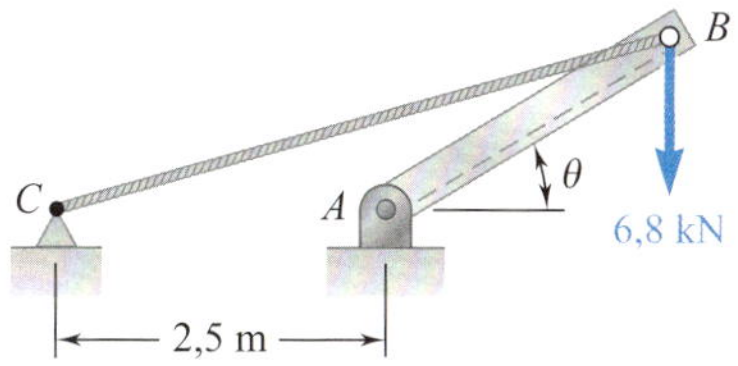

Figura P16.54

16.55 (*a*) Considerando apenas a flambagem no plano da estrutura mostrada na figura e usando a fórmula de Euler, determine o valor de θ entre 0 e 90° para que a intensidade da carga admissível **P** seja máxima. (*b*) Determine o correspondente valor máximo de P sabendo que o fator de segurança necessário é 3,2. Use $E = 200$ GPa.

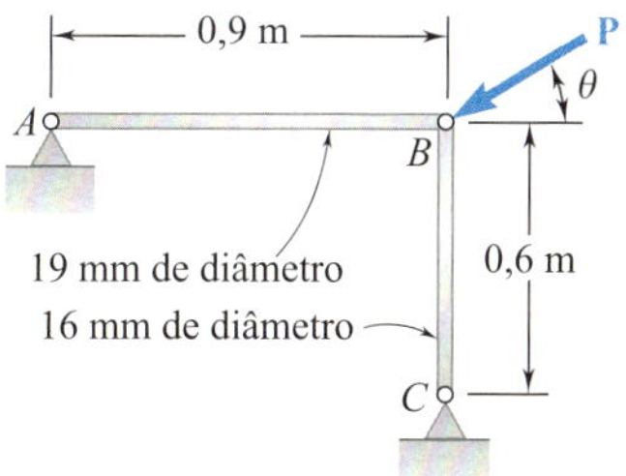

Figura P16.55

16.56 Sabendo que o fator de segurança necessário é 2,6, determine a maior carga **P** que pode ser aplicada na estrutura mostrada na figura usando a fórmula de Euler. Use $E = 200$ GPa e considere a flambagem apenas no plano da estrutura.

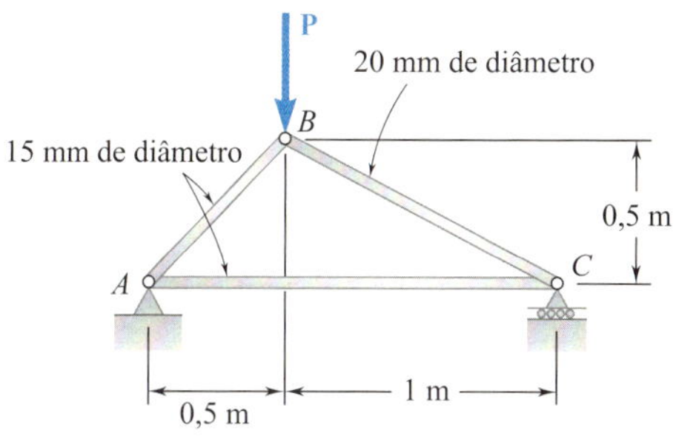

Figura P16.56

16.57 Determine (*a*) a carga crítica para a escora de latão, (*b*) a dimensão *d* para que a escora de alumínio tenha a mesma carga crítica e (*c*) o peso da escora de alumínio em porcentagem do peso da escora de latão.

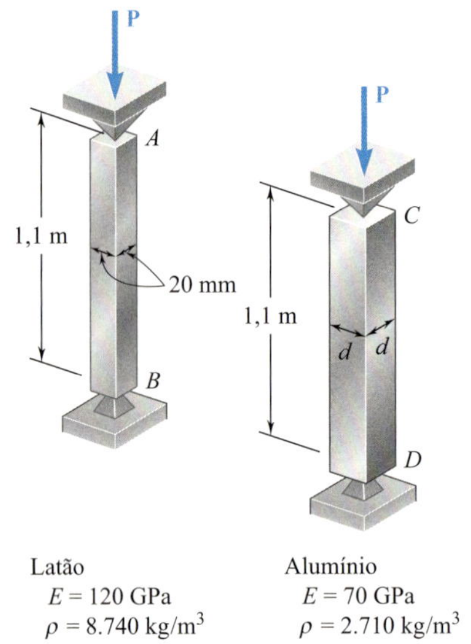

Figura P16.57

16.58 Um elemento sob compressão tem a seção transversal mostrada na figura e comprimento de flambagem de 1,5 mm. Sabendo que a liga de alumínio usada é 2014-T6, determine a carga centrada admissível.

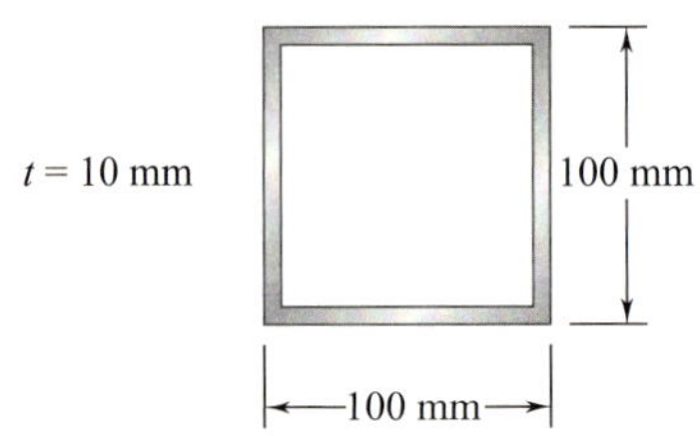

Figura P16.58

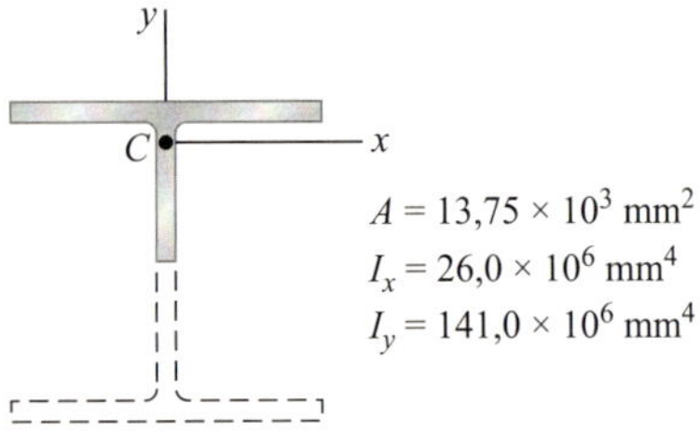

Figura P16.59

16.59 Uma coluna é feita com metade de um perfil de aço laminado W360 × 216 cujas propriedades geométricas são as mostradas na figura. Usando o método das tensões admissíveis, determine a carga centrada admissível se o comprimento de flambagem da coluna é (*a*) 4,0 m e (*b*) 6,5 m. Use $\sigma_E = 345$ MPa e $E = 200$ GPa.

16.60 Uma coluna com comprimento de flambagem deve suportar uma carga centrada de 1.058 kN. Usando o método da tensão admissível da Seção 16.5, selecione o perfil de aço de mesa larga de 250 mm de altura nominal que poderia ser utilizado. Use $\sigma_E = 250$ MPa e $E = 200$ GPa.

APÊNDICES

* Cortesia do American Institute of Steel Construction, Chicago, Illinois.

Apêndice A. Propriedades típicas de materiais mais usados na engenharia[1,5] (Unidades SI)

Material	Densidade kg/m³	Limite de resistência: Tração, MPa	Limite de resistência: Compressão[2], MPa	Limite de resistência: Cisalhamento, MPa	Tensão de escoamento[3]: Tração, MPa	Tensão de escoamento[3]: Cisalhamento, MPa	Módulo de elasticidade, GPa	Módulo de elasticidade transversal, GPa	Coeficiente de expansão térmica, 10^{-6}/°F	Ductilidade, porcentagem de alongamento em 50 mm
Aço										
Estrutural (ASTM-A36)	7.860	400			250	145	200	77,2	11,7	21
Baixa liga e alta resistência										
ASTM-A709 Classe 345	7.860	450				345	200	77,2	11,7	21
ASTM-A913 Classe 450	7.860	550				450	200	77,2	11,7	17
ASTM-A992 Classe 345	7.860	450				345	200	77,2	11,7	21
Temperado e revenido	7.860	760				690	200	77,2	11,7	18
ASTM-A709 Classe 690										
Inoxidável, AISI 302										
Laminado a frio	7.920	860	520				190	75	17,3	12
Recozido	7.920	655	260			150	190	75	17,3	50
Aço de reforço	7.860	480	275	200	77	11,7				
Média resistência										
Alta resistência	7.860	620	415	200	77	11,7				
Ferro fundido										
Ferro fundido cinzento										
4,5% C, ASTM A-48	7.200	170	655	240			69	28	12,1	0,5
Ferro fundido maleável										
2% C, 1% Si, ASTM A-47	7.300	345	620	330	230		165	65	12,1	10
Alumínio										
Liga 1100-H14 (99% Al)	2.710	110		70	95	55	70	26	23,6	9
Liga 2014-T6	2.800	455		275	400	230	75	27	23,0	13
Liga 2024-T4	2.800	470		280	325		73		23,2	19
Liga 5456-H116	2.630	315		185	230	130	72		23,9	16
Liga 6061-T6	2.710	260		165	240	140	70	26	23,6	17
Liga 7075-T6	2.800	570		330	500		72	28	23,6	11
Cobre										
Cobre livre de oxigênio (99,9% Cu)										
Recozido	8.910	220		150	70		120	44	16,9	45
Trefilado a frio	8.910	390		200	265		120	44	16,9	4
Latão amarelo (65% Cu, 35% Zn)										
Laminado a frio	8.470	510		300	410	250	105	39	20,9	8
Recozido	8.470	320		220	100	60	105	39	20,9	65
Latão vermelho (85% Cu, 15% Zn)										
Laminado a frio	8.740	585		320	435		120	44	18,7	3
Recozido	8.740	270		210	70		120	44	18,7	48
Liga bronze + estanho (88% Cu, 8% Sn, 4% Zn)	8.800	310			145		95		18,0	30
Liga bronze + manganês (63% Cu, 25% Zn, 6% Al, 3% Mn, 3% Fe)	8.360	655			330		105		21,6	20
Liga bronze + alumínio (81% Cu, 4% Ni, 4% Fe, 11% Al)	8.330	620	900		275		110	42	16,2	6

(continua)

Apêndice A. Propriedades típicas de materiais mais usados na engenharia[1,5] (Unidades SI) *(continuação)*

Material	Densidade kg/m³	Limite de resistência: Tração, MPa	Limite de resistência: Compressão[2], MPa	Limite de resistência: Cisalhamento, MPa	Tensão de escoamento[3]: Tração, MPa	Tensão de escoamento[3]: Cisalhamento, MPa	Módulo de elasticidade, GPa	Módulo de elasticidade transversal, GPa	Coeficiente de expansão térmica, $10^{-6}/°F$	Ductilidade, porcentagem de alongamento em 50 mm
Ligas de magnésio										
Liga AZ80 (forjado)	1.800	345		160	250		45	16	25,2	6
Liga AZ31 (extrudado)	1.770	255		130	200		45	16	25,2	12
Titânio										
Liga (6% Al, 4% V)	4.730	900			830		115		9,5	10
Liga Monel 400 (Ni-Cu)										
Trabalhado a frio	8.830	675			585	345	180		13,9	22
Recozido	8.830	550			220	125	180		13,9	46
Cobre-níquel										
(90% Cu, 10% Ni)										
Recozido	8.940	365			110		140	52	17,1	35
Trabalhado a frio	8.940	585			545		140	52	17,1	3
Madeira, seca ao ar*,**										
Douglas fir	470	100	50	7,6			13	0,7	Varia de	
Spruce, sitka	415	60	39	7,6			10	0,5	3,0 a 4,5	
Shortleaf pine	500		50	9,7			12			
Western white pine	390		34	7,0			10			
Ponderosa pine	415	55	36	7,6			9			
White oak	690		51	13,8			12			
Red oak	660		47	12,4			12			
Western hemlock	440	90	50	10,0			11			
Shagbark hickory	720		63	16,5			15			
Redwood	415	65	42	6,2			9			
Concreto										
Média resistência	2.320		28				25		9,9	
Alta resistência	2.320		40				30		9,9	
Plásticos										
Náilon, tipo 6/6										
(composto moldado)	1.140	75	95		45		2,8		144	50
Policarbonato	1.200	65	85		35		2,4		122	110
Poliéster PBT										
(termoplástico)	1.340	55	75		55		2,4		135	150
Elastômero termoplástico										
de poliéster	1.200	45		40			0,2			500
Poliestireno	1.030	55	90		55		3,1		125	2
Vinil, PVC rígido	1.440	40	70		45		3,1		135	40
Borracha	910	15							162	600
Granito (valores médios)	2.770	20	240	35			70	4	7,2	
Mármore (valores médios)	2.770	15	125	28			55	3	10,8	
Arenito (valores médios)	2.300	7	85	14			40	2	9,0	
Vidro, 98% sílica	2.190		50				65	4,1	80	

[1] As propriedades dos metais variam muito em função das diferenças na composição, no tratamento térmico e no trabalho mecânico.

[2] Para metais dúcteis, a resistência à compressão geralmente é considerada como idêntica à resistência à tração.

[3] Deslocamento de 0,2%.

[4] Ver também *Mark's Mechanical Engineering Handbook*, 10th ed., McGraw-Hill, New York, 1996; *Annual Book os ASTM*, American Society for Testing Materials, Philadelphia, Pa.; *Metals Handbook*, American Society for Metals, Metals Park, Ohio; and *Aluminum Design Manual*, The American Association, Washington, DC.

* N. de R.T.: Mantiveram-se os nomes em inglês por tratar-se de madeiras típicas do Hemisfério Norte, com características diferentes das encontradas no Brasil.

** As propriedades das madeiras são para carregamentos paralelos às fibras.

Apêndice B. Propriedades de perfis de aço laminado (Unidades SI)

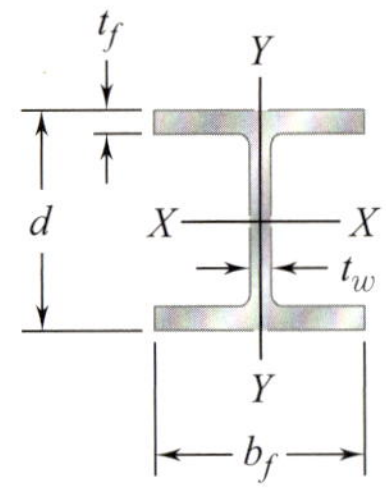

Perfis W

(Perfis de mesas largas)

Designação*	Área A, mm²	Altura d, mm	Mesa: Largura b_f, mm	Mesa: Espessura t_f, mm	Espessura da alma t_w, mm	Eixos X-X: I_x 10^6 mm⁴	Eixos X-X: W_x 10^3 mm³	Eixos X-X: r_x mm	Eixos Y-Y: I_y 10^6 mm⁴	Eixos Y-Y: W_y 10^3 mm³	Eixos Y-Y: r_y mm
W920 × 446	57.000	933	423	42,70	24,0	8.470	18.200	385	540	2.550	97,3
201	25.600	903	304	20,10	15,2	3.250	7.200	356	94,4	621	60,7
W840 × 299	38.100	855	400	29,20	18,2	4.790	11.200	355	312	1.560	90,5
176	22.400	835	292	18,80	14,0	2.460	5.890	331	78,2	536	59,1
W760 × 257	32.600	773	381	27,10	16,6	3.420	8.850	324	250	1.310	87,6
147	18.700	753	265	17,00	13,2	1.660	4.410	298	52,9	399	53,2
W690 × 217	27.700	695	355	24,80	15,4	2.340	6.730	291	185	1.040	81,7
125	16.000	678	253	16,30	11,7	1.190	3.510	273	44,1	349	52,5
W610 × 155	19.700	611	324	19,00	12,7	1.290	4.220	256	108	667	74,0
101	13.000	603	228	14,90	10,5	764	2.530	242	29,5	259	47,6
W530 × 150	19.200	543	312	20,30	12,7	1.010	3.720	229	103	660	73,2
92	11.800	533	209	15,60	10,2	552	2.070	216	23,8	228	44,9
66	8.370	525	165	11,40	8,9	351	1.340	205	8,57	104	32,0
W460 × 158	20.100	476	284	23,90	15,0	796	3.340	199	91,4	644	67,4
113	14.400	463	280	17,30	10,8	556	2.400	196	63,3	452	66,3
74	9.450	457	190	14,50	9,0	333	1.460	188	16,6	175	41,9
52	6.630	450	152	10,80	7,6	212	942	179	6,34	83,4	30,9
W410 × 114	14.600	420	261	19,30	11,6	462	2.200	178	57,2	438	62,6
85	10.800	417	181	18,20	10,9	315	1.510	171	18,0	199	40,8
60	7.580	407	178	12,80	7,7	216	1.060	169	12,1	136	40,0
46,1	5.890	403	140	11,20	7,0	156	774	163	5,14	73,4	29,5
38,8	4.990	399	140	8,80	6,4	127	637	160	4,04	57,7	28,5
W360 × 551	70.100	455	418	67,60	42,0	2.260	9.930	180	825	3.950	108
216	27.600	375	394	27,70	17,3	712	3.800	161	283	1.440	101
122	15.500	363	257	21,70	13,0	365	2.010	153	61,5	479	63,0
101	12.900	357	255	18,30	10,5	302	1.690	153	50,6	397	62,6
79	10.100	354	205	16,80	9,4	227	1.280	150	24,2	236	48,9
64	8.140	347	203	13,50	7,7	178	1.030	148	18,9	186	48,2
57,8	7.220	358	172	13,10	7,9	161	899	149	11,1	129	39,2
44	5.730	352	171	9,80	6,9	122	693	146	8,18	95,7	37,8
39	4.980	353	128	10,70	6,5	102,0	578	143	3,75	58,6	27,4
32,9	4.170	349	127	8,50	5,8	82,7	474	141	2,91	45,8	26,4

* Um perfil de mesa larga é designado pela letra W seguida pela altura nominal em milímetros e pela massa em quilogramas por metro.

(continua)

Apêndice B. Propriedades de perfis de aço laminado (Unidades SI) (continuação)

Perfis W

(Perfis de mesas largas)

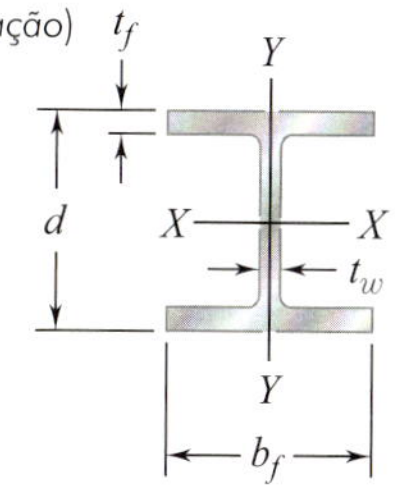

Designação*	Área A, mm^2	Altura d, mm	Mesa		Espessura da alma t_w, mm	Eixos X-X			Eixos Y-Y		
			Largura b_f, mm	Espessura t_f, mm		I_x 10^6 mm^4	W_x 10^3 mm^3	r_x mm	I_y 10^6 mm^4	W_y 10^3 mm^3	r_y mm
W310 × 143	18.200	323	309	22,9	14,0	348	2.150	138	113	731	78,8
107	13.600	311	306	17,0	10,9	248	1.590	135	81,2	531	77,3
74	9.480	310	205	16,3	9,4	165	1.060	132	23,4	228	49,7
60	7.590	303	203	13,1	7,5	129	851	130	18,3	180	49,1
52	6.670	318	167	13,2	7,6	119	748	134	10,3	123	39,3
44,5	5.690	313	166	11,2	6,6	99,2	634	132	8,55	103	38,8
38,7	4.940	310	165	9,7	5,8	85,1	549	131	7,27	88,1	38,4
32,7	4.180	313	102	10,8	6,6	65,0	415	125	1,92	37,6	21,4
23,8	3.040	305	101	6,7	5,6	42,7	280	119	1,16	23,0	19,5
W250 × 167	21.300	289	265	31,8	19,2	300	2.080	119	98,8	746	68,1
101	12.900	264	257	19,6	11,9	164	1.240	113	55,5	432	65,6
80	10.200	256	255	15,6	9,4	126	984	111	43,1	338	65,0
67	8.580	257	204	15,7	8,9	104	809	110	22,2	218	51,0
58	7.420	252	203	13,5	8,0	87,3	693	108	18,8	185	50,3
49,1	6.250	247	202	11,0	7,4	70,6	572	106	15,1	150	49,2
44,8	5.720	266	148	13,0	7,6	71,1	535	111	7,03	95,0	35,1
32,7	4.180	258	146	9,1	6,1	48,9	379	108	4,73	64,8	33,7
28,4	3.630	260	102	10,0	6,4	40,0	308	105	1,78	34,9	22,1
22,3	2.850	254	102	6,9	5,8	28,9	228	101	1,23	24,1	20,8
W200 × 86	11.000	222	209	20,6	13,0	94,7	853	92,4	31,4	300	53,2
71	9.100	216	206	17,4	10,2	76,6	709	91,7	25,4	247	52,8
59	7.560	210	205	14,2	9,1	61,1	582	89,9	20,4	199	51,9
52	6.660	206	204	12,6	7,9	52,7	512	89,0	17,8	175	51,7
46,1	5.860	203	203	11,0	7,2	45,5	448	87,9	15,3	151	51,1
41,7	5.310	205	166	11,8	7,2	40,9	399	87,8	9,01	109	41,2
35,9	4.580	201	165	10,2	6,2	34,4	342	86,7	7,64	92,6	40,8
31,3	4.000	210	134	10,2	6,4	31,4	299	88,6	4,1	61,2	32,0
26,6	3.390	207	133	8,4	5,8	25,8	249	87,2	3,3	49,6	31,2
22,5	2.860	206	102	8,0	6,2	20,0	194	83,6	1,42	27,8	22,3
19,3	2.480	203	102	6,5	5,8	16,6	164	81,8	1,15	22,5	21,5
W150 × 37,1	4.730	162	154	11,6	8,1	22,2	274	68,5	7,07	91,8	38,7
29,8	3.790	157	153	9,3	6,6	17,2	219	67,4	5,56	72,7	38,3
24,0	3.060	160	102	10,3	6,6	13,4	168	66,2	1,83	35,9	24,5
18,0	2.290	153	102	7,1	5,8	9,17	120	63,3	1,26	24,7	23,5
13,5	1.730	150	100	5,5	4,3	6,87	91,6	63,0	0,918	18,4	23,0
W150 × 28,1	3.580	131	128	10,9	6,9	10,9	166	55,2	3,81	59,5	32,6
23,8	3.010	127	127	9,1	6,1	8,80	139	54,1	3,11	49,0	32,1
W100 × 19,3	2.480	106	103	8,8	7,1	4,77	90,0	43,9	1,61	31,3	25,5

* Um perfil de mesa larga é designado pela letra W seguida pela altura nominal em milímetros e pela massa em quilogramas por metro.

(continua)

Apêndice B. Propriedades de perfis de aço laminado (Unidades SI) (continuação)

Perfis I

(Perfis de padrão americano)

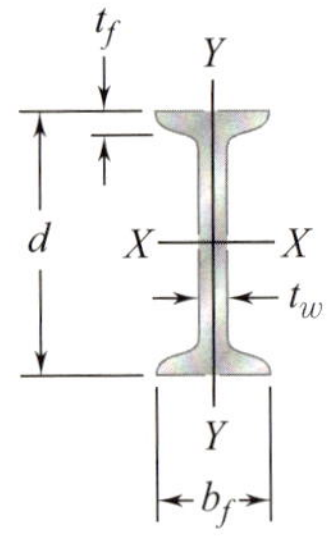

Designação*	Área A, mm²	Altura d, mm	Mesa		Espessura da alma t_w, mm	Eixos *X-X*			Eixos *Y-Y*		
			Largura b_f, mm	Espessura t_f, mm		I_x 10^6 mm⁴	W_x 10^3 mm³	r_x mm	I_y 10^6 mm⁴	W_y 10^3 mm³	r_y mm
I610 × 180	22.900	622	204	27,7	20,3	1.320	4.240	240	34,9	341	39,0
158	20.100	622	200	27,7	15,7	1.230	3.950	247	32,5	321	39,9
149	19.000	610	184	22,1	18,9	995	3.260	229	20,2	215	32,3
134	17.100	610	181	22,1	15,9	938	3.080	234	19,0	206	33,0
119	15.200	610	178	22,1	12,7	878	2.880	240	17,9	198	34,0
I510 × 143	18.200	516	183	23,4	20,3	700	2.710	196	21,3	228	33,9
128	16.400	516	179	23,4	16,8	658	2.550	200	19,7	216	34,4
112	14.200	508	162	20,2	16,1	530	2.090	193	12,6	152	29,5
98,3	12.500	508	159	20,2	12,8	495	1.950	199	11,8	145	30,4
I460 × 104	13.300	457	159	17,6	18,1	385	1.685	170	10,4	127	27,5
81,4	10.400	457	152	17,6	11,7	333	1.460	179	8,83	113	28,8
I380 × 74	9.500	381	143	15,6	14,0	201	1.060	145	6,65	90,8	26,1
64	8.150	381	140	15,8	10,4	185	971	151	6,15	85,7	27,1
I310 × 74	9.480	305	139	16,7	17,4	126	826	115	6,69	93,2	26,1
60,7	7.730	305	133	16,7	11,7	113	741	121	5,73	83,6	26,8
52	6.650	305	129	13,8	10,9	95,3	625	120	4,19	63,6	24,8
47,3	6.040	305	127	13,8	8,9	90,5	593	122	3,97	61,1	25,3
I250 × 52	6.670	254	126	12,5	15,1	61,2	482	95,8	3,59	55,7	22,9
37,8	4.820	254	118	12,5	7,9	51,1	402	103	2,86	47,5	24,1
I200 × 34	4.370	203	106	10,8	11,2	26,8	264	78,3	1,83	33,8	20,2
27,4	3.500	203	102	10,8	6,9	23,9	235	82,6	1,60	30,6	21,1
I150 × 25,7	3.270	152	91	9,1	11,8	10,8	142	57,5	1,00	21,3	17,2
18,6	2.370	152	85	9,1	5,8	9,11	120	62,0	0,782	18,0	18,0
I130 × 15	1.890	127	76	8,3	5,4	5,07	79,8	51,8	0,513	13,2	16,3
I100 × 14,1	1.800	102	71	7,4	8,3	2,82	55,3	39,6	0,383	10,5	14,4
11,5	1.460	102	68	7,4	4,9	2,53	49,6	41,6	0,328	9,41	14,8
I75 × 11,2	1.430	76	64	6,6	8,9	1,20	31,6	29,0	0,254	7,72	13,1
8,5	1.070	76	59	6,6	4,3	1,03	27,1	31,0	0,190	6,44	13,3

* Um perfil I é designado pela letra I seguida pela altura nominal em milímetros e pela massa em quilogramas por metro.

(continua)

Apêndice B. Propriedades de perfis de aço laminado (Unidades SI) (continuação)

Perfis U

(Perfis de padrão americano)

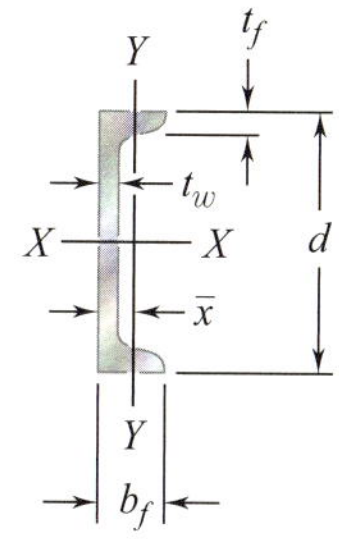

Designação*	Área A, mm²	Altura d, mm	Mesa: Largura b_f, mm	Mesa: Espessura t_f, mm	Espessura da alma t_w, mm	Eixos X-X: I_x 10^6 mm⁴	Eixos X-X: W_x 10^3 mm³	Eixos X-X: r_x mm	Eixos Y-Y: I_y 10^6 mm⁴	Eixos Y-Y: W_y 10^3 mm³	Eixos Y-Y: r_y mm	$\bar{x}$ mm
U380 × 74	9.480	381	94	16,5	18,2	167	877	133	4,54	61,5	21,9	20,2
60	7.570	381	89	16,5	13,2	144	756	138	3,79	54,7	22,4	19,7
50,4	6.430	381	86	16,5	10,2	134	688	143	3,34	50,5	22,8	19,9
U310 × 45	5.690	305	80	12,7	13,0	67,2	441	109	2,09	33,2	19,2	17,0
37	4.720	305	77	12,7	9,8	59,7	391	112	1,83	30,5	19,7	17,0
30,8	3.920	305	74	12,7	7,2	53,4	350	117	1,57	27,7	20,0	17,4
U250 × 45	5.670	254	76	11,1	17,1	42,7	336	86,8	1,58	26,5	16,7	16,3
37	4.750	254	73	11,1	13,4	37,9	298	89,3	1,38	24,0	17,0	15,6
30	3.780	254	69	11,1	9,6	32,6	257	92,9	1,14	21,2	17,4	15,3
22,8	2.880	254	65	11,1	6,1	27,7	218	98,1	0,912	18,5	17,8	15,8
U230 × 30	3.800	229	67	10,5	11,4	25,4	222	81,8	0,997	19,1	16,2	14,7
22	2.840	229	63	10,5	7,2	21,2	185	86,4	0,796	16,5	16,7	14,9
19,9	2.530	229	61	10,5	5,9	19,8	173	88,5	0,708	15,4	16,7	15,0
U200 × 27,9	3.560	203	64	9,9	12,4	18,2	179	71,5	0,817	16,4	15,1	14,3
20,5	2.660	203	59	9,9	7,7	14,9	147	75,7	0,620	13,7	15,4	13,9
17,1	2.170	203	57	9,9	5,6	13,4	132	78,6	0,538	12,6	15,7	14,4
U180 × 18,2	2.310	178	55	9,3	8,0	10,0	112	65,8	0,470	11,2	14,3	13,1
14,6	1.850	178	53	9,3	5,3	8,83	99,2	69,1	0,400	10,2	14,7	13,7
U150 × 19,3	2.450	152	54	8,7	11,1	7,11	93,6	53,9	0,420	10,2	13,1	12,9
15,6	1.980	152	51	8,7	8,0	6,21	81,7	56,0	0,347	9,01	13,2	12,5
12,2	1.540	152	48	8,7	5,1	5,35	70,4	58,9	0,276	7,82	13,4	12,7
U130 × 13	1.710	127	48	8,1	8,3	3,70	58,3	46,5	0,264	7,37	12,4	12,2
10,4	1.310	127	47	8,1	4,8	3,25	51,2	49,8	0,229	6,74	13,2	13,0
U100 × 10,8	1.370	102	43	7,5	8,2	1,90	37,3	37,2	0,172	5,44	11,2	11,4
8,0	1.020	102	40	7,5	4,7	1,61	31,6	39,7	0,130	4,56	11,3	11,5
U75 × 8,9	1.130	76,2	40	6,9	9,0	0,850	22,3	27,4	0,122	4,25	10,4	11,3
7,4	936	76,2	37	6,9	6,6	0,751	19,7	28,3	0,0948	3,62	10,1	10,8
6,1	765	76,2	35	6,9	4,3	0,671	17,6	29,6	0,0765	3,16	10,0	10,8

* Um perfil U é designado pela letra U seguida pela altura nominal em milímetros e pela massa em quilogramas por metro.

(continua)

Apêndice B. Propriedades de perfis de aço laminado (Unidades SI) (continuação)

Cantoneira
(Abas iguais)

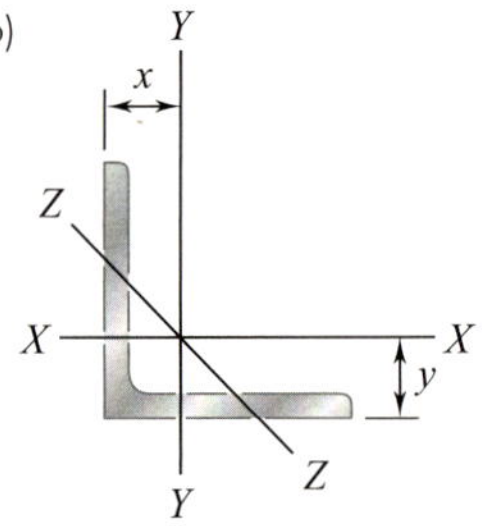

Tamanho e espessura, mm	Massa por metro, kg/m	Área, mm²	Eixos X-X e Y-Y				Eixos Z-Z
			I 10⁶ mm⁴	W 10³ mm³	r mm	x ou y mm	r mm
L203 × 203 × 25,4	75,9	9.670	36,9	258	61,8	60,0	39,7
19,0	57,9	7.350	28,9	199	62,7	57,8	40,0
12,7	39,3	4.990	20,2	137	63,6	55,5	40,4
L152 × 152 × 25,4	55,7	7.080	14,6	139	45,4	47,2	29,5
19,0	42,7	5.420	11,6	108	46,3	44,9	29,7
15,9	36,0	4.580	10,0	92,5	46,7	43,9	29,9
12,7	29,2	3.700	8,22	75,2	47,1	42,7	30,0
9,5	22,2	2.800	6,34	57,4	47,6	41,5	30,2
L127 × 127 × 19,0	35,1	4.470	6,54	74,0	38,3	38,6	24,7
15,9	29,8	3.790	5,66	63,2	38,6	37,5	24,8
12,7	24,1	3.060	4,68	51,7	39,1	36,5	25,0
9,5	18,3	2.320	3,63	39,6	39,6	35,3	25,1
L102 × 102 × 19,0	27,5	3.520	3,23	46,3	30,3	32,3	19,9
15,9	23,4	2.990	2,81	39,7	30,7	31,3	19,9
12,7	19,0	2.430	2,34	32,6	31,0	30,2	19,9
9,5	14,6	1.850	1,83	25,1	31,5	29,0	20,0
6,4	9,8	1.260	1,29	17,4	32,0	28,0	20,3
L89 × 89 × 12,7	16,5	2.100	1,52	24,5	26,9	26,9	17,4
9,5	12,6	1.600	1,19	18,8	27,3	25,8	17,4
6,4	8,6	1.100	0,845	13,1	27,7	24,6	17,6
L76 × 76 × 12,7	14,0	1.770	0,915	17,5	22,7	23,6	14,8
9,5	10,7	1.350	0,725	13,6	23,2	22,5	14,9
6,4	7,3	932	0,517	9,50	23,6	21,4	15,0
L64 × 64 × 12,7	11,4	1.460	0,524	12,1	18,9	20,6	12,5
9,5	8,7	1.130	0,419	9,40	19,3	19,4	12,5
6,4	6,1	778	0,302	6,62	19,7	18,4	12,6
4,8	4,6	591	0,235	5,09	19,9	17,8	12,7
L51 × 51 × 9,5	7,0	879	0,202	5,80	15,2	16,2	9,95
6,4	4,7	612	0,147	4,09	15,5	15,1	9,94
3,2	2,4	316	0,0806	2,17	16,0	13,9	10,1

(continua)

Apêndice B. Propriedades de perfis de aço laminado (Unidades SI) (continuação)

Cantoneira

(Abas desiguais)

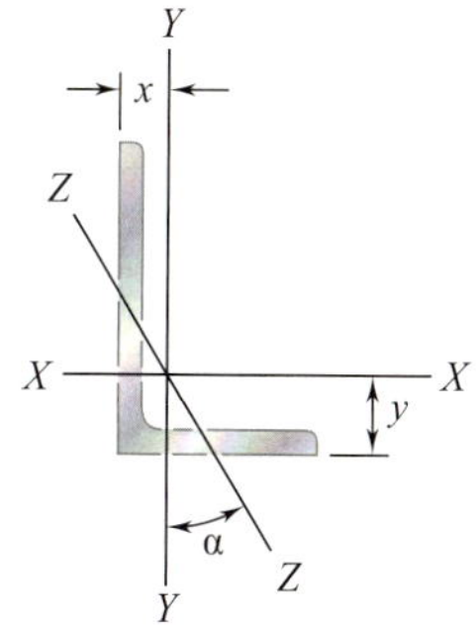

Tamanho e espessura, mm	Massa por metro, kg/m	Área, mm²	Eixos *X-X* e Eixos *Y-Y*				Eixos *X-X* e Eixos *Y-Y*				Eixos *Z-Z*	
			I_x 10^6 mm^4	W_x 10^3 mm^3	r_x mm	*y* mm	I_y 10^6 mm^4	W_y 10^3 mm^3	r_y mm	*x* mm	r_z mm	tg α
L203 × 152 × 25,4	65,5	8.370	33,5	247	63,3	67,4	16,0	145	43,7	41,9	32,4	0,541
19,0	50,1	6.380	26,2	190	64,1	65,1	12,7	113	44,6	39,6	32,7	0,551
12,7	34,1	4.350	18,4	131	65,0	62,7	8,96	78,1	45,4	37,3	33,0	0,556
L152 × 102 × 19,0	35,0	4.470	10,1	102	47,5	52,5	3,65	49,0	28,6	27,5	21,9	0,435
12,7	24,0	3.060	7,20	70,8	48,5	50,3	2,64	34,4	29,4	25,3	22,2	0,446
9,5	18,2	2.320	5,56	54,0	49,0	49,1	2,06	26,4	29,8	24,1	22,4	0,452
L127 × 76 × 12,7	19,0	2.420	3,93	47,6	40,3	44,4	1,06	18,6	20,9	19,0	16,3	0,355
9,5	14,5	1.840	3,06	36,6	40,8	43,3	0,841	14,5	21,4	17,8	16,6	0,362
6,4	9,8	1.260	2,14	25,2	41,2	42,1	0,598	10,1	21,8	16,6	16,8	0,369
L102 × 76 × 12,7	16,4	2.100	2,12	31,1	31,8	33,9	1,00	18,1	21,8	20,9	16,2	0,536
9,5	12,6	1.600	1,66	24,0	32,2	32,8	0,792	14,1	22,2	19,8	16,3	0,545
6,4	8,6	1.100	1,17	16,6	32,6	31,6	0,564	9,83	22,6	18,6	16,5	0,552
L89 × 64 × 12,7	13,9	1.780	1,36	23,3	27,6	30,6	0,581	12,7	18,1	18,1	13,7	0,491
9,5	10,7	1.360	1,07	18,0	28,0	29,5	0,463	9,83	18,5	16,9	13,8	0,503
6,4	7,3	938	0,759	12,5	28,4	28,3	0,333	6,91	18,8	15,8	13,9	0,512
L76 × 51 × 12,7	11,5	1.450	0,795	16,4	23,4	27,4	0,283	7,84	14,0	14,9	10,9	0,420
9,5	8,8	1.120	0,632	12,7	23,8	26,2	0,228	6,11	14,3	13,7	10,9	0,434
6,4	6,1	772	0,453	8,90	24,2	25,1	0,166	4,32	14,7	12,6	11,1	0,446
L64 × 51 × 9,5	7,9	1.000	0,388	9,10	19,5	21,3	0,217	5,99	14,7	14,8	10,8	0,610
6,4	5,4	695	0,280	6,39	20,1	20,2	0,158	4,24	15,1	13,7	10,8	0,621

Apêndice C. Deflexões e inclinações de vigas

Viga e carregamento	Linha elástica	Deflexão máxima	Inclinação e extremidade	Equação da linha elástica
1 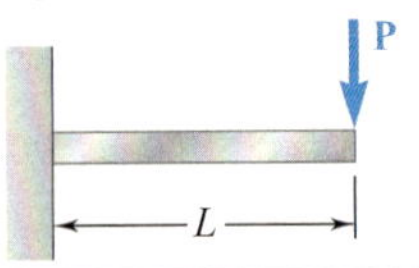	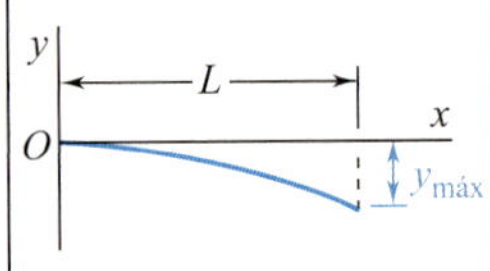	$-\dfrac{PL^3}{3EI}$	$-\dfrac{PL^2}{2EI}$	$y = \dfrac{P}{6EI}(x^3 - 3Lx^2)$
2 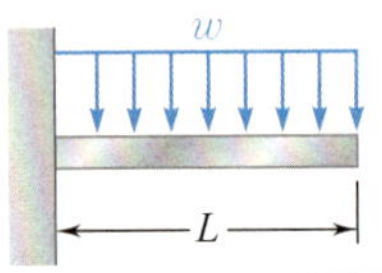	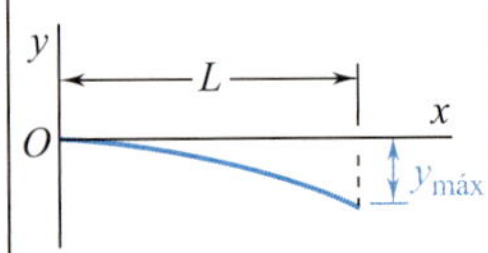	$-\dfrac{wL^4}{8EI}$	$-\dfrac{wL^3}{6EI}$	$y = -\dfrac{w}{24EI}(x^4 - 4Lx^3 + 6L^2x^2)$
3 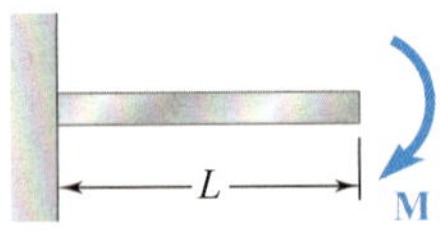	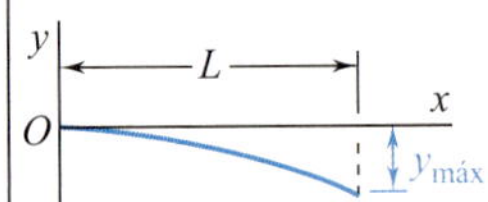	$-\dfrac{ML^2}{2EI}$	$-\dfrac{ML}{EI}$	$y = -\dfrac{M}{2EI}x^2$
4 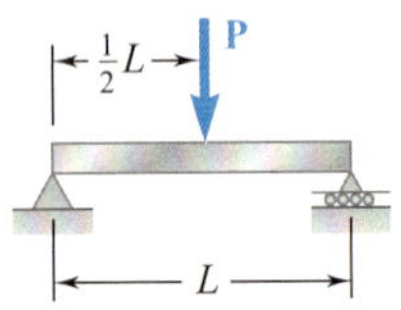	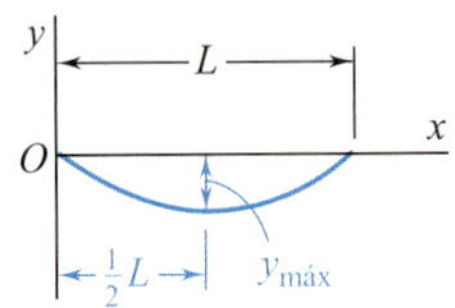	$-\dfrac{PL^3}{48EI}$	$\pm\dfrac{PL^2}{16EI}$	Para $x \leqslant \frac{1}{2}L$: $y = \dfrac{P}{48EI}(4x^3 - 3L^2x)$
5 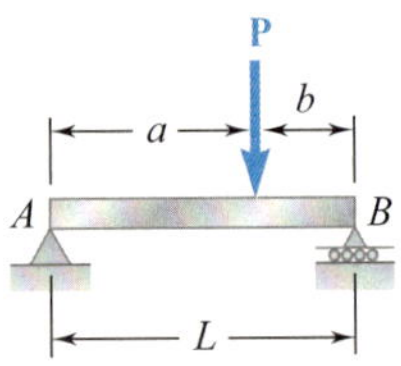	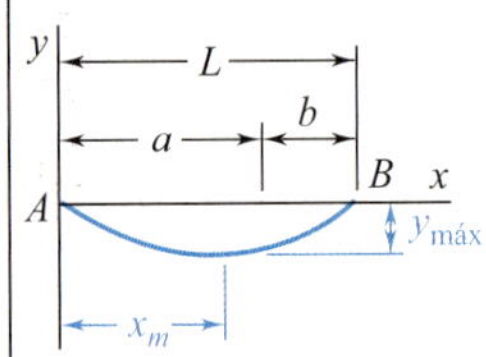	Para $a > b$: $-\dfrac{Pb(L^2 - b^2)^{3/2}}{9\sqrt{3}EIL}$ em $x_m = \sqrt{\dfrac{L^2 - b^2}{3}}$	$\theta_A = -\dfrac{Pb(L^2 - b^2)}{6EIL}$ $\theta_B = +\dfrac{Pa(L^2 - a^2)}{6EIL}$	Para $x < a$: $y = \dfrac{Pb}{6EIL}[x^3 - (L^2 - b^2)x]$ Para $x = a$: $y = -\dfrac{Pa^2b^2}{3EIL}$
6 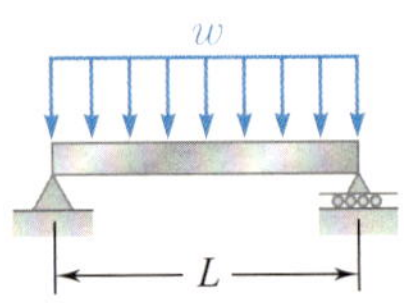	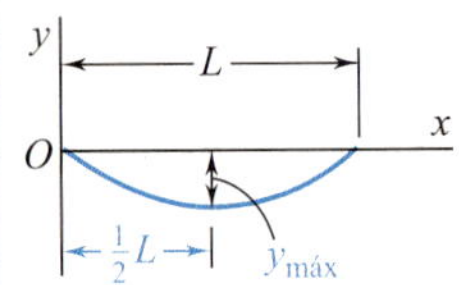	$-\dfrac{5wL^4}{384EI}$	$\pm\dfrac{\Sigma L^3}{24EI}$	$y = -\dfrac{w}{24EI}(x^4 - 2Lx^3 + L^3x)$
7 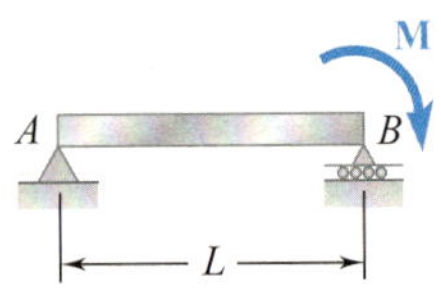	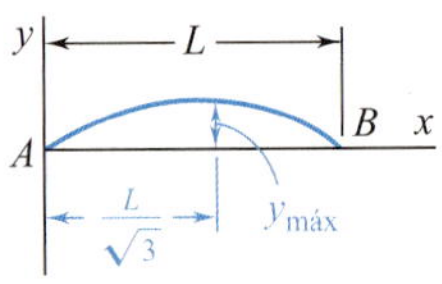	$\dfrac{ML^2}{9\sqrt{3}EI}$	$\theta_A = +\dfrac{ML}{6EI}$ $\theta_B = -\dfrac{ML}{3EI}$	$y = -\dfrac{M}{6EIL}(x^3 - L^2x)$

CRÉDITOS DAS FOTOS

CAPÍTULO 1

Página de abertura: Isaac Newton, Cortesia de Jeremy Whitaker; **Foto 1.1:** © PhotoLink/Getty Images RF.

CAPÍTULO 2

Página de abertura: © Tom Paiva/Getty Images; **Foto 2.1:** © H. David Seawell/ Corbis; **Foto 2.2:** © WIN-Initiative/Getty Images.

CAPÍTULO 3

Página de abertura: © Daniel Sheehan.

CAPÍTULO 4

Página de abertura: © Alfredo Maiquez/Getty Images; **Fotos 4.1, 4.2, 4.3:** © McGraw-Hill/Foto de Lucinda Dowell; **Fotos 4.4, 4.5:** Godden Collection, National Information Service for Earthquake Engineering, University of California, Berkeley; **Foto 4.6:** ©McGraw-Hill/Foto de Lucinda Dowell; **Foto 4.7:** Cortesia de SKF Limited; **Foto 4.8:** © Chuck Savage/ Corbis.

CAPÍTULO 5

Página de abertura: Cortesia de Massachusetts Turnpike Authority; **Foto 5.1:** © Christies Images/ SuperStock; **Foto 5.2:** Value RF/© Kevin Burke/Corbis; **Foto 5.3:** © Ghislain & Marie David de Lossy/ Getty Images; **Foto 5.4:** Nasa.

CAPÍTULO 6

Página de abertura: © Alan Schein Photography/ Corbis; **Foto 6.1:** Godden Collection, National Information Service for Earthquake Engineering, University of California, Berkeley; **Foto 6.2:** © Ferdinand Beer; **Foto 6.3:** © McGraw-Hill/Foto de Sabina Dowell; **Foto 6.4:** Cortesia de Luxo Lamp Corporation.

CAPÍTULO 7

Página de abertura: © Lester Lefkowitz/Getty Images; **Foto 7.1:** © Ed Eckstein/Corbis.

CAPÍTULO 8

Página de abertura: © Construction Photography/ Corbis; **Foto 8.1:** © Vince Streano/Corbis; **Foto 8.2:** © John DeWolf.

CAPÍTULO 9

Página de abertura: © Construction Photography/ Corbis; **Foto 9.1:** © John DeWolf; **Foto 9.2:** Cortesia de Tinius Olsen Testing Machine Co., Inc.; **Fotos 9.3, 9.4, 9.5:** © John DeWolf.

CAPÍTULO 10

Página de abertura: © Brownie Harris/Corbis; **Foto 10.1:** © 2008 Ford Motor Company and Wieck Media Services, Inc.; **Foto 10.2:** © John DeWolf; **Foto 10.3:** Cortesia de Tinius Olsen Testing Machine Co., Inc.

CAPÍTULO 11

Página de abertura: © Lawrence Manning/Corbis; **Foto 11.1:** Cortesia de Flexifoil; **Foto 11.2:** © Tony Freeman/Photo Edit; **Foto 11.3:** © Hisham Ibrahim/ Getty Images RF; **Foto 11.4:** © Kevin R. Morris/Corbis; **Foto 11.5:** © Tony Freeman/Photo Edit; **Foto 11.6:** © John DeWolf.

CAPÍTULO 12

Página de abertura: © Mark Segal/Digital Vision/Getty Images, RF; **Foto 12.1:** © David Papazian/Corbis.

CAPÍTULO 13

Página de abertura: Godden Collection, National Information Service for Earthquake Engineering, University of California, Berkeley; **Foto 13.1:** © John DeWolf; **Foto 13.2:** Cortesia de Nucor-Yamato Steel Company; **Foto 13.3:** Cortesia de Leavitt Tube Company.

CAPÍTULO 14

Página de abertura: Nasa/Tony Landis; **Foto 14.1:** © Radlund & Associates/Getty Images, RF; **Foto 14.2:** © Spencer C. Grant/Photo Edit; **Foto 14.3:** © Clair Dunn/ Alamy; **Foto 14.4:** © Spencer C. Grant/Photo Edit.

CAPÍTULO 15

Página de abertura: © Construction Photography/ Corbis; **Foto 15.1:** © Royalty-Free/Corbis; **Foto 15.2:** © John DeWolf.

CAPÍTULO 16

Página de abertura: © Jose Manuel/Photographer's Choice RF/Getty Images; **Foto 16.1:** Cortesia de Fritz Engineering Laboratory, Lehigh University; **Foto 16.2a:** Godden Collection, National Information Service for Earthquake Engineering, University of California, Berkeley; **Foto 16.2b:** © Peter Marlow/Magnum Photos.

RESPOSTAS

As respostas dos problemas com o número sem itálico são apresentadas a seguir ou no *site* www.grupoa.com.br. As respostas dos problemas em itálico e originalmente no sistema inglês não são listadas.

CAPÍTULO 2

2.1 1.391 N $\measuredangle$ 47,8°.
2.3 14,3 kN $\measuredangle$ 19,9°.
2.5 32,4°.
2.7 (*a*) 3.660 N. (*b*) 3.730 N.
2.13 1.391 N $\measuredangle$ 47,8°.
2.14 4.000 N $\measuredangle$ 9,2°.
2.16 350 N força: F_x = 317 N, F_y = 147,9 N;
800 N força: F_x = 274 N, F_y = 752 N;
600 N força: F_x = –300 N, F_y = 520 N.
2.19 255 N força: F_x = 225 N, F_y = 120 N;
340 N força: F_x = –160 N, F_y = 300 N.
2.23 (*a*) 2.109 N. (*b*) 2.060 N $\searrow$ 30°.
2.24 1.391 N $\measuredangle$ 47,8°.
2.27 425 N $\measuredangle$ 81,2°.
2.31 (*a*) 48,2°. (*b*) impossível.
2.32 T_{AC} = 530 N, T_{BC} = 350 N.
2.34 T_{AC} = 586 N, T_{BC} = 2.190 N.
2.36 T_{AC} = 305 N, T_{BC} = 514 N.
2.41 (*a*) 784 N. (*b*) 71,0°.
2.42 F = 2,87 kN $\measuredangle$ 75°.
2.45 (*a*) 35°; T_{AC} = 4,91 kN, T_{BC} = 3,44 kN.
(*b*) 55°; T_{AC} = T_{BC} = 3,66 kN.
2.47 913 N $\swarrow$ 82,5°.
2.48 41,9°.
2.49 (*a*) 2,45 kN. (*b*) 1,839 kN.
2.51 (*a*) 1.226 N. (*b*) 1.226 N. (*c*) 817 N. (*d*) 817 N. (*e*) 613 N.
2.54 75,6 mm.
2.56 (*a*) F_x = 113,3 N, F_y = 217 N, F_z = –52,8 N.
(*b*) θ_x = 63,1°, θ_y = 30,0°, θ_z = 102,2°.
2.57 (*a*) F_x = 65,9 N, F_y = 230 N, F_z = 181,2 N.
(*b*) θ_x = 77,3°, θ_y = 40,0°, θ_z = 52,8°.
2.60 (*a*) F_x = 224 N, F_y = –459 N, F_z = 615 N.
(*b*) θ_x = 73,7°, θ_y = 125,0°, θ_z = 39,8°.
2.64 F = 48,4 N; θ_x = 34,3°.
2.67 (*a*) F_y = 654 N, F_z = 1.186 N; F = 1.549 N.
(*b*) θ_x = 119,0°.
2.69 C_x = –300 N, C_y = 300 N, C_z = 150 N.
2.75 (*a*) 54,7° e 125,3°. (*b*) 60° e 120°.
2.76 T_{AC} = 21,0 kN, T_{AD} = 64,3 kN.
2.77 T_{AB} = 52,0 kN, T_{AD} = 85,7 kN.
2.79 548 N.
2.80 13,98 kN.
2.81 9,71 kN.
2.82 T_{AB} = 4,00 kN, T_{AC} = 3,67 kN, T_{AD} = 4,13 kN.
2.89 (*a*) **P** = –(25,2 kN) **i**.
(*b*) T_{AB} = 2,25 kN, T_{AC} = 16,65 kN.
2.92 (*a*) P = 120,0 N.
(*b*) T_{AB} = 234 N, T_{AC} = 174,0 N.
2.93 (*a*) P = 135,0 N.
(*b*) T_{AB} = 156,0 N, T_{AC} = 261 N.
2.98 T_{DA} = 103,7 N, T_{DB} = 51,8 N, T_{DC} = 89,8 N.
2.103 320 mm.
2.104 (*a*) 2.450 N. (*b*) 2.220 N.
2.110 1.210 N.
2.112 θ_z = 61,0°; F_x = 507 N, F_y = 919 N, F_z = 581 N.
2.113 R = 1.171 N; θ_x = 89,5°, θ_y = 36,2°, θ_z = 126,2°.

CAPÍTULO 3

3.2 23,2°.
3.3 P = 400 N; α = 22,6°.
3.5 (*a*) 88,8 N · m $\circlearrowright$. (*b*) 237 N $\swarrow$ 53,1°.
3.6 (*a*) 88,8 N · m $\circlearrowright$. (*b*) 395 N ←. (*c*) 279 N $\swarrow$ 45°.
3.9 140,0 N · m $\circlearrowleft$.
3.10 61,6 N · m $\circlearrowleft$.
3.12 520 lb.
3.14 (*a*) –23**i** – 11**j** + 2**k**. (*b*) –30**j** + 18**k**. (*c*) 0.
3.15 (*a*) e (*b*) –(2.160 lb · in)**i** + (4.320 lb · in)**j** + (360 lb · in)**k**.
3.16 (36 N · m)**i** + (24 N · m)**j** + (32 N · m)**k**.
3.19 (7,50 N · m)**i** – (6,00 N · m)**j** – (10,39 N · m)**k**.
3.24 207 mm.
3.25 **P** · **Q** = 0; **P** · **S** = –11; **Q** · **S** = 2.
3.27 (*a*) 59,0°. (*b*) 720 N.
3.28 (*a*) 70,5°. (*b*) 300 N.
3.29 63,6°.
3.31 (*a*) e (*b*) 26,8°.
3.33 **P** · (**Q** × **S**) = –1; (**P** × **Q**) · **S** = –1; (**S** × **Q**) · P = 1.
3.34 –6.
3.35 M_x = 24,0 kN · m, M_y = –16,00 kN · m,
M_z = –38,4 kN · m.
3.39 M_x = –1.598 N · m, M_y = 959 N · m, M_z = 0.
3.40 M_x = –1.283 N · m, M_y = 770 N · m, M_z = 1.824 N · m.
3.46 124,2 N · m.
3.49 (*a*) 271 N. (*b*) 390 N. (*c*) 250 N.
3.51 (*a*) 7,33 N · m $\circlearrowleft$. (*b*) 91,6 mm.
3.52 (*a*) 26,7 N. (*b*) 50,0 N. (*c*) 23,5 N.
3.57 M = 3,22 N · m; θ_x = 90,0°, θ_y = 53,1°, θ_z = 36,9°.
3.58 M = 2,72 N · m; θ_x = 134,9°, θ_y = 58,0°, θ_z = 61,9°.
3.63 (*a*) 960 N $\measuredangle$ 60°, 28,9 mm para a direita de *O*.
(*b*) 960 N $\measuredangle$ 60°, 50,0 mm abaixo de *O*.
3.65 (*a*) 300 N $\swarrow$ 30°, 75,0 N · m $\circlearrowleft$.
(*b*) **B** = 800 N $\swarrow$ 30°, **C** = 500 N $\measuredangle$ 30°.

3.67 –(250 kN)**j**; (15,00 kN · m)**i** + (7,50 kN · m)**k**.

3.72 **F** = –(173,2 N)**j** + (100,0 N)**k**, **M** = (7,50 N · m)**i** – (6,00 N · m)**j** – (10,39 N · m)**k**.

3.73 Carregamentos *c* e *f*.

3.74 Carregamento *e*.

3.75 (*a*) 2,00 m do eixo dianteiro.
(*b*) 50,0 kN localizado 2,80 m do eixo dianteiro.

3.77 (*a*) 0,600 m. (*b*) 1,000 m. (*c*) 1,800 m.

3.80 (*a*) 1.562 N ⦪ 50.2°, 300 N · m ↻.
(*b*) 250 mm para a direita de *C* e 300 mm acima de *C*.

3.83 (*a*) 3,80 kN →; 22,8 kN · m ↻.
(*b*) 3,80 kN →; 6,00 m abaixo de *DE*.

3.84 329 kN ⦫ 61,7°; 6,82 m para a direita de *A*.

3.87 R = 385 N; θ_x = 141,2°, θ_y = 128,6°, θ_z = 86,3°.
M = 16,50 N · m; θ_x = 100,5°, θ_y = 35,1°, θ_z = 56,9°.

3.91 500 kN ↓; 2,56 m de *AD* e 2,00 m de *DC*.

3.95 200 N em y = 63,4 mm, z = 200 mm.

3.96 72,2 N.

3.99 M_x = 78,9 kN · m, M_y = 13,15 kN · m,
M_z = –9,86 kN · m.

3.101 23,0 N · m.

3.103 (*a*) 500 N ⦫ 60°; 86,2 N · m ↺.
(*b*) **A** = 689 N ↑, **B** = 1.150 N ⦫ 77,4°.

3.108 P = 72,1 kN ↓ em x = 4,16 m, z = 2,77 m.

CAPÍTULO 4

4.2 (*a*) 15,21 kN ↑, (*b*) 5,89 kN ↑.

4.5 1,25 kN ≤ Q ≤ 27,5 kN.

4.6 1,50 kN ≤ Q ≤ 9,00 kN.

4.12 (*a*) 400 N. (*b*) 458 N ∠ 49,1°.

4.16 (*a*) **A** = 4,27 kN ⦥ 20,6°; **B** = 4,50 kN ↑.
(*b*) **A** = 1,50 kN ↓; **B** = 6,02 kN ⦪ 48,4°.
(*c*) **A** = 2,05 kN ⦥ 47,0°; **B** = 5,20 kN ⦪ 60°.

4.17 T_{BE} = 196,2 N, **A** = 73,6 N →, **D** = 73,6 N ←.

4.18 (*a*) **B** = 920 N ⦥ 53,1°, **C** = 80 N ⦥ 53,1°, **D** = 600 N ↑.
(*b*) roletes 1 e 3.

4.24 (*a*) **A** = 5.540 N ∠ 87,3°, **C** = 683 N ⦥ 67,4°.
(*b*) **A** = 4.900 N ↑, M_A = 1.890 N · m ↻.
(*c*) **A** = 6.740 N ∠ 83,6°, $\mathbf{M}_A$ = 3.510 N · m ↺, **C** = 1.950 N ∠ 67,4°.

4.26 (*a*) 1, 2, 3, 5 e 9 são completamente vinculadas.
4 e 6 parcialmente vinculadas.
7 e 8 são impropriamente vinculadas.
(*b*) Reações para 1, 2, 4 e 5 são estaticamente determinadas.
Reações para 6 são determinadas da dinâmica.
Reações para 3, 7, 8 e 9 são estaticamente indeterminadas.
(*c*) Equilíbrio mantido para qualquer carregamento para 1, 2, 3, 5 e 9.
Equilíbrio mantido para um dado carregamento para 4.
Nenhum equilíbrio para 6, 7 e 8.

4.27 **B** = 501 N ⦪ 56,3°; **C** = 324 N ⦫ 31,0°.

4.28 **A** = 2.230 N ⦪ 7,7°; **B** = 2.210 N →.

4.31 **A** = 185,3 N ∠ 62,4°; T = 92,8 N.

4.32 (*a*) 400 N. (*b*) 458 N ∠ 49,1°.

4.33 **A** = 346 N ∠ 60,6°; **B** = 196,2 N ⦪ 30°.

4.37 (*a*) 36,9°. (*b*) **A** = 400 N ↑, **E** = 300 N ←.

4.40 (*a*) 59,2°. (*b*) T_{AB} = 0,596 W, T_{CD} = 1,164 W.

4.44 **A** = 170,0 N ⦪ 33,9°; **C** = 160,0 N ∠ 28,1°.

4.45 **A** = 170,0 N ⦥ 56,1°; **C** = 300 N ∠ 28,1°.

4.48 **A** = 225 N ∠ 30°; T = 225 N.

4.51 **A** = (120,0 N)**j** + (133,3 N)**k**; **D** = (60,0 N)**j** + (166,7 N)**k**.

4.52 **A** = (125,3 N)**j** + (137,8 N)**k**; **D** = (62,7 N)**j** + (172,2 N)**k**.

4.56 (*a*) 1.039 N. (*b*) **C** = (346 N)**i** + (1.200 N)**j**; **D** = –(1.386 N)**i** – (480 N)**j**.

4.59 T_A = 24,5 N. T_B = 73.6 N, T_C = 98,1 N.

4.64 (*a*) T_{DE} = T_{DF} = 1,284 kN.
(*b*) **A** = –(3,93 kN)**i** + (7,57 kN)**j**.

4.66 (*a*) 2,40 kN. (*b*) –0,600 kN.

4.70 P = 118,9 N; **A** = (42,9 N)**i** – (69,9 N)**k**; **B** = (61,1 N)**i** + (196,2 N)**j** + (84,7 N)**k**.

4.72 F_{CD} = 19,62 N compressão; **B** = –(19,22 N)**i** + (94,2 N)**j**; $\mathbf{M}_B$ = –(40,6 N · m)**i** – (17,30 N · m)**j**.

4.73 T_{BD} = 780 lb, T_{BE} = 650 lb, T_{CF} = 650 lb; **A** = (1.920 lb)**i** – (300 lb)**k**.

4.74 **A** = (600 N)**j** – (750 N)**k**; **B** = (900 N)**i** + (750 N)**k**;
C = –(900 N)**i** + (600 N)**j**.

4.75 Equilíbrio; 172,6 N ⦫ 25,0°.

4.76 Move para baixo; 279 N ⦪ 30,0°.

4.81 $P = W \operatorname{sen}(\alpha + \phi_s)$; $\theta = \alpha + \phi_s$.

4.82 (*a*) 116,2 N ∠ 36,3°. (*b*) 46,5 N ∠ 13,7°.

4.83 (*a*) 403 N. (*b*) 229 N.

4.85 (*a*) 206 N →. (*b*) 177,6 N →. (*c*) 72,5 N →.

4.87 (*a*) 58,1°. (*b*) 166,4 N.

4.88 (*a*) 138,6 N. (*b*) Desliza.

4.93 (*a*) 33,4°. (*b*) 0,287 *W*.

4.94 Equilíbrio; 0,250 *W* →.

4.95 Nenhum equilíbrio.

4.97 $Wr\mu_s(1 + \mu_s)/(1 + \mu_s^2)$

4.98 (*a*) 0,400 *Wr*. (*b*) 0,464 *Wr*.

4.99 30,0 kN ≤ P ≤ 210 kN.

4.102 (*a*) 600 N. (*b*) **A** = 4,00 kN ←; **B** = 4,00 kN →.

4.104 (*a*) 1.500 N ⦥ 30°. (*b*) 593 N ⦪ 30°.

4.107 (*a*) **A** = 0,745 *P* ⦪ 63,4°; **D** = 0,471 *P* ∠ 45°.
(*b*) **A** = *P* →; **D** = 1,414 *P* ⦪ 45°.

(*c*) **A** = 0,471 *P* ∠ 45°; **D** = 0,745 *P* ∠ 63,4°.

(*d*) **A** = 0,707 *P* ∠ 45°; **C** = 0,707 *P* ∠ 45°; **D** = *P* ↑.

4.109 (*a*) 36,3 N T. (*b*) 29.7 N ←.

CAPÍTULO 5

5.1 $\bar{x} = 55{,}4$ mm, $\bar{y} = 93{,}8$ mm.
5.6 $\bar{x} = \bar{y} = 16{,}75$ mm.
5.7 $\bar{x} = -62{,}4$ mm, $\bar{y} = 0$.
5.9 $\bar{x} = 120{,}0$ mm, $\bar{y} = 60{,}0$ mm.
5.12 $\bar{x} = 386$ mm, $\bar{y} = 66{,}4$ mm.
5.13 $42{,}25 \times 10^3$ mm^3 para A_1, $-42{,}25 \times 10^3$ mm^3 para A_2.
5.17 $\bar{x} = 53{,}0$ mm, $\bar{y} = 91{,}5$ mm.
5.19 $\bar{x} = 172{,}5$ mm, $\bar{y} = 97{,}5$ mm.
5.21 300 mm.
5.25 $\bar{x} = 2b/3$, $y = h/3$.
5.26 $\bar{x} = 2a/5$, $\bar{y} = 3b/7$.
5.29 $\bar{x} = (n + 1)a/(n + 2)$, $\bar{y} = (n + 1)h/(4n + 2)$.
5.30 $\bar{x} = 4a/3\pi$, $\bar{y} = 4b/3\pi$.
5.31 $\bar{x} = 0$, $\bar{y} = 4r/3\pi$.
5.32 $\bar{x} = 3a/8$, $\bar{y} = 3h/5$.
5.33 $\bar{x} = 0{,}300\ a$.
5.34 $\bar{y} = 0{,}310\ h$.
5.36 $\bar{x} = \bar{y} = (2a^2 - 1)/2a(1 + 2 \ln a)$.
5.39 (*a*) $\pi a^2 h/2$. (*b*) $8\pi a h^2/15$.
5.41 (*a*) 0,226 m^3. (*b*) 131,2 kg.
5.42 1,508 m^2.
5.48 300×10^3 mm^3.
5.49 **R** = 9,45 kN ↓, $x = 2{,}57$ m; **A** = 4,05 kN ↑, **B** = 5,40 kN ↑.
5.53 **B** = 1.200 N ↑, $\mathbf{M}_B$ = 800 N · m ↻.
5.56 **A** = 105 N ↑, **B** = 270 N ↑.
5.57 21 *h*/16 abaixo do vértice do cone.
5.58 (*a*) 0,448 *h*. (*b*) 0,425 *h*.
5.59 0,707.
5.60 $\bar{x} = 0$, $\bar{y} = -0{,}608\ h$, $\bar{z} = 0$.
5.63 40,3 mm.
5.65 $\bar{x} = 105{,}2$ mm, $\bar{y} = 175{,}8$ mm, $\bar{z} = 105{,}2$ mm.
5.69 $\bar{x} = 205$ mm, $\bar{y} = 255$ mm, $\bar{z} = 75$ mm.
5.72 No centro do eixo, 27,6 mm acima da base.
5.73 $\bar{x} = 105{,}0$ mm, $\bar{y} = 90{,}0$ mm.
5.75 $\bar{x} = 105{,}6$ mm, $\bar{y} = 97{,}6$ mm.
5.76 (*a*) 1,427 *r*. (*b*) 2,113 *r*.
5.77 $\bar{x} = 1{,}607\ a$, $\bar{y} = 0{,}332\ h$.
5.78 0,611 *L*.
5.79 275×10^3 mm^3.
5.84 No eixo vertical de simetria, 81,8 mm acima da base.

CAPÍTULO 6

6.2 $F_{AB} = 52{,}0$ kN T, $F_{AC} = 64{,}0$ kN T, $F_{BC} = 80{,}0$ kN C.
6.4 $F_{AD} = 125{,}0$ kN T, $F_{CD} = 120{,}0$ kN C, $F_{AB} = 175{,}0$ kN T, $F_{AC} = 84{,}0$ kN C, $F_{BC} = 120{,}0$ kN C.
6.6 $F_{BA} = 3.900$ N T, $F_{BC} = 3.600$ N C, $F_{CA} = 4.500$ N C.
6.8 $F_{AB} = 0$, $F_{AD} = 5{,}00$ kN C, $F_{BD} = 34{,}0$ kN C, $F_{DE} = 30{,}0$ kN T, $F_{BE} = 12{,}00$ kN T.
6.10 $F_{BE} = 5{,}00$ kN T, $F_{DE} = 4{,}00$ kN C, $F_{AB} = 4{,}00$ kN T, $F_{BD} = 9{,}00$ kN C, $F_{AD} = 15{,}00$ kN T, $F_{CD} = 16{,}00$ kN C.
6.17 $F_{AB} = 15{,}00$ kN T, $F_{AD} = 17{,}00$ kN C, $F_{BC} = 15{,}00$ kN T, $F_{CE} = 8{,}00$ kN T, $F_{EF} = 8{,}00$ kN T, $F_{DF} = 17{,}00$ kN C, $F_{BE} = 0$, $F_{BD} = 0$, $F_{DE} = 0$.
6.18 $F_{AB} = F_{DE} = 8{,}00$ kN C, $F_{AF} = F_{HE} = 6{,}93$ kN T, $F_{FG} = F_{GH} = 6{,}93$ kN T, $F_{BF} = F_{DH} = 4{,}00$ kN T, $F_{BC} = F_{CD} = 4{,}00$ kN C, $F_{BG} = F_{DG} = 4{,}00$ kN C, $F_{CG} = 4{,}00$ kN T.
6.19 6.17 e 6.21 são treliças simples.
6.23 não é uma treliça simples.
6.20 6.12, 6.14 e 6.24 são treliças simples.
6.22 não é uma treliça simples.
6.21 *EI, BE, FG, GH, IJ, HI.*
6.24 *FJ, EJ, EB, BD, DH, AH, AG.*
6.27 $F_{FG} = 70{,}0$ kN C, $F_{FH} = 240$ kN T.
6.28 $F_{EF} = 69{,}5$ kN T, $F_{EG} = 250$ kN C.
6.31 $F_{DF} = 91{,}4$ kN T, $F_{DE} = 38{,}6$ kN C.
6.33 $F_{BD} = 37{,}5$ kN T, $F_{DE} = 22{,}5$ kN T.
6.34 $F_{FH} = 12{,}50$ kN T, $F_{DH} = 90{,}0$ kN T.
6.37 $F_{CE} = 40{,}0$ kN C, $F_{DE} = 16{,}00$ kN C, $F_{DF} = 40$ kN T.
6.41 22,5 kN C.
6.42 $F_{AB} = 0{,}833$ P(T), $F_{KL} = 1{,}167$ P(T).
6.47 (*a*) Completamente vinculada e indeterminada.
(*b*) Completamente vinculada e determinada.
(*c*) Parcialmente vinculada.
6.48 (*a*) Parcialmente vinculada.
(*b*) Completamente vinculada e determinada.
(*c*) Completamente vinculada e indeterminada.
6.49 $F_{BD} = 1.750$ N C; $\mathbf{C}_x$ = 1.400 N ←, $\mathbf{C}_y$ = 700 N ↓.
6.51 $F_{BD} = 375$ N C; $\mathbf{C}_x$ = 205 N ←, $\mathbf{C}_y$ = 360 N ↓.
6.55 (*a*) 2,44 kN ∠ 8,4°. (*b*) 1,930 kN ∠ 51,3° em cada braço.
6.58 (*a*) 1.465 kN T. (*b*) 1.105 kN C. (*c*) 1.663 kN ∠ 62,0°.
6.59 (*a*) $\mathbf{D}_x$ = 750 N →, $\mathbf{D}_y$ = 250 N ↓; $\mathbf{E}_x$ = 750 N ←, $\mathbf{E}_y$ = 250 N ↑. (*b*) $\mathbf{D}_x$ = 375 N →, $\mathbf{D}_y$ = 250 N ↓; $\mathbf{E}_x$ = 375 N ←, $\mathbf{E}_y$ = 250 N ↑.
6.64 (*a*) 828 N T. (*b*) 1.197 N ∠ 86,2°.
6.67 $\mathbf{D}_x$ = 13,60 kN →, $\mathbf{D}_y$ = 7,50 kN ↑; $\mathbf{E}_x$ = 13,60 kN ←, $\mathbf{E}_y$ = 2,70 kN ↓.
6.71 (*a*) *A*: 117,5 kN ↑, *B*: 176,9 kN ↑ (cada roda)
(*b*) **C** = 8,28 kN →, $\mathbf{D}_x$ = 8,28 kN ←, $\mathbf{D}_y$ = 256 kN ↓.
6.72 (*a*) *A*: 3.980 N ↑, *B*: 4.170 N ↑, *C*: 2.890 N ↑
(*b*) *B*: 1.326 N, *C*: –398 N. (cada roda).

6.73 (*a*) 1.200 N →. (*b*) 1.230 N ⦬ 12,7°.

6.74 (*a*) 103,6 lb ←. (*b*) 114,7 lb T.

6.75 (*a*) 2.860 N ↓. (*b*) 2.700 N ⦫ 68,5°.

6.80 $\mathbf{A}_x$ = 210 N ←, $\mathbf{A}_y$ = 2.400 N ↓; **B** = 2.720 N ⦣ 61,9°; **C** = 1.070 N ←.

6.81 (*a*) 252 N · m ⤸. (*b*) 108,0 N · m ⤸.

6.82 (*a*) 3,00 kN ↓. (*b*) 7,00 kN ↓.

6.85 (*a*) 2.500 N. (*b*) 2.760 N ⦪ 63,1°.

6.91 140,0 N.

6.92 260 N.

6.95 *AB*: 1,051 kN C; *DE*: 40,8 kN T; *FI*: 4,74 kN C.

6.97 F_{AC} = 80,0 kN T, F_{CE} = 45,0 kN T, F_{DE} = 51,0 kN C, F_{BD} = 51,0 kN C, F_{CD} = 48,0 kN T, F_{BC} = 19,00 kN C.

6.101 7,36 kN C.

6.103 $\mathbf{A}_x$ = 3,32 kN ←, $\mathbf{A}_y$ = 14,26 kN ↓; $\mathbf{C}_x$ = 3,72 kN →, $\mathbf{C}_y$ = 14,26 kN ↑.

6.108 Caso (1) (*a*) $\mathbf{A}_x$ = 0, $\mathbf{A}_y$ = 7,85 kN ↑, $\mathbf{M}_A$ = 15,70 kN · m ⤹.
(*b*) **D** = 22,2 kN ⦫ 45°.
Caso (2) (*a*) $\mathbf{A}_x$ = 0, $\mathbf{A}_y$ = 3,92 kN ↑, $\mathbf{M}_A$ = 8,34 kN · m ⤹.
(*b*) **D** = 11,10 kN ⦫ 45°.
Caso (3) (*a*) $\mathbf{A}_x$ = 0, $\mathbf{A}_y$ = 3,92 kN →, $\mathbf{M}_A$ = 8,34 kN · m ⤹.
(*b*) **D** = 18,95 kN ⦫ 45°
Caso (4) (*a*) $\mathbf{A}_x$ = 3,92 kN →, $\mathbf{A}_y$ = 3,92 kN ↑, $\mathbf{M}_A$ = 2,35 kN · m ⤸.
(*b*) **D** = 11,10 kN ⦫ 45°.

CAPÍTULO 7

7.1 $a^3(h_1 + 3h_2)/12$.

7.2 $2a^3b/7$.

7.3 $ha^3/5$.

7.4 $a^3b/20$.

7.5 $a(h_1^2 + h_2^2)(h_1 + h_2)/12$.

7.6 $2ab^3/15$.

7.9 $I_x = ab^3/30$; r_x = 0,365 *b*.

7.10 $I_x = \pi ab^3/8$; r_x = 0,500 *b*.

7.11 $I_x = ab^3/9$; r_x = 0,430 *b*.

7.12 $I_x = 3ab^3/35$; r_x = 0,507 *b*.

7.13 $I_y = a^3b/6$; r_y = 0,816 *a*.

7.14 $I_y = \pi a^3b/8$; r_y = 0,500 *a*.

7.17 (*a*) $J_O = 4a^4/3$; r_O = 0,816 *a*.
(*b*) $J_O = 17a^4/6$; r_O = 1,190 *a*.

7.18 $J_O = 10a^4/3$; r_O = 1,291 *a*.

7.20 $J_O = \pi ab(a^2 + b^2)/8$; $r_O = 0{,}500\sqrt{a^2 + b^2}$.

7.21 (*a*) $J_O = \pi(R_2^4 - R_1^4)/2$; $I_x = \pi(R_2^4 - R_1^4)/4$.

7.23 $4a^3/9$.

7.24 0,935 *a*.

7.25 I_x = 614 × 10³ mm⁴; r_x = 19,01 mm.

7.27 I_x = 501 × 10⁶ mm⁴; r_x = 149,4 mm.

7.31 I_y = 150,3 × 10⁶ mm⁴; r_y = 81,9 mm.

7.33 *A* = 3.000 mm²; $\bar{I}$ = 325 × 10³ mm⁴.

7.36 $\bar{I}_x$ = 2,08 × 10⁶ mm⁴; $\bar{I}_y$ = 2,08 × 10⁶ mm⁴.

7.39 (*a*) 11,57 × 10⁶ mm⁴. (*b*) 7,81 × 10⁶ mm⁴.

7.43 $\bar{I}_x$ = 186,7 × 10⁶ mm⁴; $\bar{r}_x$ = 118,6 mm;
$\bar{I}y$ = 167,7 × 10⁶ mm⁴; $\bar{r}_y$ = 112,4 mm.

7.44 227 mm.

7.47 $\bar{I}_x$ = 7,04 × 10⁶ mm⁴; $\bar{I}_y$ = 63,9 × 10⁶ mm⁴.

7.48 $\bar{I}_x$ = 7,32 × 10⁶ mm⁴; $\bar{I}_y$ = 101,3 × 10⁶ mm⁴.

7.49 $a^3b/28$.

7.51 $I_x = 0{,}0945\, ah^3$; r_x = 0,402 *h*.

7.53 $J_O = 0{,}1804\, a^4$; r_O = 0,645 *a*.

7.54 $\bar{I}x$ = 1,268 × 10⁶ mm⁴; $\bar{I}_y$ = 339 × 10³ mm⁴.

7.56 3,78 × 10⁶ mm⁴.

CAPÍTULO 8

8.1 (*a*) 35,7 MPa. (*b*) 42,4 MPa.

8.2 d_1 = 25,2 mm, d_2 = 16,52 mm.

8.6 62,7 kN.

8.11 (*a*) 17,86 kN. (*b*) –41,4 MPa.

8.12 (*a*) 12,73 MPa. (*b*) –4,77 MPa.

8.14 43,4 mm.

8.17 321 mm.

8.18 178,6 mm.

8.24 8,31 kN.

8.27 σ = 565 kPa, τ = 206 kPa.

8.28 (*a*) 5,31 kN. (*b*) 182,0 kPa.

8.31 σ = –37,1 MPa, τ = 17,28 MPa.

8.33 168,1 mm².

8.34 3,64.

8.35 4,55 kips.

8.36 (*a*) 13,47 mm. (*b*) 14,61 mm.

8.38 1,800.

8.42 3,47.

8.44 3,97 kN.

8.47 2,42.

8.48 2,05.

8.49 (*a*) 3,33 MPa. (*b*) 525 mm.

8.54 9,22 kN.

8.57 15,08 kN.

8.58 3,49.

8.60 21,3° ≤ θ ≤ 32,3°.

CAPÍTULO 9

9.2 (*a*) 81,8 MPa. (*b*) 1,712.

9.4 (*a*) 11,31 kN. (*b*) 400 MPa.

9.8 (*a*) 17,25 MPa. (*b*) 2,82 mm.

9.11 1,988 kN.
9.14 (*a*) 32,8 kN. (*b*) 0,0728 mm.
9.15 (*a*) 0,01819 mm. (*b*) –0,0909 mm.
9.18 (*a*) 2,95 mm. (*b*) 5,29 mm.
9.19 50,4 kN.
9.23 0,1095 mm.
9.25 (*a*) 47,5 MPa. (*b*) 0,1132 mm.
9.26 (*a*) 75,9 kN. (*b*) 120 MPa.
9.30 (*a*) 62,8 kN ← em *A*; 37,2 kN ← em *E*. (*b*) 46,3 μm →.
9.35 *A*: 0,525 *P*; *B*: 0,200 *P*; *C*: 0,275 *P*.
9.36 *A*: 0,1 *P*; *B*: 0,2 *P*; *C*: 0,3 *P*; *D*: 0,4 *P*.
9.37 75,4 °C.
9.41 (*a*) *AB*: –44,4 MPa; *BC*: –100,0 MPa. (*b*) 0,500 mm ↓.
9.44 (*a*) 217 kN. (*b*) 0,2425 mm.
9.48 (*a*) 21,4°C. (*b*) 3,68 MPa.
9.50 $E = 216$ MPa, $\nu = 0{,}451$, $G = 74{,}5$ MPa.
9.52 422 kN.
9.53 1,99551:1.
9.57 –0,0518%.
9.58 (*a*) 0,0754 mm. (*b*) 0,1028 mm. (*c*) 0,1220 mm.
9.61 1,091 mm ↓.
9.64 (*a*) 262 mm. (*b*) 21,4 mm.
9.67 (*a*) 58,3 kN. (*b*) 64,3 kN.
9.68 (*a*) 87,0 MPa. (*b*) 75,2 MPa. (*c*) 73,9 MPa.
9.70 58,1 kN.
9.75 $x = 92{,}6$ mm.
9.77 *A*: 0,237 mm ←; *B*: 0,296 mm →; *C*: 2,43 mm →.
9.83 (*a*) 9 mm. (*b*) 62 kN.
9.84 (*a*) 134,7 MPa. (*b*) 135,3 MPa.

CAPÍTULO 10

10.1 641 N · m.
10.2 87,3 MPa.
10.7 (*a*) 75,5 MPa. (*b*) 63,7 MPa.
10.12 42,8 mm.
10.15 3,37 kN · m.
10.16 (*a*) 50,3 mm. (*b*) 63,4 mm.
10.17 *AB*: 42,0 mm; *BC*: 33,3 mm.
10.18 *AB*: 52,9 mm; *BC*: 33,3 mm.
10.21 (*a*) 72,5 MPa. (*b*) 68,7 MPa.
10.26 (*a*) 3,62°. (*b*) 4,51°.
10.27 11,91 mm.
10.30 (*a*) 8,54°. (*b*) 2,11°.
10.32 (*a*) 0,741°. (*b*) 1,573°.
10.33 7,94°.
10.34 4,52°.
10.36 1,914°.
10.37 36,1 mm.
10.40 3,07°.
10.42 3,71°.
10.44 7,37°.
10.45 (*a*) *A*: 1.105 N · m; *C*: 295 N · m. (*b*) 45,0 MPa. (*c*) 27,4 MPa.
10.47 (*a*) 47,1 MPa. (*b*) 0,779°.
10.48 (*a*) 70,7 MPa. (*b*) 1,169°.
10.53 (*a*) 10,74 kN · m. (*b*) 22,8 kN · m.
10.55 6,02°.
10.58 3,79°.
10.60 12,24 MPa.

CAPÍTULO 11

11.1 (*a*) –116,4 MPa. (*b*) –87,3 MPa.
11.3 80,2 kN · m.
11.4 24,8 kN · m.
11.10 Acima: –81,8 MPa; abaixo: 67,8 MPa.
11.12 (*a*) 83,7 MPa. (*b*) –146,4 MPa. (*c*) 14,67 MPa.
11.16 37,9 kN.
11.17 7,67 kN · m.
11.20 849 N · m.
11.24 (*a*) 53,2 MPa; 382 m. (*b*) 157,9 MPa; 128,3 m.
11.25 1,240 kN · m.
11.26 887 N · m.
11.27 720 N · m.
11.33 (*a*) –56,0 MPa. (*b*) 66,4 MPa.
11.34 (*a*) –56,0 MPa. (*b*) 68,4 MPa.
11.38 8,59 m.
11.41 (*a*) 330 MPa. (*b*) –26,0 MPa.
11.42 (*a*) 292 MPa. (*b*) –21,3 MPa.
11.44 9,50 kN · m.
11.49 (*a*) $-2P/\pi r^2$. (*b*) $-5P/\pi r^2$.
11.52 (*a*) –102,8 MPa. (*b*) 80,6 MPa.
11.56 (*a*) –8,33 MPa. (*b*) *A*: –13,19 MPa; *B*: 7,64 MPa.
11.57 0,375 *d*.
11.58 10,83 mm.
11.59 (*a*) –0,750 ksi. (*b*) –2,00 ksi. (*c*) –1,500 ksi.
11.64 94,8 kN ≤ *P* ≤ 177,3 kN.
11.65 (*a*) –*P*/2at. (*b*) 2*P*/at. (*c*) –*P*/2at.
11.66 96,0 kN.
11.72 (*a*) 30,0 mm. (*b*) 94,5 kN.
11.74 (*a*) –3,37 MPa. (*b*) –18,60 MPa. (*c*) 3,37 MPa.
11.78 (*a*) 57,8 MPa. (*b*) –56,8 MPa. (*c*) 25,9 MPa.
11.80 (*a*) 57,4°. (*b*) 75,7 MPa.
11.81 (*a*) 19,16°. (*b*) 11,31 ksi.
11.82 (*a*) 10,03°. (*b*) 54,2 MPa.

11.84 (*a*) 19,52°. (*b*) 95,0 MPa.

11.89 37,0 mm.

11.91 91,3 kN.

11.94 (*a*) 9,17 kN · m. (*b*) 10,24 kN · m.

11.97 73,2 MPa; –102,4 MPa.

11.101 (*a*) 46,7°. (*b*) 80,2 MPa.

11.102 (*a*) –70,9 MPa. (*b*) –14,17 MPa. (*c*) 25,4 m.

11.104 (*a*) 1,414. (*b*) 1,732.

CAPÍTULO 12

12.1 (*a*) $V_{máx} = PL/L$, $V_{mín} = -Pa/L$; $M_{máx} = Pab/L$, $M_{mín} = 0$.
(*b*) $0 \leq x < a$: $V = Pb/L$; $M = Pbx/L$;
$a \leq x < L$: $V = -Pa/L$; $M = Pa(L-x)/L$.

12.2 (*a*) $V_{máx} = wL/2$, $V_{mín} = -wL/2$; $M_{máx} = wL^2/8$.
(*b*) $V = w(L/2 - x)$; $M = wx(L-x)/2$.

12.3 (*a*) $|V|_{máx} = w_0L/2$; $|M|_{máx} = w_0L^2/6$.
(*b*) $V = -w_0x^2/2L$; $M = -w_0x^3/6L$.

12.4 (*a*) $|V|_{máx} = w(L-2a)/2$; $|M|_{máx} = w(L^2/8 - a^2/2)$.
(*b*) $0 \leq x \leq a$: $V = w(L-2a)/2$; $M = w\,(L-2a)x/2$;
$a \leq x \leq L-a$: $V = w(L/2 - x)$; $M = w[x(L-x) - a^2]/2$.
$L - a \leq x \leq L$: $V = -w(L-2a)/2$; $M = w(L-2a)(L-x)/2$.

12.5 (*a*) 68,0 kN. (*b*) 60,0 kN · m.

12.9 (*a*) 3,45 kN. (*b*) 1.125 N · m.

12.11 (*a*) 18,00 kN. (*b*) 12,15 kN · m.

12.14 10,89 MPa.

12.15 129,0 MPa.

12.18 27,7 MPa.

12.20 $|V|_{máx} = 279$ kN; $|M|_{máx} = 326$ kN · m; $\sigma = 136{,}6$ MPa.

12.25 (*a*) 1,371 m. (*b*) 26,6 MPa.

12.26 (*a*) 866 mm. (*b*) 5,74 MPa.

12.29 Ver Problema 12.1.

12.30 Ver Problema 12.2.

12.31 Ver Problema 12.3.

12.32 Ver Problema 12.4.

12.33 Ver Problema 12.5.

12.39 (*a*) 6,75 kN. (*b*) 6,51 kN · m.

12.40 (*a*) 600 N. (*b*) 180,0 N · m.

12.42 10,89 MPa.

12.43 129,2 MPa.

12.44 11,56 MPa.

12.45 (*a*) $V = (w_0L/\pi)\cos(\pi x/L)$; $M = (w_0L^2/\pi^2)\,\text{sen}\,(\pi x/L)$.
(*b*) w_0L^2/π^2.

12.47 (*a*) $V = w_0\,(L/3 + x^2/2L - x)$; $M = w_0\,(Lx/3 + x^3/6L - x^2/2)$.
(*b*) $0{,}06415\ w_0L^2$.

12.49 $|V|_{máx} = 20{,}7$ kN; $|M|_{máx} = 9{,}75$ kN · m; $\sigma = 60{,}2$ MPa.

12.50 $|V|_{máx} = 16{,}80$ kN; $|M|_{máx} = 8{,}82$ kN · m; $\sigma = 73{,}5$ MPa.

12.55 $|V|_{máx} = 150$ kN; $|M|_{máx} = 300$ kN · m; $\sigma = 136{,}4$ MPa.

12.57 $h = 173{,}2$ mm.

12.58 $h = 361$ mm.

12.65 W410 × 60.

12.66 W250 × 28,4.

12.67 S310 × 47,3.

12.71 C230 × 19,9.

12.72 C180 × 14,4.

12.78 (*a*) 140 N. (*b*) 33,6 kN · m.

12.81 $|V|_{máx} = 128$ kN; $|M|_{máx} = 89{,}6$ kN · m; $\sigma = 156{,}1$ MPa.

12.84 $|V|_{máx} = 30$ lb; $|M|_{máx} = 24$ lb · ft; $\sigma = 6{,}95$ ksi.

12.87 W310 × 38,7.

CAPÍTULO 13

13.1 60,0 mm.

13.2 2,00 kN.

13.5 193,2 kN.

13.11 (*a*) 920 kPa. (*b*) 765 kPa.

13.12 (*a*) 114,1 MPa. (*b*) 96,9 MPa.

13.14 88,9 mm.

13.17 (*a*) 12,55 MPa. (*b*) 18,82 MPa.

13.19 19,61 MPa.

13.22 2,00.

13.23 1,125.

13.24 1,500.

13.25 728 N.

13.28 (*a*) 12,21 MPa. (*b*) 58,6 MPa.

13.29 (*a*) 95,2 MPa. (*b*) 112,9 MPa.

13.33 (*a*) 41,4 MPa. (*b*) 41,4 MPa.

13.34 (*a*) 18,23 MPa. (*b*) 14,59 MPa. (*c*) 46,2 MPa.

13.37 9,05 mm.

13.41 266 kN/m.

13.42 10,76 MPa em *a*, 0 em *b*, 11,21 MPa em *c*, 22,0 MPa em *d*, 9,35 MPa em *e*.

13.46 (*a*) 23,3 MPa. (*b*) 109,7 kPa.

13.50 738 N.

13.53 (*b*) $h = 225$ mm, $b = 61{,}7$ mm.

13.56 (*a*) 239 N. (*b*) 549 N.

13.60 255 kN.

13.61 (*a*) 50,9 MPa. (*b*) 36,0 MPa.

CAPÍTULO 14

14.1 $\sigma = -0{,}521$ MPa, $\tau = 56{,}4$ MPa.

14.2 $\sigma = 32{,}9$ MPa, $\tau = 71{,}0$ MPa.

14.5 (*a*) –37,0°, 53,0°. (*b*) –13,60 MPa, –86,4 MPa.

14.9 (*a*) 8,0°, 98,0°. (*b*) 36,4 MPa. (*c*) –50,0 MPa.

14.10 (*a*) 14,0°, 104,0°. (*b*) 68,0 MPa. (*c*) –16,00 MPa.

14.16 (*a*) $\sigma_{x'} = -37{,}5$ MPa, $\tau_{x'y'} = -25{,}4$ MPa, $\sigma_{y'} = 57{,}5$ MPa.
(*b*) $\sigma_{x'} = -30{,}1$ MPa, $\tau_{x'y'} = 35{,}9$ MPa, $\sigma_{y'} = 50{,}1$ MPa.

14.17 (*a*) –0,300 MPa. (*b*) –2,92 MPa.

14.19 (*a*) 14,3°. (*b*) 117,3 MPa.

14.24 σ_a = 12,18 MPa, σ_b = –48,7 MPa, $\tau_{máx}$ = 30,5 MPa.

14.25 Ver 14.5 e 14.9.

14.32 Ver 14.16.

14.33 Ver 14.17.

14.35 Ver 14.19.

14.40 Ver 14.24.

14.43 (*a*) –2,89 MPa. (*b*) 12,77 MPa, 1,23 MPa.

14.44 (*a*) –8,66 MPa. (*b*) 17,00 MPa, –3,00 MPa.

14.46 24,6°, 114,6°; 72,9 MPa, 27,1 MPa.

14.47 60°, –30°; 1,732 τ_0, –1,732 τ_0.

14.48 $\frac{1}{2}\theta$, $\frac{1}{2}\theta + 90°$; $\sigma_0\,(1 + \cos\theta)$, $\sigma_0\,(1 - \cos\theta)$.

14.51 5,04.

14.53 (*a*) 1,290 MPa. (*b*) 0,0852 mm.

14.54 7,71 mm.

14.56 1,676 MPa.

14.58 136,0 MPa.

14.61 2,95 MPa.

14.62 3,41 MPa.

14.65 56,8°.

14.66 2,84 MPa.

14.68 $\sigma_{máx}$ = 45,1 MPa, $\tau_{máx}$(no plano) = 7,49 MPa.

14.73 3,90 kN.

14.76 (*a*) –34,28, 55,8°. (*b*) 9,50 ksi.

14.78 (*a*) 0,775 MPa. (*b*) –2,69 MPa.

14.81 (*a*) 399 kPa. (*b*) 186,0 kPa.

14.84 $\sigma_{máx}$ = 68,6 MPa, $\tau_{máx}$(no plano) = 23,6 MPa.

CAPÍTULO 15

15.1 (*a*) $y = -Px^2(3L - x)/6EI$.
(*b*) $PL^3/3EI$ ↓. (*c*) $PL^2/2EI$ ∢.

15.2 (*a*) $y = M_0x^2/2EI$. (*b*) $M_0L^2/2EI$ ↑. (*c*) M_0L/EI ∡.

15.3 (*a*) $y = -w_0(x^5 - 5L^4x + 4L^5)/120\,EIL$.
(*b*) $W_0L^4/30\,EI$ ↓. (*c*) $W_0L^3/24\,EI$ ∡.

15.4 (*a*) $y = -w(x^4 - 4L^3x + 3L^4)/24\,EI$.
(*b*) $wL^4/8\,EI$ ↓. (*c*) $wL^3/6\,EI$ ∡.

15.6 (*a*) $y = w(L^2x^2/8 - x^4/24)/EI$.
(*b*) $11\,wL^4/384\,EI$ ↑. (*c*) $5\,wL^3/48\,EI$ ∡.

15.7 (*a*) $y = w(Lx^3/16 - x^4/24 - L^3x/48)/EI$.
(*b*) $wL^3/48\,EI$ ∡. (*c*) 0.

15.9 (*a*) 2,74 × 10^{-3} rad ∢. (*b*) 1,142 mm ↓.

15.11 (*a*) $x_m = 0{,}423\,L$, $y_m = 0{,}06415\,M_0L^2/EI$ ↑.
(*b*) 45,3 kN · m.

15.13 12,94 mm ↑.

15.15 (*a*) $y = w_0(x^6/90 - Lx^5/30 + L^3x^3/18 - L^5x/30)/EIL^2$.
(*b*) $w_0L^3/30\,EI$ ∢. (*c*) $61\,w_0L^4/5.760\,EI$ ↓.

15.17 $3\,wL/8$ ↑.

15.18 $3\,M_0/2L$ ↑.

15.20 $11\,w_0L/40$ ↑.

15.21 $\mathbf{R}_A = 11P/16$ ↑, $\mathbf{M}_A = 3PL/16$ ↻, $\mathbf{R}_B = 5P/16$ ↑, $\mathbf{M}_B = 0$; $M = -3PL/16$ em *A*, $M = 5PL/32$ em *C*, $M = 0$ em *B*.

15.22 $\mathbf{R}_A = 41\,wL/128$ ↑, $\mathbf{M}_A = 0$, $\mathbf{R}_B = 23\,wL/128$ ↑, $\mathbf{M}_B = 7\,wL^2/128$ ↺; $M = 0$ em *A*, $M = 0{,}0513\,wL^2$ em $x = 0{,}320\,L$, $M = 0{,}01351\,wL^2$ em *C*, $M = -0{,}0547\,wL^2$ em *B*.

15.23 R_B = 4P/27 ↑, $y_D = 11\,PL^3/2.187\,EI$ ↓.

15.25 $\mathbf{R}_A = \frac{1}{2}P$ ↑, $\mathbf{M}_A = PL/8$ ↻; $M = -PL/8$ em *A*, $M = PL/8$ em *C*, $M = -PL/8$ em *B*.

15.26 $R_A = w_0L/4$ ↑, $M_A = 5w_0L^2/96$ ↻; $M = -5\,w_0\,L^2/96$ em *A*, $M = w_0L^2/32$ em *C*, $M = -5\,w_0L^2/96$ em *B*.

15.27 (*a*) $8PL^3/243$ ↓. (*b*) $19\,PL^2/162\,EI$ ∢.

15.28 (*a*) $PL^3/486\,EI$ ↑. (*b*) $PL^2/81\,EI$ ∢.

15.29 (*a*) $wL^4/128\,EI$ ↓. (*b*) $wL^3/72\,EI$ ∢.

15.30 (*a*) $19\,Pa^3/6\,EI$ ↓. (*b*) $5\,Pa^2/2\,EI$ ∢.

15.31 $3\,PL^2/4\,EI$ ∡, $13\,PL^3/24\,EI$ ↓.

15.32 PL^2/EI ∡, $17PL^3/24\,EI$ ↓.

15.37 (*a*) 0,601 × 10^{-3} rad ∢, (*b*) 3,67 mm ↓.

15.39 (*a*) $7\,wL/128$. (*b*) $57\,wL/128$ ↑, $9\,wL^2/128$ ↺.

15.40 (*a*) $4P/3$ ↑, $PL/3$ ↻. (*b*) $2P/3$ ↑.

15.42 $3P/8$ ↑ em *A*, $7P/8$ ↑ em *C*, $P/4$ ↓ em *D*.

15.43 $13\,wL/32$ ↑, $11\,wL^2/192$ ↺.

15.46 121,5 N/m.

15.48 (*a*) 0,00937 mm ↓. (*b*) 229 N.

15.50 (*a*) 31,2 mm. (*b*) 17,89 mm ↑.

15.52 (*a*) 0,211 L, $0{,}1604\,M_0L^2/EI$ ↓. (*b*) 6,08 m.

15.54 (*a*) $y = 2w_0L^4\,[-8\cos(\pi x/2L) - \pi^2x^2/L^2 + 2\pi(\pi - 2)x/L + \pi(4 - \pi)]/\pi^4EI$. (*b*) $0{,}1473\,w_0L^3/EI$ ∡.
(*c*) $0{,}1089\,w_0L^4/EI$ ↓.

15.56 $9M_0/8L$ ↑; M_0/L em *A*, $-7M_0/16$ apenas para a esquerda de *C*, $9M_0/16$ apenas para a direita de *C*, 0 em *B*.

15.57 $13\,wa^3/6\,EI$ ∢, $29\,wa^3/24\,EI$ ↓.

15.59 5,58 × 10^{-3} rad ∢, 2,51 mm ↓.

15.60 $7P/32$ ↑ em *A*, $23P/32$ ↑ em *B*, $33\,P/16$ ↑ em *C*.

15.61 43,9 kN.

CAPÍTULO 16

16.1 kL.

16.2 K/L.

16.3 $kL/4$.

16.4 K/L.

16.10 (*a*) 7,48 mm. (*b*) 58,8 kN para redondo, 84,8 kN para quadrado.

16.12 1,421.

16.13 168,4 kN.

16.14 2,125.

16.16 (*a*) 93,0 kN. (*b*) 448 kN.

16.17 2,27.

16.18 2,77 kN.

16.20 (*a*) $L_{BC} = 1{,}960$ m, $L_{CD} = 0{,}490$ m. (*b*) 23,1 kN.

16.25 (*a*) 114,7 kN. (*b*) 208 kN.

16.27 (*a*) 220 kN. (*b*) 841 kN.

16.31 (*a*) 26,4 kN. (*b*) 32,2 kN.

16.33 1.598 kN.

16.34 903 kN.

16.37 107,7 kN.

16.40 (*a*) 3. (*b*) 5.

16.42 9 mm.

16.44 W250 × 67.

16.48 L.

16.49 79,0 kN.

16.50 $ka^2/2l$.

16.53 $\pi^2b^2/12L^2\alpha$.

16.56 4,00 kN.

16.59 (*a*) 1.531 kN. (*b*) 638 kN.

ÍNDICE

Os Apêndices mostram propriedades dos materiais, perfis e deflexão de vigas na página 679.

A

B

C

D

E

F

G

U

V

Y

Reações em apoios e conexões para uma estrutura bidimensional

Apoio ou conexão	Reação	Número de incógnitas
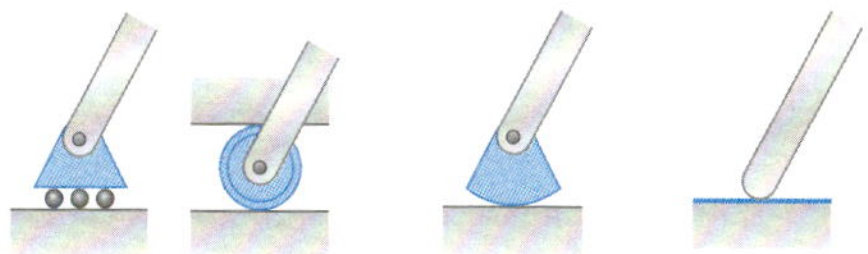 Roletes; Suporte basculante; Superfície sem atrito	 Força com linha de ação conhecida	1
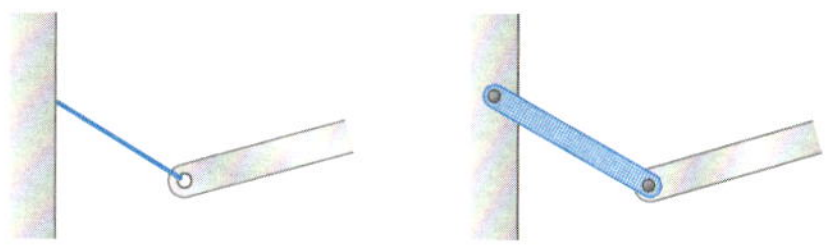 Cabo curto; Haste curta	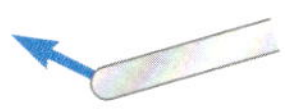 Força com linha de ação conhecida	1
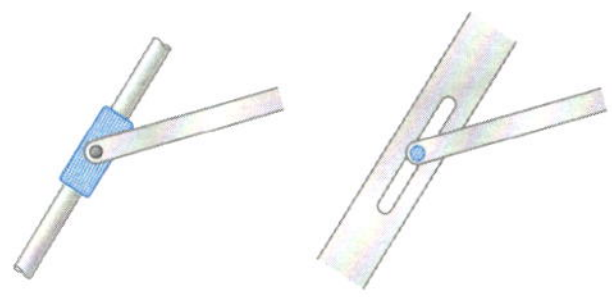 Cursor sobre haste sem atrito; Pino deslizante sem atrito	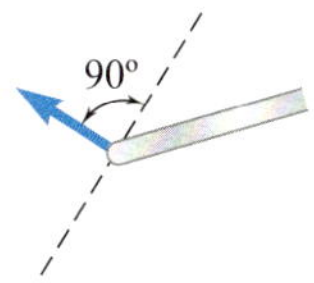 Força com linha de ação conhecida	1
 Pino sem atrito ou articulação; Superfície rugosa	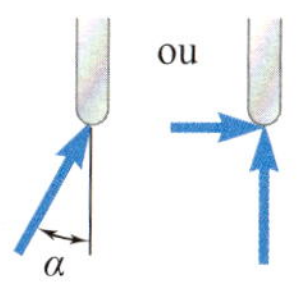 Força de direção desconhecida	2
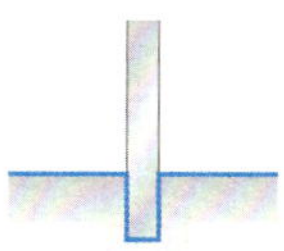 Engaste	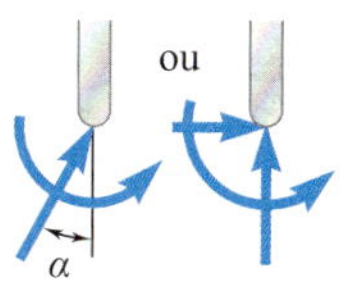 Força e binário	3

O primeiro passo na solução de qualquer problema que envolva o equilíbrio de um corpo rígido é construir um diagrama de corpo livre apropriado desse corpo. Como parte desse processo, é necessário mostrar nesse diagrama as reações através das quais o solo e outros corpos se opõem a um possível movimento do referido corpo. As figuras desta e da próxima página resumem as possíveis reações exercidas sobre corpos bi e tridimensionais.

Reações em apoios e conexões para uma estrutura tridimensional

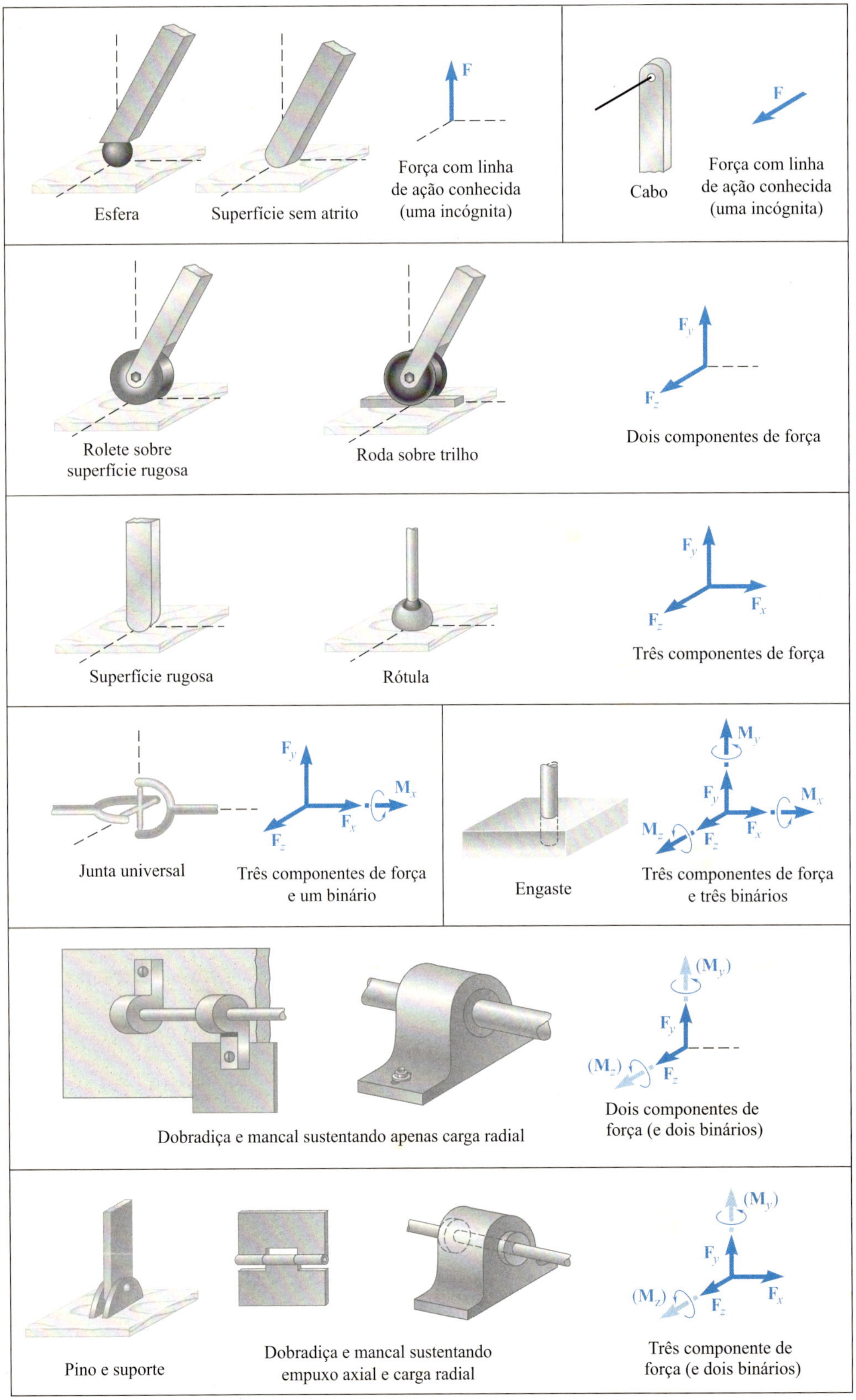

Centroides de áreas e linhas de formas comuns

Formas		$\bar{x}$	$\bar{y}$	Área
Área triangular	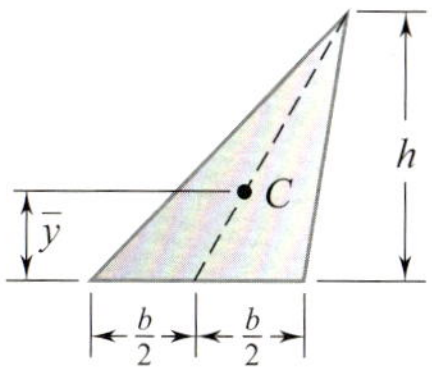		$\frac{h}{3}$	$\frac{bh}{2}$
Área de um quarto de círculo	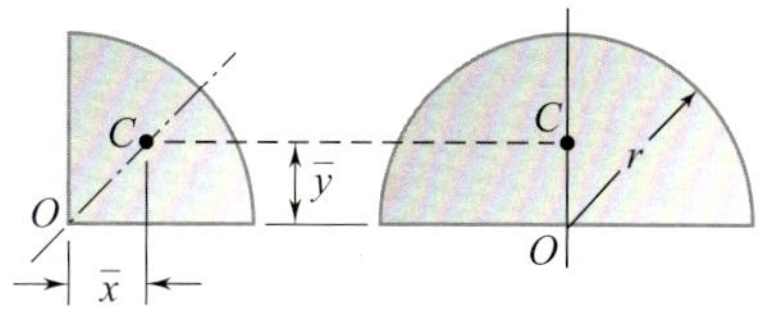	$\frac{4r}{3\pi}$	$\frac{4r}{3\pi}$	$\frac{\pi r^2}{4}$
Área semicircular		0	$\frac{4r}{3\pi}$	$\frac{\pi r^2}{2}$
Área semiparabólica	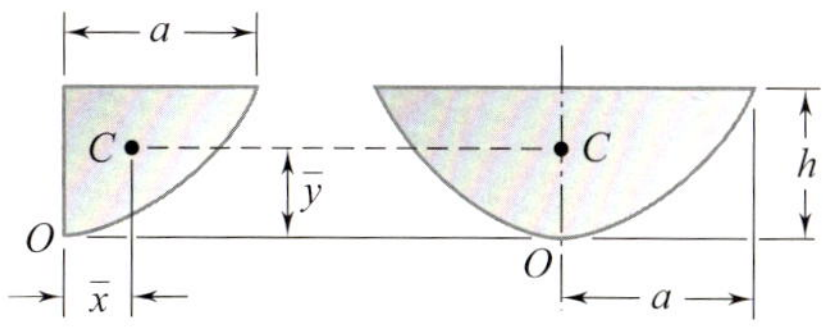	$\frac{3a}{8}$	$\frac{3h}{5}$	$\frac{2ah}{3}$
Área parabólica		0	$\frac{3h}{5}$	$\frac{4ah}{3}$
Área sob arco parabólico	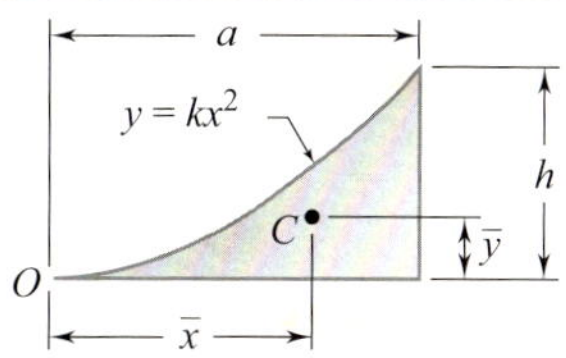	$\frac{3a}{4}$	$\frac{3h}{10}$	$\frac{ah}{3}$
Setor circular	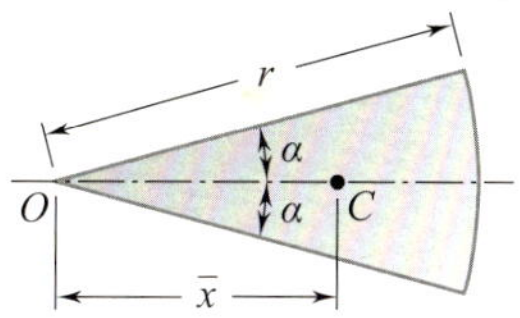	$\frac{2r \operatorname{sen} \alpha}{3\alpha}$	0	αr^2
Arco de um quarto de círculo	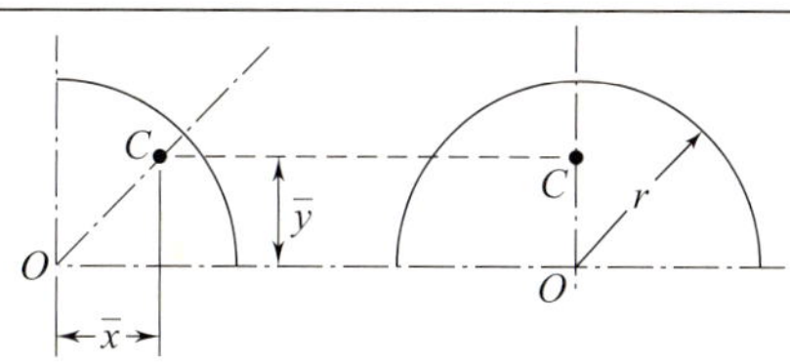	$\frac{2r}{\pi}$	$\frac{2r}{\pi}$	$\frac{\pi r}{2}$
Arco semicircular		0	$\frac{2r}{\pi}$	πr
Arco de círculo	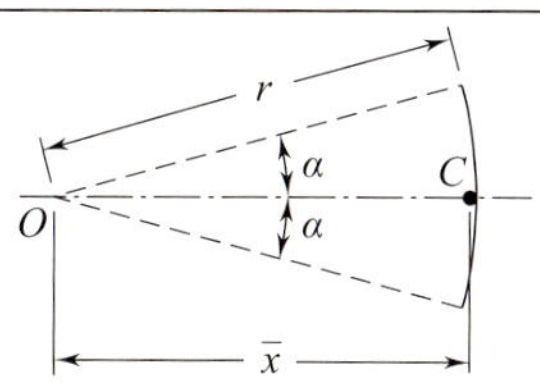	$\frac{r \operatorname{sen} \alpha}{\alpha}$	0	$2\alpha r$

Momentos de inércia de áreas geométricas comuns

Retângulo	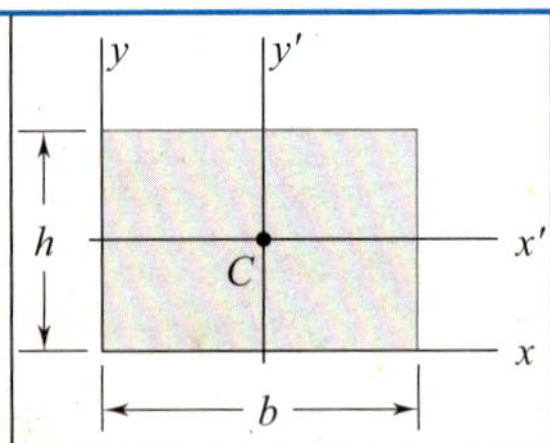	$\bar{I}_{x'} = \frac{1}{12}bh^3$ $\bar{I}_{y'} = \frac{1}{12}b^3h$ $I_x = \frac{1}{3}bh^3$ $I_y = \frac{1}{3}b^3h$ $J_C = \frac{1}{12}bh(b^2 + h^2)$
Triângulo	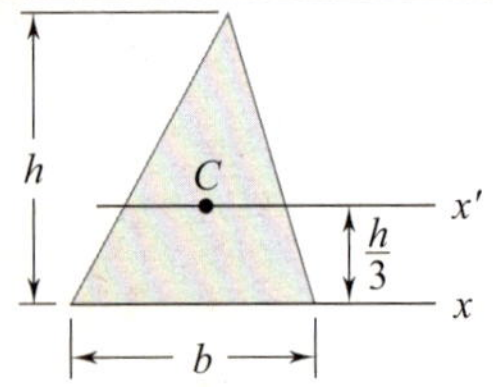	$\bar{I}_{x'} = \frac{1}{36}bh^3$ $I_x = \frac{1}{12}bh^3$
Círculo	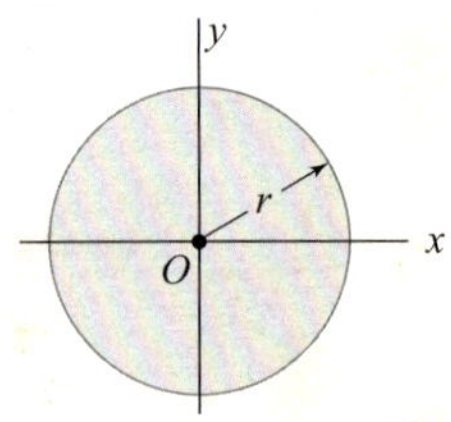	$\bar{I}_x = \bar{I}_y = \frac{1}{4}\pi r^4$ $J_O = \frac{1}{2}\pi r^4$
Semicírculo	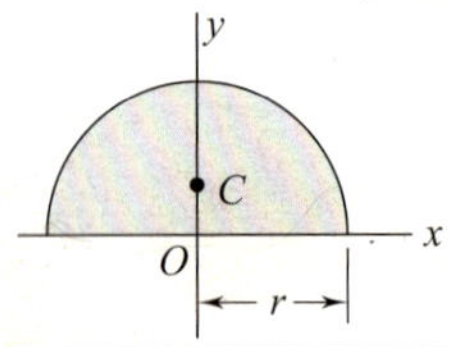	$I_x = I_y = \frac{1}{8}\pi r^4$ $J_O = \frac{1}{4}\pi r^4$
Quarto de círculo	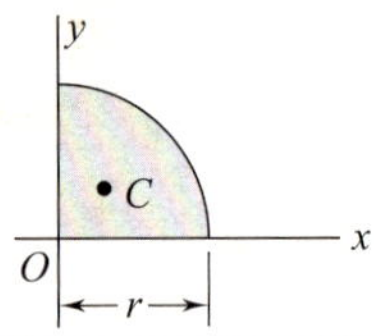	$I_x = I_y = \frac{1}{16}\pi r^4$ $J_O = \frac{1}{8}\pi r^4$
Elipse	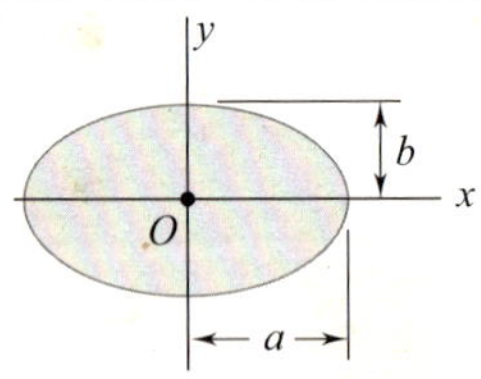	$\bar{I}_x = \frac{1}{4}\pi ab^3$ $\bar{I}_y = \frac{1}{4}\pi a^3b$ $J_O = \frac{1}{4}\pi ab(a^2 + b^2)$